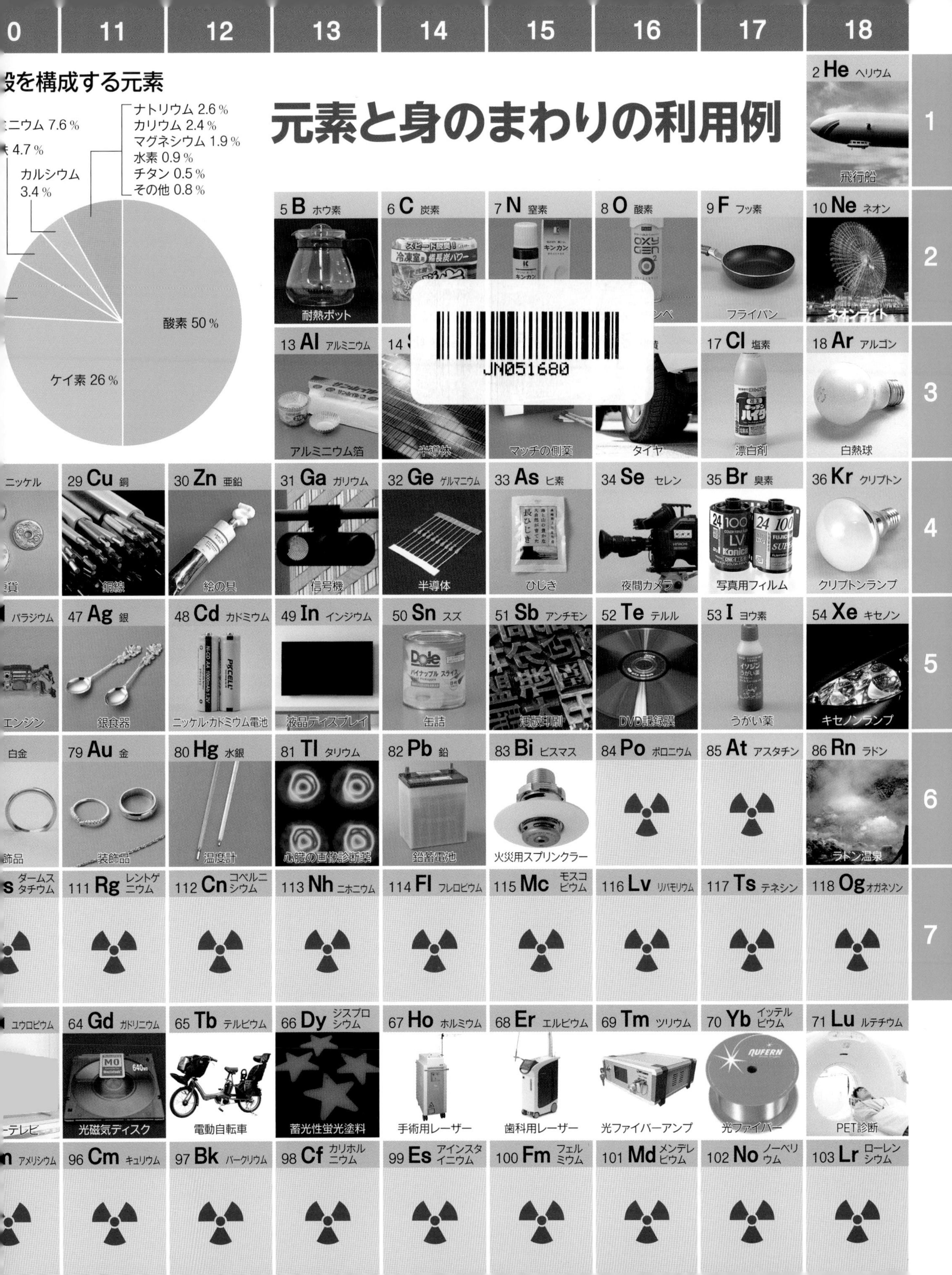

0
11
12
13
14
15
16
17
18
殳を構成する元素
元素と身のまわりの利用例
ミニウム 7.6 %
ナトリウム 2.6 %
カリウム 2.4 %
マグネシウム 1.9 %
水素 0.9 %
チタン 0.5 %
その他 0.8 %
鉄 4.7 %
カルシウム 3.4 %
酸素 50 %
ケイ素 26 %
2 He ヘリウム
飛行船
5 B ホウ素
耐熱ポット
6 C 炭素
7 N 窒素
8 O 酸素
9 F フッ素
フライパン
10 Ne ネオン
ネオンライト
JN051680
13 Al アルミニウム
アルミニウム箔
半導体
マッチの側薬
タイヤ
17 Cl 塩素
漂白剤
18 Ar アルゴン
白熱球
ニッケル
29 Cu 銅
銅線
30 Zn 亜鉛
絵の具
31 Ga ガリウム
信号機
32 Ge ゲルマニウム
半導体
33 As ヒ素
ひじき
34 Se セレン
夜間カメラ
35 Br 臭素
写真用フィルム
36 Kr クリプトン
クリプトンランプ
パラジウム
エンジン
47 Ag 銀
銀食器
48 Cd カドミウム
ニッケル・カドミウム電池
49 In インジウム
液晶ディスプレイ
50 Sn スズ
缶詰
51 Sb アンチモン
活版印刷
52 Te テルル
DVD記録膜
53 I ヨウ素
うがい薬
54 Xe キセノン
キセノンランプ
白金
飾品
79 Au 金
装飾品
80 Hg 水銀
温度計
81 Tl タリウム
心臓の画像診断薬
82 Pb 鉛
鉛蓄電池
83 Bi ビスマス
火災用スプリンクラー
84 Po ポロニウム
85 At アスタチン
86 Rn ラドン
ラドン温泉
s ダームスタチウム
111 Rg レントゲニウム
112 Cn コペルニシウム
113 Nh ニホニウム
114 Fl フレロビウム
115 Mc モスコビウム
116 Lv リバモリウム
117 Ts テネシン
118 Og オガネソン
ユウロピウム
テレビ
64 Gd ガドリニウム
光磁気ディスク
65 Tb テルビウム
電動自転車
66 Dy ジスプロシウム
蓄光性蛍光塗料
67 Ho ホルミウム
手術用レーザー
68 Er エルビウム
歯科用レーザー
69 Tm ツリウム
光ファイバーアンプ
70 Yb イッテルビウム
光ファイバー
71 Lu ルテチウム
PET診断
n アメリシウム
96 Cm キュリウム
97 Bk バークリウム
98 Cf カリホルニウム
99 Es アインスタイニウム
100 Fm フェルミウム
101 Md メンデレビウム
102 No ノーベリウム
103 Lr ローレンシウム
1
2
3
4
5
6
7

113番元素ニホニウムNh の発見

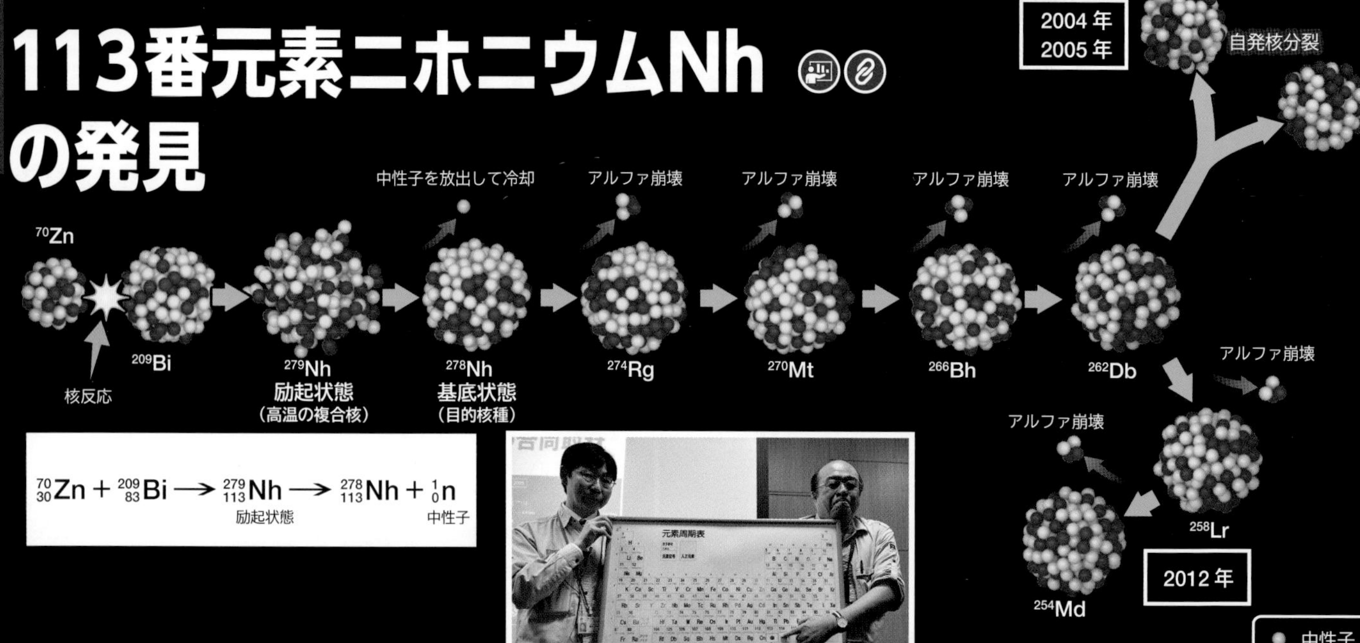

$$^{70}_{30}\mathrm{Zn} + ^{209}_{83}\mathrm{Bi} \longrightarrow \underset{\text{励起状態}}{^{279}_{113}\mathrm{Nh}} \longrightarrow ^{278}_{113}\mathrm{Nh} + \underset{\text{中性子}}{^{1}_{0}\mathrm{n}}$$

1 113番元素の合成

113番元素の発見は，世界最強のビーム強度をほこる理研重イオン線形加速器（RILAC）と気体充填型反跳分離器（GARIS）を用いた研究の成果である。113番元素を合成するには陽子の数が合計で113になる2つの原子核を衝突させればよい。

理化学研究所の森田浩介グループディレクターらのグループは，原子番号30番の亜鉛の原子核をRILACで加速し，原子番号83番のビスマスに照射した。続けて，その中からGARISを用いて，可能な限り計測上妨害となる粒子から113番元素だけを選り分け，113番元素を発見した。

右頁に示すように理化学研究所のGARISは，2個の双極子電磁石（D）と2個の四重極電磁石（Q）で構成されている。双極子電磁石は計測上妨害となる粒子を取り除く役割をもち，四重極電磁石は113番元素の原子核を検出器に収束させる役割をもつ。

周期表上の位置

原子番号113番のニホニウムは，第13族，第7周期の元素である。ニホニウムは，天然には存在せず，安定同位体も存在しない超重元素（超アクチノイド元素）である。

ニホニウムの電子配置（ニホニウムの価電子数：3個）

K殻	L殻	M殻	N殻	O殻	P殻	Q殻
2個	8個	18個	32個	32個	18個	3個

2 幻の元素ニッポニウム

1909年のローリングの周期表には1908年に小川正孝が発表した「原子量が約100の元素」が掲載されていた。この元素は，現在の周期表の43番元素の位置に元素名「ニッポニウム」，元素記号「Np」で表されていた。

しかし，43番元素は放射性元素であり，自然界にはほとんど存在せず，当時の技術では発見できるものではなかった。29年後の1937年，エミリオ・セグレが米国の加速器を用いて43番元素を人工的につくり出すことに成功する。1947年，43番元素はギリシア語で人工を意味する「テクネチウムTc」と命名され，ニッポニウムは「幻の元素」となった。

小川の死後，研究資料を再度調べたところ，小川の発見した元素は，周期表でテクネチウムの下に位置する原子番号75番のレニウムReであることがわかる。しかし，1925年にレニウムはノダックらによりすでに発見，命名されていた。ニッポニウムは幻の元素となるが，小川が1908年に新しい元素を見つけていたのは紛れもない事実である。

小川正孝（1865 ～ 1930）愛媛松山藩の育ちの化学者。東北帝国大学（現在の東北大学）総長。

3 113番元素の命名権の獲得

―元素の周期表にアジア初，日本発の元素が加わる―

理化学研究所の森田グループディレクターらのグループは，2015年12月31日に命名権を獲得した。113番元素の論文著者全員で会議を開き「元素名：ニホニウム，元素記号：Nh」を候補にすることを決定した。

その提案を2016年6月に国際純正・応用化学連合（IUPAC）は，一般に公開し，一般からの意見を集めた。そして，2016年11月30日に最終的な元素名をニホニウム，元素記号をNhに決定した。

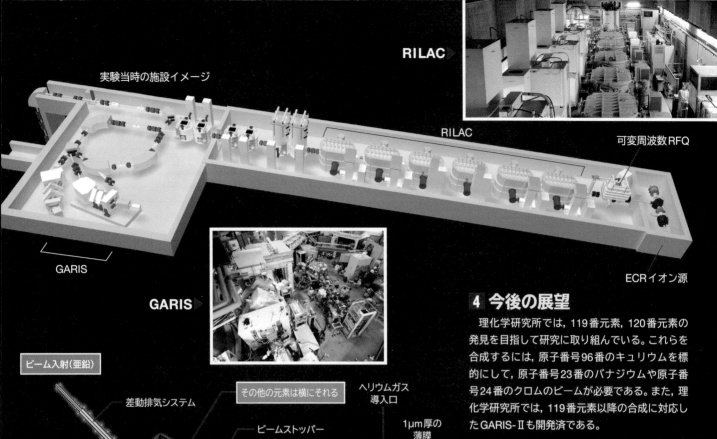

RILAC

実験当時の施設イメージ

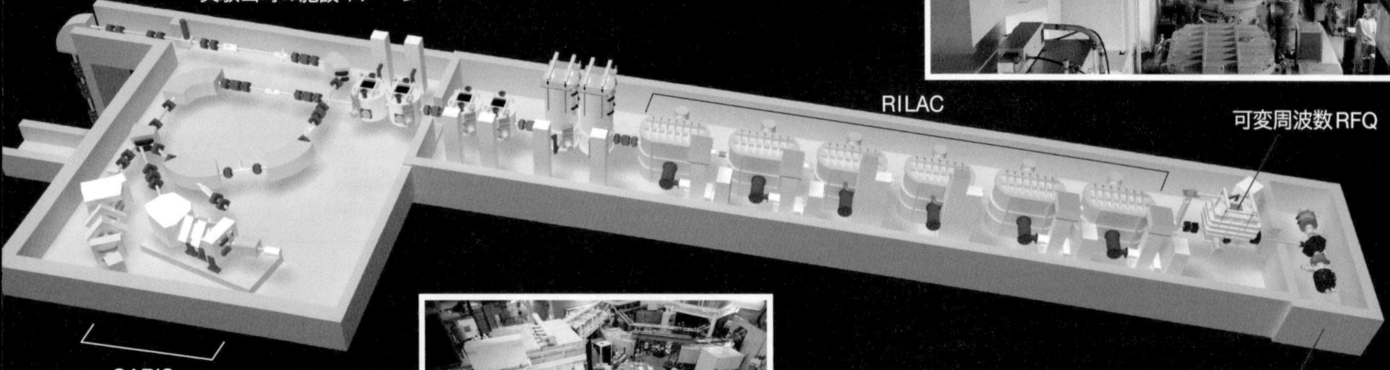

RILAC

可変周波数RFQ

GARIS

ECRイオン源

GARIS

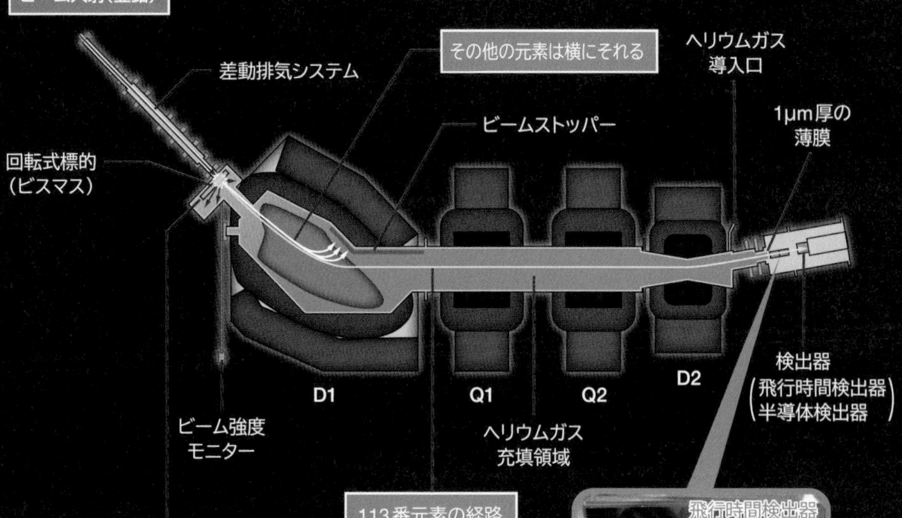

ビーム入射(亜鉛)

その他の元素は横にそれる

ヘリウムガス導入口

差動排気システム

ビームストッパー

1μm厚の薄膜

回転式標的(ビスマス)

D1

Q1

Q2

D2

検出器(飛行時間検出器 半導体検出器)

ビーム強度モニター

ヘリウムガス充填領域

113番元素の経路

飛行時間検出器

標的

亜鉛の原子核ビームを，厚さ0.5 μmのビスマスの標的に照射する。強力なビームで標的がとけないように，円盤上に並べて毎分3000回転以上で回す。亜鉛の原子核とビスマスの原子核が核融合反応を起こして，113番元素の原子核が合成される。

飛行時間検出器と半導体検出器

飛行時間検出器と半導体検出器で，入ってきた粒子の速度やエネルギーを計測する。その値から質量を計算し，113番元素かどうかわかる。半導体検出器は，113番元素が崩壊するときに放出するα粒子などを計測する。

4 今後の展望

理化学研究所では，119番元素，120番元素の発見を目指して研究に取り組んでいる。これらを合成するには，原子番号96番のキュリウムを標的にして，原子番号23番のバナジウムや原子番号24番のクロムのビームが必要である。また，理化学研究所では，119番元素以降の合成に対応したGARIS-Ⅱも開発済である。

5 理化学研究所

理化学研究所は日本で唯一の自然科学の総合研究所である。物理学，工学，化学，計算科学，生物学，医科学などにおよぶ広い分野で研究を進めている。

6 1日のタイムスケジュール

研究者は裁量労働制であるため，勤務時間帯を各自で自由に決めて仕事を行う。必要に応じて夜遅くまで実験をすることもあり，例えば，加速器実験（113番元素探索）中では，二交代制で24時間研究を行っていた。

7 仕事内容

仕事は以下の手順で進めている。

⑴実験に必要な装置の開発（例えば，標的，検出器，データ収集装置，解析プログラムづくり）⑵実験 ⑶実験データの解析 ⑷論文の作成・学会発表

8 化学の魅力

元素は世界の構成要素である。宇宙も地球も人の体もさまざまな元素が組み合わさってできている。化学の魅力は新しい元素を発見し，その性質を探究することで新しい物質をつくり出していけることである。この新しい物質は，人々の生活を豊かにしていく。

編修協力：理化学研究所
仁科加速器研究センター

サイエンスビュー化学総合資料について

本書の構成と特徴　本書は高校化学を図と写真を中心に，教科書の内容をさらに深く，あたかも授業が目の前で展開しているかのような丁寧な編修になっています。

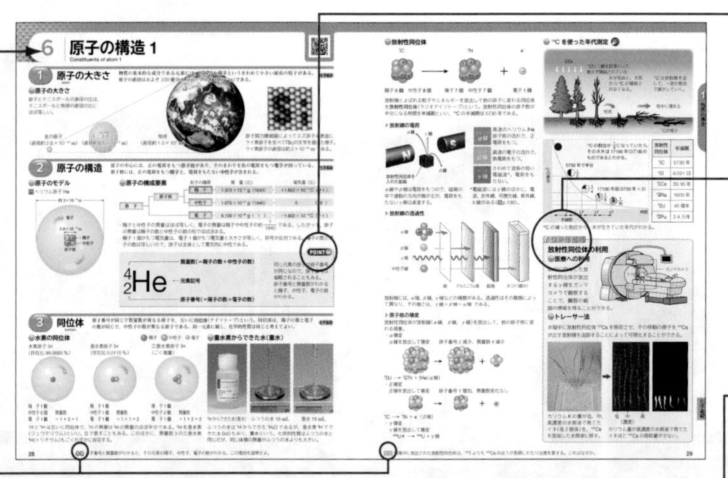

●タイトルバー
学習する分野を次のように分類しています。

化学基礎 …「化学基礎」分野の内容
物理基礎 …「物理基礎」分野の内容
化学 …「化学」分野の内容
発展 …指導要領外の内容

POINT
重要な概念や公式をまとめています。

TOPICS
化学に関連した身のまわりの話題を取り上げました。

思考 表現
思考力や表現力を育成するための問いです。
解答例はQRコードよりご確認ください。

重要実験
高校化学でおさえておきたい実験を示しています。

●英訳
各節のタイトルを英訳しています。高校を卒業して将来，化学の文献に触れるときに役立ちます。

ADVANCE
高校化学をさらに深める発展的な内容を取り上げました。

●図解
丁寧な説明と鮮やかなイラストで図解しています。

マークが付いている内容に関連したデジタルコンテンツを，QRコードを介して利用することができます。QRコードは各ページのタイトル横と裏表紙にも掲載されています。マークはそれぞれ，動画，アニメーション，アプリケーション，解説動画，外部リンクを示します。

入試ではこう出る!
実験に関連した問題と答えを中心に入試問題と答えを掲載しています。

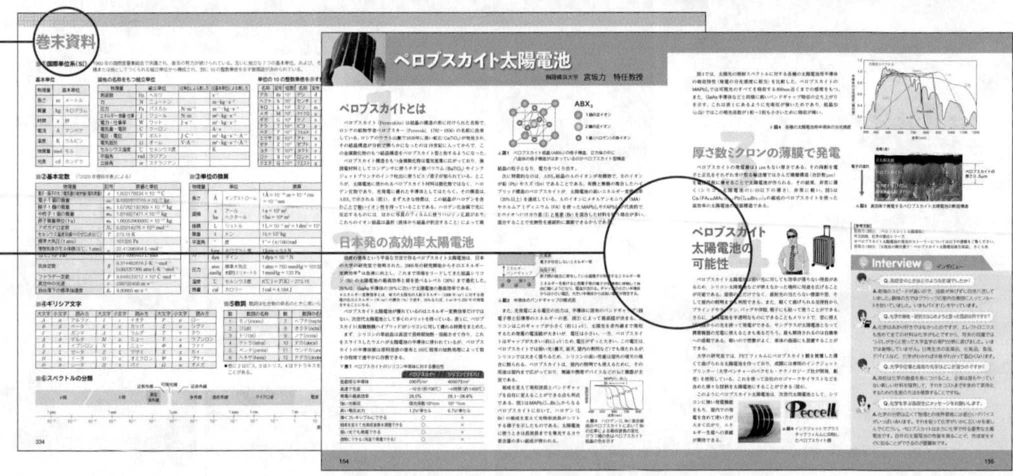

●巻末資料
化学便覧および理科年表を中心に最新のデータを掲載しました。

●特集
大学や企業で行われている最先端の研究を取り上げました。

序章 実験の基礎

1章 物質の構造

2章 物質の変化

3章 無機物質

4章 有機化合物

5章 高分子化合物

終章 化学が果たす役割

入試ではこう出る!

TOPICS

ADVANCE

1 物質世界への探究
Exploration into the material world

1 探究の進め方

実験・観察を通した探究する活動は，疑問などから課題を見つけ，仮説を立てて実験・観察の計画を立てる。そして，得られた結果を分析・解釈して結論を導き出して新たな課題を設定する。

●実験・観察を通した探究の基本的な流れ 場合によっては別の流れも考えられる。

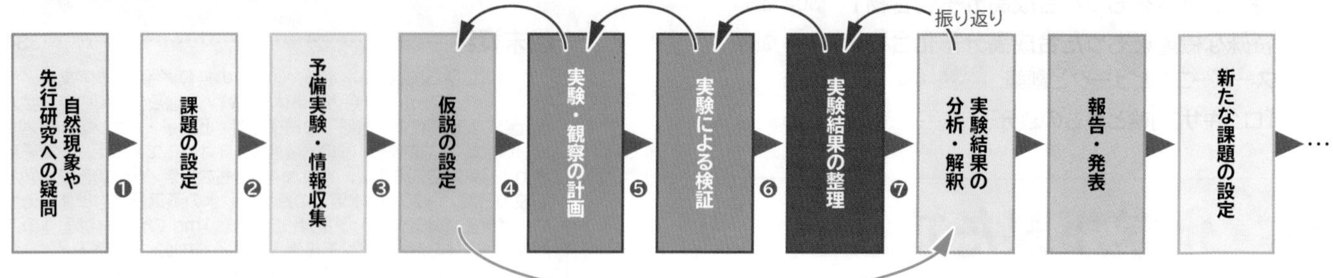

❶ 疑問からいくつか問いを立て，課題を見つける。
❷ 課題に関する知識や理解を深める。
❸ 結論を見通して課題の答え(仮説)を設定する。
❹ 仮説を確かめるために必要な実験をデザインする。
❺ 安全に配慮して実験を行い，結果をありのままに記録する。
❻ 結果を表やグラフに整理する。必要に応じて再実験を行い，精度を上げる。
❼ 先行研究や別の人の意見も取り入れながら，結果をもとに仮説を検証する。

2 化学における探究

古代より，人類は，自然現象などに対する疑問をもつことを出発点とし，実験・観察を通した探究的な手法によって，自然界全体に共通する原理や真理についての知識を得てきた。

●ラボアジエによる燃焼についての探究過程

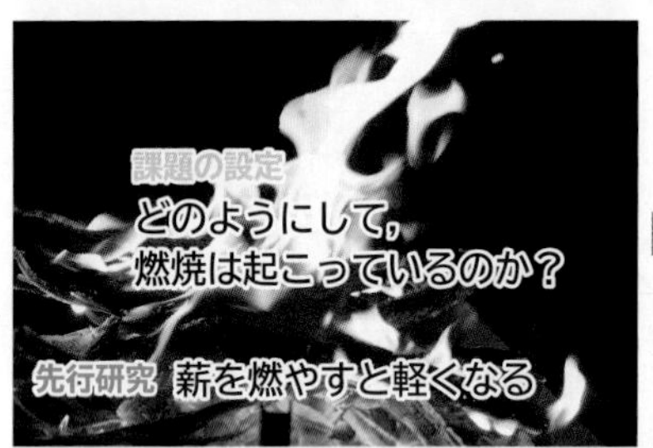

課題の設定
どのようにして，燃焼は起こっているのか？
先行研究 薪を燃やすと軽くなる

先行研究 **フロギストン(燃素)説** (18 世紀)

ベッヒャーやシュタールは，薪を燃やすと質量が小さくなることから，木材や石炭のように，よく燃えるものは**フロギストン**(燃素)という質量をもつものを多く含んでおり，燃焼するとフロギストンが放出されるのではないか，と考えた。

燃焼は，物質からフロギストンが放出される過程である。

・・・しかし，金属を燃焼させると重くなる。

ベッヒャー(独)

シュタール(独)

予備実験 ラボアジエ(仏，1743 ～ 1794)はリンや硫黄などを空気中で燃焼させる実験をくり返した。

金属以外にも，燃焼して質量が大きくなる物質がある

仮説を立てる

燃焼によって，空気に含まれる何かが物質と結びつくため，質量が大きくなるのではないか。

ラボアジエ(仏)

空気中で水銀を燃焼させる実験装置　ラボアジエ

実験による検証 ラボアジエは，水銀を燃焼させて水銀灰を得る実験を行い，空気の減少と水銀の質量の増加を測定し，水銀灰を加熱して得られた気体の分析を行った。

ラボアジエが行う実験は，当時主流だった定性的な方法(試薬など使って化学変化を観察する方法)ではなく，定量的な方法(質量や体積を精密にはかり，その変化をみる方法)をとっていた。それによって，ラボアジエは 1777 年に質量保存の法則を見出した(⇒p.68)。

実験結果の整理

・燃焼で，**空気の約 1/5 の体積が減少し**，水銀は質量が増加して水銀灰となった。
・水銀灰から得られた気体は，**炭素と燃焼させると弱い酸である二酸化炭素を生じ**，非金属とは酸性酸化物(⇒p.167)を生じた。ラボアジエは，この物質を「酸を形成する物質」という意味で**酸素**と呼んだ。

実験結果の分析・解釈　**燃焼は，物質が空気中の酸素と結びつくことである**

“常によく知られていることを土台としてのみ，知られていないことへ進むこと，実験や観察から直接的に導かれないような結論は出さないこと，それを私は研究の掟としてきた。”
ラボアジエ

3 物理量と単位

実験・観察では，温度や質量などの物理量を測定し分析する。現在，７つの基本物理量に対応した７つの基本単位から構成される国際単位系(SI)があり，世界共通の単位系として使用されている。

物理量

計測器を用いて，客観的に測定できる量やその量を用いて算出できる量を**物理量**という。
物理量は数値と単位の積で表される。

物理量 ＝ 数値 × 単位

水の沸騰温度　100 ℃

鉄　200 g

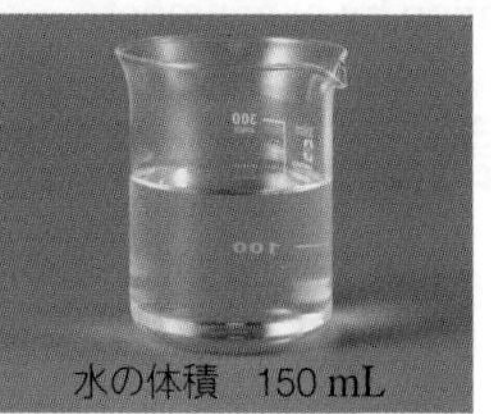
水の体積　150 mL

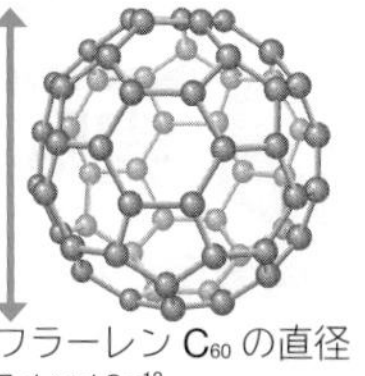
フラーレン C_{60} の直径
7.1×10^{-10} m

国際単位系(SI)の基本単位と組立単位

国ごとにそれぞれ決められていた単位を統一し，科学技術，産業，取引において世界共通で使用できる単位系で，７つの**基本単位**と**組立単位**，**接頭語**で構成される。

▼表１　基本単位

物理量	長さ	質量	時間	電流	温度	物質量	光度
名称	メートル	キログラム	秒	アンペア	ケルビン	モル	カンデラ
記号	m	kg	s	A	K	mol	cd

SI　kg　m　s　A　K　mol　cd

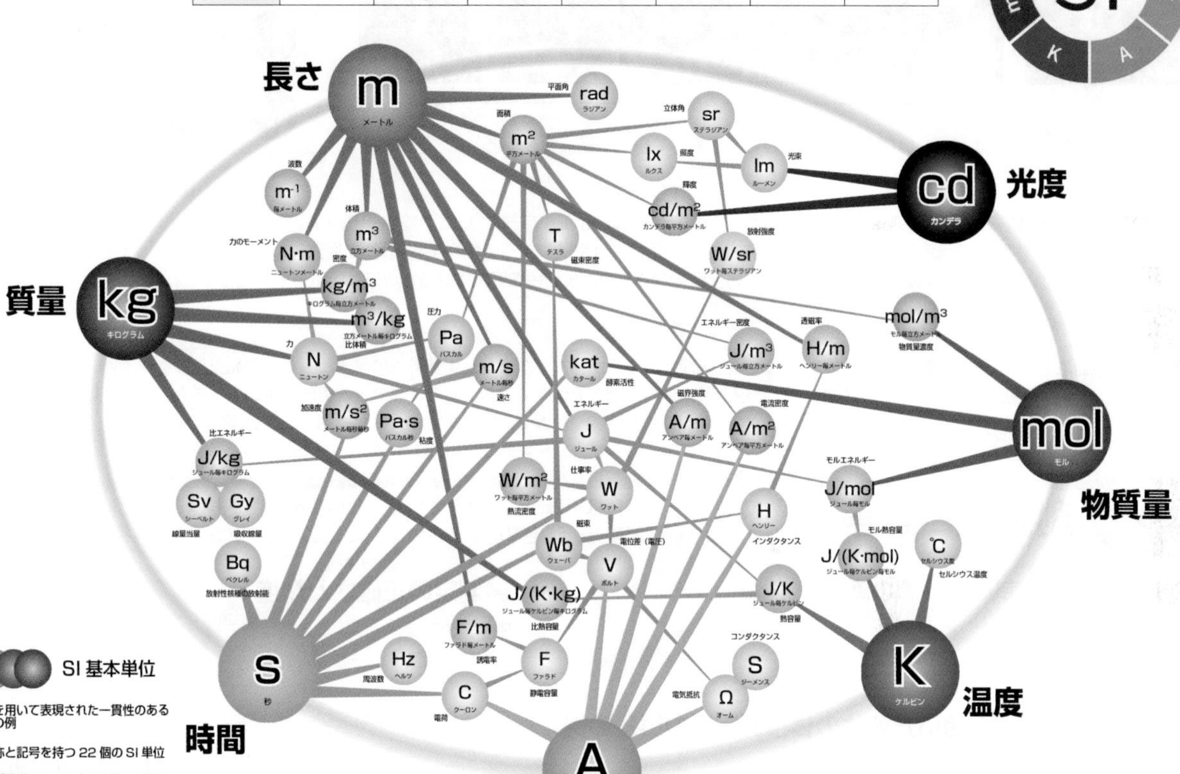

出典：国立研究開発法人 産業技術総合研究所
ポスター「はかる単位」

SI 接頭語

大きな数値や小さな数値を表すとき，科学では指数を使って，$A\times10^{n}$ の形で表す(このとき，$1\leqq A<10$ で，n は整数)。
物理量を表すとき，単位の前の数値の「10^{n}」にあたる接頭語を**SI 接頭語**という。

例１　k(キロ)：10^3 を表す。1 km＝1×10^3 m＝1000 m
　　　　　　　　　　　　　　　　　k(キロ)

例２　「km」を「cm」に変換する。
1 km＝1×**10^3** m＝1×10^5×**10^{-2}** m＝1×10^5 cm
　　　k(キロ)　　　　　　　　c(センチ)　＝100000 cm

1 000 000 000 000 000 000 000 000 000 000	10^{30}	【クエタ】(Q)
1 000 000 000 000 000 000 000 000 000	10^{27}	【ロナ】(R)
1 000 000 000 000 000 000 000 000	10^{24}	【ヨタ】(Y)
1 000 000 000 000 000 000 000	10^{21}	【ゼタ】(Z)
1 000 000 000 000 000 000	10^{18}	【エクサ】(E)
1 000 000 000 000 000	10^{15}	【ペタ】(P)
1 000 000 000 000	10^{12}	【テラ】(T)
1 000 000 000	10^{9}	【ギガ】(G)
1 000 000	10^{6}	【メガ】(M)
1 000	10^{3}	【キロ】(k)
100	10^{2}	【ヘクト】(h)
10	10	【デカ】(da)
1		
0. 1	10^{-1}	【デシ】(d)
0. 01	10^{-2}	【センチ】(c)
0. 001	10^{-3}	【ミリ】(m)
0. 000 001	10^{-6}	【マイクロ】(μ)
0. 000 000 001	10^{-9}	【ナノ】(n)
0. 000 000 000 001	10^{-12}	【ピコ】(p)
0. 000 000 000 000 001	10^{-15}	【フェムト】(f)
0. 000 000 000 000 000 001	10^{-18}	【アト】(a)
0. 000 000 000 000 000 000 001	10^{-21}	【ゼプト】(z)
0. 000 000 000 000 000 000 000 001	10^{-24}	【ヨクト】(d)
0. 000 000 000 000 000 000 000 000 001	10^{-27}	【ロント】(r)
0. 000 000 000 000 000 000 000 000 000 001	10^{-30}	【クエスト】(q)

2 実験による検証・結果の整理

Verification by experiment　Organisation of results

1 実験の計画・実施

仮説を検証するために，実験で何を明らかにすればよいのか考え，実験方法をデザインする。実際に予備実験をして実験条件を絞り込む。また，実験を行う際は安全に配慮する。

対照実験

ある条件が結果にどの程度影響しているかを特に調べるため，その条件だけを変化させ，他の条件を全く同じにして行う実験を**対照実験**という。

▶ガスバーナーの炎の色とすすの量の関係を調べる実験

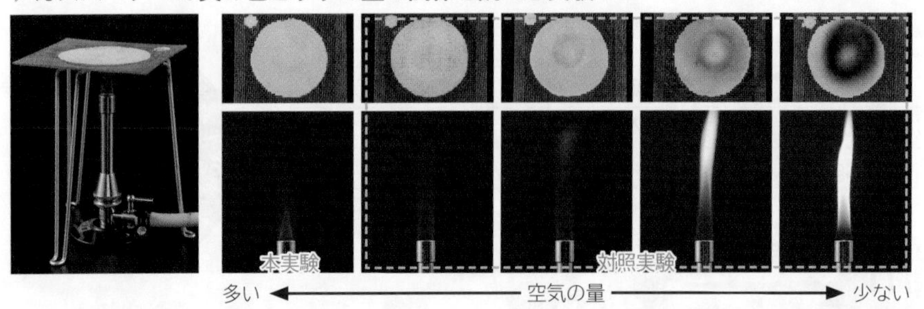

この実験では「青い炎はすすが少ない(本実験)」という仮説に対して空気の量だけを変化させ，他の条件を同じにした実験が対照実験になる。

実験におけるおもな安全への配慮

薬品などから顔の皮膚や眼をまもるために，実験の際は**安全メガネを着用**する。

煙や有害な気体が発生する場合は，**じゅうぶんに換気**をしながら実験を行う。

引火性の高い液体・気体の付近では，火を扱わないようにするなど，**引火しない**ようにする。

薬品や高温になっている加熱部などは，**直接手でふれない**ようにする。

電気伝導性を調べる際など，通電する場合は**感電しない**ように注意する。

独立変数と従属変数　この実験の現象はいくつかの要因が相互に影響しながら起きている。実験を計画する際は，その現象の理論を十分に学び，どのような条件が関係しているか理解したうえで条件を選ぶ必要がある。その条件には実験によって操作する量(**独立変数**)と，それにともなって変化する量(**従属変数**)がある。上の例では，空気の量が独立変数であり，炎の色が従属変数になるため，炎の色を変化させるためには空気の量を変化させればよい。

予備実験

実験による検証を行う前の小規模に行う実験を**予備実験**という。予備実験には右のような利点がある。

❶計画段階では気が付かなかった，実験計画の見落としなどの発見につながる。
❷実験条件の設定を具体的に検討することができ，実験本番のめどを立てることができる。
❸予定していた装置や設備で，実験が実施可能か確認することができる。

2 測定値と誤差

実験で得られた測定値は不確かさを含んでいる。この不確かさを誤差といい，測定環境を整えても偶然に生じてしまう**偶然誤差**と，測定環境や条件のなかに一定の偏りがあるために生じる**系統誤差**などがある。

実験で得られた測定値　＝　真の値　＋　誤差

偶然誤差　＋　系統誤差　＋…

メスシリンダーを用いた液体の体積測定での誤差の例

▶**偶然誤差**　メスシリンダーの目盛りを読む際に生じる誤差。

対策　・測定回数を増やす。　・測定者を変える。

測定回数が少ない

測定値がばらついて，真の値がわからない。

測定回数が多い

真の値　測定値

測定値の平均値が真の値に近づく。

▶**系統誤差**　乾燥機に入れて加熱乾燥したため熱膨張などによって目盛りが変化したメスシリンダーを用いることによる誤差。

対策　・測定回数を増やしても系統誤差はなくならないため，加熱乾燥していないメスシリンダーを用いる。

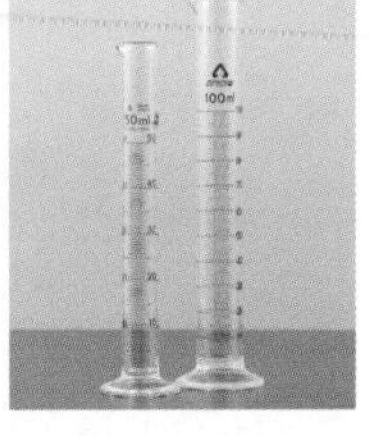

測定の正確さと精度

測定値の正確さ　→　測定値が真の値にどのぐらい近いか
測定値の精度　→　測定をくり返したときの値の散らばり具合

たとえば，ダーツ板の上に散らばる矢を例に考えてみると，精度が高いほど，ダーツの矢の散らばりが小さくなる

→**精度が高い測定では，測定値の平均値に近い測定値が得られる。**

正確さが高いほど，ダーツの矢は中央付近を射る

→**正確さが高い測定では，測定値の平均値は測定すべき値(真の値)に近くなる。**

	正確さが低い	正確さが高い
精度が低い		
精度が高い		

3 有効数字

化学で扱う数値のほとんどは，計測器で測定して得た値で，末尾の数字は目分量で読み取るため誤差を含むが，無視するよりは真の値に近い信頼できる値である。このような意味のある値を有効数字という。

●目盛りの読み方と有効数字

一般に，計測器を用いて測定する際は，最小目盛りの 1/10 までを目分量で読み取る。たとえば，メスシリンダーで液体の体積を測定したところ，右図のようになった場合，測定値は「12.3」と読み取れる。

このとき，有効数字は3桁であり，真の値は，次の範囲にあるといえる。

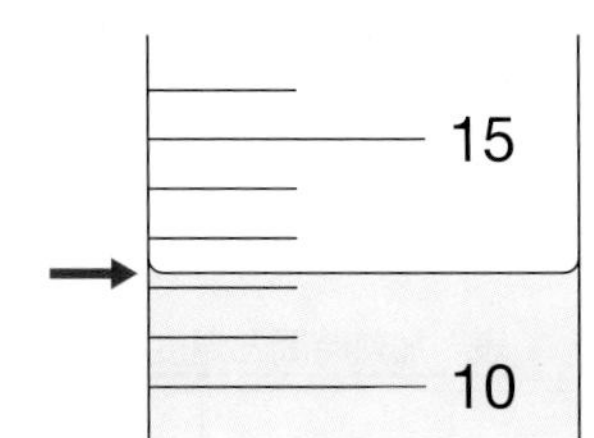

12.25 ≦ 真の値 ＜ 12.35

有効数字を考えるとき，0以外の数は有効数字だが，0は有効数字になる場合とならない場合がある。小数で表すとき，位取りを表す0は有効数字とみなさない。ただし，後ろに続く0は有効数字とみなす。

例　0.027　有効数字は 2と7の2桁　　0.0160　有効数字は 1と6と右端の0の3桁

●有効数字と精度

有効数字の桁数が多くなれば，精度も高くなる。
実験全体の精度を高めるには，1つの測定値を高い精度で求めても意味がない。

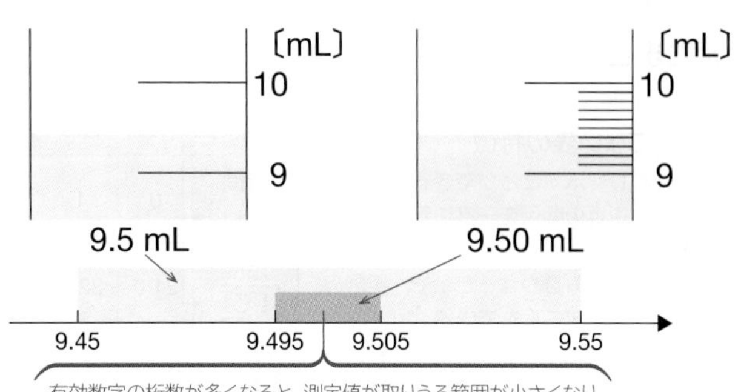

有効数字の桁数が多くなると，測定値が取りうる範囲が小さくなり，精度が高くなる。

●大きな値や小さな値の科学的な表記法

一般に，有効数字の科学的な表記法は次の形で表す。

$A \times 10^n$　（$1 \leqq A < 10$ で，n は整数。）

また「有効数字が○桁である」というときには，測定値の末尾の位の一つ下の位を四捨五入して○桁にする。

例
340（有効数字3桁）→ 3.40×10^2
有効数字3桁なので，A = 3.40 となる　$100 = 10^2$
0.082（有効数字2桁）→ 8.2×10^{-2}
有効数字2桁なので，A = 8.2 となる　$0.01 = 10^{-2}$

4 有効数字の計算

科学における計算結果の精度は用いる測定値の中で最も精度の低い値（有効数字の桁数の少ない値）で決められてしまう。計算によって実際の測定値よりも精度の高い結果がでてくることはない。

有効数字の計算で桁数が指定されている場合は，指定の桁数より1桁多く計算し，最後に四捨五入して指定された桁数に合わせる。

●足し算・引き算（加減算）

有効数字の末尾の位が最も高い値に合わせ，その値よりも1桁多く計算し，最後に四捨五入する。

例	17.6	＋	0.29	＝	17.89	≒	17.9
末尾の位	小数第1位		小数第2位		小数第2位を四捨五入		小数第1位までにする

```
   1 7.⑥?
+    0.2⑨?
   1 7.8⑨
```

○の数字の次の値は何かわからない。そのため，計算結果の小数第2位は信頼できない（⑨）。
有効数字は小数第1位まで

●かけ算・わり算（乗除算）

有効数字の桁数が最も少ない値よりも1桁多く計算し，その結果を四捨五入して桁数の最も少ない値の桁数にあわせる。

例	4.38	×	0.72	＝	3.15…	≒	3.2
桁数	3桁		2桁		3桁まで求めて，3桁目を四捨五入		有効数字2桁にする

```
     4.3⑧    ← 有効数字3桁
  × 0.7②    ← 有効数字2桁
     ⑧⑦⑥   ← ②が誤差を含むため，すべて信頼できない。
  306⑥      ← ⑧が誤差を含むため，末位の値は信頼できない。
  3.1⑤③⑥
```

有効数字2桁

●複数の計算を行う場合

一般に，途中計算の結果は，切り捨てて次の計算を行うことが多い。
また，かけ算とわり算を続けて計算する場合は，一つ一つを計算する前に，分数をつくり，可能な限り約分してから計算する。

例　2.47 × 1.50 × 2.21（計算結果を**有効数字2桁**とする場合）
→ 2.47 × 1.50 ＝ 3.705 ≒ 3.70　計算途中は3桁まで
有効数字4桁目以降を切り捨てる
→ 3.70 × 2.21 ＝ 8.177 ≒ 8.2　指示にあわせて有効数字2桁にする
有効数字3桁目を四捨五入

3 実験結果の整理と報告

Organisation and reporting of experimental results

1 実験結果の整理

２つのデータ(独立変数と従属変数)の間の関係をわかりやすく示し，実験結果を正しく解釈するために，表やグラフにまとめる。

表にまとめる

適切な表にまとめることで，実験で得られたデータを分類・整理することができる。表の場合，その内容を示すためのタイトルは表の上に示す。

▶グラフにない表の特徴

❶数量をくわしく示すことができる。
❷いくつかの項目の関係を一度に示すことができる。
❸項目を適切に組み合わせることで，実験の順序や経過を示すこともできる。

単位がある場合は単位も示す。

表　加熱時間と温度変化　←内容を示すタイトルは，表の上に示す。

時間〔分〕	0	1	2	3	4	5	6	7	8	9	10	11	12	13
温度〔℃〕	21.0	22.3	31.2	41.3	68.2	81.2	85.0	88.0	89.0	91.1	92.0	93.0	93.2	94.0

グラフにまとめる

グラフは動的な変化を表すことができる。どの項目を選び，どのような目盛りで表現するかによって，グラフの見やすさ，わかりやすさ，印象は大きく変わる。また，グラフの場合は，内容を示すタイトルはグラフの下に示す。

▶グラフのかき方

❶グラフの縦軸・横軸にとる量を決める
横軸は変化させた量をとり，縦軸には変化した量をとる。軸には「時間」や「温度」といった見出しと単位を必ず示す。
❷軸の目盛りとグラフの形
目盛りの間隔は，それぞれの軸の最大値が上端，右端にくるように決め，グラフの形はできるだけ正方形に近くするのがよい。目盛りは必ず均等になるようにふり，見やすい間隔で目盛り線をつける。
❸測定値の記入
測定値には誤差が必ず含まれている。測定値のプロットは見やすい大きさで「○」や「×」をはっきりと示す。
❹グラフの形状を決める
実験結果を考察し，結果の傾向がよくわかるようにグラフの形状を決める。原点を通るのか通らないのか，直線なのか曲線なのかなどは考察しながら決めていく。

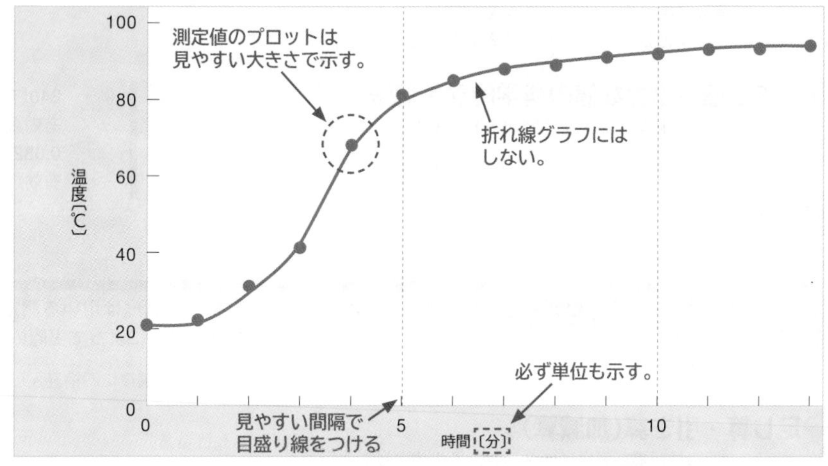

図　加熱時間と温度変化　内容を示すタイトルは，グラフの下に示す。

▶対数目盛りのグラフ

等間隔の目盛りの方眼紙では，２つの項目の変化の差は簡単にわかるが，変化の割合は直接的にはわからない。対数目盛りの方眼紙を用いると，変化の割合を直接表すことができるため，変化の特徴を捉えやすいことがある。２つの項目，x と y の間に，指数関数 $y = b\,a^x$(a と b は定数)のような関係にあるとき，**片対数グラフ**を用いると，グラフの形は直線に近くなる。

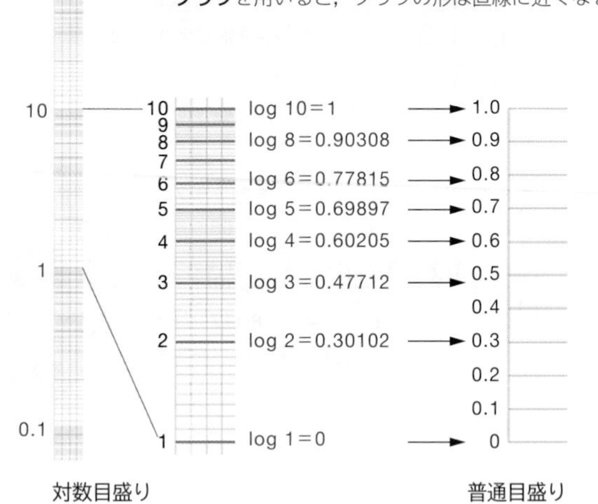

▶対数グラフの使用例

右表の実験データを普通目盛りでグラフにすると曲線になるが，対数目盛りでグラフにすると直線になる。

表　実験データ例

x	0.0	1.0	2.0	3.0
y	2	6	18	54

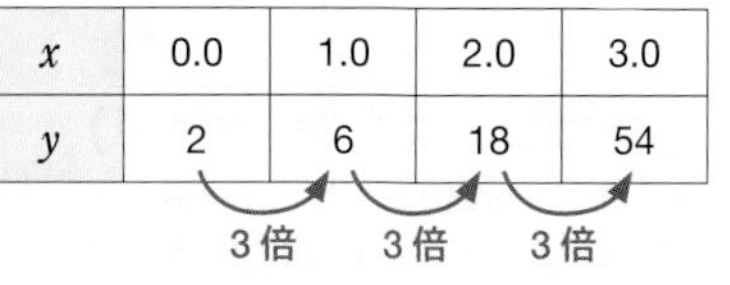

$$\log_{10}y = (\log_{10}3)x + \log_{10}2$$
$$y = 2 \times 3^x$$

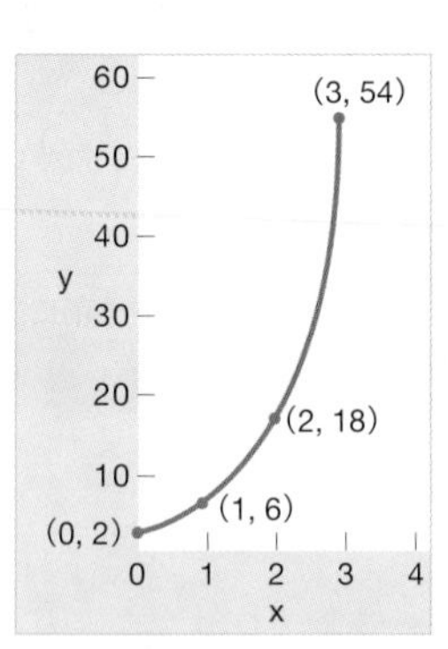

普通目盛りでのグラフ

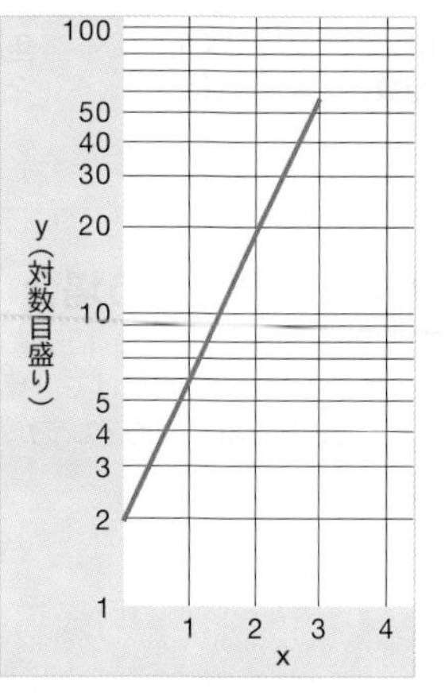

対数(片対数)目盛りでのグラフ

2 報告

論文やレポートは，実験の成果を発表するために書くものであり，その書き方の形式は決まっている。ここではレポートの書き方を例にして，実験の報告の仕方を紹介する。

タイトル　**赤ワインの蒸留**

20●●年●月●日(●)　●●時間目
天気晴れ，気温●℃，湿度●%，気圧●●Pa
報告者　○○　○○
共同実験者　△△　△△

1．目的　赤ワインはエタノールと水などの混合物の１つである。エタノールと他の物質の沸点の違いを利用して蒸留によりエタノールを分離する。

2．準備
枝付フラスコ(100 mL)，温度計，ゴム栓３ 個(接続用に穴の開いたもの)，リービッヒ冷却器，ゴム管２本，アダプター，試験管３本，ビーカー１個，アルミ箔，沸騰石，ガスバーナー，ガスライターまたはマッチ，三脚，金網，スタンド２本，蒸発皿３個
試薬：赤ワイン

3．操作
① 右に示す蒸留装置を組み立てた。
② リービッヒ冷却器に水を流した。
③ 装置からフラスコを外し，赤ワインを 60 mL と沸騰石3粒を入れ，温度計付きゴム栓をして再び装置にセットした。
④ ガスバーナーに火をつけて加熱を始めた。
⑤ 温度計の目盛りを１分ごとに読み取り，フラスコ内の液体が少なくなったら加熱をやめた。
⑥ アダプターから出てくる液体を３本の試験管に集めた。
⑦ ⑥で集めた液体のにおいや可燃性，色について調べた。また，集めた液体１滴を手の甲につけて揮発性を調べた。

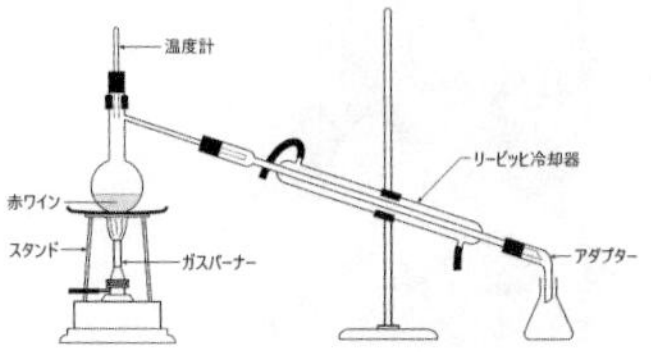

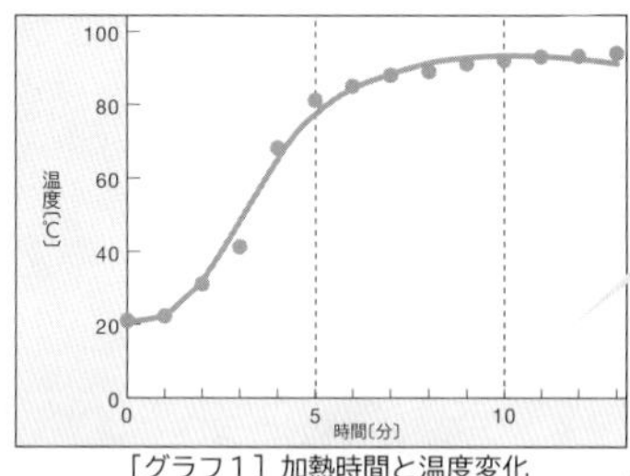

4．結果

［表１］加熱時間と温度変化

時間〔分〕	0	1	2	3	4	5	6	7	8	9	10	11	12	13
温度〔℃〕	21.0	22.3	31.2	41.3	68.2	81.2	85.0	88.0	89.0	91.1	92.0	93.0	93.2	94.0

［表2］　得られた液体の性質

	1本目(0～5分)	2本目(5～10分)	3本目(10～13分)
におい	エタノール臭が強い	かすかに臭う	弱い
可燃性	長く燃え続けた	火がつきにくかった	燃えなかった
色	少し白く濁った	無色透明	無色透明
手の甲	冷たく感じた	少し冷たい	感じない

［グラフ１］加熱時間と温度変化

5．考察
今回の実験の目的は水とエタノールの混合物である赤ワインからエタノールを蒸留して取り出してみるというものだった。文献を調べてみると，エタノールの沸点は 78℃だが，加熱時間４分あたりから温度の上昇程度が穏やかになった。沸点は一定にならず，徐々に上昇していたが，この付近からエタノールが出てきたと考えられる。それは[表２]のにおいや揮発性，燃焼の仕方をみると明らかである。そして[表２]の結果を併せて考えると 10 分をすぎたあたりまでにエタノールはすべて捕集されたと考えた。

他の班の結果の中には，２本目からほとんどエタノールの性質が考えられない結果になっていたところがあったが，その班は加熱の際の火力が強すぎたため，１本目ですべてのエタノールが出てきてしまったものと考えられる。

今回は加熱時間５分から 10 分の間に出てきた液体は１本の試験管に集めたが，もう少し分けて集めるとエタノールの出終わった時間もはっきりとわかったと考えた。また蒸留を１回おこなっただけでは，エタノールだけを分離するのは難しいと考えられ，複数回行う必要があると思った。

また，ワインの成分は主に水とエタノールであり，その他として色素成分，匂いの元になる成分が考えられる。［表2］のように得られた成分が無色で，フラスコに残った液体の色が濃くなったことから，色素成分はこの操作では気体として出てこなかったと考えた。

最後に，１本目の液体がやや白濁していた。文献をしらべると，エタノールも水も無色透明なので，匂いの成分などが含まれている可能性があると考えたが，はっきり何なのか，突き止めたみたい。

6．結論
赤ワインに含まれるエタノールは，沸点の違いを利用した蒸留という分離法で取り出すことができる。

7．参考文献

［著者名，書名，出版社，発行年，参照ページ
参照したホームページ名やURL，最終閲覧年月日］

❶ 目的は，どのような動機や仮説をもとに実験したかをわかるように簡潔に書く。

❷ 追試験(同じ条件でもう一度実験をすること)ができるように，使用した器具や試薬はもらさず書く。

❸ 操作では，実験を行った際の記録なので，文章は過去形で書く。

❹ 結果では，計測した数値，色・におい・沈殿の有無などの観察結果などの事実を正確に書く。読み手が見やすいように図や表，グラフを活用する。

❺ 一般に，表のタイトルは表の上に，グラフのタイトルはグラフの下に示す。

❻ 実験データの単位が分かるように，表やグラフでは単位を示す。

❼ 考察では，目的や仮説をふまえ，得られた実験結果からわかったことや考えられることを客観的にまとめる。

❽ 文献値や他の実験班の結果，先行事例との比較も行うことで，より客観的な視点で実験を考察する。

❾ 次回の実験につながる改善点なども書く。

❿ 実験をするなかで気が付いたことや疑問点などについても考察する。ただし，考察と感想は同じ項には書かない。感想を書く際は考察とは別の項を立てる。

⓫ 結論でも，目的や仮説をふまえて，簡潔にまとめる。

⓬ 参考にした文献や Web ページを明記する。

4 体積・質量の測定
Measurements of volume and mass

1 目盛りの読み方

体積や質量を測定するときの目盛りは，最小目盛りの1/10まで読み取る。

安全めがねの装着

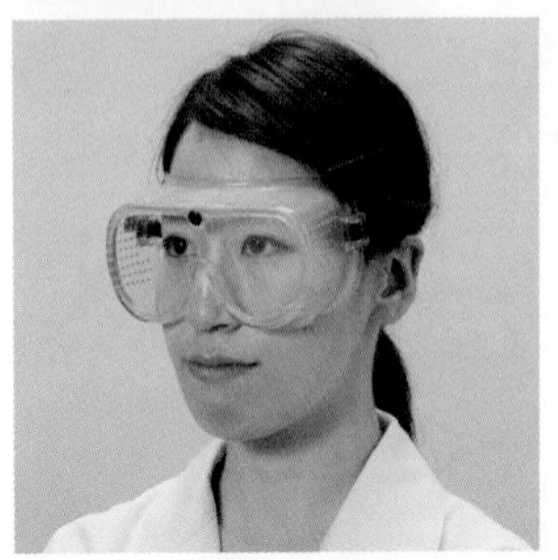

実験を行うときは，目を保護するために必ず安全めがねをつける。

目盛りの読み方

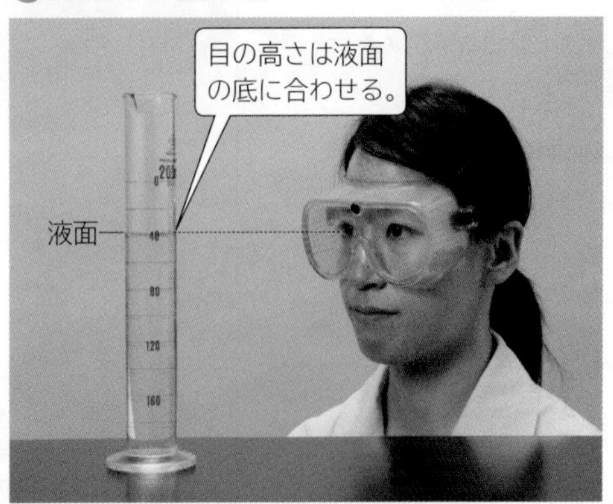
目の高さは液面の底に合わせる。
液面

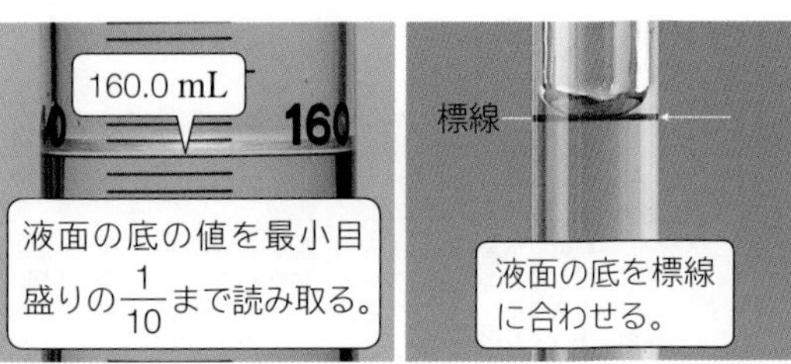
160.0 mL
液面の底の値を最小目盛りの$\frac{1}{10}$まで読み取る。
標線
液面の底を標線に合わせる。

目盛りを読むときは，湾曲した液面(**メニスカス**)の底の位置に目の高さをそろえ，**最小目盛りの1/10**まで読み取る。メスフラスコやホールピペットで液面を標線に合わせるときも同様である。過マンガン酸カリウム水溶液のような色の濃い液体の場合には，メニスカスの底が見えないので，水平なところの目盛りを読む。また，水銀のようにメニスカスが上に膨らむものは湾曲した液面の上端を読む。

2 体積を測定する器具
volume measurement

体積を測定する器具にはいろいろな種類がある。測定の目的と精度に合った器具を選ぶ。

精度が低い器具

メスシリンダー

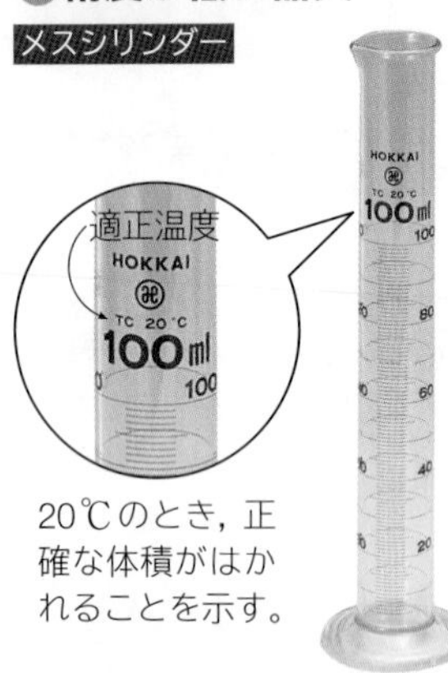
適正温度
HOKKAI
TC 20℃
100ml

20℃のとき，正確な体積がはかれることを示す。

メートルグラス

液体の体積を測定するときは，一般にメスシリンダーやメートルグラスを用いる。ただし，これらの器具はやや精度が低いため，滴定(➡p.80)のような精密な実験では使用できない。

精度が高い器具

メスフラスコ　ホールピペット

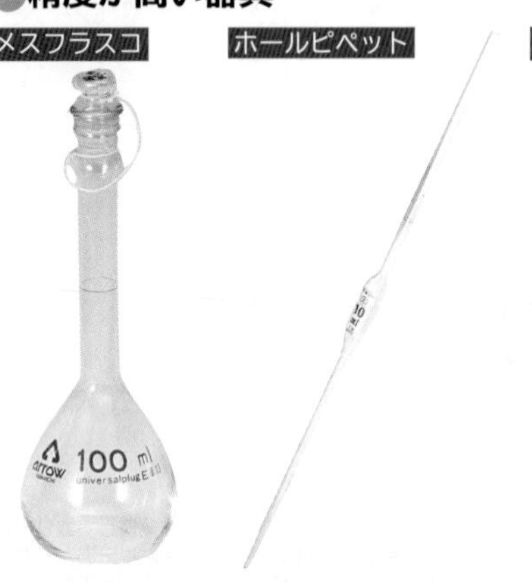

ビュレット

ビュレットの目盛りは，下にいくほど値が大きくなる。

滴定のときは，高い精度で体積をはかることができるメスフラスコ，ホールピペットを用いる。また，滴下した溶液の体積をはかるにはビュレットを使用する(➡p.81)。

ビーカーの目盛りはめやす

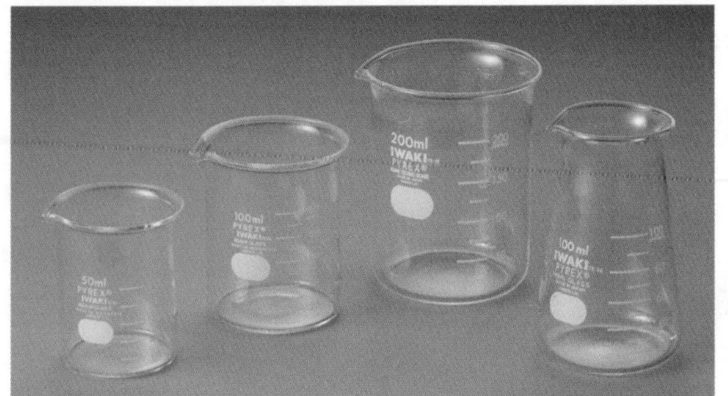

ビーカーの目盛りはめやすであり，正確さに欠ける。体積を正確に測定するには不適当である。

加熱して乾かさない

精度が高いメスフラスコやホールピペットなどは，加熱するとガラスが膨張して，正確に体積がはかれなくなる。

先端部分を壊さない

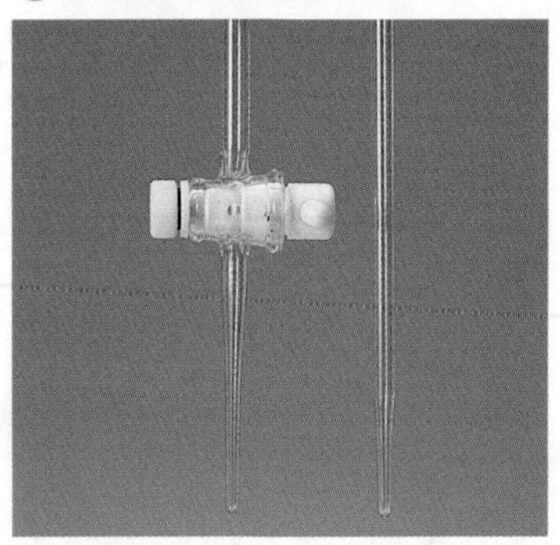

ビュレットやホールピペットは先端の部分が割れやすいので，取り扱いには注意する。

3 電子てんびん electronic balance

機種によってスイッチの表示や位置などが異なるが，基本的なしくみは同じである。

電子てんびんの調整

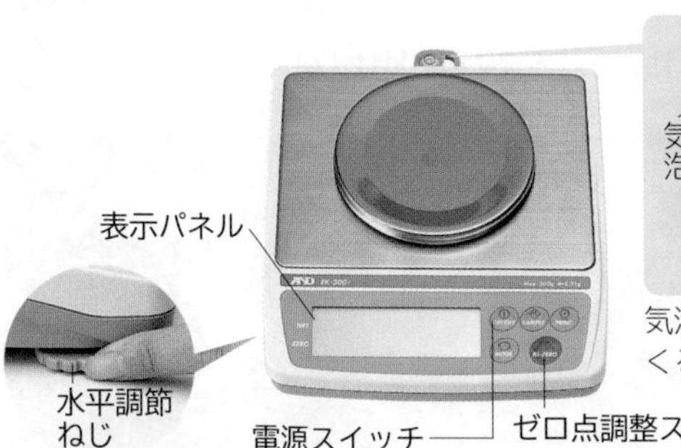

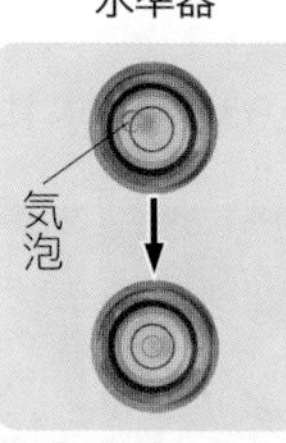

気泡が円の中心にくるようにする。

電子てんびんは安定した水平な場所におく。水準器の気泡が中央にくるように水平調節ねじで調節し，電子てんびんを水平にする。

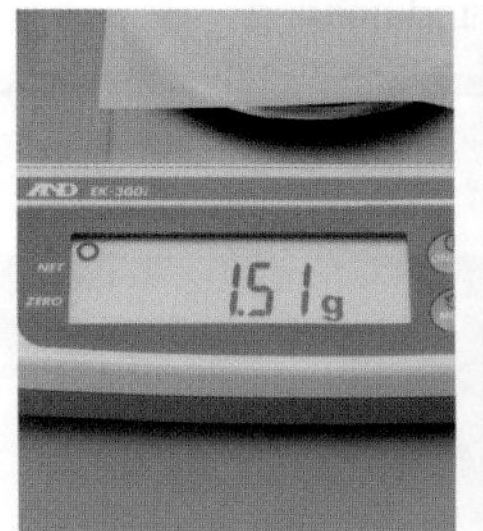

機種により異なるが，丸印が点滅から点灯に変わったら表示パネルの数値を読む。

表示や測定レンジは，適当なところを選ぶ。

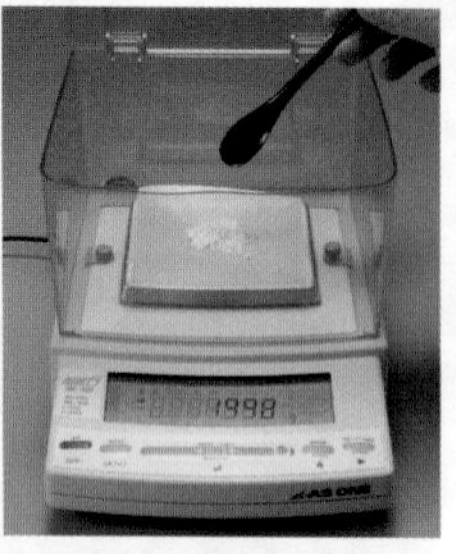

1/1000 g まで測定できるものは，風よけのケースがある。ふたを開けて物質を入れ，ふたを閉めて数値を読む。

物質の質量をはかるとき

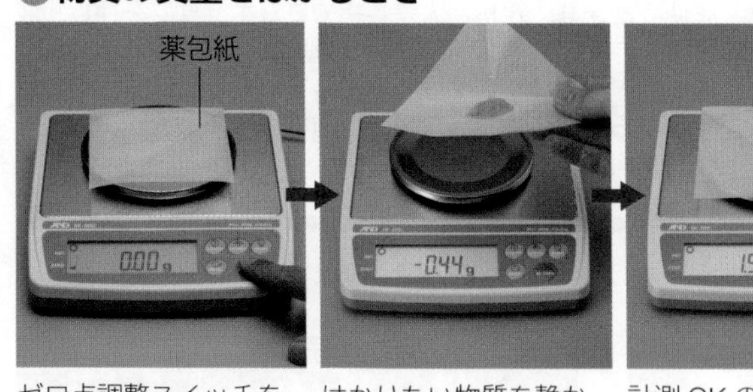

ゼロ点調整スイッチを押し，目盛りをゼロにする。

はかりたい物質を静かにのせる。

計測 OK のサインが出たら数値を読み取る。

一定質量の物質をはかり取るとき

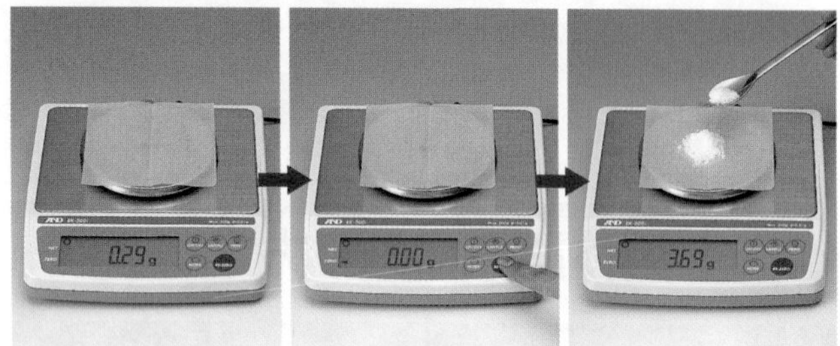

薬包紙や空の容器をのせる。

ゼロ点調整スイッチを押し，目盛りをゼロにする。

はかり取りたい質量まで物質を取る。

4 上皿てんびん even balance

左右のふれ幅でつり合いを確かめるため，使う前に調整が必要である。

上皿てんびんの調整

水平な台の上に置き，使う前に指針のつり合いを調節ねじで調整する必要がある。分銅を素手で触ると，さびたり汚れが付いたりして質量が変わるので，ピンセットで扱う。

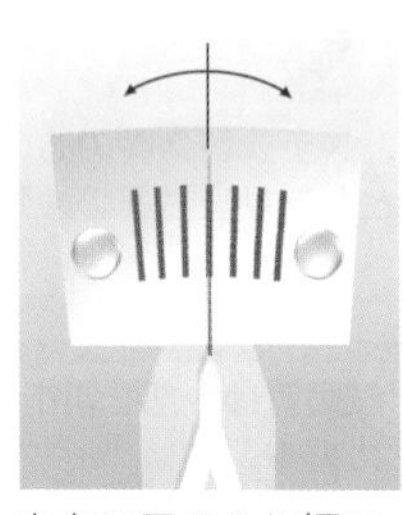

左右に同じふれ幅でふれていればつり合ったと見なしてよい。針が止まるまで待つ必要はない。

収納時は皿を一方に重ねておく。

一定質量の物質をはかり取るとき

両方の皿に薬包紙をのせ，一方の皿にはかり取りたい質量の分銅をのせる。他方の皿につり合うまで物質をのせていく。薬さじの柄を指などでたたくと，物質を少しずつ落とすことができる。

物質の質量をはかるとき

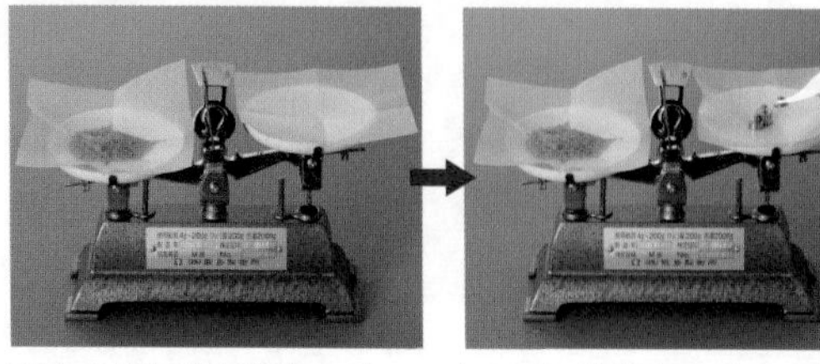

両方の皿に薬包紙をのせ，一方の皿に物質をのせる。他方の皿につり合うまで分銅をのせていく。分銅は重いものからのせ，測定後，重いものからおろす。

5 試験管の使い方・加熱の仕方

Management of a test tube and heating

1 液体試薬の取り方

reagent

液体試薬は試験管の内壁を伝わらせて静かに注ぎ，試験管に取る量は1/4以下にする。

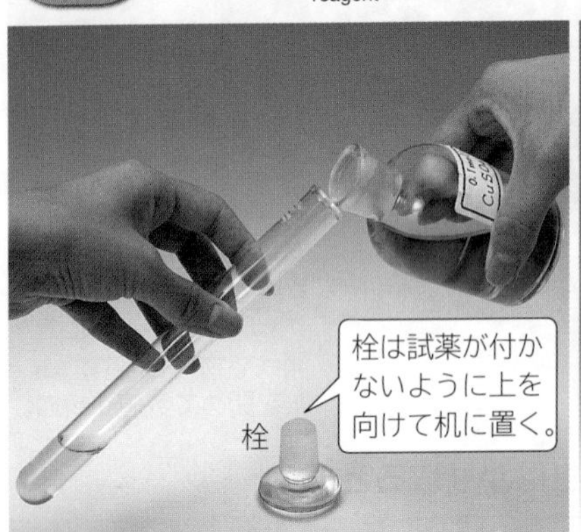

栓は試薬が付かないように上を向けて机に置く。
栓

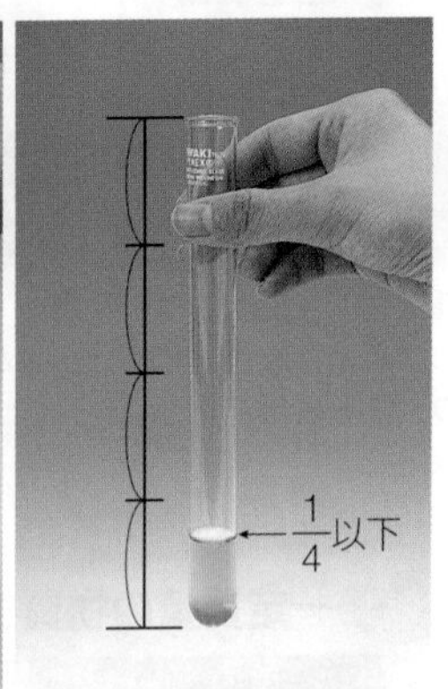

$\frac{1}{4}$以下

試薬びんはラベルの部分を手のひらでもつ。びんの栓は，試薬が机に付かないように，上を向けて机に置く。液体試薬は，試験管を傾け内壁を伝わらせて静かに注ぎ，取る量は試験管の1/4以下にする。

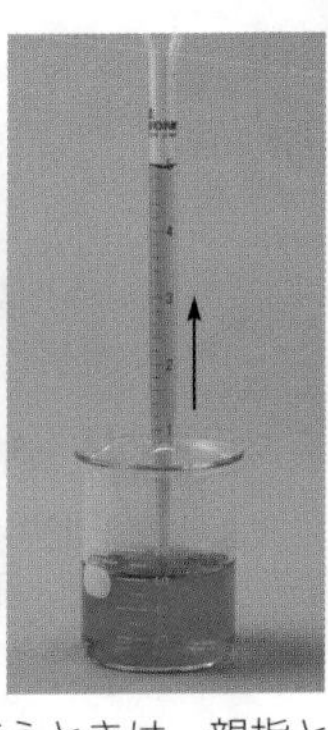

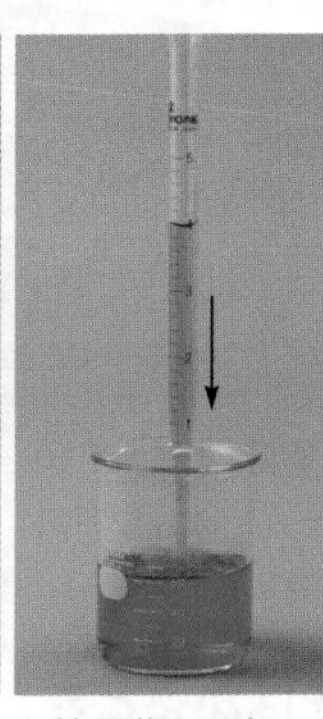

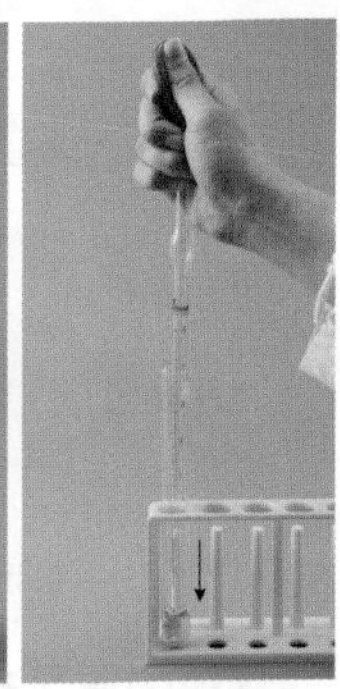

駒込ピペットを使うときは，親指と人差し指でゴムキャップを押し，液体試薬に先端を入れてゴムキャップを少しずつ緩め，試薬を吸い上げる。試薬を取りすぎたときは，ゴムキャップを押して試薬を出す。目的の体積まで試薬が入ったら，ゴムキャップを緩めずに先端を試験管に移し，ゴムキャップを押して試薬を出す。

2 固体試薬の取り方

固体試薬は薬さじを使って取る。試験管を傾けて薬さじで試験管の底まで入れる。

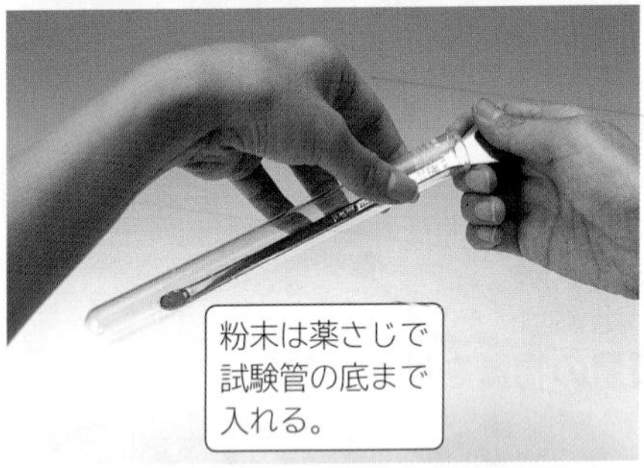

粉末は薬さじで試験管の底まで入れる。

固体試薬を薬さじで取り，試験管を傾けた状態で薬さじを試験管の底まで入れ，試験管に移す。

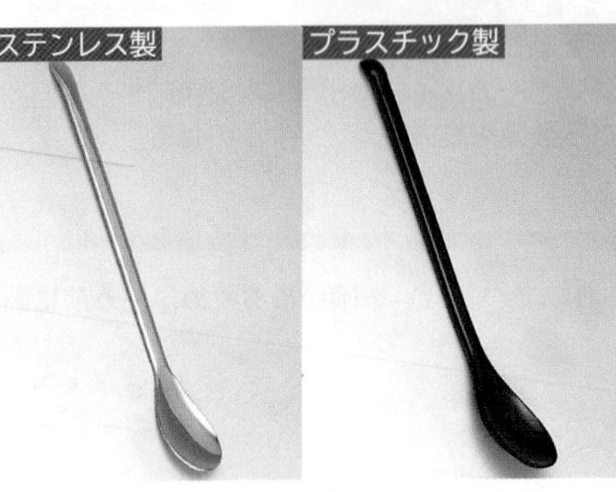

ステンレス製
プラスチック製

薬さじには，ステンレス製のものとプラスチック製のものとがあり，試薬の種類によって使い分ける。

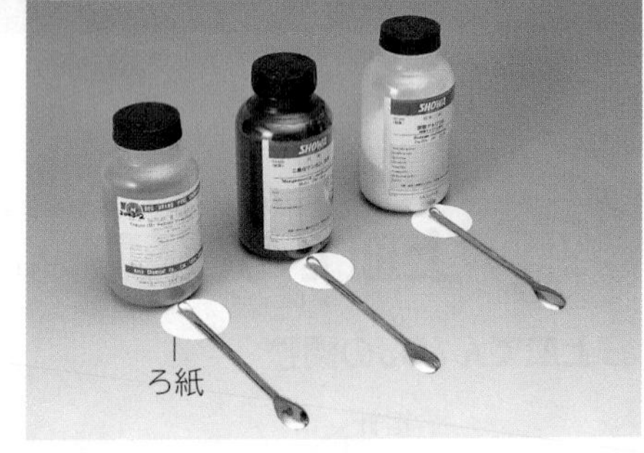

ろ紙

いくつもの固体試薬を取るときは，薬さじを試薬の数だけ用意する。同じ薬さじを使うときは，試薬が変わるたびに，薬さじを紙でふいて使う。

3 試験管の振り方･洗い方

test tube

試験管は上部を親指，人差し指，中指で軽くつまむようにもち，円を描くように振る。

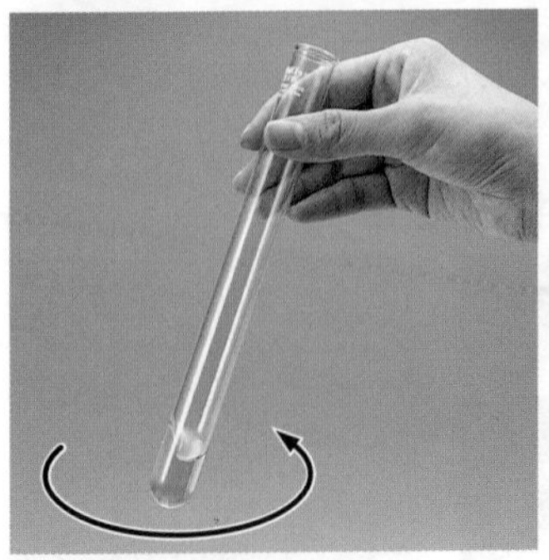

試験管上部を，親指，人差し指，中指で軽くつまむようにもち，底で円を描くようにして振り混ぜる。

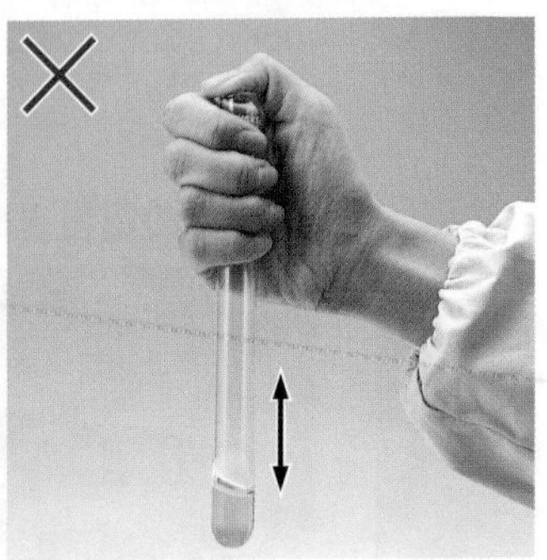

×

激しく振り混ぜるときは，ゴム栓などをして振る。指で栓をして振ると，試薬が指に付いて危険である。

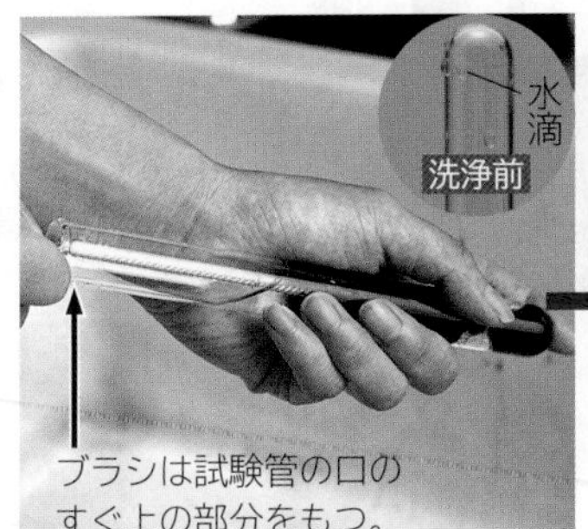

水滴
洗浄前
ブラシは試験管の口のすぐ上の部分をもつ。

試験管をブラシで洗うときは，ブラシを試験管の底まで入れ，右手で柄の部分をもち，左手の人差し指を試験管の底に当てる。

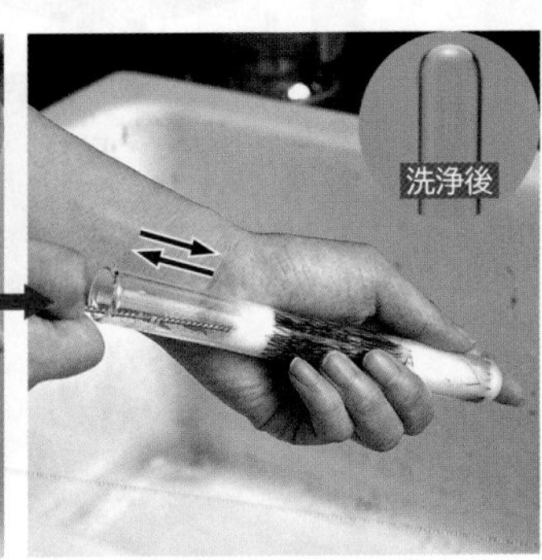

洗浄後

試験管の底を突き破らないように注意して，ブラシを動かす。最後に洗剤の泡が消えるまで水道水で十分にすすぐ。

4 ガスバーナーの点火
gas burner

ガスバーナーに点火するときは，火に遠い方から順に栓を開ける。空気の量は炎の色を見て**空気調節ねじ**で調節する。

ガスバーナーには，ガス調節ねじと空気調節ねじがある。ガスを入れるためのコックが付いているものもある。最初に，これらが閉まっていることを確認しておく。

ガスバーナーに点火するときは，火に遠い方から，❶ガスの元栓→❷コック→❸ガス調節ねじ→❹空気調節ねじの順で開ける。消火のときは，点火と逆の順序で行う。

❶ 元栓

❷ コック

❹ 空気調節ねじ

❸ ガス調節ねじ

ガスバーナーのしくみ

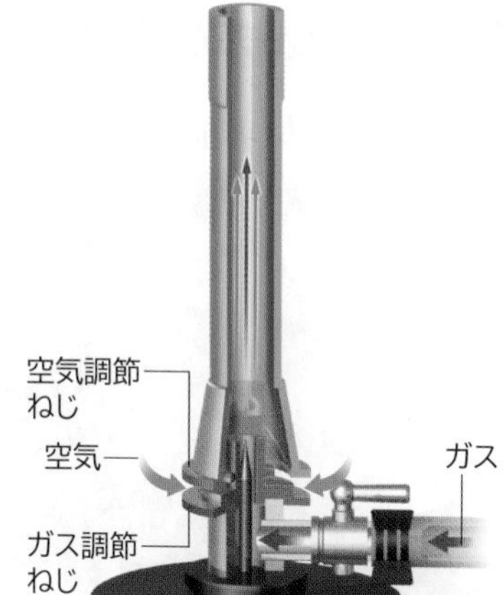

元栓とコックを開けたあと，マッチの炎を口に近づけ，ガス調節ねじを開き点火する。

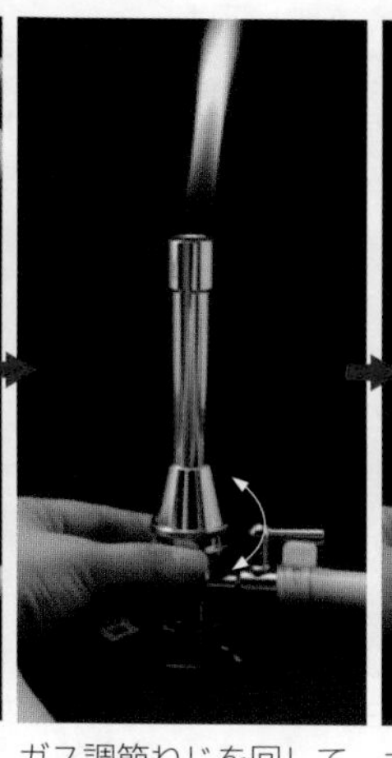

ガス調節ねじを回して，炎の大きさを調節する。ふつうは5 cm程度の大きさで使う。

ガス調節ねじを押さえ，空気調節ねじだけを回して，炎の色を薄い青色に調節する。

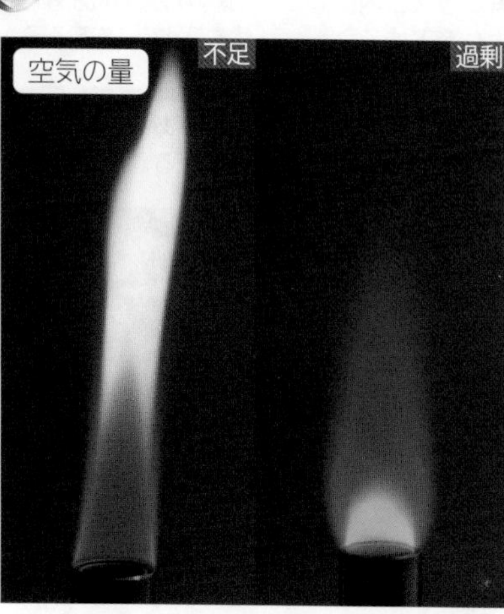

空気が不足だと炎の色は赤い。空気が過剰だと，炎が小さくなり，青い三角形がはっきり見え，ボーボー音を立てる。空気の量は炎の色を見て空気調節ねじで調節する。

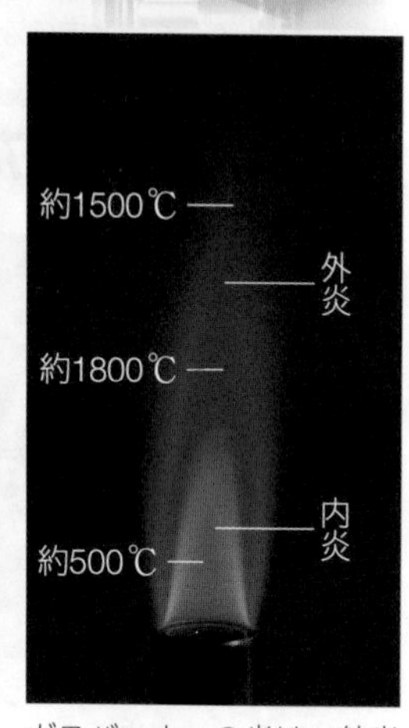

ガスバーナーの炎は，外炎の中心部分の温度が最も高い。

5 試験管の加熱

おだやかに加熱するときは試験管を手で直接もつ。強熱するときは**試験管ばさみ**を使う。突沸を防ぐために，試験管は少し傾け，液体の上のほうを軽く振り混ぜながら加熱する。

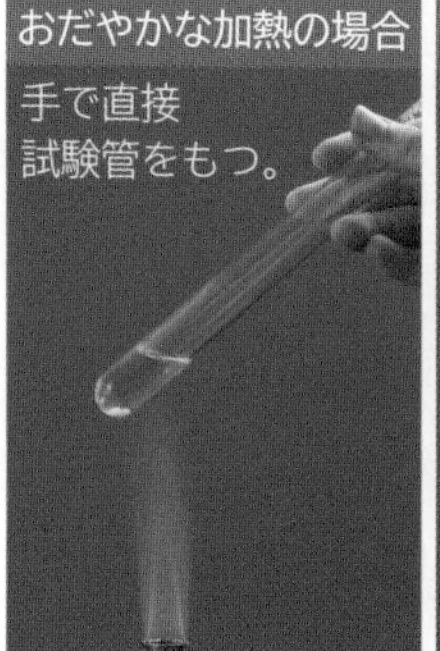

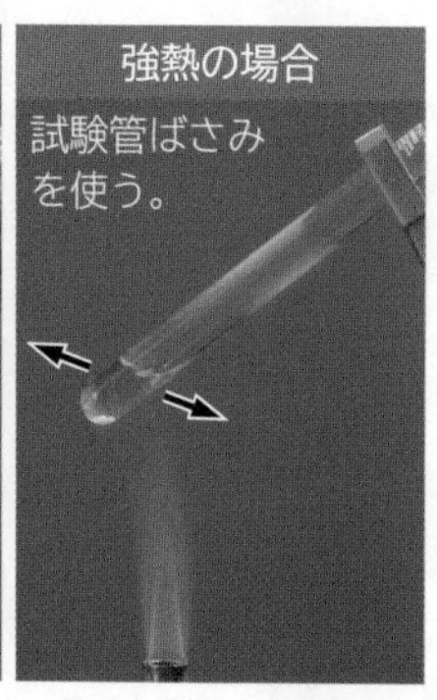

おだやかに加熱するときは，試験管を手でもつ。強熱するときは，試験管ばさみを使う。試験管を少し傾け，液体全体が一様に温められるよう軽く振り混ぜながら加熱する。

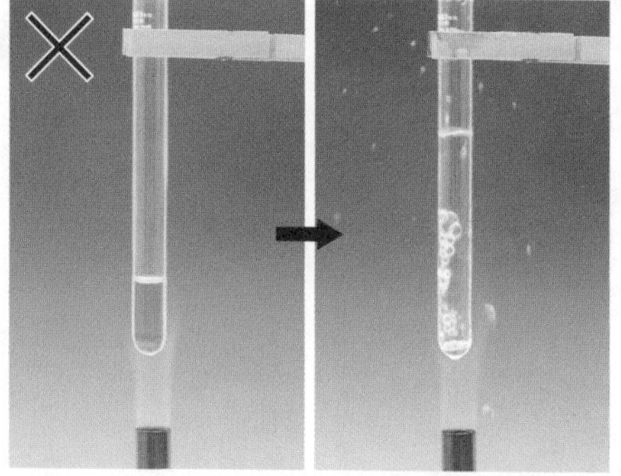

試験管を振らないと，突沸して中の液体が吹き出す恐れがある。このとき，沸騰石を入れておくと突沸を防ぐことができる。万一の突沸にそなえて，試験管の口は人のいない方向に向けておく。

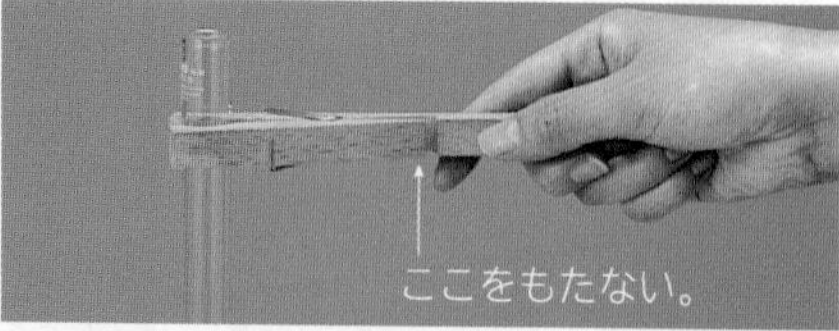

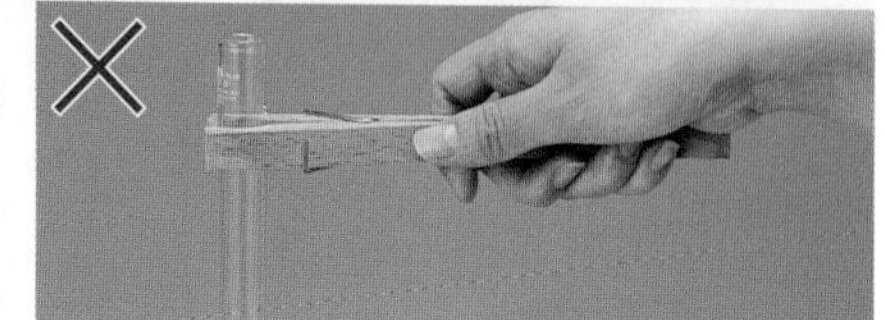

試験管ばさみの開いた部分をもたない。この部分をもつと，力を入れたときに試験管ばさみが開くので，試験管を落としてしまう。

6 気体の発生と捕集法

Generation and collection method of gases

1 気体の発生装置

gas

反応させる試薬が固体か液体か，加熱を必要とするかどうかで発生装置を使い分ける。

固体＋液体（非加熱）

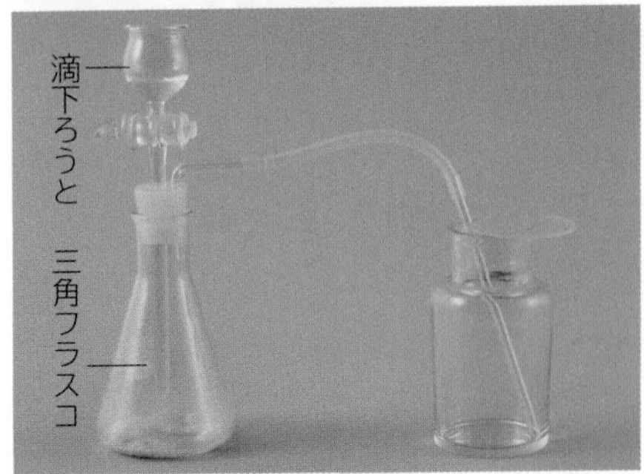

加熱の必要がないときは，三角フラスコ内に固体を入れ，滴下ろうと内の液体を滴下する。

固体＋液体（加熱）

加熱の必要があるときは，丸底フラスコ内に固体を入れ，滴下ろうと内の液体を滴下する。

固体＋固体（加熱）

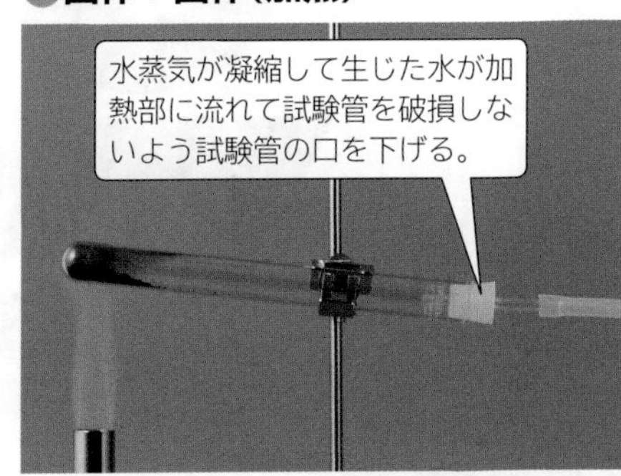

水蒸気が凝縮して生じた水が加熱部に流れて試験管を破損しないよう試験管の口を下げる。

水が発生する固体どうしの加熱は，試験管の口を少し下げる。

2 ふたまた試験管

くぼみがある方に固体，もう一方に液体を入れる。固体と液体を分けることによって反応を止めることができる。

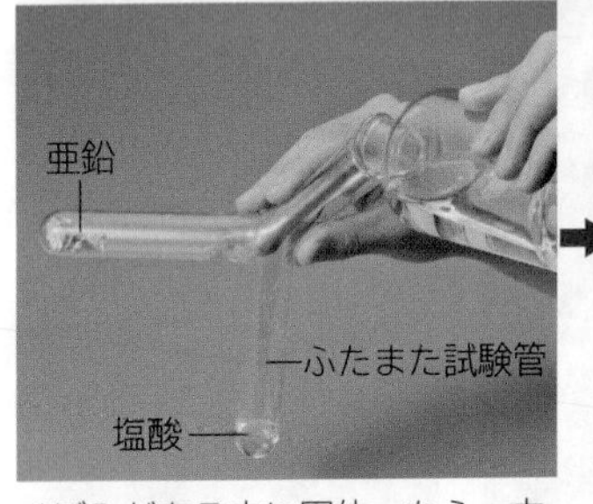

くぼみがある方に固体，もう一方に液体を入れる。

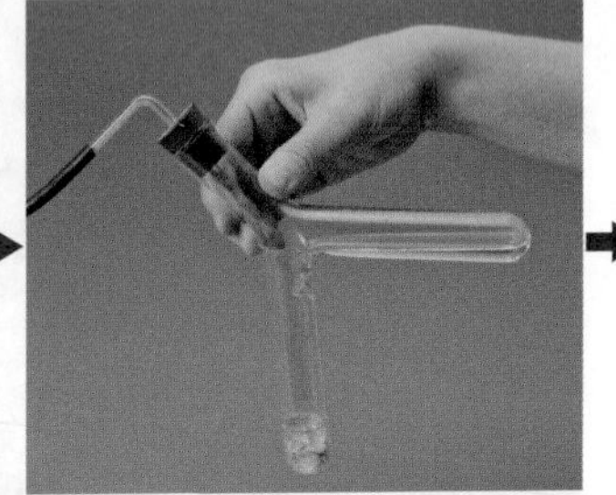

反応させるときは，液体を固体の方に流し込み，反応させる。

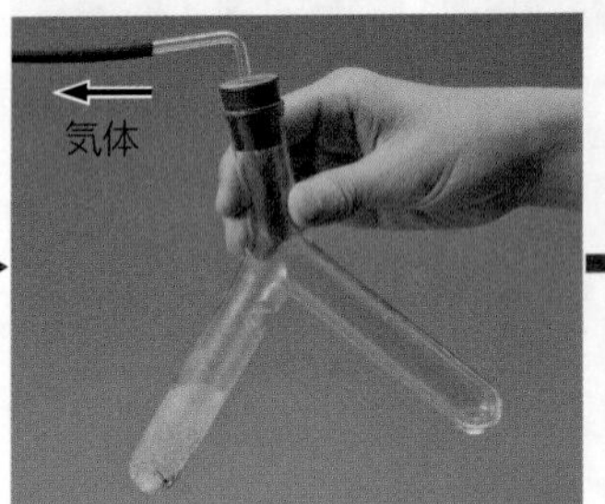

反応が起き，気体が発生する。

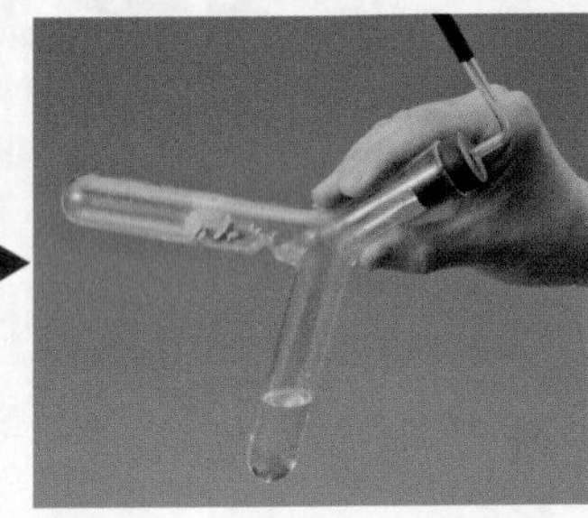

反応を止めるときは，ふたまた試験管を傾け，液体をもとに戻す。

3 キップの装置

Kipp's gas generator

固体に液体を加えて，常温で多量の気体を発生させたり，発生を調整したりすることができる。

キップの装置の操作（例：石灰石と塩酸から二酸化炭素を発生させる）

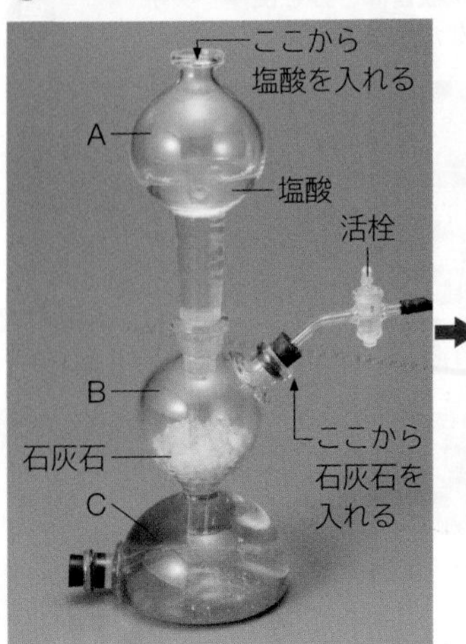

Bに石灰石を入れ，活栓が閉まった状態でAに塩酸を入れる。

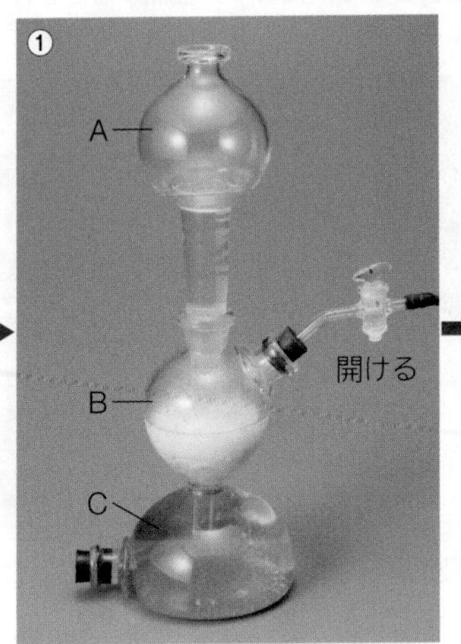

活栓を開くと，Aの塩酸がCに流れていき，Bに達すると反応が始まり，二酸化炭素が発生する。

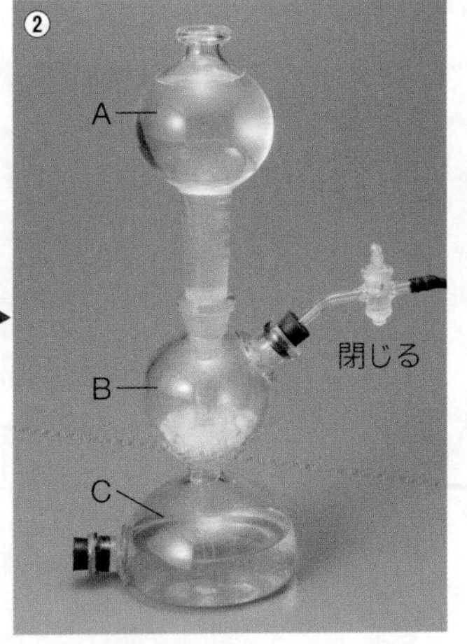

活栓を閉じると，発生した気体がBの塩酸をCに追いやり，塩酸と石灰石が離れ，反応が止まる。

キップの装置の原理

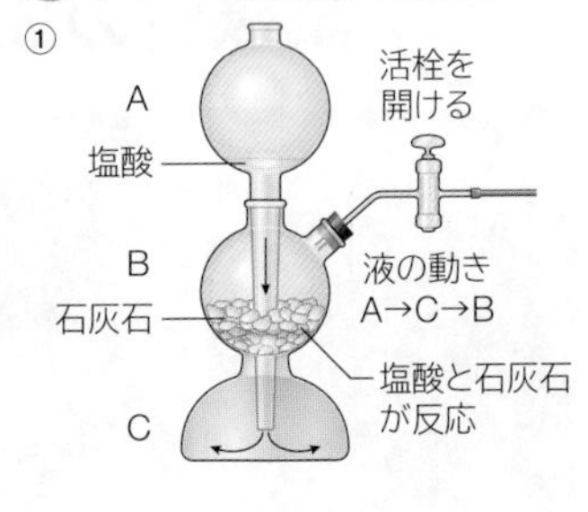

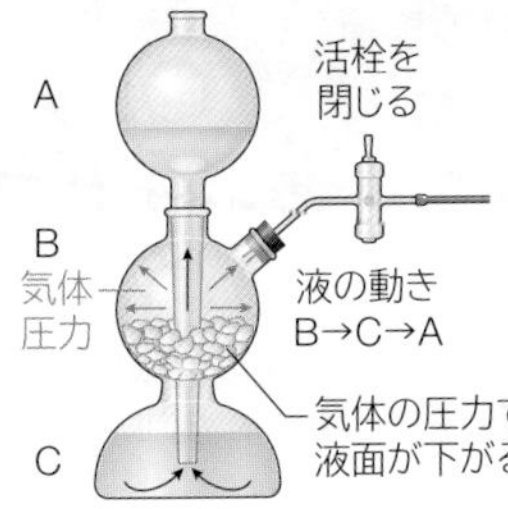

思考 濃硫酸で乾燥できない気体は何か。また，それはなぜか。

[解答例は p.2 に掲載されている QR コードから一覧で確認できます。]

4 気体の乾燥と洗浄 drying

気体の乾燥剤には酸性，中性，塩基性のものがあり，発生する気体によって使い分ける。

乾燥装置

▶塩化カルシウム管

▶U字管

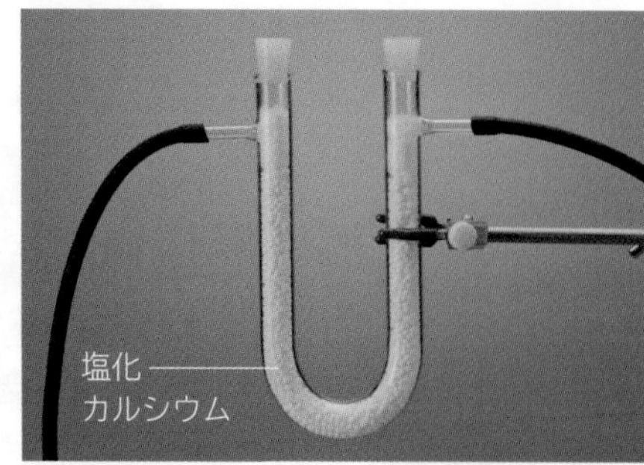

固体の乾燥剤を使用するときに用いる。

洗浄装置

▶洗気びん

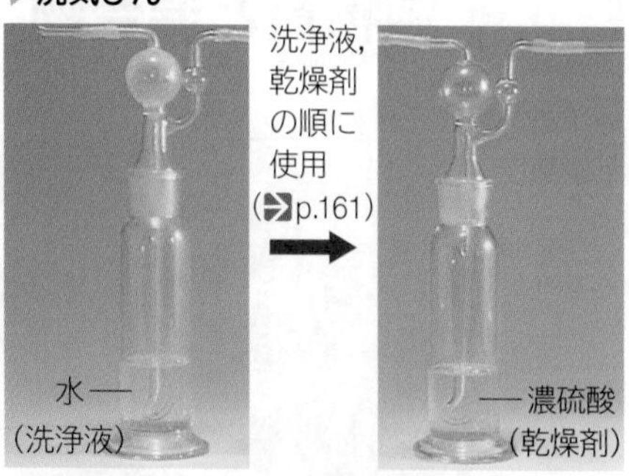

洗気びんには水溶性の気体を洗浄するための水や，液体の乾燥剤である濃硫酸を入れて用いる。

乾燥剤の選択

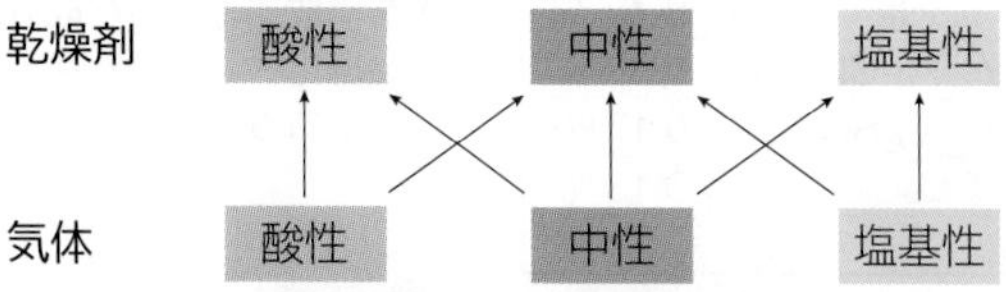

乾燥剤　酸性　中性　塩基性

気体　酸性　中性　塩基性

				乾燥される気体								
				酸性					中性			塩基性
				CO_2	NO_2	Cl_2	HCl	H_2S	H_2	N_2	O_2	NH_3
乾燥剤	酸性	十酸化四リン	P_4O_{10}	○	○	○	×*1	○	○	○	○	×
		濃硫酸	H_2SO_4	○	○	○	○	×*2	○	○	○	×
	中性	塩化カルシウム	$CaCl_2$	○	○	○	○	○	○	○	○	×*3
	塩基性	酸化カルシウム	CaO	×	×	×	×	×	○	○	○	○
		ソーダ石灰	(CaO＋NaOH)	×	×	×	×	×	○	○	○	○

酸性の気体は「酸性または中性の乾燥剤」，中性の気体は「酸性，中性または塩基性の乾燥剤」，塩基性の気体は「中性または塩基性の乾燥剤」を用いることが多い。

*1 十酸化四リンは，水を含んだ塩化水素に使用すると反応する可能性がある。　*2 濃硫酸と硫化水素は反応してしまう。
*3 塩化カルシウムとアンモニアは反応し，$CaCl_2 \cdot 8NH_3$ ができてしまう。

5 気体の捕集法 collecting method

発生する気体の水に対する溶解性や比重によって捕集法を使い分ける。

水上置換

水に溶けにくい気体を捕集するときに用いる。水上置換で捕集する気体は水蒸気が混入している。

例 H_2，N_2，O_2，CO，NO など

上方置換

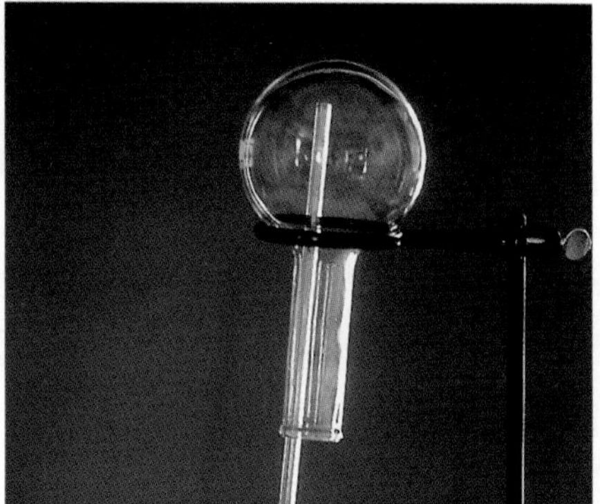

水に溶けやすく，空気より軽い気体を捕集するときに用いる。ガラス管を容器の奥まで入れて，気体を捕集する。

例 NH_3 など

下方置換

水に溶けやすく，空気より重い気体を捕集するときに用いる。ガラス管を容器の奥まで入れて，気体を捕集する。

例 Cl_2，H_2S，CO_2，HCl，NO_2，SO_2 など

＊空気との重さの比較は空気の平均分子量 28.8(➡p.111)とそれぞれの気体の分子量(➡p.59)の大小で行う。

1 物質の分離と精製 1

Separation and purification procedures of mixtures

1 純物質と混合物

pure substance　mixture

他の物質が混ざっていない単一の物質を純物質，海水や空気のように 2 種類以上の純物質が混ざりあったものを混合物という。 化学基礎

混合物

▶空気

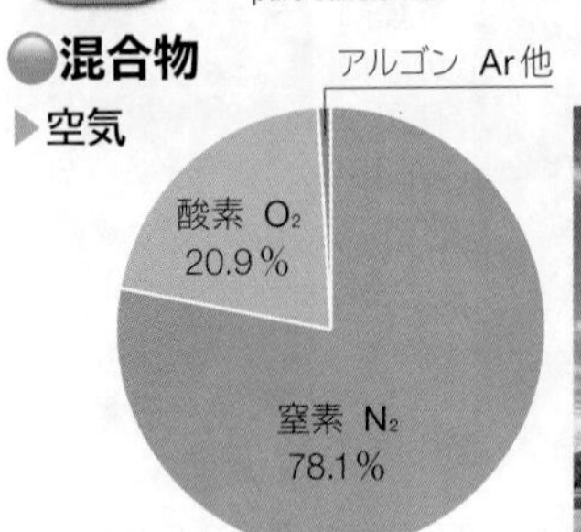

乾燥空気の組成（体積パーセント）

窒素 N_2	78.1 %
酸素 O_2	20.9 %
アルゴン Ar	0.9 %
二酸化炭素 CO_2	0.04 %
ネオン Ne	0.0018 %
ヘリウム He	0.00052 %
その他	0.0057 %

空気を構成するおもな成分は窒素と酸素で，その他にアルゴンや二酸化炭素，ネオンなどが含まれている。

▶海水

海水の組成（質量パーセント）

水 H_2O	96.5 %
塩化ナトリウム NaCl	2.72 %
塩化マグネシウム $MgCl_2$	0.38 %
硫酸マグネシウム $MgSO_4$	0.17 %
硫酸カルシウム $CaSO_4$	0.13 %
その他	0.10 %

海水を構成するおもな成分は水と塩化ナトリウムなどの塩類である。

純物質

▶空気中の純物質

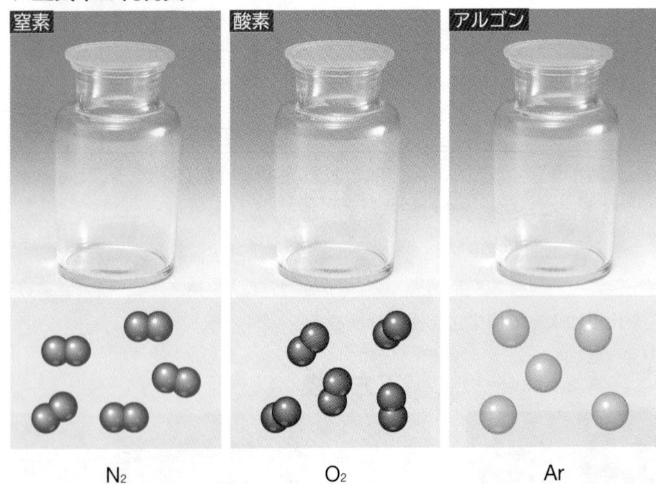

N_2　　O_2　　Ar

▶海水中の純物質

$MgCl_2$

硫酸マグネシウム

H_2O　　NaCl　　$MgSO_4$

混合物と純物質の関係

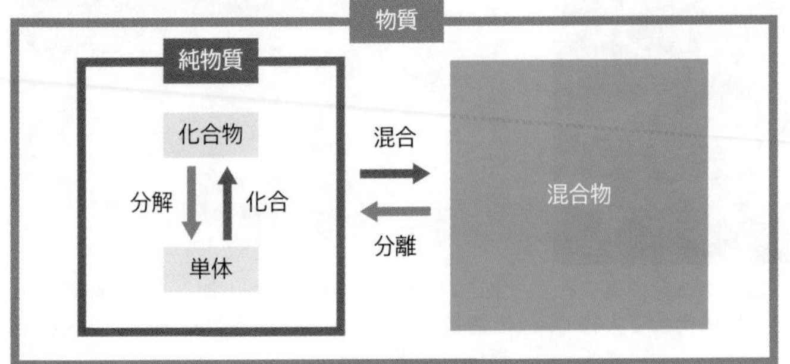

純物質の性質を調べるためには，混合物から目的の物質を分離しなければならない。混合物から純物質を取り出すことを**物質の分離**という。

混合物と純物質の沸点

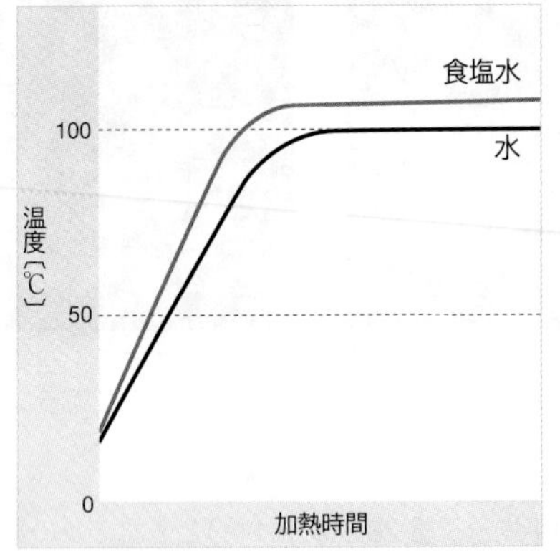

食塩水は水に塩化ナトリウム（食塩）が溶けた混合物である。純物質では，融点・沸点・密度などの性質が決まっているが，混合物では，これらの性質が混ざっている物質の種類や割合によって異なる。たとえば，水の融点は 0℃，沸点は 100℃ だが，食塩水の融点と沸点は溶けている塩化ナトリウムの量によって異なる。

2 ろ過 filtration

ろ過は粒子の大きさの違いを利用して，液体と沈殿物を分離する操作である。吸引ろ過では，ろ過を早く進めるために，吸引びん内を減圧にして行う。

ろ紙の折り方

沈殿を回収する場合

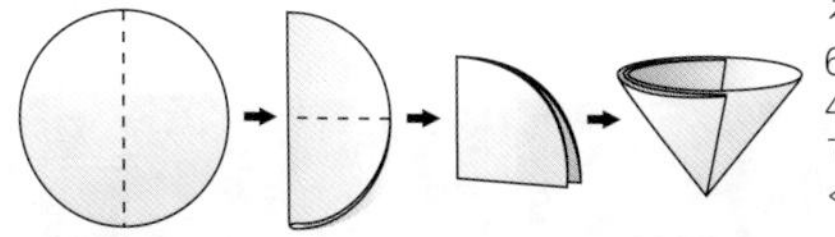

ろうとの頂角60°に合わせ4つ折りにして円錐状に開く。

固体成分が多く沈殿が不要な場合

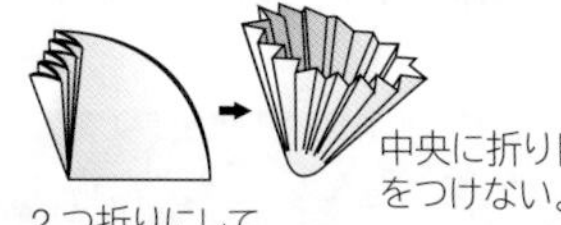

中央に折り目をつけない。

2つ折りにして，さらに16等分するように折りたたむ。

ろ紙の選び方

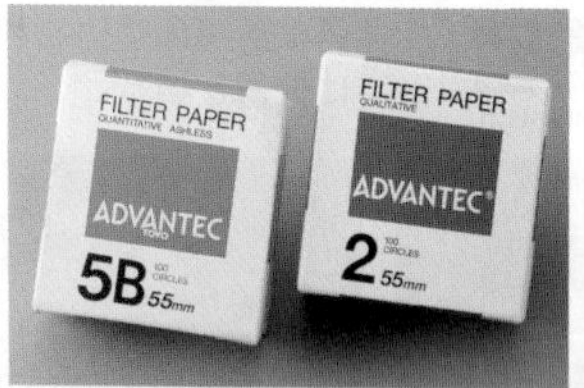

ろ紙は種類により目の粗さが異なる。沈殿の粒子の大きさやろ過速度を考えて適当なものを選ぶ。

ろ過

①
ろうとの先をビーカーの内壁につける。

ろ紙をろうとにセットし，水でぬらして密着させる。

②
試料はろ紙の上端から1cmまでをめやすに入れる。

ろ過したい試料を，ガラス棒を伝わらせて，上澄み，沈殿の順で，ろ紙上に静かにそそぐ。

沈殿を洗う場合は，なるべく少量の純水で，くり返し洗う。

吸引ろ過

アスピレーターで吸引しながら，ろ紙に水をかける。ろ紙とブフナーろうとを密着する。

アスピレーターに水を流すと，吸引びん内の空気が水流に巻き込まれる。このため吸引びん内は減圧となり，ろ液が早く落ちてきて，早くろ過できる。ろ過が終わったら，始めに吸引びんにつながったゴム管をはずしてその後，水を止める。

保温ろうと

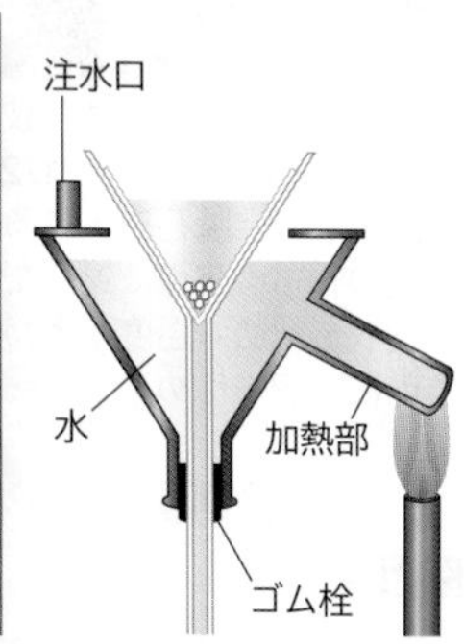

再結晶で溶媒中の不純物を取り除いたりするときに，溶液を高温に保ったままろ過するためのろうと。外側の銅製の保温ろうとに水を入れて，側管の部分をガスバーナーで加熱し湯を沸かしてろうとを保温する。

3 再結晶法 recrystallization

再結晶法は物質の温度による溶解度の違いを利用して分離する操作である。

再結晶法

少量の青い結晶硫酸銅(Ⅱ)五水和物 $CuSO_4 \cdot 5H_2O$ と硝酸カリウム結晶の混合物から硝酸カリウム KNO_3 結晶を取り出す。

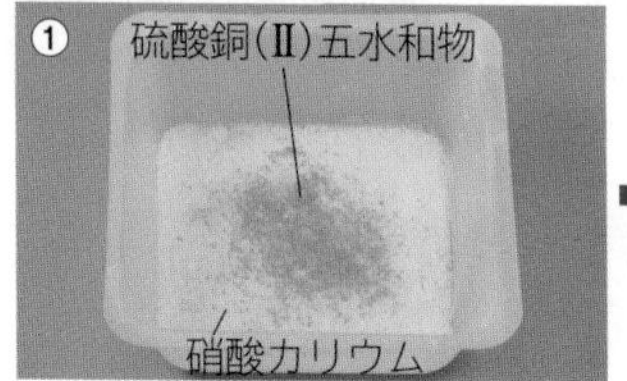

少量の硫酸銅(Ⅱ)五水和物が混ざった硝酸カリウム。

高温の水に溶かす。

冷却すると結晶が析出する。

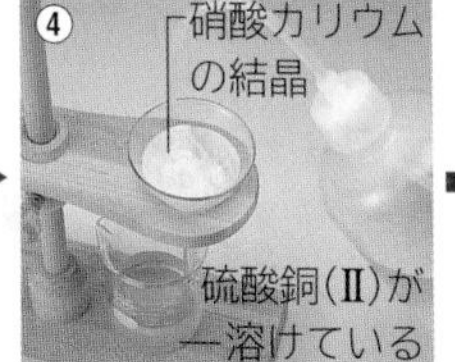

ろ過をする。

硝酸カリウムの結晶が得られる。

再結晶法の利用

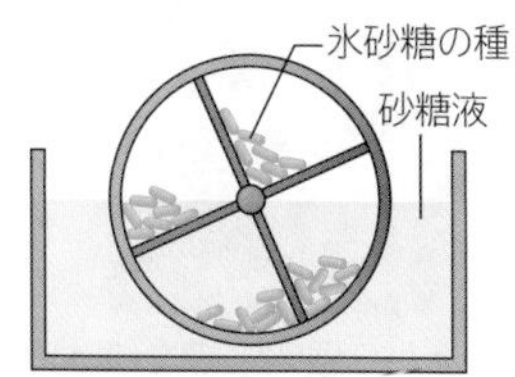

氷砂糖はショ糖の結晶である。ショ糖の濃厚水溶液をつくり，その水溶液から再結晶によりつくられる。しかし，食塩のように水を高温に加熱して蒸発させて結晶を得る方法は使えない。ショ糖水溶液は加熱すると，粘性が出て褐色になってしまい，透明な結晶は得られない。そのため約50℃で一週間程度かけ，ゆっくりと水分を蒸発させて結晶を得ることでつくられている。

思考 ろ過を行うとき，物質をガラス棒に伝わらせて注ぐのはなぜか。

2 物質の分離と精製 2

Separation and purification procedures of mixtures

 蒸留

distillation

蒸留は沸点の違いを利用して，液体を分離する操作である。液体の混合物から蒸留により各成分を分離する操作を特に**分留**という。

側管(枝)に入る蒸気の温度を測るため，温度計の球部分は**枝の位置**にする。

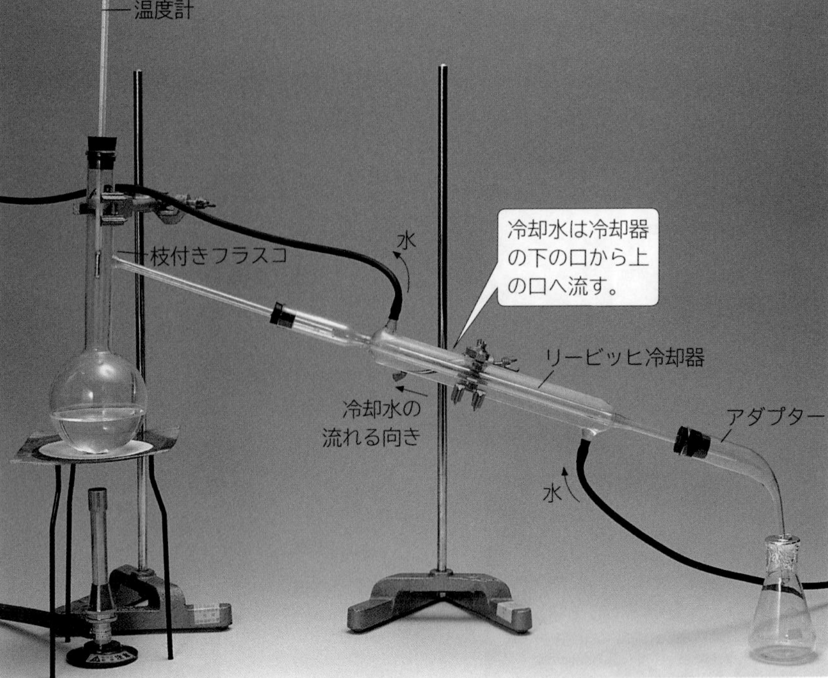

蒸留したい試料の量は，枝付きフラスコの**1/3〜1/2程度**とし，沸騰石を入れる。目的の物質の沸点に達したら回収を始め，温度が上がる前に回収をやめる。

引火性の試料は直火で加熱しない。沸点が 100℃より低ければ水浴，100℃より高ければ油浴や砂皿で加熱する。

加熱すると体積が膨張するので，アルミニウム箔で軽くふさぐ程度とし，**密栓をしない。**

分留(分別蒸留)

分留管

2 種類以上の液体物質の混合物液体から，その沸点の差を利用して蒸留操作により，各成分を分離する操作をいう。石油工業では原油からガソリン，灯油，軽油などに分けるために行う(➡p.272)。実験室では分留管を丸底フラスコに取り付けて蒸留する。

蒸留の歴史

蒸留操作は紀元前 3000 〜 4000 年頃のメソポタミア文明が起源といわれており，紀元後に果汁などを原料とした発泡酒から蒸留によりアルコール分の高い酒を造るようになった。

2 クロマトグラフィー

chromatography

クロマトグラフィーは，紙やカラムなど吸着剤への吸着のしやすさと，展開溶媒への溶けやすさの違いにより，各成分の移動速度が異なることを利用し分離する操作である。

ペーパークロマトグラフィー

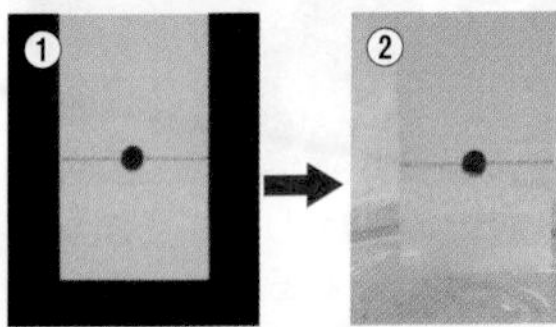

① ろ紙の下端から 1 cm に線を引き，試料をつける。

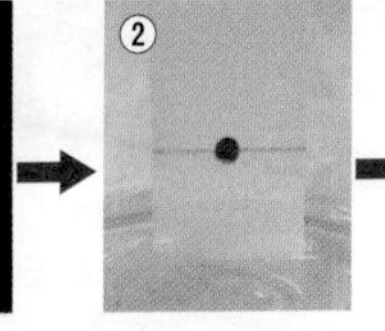

② 展開溶媒を下端から吸い上げさせる。

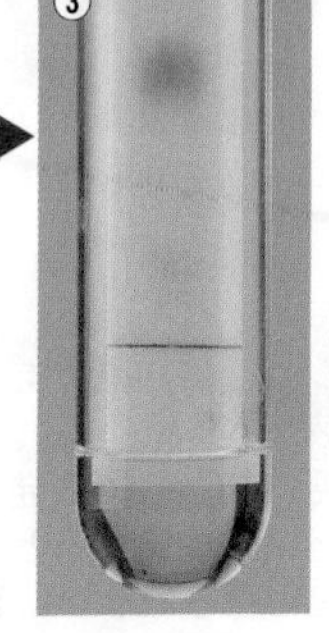

③ 展開溶媒に溶けやすく，ろ紙への吸着力が弱いと移動しやすく，遠くへ移動。吸着力が強く，溶けにくいと移動しにくい。

カラムクロマトグラフィー

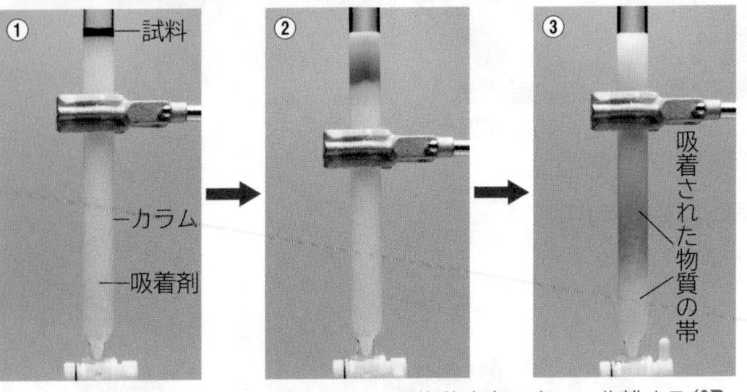

上から展開溶媒をゆっくり流していくと移動速度の違いで分離する(➡p.252)。

思考 砂の混じった食塩水がある。この食塩水について，砂を除いてから，純水を得る方法を考えよ。

3 抽出 extraction

抽出は液体に対する溶けやすさの違いを利用して，物質を分離する操作である。目的の物質だけを溶かす溶媒を使い，その溶媒中に目的の物質を溶かして取り出す。

分液ろうとを利用した抽出

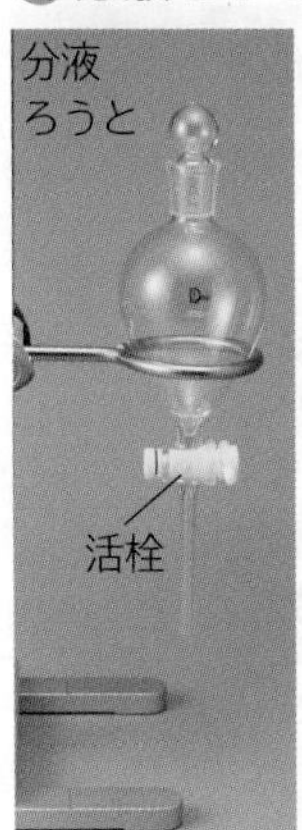

分液ろうとに試料と溶媒を入れ，栓をする。

栓の溝と空気孔が合わないようにする。

分液ろうとをよく振り，試料中の目的物質を溶媒に溶かす。

数回くり返す

活栓を開け蒸気を逃がし，内圧が大きくならないようにする。

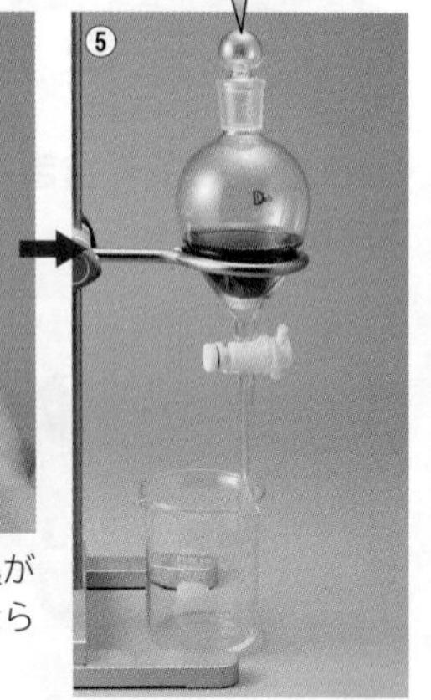

栓の溝を空気孔に合わせ，静置する。二層に分かれたら，活栓を開き，下層を流し出す。

抽出の利用

コーヒーや紅茶を入れる操作は，さまざまな成分を湯に溶かして抽出している。さらにティーバッグやフィルターでろ過の操作を併せて行っている。

ソックスレー抽出器

サイホン効果により，冷却された溶媒でろ紙中の固体試料を連続的に溶かして取り出す(➡p.248)。

4 昇華法 sublimation

昇華法は昇華性をもつ物質を加熱により気体にして分離し，その気体を冷却することによって，昇華性をもつ物質を精製する操作である。

昇華性をもつヨウ素と砂の混合物。

加熱するとヨウ素が昇華して気体になる。

冷水によって気体のヨウ素が冷やされて固体になる。

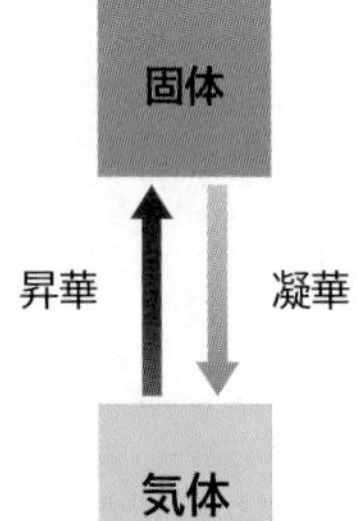

TOPICS ガスクロマトグラフィー

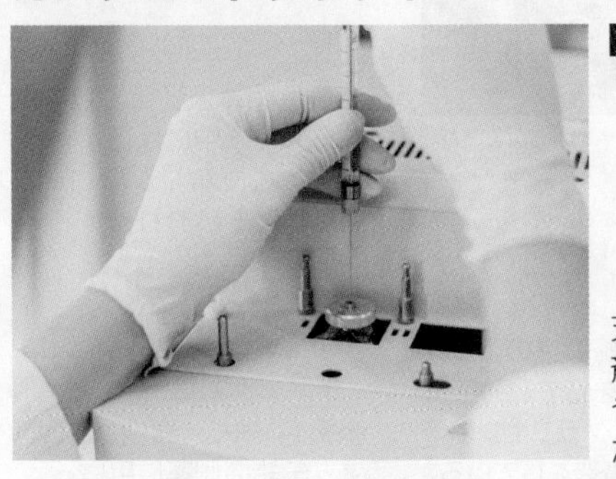

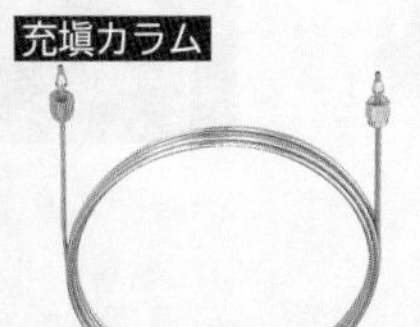

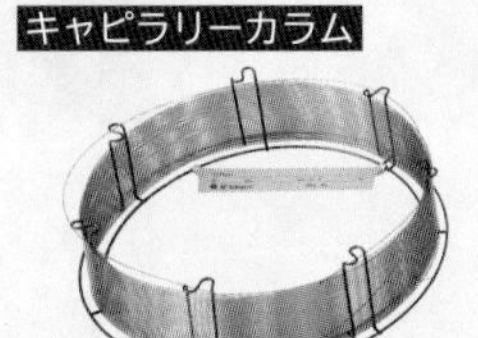

充塡カラムはガラスやステンレスの管の中に吸着剤を充塡したもの。キャピラリーカラムはシリカやステンレスの中空細管の内面に吸着剤を塗布または結合させたもの。

シリンジに採取したごく少量の試料(液体のときは加熱蒸発させて気体にする)をキャリアーガス(展開溶媒と同じはたらきをするものでヘリウムや窒素などが使われる)とともに吸着剤(吸着や分配の差を利用して成分を分離する試剤)のつまったカラムに取り込んで成分を分離する装置。成分の検出は電気的に行われ，成分を判断，定量する。

3 元素・単体と化合物

Elements, substances and compounds

1 元素 element

物質を構成する基本的な成分を元素という。自然界には約 90 種類の元素がさまざまな場所に存在する。化学では元素を元素記号で表す。 化学基礎

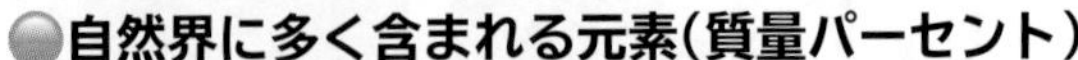

●自然界に多く含まれる元素(質量パーセント)

▶宇宙(太陽系)

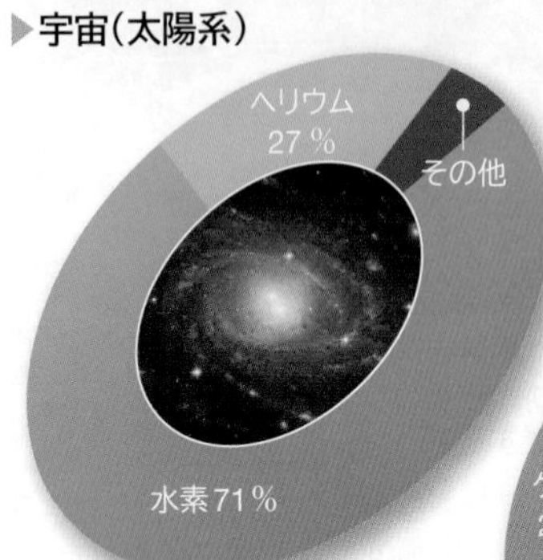

宇宙に存在する元素は，ほとんどが太陽などの恒星に集まっている。

▶地殻

岩石の主成分は酸素 O とケイ素 Si である。

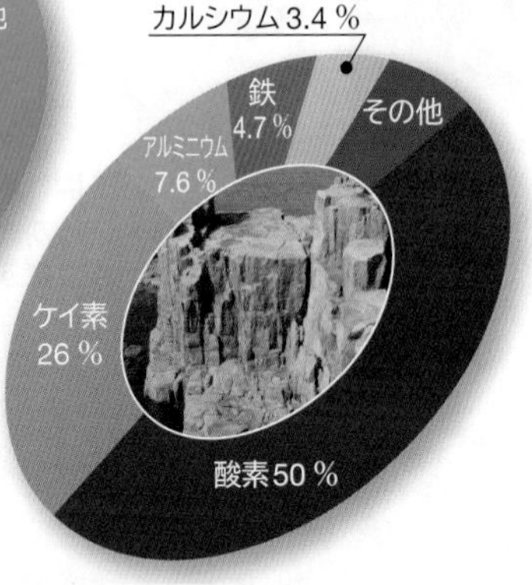

▶海水

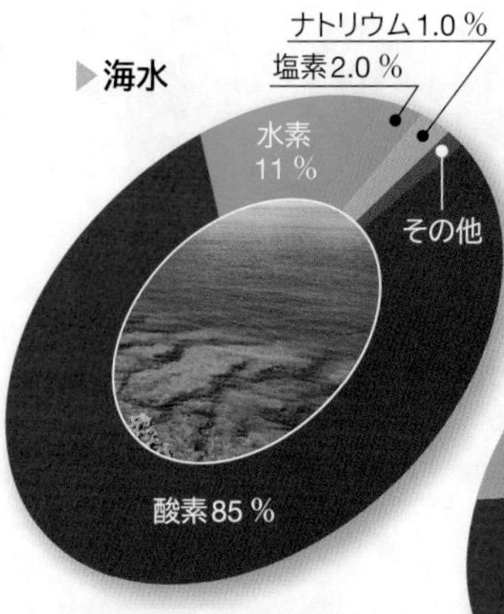

海水は水 H_2O に塩化ナトリウム NaCl などが溶けたものである。

▶人体

人体の質量の多くは水 H_2O で，タンパク質などは炭素 C の化合物である。

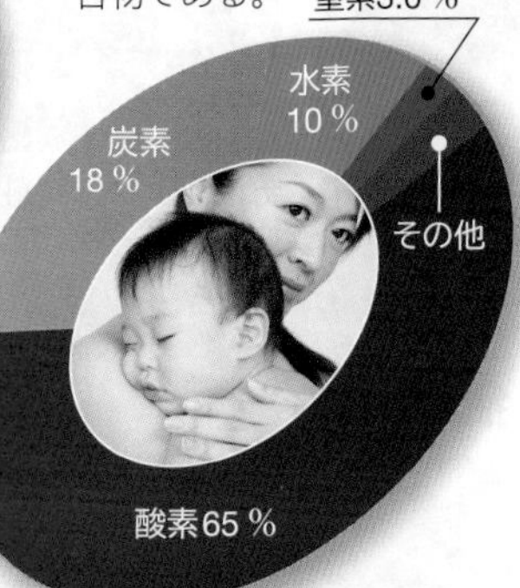

2 単体と化合物 simple substance compound

1 種類の元素だけからできている物質を単体，2 種類以上の元素からできている物質を化合物という。 化学基礎

●単体

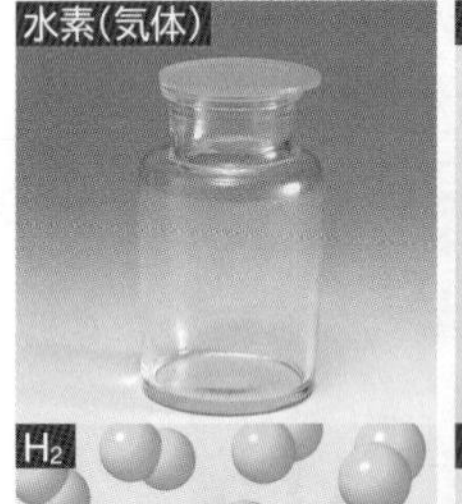

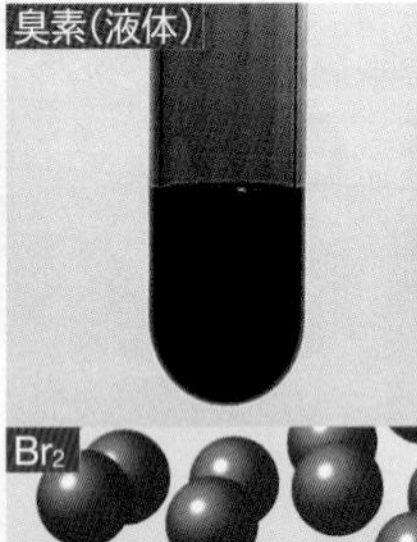

●化合物

3 同素体 allotrope

同じ元素の単体で性質が異なる物質を互いに同素体という。性質が異なるのは，結晶の構造や結合している原子の数が異なるためである。同素体が存在する元素には，炭素 C，リン P，硫黄 S，酸素 O などがある。 化学基礎

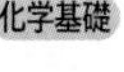

●炭素(➡p.174)

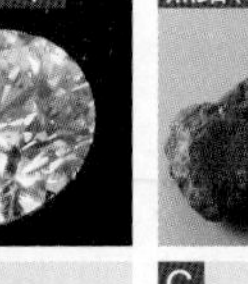
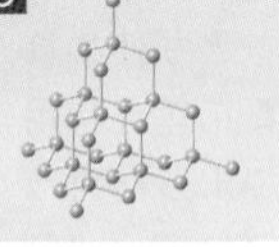

無色透明できわめてかたく，電気を通さない。

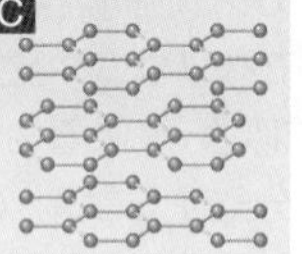

黒色で砕けやすく，電気をよく通す。

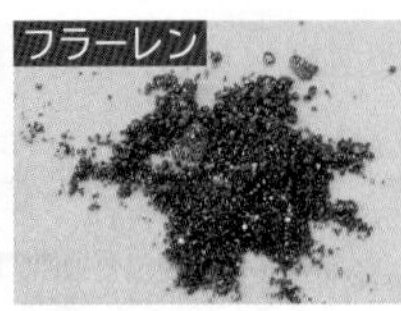
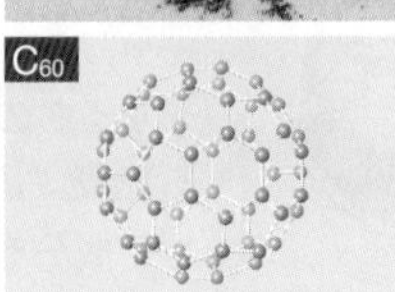

炭素 60 個で構成されるサッカーボール状の C_{60} が知られている。

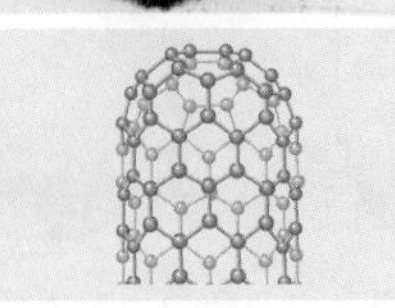

1991 年に飯島澄男氏によって発見された。直径がナノメートルサイズの円筒(チューブ)状の物質である。

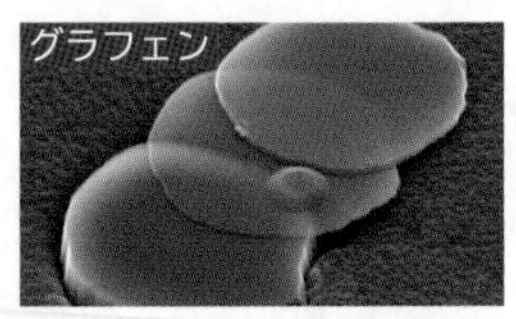
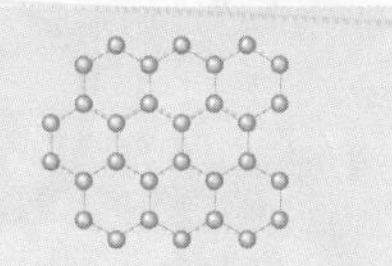

炭素原子が蜂の巣のような六角形構造をしている。グラファイトはグラフェンを何層も重ねた構造をしている。

●リン(➡p.172)

淡黄色固体。猛毒。自然発火するので水中に保存する。精製された黄リンは白くなり，白リンともいわれる。

赤褐色粉末。毒性は小さい。マッチ箱の側薬に用いる。

表現 同素体である黒鉛とダイヤモンドの性質の違いを説明せよ。

酸素(p.166)

空気中に約20％存在する無色・無臭の気体。

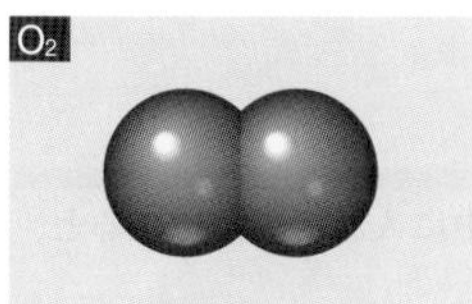

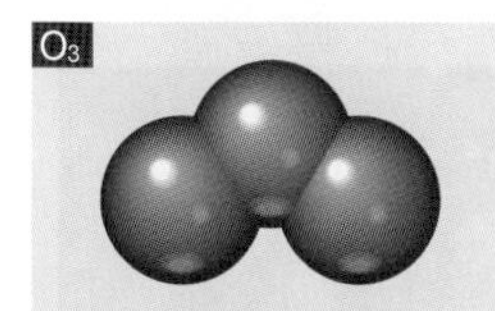

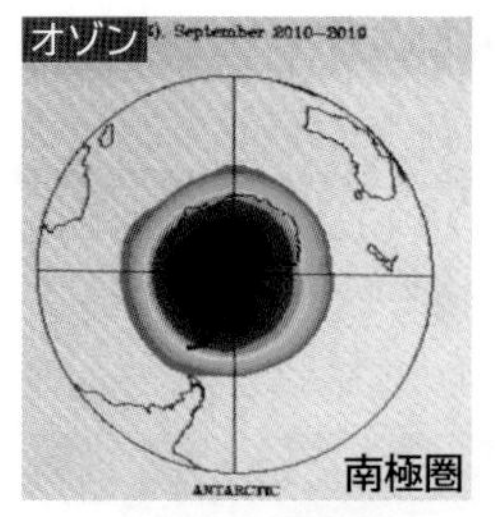

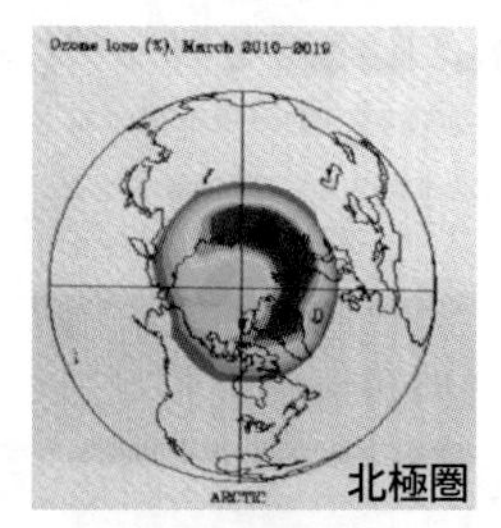

地球の成層圏はオゾンの濃度が高く，オゾン層とよばれている。オゾン層は太陽からの紫外線が地上に侵入するのを防ぐ役割がある。20世紀中頃，冷蔵庫などの冷媒に用いられるフロンにより，オゾン層が破壊され問題になった。オゾン層の濃度がとくに低くなった部分をオゾンホールとよぶ。

重要実験 硫黄の同素体

硫黄には，斜方硫黄，単斜硫黄，ゴム状硫黄の3つの同素体がある。常温では斜方硫黄が安定で，単斜硫黄やゴム状硫黄はゆっくりと斜方硫黄に変わっていく。 化学基礎

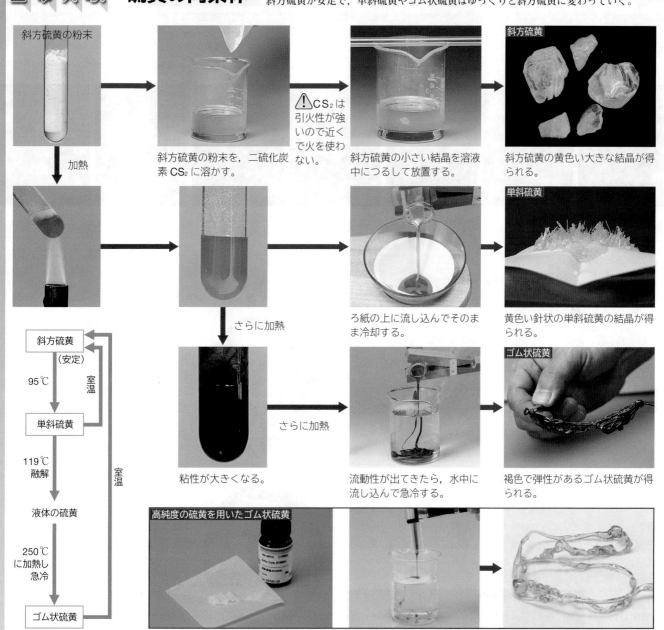

斜方硫黄の粉末 → 加熱

斜方硫黄の粉末を，二硫化炭素 CS_2 に溶かす。

⚠CS_2 は引火性が強いので近くで火を使わない。

斜方硫黄の小さい結晶を溶液中につるして放置する。

斜方硫黄：斜方硫黄の黄色い大きな結晶が得られる。

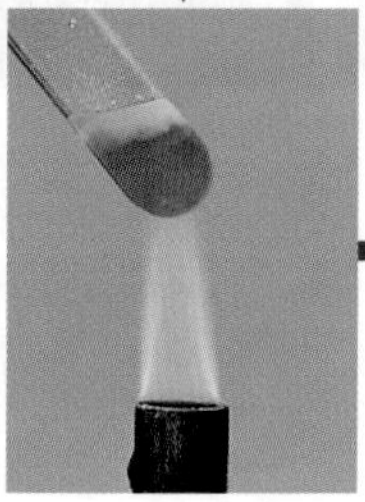

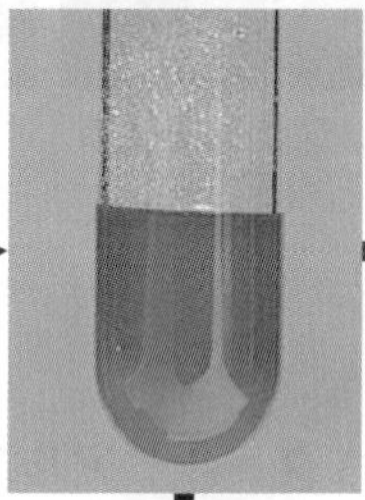

ろ紙の上に流し込んでそのまま冷却する。

単斜硫黄：黄色い針状の単斜硫黄の結晶が得られる。

さらに加熱

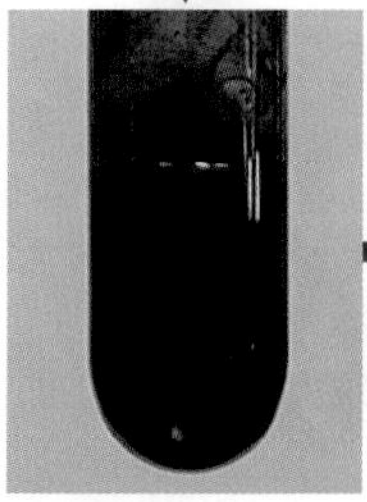

粘性が大きくなる。

さらに加熱

流動性が出てきたら，水中に流し込んで急冷する。

ゴム状硫黄：褐色で弾性があるゴム状硫黄が得られる。

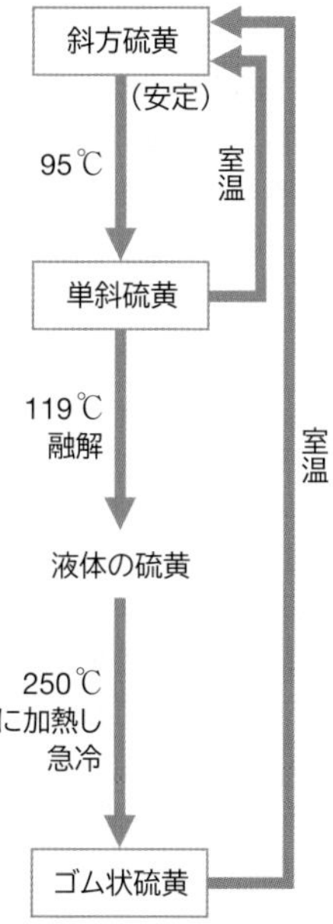

斜方硫黄（安定）
↓ 95℃　↑ 室温
単斜硫黄
↓ 119℃ 融解
液体の硫黄
↓ 250℃に加熱し急冷
ゴム状硫黄 → 室温 → 斜方硫黄

高純度の硫黄を用いたゴム状硫黄

4 構成元素の検出
Detection of constituent elements

1 炎色反応
flame reaction

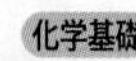

ナトリウム，カリウム，銅などの元素を含む化合物を炎の中に入れて高温にすると，その元素に特有の炎の色を示す。これを炎色反応という。

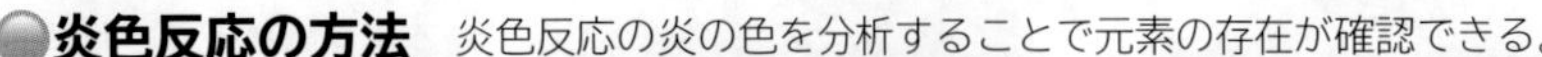

炎色反応の方法
炎色反応の炎の色を分析することで元素の存在が確認できる。

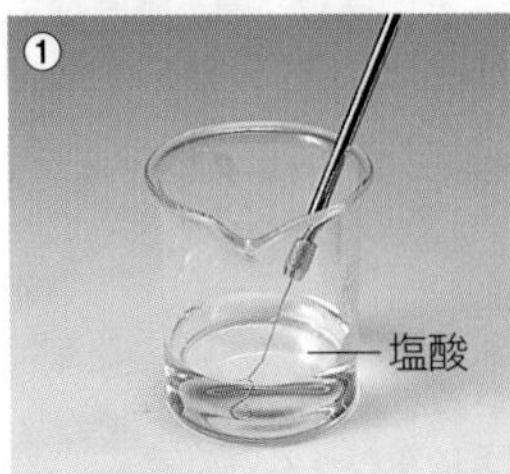

塩酸で白金線をよく洗う。

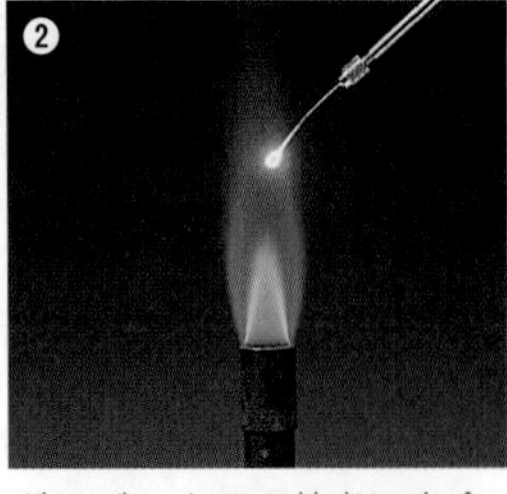

ガスバーナーの外炎に白金線をかざし，炎に色がつかなくなるまで加熱する。

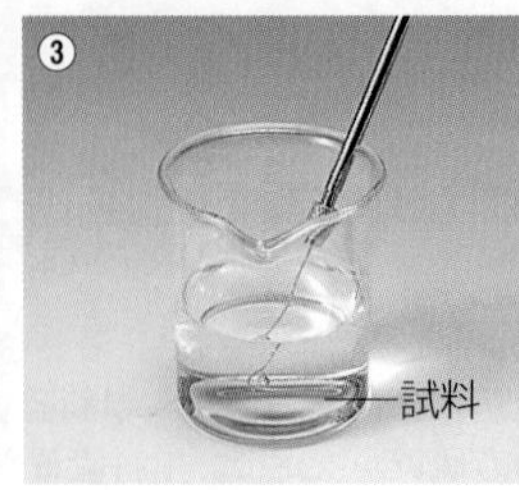

白金線を試料につけ，ガスバーナーの外炎に入れる。

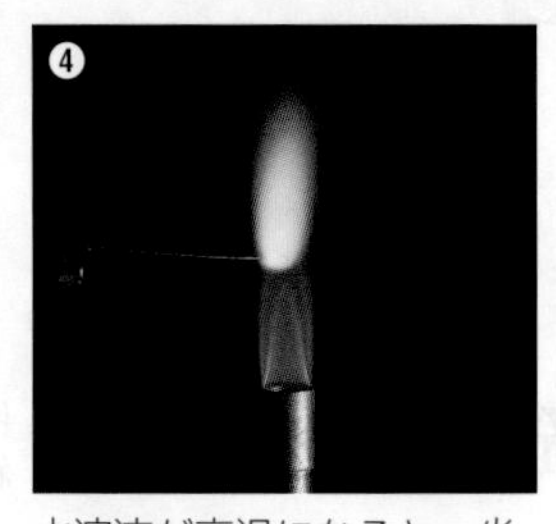

水溶液が高温になると，炎色反応が見られる。

花火のあざやかな色は，金属元素の炎色反応によるものである。

炎色反応と元素

Li リチウム（赤）

Na ナトリウム（黄）

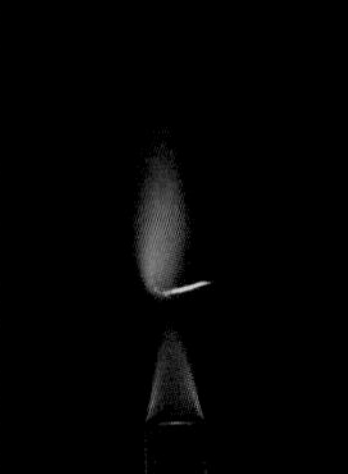
K カリウム（赤紫）

Ca カルシウム（橙赤）

Sr ストロンチウム（深赤）

Ba バリウム（黄緑）

Cu 銅（青緑）

TOPICS

炎色反応と輝線スペクトル

炎色反応が起こる理由

原子中の電子は電子殻に収容されている(▶p.31)。電子殻に電子が収容される際，エネルギーが低い電子殻から埋まっていき，安定な状態で存在しようとする(基底(きてい)状態)。電子に熱などのエネルギーが与えられると，電子はエネルギー的に高い状態へ移動することがある(励起(れいき)状態)。この状態は非常に不安定なため，光を放出してもとの安定な状態に戻ろうとする。この光が炎色反応として観察される。

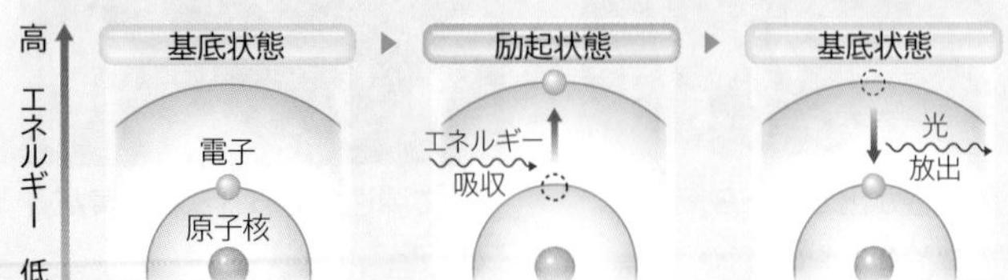

炎色反応の光をプリズムで分解すると，いくつかの波長に分かれる。線のように分かれるため，輝線(きせん)スペクトルとよばれている。輝線スペクトルは原子に特有なものであり，炎色反応では，いくつかの波長の光が混ざった状態で見られる。

Liの輝線スペクトル

輝線スペクトルとアルゴンの発見

レイリー（1842 ～ 1919）
1892 年，レイリーは空気中から酸素を取り除いて得られる窒素が化合物を分解して得られる純粋な窒素よりも重いことを発見した。当時，空気が酸素と窒素のみで構成されていると考えられていたため，それ以外の物質の存在を示すこの事実は，多くの研究者を驚かせた。

ラムゼー（1852 ～ 1916）
レイリーの発見をもとにラムゼーは，空気中から得た窒素をさらに精製して，空気中に含まれる酸素と窒素以外の物質を取り出した。その物質の輝線スペクトル(▶p.31)を調べたところ，今までに発見されていないものであった。その物質は化学的に反応性が低いため，ギリシア語で怠け者を意味するアルゴンと名づけられた。

表現 炎色反応が起こる理由を説明せよ。

2 塩素の検出

塩素は硝酸銀水溶液や炎の色の変化によって検出できる。 化学基礎

●塩素の検出(➡p.163)

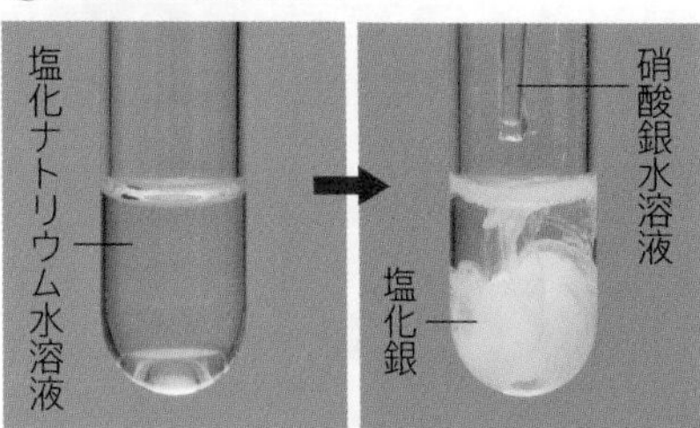

塩化ナトリウムの塩素 Cl(塩化物イオン Cl^-)と硝酸銀の銀 Ag(銀イオン Ag^+)から，塩化銀 AgCl の沈殿が生じ，白濁する。

$$Ag^+ + Cl^- \longrightarrow AgCl$$

●バイルシュタイン試験(➡p.252)

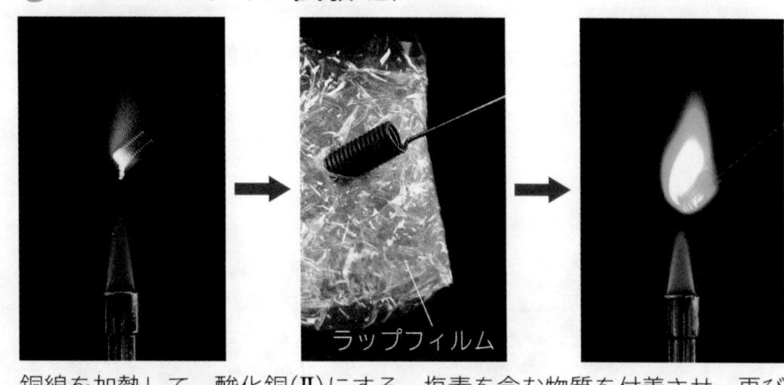

銅線を加熱して，酸化銅(Ⅱ)にする。塩素を含む物質を付着させ，再び炎の中に入れると，青緑色を呈する。塩素以外のハロゲン(フッ素を除く)でも，炎の色に変化が見られる。

バイルシュタイン
(1838 ～ 1906)

3 水素・炭素の検出

水素は塩化コバルト紙や硫酸銅(Ⅱ)無水物の色の変化，炭素は石灰水の白濁によって検出できる。 化学基礎

●水素の検出(➡p.252)

▶塩化コバルト紙

水に触れると，青→赤に変化する。

▶硫酸銅(Ⅱ)無水物

水に触れると，白→青に変化する。

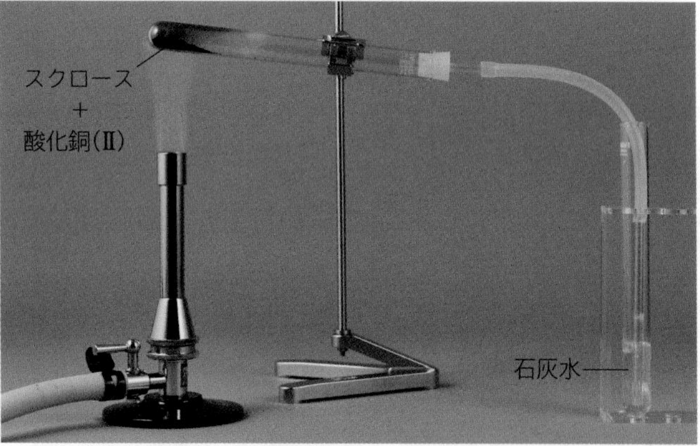

スクロース $C_{12}H_{22}O_{11}$ を完全燃焼すると二酸化炭素 CO_2 と水 H_2O が生成する。

$$C_{12}H_{22}O_{11} + 12O_2 \longrightarrow 12CO_2 + 11H_2O$$

●炭素の検出(➡p.189)

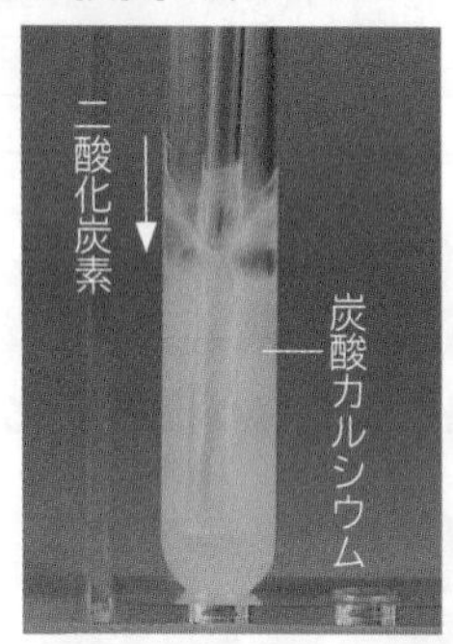

石灰水(水酸化カルシウム $Ca(OH)_2$ の飽和水溶液)に二酸化炭素 CO_2 を吹き込むと水酸化カルシウムと二酸化炭素が反応し，水に溶けにくい炭酸カルシウム $CaCO_3$ の沈殿が生じ，白濁する。

$$Ca(OH)_2 + CO_2 \longrightarrow CaCO_3 + H_2O$$

4 窒素の検出

窒素は赤色リトマス紙の色の変化や塩化アンモニウムの白煙によって検出できる。 化学基礎

●窒素の検出(➡p.170，291)

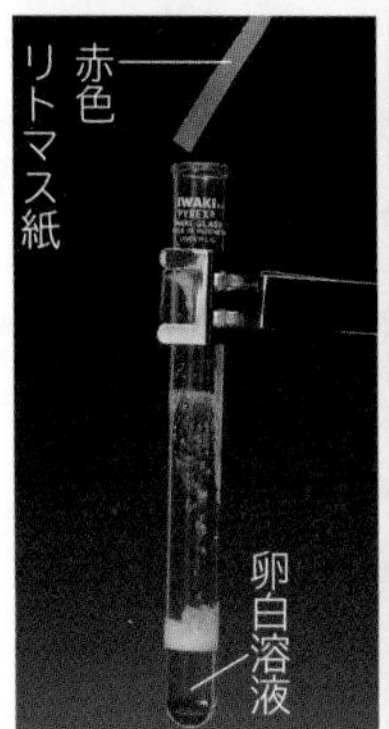

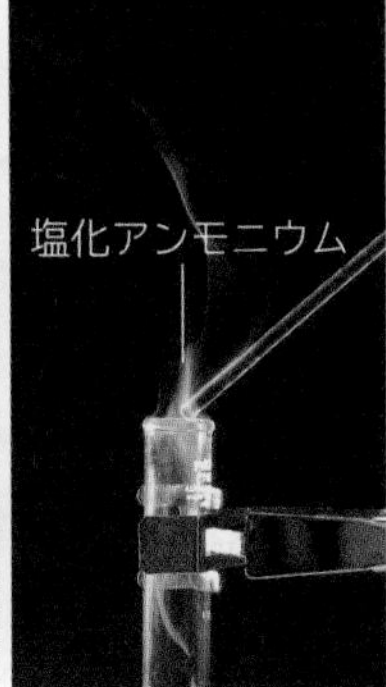

卵白に固体の水酸化ナトリウムを加えて加熱すると，アンモニア NH_3 が発生する。

▶**リトマス紙**

水で湿らせた赤色リトマス紙は青色に変化する。

▶**塩化アンモニウム**

濃塩酸をつけたガラス棒を近づけると塩化アンモニウム NH_4Cl の白煙が生じる。

$$NH_3 + HCl \longrightarrow NH_4Cl$$

ADVANCE 定性分析と定量分析

●**定性分析**

物質を構成している元素を明らかにするために行う操作。

例 炎色反応による確認，炭素 C と水素 H の確認，硫黄 S の確認(➡p.252)，窒素 N の確認，塩素 Cl の確認，金属イオンの検出(➡p.212，213)など

●**定量分析**

物質を構成している元素がわかっていて，それらがどのくらいの量含まれているかを明らかにするために行う操作。構成元素がわかっていないときは，事前に定性分析を行う必要がある。

例 中和滴定(➡p.78～83)，酸化還元滴定(➡p.90～93)など

思考 スクロースには水素と炭素が含まれている。このことを調べる方法を説明せよ。

5 物質の三態と熱運動
Three states of matter and thermal motion

1 物質の三態
three states of matter

物質には，固体，液体，気体の三つの状態がある。

化学基礎

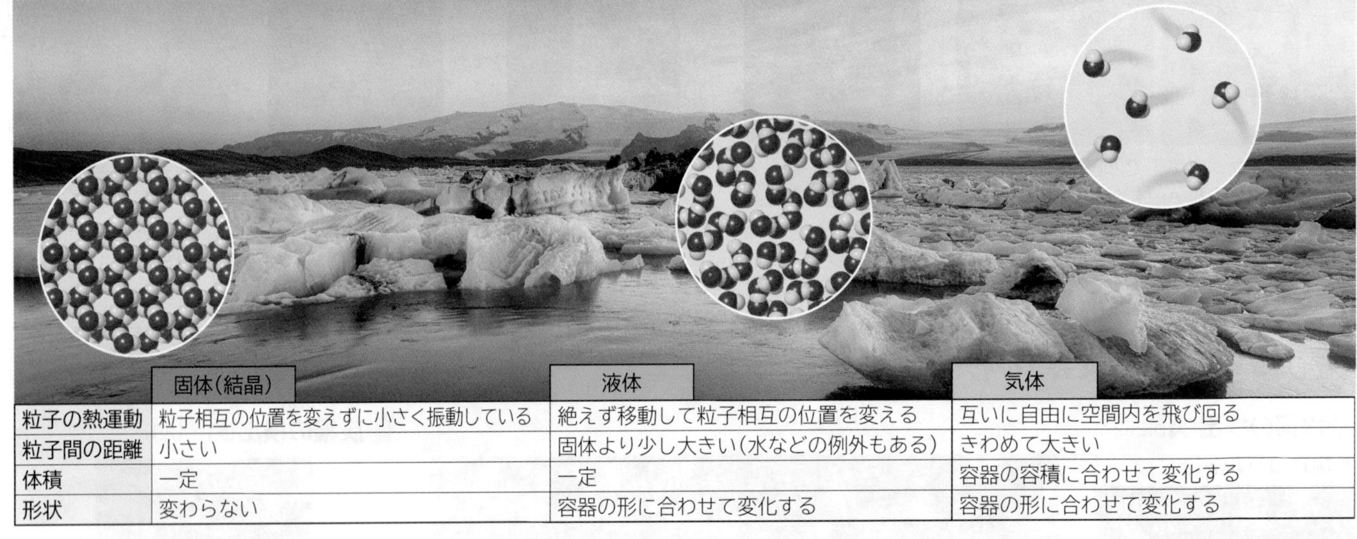

	固体(結晶)	液体	気体
粒子の熱運動	粒子相互の位置を変えずに小さく振動している	絶えず移動して粒子相互の位置を変える	互いに自由に空間内を飛び回る
粒子間の距離	小さい	固体より少し大きい(水などの例外もある)	きわめて大きい
体積	一定	一定	容器の容積に合わせて変化する
形状	変わらない	容器の形に合わせて変化する	容器の形に合わせて変化する

2 状態変化
transformation

状態変化には，融解・凝固，蒸発・凝縮，昇華・凝華などがある。

化学基礎 化学

加熱にともなう温度変化

1.013 × 10⁵ Pa(＝1 atm)において水に一定割合で熱を加え続けた場合。

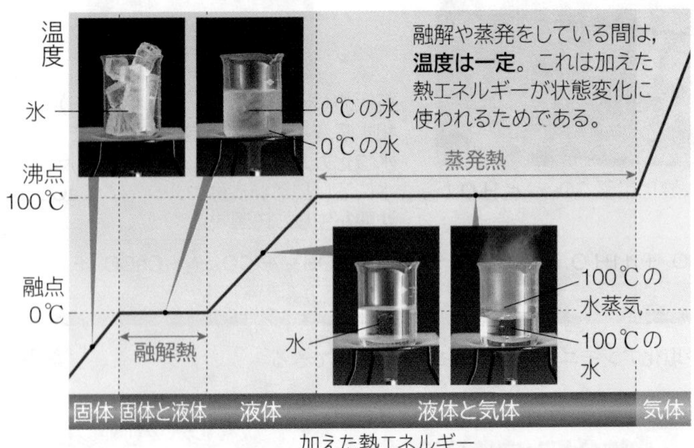

三態の粒子モデル

熱運動が激しくなるにしたがい，物質は固体→液体→気体へと状態を変える。

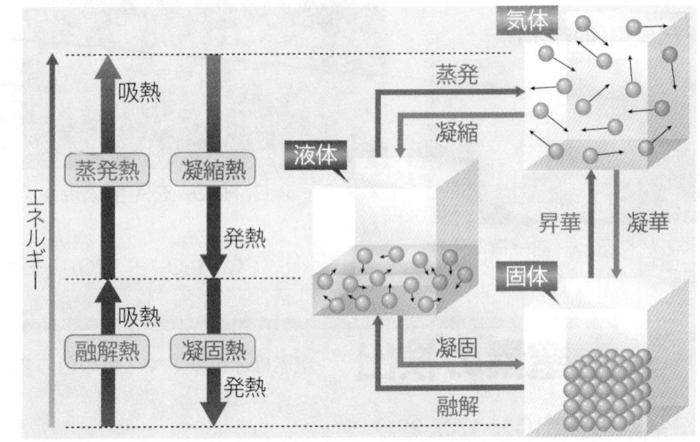

身のまわりの状態変化

▶はんだ(合金)の融解

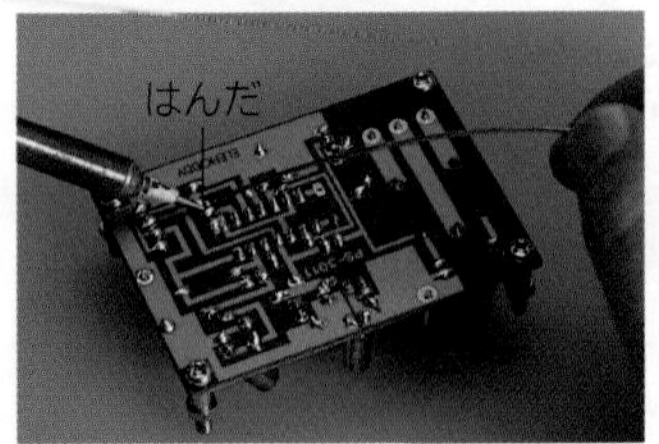

スズと鉛の合金で，融点は組成によって異なり，180〜300℃である。

▶水の蒸発

布地をぬらしている水は，沸騰しなくてもしだいに蒸発していく。

▶水蒸気の凝縮

気温が下がると，空気中の水蒸気は凝縮して水滴となる。

▶水の凝固

地中の水が毛細管現象で0℃の地表面にとどいて，冷えて氷になる。

▶ドライアイスの昇華

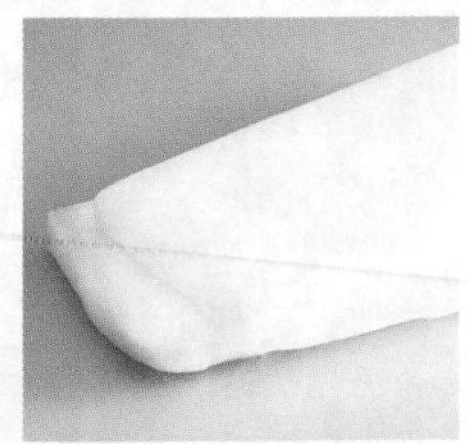

気体になるときに熱を吸収するため，冷却剤として使用される。

思考 次の①，②について，その理由を述べよ。①夏に庭に水をまくと涼しくなる(打ち水)。②ナフタレンは防虫剤に使われる。

3 粒子の熱運動
thermal motion

粒子はその温度に応じた運動エネルギーをもち，絶えず運動している。この粒子の運動を熱運動という。気体分子は，熱運動によって自然に散らばって広がり，均一になる(拡散)。 化学基礎 化学

二酸化窒素の拡散

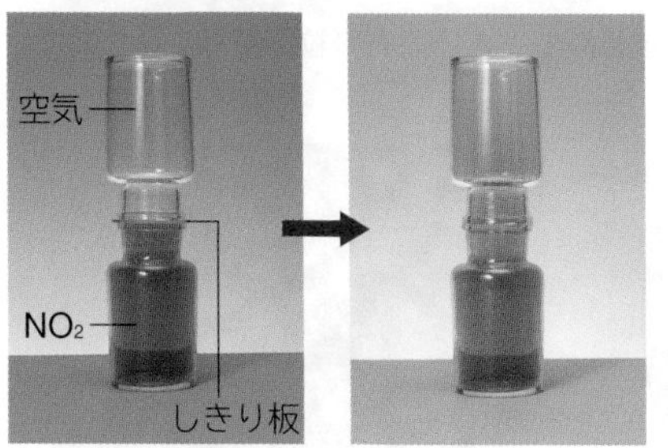

二酸化窒素は空気より重いが，拡散していく。

気体分子の平均速度

分子式	分子量 (➡p.59)	平均速度〔m/s〕(0℃)
H_2	2	1840
NH_3	17	630
O_2	32	460
HCl	36.5	430

分子量により，平均速度が異なる。

温度と分子運動

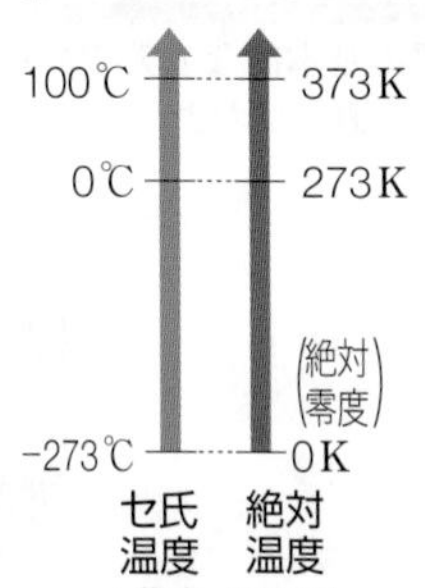

温度は原子や分子の熱運動の激しさの尺度と考えることができる。原子や分子の運動エネルギーが増加すると温度は上昇し，減少すると温度は下がる。
運動エネルギーが最小のときを**絶対零度**といい，**約−273℃**である。この温度では，原子は理論的には完全に停止していると考えれるが，実際はわずかに振動している。絶対零度を原点とした温度は**絶対温度**とよばれる。

気体分子の熱運動と温度

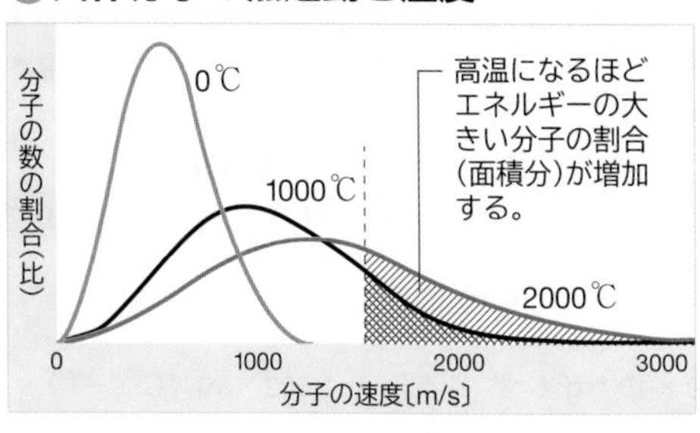

曲線と横軸で囲まれた部分の面積は，各温度での容器内の分子総数を表し，温度によらず一定である。

TOPICS 気体分子の熱運動と分子量

気体の分子運動の速度分布は，温度だけでなく分子量によっても変化する。同じ温度では分子量が小さいほど(たとえば O_2 より H_2)，平均の分子の速さは大きくなる。

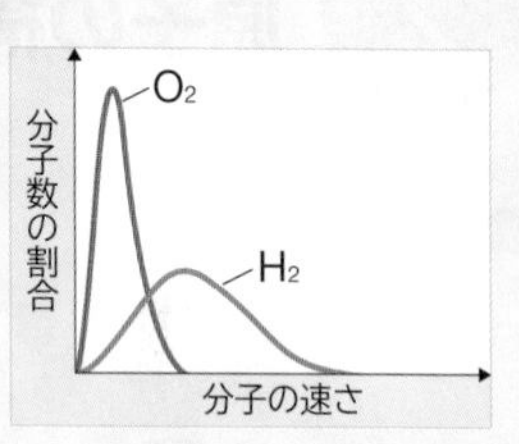

4 気体の圧力と測定
pressure

気体分子は熱運動により容器の壁に衝突する。この衝突の合力が気体の圧力となる。 化学基礎

気体の圧力

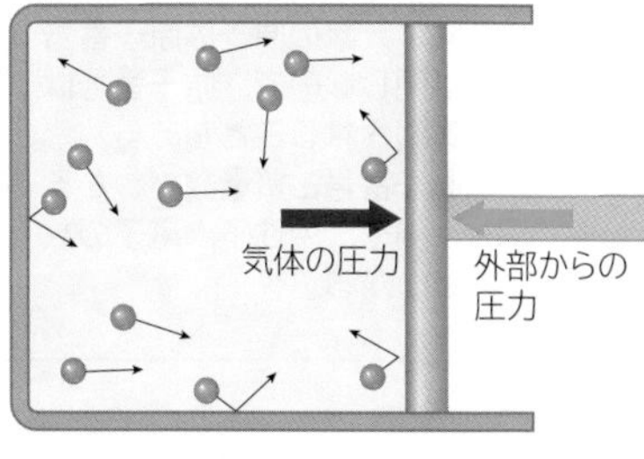

気体を密閉容器に入れると，気体分子の熱運動により容器の内壁へ分子が衝突し外部へ力が働く。この単位面積あたりに気体が内壁に与える力が**圧力**である。
気体の温度が上昇すると分子の運動エネルギーが上昇し圧力が高くなる。気体を圧縮すると単位面積当たりの分子の衝突回数が増加して圧力が高くなる。

トリチェリの実験

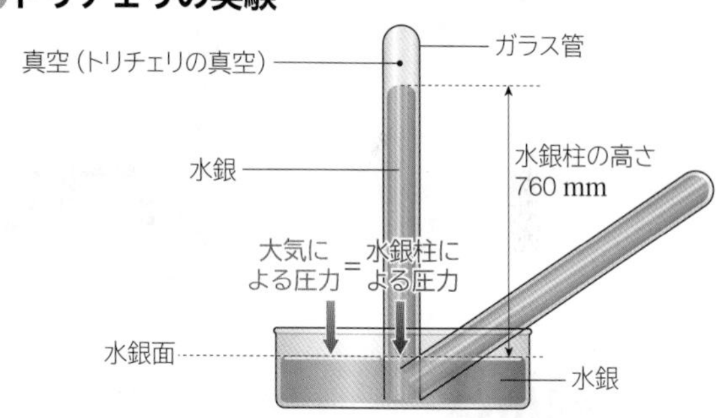

一端を閉じた長さ約 1 m のガラス管に水銀を満たし，水銀の入った容器中に倒立させる。管内の水銀は，一部が容器に流れ出るが，残りは管内に柱状に残る。このとき，水銀柱の圧力と大気圧とがつり合っているので，大気圧を水銀柱の高さではかることができる。

圧力の単位

1 Pa　1 m² あたりに 1 N の力がはたらいたときの圧力

1 atm = 760 mmHg = 1.013×10^5 Pa = 1 atm

5 物理変化と化学変化
physical change　chemical change

物質の種類が変化しないで状態だけが変わる変化を物理変化という。また，ある物質がもととは異なる種類の物質に変わる変化を化学変化という。 化学基礎

物理変化

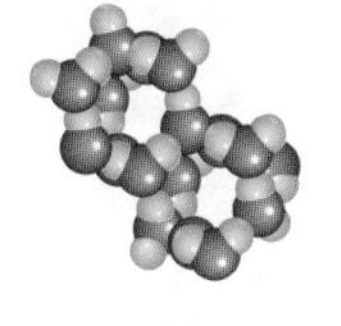

融解 加熱 ⇄ 冷却 凝固

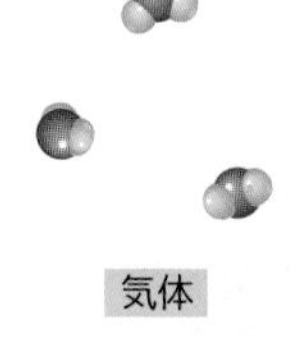

蒸発 加熱 ⇄ 冷却 凝縮

固体 氷 H_2O　液体 水 H_2O　気体 水蒸気 H_2O

化学変化

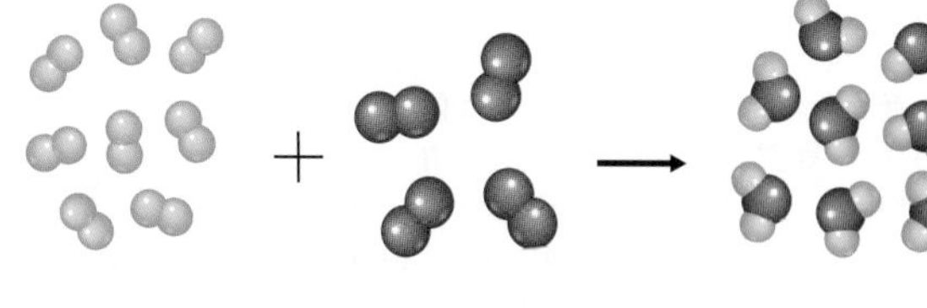

水素 H_2　酸素 O_2　水 H_2O

思考 本文中の0℃における気体分子の平均速度において，水素 H_2 が酸素 O_2 より大きな値をとるのはなぜか。

1 物質の構造　化学基礎 化学

6 原子の構造 1
Constituents of atom 1

1 原子の大きさ atom

物質の基本的な成分である元素には，それぞれ原子というきわめて小さい固有の粒子がある。原子の直径はおよそ100億分の1メートル($1×10^{-10}$m)である。 化学基礎

●原子の大きさ

原子とテニスボールの直径の比は，テニスボールと地球の直径の比にほぼ等しい。

金の原子（直径約 $2.8×10^{-10}$ m）　テニスボール（直径約 $6.5×10^{-2}$ m）　地球（直径約 $1.3×10^{7}$ m）

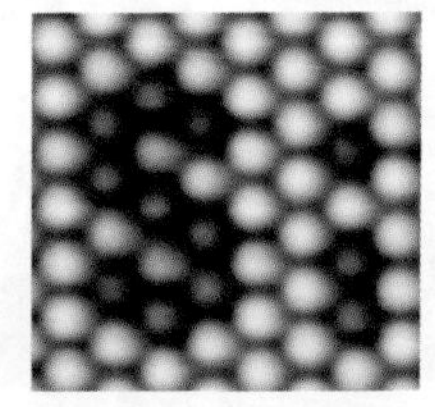

原子間力顕微鏡によってスズ原子の表面にケイ素原子を並べて「Si」の文字を描いた様子。ケイ素原子の直径は約 $2×10^{-10}$ m である。

2 原子の構造

原子の中心には，正の電荷をもつ原子核があり，そのまわりを負の電荷をもつ電子が回っている。原子核には，正の電荷をもつ陽子と，電荷をもたない中性子が含まれる。 化学基礎

●原子のモデル

例 ヘリウム原子 He

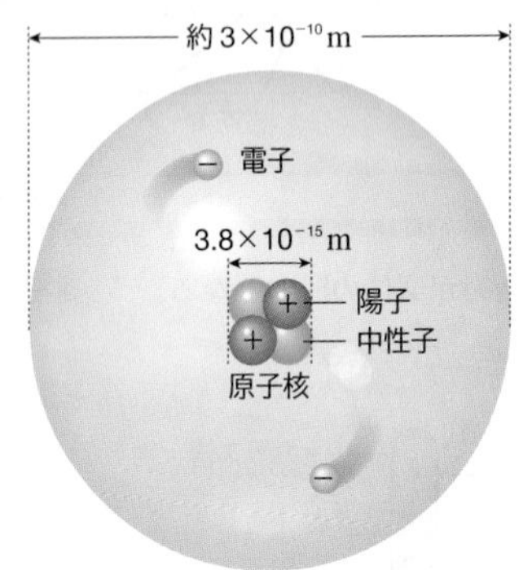

●原子の構成要素

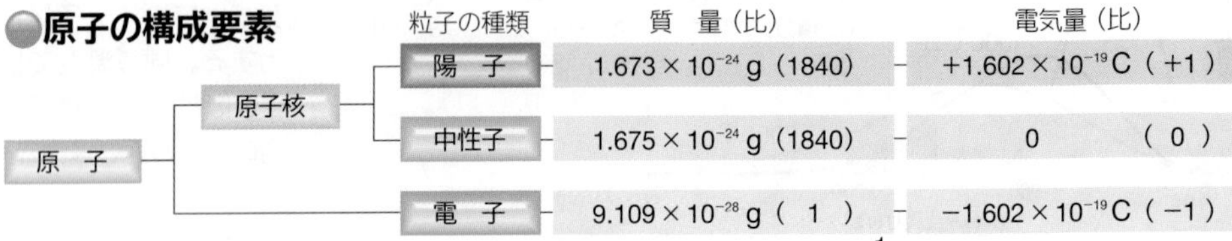

		粒子の種類	質量（比）	電気量（比）
原子	原子核	陽子	$1.673×10^{-24}$ g（1840）	$+1.602×10^{-19}$ C（+1）
		中性子	$1.675×10^{-24}$ g（1840）	0　（0）
		電子	$9.109×10^{-28}$ g（1）	$-1.602×10^{-19}$ C（−1）

・陽子と中性子の質量はほぼ等しく，電子の質量は陽子や中性子の約 $\frac{1}{1840}$ である。したがって，原子の質量は陽子の数と中性子の数の和でほぼ決まる。

・陽子1個がもつ電気量は，電子1個がもつ電気量と大きさが等しく，符号が反対である。陽子の数と電子の数は等しいので，原子は全体として電気的に中性である。

POINT

$${}^{4}_{2}\mathrm{He}$$

- 質量数（＝陽子の数＋中性子の数）
- 元素記号
- 原子番号（＝陽子の数＝電子の数）

同じ元素の原子は原子番号が同じなので，原子番号は省略されることもある。原子番号と質量数がわかると陽子，中性子，電子の数がわかる。

3 同位体 isotope

原子番号が同じで質量数が異なる原子を，互いに同位体(アイソトープ)という。同位体は，陽子の数と電子の数が同じで，中性子の数が異なる原子である。同一元素に属し，化学的性質は同じと考えてよい。 化学基礎

●水素の同位体

⊕陽子　●中性子　⊖電子

水素原子 ${}^{1}_{1}$H（存在比 99.9885 %）

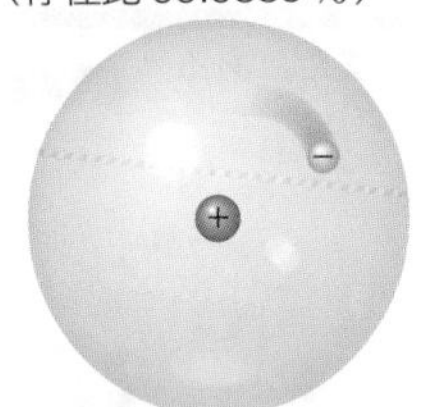

陽　子1個
中性子0個　質量数
電　子1個　＝1＋0＝1

重水素原子 ${}^{2}_{1}$H（存在比 0.0115 %）

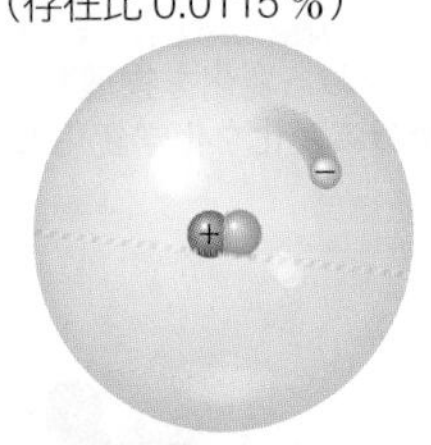

陽　子1個
中性子1個　質量数
電　子1個　＝1＋1＝2

三重水素原子 ${}^{3}_{1}$H（ごく微量）

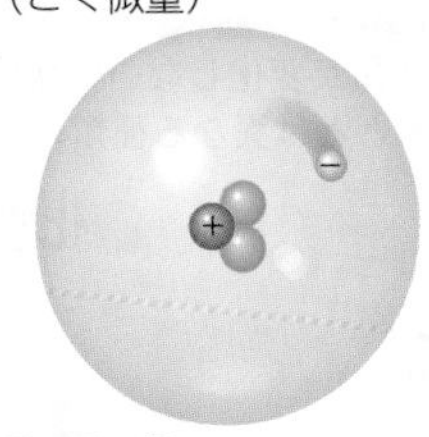

陽　子1個
中性子2個　質量数
電　子1個　＝1＋2＝3

^{1}H と ^{2}H は互いに同位体で，^{1}H の質量は ^{2}H の質量のほぼ半分である。^{2}H を重水素(ジュウテリウム)といい，D で表すこともある。このほかに，質量数3の三重水素 ^{3}H(トリチウム)もごくわずかに存在する。

●重水素からできた水(重水)

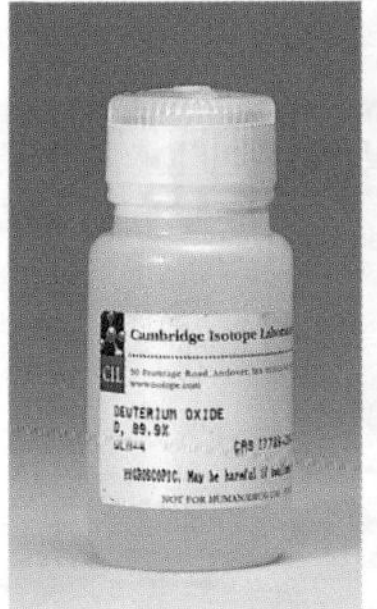

^{2}H からできた水(重水)

ふつうの水 18 mL

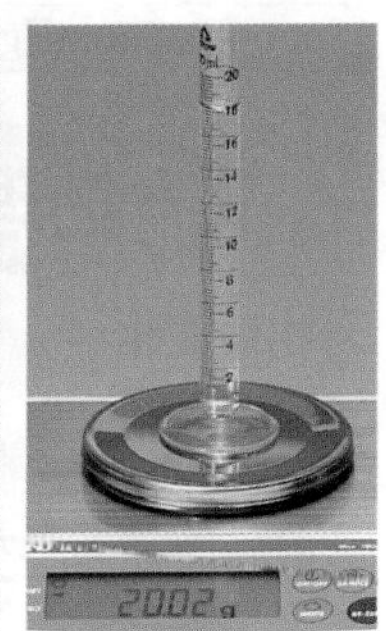

重水 18 mL

ふつうの水は ^{1}H からできた ${}^{1}H_2O$ であるが，重水素 ^{2}H でできた水 D_2O もあり，重水という。化学的性質はふつうの水と同じだが，同じ体積の質量がふつうの水よりも大きい。

表現 原子番号と質量数がわかると，その元素の陽子，中性子，電子の数がわかる。この理由を説明せよ。

放射性同位体

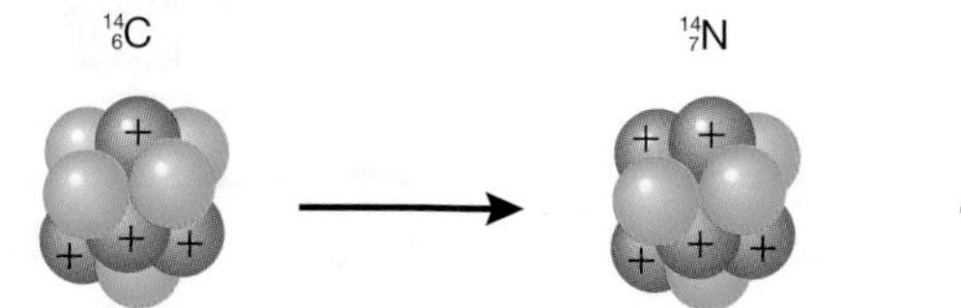

陽子 6 個　中性子 8 個　　陽子 7 個　中性子 7 個　　電子 1 個

放射線とよばれる粒子やエネルギーを放出して他の原子に変わる同位体を**放射性同位体**(ラジオアイソトープ)という。放射性同位体の原子数が半分になる時間を**半減期**といい，^{14}C の半減期は 5730 年である。

▶放射線の電荷

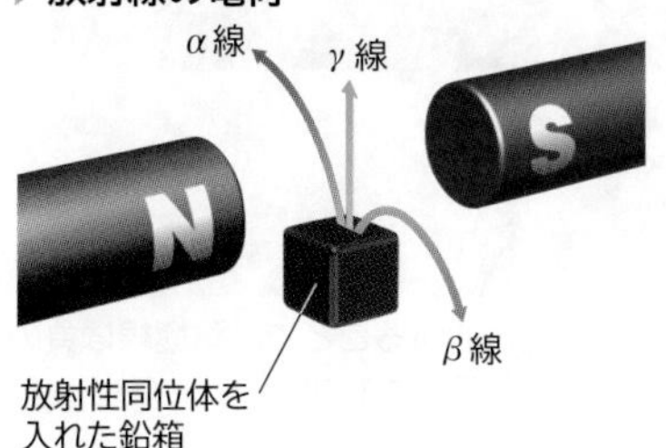

高速のヘリウム $^{4}_{2}He$ 原子核の流れで，正電荷をもつ。

高速の電子の流れで，負電荷をもつ。

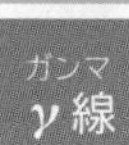

きわめて波長の短い電磁波*。電荷をもたない。

α線やβ線は電荷をもつので，磁場の中で運動の方向が曲がるが，電荷をもたないγ線は直進する。

*電磁波にはγ線のほかに，電波，赤外線，可視光線，紫外線，X 線がある(➡p.136)。

▶放射線の透過性

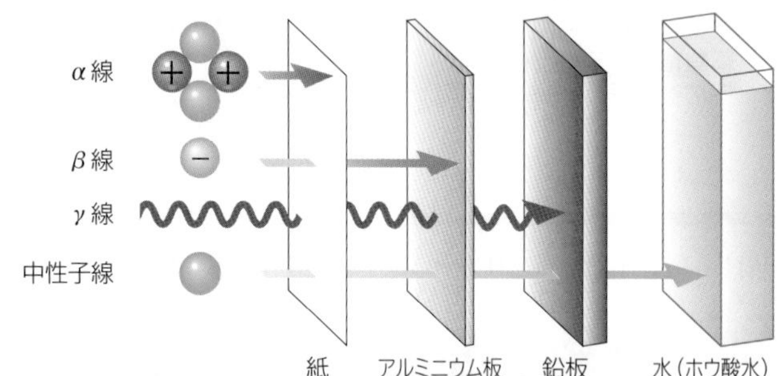

放射線には，α線，β線，γ線などの種類がある。透過性はその種類によって異なり，その強さは，γ線＞β線＞α線 である。

▶原子核の壊変

放射性同位体が放射線(α線，β線，γ線)を放出して，他の原子核に変わる現象。

・α壊変
　α線を放出して壊変　　原子番号 2 減少，質量数 4 減少

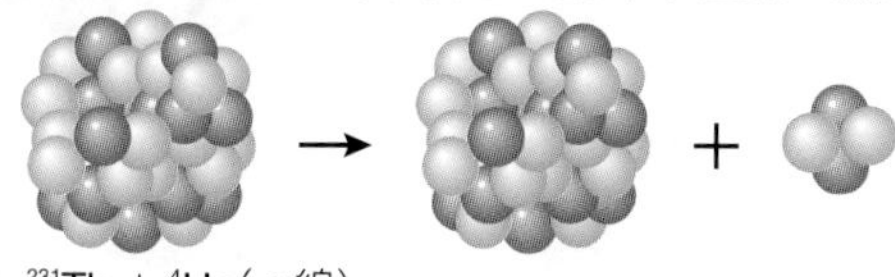

$^{235}_{92}U \longrightarrow ^{231}_{90}Th + ^{4}_{2}He$(α線)

・β壊変
　β線を放出して壊変　　原子番号 1 増加，質量数変化なし

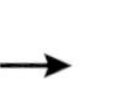
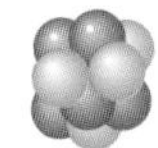

$^{14}_{6}C \longrightarrow ^{14}_{7}N + e^-$(β線)

・γ壊変
　γ線を放出して壊変
　$^{238}U^* \longrightarrow ^{238}U$ ＋γ線

^{14}C を使った年代測定

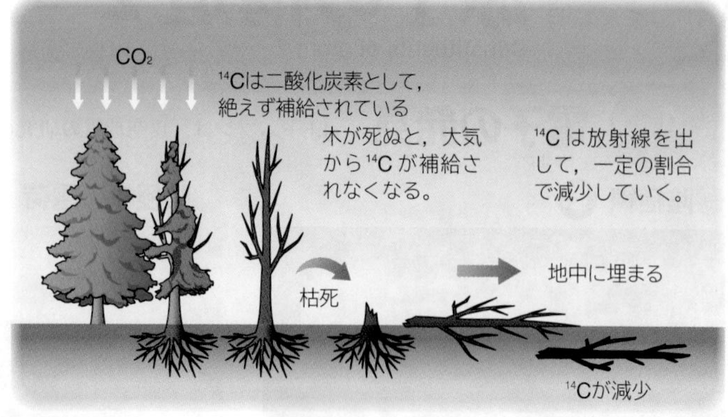

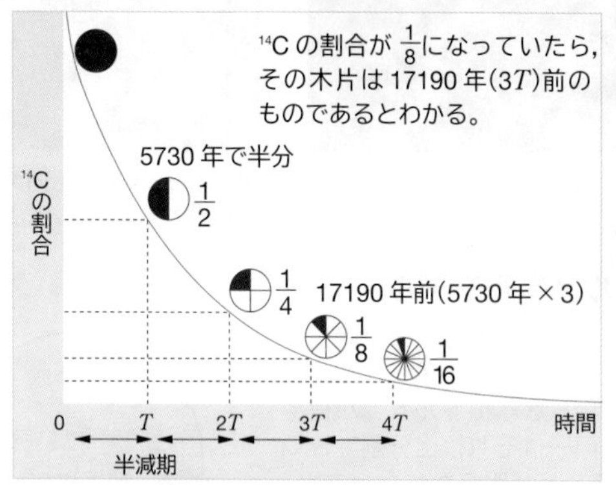

放射性同位体	半減期
$^{14}_{6}C$	5730 年
$^{131}_{53}I$	8.021 日
$^{137}_{55}Cs$	30.16 年
$^{226}_{88}Ra$	1600 年
$^{238}_{92}U$	45 億年
$^{239}_{94}Pu$	2.4 万年

^{14}C の減った割合から，木が生きていた年代がわかる。

TOPICS

放射性同位体の利用

医療への利用

体内に投与した放射性同位体が放出するγ線をガンマカメラで観察することで，臓器の細部の情報を得ることができる。

トレーサー法

水稲中に放射性同位体 ^{137}Cs を吸収させ，その移動の様子を ^{137}Cs が出す放射線を追跡することによって可視化することができる。

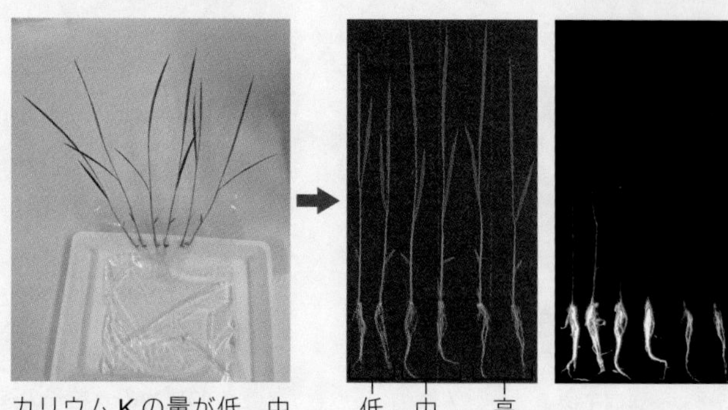

カリウム K の量が低，中，高濃度の水耕液で育てたイネ(各 2 個体)を，^{137}Cs を添加した水耕液に移す。

カリウム量が高濃度の水耕液で育てたイネほど ^{137}Cs の吸収量が少ない。

思考　環境中に放出された放射性同位体は，^{131}I よりも ^{137}Cs のほうが長期にわたり注意を要する。これはなぜか。

7 原子の構造 2

Constituents of atom 2

1 電子の発見

electron

J.J.トムソンは，真空放電の研究の結果，電子は負の電荷を帯びた粒子であることを発見した。 化学基礎

陰極線

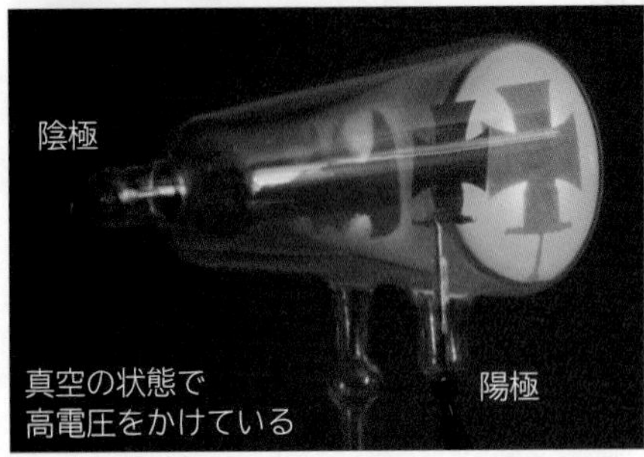

陰極の反対側に十字の影ができていることで，陰極線が陰極から出ていることがわかる。

陰極線の電荷

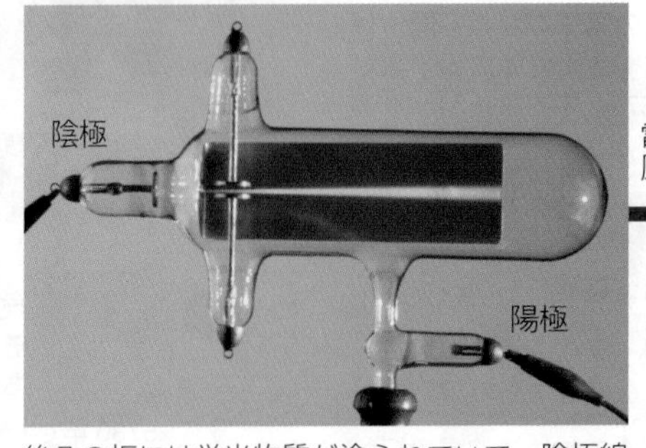

後ろの板には蛍光物質が塗られていて，陰極線の進路が影に映し出される。

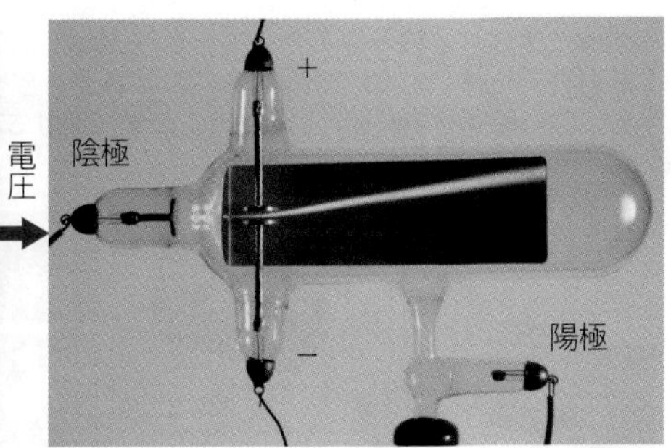

＋極側に陰極線が曲がることで，陰極線は負の電荷を帯びていることがわかる。

トムソンモデルと長岡モデル

19世紀末に原子よりはるかに軽い電子が発見され，それがあらゆる原子中に普遍的に存在することが知られると，1803年にドルトンが提唱した原子説の一部（原子はそれ以上分割できない）は間違いであることが明らかになった。そうすると，今度は原子の中で電子がどのような形で存在しているかが大きな議論となった。トムソンと長岡は同じ年にそれぞれ次のようなモデルを提案した。

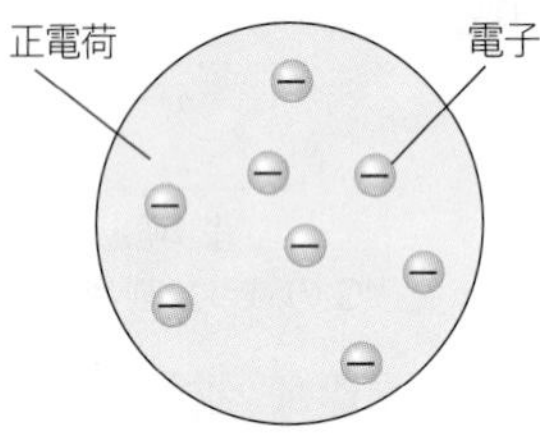

トムソンモデル

トムソンが1903年に提案し，「ほしぶどう入りパン」モデルともいわれる。やわらかい正電荷の中に負電荷をもった電子の粒が浮いている。

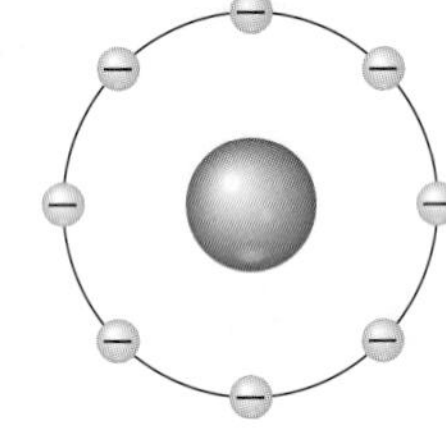

長岡モデル

長岡半太郎は「原子は，正電荷を帯びた粒子のまわりを負電荷を帯びた電子が回っている」と提案した。

2 原子核の発見

nucleus

ラザフォードは薄い金箔にα線を照射し，α粒子の跳ね返り方から原子核の存在を示した。 化学基礎

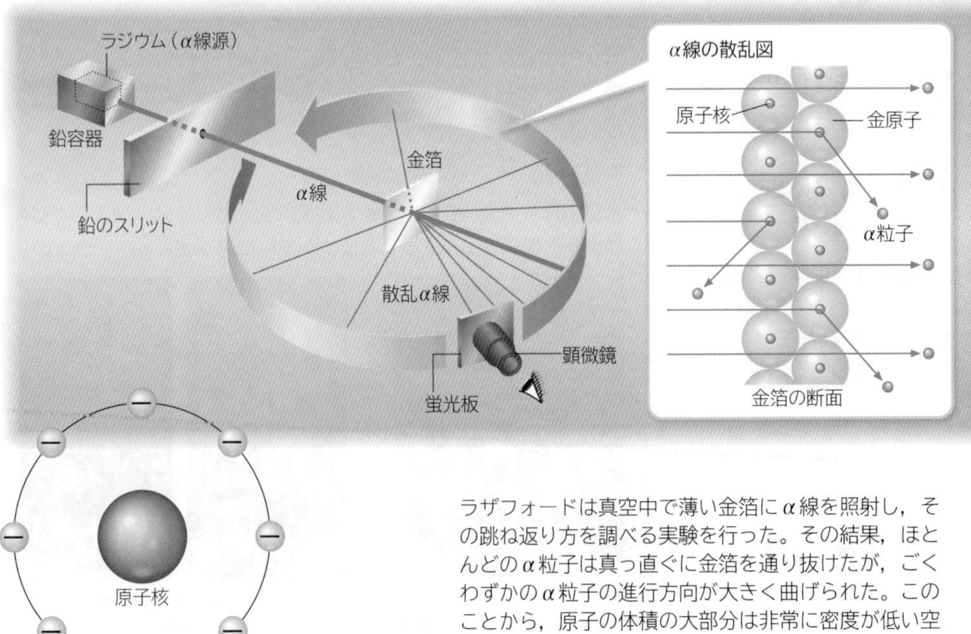

ラザフォードモデル

ラザフォードは真空中で薄い金箔にα線を照射し，その跳ね返り方を調べる実験を行った。その結果，ほとんどのα粒子は真っ直ぐに金箔を通り抜けたが，ごくわずかのα粒子の進行方向が大きく曲げられた。このことから，原子の体積の大部分は非常に密度が低い空間になっていて，原子の質量の大部分が原子の中心に集中しており，また，α粒子の跳ね返り方から正電荷を帯びていることがわかった（1911年）。

アーネスト・ラザフォード（1871 ～ 1937）

α線，β線の発見，ラザフォード散乱による原子核の発見，原子核の人工変換などの研究を行った。「原子物理学の父」とよばれる。1908年に「元素の崩壊，放射性物質の化学に関する研究」でノーベル化学賞を受賞した。その後，1911年にガイガーとマースデンとともにα線の散乱実験を行い，原子核を発見した。この実験をもとに，ラザフォードモデルを提唱した。

表現 ラザフォードは真空中で薄い金箔にα線を照射し，その跳ね返り方から原子核の存在を示した。α線はどのような跳ね返り方をして，またどのように考えて原子核の存在を示したか説明せよ。

3 発光スペクトル
emission spectrum

原子中の電子配置が明らかになったきっかけは，水素原子の発光スペクトルの解析であった。 化学基礎

水素の輝線スペクトル

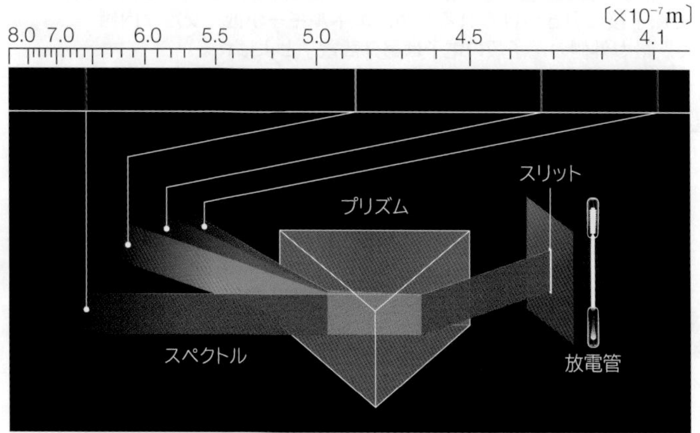

水素を放電管に封入して高電圧をかけると，放電が起こり光が発せられる。この光を分光器(プリズム)に通すと，特定の波長をもった何本かのスペクトル(輝線スペクトル)が見られる。

原子の種類によって，異なった波長のスペクトルが見られる。

電子の移動と発光

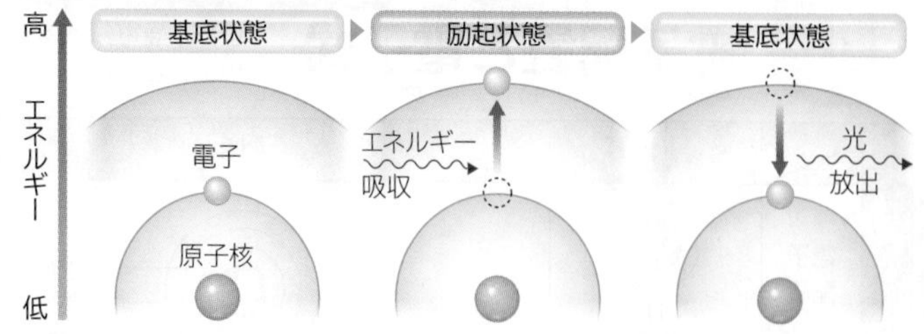

エネルギーを加えると，よりエネルギーの高い電子殻に電子が移動する。この電子がもとの電子殻に戻るときにエネルギーを光として放出する。

水素の電子の移動と発光

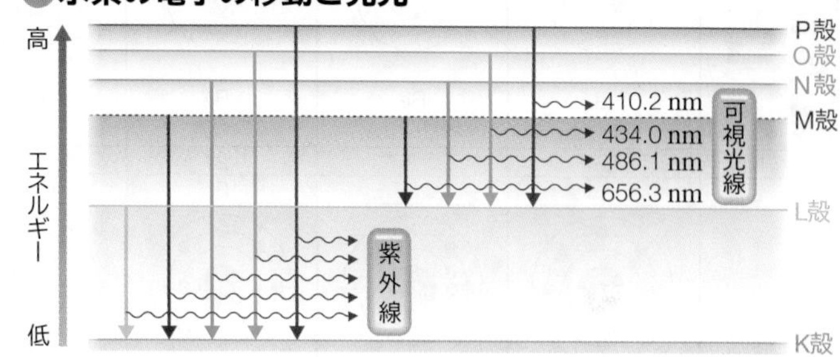

4 ボーアモデル

ボーアは，水素の輝線スペクトルの研究から電子殻の存在を示した。 化学基礎

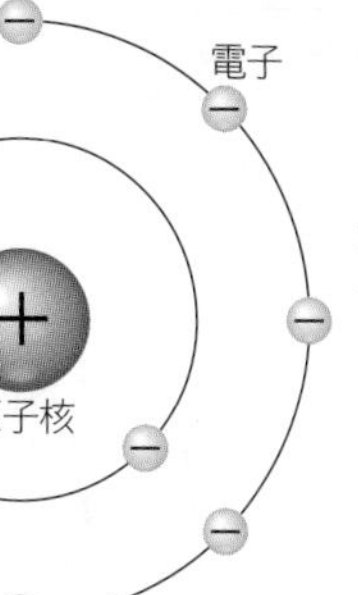

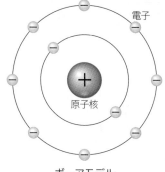

ボーアモデル

1913年，ボーアは水素原子の輝線スペクトルを説明するためにボーアモデルを提唱した。ガラス管に低圧の水素を封入し，高電圧をかけると，水素原子が生成し，赤紫色に発光するのが観察される。この光をプリズムに通すと，可視光の領域において，4つの波長に分光される。このように決まった波長の輝線スペクトルを解析した結果，ボーアモデルが提唱された。ボーアモデルでは，電子は原子核を中心として，飛び飛びのエネルギー準位に対応するいくつかの軌道に分かれて運動している。つまり，電子に外部からエネルギーを加えたときに，電子は連続的にエネルギーの高い状態に移動するのではなく，不連続なエネルギー状態しかとることができない。この電子がもとのエネルギー状態に戻るときに一定の波長の光線が観測される。

ニールス・ボーア
(1885 ~ 1962)

原子模型の研究をラザフォードのもとで着手したボーアは，マックス・プランクの量子仮説をラザフォードモデルに適用し，1913年にボーアモデルを提唱した。1922年に「原子構造とその放射に関する研究」でノーベル物理学賞を受賞した。

5 電子殻
electron shell

原子中の電子は，いくつかの層に分かれて原子核のまわりを回っている。この層を電子殻といい，原子核に近い内側から順に，K殻，L殻，M殻，N殻，…という。それぞれの電子殻に入ることのできる電子の数には限度がある。 化学基礎

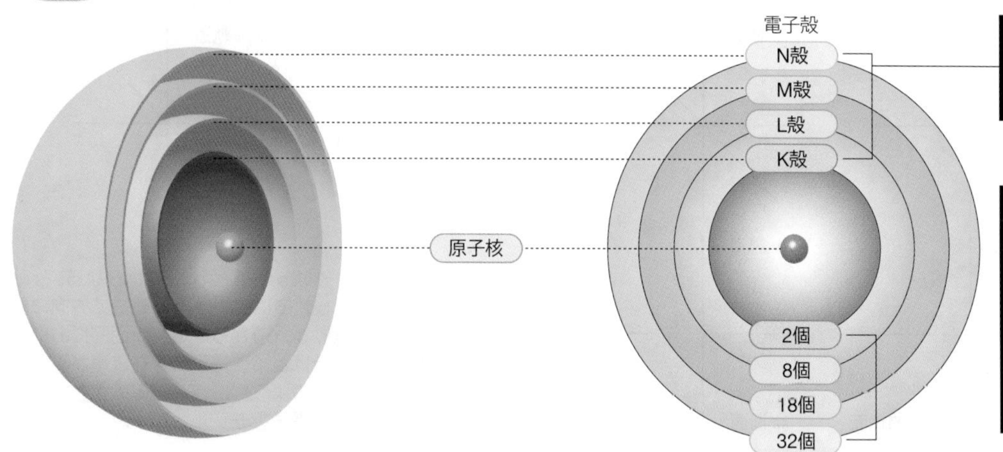

電子殻の名称
原子核に近い内側から順に，K殻，L殻，M殻，N殻，…という。Kから始まりアルファベット順である。

電子殻に入る電子の最大数
内側から n 番目の電子殻に入る電子の最大数は，$2 \times n^2$ である。K殻からN殻に入る電子の最大数は，それぞれ次のようになる。

K殻 ($n=1$)　$2 \times 1^2 = 2$
L殻 ($n=2$)　$2 \times 2^2 = 8$
M殻 ($n=3$)　$2 \times 3^2 = 18$
N殻 ($n=4$)　$2 \times 4^2 = 32$

表現 ボーアモデルは，どのような実験からどのように考えられて提唱されたか説明せよ。

8 電子配置
Electron configuration

1 電子配置と電子式
electron configuration　electronic formula

電子は静電気的な引力で原子核に引きつけられるため，エネルギーが低く安定な内側の電子殻から入っていく。最も外側の電子殻の電子は**最外殻電子**とよばれる。 化学基礎

周期＼族		1	2	13	14	15	16	17	18
1	電子配置	H・ 水素	K殻 L殻 M殻 / n+ 原子核がもつ正の電気量 / ● 電子（● は価電子）						He: ヘリウム
	K殻	1							2
2	電子配置	Li・ リチウム	・Be・ ベリリウム	・B・ ホウ素	・C・ 炭素	・N・ 窒素	・O: 酸素	・F: フッ素	:Ne: ネオン
	K殻	2	2	2	2	2	2	2	2
	L殻	1	2	3	4	5	6	7	8
3	電子配置	Na・ ナトリウム	・Mg・ マグネシウム	・Al・ アルミニウム	・Si・ ケイ素	・P・ リン	・S: 硫黄	・Cl: 塩素	:Ar: アルゴン
	K殻	2	2	2	2	2	2	2	2
	L殻	8	8	8	8	8	8	8	8
	M殻	1	2	3	4	5	6	7	8
				3	4	5	6	7	0
4	電子配置	K・ カリウム	・Ca・ カルシウム						
	K殻	2	2						
	L殻	8	8						
	M殻	8	8						
	N殻	1	2						
価電子数		1	2						

▶電子式
元素記号のまわりに最外殻電子を点・で表した式。

例 H・　He:　・C・　・N・　・O:　・Cl:

▶価電子
原子がイオンになったり他の原子と結合するときなどに重要な役割をはたす電子。ふつうは最外殻電子をさす。貴ガス（周期表の 18 族元素）は，イオンになりにくく結合もつくりにくいので，**価電子の数を 0** とみなす。

▶価電子の数と族の番号
典型元素（1，2，13〜18 族元素）では，価電子の数は族番号の 1 の位の数に等しい。ただし，貴ガスは例外で，左で述べたように価電子の数は 0 である。

例 1 族…価電子の数 1
2 族…価電子の数 2
16 族…価電子の数 6
17 族…価電子の数 7

2 電子の軌道
electron orbit

電子が存在する領域を**電子の軌道**という。電子が存在する位置と時間を正確に決められないが，そこに電子が存在する確率はわかる。確率が高い領域を表すと下図のようになる。 化学

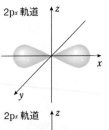

K 殻の軌道

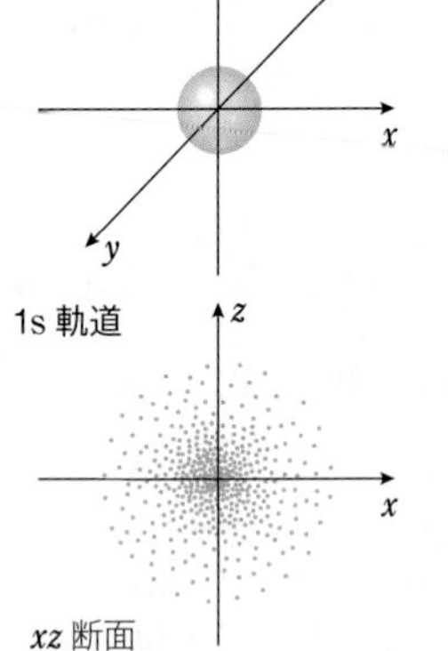

L 殻の軌道

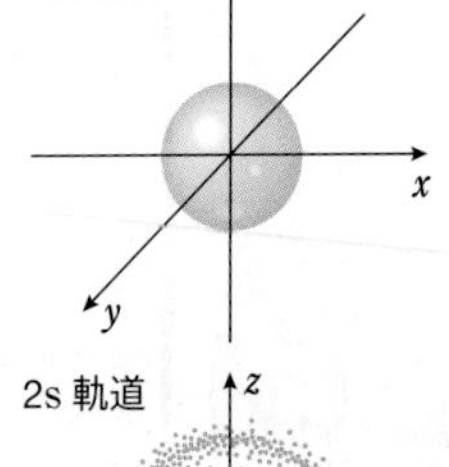

2px 軌道

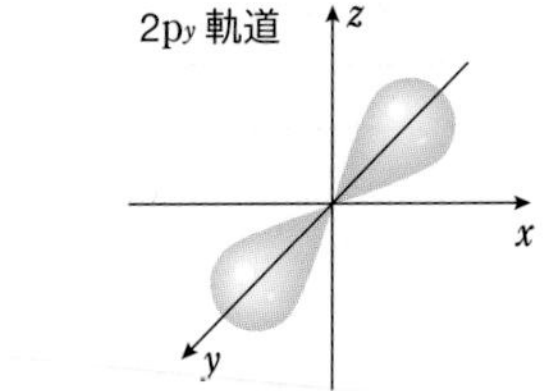

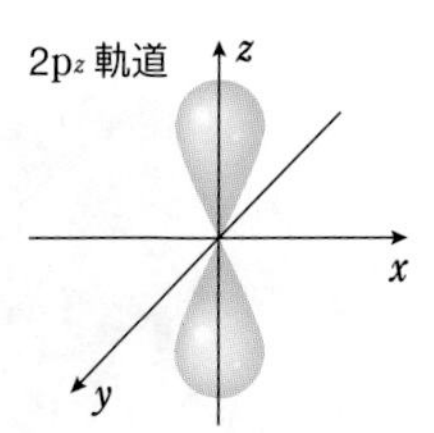

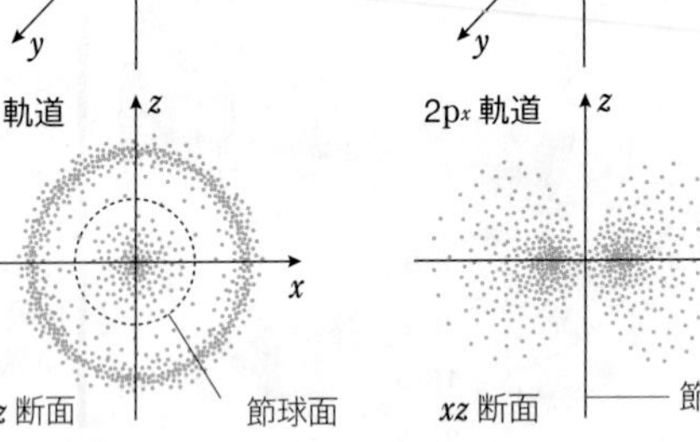

K 殻は s 軌道，L 殻は s 軌道と p 軌道からなる。s 軌道は球形の軌道，p 軌道はアレイ形の軌道で方向の異なる 3 つの軌道（p_x, p_y, p_z）からなる。断面図において，点の密度が高い場所はとくに電子の存在確率が高いことを示している。このように，存在確率の大きさを濃淡で表したものを，電子雲モデルという。

表現 貴ガスの価電子の数は 0 である。この理由について説明せよ。

3 電子の軌道と電子配置

電子がどの軌道にどのように入るかを示したものが電子配置である。1つの軌道には電子が2個まで入れる。

化学 発展

電子のスピン

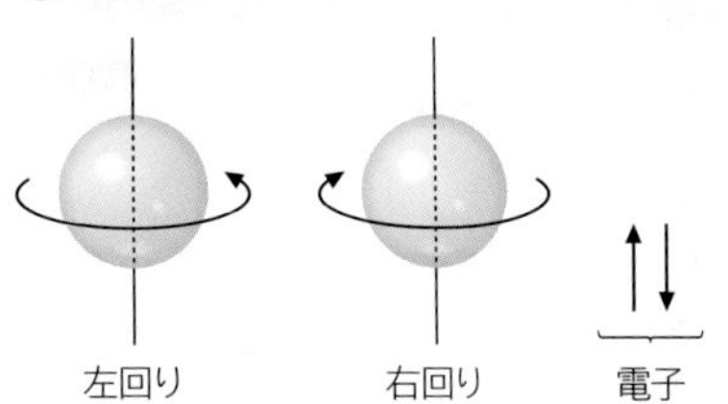

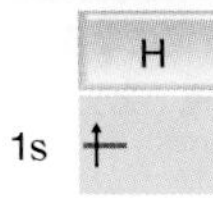

電子は自転していて，自転の方向には左回りと右回りがある。この電子の自転を電子のスピンという。化学ではそれぞれ上向き，下向きの矢印で表している。

電子が軌道に入るときのルール

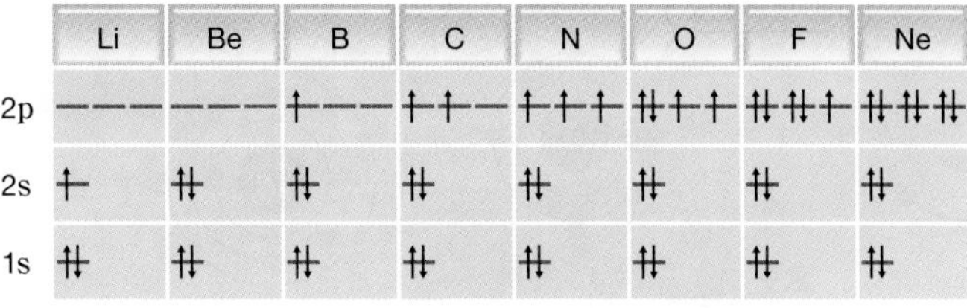

①電子はエネルギーの低い軌道から順に入っていくことが多い。
②1つの軌道には，2個まで電子が入ることができる。
③1つの軌道に2個の電子が入るときは，スピンの向きを互いに逆にする(**パウリの排他原理**)。
④軌道がもつエネルギーが等しい場合は，まず各軌道にスピンの向きを同じにして入り，いっぱいになったら逆向きスピンの電子が入る(**フントの規則**)。

エネルギー準位($_{19}$K の電子配置)

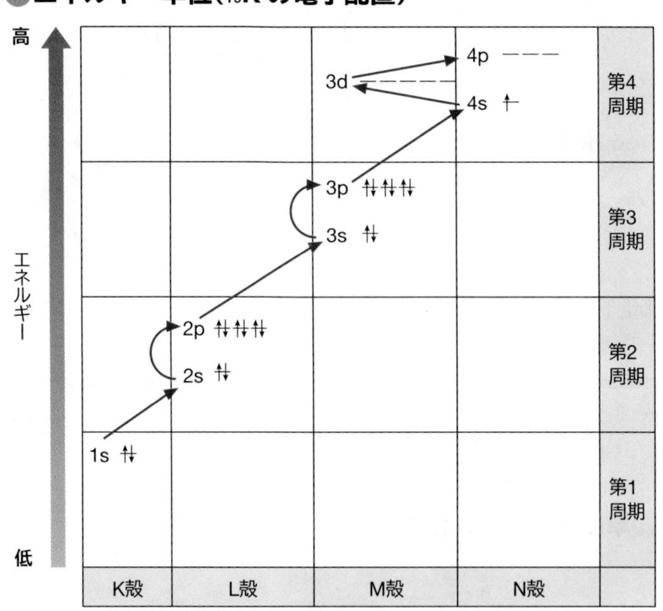

カリウムは3d軌道より先にエネルギーの低い4s軌道に電子が入る。第4周期の遷移元素は3d軌道より先に4s軌道に電子が入るため価電子が1～2で変化する。

原子の電子配置表

元素	K殻	L殻		M殻			N殻	総電子数	価電子
	1s	2s	2p	3s	3p	3d	4s		
H	1							1	1
He	2							2	0
Li	2	1						3	1
Be	2	2						4	2
B	2	2	1					5	3
C	2	2	2					6	4
N	2	2	3					7	5
O	2	2	4					8	6
F	2	2	5					9	7
Ne	2	2	6					10	0
Na	2	2	6	1				11	1
Mg	2	2	6	2				12	2
Al	2	2	6	2	1			13	3
Si	2	2	6	2	2			14	4
P	2	2	6	2	3			15	5
S	2	2	6	2	4			16	6
Cl	2	2	6	2	5			17	7
Ar	2	2	6	2	6			18	0
K	2	2	6	2	6		1	19	1
Ca	2	2	6	2	6		2	20	2
Sc	2	2	6	2	6	1	2	21	2
Ti	2	2	6	2	6	2	2	22	2
V	2	2	6	2	6	3	2	23	2

入試ではこう出る!

原子の電子殻は原子核に近いものからK殻，L殻，M殻，N殻などがある。それぞれの電子殻には，さらにエネルギーの異なる電子の軌道(副殻)があり，1つのs軌道，3つのp軌道，5つのd軌道，7つのf軌道などがある。1つの電子軌道には最大で2個の電子が入る。K殻はs軌道のみ，L殻にはs軌道とp軌道，M殻にはs軌道，p軌道，d軌道があり，N殻にはs軌道，p軌道，d軌道，f軌道がある。これらのことから，K殻，L殻，M殻，N殻などのそれぞれの電子殻に入る電子の最大数が定まっていることがわかる。L殻に入る電子の最大数は［ア］個，N殻に入る電子の最大数は［イ］個である。内側からn番目の電子殻(K殻は$n=1$，L殻は$n=2$)に入る電子の最大数をnを用いて表すと［ウ］となる。
一般に電子は内側の電子殻から順に配置されてゆくが，$_a$元素によってはM殻のd軌道よりも先にN殻のs軌道に入るものがある。$_b$第4周期の遷移元素の原子の場合，N殻に1個または2個の電子があり，M殻には，5つのd軌道をひとまとめにして数えると，1個以上10個以下の電子がある。

(1)［ア］～［ウ］に適当な語句などを書け。
(2)第4周期1族の元素の原子は下線部aの性質をもつ。この原子のM殻とN殻にある電子数を書け。
(3)下線部bの性質をもつ第4周期の遷移元素の原子で，N殻に2個，M殻のd軌道に2個の電子をもつ遷移元素は何か。元素記号で書け。
(4)第4周期10族の元素の原子(N殻の電子は2個)は，K殻，L殻，M殻にそれぞれ何個の電子をもつか。［早稲田大　改］

【解答】(1)(ア)8　(イ)32　(ウ)$2n^2$　(2)M：8　N：1
(3)Ti　(4)K：2　L：8　M：16

表現 K(カリウム)は，K殻に2個，L殻に8個，M殻に8個，N殻に1個の電子を持つ。M殻にはまだ10個の電子を持つことができるのに，なぜ外側のN殻に電子を1個持つのか説明せよ。

9 イオン
Ions

1 イオンの生成

原子は電子をやりとりして貴ガスと同じ電子配置をとり安定になろうとする。このように生成した粒子をイオンという。電子を放出して正の電荷をもった**陽イオン**と，電子を受け取って負の電荷をもった**陰イオン**がある。 化学基礎

陽イオン

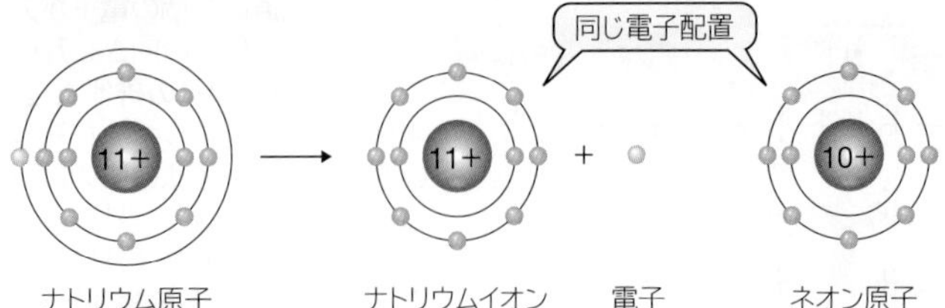

Na ⟶ Na^+ + e^-

同じ電子配置

12+ ⟶ 12+ + 10+

マグネシウム原子　マグネシウムイオン　電子　ネオン原子

Mg ⟶ Mg^{2+} + $2e^-$

価電子●の数が少ない原子は，電子を放出して貴ガスと同じ電子配置をとり，正の電荷をもった陽イオンになりやすい。

陰イオン

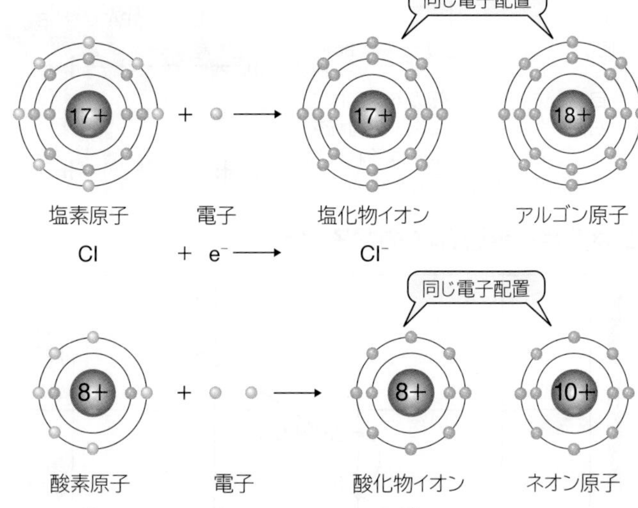

O + $2e^-$ ⟶ O^{2-}

価電子●の数が多い原子は，電子を受け取って貴ガスと同じ電子配置をとり，負の電荷をもった陰イオンになりやすい。

2 イオンの化学式

イオンがもつ電荷の大きさは，イオンができるときにやりとりする電子の数で表す。この数を**価数**という。 化学基礎

単原子イオンの化学式

1個の原子が電子をやりとりしてできるイオンを**単原子イオン**という。

	イオンの名称	化学式	価数
陽イオン	水素イオン	H^+	1
	ナトリウムイオン	Na^+	1
	マグネシウムイオン	Mg^{2+}	2
	鉄(Ⅱ)イオン	Fe^{2+}	2
	鉄(Ⅲ)イオン	Fe^{3+}	3
	アルミニウムイオン	Al^{3+}	3
陰イオン	塩化物イオン	Cl^-	1
	ヨウ化物イオン	I^-	1
	酸化物イオン	O^{2-}	2
	硫化物イオン	S^{2-}	2

単原子イオンの化学式の書き方

ナトリウムイオン

Na^+ — 1価（1は省略）／陽イオン

酸化物イオン

O^{2-} — 2価／陰イオン

単原子イオンの化学式の読み方

①陽イオンの場合は，元素名に「イオン」をつける。
水素 ⟶ 水素イオン　　ナトリウム ⟶ ナトリウムイオン

②陰イオンの場合は，元素名の「語尾」をとって「化物イオン」をつける。
塩素 ⟶ 塩化物イオン　　フッ素 ⟶ フッ化物イオン
硫黄 ⟶ 硫化物イオン

多原子イオンの化学式

2個以上の原子が集まる原子団が電荷をもつイオンを**多原子イオン**という。

イオンの名称	化学式	イオンの名称	化学式
アンモニウムイオン	NH_4^+	リン酸イオン	PO_4^{3-}
水酸化物イオン	OH^-	炭酸イオン	CO_3^{2-}
硝酸イオン	NO_3^-	炭酸水素イオン	HCO_3^-
硫酸イオン	SO_4^{2-}	酢酸イオン	CH_3COO^-

多原子イオンの化学式の書き方

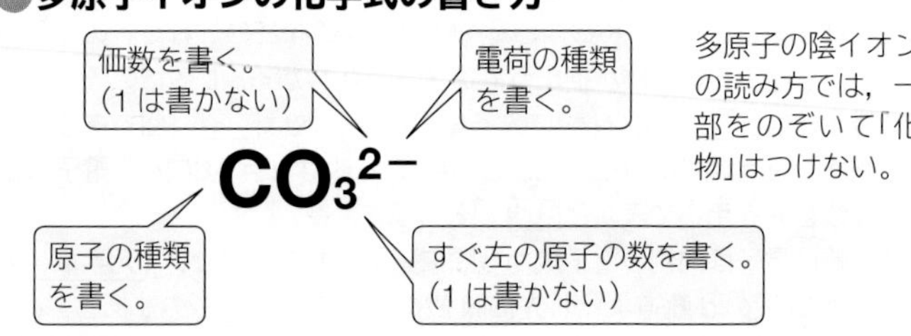

多原子の陰イオンの読み方では，一部をのぞいて「化物」はつけない。

思考 Na と Mg ではどちらが陽イオンになりやすいか。

3 イオンの存在 ion

＋と－の電荷は引きあうので，陽極には負の電荷をもった粒子が，陰極には正の電荷をもった粒子が引き寄せられる。 化学基礎

クロム酸銅(Ⅱ) $CuCrO_4$ を濃アンモニア水に溶かし，ろ紙の中心にスポットする。濃アンモニア水に塩化アンモニウムを溶かした混合溶液でろ紙を湿らせている。

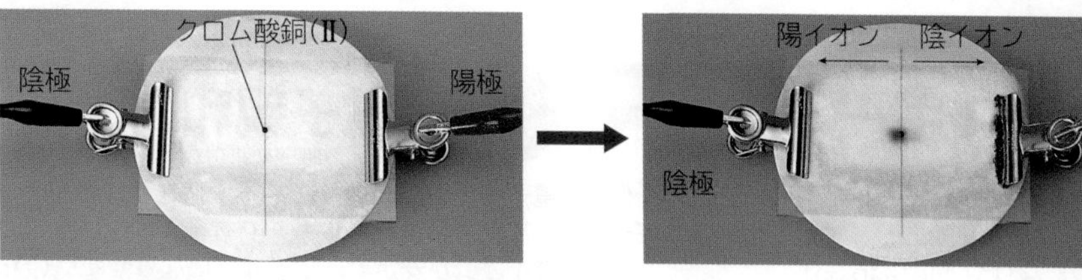

ろ紙上のクロム酸銅(Ⅱ)溶液に電圧をかけると，負の電荷をもつ黄色の CrO_4^{2-} は陽極の方に動き，正の電荷をもつ青色の $[Cu(NH_3)_4]^{2+}$ は陰極に向かって動く。

4 原子とイオンの大きさ

同一周期で原子半径を比較すると，1 族から 17 族へいくにつれて小さくなる。 化学基礎

Li⁺ ── イオンの化学式　原子／イオン　0.152 ── 原子半径〔nm〕　0.090 ── イオン半径〔nm〕
He 型電子配置　Ne 型電子配置　Ar 型電子配置

	1族	2族	13族	14族	15族	16族	17族	18族
第1周期	(H) 0.030 –							(He) 0.140 –
第2周期	Li^+ 0.152 0.090	Be^{2+} 0.111 0.059	(B) 0.081 –	(C) 0.077 –	(N) 0.074 –	O^{2-} 0.074 0.126	F^- 0.072 0.119	(Ne) 0.154 –
第3周期	Na^+ 0.186 0.116	Mg^{2+} 0.160 0.086	Al^{3+} 0.143 0.068	(Si) 0.117 –	(P) 0.110 –	S^{2-} 0.104 0.170	Cl^- 0.099 0.167	(Ar) 0.188 –
第4周期	K^+ 0.231 0.152	Ca^{2+} 0.197 0.114	Ga^{3+} 0.122 0.076	Ge^{4+} 0.122 0.067	(As) 0.121 –	Se^{2-} 0.117 0.184	Br^- 0.114 0.182	(Kr) 0.202 –

①原子半径は，同族では周期が増すにつれて大きくなり，同一周期では族の番号が大きくなるにつれて小さくなる傾向がある。同一周期では原子核中の陽子の数(原子番号)が大きいほど電子を強く引きつけるため，原子半径は小さくなる。
②原子が陽イオンになるとイオン半径は原子より小さく，陰イオンになるとイオン半径は原子より大きくなる。
③同じ電子配置のイオンでは，原子番号が大きくなるほどイオン半径は小さくなる。原子核中の陽子の数(原子番号)が大きいほど電子を強く引きつけるため，イオン半径は小さくなる。

例

原子番号	8	9	10	11	12	13
	O^{2-}	F^-		Na^+	Mg^{2+}	Al^{3+}
イオン半径〔nm〕	0.126	0.119		0.116	0.086	0.068

イオン半径の求め方

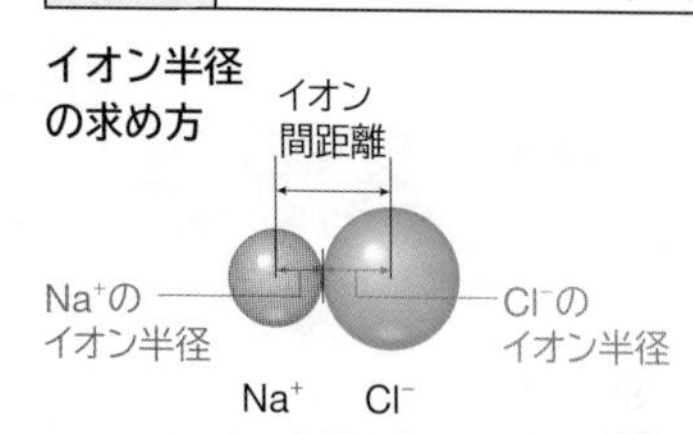

イオンを球体と仮定して，イオン間距離を測定し，そこからそれぞれのイオン半径を求める。

5 イオンの生成とエネルギー

原子がイオンになるときはエネルギーの出入りがある。 化学基礎

イオン化エネルギー（➡p.36，314）

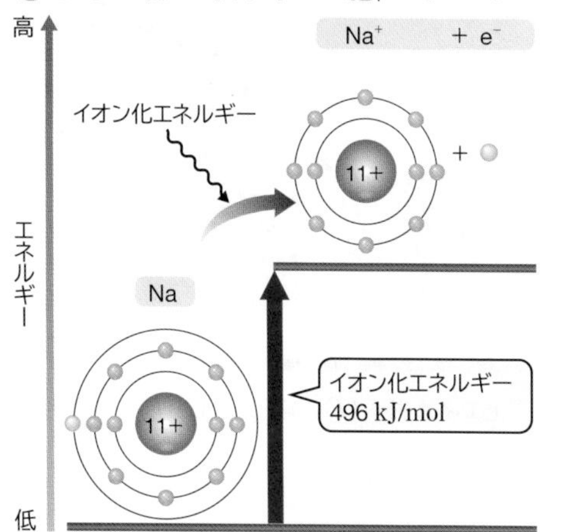

気体状態の原子から電子を 1 個取り去り，1 価の陽イオンをつくるために必要なエネルギーを**イオン化エネルギー**という。1 価の陽イオンになりやすい原子ほど値が小さい。

電子親和力（➡p.36，314）

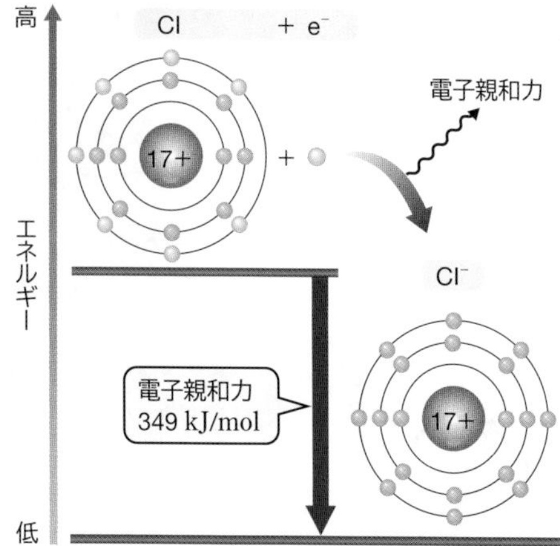

原子が電子を 1 個受け取って，1 価の陰イオンになるときに放出するエネルギーを**電子親和力**という。1 価の陰イオンになりやすい原子ほど値が大きい。

ADVANCE 第 2，第 3 イオン化エネルギー

原子から 1 価の陽イオン，1 価の陽イオンから 2 価の陽イオン，2 価の陽イオンから 3 価の陽イオンをつくるために必要なエネルギーをそれぞれ，第 1，第 2，第 3 イオン化エネルギーとよぶ。

Mg のイオン化エネルギー

第 1 イオン化エネルギー	738 kJ/mol
第 2 イオン化エネルギー	1451 kJ/mol
第 3 イオン化エネルギー	7733 kJ/mol

第 3 イオン化エネルギーが大きいため，3 価の陽イオンにはなりにくい。

表現 第 2 周期と第 3 周期の元素の原子半径の大小を電子配置から説明せよ。

10 元素の周期律
Periodic law of the elements

1 イオン化エネルギー
ionization energy

化学基礎

イオン化エネルギーは，気体状態の原子から電子を1個取り去って1価の陽イオンにするために必要なエネルギーである。イオン化エネルギーが小さいアルカリ金属は陽イオンになりやすい(➡p.35)。

イオン化エネルギー

$$Na \longrightarrow Na^+ + e^-$$

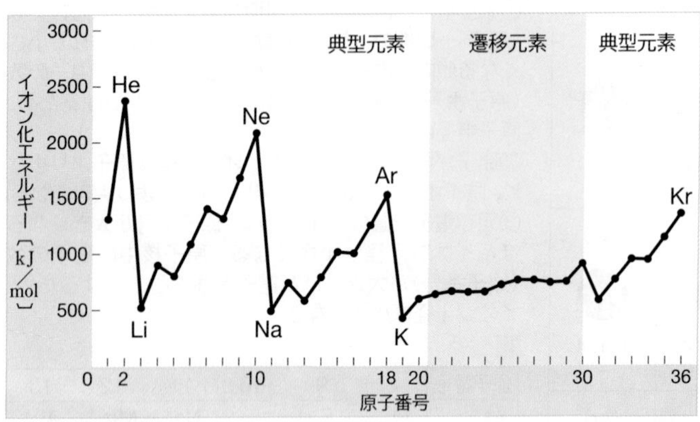

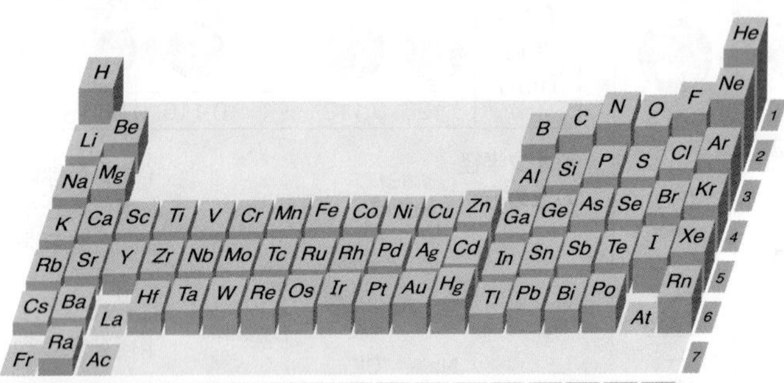

2 電子親和力
electron affinity

化学基礎

電子親和力は，原子が電子1個を受け取って1価の陰イオンになるときに放出されるエネルギーである。したがって，電子親和力の大きい原子は，陰イオンが安定で，陰イオンになりやすい(➡p.35)。

電子親和力

$$Cl + e^- \longrightarrow Cl^-$$

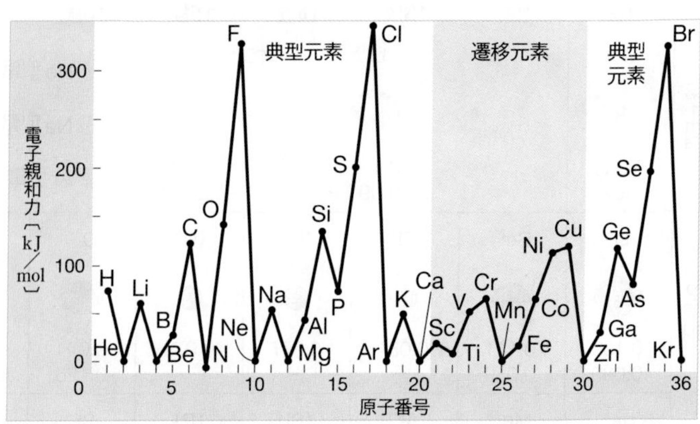

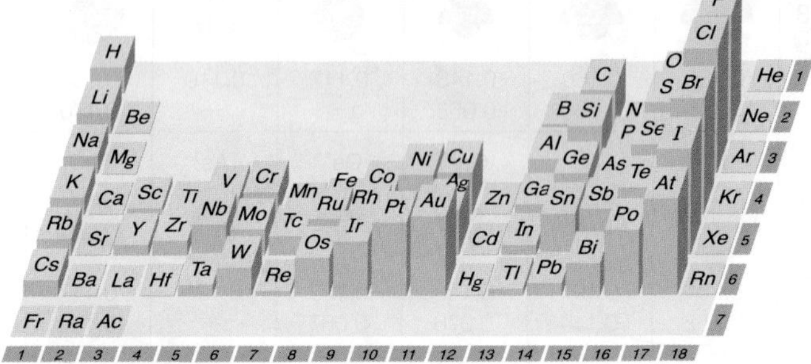

3 電気陰性度
electronegativity

化学基礎

2原子間の化学結合で，各原子が共有電子対を引きつける力の大小を相対的に示した数値を，電気陰性度という。

ポーリングは，Fの電気陰性度を4.0として，各原子の電気陰性度を決めた。2原子間の電気陰性度の差が大きい場合(約1.7以上)はイオン結合に，小さい場合は共有結合とした。電気陰性度の差が比較的大きな共有結合では，その結合に極性が生じる。貴ガスは共有結合をつくらないので，電気陰性度は定められない。

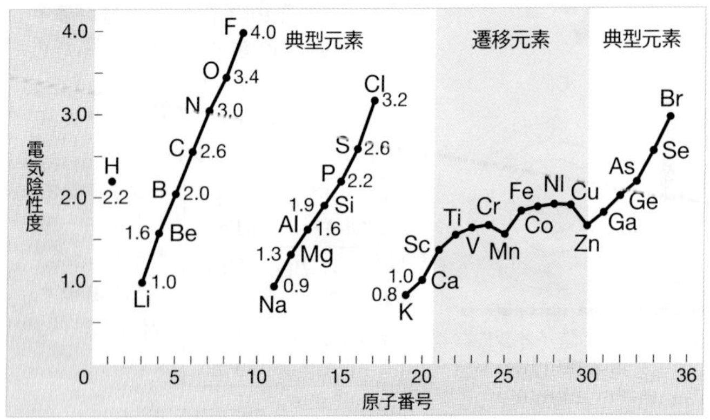

マリケンは，原子のイオン化エネルギー(I)と電子親和力(E)の平均値を電気陰性度(x)と定義した。

$$x = \frac{I+E}{2}$$

この式によって求められたマリケンの電気陰性度は，ポーリングの電気陰性度と比例関係にあり，イオン化エネルギーや電子親和力と強い関係があることを示している。

4 イオン化エネルギー・電子親和力・電気陰性度

化学基礎

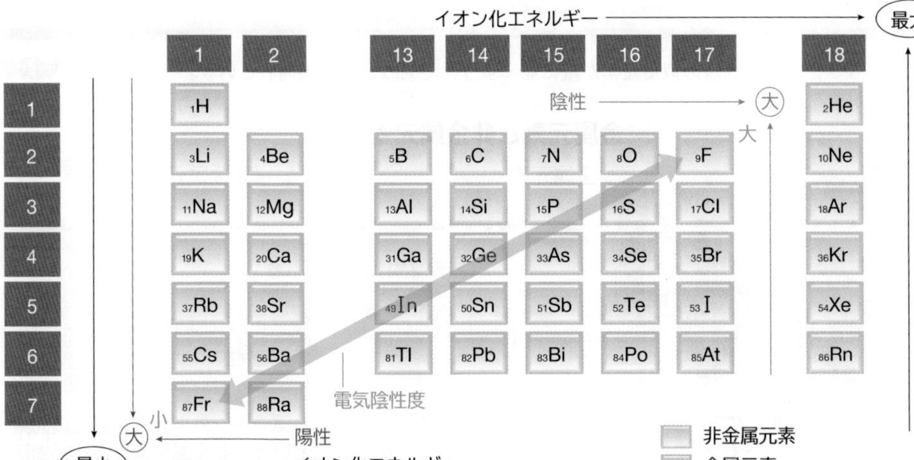

イオン化エネルギー，電子親和力が大きい元素ほど電気陰性度が大きい傾向がある。

▶陽性

元素の陽イオンになりやすい性質を**陽性**といい，陽性が強いほどイオン化エネルギーは小さい。周期表の左下にいくほど陽性は強くなる。金属元素は陽性が強い傾向がある。

▶陰性

元素の陰イオンになりやすい性質を**陰性**といい，陰性が強いほど電子親和力が大きい。18族元素を除いた周期表の右上にいくほど陰性は強くなる。非金属元素は陰性が強い傾向がある。

1 物質の構造

5 最外殻電子の数

outermost-shell electron

化学基礎

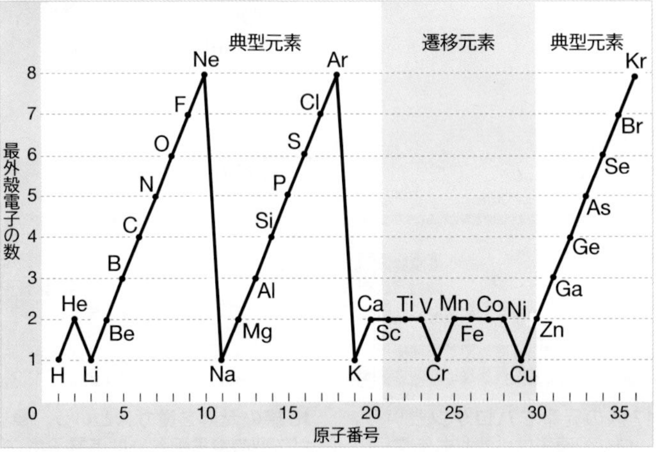

イオン化エネルギーと原子の最外殻電子の数は同じような周期的変化を示す。最外殻電子の数が増加すると，イオン化エネルギーも大きくなる。

6 原子半径

atomic radius

原子の大きさ(原子半径)を nm 単位($\times 10^{-9}$ m)で示す。

化学基礎

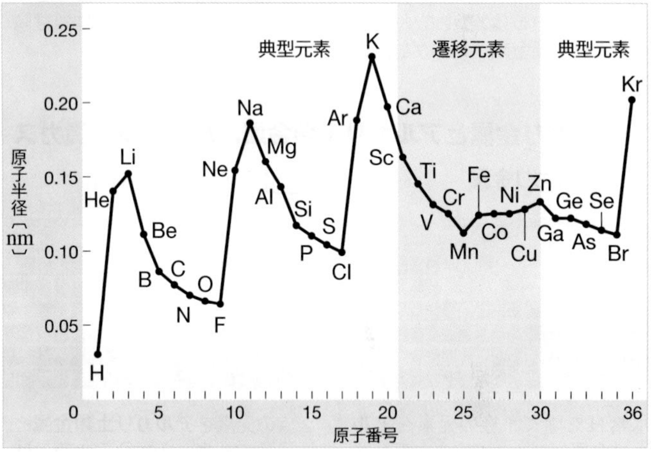

原子半径は，同族では周期が増すにつれ大きくなり，同一周期では族の番号が大きくなるにつれ小さくなる。

7 単体の融点

melting point

化学基礎

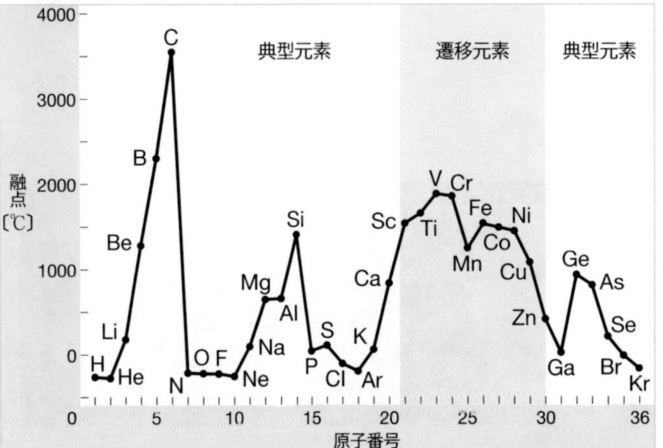

8 単体の沸点

boiling point

化学基礎

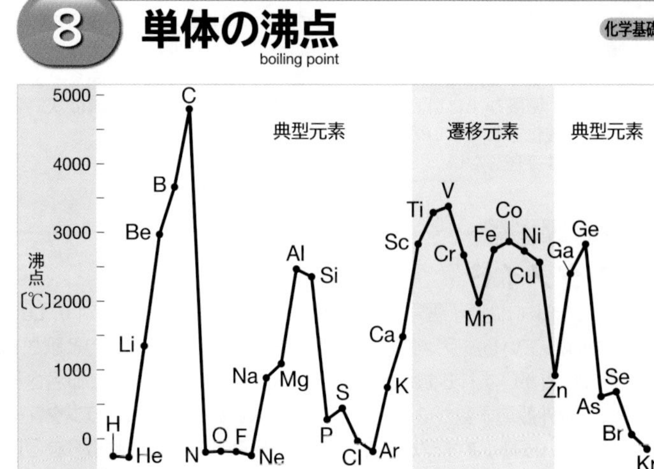

化学基礎

思考 周期表の左下の元素ほど陽性が強いのはなぜか。

11 元素の周期表

Periodic law of the elements

1 周期表

元素を原子番号の順に並べ，さらに性質の似た元素が縦に並ぶように配列した表を周期表という。 化学基礎

典型元素と遷移元素

典型元素

周期表の1族，2族および13族〜18族の元素を**典型元素**という。典型元素では，原子番号の増加とともに，価電子の数が周期的に増加しているので，化学的性質も周期的に変化する。同じ族の元素の原子は価電子の数が等しいので，性質も似ている(➡アルカリ金属，アルカリ土類金属，ハロゲン，貴ガス)。

遷移元素

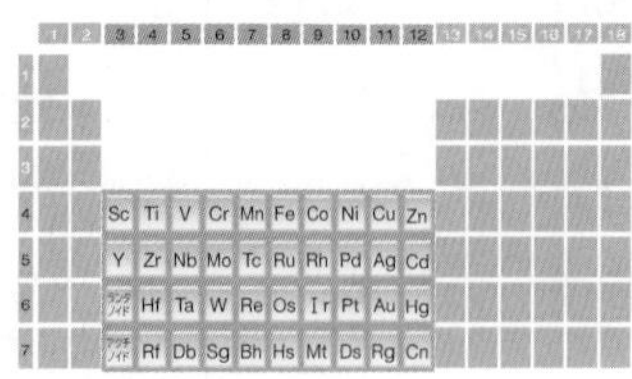

周期表の3族から12族までの元素を**遷移元素**という。遷移元素は，原子番号が増加しても最外殻の内側の電子殻の電子が増加するだけで，価電子の数は周期的に変化せず1または2であるものが多い。このため周期性はあまりはっきりせず，遷移元素の化学的性質は隣どうしの元素で似ている。

金属元素と非金属元素

金属元素

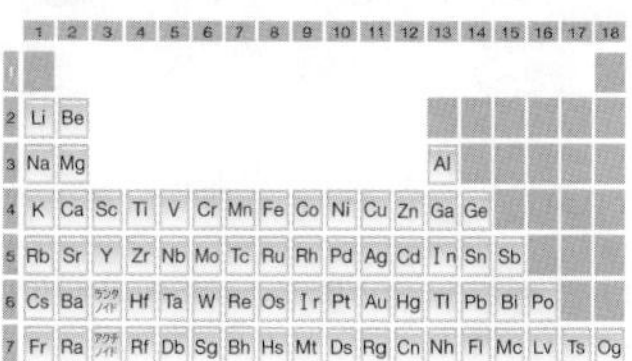

単体が金属光沢を示し，電気・熱伝導性が高いなど金属としての性質を示す元素を**金属元素**という。金属元素は周期表の左下から中央にかけて位置する。イオン化エネルギーが小さく，価電子を放出して陽イオンになりやすい。

非金属元素

金属元素以外の元素を**非金属元素**という。非金属元素はおもに周期表の右上に位置する。水素原子や貴ガス原子以外は，価電子の数が多く，陰イオンになりやすいものが多い。水素は陽イオンにもなるが，単体の H_2 は電気を通さないなど金属の性質は示さないので，非金属元素に分類される。

アルカリ金属とアルカリ土類金属，ハロゲンと貴ガス

アルカリ金属

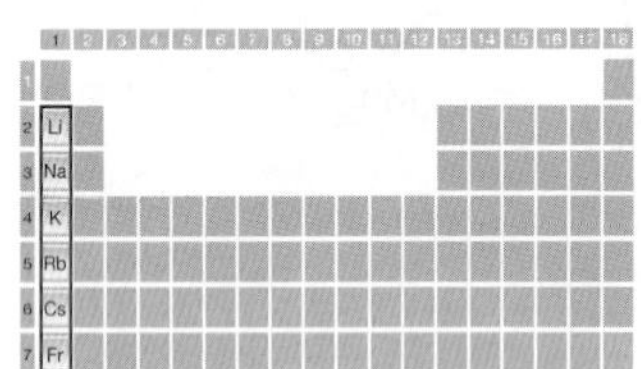

水素Hを除く1族の元素を**アルカリ金属**という。1族の水素は非金属元素に属す。アルカリ金属の原子はいずれも価電子の数は1である。イオン化エネルギーが小さく，1価の陽イオンになりやすい。陽性が強い。単体はいずれも銀白色の光沢をもち，やわらかい。融点が低く，密度が小さい。反応性が高く，酸化されやすいので天然には単体は存在しない。

アルカリ土類金属

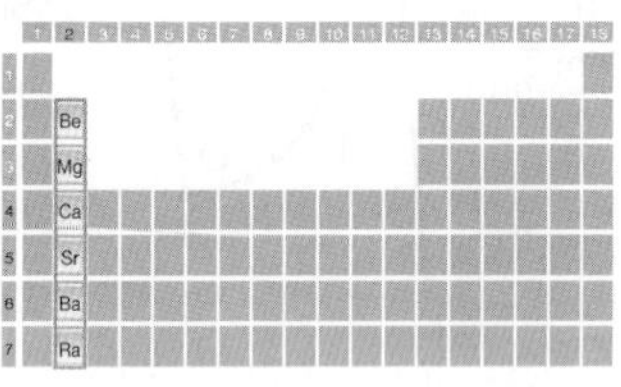

2族の元素を**アルカリ土類金属**という。アルカリ土類金属の原子はいずれも価電子の数は2である。イオン化エネルギーが小さく，2価の陽イオンになりやすい。陽性が強い。単体はいずれも銀白色の光沢をもつ。アルカリ金属の単体に比べてかたい。融点が高く，密度が大きい。アルカリ金属に次いで反応性が高い。

ハロゲン

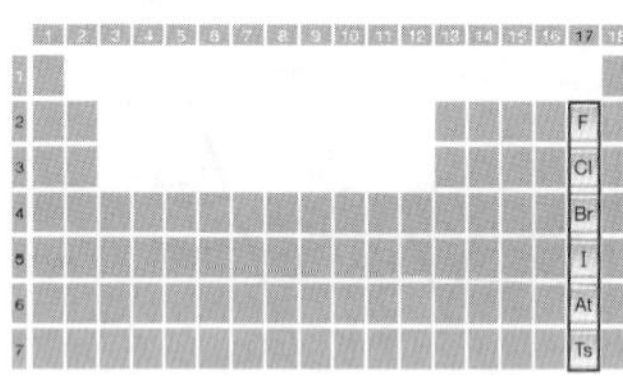

17族の元素を**ハロゲン**という。ハロゲン原子はいずれも価電子の数は7である。電子親和力が大きいので1個の電子を取り入れて，1価の陰イオンになりやすい。陰性の強い元素である。単体はいずれも二原子分子からなり，有色・有毒で反応性が高い。

貴ガス[*1]

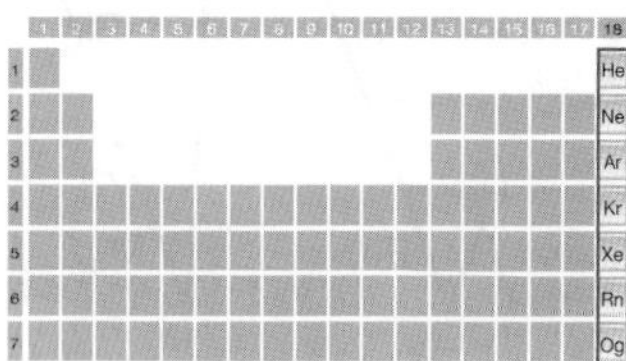

18族の元素を**貴ガス**という。貴ガス型の電子配置では価電子が0で，他の原子と比べてきわめて安定している。このため，他の原子と結合しにくく，ふつう化合物やイオンになることはない。単原子分子として存在する。単体の融点，沸点は非常に低く，室温で無色・無臭の気体である。

*1 希ガス(rare gas)とよばれることもある。

TOPICS

ランタノイド

ランタノイドには原子番号57のLa(ランタン)から原子番号71のLu(ルテチウム)までが属している。ランタノイドは日本語で「ランタンもどき」と訳され，これらの元素の性質がいずれもLaとよく似ていることからこのように命名された。性質の類似は最外殻電子数が2であることが原因となっている。ランタノイドの中には磁石に用いられるネオジムNd，ガラスの研磨剤および油膜取りなどに利用されるセリウムCeなど，今日の私たちの生活において必要不可欠な元素が多く含まれる。

ネオジム磁石を用いたイヤホン

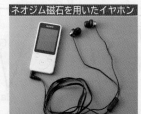

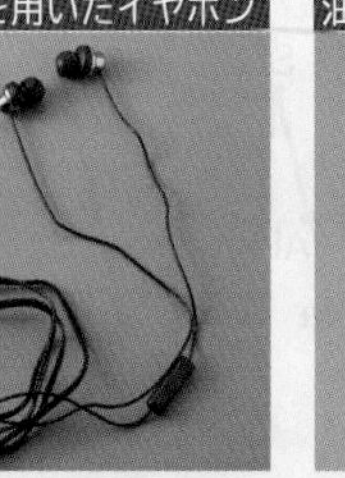

油膜取り

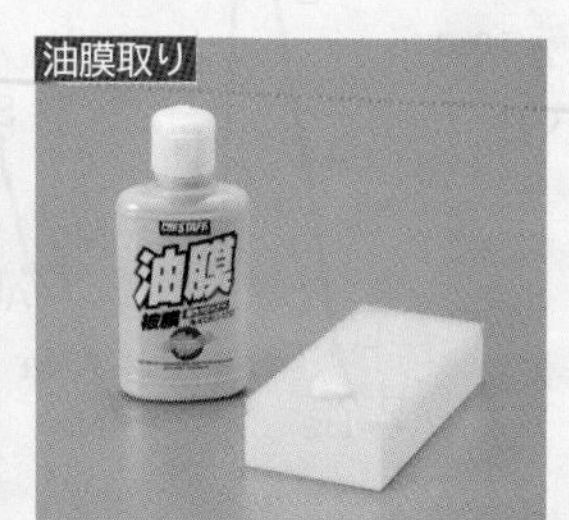

2 第3周期の元素

周期表の1族，2族および13族～18族では，同一周期内で周期的に化学的性質が変化する。 化学基礎

族		1	2	13	14	15	16	17	18
元素		$_{11}Na$	$_{12}Mg$	$_{13}Al$	$_{14}Si$	$_{15}P$	$_{16}S$	$_{17}Cl$	$_{18}Ar$
原子量		22.99	24.31	26.98	28.09	30.97	32.07	35.45	39.95
単体									
電子配置		11+	12+	13+	14+	15+	16+	17+	18+
価電子の数		1	2	3	4	5	6	7	0
電気陰性度		0.9	1.3	1.6	1.9	2.2	2.6	3.2	—
		陽性 ←						→ 陰性	—
イオン化エネルギー		小 ←							→ 大
水素化合物	化学式	NaH	MgH_2	AlH_3	SiH_4	PH_3	H_2S	HCl	—
	酸化数	+1	+2	+3	+4	−3	−2	−1	—
水酸化物 オキソ酸	化学式	NaOH	$Mg(OH)_2$	$Al(OH)_3$	H_2SiO_3	H_3PO_4	H_2SO_4	$HClO_4$	—
	性質	強塩基	弱塩基	両性	弱酸	中程度の酸	強酸	強酸	—
酸化物	化学式	Na_2O	MgO	Al_2O_3	SiO_2	P_4O_{10}	SO_3	Cl_2O_7	—
	酸化数	+1	+2	+3	+4	+5	+6	+7	—
酸化物の結合		イオン結合	イオン結合	イオン結合	共有結合	共有結合	共有結合	共有結合	—

3 メンデレーエフの周期表

periodic table

メンデレーエフは，元素を**原子量の順**に並べると，性質のよく似た元素が周期的に現れることを発見した。これが現在の周期表のもととなった。 化学基礎

メンデレーエフの周期表

Reihen	Gruppo I. — R^2O	Gruppo II. — RO	Gruppo III. — R^2O^3	Gruppo IV. RH^4 RO^2	Gruppo V. RH^3 R^2O^5	Gruppo VI. RH^2 RO^3	Gruppo VII. RH R^2O^7	Gruppo VIII. — RO^4
1	H=1							
2	Li=7	Be=9,4	B=11	C=12	N=14	O=16	F=19	
3	Na=23	Mg=24	Al=27,3	Si=28	P=31	S=32	Cl=35,5	
4	K=39	Ca=40	—=44	Ti=48	V=51	Cr=52	Mn=55	Fe=56, Co=59, Ni=59, Cu=63.
5	(Cu=63)	Zn=65	—=68	—=72	As=75	Se=78	Br=80	
6	Rb=85	Sr=87	?Yt=88	Zr=90	Nb=94	Mo=96	—=100	Ru=104, Rh=104, Pd=106, Ag=108.
7	(Ag=108)	Cd=112	In=113	Sn=118	Sb=122	Te=125	J=127	
8	Cs=133	Ba=137	?Di=138	?Ce=140	—	—	—	— — — —
9	(—)	—	—	—	—	—	—	
10	—	—	?Er=178	?La=180	Ta=182	W=184	—	Os=195, Ir=197, Pt=198, Au=199.
11	(Au=199)	Hg=200	Tl=204	Pb=207	Bi=208	—	—	
12	—	—	—	Th=231	—	U=240	—	— — — —

1870年に発表されたメンデレーエフの周期表。ローマ数字でⅠ～Ⅷまで縦(族)に分類した。表の上部に酸化物・水素化物が表記され，化合物に着目した分類になっている。族の中は，さらに2種類の亜族に分かれている。この周期表にはまだ，貴ガスは反映されていない。

ドミトリ・イヴァノヴィチ・メンデレーエフ
(1834～1907)

1869年にロシア化学会で，「元素は原子量の順に並べると化学的性質が周期的に現れる」ことを発表した。メンデレーエフの周期表は当時発見されていた63種類の元素を原子量の小さい順に並べ，さらに性質が似ているものを同じ縦の列に並べている。元素の性質がうまく縦に並ばないところは空欄にしてあり，当時未発見の元素の性質を予言した。その後，メンデレーエフの予言通りスカンジウム，ガリウム，ゲルマニウムなどが次々に発見された。1906年にメンデレーエフの研究はノーベル化学賞にノミネートされたが，一票差で敗れている。

▶メンデレーエフの予言と実際の元素の比較

元素	原子量	原子価	密度〔g/cm^3〕	色	融点	酸化物	酸化物の密度	塩化物
エカケイ素 Es	72	4	5.5	灰色	高	EsO_2	4.7	$EsCl_4$
ゲルマニウム Ge	72.6	4	5.32	灰白色	937.4	GeO_2	4.70	$GeCl_4$

思考 第3周期の元素について，電子配置と金属元素と非金属元素の関係を述べよ。

12 イオン結合とイオン結晶

Ionic bond and ionic crystals

1 イオン結合 ionic bond

陽イオンと陰イオンが静電気的な引力(クーロン力)によって結びつく結合をイオン結合という。一般に金属元素と非金属元素の結合は，陽イオンと陰イオンによるイオン結合である。 化学基礎

塩化ナトリウム NaCl のでき方

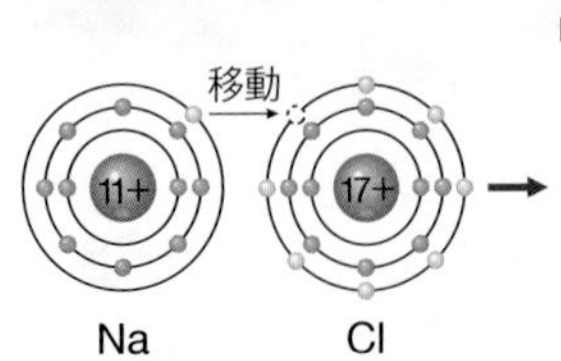

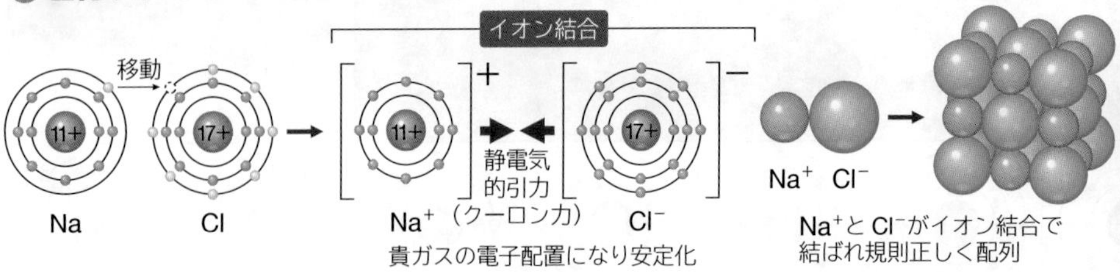

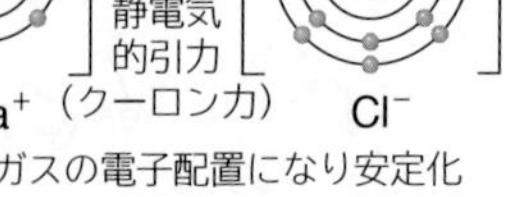

貴ガスの電子配置になり安定化

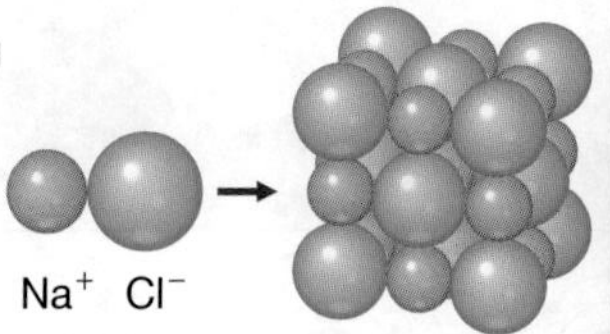

Na^+とCl^-がイオン結合で結ばれ規則正しく配列

塩化ナトリウムの生成

塩化ナトリウムの結晶

2 イオンでできた物質

イオンでできている物質は，組成式を使って表す。組成式は成分元素の種類と割合(数の比)を表した化学式であり，陽イオンと陰イオンは正負の電荷を打ち消しあう割合で結合している。 化学基礎

組成式のつくり方と命名法

①(陽イオンの価数)×(陽イオンの数)
=(陰イオンの価数)×(陰イオンの数)
になるように陰イオンと陽イオンの数の簡単な整数比を求める。
②組成式は陽イオン→陰イオンの順に書く。
③名称は陰イオン→陽イオンの順に読む。
*「イオン」や「物イオン」はつけない。

	ナトリウムイオン 塩化物イオン Na^+ と Cl^-	アンモニウムイオン 硫酸イオン NH_4^+ と SO_4^{2-}
①	1×1＝1×1	1×2＝2×1
②	Na_1Cl_1 → 1 省略 → NaCl	$(NH_4)_2(SO_4)_1$ → 多原子イオンは( )で表す。→ $(NH_4)_2SO_4$
③	塩化ナトリウム	硫酸アンモニウム

組成式で表される物質

陽イオン＼陰イオン	Cl^- 塩化物イオン	OH^- 水酸化物イオン	O^{2-} 酸化物イオン	SO_4^{2-} 硫酸イオン	PO_4^{3-} リン酸イオン
Na^+ ナトリウムイオン	NaCl 塩化ナトリウム	NaOH 水酸化ナトリウム	Na_2O 酸化ナトリウム	Na_2SO_4 硫酸ナトリウム	Na_3PO_4 リン酸ナトリウム
Mg^{2+} マグネシウムイオン	$MgCl_2$ 塩化マグネシウム	$Mg(OH)_2$ 水酸化マグネシウム	MgO 酸化マグネシウム	$MgSO_4$ 硫酸マグネシウム	$Mg_3(PO_4)_2$ リン酸マグネシウム
Al^{3+} アルミニウムイオン	$AlCl_3$ 塩化アルミニウム	$Al(OH)_3$ 水酸化アルミニウム	Al_2O_3 酸化アルミニウム	$Al_2(SO_4)_3$ 硫酸アルミニウム	$AlPO_4$ リン酸アルミニウム
NH_4^+ アンモニウムイオン	NH_4Cl 塩化アンモニウム			$(NH_4)_2SO_4$ 硫酸アンモニウム	$(NH_4)_3PO_4$ リン酸アンモニウム

*アンモニウムイオンは非金属であるがイオン結合をする。

3 イオン結晶の構造 ionic crystal

イオン結合でできている結晶をイオン結晶という。結晶の配列を結晶格子といい，結晶格子の最小単位を単位格子という。 化学

塩化ナトリウム NaCl 型

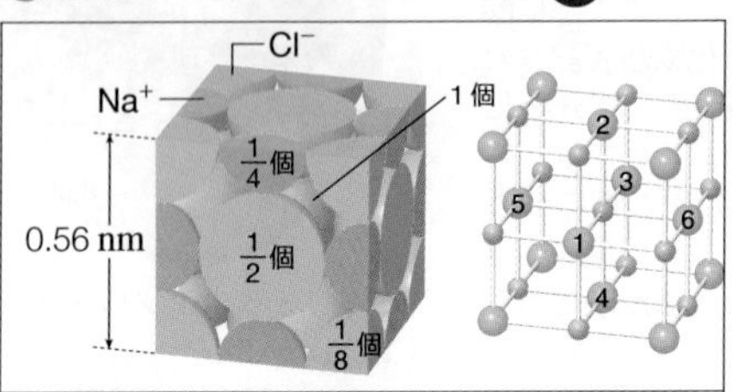

1つのイオンに接しているイオンの数(配位数)＝6
上の図の1～6の塩化物イオンは，中心のナトリウムイオンに接する。

単位格子に含まれるイオンの数	
ナトリウムイオン	$\frac{1}{4}\times12+1=4$
塩化物イオン	$\frac{1}{8}\times8+\frac{1}{2}\times6=4$

塩化ナトリウム型の例：LiF, NaBr, KI, MgO, CaS

塩化セシウム CsCl 型

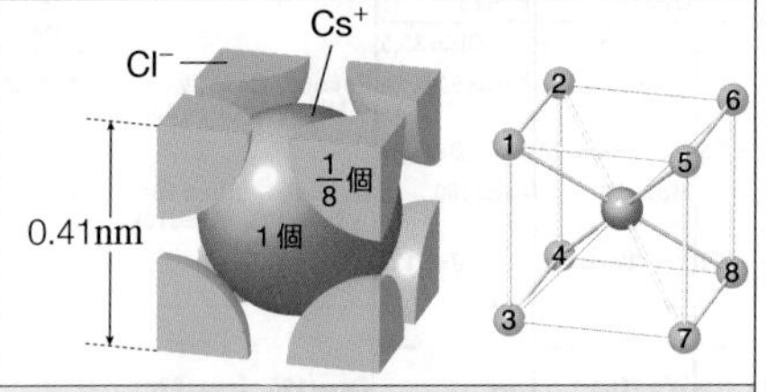

1つのイオンに接しているイオンの数(配位数)＝8
上の図の1～8の塩化物イオンは，中心のセシウムイオンに接する。

単位格子に含まれるイオンの数	
セシウムイオン	1
塩化物イオン	$\frac{1}{8}\times8=1$

塩化セシウム型の例：CsBr, CsI, NH_4Cl

硫化亜鉛 ZnS 型

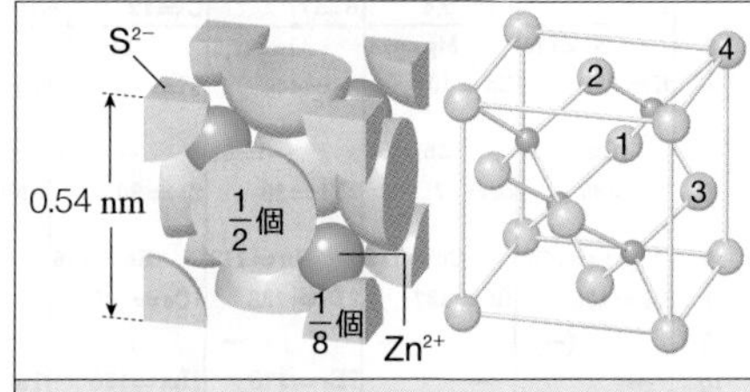

1つのイオンに接しているイオンの数(配位数)＝4
上の図の1～4の硫化物イオンは，中心の亜鉛イオンに接する。

単位格子に含まれるイオンの数	
亜鉛イオン	1×4＝4
硫化物イオン	$\frac{1}{8}\times8+\frac{1}{2}\times6=4$

硫化亜鉛型の例：CdS, CuI, CuBr, CuCl

単位格子の密度

イオン結晶の単位格子の密度 d〔g/cm³〕を求めるとき，単位格子の一辺を a〔cm〕，アボガドロ定数 N_A〔/mol〕，モル質量 M〔g/mol〕とすると，単位格子中に含まれる組成式の単位数(NaCl：4，CsCl：1)から，次のようになる。

塩化ナトリウム型：$d=\dfrac{4M}{a^3N_A}$　　塩化セシウム型：$d=\dfrac{M}{a^3N_A}$

4 イオン結晶の性質

イオン結合は強い結合なので，イオン結晶は融点が高い。また，かたくてもろく，水に溶けやすい。融解して液体にしたり，水に溶かしたりすると，電気を通すようになる。 化学基礎

かたくてもろい

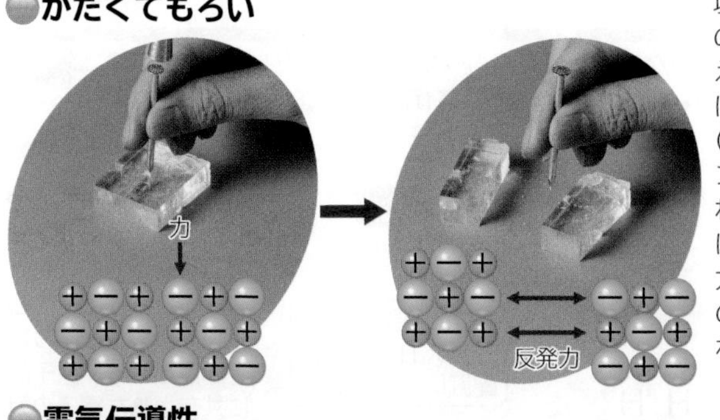

塩化ナトリウムの結晶に力を加えると一定の面に沿って割れる(へき開)。イオン結合の面がずれるとイオン間は引力から反発力に変わり，その面に沿って割れる。

融点が高い

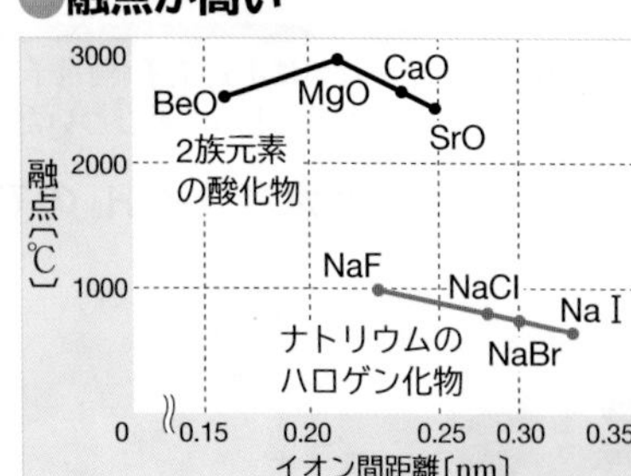

イオン結晶は，粒子間の力を弱めて液体にするには，大きなエネルギーが必要である。そのため融点は高い。
一般にイオンの価数が大きくイオン間距離が短いほどイオン結合は強く，融点も高い。(BeO は他の酸化物とは結晶構造が異なる。)

電気伝導性

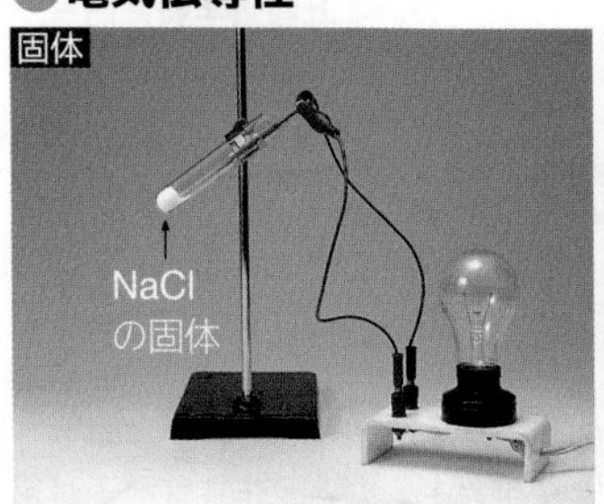

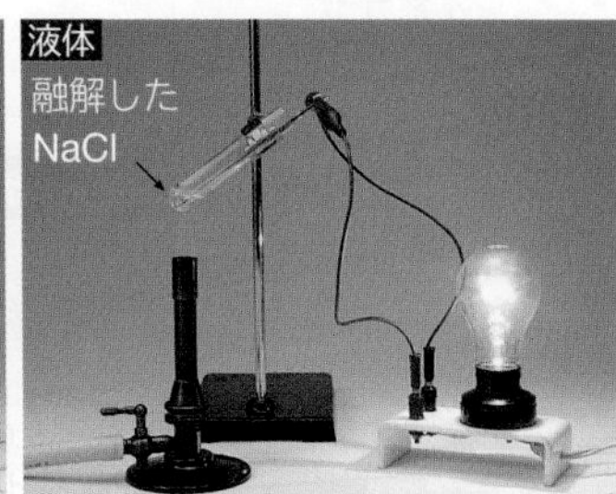

電解質・非電解質

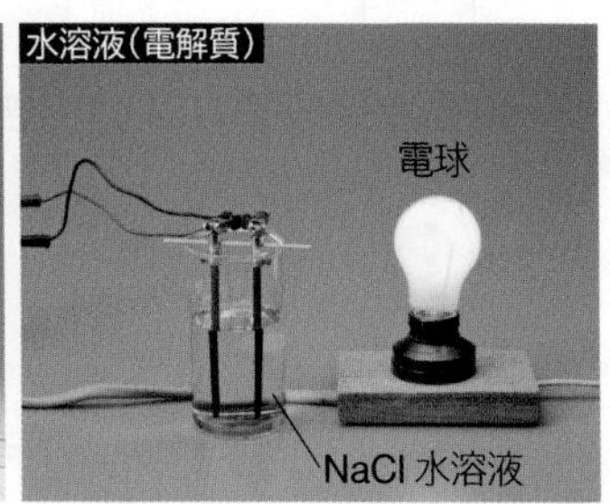

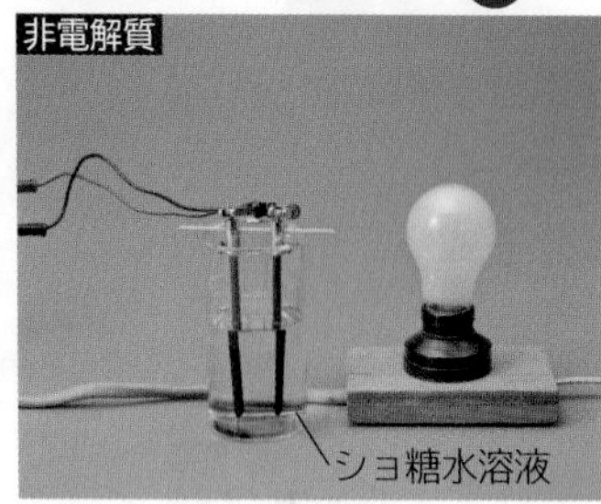

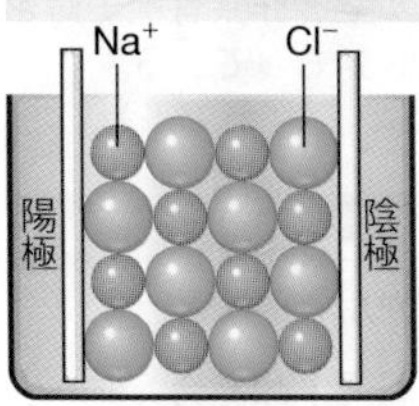

固体の状態ではイオンが移動できないので，電気を通さない。

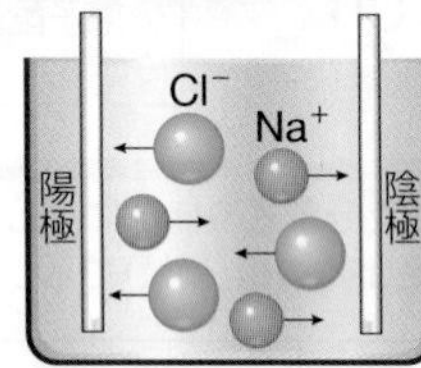

加熱して液体にすると，イオンが移動できるようになり，電気を通す。

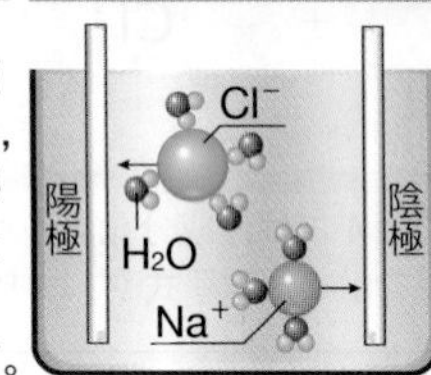

水溶液にしても，イオンが移動できるので，電気を通す。

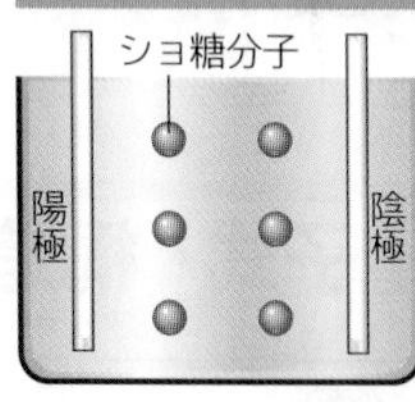

水溶液にしたときに電気を通すものを**電解質**，通さないものを**非電解質**という。

5 イオン結晶の半径と安定性

塩化ナトリウム型および塩化セシウム型の結晶構造の安定性は次のようになる。

化学

イオン結晶の安定性

(a)非常に安定
＋と－が接していて，－と－が離れている。

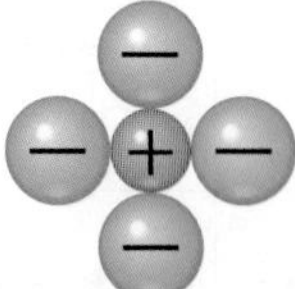

(b)安定(限界)
＋と－，－と－が接している。

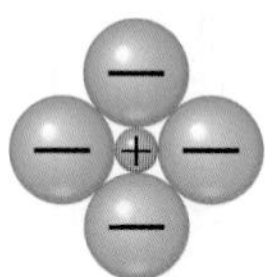

(c)不安定
＋と－が離れていて，－と－が接している。

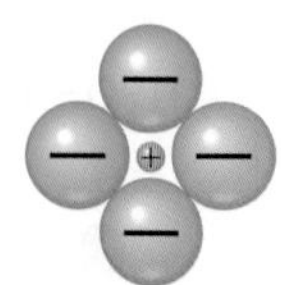

塩化ナトリウム型のイオン半径比

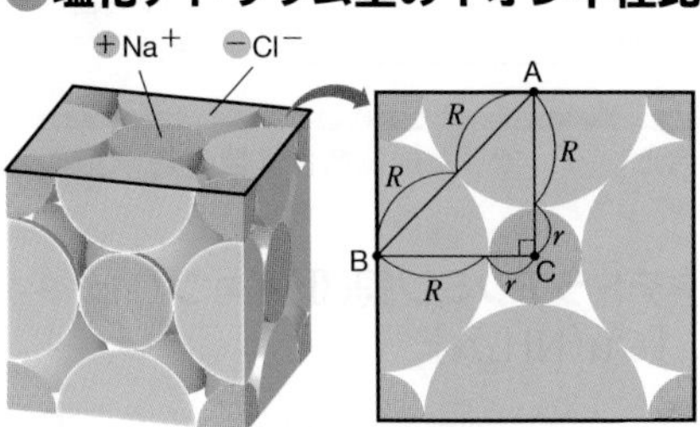

隣接する陽イオンと陰イオンおよび陰イオンどうしがすべて接しているとき，

$$2(R+r)^2=(2R)^2$$
$$R+r=\sqrt{2}R$$
$$\frac{r}{R}=\sqrt{2}-1=0.41 \quad よって$$

$\frac{r}{R}>0.41$ のとき，安定　$\frac{r}{R}<0.41$ のとき，不安定

塩化セシウム型のイオン半径比

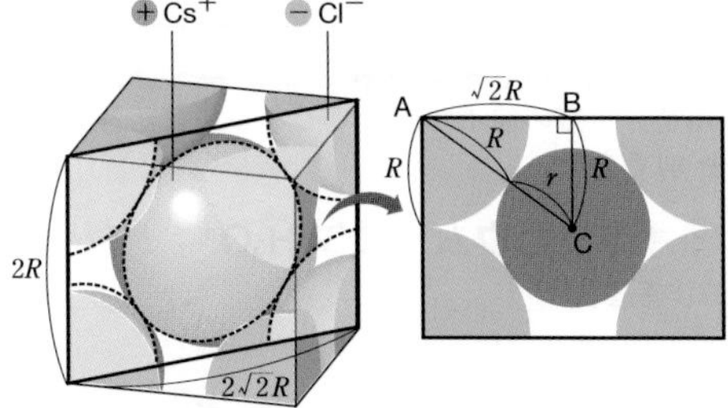

隣接する陽イオンと陰イオンおよび陰イオンどうしがすべて接しているとき，

$$(\sqrt{2}R)^2+R^2=(R+r)^2$$
$$\sqrt{3}R=R+r$$
$$\frac{r}{R}=\sqrt{3}-1=0.73 \quad よって$$

$\frac{r}{R}>0.73$ のとき，安定　$\frac{r}{R}<0.73$ のとき，不安定

硫化亜鉛型のイオン半径比

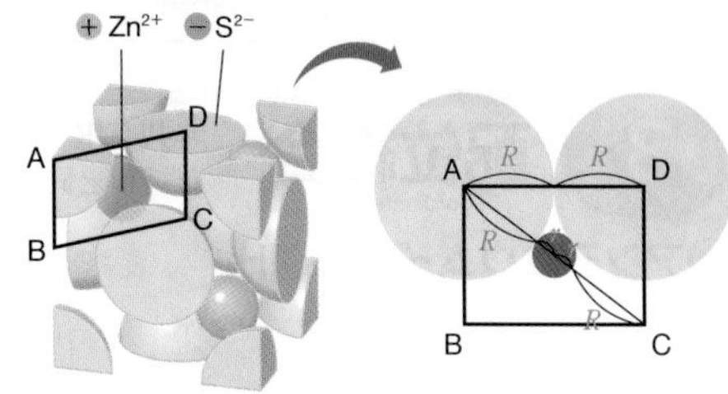

隣接する陽イオンと陰イオンおよび陰イオンどうしがすべて接しているとき，

$$(r+R):R=\sqrt{3}:\sqrt{2}$$
$$\frac{r}{R}=\frac{\sqrt{3}}{\sqrt{2}}-1 \quad よって$$

$\frac{r}{R} \geqq \frac{\sqrt{3}}{\sqrt{2}}-1 \fallingdotseq 0.22$ のとき，安定

$\frac{r}{R}<0.22$ のとき，不安定

表現 イオン結晶が硬くてもろいことを，結晶構造から説明せよ。

13 共有結合と分子
Covalent bond and molecules

1 共有結合
covalent bond

原子が互いに**不対電子**(価電子のうちで対をつくっていない電子)を出しあって原子間で共有し，貴ガスと同じ電子配置をとって結びついた結合を**共有結合**という。非金属元素の原子は共有結合で結びつき分子をつくる。 化学基礎

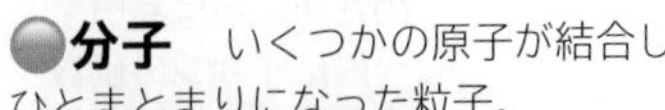

●分子 いくつかの原子が結合し，ひとまとまりになった粒子。

水分子は，酸素原子と水素原子が集まってできる。

●分子式 分子を表した式。

分子式の書き方

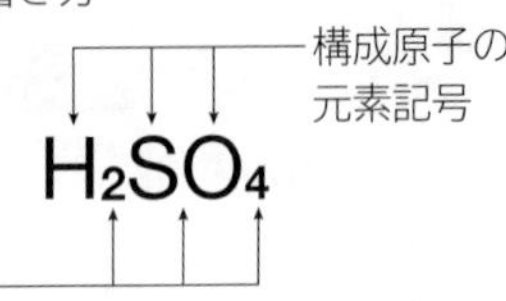

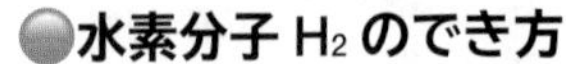

●水素分子 H_2 のでき方

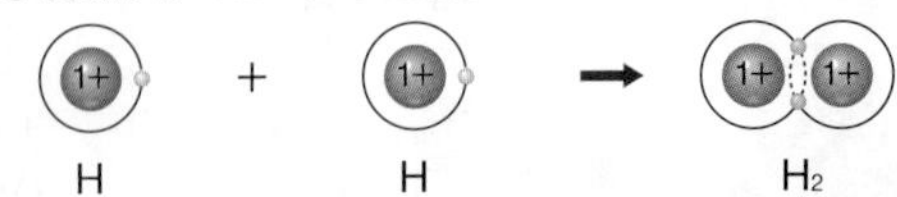

共有結合

2つのH原子は貴ガス He の電子配置になり安定化

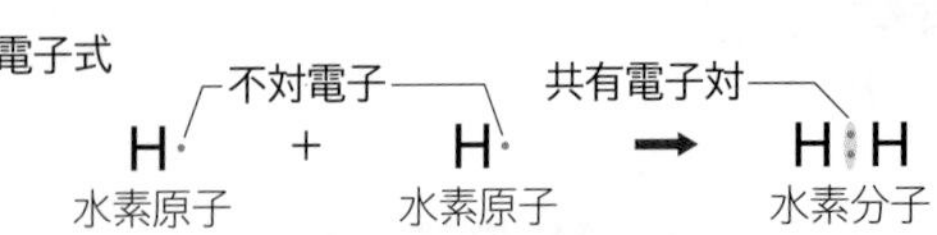

共有結合は電子式で表すこともできる。2つの原子が不対電子を共有することにより，各原子は貴ガスと同じ電子配置をとる。原子間に共有された電子の対を**共有電子対**という。

●塩化水素分子 HCl のでき方

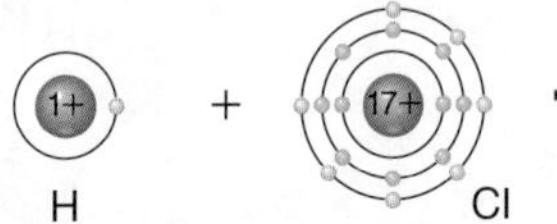

共有結合

電子式

H·　+　·Cl:　→　H:Cl:

水素原子　塩素原子　塩化水素分子

非共有電子対

H原子とCl原子が貴ガス He と Ar の電子配置になり安定化

原子間に共有されていない(共有結合に関わっていない)電子の対は**非共有電子対**とよばれる。塩化水素分子は，共有電子対を1対と，非共有電子対を3対もっている。

2 電子式・構造式
structural formula

分子を表すには，成分元素の種類と数を示した分子式のほかに，元素記号のまわりに最外殻電子を・で示した**電子式**や，1対の共有電子対を1本の線(価標)で示した**構造式**などが用いられる。 化学基礎

分子	水素	水	アンモニア	メタン	二酸化炭素	窒素	エチレン
分子式	H_2	H_2O	NH_3	CH_4	CO_2	N_2	C_2H_4
電子式	H:H	H:Ö:H	H:N:H (N上に非共有電子対, 下にH)	H:C:H (上下にH)	:Ö::C::Ö:	:N⋮⋮N:	H:C::C:H (各Cの下にH)
構造式	H−H	H−O−H	H−N−H (下に H)	H−C−H (上下に H)	O=C=O	N≡N	H−C=C−H (各Cの下に H)
立体構造	直線形	104.5° 折れ線形	106.7° 三角錐形	109.5° 正四面体形	直線形	直線形	平面形

単結合
1本の線
二重結合
2本の線
三重結合
3本の線

二酸化炭素分子 CO_2 の炭素原子と酸素原子の間の結合は二重結合，窒素分子 N_2 の窒素原子の間の結合は三重結合である。

3 配位結合
coordinate bond

非共有電子対の電子を一方の原子が出してできる共有結合を**配位結合**という。できた配位結合は他の共有結合と同じで区別できない。 化学基礎

●アンモニウムイオン NH_4^+

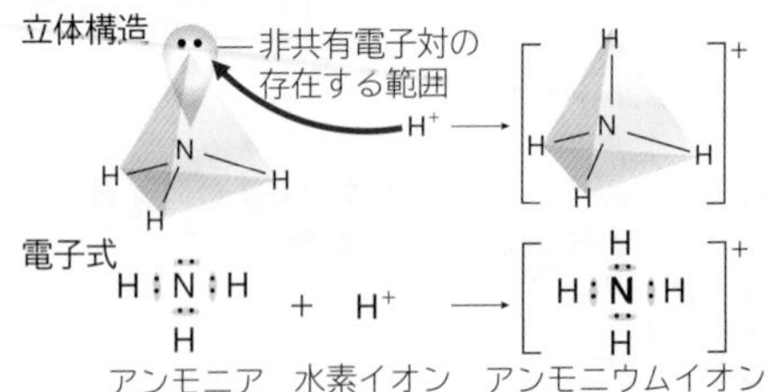

アンモニア分子が窒素原子の非共有電子対を出し，水素イオンとの間で共有して，配位結合ができる。4つのN−H結合はすべて同じである。

●オキソニウムイオン H_3O^+

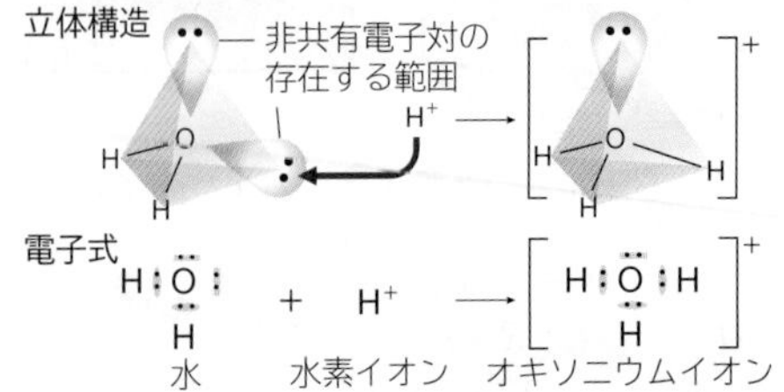

水分子が酸素原子の非共有電子対を出し，水素イオンとの間で共有して，配位結合ができる。3つのO−H結合はすべて同じである。

●テトラアンミン銅(II)イオン (➡p.194)
$[Cu(NH_3)_4]^{2+}$

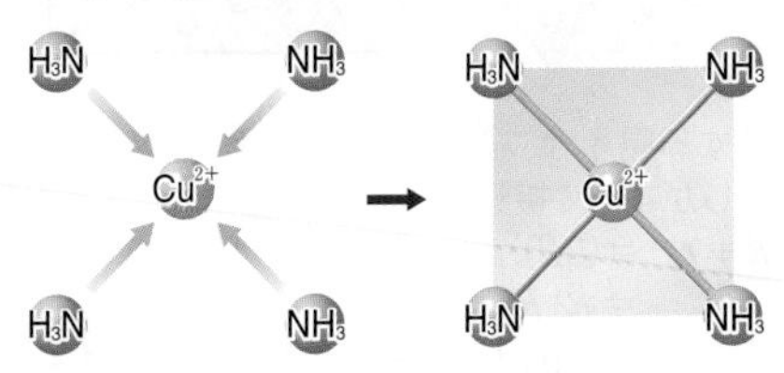

金属イオンに非共有電子対をもつ分子やイオンが配位結合して，**錯イオン**をつくる。

表現 オキソニウムイオンを例に，配位結合とはどのような結合か説明せよ。

4 共有結合の結晶

多数の原子が共有結合でつながった結晶を共有結合の結晶という。結晶全体が大きな分子とも考えられるので，巨大分子ということもある。融点がきわめて高く，かたい。また，電気を通さない。 化学基礎 化学

●共有結合の結晶の性質

融点が高い

共有結合を切るには大きなエネルギーが必要であり，結晶の融点は非常に高い。

かたい

多数の原子が強力な共有結合でつながっているので，結晶はきわめてかたい。

ダイヤモンド

ダイヤモンドカッター

電気伝導性はない

すべての価電子が共有結合に用いられるため，電気伝導性はない。ただし，黒鉛は共有結合に用いられない価電子があるため，電気伝導性がある。

	ダイヤモンドC	黒鉛C

モデル	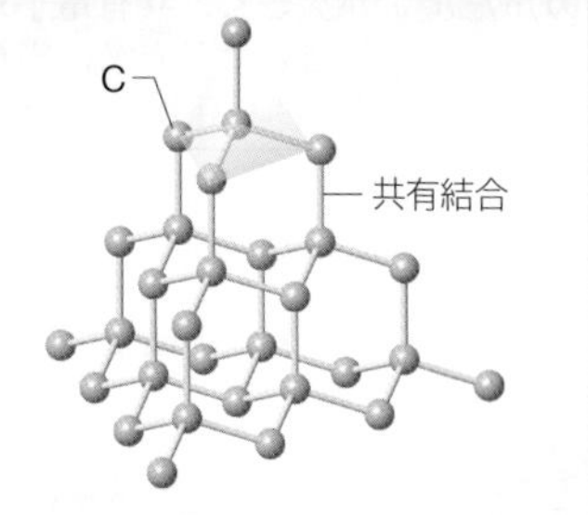 C　共有結合	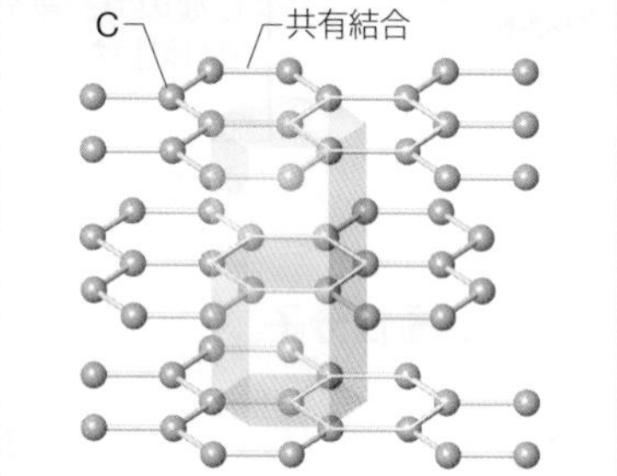 C　共有結合
構造	4個の価電子を使って隣接する4個のC原子が共有結合した正四面体形の立体構造	4個の価電子のうち3個の価電子を使って隣接する3個のC原子と共有結合した，正六角形を基本とする平面構造
特徴	きわめてかたい。融点は非常に高い。各C原子は，4個の価電子すべてを使って共有結合し，電子が余らないので，電気を通さない。	平面どうしは弱い分子間力(➡p.46)で結ばれており，はがれやすくやわらかい。各C原子に残った1個の価電子が自由に動き，電気をよく通す。

●ダイヤモンドの単位格子 化学

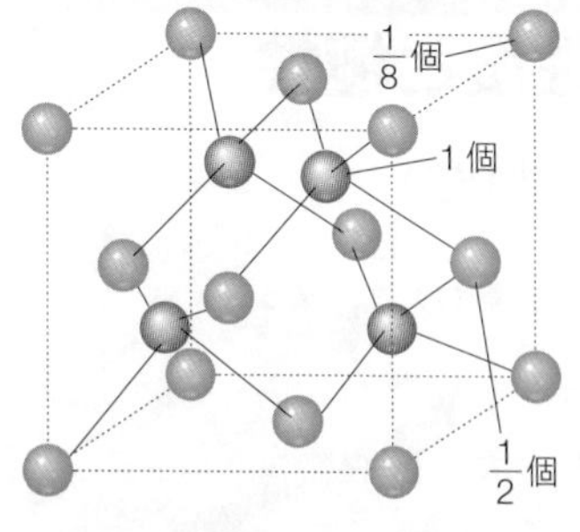

ダイヤモンドの単位格子は，面心立方格子●(➡p.52)の内部に，4個のC原子●が加わった構造をしている。単位格子を図のように8個に分けると，小さな立方体の1つおきの中心にC原子が存在しており，隣接する4個のC原子と正四面体構造をとっていることがわかる。

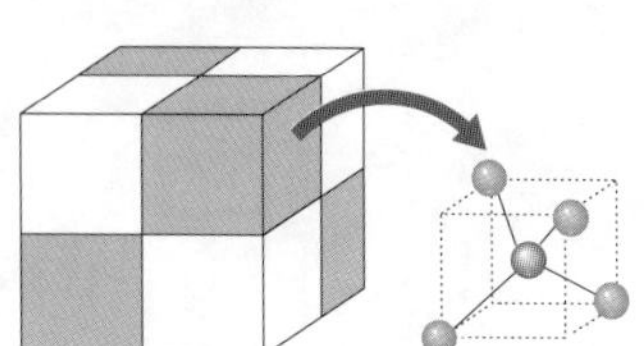

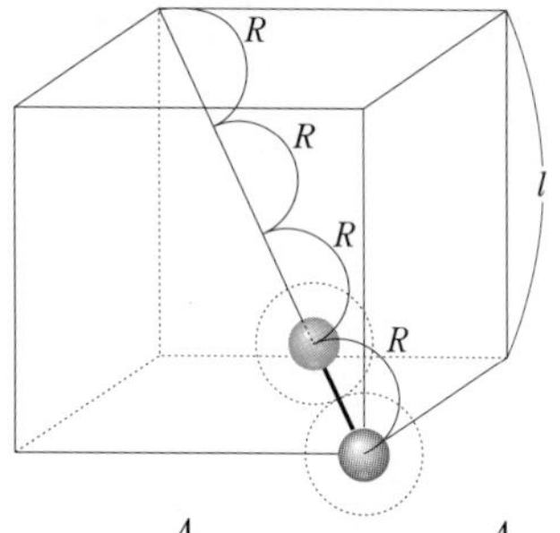

▶ダイヤモンドの充填率

原子間距離：R

原子半径：r

単位格子の一辺の長さ：l

とすると，

次の関係が成り立つ。

$R = 2r$

$4R = \sqrt{3}l$

よって，$r = \frac{\sqrt{3}}{8}l$

$$充填率 = \frac{\frac{4}{3}\pi r^3 \times 8}{l^3} \times 100 = \frac{\frac{4}{3}\pi \times \left(\frac{\sqrt{3}l}{8}\right)^3 \times 8}{l^3} \times 100$$

≒34%

5 高分子化合物 polymer

分子(単量体)が次々と結合してできた化合物(重合体)をいい，天然の高分子化合物と人工的につくられた高分子化合物(合成高分子)がある。 化学基礎 化学

●付加重合

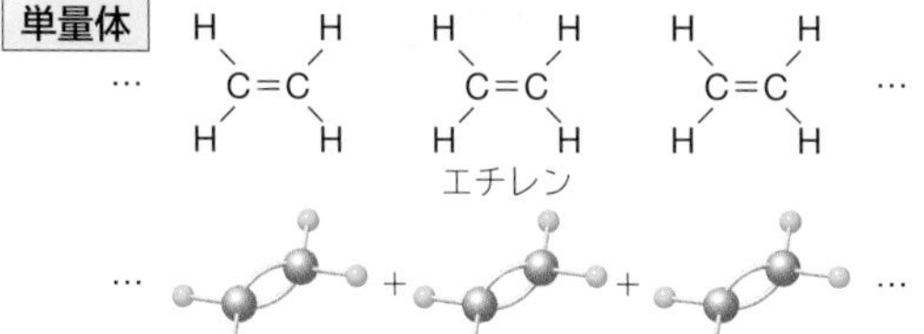

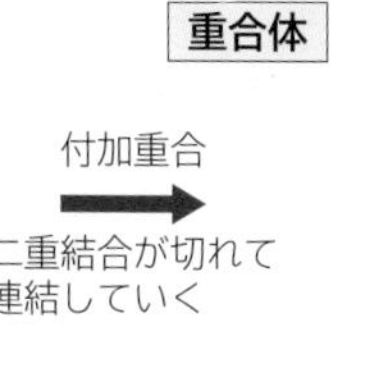

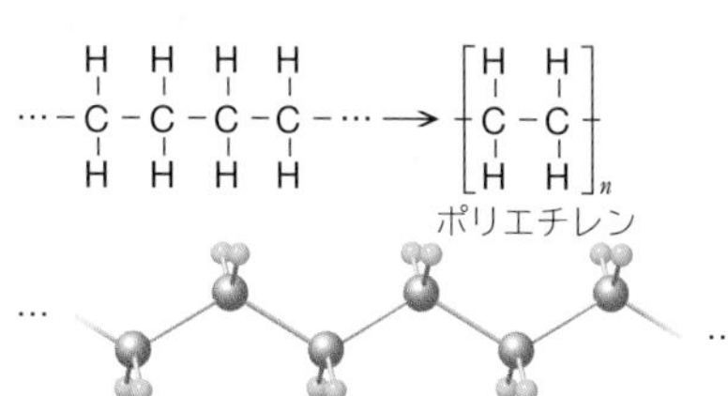

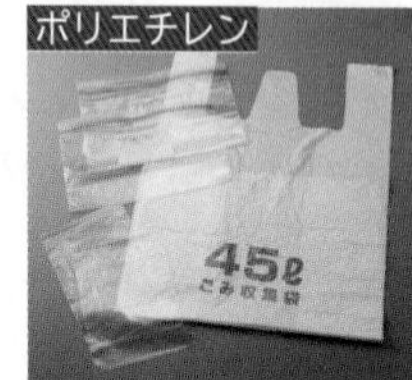

ゴミ袋などに使用

●縮合重合

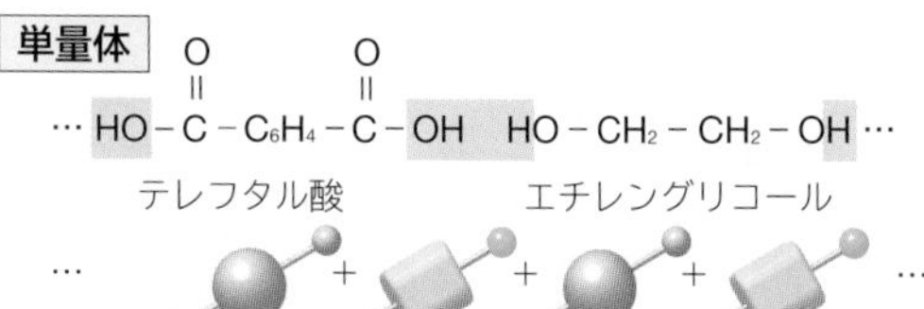

縮合重合

小さな分子が取れて…連結していく

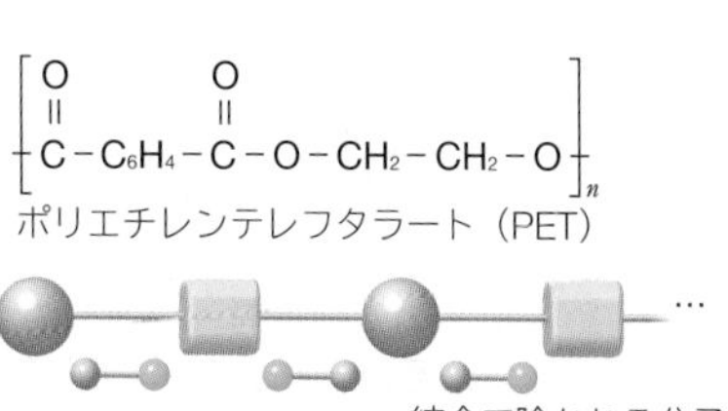

ペットボトルや衣類に使用

14 極性と分子の形

Polarity and shape of molecules

1 電気陰性度と極性 polarity

原子の電気陰性度に差があると，共有電子対は電気陰性度の大きい原子の方に引かれ，電荷のかたより(極性)が生じる。 化学基礎

電気陰性度(ポーリングの値)

貴ガスを除き，周期表の右上の元素ほど電気陰性度が大きい。電気陰性度が最も大きいフッ素Fの値を4.0として各原子の値を決めた。貴ガスは共有結合をつくらないので，電気陰性度の値を定めない。

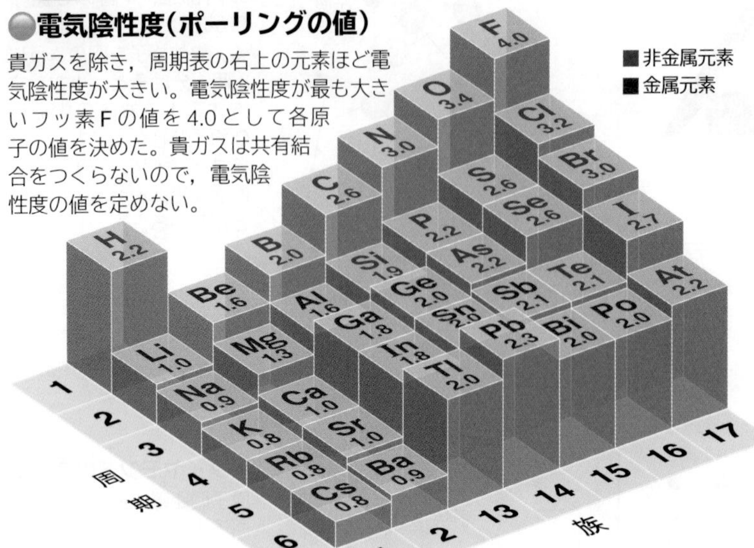

電気陰性度と結合の極性

水素分子 H_2	塩化水素分子 HCl
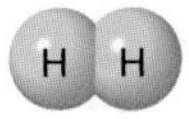 H H 2.2 2.2	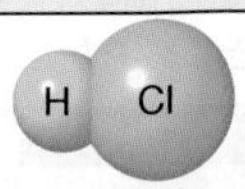 H Cl 2.2 3.2
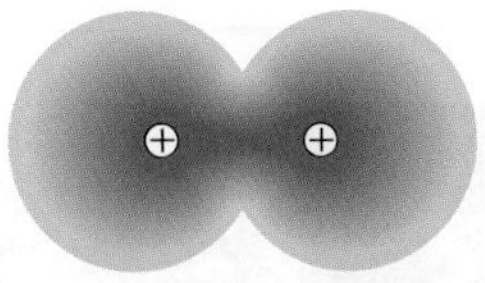 ⊕ ⊕	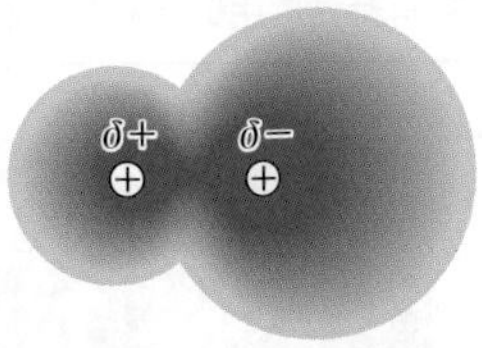 δ+ δ− ⊕ ⊕
H原子の電気陰性度が同じなので，電荷のかたより(極性)がない。	Cl原子の方が電気陰性度が大きく，共有電子対を引きよせるため，電荷のかたより(極性)がある。

* δ(デルタ)は「わずか」の意味で，δ+はわずかに正に，δ−はわずかに負に帯電していることを表す。

無極性分子

結合に極性がない単体の二原子分子や，結合に極性があっても対称性により結合の極性を打ち消しあう分子は，**無極性分子**である。

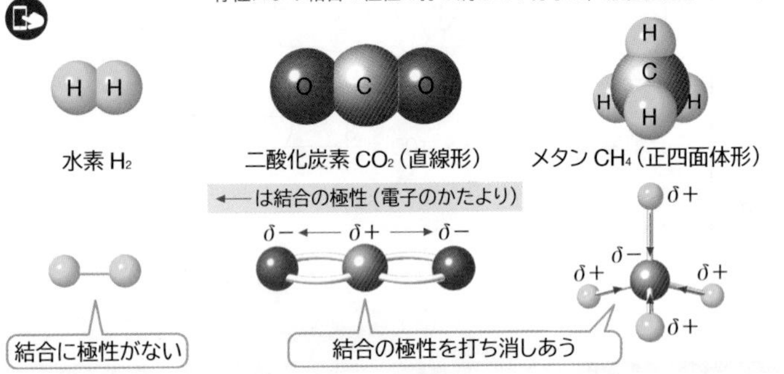

水素 H_2

二酸化炭素 CO_2(直線形)

メタン CH_4(正四面体形)

←は結合の極性(電子のかたより)

δ− ← δ+ → δ−

結合の極性を打ち消しあう

極性分子

結合に極性があり，全体として結合の極性が打ち消されない分子は，**極性分子**である。

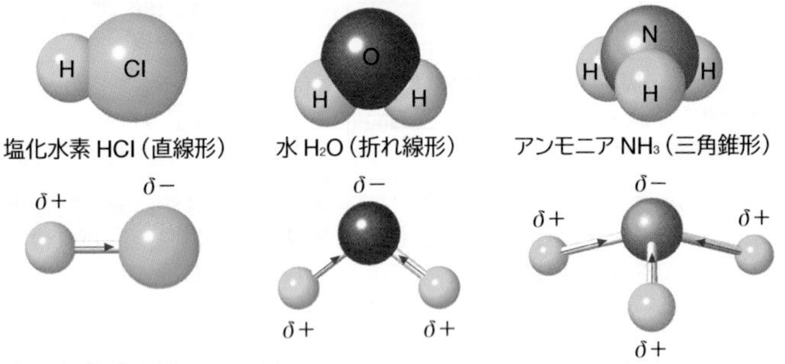

塩化水素 HCl(直線形)

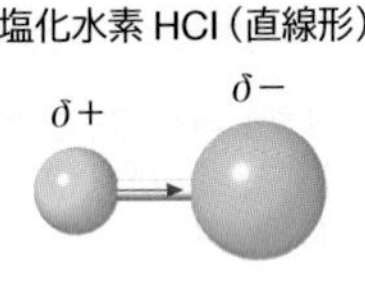

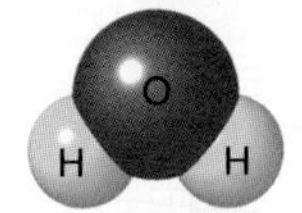

水 H_2O(折れ線形)

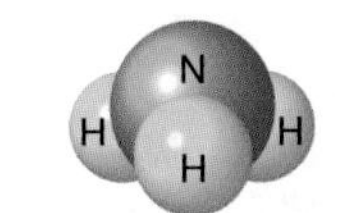

アンモニア NH_3(三角錐形)

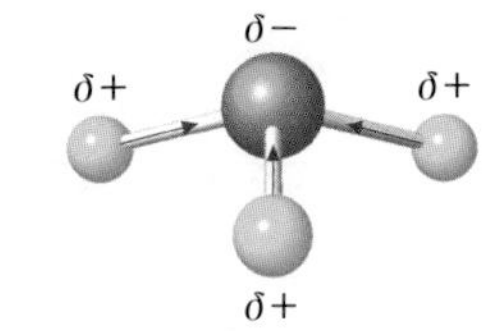

2 双極子モーメント dipole moment

結合の極性は向きと大きさを用いてベクトルで表される。分子の極性は，分子内の各結合の極性を表すベクトルの総和として示される。

化学基礎 発展

双極子モーメント

結合の極性には，向きと大きさがある。これをベクトルを用いて表したものを**双極子モーメント**とよぶ。向きと大きさは次のように決められている。

向き	δ−からδ+の向き
大きさ	電気量 q ×距離 r

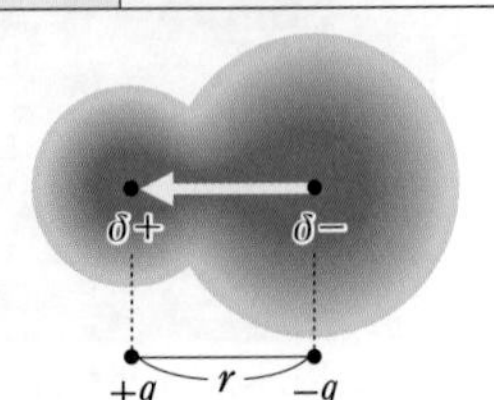

分子の双極子モーメント

分子全体の双極子モーメントは，それぞれの結合の双極子モーメントの和で与えられる。

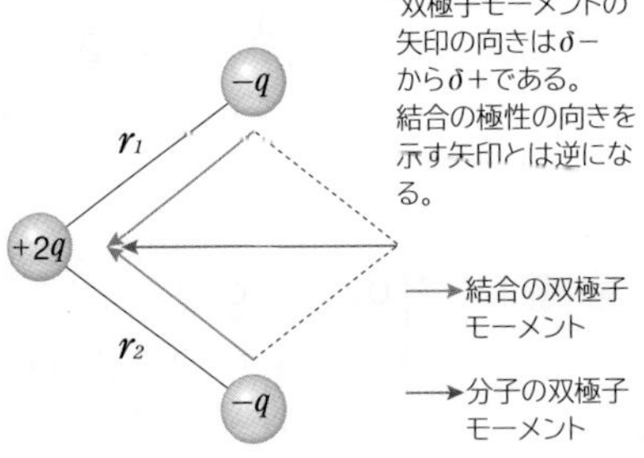

分子の双極子モーメントの大きさが0のとき，その分子は無極性分子である。

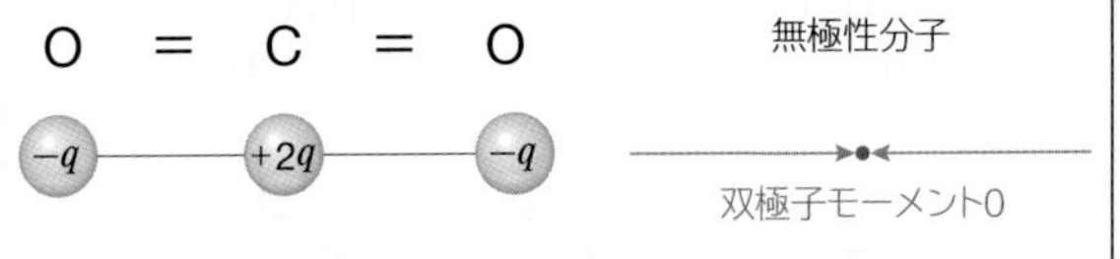

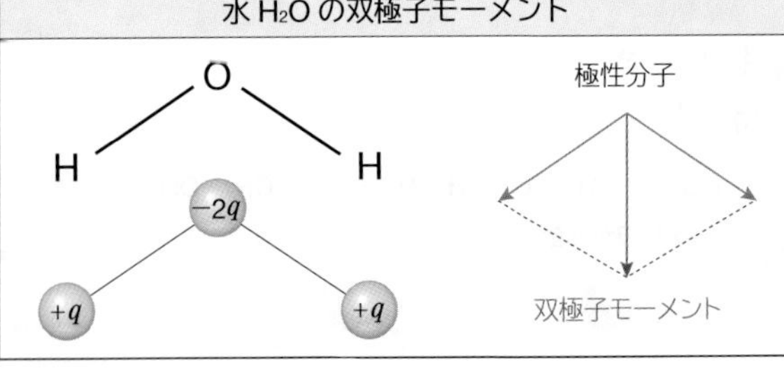

表現 二酸化炭素が無極性分子である理由を説明せよ。

3 原子価殻電子対反発モデル(VSEPR)

Valence-Shell Electron-Pair Repulsion

化学基礎

電子対の数と立体構造

中心にある原子Aを取り囲む電子対(共有電子対と非共有電子対)は，反発する力が最小になるように配列する。このことから，電子対の数より構造が推定できる。

電子対	2組	3組	4組	5組	6組
モデル	直線形	三方平面形	正四面体形	三方両錐形	正八面体形

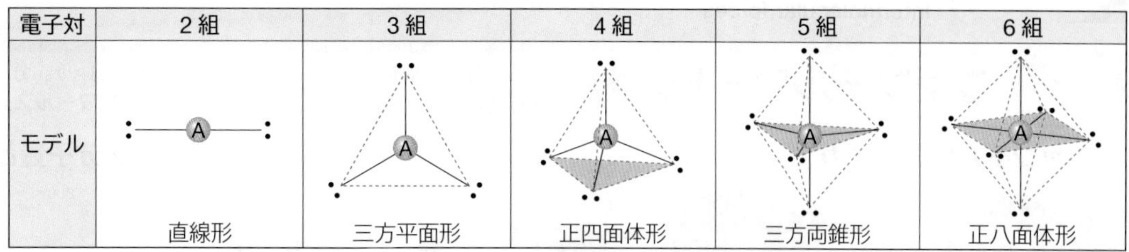

電子対の反発力の大きさ

2種類の電子対により，電子対間には次の3つの反発がある。

①非共有電子対どうしの反発

②非共有電子対と共有電子対の反発

③共有電子対どうしの反発

これらの相対的な大きさ(反発力)は異なる(①～③の順で減少する)。反発力が異なることにより，分子の構造の結合角が異なる。

水 H_2O	アンモニア NH_3
Oの電子対は4組だから，正四面体構造をとる。H－O－H間の電子対の反発が弱いため，結合角は109.5°より小さくなる。 折れ線形 結合角 H－O－H　104.5°	Nの電子対は4組だから，正四面体構造をとる。H－N－H間の電子対の反発が弱いため，結合角は109.5°より小さくなる。 三角錐形 結合角 H－N－H　106.7°

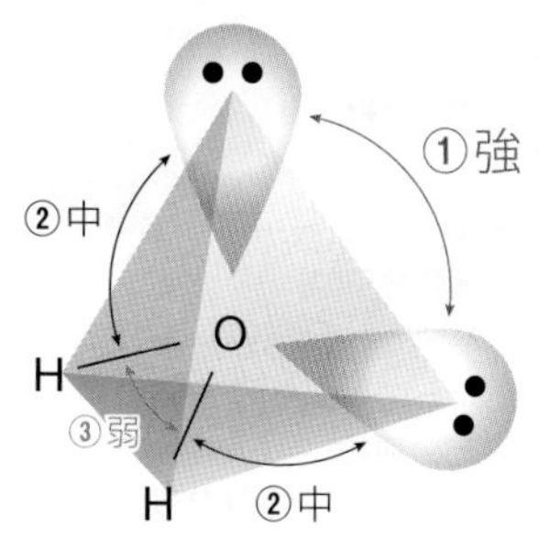

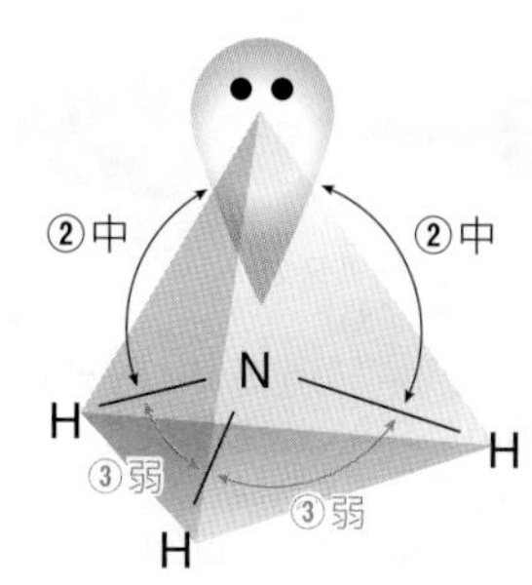

おもな分子の立体構造

電子対＼非共有電子対	0	1	2
2	X — A — X 直線形　CO_2		
3		A, X, X 折れ線形　O_3	
4	X, A, X, X, X 正四面体形　CH_4	A, X, X, X 三角錐形　NH_3	A, X, X 折れ線形　H_2O，H_2S

二重結合と三重結合を含む立体構造

二重結合と三重結合を形成している電子対はまとめて1つの電子対と考えて構造を推定する。

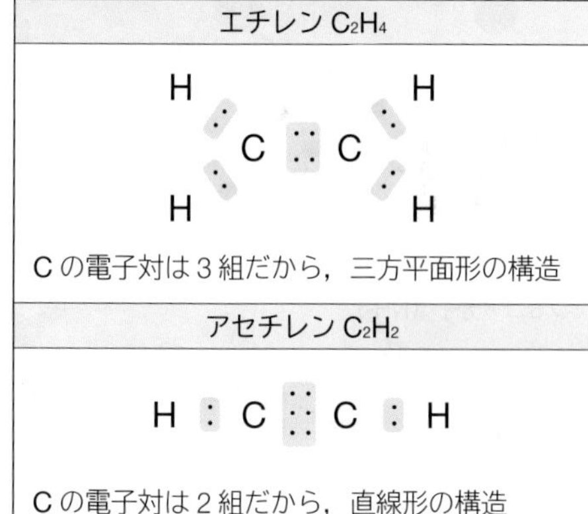

エチレン C_2H_4
H　H
C　C
H　H
Cの電子対は3組だから，三方平面形の構造
アセチレン C_2H_2
H : C ⋮ C : H
Cの電子対は2組だから，直線形の構造

入試ではこう出る！

分子の電子式は最外殻電子の配置を示すが，元素記号のまわりに電子対を平面的に並べただけであり，実際の分子の構造を直接反映していない。しかし，電子式から分子の構造を推測することができる。電子対は互いに反発しあうため，その反発力が最小となる分子構造をとると仮定する。例えば，アンモニアでは，窒素原子のまわりに3組の共有電子対および1組の非共有電子対が存在することから，右図に示すように，4組の電子対が窒素原子を中心とする四面体形の頂点方向に位置する。そのため，分子の構造は三角錐形となる。水の場合，酸素原子のまわりに［ア］組の共有電子対と［イ］組の非共有電子対による［ウ］組の電子対が存在することから，分子の構造は［エ］形となることが推測される。また，二重結合や三重結合を有する分子の構造を推測するときには，これらの結合は1組の電子対とみなしてよい。したがって，二酸化炭素では，炭素原子のまわりには非共有電子対がなく，二重結合が2組存在することから，分子の構造が［オ］形となることが予想できる。

［京都大　改］

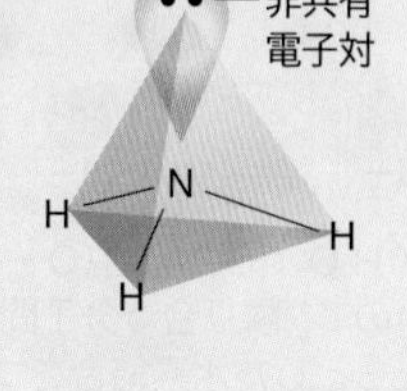

【解答】(ア)2　(イ)2　(ウ)4　(エ)折れ線　(オ)直線

思考　水分子のH－O－Hの結合角は104.5°，アンモニア分子のH－N－Hの結合角は106.7°であり，アンモニアの結合角の方が大きい。この理由を説明せよ。

15 分子間力
Intermolecular forces

1 ファンデルワールス力
Van der Waals force

分子と分子の間にはたらく弱い力を**分子間力**という。分子間力は，イオン結合や共有結合に比べて小さい力であり，ファンデルワールス力や水素結合などがある。 化学基礎 化学

●ファンデルワールス力

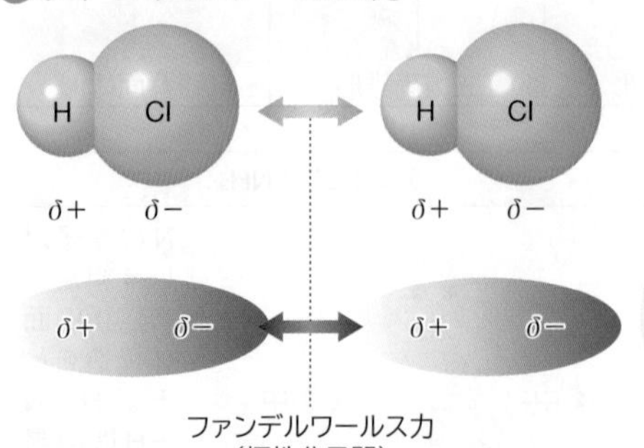

H H
H H

ファンデルワールス力
（極性分子間）

ファンデルワールス力
（無極性分子間）

極性分子の場合，分子に電荷のかたより（極性）があるので，正と負の電荷の間に引力がはたらき，これがファンデルワールス力となる。
この種の結合は，イオン結合や共有結合に比べて弱い。そのため，分子でできた物質は沸点が低い。

無極性分子の場合，分子に電荷のかたよりはないが，電子の分布によって一時的に電荷のかたよりが生じる。このため無極性分子も互いに引きあって液体や固体になる。この引力も，ファンデルワールス力（分散力）とよばれる分子間力の一種であり，すべての分子間にはたらく。

●分子量と沸点

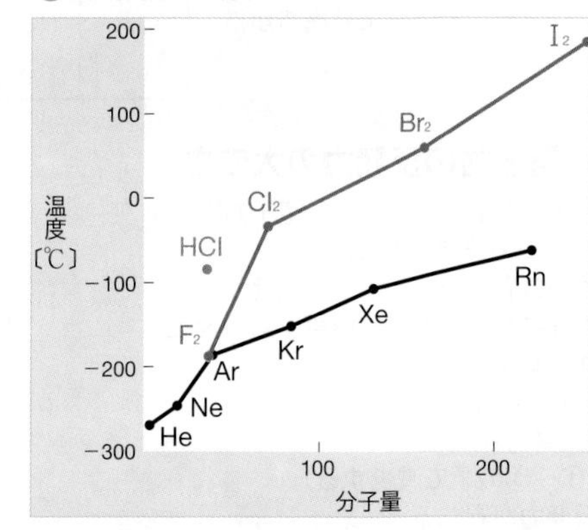

分子量が大きいほど分子間力が大きく，沸点が高い。また，分子量がほぼ同じ程度の極性分子と無極性分子では，極性分子の方が分子間力が大きく，沸点が高い。

2 水素結合
hydrogen bond

電気陰性度の大きい原子と水素原子が結合した分子には，一般の極性分子に比べて，ファンデルワールス力より大きな分子間力がはたらく。これは，分子間に水素原子をなかだちとした結合が生じるからである。 化学

●水素結合をする分子

水分子（H_2O）

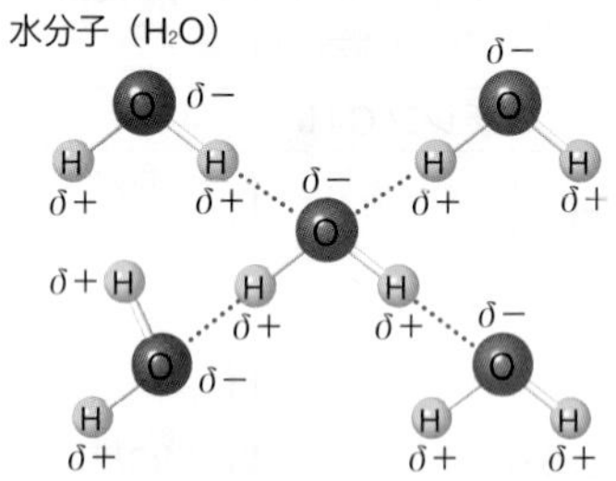

アンモニア分子（NH_3）

フッ化水素分子（HF）

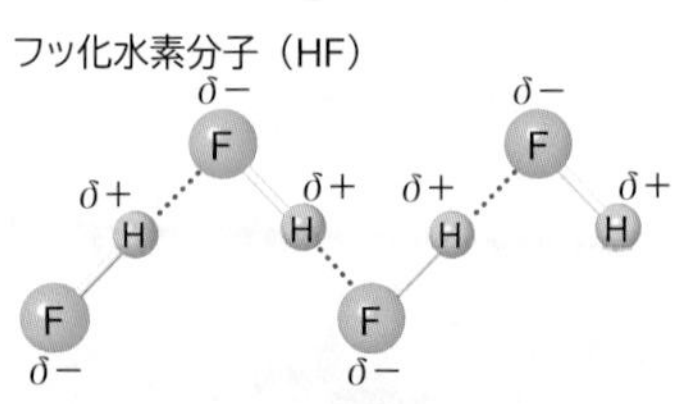

水 H_2O では，結合（O－H）の極性が大きいので，隣り合う分子間で H 原子をなかだちとした水素結合をつくる。同様に，N－H や F－H も結合の極性が大きいので，アンモニア NH_3 やフッ化水素 HF は分子間で H 原子をなかだちとした水素結合をつくる（上図の……）。

酢酸分子（CH_3COOH）$_2$

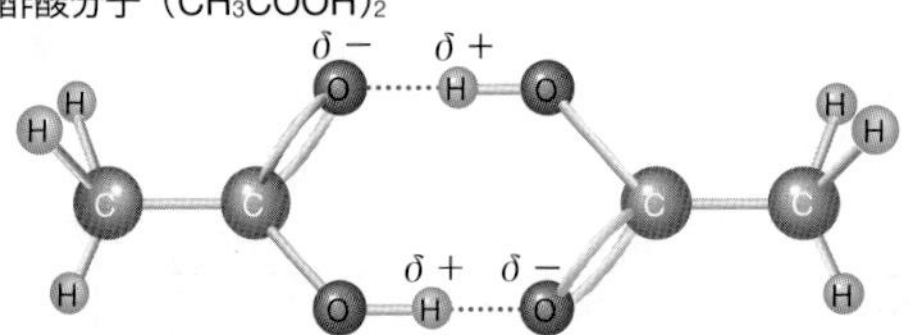

酢酸分子は水素結合により 2 分子が結びついて 1 分子のようにふるまう。これを**二量体**を形成したという。

タンパク質

水素結合

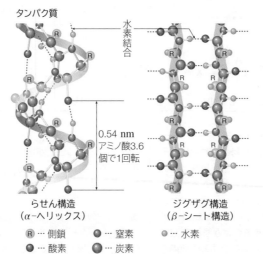

0.54 nm アミノ酸3.6個で1回転

らせん構造
（α－ヘリックス）

ジグザグ構造
（β－シート構造）

Ⓡ… 側鎖 ●… 窒素 ●… 水素
●… 酸素 ●… 炭素

人体を構成するおもな成分であるタンパク質では，タンパク質分子内の窒素原子，酸素原子を通して水素結合を形成し，らせん構造，ジグザグ構造といった立体構造をとる（➡p.290）。

●水素結合と沸点

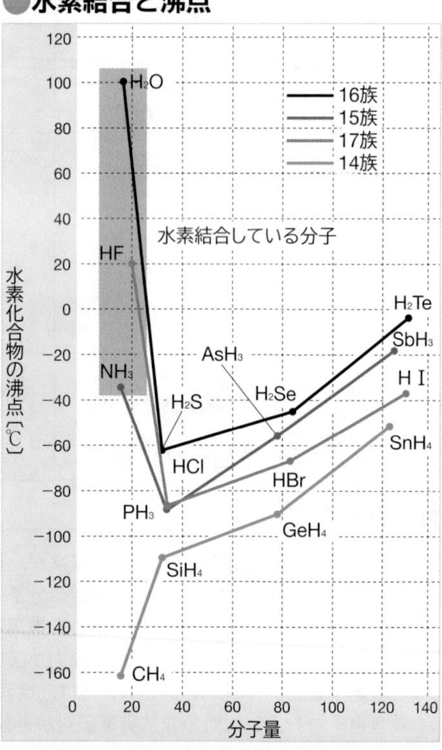

水素結合ができると分子間の引力が大きくなり，沸点は非常に高くなる。分子量の小さい水 H_2O，フッ化水素 HF，アンモニア NH_3 の沸点が高いのは水素結合のためである。

3 水の特性
water

水のように分子量が小さい物質は，ふつう常温・常圧で気体であるが，水は液体である。このような水の特異な性質は，水分子間に水素結合が形成されることに関係することが多い。

化学

水とエタノール間の水素結合

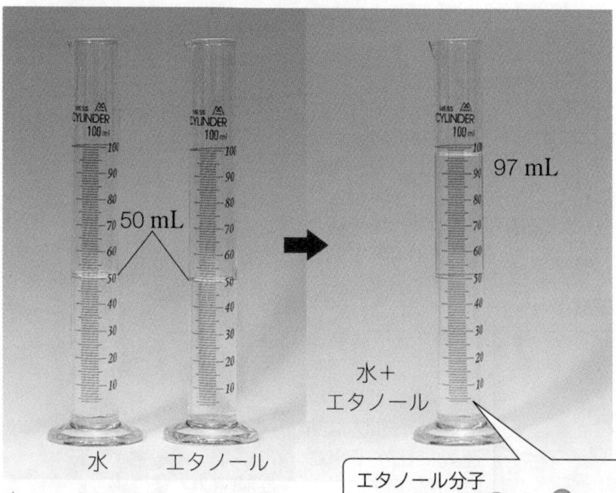

水 50 mL とエタノール 50 mL を混合しても 100 mL にならず，それより体積は小さくなる。水分子とエタノール分子の間に水素結合が形成されるため，分子間のすき間が減ることによる。

エタノール分子

H C O

水分子

地球と水

水は，0℃で凝固し，100℃で沸騰する無色・無味・無臭の物質である。水の固体である氷は液体の水より単位体積あたりの質量が小さいので，液体の水に浮かぶ。さらに，水には温まりにくく冷めにくい性質がある(比熱が大きい)。地球の気候が温和であるのは，大量にある海水がこのような性質をもっていることによる。

人と水

水は人のからだの中でもさまざまなはたらきをもつ。成人の約 60 ～65 %は水でできている。人の体温が約 36～37℃ で安定しているのは，水の比熱が高いためである。また，運動したときに汗をかくのは，水の蒸発熱が大きいため，汗が蒸発することで皮膚表面の温度を効率的に下げることができるからである。人は 1 日に呼吸で 400 mL，発汗で 600 mL の水を排出する。

氷の結晶構造と水素結合

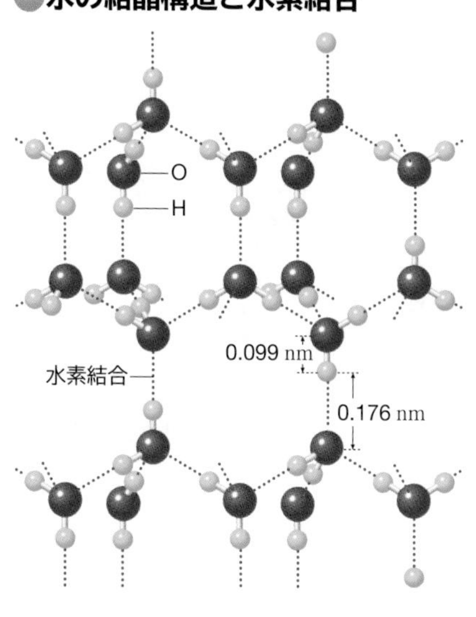

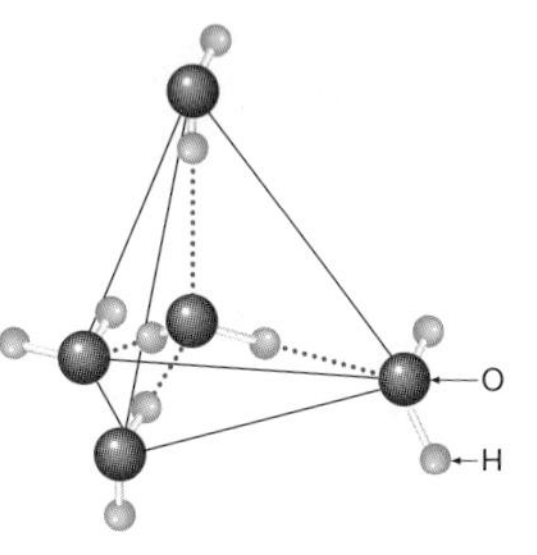

水 1 分子は 4 分子の水分子と水素結合を形成する。氷では水分子は水素結合を形成するのに都合のよい位置に配列し，すき間の多い立体構造をとる。このため，氷は水に浮く。

固体と液体の密度

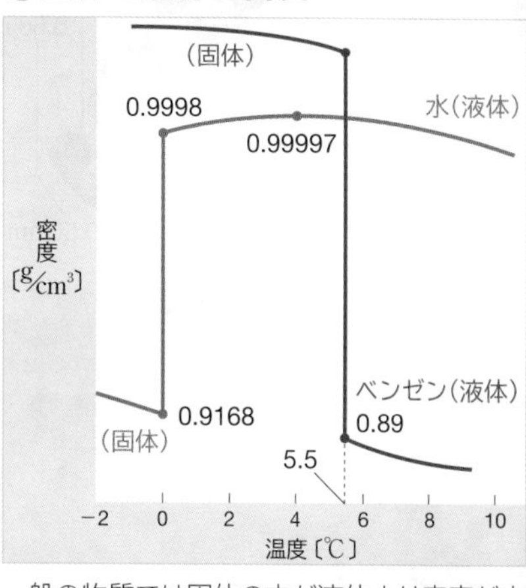

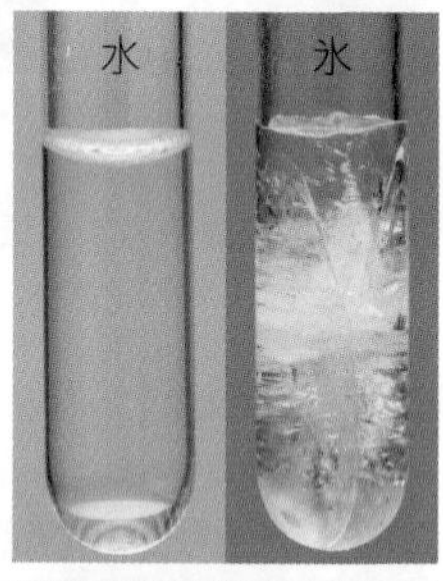

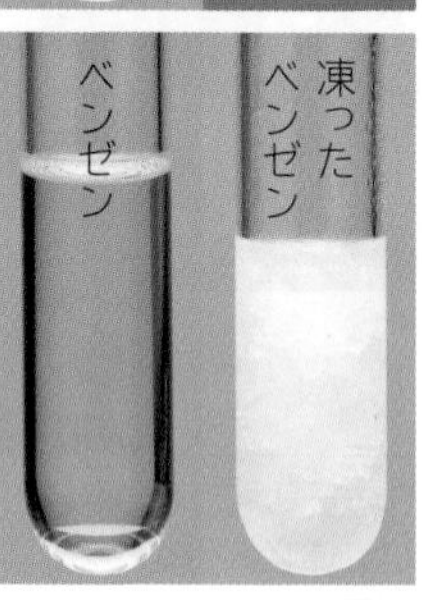

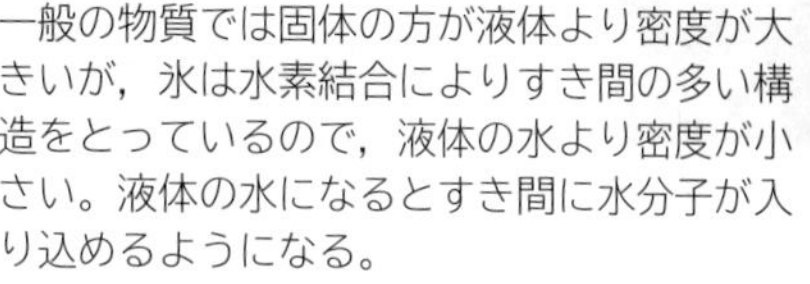

一般の物質では固体の方が液体より密度が大きいが，氷は水素結合によりすき間の多い構造をとっているので，液体の水より密度が小さい。液体の水になるとすき間に水分子が入り込めるようになる。

入試ではこう出る！

スクロースの水への溶解について，空欄に適当な言葉を入れよ。

スクロース分子の構造を右図に示す。この分子は－OH(ヒドロキシ基)を多く含むので，溶媒の水と水素結合をつくることで溶解すると考えられる。25℃の溶液中ではスクロース分子 1 個に対して水分子がおよそ 9 個存在する。スクロースの－OH の O 原子には，2 個の水分子の H が水素結合し，H 原子の方には 1 個の水分子の O が水素結合する。スクロース分子の－O－(エーテル結合)にも 2 個の水分子の H が水素結合すると仮定する。スクロース 1 分子あたり全部で(ア)個の水素結合を水分子との間で形成する。水分子 1 個あたり全部で(イ)個の水素結合を隣り合う水分子との間に形成することを考えると，水分子の水素結合の多くがスクロース分子との間に形成されていることがわかる。　［中央大　改］

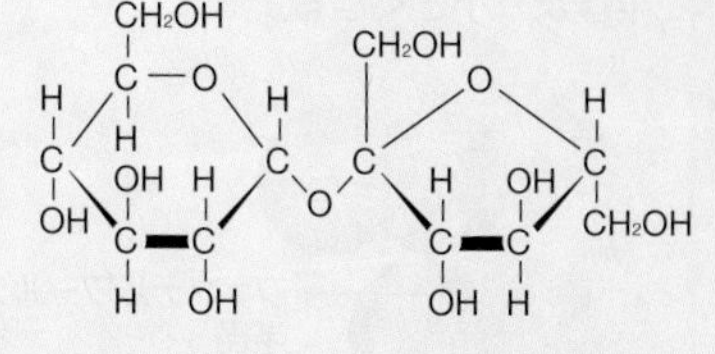

【解答】(ア)30　(イ)4　【解説】(ア)$2 \times 8 + 1 \times 8 + 2 \times 3 = 30$

思考 水の密度が 4℃で最大になるのはなぜか。

1 物質の構造

化学基礎　化学

16 分子結晶
Molecular crystals

1 分子結晶
molecular crystal

分子が分子間力で結びついた結晶を分子結晶という。

化学基礎

ヨウ素 I_2

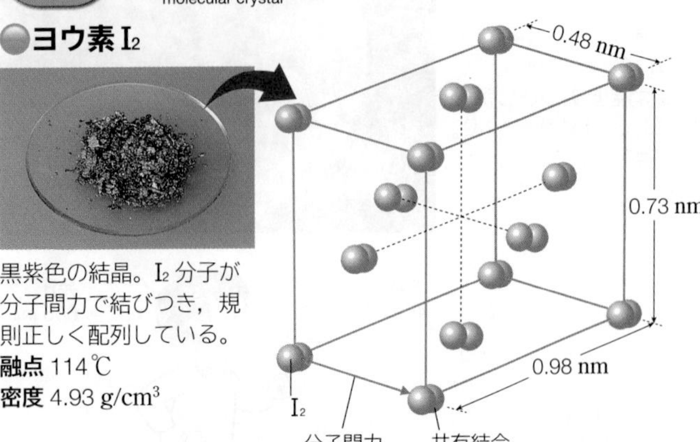

黒紫色の結晶。I_2 分子が分子間力で結びつき，規則正しく配列している。
融点 114℃
密度 4.93 g/cm^3

ヨウ素の固体
固体は気体に比べておだやかに熱運動している。そのため，分子間力により分子どうしは規則正しい配列をとり分子結晶となる。分子をつくる原子間は強い共有結合が，分子間は弱い分子間力が作用している。

ヨウ素の気体

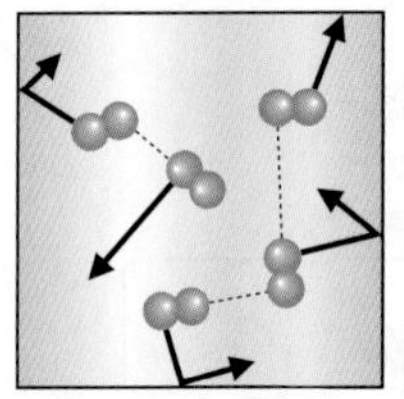

気体の分子は熱運動により激しく運動している。気体にはたらく分子間力は熱運動に比べて小さいため，自由に動き回ることができる。

ドライアイス CO_2

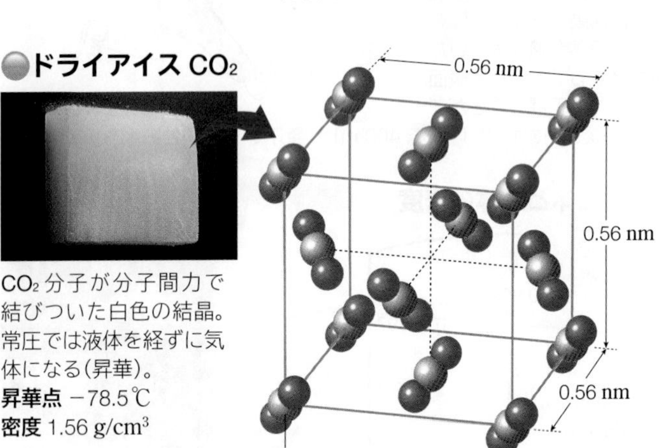
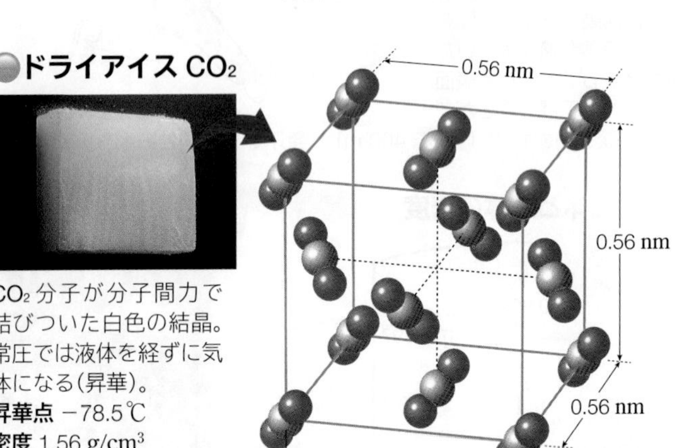

CO_2 分子が分子間力で結びついた白色の結晶。常圧では液体を経ずに気体になる(昇華)。
昇華点 −78.5℃
密度 1.56 g/cm^3

ナフタレン $C_{10}H_8$

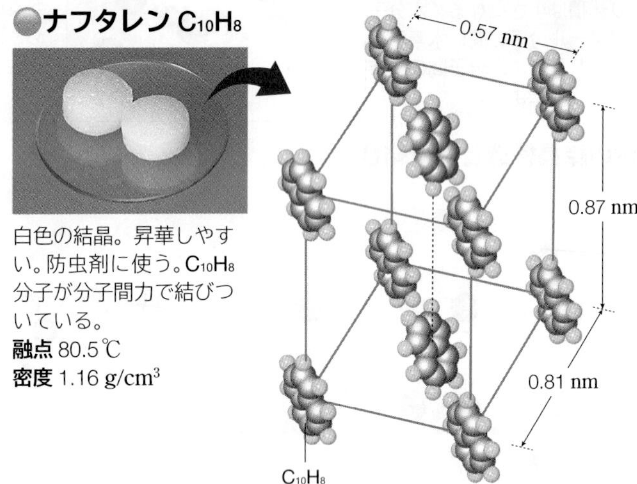

白色の結晶。昇華しやすい。防虫剤に使う。$C_{10}H_8$ 分子が分子間力で結びついている。
融点 80.5℃
密度 1.16 g/cm^3

その他の分子結晶

斜方硫黄

S_8 分子は硫黄原子 S どうしが結合して環状構造をとる。斜方硫黄は常温で安定な結晶である(➡p.167)。

氷砂糖

スクロース分子 $C_{12}H_{22}O_{11}$ からなる結晶である(➡p.283)。

p-ジクロロベンゼン

p-ジクロロベンゼンの分子式は $C_6H_4Cl_2$ である。昇華しやすいので，ナフタレン $C_{10}H_8$ と同様に防虫剤に用いられる(➡p.255)。

シュウ酸

$(COOH)_2 \cdot 2H_2O$ は水和水を含んだ結晶である。シュウ酸の無水物 $(COOH)_2$ は吸湿性で，空気中の湿気を吸って二水和物になる。

ファンデルワールス半径 ADVANCE

共有結合をしている分子には，2通りの半径の表し方がある。共有結合半径とファンデルワールス半径である。共有結合半径は，共有結合をしている原子の中心間距離の 1/2 で表される。
一方，ファンデルワールス半径は，分子間力により分子どうしが最接近したときの原子の中心間距離の 1/2 で表される。
共有結合半径は電子を互いに共有しているためファンデルワールス半径より小さくなる。

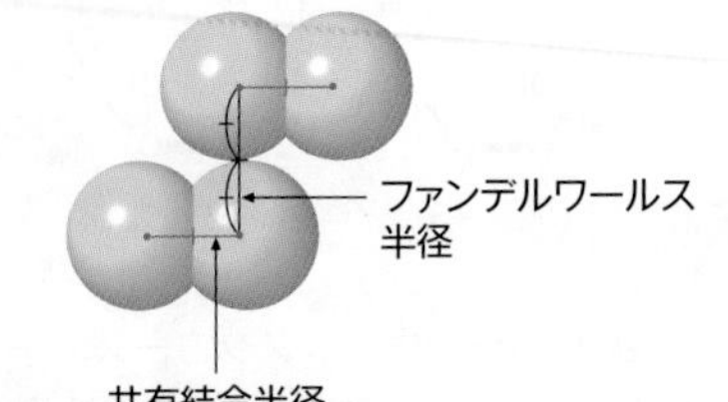

例 ヨウ素
共有結合半径
0.133 nm
ファンデルワールス半径
0.198 nm

2 分子結晶の性質

分子間力による結合はイオン結合や共有結合に比べて弱いので，分子結晶は融点が低く，昇華するものもある。また，固体でも液体でも電気は通さない。 化学基礎 化学

分子結晶は，力を加えると簡単に砕けてしまう。

砕けやすい(もろい)

ヨウ素の固体　ヨウ素の気体

分子結晶は**融点が低い**。ヨウ素やナフタレンのように昇華するものもある。

昇華するものもある

固体のナフタレン　液体のナフタレン

ナフタレン　ナフタレン(融点 80.5℃)

分子結晶は**電気を通さない**。結晶を構成している分子が電荷をもたないので，液体にして分子が動けるようになっても，電気は通らない。

電気を通さない

●水への溶解

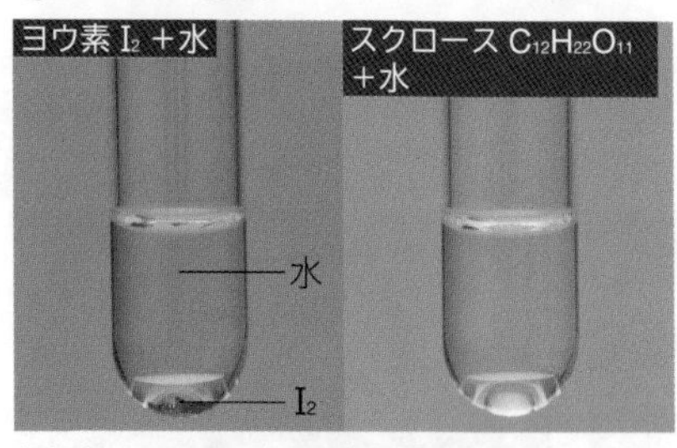

無極性のものは水に溶解しにくい。 親水性のヒドロキシ基などがあると水に溶解する。

●水と有機溶媒への溶解

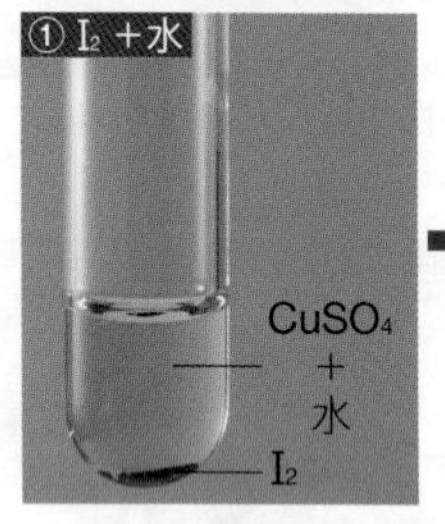

有機溶媒(ヘキサン)を加える

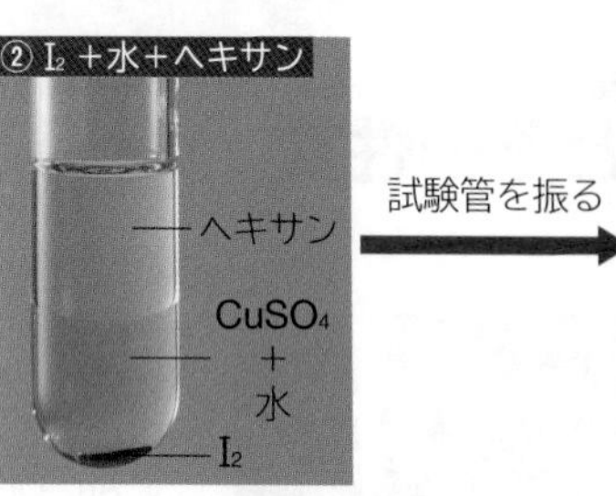

試験管を振る

③ I_2 ＋水＋ヘキサン

ヘキサン ＋ I_2

$CuSO_4$ ＋ 水

一般に分子結晶(I_2 無極性分子)は水に溶けにくい(①)。 一般に分子結晶(I_2 無極性分子)は有機溶媒に溶けやすい(③)。

3 分子結晶と分子量

molecular weight

分子が 6.02×10^{23} 個集まった集団を 1 モル(単位 mol)という。分子 1 mol の質量は，分子量に g 単位をつけたものになる。ここでは，ヨウ素 I_2 分子の分子量を計算する。 化学基礎

ヨウ素 I_2 の分子結晶

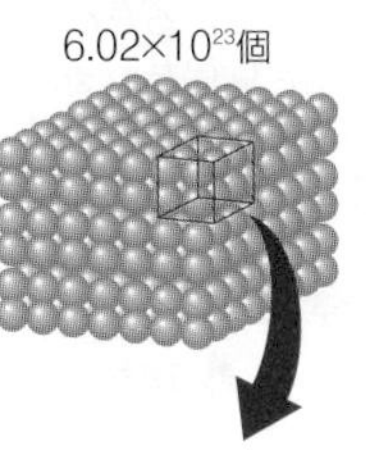

ヨウ素 I_2 のくり返し単位

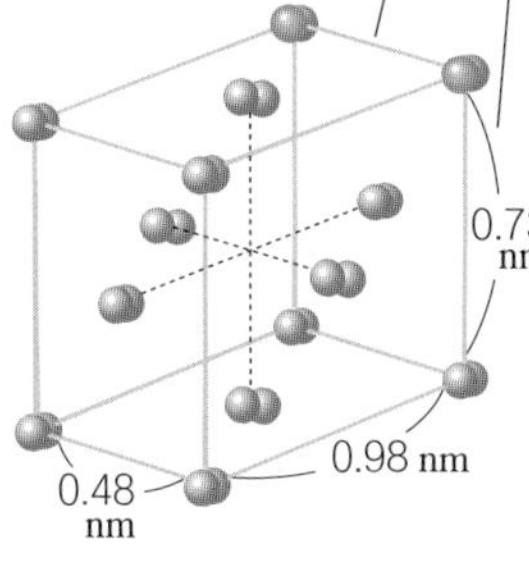

くり返し単位中に含まれるヨウ素 I_2 分子の数

$\frac{1}{8}$ 個 $\times 8 + \frac{1}{2}$ 個 $\times 6 = 4$ 個

くり返し単位の体積

$4.8 \times 10^{-8} \times 9.8 \times 10^{-8} \times 7.3 \times 10^{-8}\ \mathrm{cm^3}$

ヨウ素 I_2 分子 1 個あたりの体積

$$\frac{4.8\times10^{-8}\times9.8\times10^{-8}\times7.3\times10^{-8}}{4}\ \mathrm{cm^3}$$

ヨウ素 I_2 分子 6.02×10^{23} 個(1 mol)の体積

$$\frac{4.8\times10^{-8}\times9.8\times10^{-8}\times7.3\times10^{-8}}{4}\ \mathrm{cm^3} \times 6.02 \times 10^{23}/\mathrm{mol}$$

密度が $4.93\ \mathrm{g/cm^3}$ なので，モル質量を M とすると

$$M = 4.93\ \mathrm{g/cm^3} \times \frac{4.8\times10^{-8}\times9.8\times10^{-8}\times7.3\times10^{-8}}{4}\ \mathrm{cm^3} \times 6.02 \times 10^{23}/\mathrm{mol} = 254\ \mathrm{g/mol}$$

したがって，分子量は 254 となる。

TOPICS ヨウ素の製造

日本は，世界第 2 位のヨウ素生産国であり，その約 8 割は千葉県で生産されている。千葉県房総半島の地下には，海水の約 2000 倍ものヨウ化物イオンが溶解している地下かん水が存在しており，それをくみ上げてヨウ素が生産されている。国内のほとんどで用いられている製造法は，ヨウ素が気化しやすい特性を利用した「ブローアウト法(追い出し法)」である。かん水に酸化剤(➡ p.88)を加えてヨウ素分子を分離し，それに空気を接触させてヨウ素を気化させた後，吸収液で還元させてヨウ化物イオンとして濃縮し，再度酸化させて製品にする，というものである。現在は，地盤沈下への配慮からかん水のくみ上げ量が制限されており，偏光フィルムや X 線造影剤からヨウ素の多くがリサイクルされている。

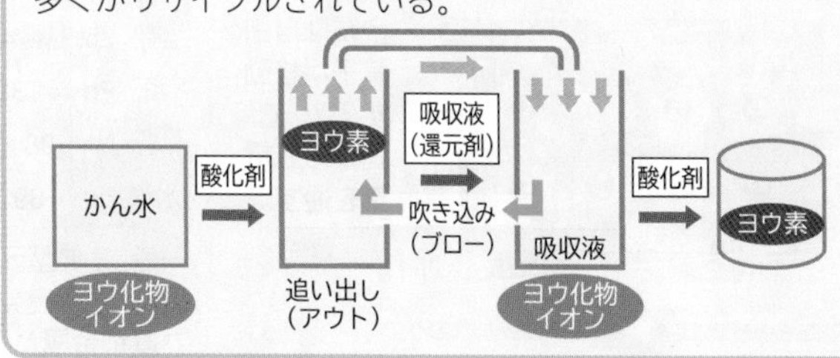

思考 I_2 は加熱で昇華するが，グルコース $C_6H_{12}O_6$ は昇華せず 145℃～150℃で融解して液体になる。これはなぜか。

17 金属結合と金属

Metallic bonds and metal

1 金属結合

metallic bond

金属では電子殻の一部が重なりあい，価電子はその部分を移動するため，価電子は金属全体を自由に移動できる。このような電子を**自由電子**といい，すべての金属原子に自由電子が共有されてできる結合を**金属結合**という。 化学基礎

金　Au

電子顕微鏡写真

固体や液体の金属には分子が存在しない。金属を化学式で表す場合には，元素記号だけを書いた**組成式**を用いる。例えば，金は Au である。

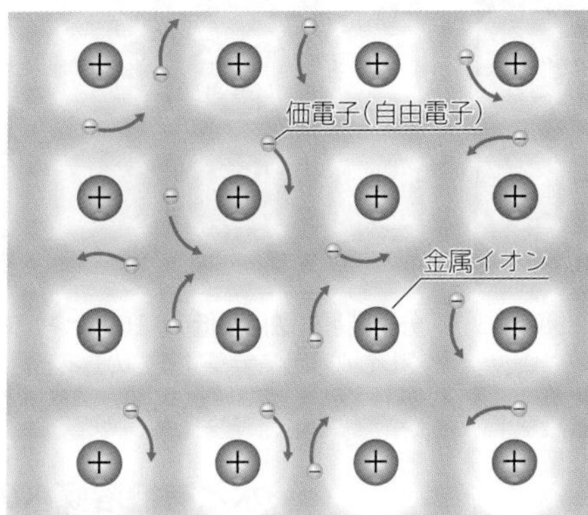

金属では原子の最も外側の電子殻が一部重なりあっていて，その部分を価電子が移動する。そのため，価電子は特定の原子に固定されず，金属全体を自由に移動できる(**自由電子**)。自由電子がすべての金属原子に共有されてできている結合を**金属結合**という。

2 金属とその性質

金属には**金属光沢**があり，**展性**や**延性**がある。また，**電気**や**熱**をよく通す。金属の融点は物質によりさまざまである。 化学基礎

金属光沢

東京オリンピックで使用されたメダル　TOKYO 2020

金属表面の自由電子が光を反射するので，金属には金属光沢がある。ほとんどの金属は，色を感じる波長の光(可視光線)をすべて反射するため，銀白色に見える。金や銅は可視光線の一部を吸収するので，黄色や赤色に光って見える。

展性・延性

薄く箔状に広がる性質を**展性**，長く線状にのびる性質を**延性**という。金 Au は展性・延性が最も大きい。

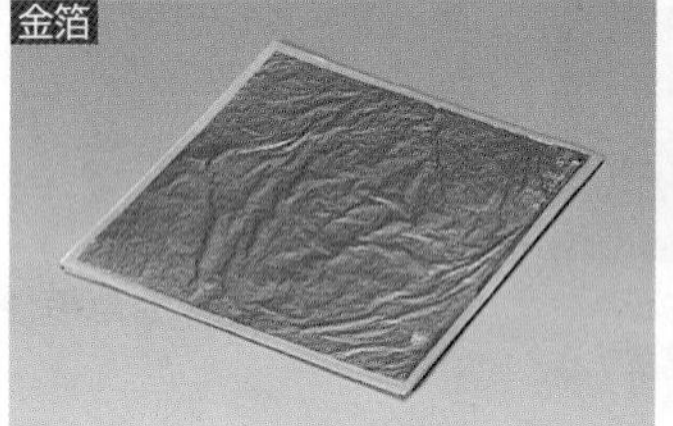

金箔

金は約 0.0001 mm の厚さにまで広げることができる。

金線

1 g の金は約 3000 m の長さまでのばすことができる。

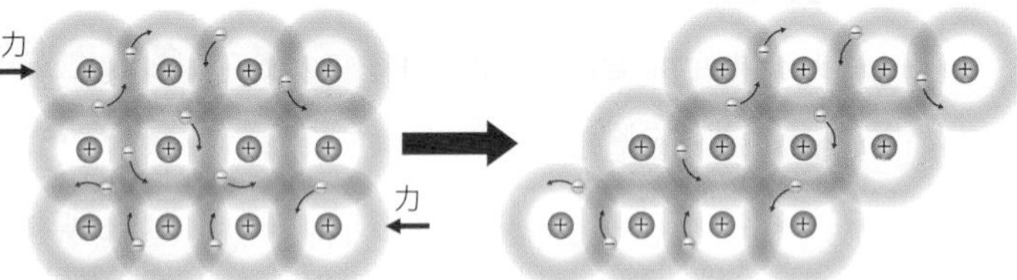

金属に力を加えて原子の位置がずれても，自由電子が金属全体で共有されているため，金属結合は保たれる。このため，金属は砕けにくく，変形しやすい。

電気を通す

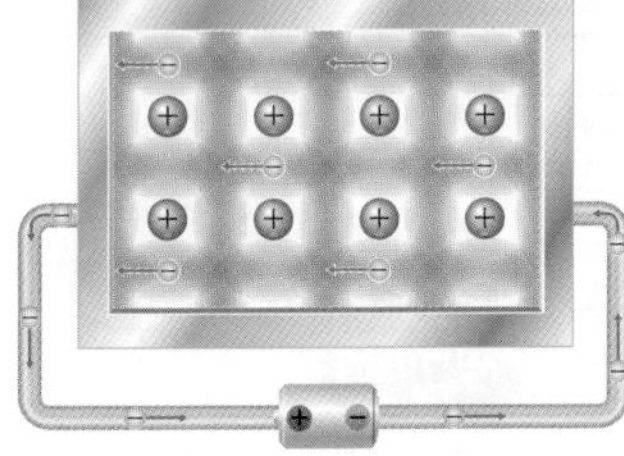

金属は自由電子が移動するので，固体でも**電気を通す**。

融点

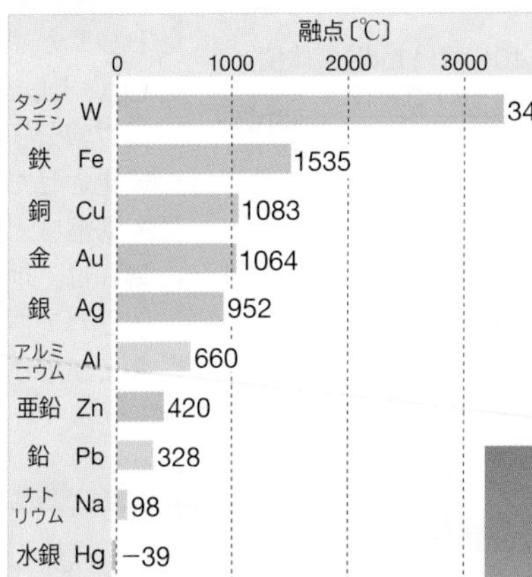

一般に，典型元素(　)の金属は融点が低く，遷移元素(　)(すべて金属なので遷移金属ともいう)は融点が高い。

電気伝導性と熱伝導性 (Ag を 100 としたときの値)

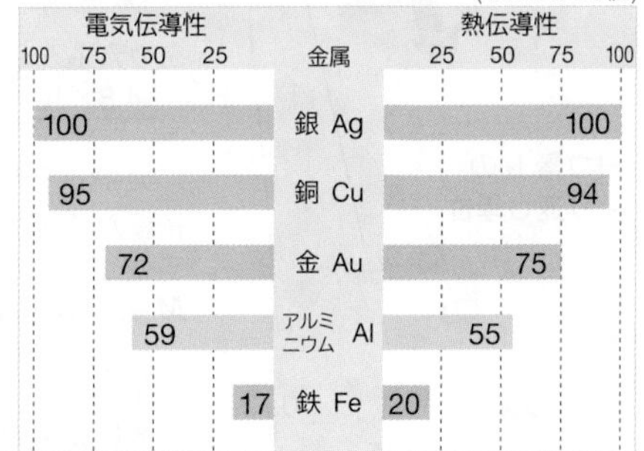

電気伝導性	金属	熱伝導性
100	銀 Ag	100
95	銅 Cu	94
72	金 Au	75
59	アルミニウム Al	55
17	鉄 Fe	20

電気をよく通す金属は，熱もよく伝える。銀 Ag は電気伝導性も熱伝導性も最も大きい。

金属の中では，水銀だけが常温で**液体**である。

思考 金箔を通して電球の白色光を見ると，電球の光は何色に見えるか。

3 金属の結晶

金属原子は結晶中では規則正しく配列している。その配列にはくり返し単位となる構造(単位格子)がある。

化学基礎 化学

●金属の結晶

金属原子

数個集まる

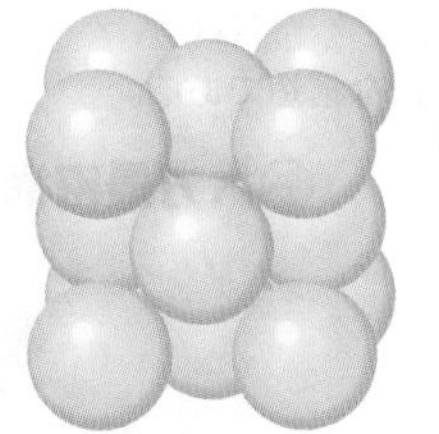
単位格子

くり返し

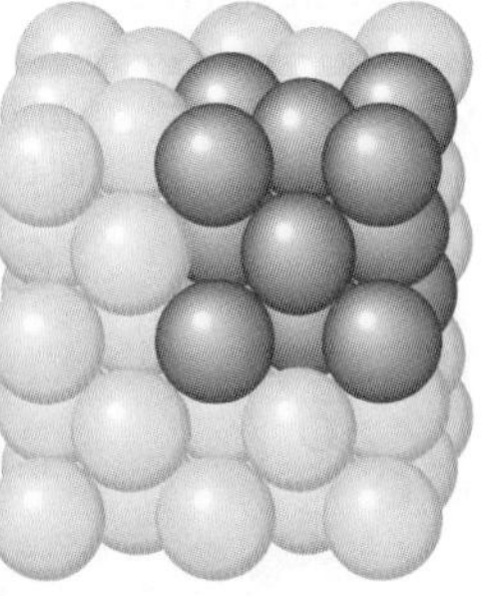
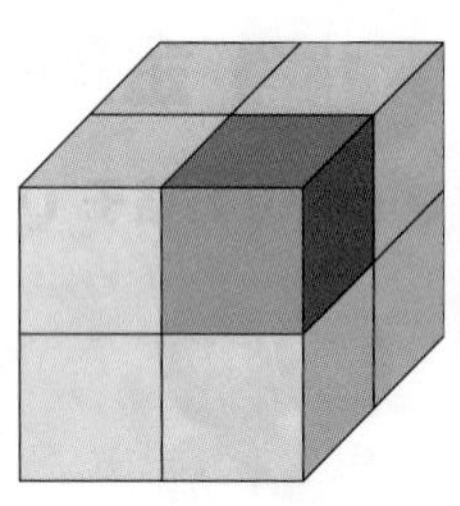
金属結晶

多数の金属原子が，規則正しく配列して金属の結晶をつくる。

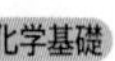

4 金属の性質と利用

金属の単体はそれぞれの特徴を生かし，材料などに使われている。また合金としても利用されている。

化学基礎

炭素の含有量によりかたさ・粘度を変え，いろいろなものに使われる。

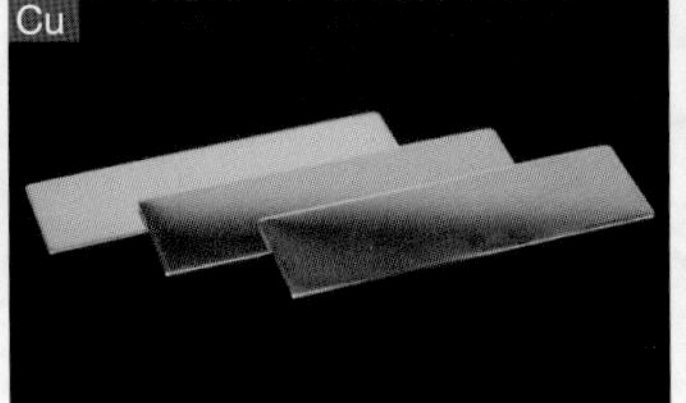

展性・延性が大きい。電気伝導性がよいので電線などに使われる。

軽い，さびにくいなどの特徴がある。

美しい光沢があり，反応性が乏しい。食器などに用いる。

●合金

いくつかの金属を混ぜるともとの金属にはない特性をもった材料が得られる(p.208)。

▶ステンレス鋼(Fe，Cr，Ni)

ステンレス鋼はさびにくく，薬品に強い合金である。流し台などに使用されている。

▶ジュラルミン(Al，Cu，Mg，Mn)

ジュラルミンは軽くてかたさや強度が大きい。航空機などに使用されている。

▶青銅(ブロンズ)(Cu，Sn)

青銅は融点が低く加工しやすい。銅像や通貨などに使用されている。

▶水素吸蔵合金(La，Ni)

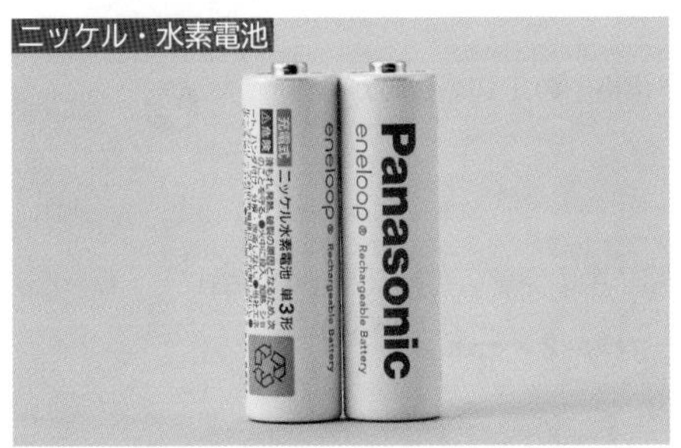

自らの体積の 1000 倍以上の水素を吸収し，多量の水素を貯蔵できるので，ニッケル・水素電池に利用されている。

▶チタン合金(Ti，Al，V)

比較的軽量で，強度があり耐食性も優れている。弾性が強いので，ゴルフのクラブなどにも使用されている。

▶黄銅(真ちゅう・ブラス)(Cu，Zn)

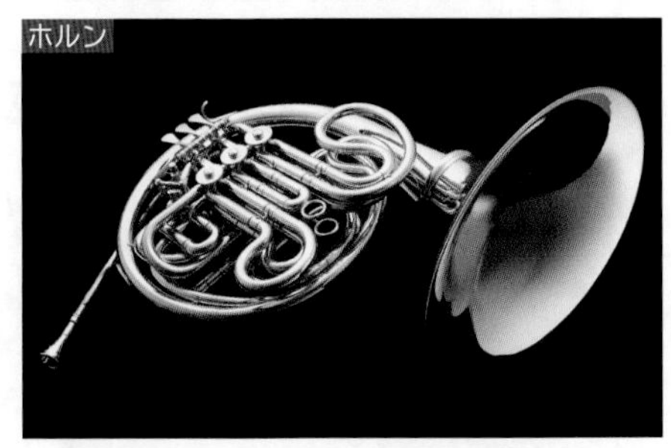

金に似た美しい黄金の光沢をもつ。

表現 金属はなぜ電気を流しやすいか説明せよ。

18 金属の結晶構造

Crystal structures of metals

1 金属の結晶格子

crystal lattice

金属には単位格子中の原子の配列から体心立方格子，面心立方格子，六方最密構造がある。面心立方格子と六方最密構造は，空間的に最も密な構造である。 化学

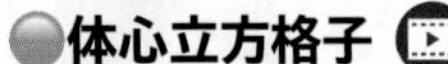

●体心立方格子

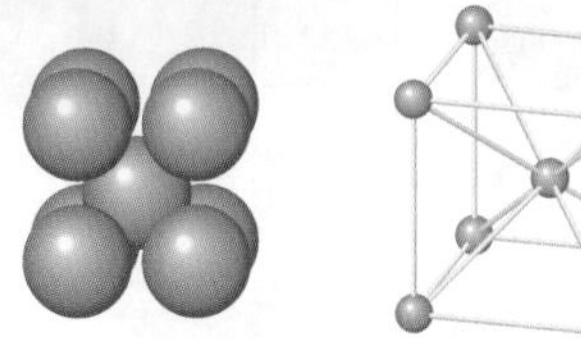
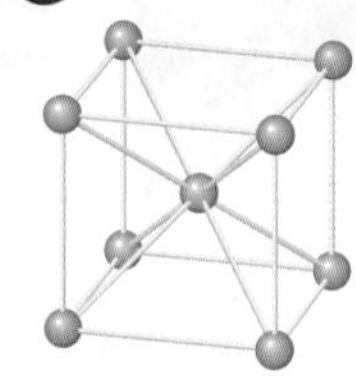

●面心立方格子

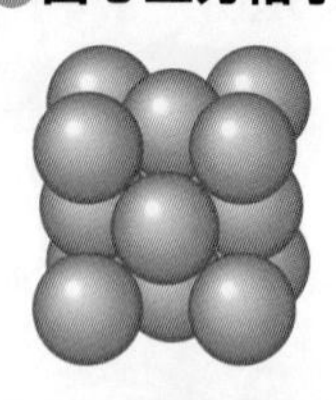
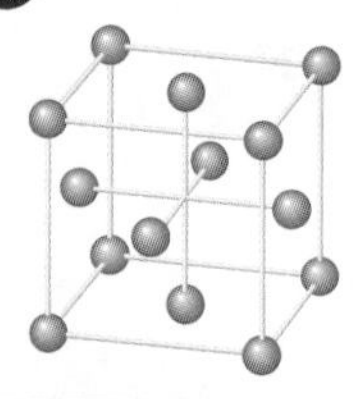
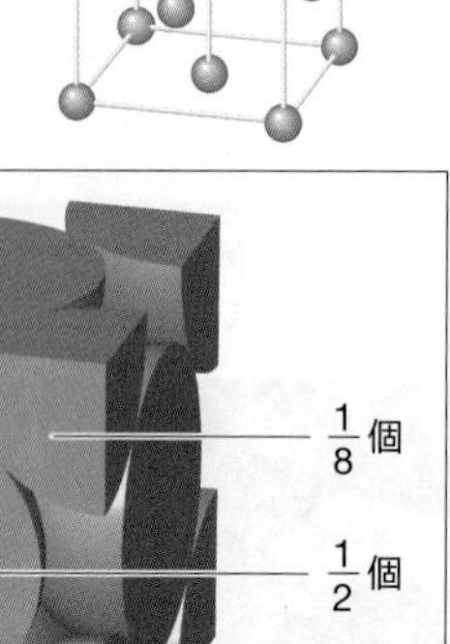

●六方最密構造

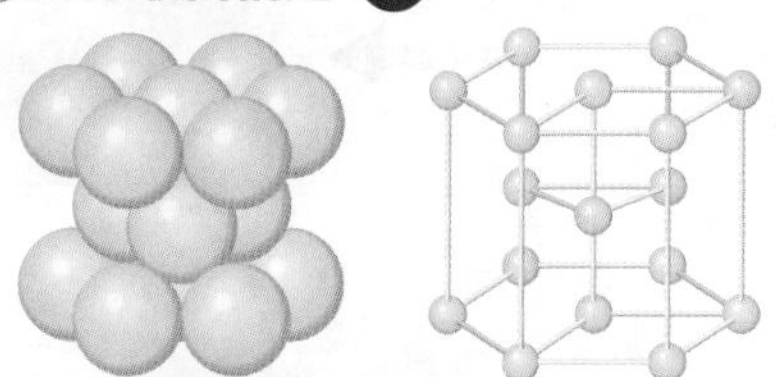
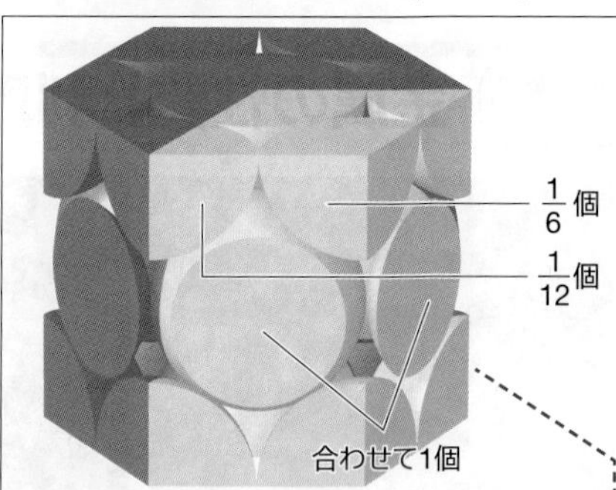

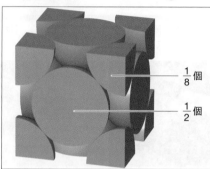

体心立方格子	面心立方格子	六方最密構造
$\frac{1}{8}$個 / 1個	$\frac{1}{8}$個 / $\frac{1}{2}$個	$\frac{1}{6}$個 / $\frac{1}{12}$個 / 合わせて1個
1つの原子に接している原子の数(配位数)＝8	1つの原子に接している原子の数(配位数)＝12	1つの原子に接している原子の数(配位数)＝12
単位格子中の原子の数 $n=\frac{1}{8}\times8+1=2$	単位格子中の原子の数 $n=\frac{1}{8}\times8+\frac{1}{2}\times6=4$	単位格子中の原子の数 $n=\frac{1}{12}\times4+\frac{1}{6}\times4+1=2$
充塡率(原子の占める割合)＝68％	充塡率(原子の占める割合)＝74％	充塡率(原子の占める割合)＝74％
例 Na, Ba, Cr, Fe など	例 Al, Cu, Ag, Au など	例 Be, Mg, Zn, Cd など

●結晶の密度(体心立方格子・面心立方格子)

原子のモル質量を M〔g/mol〕，
アボガドロ定数を N_A〔/mol〕とすると
原子1個の質量は $\frac{M}{N_A}$〔g〕となる。
したがって，単位格子中の原子の数を n とすると

(単位格子の質量)＝(単位格子中の原子の総質量)＝$n\times\frac{M}{N_A}$〔g〕

単位格子中の原子の数 n

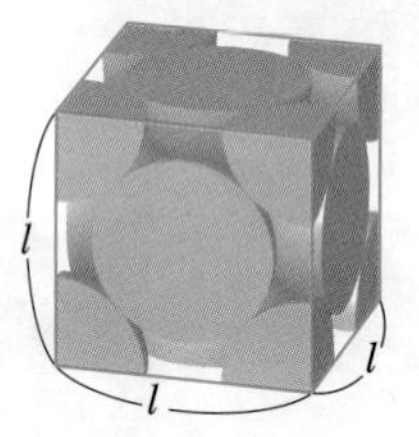

単位格子の1辺の長さを l〔cm〕とすると(単位格子の体積)＝l^3〔cm³〕なので，次式のようになる。

$$\text{密度 } d=\frac{\text{質量}}{\text{体積}}=\frac{n\times\frac{M}{N_A}}{l^3}=\frac{nM}{N_Al^3}\text{〔g/cm}^3\text{〕}$$

例 ナトリウムの密度

$$\frac{2\times23\text{ g/mol}}{6.02\times10^{23}\text{/mol}\times(0.43\times10^{-7}\text{ cm}^3)^3}=0.96\text{ g/cm}^3$$

上から見た図

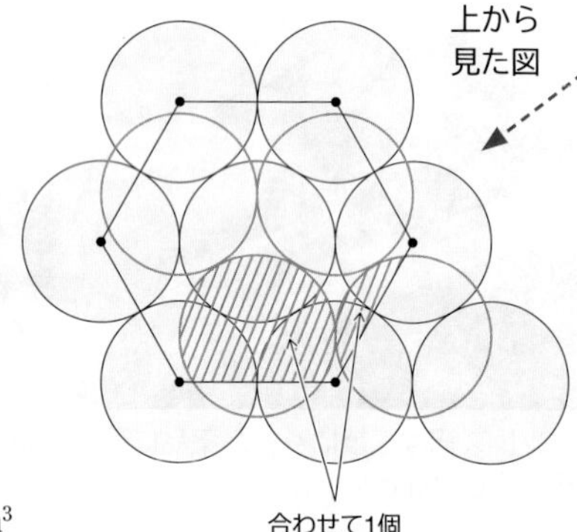

合わせて1個

2 原子半径と充塡率

体心立方格子，面心立方格子では，原子半径と単位格子の1辺の長さから充塡率(じゅうてんりつ)が計算できる。 化学

●体心立方格子

単位格子の1辺の長さを l，原子半径を r とする。

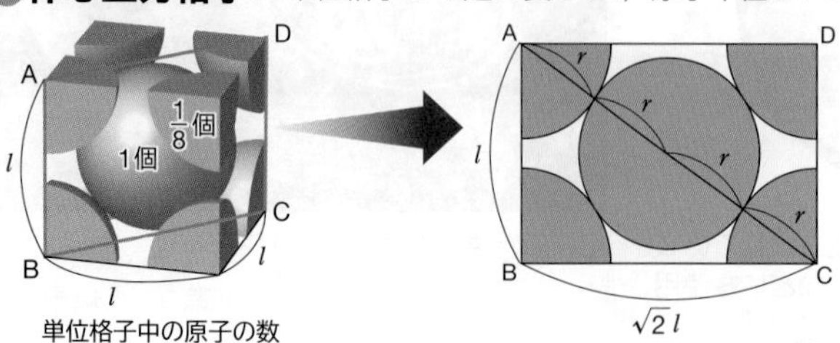

単位格子中の原子の数
$\frac{1}{8}\times8+1=2$ 個

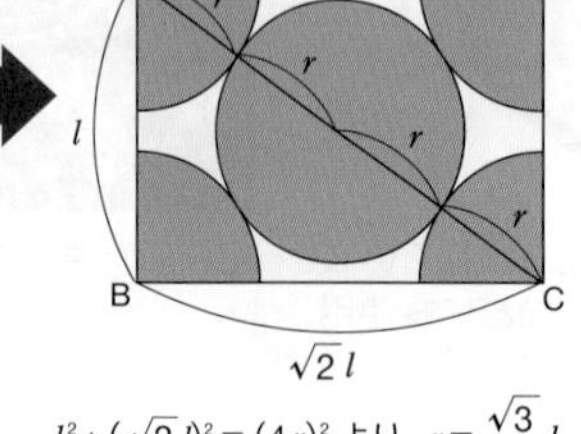

$l^2+(\sqrt{2}\,l)^2=(4r)^2$ より $r=\frac{\sqrt{3}}{4}l$

単位格子中の原子の体積＝(単位格子中の原子の数)×(原子の体積)

$$=2\times\frac{4}{3}\pi r^3=\mathbf{2\times\frac{4}{3}}\pi\times\left(\frac{\sqrt{3}}{4}l\right)^3$$

$$\textbf{充塡率}=\frac{\text{単位格子中の原子の体積}}{\text{単位格子の体積}}\times100$$

$$=\frac{2\times\frac{4}{3}\pi\times\left(\frac{\sqrt{3}}{4}l\right)^3}{l^3}\times100=\mathbf{68\ \%}$$

面心立方格子

単位格子の1辺の長さを l，原子半径を r とする。

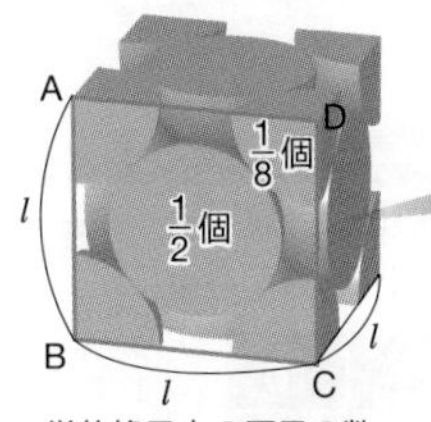

単位格子中の原子の数
$\frac{1}{8}\times 8+\frac{1}{2}\times 6=4$ 個

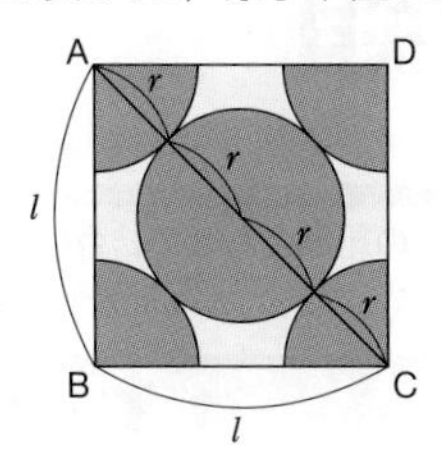

$l^2+l^2=(4r)^2$ より　$r=\frac{\sqrt{2}}{4}l$

単位格子中の原子の体積＝(単位格子中の原子の数)×(原子の体積)

$$=4\times\frac{4}{3}\pi r^3=4\times\frac{4}{3}\pi\times\left(\frac{\sqrt{2}}{4}l\right)^3$$

充塡率

$$=\frac{単位格子中の原子の体積}{単位格子の体積}\times 100$$

$$=\frac{4\times\frac{4}{3}\pi\times\left(\frac{\sqrt{2}}{4}l\right)^3}{l^3}\times 100=\mathbf{74\ \%}$$

六方最密構造

原子半径を r，図に示した正四面体の高さを h とする。

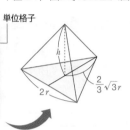

単位格子
h
$2r$
$\frac{2}{3}\sqrt{3}r$

単位格子中の原子の数　2個

六角柱の底面積　$2r\times\sqrt{3}r\times\frac{1}{2}\times 6=6\sqrt{3}r^2$

正四面体の高さ　$h^2+(\frac{2}{3}\sqrt{3}r)^2=(2r)^2$

$$h=\frac{2}{3}\sqrt{6}r$$

六角柱の高さ　$2h=\frac{4}{3}\sqrt{6}r$

以上より，単位格子の体積は，

$$6\sqrt{3}r^2\times\frac{4}{3}\sqrt{6}r\times\frac{1}{3}=8\sqrt{2}r^3$$

充塡率

$$=\frac{単位格子中の原子の体積}{単位格子の体積}\times 100$$

$$=\frac{\frac{4}{3}\pi r^3\times 2}{8\sqrt{2}r^3}\times 100$$

$$=\frac{\sqrt{2}}{6}\pi\times 100\fallingdotseq 74$$

3 結晶の最密充塡構造

close-packed structure

面心立方格子と六方最密構造は，空間的に最も密な構造である。この二つの構造は原子の層の重なり方が異なる。

 化学

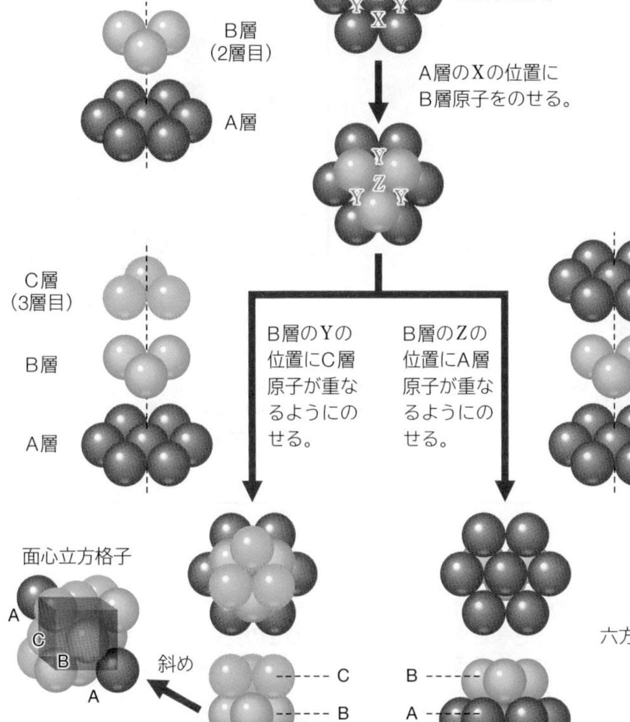

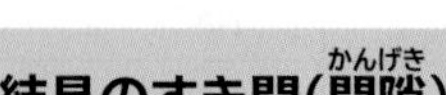

結晶のすき間(間隙(かんげき))

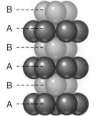

最密充塡構造がもつすき間には，正八面体の中心にできるすき間(八面体間隙)と正四面体の中心にできるすき間(四面体間隙)の2種類がある。

〈八面体間隙〉

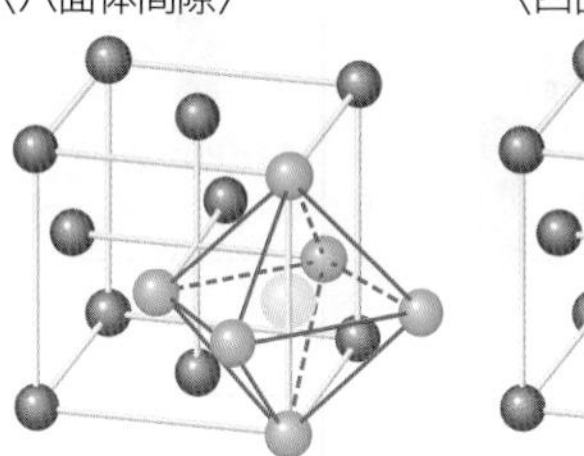

〈四面体間隙〉

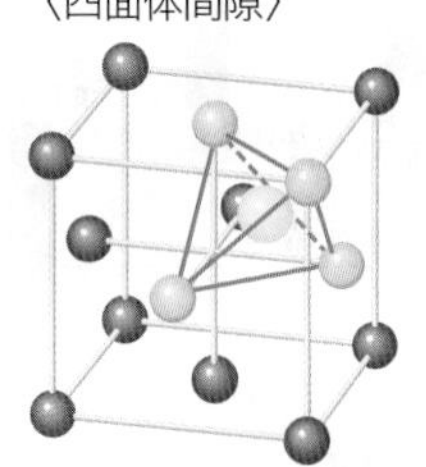

八面体間隙は，単位格子の各辺の中点付近に存在する空間であるのに対し，四面体間隙は単位格子を八等分した立方体の中心付近に存在する空間である。

〈NaCl 型〉

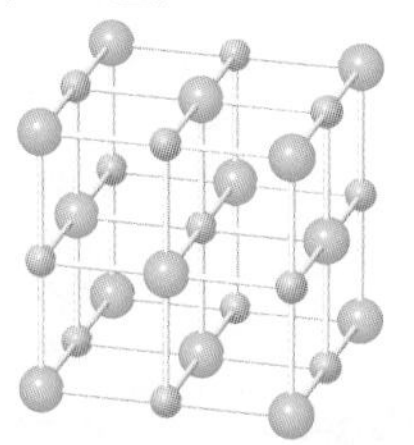

〈ZnS 型〉

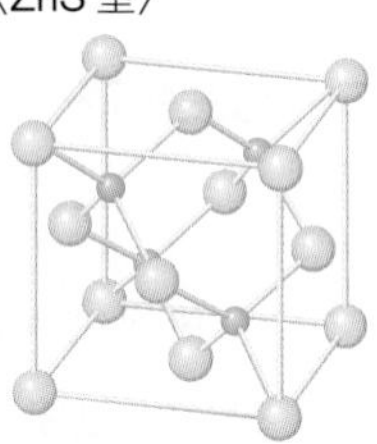

陰イオンが面心立方格子をつくっている八面体間隙に陽イオンが配置されると塩化ナトリウム NaCl 型(p.40)，四面体間隙の半分に陽イオンが配置されると硫化亜鉛 ZnS 型(p.40)のイオン結晶となる。

思考 六方最密構造の充塡率を求めよ。

19 化学結合と結晶の分類

Classification of chemical bonds and crystals

1 化学結合

chemical bond

化学基礎

元素は大きく**金属元素**と**非金属元素**に分けられ，それらの組み合わせで結合の種類が決まる。一般に，金属元素どうしの結合は**金属結合**，金属元素と非金属元素の結合は**イオン結合**，非金属元素どうしの結合は**共有結合**である。

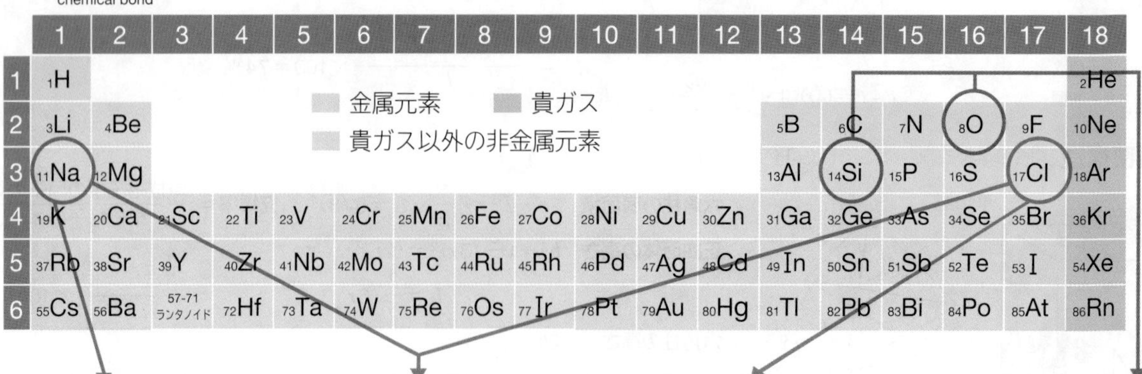

	金属結合	イオン結合	共有結合	共有結合
結合ができるしくみ	自由電子がすべての金属元素の原子に共有され，金属結合をつくる。	陽イオンと陰イオンが静電気的な引力で結びつき，イオン結合をつくる。	不対電子を共有して（共有電子対）共有結合をつくり，分子になる。	共有結合の結晶は多数の原子が共有結合でつながってできる。
	（金属の結晶） 金 Au　銀 Ag　ナトリウム Na	（イオン結晶） 塩化ナトリウム NaCl　塩化カルシウム $CaCl_2$	（分子結晶） 塩素 Cl_2　窒素 N_2　水 H_2O　アンモニア NH_3	（共有結合の結晶） 二酸化ケイ素 SiO_2　ケイ素 Si
おもな物質の融点・沸点〔℃〕	Au：1064（融点）～2807（沸点） Ag：952～2212 Na：98～883	NaCl：801～1413 $CaCl_2$：772～1600 0℃～3000℃	Cl_2：−101～−34 N_2：−210～−196 H_2O：0～100 NH_3：−78～−33 −273℃～100℃	SiO_2：1550～2950 Si：1410～2355

（100℃，0℃）

水は水素結合が強くはたらくため，他の同程度の分子量の分子結晶より融点や沸点が高くなる。

ケテラーの三角形

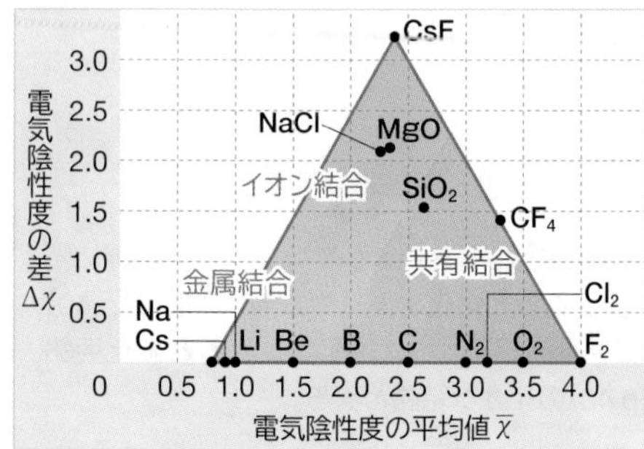

物質において，結合を形成する２つの原子の電気陰性度の差Δχを縦軸に，２つの原子の電気陰性度の平均値$\bar{\chi}$を横軸にしたとき，さまざまな元素の組み合わせの物質でその位置をプロットすると，三角形の中におさまる。これを**ケテラーの三角形**といい，同じ種類の結合で形成される物質は特定の領域に位置する。

- ●共有結合：2 原子の電気陰性度がともに大きく，両者の差が小さい。
- ●イオン結合：2 原子の電気陰性度の差が大きい。
- ●金属結合：2 原子の電気陰性度がともに小さく，両者の差が小さい。

思考 ゲルマニウム Ge の電気陰性度は 1.99 であり，電気陰性度の差は 0.0，平均値は 1.99 と考えることができる。ケテラーの三角形の位置から，Ge が電気伝導体と絶縁体の中間的な電気伝導性を示す半導体となることを説明せよ。

2 結晶の分類

金属結合，イオン結合，共有結合の３つの化学結合に分子間力を加え，粒子を結びつける４つの力で，結晶を４つに分類する。結晶の性質は，結晶を構成する粒子と，粒子を結びつける力で決まる。 化学基礎

	金属の結晶 (p.52)		イオン結晶 (p.40)		共有結合の結晶 (p.43)		分子結晶 (p.48)	
モデル	金 Au		塩化ナトリウム NaCl		ダイヤモンド C		ドライアイス CO_2	
構成粒子	金属元素の原子		陽イオンと陰イオン		非金属元素の原子		分子	
結びつける力	金属結合		イオン結合		共有結合		分子間力	
化学式	組成式		組成式		組成式		分子式	
状態	常温・常圧で水銀以外固体。		常温・常圧で固体。		常温・常圧で固体。		常温・常圧で気体が多い。	
電気伝導性（構成粒子が電荷をもち，移動できれば電気伝導性がある。）	固体：Hg 通す	液体：Hg 通す	固体：$ZnCl_2$ 通さない	水溶液：$ZnCl_2$ 通す	固体：水晶(SiO_2) 通さない	固体：黒鉛 通す	固体：ナフタレン 通さない	液体：ナフタレン 通さない
	自由電子があるので，固体でも電気を通す。		固体では電気を通さない。液体や水溶液にすると，イオンが移動できるようになり電気を通す。		原子は電荷をもたないので，電気を通さない(黒鉛は例外で，共有結合に使われていない価電子があり，電気を通す)。		分子は電荷をもたないので，電気を通さない。	
溶解性（極性溶媒の水と無極性に近い溶媒のヘキサンに対して）	水	ヘキサン	水	ヘキサン	水	ヘキサン	水	ヘキサン
	Cu	Cu	NaCl	NaCl	SiO_2	SiO_2	ナフタレン	ナフタレン
	溶けない	溶けない	よく溶ける	溶けない	溶けない	溶けない	溶けない	よく溶ける
物理的性質	金線 Copyright Heraeus Electronics 2023		岩塩		ダイヤモンドカッター ダイヤモンド		ドライアイス	
	展性・延性がある。		かたくてもろい。		非常にかたい。		砕けやすい。	
おもな物質	金 Au，ナトリウム Na 銅 Cu，鉄 Fe アルミニウム Al		塩化ナトリウム NaCl フッ化カルシウム CaF_2 硫酸アンモニウム $(NH_4)_2SO_4$		ダイヤモンド C，ケイ素 Si 二酸化ケイ素 SiO_2 炭化ケイ素 SiC		ドライアイス CO_2 ヨウ素 I_2 ナフタレン $C_{10}H_8$	

20 身のまわりの物質

Useful substances (substances around us)

1 イオン結合からなる物質

イオン結合からなる物質は常温では固体である。 化学基礎

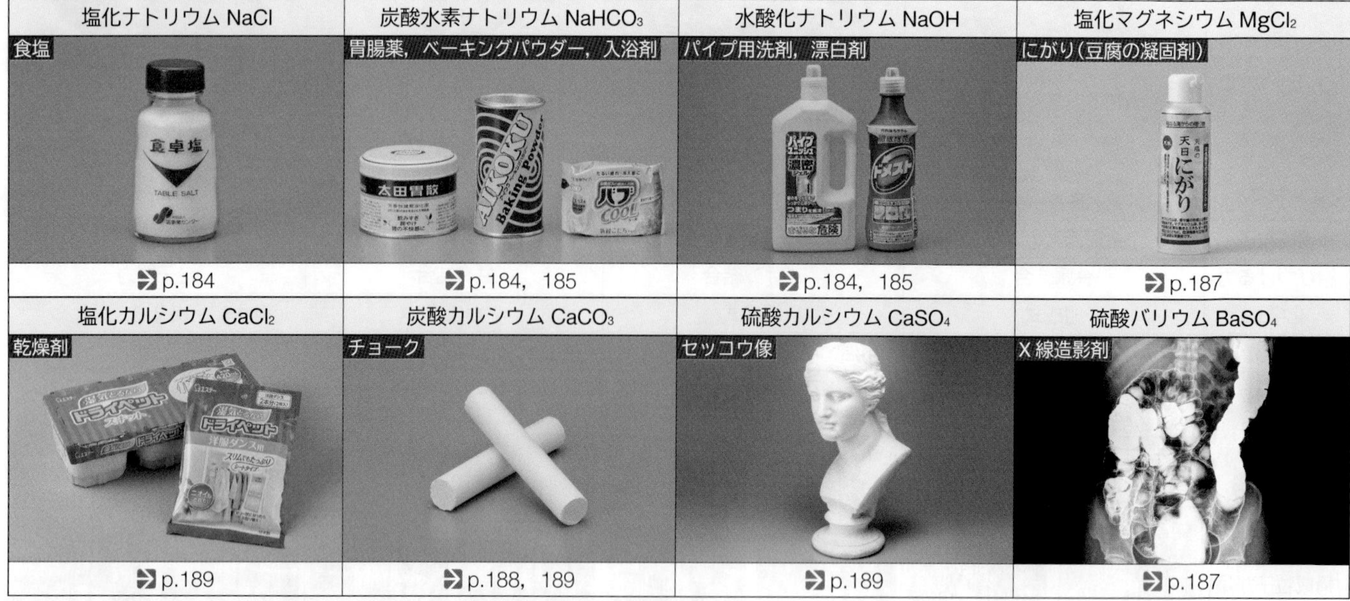

塩化ナトリウム NaCl	炭酸水素ナトリウム $NaHCO_3$	水酸化ナトリウム NaOH	塩化マグネシウム $MgCl_2$
食塩	胃腸薬，ベーキングパウダー，入浴剤	パイプ用洗剤，漂白剤	にがり（豆腐の凝固剤）
p.184	p.184，185	p.184，185	p.187
塩化カルシウム $CaCl_2$	**炭酸カルシウム $CaCO_3$**	**硫酸カルシウム $CaSO_4$**	**硫酸バリウム $BaSO_4$**
乾燥剤	チョーク	セッコウ像	X 線造影剤
p.189	p.188，189	p.189	p.187

2 金属結合からなる物質

金属の特徴を生かし，いろいろな金属を材料としてさまざまな製品がつくられている。 化学基礎

金属

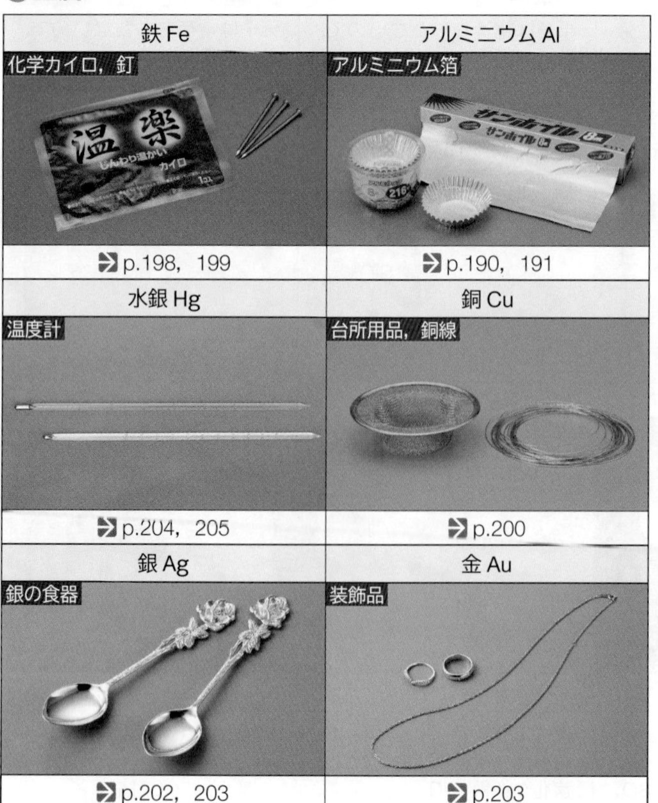

鉄 Fe	アルミニウム Al
化学カイロ，釘	アルミニウム箔
p.198，199	p.190，191
水銀 Hg	**銅 Cu**
温度計	台所用品，銅線
p.204，205	p.200
銀 Ag	**金 Au**
銀の食器	装飾品
p.202，203	p.203

合金

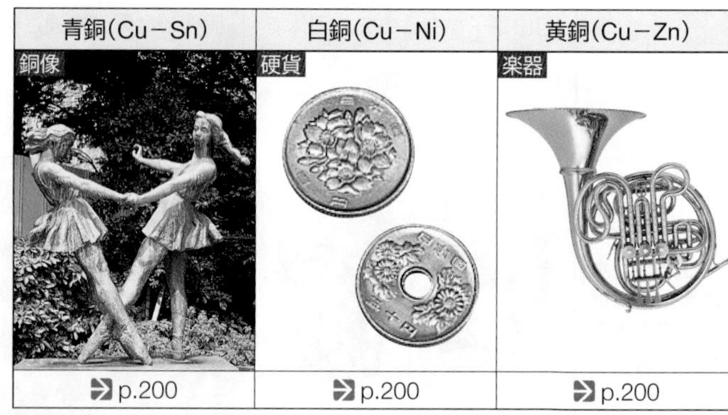

青銅（Cu－Sn）	白銅（Cu－Ni）	黄銅（Cu－Zn）
銅像	硬貨	楽器
p.200	p.200	p.200

めっき

ブリキ（Sn/Fe）	トタン（Zn/Fe）
p.192	p.205

3 共有結合からなる物質

共有結合からなる物質は，いくつかの種類がある。 化学基礎

共有結合の結晶

共有結合によって原子が規則正しく配列して物質をつくっている。

▶炭素原子 C によってできた物質

宝石	黒鉛	無定形炭素
➡p.174	➡p.174	➡p.174

▶ケイ素原子 Si によってできた物質

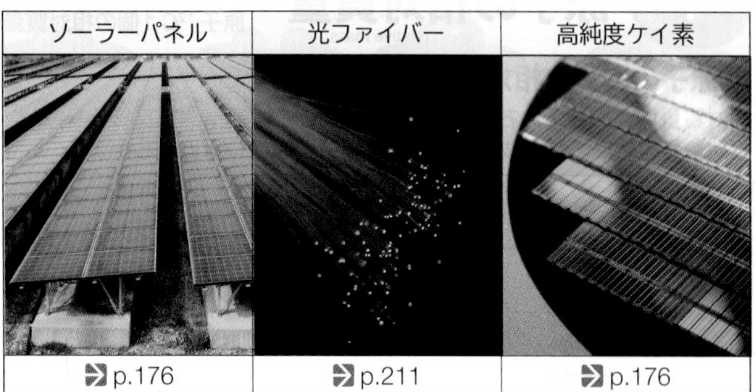

ソーラーパネル	光ファイバー	高純度ケイ素
➡p.176	➡p.211	➡p.176

共有結合からなる無機物質

有機化合物以外の物質を無機物質という。

酸素 O_2	窒素 N_2	二酸化炭素 CO_2	アンモニア NH_3	水 H_2O	塩化水素 HCl
酸素ボンベ	菓子袋への封入	炭酸飲料	かゆみどめ	飲料水	トイレ用洗剤
➡p.166，178，180	➡p.170，178，180	➡p.175，178，180	➡p.170，178，180	➡p.47	➡p.162，180

共有結合からなる有機化合物

有機化合物は炭素原子を骨格として組み立てられている。

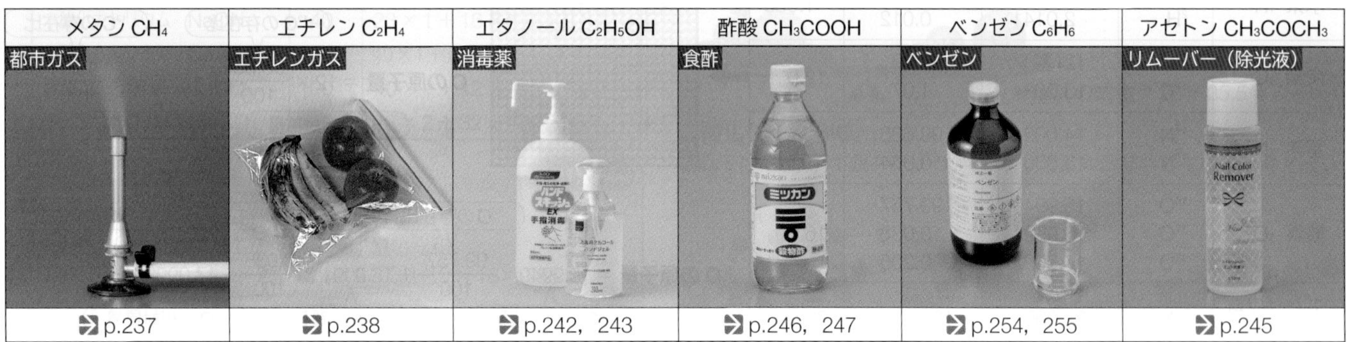

メタン CH_4	エチレン C_2H_4	エタノール C_2H_5OH	酢酸 CH_3COOH	ベンゼン C_6H_6	アセトン CH_3COCH_3
都市ガス	エチレンガス	消毒薬	食酢	ベンゼン	リムーバー（除光液）
➡p.237	➡p.238	➡p.242，243	➡p.246，247	➡p.254，255	➡p.245

高分子化合物

分子が共有結合により多数連結（重合）してできた化合物

▶付加重合でできた高分子化合物

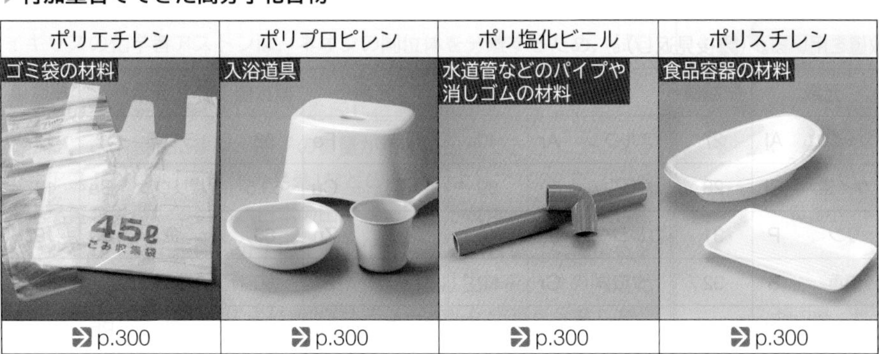

ポリエチレン	ポリプロピレン	ポリ塩化ビニル	ポリスチレン
ゴミ袋の材料	入浴道具	水道管などのパイプや消しゴムの材料	食品容器の材料
➡p.300	➡p.300	➡p.300	➡p.300

▶縮合重合でできた高分子化合物

ナイロン 66	ポリエチレンテレフタラート
ストッキング	ペットボトル
➡p.296	➡p.298

22 物質量
Amount of substance

1 1molの粒子の数

1molとは6.02214076×10^23個の粒子(原子・分子・イオンなど)の集団である。1molあたりの粒子の数(6.02214076×10^23/mol)をアボガドロ定数といいN_Aで表す。 化学基礎

物質量とmol

6.02214076×10^23個の粒子の集団を**1mol(モル)**という。molを単位として表した物質の量を，その物質の**物質量**という。1molあたりの粒子の数は，**アボガドロ定数**とよばれ，N_Aで表す。$N_A = 6.02214076 \times 10^{23}$**/mol**である。本書ではアボガドロ数を6.02×10^23/molとして扱う。

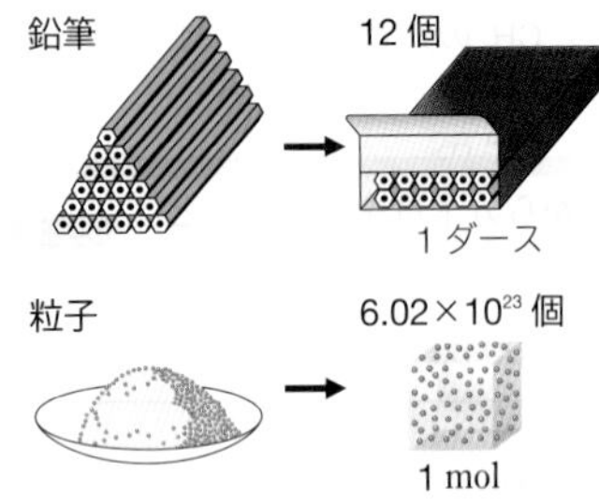

▶炭素C原子1mol

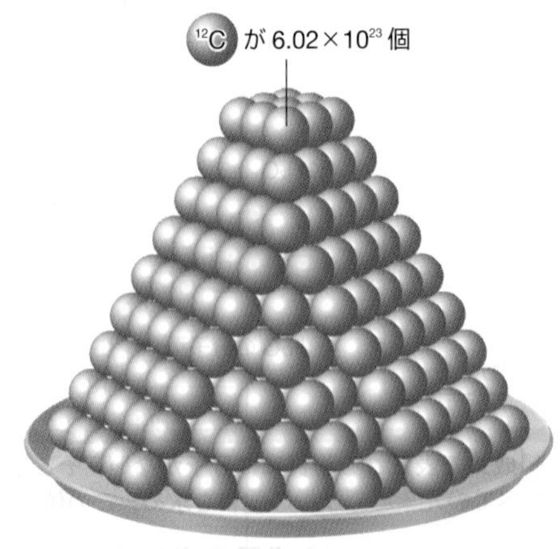

▶水H_2O分子1mol

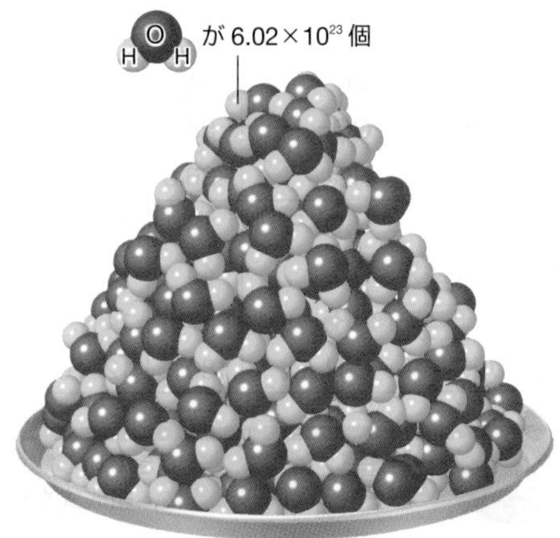

物質量は，アボガドロ定数を用いて，次のように求められる。

$$\text{物質量}\ n\text{〔mol〕} = \frac{\text{粒子の数}\ N}{\text{アボガドロ定数}\ N_A\text{〔/mol〕}}$$

例 炭素原子3.01×10^22個の物質量

$$n = \frac{3.01 \times 10^{22}}{6.02 \times 10^{23}/\text{mol}} = 0.0500\ \text{mol}$$

2 1molの質量
mass

物質1molの質量は，原子量・分子量・式量にg単位をつけたものになる*。物質1molあたりの質量を**モル質量**といいM〔g/mol〕で表す。 化学基礎

	炭素原子C	水分子H_2O	アルミニウムAl	塩化ナトリウムNaCl
1molの粒子数	12Cが 6.02×10^23個 12g	O H Hが 6.02×10^23個 18g	Alが 6.02×10^23個 27g	Na^+とCl^-がそれぞれ6.02×10^23個 58.5g
原子量・分子量・式量	**12** (原子量)	1.0×2＋16＝**18** (分子量)	**27** (式量)	23＋35.5＝**58.5** (式量)
1molの質量	12.01g 12g	18.00g 18g	27.00g 27g	58.50g 58.5g

＊厳密には，原子量・分子量・式量にg単位をつけたものとはわずかに異なる。しかし，この差はとても小さいので，**原子量・分子量・式量にg単位をつけたもの**とみなしてよい。

質量w〔g〕の物質量は，その物質のモル質量を用いて，次のように求められる。

$$\text{物質量}\ n\text{〔mol〕} = \frac{\text{質量}\ w\text{〔g〕}}{\text{モル質量}\ M\text{〔g/mol〕}}$$

例 炭素1molの質量は，炭素の原子量12にgをつけて，12gになる。したがって，モル質量はM＝12g/molである。

炭素9.0gの物質量　$n = \dfrac{9.0\ \text{g}}{12\ \text{g/mol}} = 0.75\ \text{mol}$

3 気体 1 mol の体積

気体 1 mol の体積は，0℃，1.013×10^5 Pa(標準状態ともいう)では 22.4 L である。
気体 1 mol あたりの体積をモル体積といい，標準状態では 22.4 L/mol である。

化学基礎

●物質量と気体の体積

アボガドロ(イタリア，1776～1856)は，「**気体の種類によらず，同温・同圧のもとでは，同体積の気体には同数の気体分子が含まれる**」というアボガドロの法則を提唱した。この法則から，気体 1 mol の体積は，**0℃，1.013×10^5 Pa(標準状態)では，気体の種類に関係なく，22.4 L** である。

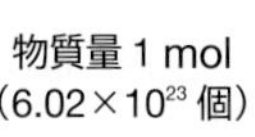
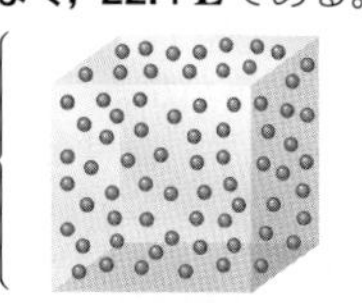

||

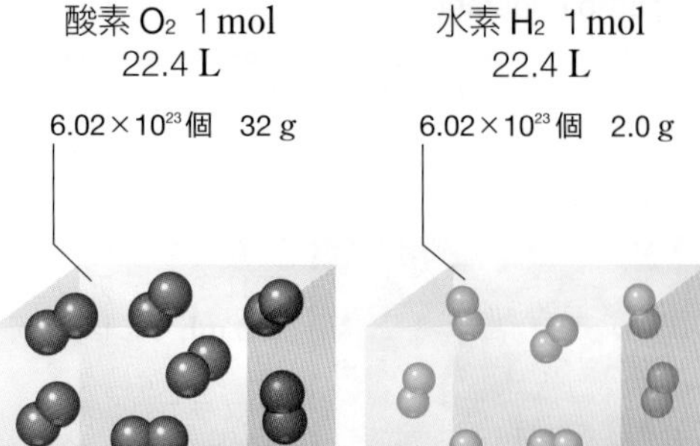

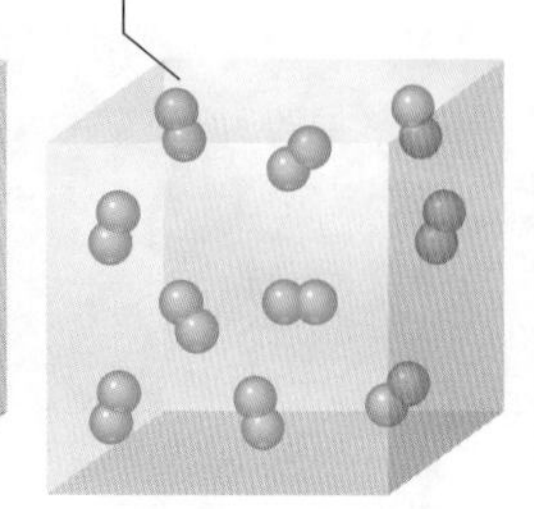

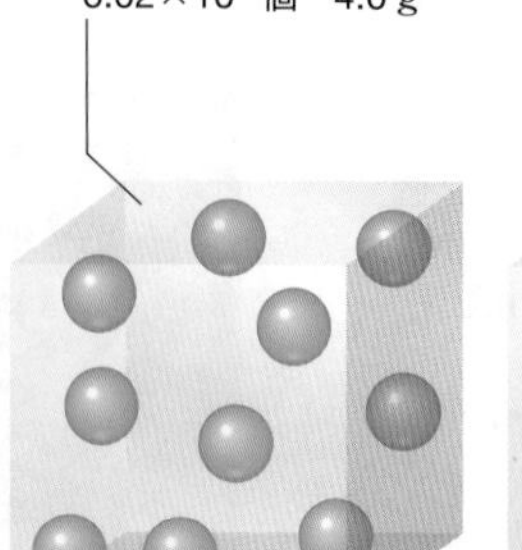

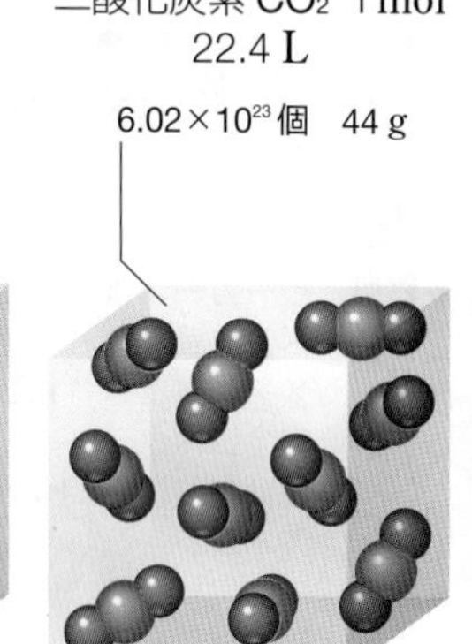

▶モル体積

気体 1 mol あたりの体積を**モル体積**といい，標準状態では **22.4 L/mol** になる。
体積 V〔L〕の気体の標準状態における物質量は，モル体積を用いて，次のようになる。

$$物質量\ n〔mol〕 = \frac{気体の体積\ V〔L〕}{モル体積\ 22.4\ L/mol}$$

例 標準状態における体積 28.0 L の気体の物質量

$$n = \frac{28.0\ L}{22.4\ L/mol} = 1.25\ mol$$

▶気体の密度(単位体積あたりの気体の質量)

気体の密度〔g/L〕のとき

$$密度 = \frac{気体の質量〔g〕}{気体の体積〔L〕}$$

気体 1 mol について

$$密度 = \frac{気体のモル質量〔g/mol〕}{気体のモル体積〔L/mol〕}$$

例 標準状態での酸素 O_2 の密度

$$\frac{32.0\ g/mol}{22.4\ L/mol} = 1.43\ g/L$$

4 物質量と質量・粒子の数・気体の体積の関係

amount of substance

化学基礎

POINT

●関係式 物質のモル質量を M〔g/mol〕とする。

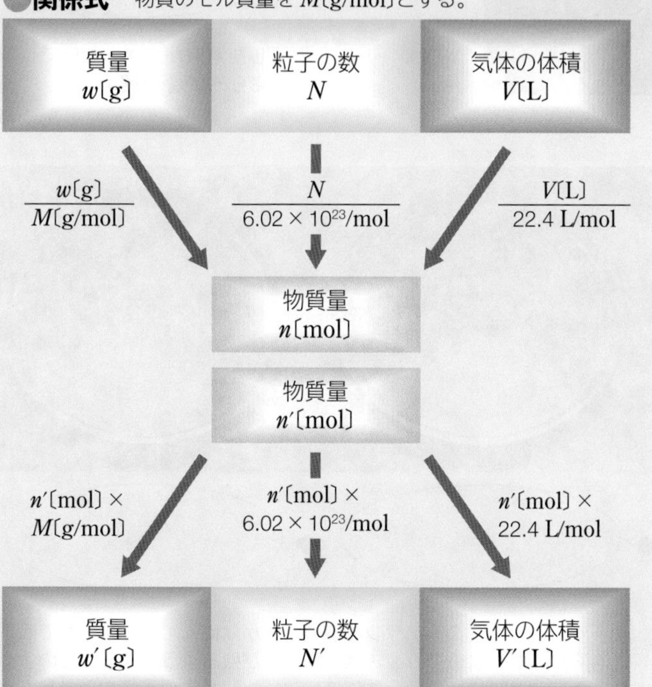

▶酸素 O_2 の場合 モル質量は 32.0 g/mol

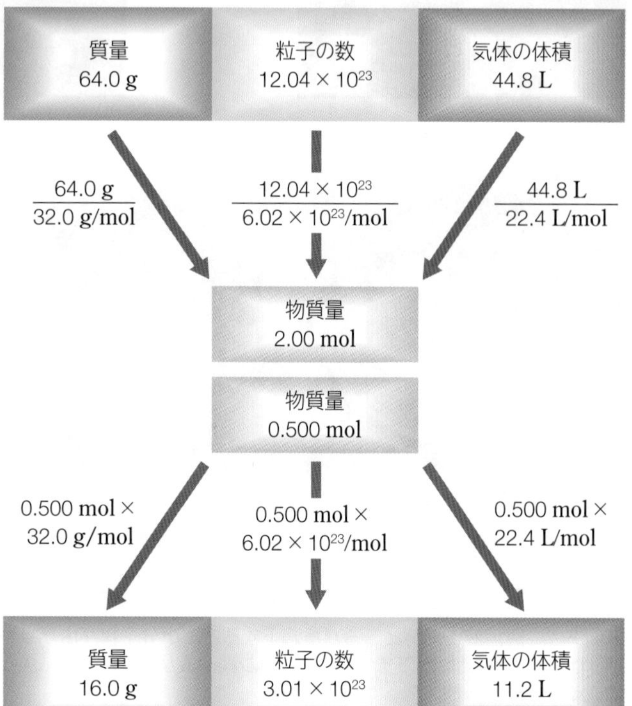

23 アボガドロ定数を求める実験

Experimental determination of Avogadro constant

1 単分子膜法

アボガドロ定数の測定方法の一つに，ステアリン酸を用いて水面に単分子膜をつくる方法がある。

化学基礎

準備

▶器具 ビーカー 100 mL 2個
メスフラスコ 100 mL
メスピペット 1 mL用
安全ピペッター
丸いお盆(半径 10 cm)
スポンジ

▶試薬 ステアリン酸
ヘキサン
中性洗剤

1 ステアリン酸溶液の調製

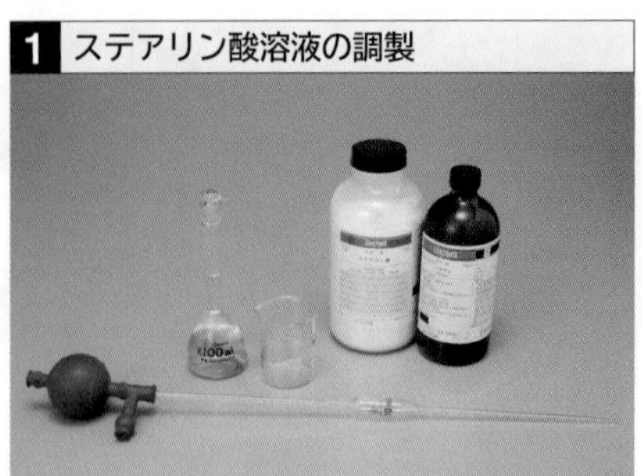

ステアリン酸 0.60 g をヘキサンに溶かし 100 mL にする。この溶液を 1 mL 取り，ヘキサンを加え全体を 100 mL とする。これをステアリン酸溶液とする。このステアリン酸溶液 100 mL 中には，ステアリン酸が 0.0060 g 含まれることになる。

*1 ステアリン酸はヘキサンには溶けにくい。ステアリン酸を全部溶かすのに，5〜10 分程度かかる。

*2 脂分を嫌う実験であるため，手，器具をセッケンまたは中性洗剤でよく洗い，器具に油脂がつかないようにする。

2 1滴あたりの体積を求める

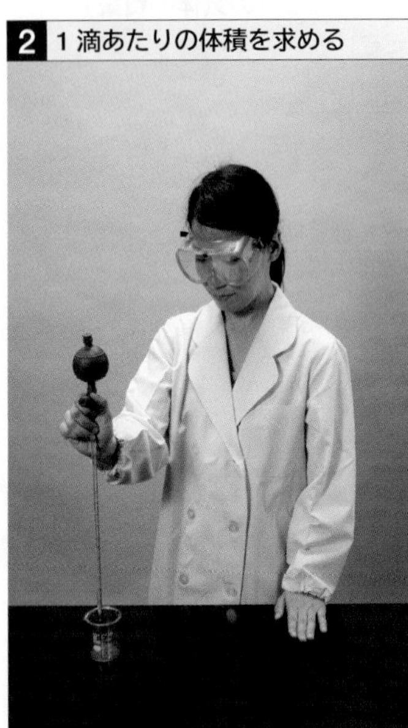

メスピペットに溶液を 1 mL 取り，1 滴ずつビーカーに滴下し，何滴で 1 mL になるか調べる。この操作を数回くり返し 1 滴あたりの体積の平均値を求める。

0.04 mL だった

3 ステアリン酸溶液の滴下

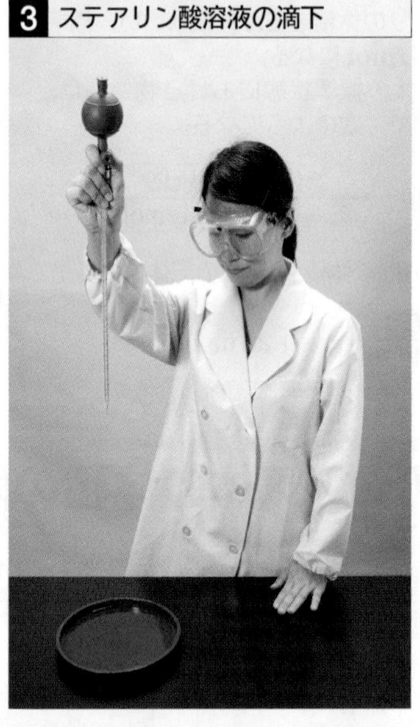

中性洗剤を用いてよく洗浄したお盆に蒸留水を深さ 2 cm になるように入れる。ステアリン酸溶液を，水面からの高さ約 40 cm の所から，水面の中心に滴下し，ステアリン酸の単分子膜をつくっていく。

4 単分子膜の形成

滴下した溶液が広がらないでレンズ状の膨らみが残る(終点)。

●ステアリン酸単分子膜の形成のようす

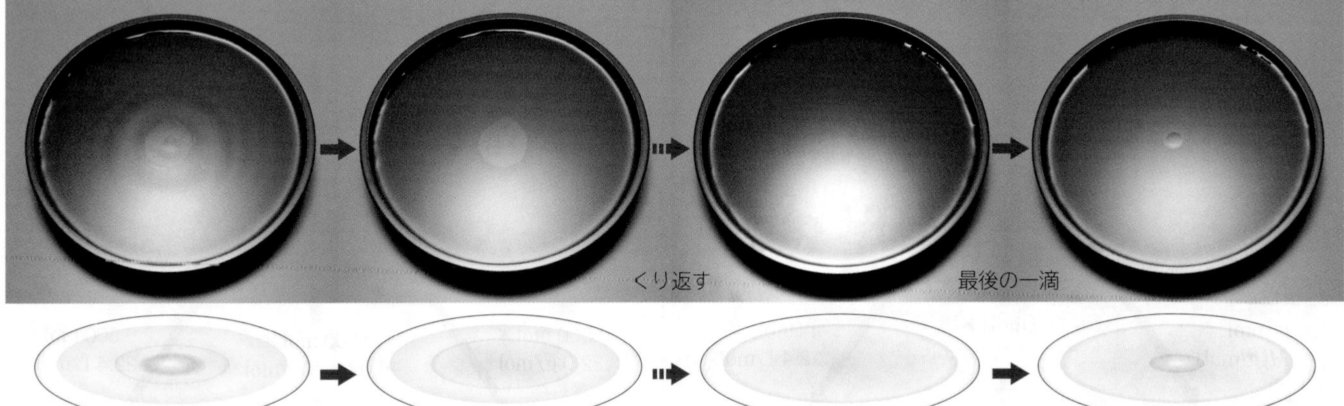

ステアリン酸溶液を高いところから滴下すると，単分子膜が広がりやすい。はじめのうちは，滴下するとステアリン酸溶液がすぐに水面に広がっていく。

滴下するにつれてステアリン酸溶液が広がりにくくなり，やがて滴下した溶液が広がらないでレンズ状の膨らみが残るようになる。このようになる 1 滴のときに，水面全体にステアリン酸が単分子膜を形成したとし滴下を止める。 → 30 滴だった

2 測定の原理

単分子膜の面積から次のようにアボガドロ定数を求めることができる。

化学基礎

ステアリン酸単分子膜

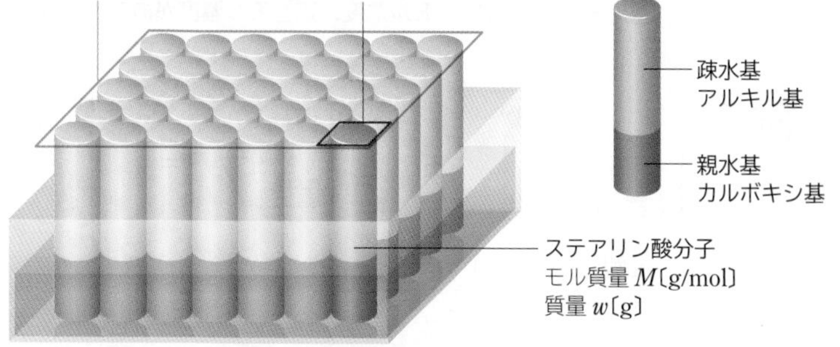

単分子膜の面積 S'　ステアリン酸分子の有効断面積 S

疎水基
アルキル基

親水基
カルボキシ基

ステアリン酸分子
モル質量 M〔g/mol〕
質量 w〔g〕

ステアリン酸 $C_{17}H_{35}COOH$ は，疎水基のアルキル基 $C_{17}H_{35}-$ と親水基のカルボキシ基 $-COOH$ からなる脂肪酸である。
ステアリン酸のヘキサン溶液をお盆の中の水に滴下しヘキサンを蒸発させると，ステアリン酸分子が図のようにカルボキシ基を水中に入れ，アルキル基を空気側に向け水面に対して垂直に立ち，密に並んだ単分子膜が形成されることが知られている。
ステアリン酸の分子１個の有効断面積がわかれば，単分子膜の面積から単分子膜を構成する分子の個数がわかり，ステアリン酸の物質量の関係からアボガドロ定数を求めることができる。

1 物質の構造

▶実験結果からアボガドロ定数を求める

- １滴あたり 0.04 mL のステアリン酸溶液を滴下していって，30 滴のとき単分子膜を形成したので，このときの体積〔mL〕は
  $$0.04\ \mathrm{mL} \times 30 = 1.2\ \mathrm{mL}$$
  → ステアリン酸溶液の体積を v〔mL〕とする。
- 100 mL 中に，ステアリン酸が 0.0060 g 含まれているから，1.2 mL 中に含まれているステアリン酸の質量〔g〕は
  $$\frac{0.0060\ \mathrm{g}}{100\ \mathrm{mL}} \times 1.2\ \mathrm{mL} = 7.2 \times 10^{-5}\ \mathrm{g}$$
  → 100 mL 中に含まれるステアリン酸の質量を w〔g〕とする。
  v〔mL〕中に含まれるステアリン酸の質量は
  $$\frac{w}{100} \times v\text{〔g〕} \quad \cdots①$$
- ステアリン酸の分子量は 284 だから，モル質量は
  $$284\ \mathrm{g/mol}$$
  → ステアリン酸のモル質量を M〔g/mol〕とする。
- したがって，単分子膜を形成したときのステアリン酸の物質量は
  $$\frac{7.2 \times 10^{-5}\ \mathrm{g}}{284\ \mathrm{g/mol}} = 2.5 \times 10^{-7}\ \mathrm{mol}$$
  → ①のときのステアリン酸の物質量は
  $$\left(\frac{w}{100} \times v\right) \div M = \frac{wv}{100M}\text{〔mol〕}$$
- ステアリン酸分子の有効断面積は $2.2 \times 10^{-15}\ \mathrm{cm^2}$ と知られている。このことから，お盆に形成された単分子膜のステアリン酸分子の数は
  $$\text{(お盆の面積)} \rightarrow \frac{10 \times 10 \times 3.14\ \mathrm{cm^2}}{2.2 \times 10^{-15}\ \mathrm{cm^2}} = 1.4 \times 10^{17}$$
  → ステアリン酸分子１個の有効断面積を S〔cm²〕，単分子膜の面積（水面の面積）を S'〔cm²〕とすると
  単分子膜のステアリン酸分子の数は $\dfrac{S'}{S}$
- 1 mol のときの粒子の数がアボガドロ定数 N_A だから
  $$1\ \mathrm{mol} : N_A = 2.5 \times 10^{-7}\ \mathrm{mol} : 1.4 \times 10^{17}$$
  これより
  $$N_A = \frac{1.4 \times 10^{17}}{2.5 \times 10^{-7}} = 5.6 \times 10^{23}/\mathrm{mol}$$
  → $$1\ \mathrm{mol} : N_A = \frac{wv}{100M}\text{〔mol〕} : \frac{S'}{S}$$
  だから
  $$N_A = \frac{100MS'}{wvS}\text{〔/mol〕}$$

3 アボガドロ定数と結晶格子

Avogadro's constant

アボガドロ定数の測定方法は他にもいくつかあるが，結晶の密度から求める方法もあり，精度もかなり高い。

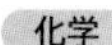

ケイ素（シリコン）結晶からアボガドロ定数を求める

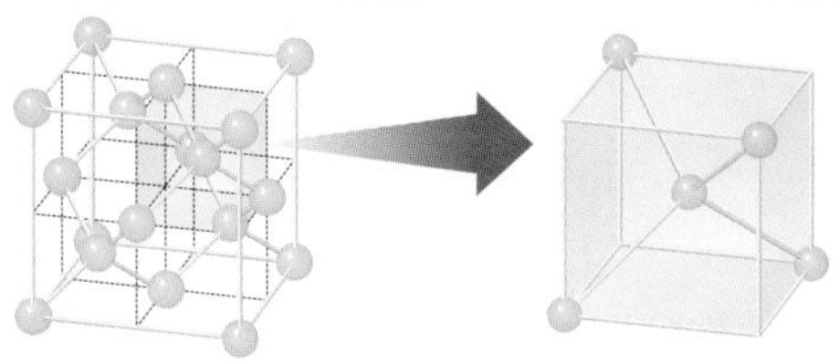

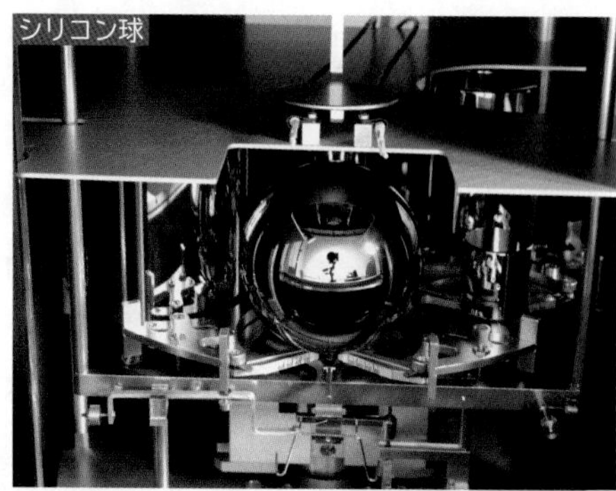

アボガドロ定数の精確な測定には，ケイ素（シリコン）単結晶の密度を高い精度で測定する必要がある。そのため，ケイ素原子の球の形状を数 nm の精度で測定する。

- 単位格子１辺の長さが 5.431×10^{-8} cm，密度が 2.329 g/cm³ だから，単位格子の質量は
  $$(5.431 \times 10^{-8})^3 \times 2.329\ \mathrm{g}$$
- 単位格子中のケイ素原子の数は８個だから，原子１個の質量は
  $$\frac{(5.431 \times 10^{-8})^3 \times 2.329}{8}\ \mathrm{g}$$
  → 単位格子１辺の長さを l〔cm〕，結晶の密度を d〔g/cm³〕，単位格子中の原子の数を n とすると原子１個の質量は
  $$\frac{l^3 d}{n}\text{〔g〕}$$
- ケイ素のモル質量は 28.0855 g/mol だから，28.0855 g が 1 mol，すなわち，アボガドロ定数 N_A 個の原子がある。したがって
  $$N_A : 28.0855\ \mathrm{g} = 1 : \frac{(5.431 \times 10^{-8})^3 \times 2.329}{8}\ \mathrm{g}$$
  これを解いて　$N_A = 6.022 \times 10^{23}/\mathrm{mol}$
  → モル質量を M とすると，N_A 個の質量が M だから
  $$N_A : M = 1 : \frac{l^3 d}{n}$$
  これより　$N_A = \dfrac{nM}{l^3 d}$

化学基礎　化学

24 溶液の濃度
Concentration of solution

1 溶液の濃度と調製法
concentration

濃度の表し方には，質量パーセント濃度，モル濃度，質量モル濃度がある。 化学基礎

●質量パーセント濃度

POINT

溶液に含まれる溶質の質量の割合を百分率で表した濃度

$$質量パーセント濃度〔\%〕= \frac{溶質の質量〔g〕}{溶液の質量〔g〕} \times 100$$

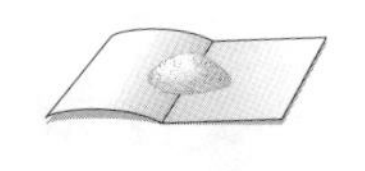

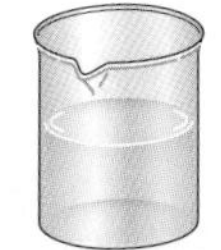

溶媒 物質を溶かす液体　＋　**溶質** 溶媒に溶かされる物質　＝　**溶液** 溶質を溶媒に均一に溶かした液体

▶1.00 %塩化ナトリウム水溶液(100 g)をつくる

① 塩化ナトリウム 1.00 g をはかり取る。

② 水 99.00 g をはかり取る。

③ 水に塩化ナトリウムを加え，かき混ぜて溶かす。

●モル濃度

POINT

溶液 1 L に含まれる溶質を物質量〔mol〕で表した濃度

$$モル濃度〔mol/L〕= \frac{溶質の物質量〔mol〕}{溶液の体積〔L〕}$$

▶0.100 mol/L 塩化ナトリウム水溶液をつくる

① 塩化ナトリウム 5.85 g (0.100 mol)をはかり取る。

② 少量の水に溶かし，メスフラスコ(1 L)に移す。

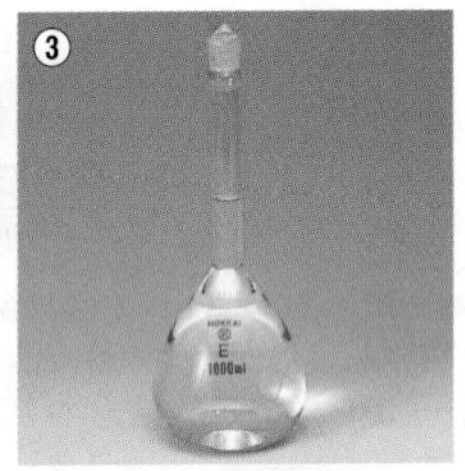

③ 標線まで水を加え，栓をして振り混ぜる。

●質量モル濃度

POINT

溶媒 1 kg に含まれる溶質を物質量〔mol〕で表した濃度

$$質量モル濃度〔mol/kg〕= \frac{溶質の物質量〔mol〕}{溶媒の質量〔kg〕}$$

▶0.100 mol/kg 塩化ナトリウム水溶液をつくる

① 塩化ナトリウム 5.85 g (0.100 mol)をはかり取る。

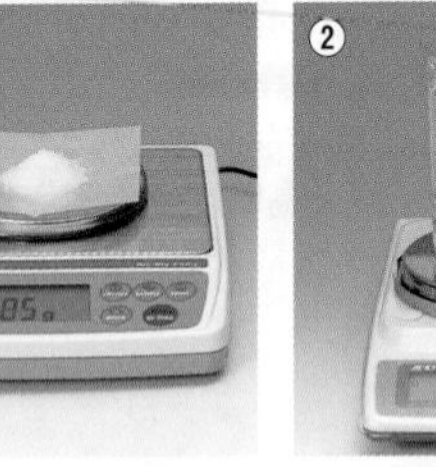

② 水 1.00 kg をはかり取る。

③ 水に塩化ナトリウムを加え，かき混ぜて溶かす。

▶モル濃度と質量パーセント濃度

NaCl 1 mol/L 水溶液

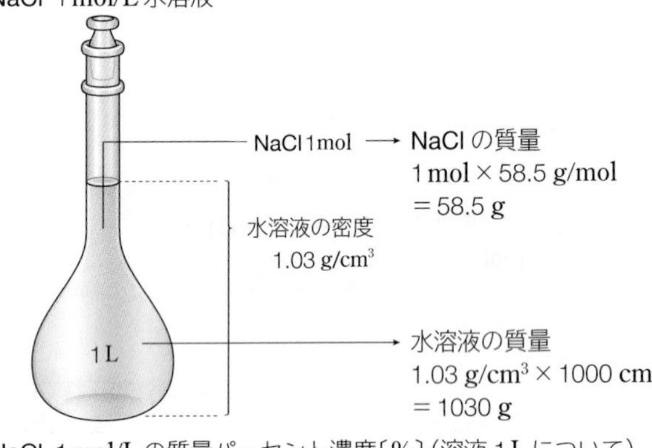

NaCl 1 mol/L の質量パーセント濃度〔%〕(溶液 1 L について)

$$= \frac{溶質の質量〔g〕}{溶液の質量〔g〕} \times 100 = \frac{58.5\ g}{1030\ g} \times 100 = 5.70〔\%〕$$

注意① 50 mL + 50 mL ≠ 100 mL

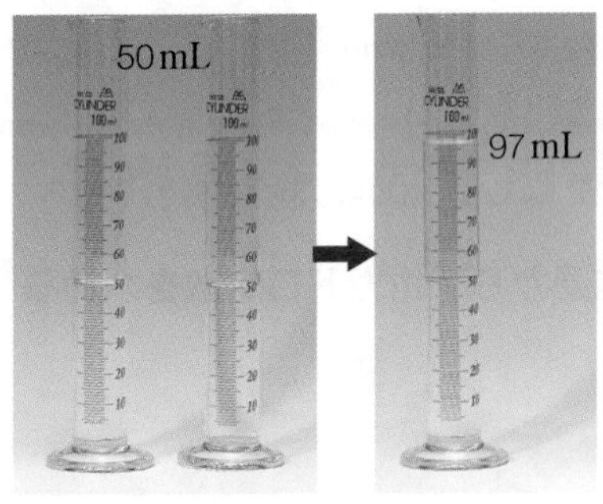

水　エタノール　水＋エタノール

2 種類の物質を混合するとき，質量は和で表せるが，体積は和になるとは限らない(➡p.47)。

注意② 水和水(結晶水)をもつ結晶を用いる場合，水和水は溶媒の水として考える。

(溶質の質量)＝(結晶の質量)－(水和水の質量)

硫酸銅(Ⅱ)五水和物($CuSO_4 \cdot 5H_2O$)

例 $CuSO_4 \cdot 5H_2O$ 250 g
($CuSO_4 = 160$，$H_2O = 18$，$CuSO_4 \cdot 5H_2O = 250$)

溶質 $CuSO_4$ の質量

$$250\ g \times \frac{160}{250} = 160\ g$$

水和水 $5H_2O$ の質量

$$250\ g \times \frac{90}{250} = 90\ g$$

2 溶解平衡
solution equilibrium

ある温度で，溶解している溶質と析出した固体が共存し，その割合が変化しない状態を溶解平衡という。 化学

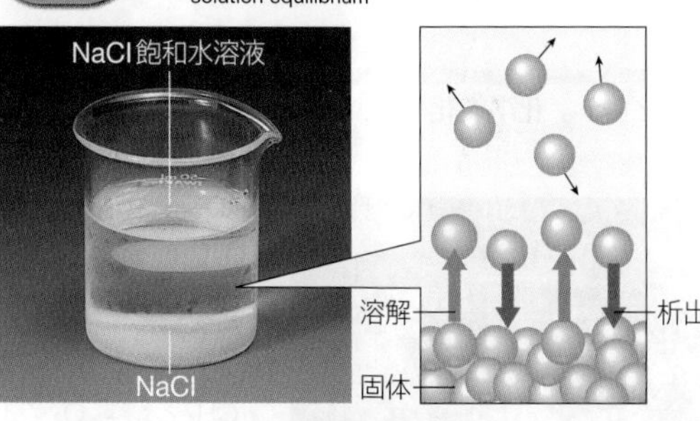

固体から溶液に溶け出す粒子の数と溶液から固体が析出する粒子の数とが等しくなり，平衡状態(**溶解平衡**)に達する。このとき，見かけ上溶解も析出も起こらなくなった溶液を飽和溶液という。

飽和溶液

一定温度で，一定量の溶媒に溶質が最大量(**溶解度**)溶けた状態。溶解平衡に達している溶液。溶解平衡に達していると単位時間あたりでは，**(溶け出た粒子の数)＝(析出した粒子の数)**である。

不飽和溶液

飽和溶液に達していない溶液。単位時間あたりでは，**(溶け出た粒子の数)＞(析出した粒子の数)**である。

3 固体の溶解度
solubility

水に対する固体の溶解度は，水 100 g に溶解する固体(無水物)の量を質量〔g〕で表す。  化学基礎

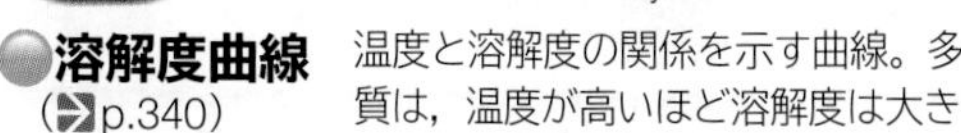

溶解度曲線
(➡p.340)

温度と溶解度の関係を示す曲線。多くの物質は，温度が高いほど溶解度は大きくなる。

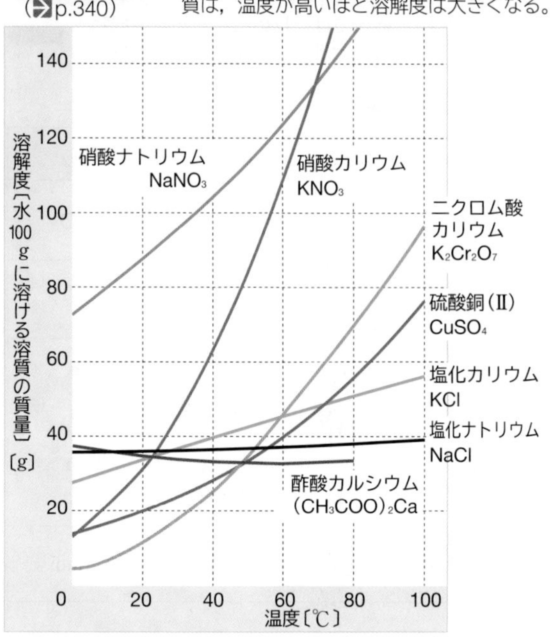

$CuSO_4 \cdot 5H_2O$ のような水和物の溶解度は，溶質として無水物 $CuSO_4$ の質量で表す。$(CH_3COO)_2Ca$ や $Ca(OH)_2$ のように，温度を高くすると，溶解度が小さくなるものもある。

再結晶の原理
(➡p.19)

不純物を含む結晶の混合物を一度溶媒に溶解させたあと，温度による溶解度の差を利用して不純物の少ない結晶を取り出す。

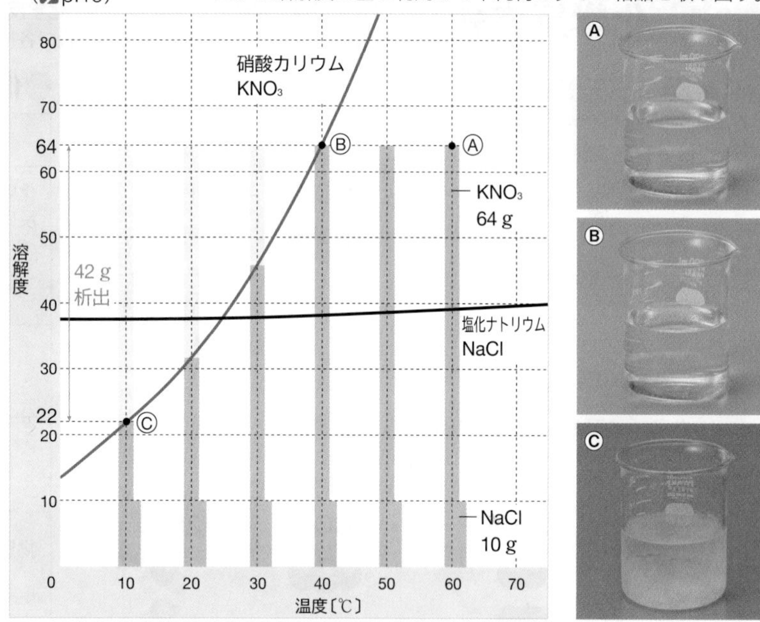

KNO_3 64 g と NaCl 10 g の混合物を 60℃の水 100 g に溶かして冷却する。KNO_3 は 40℃で飽和して，結晶が析出し始める。10℃まで冷却すると，KNO_3 は 64 − 22 = 42 g 析出する。NaCl は飽和に達しないので，析出しないで溶液中に残る。

入試ではこう出る！

硫酸銅(Ⅱ)$CuSO_4$ の溶解度は水 100 g に対して，60℃で 40 g，20℃で 20 g である。60℃の飽和水溶液 70 g を 20℃に冷却すると，硫酸銅(Ⅱ)五水和物 $CuSO_4 \cdot 5H_2O$ は何 g 析出するか。(式量 $CuSO_4 = 160$，$CuSO_4 \cdot 5H_2O = 250$，分子量 $H_2O = 18$)

【解答】 硫酸銅(Ⅱ)$CuSO_4$ の質量は，冷却前も冷却後も変化しないことに着目する。析出する $CuSO_4 \cdot 5H_2O$ の質量を x〔g〕とおく。

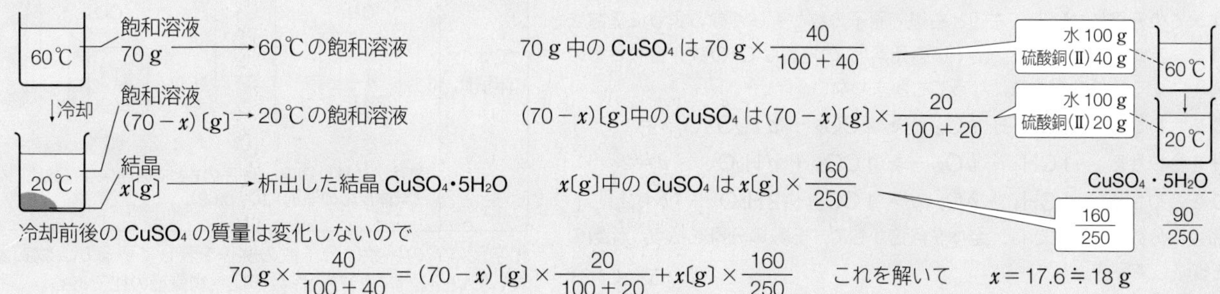

70 g 中の $CuSO_4$ は $70\text{ g} \times \dfrac{40}{100+40}$

(70 − x)〔g〕中の $CuSO_4$ は $(70-x)\text{〔g〕} \times \dfrac{20}{100+20}$

x〔g〕中の $CuSO_4$ は $x\text{〔g〕} \times \dfrac{160}{250}$

冷却前後の $CuSO_4$ の質量は変化しないので

$$70\text{ g} \times \frac{40}{100+40} = (70-x)\text{〔g〕} \times \frac{20}{100+20} + x\text{〔g〕} \times \frac{160}{250}$$

これを解いて $x = 17.6 \fallingdotseq 18$ g

25 化学反応式と量的関係

Quantitative relation of chemical substances in a reaction formula

1 化学変化

物質が他の物質に変化することを，**化学変化**または**化学反応**という。化学変化では，反応する物質を**反応物**といい，反応の結果生成する物質を**生成物**という。 化学基礎

■化学変化の例：メタンの燃焼

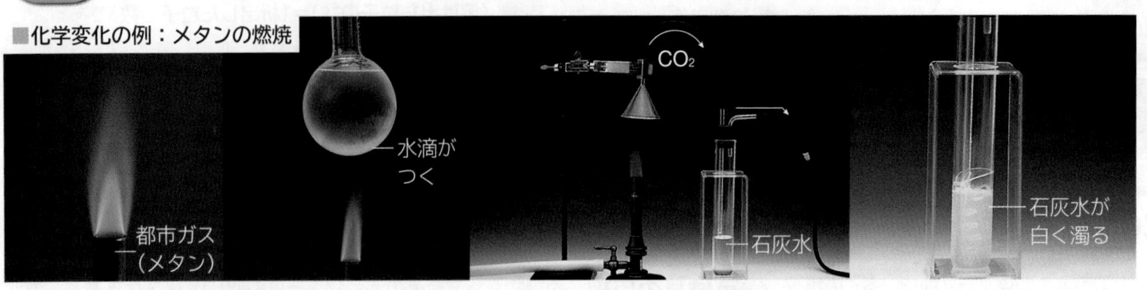

メタンが燃焼する（空気中の酸素と反応する）と，二酸化炭素と水ができる。この反応の場合，反応物はメタン CH_4 と酸素 O_2 であり，生成物は二酸化炭素 CO_2 と水 H_2O である。

2 化学反応式

reaction formula

化学式を用いて化学変化を表した式を**化学反応式**という。化学反応式では，反応物を左辺，生成物を右辺に書いて矢印で結び，反応の前後で各原子の数が等しくなるように化学式の前に係数をつける。 化学基礎

●化学反応式の書き方

1. 反応物の化学式を左辺，生成物の化学式を右辺に書き，⟶ で結ぶ。
   反応物や生成物が 2 種類以上あるときは，化学式の間に＋を入れる。

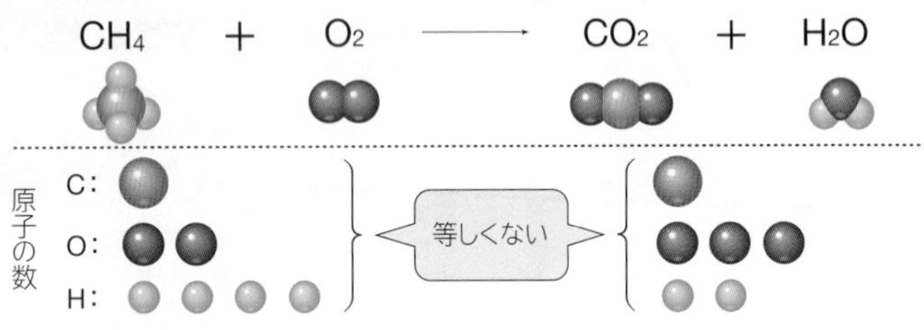

2. 左辺と右辺で，それぞれの原子の数が等しくなるように，化学式の前に係数をつける。係数は最も簡単な整数比になるようにし，係数が 1 の場合は省略する。

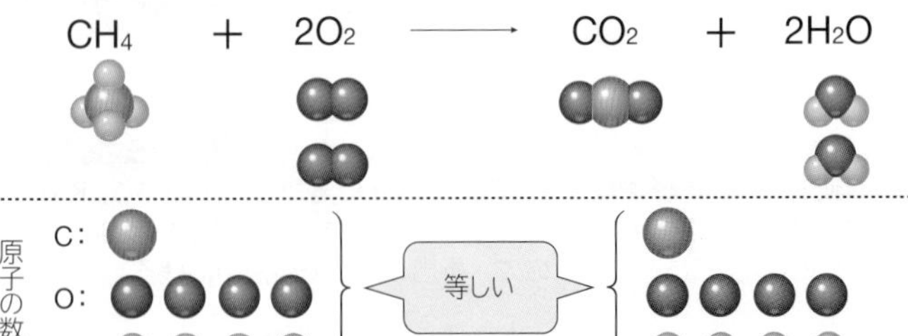

▶**係数のつけ方**　$aCH_4 + bO_2 \longrightarrow cCO_2 + dH_2O$

①最も元素の種類が多い化学式の係数を 1 とする。この場合，CH_4，CO_2，H_2O が元素の種類が 2 種類なので a，c，d のどれを 1 にしてもよい。

$a=1$ とする　$1CH_4 + bO_2 \longrightarrow cCO_2 + dH_2O$

②すべての元素について，左辺と右辺で原子の数が等しくなるように係数をつける。2 つ以上の化学式に出ている元素（この場合は O）の数を合わせるのは最後にする。係数が分数になってもかまわない。

C を合わせる　$1CH_4 + bO_2 \longrightarrow cCO_2 + dH_2O$　$c=1$

H を合わせる　$1CH_4 + bO_2 \longrightarrow 1CO_2 + dH_2O$　$d=2$

O を合わせる　$1CH_4 + bO_2 \longrightarrow 1CO_2 + 2H_2O$　$b=2$

③係数に分数があるときは，全体を何倍かして，分数の分母を払う。係数の 1 を省略して完成。

④一般的に，化学反応式に触媒は書かない。

●化学変化の量的関係

	反応前（反応物）		反応後（生成物）	
化学反応式	CH_4	＋ $2O_2$	➡ CO_2	＋ $2H_2O$
係数	1	2	1	2
分子数	CH_4 1個	O_2 2個	CO_2 1個	H_2O 2個
物質量	1 mol	2 mol	1 mol	2 mol
質量	1 × 16 g （16 g	2 × 32 g ＋ 64 g	1 × 44 g ＝ 44 g	2 × 18 g ＋ 36 g）
	反応の前後では質量の総和は変化しない（**質量保存の法則** ➡ p.68）			
気体の体積	標準状態で 1 ×22.4 L	2 ×22.4 L	1 ×22.4 L	（液体）
気体の体積比	CH_4 1 22.4 L	O_2 2	CO_2 1	H_2O
	1 ：	2 ：	1	
	気体の体積は同温・同圧のもとでは簡単な整数比になる（**気体反応の法則** ➡ p.69）			

化学反応式の係数は分子数の関係を表しているが，物質量の関係も表している。すなわち，係数の比＝物質量の比である。これを用いて，質量や気体の体積の関係を求めることができる。

イオン反応式

イオンが関係する反応で，反応に関わらないイオンを除いて表した化学反応式を**イオン反応式**という。イオン反応式では，両辺の各原子の数が等しくなるとともに，左辺と右辺の電荷の総和が等しくなる。
硝酸銀 $AgNO_3$ 水溶液に塩化ナトリウム NaCl 水溶液を加えると塩化銀 AgCl が沈殿する反応は，化学反応式を次のように書く。

化学反応式 $AgNO_3 + NaCl \longrightarrow AgCl + NaNO_3$

ここで，水中で電離しているものをイオンで表すと

$$Ag^+ + NO_3^- + Na^+ + Cl^- \longrightarrow AgCl\downarrow + NO_3^- + Na^+$$

NO_3^- と Na^+ は反応の前後で変化していないので消去すると，次のようなイオン反応式になる。

イオン反応式 $Ag^+ + Cl^- \longrightarrow AgCl$

（左辺）＝（＋1）＋（－1）＝0　（右辺）＝0　←電荷の総和

炭酸カルシウムと塩酸の反応

calcium carbonate　hydrochloric acid

炭酸カルシウム $CaCO_3$ に塩酸 HCl を加えると，二酸化炭素 CO_2 が発生する。6 mol/L の塩酸 100 mL に炭酸カルシウムを加え，発生する二酸化炭素と炭酸カルシウムの量的関係を調べる。

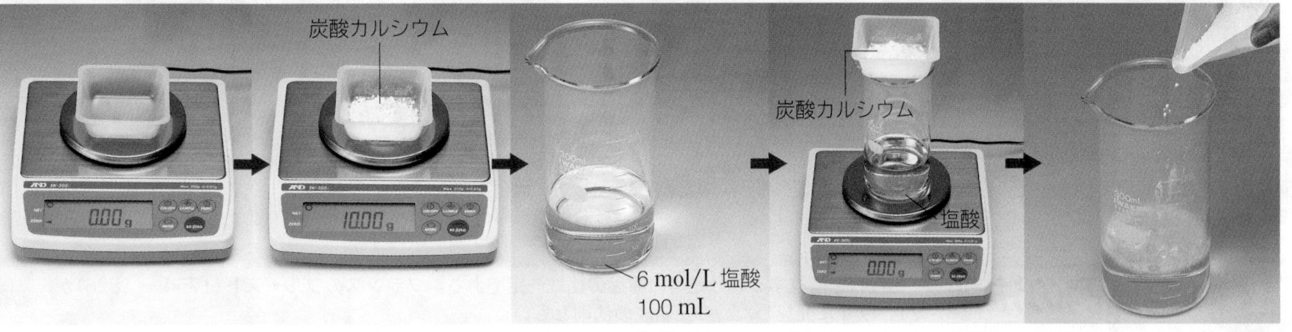

容器を天秤にのせ，天秤の目盛りを0にしておく。

天秤の目盛りが 10.00 g になるまで炭酸カルシウムを取る。

ビーカーに塩酸を取る。ここでは 6 mol/L 塩酸を 100 mL 取る。

炭酸カルシウムと塩酸を容器ごと天秤にのせ，天秤の目盛りを0にしておく。

炭酸カルシウムを塩酸に加えると二酸化炭素が発生する。吹きこぼれないように，少しずつ加える。

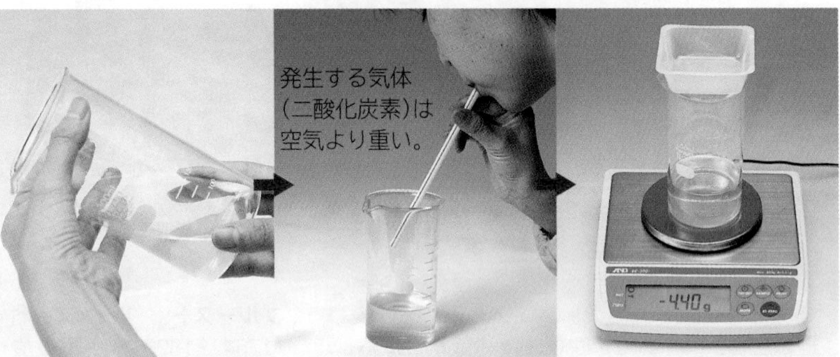

ビーカーを回して壁面についた炭酸カルシウムもすべて反応させる。

ストローで息を吹き込み，二酸化炭素を完全に追い出す。

発生した二酸化炭素の質量は，マイナスで表示される。発生した二酸化炭素は 4.40 g である。

▶この実験を，炭酸カルシウムの質量を 20.0 g，30.0 g，40.0 g にして同様に行って，発生する二酸化炭素の質量を調べる。

	炭酸カルシウム $CaCO_3$		二酸化炭素 CO_2		未反応の $CaCO_3$
	質量〔g〕	物質量〔mol〕	質量〔g〕	物質量〔mol〕	
実験①	10.0	0.1	4.40	0.1	なし
実験②	20.0	0.2	8.78	0.2	なし
実験③	30.0	0.3	13.19	0.3	なし
実験④	40.0	0.4	13.2	0.3	あり

÷100 g/mol　÷44 g/mol

$CaCO_3$ の式量は，$40+12+16\times3=100$
したがって，$CaCO_3$ のモル質量は 100 g/mol

CO_2 の分子量は，$12+16\times2=44$
したがって，CO_2 のモル質量は 44 g/mol

▶炭酸カルシウムの物質量と発生した二酸化炭素の物質量の関係をグラフに表すと次のようになる。

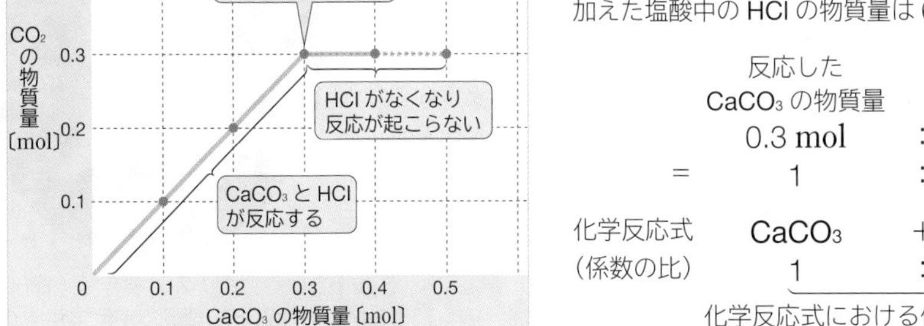

▶まとめ

加えた塩酸中の HCl の物質量は $6\ \mathrm{mol/L}\times\dfrac{100}{1000}\ \mathrm{L}=0.6\ \mathrm{mol}$

	反応した $CaCO_3$ の物質量		反応した HCl の物質量		生成した CO_2 の物質量
	0.3 mol	：	0.6 mol	：	0.3 mol
＝	1	：	2	：	1

化学反応式　$CaCO_3 + 2HCl \longrightarrow CaCl_2 + CO_2 + H_2O$
（係数の比）　1 ： 2 ： 1

化学反応式における係数の比と物質量の比は一致することが確認できる。

26 化学の基本法則と原子・分子

Fundamental chemical laws for atoms and molecules

1 質量保存の法則

law of conservation of mass

化学反応の前後において，物質の質量の総和は変化しない。フランスのラボアジエ(1743 ～ 1794)が 1774 年に確立した。また，ラボアジエは化学基礎理論を発表した。 化学基礎

●質量保存の法則の例：炭酸カルシウムと塩酸の反応

$CaCO_3 + 2HCl \longrightarrow CaCl_2 + CO_2 + H_2O$

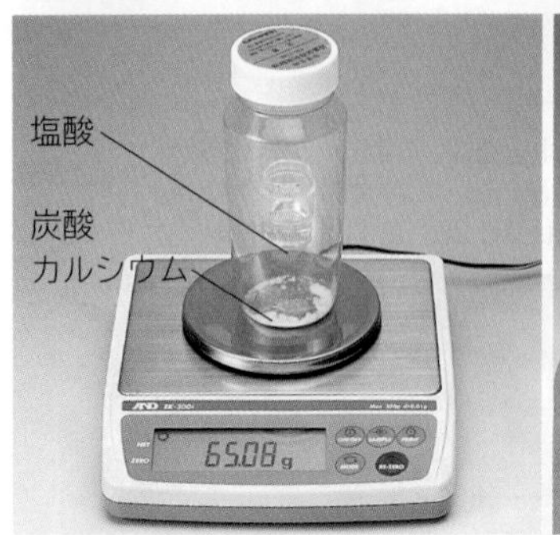

炭酸カルシウムと塩酸を，接触しないよう密閉容器内に入れる。

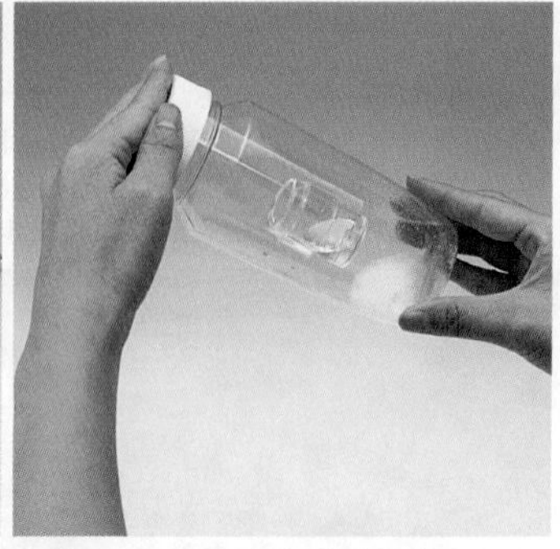

炭酸カルシウムと塩酸が反応すると二酸化炭素が発生する。

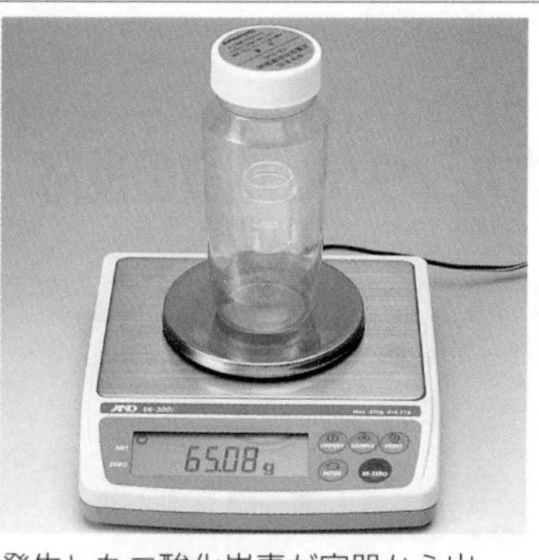

発生した二酸化炭素が容器から出なければ，質量は変化しない。

ラボアジエ　フランスの科学者(1743～1794)。燃焼が酸素との化合であることを確かめた。

2 定比例の法則

law of definite proportion

化合物を構成する成分元素の質量の比は一定である。フランスのプルースト(1754 ～ 1826)が 1799 年に発見した。一定組成の法則ともいう。 化学基礎

●定比例の法則の例：酸化銅(Ⅱ)の銅と酸素の質量比

$2Cu + O_2 \longrightarrow 2CuO$

ステンレス皿に銅を 2.00 g はかり取る。

ステンレス皿を加熱し，銅を空気中の酸素と反応させる。

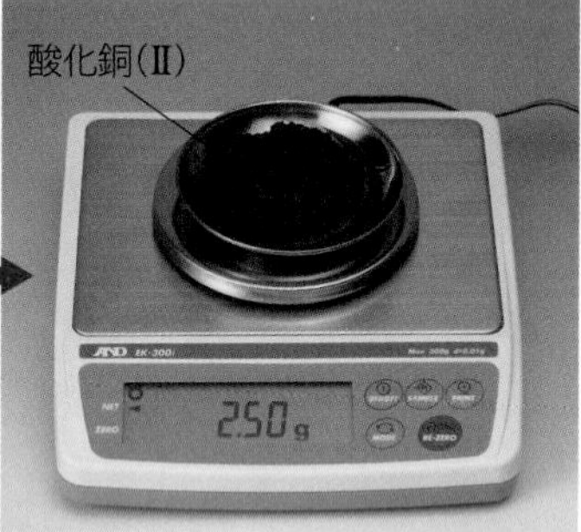

銅 2.00 g は 0.50 g の酸素と反応し，黒色の酸化銅(Ⅱ)が 2.50 g できる。銅と酸素の質量比は一定である。

プルースト　フランスの科学者(1754～1826)。金属の酸化物などの研究を通じて，定比例の法則を主張した。

3 ドルトンの原子説

atomic hypothesis

物質はそれ以上分割できない微小な粒子(原子)からなる。イギリスのドルトン(1766 ～ 1844)が 1803 年に発表した。 化学基礎

●ドルトンの原子説

①物質は，それ以上分割できない微粒子からなり，この微粒子を**原子**とよぶ。

②各元素には，それぞれに固有な質量と性質をもつ原子が存在する。

③化学変化では，原子の組み合わせが変化するだけで，原子そのものが生成したり消滅することはない。(→質量保存の法則の説明)

④化合物は，成分元素の原子が一定の割合で結びついてできている。(→定比例の法則の説明)

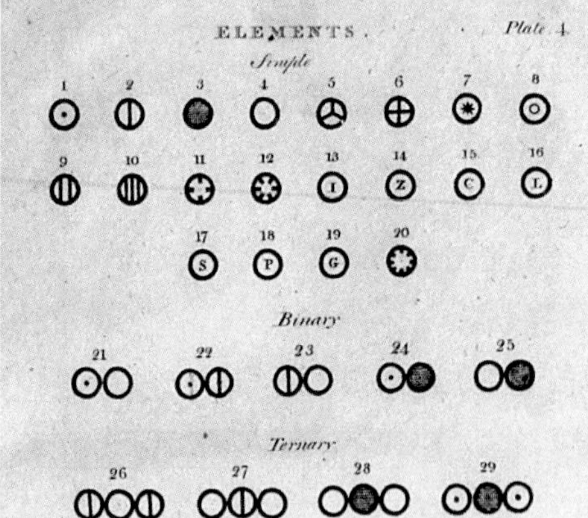

『化学哲学の新体系』(金沢工業大学ライブラリーセンター所蔵)に掲載されているドルトンの提唱した元素記号。1 番から順に水素，窒素，炭素，酸素，リン，硫黄，……を表す。ドルトンは原子が何個か集まることで化合物ができると考えていた。

ドルトン　イギリスの科学者(1766～1844)。1803 年，著書の『化学哲学の新体系』で仮説として「**原子説**」を唱えた。

4 倍数比例の法則
law of multiple proportion

2種類の元素AとBが複数の化合物をつくるとき，一定質量のAと化合するBの質量は簡単な整数比になる。イギリスのドルトンが1803年に発見した。倍数組成の法則ともいう。 化学基礎

倍数比例の法則の例：酸化銅(Ⅰ)と酸化銅(Ⅱ)で一定質量の銅と化合する酸素の質量比

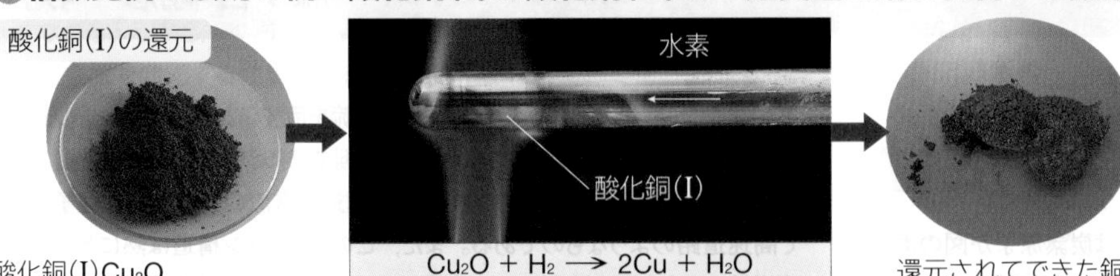

酸化銅(Ⅰ) Cu_2O　　$Cu_2O + H_2 \longrightarrow 2Cu + H_2O$　　還元されてできた銅

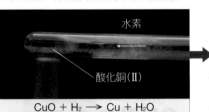

酸化銅(Ⅱ) CuO　　$CuO + H_2 \longrightarrow Cu + H_2O$　　還元されてできた銅

銅と酸素の化合物には赤色の酸化銅(Ⅰ)と黒色の酸化銅(Ⅱ)があり，水素で還元すると，銅になる。反応前の酸化銅の質量から，反応後の銅の質量を引けば，酸化銅中の酸素の質量が得られる。

	酸化銅(Ⅰ)	酸化銅(Ⅱ)
反応前の質量	0.90 g	1.00 g
反応後の質量	0.80 g	0.80 g
酸素の質量	0.10 g	0.20 g
酸素の質量の比	1 ：	2

一定質量(上の表では0.80 g)の銅と化合する酸素の質量は，0.10 gと0.20 gであり，1：2という簡単な整数比になる。

5 気体反応の法則
law of gaseous reaction

気体どうしの化学反応では，反応に関係する気体の体積比は同温・同圧のもとでは簡単な整数比になる。フランスのゲーリュサック(1778 ~ 1850)が1808年に発見した。反応体積比の法則ともいう。 化学基礎

気体反応の法則の例：一酸化窒素と酸素の反応　$2NO + O_2 \longrightarrow 2NO_2$

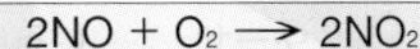
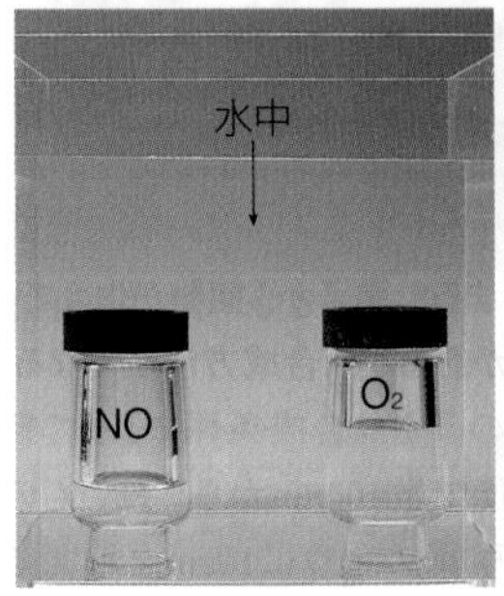

一酸化窒素NOと酸素O_2を，2：1の体積比で集気びんに取る。

しきりをして集気びんを合わせる。

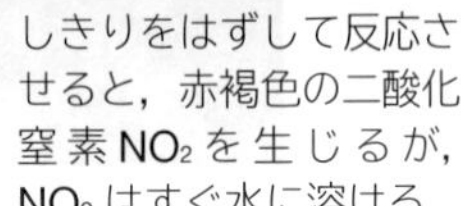

しきりをはずして反応させると，赤褐色の二酸化窒素NO_2を生じるが，NO_2はすぐ水に溶ける。

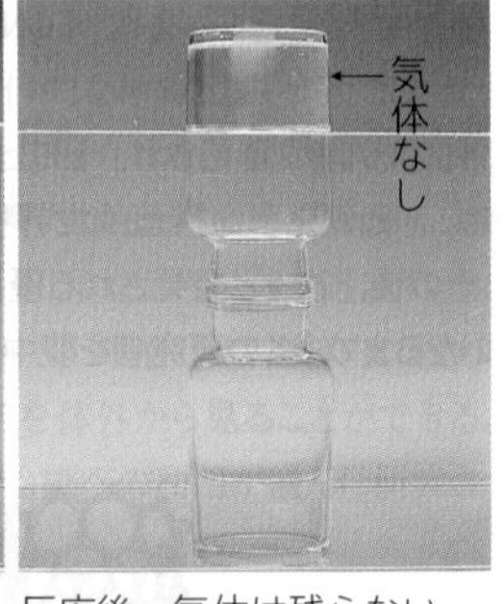

反応後，気体は残らない。一酸化窒素と酸素は2：1という簡単な体積比で反応する。

ゲーリュサック　フランスの科学者(1778～1850)。気体反応の法則のほかに，温度による気体の体積変化なども研究した。

6 アボガドロの分子説
molecular hypothesis

気体はいくつかの原子が結びついた分子からなるという考え方。イタリアのアボガドロ(1776 ~ 1856)が1811年に唱えた。 化学基礎

▶**気体反応の法則**　水素，塩素，塩化水素の体積の間には，1：1：2の簡単な整数比がなりたつ。

水素 H_2　＋　塩素 Cl_2　→　塩化水素 HCl

▶気体が1原子からできているとすると(原子説)，原子は分割されることになる。

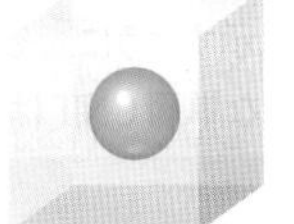

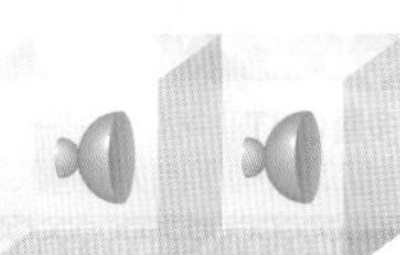

▶**アボガドロの分子説**　気体が分子からできているとすれば，この事実は説明できる。

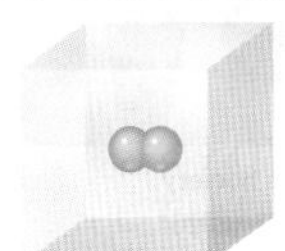
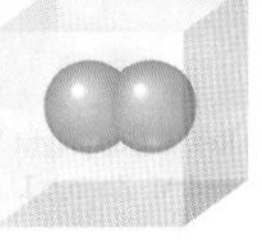
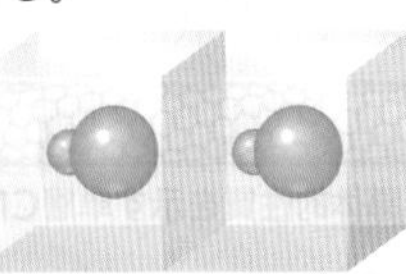

アボガドロ　イタリアの科学者(1776～1856)。1811年に「**分子説**」を唱えたが，一般に認められたのは1850年頃である。

表現 水素と塩素から塩化水素ができる反応を例にして，気体反応の法則を原子説と分子説で説明せよ。

1 酸と塩基
Acids and bases

 酸・塩基の性質
acid　base

塩酸 HCl，硫酸 H_2SO_4，酢酸 CH_3COOH などを酸といい，その水溶液に特有の性質を酸性という。水酸化ナトリウム NaOH，水酸化カルシウム $Ca(OH)_2$ などを塩基といい，その水溶液に特有の性質を塩基性という。 

身近な例

酸を含むもの（酸）

塩基を含むもの（塩基）

水溶液の性質

レモン

酸味がある。

青色リトマス紙を赤く変色させる。

亜鉛などの金属と反応して水素を発生させる。

このような性質を**酸性**といい，水溶液中の**水素イオン H^+** のはたらきによる。

植物の灰

酸の性質を打ち消す。

赤色リトマス紙を青く変色させる。

▶アルカリ
塩基のうち，水に溶けやすいものをアルカリという。アルカリの語源はアラビア語の al（冠詞）+ kal（灰）で，植物の灰に，酸の性質を打ち消す性質があることに由来している。

このような性質を**塩基性**といい，水溶液中の**水酸化物イオン OH^-** のはたらきによる。

 酸・塩基の定義

アレニウスは，水中で生じるイオンの種類によって酸・塩基を定義した。一方，ブレンステッドとローリーは，H^+ の授受と関連させて酸・塩基を定義しなおした。 化学基礎

アレニウスの定義

酸　水溶液中で水素イオン H^+ を生じる物質

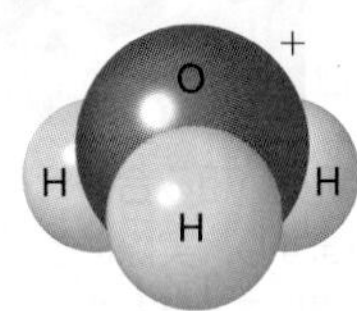

オキソニウムイオン

塩化水素 $HCl \longrightarrow H^+ + Cl^-$
（H^+：酸）

水素イオン H^+ は，水溶液中で水分子 H_2O と結びついて，オキソニウムイオン H_3O^+ として存在している（H_3O^+ は H^+ と略して表すことが多い）。

塩基　水溶液中で水酸化物イオン OH^- を生じる物質

水酸化ナトリウム $NaOH \longrightarrow Na^+ + OH^-$
（OH^-：塩基）

アンモニア $NH_3 + H_2O \rightleftharpoons NH_4^+ + OH^-$
（OH^-：塩基）

（与えられた条件によって，右向きや左向きに反応するとき $\rightleftharpoons$ と表す。）

ブレンステッドとローリーの定義

酸　反応中に相手に水素イオン H^+ を与える物質

塩化水素の水への溶解

$HCl + H_2O \longrightarrow Cl^- + H_3O^+$（$H^+$ が HCl から H_2O へ移動）
HCl：酸　H_2O：塩基*

*ブレンステッドとローリーの定義では水は酸にも塩基にもなる。

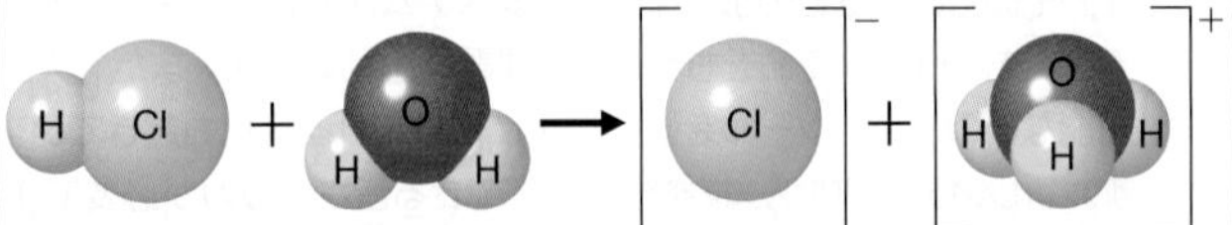

塩基　反応中に相手から水素イオン H^+ を受け取る物質

アンモニアの水への溶解

$NH_3 + H_2O \rightleftharpoons NH_4^+ + OH^-$（$H^+$ が H_2O から NH_3 へ移動）
NH_3：塩基　H_2O：酸*

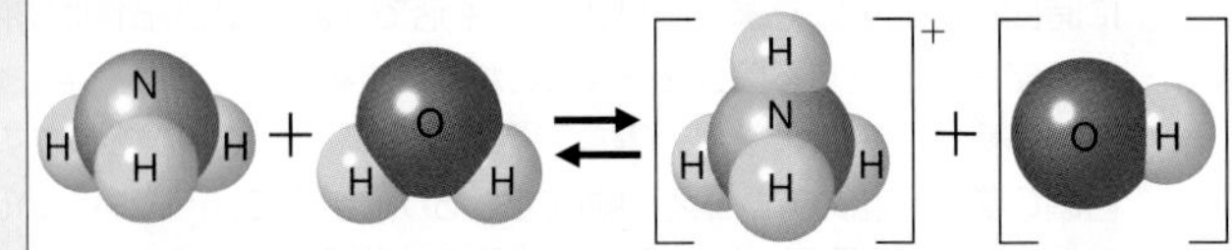

アレニウスの定義は，物質を分類する定義である。一方，**ブレンステッドとローリーの定義**は，反応の中での物質のはたらき方を表す定義である。そのため，ブレンステッドの定義ではひとつの物質が反応によって酸にも塩基にもなり得る。

思考 粉末のクエン酸の入った試験管にマグネシウムリボンを入れても反応しないが，そこに水を入れると反応が始まるのはなぜか。

3 酸と塩基の強さ

電離度が大きい酸(塩基)を強酸(強塩基)，電離度が小さい酸(塩基)を弱酸(弱塩基)という。 化学基礎

POINT

電離度

水に溶かした酸や塩基のような溶質のうち，電離したものの割合。

$$\text{電離度}\ \alpha = \frac{\text{電離した電解質の物質量}}{\text{溶解した電解質の物質量}}$$

強酸・強塩基は電離度が大きい($\alpha \fallingdotseq 1$)。
弱酸・弱塩基は電離度が小さい。
電離度は濃度や温度により変化する。

電離度と濃度

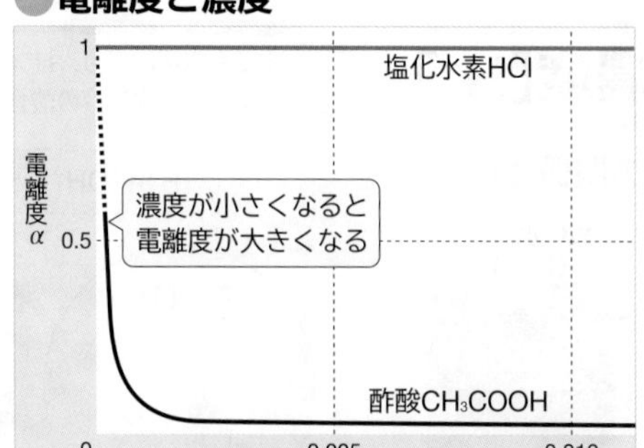

塩化水素のような強酸の電離度は濃度によらず1に近い。酢酸のような弱酸は濃度が小さくなると電離度が大きくなる(➡ p.148)。

酢酸の濃度〔mol/L〕	電離度 α (25℃)
0.0005	0.23
0.001	0.16
0.005	0.074
0.01	0.052
0.05	0.023
0.1	0.017

強酸と弱酸の性質の比較

▶強酸の性質(塩酸 HCl)

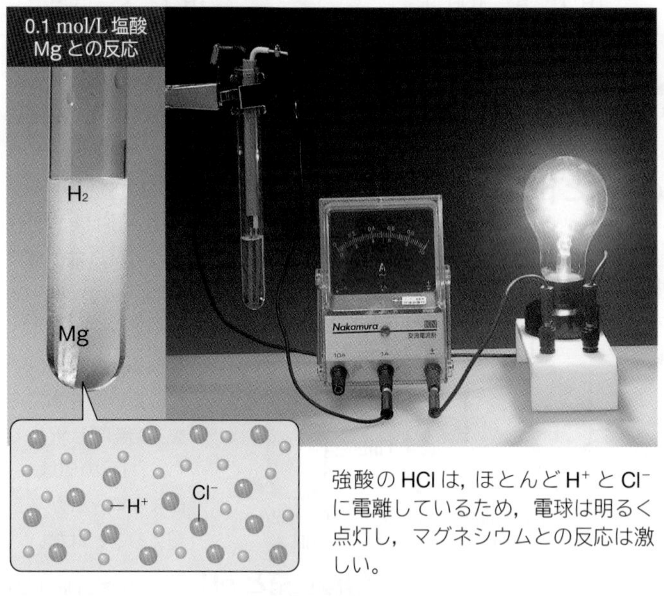

強酸の HCl は，ほとんど H^+ と Cl^- に電離しているため，電球は明るく点灯し，マグネシウムとの反応は激しい。

▶弱酸の性質(酢酸 CH_3COOH)

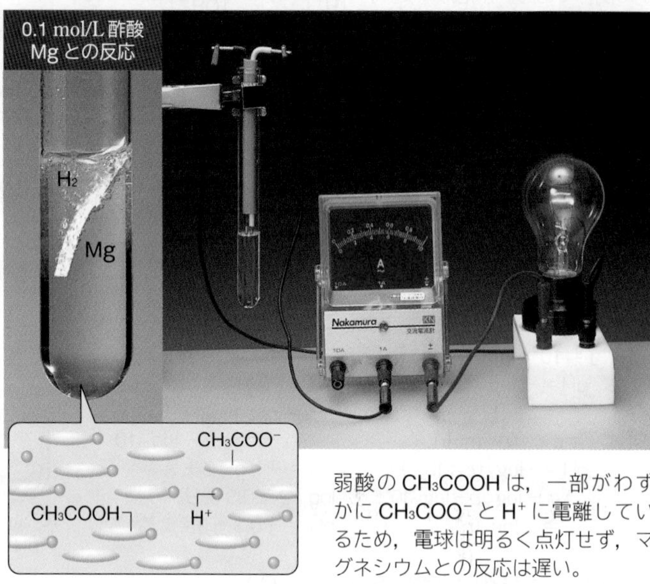

弱酸の CH_3COOH は，一部がわずかに CH_3COO^- と H^+ に電離しているため，電球は明るく点灯せず，マグネシウムとの反応は遅い。

4 おもな酸と塩基

1 分子(組成式)の酸から生じる H^+ の最大数，1 分子(組成式)の塩基から生じる OH^- の最大数をそれぞれの価数という。酸・塩基の価数は，酸・塩基の強弱には関係ない。 化学基礎

酸の強弱	酸	電離式	価数
強	塩酸[*1]	$HCl \longrightarrow H^+ + Cl^-$	1
	硝酸	$HNO_3 \longrightarrow H^+ + NO_3^-$	1
	硫酸	$H_2SO_4 \longrightarrow H^+ + HSO_4^-$ $HSO_4^- \rightleftarrows H^+ + SO_4^{2-}$	2
弱	酢酸	$CH_3COOH \rightleftarrows H^+ + CH_3COO^-$	1
	炭酸[*2]	$H_2CO_3 \rightleftarrows H^+ + HCO_3^-$ $HCO_3^- \rightleftarrows H^+ + CO_3^{2-}$	2
	シュウ酸[*3]	$(COOH)_2 \rightleftarrows H^+ + COO^-\text{–}COOH$ $COO^-\text{–}COOH \rightleftarrows H^+ + (COO^-)_2$	2
	リン酸[*4]	$H_3PO_4 \rightleftarrows H^+ + H_2PO_4^-$ $H_2PO_4^- \rightleftarrows H^+ + HPO_4^{2-}$ $HPO_4^{2-} \rightleftarrows H^+ + PO_4^{3-}$	3

塩基の強弱	塩基	電離式	価数
強	水酸化ナトリウム	$NaOH \longrightarrow Na^+ + OH^-$	1
	水酸化カリウム	$KOH \longrightarrow K^+ + OH^-$	1
	水酸化カルシウム	$Ca(OH)_2 \longrightarrow Ca^{2+} + 2OH^-$	2
	水酸化バリウム	$Ba(OH)_2 \longrightarrow Ba^{2+} + 2OH^-$	2
弱	アンモニア	$NH_3 + H_2O \rightleftarrows NH_4^+ + OH^-$	1
	水酸化マグネシウム[*5]	$Mg(OH)_2 + 2H^+ \longrightarrow Mg^{2+} + 2H_2O$	2
	水酸化銅(Ⅱ)[*5]	$Cu(OH)_2 + 2H^+ \longrightarrow Cu^{2+} + 2H_2O$	2
	水酸化アルミニウム[*6]	$Al(OH)_3 + 3H^+ \longrightarrow Al^{3+} + 3H_2O$	3

[*1] 塩酸は塩化水素 HCl の水溶液である。
[*2] 炭酸は H_2CO_3 の形で単離できず $H_2O + CO_2$ とも書く。
[*3] シュウ酸は $H_2C_2O_4$，$(COOH)_2$ と表す。
[*4] リン酸は中程度の強さの酸性を示す。
[*5] 水酸化マグネシウムや水酸化銅(Ⅱ)はほとんど水に溶けないが，酸に対して 2 価の塩基として反応する。
[*6] 酸とも反応するが，塩基とも反応する。

表現 食品に含まれる酸にはどのようなものがあるか。

2 pH と指示薬

pH and indicators

1 水素イオン濃度[H^+]

hydrogen ion concentration

純粋な水でも水溶液でも，H^+ と OH^- はともに存在し，その濃度の積は一定値をとる。このことを利用して，水溶液の酸性・塩基性の強さを**水素イオン濃度**[H^+]で表すことができる。 化学基礎 化学

水溶液中の[H^+]と[OH^-]の関係(➡p.148)

$[H^+][OH^-] = 1.0 \times 10^{-14} (mol/L)^2$ (25℃)

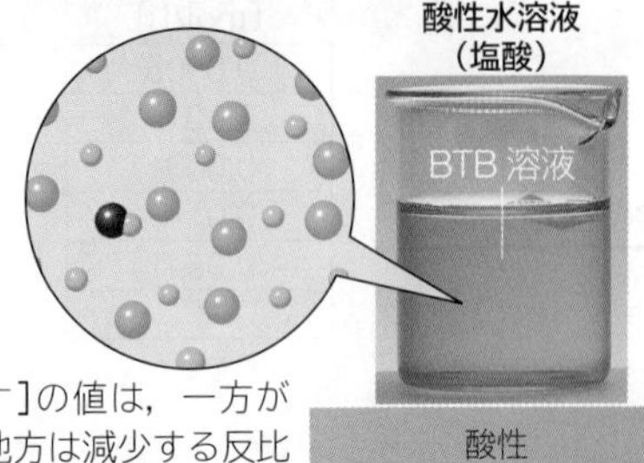

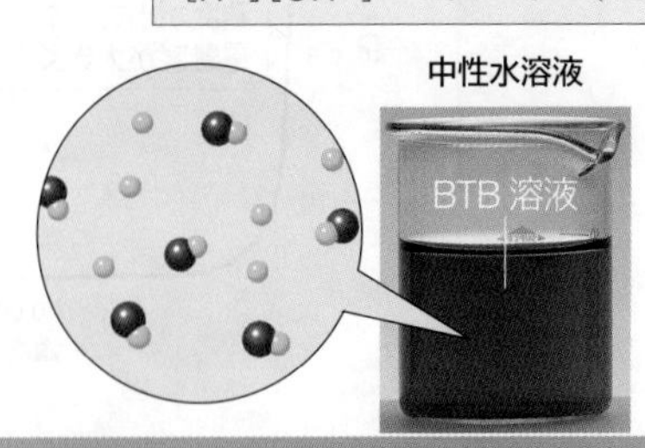

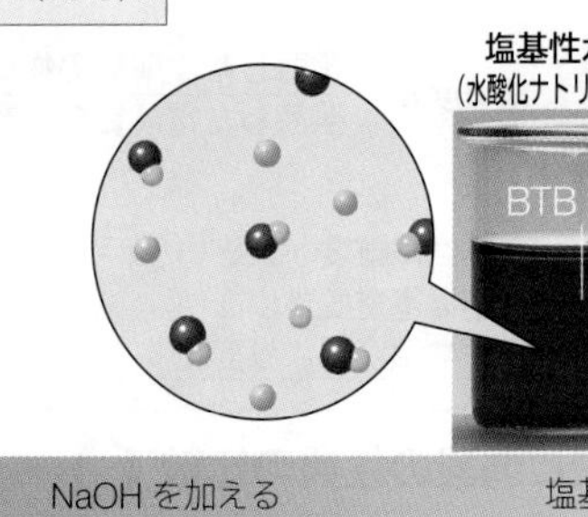

酸性	HCl を加える	中性	NaOH を加える	塩基性
$[H^+] > [OH^-]$	酸を加える	$[H^+] = [OH^-]$	塩基を加える	$[H^+] < [OH^-]$
$[H^+] > 1.0 \times 10^{-7}$mol/L		$[H^+] = 1.0 \times 10^{-7}$mol/L		$[H^+] < 1.0 \times 10^{-7}$mol/L

[H^+]と[OH^-]の値は，一方が増加すると他方は減少する反比例の関係である。水溶液中では，$[H^+][OH^-] = 1.0 \times 10^{-14}$ $(mol/L)^2$(25℃)の関係がある。

2 水素イオン指数 pH

hydrogen ion exponent

酸性や塩基性の強さを表す指標として**水素イオン指数**(**pH**)がある。pH < 7 のとき**酸性**，pH = 7 のとき**中性**，pH > 7 のとき**塩基性**である(25℃)。 化学基礎 化学

POINT

pH の定義

$[H^+] = a$ **mol/L** であるとき，$pH = -\log_{10} a$

①$[H^+] = 10^{-b}$ mol/L

$pH = -\log_{10} 10^{-b}$

$= b$

②$[H^+] = c \times 10^{-d}$ mol/L

$pH = -\log_{10}(c \times 10^{-d})$

$= -\log_{10} c - \log_{10} 10^{-d}$

$= -\log_{10} c + d$

例 0.1 mol/L の酢酸(電離度 $\alpha = 0.02$)

$[H^+] = 0.1 \times 0.02 = 2 \times 10^{-3}$ mol/L

$pH = -\log_{10}(2 \times 10^{-3})$

$= -\log_{10} 2 - \log_{10} 10^{-3}$

$= -\log_{10} 2 + 3$

$\log_{10} 2 \fallingdotseq 0.3$ より，

$pH = -0.3 + 3 = 2.7$

塩酸の希釈と pH の変化

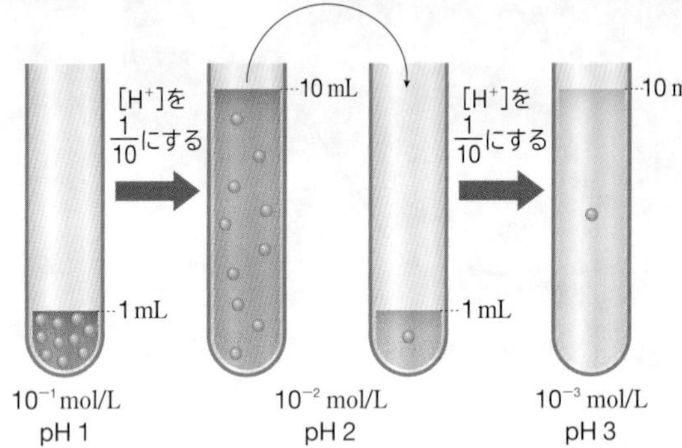

[H^+]の値が $\frac{1}{10}$ になると，pH は 1 大きくなる。塩基の場合，[OH^-]の値が $\frac{1}{10}$ になると，pH は 1 小さくなる。ただし，中性に近い酸性水溶液を 10 倍に希釈しても，[H^+]の値は $\frac{1}{10}$ にならず，pH が 7 を超えることはない。

身のまわりの水溶液の pH(25℃)

	酸性							中性							塩基性
pH	0	1	2	3	4	5	6	7	8	9	10	11	12	13	14
[H^+]	1	10^{-1}	10^{-2}	10^{-3}	10^{-4}	10^{-5}	10^{-6}	10^{-7}	10^{-8}	10^{-9}	10^{-10}	10^{-11}	10^{-12}	10^{-13}	10^{-14}
[OH^-]	10^{-14}	10^{-13}	10^{-12}	10^{-11}	10^{-10}	10^{-9}	10^{-8}	10^{-7}	10^{-6}	10^{-5}	10^{-4}	10^{-3}	10^{-2}	10^{-1}	1

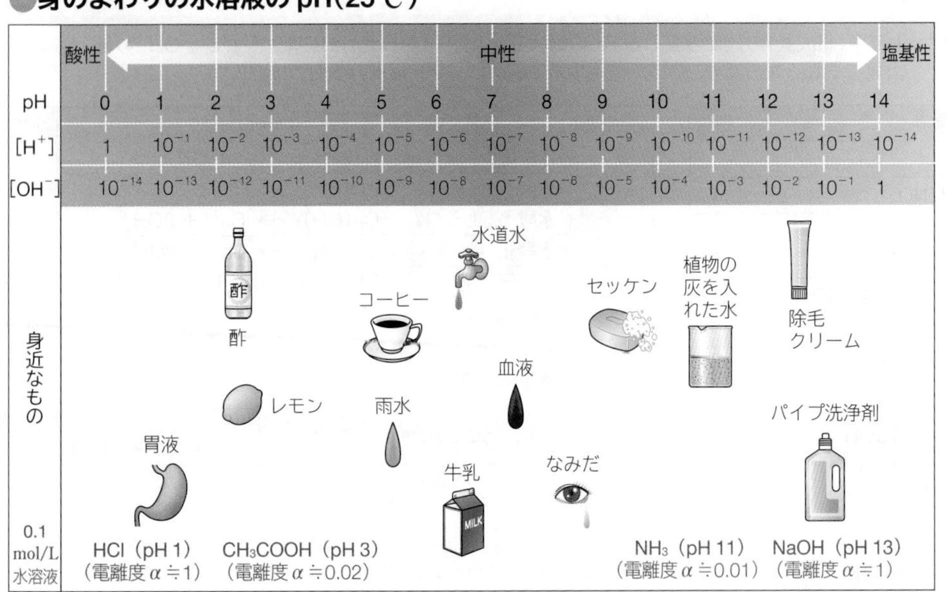

酸性雨と pH (環境省 HP より)

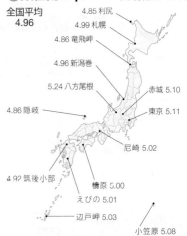

全国平均 4.96

4.85 利尻
4.99 札幌
4.86 竜飛岬
4.96 新潟巻
5.24 八方尾根
赤城 5.10
4.86 隠岐
東京 5.11
尼崎 5.02
4.92 筑後小部
檮原 5.00
えびの 5.01
辺戸岬 5.03
小笠原 5.08

雨水は空気中の二酸化炭素などの影響で pH が 5.6 程度になっている。大気汚染物質の影響で pH が 5.6 よりも小さくなったものを**酸性雨**とよぶ。

思考 酸性，塩基性を pH で表すことはどのような良さがあるか。

3 pH の測定

水溶液のおよその pH を求めるには pH 試験紙が便利である。正確な測定には pH メーターを用いる。 化学基礎

pH 試験紙

pH 試験紙の色調変化により pH のおよその値がわかる。

pH メーター

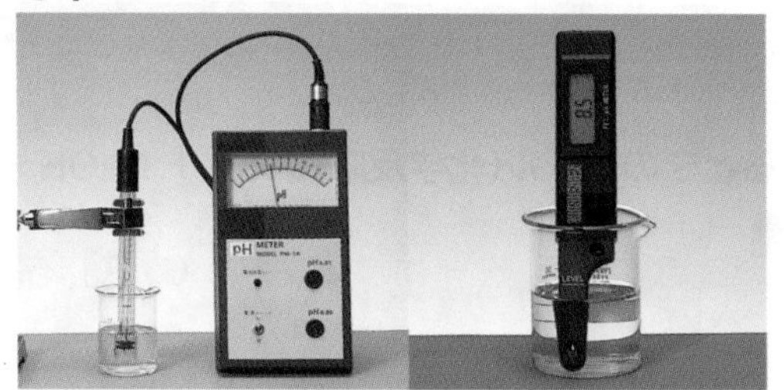

水溶液中にガラス電極を浸すと，pH の値が表示される。最近はとり扱いが簡単なポケットサイズもある。

ガラス電極の原理

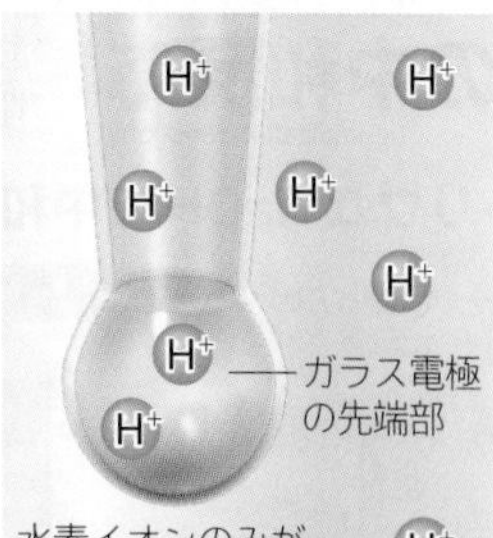

ガラス電極の先端のごく薄いガラス膜(0.05 mm 程度)の容器には，pH が一定の水溶液が入っている。これを任意の水溶液に浸すと，小さな水素イオンだけがガラス膜を通過し，両水溶液の pH の差に比例した電位差が生じる。したがって，その電位差から水溶液の pH を求めることができる。

4 pH 指示薬 indicator

水溶液の pH の変化によって色が大きく変化する物質は，pH の値の推定に用いることができる。このような物質を **pH 指示薬**という。 化学基礎

pH 指示薬の変色域(p.346)

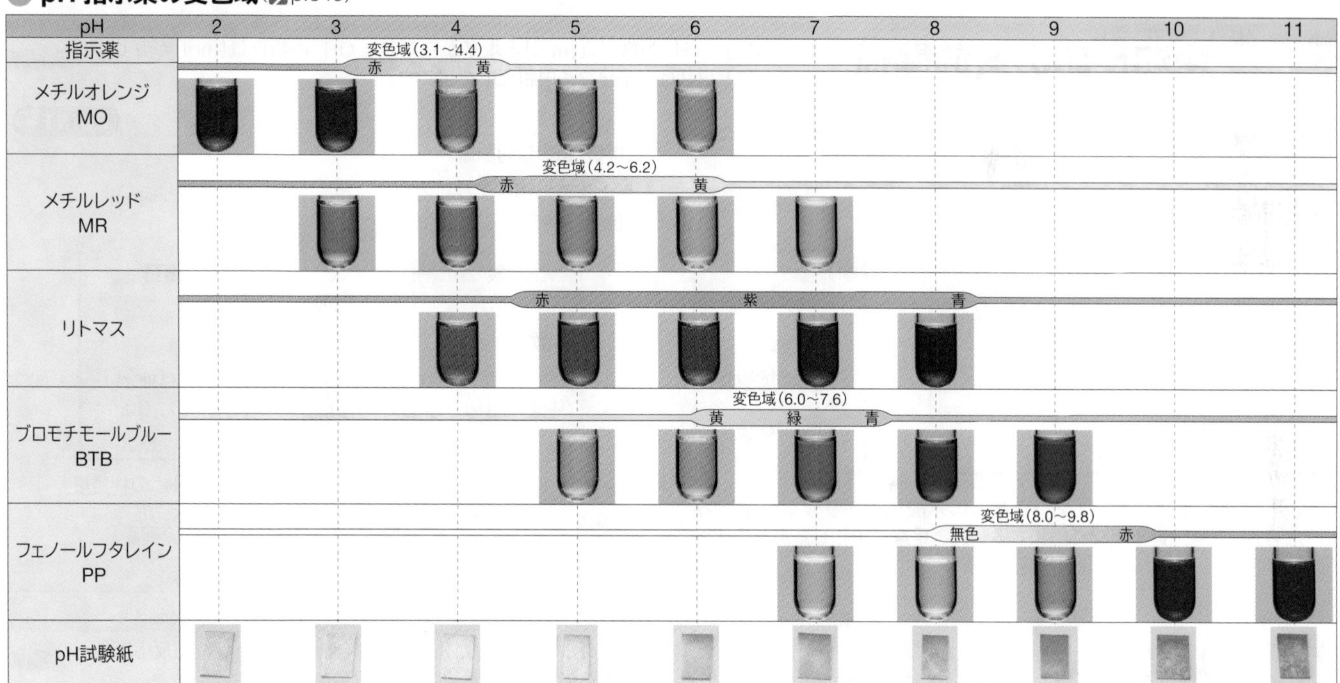

pH 指示薬は，ある水素イオン指数(pH)の範囲で分子構造が変化することにより色が変化する。各指示薬の色調が変化する pH の範囲を**変色域**という。変色域の狭い指示薬ほどわずかな pH の変化で大きく変色するため，中和滴定などに用いやすい。リトマスは変色域が広くはっきりしないため，中和滴定には適さない。ほとんどの指示薬はそれ自身が弱い酸または塩基であり，溶液の pH に影響を与えてしまうため，必要以上に用いてはならない。

pH 2 3 4 5 6 7 8 9 10 11
指示薬
メチルオレンジ MO
変色域(3.1～4.4)
赤 黄
メチルレッド MR
変色域(4.2～6.2)
赤 黄
リトマス
赤 紫 青
ブロモチモールブルー BTB
変色域(6.0～7.6)
黄 緑 青
フェノールフタレイン PP
変色域(8.0～9.8)
無色 赤
pH試験紙

TOPICS 身のまわりの pH 指示薬

▶**色つきのり**　色つきのりには塩基性で青，酸性で無色になる指示薬が含まれている。紙に塗ると空気中の二酸化炭素により弱塩基性が弱まり，無色となる。

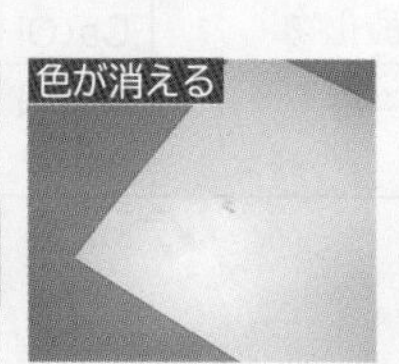

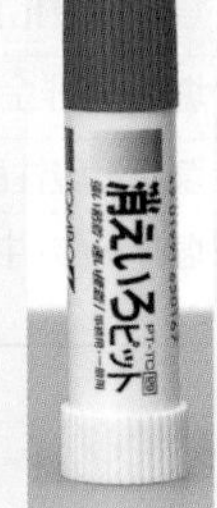

▶**紫キャベツ**　紫キャベツに含まれる色素(アントシアン)は pH の変化によって変色する。

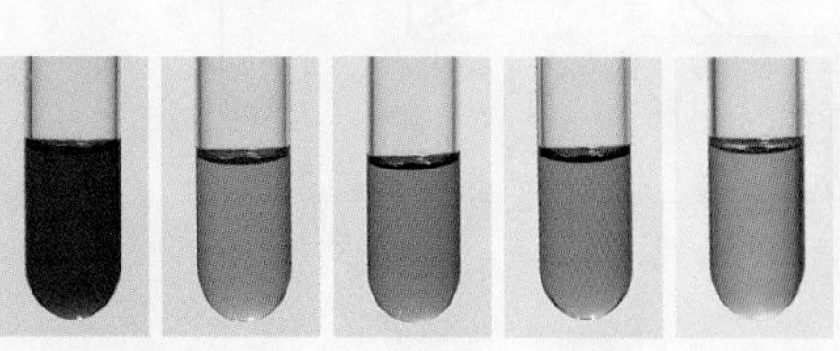

2 物質の変化

化学基礎 化学

3 中和反応と塩

Neutralization reactions

1 酸・塩基の中和反応

neutralization reaction

酸と塩基を混合すると，H^+ と OH^- が反応して水 H_2O になり，酸や塩基としての性質が失われる。これを**中和反応**という。 化学基礎 発展

塩酸 HCl を水酸化ナトリウム NaOH で中和するときのモデル（化学反応式 $HCl + NaOH \longrightarrow NaCl + H_2O$）

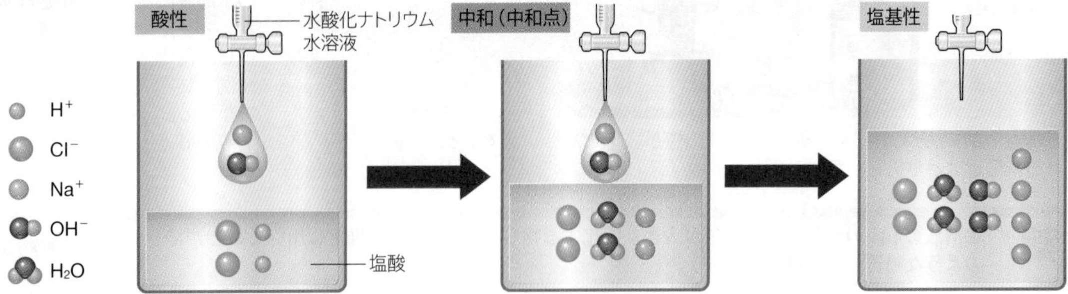

2 中和反応の量的関係

酸から生じる H^+ の物質量〔mol〕と塩基から生じる OH^- の物質量〔mol〕が等しいとき，酸と塩基は過不足なく中和反応を起こす。 化学基礎

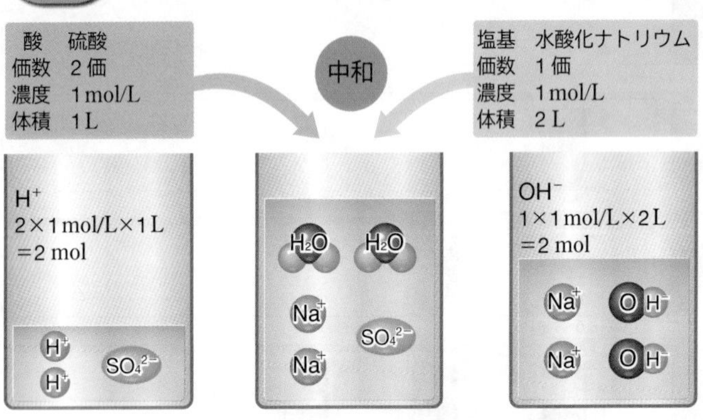

1 mol/L の硫酸（2価の酸）1 L と 1 mol/L の水酸化ナトリウム（1価の塩基）水溶液 2 L は，**過不足なく**中和する。過不足なく中和したあとの水溶液は硫酸ナトリウム Na_2SO_4 の水溶液となる。

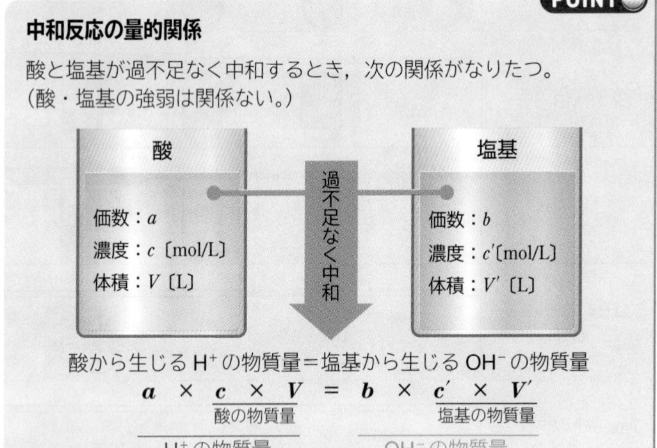

POINT
中和反応の量的関係
酸と塩基が過不足なく中和するとき，次の関係がなりたつ。
（酸・塩基の強弱は関係ない。）
酸
価数：a
濃度：c〔mol/L〕
体積：V〔L〕
過不足なく中和
塩基
価数：b
濃度：c′〔mol/L〕
体積：V′〔L〕
酸から生じる H⁺ の物質量＝塩基から生じる OH⁻ の物質量
a × c × V = b × c′ × V′
酸の物質量
塩基の物質量
H⁺ の物質量
OH⁻ の物質量

3 塩の生成

salt

中和反応において，酸の陰イオンと塩基の陽イオンが結合した化合物を**塩（えん）**という。中和反応以外で生成したものでも，イオン結合によってできた化合物は塩とよばれる。 化学基礎

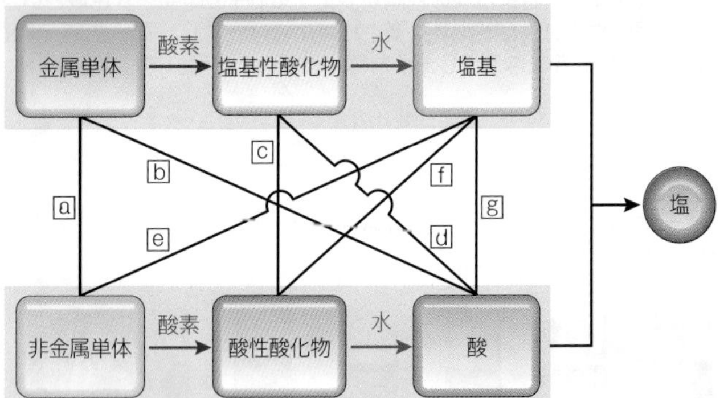

塩を生成する反応	反応の例（太字が塩）
a 金属単体＋非金属単体	$2Na + Cl_2 \longrightarrow$ **2NaCl** $Fe + S \longrightarrow$ **FeS**
b 金属単体＋酸	$Mg + H_2SO_4 \longrightarrow$ **$MgSO_4$** $+ H_2$
c 塩基性酸化物＋酸性酸化物	$CaO + CO_2 \longrightarrow$ **$CaCO_3$**
d 塩基性酸化物＋酸	$CaO + 2HCl \longrightarrow$ **$CaCl_2$** $+ H_2O$
e 塩基＋非金属単体	$2NaOH + Cl_2 \longrightarrow$ **NaCl** + **NaClO** $+ H_2O$
f 塩基＋酸性酸化物	$Ca(OH)_2 + CO_2 \longrightarrow$ **$CaCO_3$** $+ H_2O$
g 塩基＋酸（中和）	$NaOH + HCl \longrightarrow$ **NaCl** $+ H_2O$ $NH_3 + HCl \longrightarrow$ **NH_4Cl**

4 塩の種類

塩は，正塩，酸性塩，塩基性塩に分類することができる。これは組成上の分類で，その水溶液の性質を示すものではない。 化学基礎

塩の種類 / 酸と塩基	正塩（酸のHも塩基のOHも残っていない塩）	酸性塩（酸のHが残っている塩）	塩基性塩（塩基のOHが残っている塩）
強酸＋強塩基	$NaCl$，$CaCl_2$，Na_2SO_4，KNO_3	$NaHSO_4$	$CaCl(OH)$
強酸＋弱塩基	NH_4Cl，$MgCl_2$，$FeCl_3$，$CuSO_4$	――	$MgCl(OH)$
弱酸＋強塩基	Na_2CO_3，CH_3COONa，Na_2SO_3	$NaHCO_3$	――
弱酸＋弱塩基	$(NH_4)_2CO_3$，CH_3COONH_4	NH_4HCO_3	$Cu_2CO_3\cdot(OH)_2$

*1 塩基性塩は水に溶けにくい。
*2 白地の水溶液の性質は種類によって異なる。　水溶液の性質：酸性　塩基性　中性

硫酸水素ナトリウム：強酸性を示す
次のように水溶液中で電離するため

$NaHSO_4 \longrightarrow Na^+ + HSO_4^-$
$HSO_4^- \rightleftharpoons H^+ + SO_4^{2-}$

炭酸水素ナトリウム：弱塩基性を示す
次のように水溶液中で電離するため

$NaHCO_3 \longrightarrow Na^+ + HCO_3^-$
$HCO_3^- + H_2O \rightleftharpoons H_2CO_3 + OH^-$

5 塩の加水分解

hydrolysis

塩を水に溶かしたとき，塩の成分のイオンが水と反応して，水溶液が酸性または塩基性を示すことがある。これを塩の加水分解という。 化学

酢酸ナトリウム水溶液（弱酸 CH_3COOH と強塩基 NaOH の塩）

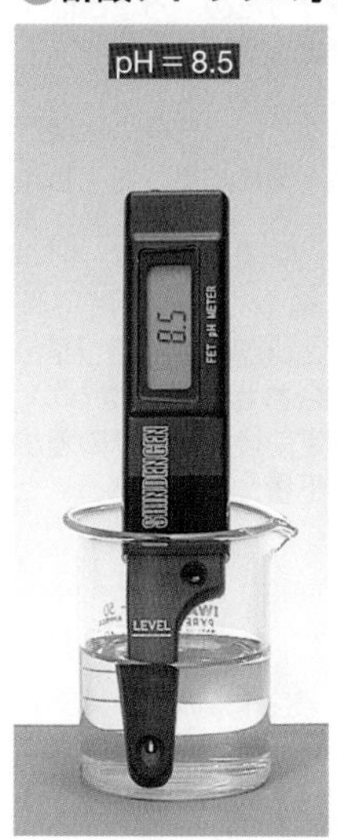

0.1 mol/L
CH_3COONa 水溶液

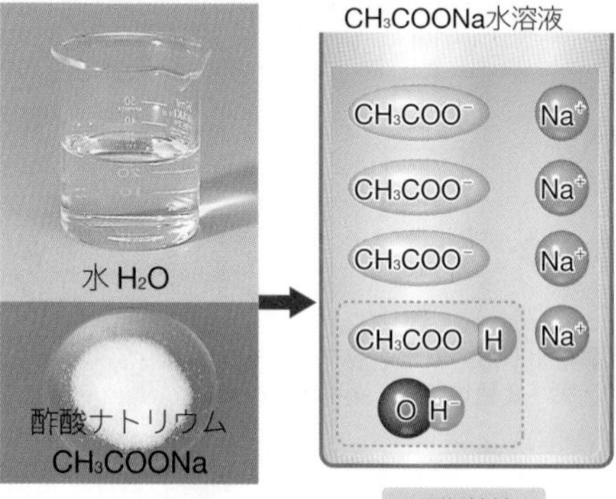

弱塩基性

酢酸ナトリウムはほぼ完全に電離する。生じた酢酸イオンの一部が水と反応（加水分解）する。

$CH_3COONa \longrightarrow \underline{CH_3COO^-} + Na^+$（一部が水と反応）

$CH_3COO^- + H_2O \rightleftharpoons CH_3COOH + OH^-$（弱塩基性）

塩化アンモニウム水溶液（強酸 HCl と弱塩基 NH_3 の塩）

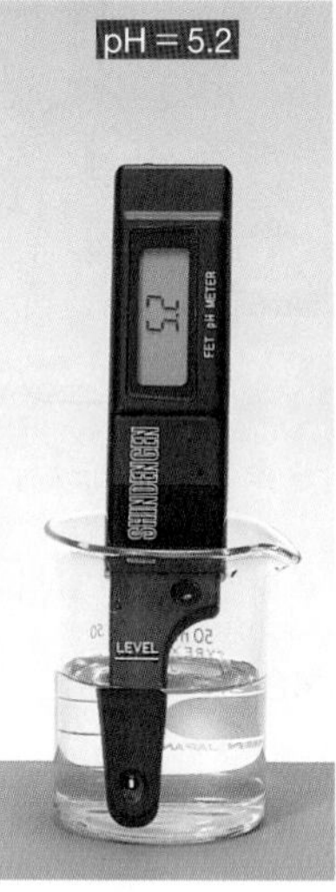

0.1 mol/L
NH_4Cl 水溶液

弱酸性

塩化アンモニウムはほぼ完全に電離する。生じたアンモニウムイオンの一部が水と反応（加水分解）する。

$NH_4Cl \longrightarrow \underline{NH_4^+} + Cl^-$（一部が水と反応）

$NH_4^+ + H_2O \rightleftharpoons NH_3 + H_3O^+$（弱酸性）

6 弱酸の塩・弱塩基の塩の反応

塩は加水分解以外にも，酸や塩基によって分解することもある。弱酸（弱塩基）の塩に強酸（強塩基）を反応させて，弱酸（弱塩基）を得ることができる。  化学基礎

弱酸の塩と強酸の反応（弱酸の遊離）

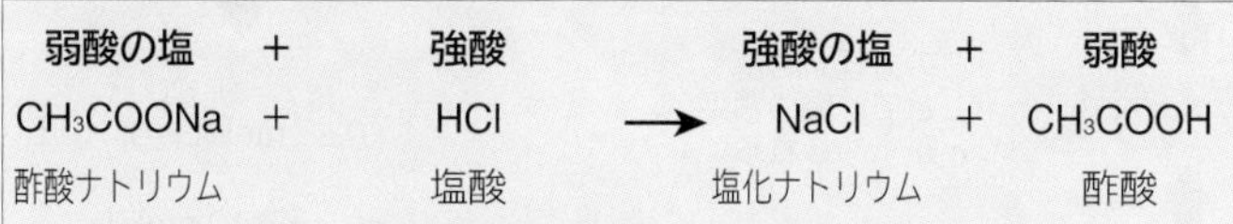

弱酸の塩	＋	強酸		強酸の塩	＋	弱酸
CH_3COONa	＋	HCl	⟶	NaCl	＋	CH_3COOH
酢酸ナトリウム		塩酸		塩化ナトリウム		酢酸

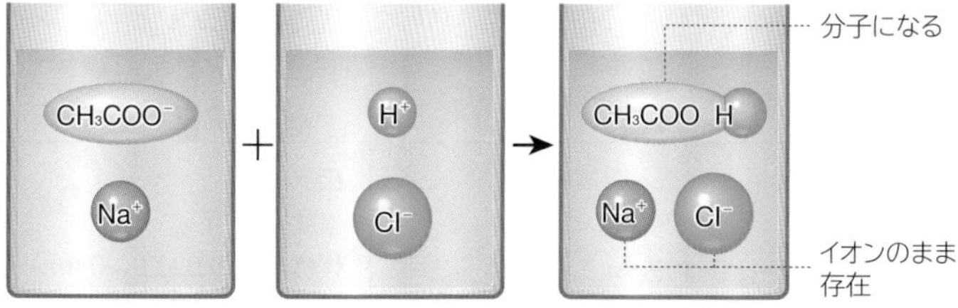

弱酸の塩に**強酸**を反応させると，**強酸の塩**と電離度の小さい**弱酸**ができる。逆の反応は起こりにくい。

弱塩基の塩と強塩基の反応（弱塩基の遊離）

弱塩基の塩	＋	強塩基		強塩基の塩	＋	弱塩基
NH_4Cl	＋	NaOH	⟶	NaCl	＋	$NH_3 + H_2O$
塩化アンモニウム		水酸化ナトリウム		塩化ナトリウム		アンモニア

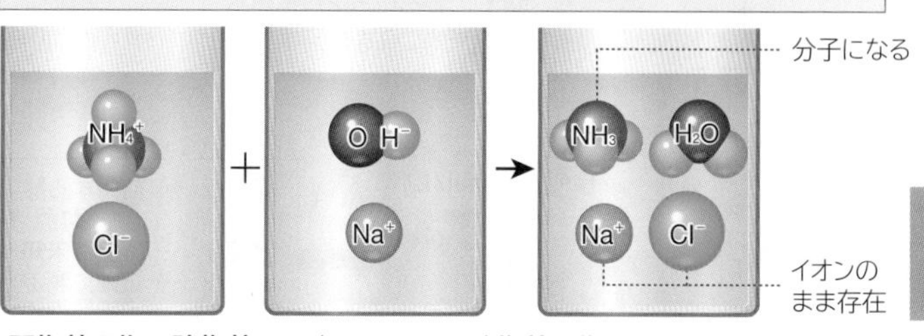

弱塩基の塩に**強塩基**を反応させると，**強塩基の塩**と電離度の小さい**弱塩基**ができる。逆の反応は起こりにくい。

4 中和滴定と滴定曲線
Neutralization titration and Tiration curve

1 中和滴定
neutralization titration

濃度のわかっている酸(塩基)を用いて，濃度が未知の塩基(酸)の濃度を求める操作を**中和滴定**という。 化学基礎

中和滴定の操作(→p.80 ~ 83)

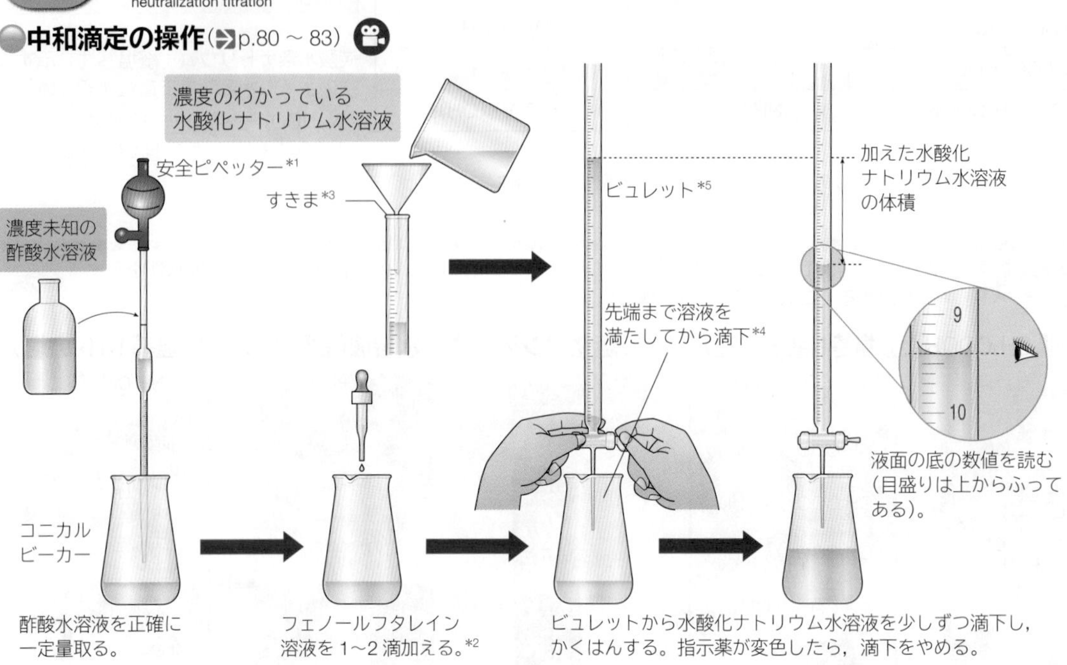

濃度のわかっている
水酸化ナトリウム水溶液
安全ピペッター*1
すきま*3
濃度未知の
酢酸水溶液
ビュレット*5
加えた水酸化
ナトリウム水溶液
の体積
先端まで溶液を
満たしてから滴下*4
9
10
液面の底の数値を読む
(目盛りは上からふってある)。
コニカル
ビーカー
酢酸水溶液を正確に
一定量取る。
フェノールフタレイン
溶液を 1~2 滴加える。*2
ビュレットから水酸化ナトリウム水溶液を少しずつ滴下し，
かくはんする。指示薬が変色したら，滴下をやめる。

*1 危険な試薬を使用するときは安全のため，ホールピペットには安全ピペッターをつけて使用する。

*2 フェノールフタレイン溶液はそれ自身が酸・塩基としてはたらくので少量を用いる。

*3 溶液を注ぐとき，ビュレット内の空気の逃げ道をつくるため，ろうとはすきまを空ける。

*4 先端の空の部分の体積が滴下量に加算されてしまうため，先まで溶液を満たしてから滴下する。

*5 ビュレットの目盛りは0に合わせる必要はない。滴定前後の目盛りの差が滴下量となる。

中和滴定の原理

濃度未知の酸を濃度のわかっている塩基で滴定する場合

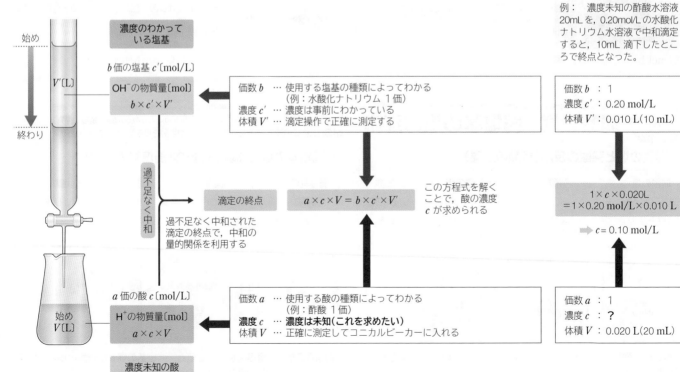

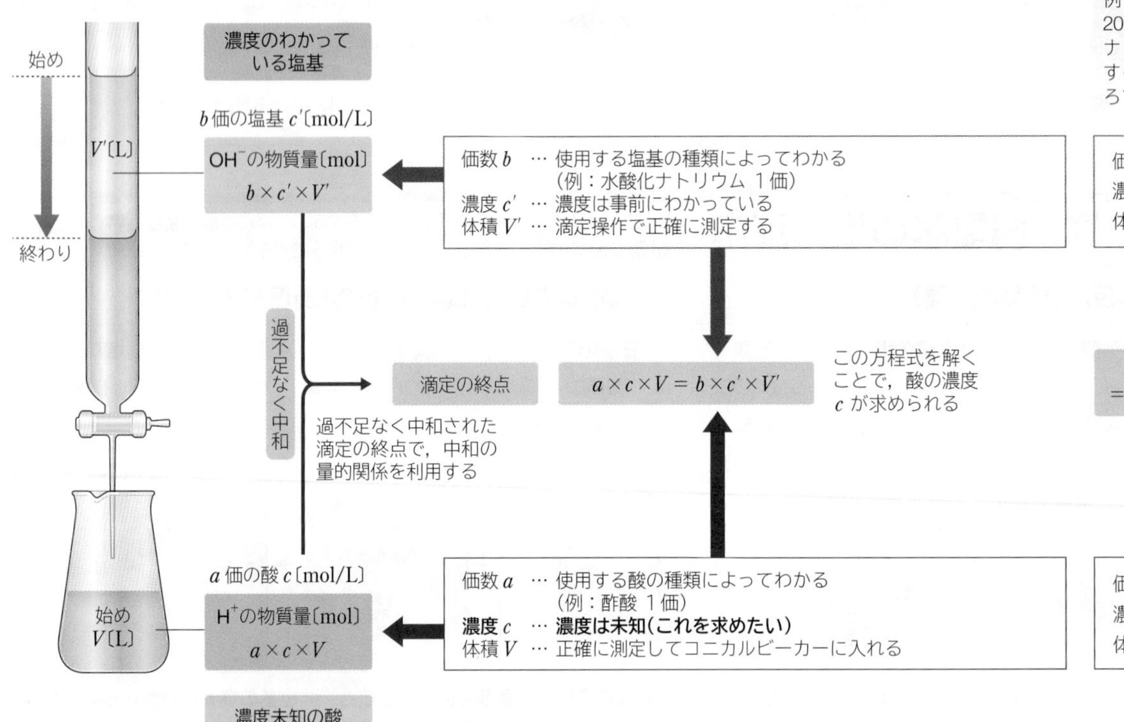

始め
終わり
V'〔L〕
濃度のわかっている塩基
b 価の塩基 c'〔mol/L〕
OH^-の物質量〔mol〕
$b \times c' \times V'$
価数 b … 使用する塩基の種類によってわかる
(例：水酸化ナトリウム 1価)
濃度 c' … 濃度は事前にわかっている
体積 V' … 滴定操作で正確に測定する
過不足なく中和
滴定の終点
$a \times c \times V = b \times c' \times V'$
この方程式を解くことで，酸の濃度 c が求められる
過不足なく中和された滴定の終点で，中和の量的関係を利用する
始め
V〔L〕
a 価の酸 c〔mol/L〕
H^+の物質量〔mol〕
$a \times c \times V$
価数 a … 使用する酸の種類によってわかる
(例：酢酸 1価)
濃度 c … 濃度は未知(これを求めたい)
体積 V … 正確に測定してコニカルビーカーに入れる
濃度未知の酸

例： 濃度未知の酢酸水溶液20mLを，0.20mol/Lの水酸化ナトリウム水溶液で中和滴定すると，10mL 滴下したところで終点となった。

価数 b ： 1
濃度 c' ： 0.20 mol/L
体積 V' ： 0.010 L(10 mL)

$1 \times c \times 0.020\text{L} = 1 \times 0.20\ \text{mol/L} \times 0.010\ \text{L}$

⇒ $c = 0.10\ \text{mol/L}$

価数 a ： 1
濃度 c ： ?
体積 V ： 0.020 L(20 mL)

表現 中和滴定において，指示薬の働きは何か。

2 中和滴定曲線 titration curve

中和滴定にともない，加えた酸(塩基)の体積と pH の変化を示した曲線を**中和滴定曲線**という。中和点付近では pH は大きく変化するため，この付近で変色する指示薬を利用して中和点を知ることができる。 化学基礎

▶**強酸＋強塩基**(0.1 mol/L HCl 15 mL に 0.1 mol/L NaOH を滴下)

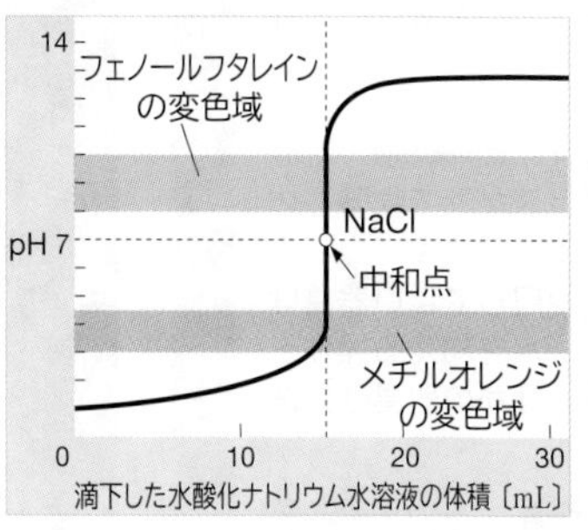

中和点付近で pH が大きく変化し，フェノールフタレイン，メチルオレンジともに利用できる。

▶**強酸＋弱塩基**(0.1 mol/L HCl 15 mL に 0.1 mol/L NH_3 を滴下)

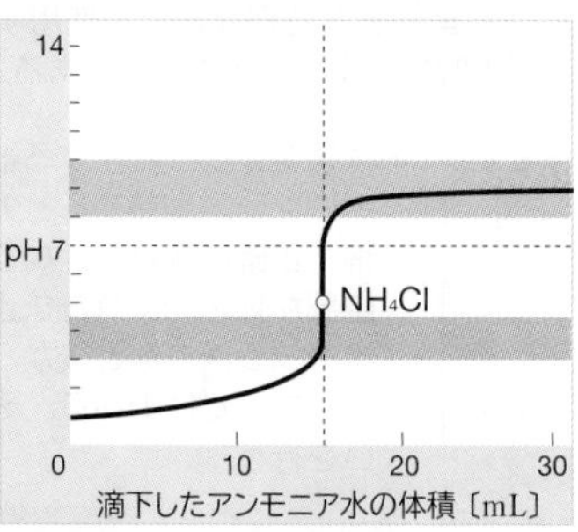

メチルオレンジを利用する。中和点付近の pH 変化が塩基性側で小さく，フェノールフタレインは中和点後に変色するため利用できない。

▶**弱酸＋強塩基**(0.1 mol/L CH_3COOH 15 mL に 0.1 mol/L NaOH を滴下)

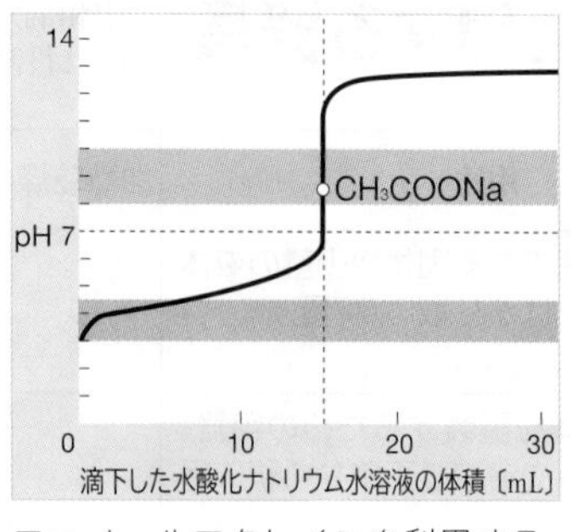

フェノールフタレインを利用する。中和点付近の pH 変化が酸性側で小さく，メチルオレンジは中和点前に変色するため利用できない。

▶**弱酸＋弱塩基**(0.1 mol/L CH_3COOH 15 mL に 0.1 mol/L NH_3 を滴下)

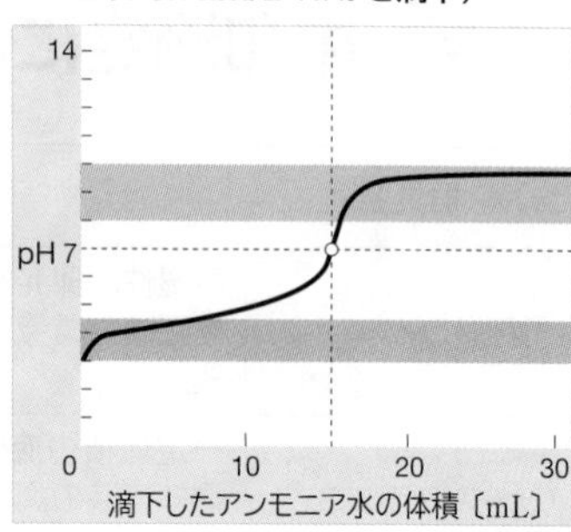

中和点付近の pH 変化は非常に小さいため，フェノールフタレインもメチルオレンジも使用できない。

▶**強塩基＋強酸**(0.1 mol/L NaOH 15 mL に 0.1 mol/L HCl を滴下)

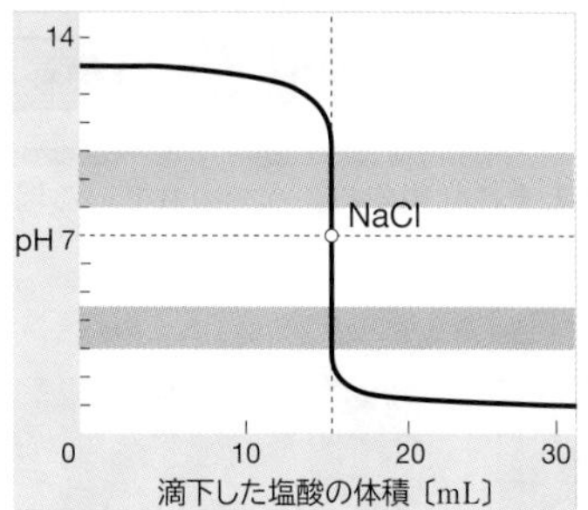

中和点付近で pH が大きく変化し，フェノールフタレイン，メチルオレンジともに利用できる。

▶**強塩基＋弱酸**(0.1 mol/L NaOH 15 mL に 0.1 mol/L CH_3COOH を滴下)

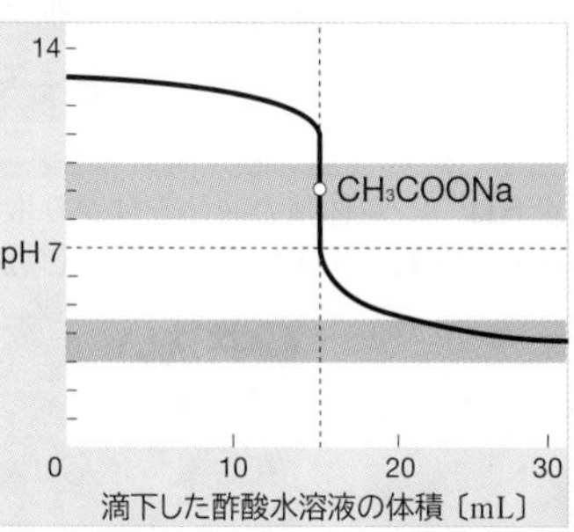

フェノールフタレインを利用する。中和点付近の pH 変化が酸性側で小さく，メチルオレンジは中和点後に変色するため利用できない。

▶**弱塩基＋強酸**(0.1 mol/L NH_3 15 mL に 0.1 mol/L HCl を滴下)

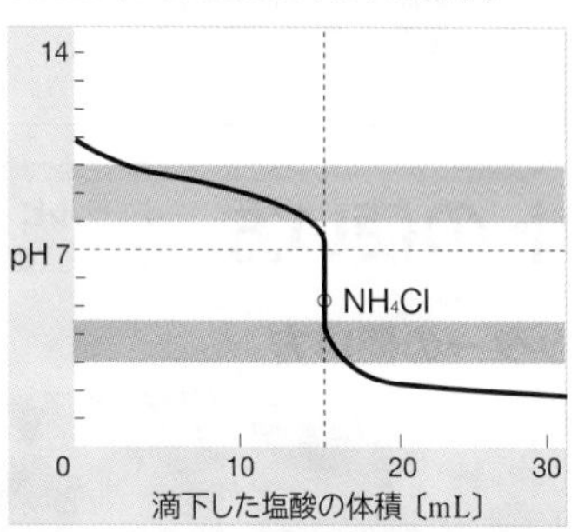

メチルオレンジを利用する。中和点付近の pH 変化が塩基性側で小さく，フェノールフタレインは中和点前に変色するため利用できない。

▶**弱塩基＋弱酸**(0.1 mol/L NH_3 15 mL に 0.1 mol/L CH_3COOH を滴下)

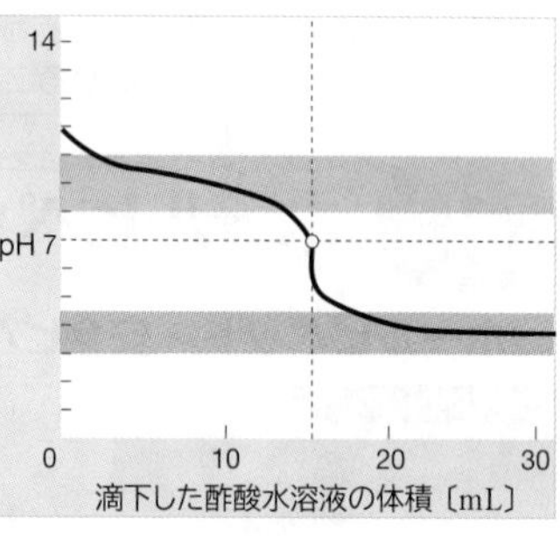

中和点付近の pH 変化は非常に小さいため，フェノールフタレインもメチルオレンジも利用できない。

POINT

pH 指示薬の選択

強酸の場合はメチルオレンジを，強塩基の場合はフェノールフタレインを用いるとよい(➡p.75)。

ADVANCE

中和点付近での pH 変化

0.1 mol/L の **HCl** 5 mL を 0.1 mol/L の **NaOH** 5 mL で中和滴定したとき，中和点付近の pH は次のようになる。なお，pH を求めるときの総体積は 10 mL に近似している。

中和点付近ではわずかな体積で pH が大きく変化することがわかる。これが中和点での曲線の形状に影響を与えている。弱酸や弱塩基の場合，電離や塩の加水分解(➡p.77)の影響があり，強酸・強塩基とは異なる形状となる。

NaOH の滴下量〔mL〕	総体積〔mL〕	H^+ の物質量〔mol〕	pH
4	9	10^{-4}	約 2
4.9	9.9	10^{-5}	約 3
4.99	9.99	10^{-6}	約 4
4.999	9.999	10^{-7}	約 5
4.9999	9.9999	10^{-8}	約 6

水溶液の電気伝導性と中和反応

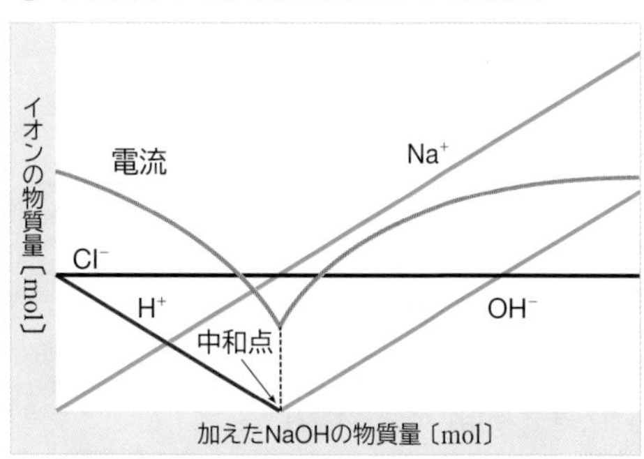

HCl(塩酸)に NaOH を加えたときの電気伝導性

中和点までは，

$$H^+ + OH^- \longrightarrow H_2O$$

の反応で H^+ が減少する。H^+，OH^- は他のイオンに比べ電気伝導性が大きいため，中和点までは H^+ の減少にともなって電流値が低下する。中和点以降は，OH^- の増加が電流値を大きくする。中和点でも，Na^+，Cl^- の存在により電流値は**ゼロにならない**。

▶**H^+ と OH^- の電気伝導性** 発展

水溶液中で H^+ や OH^- は水を介して水素結合と共有結合を切り替えることで次のように移動したとみなすことができる。

－ 共有結合 … 水素結合

H⁺ O－H…O－H…O－H ⟶ O…H－O…H－O H⁺ (各 O に H が結合)

このため，Na^+ や Cl^- と比べてこれらのイオンは水溶液中を速く移動でき，電気伝導性が高い。

5 滴定の操作
Manipulation of titration

1 中和滴定に使用する器具

中和滴定にはさまざまな特別な器具を使用することがあり，それぞれ役割や使用時に注意するべきことがある。

器具名	用途	加熱乾燥	ぬれたまま使用
①秤量びん	吸湿性，揮発性のある固体や少量の液体を正確な質量ではかり取る(秤量する)容器。	○	×
②メスフラスコ	一定体積の液体を調製するための容器。標準溶液の調製や溶液の正確な希釈に用いる。	×	○
③コニカルビーカー	円錐形のビーカー。その形状により振り混ぜるときにこぼれにくい。名前は英語の円錐形(conical)に由来する。	○	○
④ホールピペット	一定の体積をはかり取る器具。	×	×
⑤ビュレット	滴定で用いる器具で，少量ずつ液体を滴下することができる。滴下した液体の体積をはかることができる。	×	×

・体積を正確に測定する器具は加熱乾燥してはいけない。加熱するとガラスが熱で膨張し体積が正確に測れなくなる。
・内部が純水でぬれたまま使用してよい器具は，メスフラスコなど後から純水を加える操作を行うものだけである。そのほかの器具は共洗いを行う。

①

②

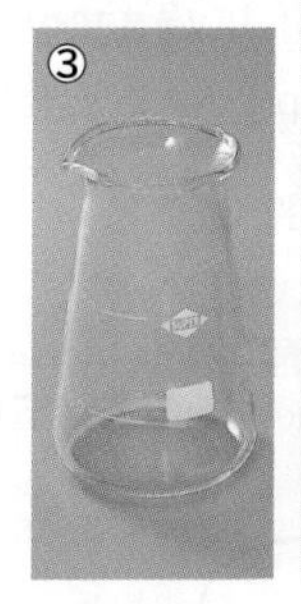
③

④ ⑤

2 ホールピペットの使い方
whole pipet

ホールピペットは，一定体積の液体をはかり取るときに利用する。水でぬれている場合は，はかり取る溶液ですすいでから使う(共洗い)。

●ホールピペット・安全ピペッターの使い方

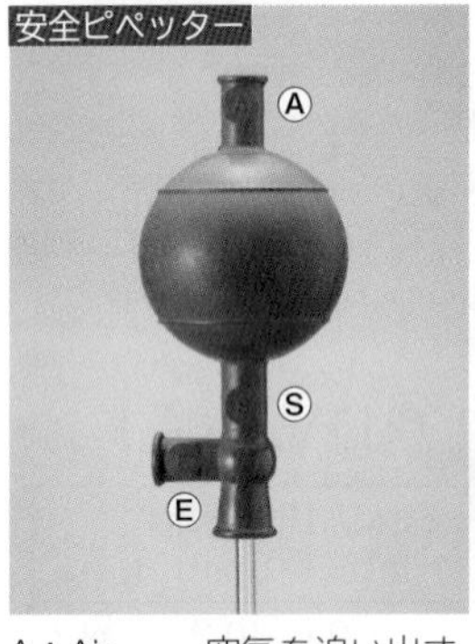

A：Air　空気を追い出す
S：Suction　液を吸う
E：Empty　液を出す

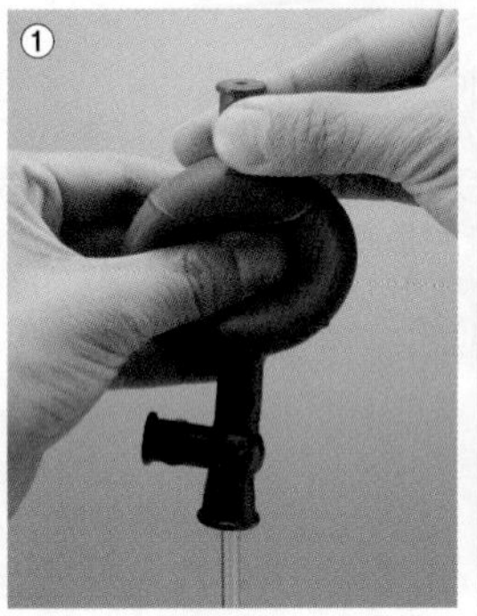
①Aのボタンを押しながら，球をつぶして中の空気を出す。ボタンから手を離して止める。

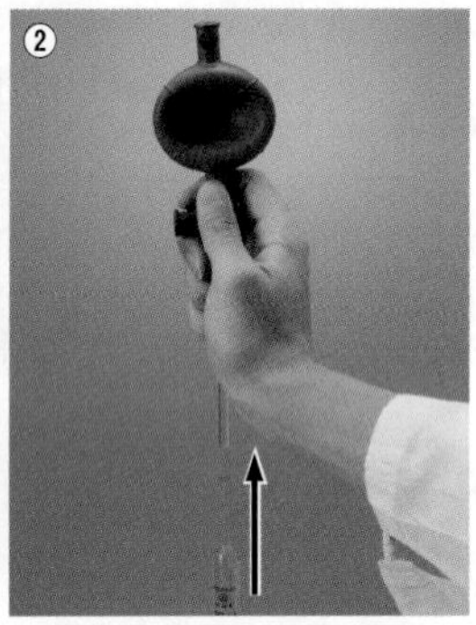
②Sのボタンを押し続けて，溶液を標線より少し上まで吸い上げ，ボタンを離す。

③Eのボタンを少しずつ断続的に押し，標線に液面を合わせる。（標線）

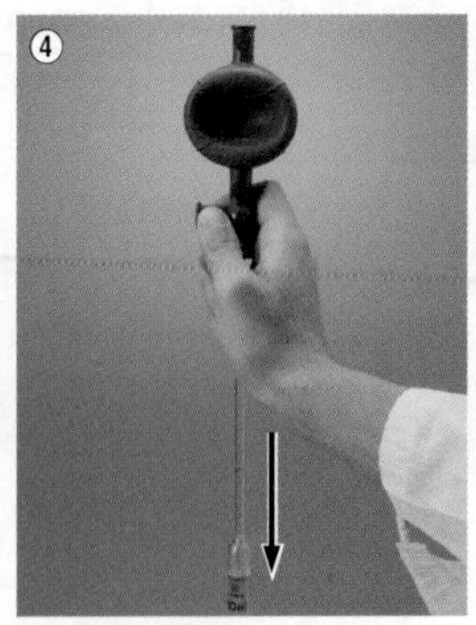
④Eのボタンを押して，溶液をできるだけ流し出す。

⑤ホールピペットを手で温めて，最後の1滴まで流し出す。

●共洗い

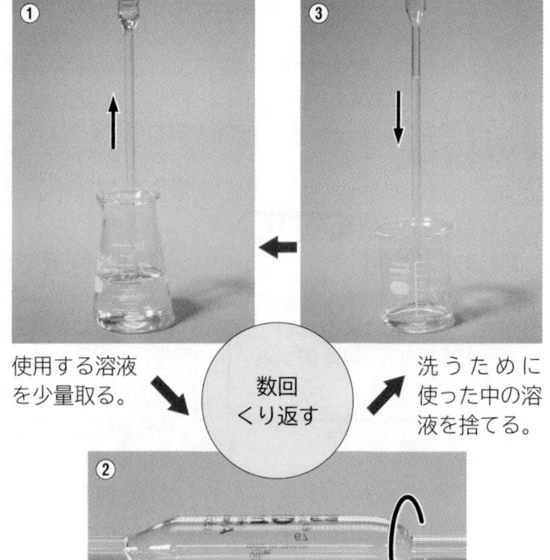

①使用する溶液を少量取る。

②ホールピペットを傾けたり，水平にしたりして，中の溶液で洗う。

③洗うために使った中の溶液を捨てる。

POINT

共洗い

体積を正確にはかり取るホールピペットやビュレットで行う。コニカルビーカーやメスフラスコは，器具内の溶質の物質量が変化しなければよいので純水でぬれたまま使用してかまわない。

3 標準溶液のつくり方
standard solution

滴定では，最初に，メスフラスコを使って決められた濃度の溶液(標準溶液)をつくる。

0.0500 mol/L シュウ酸標準溶液 1 L のつくり方(➡p.64)

① シュウ酸二水和物の結晶 $(COOH)_2 \cdot 2H_2O$ (式量 126)を 6.30 g 正確にはかり取る。これは，シュウ酸二水和物 0.0500 mol に相当する(➡p.60)。

② はかり取った結晶を，すべてビーカーに移して，少量の純水を加え，ガラス棒でかき混ぜて結晶を完全に溶かす。

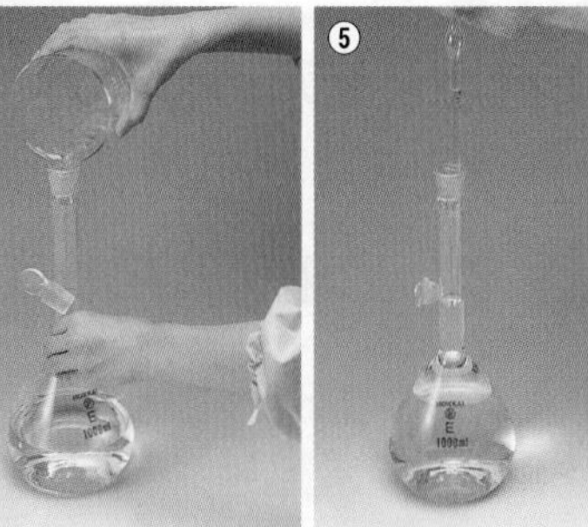

③ シュウ酸水溶液を 1 L のメスフラスコに移す。ビーカーとガラス棒を純水で洗い，洗った水はビーカーで受ける。

④ 洗った水をメスフラスコに移す。数回くり返し，ビーカーとガラス棒に付着した分もメスフラスコに移す。

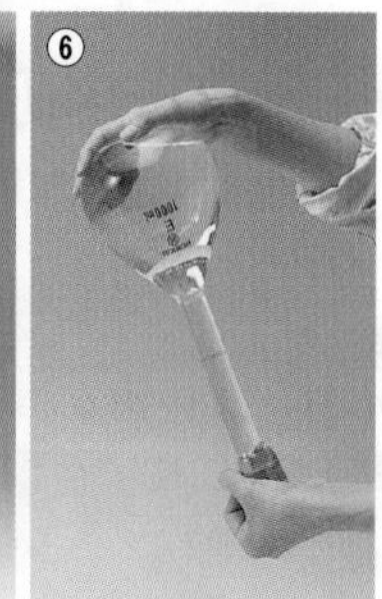

⑤ 純水を標線の下まで入れる。最後に駒込ピペットで純水を滴下し，標線に合わせる。

⑥ メスフラスコに栓をして逆さにし，よく振って水溶液の濃度が均一になるようにする。

▶シュウ酸標準溶液を用いる理由

NaOH の固体は空気中の水分を吸収する性質(潮解性)が強く，空気中の CO_2 とも反応しやすい。そのため，秤量や正確な濃度の水溶液の調製が難しい。シュウ酸二水和物は純度の高いものが得やすく安定な固体であるため正確な秤量ができる。NaOH は中和滴定に使用する直前にシュウ酸標準溶液で滴定し，正確な濃度を求めて使用する。

4 ビュレットの使い方
buret

ビュレットは，溶液を滴下してその体積を調べるときに利用する。水でぬれている場合は，滴下する溶液ですすいでから使う(共洗い)。

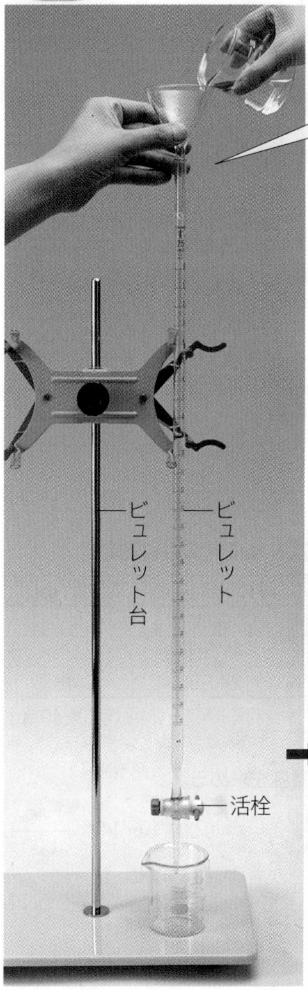

⚠注意

すきま

溶液を入れるときは，溶液をあふれさせないために，ろうとを少しもち上げ，ビュレットとろうとの間にすきまをつくる。また，溶液を入れたら，ろうとをはずす。

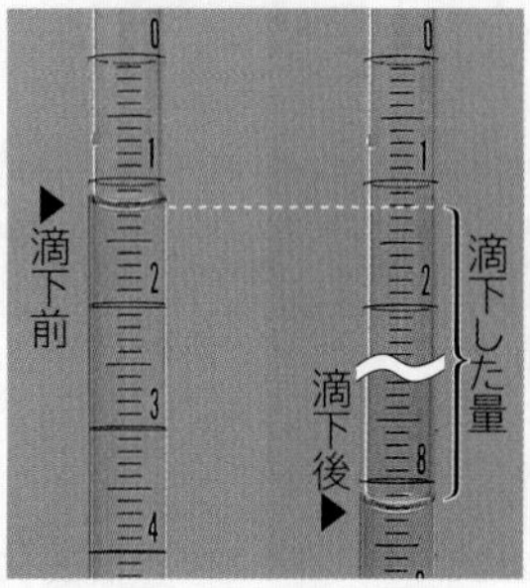

滴下前　滴下後　滴下した量

目盛りを読むときは，湾曲した液面の底の位置に目の高さを合わせ，最小目盛りの 1/10 まで読む。滴下前後の目盛りの差から，滴下した溶液の体積を求める。

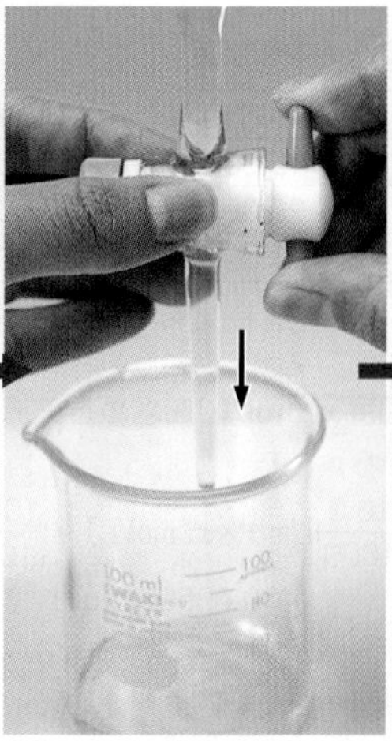

ビュレット台　ビュレット　活栓

ビュレットをビュレット台に鉛直に取りつける。活栓を閉じて，上から溶液を入れる。

気泡

活栓を全開にして，溶液を勢いよく出し，ビュレット先端の気泡をすべて追い出したあと，素早く活栓を閉じる。なお，活栓は穴が合うと流れる方式で，水道の蛇口のようなねじ式ではない。

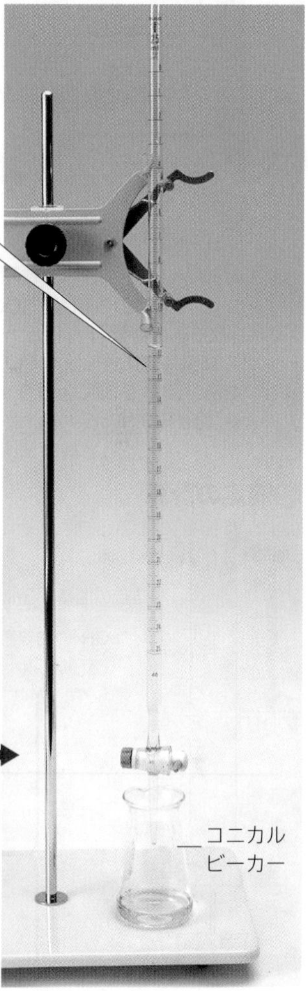

コニカルビーカー

溶液が入ったコニカルビーカーに，ビュレットの活栓を開いて溶液を滴下する。滴定の終点付近は，1 滴ずつ滴下する。

6 中和滴定の実験 1

Experiments on neutralization titration 1

重要実験 食酢中の酢酸濃度を求める

水酸化ナトリウムは空気中のCO_2と反応したり，潮解性をもつため，正確な濃度をシュウ酸標準溶液で滴定して求める必要がある。

化学基礎

中和滴定(p.78，80)

1 溶液の調製

▶約 0.1 mol/L NaOH 水溶液

NaOH を約 0.4 g はかり約 100 mL の水に溶かす。

▶シュウ酸標準溶液

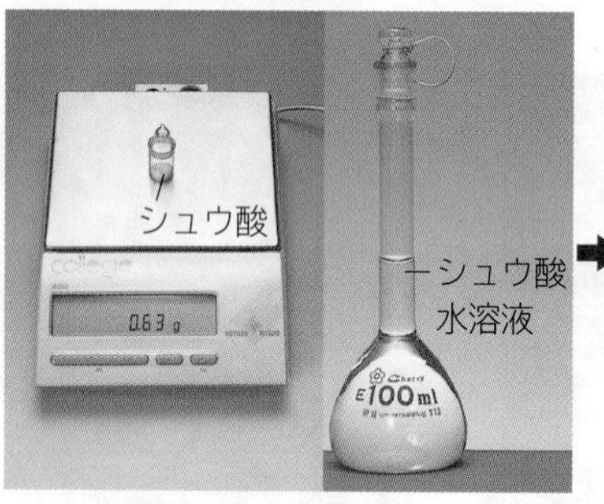

シュウ酸二水和物$(COOH)_2 \cdot 2H_2O$ 0.630 g を秤量びんにはかり取る。メスフラスコに移し，少量の水に溶かしたあと，水を加え全量を 100 mL とする(p.81)。

2 滴定準備

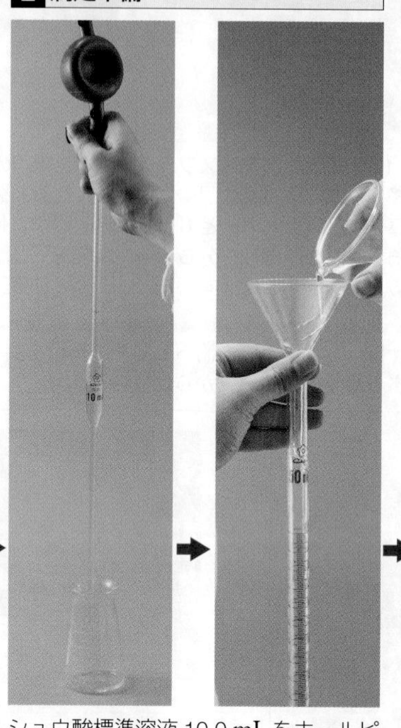

シュウ酸標準溶液 10.0 mL をホールピペットでコニカルビーカーに取り，2，3 滴のフェノールフタレイン溶液を加える。ろうとを用いてビュレットに NaOH 水溶液を注ぐ(p.80，81)。

3 滴定操作

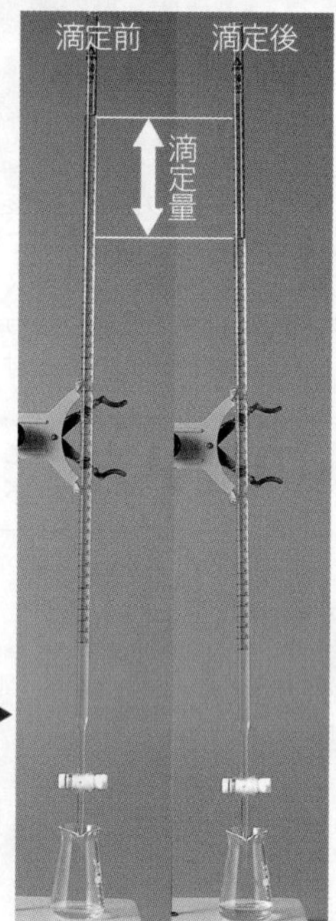

滴定前，滴定後のビュレットの目盛りの差から NaOH 水溶液の滴定量を求める。

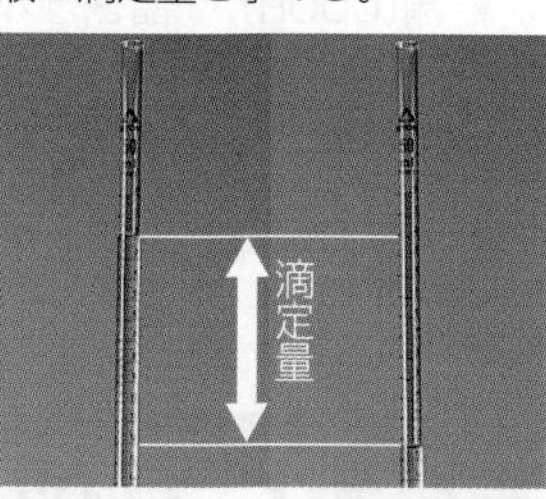

中和点での色　加えすぎた場合

ビュレットから NaOH 水溶液を滴下し，振り混ぜても薄赤色が消えなくなったら中和点とする。1 滴加えすぎるだけでも赤色が濃くなるので中和点が近づいたら慎重に操作する。NaOH の濃度が決定したら，食酢を 10.0 mL ホールピペットで取り，100 mL メスフラスコを用いて 10 倍希釈し，濃度を求めた NaOH 水溶液を用いて滴定を行う。

滴定の計算

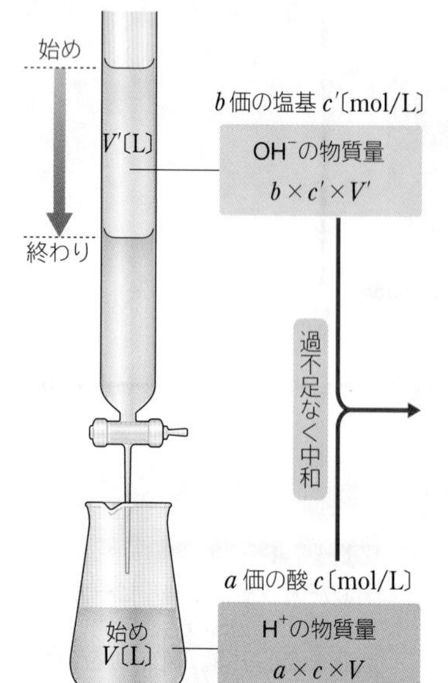

▶実験結果の例

①$(COOH)_2$ + NaOH の中和滴定

	始めの読み	終わりの読み	滴定量〔mL〕
1	2.10	12.63	10.53
2	12.80	23.30	10.50
3	23.50	34.03	10.53

平均：10.52 mL

②CH_3COOH(食酢) + NaOH の中和滴定

	始めの読み	終わりの読み	滴定量〔mL〕
1	2.00	9.47	7.47
2	9.60	17.12	7.52
3	17.40	24.88	7.48

平均：7.49 mL

▶計算

①NaOH 水溶液の濃度 x〔mol/L〕を求める。

シュウ酸は 2 価だから，

$$2 \times 0.0500\ \text{mol/L} \times \frac{10.0}{1000}\text{L} = 1 \times x〔\text{mol/L}〕 \times \frac{10.52}{1000}\text{L}$$

$$x = 0.09506\ \text{mol/L}$$

②食酢中の酢酸の濃度を求める。

$$1 \times y〔\text{mol/L}〕 \times \frac{10.0}{1000}\text{L} = 1 \times 0.09506\ \text{mol/L} \times \frac{7.49}{1000}\text{L}$$

$$y = 0.0712\ \text{mol/L}$$

10 倍に薄めたので，食酢中の酢酸の濃度は 0.712 mol/L

▶結果

食酢中の酢酸の質量パーセント濃度を求める。
食酢の密度を 1.0 g/mL とすると，
CH_3COOH = 60 から食酢 1 L について計算すると，
食酢 1 L 中の酢酸の質量 = 0.712 mol/L × 60 g/mol ≒ 42.7 g
食酢 1 L の質量 = 1000 mL × 1.0 g/mL = 1000 g

$$\text{質量パーセント濃度〔\%〕} = \frac{\text{溶質〔g〕}}{\text{溶液〔g〕}} \times 100$$

$$= \frac{42.7\ \text{g}}{1000\ \text{g}} \times 100 = 4.\overset{3}{\cancel{27}}$$

酸・塩基の強弱と中和反応

$CH_3COOH + NaOH \longrightarrow CH_3COONa + H_2O$

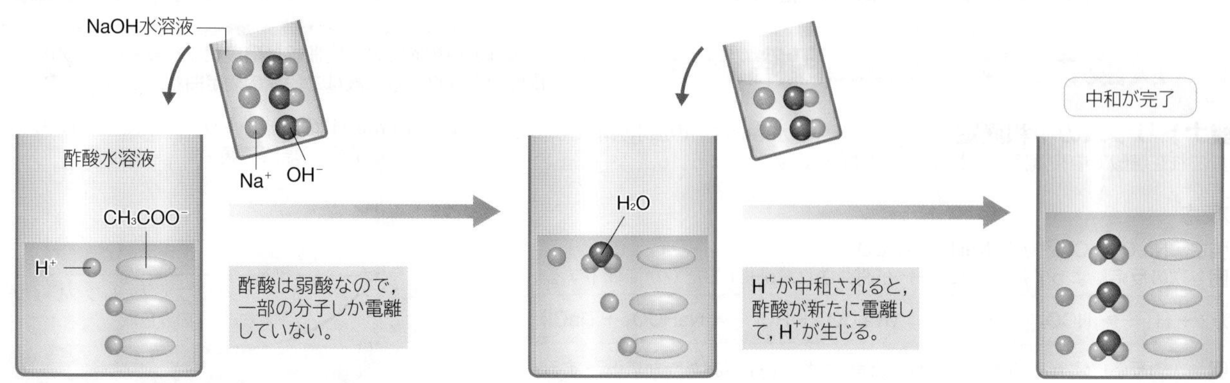

1 価の強塩基である水酸化ナトリウム NaOH の水溶液を用いて，強酸（塩化水素 HCl）と弱酸（酢酸 CH_3COOH）をそれぞれ中和するときを考える。1 価の強酸である塩化水素 HCl が 1 mol あったとき，完全に電離するので水溶液中の H^+ も 1 mol あり，中和には NaOH が 1 mol 必要となる。

一方，1 価の弱酸である酢酸は，電離度が小さいためほとんどが酢酸分子として存在し，水溶液中で H^+ は少ない。これを中和するとき，一見必要な NaOH は少量で済みそうだが，中和して H^+ が消費されるにつれて，酢酸分子が次々に電離していき H^+ を生じる。最終的にすべての酢酸分子が電離し，酢酸が 1 mol あったとき，H^+ も 1 mol 放出され，中和が完了する。

以上のことより，中和反応の量的関係においては，酸・塩基の強弱は関係がないといえる。

入試ではこう出る！

食酢中の酢酸の濃度を測定するために次の実験を行った（①～③）。ただし，食酢には酸として酢酸のみ含まれているとする。次の(1)～(6)に答えよ。

①食酢 10 mL をホールピペットではかり取り，これを 100 mL のメスフラスコを用いて正確に蒸留水で 10 倍に薄めた。

②薄めた食酢溶液 10 mL を別のホールピペットではかり取り，三角フラスコに入れ指示薬を数滴加えた。

③次に，ビュレットに 0.10 mol/L の水酸化ナトリウム水溶液を入れて，三角フラスコ中の食酢溶液を滴定したところ，中和点における滴定量は 8.0 mL であった。

(1)滴定量よりもとの食酢の酢酸濃度〔mol/L〕を求めよ。

(2)もとの食酢の質量パーセント濃度〔%〕を求めよ。ただし，食酢の密度を 1.0 g/cm³ とする。

(3)メスフラスコで 10 倍に薄めた食酢溶液の pH はいくらか。(a)～(d)から適切な数値を 1 つ選び，記号で答えよ。ただし，この食酢溶液の酢酸の電離度を 0.015 とする。また，$\log_{10}3 = 0.48$，$\log_{10}4 = 0.60$ とする。

(a)3.8　(b)2.9　(c)1.9　(d)1.1

(4)実験操作③で用いた溶液とほぼ同じ濃度の酸・塩基による中和滴定曲線の例を(a)～(d)に示す。この操作で得られる中和滴定曲線と最も近いものを(a)～(d)から 1 つ選び，記号で答えよ。

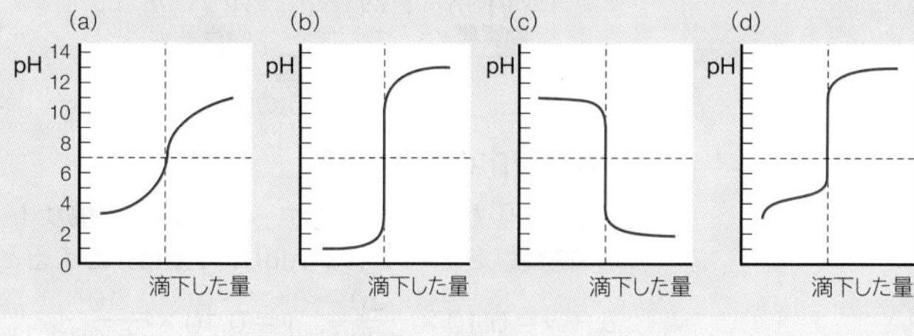

(5)次の表に 2 種の指示薬の変色域と色の変化を示す。実験操作②の指示薬としてより適当な方を選び，記号で答えよ。また，理由も書け。

表　指示薬の変色域と色の変化

記号	指示薬	変色域(pH)	色の変化
(a)	メチルオレンジ	3.1 ～ 4.4	赤～黄
(b)	フェノールフタレイン	8.0 ～ 9.8	無～赤

(6)この実験で使用した次の 4 種の器具のうち，いずれか 1 種の器具を内壁が純水でぬれた状態で使用したとする。それぞれ 4 種の器具について，このことが酢酸濃度の測定値に影響するかどうかを理由とあわせて述べよ。なお，実験操作①と②で用いた 2 本のホールピペットについては，両方に共通する解答を示せ。

(ア)ホールピペット　(イ)メスフラスコ

(ウ)三角フラスコ　(エ)ビュレット

［宮崎大　改］

【解答】(1)0.80 mol/L　(2)4.8 %　(3)(b)　(4)(d)　(5)(b)　理由…中和により生成した CH_3COONa は加水分解して塩基性を示すので，塩基性側に変色域があるフェノールフタレインを用いる。

(6)(ア) 影響する。　理由…ホールピペットに入る酢酸の濃度が薄まるから。

(イ) 影響しない。　理由…メスフラスコには純水を入れて希釈するので純水がついていても薄めた酢酸の濃度は不変だから。

(ウ) 影響しない。　理由…純水でぬれていても中に入る酢酸の物質量は不変だから。

(エ) 影響する。　理由…純水でぬれているとビュレットに入る水酸化ナトリウムの濃度が薄まるから。

【解説】(3)水素イオン濃度 $[H^+] = 12 \times 10^{-4}$ mol/L より，
$pH = 4 - \log_{10}12 = 4 - (\log_{10}3 + \log_{10}4) = 4 - (0.48 + 0.60) \fallingdotseq 2.9$

7 中和滴定の実験 2

Experiments on neutralization titration 2

1 炭酸ナトリウムの二段階滴定

多価の酸，塩基の中和滴定の滴定曲線は階段状になるものが多い。炭酸ナトリウム水溶液は二段階の滴定曲線になる。

化学基礎

●炭酸ナトリウムの中和滴定

炭酸ナトリウム水溶液は塩の加水分解によって塩基性を示す。これを塩酸で中和滴定すると滴定曲線は右図のようになる。

0.1 mol/L の炭酸ナトリウム水溶液 10 mL を 0.1 mol/L の塩酸で滴定

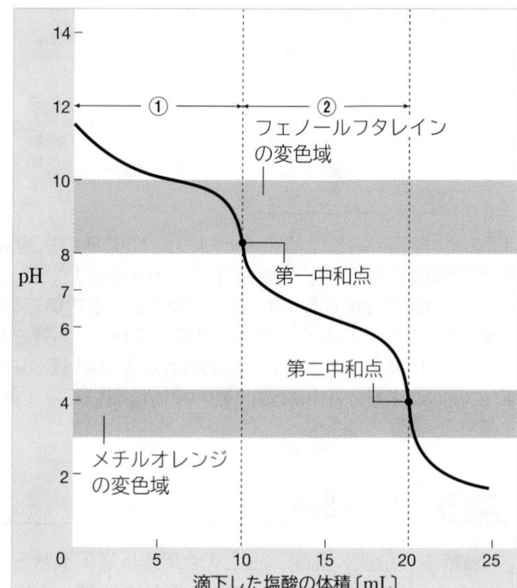

▶中和反応

塩基の強さ　$Na_2CO_3(CO_3^{2-}) > NaHCO_3(HCO_3^-)$

①の範囲　次の反応によって加えられた H^+ が消費され，pH がおだやかに低下する。

$CO_3^{2-} + H^+ \longrightarrow HCO_3^-$ ……（1）　（$Na_2CO_3 + HCl \longrightarrow NaHCO_3 + NaCl$）

②の範囲　次の反応によって加えられた H^+ が消費され，pH がおだやかに低下する。

$HCO_3^- + H^+ \longrightarrow H_2O + CO_2$ ……（2）　（$NaHCO_3 + HCl \longrightarrow H_2O + CO_2 + NaCl$）

▶変色域

第一中和点

(1)の反応が完了すると，H^+ の影響が強くなり pH が大きく変化する。炭酸水素ナトリウムの加水分解によって弱塩基性であり，フェノールフタレインの変色(赤色→無色)で確認できる。

第二中和点

(2)の反応が完了すると，pH が大きく変化する。生じた二酸化炭素の影響で弱酸性であり，メチルオレンジの変色(黄色→赤色)で確認できる。

▶中和反応の量的関係

化学反応式の係数比から，①で消費した H^+ (HCl)の物質量＝②で消費した H^+ (HCl)の物質量

●水酸化ナトリウムと炭酸ナトリウムの混合水溶液の中和滴定

［例題］　水酸化ナトリウムと炭酸ナトリウムの混合水溶液がある。混合水溶液 20 mL にフェノールフタレインを加え，0.10 mol/L の希塩酸で滴定したところ，終点までに 20 mL の希塩酸を要した。次に，この滴定後の水溶液にメチルオレンジを加え，同じ希塩酸で滴定を続けたところ，終点までにさらに 10 mL の希塩酸を要した。最初の混合水溶液の水酸化ナトリウムおよび炭酸ナトリウムの物質量を答えよ。

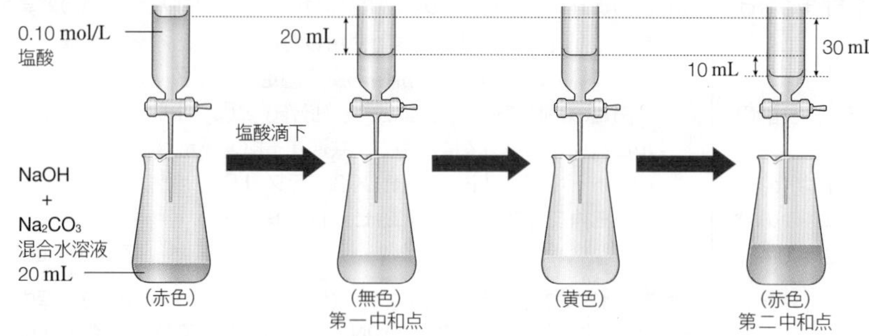

▶中和反応

塩基の強さ　$NaOH(OH^-) > Na_2CO_3(CO_3^{2-}) > NaHCO_3(HCO_3^-)$

①の範囲　塩基の強さの順に OH^-，次いで CO_3^{2-} が H^+ と反応する。

$OH^- + H^+ \longrightarrow H_2O$　（$NaOH + HCl \longrightarrow NaCl + H_2O$） $CO_3^{2-} + H^+ \longrightarrow HCO_3^-$　（$Na_2CO_3 + HCl \longrightarrow NaHCO_3 + NaCl$）

炭酸ナトリウムのみと比べて，NaOH の影響により pH の低下がさらにおだやかになる。

②の範囲　一番弱い塩基である HCO_3^- が H^+ と反応する。

$HCO_3^- + H^+ \longrightarrow H_2O + CO_2$　（$NaHCO_3 + HCl \longrightarrow H_2O + CO_2 + NaCl$）

▶変色域

第一中和点　フェノールフタレインの変色(赤色→無色)で確認できる。

第二中和点　メチルオレンジの変色(黄色→赤色)で確認できる。

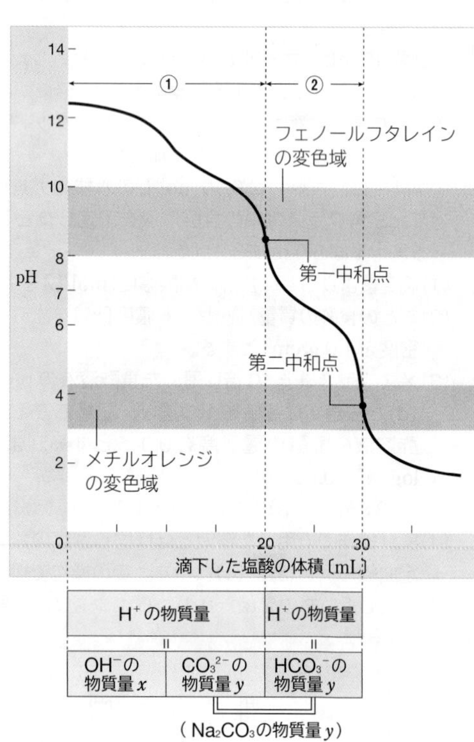

H^+ の物質量		H^+ の物質量
‖		‖
OH^- の物質量 x	CO_3^{2-} の物質量 y	HCO_3^- の物質量 y

（Na_2CO_3 の物質量 y）

▶中和反応の量的関係

上図の関係から，水酸化ナトリウム，炭酸ナトリウムの物質量をそれぞれ x〔mol〕，y〔mol〕とすると，

$$x + y = 0.10 \times \frac{20}{1000},\quad y = 0.10 \times \frac{10}{1000}$$

よって，$x = 1.0 \times 10^{-3}$ mol，$y = 1.0 \times 10^{-3}$ mol

逆滴定
back titration

二酸化炭素やアンモニアなどの気体を直接中和滴定で定量することは難しい。二酸化炭素は過剰な塩基に，アンモニアは過剰な酸に吸収させて，残った酸，塩基をそれぞれ滴定する。このような操作を逆滴定という。

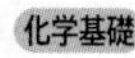

アンモニアの定量：過剰な硫酸に吸収させ，残った硫酸の水素イオンを水酸化ナトリウム水溶液で中和滴定する。

[例題] ある牛乳 2.0 mL 中のタンパク質を分解して，その窒素を完全にアンモニアに変化させた。これを 0.020 mol/L の硫酸 25 mL に吸収させ，残りの硫酸を 0.010 mol/L の水酸化ナトリウム水溶液で中和したところ，4.0 mL を要した。タンパク質の窒素含有率を 16 % とすると，この牛乳のタンパク質含有率は何 % か。ただし，この牛乳の比重は 1.0, 含まれている窒素化合物はすべてタンパク質とする。

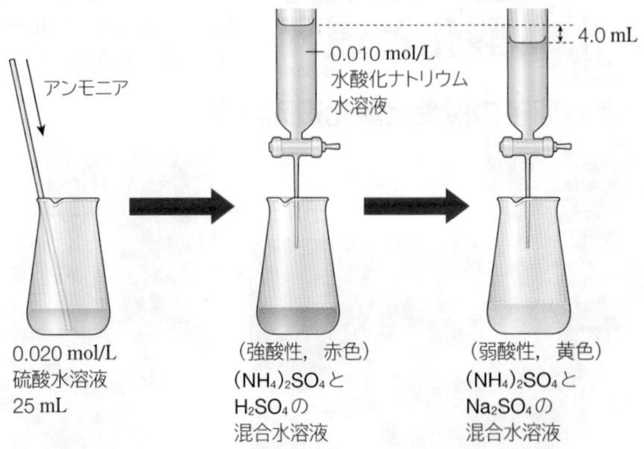

▶中和反応

アンモニアを硫酸に吸収させると硫酸アンモニウムが生じる。

$$H_2SO_4 + 2NH_3 \longrightarrow (NH_4)_2SO_4$$

残った硫酸を水酸化ナトリウム水溶液で滴定する。

$$H_2SO_4 + 2NaOH \longrightarrow Na_2SO_4 + 2H_2O$$

▶変色域

中和点では，硫酸アンモニウムの加水分解によって水溶液は弱酸性を示す。指示薬は酸性側に変色域(pH 4.2～6.2)のあるメチルレッドが適当である。

▶中和反応の量的関係

酸の出すH^+ ：(H_2SO_4 の物質量)×2

塩基の出すOH^- ：(NH_3 の物質量)×1 ＋ (NaOH の物質量)×1

発生したアンモニアの物質量を x〔mol〕とすると，

$$0.020\ \mathrm{mol/L} \times \frac{25}{1000}\ \mathrm{L} \times 2 = x\text{〔mol〕} \times 1 + 0.010\ \mathrm{mol/L} \times \frac{4.0}{1000}\ \mathrm{L} \times 1$$

$x = 9.6 \times 10^{-4}$ mol

NH_3 に N が 1 つ含まれるから，窒素原子(原子量 14)の物質量も 9.6×10^{-4} mol であるので，タンパク質含有率を y〔%〕とすると，

$$2.0\ \mathrm{mL} \times 1.0\ \mathrm{g/mL} \times \frac{y}{100} \times \frac{16}{100} = 14\ \mathrm{g/mol} \times 9.6 \times 10^{-4}\ \mathrm{mol}$$

よって，$y = 4.2$ %

TOPICS

ケルダール法

食品のタンパク質含有率を調べる一般的な方法であり，デンマークの化学者ケルダールが開発した。タンパク質に含まれる窒素をアンモニアに変化させて，タンパク質を定量する方法である。食品以外にも鉱物に含まれる窒素の定量や水質調査にも利用されている。

二酸化炭素の定量：過剰な水酸化バリウム水溶液に吸収させ，残った水酸化バリウムの水酸化物イオンを塩酸で中和滴定する。

[例題] 空気中の二酸化炭素の量を測定するために空気 10 L(標準状態)を 5.0×10^{-2} mol/L の水酸化バリウム水溶液 200 mL の中に通じた。このときに生成した沈殿をろ過し，そのろ液 20.0 mL を取って 0.10 mol/L の塩酸で中和したところ，19.7 mL を要した。この空気 10 L 中の二酸化炭素の物質量はいくらか。

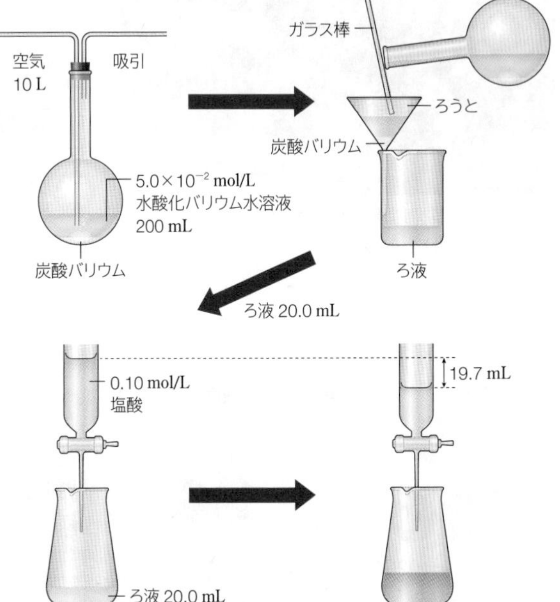

▶中和反応

二酸化炭素は水酸化バリウムと反応して炭酸バリウムの白色沈殿を生じる。

$$Ba(OH)_2 + CO_2 \longrightarrow BaCO_3 + H_2O$$

残った水酸化バリウムを塩酸で滴定する。

$$Ba(OH)_2 + 2HCl \longrightarrow BaCl_2 + 2H_2O$$

▶変色域

水酸化バリウムは強塩基，塩酸は強酸なので指示薬はメチルオレンジやフェノールフタレインを用いる。

▶中和反応の量的関係

酸の出すH^+ ：(CO_2 の物質量)×2 ＋ HCl の物質量(残り $Ba(OH)_2$ の $\frac{1}{10}$)

塩基の出すOH^- ：($Ba(OH)_2$ の物質量)×2

吸収された二酸化炭素の物質量を x〔mol〕とすると，

$$5.0 \times 10^{-2}\ \mathrm{mol/L} \times \frac{200}{1000}\ \mathrm{L} \times 2 = 2x\text{〔mol〕} + 1.0 \times 10^{-1}\ \mathrm{mol/L} \times \frac{19.7}{1000}\ \mathrm{L} \times 10$$

10 倍

よって，$x = 1.5 \times 10^{-4}$ mol

2 物質の変化

化学基礎

8 酸化と還元

Oxidation and reduction

1 酸化と還元

oxidation reduction

酸化と還元は，反応物の間で酸素原子・水素原子・電子の移動が起こる反応で，酸化数の変化で判断することができる。酸化と還元は同時に起こり，この反応を酸化還元反応とよぶ。

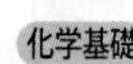

酸素原子の授受と酸化還元反応

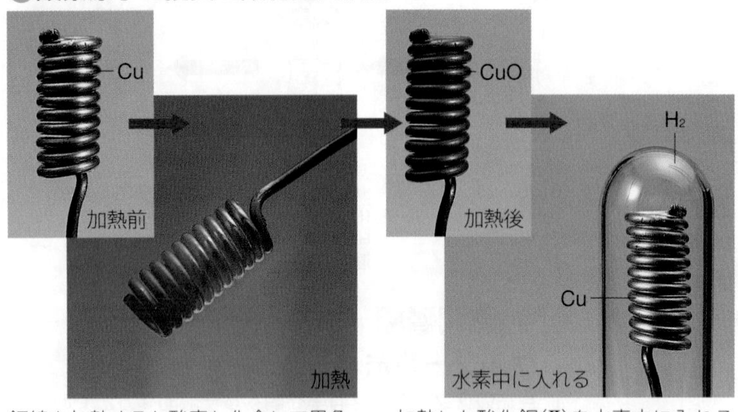

銅線を加熱すると酸素と化合して黒色の酸化銅(Ⅱ)CuO を生じる。

加熱した酸化銅(Ⅱ)を水素中に入れると，酸素が水素にうばわれて金属光沢のある赤色の銅に戻る。

酸素原子を得る　酸化される

$2Cu + O_2 \longrightarrow 2CuO$

酸素原子を得る　酸化される

$CuO + H_2 \longrightarrow Cu + H_2O$

酸素原子を失う　還元される

水素原子の授受と酸化還元反応

ヨウ素溶液に気体の硫化水素を通じる。

硫化水素が水素を失い硫黄が遊離する。

水素原子を失う　酸化される

$H_2S + I_2 \longrightarrow S + 2HI$

水素原子を得る　還元される

電子の授受と酸化還元反応

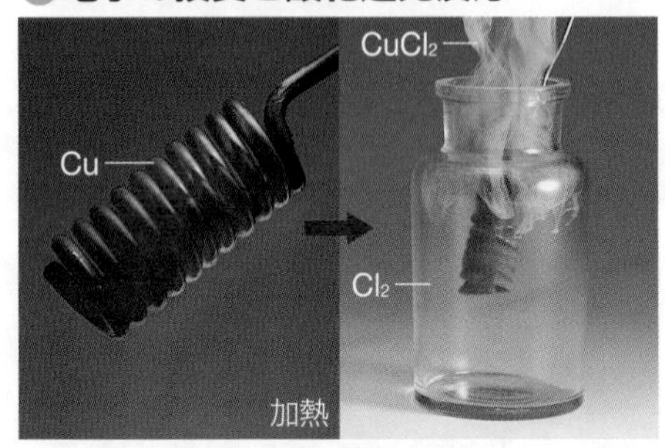

加熱した銅線を塩素中に入れると，激しく反応して塩化銅(Ⅱ)を生じる。

$Cu + Cl_2 \longrightarrow CuCl_2$

$2e^-$

*$Cu \longrightarrow Cu^{2+} + 2e^-$　電子を失う　酸化される

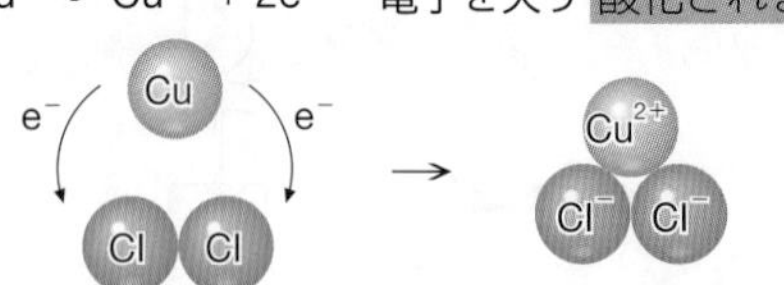

$Cl_2 + 2e^- \longrightarrow 2Cl^-$　電子を得る　還元される

Cu の変化は次のようにも考えることができる。

$Cu - 2e^- \longrightarrow Cu^{2+}$

しかし，化学反応では原子や電子がなくなることはない。そのため Cu が Cu^{2+} と 2 個の e^- に分かれると解釈して＊の式で表す。

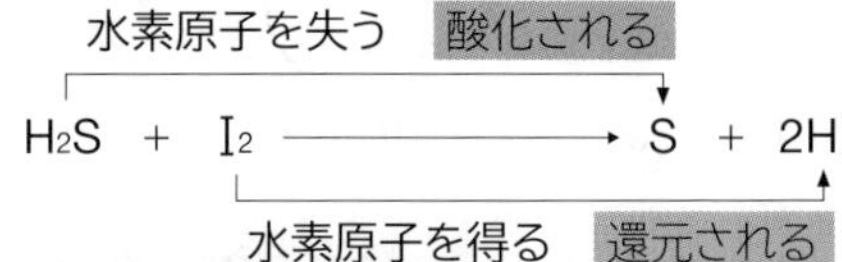

	酸素原子	水素原子	電子	酸化数
酸化される	得る	失う	失う	増加
還元される	失う	得る	得る	減少

「酸化される」とは「酸素原子を得る」，「水素原子を失う」，「電子を失う」ことである。電子を 1 個失うと酸化数は 1 増加し，電子を 1 個得ると酸化数は 1 減少する。

電気陰性度による酸化数の考え方

共有結合している物質の中で共有電子対は電気陰性度の大きい原子に引きよせられている(p.44)。共有電子対がすべて電気陰性度の大きい原子に移ったと仮定したときの各原子の電荷がその原子の酸化数となる。電気陰性度の関係「O ＞ C ＞ H」を用いると以下のように求められる。

	電子式	仮定による電荷	酸化数
メタン	H:C:H (H, H)	H^+ C^{4-} H^+ H^+ H^+	共有電子対 C－H：C 原子に所属 酸化数 C 原子：－4，H 原子：＋1
二酸化炭素	:O::C::O:	O^{2-} C^{4+} O^{2-}	共有電子対 C＝O：O 原子に所属 酸化数 C 原子：＋4，O 原子：－2
過酸化水素	H:O:O:H	H^+ O^- O^- H^+	共有電子対 O－H：O 原子に所属 酸化数 H 原子：＋1，O 原子：－1

CH_4 と CO_2 の C 原子では，共有電子対がより遠ざけられている CO_2 の C 原子の酸化数が大きく，より酸化された状態となる。

酸素はフッ素に次いで電気陰性度が大きく，通常化合物中での O 原子の酸化数は「－2」である。しかし，**「－O－O－」の構造をもつ過酸化物では酸化数が例外的に「－1」**となる。

思考 銀製品の黒ずみは，空気中の酸素による酸化によって生じるものか。それとも別の物質によって生じるものか。

2 酸化数とその求め方
oxidation number

物質に含まれる原子の酸化の程度を表す数値を酸化数という。酸化数が大きいほどより酸化された状態である。反応による酸化数の変化から物質間での電子の移動の方向・数を知ることができる。 化学基礎

計算による酸化数の求め方

①単体中の原子の酸化数は0	H_2 (0)	C (0)	He (0)
②化合物中の水素原子の酸化数は＋1[*1] 化合物中の酸素原子の酸化数は－2[*2]	H_2O (＋1)×2 ← → (－2)		
③単原子イオンの酸化数は，そのイオンの電荷に等しい	Na^+ (＋1)	S^{2-} (－2)	Al^{3+} (＋3)

*1 水素化ナトリウム NaH など，アルカリ金属，アルカリ土類金属の金属水素化物の水素原子の酸化数は－1。NaH(Na；＋1，H；－1)

*2 過酸化水素の酸素原子の酸化数は－1。H_2O_2(H；＋1，O；－1)

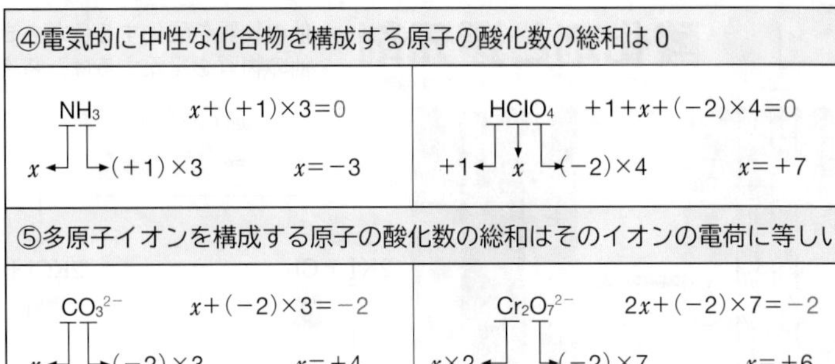

④電気的に中性な化合物を構成する原子の酸化数の総和は0
NH_3　$x+(+1)\times3=0$
x　$(+1)\times3$　$x=-3$
$HClO_4$　$+1+x+(-2)\times4=0$
$+1$　x　$(-2)\times4$　$x=+7$
⑤多原子イオンを構成する原子の酸化数の総和はそのイオンの電荷に等しい
CO_3^{2-}　$x+(-2)\times3=-2$
x　$(-2)\times3$　$x=+4$
$Cr_2O_7^{2-}$　$2x+(-2)\times7=-2$
$x\times2$　$(-2)\times7$　$x=+6$

おもな原子の化合物中における酸化数

◀酸化数小（還元剤としてはたらきやすい）　　酸化数大（酸化剤としてはたらきやすい）▶

－4	－3	－2	－1	0	＋1	＋2	＋3	＋4	＋5	＋6	＋7
			NaH 水素化ナトリウム	H_2 水素	H_2O 水						
		H_2O 水	H_2O_2 過酸化水素	O_2 酸素							
CH_4 メタン				C 炭素		CO 一酸化炭素	$H_2C_2O_4$ シュウ酸	CO_2 二酸化炭素			
	NH_3 アンモニア			N_2 窒素	N_2O 一酸化二窒素	NO 一酸化窒素	HNO_2 亜硝酸	NO_2 二酸化窒素	HNO_3 硝酸		
		H_2S 硫化水素		S 硫黄		$Na_2S_2O_3$ チオ硫酸ナトリウム		SO_2 二酸化硫黄		H_2SO_4 硫酸	
			HCl 塩化水素	Cl_2 塩素	HClO 次亜塩素酸		$HClO_2$ 亜塩素酸		$HClO_3$ 塩素酸		$HClO_4$ 過塩素酸
			KI ヨウ化カリウム	I_2 ヨウ素							
				Na ナトリウム	NaCl 塩化ナトリウム						
				Mg マグネシウム		MgO 酸化マグネシウム					
				Al アルミニウム			Al_2O_3 酸化アルミニウム				
				Mn マンガン		$MnCl_2$ 塩化マンガン(Ⅱ)		MnO_2 酸化マンガン(Ⅳ)		K_2MnO_4 マンガン酸カリウム	$KMnO_4$ 過マンガン酸カリウム
				Cr クロム			$Cr_2(SO_4)_3$ 硫酸クロム(Ⅲ)			$K_2Cr_2O_7$ (二クロム酸カリウム) K_2CrO_4 (クロム酸カリウム)	
				Fe 鉄		$FeSO_4$ 硫酸鉄(Ⅱ)	$FeCl_3$ 塩化鉄(Ⅲ)				
				Cu 銅	Cu_2O 酸化銅(Ⅰ)	CuO 酸化銅(Ⅱ)					

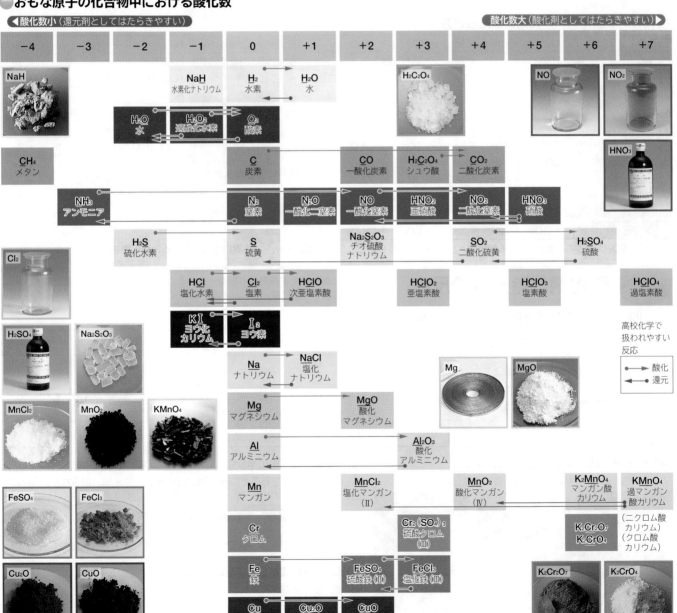

高校化学で扱われやすい反応
●→ 酸化
←● 還元

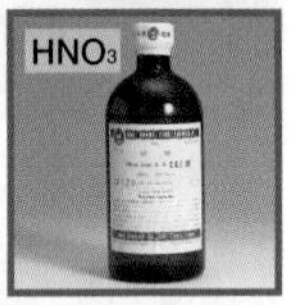

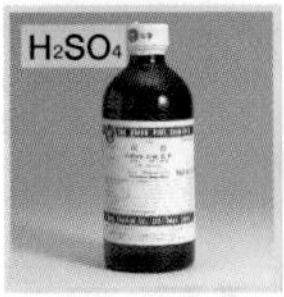

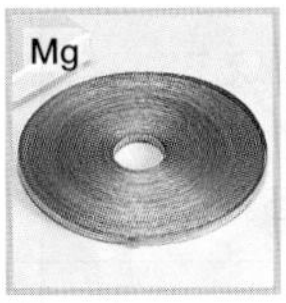

NaH　$H_2C_2O_4$　NO　NO_2　HNO_3　Cl_2　H_2SO_4　$Na_2S_2O_3$　Mg　MgO　$MnCl_2$　MnO_2　$KMnO_4$　$FeSO_4$　$FeCl_3$　Cu_2O　CuO　$K_2Cr_2O_7$　K_2CrO_4

2 物質の変化

化学基礎

9 酸化剤と還元剤

Oxidizing and reducing agents

1 酸化剤と還元剤

oxidizing agent　reducing agent

他の物質を酸化するはたらきをする物質を酸化剤という(自分自身は還元される)。
他の物質を還元するはたらきをする物質を還元剤という(自分自身は酸化される)。

化学基礎

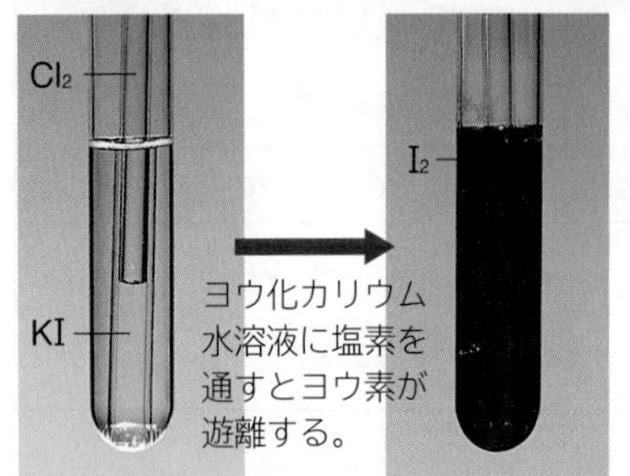

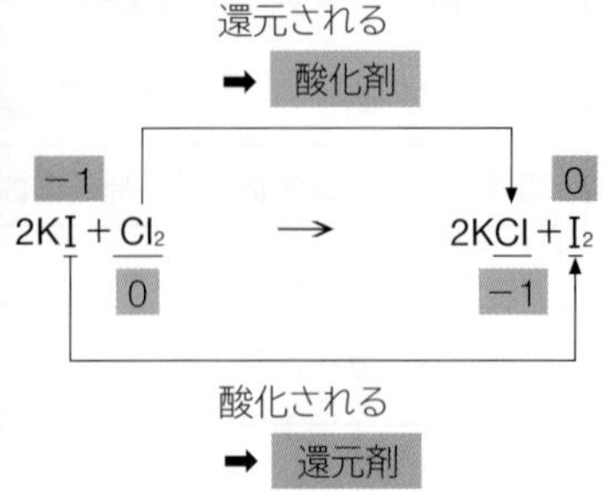

ヨウ化カリウム水溶液に塩素を通すとヨウ素が遊離する。

還元される ➡ 酸化剤

$$2K\underset{-1}{I} + \underset{0}{Cl_2} \longrightarrow 2K\underset{-1}{Cl} + \underset{0}{I_2}$$

酸化される ➡ 還元剤

相手を酸化(自分自身は還元される)

酸化剤	失う	得る	得る	減少
	酸素原子	水素原子	電子	酸化数
還元剤	得る	失う	失う	増加

相手を還元(自分自身は酸化される)

●代表的な酸化剤，還元剤のはたらき方

	物質	反応式
酸化剤	オゾン	$O_3 + 2H^+ + 2e^- \longrightarrow O_2 + H_2O$
	過酸化水素[*1]	$H_2O_2 + 2H^+ + 2e^- \longrightarrow 2H_2O$(酸性)
		$H_2O_2 + 2e^- \longrightarrow 2OH^-$(中性・塩基性)
	過マンガン酸カリウム	$MnO_4^- + 8H^+ + 5e^- \longrightarrow Mn^{2+} + 4H_2O$(酸性)
		$MnO_4^- + 2H_2O + 3e^- \longrightarrow MnO_2 + 4OH^-$(中性・塩基性)
	塩素	$Cl_2 + 2e^- \longrightarrow 2Cl^-$
	二クロム酸カリウム	$Cr_2O_7^{2-} + 14H^+ + 6e^- \longrightarrow 2Cr^{3+} + 7H_2O$
	二酸化硫黄[*1]	$SO_2 + 4H^+ + 4e^- \longrightarrow S + 2H_2O$
	酸素	$O_2 + 4H^+ + 4e^- \longrightarrow 2H_2O$
	希硝酸	$HNO_3 + 3H^+ + 3e^- \longrightarrow NO + 2H_2O$
	濃硝酸	$HNO_3 + H^+ + e^- \longrightarrow NO_2 + H_2O$
	熱濃硫酸[*2]	$H_2SO_4 + 2H^+ + 2e^- \longrightarrow SO_2 + 2H_2O$

	物質	反応式
還元剤	ナトリウム	$Na \longrightarrow Na^+ + e^-$
	過酸化水素[*1]	$H_2O_2 \longrightarrow O_2 + 2H^+ + 2e^-$
	シュウ酸	$(COOH)_2 \longrightarrow 2CO_2 + 2H^+ + 2e^-$
	水素	$H_2 \longrightarrow 2H^+ + 2e^-$
	硫化水素	$H_2S \longrightarrow S + 2H^+ + 2e^-$
	塩化スズ(Ⅱ)	$Sn^{2+} \longrightarrow Sn^{4+} + 2e^-$
	二酸化硫黄[*1]	$SO_2 + 2H_2O \longrightarrow SO_4^{2-} + 4H^+ + 2e^-$
	ヨウ化カリウム	$2I^- \longrightarrow I_2 + 2e^-$
	硫酸鉄(Ⅱ)	$Fe^{2+} \longrightarrow Fe^{3+} + e^-$
	亜鉛	$Zn \longrightarrow Zn^{2+} + 2e^-$
	チオ硫酸ナトリウム	$2S_2O_3^{2-} \longrightarrow S_4O_6^{2-} + 2e^-$

[*1] H_2O_2，SO_2 は反応する相手によって酸化剤としても還元剤としてもはたらく(➡p.89)。　[*2] 濃硫酸は加熱すると酸化力をもつ。

2 酸化剤と還元剤の反応

酸化剤，還元剤の授受する電子の数が一致することを利用して，酸化剤，還元剤の半反応式から酸化還元反応のイオン反応式を導くことができる。

化学基礎

(1)酸化剤・還元剤のはたらきを表す反応式(半反応式)をつくる

手順	酸化剤	還元剤
①酸化剤・還元剤の反応前・反応後の物質を書く。	$MnO_4^- \longrightarrow Mn^{2+}$　酸化剤	$SO_2 \longrightarrow SO_4^{2-}$　還元剤
②酸化数の変化に応じて電子 e^- を加える。	$\underset{+7}{MnO_4^-} + 5e^- \longrightarrow \underset{+2}{Mn^{2+}}$	$\underset{+4}{SO_2} \longrightarrow \underset{+6}{SO_4^{2-}} + 2e^-$
③H^+ を加えて両辺の電荷をそろえる。	$\underset{1-}{MnO_4^-} + 8H^+ + \underset{(1-)\times5}{5e^-} \longrightarrow \underset{2+}{Mn^{2+}}$	$\underset{0}{SO_2} \longrightarrow \underset{2-}{SO_4^{2-}} + 4H^+ + \underset{(1-)\times2}{2e^-}$
④H_2O を加えて両辺の H，O の数をそろえる。	$MnO_4^- + 8H^+ + 5e^- \longrightarrow Mn^{2+} + 4H_2O$　(i)	$SO_2 + 2H_2O \longrightarrow SO_4^{2-} + 4H^+ + 2e^-$　(ii)

過マンガン酸カリウムと二酸化硫黄の反応

マッチが燃えると火薬に含まれる硫黄から二酸化硫黄が生じる。

(2)酸化剤・還元剤の半反応式からイオン反応式をつくる

(i)，(ii)の電子の数をそろえて組み合わせ[(i)×2＋(ii)×5]，得られる式の反応物，生成物両方に存在する分子やイオン，電子を相殺させて式を整理する。

$$2MnO_4^- + 5SO_2 + 2H_2O \longrightarrow 2Mn^{2+} + 5SO_4^{2-} + 4H^+ \quad \text{(iii)}$$

$10e^-$

MnO_4^- と SO_2 は 2：5 の物質量比で過不足なく反応する。

(3)イオン反応式から化学反応式をつくる

反応物，生成物に適切なイオンを加え，イオンを分子や塩の形で表す。
iiiの反応物，生成物それぞれに K^+ を 2 つ加える。

$$2KMnO_4 + 5SO_2 + 2H_2O \longrightarrow 2MnSO_4 + K_2SO_4 + 2H_2SO_4$$

表現 日なたで色がつき，日陰で色が消えるフォトクロミックガラス(➡p.165)の仕組みを，電子の移動から説明せよ。

3 酸化剤にも還元剤にもなる物質

過酸化水素 H_2O_2，二酸化硫黄 SO_2 は反応する相手によって酸化剤にも還元剤にもなる。 化学基礎

過酸化水素の反応

過酸化水素はふつう酸化剤として働くが，ニクロム酸カリウムに対しては還元剤として働く。

ヨウ素が生じて褐色の溶液になる。

Cr^{3+} が生じて緑色の溶液になる。

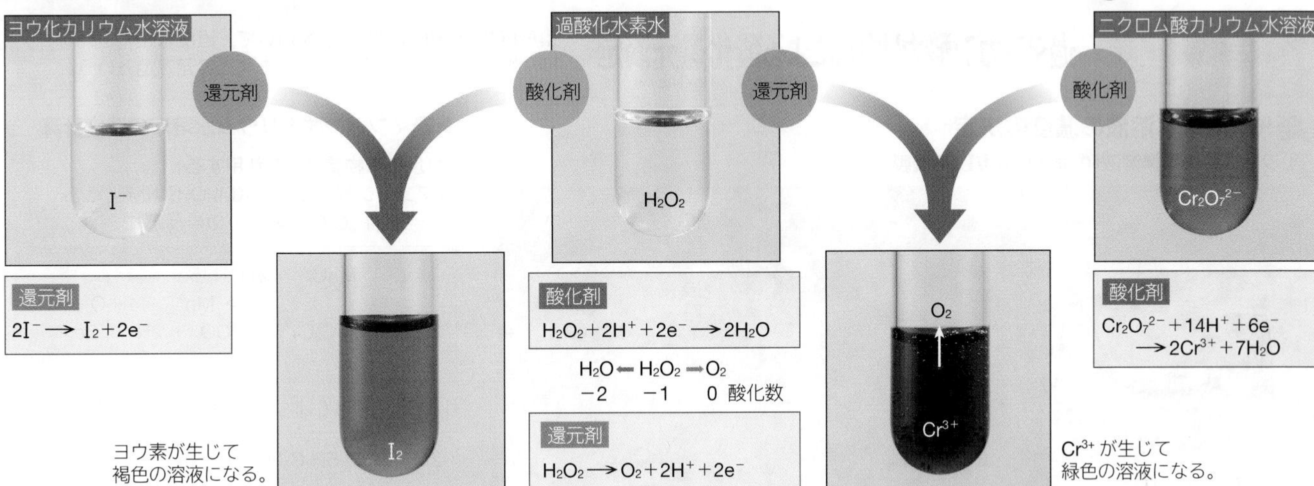

イオン反応式　$H_2O_2+2I^-+2H^+ \longrightarrow 2H_2O+I_2$
化学反応式　$H_2O_2+2KI+H_2SO_4 \longrightarrow 2H_2O+I_2+K_2SO_4$

イオン反応式　$3H_2O_2+Cr_2O_7^{2-}+8H^+ \longrightarrow 2Cr^{3+}+7H_2O+3O_2$
化学反応式　$K_2Cr_2O_7+3H_2O_2+4H_2SO_4 \longrightarrow Cr_2(SO_4)_3+3O_2+K_2SO_4+7H_2O$

二酸化硫黄の反応

二酸化硫黄はふつう還元剤として働くが，硫化水素に対しては酸化剤として働く。

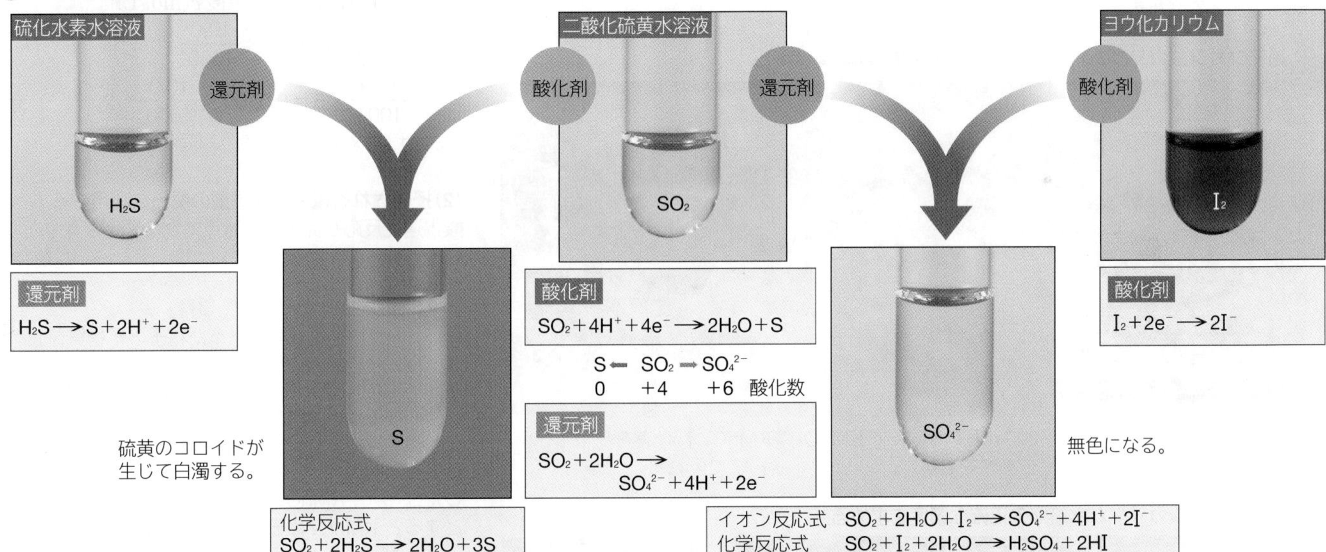

4 身のまわりの酸化剤・還元剤

食品や洗剤など，身のまわりのさまざまな製品に酸化剤，還元剤が利用されている。 化学基礎

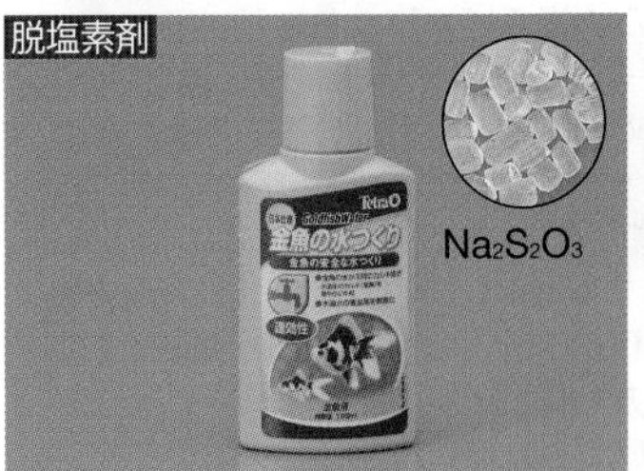

水道水に含まれる塩素をチオ硫酸ナトリウムで還元して除去する。

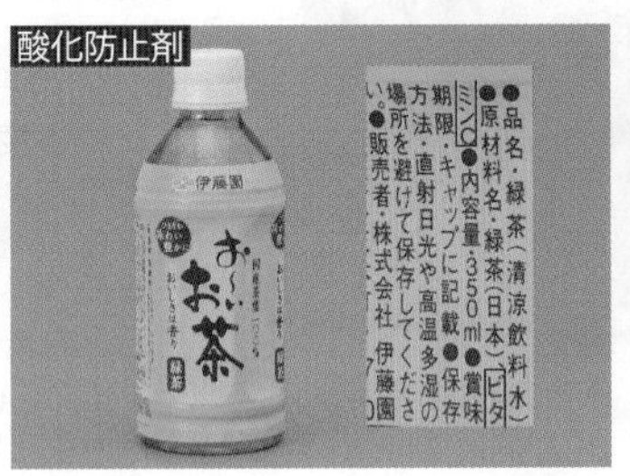

食品の酸化を防ぐために，還元作用を示す(酸化されやすい)亜硫酸塩やビタミンCを添加する。

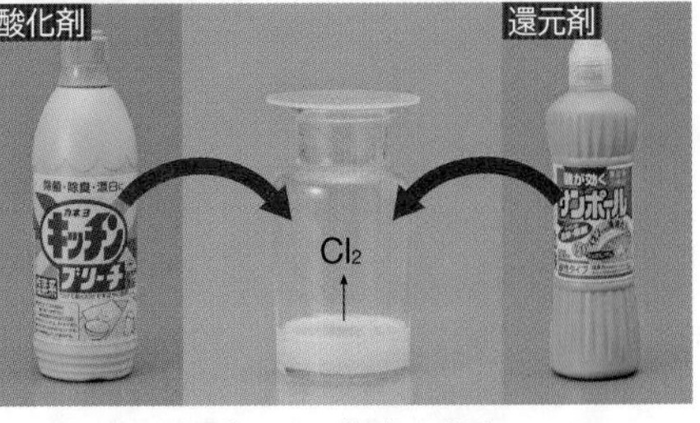

NaClO　混合による塩素の発生　HCl

$NaClO + 2HCl \longrightarrow NaCl + H_2O + Cl_2$

次亜塩素酸ナトリウムを主成分とする塩素系漂白剤と，塩酸を主成分とするトイレ用洗剤を混合すると，酸化還元反応が起こり有毒な塩素が発生する。空気より重い塩素は浴槽やトイレにたまりやすく非常に危険であるので取り扱いには注意が必要である。

思考 人類の歴史の中で，青銅の時代から鉄の時代という順番に時代が変化しているのはなぜか。

10 酸化還元滴定 1
Redox titration 1

過マンガン酸カリウムによる酸化還元滴定
redox titration

濃度既知の酸化剤(還元剤)を用いて，濃度未知の還元剤(酸化剤)の濃度を求める操作を**酸化還元滴定**という。 化学基礎

$KMnO_4$ 水溶液の濃度の決定

①シュウ酸の標準溶液(0.0500 mol/L)の調製

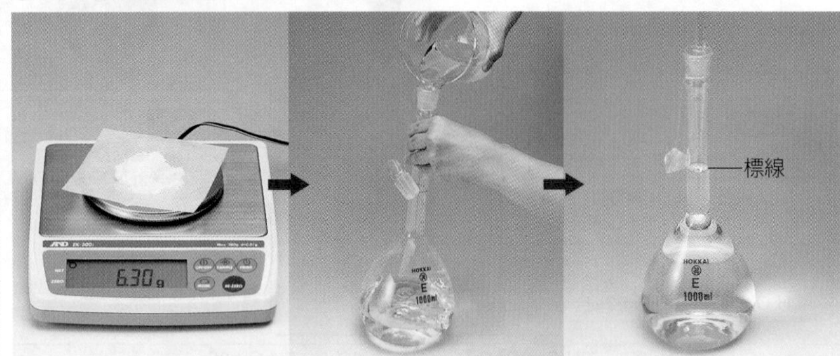

シュウ酸二水和物 6.30 g (0.0500 mol)を正確にはかり取る。ビーカーに入れ，純水を加えて溶かす。

水溶液をメスフラスコに移し，ビーカーを純水で洗い，洗液も入れる。

純水を標線まで加えたあと，よく振り混ぜて均一な溶液をつくる。

②過マンガン酸カリウム水溶液(約 0.02 mol/L)の調製

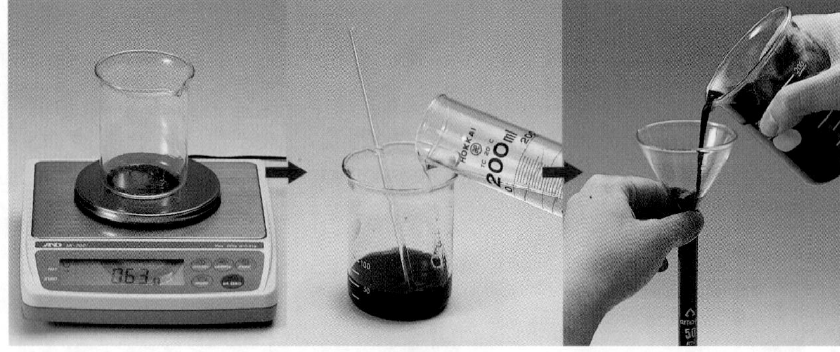

$KMnO_4$ 0.63 g をはかり取る。

200 mL の純水で $KMnO_4$ をすべて溶かす。

$KMnO_4$ 水溶液をビュレット[*1]に入れる。

③過マンガン酸カリウム水溶液の正確な濃度を求める[*2]

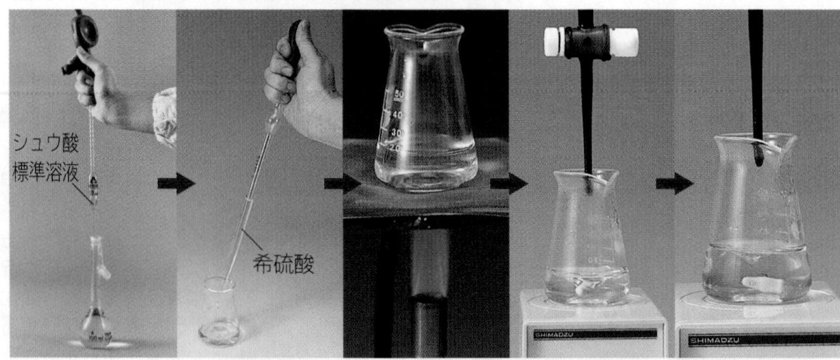

ホールピペットでシュウ酸標準溶液 10.0 mL をはかり取る。

希硫酸を適量加えて，酸性にする。

約 70℃に加熱して，反応速度を上げる。

$KMnO_4$ を滴下すると，始めは赤紫色がすぐに消える。

MnO_4^- の赤紫色が消えずに薄く残ったときを終点とする。[*3]

▶過マンガン酸カリウム水溶液の濃度計算

(1) 反応の物質量比を利用する

過マンガン酸カリウム $KMnO_4$(酸化剤)とシュウ酸 $H_2C_2O_4$(還元剤)の半反応式

酸化剤	$MnO_4^- + 8H^+ + 5e^- \longrightarrow Mn^{2+} + 4H_2O$ …(i)
還元剤	$H_2C_2O_4 \longrightarrow 2CO_2 + 2H^+ + 2e^-$ …(ii)

(i)×2＋(ii)×5 より全体のイオン反応式は

$$2MnO_4^- + 5H_2C_2O_4 + 6H^+ \longrightarrow 2Mn^{2+} + 8H_2O + 10CO_2$$

イオン反応式の係数から，反応の物質量比は

$MnO_4^- : H_2C_2O_4 = 2 : 5$

したがって，$KMnO_4$ 水溶液の滴下量を 10.2 mL とすると $KMnO_4$ のモル濃度 c〔mol/L〕は

$$c \times \frac{10.2}{1000} : 0.0500 \times \frac{10.0}{1000} = 2 : 5$$

$$c \times \frac{10.2}{1000} \times 5 = 0.0500 \times \frac{10.0}{1000} \times 2$$

$$c = 1.96 \times 10^{-2}\ \mathrm{mol/L}$$

(2) 授受される電子の物質量の関係を利用する

酸化還元反応が完了した時点で次の関係がなりたつ。

「酸化剤が得た電子の総物質量」
＝「還元剤が失った電子の総物質量」

本実験の酸化剤・還元剤の量的関係は(i)，(ii)から

「$KMnO_4$ の物質量×5」
＝「$H_2C_2O_4$ の物質量×2」

となる。

したがって，$KMnO_4$ 水溶液の滴下量を 10.2 mL とすると $KMnO_4$ のモル濃度 c〔mol/L〕は

$$c \times \frac{10.2}{1000} \times 5 = 0.0500 \times \frac{10.0}{1000} \times 2$$

$$c = 1.96 \times 10^{-2}\ \mathrm{mol/L}$$

*1 水溶液中の $KMnO_4$ は光に対して不安定で分解しやすいため**褐色ビュレット**を用いる。

*2 $KMnO_4$ は一部が分解し MnO_2 を含むなど，決まった濃度の水溶液を調製するのが難しい。そこで，シュウ酸の**標準溶液**を用いた滴定で $KMnO_4$ の濃度を決定する。

*3 硫酸酸性下で $KMnO_4$ が酸化剤として反応すると，赤紫色の MnO_4^- が淡桃色の Mn^{2+} に変化する。この Mn^{2+} の色は薄い水溶液ではほとんど無色に見える。

過酸化水素水の濃度の決定

過酸化水素水 10.0 mL をホールピペットで正確に取り，純水を加えて全体の量を 100 mL にする。

溶液 10.0 mL を正確にホールピペットで取り，希硫酸を適量加えて酸性にする。

$KMnO_4$ を滴下すると，始めは赤紫色がすぐに消える。

MnO_4^- の赤紫色が消えずに薄く残ったときを終点とする。

▶過酸化水素水の濃度計算

過マンガン酸カリウム $KMnO_4$(酸化剤)と過酸化水素 H_2O_2(還元剤)の半反応式

酸化剤 $MnO_4^- + 8H^+ + 5e^- \longrightarrow Mn^{2+} + 4H_2O$ …(i)

還元剤 $H_2O_2 \longrightarrow O_2 + 2H^+ + 2e^-$ …(ii)

(i)×2＋(ii)×5 よりイオン反応式は

$$2MnO_4^- + 5H_2O_2 + 6H^+ \longrightarrow 2Mn^{2+} + 5O_2 + 8H_2O$$

イオン反応式の係数から，反応の物質量比は

$MnO_4^- : H_2O_2 = 2 : 5$

したがって，$KMnO_4$ 水溶液の滴下量を 17.3 mL とすると H_2O_2 のモル濃度 c'〔mol/L〕は

$$1.96 \times 10^{-2} \times \frac{17.3}{1000} : c' \times \frac{1}{10} \times \frac{10.0}{1000} = 2 : 5$$

$c' = 0.848$ mol/L

酸化還元滴定で「硫酸」酸性にする理由

ADVANCE

① $KMnO_4$ 水溶液を酸性にする理由

$KMnO_4$ は溶液の条件により，酸化剤としてのはたらき方が異なる。酸化還元滴定では，MnO_4^-(赤紫色)が酸性条件下で酸化剤としてはたらいたときに Mn^{2+}(無色)になる色の変化を利用しているため，水素イオンを供給して酸性にする必要がある。

酸性のとき　$MnO_4^- + 8H^+ + 5e^- \longrightarrow Mn^{2+} + 4H_2O$

中性・塩基性のとき　$MnO_4^- + 2H_2O + 3e^- \longrightarrow MnO_2 + 4OH^-$

②酸性にするのに硫酸を用いる理由

塩酸を用いた場合，Cl^- が MnO_4^- によって酸化されるため Cl^- の分だけ MnO_4^- が消費される。このため，$KMnO_4$ 水溶液の滴下量は実際に終点までに必要な量より多くなる可能性がある。硝酸を用いた場合，NO_3^- が酸化剤としてはたらき H_2O_2 などの還元剤を消費する。このため，$KMnO_4$ 水溶液の滴下量は実際に終点までに必要な量より少なくなる可能性がある。希硫酸は酸化力も還元力ももたないため滴定に影響を及ぼさない。よって，酸性条件にするために適している。

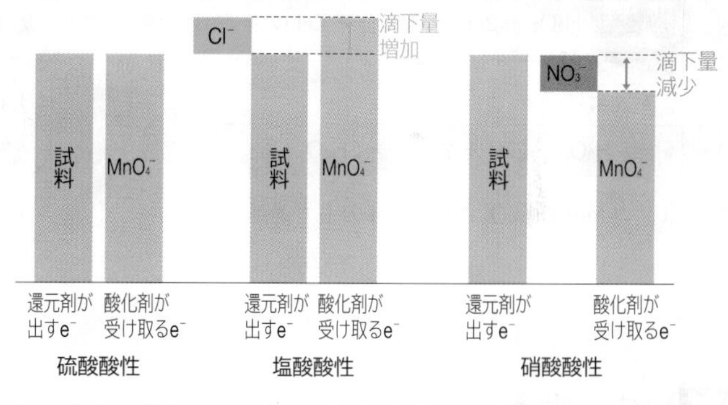

入試ではこう出る！

濃度不明の過酸化水素水の濃度を求めたい。この過酸化水素水 10.0 mL をビーカーに取り，硫酸酸性にしてから，濃度 0.0200 mol/L の過マンガン酸カリウム水溶液を滴下した。

(1)滴定の終了点はどのように判定すればよいか。30 字以内で述べよ。

(2)過酸化水素と $KMnO_4$ の反応は次式のように表すことができる。係数 a, b, c を定め，(ア)，(イ)に化学式を入れよ。

$$aH_2O_2 + bKMnO_4 + cH_2SO_4 \longrightarrow K_2SO_4 + a(\text{ ア }) + b(\text{ イ }) + 8H_2O$$

(3)反応が終了するまでに，濃度 0.0200 mol/L の過マンガン酸カリウム水溶液を 8.00 mL 要した。過酸化水素水のモル濃度を求めよ。ただし，答えは有効数字 3 桁で答えよ。　［明治薬科大　改］

【解答】(1)過マンガン酸イオンの赤紫色が消えずに着色したとき。

(2)a　5，b　2，c　3，ア　O_2，イ　$MnSO_4$

(3)4.00×10^{-2} mol/L

【解説】

(2)MnO_4^-，H_2O_2 の半反応式

$MnO_4^- + 8H^+ + 5e^- \longrightarrow Mn^{2+} + 4H_2O$ …①

$H_2O_2 \longrightarrow O_2 + 2H^+ + 2e^-$ …②

①×2＋②×5 より(電子 e^- を消去)

$5H_2O_2 + 2MnO_4^- + 6H^+ \longrightarrow 2Mn^{2+} + 5O_2 + 8H_2O$ …③

化学反応式にするには $3SO_4^{2-}$ (H^+ の対の物質)，$2K^+$ (MnO_4^- の対の物質)を加えて整理する。

$$5H_2O_2 + 2KMnO_4 + 3H_2SO_4 \longrightarrow K_2SO_4 + 5O_2 + 2MnSO_4 + 8H_2O$$

(3)③より，反応の物質量比は

$KMnO_4 : H_2O_2 = 2 : 5$

したがって，H_2O_2 の濃度を C〔mol/L〕とすると，

$$0.0200 \times \frac{8.00}{1000} : C \times \frac{10.0}{1000} = 2 : 5,\quad C = 4.00 \times 10^{-2}\ \text{mol/L}$$

11 酸化還元滴定 2

Redox titration 2

ヨウ素による酸化還元滴定

濃度未知の酸化剤の水溶液に過剰のヨウ化カリウム KI を加える。遊離したヨウ素 I_2 を濃度既知のチオ硫酸ナトリウム $Na_2S_2O_3$ 水溶液で滴定する。

ヨウ素滴定による過酸化水素水の濃度決定

過酸化水素水の濃度をヨウ素滴定で決定する。

*1 デンプンはヨウ素によって青紫色に呈色する。

①過酸化水素水と過剰のヨウ化カリウムの反応

過酸化水素水 H_2O_2 を正確にはかり，希硫酸を加え，酸性にする。

十分な量のヨウ化カリウム KI 水溶液を加え，H_2O_2 と反応させると，ヨウ素 I_2 が遊離し，溶液が褐色になる。

②チオ硫酸ナトリウム水溶液での滴定

$Na_2S_2O_3$ 水溶液の滴下により，I_2 は I^- となるので，水溶液の色は薄くなる。

指示薬としてデンプン水溶液*1 を途中で加えると青紫色になり，色の変化が見やすくなる。

I_2 がすべて反応し，青紫色が消えたところが終点となる。

①で起こっている反応

酸化剤	$H_2O_2 + 2H^+ + 2e^- \longrightarrow 2H_2O$	…(i)
還元剤	$2I^- \longrightarrow I_2 + 2e^-$	…(ii)

i + ii より

$$H_2O_2 + 2H^+ + 2I^- \longrightarrow 2H_2O + I_2$$

1 mol の H_2O_2 から 1 mol の I_2 が遊離

②で起こっている反応

酸化剤	$I_2 + 2e^- \longrightarrow 2I^-$	…(iii)
還元剤	$2S_2O_3^{2-} \longrightarrow S_4O_6^{2-} + 2e^-$	…(iv)

iii + iv より

$$I_2 + 2S_2O_3^{2-} \longrightarrow 2I^- + S_4O_6^{2-}$$

1 mol の I_2 と 2 mol の $Na_2S_2O_3$ が過不足なく反応

量的関係

	H_2O_2 ：	I_2 ：	$Na_2S_2O_3$
①の反応	1 mol ：	1 mol	
②の反応		1 mol ：	2 mol
全体	1 mol ：	1 mol ：	2 mol
反応する物質量	滴定に用いた物質量 $\frac{1}{2}x$〔mol〕		滴定に要した物質量 x〔mol〕

入試 ではこう出る！

【DO(溶存酸素)】 水の汚染や水中での生物活動を知るために，水に溶けている酸素(溶存酸素)を定量することは重要である。ある河川で採取した試料の溶存酸素(DO)を，酸化還元反応を利用して測定すると以下のようになる。

① 試料水 100 mL に水酸化ナトリウム水溶液中で硫酸マンガン水溶液を反応させると，水酸化マンガンの白色沈殿 $Mn(OH)_2$ が生じた。また，この沈殿は試料中の酸素により酸化され灰色沈殿 $MnO(OH)_2$ を生じた。

$$2Mn(OH)_2 + O_2 \longrightarrow 2MnO(OH)_2$$

② ①に硫酸を加えて酸性にしたのち，ヨウ化カリウム水溶液を加えると，沈殿が溶解してヨウ素が遊離して溶液は黄褐色になった。

$$MnO(OH)_2 + 2I^- + 4H^+ \longrightarrow Mn^{2+} + I_2 + 3H_2O$$

③ ②の水溶液を 0.025 mol/L のチオ硫酸ナトリウム水溶液 $Na_2S_2O_3$ を用いて滴定を行うと，3.0 mL を要した。

$$I_2 + 2Na_2S_2O_3 \longrightarrow 2NaI + Na_2S_4O_6$$

溶存酸素 DO〔mg/L〕を有効数字 2 桁で求めよ。

【解答】

	O_2	$MnO(OH)_2$	I_2	$Na_2S_2O_3$
①での反応	1 mol	2 mol		
②での反応		1 mol × 2 = 2 mol	1 mol × 2 = 2 mol	
③での反応			1 mol × 2 = 2 mol	2 mol × 2 = 4 mol
全体	1 mol	2 mol	2 mol	4 mol

O_2 と $Na_2S_2O_3$ の反応する物質量〔mol〕の比は，次のようになる。

$$O_2 : Na_2S_2O_3 = 1 : 4 = x : 0.025\ \text{mol/L} \times \frac{3.0}{1000}\ \text{L}$$

したがって，

溶存酸素の物質量 $x = 1.875 \times 10^{-5}$〔mol〕

よって，DO〔mg/L〕は，

$$\frac{32\ \text{g/mol} \times 10^3\ \text{mg/g} \times 1.875 \times 10^{-5}\ \text{mol}}{0.100\ \text{L}} = 6.0\ \text{mg/L}$$

COD(化学的酸素要求量)

日本産業規格(JIS)で定められた水質汚染の一つの指標。水中の有機物を酸化分解するのに必要とされる酸素量〔mg〕のことである。

COD(Chemical Oxygen Demand)の測定

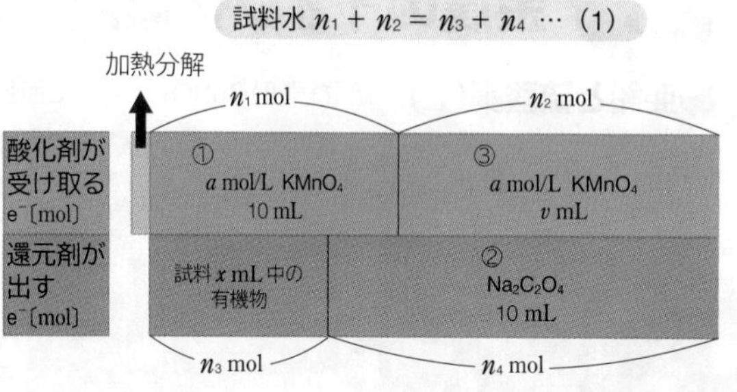

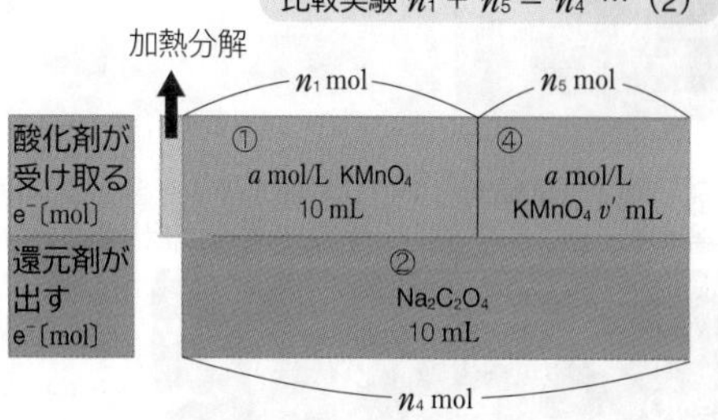

(濃度決定)約 0.002 mol/L $KMnO_4$ 硫酸酸性水溶液をつくり，濃度既知のシュウ酸ナトリウム $Na_2C_2O_4$ 水溶液を使って酸化還元滴定を行い，$KMnO_4$ 水溶液の正確な濃度を決定する。この濃度を a mol/L とする。

①試料水 x mL を取り，純水で薄めて 50 mL にする(きれいな河川水ならそのまま 50 mL 取る)。これに a mol/L $KMnO_4$ 硫酸酸性水溶液を 10 mL 加えて沸騰水浴中で加熱する。もし，$KMnO_4$ の赤紫色が消えたら，試料を純水で希釈し同様の操作を行う。これにより，試料中の有機物を完全に酸化する。このとき，MnO_4^- は次式の反応で消費される。

$$MnO_4^- + 8H^+ + 5e^- \longrightarrow Mn^{2+} + 4H_2O$$

②未反応で残っている $KMnO_4$ を $Na_2C_2O_4$ 水溶液 10 mL と反応させ，$KMnO_4$ の赤紫色が消えるのを確認する。

$$C_2O_4^{2-} \longrightarrow 2CO_2 + 2e^-$$

③$KMnO_4$ で滴定し，溶液に薄く色がついて消えなくなるところを終点とする。終点まで加えた $KMnO_4$ 水溶液の体積を v mL とする。

$$2MnO_4^- + 5C_2O_4^{2-} + 16H^+ \longrightarrow 2Mn^{2+} + 10CO_2 + 8H_2O$$

④空実験(ブランク)として試料水のかわりに純水 50 mL で同様の実験をし，溶媒の汚染などによる滴定の誤差を補正する。そのとき滴下した $KMnO_4$ の体積を v' mL とする。

(CODの決定)上図の式(1)(2)より，$n_2 - n_5 = n_3$

試料水 1.0 L 中の還元性物質を酸化するのに必要な $KMnO_4$ の物質量は

$$a \times \left(\frac{v - v'}{1000}\right) \times \frac{1000}{x} = \frac{a(v - v')}{x} \text{〔mol〕}$$

$KMnO_4$ のかわりに，O_2 で酸化したとすると，必要な O_2 の質量〔mg〕は，$O_2 + 4H^+ + 4e^- \longrightarrow 2H_2O$ から $\left(\frac{a(v - v')}{x} \times \frac{5}{4} \times 32 \times 1000\right)$〔mg〕となり，この数値が COD の値となる。

入試ではこう出る!

COD_{Mn} を①〜③の手順で求めた。(1)〜(3)に答えよ。

① 試料水 0.100 L を取り硫酸酸性にして 2.00×10^{-2} mol/L の $KMnO_4$ 水溶液 10.0 mL を加え混合し加熱した。加熱後も混合溶液は赤紫色を呈していた。これを溶液 A とする。この過程で MnO_4^- は，試料水中の還元性物質によって，次式の反応で消費される。

$$MnO_4^- + 8H^+ + 5e^- \longrightarrow Mn^{2+} + 4H_2O$$

また，$KMnO_4$ のかわりに O_2 で酸化したとすると，酸素は次式の反応で消費される。

$$O_2 + 4H^+ + 4e^- \longrightarrow 2H_2O$$

② 溶液 A に 5.00×10^{-2} mol/L の $Na_2C_2O_4$ 水溶液 10.0 mL を加えると，無色となった。この無色の溶液を溶液 B とする。

③ さらに溶液 B を 2.00×10^{-2} mol/L の $KMnO_4$ で滴定したところ，終点に達するまでに 2.50 mL 必要であった。なお，$C_2O_4^{2-}$ と MnO_4^- との反応は次式で表される。

$$2MnO_4^- + 5C_2O_4^{2-} + 16H^+ \longrightarrow 2Mn^{2+} + 10CO_2 + 8H_2O$$

(1)溶液 B に含まれる $Na_2C_2O_4$ は何 mol か。有効数字 3 桁で求めよ。
(2)溶液 A に含まれる $KMnO_4$ は何 mol か。有効数字 3 桁で求めよ。
(3)試料水の COD_{Mn} を有効数字 2 桁で求めよ。

【解答】(1)溶液 B 中の $Na_2C_2O_4$ を x〔mol〕とすると

$$x \times 2 = 2.00 \times 10^{-2} \times \frac{2.50}{1000} \times 5$$

$$x = 1.25 \times 10^{-4} \text{ mol}$$

(2)溶液 A 中の $KMnO_4$ を y〔mol〕とすると

$$y \times 5 = \left(5.00 \times 10^{-2} \times \frac{10.0}{1000} - 1.25 \times 10^{-4}\right) \times 2$$

$$y = 1.50 \times 10^{-4} \text{ mol}$$

(3)最初に加えた $KMnO_4$ 水溶液 10.0 mL 中の $KMnO_4$ は

$$2.00 \times 10^{-2} \times \frac{10.0}{1000} = 2.00 \times 10^{-4} \text{ mol}$$

溶液 A をつくる過程で消費された $KMnO_4$ は

$$2.00 \times 10^{-4} - 1.50 \times 10^{-4} = 0.50 \times 10^{-4} = 5.0 \times 10^{-5} \text{ mol}$$

これを試料水 1.0 L に含まれる還元性物質を酸化するのに要する O_2 の質量に換算すると

$$5.0 \times 10^{-5} \times \frac{1.0}{0.100} \times \frac{5}{4} \times 32 = 2.0 \times 10^{-2} \text{ g} = 20 \text{ mg}$$

12 金属のイオン化傾向

Ionization tendency of metals

1 金属のイオン化傾向

ionization tendency

金属が水溶液中で陽イオンになろうとする性質を**金属のイオン化傾向**という。イオン化傾向が大きい金属ほど陽イオンになりやすい。  化学基礎

亜鉛と硫酸銅(Ⅱ)

硫酸銅(Ⅱ) $CuSO_4$ 水溶液に亜鉛 Zn を浸すと銅 Cu が析出する。

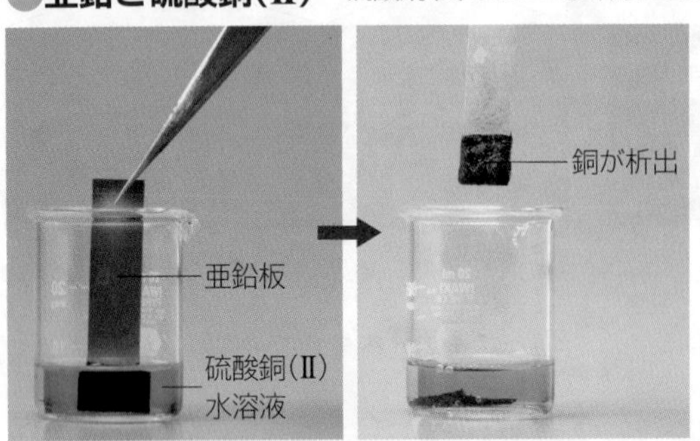

亜鉛 Zn は，水溶液に溶け出し亜鉛イオン Zn^{2+} となる。そのとき放出された電子を銅(Ⅱ)イオン Cu^{2+} が受け取り単体の銅 Cu となる。

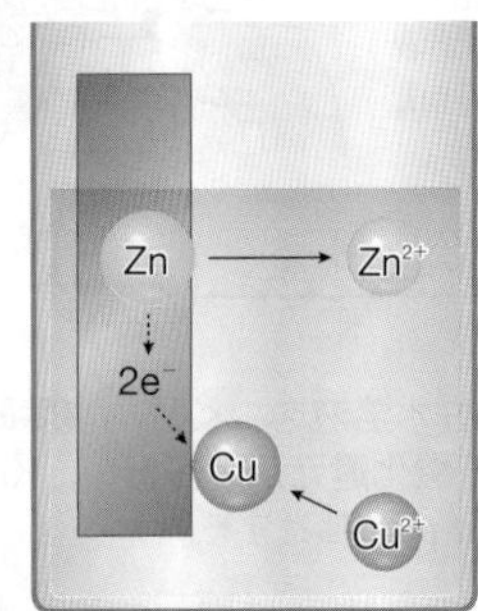

亜鉛側　$Zn \longrightarrow Zn^{2+} + 2e^-$

銅側　$Cu^{2+} + 2e^- \longrightarrow Cu$

全体　$Zn + Cu^{2+} \longrightarrow Zn^{2+} + Cu$（$2e^-$）

亜鉛の方が銅よりも陽イオンになりやすい。

亜鉛の方が銅よりもイオン化傾向が大きい。

Zn > Cu

金属樹

イオン化傾向の小さい金属イオンを含む水溶液にイオン化傾向の大きい金属を入れると，金属は陽イオンとなって溶解し，金属イオンは析出する。金属が析出する様から**金属樹**とよばれる。

銀樹

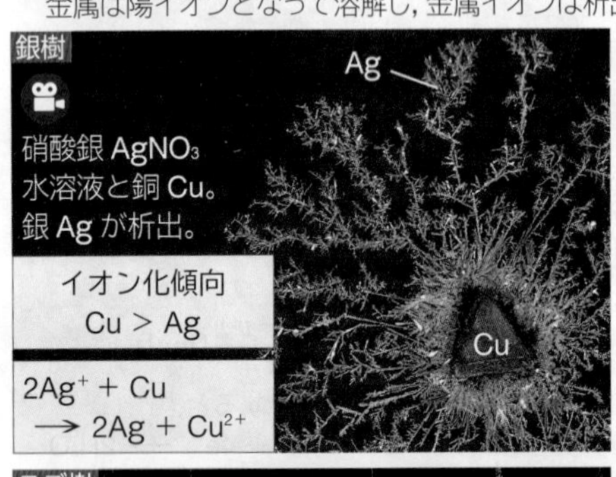

硝酸銀 $AgNO_3$ 水溶液と銅 Cu。銀 Ag が析出。

イオン化傾向 Cu > Ag

$2Ag^+ + Cu \longrightarrow 2Ag + Cu^{2+}$

銅樹

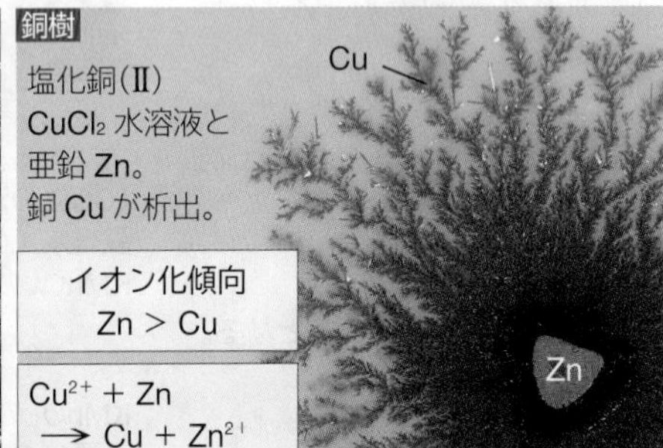

塩化銅(Ⅱ) $CuCl_2$ 水溶液と亜鉛 Zn。銅 Cu が析出。

イオン化傾向 Zn > Cu

$Cu^{2+} + Zn \longrightarrow Cu + Zn^{2+}$

スズ樹

塩化スズ(Ⅱ) $SnCl_2$ 水溶液と亜鉛 Zn。スズ Sn が析出。

イオン化傾向 Zn > Sn

$Sn^{2+} + Zn \longrightarrow Sn + Zn^{2+}$

鉛樹

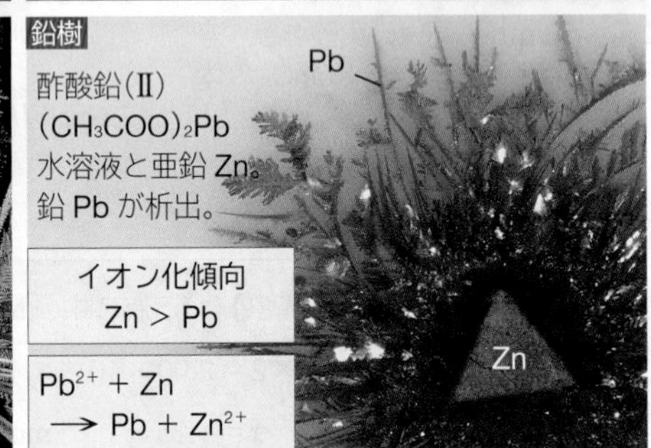

酢酸鉛(Ⅱ) $(CH_3COO)_2Pb$ 水溶液と亜鉛 Zn。鉛 Pb が析出。

イオン化傾向 Zn > Pb

$Pb^{2+} + Zn \longrightarrow Pb + Zn^{2+}$

酸との反応

酸に水素よりイオン化傾向の大きい金属を入れると，水素が発生する。

▶亜鉛と塩酸

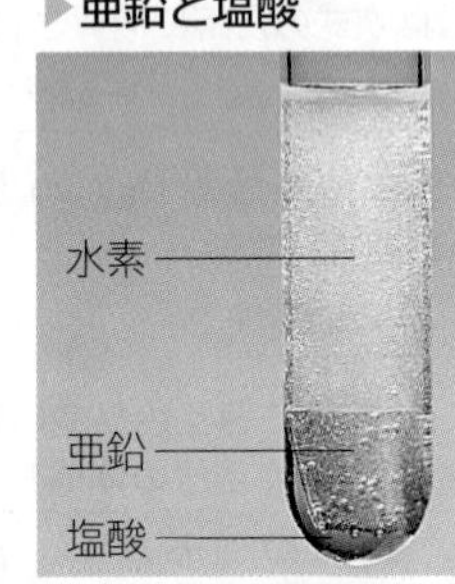

塩酸に亜鉛 Zn を入れると，水素 H_2 が発生する。

イオン化傾向 Zn > H_2

$Zn + 2H^+ \longrightarrow Zn^{2+} + H_2$

▶銅と塩酸

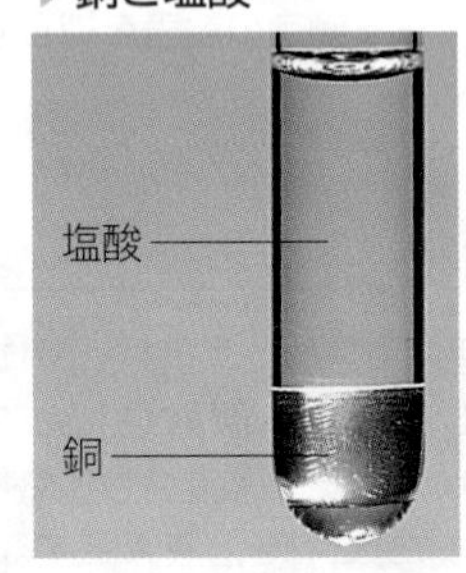

塩酸に銅 Cu を入れても，反応は起こらない。

イオン化傾向 H_2 > Cu

反応が起こらない

2 金属間の電位差とイオン化列

ionization series

金属の種類によってイオン化傾向が異なる。金属をイオン化傾向の大きい順に並べたものを**イオン化列**という。 化学基礎 発展

2種類の金属間に流れる電流

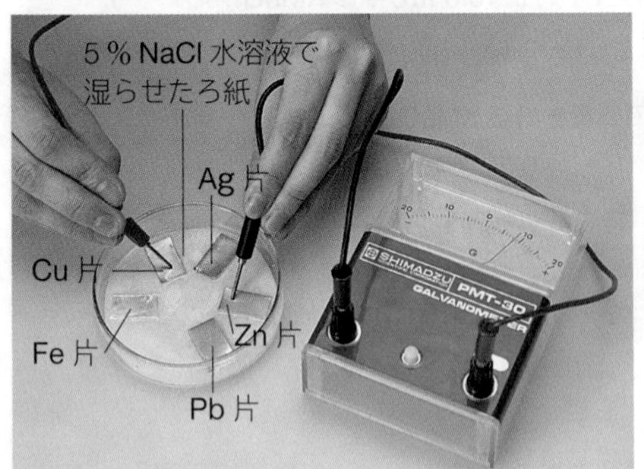

検流計は，マイナス端子(黒)に電子が流れ込むと針が正方向(右)に振れる。したがって，Zn から Cu へ電子が流れている。Zn が Cu よりも電子を出しやすい(イオン化傾向が大きい)ことを示している。

標準電極電位

発展 (p.347)

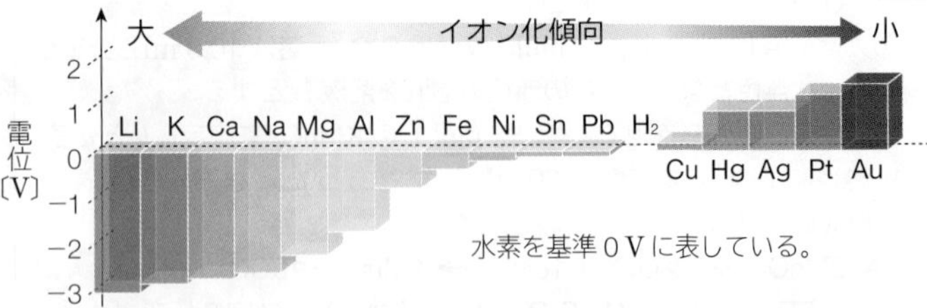

水素電極の電位を基準(0 V)としたときの各電極の電位を**標準電極電位**という。標準電極電位が小さければ小さいほど電子を放出しやすい。つまり，陽イオンになりやすく，酸化されやすい。イオン化列は標準電極電位をもとに決められている。

思考　海沿いに置いてある自転車などの金属部分がさびやすいのはなぜか。

3 金属のイオン化傾向と反応性

イオン化傾向の大きな金属ほど反応性に富む。これは，金属が陽イオンになって，相手に電子を与える傾向が強いからである。

イオン化列	Li	K	Ca	Na	Mg	Al	Zn	Fe	Ni	Sn	Pb	H_2	Cu	Hg	Ag	Pt	Au
水との反応	常温で反応				高温で反応	高温の水蒸気と反応			反応しない								
酸との反応	塩酸や希硫酸と反応し水素を発生[*1]												硝酸，熱濃硫酸と反応[*2]			王水[*3]と反応[*4]	
空気中での酸化	常温ですぐ酸化される				*5	常温で酸化被膜をつくる							*6	常温で酸化されにくい			
自然界での産出	化合物としてのみ存在											化合物または単体として存在				単体として存在	

[*1] Pb は塩酸や希硫酸と不溶性の塩をつくるため溶けにくい。
[*2] Al，Fe，Ni などは濃硝酸と反応すると不動態(表面にち密な酸化被膜が生じ，内部が保護されている状態)を形成し溶けない。
[*3] 濃硝酸と濃塩酸を体積比 1：3 で混合した溶液。
[*4] Ag は表面を塩化銀がおおい反応が進まなくなる。
[*5] Mg は加熱すると燃える。
[*6] Cu は乾燥空気では酸化されにくいが，強熱したり湿気があると酸化される。

反応性の例

K と水

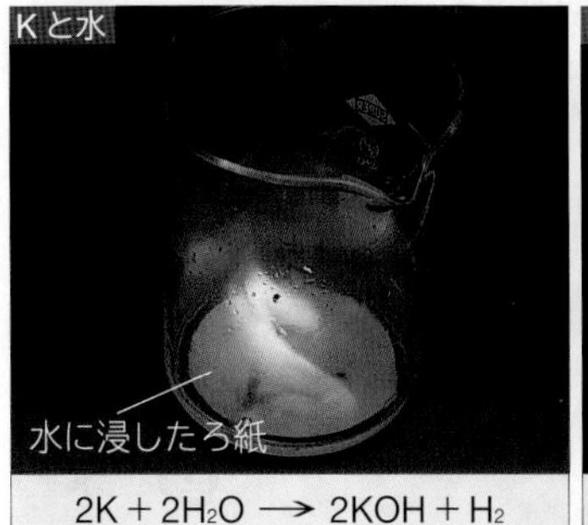

$2K + 2H_2O \longrightarrow 2KOH + H_2$

Na と水

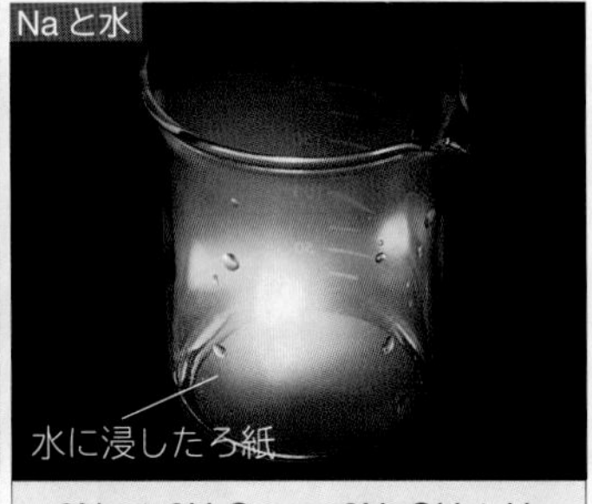

$2Na + 2H_2O \longrightarrow 2NaOH + H_2$

Mg と熱水

$Mg + 2H_2O \longrightarrow Mg(OH)_2 + H_2$

Mg と塩酸

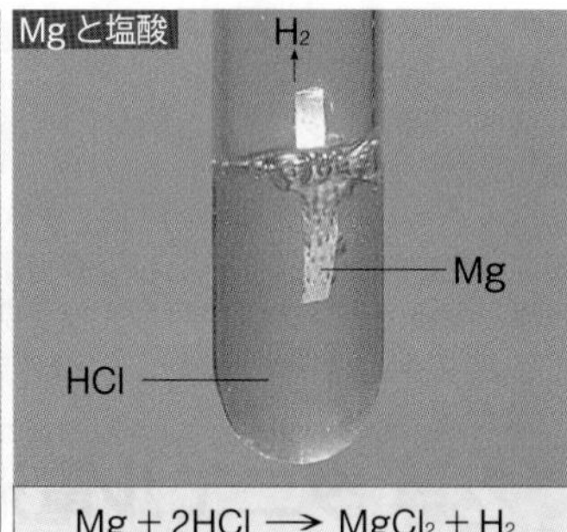

$Mg + 2HCl \longrightarrow MgCl_2 + H_2$

Cu と希硝酸

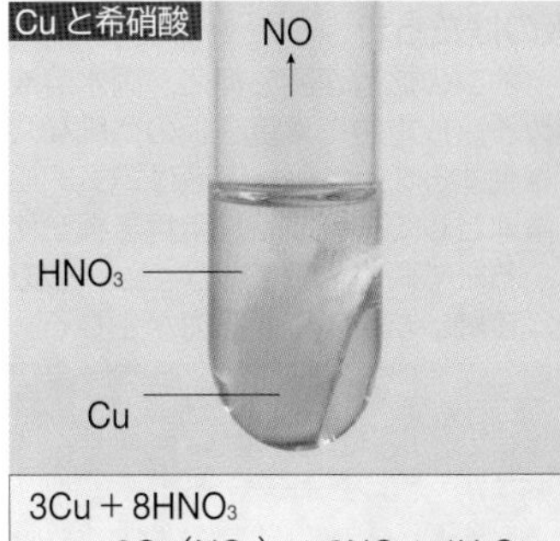

$3Cu + 8HNO_3 \longrightarrow 3Cu(NO_3)_2 + 2NO + 4H_2O$

Cu と濃硝酸

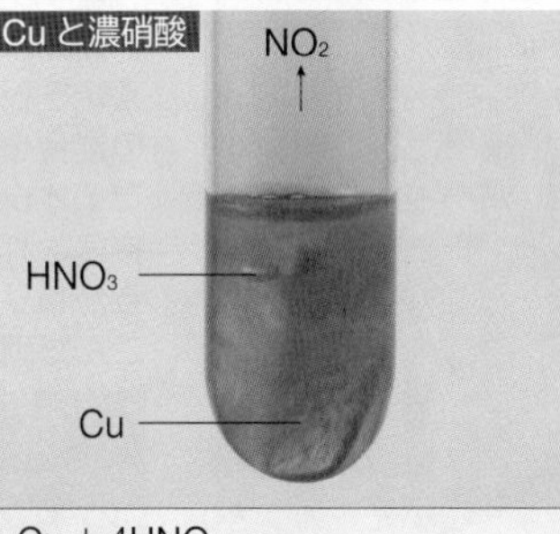

$Cu + 4HNO_3 \longrightarrow Cu(NO_3)_2 + 2NO_2 + 2H_2O$

Ag と塩酸

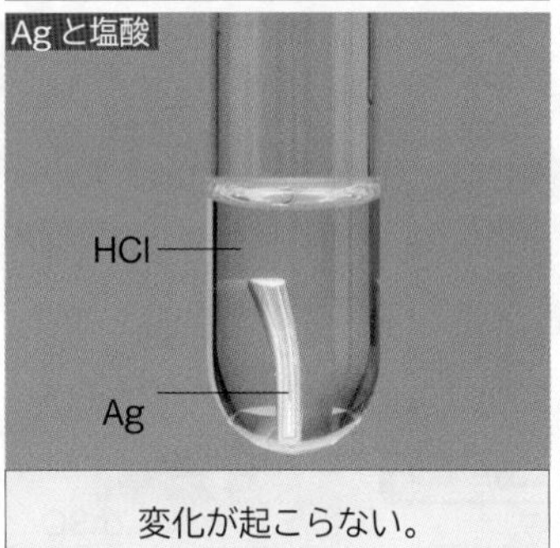

変化が起こらない。

Au と王水

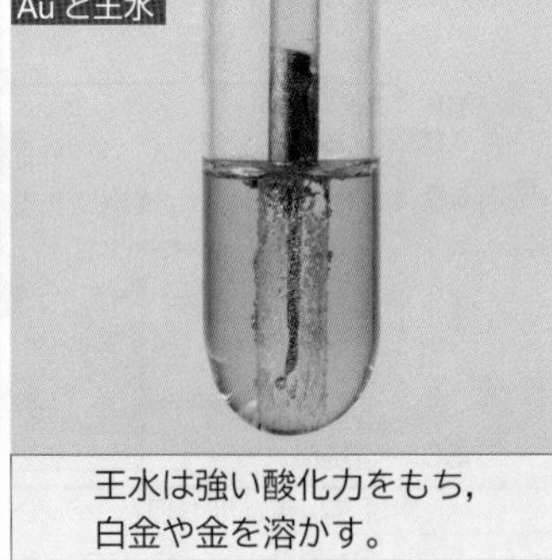

王水は強い酸化力をもち，白金や金を溶かす。

局部電池 発展

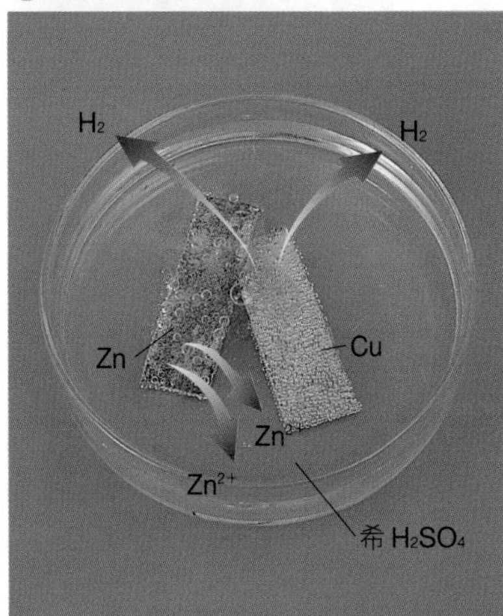

希硫酸中で銅板と亜鉛板を接触させると，亜鉛から銅の方向に電子 e^- が流れる。これが**局部電池**といわれるものである。この結果，亜鉛は溶け，銅板の表面では，気体の水素が発生する。

亜鉛板
$Zn \longrightarrow Zn^{2+} + 2e^-$

銅板
$2H^+ + 2e^- \longrightarrow H_2\uparrow$

トタンとブリキ

トタン

トタンは鉄(鋼)板を亜鉛でめっきしたもの。亜鉛は，ち密な酸化被膜をつくり内部を保護する。また，傷がついても，イオン化傾向の大きい亜鉛が溶け，鉄の腐食を防ぐ。

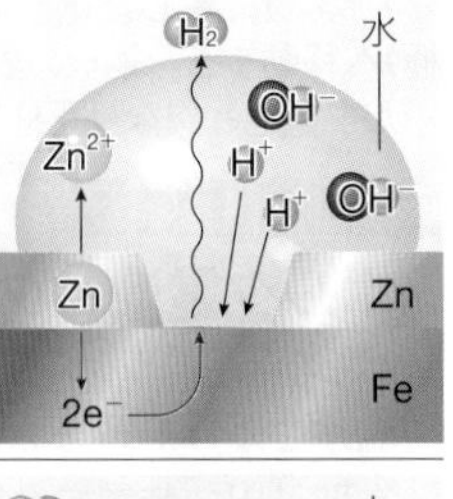

ブリキ

ブリキは鉄(鋼)板をスズでめっきしたもの。スズはさびにくいが，傷がついてしまうと，イオン化傾向の大きな鉄が溶け出してしまい，鉄の腐食が進む。

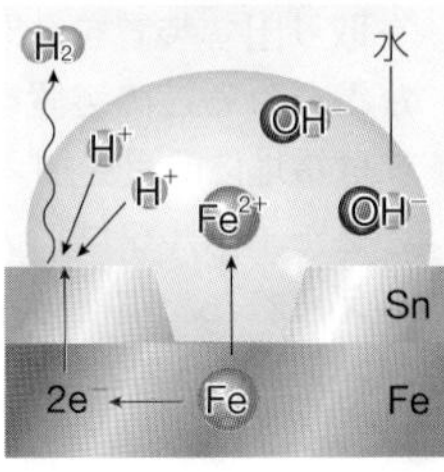

2 物質の変化

化学基礎　化学

13 電池 1
Chemical cells 1

1 ボルタ電池
voltaic cell

化学反応(酸化還元反応)を利用して**化学エネルギーを電気エネルギー**として取り出す装置を電池(化学電池)という。酸化剤，還元剤を間接的に反応させることで電流を取り出すことができる。

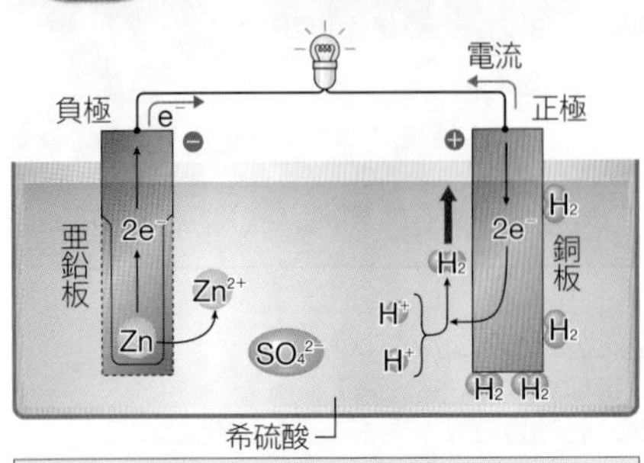

(−) Zn | H_2SO_4 aq | Cu (+)

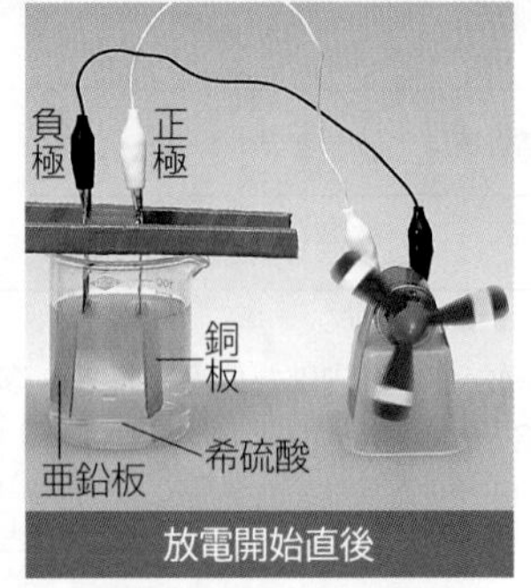

放電開始直後

イオン化傾向の大きい亜鉛板 Zn (負極)が溶け，生じた電子は導線を通って銅板へ移動する。銅板(正極)の表面で水中の水素イオン H^+ が電子を受け取り水素 H_2 が発生する。酸化還元反応によって生じた化学エネルギーを電気エネルギーとして利用することで豆電球は点灯している。

負極	$Zn \longrightarrow Zn^{2+} + 2e^-$	酸化
正極	$2H^+ + 2e^- \longrightarrow H_2$	還元

正極，負極で電子の受け渡しを行う物質を**活物質**という。ボルタ電池では，亜鉛 Zn が負極活物質，水素イオン H^+ が正極活物質である。

ADVANCE 水素過電圧

一般に，金属表面で水素イオンが還元され水素が発生する際，理論的な電圧よりも大きな電圧が必要となる。水素の発生に必要な実際の電圧と理論的な電圧との差を**水素過電圧**という。水素過電圧は金属の種類によって異なり，その大きさは次の順になる。　Pt < Au < Ni < Cu < Cd < Pb < Zn < Hg

亜鉛はイオン化傾向が大きく，希硫酸や希塩酸に溶解する。しかし，亜鉛と銅を接触させて希硫酸に浸すと，亜鉛の表面だけでなく水素過電圧の小さい銅の表面でも水素が発生する。この現象によってボルタ電池は電流を生じる。

2 ダニエル電池
Daniell cell

ダニエル電池はボルタ電池を改良したもので，正極の表面に水素が発生せず，電圧が低下しにくい。

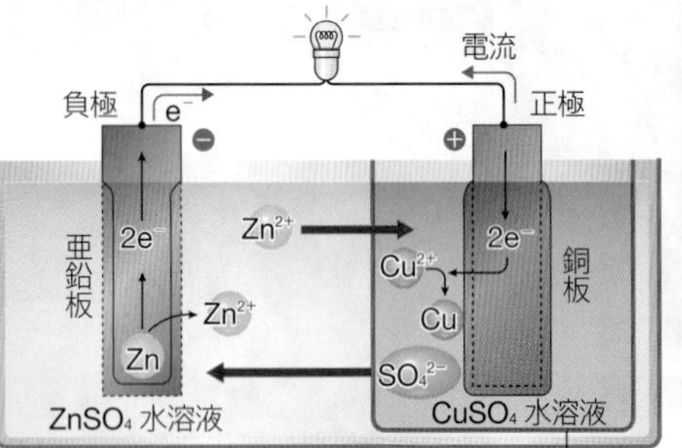

(−) Zn | $ZnSO_4$ aq | $CuSO_4$ aq | Cu (+)

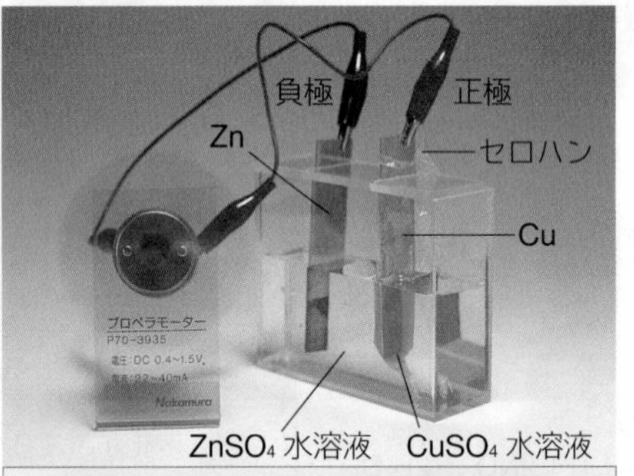

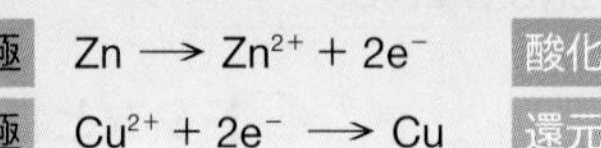

負極	$Zn \longrightarrow Zn^{2+} + 2e^-$	酸化
正極	$Cu^{2+} + 2e^- \longrightarrow Cu$	還元

イオン化傾向の大きい亜鉛板 Zn(負極，負極活物質)が溶け，生じた電子は導線を通り銅板 Cu(正極)へ移動する。銅板の表面で銅(II)イオン Cu^{2+} (正極活物質)が電子を受け取り銅 Cu が析出する。ボルタ電池と異なり正極で水素が発生しないため，長時間の利用が可能である。

▶素焼き板のはたらき

素焼き板はイオンの拡散速度を抑え，両水溶液の混合を遅める。放電中に素焼き板の微細な穴をイオンが移動することで両水溶液は電気的に接続され，電池として機能する。素焼き板を使うかわりに，ろ紙で両水溶液をつなぐと，しみこんだ両液が接触した瞬間に起電力が生じる。

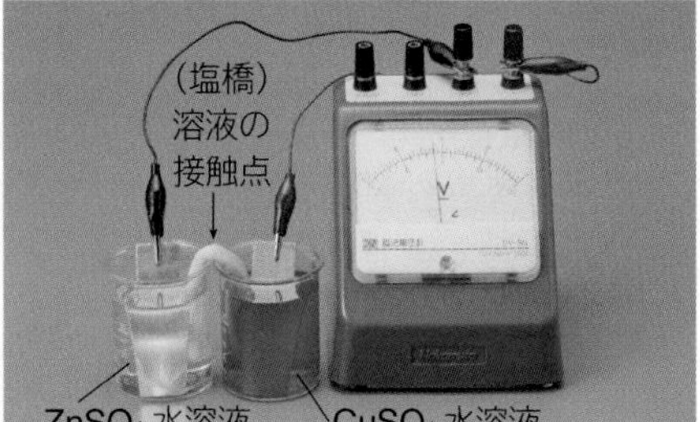

TOPICS ボルタ電池とダニエル電池

1794 年，ボルタは銅と亜鉛などの金属板の間に食塩水を浸した布をはさんだものを積み重ねて電流を取り出す装置を発明した。微小電流だが高電圧が得られるこの装置をボルタの電堆(でんたい)という。ボルタは電堆に改良を加え，1800 年ごろに電池を完成させた。ボルタはこの功績で勲章と伯爵の地位を与えられた。電圧の単位 V(ボルト)もボルタの名前からつけられたものである。

1836 年，ダニエルは，ボルタ電池の欠点である起電力の低下を防ぐ工夫を施した電池を考案した。ダニエル電池はすぐに評判になり，当時，世界各地で設立されはじめた電信会社の電源として採用された。1854 年に日米和親条約締結のため来日したペリーが将軍家に献上した電信機の電源もダニエル電池であった。その電信機の実験のようすを見聞した佐久間象山が，日本人として初めてダニエル電池をつくったといわれている。

表現 ダニエル電池の素焼きの板を取り除くと，電池の性能はどのように変化するか，理由とともに説明せよ。

3 鉛蓄電池
lead storage battery

鉛蓄電池は充電が可能な二次電池である。自動車のバッテリーとしても利用されている。ボルタ電池やダニエル電池のように充電のできない電池は一次電池という。

化学基礎
化学

鉛蓄電池

(−) Pb | H_2SO_4 aq | PbO_2 (+)

起電力 約 2.0 V

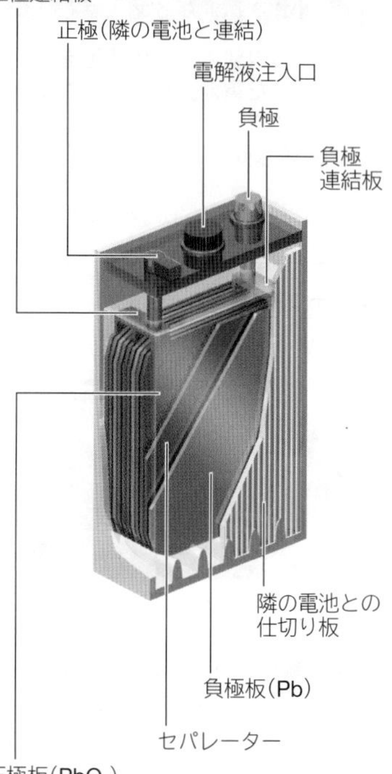

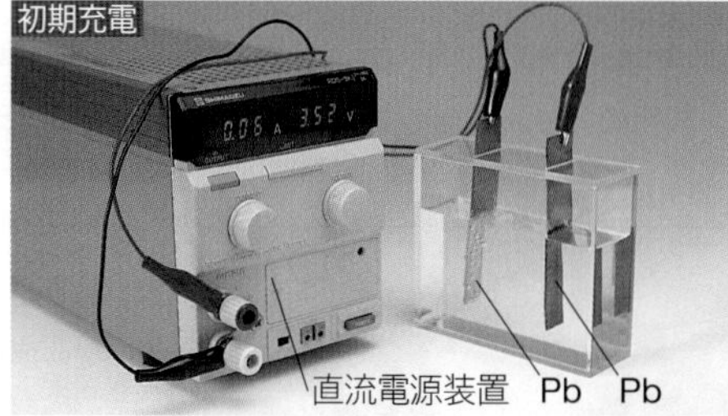

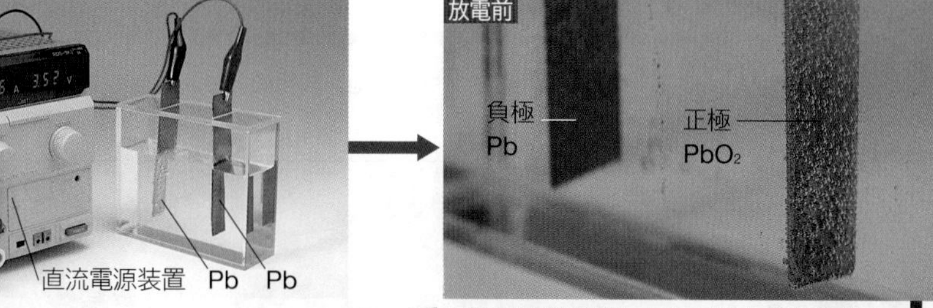

充電

正極では鉛が酸化されて酸化鉛(Ⅳ)が生成し，表面が褐色になっている。

放電後

負極 $PbSO_4$

正極 $PbSO_4$

負極，正極ともに白色の硫酸鉛(Ⅱ)$PbSO_4$ でおおわれている。

放電

負極では鉛 Pb が電子を放出し酸化され，正極では酸化鉛(Ⅳ)PbO_2 が電子を受け取って還元される。

〈放電〉

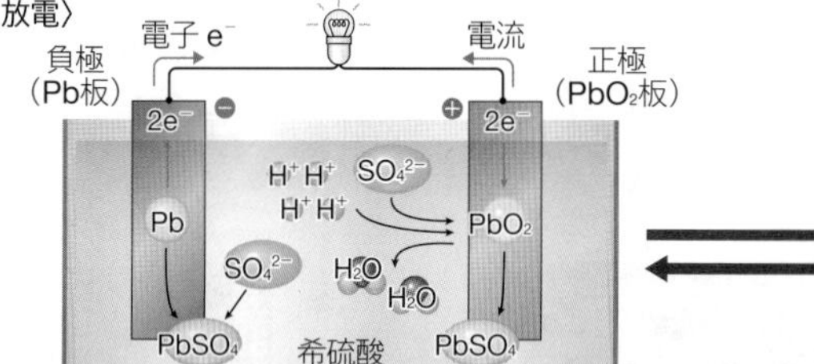

〈充電〉

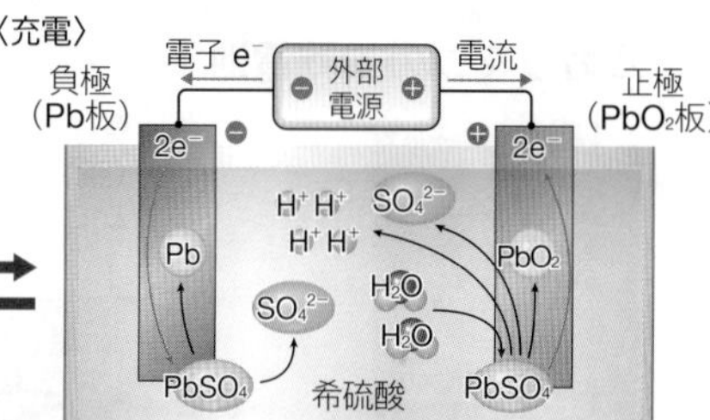

	放電
負極	$Pb + SO_4^{2-} \longrightarrow PbSO_4 + 2e^-$
正極	$PbO_2 + 4H^+ + SO_4^{2-} + 2e^- \longrightarrow PbSO_4 + 2H_2O$

負極では Pb(負極活物質)が酸化されて，正極では PbO_2(正極活物質)が還元されて，ともに $PbSO_4$ が生じる。**硫酸の濃度も下がるため，起電力は低下する。**

	充電
負極	$PbSO_4 + 2e^- \longrightarrow Pb + SO_4^{2-}$
正極	$PbSO_4 + 2H_2O \longrightarrow PbO_2 + 4H^+ + SO_4^{2-} + 2e^-$

外部電源をつないで電流を流すと，放電とは逆の反応が起こり，もとの状態に戻る。

$$Pb + PbO_2 + 2H_2SO_4 \underset{充電}{\overset{放電}{\rightleftarrows}} 2PbSO_4 + 2H_2O$$

入試ではこう出る!

鉛蓄電池を放電したとき，正極，負極の質量の変化量の関係を表す直線として最も適当なものを，図の①～⑥のうちから一つ選べ。 [センター試験　改]

電子 2 mol 分の放電があったときの電極，電解液の質量変化は以下のとおりである。
(原子量　H：1.0，O：16，S：32，Pb：207)

	放電前			放電後		質量変化
正極	PbO_2	1 mol	⟶	$PbSO_4$	1 mol	＋64 g (303 − 239)
負極	Pb	1 mol	⟶	$PbSO_4$	1 mol	＋96 g (303 − 207)
電解液	H_2SO_4	2 mol	⟶	H_2O	2 mol	− 160 g (98 × 2 − 18 × 2)

正極，負極の質量変化の比は，96/64 = 1.5
よって，傾きが 1.5 の直線である①が最も適当である。 【解答】①

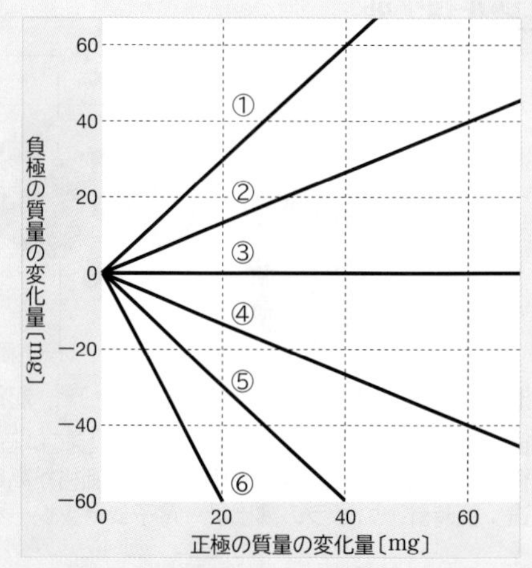

14 電池 2
Chemical cells 2

1 一次電池
primary battery

使い切りタイプの電池。放電のみで，充電してのくり返し使用ができない。

化学基礎
化学

マンガン乾電池(塩化亜鉛乾電池)

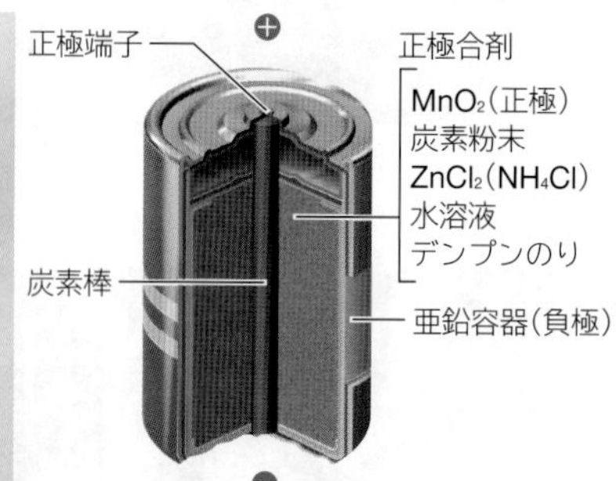

電池式 (−) Zn | $ZnCl_2$(NH_4Cl)aq | MnO_2, C (+)　**起電力** 1.5 V

正極活物質の半反応式　$MnO_2 + H_2O + e^- \longrightarrow MnO(OH) + OH^-$
(実際の電池内で起こっている反応は複雑で定説はない)

特徴：歴史が古く，世界で最も使用されている乾電池。休みながら使うと電圧が回復し，長く使うことができる。

用途：リモコン，懐中電灯，置き時計など

積層型乾電池

小さな電池が 6 個入っている。

電池の内部で複数の電池を直列につないだ電池。高い電圧を得ることができる。9 V の積層電池は内部に 6 個の電池がつながれている。

アルカリマンガン乾電池

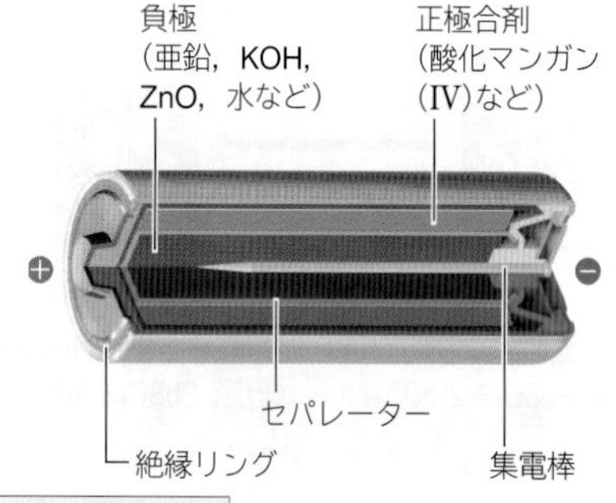

電池式 (−) Zn | KOH aq | MnO_2 (+)　**起電力** 約 1.5 V

特徴：マンガン乾電池とは反対に，中央に亜鉛，その周辺に酸化マンガン(Ⅳ)が置かれている。マンガン乾電池の 3 ～ 5 倍の間安定に電圧を保つことができ，大電流が必要なものや連続使用するものに適している。

用途：オーディオプレーヤー，デジタルカメラ，ラジコンなど

リチウム電池

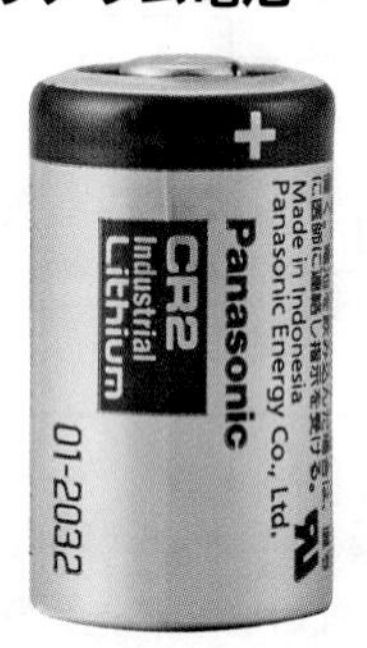

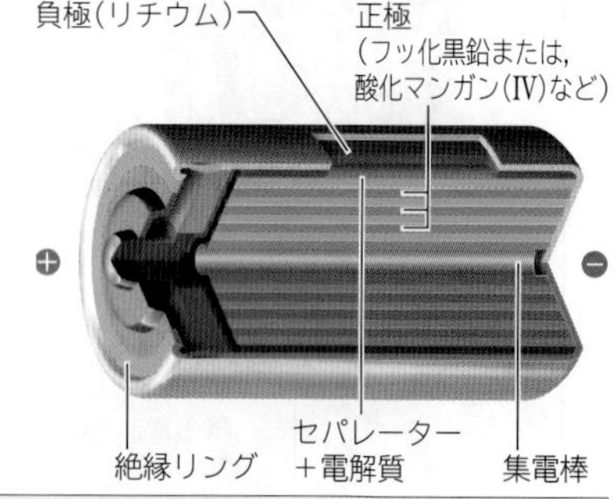

電池式 (−) Li | フッ素の化合物＋有機電解質 | MnO_2，または$(CF)_n$ (+)

起電力 約 3.0 V

特徴：安定して高い電圧を保つことができ寿命も長い。電解液に水分が少ないため低温(約−40℃まで)でも使用できる。

用途：電子手帳，心臓ペースメーカー，電気浮き，火災警報器など

酸化銀電池

電池式 (−) Zn | KOH aq | Ag_2O (+)　**起電力** 約 1.55 V

特徴：寿命が長く，電圧が最後まで安定しているため，デリケートな電子機器に利用される。銀を使用するため価格が高い。

用途：腕時計，カメラの露出計・電子シャッターなど

空気電池

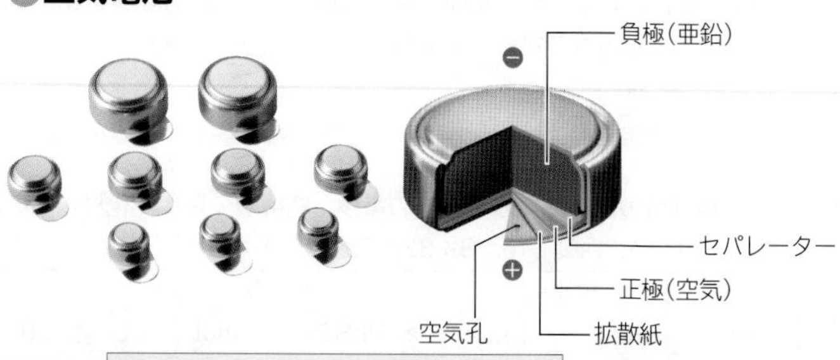

電池式 (−) Zn | KOH aq | 空気(O_2) (+)　**起電力** 約 1.3 V

特徴：使用時に底部にあるシールをはがして孔から空気を入れる。正極活物質として空気中の酸素を用いるため，電池内に負極の亜鉛を多くつめることができる。密閉容器では使用できないが，寿命が長く，安定な電圧を供給できる。

用途：補聴器など

思考 二次電池の充電時に，正極で生じる反応は酸化・還元のどちらか。

2 二次電池 secondary battery

外部電源からの充電によりくり返し使用できる電池。

化学基礎 化学

●ニッケル・水素電池

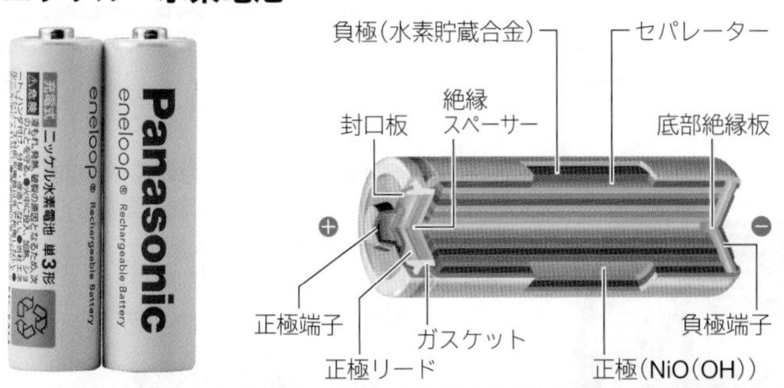

電池式 (−) 水素(水素貯蔵合金 MH) | KOH aq | NiO(OH) (+)

起電力 約 1.35 V

特徴：水素貯蔵合金を利用。内部抵抗が小さく大電流放電が可能。

活物質の反応：

負極 $MH + OH^- \longrightarrow M + H_2O + e^-$

正極 $NiO(OH) + H_2O + e^- \longrightarrow Ni(OH)_2 + OH^-$

用途：非常灯，電気自動車・ハイブリッドカーなど

TOPICS 実用電池のエネルギー密度

現行の実用電池のなかでは，リチウムイオン電池のエネルギー密度(単位あたりのエネルギー量)が高い。しかし，より高性能な電池が研究・開発されている。

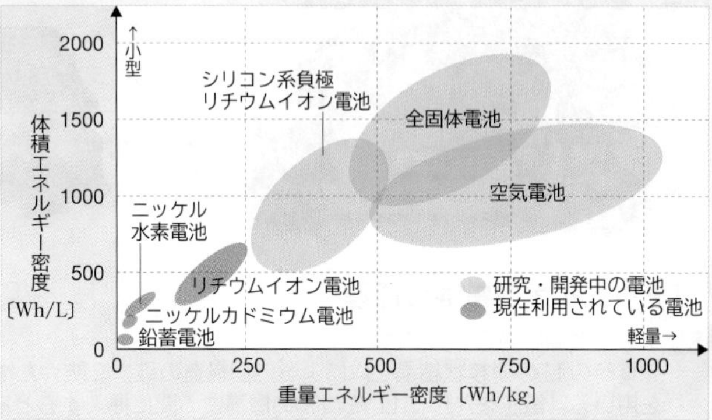

体積エネルギー密度〔Wh/L〕 ↑小型
重量エネルギー密度〔Wh/kg〕 軽量→
0 250 500 750 1000
0 500 1000 1500 2000
シリコン系負極リチウムイオン電池
全固体電池
空気電池
ニッケル水素電池
リチウムイオン電池
ニッケルカドミウム電池
鉛蓄電池
研究・開発中の電池
現在利用されている電池

3 その他の電池

太陽電池は太陽光を利用した物理電池である。

化学基礎 化学

●太陽電池

半導体を利用して光エネルギーを電気エネルギーに変える装置で，化学反応を利用しない**物理電池**である。電卓，道路標示，ソーラーシステム，電気自動車などに実用化され，クリーンなエネルギーとして期待されている(➡p.329)。

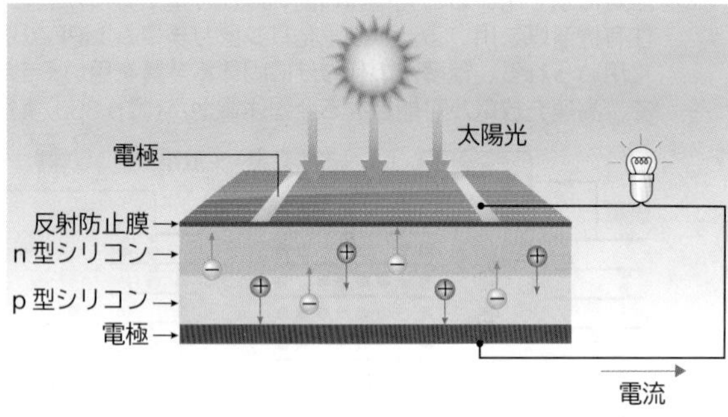

太陽電池はプラスの性質をもつｐ型半導体とマイナスの性質をもつｎ型半導体を接合させてつくられている。太陽光が半導体の接点に当たると，プラスの電荷とマイナスの電荷がそれぞれ電池の両端に集まるため電圧が生じる。

TOPICS 木炭電池(アルミニウム・空気電池)

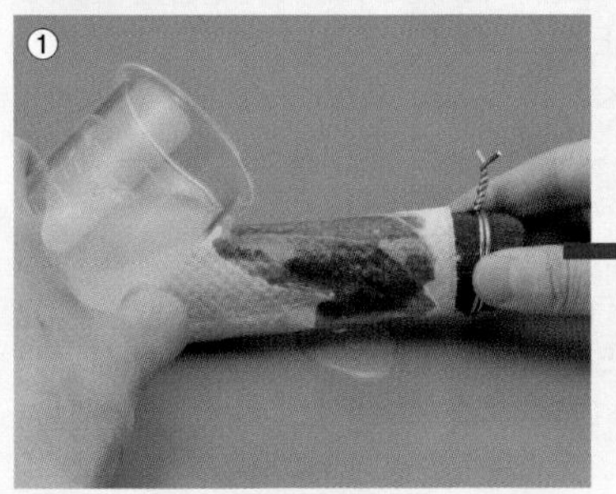

① 木炭(備長炭)にキッチンペーパーを巻き付け，飽和食塩水をしみこませる。

② アルミニウム箔をキッチンペーパーに巻き付け，全体をしっかり密着させる。

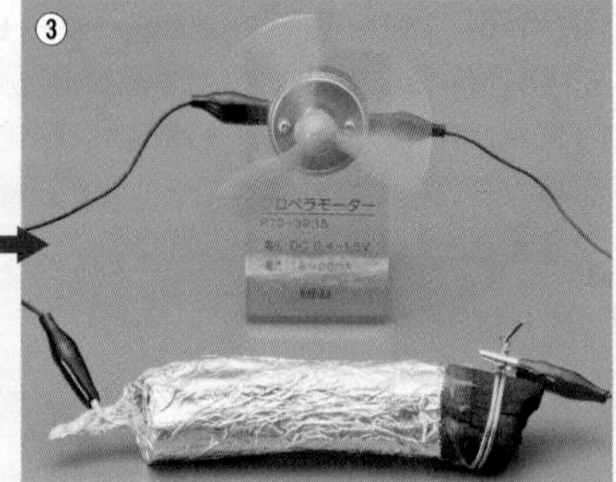

③ 木炭とアルミニウム箔を導線につないで完成。

アルミニウム Al は酸化されてアルミニウムイオン Al^{3+} になる。そのため，放電後のアルミニウム箔には，穴があく。

負極	$Al \longrightarrow Al^{3+} + 3e^-$
正極	$O_2 + 2H_2O + 4e^- \longrightarrow 4OH^-$

正極活物質は木炭に吸着した酸素，負極活物質はアルミニウムで，約 1 V の起電力が得られる。

15 電池 3
Chemical cells 3

1 リチウムイオン電池
lithium-ion battery

リチウムイオン電池(リチウムイオン二次電池)は 1991 年にソニーが世界で初めて量産化に成功した新型二次電池である。

化学基礎
化学

●リチウムイオン電池

電気自動車と搭載されているリチウムイオン電池

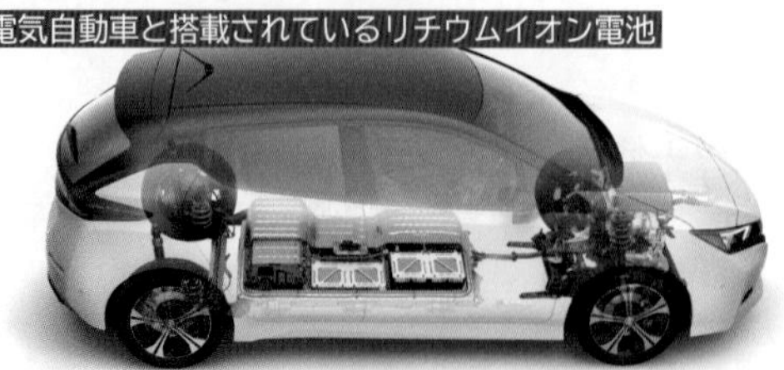

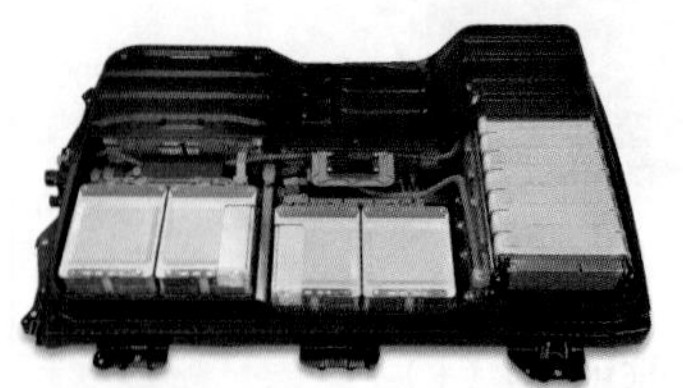

エネルギー密度が大きく小型軽量な二次電池で，スマートフォンや電気自動車，国際宇宙ステーションなど幅広く活用されている。

特性
- 起電力が約 4.0 V と大きい
- 電解液に水を含まないため氷点下での使用にも適する
- 自然放電が起こりにくい
- 継ぎ足し充電を繰り返しても最大容量が低下しにくい

●リチウムイオン電池の原理

負極 黒鉛など層状構造を持つ炭素
充電時の Li の樹枝状結晶生成による内部構造の破損を防ぐため，負極に炭素を用いる。電圧をかけて Li^+を炭素の層構造の間に挿入すると結晶を生成させず Li^+を保持することできる。

正極 コバルト酸リチウム $LiCoO_2$
Li，O，Co が層状に配列し Li^+が出入りしやすい構造をもつ。

電解液：Li^+を含む有機化合物
溶媒に水を用いると充電時の高い電圧で電気分解が起こってしまうため，高極性有機溶媒を用いる。六フッ化リン酸リチウム $LiPF_6$ の炭酸エチレン溶液が多く用いられる。電解液の代わりに固体電解質を用いることで，丈夫かつ大容量で，高速充放電が可能となる全固体電池が(p.330)実用化されつつある。

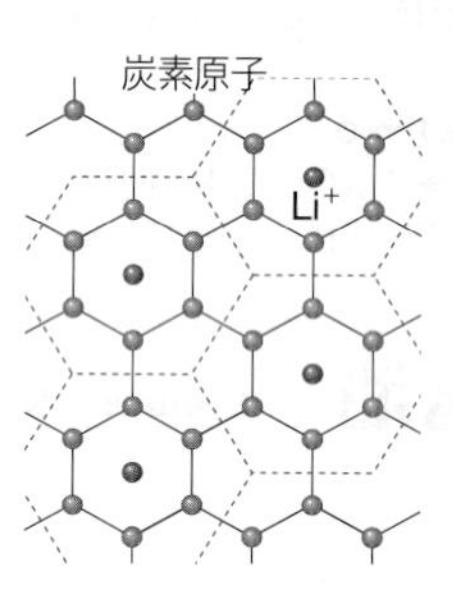

炭素に挿入されたLi^+

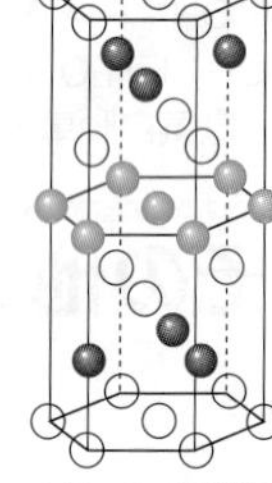

$LiCoO_2$の構造

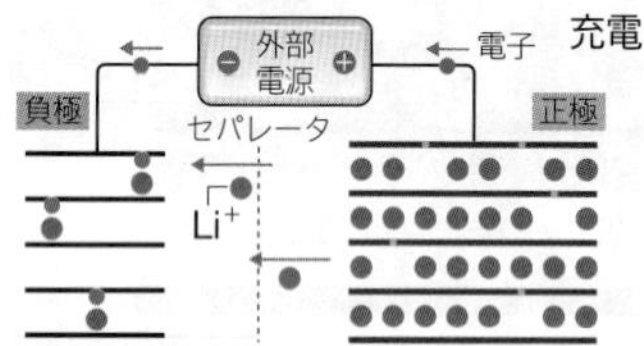

充電

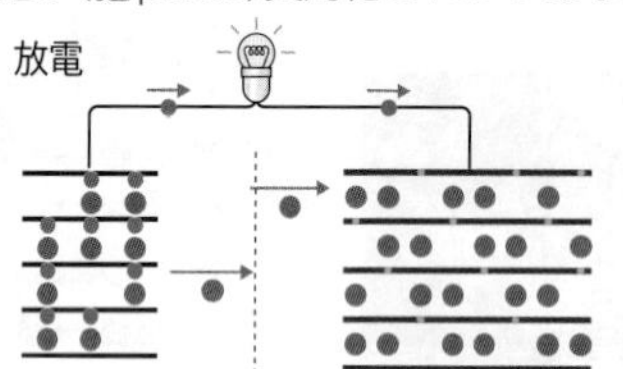
放電

放電：黒鉛中の Li^+が脱離し正極側へ移動し，正極の層に収納される。
正極は Li^+と電子を受け取り Co の酸化数が減少する($Co^{IV}O_2 \longrightarrow LiCo^{III}O_2$)。

充電：正極の層状構造から Li^+が脱離し負極側へ移動する。
負極で Li^+は炭素の層間に挿入され，負電荷を帯びた炭素に保持される。正極の Co は Li^+と電子の放出にともない酸化数が増加する($LiCo^{III}O_2 \longrightarrow Co^{IV}O_2$)。

負極炭素：理論的な満充電状態で炭素原子 6 個につき 1 個の Li^+が含まれるため C_6，LiC_6 と表記することが多い。

$Li_{1-x}CoO_2$：酸化数 +3 の Co を $1-x$，+4 の Co を x の割合で含む。x は $0 < x < 1$ の実数。充電時に $LiCoO_2$ が半分($x = 0.5$)以上 Li^+を放出すると結晶構造が変わり性能が低下するため 0.4 程度に収まるよう設計される。

正極 $LiCoO_2 \underset{放電}{\overset{充電}{\rightleftarrows}} xLi^+ + xe^- + Li_{1-x}CoO_2$

負極 $C_6 + xLi^+ + xe^- \underset{放電}{\overset{充電}{\rightleftarrows}} Li_xC_6$

合わせた反応式

$C_6 + LiCoO_2 \rightleftarrows Li_xC_6 + Li_{1-x}CoO_2$

放電では左向きの反応が起こる。

入試ではこう出る!

標準的なリチウムイオン電池の負極では，充電時に黒鉛に Li^+が入り，充電率 100%で LiC_6 になる。また，正極では充電により $LiCoO_2$ から Li^+が抜け出す。充電率 100%になるまでに正極の約半分のリチウムが出て負極に移動するが，残りの約半分は充電率 100%でも正極に残った状態になる。正極から負極に移動するリチウムと正極内に残るリチウムが等量であるすると，この電池の反応式は以下のようになる。

(負極) $6C(黒鉛) + Li^+ + e^- \underset{放電}{\overset{充電}{\rightleftarrows}} LiC_6$ …①

(正極) $LiCoO_2 \underset{放電}{\overset{充電}{\rightleftarrows}} Li_{0.5}CoO_2 + 0.5Li^+ + 0.5e^-$ …②

上式では，それぞれ左辺が充電率 0%，右辺が充電率 100%の状態に対応している。以上の前提に基づいて，次の設問に答えよ。

(1)リチウムイオン電池を使用していたところ，充電率が 50%まで減少したため，充電率 100%になるまで充電した。このときの負極の反応式を記せ。ただし，負極の組成式は充電率 50% のとき $Li_{0.5}C_6$，充電率 100%のとき LiC_6 であるとする。

(2)一般的に，リチウムイオン電池は正極と負極の充電容量(蓄えることができる電気量)が正確に一致するように，それぞれの電極活物質の質量を決めてつくられている。負極として黒鉛 1.44 g を用いた場合，正極活物質として $LiCoO_2$ を何 g 用いれば正極と負極の充電容量が等しくなるか，有効数字 3 桁で記せ。

(原子量 Li 7.00，C 12.0，O 16.0，Co 59.0) [岡山大 改]

【解答】(1)$0.5Li^+ + 0.5e^- + Li_{0.5}C_6 \longrightarrow LiC_6$ (2)3.92 g

【解説】(1)1 mol の LiC_6 の 50%(0.5 mol)が放電した場合，

$LiC_6 \longrightarrow 0.5Li^+ + 0.5e^- + 0.5C_6 + 0.5LiC_6$

と表すことができる。充電はこの逆向きの反応を考えればよく，$0.5C_6$，$0.5LiC_6$ はまとめて $Li_{0.5}C_6$ と表記できる。

(2)①②式をまとめると以下の反応式になる。

$6C + 2LiCoO_2 \rightleftarrows LiC_6 + 2Li_{0.5}CoO_2$ …③

③式より，必要な $LiCoO_2$ は

$1.44\ g \div 12.0\ g/mol \times \frac{2}{6} \times 98\ g/mol = 3.92\ g$

2 燃料電池

fuel cell

水素，メタノールなど可燃性の物質の酸化還元反応によって発電する装置を燃料電池という。

化学基礎
化学

燃料電池

燃料電池は，水素やメタノールなど，燃料となる物質の酸化還元反応によって電流を生じる装置である。物質の化学エネルギーを直接電気エネルギーとして取り出すことができるため，発電のエネルギー効率が高い。正極・負極の活物質を供給するかぎり発電し続けることができ，一次電池とも二次電池とも異なる発電装置といえる。1965年，NASAの宇宙船電源として初めて実用化された。その後，工業設備やビルなどの業務発電システム，燃料電池自動車，住宅用燃料電池などが開発・販売されている。

燃料電池自動車の構造

固体高分子形燃料電池

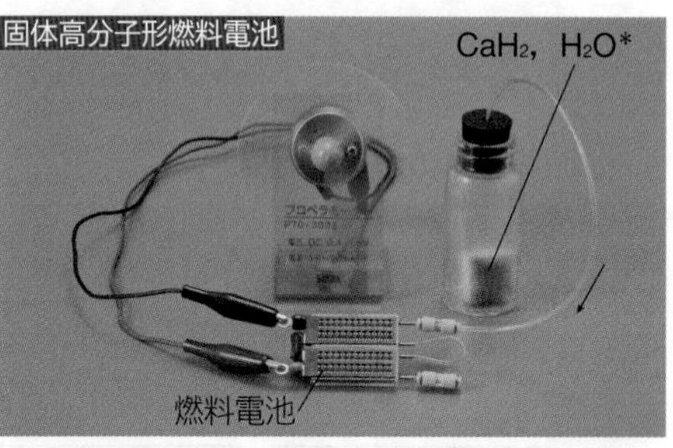

*$CaH_2 + 2H_2O \longrightarrow 2H_2 + Ca(OH)_2$ の反応で H_2 が発生。

燃料電池の原理

▶リン酸形燃料電池（PAFC）

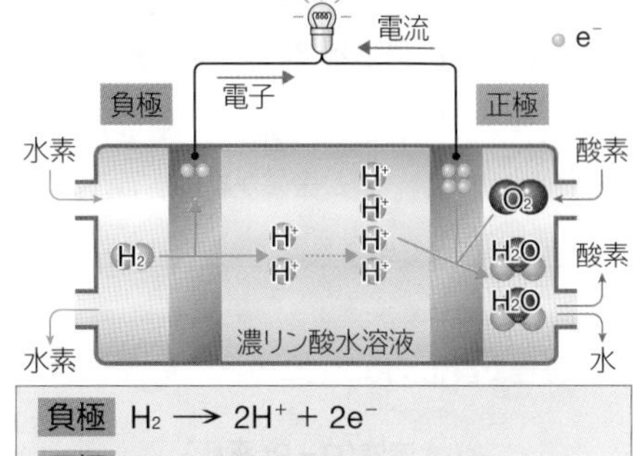

負極 $H_2 \longrightarrow 2H^+ + 2e^-$
正極 $O_2 + 4H^+ + 4e^- \longrightarrow 2H_2O$

早期から製品化され，他の燃料電池と比較して実績や信頼性の面で優れる。

▶アルカリ形燃料電池（AFC）

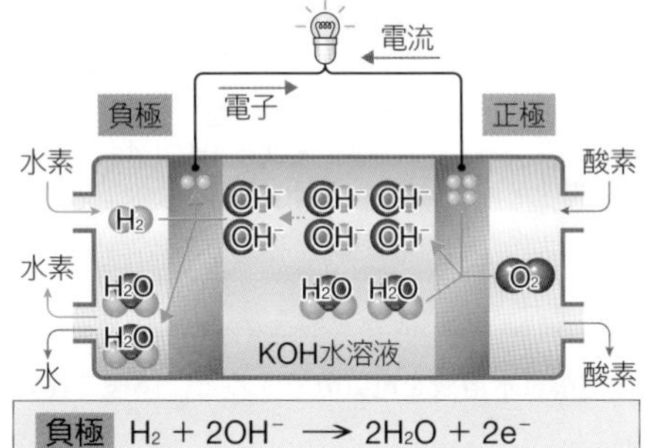

負極 $H_2 + 2OH^- \longrightarrow 2H_2O + 2e^-$
正極 $O_2 + 2H_2O + 4e^- \longrightarrow 4OH^-$

高出力を得られるため，当初からスペースシャトルなどの航空宇宙用に利用されてきた。

▶固体酸化物形燃料電池（SOFC）

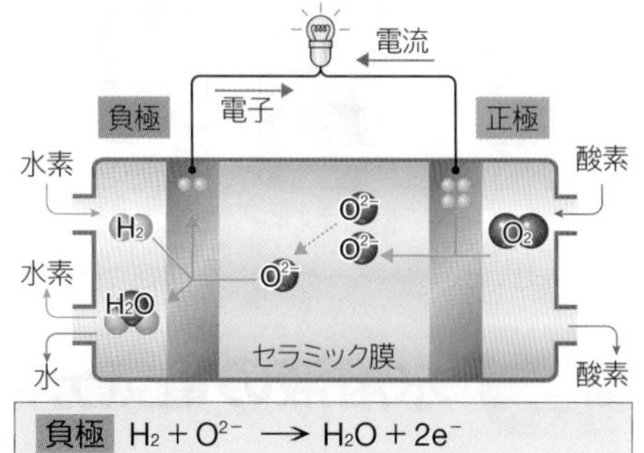

負極 $H_2 + O^{2-} \longrightarrow H_2O + 2e^-$
正極 $O_2 + 4e^- \longrightarrow 2O^{2-}$

多様な燃料に対応でき，高効率な発電システムが構築可能。2011年，家庭用燃料電池が商品化。

※このほか，家庭用燃料電池として商品化されている固体高分子形燃料電池（PEFC）や，固体酸化物形燃料電池とともに開発の進む溶融炭酸塩形燃料電池（MCFC）などがある。

ADVANCE 大容量二次電池

近年，電力消費の大きい工場などで電力の時間帯ごとの負荷を平準化したり，風力や太陽光など再生可能エネルギーによる発電を安定化したりすることなどを目的とした大容量二次電池の開発・導入が行われている。その中心となっているのはナトリウム・硫黄電池とレドックスフロー電池である。

ナトリウム・硫黄電池（NAS電池） ➡p.330

正極に硫黄，負極にナトリウム，電解質に Na^+ 伝導性をもつベータアルミナを用いた電池。発電時，電池は約300℃に保たれ，Na，Sは液体，電解質は固体で稼働する。

長所：高エネルギー密度，自己放電がなく充放電効率が高い

課題：約300℃の運転温度，災害時のNaの取り扱いが難しい

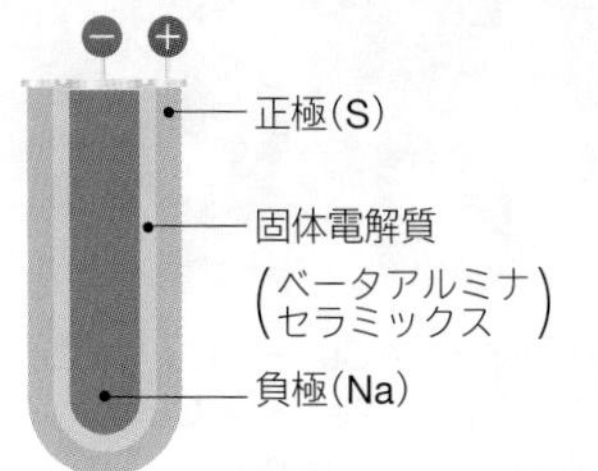

放電時の反応

負極 $Na \longrightarrow Na^+ + e^-$
正極 $xS + 2e^- \longrightarrow S_x^{2-}$

（x：充放電の状況により3～5の値をとる）

レドックスフロー電池 ➡p.330

異なる種類のイオンを含む溶液をポンプで循環させ酸化還元反応を起こすことで充放電を行う電池。現在，活物質に用いるイオンはバナジウム系が主流である。

長所：電極，電解液が劣化しにくく長寿命

課題：低いエネルギー密度

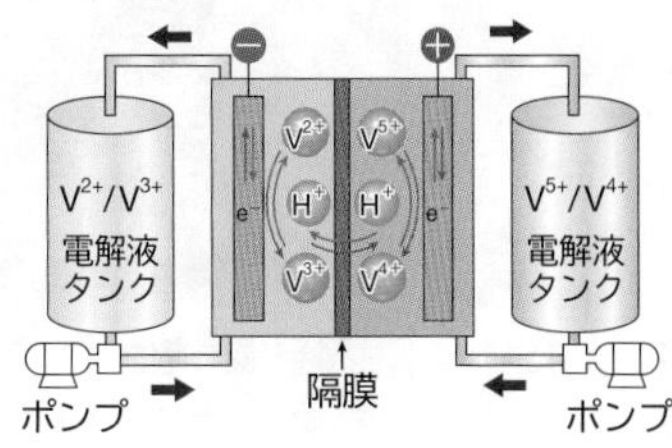

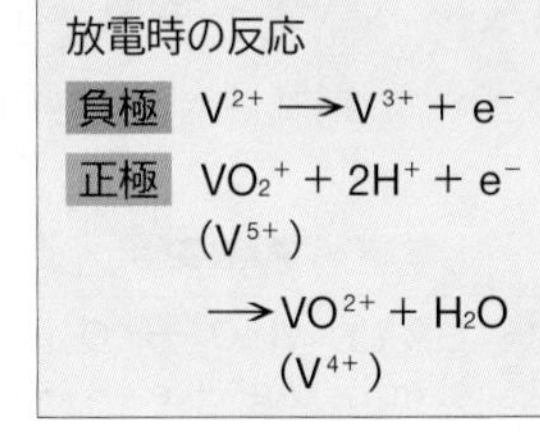

放電時の反応

負極 $V^{2+} \longrightarrow V^{3+} + e^-$
正極 $VO_2^+ + 2H^+ + e^-$ (V^{5+}) $\longrightarrow VO^{2+} + H_2O$ (V^{4+})

思考 アルカリ形燃料電池の電解液中で，水酸化物イオンが移動する向きを答えよ。

2 物質の変化

化学基礎 化学

16 化学反応と電気エネルギー（電気分解 1）

Electric energy in relation to chemical reactions (electrolysis 1)

1 電気分解の原理

electrolysis

電解質水溶液や融解塩に外部から直流電圧をかけると電極で酸化還元反応が起こる。これを電気分解という。

化学

電池と電気分解の関係

電気分解は，電池の電気エネルギーを利用して，自発的に起こりにくい酸化還元反応を起こすことができる。

陽極（電池の正極に接続）：電子を放出する反応（**酸化反応**）

陰極（電池の負極に接続）：電子を受け取る反応（**還元反応**）

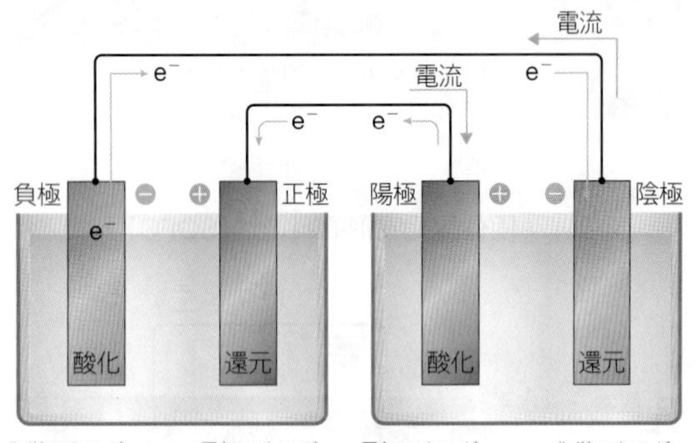

電池　　　電気分解

各電極で起こる化学反応の考え方

電極，溶媒，溶質のうち，反応しやすいものから反応する。

陽極の反応	陰極の反応
［陽極が Cu，Ag］ $Cu \longrightarrow Cu^{2+}+2e^-$ $Ag \longrightarrow Ag^++e^-$	電解質水溶液中に含まれるイオン Au^{3+}, Ag^+, Cu^{2+}, H_2：金属が析出 $Ag^++e^- \longrightarrow Ag$ $Cu^{2+}+2e^- \longrightarrow Cu$ $Sn^{2+}+2e^- \longrightarrow Sn$
［陽極が Pt，C］ ➡ハロゲン化物イオンを含む $2Cl^- \longrightarrow Cl_2+2e^-$ ➡ハロゲン化物イオンを含まない 強塩基性（pH＞約 12） $4OH^- \longrightarrow O_2+2H_2O+4e^-$ 弱塩基性・中性・酸性 $2H_2O \longrightarrow O_2+4H^++4e^-$ ※SO_4^{2-}，NO_3^-，F^-は水溶液中で反応しない	Pb^{2+}, Sn^{2+}, Fe^{2+}, Zn^{2+}, Al^{3+}, Mg^{2+}, Na^+, K^+： 強酸性（pH＜約 2） $2H^++2e^- \longrightarrow H_2$ 弱酸性・中性・塩基性 $2H_2O+2e^- \longrightarrow H_2+2OH^-$ ※Pb^{2+}～Zn^{2+}は，濃度が高いと金属が析出することもある。

2 水溶液の電気分解

電解質水溶液を電気分解すると，陰極で還元反応が，陽極で酸化反応が起こる。

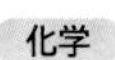

化学

$CuCl_2$ 水溶液（C－Pt 電極）

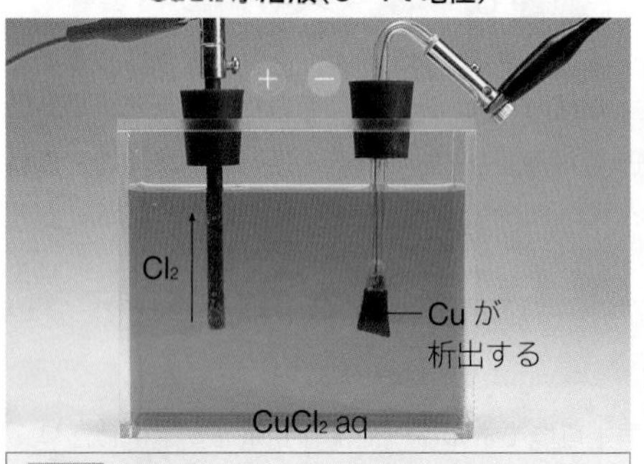

陽極	塩素発生	$2Cl^- \longrightarrow Cl_2\uparrow + 2e^-$
陰極	銅析出	$Cu^{2+} + 2e^- \longrightarrow Cu$
		$CuCl_2 \longrightarrow Cu + Cl_2$

NaOH 水溶液（Pt－Pt 電極）

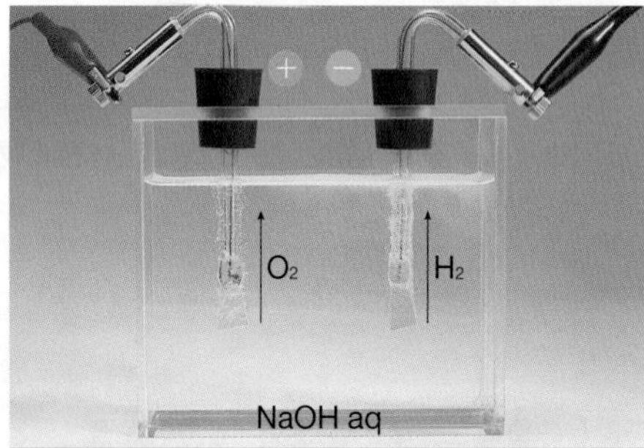

陽極	酸素発生	$4OH^- \longrightarrow O_2\uparrow + 2H_2O + 4e^-$
陰極	水素発生	$2H_2O + 2e^- \longrightarrow H_2\uparrow + 2OH^-$
		$2H_2O \longrightarrow 2H_2 + O_2$

KI 水溶液（C－Pt 電極）

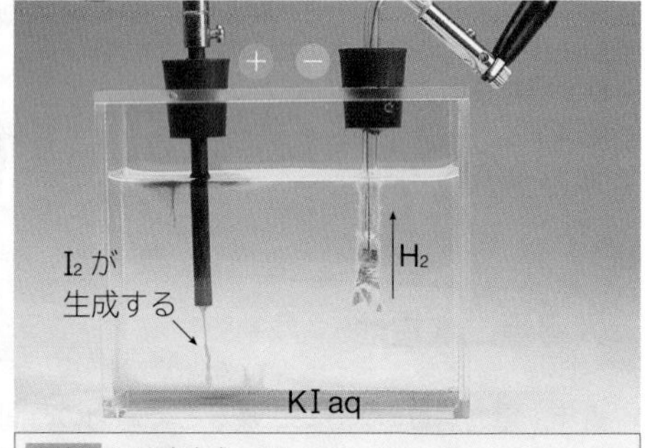

陽極	ヨウ素生成	$2I^- \longrightarrow I_2 + 2e^-$
陰極	水素発生	$2H_2O + 2e^- \longrightarrow H_2\uparrow + 2OH^-$
		$2KI + 2H_2O \longrightarrow I_2 + H_2 + 2KOH$

$AgNO_3$ 水溶液（Pt－Pt 電極）

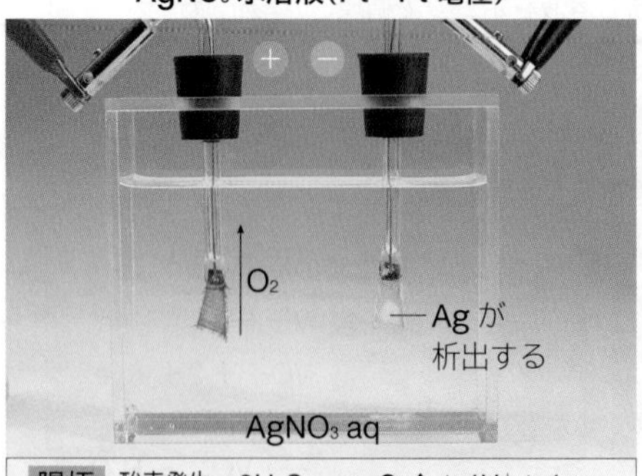

陽極	酸素発生	$2H_2O \longrightarrow O_2\uparrow + 4H^+ + 4e^-$
陰極	銀析出	$Ag^+ + e^- \longrightarrow Ag$
		$4AgNO_3 + 2H_2O \longrightarrow 4Ag + O_2 + 4HNO_3$

$CuSO_4$ 水溶液（Pt－Pt 電極）

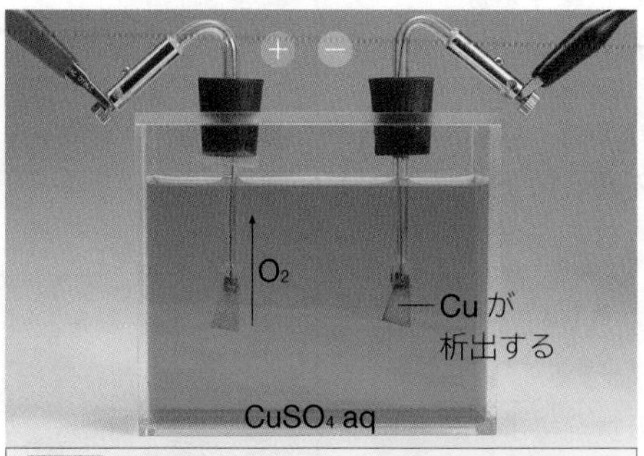

陽極	酸素発生	$2H_2O \longrightarrow O_2\uparrow + 4H^+ + 4e^-$
陰極	銅析出	$Cu^{2+} + 2e^- \longrightarrow Cu$
		$2CuSO_4 + 2H_2O \longrightarrow 2Cu + O_2 + 2H_2SO_4$

$CuSO_4$ 水溶液（Cu－Cu 電極）

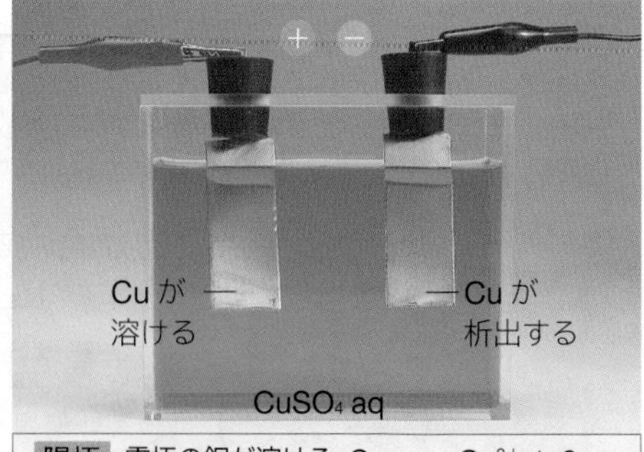

陽極	電極の銅が溶ける	$Cu \longrightarrow Cu^{2+} + 2e^-$
陰極	銅析出	$Cu^{2+} + 2e^- \longrightarrow Cu$
		Cu（陽極）$\longrightarrow$ Cu（陰極）

思考 電気分解において，陰極のみに気体を発生させるには，どのような条件で行えばよいか。

3 ファラデーの電気分解の法則

Faraday's law of electrolysis

電気分解において，陰極で消費される電気量と陽極で発生する電気量は等しい。これをもとにファラデーは電気分解における電気量と物質量との関係を見出した。 化学

塩化銅(Ⅱ)$CuCl_2$ 水溶液の電気分解

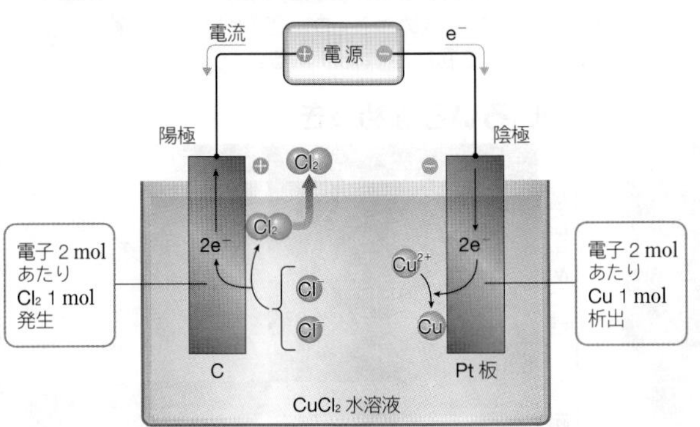

陽極	$2Cl^- \longrightarrow Cl_2\uparrow + 2e^-$
陰極	$Cu^{2+} + 2e^- \longrightarrow Cu$

銅や塩素の発生量は，流れた電子の量によって求めることができる。

POINT

電気量と物質量の関係

電気量〔C〕＝電流〔A〕×時間〔s〕　電子の物質量〔mol〕＝$\dfrac{\text{電気量〔C〕}}{9.65\times10^4\ \text{C/mol}}$

*1 1 C(クーロン)は 1 A(アンペア)の電流が 1 秒間流れたときの電気量である。

*2 9.65×10^4 C/mol は**ファラデー定数**とよばれ，電子 1 個の電気量 1.602 $\times10^{-19}$ C にアボガドロ定数(電子 1 mol の個数)をかけたものである。

電気分解の法則

①陰極または陽極で変化する物質量は，通じた電気量に比例する。

②$9.65\times10^4$ C の電気量(電子 1 mol)によって，各電極で電気分解されるイオンの物質量はイオンの種類によらず，イオンの価数の変化に反比例する。

TOPICS

ファラデー (1791～1867)

ロンドンの貧しい家庭に生まれる。13 歳のころから家計を支えるため，製本屋に住みこみではたらき，その中で化学と出会い，興味をひかれていく。あるとき，当時，電気分解で大きな成果を出していた王立研究所のデービーの講演のチケットを客からもらう。その講演に感銘を受けたファラデーは，講演内容をレポートにまとめ，製本し，デービーに送る。これがきっかけとなり，ファラデーはデービーの研究室に迎えられ，さまざまな発見をすることになる。

水の電気分解

陽極

$2H_2O \longrightarrow O_2\uparrow + 4H^+ + 4e^-$

$(4OH^- \longrightarrow 2H_2O + O_2 + 4e^-)$

電子 1 mol あたり 0.25 mol の O_2 が発生する。

陰極

$2H_2O + 2e^- \longrightarrow H_2\uparrow + 2OH^-$

$(2H^+ + 2e^- \longrightarrow H_2\uparrow)$

電子 1 mol あたり 0.50 mol の H_2 が発生する。

全体

$2H_2O \longrightarrow 2H_2 + O_2$

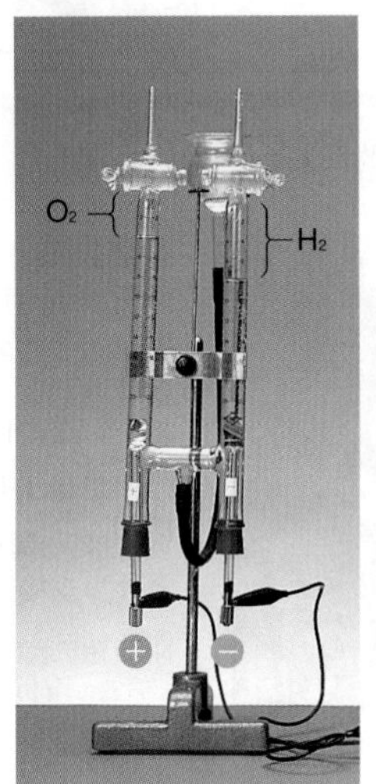

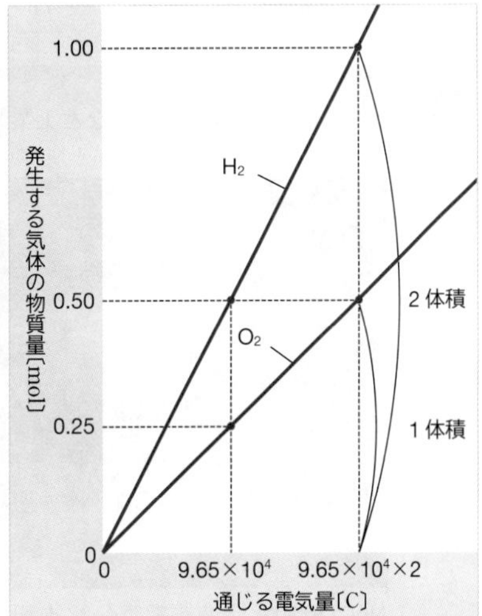

入試ではこう出る！

白金板を電極とした電解槽 A，B，C を右図のように接続して，電気分解を行った。回路Ⅰの電解槽 A には食塩水が入れてあり，陽極と陰極の間は陽イオン交換膜で分離してある。回路Ⅱの電解槽 B には硝酸銀水溶液が，電解槽 C には希硫酸が入っている。電流計が 5.0 A になるようにして 64 分 20 秒通電をしたところ，電解槽 A の陰極液中には NaOH が[a]g 生成した。また，電解槽 B では，陰極の質量が 5.4 g 増加した。発生する気体は，水に溶解したり，副反応を起こしたりせず，理想気体として取り扱えるものとする。ただし，ファラデー定数 $F = 9.65\times10^4$ C/mol，$\log_{10}2 = 0.30$，原子量 H = 1.0，O = 16，Na = 23，Cl = 35.5，Ag = 108 とする。

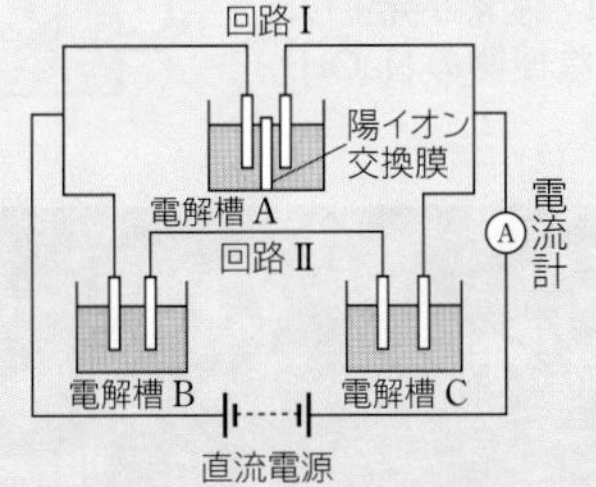

(1)回路Ⅰ及び回路Ⅱに流れた電気量はそれぞれ何 C か，計算せよ。

(2)文中の a を数値で答えよ。

(3)電解槽 C の陰極で発生する気体は標準状態で何 L か。

［秋田大　改］

【解答】(1) Ⅰ 1.4×10^4 C，Ⅱ 4.8×10^3 C

(2) 6.0　(3)0.56 L

【解説】直列につながった回路Ⅱの電解槽 B と C に流れた電気量は等しい。また，並列につながった回路Ⅰ，Ⅱに流れた電気量の和は電源から流れた電気量と等しい。

(1)電源から流れた電気量は 5.0A ×(64 × 60 + 20)s = 19300 C

また，e^-は 19300C ÷ 9.65×10^4 C/mol = 0.20 mol

B の陰極で $Ag^+ + e^- \longrightarrow Ag$ の反応が起こり 5.4 g の Ag が析出したので，回路Ⅱに流れた e^-は，5.4 g ÷ 108 g/mol = 0.050 mol

よって，回路Ⅰに流れた e^-は，0.20 mol − 0.050 mol = 0.15 mol

回路Ⅰの電気量は，0.15 mol × 9.65×10^4 C/mol = 1.4×10^4 C

回路Ⅱの電気量は，0.050 mol × 9.65×10^4 C/mol = 4.8×10^3 C

(2)A の陰極液では $2H_2O + 2e^- \longrightarrow H_2 + 2OH^-$の反応が起き陽極液から Na^+が移動し NaOH が生じる。回路Ⅰの e^-は 0.15 mol であるので NaOH の質量は 0.15 mol × 40 g/mol = 6.0 g

(3)C の陰極で $2H^+ + 2e^- \longrightarrow H_2$ の反応が起こり，また回路Ⅱの e^-は 0.050 mol であるので生じた H_2 の体積は，

0.050 mol ÷ 2 × 22.4 L/mol = 0.56 L

17 化学反応と電気エネルギー（電気分解 2）

Electric energy in relation to chemical reactions (electrolysis 2)

1 電気めっき electroplating

電気分解を利用して，金属表面に他の金属の薄膜をつくることを電気めっき（めっき）という。複雑な形にも付着させることができ，腐食をおさえたり，装飾用として利用されたりする。 化学

ニッケルめっき

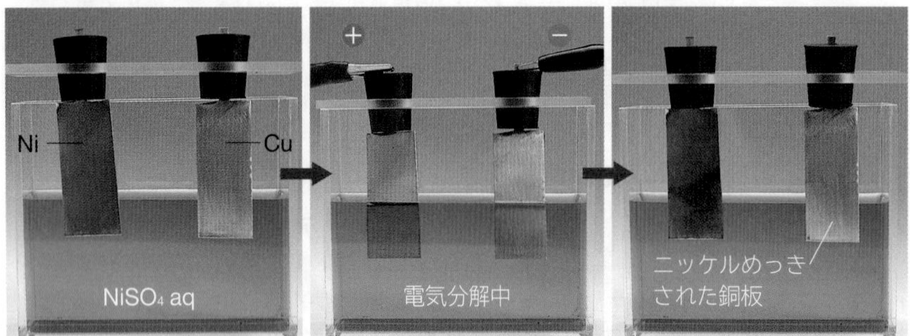

ニッケル板を陽極，銅板を陰極として，硫酸酸性硫酸ニッケル水溶液を電気分解すると次のような反応が起こり，銅板にニッケルめっきができる。

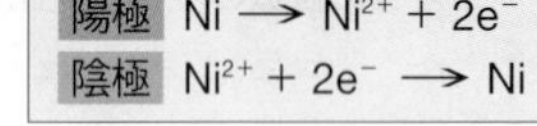

陽極 $Ni \longrightarrow Ni^{2+} + 2e^-$

陰極 $Ni^{2+} + 2e^- \longrightarrow Ni$

いろいろなめっき

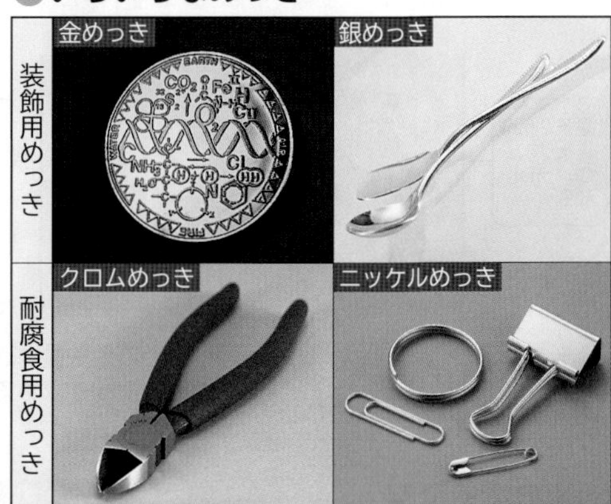

2 電気分解の応用

電気分解は，金属の精錬など工業的によく使われている。 化学基礎 化学

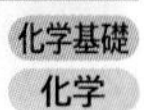

水酸化ナトリウムの製造

$2NaCl + 2H_2O \longrightarrow 2NaOH + H_2 + Cl_2$

▶イオン交換膜法

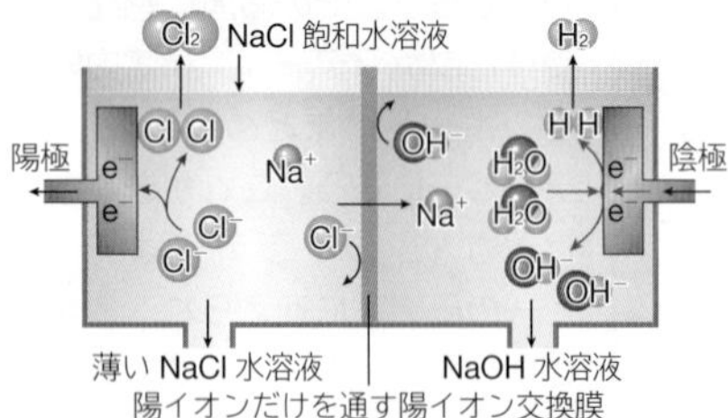

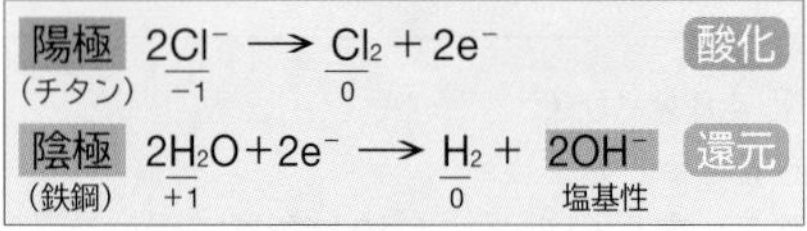

陽極（チタン）	$2\underset{-1}{Cl^-} \longrightarrow \underset{0}{Cl_2} + 2e^-$	酸化
陰極（鉄鋼）	$2\underset{+1}{H_2}O + 2e^- \longrightarrow \underset{0}{H_2} + 2OH^-$（塩基性）	還元

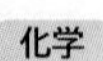

イオン交換膜法の電解工場

NaCl 飽和水溶液を電気分解すると，陽極では Cl^- が酸化され Cl_2 が発生し，過剰になった Na^+ は陽イオン交換膜を通り陰極側に移動する。陰極では水が還元されて水素が発生し，OH^- が生じる。この結果，陰極側の NaOH の濃度が大きくなる。

▶隔膜法

陽極で発生した塩素が水酸化ナトリウムと反応するのを防ぐために，両極を分離する隔膜を用いる。隔膜がないと，NaOH と Cl_2 が次のように反応してしまい，NaOH に不純物が入ってしまう。

$2NaOH + Cl_2 \longrightarrow NaCl + NaClO + H_2O$

以前は，隔膜にアスベストを用いたが，現在では陽イオン交換膜が使われている。

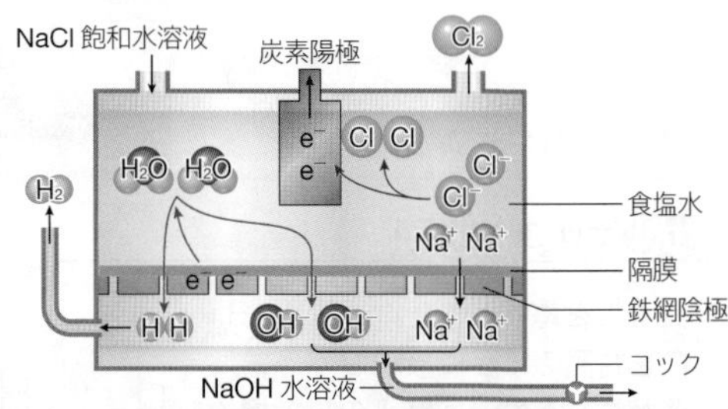

銅の電解精錬（せいれん） 化学基礎

陽極に粗金属を用いて電気分解して，陰極上に高純度の金属を得る精錬法を**電解精錬**という。

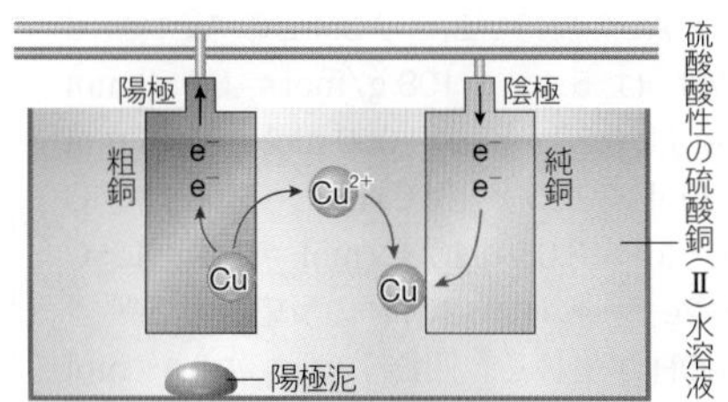

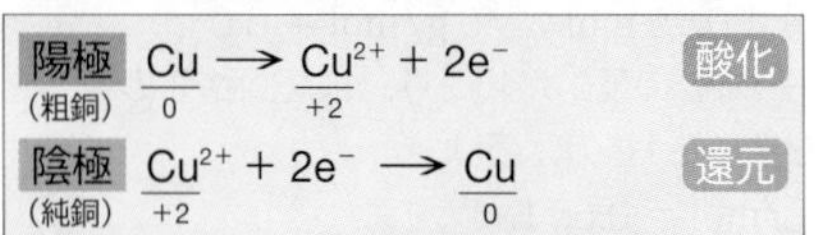

陽極（粗銅）	$\underset{0}{Cu} \longrightarrow \underset{+2}{Cu^{2+}} + 2e^-$	酸化
陰極（純銅）	$\underset{+2}{Cu^{2+}} + 2e^- \longrightarrow \underset{0}{Cu}$	還元

電解精錬工場

粗銅板

純銅板

銅鉱石を溶鉱炉でコークス C などによって，還元されて得られた銅は，純度が 99％程度で粗銅という。粗銅を低電圧（約 0.3 V）で電解精錬すると，純度 99.99％程度の純銅が得られる。このとき，銅よりイオン化傾向が小さい不純物（Ag など）はイオン化せずに極板からはがれて陽極の下に沈殿（**陽極泥**（でい））する。

思考 銅の電解精錬を行うと，電解液中の銅(Ⅱ)イオンの濃度はどう変化するか。理由とともに説明せよ。

溶融塩電解
molten salt electrolysis

イオン化傾向が大きい金属(たとえば，K，Ca，Na，Mg，Al)の単体を得るには，その金属イオンを含む塩を高温で融解して，電気分解を行う。

化学基礎 化学

ナトリウムの製造

$2NaCl \longrightarrow 2Na + Cl_2$

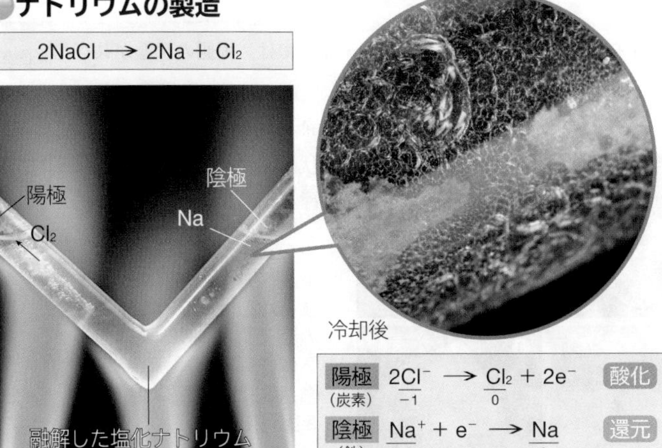

陽極(炭素)	$2\underset{-1}{Cl^-} \longrightarrow \underset{0}{Cl_2} + 2e^-$	酸化
陰極(鉄)	$\underset{+1}{Na^+} + e^- \longrightarrow \underset{0}{Na}$	還元

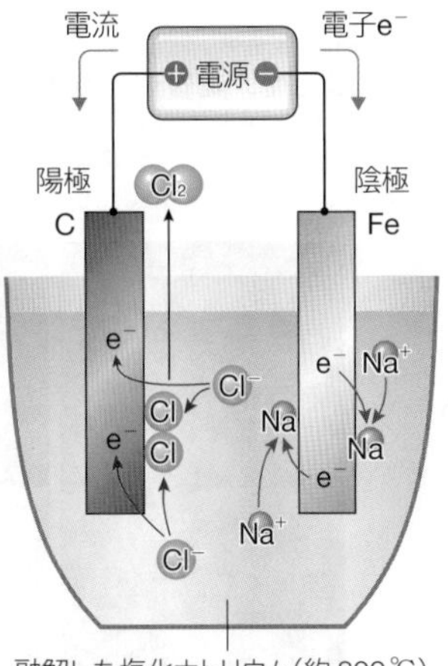

塩化ナトリウムを融解し，電気分解すると，陰極では金属ナトリウム Na が析出し，陽極では塩素 Cl_2 が発生する。このように，K，Ca，Na，Mg，Al のようなイオン化傾向の大きい金属を含む塩を高温で融解させ電気分解すると，その金属の単体が得られる。このような電気分解を**溶融塩電解**(**融解塩電解**)という。
イオン化傾向の大きい金属を含む塩を溶かした水溶液を電気分解した場合，水の方がこれらの金属イオンよりも還元されやすいので，水が還元されて水素が発生する。よって，金属単体は得られない。

アルミニウムの製造 化学基礎

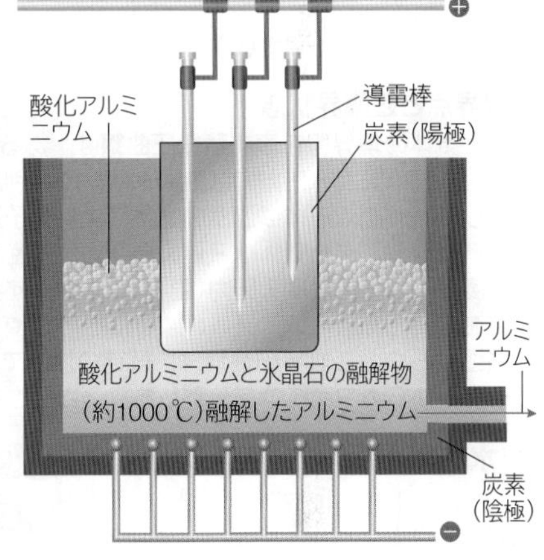

アルミニウム Al は，天然には**ボーキサイト**($Al_2O_3 \cdot nH_2O$)という酸化物の形で産出する。このボーキサイトから不純物をとり除いた酸化アルミニウム Al_2O_3(**アルミナ**)を溶融塩電解すると Al が得られる。アルミナの融点(融点 2054℃)は高いが，融点の低い**氷晶石** Na_3AlF_6(融点 1020℃)に少しずつ溶かしていくと，比較的低温な約 1000℃で融解する。
陰極では，Al^{3+} が還元されて Al が生成し，炉の底にたまる。陽極では O^{2-} が酸化されるが，高温であるため，電極の炭素と反応して CO または CO_2 が発生する。この CO と CO_2 は不純物として残らないため，製造において都合がよい。また，炭素電極は安価で化学的にも安定であり，高温で融ける可能性がある金属を電極に用いるよりも優位性がある。

陽極	$\underset{0}{C} + O^{2-} \longrightarrow \underset{+2}{CO} + 2e^-$ $\underset{0}{C} + 2O^{2-} \longrightarrow \underset{+4}{CO_2} + 4e^-$	酸化
陰極	$\underset{+3}{Al^{3+}} + 3e^- \longrightarrow \underset{0}{Al}$	還元

分解電圧

水溶液の電気分解において，電圧を 0 V から徐々に上げていくと，右図のようにはじめはごくわずかにしか電流が流れないが，ある電圧に達すると盛んに反応が進行し，電流もよく流れるようになる。このように，電流がよく流れるために必要な最小の電圧を**分解電圧**とよぶ。電圧が分解電圧に達するまで電流がわずかにしか流れないのは，電圧によって生成した物質が，電極表面に付着し局部電池(➡p.95)を形成することなどにより抵抗として作用するためである。
電極に白金を用いた 0.5 mol/L 硫酸の電気分解での分解電圧は 1.67 V であり，白金電極を用いた強酸および強塩基の水溶液については，種類によらず分解電圧が約 1.7 V となることがわかっている。

酸・塩基水溶液の分解電圧

酸・塩基	H_2SO_4	HNO_3	$HClO_4$	NaOH	KOH	NH_3
分解電圧〔V〕	1.67	1.69	1.65	1.69	1.67	1.74

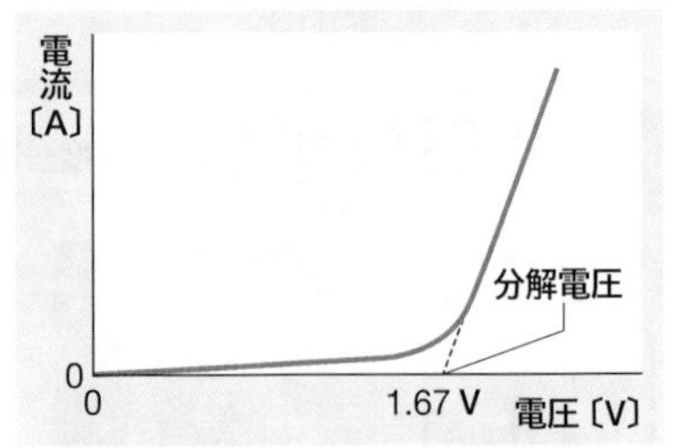

0.5 mol/L 硫酸の電圧と電流の関係

18 状態変化
Change of states

1 状態図
phase diagram

温度と圧力によって，物質がどの状態にあるかを示した図。境界線上の温度・圧力では，両側の状態が共存している。

化学

二酸化炭素の状態図

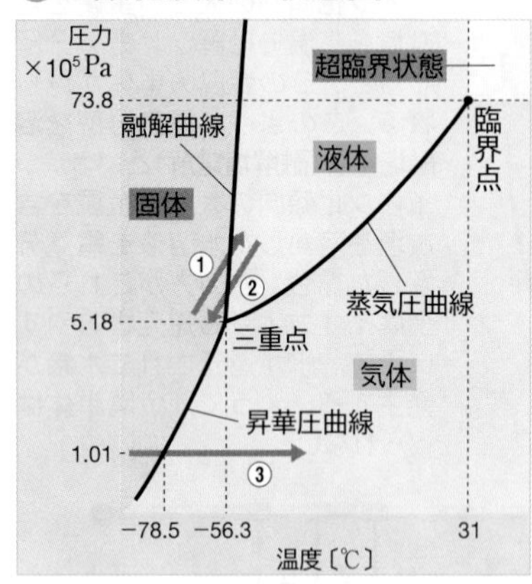

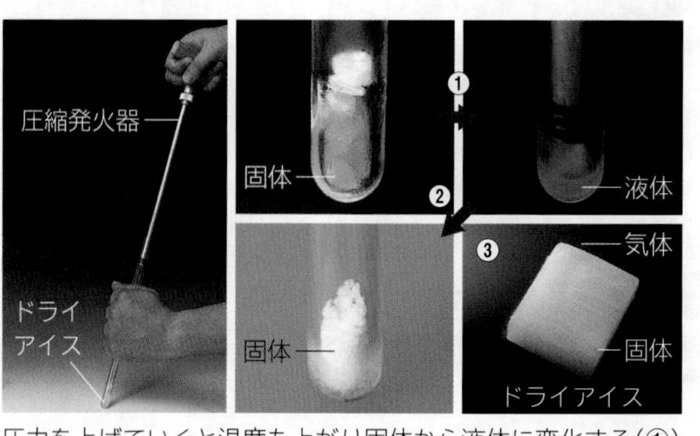

圧力を上げていくと温度も上がり固体から液体に変化する(①)。急激に圧力を下げると，温度も下がり，液体から固体に変化する(②)。常圧では，温度の上昇により昇華する(③)。

▶三重点

状態図の中の融解曲線，蒸気圧曲線，昇華圧曲線の交点になったところを**三重点**とよんでいる。水の場合，273.16 K(約 612 Pa)である。この点では固体・液体・気体が共存し，沸点や融点よりも安定な温度を実現できる。

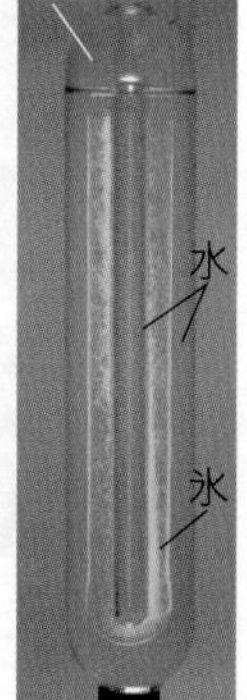

▶臨界点と超臨界状態

液体と気体の境界線を表す**蒸気圧曲線**は，ある温度と圧力で切れる。この場所を**臨界点**とよび，これより高い温度・圧力では気体と液体の区別がなくなる(**超臨界状態**)。液体と気体を密閉して加熱していくと，液体は温度の上昇により分子運動が激しくなり，蒸発が進行するため徐々に密度が低くなる。また気体は液体の蒸発により密度が高くなる。さらに変化が進むと，気体と液体の密度が一致する温度・圧力(臨界点)に到達する。超臨界状態では，物質が気体と液体の両方の性質をもつ。たとえば，気体のように拡散しやすい性質をもつが，液体のようにある程度の密度と粘性をもつ。これらの性質は，既存の液体ではできない物質の溶解による分離を可能にした。コーヒーからカフェインを分離したり，さまざまな香料の分離・精製などに広く利用されている。

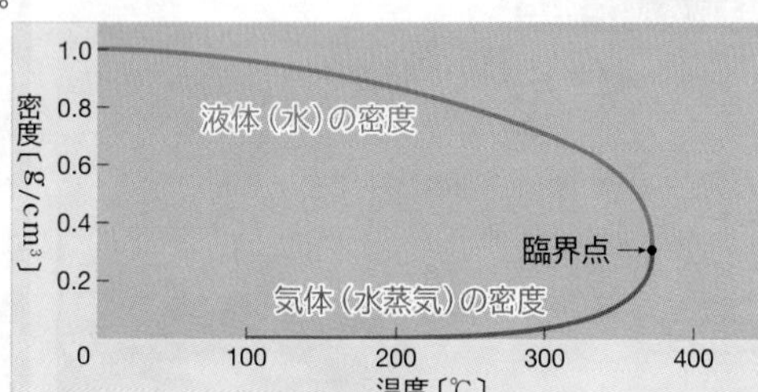

水の状態図

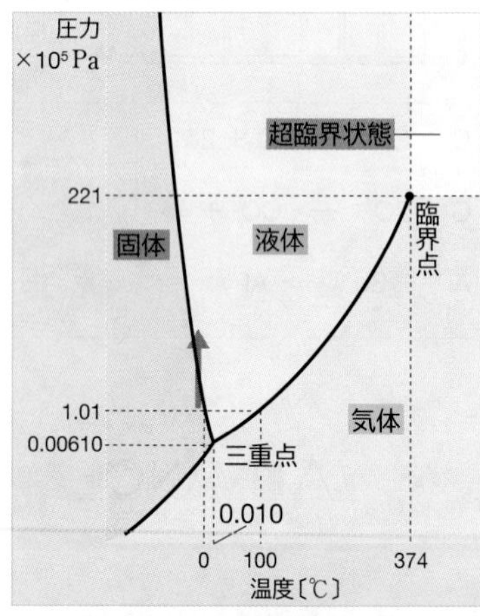

TOPICS

液晶

本来，液体は流動性があり，構成粒子は無秩序に運動している。しかし，ある種の物質は構成粒子が棒状や平面型をしているため，条件により液体のもつ流動性を示しながら，分子配列を結晶構造のような状態で維持できる。このような物質を液晶という。結晶状態の分子では位置と向きの規則性があり，液体はこの２つの規則性がない状態である。液晶は，位置の規則性がなく，向きの規則性がある状態である。

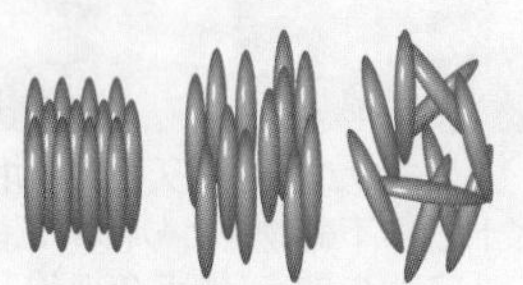

アモルファス

一般に固体は，その構成粒子が規則正しく配列した結晶構造をもつ。しかし，条件により，構成粒子がぎっしり詰まっているが，不規則な状態をとるものがある。この状態をアモルファス状態といい，たとえばガラスなどがある。

2 気液平衡
gas-liquid equilibrium

温度一定の密閉容器中で，液体と気体の物質量の割合が変化しない状態を気液平衡という。

化学

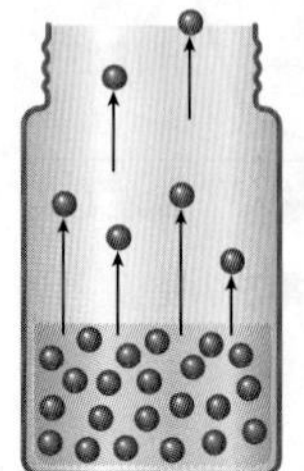

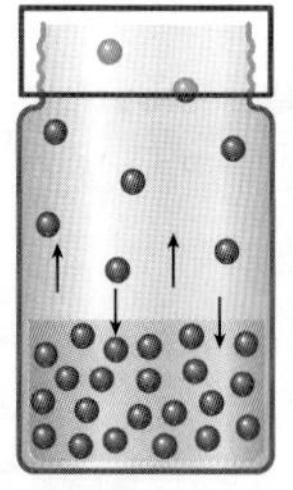

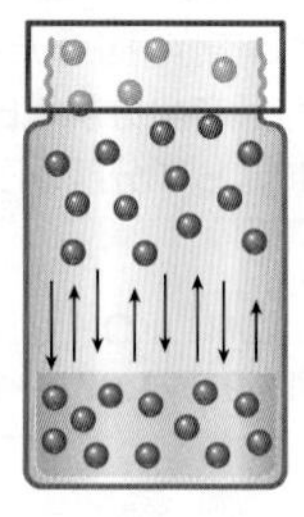

液体から気体への蒸発と気体から液体への凝縮の速度が等しい状態を**平衡状態(気液平衡)**という。このときの圧力を**飽和蒸気圧**とよび，高温ほど高くなる。

3 蒸気圧 vapor pressure

気液平衡のとき，気体が示す圧力を蒸気圧(飽和蒸気圧)という。蒸気圧は温度を変えると変化するが，一定温度では体積を変えても変化しない。 化学

蒸気圧

n_1：単位時間に蒸発する分子の数
n_2：単位時間に凝縮する分子の数

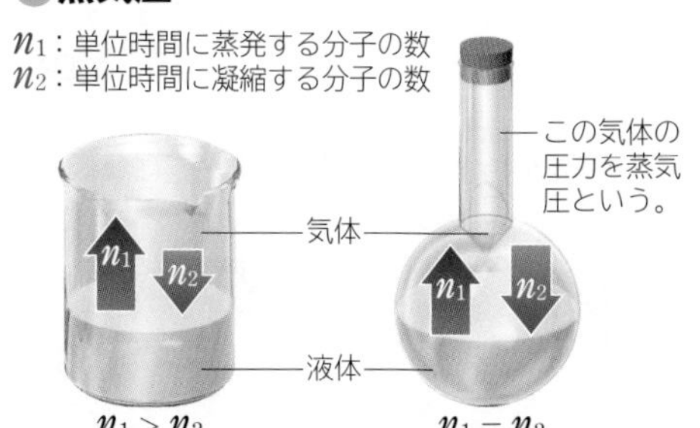

$n_1 > n_2$ 液体分子は蒸発して減っていく。

$n_1 = n_2$ 見かけ上蒸発しなくなる。(気液平衡)

蒸気圧の測定

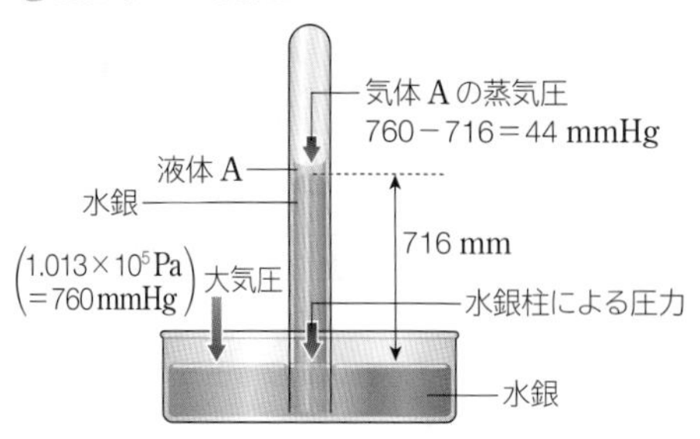

図では，気体Aの圧力は大気圧より716 mmHg低い。

気体の体積と蒸気圧

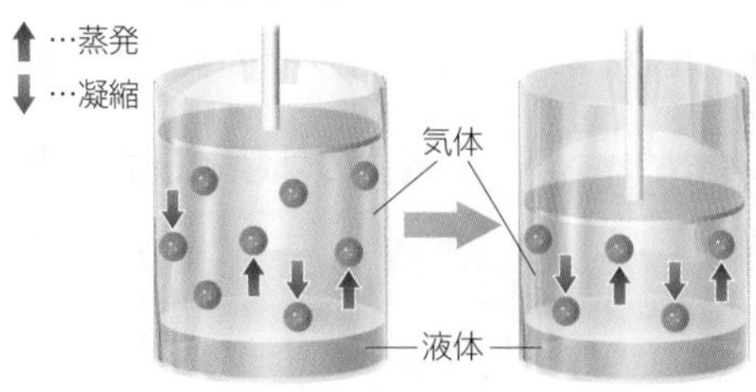

一定温度では，気体の体積を変化させても蒸気圧の大きさは変わらない(減少した体積分の気体が凝縮して液体になるため)。

蒸気圧曲線

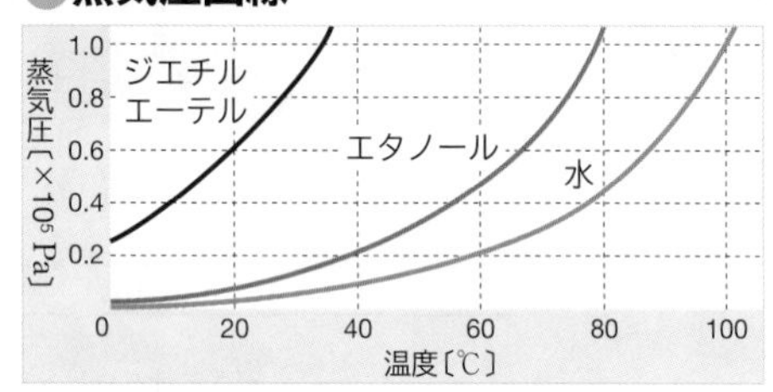

一定温度では，ジエチルエーテル＞エタノール＞水の順に蒸気圧が高い。大気圧(1.013×10^5 Pa)に達する温度(沸点)は，ジエチルエーテル＜エタノール＜水の順に低い。

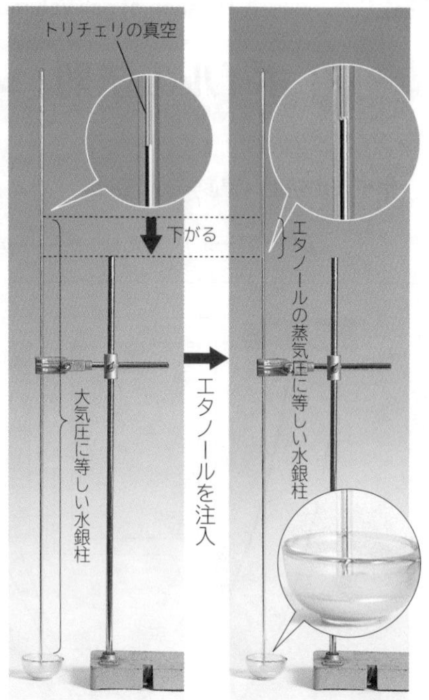

水銀柱を立てて生じた真空部分に，液体がわずかに残る程度のエタノールを入れると蒸気圧の分だけ水銀柱が下がる。

4 沸騰 boiling

液面ばかりでなく，液体内部からも蒸発が起こる現象を沸騰という。 化学

液体の沸騰

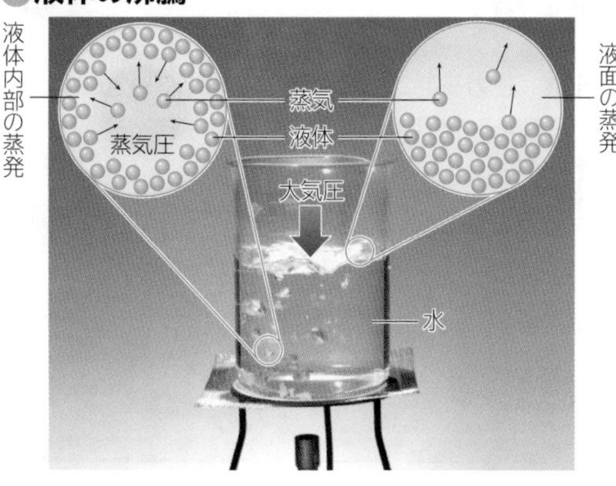

沸騰と圧力

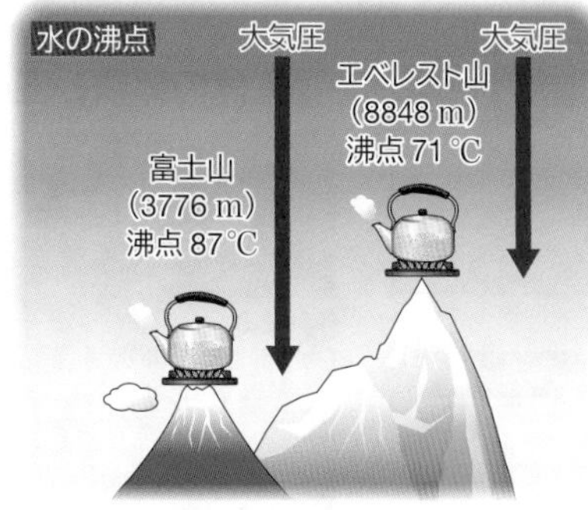

山の上では大気圧が低いので，水は100℃より低い温度で沸騰する。

鍋(ふたなし)
常圧なので沸点は100℃

圧力鍋
加圧すると100℃より高い温度でなければ沸騰しない。

減圧沸騰の実験

沸騰により水蒸気で満たされたフラスコを冷却すると，水蒸気は水に戻り，フラスコ内部が減圧される。

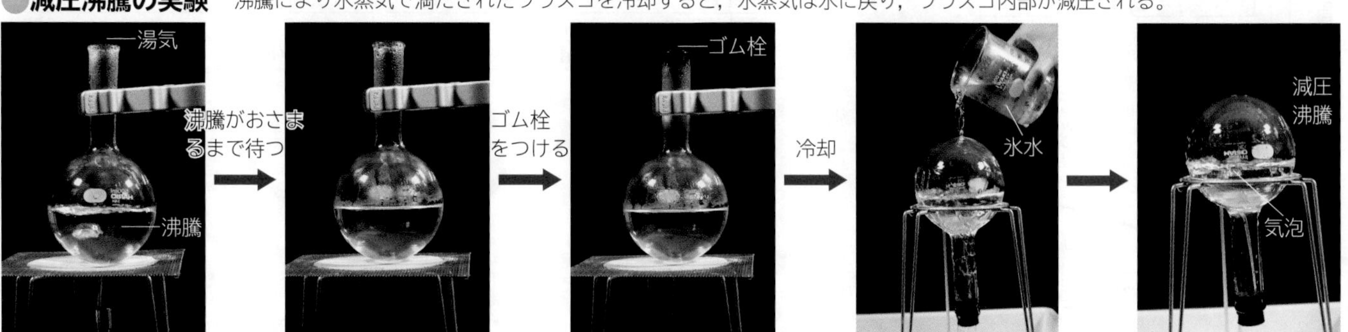

表現 蒸発と沸騰の違いを説明せよ。

思考 本文中の「蒸気圧曲線」のグラフを見て，水，エタノール，ジエチルエーテルを，その物質に働く分子間力の強い順に並べよ。またその理由を説明せよ。

19 気体の体積と圧力・温度
Relation of gas volume to the pressure and temperature

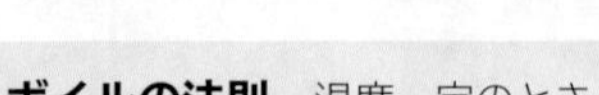

1 ボイルの法則
Boyle's law

温度一定のとき，一定量の気体の体積は圧力に反比例する。　化学

POINT

ボイルの法則　温度一定のとき

$$pV=k(\text{一定})\quad \text{または}\quad p_1V_1=p_2V_2$$

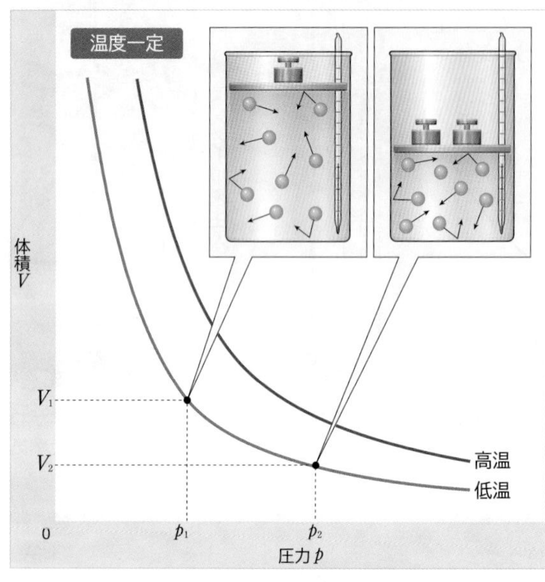

気体の体積と圧力の関係
温度一定のとき，pV の値はほぼ一定になる。

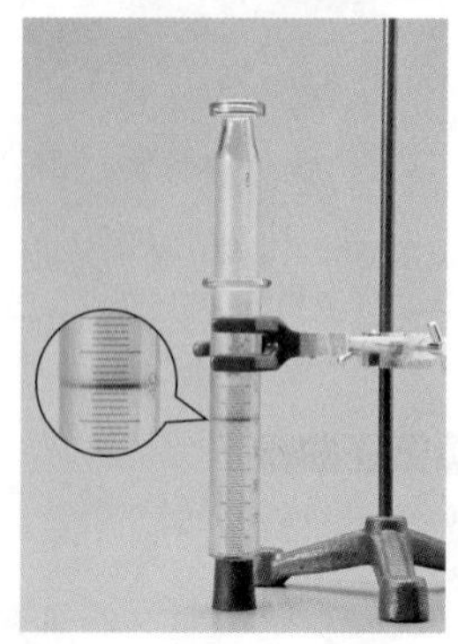
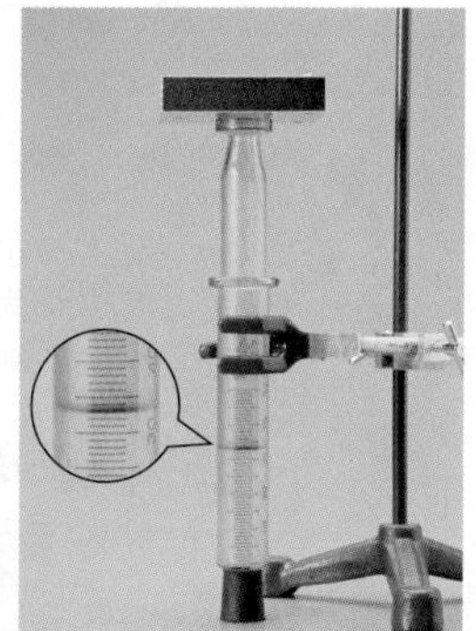
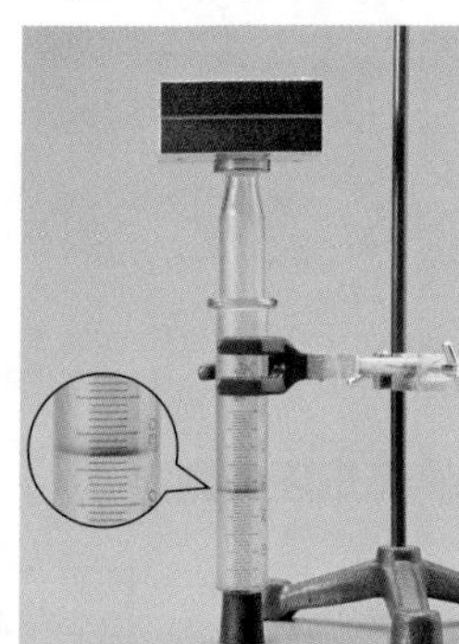

圧力 p	1.0×10^5 Pa	1.2×10^5 Pa	1.5×10^5 Pa
体積 V	40 mL	33 mL	27 mL
pV	4.0×10^6 Pa・mL	4.0×10^6 Pa・mL	4.0×10^6 Pa・mL

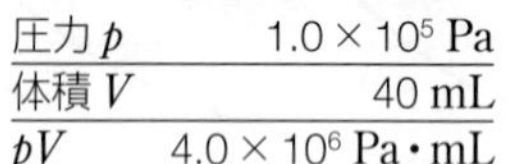

$p_1=1.0\times10^5$ Pa　V_1

ボイルの法則　$pV=k(\text{一定})$

p_3　$V_3=27$ mL

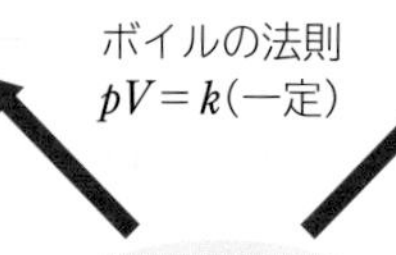

$p_2=1.2\times10^5$ Pa　$V_2=33$ mL

$$p_1V_1=p_2V_2$$
$$V_1=p_2V_2/p_1$$
$$V_1=\frac{1.2\times10^5\ \text{Pa}\times33\ \text{mL}}{1.0\times10^5\ \text{Pa}}$$
$$V_1=40\ \text{mL}$$

$$p_2V_2=p_3V_3$$
$$p_3=p_2V_2/V_3$$
$$p_3=\frac{1.2\times10^5\ \text{Pa}\times33\ \text{mL}}{27\ \text{mL}}$$
$$p_3=1.5\times10^5\ \text{Pa}$$

2 シャルルの法則
Charles' law

圧力一定のとき，一定量の気体の体積は絶対温度に比例する。　化学

POINT

シャルルの法則　圧力一定のとき

$$\frac{V}{T}=k(\text{一定})\quad \text{または}\quad \frac{V_1}{T_1}=\frac{V_2}{T_2}$$

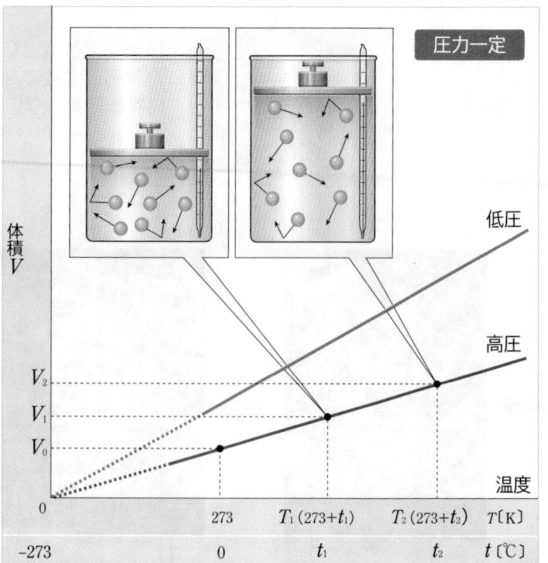

気体の体積と温度の関係
圧力一定のとき，V/T の値はほぼ一定になる。

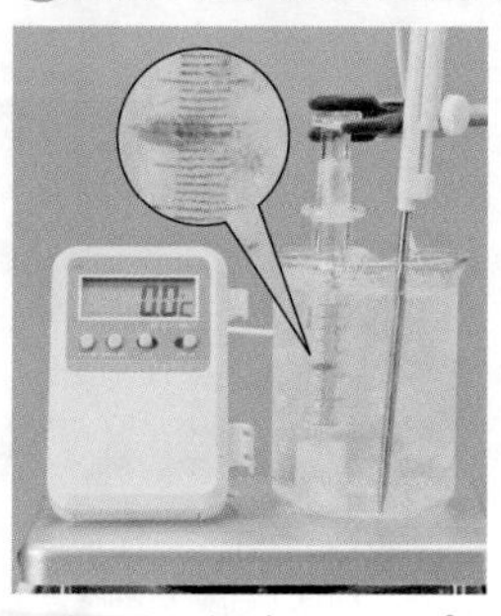

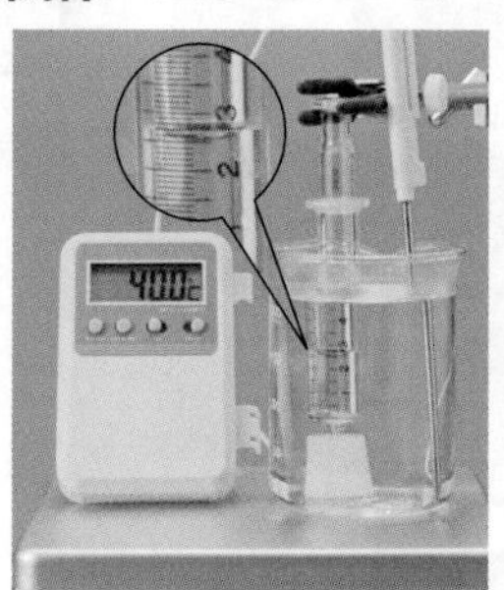

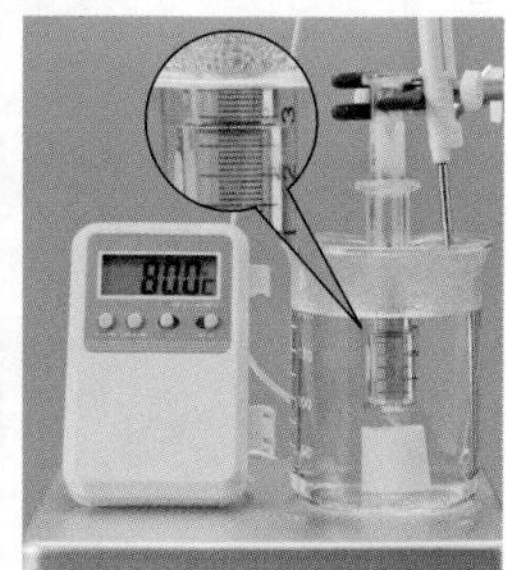

セルシウス温度 t	0℃	40℃	80℃
体積 V	2.3 mL	2.6 mL	2.9 mL
絶対温度 T	273 K	313 K	353 K
V/T	0.0083 mL/K	0.0083 mL/K	0.0083 mL/K

$T_1=273$ K　V_1

シャルルの法則　$\dfrac{V}{T}=k(\text{一定})$

T_3　$V_3=2.9$ mL

$T_2=313$ K　$V_2=2.6$ mL

$$V_1/T_1=V_2/T_2$$
$$V_1=V_2T_1/T_2$$
$$V_1=\frac{2.6\ \text{mL}\times273\ \text{K}}{313\ \text{K}}$$
$$V_1=2.3\ \text{mL}$$

$$V_2/T_2=V_3/T_3$$
$$T_3=V_3T_2/v_2$$
$$T_3=\frac{2.9\ \text{mL}\times313\ \text{K}}{2.6\ \text{mL}}$$
$$T_3=349\ \text{K}$$

*実験誤差を考慮すればシャルルの法則が成立している。

3 ボイル・シャルルの法則
Boyle-Charles' law

一定量の気体の体積は，圧力に反比例，絶対温度に比例する。 化学

POINT

ボイル・シャルルの法則

$$\frac{pV}{T}=k(\text{一定})\quad \text{または}\quad \frac{p_1V_1}{T_1}=\frac{p_2V_2}{T_2}$$

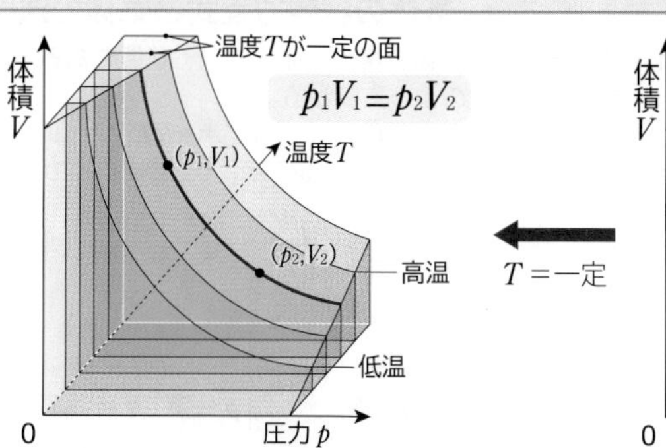

← T＝一定

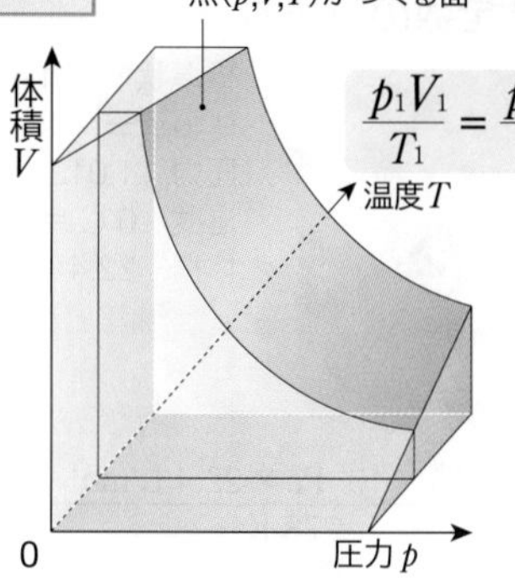

→ p＝一定

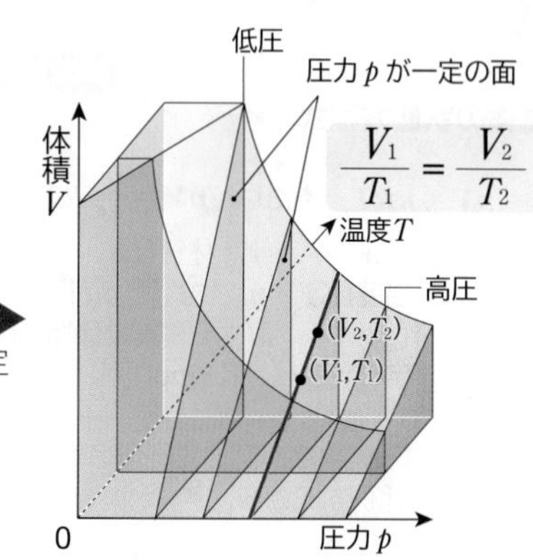

ある温度 T を通り，平面 pV に平行な面で切断すると，ボイルの法則を表す曲線が得られる。

一定量の気体について，いろいろな条件で温度・圧力・体積をはかり，空間 pVT 上にプロットすると１つの曲面が得られる。

ある圧力 p を通り，平面 VT に平行な面で切断すると，シャルルの法則を表す直線が得られる。

4 気体の凝縮
condensation

温度，圧力，体積をそれぞれ一定にしたとき，水蒸気などの凝縮しやすい気体と蒸気圧の関係は次のようになる。 化学

温度一定 気体の圧力 p と体積 V の関係	圧力(外圧)一定 気体の体積 V と絶対温度 T の関係	体積一定 気体の圧力 p と絶対温度 T の関係
ボイルの法則により，外圧の増加にともなって，気体の圧力は体積に反比例しながら増加する。 ①→②	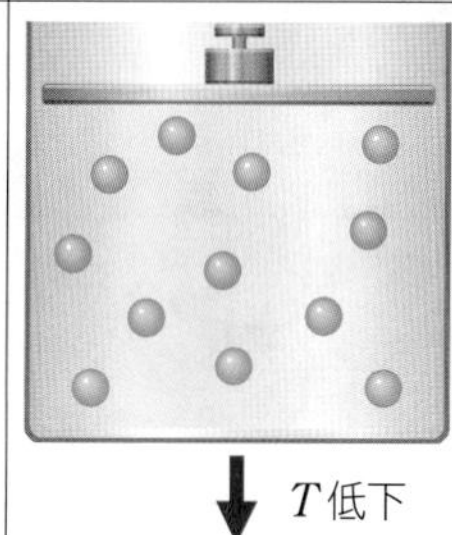 シャルルの法則により，気体の体積は絶対温度に比例しながら減少する。 ①→②	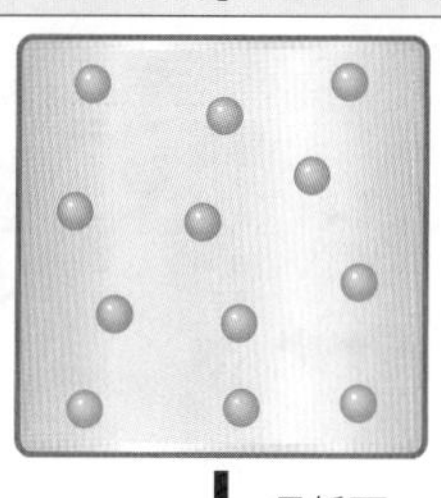 ボイル・シャルルの法則により，温度の低下にともなって，気体の圧力は絶対温度に比例しながら減少する。 ①→②
↓ 外圧増加(圧縮)	↓ T 低下	↓ T 低下
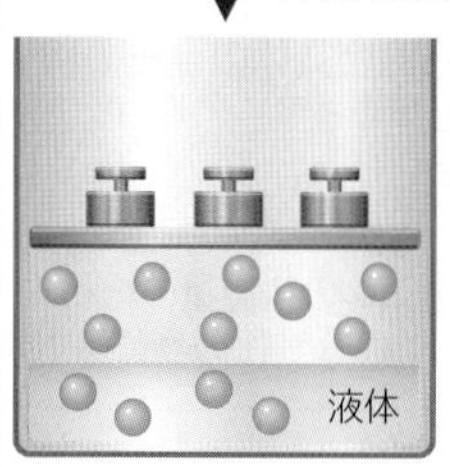 液体 ②で外圧が飽和蒸気圧に等しくなると，凝縮が起こり，気体の圧力はすべてが凝縮する③までは飽和蒸気圧で一定となる。 ②→③	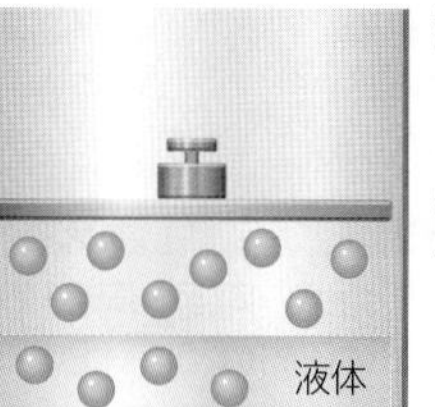 液体 温度②で沸点に達すると，すべて凝縮する③まで温度(沸点)が一定のまま体積は一気に減少する。 ②→③	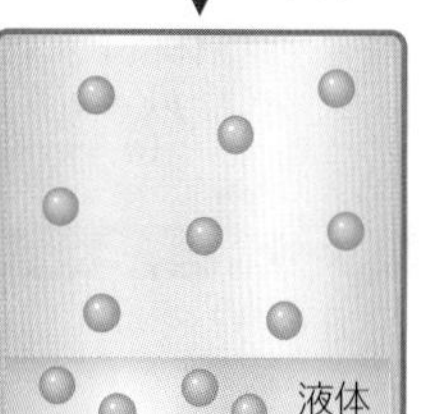 液体 温度が低下して凝縮が起こると，気体と液体が共存し気体の圧力は②から③を通る蒸気圧曲線に従う。 ②→③
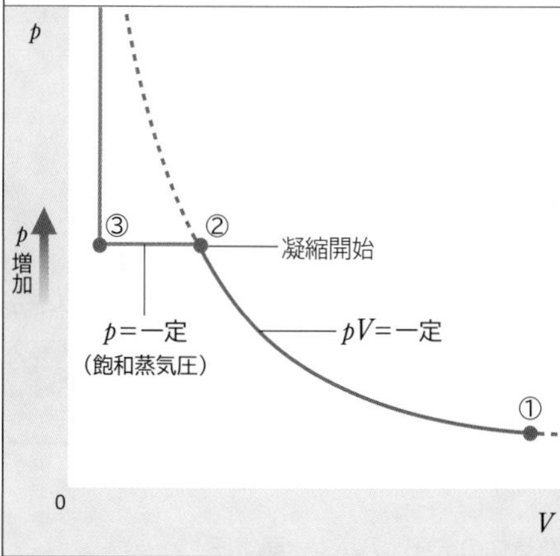		

思考 温度一定で，水蒸気などの凝縮しやすい気体を圧縮すると，飽和蒸気圧で圧力が一定になったあと，ほぼ垂直に圧力が増加する。これはなぜだろうか。

20 気体の状態方程式
Equation of state for gas

1 気体の状態方程式
equation of state

気体の圧力，体積，絶対温度および物質量の間には一定の関係がなりたつ。 化学

POINT

気体の状態方程式

$$pV = nRT \quad または \quad pV = \frac{w}{M}RT$$

(p：圧力〔Pa〕　V：体積〔L〕
T：絶対温度〔K〕　n：物質量〔mol〕
w：質量〔g〕　M：モル質量〔g/mol〕
R：気体定数〔Pa・L/(K・mol)〕)

アボガドロの法則より，同温・同圧の気体の体積は，物質量に比例するから，

$\frac{pV}{T} = nR$　よって，$pV = nRT$

気体の質量 w，モル質量 M より，物質量 $n = \frac{w}{M}$ だから，気体の状態方程式は $pV = \frac{w}{M}RT$ とも表せる。

気体定数の求め方

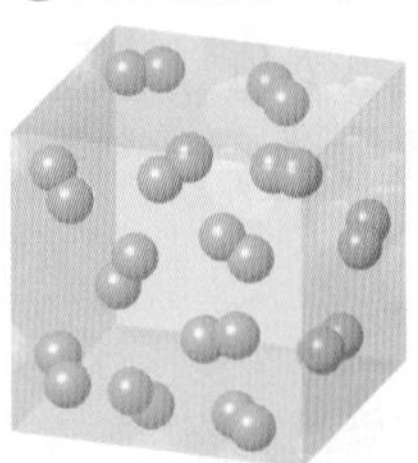

標準状態で 1 mol の気体のデータより求める。
圧力　1.013×10^5 Pa
温度　0℃ = 273 K
体積　22.4 L

$$\frac{pV}{T} = \frac{1.013 \times 10^5\ \mathrm{Pa} \times 22.4\ \mathrm{L/mol}}{273\ \mathrm{K}}$$
$$= 8.31 \times 10^3 \frac{\mathrm{Pa \cdot L}}{\mathrm{K \cdot mol}}$$
$$= 8.31 \frac{\mathrm{Pa \cdot m^3}}{\mathrm{K \cdot mol}} = 8.31 \frac{\mathrm{J}}{\mathrm{K \cdot mol}} = R$$

*圧力 1 atm のとき，$R = 0.0821$ atm・L/(K・mol)

気体の状態方程式と気体の法則

同じ物質量の気体が異なる状態にあるとき，次のように表せる。

$pV = nRT$ …①　$p'V' = nRT'$ …②

nR は一定であるので，①，②をまとめると

$$\frac{pV}{T} = \frac{p'V'}{T'}$$

T 一定：$pV = p'V'$（ボイルの法則）
p 一定：$\frac{V}{T} = \frac{V'}{T'}$（シャルルの法則）
V 一定：$\frac{p}{T} = \frac{p'}{T'}$

T，p，V を一定にすると法則が導ける。

2 混合気体

気体の状態方程式は混合気体にも適用できる。 化学

気体の混合

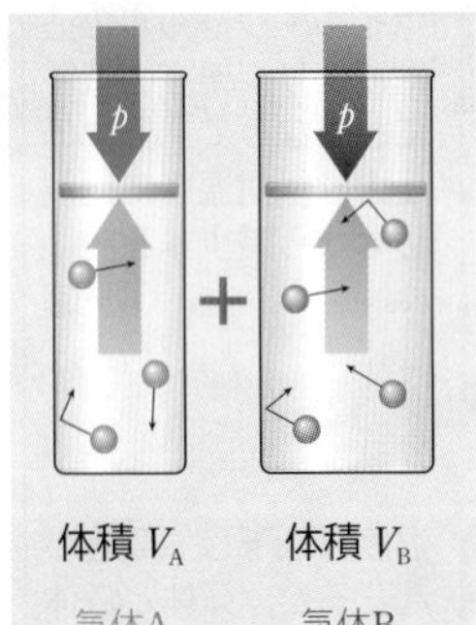

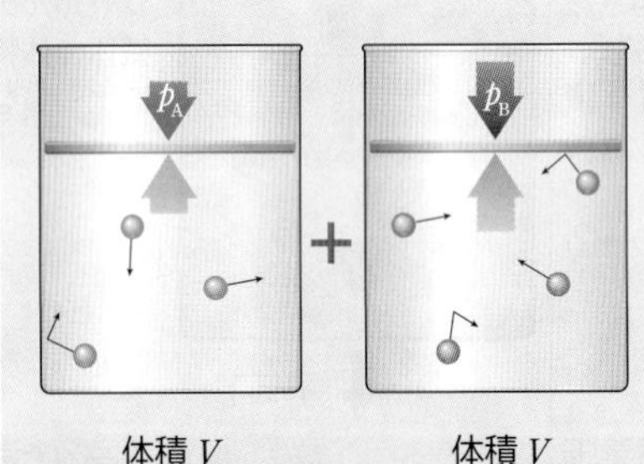

体積 V_A　気体A
体積 V_B　気体B
同温・同圧の混合

体積 $V = V_A + V_B$
$pV = nRT$ …①
$(n = n_A + n_B)$
混合気体

体積 V　$p_AV = n_ART$ …②
体積 V　$p_BV = n_BRT$ …③
同温・同体積の混合

混合気体の体積は，同温・同圧の各成分気体の体積の和に等しい。

混合気体の圧力は，同温・同体積の各成分気体の圧力の和に等しい。

POINT

ドルトンの分圧の法則

混合気体の全圧は，各成分気体の分圧の総和に等しい。②+③から

$(p_A + p_B)V = (n_A + n_B)RT$ …④

①，④の比較から

$p = p_A + p_B$

②÷①，③÷①から

$$p_A = \frac{n_A}{n}p,\quad p_B = \frac{n_B}{n}p$$

成分気体の分圧は，成分気体のモル分率と混合気体の全圧の積で表すことができる。

(p：混合気体の全圧
p_A, p_B, …：成分気体の分圧
n：各成分気体の物質量の総和
n_A, n_B, …：成分気体の物質量)

空気中の酸素の分圧

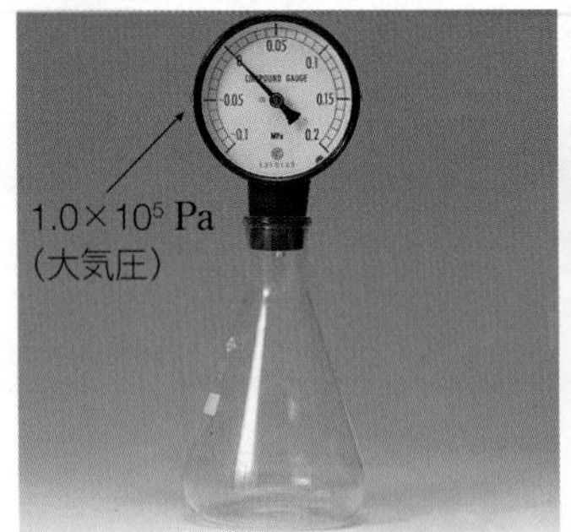

三角フラスコ中の空気の全圧は 1.0×10^5 Pa である。

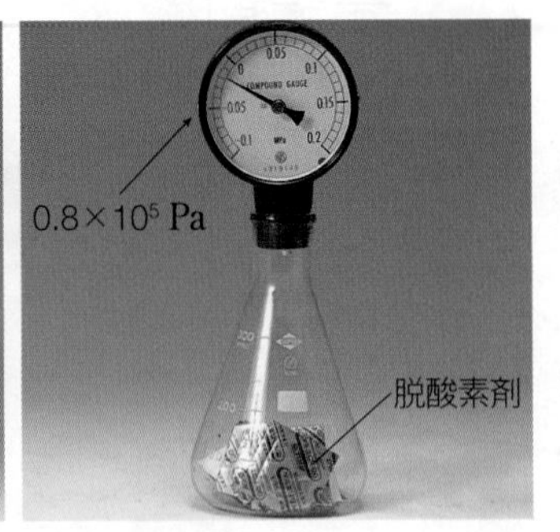

脱酸素剤が酸素を吸収すると，酸素の分圧 0.2×10^5 Pa だけ圧力が減少した。

水上置換での水蒸気の分圧

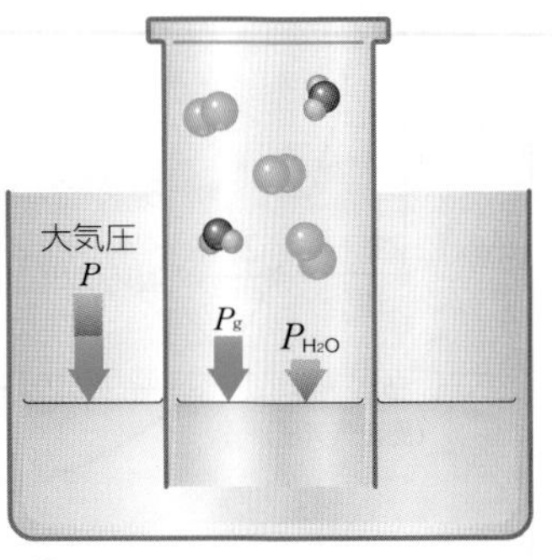

水上置換で捕集した気体には，水蒸気が混じっている。

$$P = P_g + P_{H_2O}$$

P：大気圧　P_g：捕集した気体の分圧　P_{H_2O}：水蒸気圧

表現 水上置換で気体を捕集する際，メスシリンダー内の液面と水槽の液面が一致しているときの捕集気体の分圧を p_1 とする。メスシリンダー内の液面が水槽の液面よりも上に位置している場合の捕集気体の分圧を p_2 とする。p_1 と p_2 の大小関係を述べよ。

重要実験 気体の分子量

気体の状態方程式を利用して，分子量を求めることができる。$M=\dfrac{wRT}{pV}$　化学

分子量の測定

準備

▶器具　丸底フラスコ
アルミニウム箔
輪ゴム
温度計
メスシリンダー
電子てんびん
ビーカー

▶試薬　シクロヘキサン

▶実験プロセス

揮発性の液体であるシクロヘキサンの分子量を測定する。

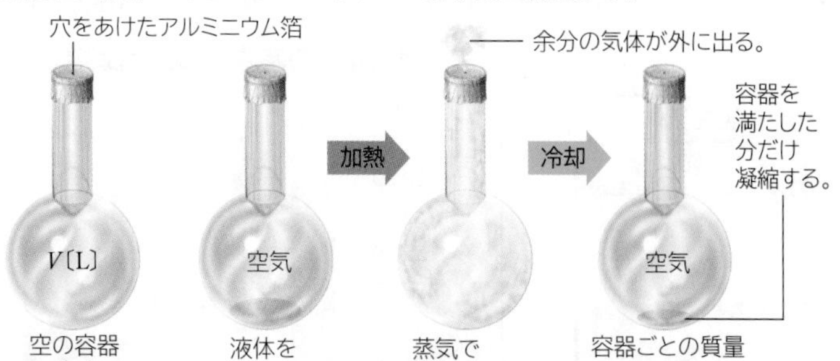

蒸発して容器に充満した気体を冷却し，液体に戻して質量を測定する。

w：凝縮した液体の質量 w_1-w_0
p：大気圧
T：蒸気が充満したときの温度
V：容器を満たした水の体積をメスシリンダーではかる。

①(丸底フラスコ＋アルミニウム箔＋輪ゴム)の質量 w_0〔g〕を測定する。

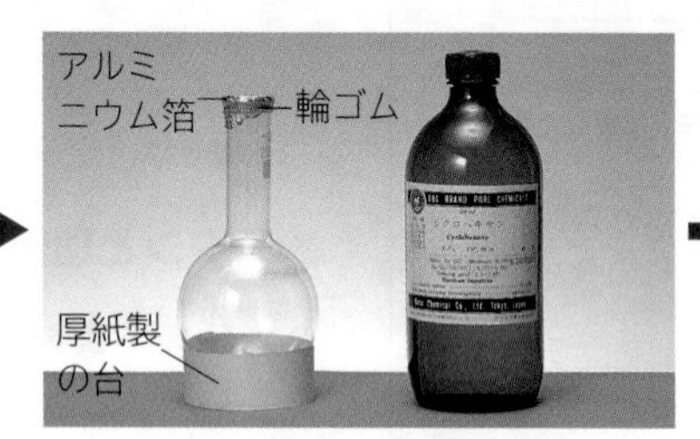

②シクロヘキサンを約 3 mL 入れ，アルミニウム箔をかぶせる。アルミニウム箔に小さな穴をあける。

③水から加熱する。シクロヘキサンが完全に蒸発したときの水の温度 t〔℃〕，大気圧 p〔mmHg〕を測定する。

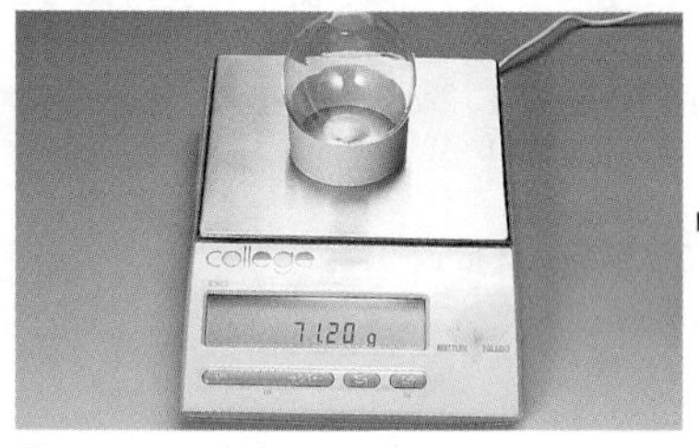

④フラスコを冷やしてシクロヘキサンを液体に戻し，水をふきとり，容器ごとの質量 w_1〔g〕を測定する。

⑤フラスコを水道水で満たし，その水をメスシリンダーに移してフラスコの体積 V〔L〕を測定する。

▶結果

蒸発して丸底フラスコに充満した気体のシクロヘキサンの温度・圧力・質量・体積は，次の測定値で表される。

水の温度　$(t+273)\,\mathrm{K}=(98+273)\,\mathrm{K}$

大気圧　$750\ \mathrm{mmHg}=\dfrac{750}{760}\times1.013\times10^5\ \mathrm{Pa}$

凝縮したシクロヘキサンの質量
$w_1-w_0=0.80\ \mathrm{g}$

丸底フラスコの体積　$280\ \mathrm{mL}=0.280\ \mathrm{L}$

▶分子量を求める

$$M=\frac{0.80\ \mathrm{g}\times8.31\times10^3\ \dfrac{\mathrm{Pa\cdot L}}{\mathrm{K\cdot mol}}\times(98+273)\,\mathrm{K}}{\dfrac{750}{760}\times1.013\times10^5\ \mathrm{Pa}\times0.280\ \mathrm{L}}\fallingdotseq 88\ \mathrm{g/mol}$$

よって分子量は 88 と求められた。正しくは $C_6H_{12}=84$ なので，誤差は，$\dfrac{|88-84|}{84}\times100=4.8\ \%$ である。

▶補正　シクロヘキサンの蒸気圧

この実験では，操作④と①の質量の差をシクロヘキサンの質量としている。しかし，厳密には，右図のように，操作④では気体のシクロヘキサンが残っているため，操作①よりもフラスコ内の空気は少なくなっている。20℃で，シクロヘキサンの蒸気圧は約 0.10×10^5 Pa なので，少なくなっている空気は約 0.10×10^5 Pa 分である。この実験では，約 0.03 g に相当する。

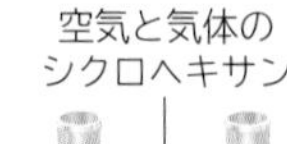

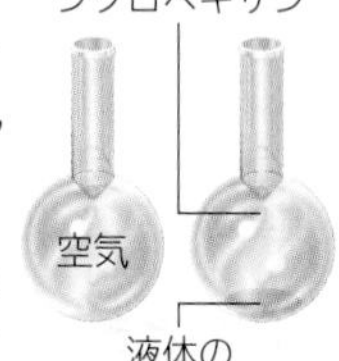

3 平均分子量

混合気体の平均分子量は，成分気体の分子量にそれぞれの割合をかけて足し合わせたものである。　化学基礎

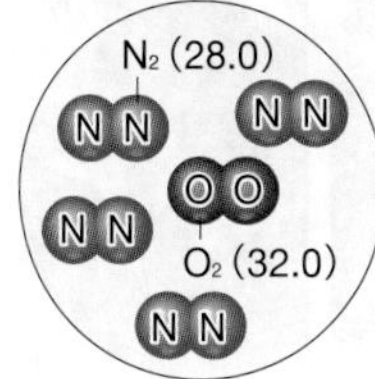

混合気体を 1 種類の気体分子からなると仮定し，気体の状態方程式から得られる分子量を混合気体の**平均分子量**(**見かけの分子量**)という。平均分子量は各成分気体の分子量とその存在比の積の総和に一致する。たとえば，空気は窒素と酸素の物質量の比が 4：1 であるため，次の計算で平均分子量は 28.8 となることがわかる。

空気の平均分子量

$$28.0\times\frac{4}{5}+32.0\times\frac{1}{5}=28.8$$

平均分子量と気体の捕集法

空気中で気体の捕集法を選択する際，空気より軽いか重いかが問題となる。捕集したい気体の分子量と空気の平均分子量(28.8)を比較することで，空気より重いか軽いかを判断できる。

思考　一般に暖かい空気は上に昇る。この理由を気体の状態方程式から説明せよ。

21 理想気体と実在気体
Ideal gas and real gas

1 理想気体と実在気体
ideal gas　real gas

気体の状態方程式がつねになりたつと仮定した気体を理想気体という。実在気体では，分子間力や分子自身の体積の影響で，状態方程式に厳密には従わない。

化学

理想気体と実在気体の比較

	理想気体	実在気体
モデル		分子間力
特徴	①分子は体積が 0 である。 ②分子間力がはたらかない。	①分子は大きさをもち，分子が運動できる体積は容積より小さい。 ②分子間力がはたらき，容器への圧力がその分だけ小さい。
状態方程式	理想気体の状態方程式 $pV = nRT$	ファンデルワールスの状態方程式 $\left(p' + \frac{an^2}{V'^2}\right)(V' - nb) = nRT$
熱運動	ある	ある

1 mol の実在気体の体積

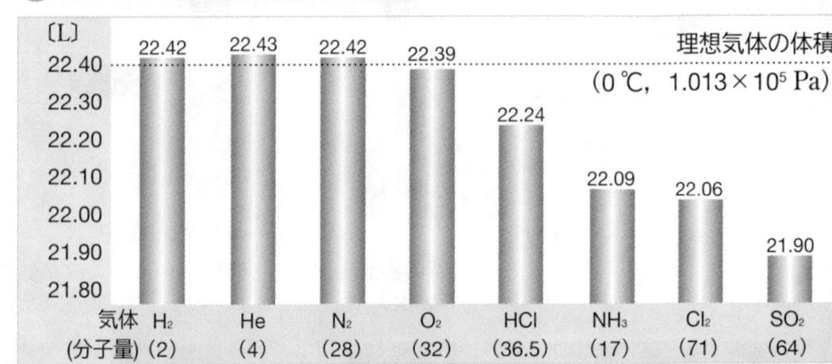

分子量の大きい気体は，理想気体から大きくずれる。分子量が比較的小さい NH_3 は，極性が大きいため，ずれが大きい。

メタンと理想気体

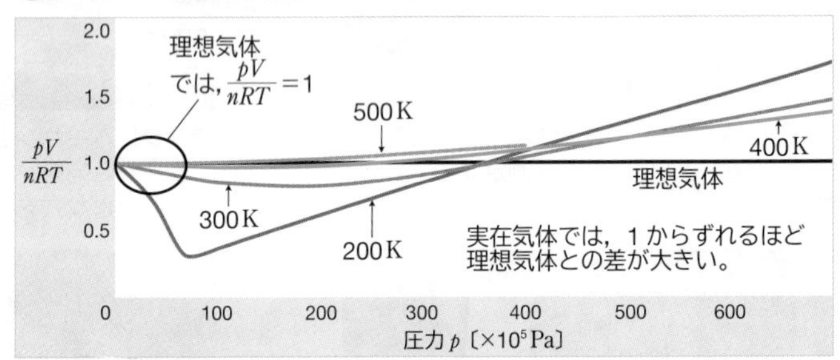

圧力の影響

低圧では理想気体に近づく。

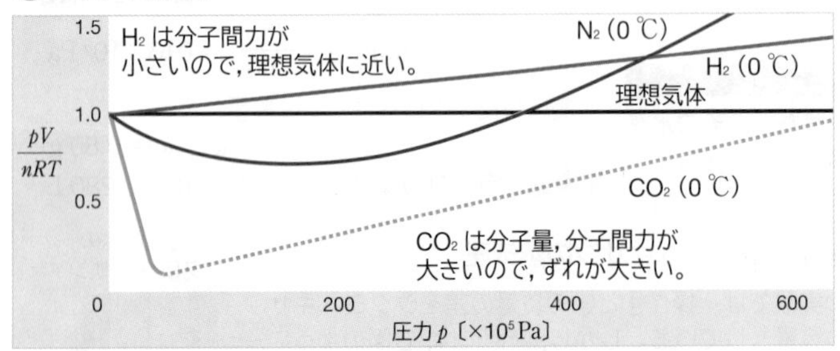

圧力が大きくなると，気体分子が接近して分子間力が大きくなったり，分子自身の体積の影響が強くなったりして，理想気体からずれる。

温度の影響

高温では理想気体に近づく。

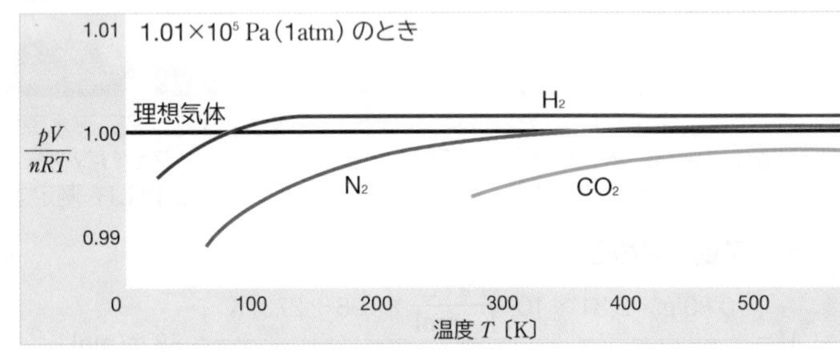

温度が低くなると熱運動のエネルギーが小さくなり，分子間力の影響が強くなって，理想気体からずれる。

高圧のときの実在気体のモデル

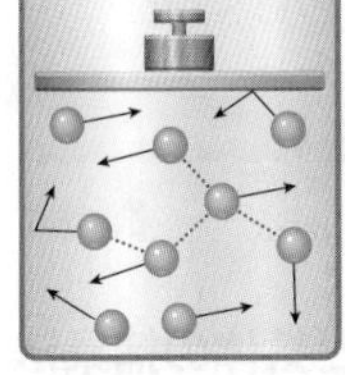

分子どうしが近づき，分子間力と分子自身の体積の影響を無視できない。

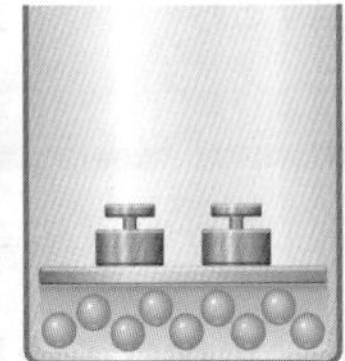

圧力が上がって，飽和蒸気圧を超えると，気体は凝縮してすべて液体になる。

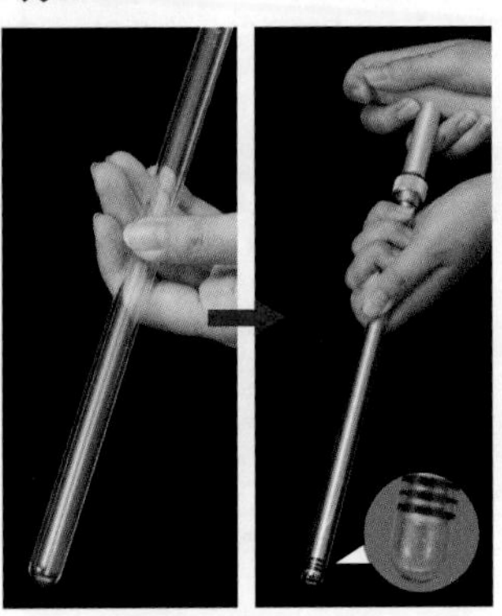

低温のときの実在気体のモデル

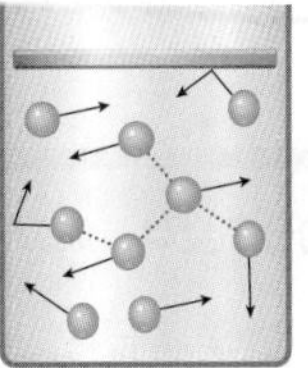

低温では，熱運動が小さく，分子間力の影響を無視できない。

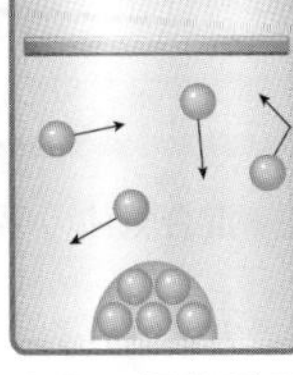

さらに温度が下がると一部が凝縮する。気体は飽和蒸気圧の分だけになる。

2 ファンデルワールスの状態方程式

Van der Waals' equation of state

実在気体の圧力と体積の関係を近づけるための状態方程式の１つにファンデルワールスの状態方程式がある。

化学 発展

実在気体は分子自身の体積，分子間力の影響で，気体の状態方程式 $pV=nRT$ を満たさなくなることがある。そこで，分子間力の影響を反映させたのがファンデルワールスの状態方程式である。

POINT

$$\left(p'+\frac{an^2}{V'^2}\right)(V'-nb)=nRT$$

ただし，温度 T〔K〕で，実在気体 n〔mol〕の圧力と体積をそれぞれ p'，V' で表す。

ファンデルワールス定数

気体	a〔kPa・L²/mol²〕	b〔L/mol〕
He	3.47	0.0238
H_2	24.4	0.0262
N_2	138	0.0387
O_2	138	0.0319

a が大きいほど分子間力が大きく，b が大きいほど分子の体積が大きい傾向がある。

分子体積の影響

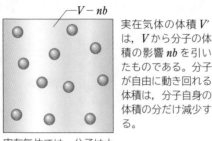

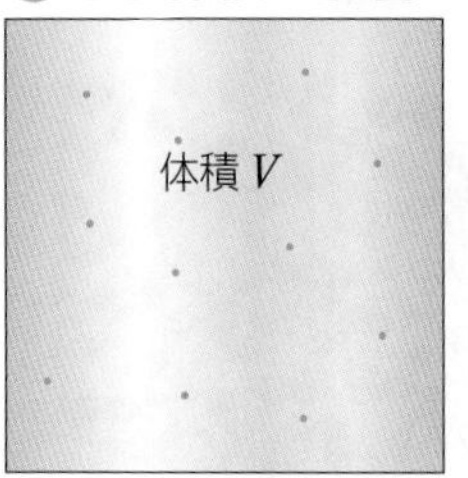

理想気体では，分子の大きさが０になる。

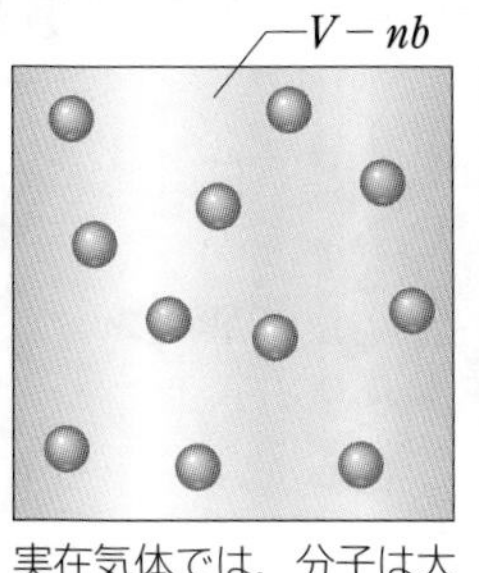

実在気体では，分子は大きさをもつ。

実在気体の体積 V' は，V から分子の体積の影響 nb を引いたものである。分子が自由に動き回れる体積は，分子自身の体積の分だけ減少する。

▶排除体積

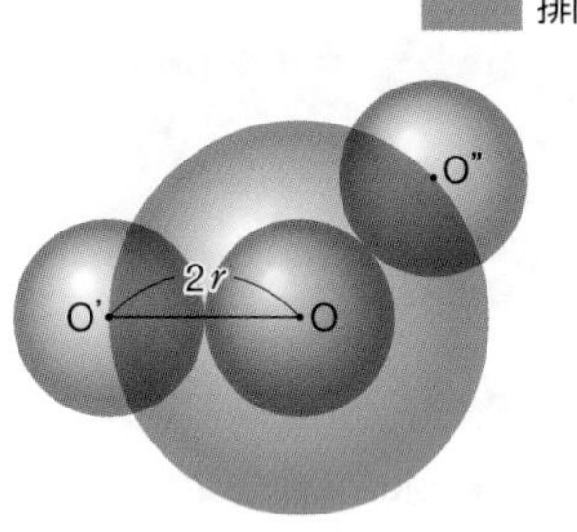

分子を球体と仮定したとき，２つの分子の中心間距離は $2r$ 以内に近づくことはない。他の分子の中心も同様に，この範囲内に近づくことができない。中心が近づくことができない領域は，半径 $2r$ の球の体積と一致し，これを排除体積とよぶ。ファンデルワールスの状態方程式は，この体積を補正項として引いている。

分子間力の影響

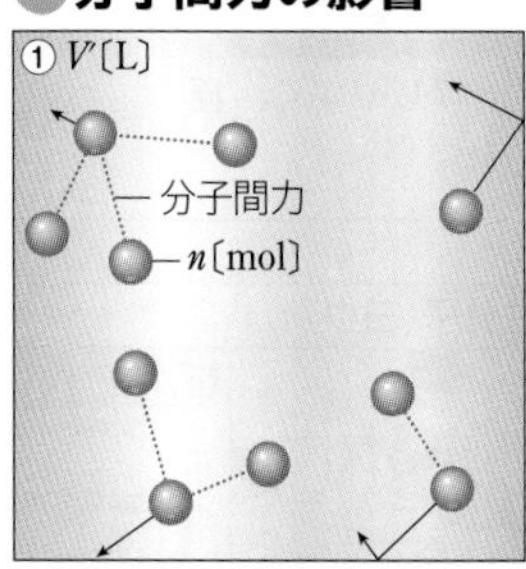

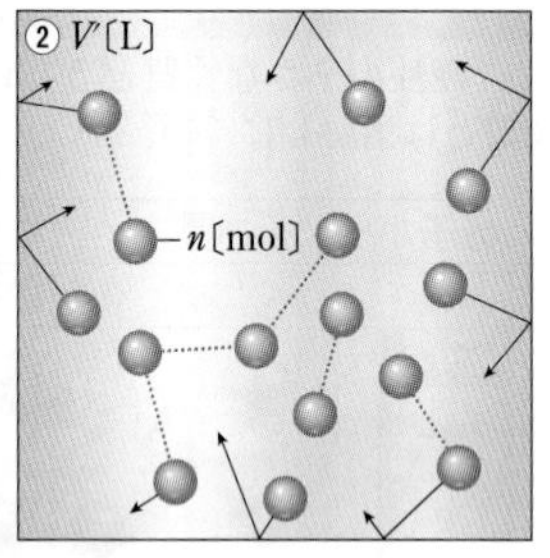

分子間力が大きくなると，気体の圧力が小さくなる。

①壁に衝突する力
壁に衝突しようとしている気体は，分子間力により引かれるため，理想気体よりも圧力が弱められる。この弱められる圧力は，分子の密度 $\frac{n}{V'}$（引っ張っている分子の数）に比例する。

②衝突する回数
壁に衝突する回数は，分子の密度 $\frac{n}{V'}$ が高いほど多くなる。

圧力の減少分は①，②の積 $\frac{n}{V'}\times\frac{n}{V'}=\frac{n^2}{V'^2}$ に比例する。比例定数を a とすると，実在気体では $\frac{an^2}{V'^2}$ の補正項の分だけ圧力が減少するため，加えている。

$$p=p'+\frac{an^2}{V'^2}$$

ADVANCE ファンデルワールスの状態方程式からみた実在気体と理想気体の違い

ファンデルワールスの状態方程式の両辺を n で割ると式❶が得られる。ここで，$\frac{V'}{n}$ をモル体積 V_m とし，p について解くと式❸を得る。この式❸の p を理想気体の状態方程式 $pV_m=RT$ に代入すると式❹が得られる。式❹は，低圧では理想気体からのずれは第１項で表される分子間力の影響が大きく，高圧では第２項で表される分子自身の影響が大きいことを示している。

$$\left[p+a\left(\frac{n}{V'}\right)^2\right]\frac{(V-nb)}{n}=RT \quad ❶ \qquad \left(p+\frac{a}{V_m{}^2}\right)(V_m-b)=RT \quad ❷$$

$$p=-\frac{a}{V_m{}^2}+\frac{RT}{V_m-b} \quad ❸ \qquad \frac{pV_m}{RT}=-\frac{a}{V_mRT}+\frac{1}{1-\frac{b}{V_m}} \quad ❹$$

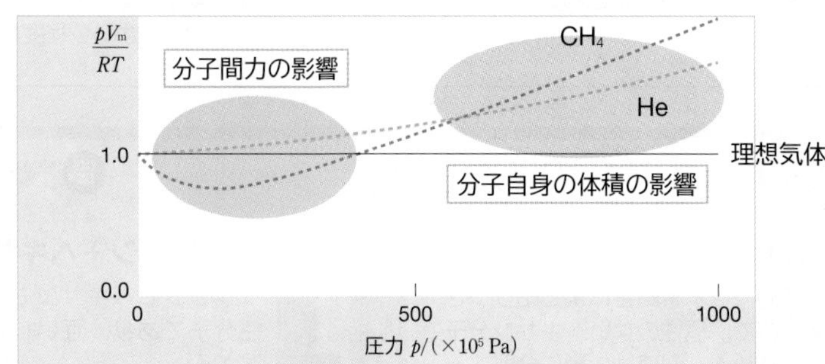

⟹分子間力(a)の影響が大きい

第１項

$$\frac{pV_m}{RT}=\boxed{-\frac{a}{V_mRT}}+\frac{1}{1-\frac{b}{V_m}}$$

低圧では V_m が大きく，$\frac{b}{V_m}$ が小さな値となる。

高圧で，モル体積 V_m が小さい場合，第２項の寄与が大きい

⟹分子自身の体積(b)の影響が大きい

第２項

$$\frac{pV_m}{RT}=-\frac{a}{V_mRT}+\boxed{\frac{1}{1-\frac{b}{V_m}}}$$

高圧では V_m が小さく，$\frac{b}{V_m}$ が大きな値となる。

思考 N_2（分子量 28）と NH_3（分子量 17）のファンデルワールス定数 a の大小を比較すると，どちらのファンデルワールス定数 a が大きくなるか，理由とともに説明せよ。

22 溶解
Dissolution

1 溶解
dissolution

液体中に他の物質が溶けて均一に混ざり合う現象を溶解という。　化学

硫酸銅(II)の溶解

結晶を水中につり下げるとすみやかに溶け，密度が大きくなった溶液は下に降りていく。溶液の濃度が大きく異なる水溶液が混ざり合うときに屈折率の違いにより，もやのようなゆらぎが発生する(**シュリーレン現象**)。

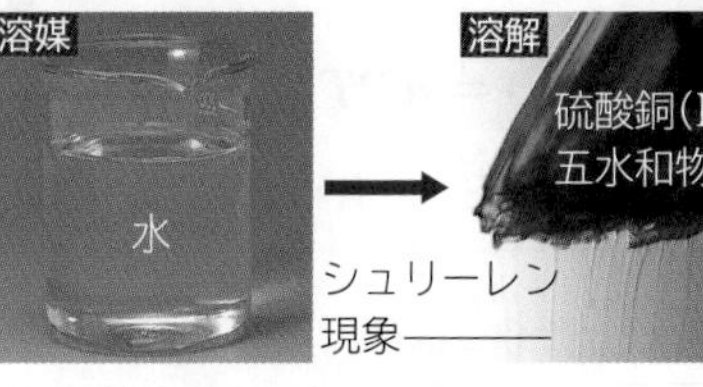

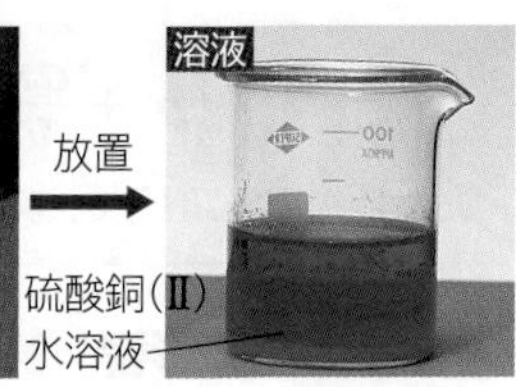

塩化ナトリウムの溶解
Na^+ も Cl^- も水分子に囲まれて水中に分散していく。このように水分子が結合することを**水和**という。水和する水分子の数は，粒子の種類によって異なる。

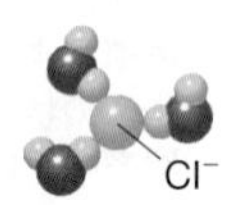

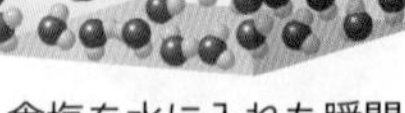

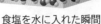

食塩を水に入れた瞬間

1.6×10^{-12} 秒後

5.6×10^{-12} 秒後

コンピュータで描いたモデル図。黄色は Na^+，緑は Cl^-，赤は酸素，青は水素。Cl^- の方が先に溶け出すことがわかる。

2 物質の種類と溶解性
一般に，極性の大きな物質どうし，極性の小さな物質どうしは溶解しやすく，極性の大きい物質と極性の小さい物質とは溶解しにくい。　化学

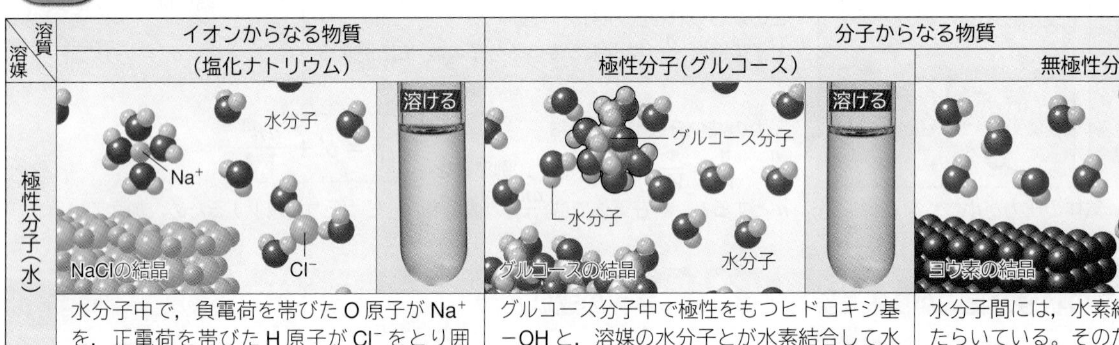
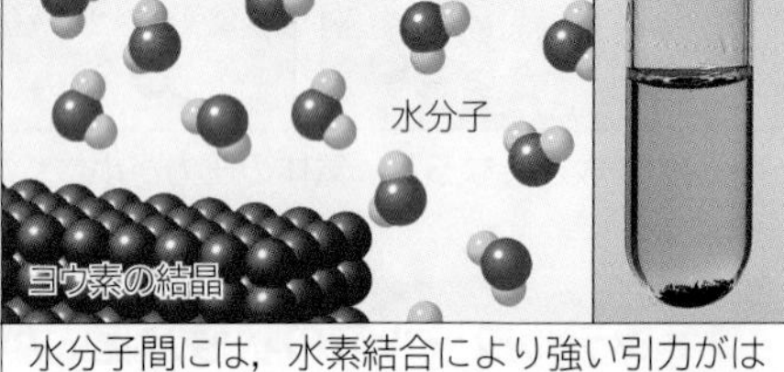
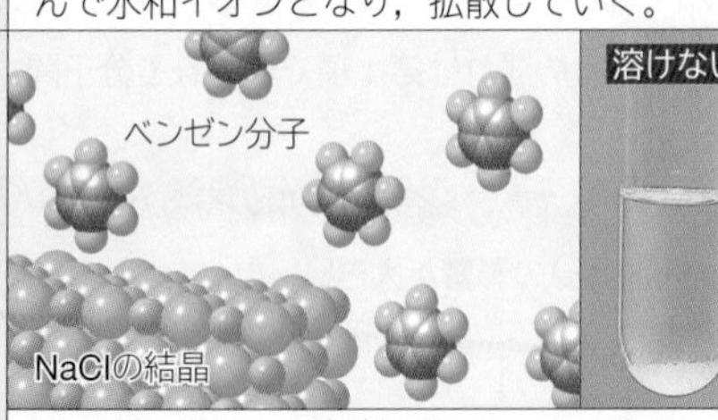
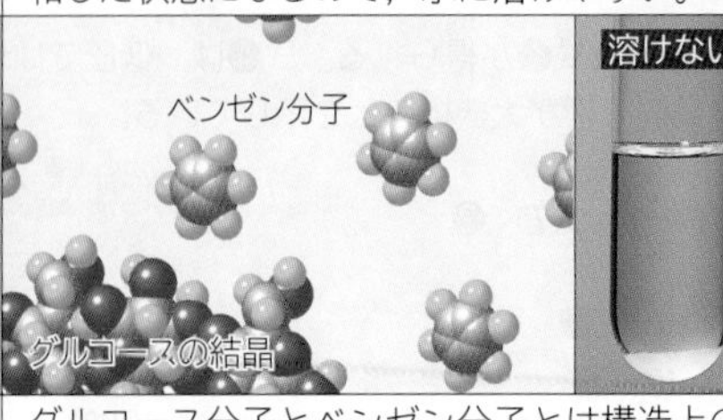
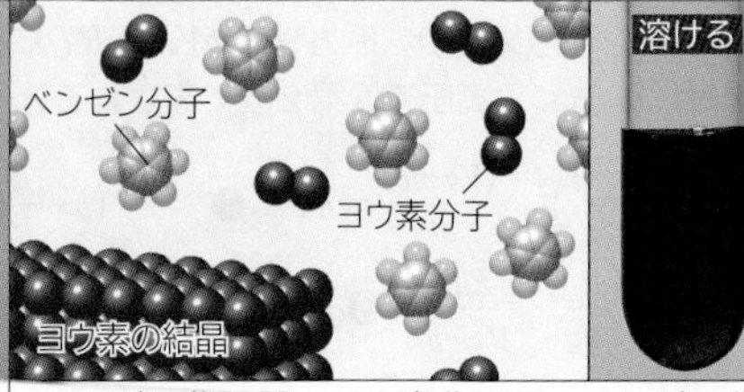

溶媒＼溶質	イオンからなる物質 (塩化ナトリウム)	分子からなる物質 極性分子(グルコース)	分子からなる物質 無極性分子(ヨウ素)
極性分子(水)	溶ける 水分子，Na^+，Cl^-，NaClの結晶 水分子中で，負電荷を帯びたO原子が Na^+ を，正電荷を帯びたH原子が Cl^- をとり囲んで水和イオンとなり，拡散していく。	溶ける グルコース分子，水分子，グルコースの結晶 グルコース分子中で極性をもつヒドロキシ基－OHと，溶媒の水分子とが水素結合して水和した状態になるので，水に溶けやすい。	溶けにくい 水分子，ヨウ素の結晶 水分子間には，水素結合により強い引力がはたらいている。そのため極性のないヨウ素分子は，水分子間に入っていけない。
無極性分子(ベンゼン)	溶けない ベンゼン分子，NaClの結晶 ベンゼン分子には極性がなく，Na^+ や Cl^- との親和性に乏しいので，静電気的引力で結びついている Na^+ と Cl^- を引き離せない。	溶けない ベンゼン分子，グルコースの結晶 グルコース分子とベンゼン分子とは構造上の類似性が乏しく，混ざりにくい。	溶ける ベンゼン分子，ヨウ素分子，ヨウ素の結晶 ベンゼン分子間，ヨウ素分子間，ベンゼン分子とヨウ素分子との分子間力は同じ程度なので，互いに混ざり合う。

3 液体の溶解性

混ざり合わないと二層に分かれる。

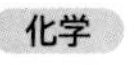

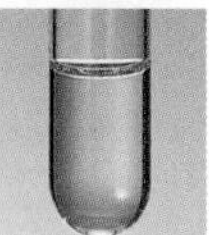

水＋エタノール
水もエタノールも極性分子であり，互いのヒドロキシ基－OHの間に水素結合をつくり，よく混ざる。

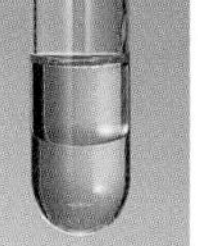

水＋ヘキサン
水分子間には水素結合による結びつきがあるので，極性のないヘキサン分子は入り込めず，溶液は二層に分離する。

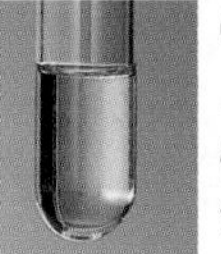

ベンゼン＋ヘキサン
ベンゼンもヘキサンも無極性分子であり，互いによく混ざる。

4 気体の溶解度

水に対する気体の溶解度は，1.013×10⁵ Pa(1 atm)のもとで水1Lに溶解する気体の量を，0℃，1.013×10⁵ Paの体積[L]または物質量[mol]で表す。アンモニアや塩化水素は水と反応するため，溶解度はとくに大きい。

化学

溶解度曲線

p.342

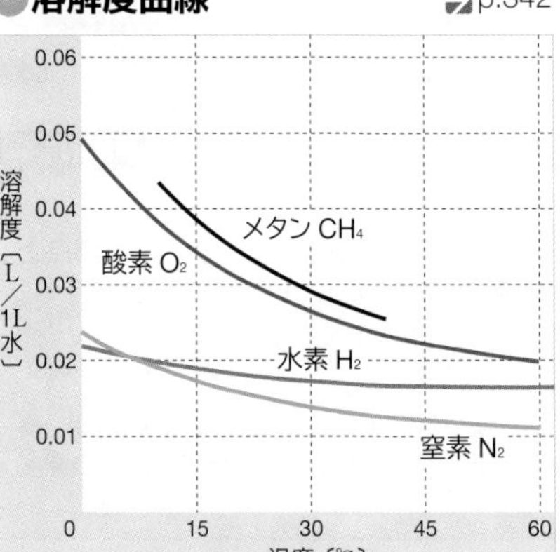

気体の溶解度は，高温になるほど小さくなる。

水に溶けた空気

水に溶解している空気(窒素や酸素)の溶解度は，高温になるほど小さい。そのため，空気中に放置された水を加熱すると，窒素や酸素が気泡となって出てくる。

20℃における溶解している窒素の量

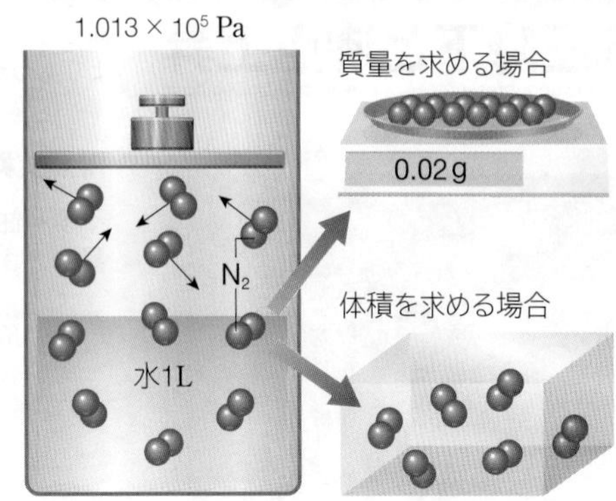

水1LにN_2は，7.10×10^{-4} mol溶ける。

N_2のモル質量は28.0 g/molなので質量は
7.10×10^{-4} mol $\times 28.0$ g/mol
$= 1.99 \times 10^{-2}$ g

N_2のモル体積は22.4 L/molなので体積は
7.10×10^{-4} mol $\times 22.4$ L/mol
$= 1.59 \times 10^{-2}$ L

気体の溶解と圧力

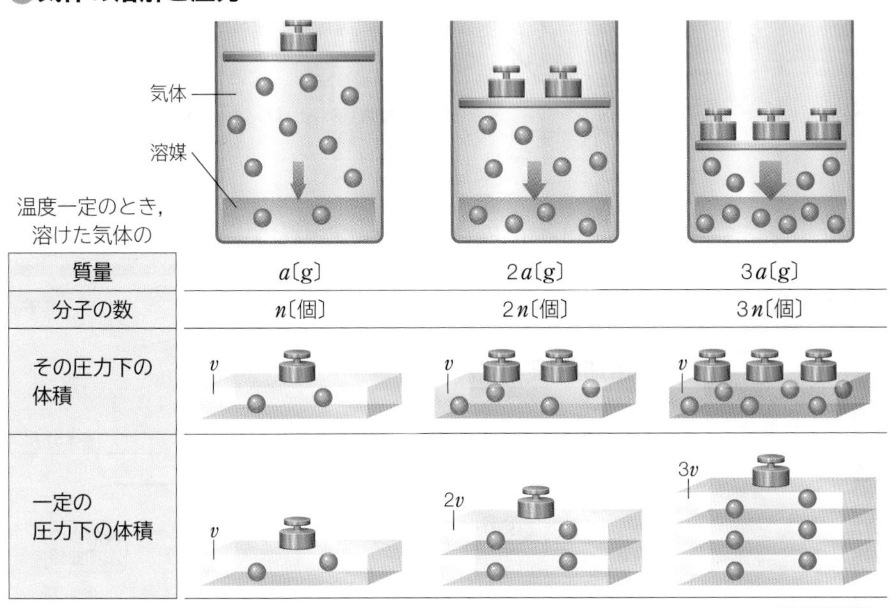

温度一定のとき，溶けた気体の

質量	a〔g〕	$2a$〔g〕	$3a$〔g〕
分子の数	n〔個〕	$2n$〔個〕	$3n$〔個〕
その圧力下の体積	v	v	v
一定の圧力下の体積	v	$2v$	$3v$

空気の溶解

0℃，1×10^5 Paでの溶解度
窒素 0.024 L/1 L水　酸素 0.049 L/1 L水

空気を，**窒素：酸素＝4：1**(物質量の比)の混合気体と考えると，溶解している量は，それぞれの分圧から求めることができる。

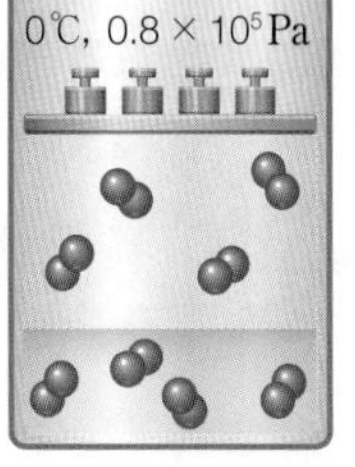

溶けている窒素の0℃，1×10^5 Paでの体積
$0.024\ \text{L} \times 0.8$
$= 0.019$ L

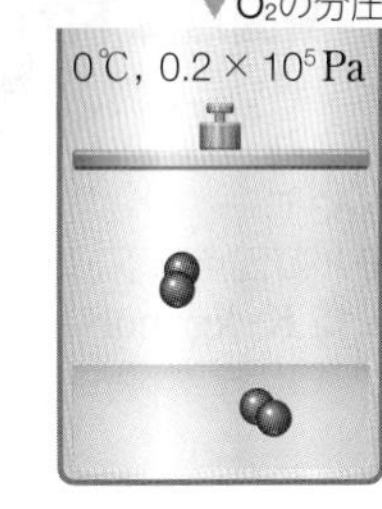

溶けている酸素の0℃，1×10^5 Paでの体積
$0.049\ \text{L} \times 0.2$
$= 0.0098$ L

ヘンリーの法則

POINT

溶解度の小さい気体については，「一定温度で，一定量の溶媒に溶ける気体の質量は，その気体の圧力に比例する」。

▶炭酸飲料

炭酸飲料はよく冷やしておくと，飲んだときにのどでよく発泡しておいしく飲むことができる。これは飲料の温度を低くしておくことで二酸化炭素の溶解度が上がり，飲んだときに体温によって温められ，溶解度が下がって発泡したためである。逆にコップなどについでそのまま部屋に置いておくと，室温が高いために二酸化炭素の溶解度が下がり，気が抜けた状態になってしまう。

▶潜水病

スキューバダイビングでは高圧ボンベに空気を入れて泳ぐ。これはダイバーにかかる水圧によって肺がつぶれて呼吸ができなくなるのを防ぐためで，水圧は10 m潜るごとに大気圧(1.013×10^5 Pa)と同じ圧力が加わっていく。このような高圧の空気を吸い続けるダイバーの血液には，通常以上に空気が溶け込んでいる。この状態のまま急に浮上すると，溶けていた空気は減圧されたことで溶解度が下がり，気体になって出てくる。とくに窒素は体内では使われないため血管内で気泡をつくり，頭痛や関節痛・意識障害などを引き起こす。これが潜水病(減圧症)である。潜水病にならないために，ゆっくり浮上することはダイバーにとって鉄則になっている。

思考 20℃において，N_2は100 kPaのもと水1Lにn_1〔mol〕溶けるとする。2Lの容器に純水1Lを入れたのち，20℃，100 kPaのもと1L分のN_2を入れた。このとき水に溶解するN_2の物質量をn_2とし，n_1とn_2の大小を比較すると，どちらの物質量が大きくなるか，理由とともに説明せよ。

23 沸点上昇と凝固点降下

Elevation of boiling point and depression of freezing point

1 蒸気圧降下と沸点上昇

depression of vapor pressure　elevation of boiling point

同じ温度で比べると，不揮発性の溶質が溶けた溶液の蒸気圧は，溶媒だけの蒸気圧よりもつねに低くなる。また，同じ蒸気圧を示す温度は，溶液の方がつねに高くなる。　化学

●蒸気圧降下

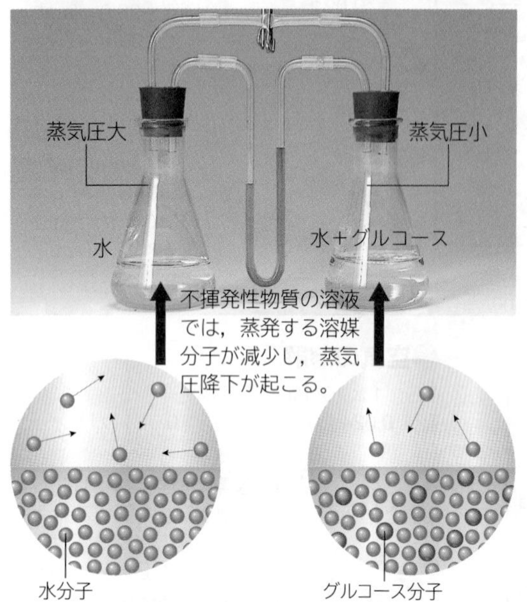

POINT

沸点上昇

不揮発性物質が溶けている溶液では，純溶媒に比べて沸点は高くなる。これを**沸点上昇**という。溶液の沸点上昇度Δt〔K〕*1 は，質量モル濃度 m〔mol/kg〕*2,3 に比例する。

$$\Delta t = K_b m$$

K_b〔K・kg/mol〕：モル沸点上昇
（溶媒によって固有の値をもち，溶質の種類に関係しない（➡p.343）。）

*1 Δ（デルタ）は変化量を表す記号である。
*2 電解質では，溶質から生じた全粒子（陽イオンと陰イオンの和）
*3 溶液の体積は温度によって変化するので，温度変化をともなう実験では，モル濃度ではなく，質量モル濃度を用いる。

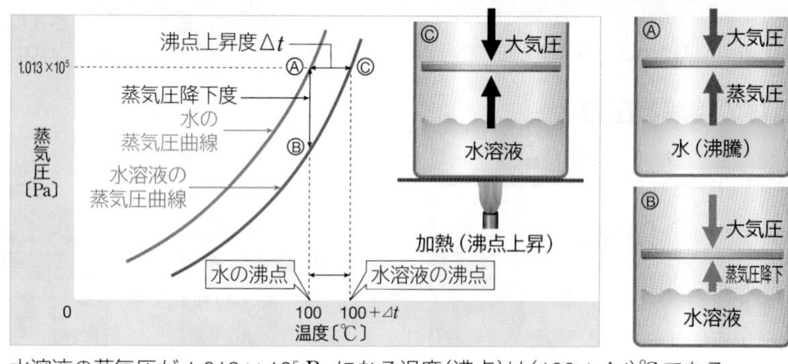

水溶液の蒸気圧が 1.013×10^5 Pa になる温度（沸点）は$(100 + \Delta t)$℃である。

2 凝固点降下

depression of freezing point

凝固点は，溶媒よりも溶液の方がつねに低くなる。　化学

●凝固点降下度の測定

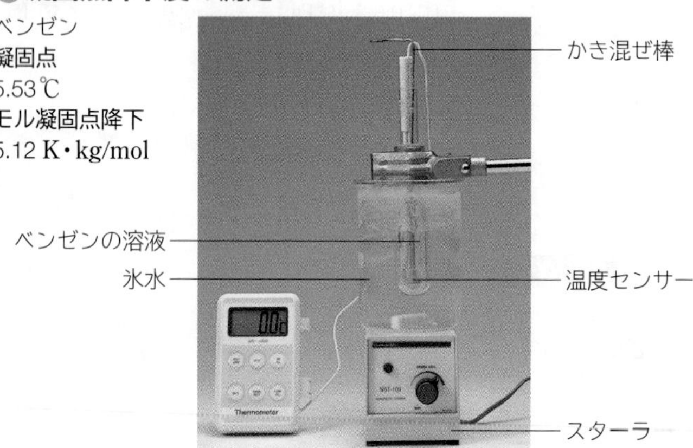

POINT

凝固点降下

不揮発性物質が溶けている溶液では，純溶媒に比べて凝固点は低くなる。これを**凝固点降下**という。溶液の凝固点降下度Δt〔K〕は，質量モル濃度 m〔mol/kg〕*に比例する。

$$\Delta t = K_f m$$

K_f〔K・kg/mol〕：モル凝固点降下
（溶媒によって固有の値をもち，溶質の種類に関係しない（➡p.343）。）

*電解質では，溶質から生じた全粒子（陽イオンと陰イオンの和）

●冷却曲線

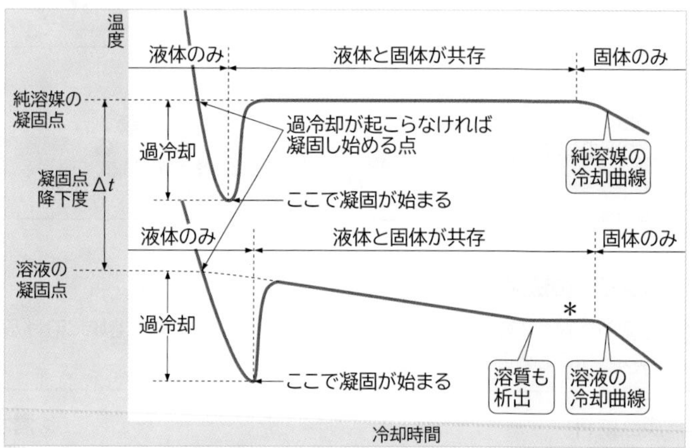

溶液の場合，溶媒が凝固すると溶液の濃度が大きくなるので，液体と固体が共存している状態でも曲線は右下がりになる。溶媒の量が少なくなると溶液は飽和して溶質が析出してくるため，すべて固体になるまで温度は一定になる。

*一定の組成のまま溶媒と溶質の固体が生じ，温度が一定に保たれる。このときの温度を共融点または共晶点といい，このとき生じる混合物を共融混合物または共晶という。

●過冷却

酢酸ナトリウムは融解した液体を冷却すると，凝固点を過ぎても固体にならない過冷却状態ができる。この状態で衝撃を与えると急速に結晶化して発熱するため，その熱を利用する商品がある。この結晶を融解して過冷却状態にすれば，くり返し使用できる。

3 分子量の測定

沸点上昇度や凝固点降下度を測定することで，溶質の分子量を求めることができる。 化学

沸点上昇・凝固点降下

$m = \dfrac{w/M}{W}$〔mol/kg〕

$\Delta t = Km = K \times \dfrac{w/M}{W}$

よって，$M = \dfrac{wK}{W\Delta t}$

M：溶質のモル質量〔g/mol〕
W：溶媒の質量〔kg〕
w：溶質の質量〔g〕
m：質量モル濃度〔mol/kg〕
Δt：沸点上昇度または凝固点降下度〔K〕
K：モル沸点上昇またはモル凝固点降下〔K・kg/mol〕

電解質の電離

非電解質 スクロース n〔mol〕

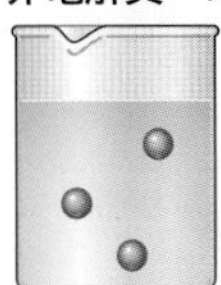

スクロース分子

溶けている粒子 n〔mol〕

電解質 塩化ナトリウム n〔mol〕

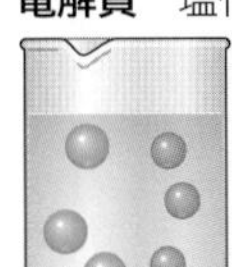

Na^+ Cl^-

$NaCl \longrightarrow Na^+ + Cl^-$

溶けている粒子 $2n$〔mol〕

電解質溶液では溶質が電離するため，溶けている粒子の物質量が溶かした物質よりも大きくなる。そのため，沸点上昇度や凝固点降下度が非電解質溶液より大きくなる。

酢酸の二分子会合

酢酸は溶液中では，二分子が会合して二量体を形成する(➡p.46)。溶かした酢酸の物質量を n〔mol〕，会合した酢酸を a〔mol〕とすると，会合前，会合後で次のような関係がある。

	酢酸分子 ⇄	二量体
会合前	n	0
反応量	$-a$	$+\dfrac{a}{2}$
会合後	$n-a$	$\dfrac{a}{2}$

会合後は，酢酸分子と二量体の物質量を合計して $(n-a)+\dfrac{a}{2} = n-\dfrac{a}{2}$〔mol〕となる。このため，凝固点降下度より分子量を求めると，酢酸の分子量60より大きくなる。

4 身近な現象

沸点上昇や凝固点降下の現象は，日常においても観察されたり利用されたりしている。 化学

融雪剤・凍結防止剤

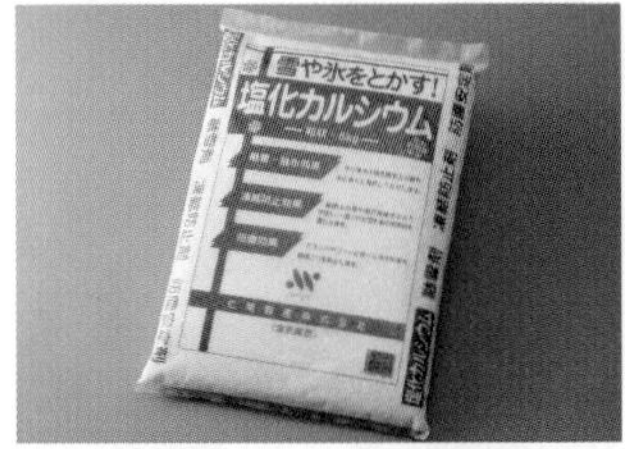

路上に塩化カルシウムをまくと，雪を融かしたり，凍結を防ぐことができる。

流氷

海水は NaCl などが溶けているため川の水に比べて凝固点が低く凍りにくい。

みそ汁

みそ汁やスープは加熱しすぎると，沸点は純水の場合より上昇する。

ADVANCE ラウールの法則

二つの揮発性の液体AとBを一定温度に保ち，気体と液体が平衡状態にあるとする。Aの分圧を p_A，純溶媒Aの蒸気圧を $p_A{}^*$，溶液中のAのモル分率を x_A とすると，次のように表すことができる。

$$p_A = x_A p_A{}^*$$

これをラウールの法則という。Bについても同様に，

$$p_B = x_B p_B{}^*$$

ベンゼンとトルエンは，ラウールの法則が組成の全領域において成立する。このような溶液を理想溶液という。理想溶液が成立する条件は，AとBの分子の大きさが等しく，AとA，BとB，AとBの相互作用(分子間力)が等しいときである。

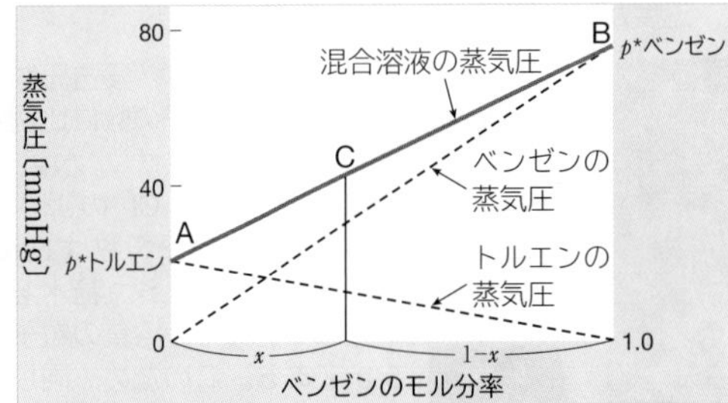

■ラウールの法則からのずれ

AとA，BとBの相互作用に比べてAとBの間の相互作用が大きかったり，小さかったりすると，ラウールの法則からのずれが見られる。

①正のずれ

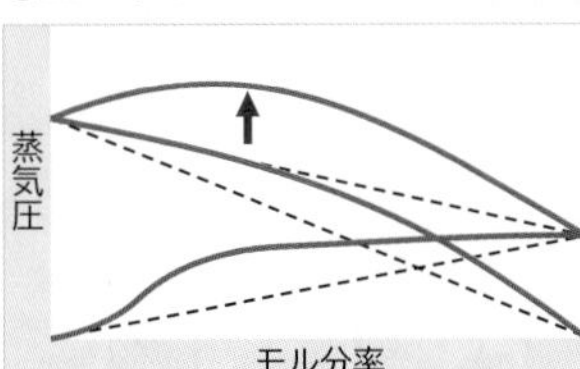

AとBの相互作用が同種分子間の相互作用より小さい場合，蒸気圧が上昇し，蒸気圧が極大値をとるようになる。

②負のずれ

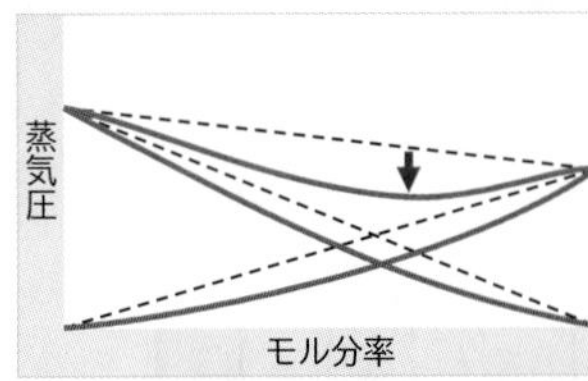

AとBの相互作用が同種分子間の相互作用より大きい場合，蒸気圧が低下し，蒸気圧が極小値をとるようになる。

■ラウールの法則と蒸気圧降下

不揮発性のイオン性の塩が溶けている希薄水溶液の蒸気圧 p は，純水の蒸気圧 p^*，溶媒とイオンの物質量をそれぞれ N，n〔mol〕とすると，

$$p = \frac{N}{N+n}p^* \quad \text{(ラウールの法則)}$$

の関係にある。純水と水溶液の蒸気圧の差 Δp は，

$$\Delta p = p^* - p = \left(1 - \frac{N}{N+n}\right)p^* = \frac{n}{N+n}p^*$$

ここで，希薄水溶液は $n \ll N$ なので $N+n \fallingdotseq N$ と近似できるので，

$$\Delta p = \frac{n}{N}p^*$$

と表せる。Δp を蒸気圧降下度という。

思考 海水は0℃では凍らないが，冬の時期にオホーツク海では流氷が到来する。なぜ氷ができるのか説明せよ。

24 浸透圧
Osmotic pressure

1 浸透 osmosis

濃度の異なる溶液が半透膜を隔てて接すると，溶媒分子は薄い溶液の方から濃い溶液の方へ，半透膜を通って拡散する。この現象を浸透という。 化学

●浸透

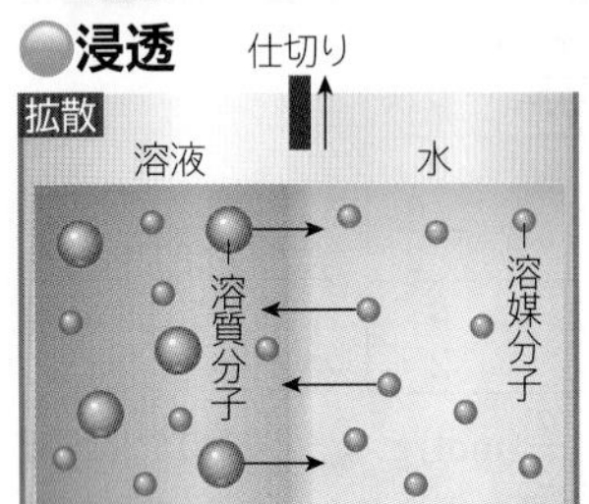

仕切りを取ると，溶質分子が濃い方から薄い方へ移動する。

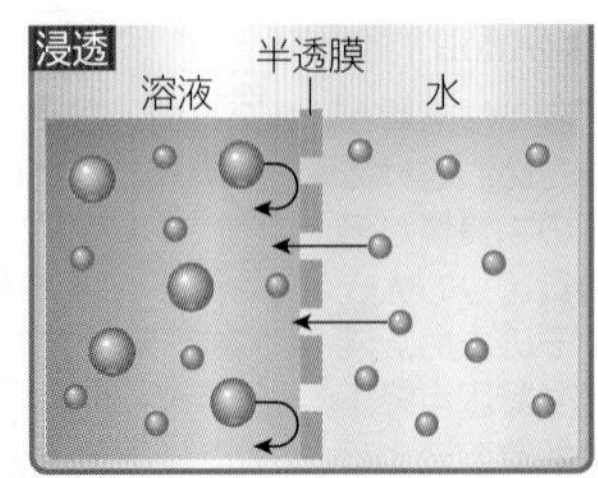

半透膜があると，溶媒分子が薄い方から濃い方へ移動する。

▶野菜の塩もみ

野菜などに塩を加えてもむと，細胞内から水が浸透して出てくるため，やわらかくなる（細胞膜は半透膜である）。

▶赤血球

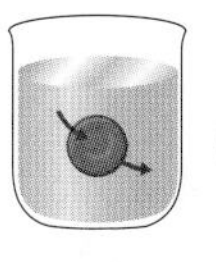

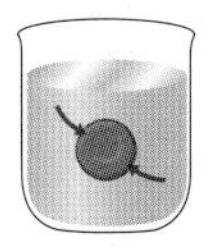

純水に浸すと，水が赤血球に浸透して膨張する。

2 浸透と浸透圧 osmotic pressure

浸透現象によって生じる圧力を浸透圧という。 化学

●浸透圧

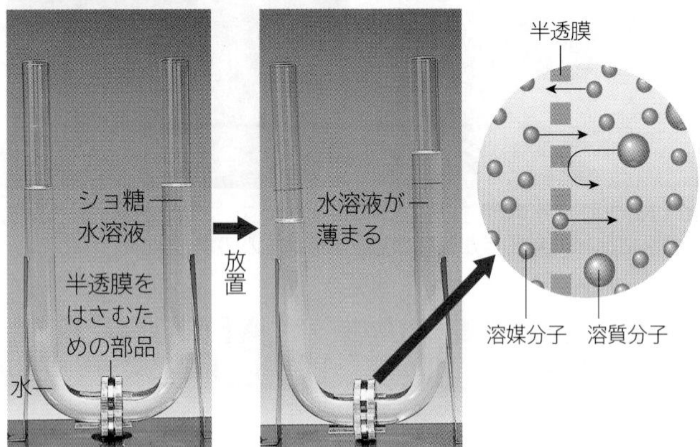

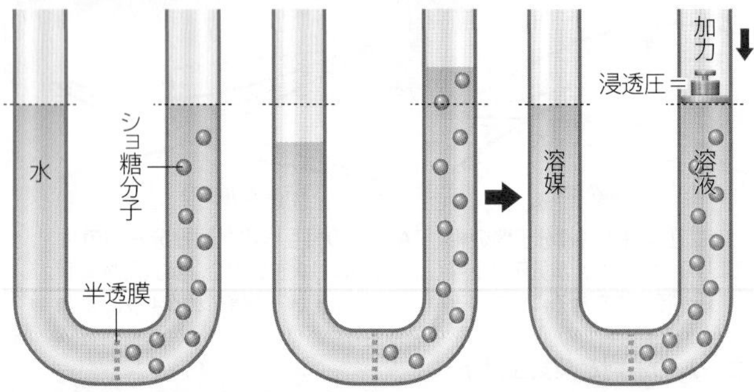

溶液と溶媒の両液面を等しくするために加える圧力を**浸透圧**という。

●浸透圧の求め方 溶液の密度を用いた近似的な求め方

1 atm は水銀（13.6 g/cm³）の液面の高さ 76 cm に相当するので，

$$浸透圧〔atm〕=\frac{h〔cm〕\times d〔g/cm^3〕\times 1\,atm}{76\,cm \times 13.6\,g/cm^3}$$

$$浸透圧〔Pa〕=\frac{h〔cm〕\times d〔g/cm^3〕\times 1.01\times10^5\,Pa}{76\,cm \times 13.6\,g/cm^3}$$

ただし，h：液面の高さの差〔cm〕 d：溶液の密度〔g/cm³〕

●条件による浸透圧の変化

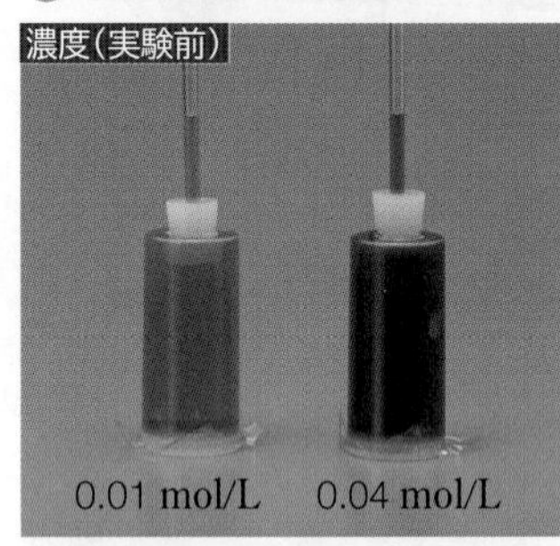

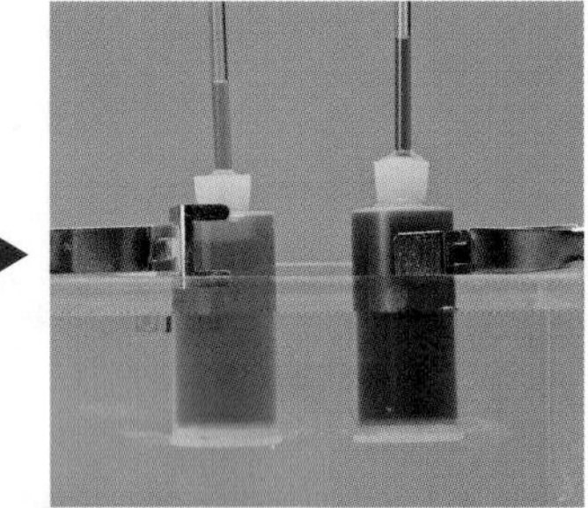

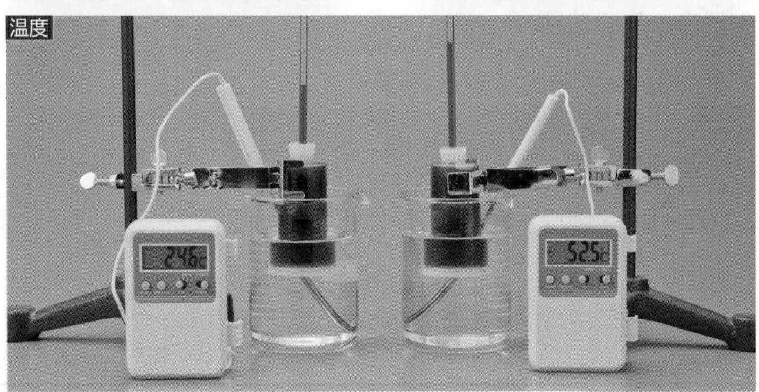

浸透圧は濃度，温度が高いほど大きい。

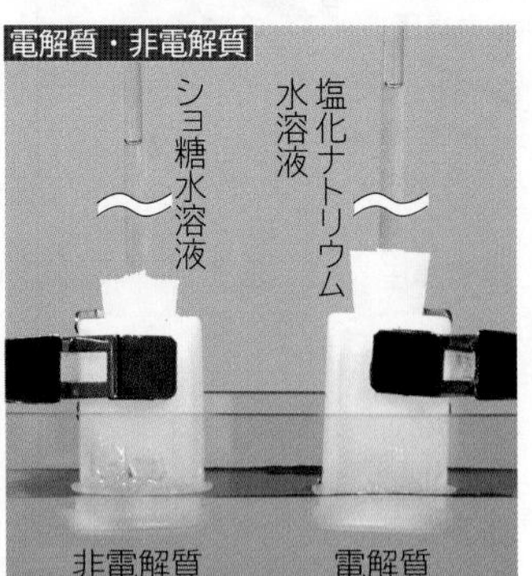

電解質水溶液では，浸透圧は電離した状態での溶質の粒子の数に比例する。例えば，塩化ナトリウム水溶液の場合，$NaCl \longrightarrow Na^+ + Cl^-$ のように電離するため，溶質の粒子の数は NaCl に比べ 2 倍になる。一方，ショ糖水溶液の場合は電離しないので，溶質の粒子の数はそのままである。このため，同じ濃度でも電解質水溶液の方が浸透圧は大きい。

思考 梅干は，保存食とするため約 15%程度の塩分濃度にする必要がある。浸透圧をもとに保存食に塩を使用する理由を考えてみよう。

3 分子量の測定

浸透圧を測定することで，溶質の分子量を求めることができる。

化学

POINT

ファントホッフの法則

薄い溶液の浸透圧は，絶対温度とモル濃度に比例する。

$$\Pi = \frac{n}{v}RT$$

（Π：浸透圧〔Pa〕　n：溶質の物質量〔mol〕*
v：溶液の体積〔L〕　T：絶対温度〔K〕
R：気体定数 8.31×10^3〔Pa・L/(K・mol)〕）

*電解質では，陽イオンと陰イオンの和で求める。

浸透圧はモル濃度と絶対温度に比例するので，$\Pi = kcT$（ただし，$c = n/v$）と表せる。ここで，ショ糖溶液の実験の浸透圧，濃度，絶対温度の結果を代入すると $k = 8.3 \times 10^3$ となり，気体定数 R と一致する。

ファントホッフ
（1852 ～ 1911）

●浸透圧と分子量

ファントホッフの法則より分子量が求められる。

$$n = \frac{w}{M}\text{〔mol〕}$$

（M：溶質のモル質量〔g/mol〕
w：溶質の質量〔g〕）

$$\Pi v = nRT = \frac{wRT}{M}$$

よって，$M = \dfrac{wRT}{\Pi v}$

4 身近な現象

浸透現象は生命活動のさまざまな部分でみられ，生活にも利用されている。

化学

●淡水魚と海水魚

同じ魚でも，川で暮らす淡水魚と海で暮らす海水魚では，その体の構造が大きく異なる。その一つが浸透圧の扱いである。海は約 3 %程度の塩分濃度であり，細胞の塩分濃度約 0.9 %よりも高い。その中で暮らす海水魚は，何もしなければ浸透圧により体から水が抜けていくことになる。それを防ぐため，飲み水として取り入れた海水の塩分をエラから積極的に排出するとともに，腎臓で血液中の塩分を濃縮して塩分の濃い尿を出す。逆に，淡水魚は，自然に水が体内に浸透してくる。そのため，水は必要な酸素と塩分を取る分だけしか飲まず，大量の尿を出している。サケなどのように海水と淡水を行き来する魚は，その時期によって上手に浸透圧の調節をしている。

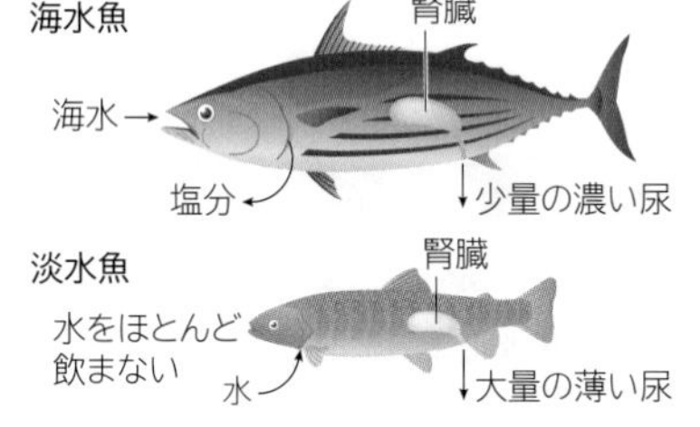

●逆浸透

純水と水溶液を半透膜を隔てて接触させると，浸透現象により純水が水溶液の方に流れ込んでいく。逆に外側から浸透圧以上の圧力を水溶液にかけると，水溶液から純水を取り出すことができる。この方法によって沖縄などでは地下水や海水から飲料水をつくる装置がつくられ，水不足の解消に役立っている。

ADVANCE

浸透圧を求めるファントホッフの式は，なぜ気体の状態方程式と同じ形をしているのか

左図のような容器に気体を閉じ込めると，分子は自由に空間を飛び回り圧力 P を壁に及ぼす。一方，右図のように半透膜で仕切られた水溶液を考えると，真空のかわりに溶媒で満たされている中を溶質の粒子が飛び回っていると考えられる。オランダのファントホッフは，溶媒が溶質粒子に何も影響を与えずに体積を保持するためだけにあるとすれば，溶質粒子は水溶液中で気体の分子と同じ挙動を示すはずと考え，1886 年に浸透圧を求める式を考え出して発表した。その後，この式は水溶液中の電解質は電離した状態で存在するという説を裏付けるものになった。

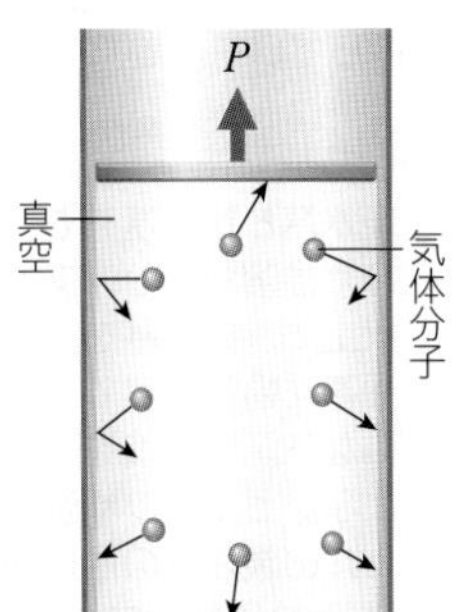

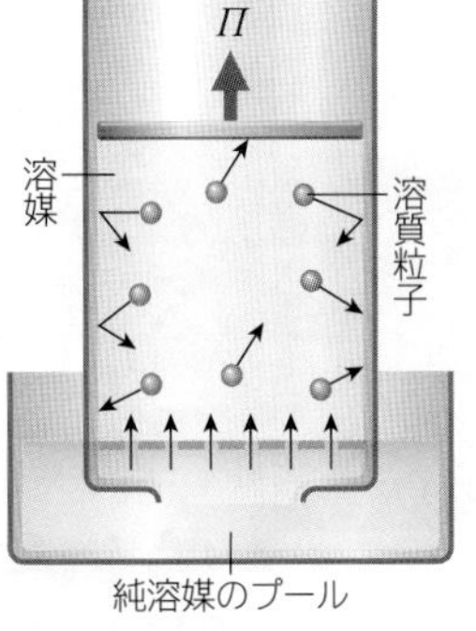

入試 ではこう出る！

不揮発性物質を溶かした水溶液と純粋な水を，U 字管の膜 A の両側にそれぞれ同じ高さになるように加えた。
しばらくすると，図に示すように，水溶液の液面が純粋な水の液面よりも高くなったところで停止した。

(1) 下線部のように，液面に高さの差を生じさせる圧力を何というか。

(2) 次の(a)～(d)の 4 種類の水溶液について，図にある液面の高さの差を測定した。差の大きいものから順に記号で答えなさい。ただし，NaCl と $CaCl_2$ は完全に電離するものとする。

(a) グルコース(分子量 180)225 mg を溶かした 100 mL の水溶液
(b) NaCl(式量 58.5)23.4 mg を溶かした 100 mL の水溶液
(c) 分子量 1.00×10^4 のタンパク質 500 mg を溶かした 100 mL の水溶液
(d) $CaCl_2$(式量 111)55.5 mg を溶かした 100 mL の水溶液

［千葉大　改］

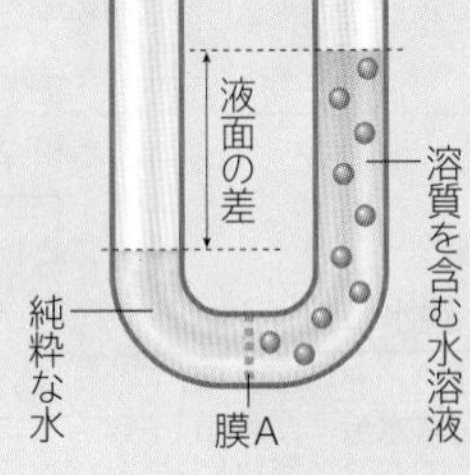

【解答】(1) 浸透圧　(2) (d) > (a) > (b) > (c)

【解説】浸透圧 $\Pi = \dfrac{n}{v}RT$ で，この問題では同温・同体積のため n の大小が Π と比例関係にある。また電解質ではすべてのイオンの総数を考えると，溶質の物質量 n は，

$$\frac{55.5\text{ mg}}{111} \times 3 > \frac{225\text{ mg}}{180} > \frac{23.4\text{ mg}}{58.5} \times 2 > \frac{500\text{ mg}}{1.00 \times 10^4}$$

となり，Π の大小は(d) > (a) > (b) > (c)の順になる。

2 物質の変化

化学

25 コロイド
Colloid

1 コロイド粒子
colloid

物質を溶解させるとき，溶媒中に 10^{-9}～10^{-7} m(1～100 nm)程度の粒子となって分散することがある。この状態をコロイドといい，分散している粒子をコロイド粒子という。 化学

直径〔m〕	10^{-10}	10^{-9} (1 nm)	10^{-8}	10^{-7}	10^{-6} (1 μm)	10^{-5}	10^{-4}	10^{-3} (1 mm)
識別の限界	電子顕微鏡		限外顕微鏡	光学顕微鏡			ルーペ	肉眼
大きさの目安	原子・分子	タンパク質	コロイド粒子 ウイルス		大腸菌		ヒトの赤血球	ゾウリムシ
溶液の種類	真の溶液		コロイド溶液	懸濁液・乳濁液				

半透膜とろ紙による分別

イオン・分子 10^{-9} mより小さい粒子

コロイド粒子 10^{-9}～10^{-7} mの粒子

沈殿粒子 10^{-7} mより大きい粒子

半透膜（目の大きさは，10^{-9} m 程度）

ろ紙（目の大きさは，10^{-6} m 程度）

コロイド粒子は，ろ紙を通過できるが半透膜は通過できない。

2 コロイドの分類
コロイドは水中の状態によって分類される。 化学

種類とでき方		モデル	電解質	例	
疎水コロイド（同じ電荷をもつコロイド粒子が互いに反発し合っている。）	+に帯電	水分子 コロイド粒子 反発	凝析	水酸化鉄(Ⅲ)コロイド 水酸化アルミニウム 水酸化クロム(Ⅲ) メチルバイオレット メチレンブルー	無機物質に多い。 分散コロイド 同種の電荷を帯びたコロイド粒子が水に分散したもの。
	−に帯電	水分子 コロイド粒子 反発	凝析	粘土(泥)コロイド 硫黄，金，銀 硫化アンチモン 硫化水銀 アニリンブルー	
親水コロイド（コロイド粒子の周囲に水分子が水和しており，互いにくっつきにくい。）		水和した水分子 コロイド粒子	塩析	ゼラチン水溶液	有機物質のコロイドに多い。 分子コロイド コロイド粒子の大きさをもつ1個の分子(タンパク質など)が分散したもの。
		水分子 ミセル	塩析	セッケン水	会合コロイド 多くの分子が集合体(ミセル)をつくって分散したもの。

分散媒		固体(固体コロイド)	液体(液体コロイド)	気体(エーロゾル)
分散質	固体	色ガラス，オパール	泥水，墨汁，絵の具	煙，粉塵
	液体	ゼリー	牛乳，マヨネーズ	霧，もや，雲
	気体	スポンジ，マシュマロ	セッケンの泡	――

雲(エーロゾル)

牛乳(液体コロイド)

雲は空気中に水滴が分散している。牛乳は水中にタンパク質や油脂が分散している。

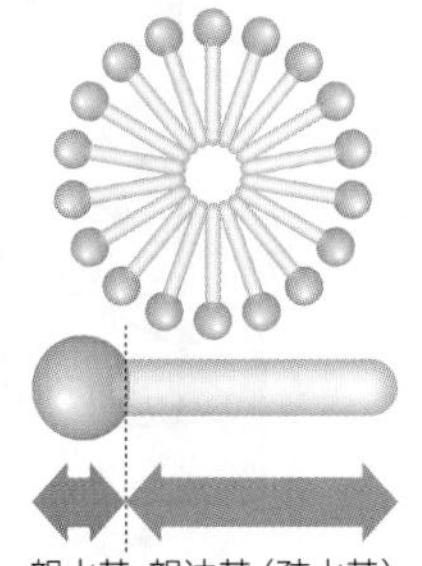

ミセル

親水基と親油基をもつ分子を水に溶かすと，ある濃度以上で，親水基を外側，親油基を内側にして一つの塊になる。この塊をミセルとよぶ。セッケンや洗剤はミセルの親油基の中に油をとり込む(➡p.250)ことで，洗浄を行っている。

3 コロイド溶液の性質

コロイド溶液にはさまざまな特性が見られる。

化学

チンダル現象

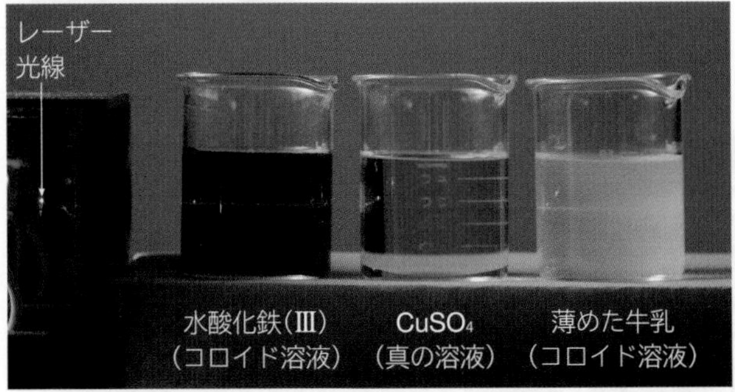

溶質の分子・イオン
コロイド粒子
透過光
散乱光
真の溶液
コロイド溶液

コロイド溶液に細い光線を当てると，光の通路が明るく輝いて見える。これは，コロイド粒子によって光が散乱されるためである。

透析

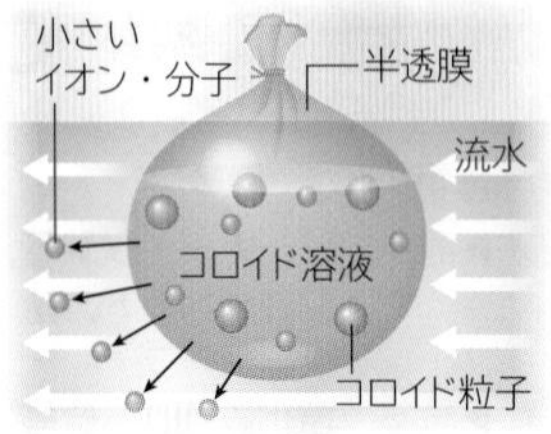

コロイド粒子は半透膜を通過できないので，半透膜を用いてコロイド溶液から不純物を除くことができる。これを**透析**という。

ブラウン運動

一定時間ごとのコロイド粒子の位置

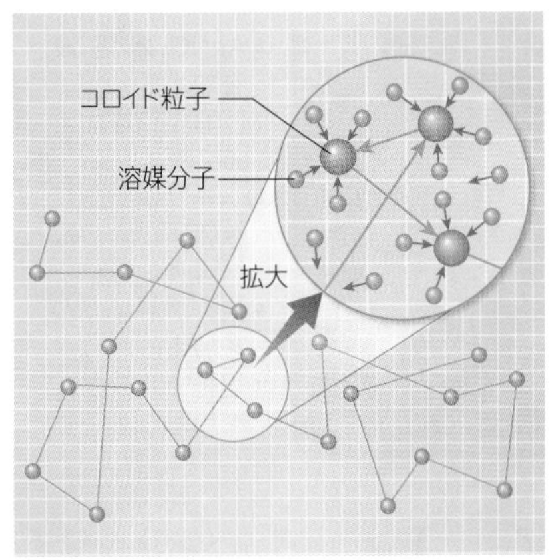

極端に小さな物体を見るための限外顕微鏡を用いてコロイド粒子を観察すると，光った粒子が不規則にふるえて運動するようすが見える。これは，溶媒分子の衝突を受けて動くためである。

限外顕微鏡

電気泳動

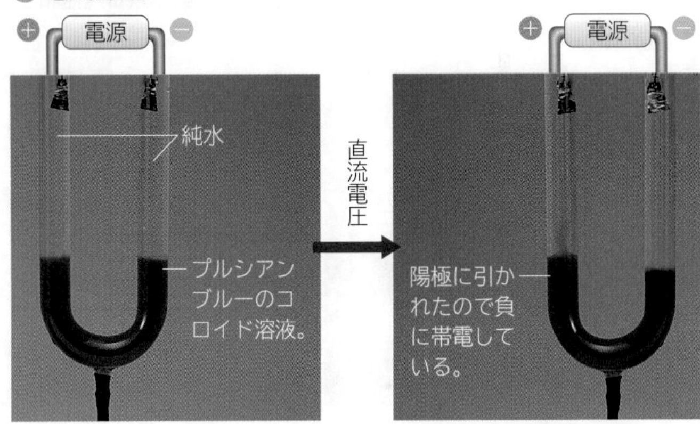

コロイド粒子に直流電圧をかけると，一方の電極の方に引きよせられる。これは，コロイド粒子が電荷を帯びているためである。

凝析

疎水コロイドに少量の電解質を加えると，沈殿する。

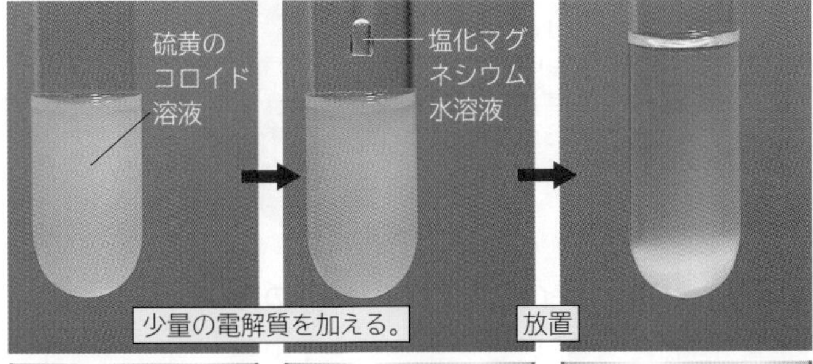

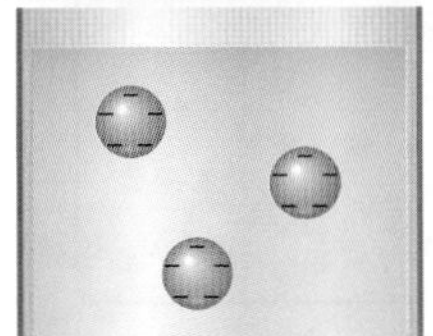

硫黄のコロイド粒子は負に帯電して，互いに反発してくっつきにくい。

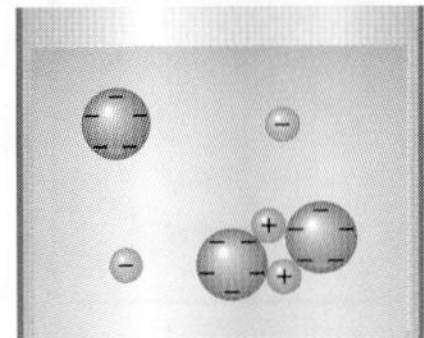

少量の電解質を加えると，陽イオンを引きつけ，互いの反発力を弱める。

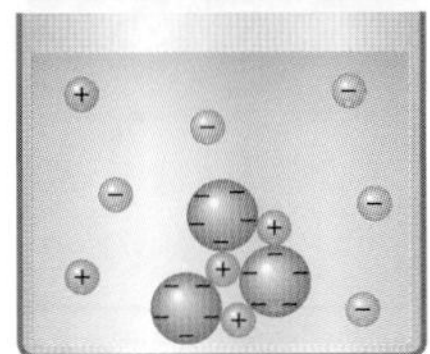

コロイド粒子が集合して大きな粒子となり，沈殿する。

凝析は，コロイド粒子と反対の電荷をもち，価数の大きいイオンの方が有効。
(例 $PO_4^{3-} > SO_4^{2-} > Cl^-$，$Al^{3+} > Ca^{2+} > Na^+$)

塩析

親水コロイドに多量の電解質を加えると，沈殿する。

卵白のコロイド溶液
硫酸アルミニウム水溶液
多量の電解質を加える。
放置

ゼラチンのコロイド粒子にはたくさんの水分子が水和し，互いにくっつきにくい。

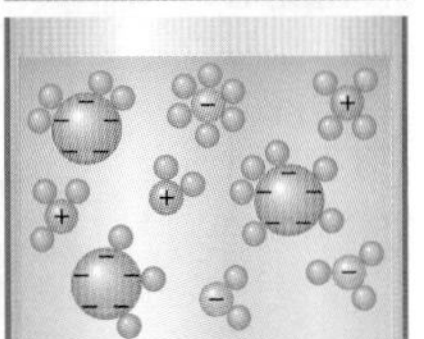

多量の電解質を加えると，水和した水分子が引き離され，くっつきやすくなる。

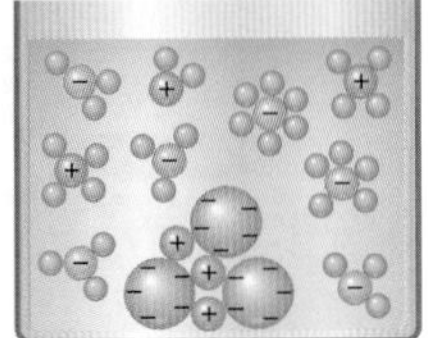

コロイド粒子が集合して大きな粒子となり，沈殿する。

表現 薄めた牛乳がコロイド溶液であることは，どのようにして確かめることができるか説明せよ。

26 コロイド溶液の実験

Experiments on colloidal solutions

重要実験 コロイド溶液の精製と性質

水酸化鉄(Ⅲ)*のコロイドをつくり，コロイド溶液の性質を調べる。

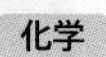

準備

▶器具　ビーカー，試験管，駒込ピペット，透析チューブ

▶試薬　塩化鉄(Ⅲ)，硫酸ナトリウム，塩化カルシウム，ゼラチン，硝酸銀，ヘキサシアニド鉄(Ⅱ)酸カリウム水溶液，BTB溶液

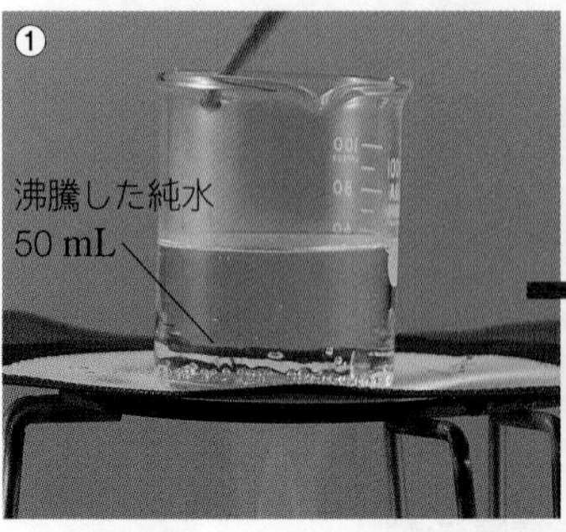

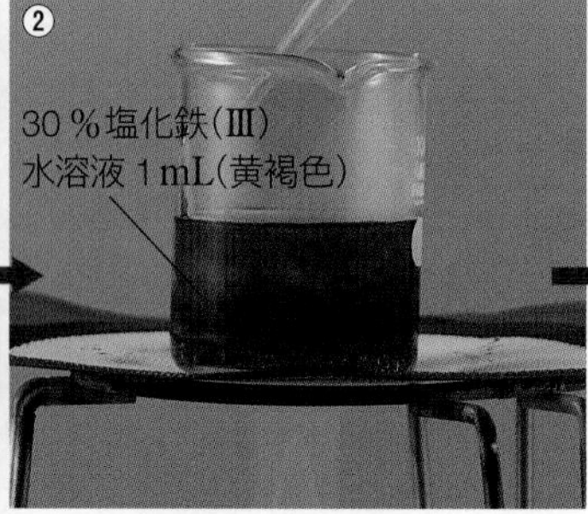

③ 水酸化鉄(Ⅲ)コロイド(赤褐色)

水酸化鉄(Ⅲ)*はコロイド粒子になっているが，HClは電離してH^+とCl^-のイオンに分かれて存在する。

水(沸騰水) ＋ 塩化鉄(Ⅲ)(飽和溶液) ⟹ 水酸化鉄(Ⅲ)コロイド

＊化学式の表記についてはp.212を参照。

透析

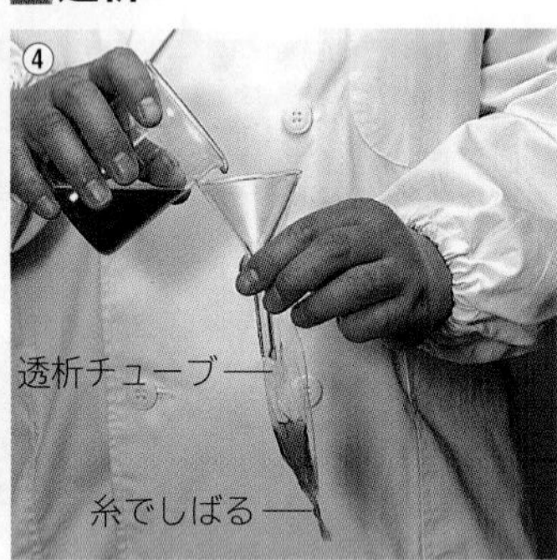

コロイド粒子以外の成分を除いて，コロイド粒子を精製する。

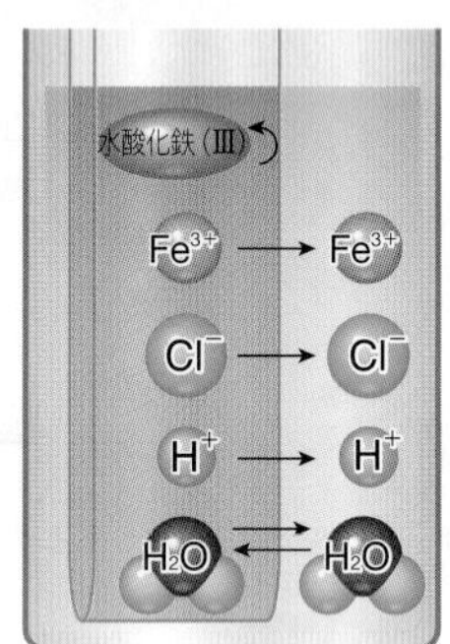

⑥$AgNO_3$水溶液を加える
⑦BTB溶液を加える
⑧ヘキサシアニド鉄(Ⅱ)酸カリウム水溶液を加える
⑨硫酸ナトリウムを加える
⑩塩化カルシウムを加える

硝酸銀水溶液を2～3滴入れる。→塩化銀の白色沈殿(Cl^-が存在)(p.202)

BTB溶液を2～3滴入れる。→黄色に変化(H^+が存在)

ヘキサシアニド鉄(Ⅱ)酸カリウム水溶液を1滴入れる。→沈殿はできない(Fe^{3+}がわずかに存在するので青くなる)。

〈参考〉
塩化鉄(Ⅲ)を純水に入れ，ヘキサシアニド鉄(Ⅱ)酸カリウム水溶液を1滴入れる。→濃青色沈殿(Fe^{3+}が存在)(p.198)

凝析

透析したチューブの中の溶液を取り出す。

0.1 mol/Lの硫酸ナトリウム水溶液を2～3滴入れる。→凝析する。

⑨Na^+とSO_4^{2-}とを加えると凝析する。

0.1 mol/Lの塩化カルシウム水溶液を2～3滴入れる。→変化なし。

⑩Ca^{2+}とCl^-とを加えると凝析しない。

▶**水酸化鉄(Ⅲ)コロイドと硫酸ナトリウムの反応**

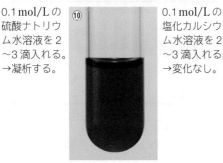

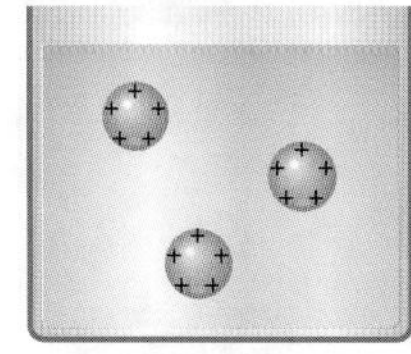

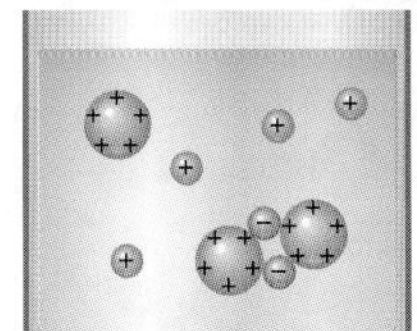

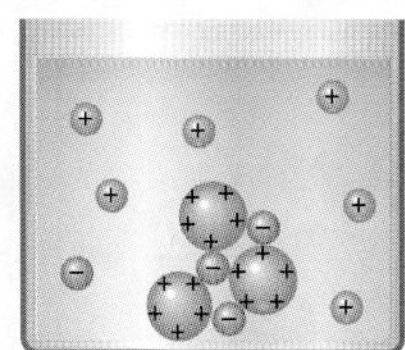

価数の大きい陰イオン(SO_4^{2-} ＞ Cl^-)で凝析し，価数の大きい陽イオン(Ca^{2+} ＞ Na^+)で凝析しなかったので，このコロイド粒子は，疎水コロイドで正に帯電しているといえる。

チンダル現象

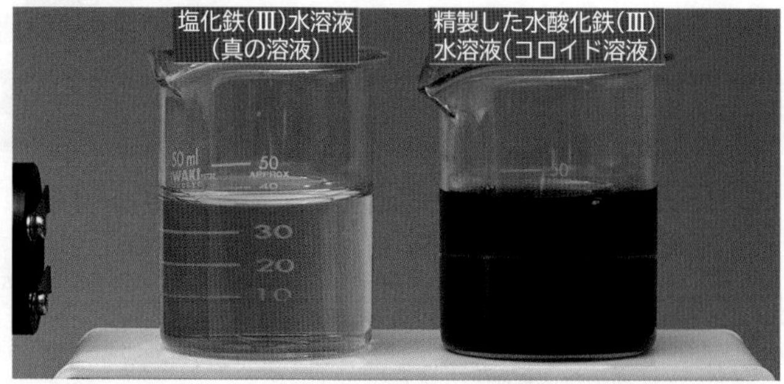

電気泳動

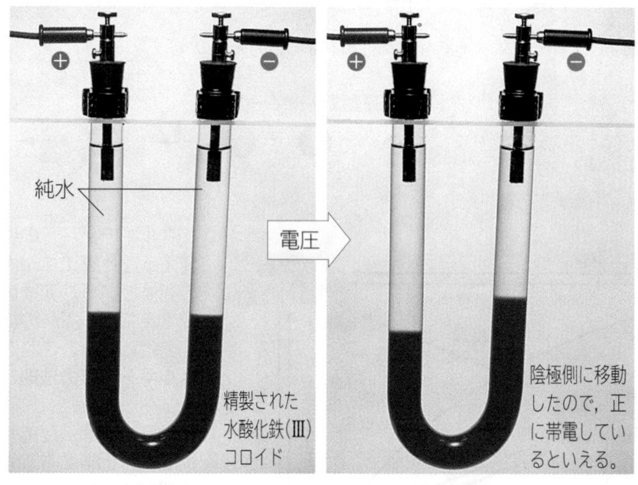

保護コロイド

疎水コロイドをとり囲み，凝析しにくくさせるような親水コロイドを**保護コロイド**という。

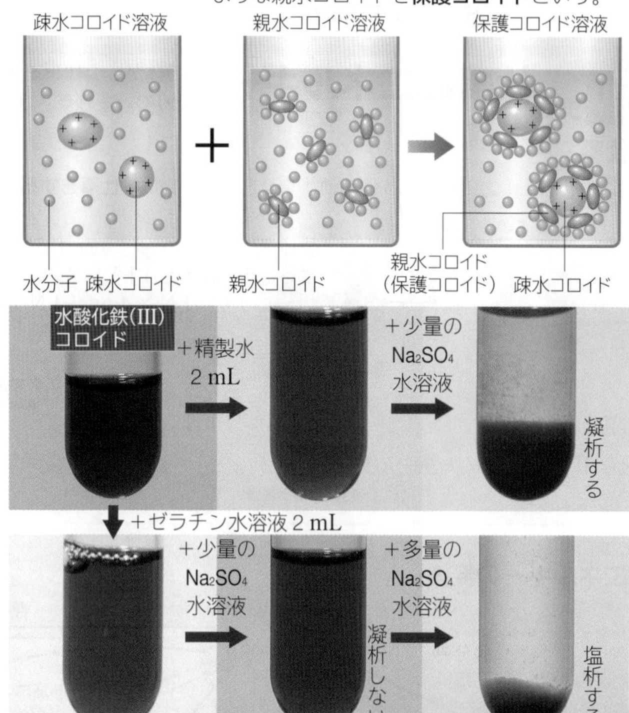

水酸化鉄(Ⅲ)コロイド(疎水コロイド)にゼラチン水溶液(親水コロイド)溶液を加えると凝析しにくくなった。ゼラチンが保護コロイドのはたらきをしている。

入試ではこう出る！

水酸化鉄(Ⅲ)のコロイド実験に関して，以下の各問いに答えなさい。

(1) 沸騰水に塩化鉄(Ⅲ)の水溶液を少量加え，さらに数分間煮沸を続けてから，室温まで放冷すると，水酸化鉄(Ⅲ)のコロイド溶液が精製される。塩化鉄(Ⅲ)の水溶液は(ア){a 赤褐色　b 深青色　c 黄褐色　d 淡緑色}であり，水酸化鉄(Ⅲ)のコロイド溶液は(イ){a 赤褐色　b 深青色　c 黄褐色　d 淡緑色}である。

(2) (1)で調製した水酸化鉄(Ⅲ)のコロイド溶液を半透膜であるセロハンの袋に入れて，その袋を一定量の純水に浸した。数分後，袋の外側の水(外部水)を一部採取し，これに硝酸銀水溶液を滴下したところ，白色の沈殿が生じた。このことは，(ウ){a 3価の鉄イオン　b 塩化物イオン　c 水素イオン　d 水酸化物イオン}が半透膜を通過して，袋の外側に移動してきたことを意味する。また，別に採取した外部水にBTB溶液を滴下したところ，黄色に変化した。このことは，(エ){a 3価の鉄イオン　b 塩化物イオン　c 水素イオン　d 水酸化物イオン}が半透膜を通過して，袋の外側に移動してきたことを意味する。

(3) ガラス製のビーカーに入れた水酸化鉄(Ⅲ)のコロイド溶液に，側面から強い光を照射すると，光の通路が明るく見える。これはチンダル現象といい，コロイド粒子の大きさがおよそ(オ){a 10^{-5}～10^{-7}　b 10^{-7}～10^{-9}　c 10^{-9}～10^{-11}　d 10^{-11}～10^{-13}}mと可視光の波長に近いため光を散乱させるので起こる現象である。

(4) ガラス製のU字管に水酸化鉄(Ⅲ)のコロイド溶液を入れ，さらにU字管の両端から純水を静かに加えた。U字管の両端に電極を差し込み，そこに直流電圧をかけると，コロイド溶液と純水の陰極側の境界面が上昇した。すなわち，水酸化鉄(Ⅲ)のコロイド粒子は水中で(カ){a 正　b 負}の電荷を帯びているとわかる。水中に分散した水酸化鉄(Ⅲ)のコロイド粒子を凝析させるためには，加えるイオンのモル濃度が等しい場合，(キ){a 価数が大きな陽イオン　b 価数が小さな陽イオン　c 価数が大きな陰イオン　d 価数が小さな陰イオン}が有効である。

(5) 水酸化鉄(Ⅲ)のコロイド溶液にゼラチン水溶液を加えると，水酸化鉄(Ⅲ)のコロイド粒子は凝析しにくくなる。これは，(ク){a 親水コロイドであるゼラチンが水酸化鉄(Ⅲ)のコロイド粒子　b 疎水コロイドであるゼラチンが水酸化鉄(Ⅲ)のコロイド粒子　c 親水コロイドである水酸化鉄(Ⅲ)の粒子がゼラチン　d 疎水コロイドである水酸化鉄(Ⅲ)の粒子がゼラチン}をとり囲むためである。

[東京理科大　改]

【解答】(ア)c　(イ)a　(ウ)b　(エ)c
(オ)b　(カ)a　(キ)c　(ク)a

【解説】コロイド粒子は電荷をもっているため，直流電圧をかけると，反対の電荷の電極へ引きよせられる。
コロイド粒子を沈殿させるためには，コロイド粒子と反対符号の電荷をもつ，価数の大きいイオンを利用するのが効果的である。水酸化鉄(Ⅲ)は疎水コロイドで沈殿させやすいが，ゼラチンを混ぜると保護コロイドになって凝析しにくくなる。

表現 粘土鉱物のコロイド溶液に直流電圧を加えるとコロイド粒子が陽極側に移動した。このコロイド粒子を沈殿させるために有効な電解質は，どのような電解質か説明せよ。

27 熱とエンタルピー
Heat and Enthalpy

1 仕事とエネルギー
work energy

物体がもつ仕事をする能力をエネルギーといい，エネルギーの大きさは単位J(ジュール)で表される。

化学 物理基礎

仕事

物体に力を加え，力の向きに物体を動かすとき，力は物体に**仕事をする**という。

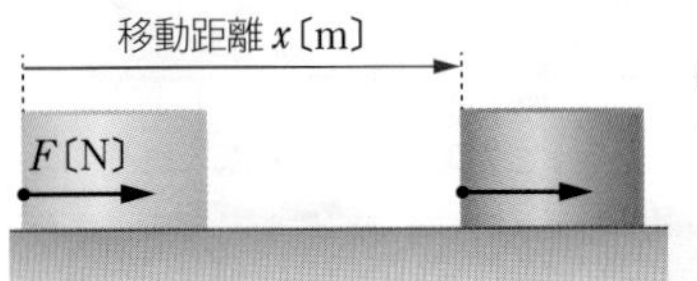

物体を 1 N(ニュートン)の力で 1 m 移動させるときの仕事を 1 J という。

$1\,J = 1\,N \times 1\,m = 1\,N \cdot m$

POINT

仕事

仕事 W〔J〕は，力の大きさ F〔N〕と移動距離 x〔m〕で表される。

$$W = F \times x$$

運動エネルギーと位置エネルギー

高い所にある物体は位置に応じたエネルギーをもち，このようなエネルギーを位置エネルギーという。高い所から斜面を転げ落ちる小球は速さが増加し，位置エネルギーは運動エネルギーに変化していく。運動エネルギーをもつ小球が物体に衝突すると，その物体を動かして仕事をする。

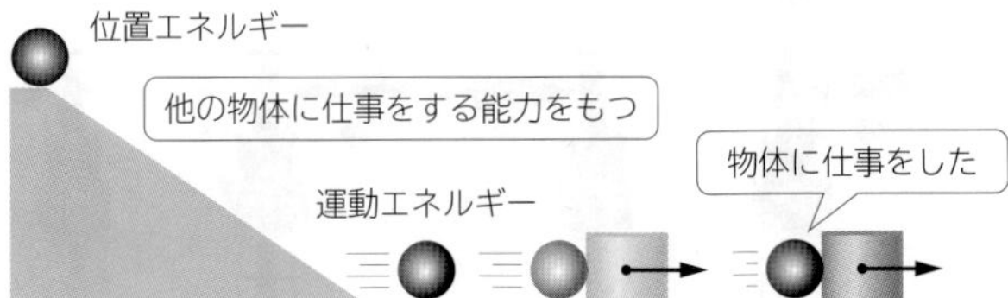

エネルギーの変換

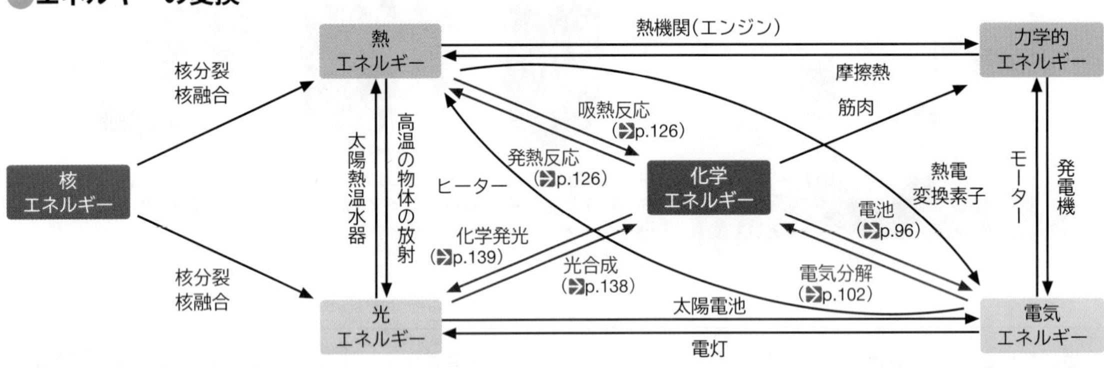

エネルギーが，その姿を変えることをエネルギーの変換という。変換の前後で，エネルギーの総量は変化しない。これを**エネルギー保存の法則**という。

化学反応では，反応物と生成物の化学エネルギーの総和の差が熱エネルギー，光エネルギー，電気エネルギーなどとして放出または吸収される。

2 仕事と熱
work heat

物体がもつエネルギーは仕事や熱によってほかの物体に移動する。たとえば，粗い水平面上で物体を摩擦力に逆らって力を加え移動させると，熱が生じる。これは仕事が熱に変化したためである。

物理基礎

気体の体積変化による仕事

ピストン付き容器内の気体が，一定圧力 p に抵抗して外部へゆっくり膨張したとき，気体が外部にする仕事 W_{out} は，$p\Delta V$ で表される。

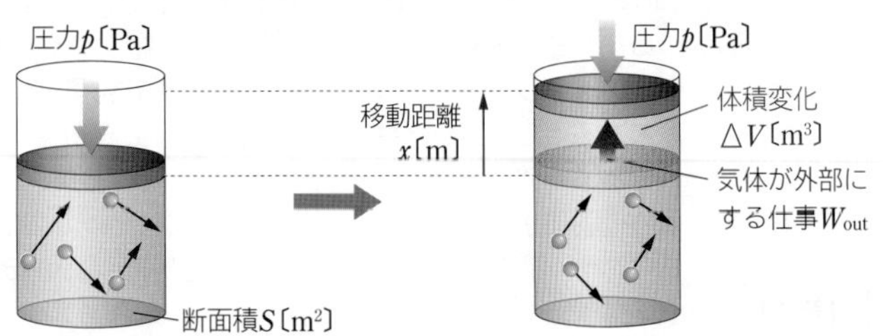

$$p\Delta V = \frac{F}{S} \times \overbrace{S \times x}^{\text{体積変化 } \Delta V[\text{m}^3]} = F \times x = W_{out}$$

圧力 p〔N/m²〕＝面に垂直に及ぼす力 F〔N〕/ 面積 S〔m²〕

W_{out}：気体が外部にする仕事〔J〕

気体が圧縮される仕事は，気体が外部からされる仕事 W_{in} となる。

熱

高温物体と低温物体を接触させると，高温物体の温度が下がり，低温物体の温度が上がる。これは接触面の原子・分子の衝突を通して，熱運動のエネルギーが伝わるためである。このとき伝わるエネルギーを**熱**(**熱量**)という。

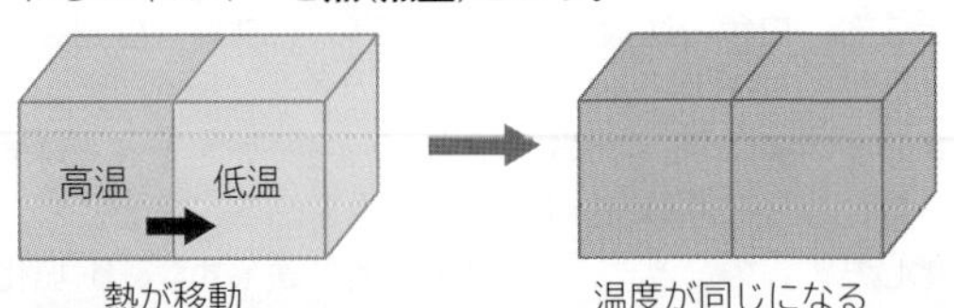

仕事と熱

容器に入った水を激しくかき混ぜるという仕事をすると，水の温度が上昇する。**仕事と熱は，どちらも物体間で受け渡しされるエネルギーであり，そのはたらき方は同等である。**

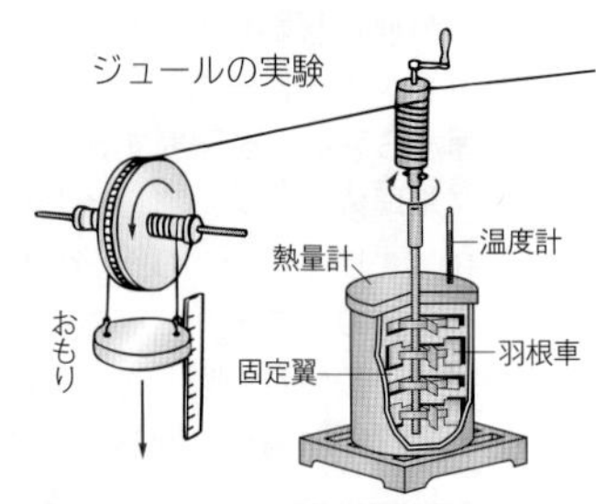

3 エンタルピー H
enthalpy

エンタルピー H という物理量を用いることにより，一定圧力における化学反応において，熱の出入りが理解しやすくなる。

化学

系と外界

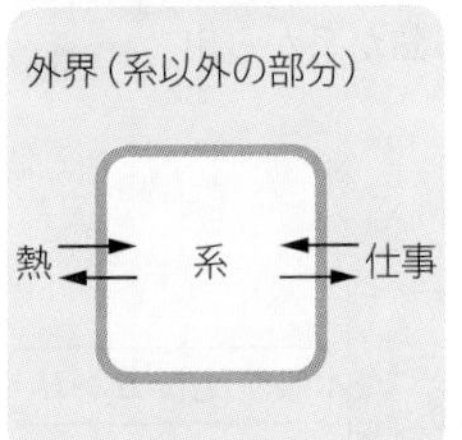

考察の対象となるものを**系**という。ビーカー内の溶液や，密閉容器内の気体など，任意のものを系とすることができる。系の外部を**外界**という。

たとえば，風船をとり付けた試験管の中の液体を加熱する場合，風船と試験管の内部全体を系として考え，その外側を外界と考える。

内部エネルギー U と熱力学第一法則

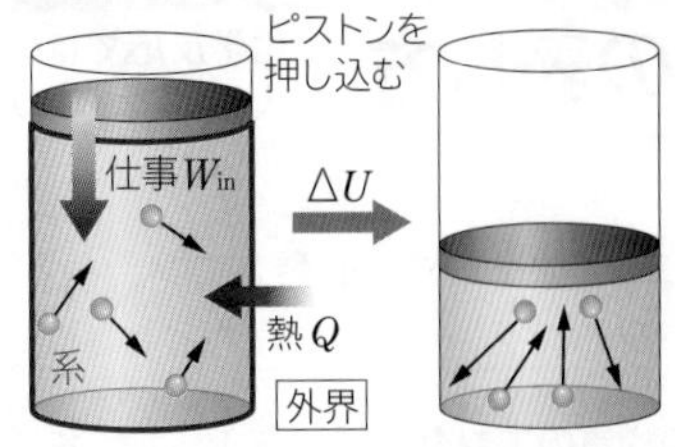

ΔU：内部エネルギーの変化（$U_2 - U_1$）

Q　：系が吸収する熱

W_{in}　：系が外部からされる仕事

原子や分子の熱運動による運動エネルギーと，化学結合，分子間力などによる位置エネルギーの総和を系の**内部エネルギー**といい，U で表す。

POINT

熱力学第一法則

系の内部エネルギーが U_1 から U_2 に変化したとき，内部エネルギーの変化 ΔU は，**系に与えられた熱 Q と仕事 W_{in} の和で表される。**

$$\Delta U = U_2 - U_1 = Q + W_{in}$$

エンタルピー H

一般的な化学実験は定圧条件（大気圧）で行われ，系に熱 Q を加えて気体が膨張する場合，気体は大気圧に逆らって膨張する。加えた熱の一部は，気体の膨張による仕事 $p\Delta V$（W_{out}）として使われ，内部エネルギーの変化 ΔU はその分小さくなる。そこで，内部エネルギー U に pV を加えた物理量**エンタルピー H** を定義する。

内部エネルギー U と同様に，エンタルピー H を正確に測定することはできないが，その変化量 ΔH は扱うことができる。ΔH により，系への熱の出入りがわかる。

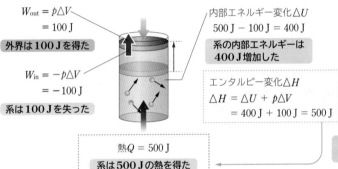

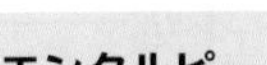

エンタルピー

$$H = U + pV$$

エンタルピー変化（圧力 p は一定）

$$\Delta H = \Delta U + p\Delta V$$

圧力 p〔Pa〕

$W_{out} = p\Delta V$
$= 100$ J

外界は 100 J を得た

$W_{in} = -p\Delta V$
$= -100$ J

系は 100 J を失った

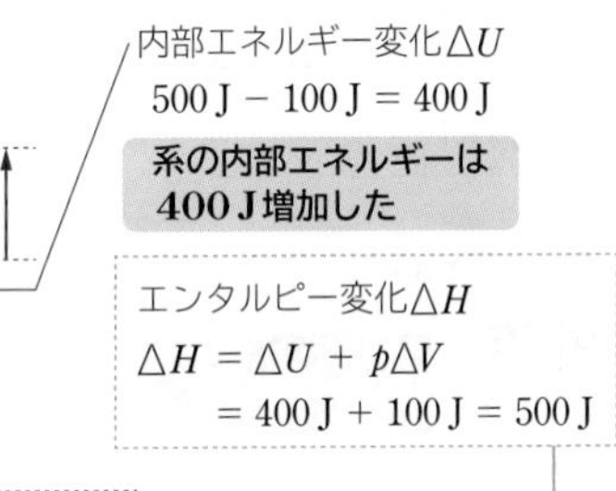

熱 Q = 500 J

系は 500 J の熱を得た

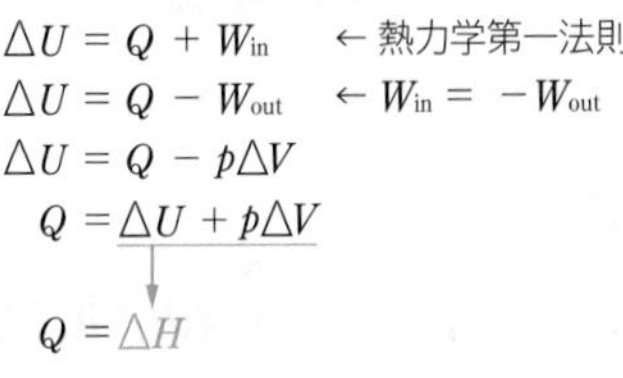

ΔH は熱 Q として移動したエネルギーに等しい

モル熱容量　ADVANCE

■定積モル熱容量 C_V

1 mol の物質を 1 K 温度変化させるために必要な熱をモル熱容量という。物質 n〔mol〕が熱 Q〔J〕を吸収し，温度が ΔT〔K〕上昇するとき，モル熱容量 C〔J/(mol·K)〕とすると，次のような関係式が成立する。

$$Q = nC\Delta T \quad \cdots ①$$

次に気体 1 mol の体積を一定に保ちながら，熱 Q を加えたときの温度変化が ΔT であるときを考える。定積での系のモル熱容量は定積モル熱容量 C_V とよばれ，式②で表される。加えた熱 Q は全て内部エネルギー変化 ΔU となるため，内部エネルギー変化 ΔU は式③で表される。

$$C_V = \frac{Q}{\Delta T} \quad \cdots ②$$

$$\Delta U = C_V \Delta T \quad \cdots ③$$

内部エネルギー変化 ΔU

定積で加えた熱 Q は全て ΔU となる。

温度変化 ΔT

熱 Q

■定圧モル熱容量 C_P

定圧での系の熱容量は定圧モル熱容量 C_P とよばれ，式④で表される。定圧で系に熱 Q を加えると，系の体積が変化する。加えた熱 Q の一部は仕事 W に使われ，残りが内部エネルギー変化 ΔU になる。定圧では，1 K 温度を上げるためには，定積より大きな熱量が必要になるため，$C_P > C_V$ となる。定圧で加えた熱 Q はエンタルピー変化 ΔH と等しく，エンタルピー変化 ΔH は式⑤で表される。

$$C_P = \frac{Q}{\Delta T} \quad \cdots ④$$

$$\Delta H = C_P \Delta T \quad \cdots ⑤$$

定圧

系が外界に行った仕事

$W_{out} = p\Delta V$

移動

内部エネルギー変化 ΔU

定圧で加えた熱 Q の一部は仕事 W_{out} に使われる。

温度変化 ΔT

熱 Q

表現 系の熱の出入りに，なぜエンタルピー変化 ΔH を用いると便利なのかを説明せよ。

28 化学反応とエンタルピー変化ΔH

Chemical Reaction and Enthalpy Change

1 エンタルピー変化とその表し方

化学反応ではエンタルピー変化ΔHに相当する熱が系から出入りする。この熱を**反応熱**という。 化学

反応熱とエンタルピー変化ΔH

一定圧力において，化学反応や状態変化にともなう系のエンタルピーの変化量を**エンタルピー変化**ΔHとして表す。ΔHは次のように表される。

ΔH =（反応後の物質のエンタルピー H_2）−（反応前の物質のエンタルピー H_1）

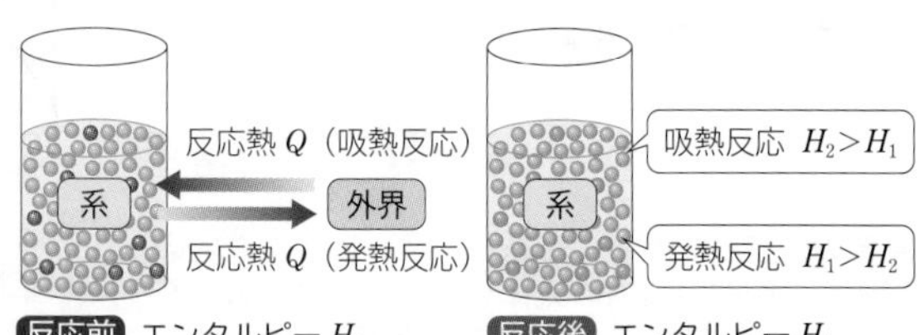

系の変化にともない，系から放出または吸収される熱を反応熱という。

※反応熱を並記した化学反応式を従来は使用していた(➡p.355)。

発熱反応 エンタルピー変化が負($\Delta H<0$)となる。

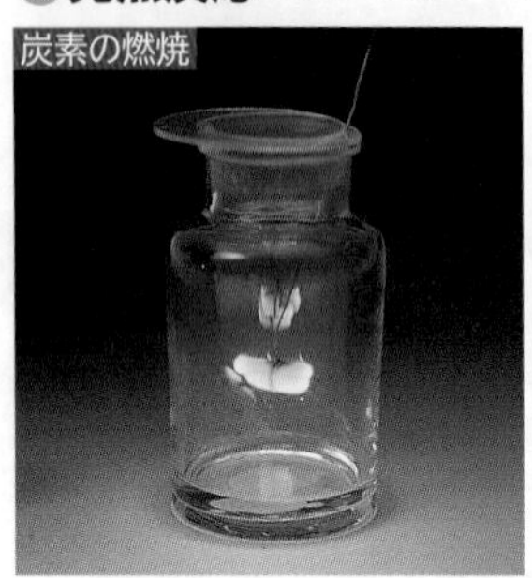
炭素の燃焼

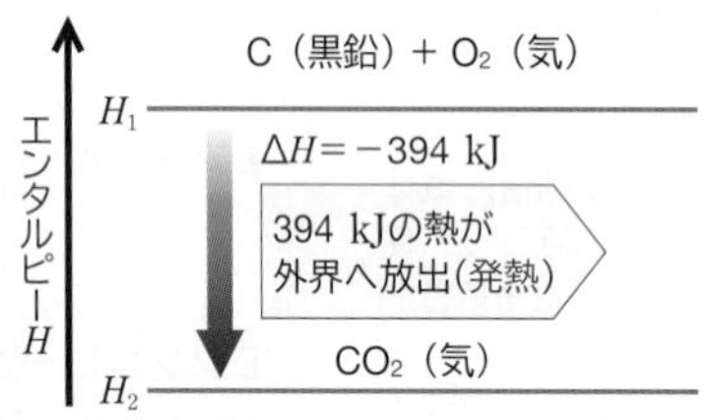

反応物と生成物のエンタルピーの差ΔHが反応熱として放出される。エネルギー図の矢印は下向きで，$\Delta H=H_2-H_1<0$

C(黒鉛) + O_2(気) ⟶ CO_2(気)　$\Delta H = -394$ kJ

※ΔHは，通常25℃，1.013×10^5 Paの値を用いる。

※本書では，物質のエンタルピー変化に関する図をエネルギー図とよぶこととする。

吸熱反応 エンタルピー変化が正($\Delta H>0$)となる。

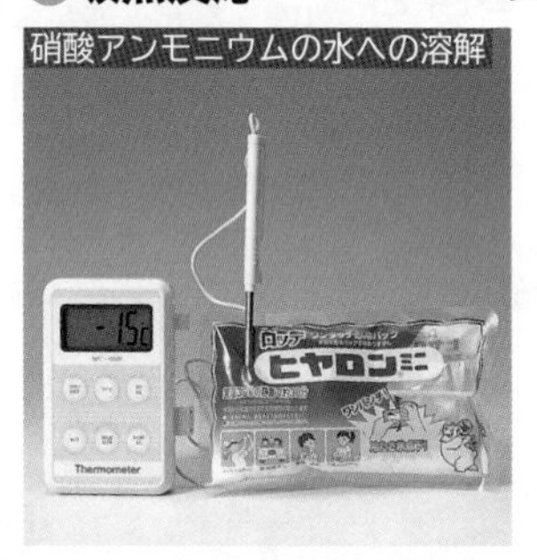
硝酸アンモニウムの水への溶解

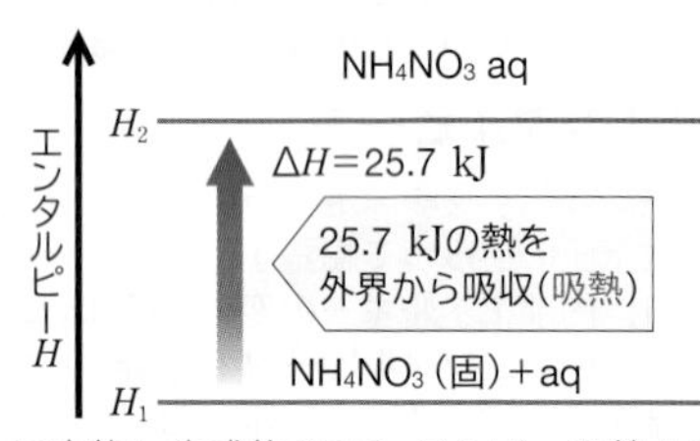

反応物と生成物のエンタルピーの差ΔHが反応熱として吸収される。エネルギー図の矢印は上向きで，$\Delta H=H_2-H_1>0$

NH_4NO_3(固) + aq ⟶ NH_4NO_3 aq　$\Delta H = 25.7$ kJ

※ aqは多量の溶媒の水を表す。

エンタルピー変化を含めた化学反応式の表し方

化学反応にともなうエンタルピー変化ΔHを考えるためには，化学反応式とともにエンタルピー変化(反応エンタルピー)ΔHを付記する。このとき，各物質がもつエネルギーは物質の状態によって異なるため，各物質の状態をそれぞれ付記する必要がある。また，同素体が存在する場合には，同素体の種類が分かるように物質の状態を記す。注目する物質の係数を「1」としたとき，他の物質の係数が分数になることもある。

エタンC_2H_6(気)の燃焼の反応

C_2H_6(気) + $\frac{7}{2}O_2$(気) ⟶ $2CO_2$(気) + $3H_2O$(液)　$\Delta H=-1560$ kJ

（注目する物質）（分数になることもある）（物質の状態を表す）（発熱反応ではΔHが負）

黒鉛Cからダイヤモンド Cが生成する反応

C(黒鉛) ⟶ C(ダイヤモンド)　$\Delta H=2$ kJ

（同素体を表す）（同素体を表す）（吸熱反応ではΔHが正）

物質の状態の記し方　固体(solid)：(固)または(s)　液体(liquid)：(液)または(l)　気体(gas)：(気)または(g)　水溶液：aq

2 反応エンタルピーの種類

化学反応にともなう系のエンタルピー変化ΔHを，反応エンタルピーといい，反応の種類によって特別な名称をもつものがある。 化学

※化学反応にともない系が吸収または放出する熱を反応熱とよぶ。ここではエンタルピー変化にともなう反応熱の名称を(　　)内に記した。

燃焼エンタルピー(燃焼熱) 物質1 molが完全燃焼するときの反応エンタルピー

メタノールの燃焼

CH₃OH(液)

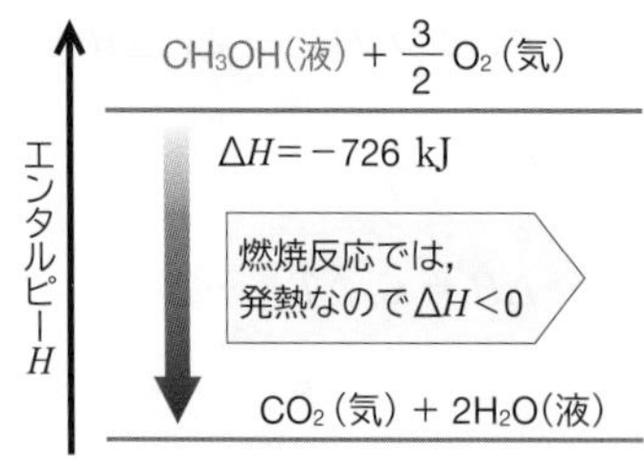

CH_3OH(液) + $\frac{3}{2}O_2$(気) ⟶ CO_2(気) + $2H_2O$(液)　$\Delta H = -726$ kJ

メタノールCH_3OHの燃焼エンタルピーは − 726 kJ/mol

中和エンタルピー(中和熱) 酸と塩基が反応し，H_2O 1 molが生成するときの反応エンタルピー

塩酸と水酸化ナトリウム水溶液の中和

NaOH aq

HCl aq

HCl aq + NaOH aq

$\Delta H=-56$ kJ

中和反応では，発熱なので$\Delta H<0$

NaCl aq + H_2O(液)

エンタルピー H

HCl aq + NaOH aq ⟶ NaCl aq + H_2O(液)　$\Delta H = -56$ kJ

塩酸と水酸化ナトリウムの中和エンタルピーは − 56 kJ/mol

思考 エンタルピーを取り扱う場合は，エンタルピーの変化量ΔHを用いる。0 KのエンタルピーHを0として，エンタルピーの絶対値を決めることができないのはなぜか。

生成エンタルピー(生成熱)

物質 1 mol がその成分元素の単体から生成するときの反応エンタルピー

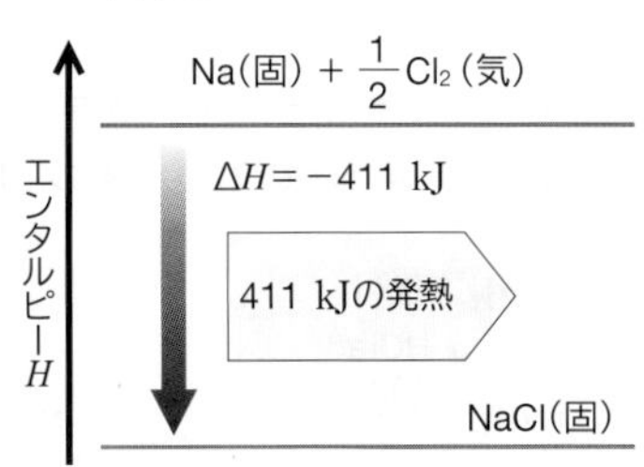

$$\mathrm{Na(固)} + \frac{1}{2}\mathrm{Cl_2(気)} \longrightarrow \mathrm{NaCl(固)} \qquad \Delta H = -411\ \mathrm{kJ}$$

塩化ナトリウムの生成エンタルピーは − 411 kJ/mol

溶解エンタルピー(溶解熱)

物質 1 mol を多量の溶媒に溶かしたときの反応エンタルピー

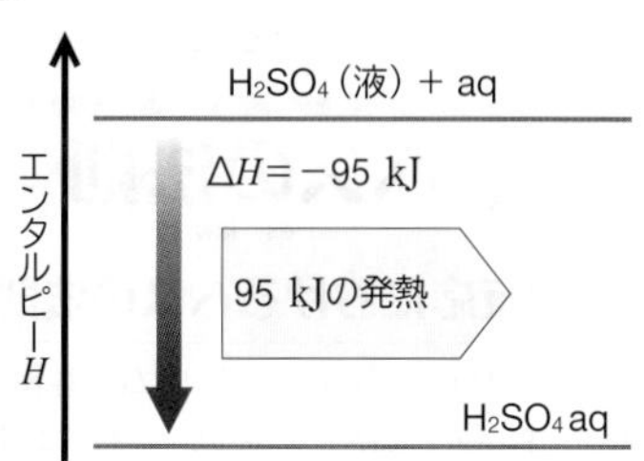

$\mathrm{H_2SO_4(液)} + \mathrm{aq} \longrightarrow \mathrm{H_2SO_4\,aq} \qquad \Delta H = -95\ \mathrm{kJ}$

($\mathrm{H_2SO_4(液)} \xrightarrow{\mathrm{H_2O}} \mathrm{H_2SO_4\,aq} \qquad \Delta H = -95\ \mathrm{kJ}$)のように表記することもある

硫酸の水への溶解エンタルピーは − 95 kJ/mol

3 状態変化とエンタルピー変化

熱の放出・吸収にともなうエンタルピー変化は，化学反応にかぎらず，状態変化でも起こる。

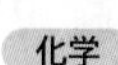

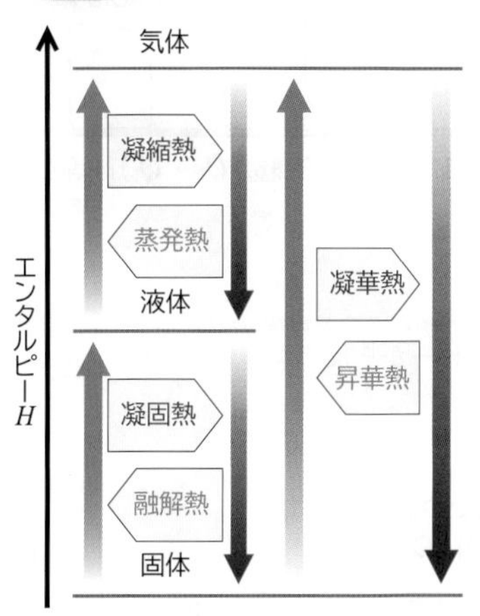

一般に物質のもつエンタルピー H は，固体＜液体＜気体の関係になる。吸熱反応ではエンタルピーが高く($\Delta H>0$)，発熱反応では，エンタルピーが低く($\Delta H<0$)なる。

融解エンタルピー

1 mol の固体が液体になるときに吸収する熱を融解熱といい，このとき，物質のエンタルピー変化 ΔH を融解エンタルピーという。

$\mathrm{H_2O(固)} \longrightarrow \mathrm{H_2O(液)} \qquad \Delta H = 6.01\ \mathrm{kJ}\ (0\ ℃)$

水の融解エンタルピーは 6.01 kJ/mol

蒸発エンタルピー

1 mol の液体が気体になるときに吸収する熱を蒸発熱といい，このとき，物質のエンタルピー変化 ΔH を蒸発エンタルピーという。

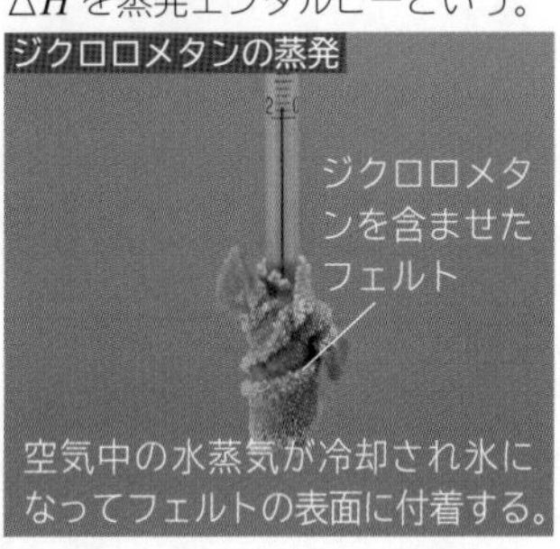

ジクロロメタンの蒸発
ジクロロメタンを含ませたフェルト
空気中の水蒸気が冷却され氷になってフェルトの表面に付着する。

$\mathrm{CH_2Cl_2(液)} \longrightarrow \mathrm{CH_2Cl_2(気)} \qquad \Delta H = 27.9\ \mathrm{kJ}\ (40\ ℃)$

ジクロロメタンの蒸発エンタルピーは 27.9 kJ/mol

昇華エンタルピー

1 mol の固体が気体になるときに吸収する熱を昇華熱といい，物質のエンタルピー変化 ΔH を昇華エンタルピーという。

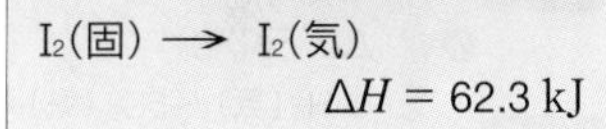
$\mathrm{I_2(固)} \longrightarrow \mathrm{I_2(気)} \qquad \Delta H = 62.3\ \mathrm{kJ}$

ヨウ素の昇華エンタルピーは 62.3 kJ/mol

温度とエンタルピー変化の関係グラフ

圧力一定(1 気圧)のもとで，1 mol の −10 ℃の氷に熱を加えた場合のエンタルピーの変化を図に示す。図を参考に融解エンタルピーと蒸発エンタルピーの大きさを比較してみよう。内部エネルギーと同様に，エンタルピー H の絶対値を求めることが出来ない。ここでは，1 mol(18 g)の −10 ℃ (263 K)の氷がもつエンタルピー H を H_0 とした。

(1) 263 K ～ 273 K のエンタルピー変化 ΔH_1
　氷の定圧比熱 C_p(氷) と，温度変化 ΔT より ΔH_1 を求めることができる。

(2) 273 K での融解エンタルピー ΔH_2
　0℃の氷 1 mol が融解では，融解エンタルピーの分だけ変化する。
　$\Delta H_2 = 6.01\ \mathrm{kJ/mol} \times 1\ \mathrm{mol} = 6.01\ \mathrm{kJ}$

(3) 273 K ～ 373 K のエンタルピー変化 ΔH_3
　水の定圧比熱 C_p(水)と，温度変化 ΔT より ΔH_3 を求めることができる。

(4) 373 K(100 ℃)での蒸発エンタルピー ΔH_4
　373 K(100 ℃)の水 1 mol が蒸発では，蒸発エンタルピーの分だけ変化する。
　$\Delta H_4 = 40.66\ \mathrm{kJ/mol} \times 1\ \mathrm{mol} = 40.66\ \mathrm{kJ}$

(5) 373 K ～ 383 K のエンタルピー変化 ΔH_5
　水蒸気の定圧比熱を C_p(水蒸気)と，温度変化 ΔT より ΔH_5 を求めることができる。

氷　水　水蒸気
エンタルピー H [kJ]
H_0
ΔH_1
融解エンタルピー ΔH_2
ΔH_3
蒸発エンタルピー ΔH_4
ΔH_5
絶対値はわからない
263　273 (0℃)　373 (100℃)　383
温度 T [K]

▶蒸発エンタルピー ΔH_4 が融解エンタルピー ΔH_2 より大きくなるのはなぜか？

外界から系(H_2O)に熱を加えると，系のエンタルピーは大きくなる。例えば，263 K の氷に熱を加えると 273 K まではエンタルピーが徐々に増加している。これに対して 273 K(0℃)ではエンタルピーが垂直に変化している。これは氷から水へ状態変化するためにエネルギーが使われているためである。同様に 373 K でも，水が水蒸気に状態変化するためにエネルギーが使われるためエンタルピーが垂直に変化する。

融解では氷を形成している分子間の一部の水素結合を切るためにエネルギーが必要なことに対して，蒸発では水分子間の全ての水素結合を切るためにエネルギーが必要になる。このため，融解エンタルピーより蒸発エンタルピーが大きくなる。

29 ヘスの法則
Hess' law

1 ヘスの法則
Hess' law

反応熱の大きさは，反応物および生成物の種類と状態だけで決まり，その反応の経路に無関係である。 化学

中和反応におけるヘスの法則

経路I	固体の水酸化ナトリウムと塩酸の反応 NaOH(固) + HCl aq ⟶ NaCl aq + H_2O(液) $\Delta H_1 = -101$ kJ　Q_1
経路II	(a) 固体の水酸化ナトリウムの水への溶解 NaOH(固) + aq ⟶ NaOH aq $\Delta H = -44.5$ kJ　Q_2 (b) 水酸化ナトリウム水溶液と塩酸の中和 NaOH aq + HCl aq ⟶ NaCl aq + H_2O(液) $\Delta H = -56.5$ kJ　Q_3

ヘスの法則

反応熱*の総和は反応の経路によらず一定である。

$$Q_1 = Q_2 + Q_3$$

*ヘスの法則が発見された当時は，エンタルピーという考え方はなかった。

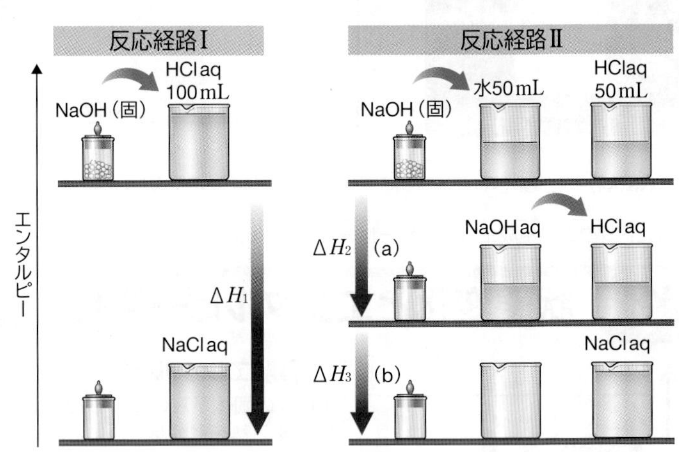

反応経路Iで発生する熱量 Q_1 と反応経路IIで発生する熱量($Q_2 + Q_3$)は等しい。

2 反応エンタルピーとヘスの法則

ヘスの法則を用い，生成エンタルピーから反応エンタルピーを求めることができる。 化学

生成エンタルピーとヘスの法則

反応に関わる各物質の生成エンタルピーΔHが分かっている場合，ヘスの法則より反応エンタルピーを求めることが出来る。
ここでは例として，**プロパン C_3H_8(気)の燃焼エンタルピーを求める。** C_3H_8(気) + $5O_2$(気) ⟶ $3CO_2$(気) + $4H_2O$(液)

単体　3C(黒鉛) + $4H_2$(気) + $5O_2$(気)
❶ ΔH(反応物)　※1
反応物　C_3H_8(気) + $5O_2$(気)
❷ ΔH(生成物)
❸ ΔH
$3CO_2$(気) + $4H_2O$(液)　生成物

生成エンタルピー　$\Delta H(C_3H_8) = -105$ kJ/mol，$\Delta H(CO_2) = -394$ kJ/mol，$\Delta H(H_2O(液)) = -286$ kJ/mol

❶単体から反応物が生成すると仮定したときのエンタルピー変化
ΔH(反応物) = (−105 kJ) × 1 + (0 kJ) × 5 = −105 kJ
※1　単体の生成エンタルピーは0となる
❷単体から生成物が生成すると仮定したときのエンタルピー変化
ΔH(生成物) = (−394 kJ) × 3 + (−286 kJ) × 4 = −2326 kJ
❸ヘスの法則を用いて，反応エンタルピーを求める
ΔH(生成物) − ΔH(反応物) = −2326 kJ − (−105 kJ) = −2221 kJ
したがって，プロパン C_3H_8(気)の燃焼エンタルピーは，−2221 kJ/mol となる。

POINT
反応エンタルピーΔH = (生成物の生成エンタルピーの総和) − (反応物の生成エンタルピーの総和)

燃焼エンタルピーとヘスの法則

反応に関わる各物質の燃焼エンタルピーΔHが分かっている場合，ヘスの法則より反応エンタルピーを求めることが出来る。
ここでは例として，**メタン CH_4(気)の生成エンタルピーを求める。** C(黒鉛) + $2H_2$(気) + $2O_2$(気) ⟶ CH_4(気) + $2O_2$(気)

反応物　C(黒鉛) + $2H_2$(気) + $2O_2$(気)
❸ ΔH
CH_4(気) + $2O_2$(気)　生成物
❶ ΔH(反応物)
❷ ΔH(生成物)
CO_2(気) + $2H_2O$(液)　燃焼物

燃焼エンタルピー　ΔH(黒鉛) = −394 kJ/mol，$\Delta H(H_2) = -286$ kJ/mol，$\Delta H(CH_4) = -726$ kJ/mol

❶反応物が完全燃焼すると仮定したときのエンタルピー変化
ΔH(反応物) = (− 394 kJ) × 1 + (− 286 kJ) × 2
= − 966 kJ
❷生成物が完全燃焼すると仮定したときのエンタルピー変化
ΔH(生成物) = (− 726 kJ) × 1
= − 726 kJ
❸ヘスの法則を用いて，反応エンタルピーを求める
ΔH(反応物) − ΔH(生成物) = − 966 kJ − (− 726 kJ) = − 240 kJ
したがって，メタン CH_4(気)の生成エンタルピーは，−240 kJ/mol となる。

POINT
反応エンタルピーΔH = (反応物の燃焼エンタルピーの総和) − (生成物の燃焼エンタルピーの総和)

思考 反応熱を測定する実験(⇨ p.129)では，グラフを補外(推定して補足)して反応時間0の温度を求める。なぜグラフを補外する必要があるのだろうか。

凝固点降下とエントロピー

凝固点降下についてもエントロピー S を用いて考えることができる。

固体が液体に状態変化をする融解では，溶媒分子が自由に移動できるようになり，エントロピー S が増加する。純溶媒と比較すると，エントロピー S が大きい溶液では，融解によるエントロピー変化 ΔS（$\Delta S_1 < \Delta S_2$）が大きくなり，固体が自発的に融解する傾向が増加する。そのため，溶媒を凝固させるためには，さらに温度を下げる必要があり，凝固点降下が起こる(➡p.116)。

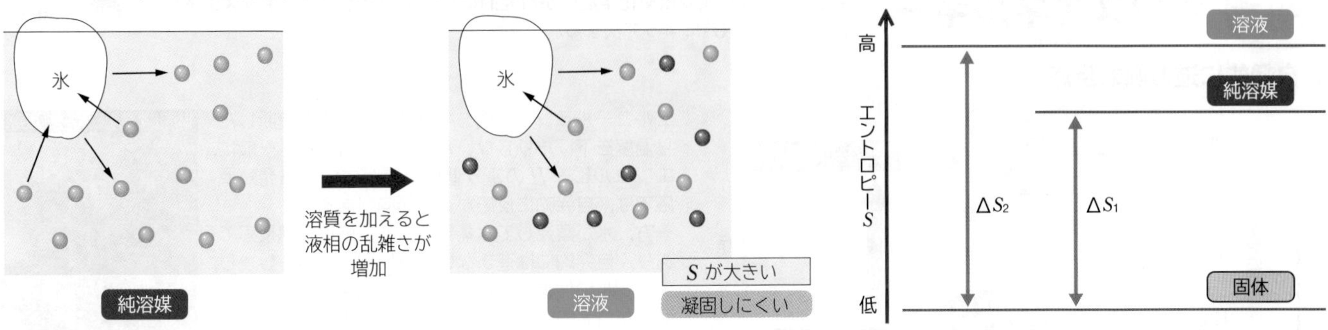

浸透現象(➡p.118)とエントロピー

浸透現象についてもエントロピー S を用いて考えることができる。

半透膜で純溶媒どうしを区切った場合には，溶媒が半透膜を通過して浸透する傾向は左右で同じである。一方，純溶媒と溶液を半透膜で仕切った場合には，純溶媒側からエントロピー S が大きい溶液側に溶媒は自発的に浸透する。

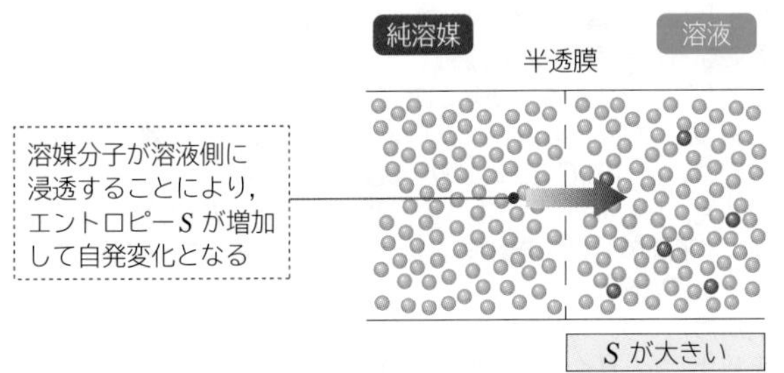

梅干しは，大量の塩を使用して，梅の実の中から水分を外へと浸透させて作る。

ADVANCE

可逆反応とエントロピー ➡p.147

可逆反応の代表的なものには，窒素 N_2 と水素 H_2 からアンモニア NH_3 が生成する反応がある。

$$N_2 + 3H_2 \rightleftarrows 2NH_3$$

この反応は，触媒などによって反応速度を速くすると，比較的短時間で化学平衡に達し，正反応と逆反応の反応速度がそれぞれ等しくなる。この反応の正反応は発熱反応であるので，逆反応は吸熱反応である。

$$N_2 + 3H_2 \longrightarrow 2NH_3 \quad \Delta H = -92\ \mathrm{kJ}$$

容器内での化学反応に注目すれば，エネルギーを放出して安定な状態になる発熱反応が自然に起こりやすいと考えられるが，吸熱の逆反応も同程度に起こりやすいことを，この例は示していると言える。すなわち，化学反応の起こる方向を決めるには反応エンタルピーだけではないことを意味している。反応の方向を決めるにはエントロピーも重要な要素であり，エントロピーの増加する方向に反応は進もうとする。このことについて，上記のアンモニアの可逆反応を例に考えてみよう。

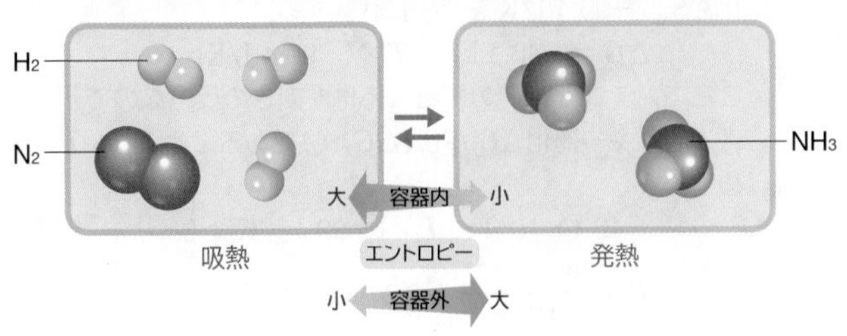

正反応では，２種類の異なる気体 N_2 と H_2 から１種類の気体 NH_3 になるだけでなく，気体４分子から気体２分子が生成するので，分子の数が減少してより乱れの少ない状態になり，反応容器内ではエントロピーは減少する。しかし，反応によって放出される熱により，容器外の環境は乱されてエントロピーは増大する。したがって，反応容器内の気体分子の状態のエントロピーと環境のエントロピーを合わせると，全体としてエントロピーは増大することになると考えられる。

逆反応では，１種類の気体から２種類の気体が生じるとともに，気体分子の数も増加するので，容器内の気体分子の状態のエントロピーは増大する。しかし，吸熱によって容器外のエントロピーは減少する。この両方の効果を合わせたものが逆反応全体のエントロピーの変化である。

正反応が進み，NH_3 の割合が増加してくると，反応容器内ではエントロピーの増加する逆反応を推進しようとする効果が大きくなってくる。この効果が，吸熱による容器外の環境のエントロピー減少の効果よりも大きくなると，逆反応は進行する。すなわち，次のようになる。

> 容器内(系)の反応に関係する分子の状態のエントロピーの変化と，反応エンタルピーによってもたらされる容器外の環境(外界)のエントロピーの変化を合わせた全体のエントロピーを考えたとき，つねに増大する方向に反応は進行する。

32 ギブズエネルギー
Gibbs Energy

ギブズエネルギー
Gibbs energy

定温定圧での状態変化や化学反応が自発的に起こるかどうかは，ギブズエネルギーの変化(ΔG)によって決まる。

 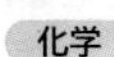

自発的に進む吸熱反応

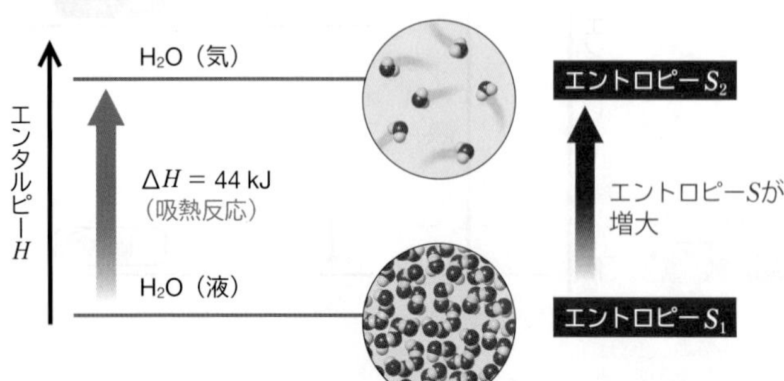

アルコールランプに火をつけると，酸素を遮断したり温度を下げたりしないかぎり燃え続ける。一般に，エンタルピーHのより低い物質が生成する発熱反応では，自発的に反応が進む傾向がある。

一方，水が蒸発して水蒸気になる反応は吸熱反応であり，自発的には進まないように思われる。しかし，テーブルに付着した水滴は自然に蒸発する。これは，変化が自発的に進行する要因には，エンタルピーの減少($\Delta H<0$)のほかにエントロピー（乱雑さ）の増加($\Delta S>0$)が関係するためである。

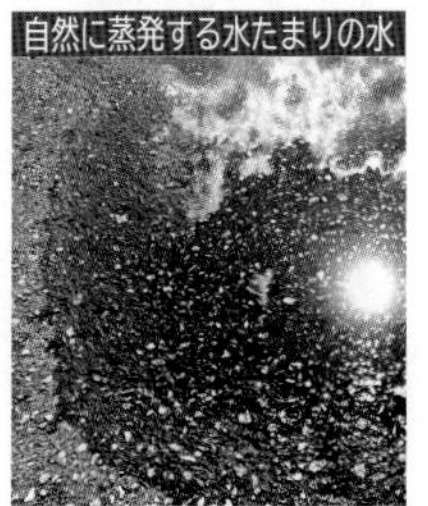
自然に蒸発する水たまりの水

ギブズエネルギーと反応の進む向き

ギブズ(Josiah Gibbs,1839 ～ 1903)は，系のエンタルピーHとエントロピーSに注目することで，**定温定圧の条件**で反応が自発的に進むかどうかを判断するための新しい量(**ギブズエネルギー** G)を提唱した。

ギブズ

$G = H - TS$ （T：絶対温度）

定温定圧で，状態変化や化学反応が自発的に進む傾向を持つかどうかは，ギブズエネルギーの変化量ΔGの符号によって判断することができる。

POINT

ギブズエネルギー変化

$$\Delta G = \Delta H - T\Delta S$$

定温定圧で，ギブズエネルギーの変化$\Delta G < 0$のとき，状態変化や化学反応は，自発的に進む傾向を持つ。

ΔGにおけるΔHとΔSの影響

ΔGが正となるか負となるかについて，ΔHやΔSの正負の符号とどのような関係になるかを考えてみる。

発熱して($\Delta H<0$)乱雑さが増加するとき($\Delta S>0$)は，必ず$\Delta G<0$となり自発的に変化が起こる。逆に，吸熱して($\Delta H>0$)乱雑さが減少するとき($\Delta S<0$)は，必ず$\Delta G>0$となり自発的な変化は起こらない。

液体の蒸発，固体の融解のように，吸熱する($\Delta H>0$)現象が自発的に進む場合は，粒子間の結びつきが弱まって乱雑さが増加する($\Delta S>0$)。このとき，ΔHよりも$T\Delta S$が大きいことから，$\Delta G<0$となる。

水蒸気が冷たいガラスの表面で結露するときは，蒸気が凝縮して熱エネルギーを放出し($\Delta H<0$)，気体分子が集まって乱雑さが減少する($\Delta S<0$)。この場合，$T\Delta S$よりもΔHが大きいことから，$\Delta G<0$となる。

	$\Delta H < 0$	$\Delta H > 0$
$\Delta S > 0$	$\Delta G < 0$ 正反応側に自発的に進む	絶対温度Tにより 自発的に進む方向が決定
$\Delta S < 0$	絶対温度Tにより 自発的に進む方向が決定	$\Delta G > 0$ 逆反応側に自発的に進む

$\Delta G=0$のとき，可逆反応では平衡状態になる。

入試ではこう出る！

定温・定圧下において反応物から生成物への変化を考えるとき，エンタルピー変化ΔHに加えてエントロピーの変化量ΔS，温度T[K]を用いてギブズエネルギーの変化量ΔGを表すと式①のようになる。

$\Delta G = \Delta H - T\Delta S$ …①

式①のΔGが負となる場合，すなわちギブズエネルギーが減少する場合，反応が進行する。したがって，ΔGの符号を考えることで，その反応が進行するかを検討することができる。例えば，室温では正反応が進行するアンモニアの合成反応の熱化学反応式は式②のように表される。

$\frac{1}{2}N_2 + \frac{3}{2}H_2 \longrightarrow NH_3$ 　$\Delta H = -46.1$ kJ …②

式②の反応のΔSは，-99.4 J/Kであり，温度を上昇させると反応を逆転させることができる。すなわち，式①を用いると（ A ）℃以上でアンモニアの解離が進行すると計算できる。混合気体の方が純粋な気体よりも乱雑さが大きくなるなどのため，エントロピーの値は反応の進行度にも依存し，反応物と生成物が混合している状態でギブズエネルギーが極小値を取ることも多い。すなわち，ギブズエネルギーが極小値をとる状態が平衡状態ということになる。

問 （ A ）に当てはまる数値を計算せよ。ただし，どの温度でもΔH，ΔSの値は一定とする。 ［関西学院大 改］

【解答】191

【解説】エンタルピー変化$\Delta H = -46.1$ kJおよび，エントロピー変化$\Delta S = -99.4$ J/Kを式①に代入する。

$\Delta G = -46.1\ \text{kJ} - T \times (-99.4\ \text{J/K})$

ここで，アンモニアの解離反応は左向きの反応なので，ギブズエネルギー変化ΔGが正($\Delta G>0$)であることより，Tを求める。

$-46.1\times10^3\ \text{J} - T\times(-99.4\ \text{J/K})>0$

$T > \frac{46.1\times10^3}{99.4} \fallingdotseq 464\ \text{K}(191℃)$

思考 NH_4NO_3(s)の水への溶解は吸熱反応である。なぜ，吸熱反応が自発的に進むのだろうか。

2 ギブズエネルギーと平衡

物質が混合するとエントロピーSが増加するため，ギブズエネルギーGが減少する。ギブズエネルギーと平衡は深く関係している。

化学

ギブズエネルギーと平衡状態

定温・定圧での化学反応の自発的変化を考えるとき，ギブズエネルギーGの大きさよりも，ギブズエネルギーの変化量が重要になる。

化学反応の途中では，反応物と生成物の混合によるエントロピーSの効果で，ギブズエネルギーに極小値が生じる。ギブズエネルギーが減少する場合は，反応が自発的に変化する。逆に，反応の進行度にともないギブズエネルギーが増加するような場合は，逆向きに自発的に変化する傾向となる。極小点では，反応が平衡状態となる。

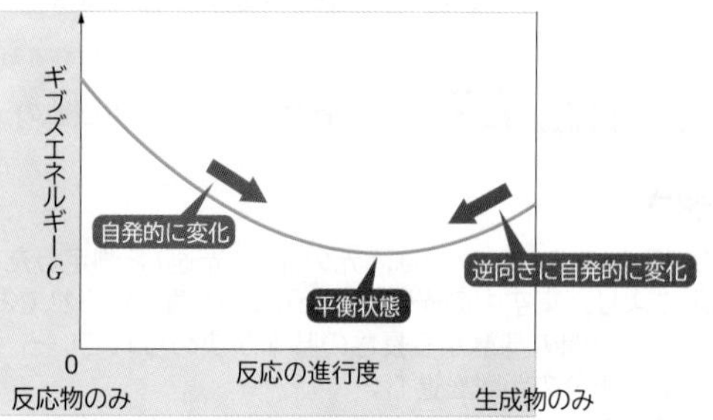

3 物質の三態とギブズエネルギー

ギブズエネルギーを用いた考え方より，物質の三態や凝固点降下，沸点上昇を理解することができる。

化学

ギブズエネルギーと物質の三態

一般的に物質のエンタルピーH，エントロピーSの大きさは，気体>液体>固体となる。HやSが扱う温度でほぼ変化しないとして，ギブズエネルギーGと温度Tの関係を考える。縦軸にギブズエネルギーG，横軸に温度をとると下のグラフのように気体，液体，固体のギブズエネルギーGが表せる。融点未満では，固体のギブズエネルギー$G_{固}$が最も低く，物質は固体となる。同様に，沸点より高い温度では気体のギブズエネルギー$G_{気}$が最も低くなり，物質は気体となる。また，$G_{固}$と$G_{液}$が等しくなる融点T_fでは，固体と液体が平衡状態となる。同様に沸点T_bでは$G_{液}$と$G_{気}$が等しくなる。

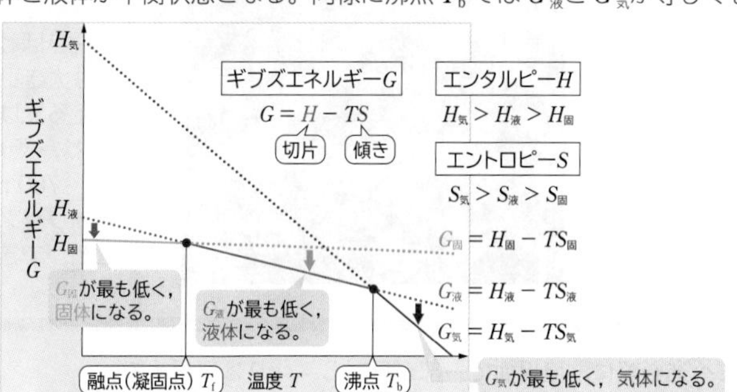

ギブズエネルギーと物質の三態

純溶媒に不揮発性の物質が溶解すると，溶解によるエントロピーSの影響で，溶液中の溶媒のギブズエネルギー$G_{溶液}$は純溶媒のギブズエネルギー$G_{液}$より低下する。$G_{溶液}$が低下すると，固体のギブズエネルギー$G_{固}$と等しくなる温度は低下するため，溶液の凝固点が下がる(凝固点降下$T_f \to T_f'$)。同様に，$G_{溶液}$の低下により，気体のギブズエネルギー$G_{気}$と等しくなる温度は上昇し，溶液の沸点は高くなる(沸点上昇$T_b \to T_b'$)。

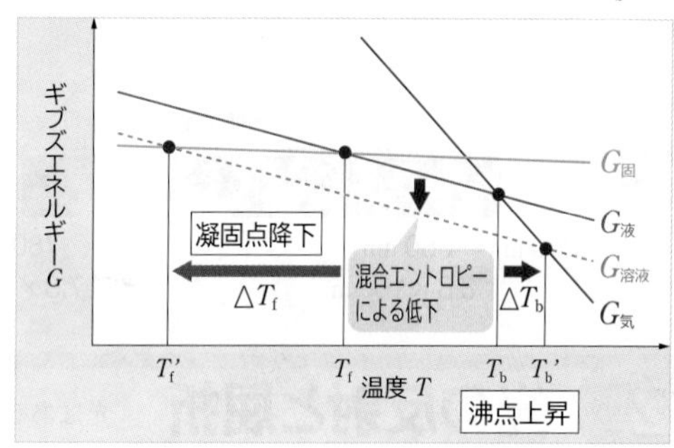

入試ではこう出る!

物質は温度や圧力に応じて気体，液体，固体という状態になる。例として水の状態図を図1に示す。「ある条件で物質はどの状態になるか」という問題を，次のように考える。

ギブズエネルギーをGとし，気体，液体，固体それぞれについてのGは$G_{気}$，$G_{液}$，$G_{固}$とする。これらは温度と圧力とともに変化する。大気圧における水分子のGを図2に示す。水分子はそれぞれの温度で最も小さなGの状態になる。

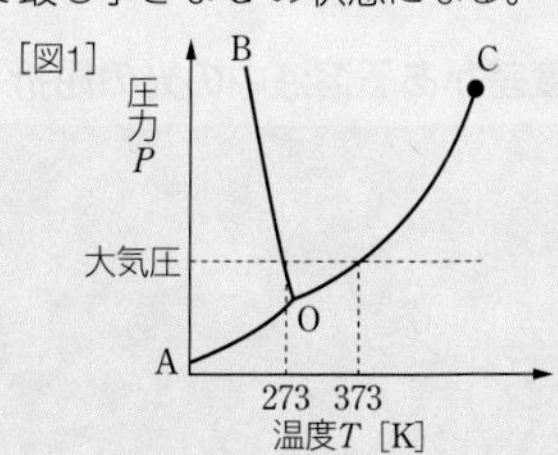

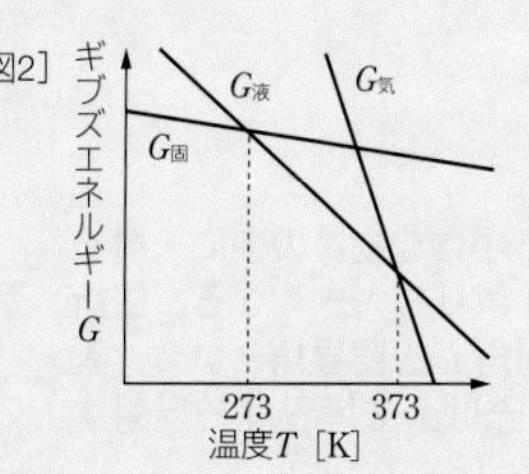

(1)線OA，OB，OC上におけるGの関係を，下の(ア)～(エ)からそれぞれ一つずつ選び，記号で答えよ。

(ア)$G_{液} = G_{固}$　(イ)$G_{固} = G_{気}$　(ウ)$G_{液} = G_{気}$

(エ)$G_{固} = G_{液} = G_{気}$

純水に砂糖(スクロース)を加えてかき混ぜると，砂糖水溶液ができる。砂糖水溶液では，溶質分子と溶媒分子が乱雑に混じり合っているために，水分子は純溶媒のときと比べて，ギブズエネルギーGは低くなる。砂糖は不揮発性の溶質であるから，砂糖水溶液の沸点では溶媒である水だけが蒸発する。また，希薄な砂糖水溶液を冷却していくと，水だけが氷となって析出しはじめる。

(2)希薄な砂糖水溶液の水分子のGを$G_{気}'$，$G_{液}'$，$G_{固}'$とする。図2をもとに，大気圧での$G_{気}'$，$G_{液}'$，$G_{固}'$の温度変化を表す直線の略図をかきなさい。また，希薄な砂糖水溶液の凝固点T_fと沸点T_bを横軸にそれぞれ記入しなさい。

[広島大　改]

【解答】(1)OA：(イ)　OB：(ア)　OC：(ウ)

(2)解説図参照

【解説】(1)各状態が平衡状態にあるときには，それぞれのGが等しい。

(2)固体と気体は純物質であるため，純溶媒と変わらない。

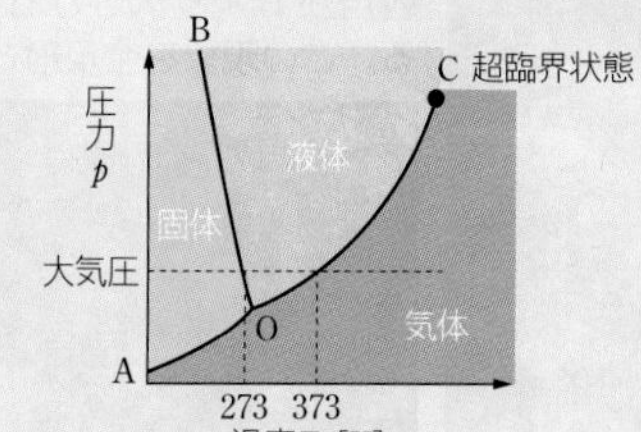

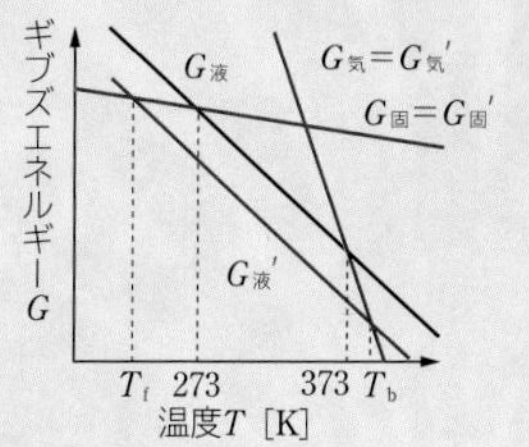

33 化学反応と光エネルギー1

Light energy in relation to chemical reactions1

1 光とエネルギー

光は電磁波の一種であり，その波長に応じたエネルギーをもつ。

物理基礎
化学

光の速さ

1849年にフランスのフィゾーは，光の速さ(光速)を測定した。その後，精密な測定により，真空中の光速 c〔m/s〕は下の値が得られており，現在では，この値と時間の基準から長さの基準が決められている。光は1秒間に地球を7周半分の距離を進む。

光は質量を持たない粒子(光子)と考えることができ，光子のもつエネルギー E は，1秒間に振動する電磁波の回数(振動数 ν〔1/s〕)に比例し，$h\nu$ で表すことができる。

$$c = 2.99792458 \times 10^8 \text{ m/s} \fallingdotseq 3.00 \times 10^8 \text{ m/s}$$

$$E = h\nu$$

c：真空中の光速，　E：エネルギー，　ν：振動数
h：プランク定数

光の波長

光は電磁波の一種であり，人間が目で感じることができる電磁波を可視光線という。また，波の山から次の山までの距離を波長 λ〔m〕という。光の速度 c と波長 λ，振動数 ν の関係は次のように表される。

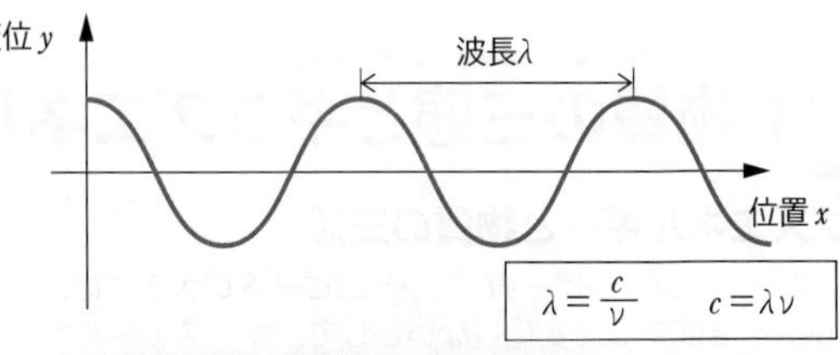

波長：λ〔m〕　振動数：ν〔1/s〕　光速：c〔m/s〕

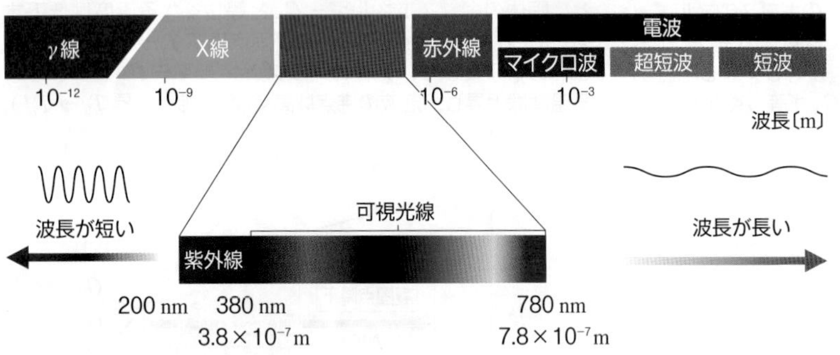

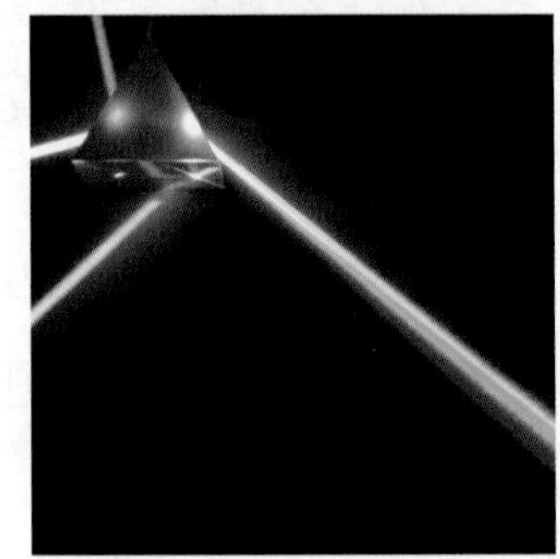

電磁波はその波長に応じて電波，赤外線，可視光線，紫外線，X線，γ線などに分類される。光の波長が短いほどそのエネルギーは大きい。人間の目に見える光は可視光線とよばれ，その波長は380 nm~780 nmである。太陽光はプリズムで分光することができる。

2 光の反射と屈折

光はある媒質から他の媒質へ進む際に，境界面で一部が反射し，残りは屈折する。

物理基礎

反射

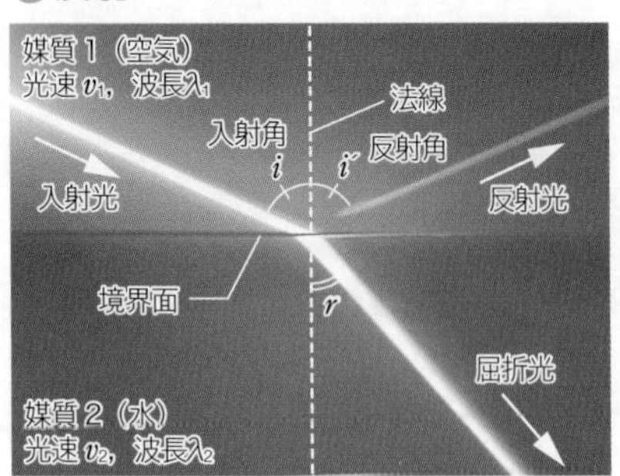

光は真空中や一様な物質中では直進するが，ある媒質から別の媒質へ進む際に，境界面で向きを変えて元の媒質に戻ることがある。このように物体に当たった光が表面ではね返る現象を反射といい，入射角の大きさと反射角の大きさは等しくなる。

光の屈折

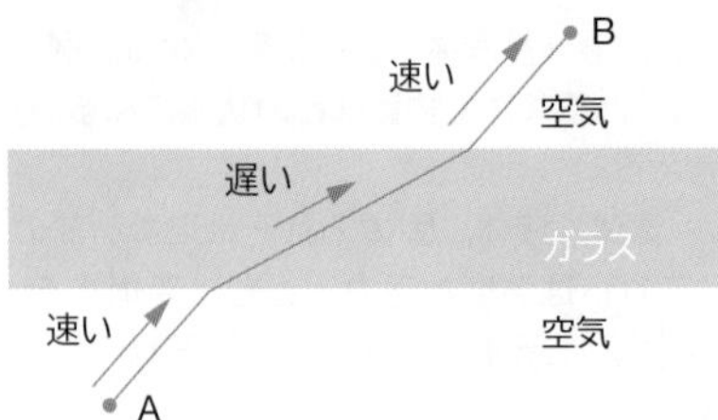

光が空気中から斜めにガラスに入射すると，その一部は屈折して進む。これは空気中に比べ，ガラスの中で光が進む速度は遅くなるためである。点Aから光が進む場合，最短の時間でBに到達するように屈折する。

全反射

光が屈折率の大きな物質から小さな物質の中に入射するとき，屈折角 r は入射角 i よりも大きくなる。屈折角 r が90°になるときの入射角 i_0 を臨界角という。入射角が i_0 より大きければ，光は全て境界面で反射する。この現象を全反射という。

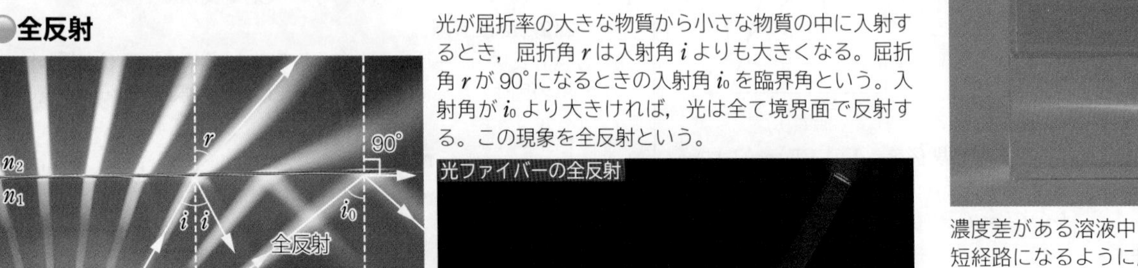

▶濃度差がある溶液中の光の屈折

濃度差がある溶液中では，光は時間が最短経路になるように屈折しながら進むことが観察される。写真は下層が砂糖水，上層が水の溶液中にレーザー光を通したものである。

思考 振動数の大きい光ほど大きなエネルギーを持つのはなぜか。

3 光と色

光のない場所では物を見ることができない。ヒトが物を見ることができるのは，網膜の錐体細胞で光を感知しているためである。波長の異なる光により錐体が脳に送り出す信号の強度比が異なるためである。

光の三原色

さまざまな波長の可視光を含む太陽光は白色に見えるが，赤・緑・青の3色を用いて光の明るさや，組み合わせを調整することですべての色を表現することができる。このため，赤・緑・青を光の三原色という。

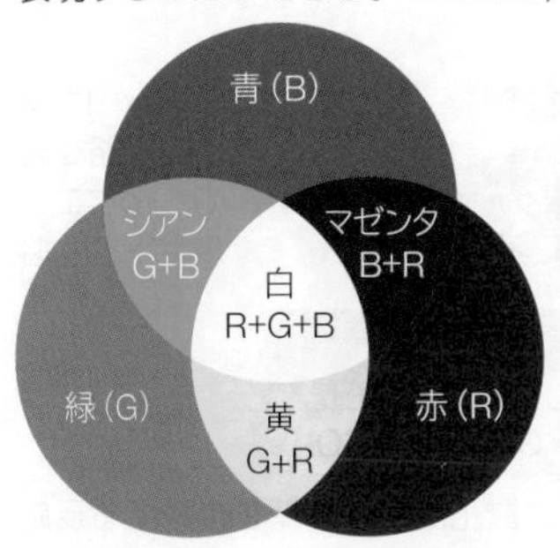

発光

物質がエネルギーを吸収して光を出すことを発光という。そのエネルギー源は，熱，光，X線，化学発光などがある。炎色反応では，気体状態の金属原子中の電子が熱のエネルギーで高い励起状態になり，その後に基底状態に戻るときに発光する現象である。

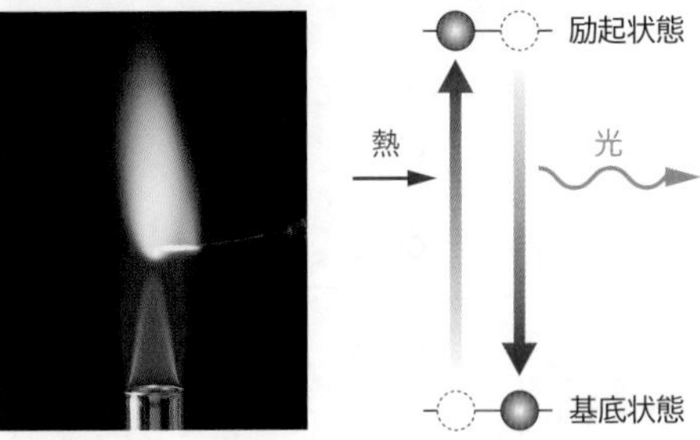

物質の色と色相環（しきそうかん）

自らが発光していない物質は，光の一部を吸収することで反射光に色が見える。例えば，赤く見えるリンゴに太陽光のような白色光が当たると，リンゴは緑色の光を強く吸収する。残りの光はリンゴから反射されヒトの眼に入ることで，緑色の補色である赤色に見える。補色とは，色相環で正反対に位置する関係の色の組み合わせであり，物体に吸収された光の色と補色の関係にある色が，ヒトの眼を通して物体の色として認識される。補色の関係にある色どうしは，色彩が強調されて見える。

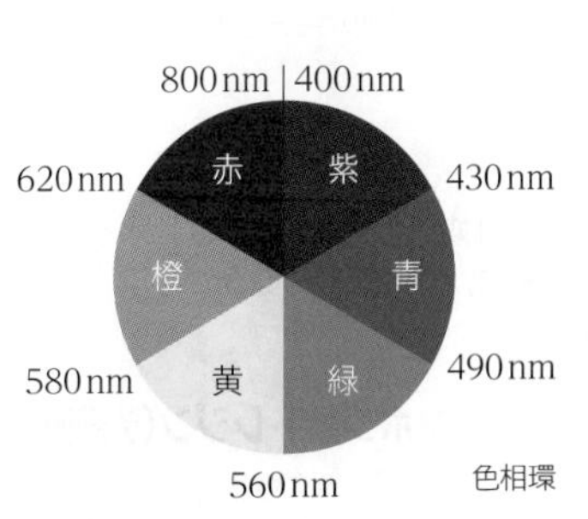

色相環

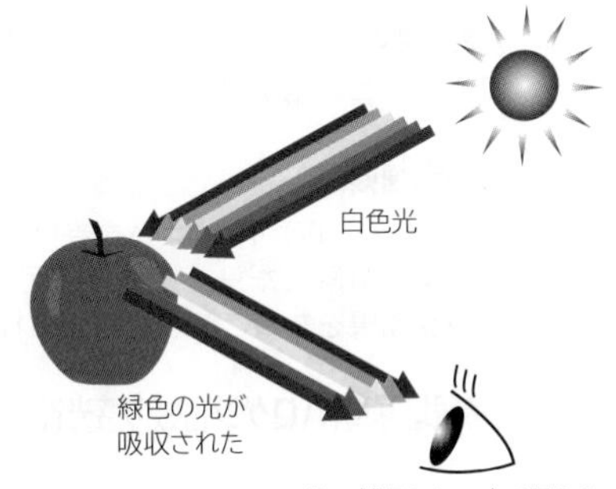

補色の関係の色を 30 秒間凝視すると、色が反転した残像が見える。

透過光と補色

液体に光が当たると，液体を透過してきた波長の光がヒトの目に入る。液体の色は，液体で吸収された色と補色の関係にある色が認識される。赤い色素を溶かした水が白色光の下で赤く見えるのは，色素が緑色を吸収し補色である赤色が認識されるためである。

赤色の色素を溶かした溶液と緑色の色素を溶かした溶液に，赤色のレーザー光と緑色のレーザー光をそれぞれ照射すると，赤色溶液は緑色を吸収するため，赤色レーザー光は透過するが，緑色レーザー光は吸収する。逆に，緑色の溶液では，緑色レーザー光は透過するが，赤色レーザー光は吸収される。

4 ランベルト・ベールの法則（ランバード・ベール）

溶液の透過光を測定することで，溶液の濃度を調べることができる。

吸光度

希薄溶液の吸光度は，分光光度計や紫外可視分光光度計に試料を入れたセルをセットし，これに特定の単色光を当てて透過光を測定することで求めることができる。入射光の強さ I_0 と透過光の強さ I の割合については，次のランベルト・ベールの法則が成り立つ。

$$A = -\log_{10}\frac{I}{I_0}$$

$\frac{I}{I_0}$ を透過度という。$-\log_{10}\frac{I}{I_0}$ を吸光度といい，A で表される。吸光度 A は，光路長さ l〔cm〕，溶液の濃度 c〔mol/L〕に比例し，比例定数をモル吸光係数 ε とすると次の式で表される。モル吸光係数 ε は物質の種類，入射光の波長で決まる定数である。

$$A = \varepsilon cl$$

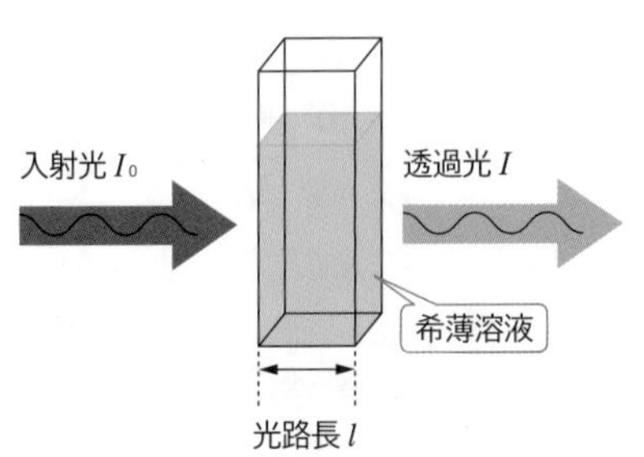

34 化学反応と光エネルギー 2
Light energy in relation to chemical reactions2

1 光化学反応
photochemical reaction

光エネルギーによって起こる化学反応を**光化学反応**という。紫外線・可視光線のもつエネルギーは原子を結合する価電子を励起するエネルギーに相当する。そのため光化学反応は主に紫外線・可視光線の領域の光によって起こる。 化学

塩素のラジカル反応

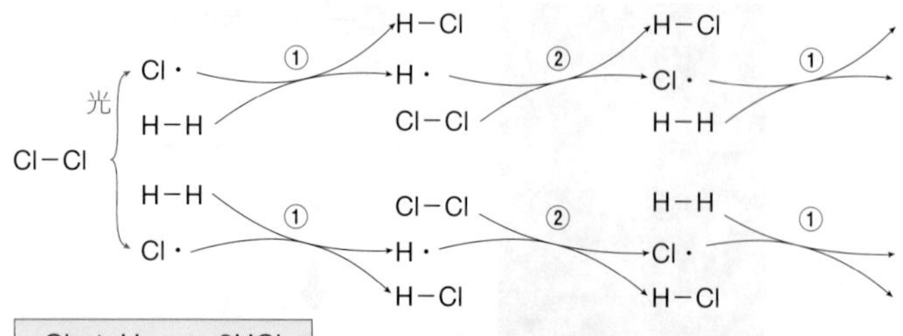

$$Cl_2 + H_2 \longrightarrow 2HCl$$

水素と塩素の混合気体に光を当てると爆発的に反応して塩化水素が生成する。この反応はまず塩素分子が光を吸収して不対電子をもつ塩素原子に解離する。

$$Cl_2 \xrightarrow{光} 2Cl\cdot$$

不対電子をもつ原子，原子団を**遊離基(ラジカル)**という。遊離基は非常に不安定で大きな反応性をもつ。遊離基の関与する反応をラジカル反応という。

いったん塩素原子 Cl・が生じると①②の反応が連続してくり返され塩化水素が生成する(このように連続して起こる反応を**連鎖反応**という)。

$Cl\cdot + H_2 \longrightarrow HCl + H\cdot$ …①　$H\cdot + Cl_2 \longrightarrow HCl + Cl\cdot$ …②

アルカンのハロゲンによる置換反応もラジカル反応である(p.237)。

$$CH_4 \xrightarrow{Cl_2,光} CH_3Cl \xrightarrow{Cl_2,光} CH_2Cl_2 \xrightarrow{Cl_2,光} CHCl_3 \xrightarrow{Cl_2,光} CCl_4$$

視覚(光異性化)(p.235)

網膜細胞表面にある感光性タンパク質のロドプシンは，オプシンとよばれるタンパク質と二重結合をもつアルデヒドのレチナールの複合体である。シス形のレチナールは可視光によって異性化し，トランス形になる。この変化によって視細胞が興奮し電気信号が大脳へ伝えられる。

シス-レチナール

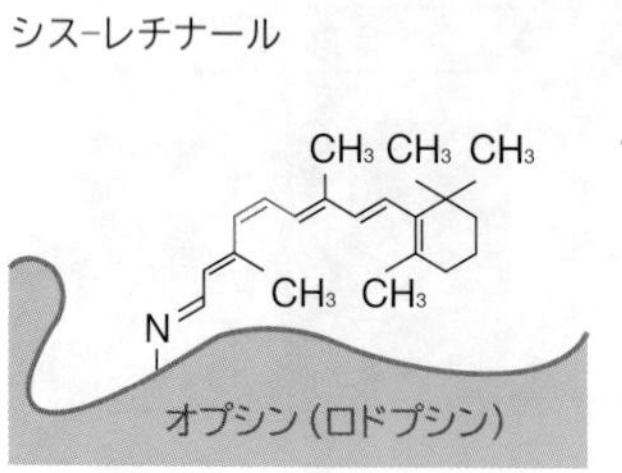

光 → (オプシンからはずれる)

トランス-レチナール

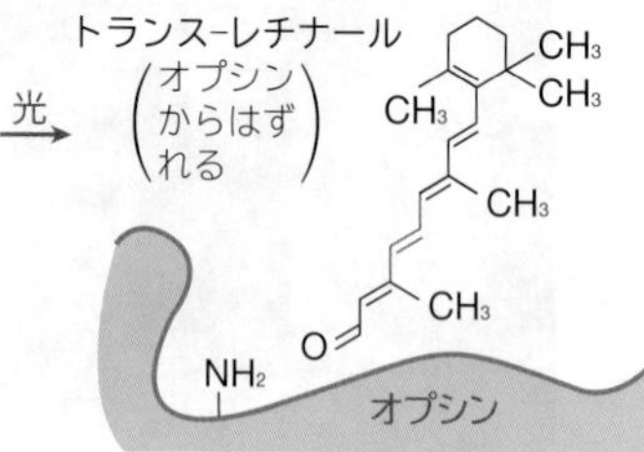

フォトクロミズム

光の作用により分子構造が可逆的に変化する現象をフォトクロミズムという。フォトクロミズムを起こす物質は，フォトクロミック物質とよばれ，DVD やブルーレイなど記憶材料として研究・使用されている。

光合成(p.187)

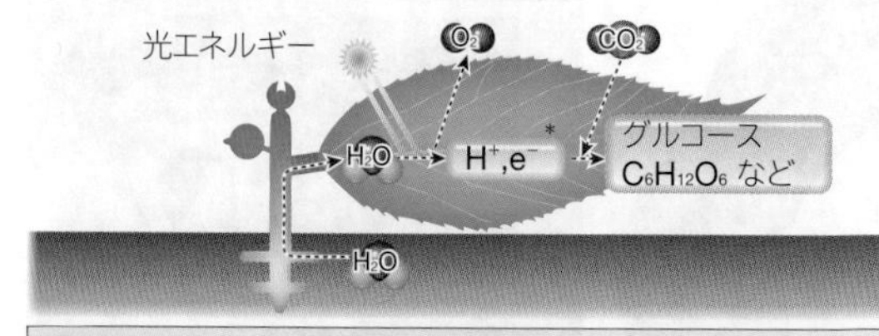

*H⁺，e⁻ は複雑な経路を経て，化学エネルギーを生む。

$$6CO_2 + 6H_2O + 光エネルギー \longrightarrow C_6H_{12}O_6 + 6O_2$$

緑色植物が光エネルギーを利用して，二酸化炭素から糖を合成する反応を**光合成**という。光合成は光の吸収をともなう第一段階と光を必要としない第二段階の反応からなる。

[第一段階] 葉緑体に含まれる色素クロロフィルが光を吸収し活性化される。活性化されたクロロフィルが H_2O を酸化し，O_2 が発生する。この過程で高い化学エネルギーをもつ ATP が合成される。

$$2H_2O \longrightarrow O_2 + 4H^+ + 4e^-$$

[第二段階] 第一段階で生じた ATP の化学エネルギーと CO_2 からグルコースなどの糖がつくられる。

光触媒

酸化チタン(Ⅳ) TiO_2 は光を受けると光触媒として作用する。水を水素と酸素に分解したり，建物の壁面で有機物を酸化分解するセルフクリーニング効果をもつことなどが知られている。

銀塩写真(ハロゲン化銀の感光性)

写真やレントゲンのフィルムには臭化銀が塗られている。光が当たると臭化銀が感光して銀粒子が生じ，フィルムが黒化する(p.202)。

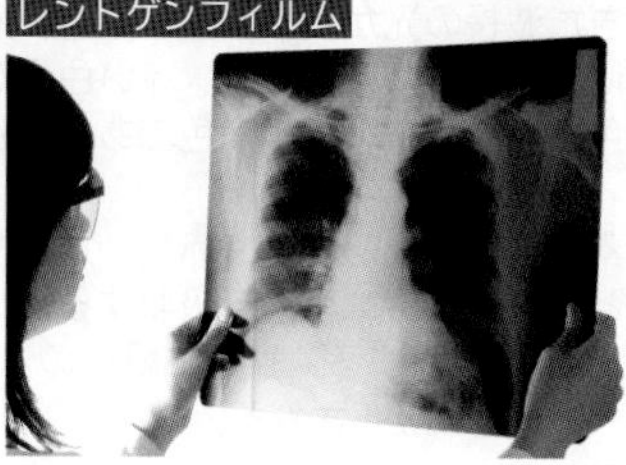
レントゲンフィルム

コンポジットレジン(光硬化)

虫歯の治療で詰め物・被せ物に用いるコンポジットレジンは，数秒間の青色光の照射によってペースト状のモノマーが重合して硬化する。

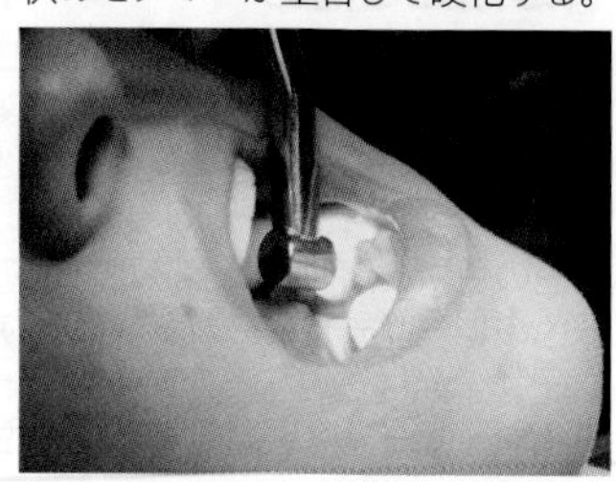

青写真

トリス(オキサラト)鉄(Ⅲ)酸カリウム $K_3[Fe(C_2O_4)_3]$ に光を当てると，光のエネルギーを吸収することで Fe^{3+} が Fe^{2+} に還元される。このことを利用して，青写真を作ることができる。19 世紀に発明された青写真では，$K_3[Fe(C_2O_4)_3]$ 水溶液を塗布した紙の上に，遮光のための紙を模様などで切り抜き光を当てる。光が当たった場所では Fe^{2+} が生成するため，ヘキサシアニド鉄(Ⅲ)酸カリウム $K_3[Fe(CN)_6]$ 水溶液を均一に塗ると，光が当たった部分のみ青くなる。

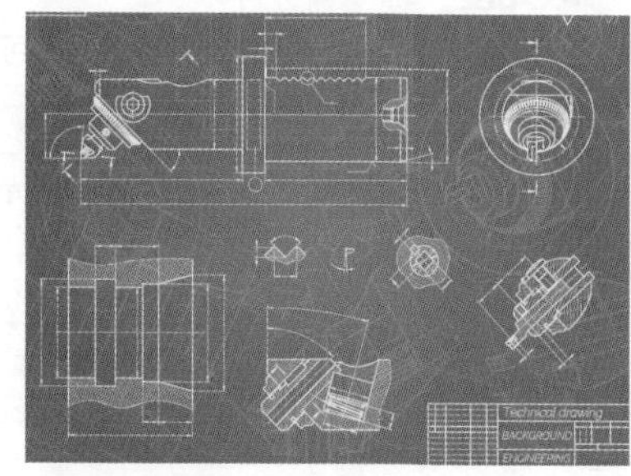

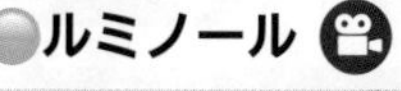

化学発光
chemiluminescence

化学反応において，エネルギーを熱ではなく，光として放出する現象を化学発光(ケミルミネッセンス)という。

化学

ルミノール

混合 →

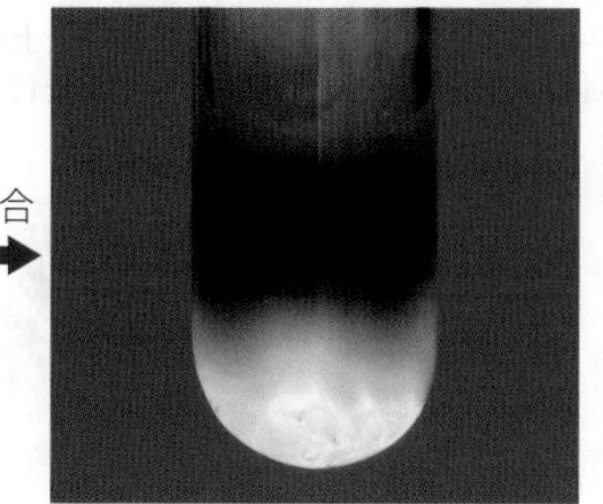

塩基性水溶液中でルミノールを過酸化水素などで酸化すると青く発光する。この反応は銅イオンや赤血塩(ヘキサシアニド鉄(Ⅲ)酸カリウム)，血液のヘモグロビンやその誘導体が触媒となる。

(ルミノール) $+ 2H_2O_2 + 2OH^- \longrightarrow$ (3-アミノフタル酸イオン) $+ N_2 + 4H_2O +$ 光

シュウ酸エステル

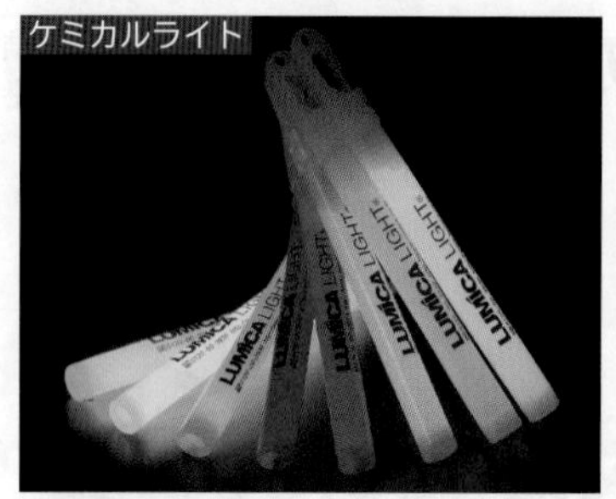

シュウ酸エステル[*1]を過酸化水素で酸化すると，生じた活性中間体[*2]のエネルギーを蛍光色素が吸収し，色素が光を発する。用いる色素によってさまざまな光を発するため，イベントや披露宴などで用いられている。

$(COOR)_2 + H_2O_2 \longrightarrow 2ROH +$ 活性中間体 $\longrightarrow 2ROH + 2CO_2$

シュウ酸エステル

蛍光色素(基底状態) → 蛍光色素(励起状態) → 光

化学発光のメカニズム

化学発光は，化学反応で生じたエネルギーを受け取り励起状態になった生成物または活性中間体が，基底状態の生成物に変化する際にエネルギーを光として放出する現象である(①)。活性中間体が反応の場に共存する蛍光物質などにエネルギーを受け渡し，その共存物質が励起状態→基底状態と変化する際に発光する場合もある(②)。ルミノール反応は前者，シュウ酸エステルを用いた化学発光は後者である。

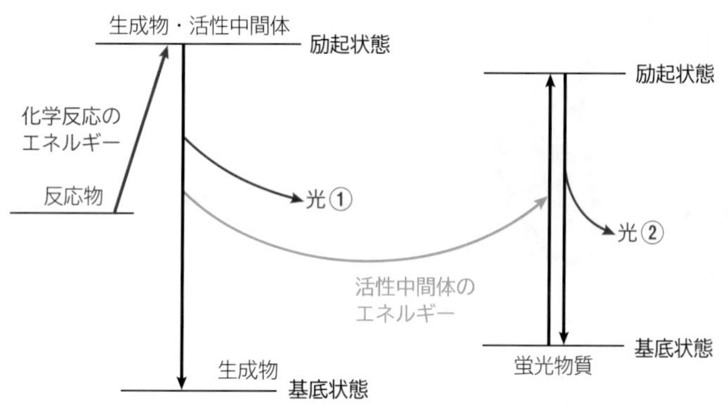

*1 シュウ酸エステルには CPPO が多用されている。

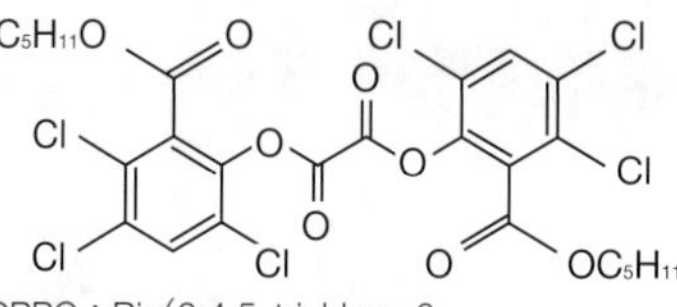

CPPO：Bis(2,4,5-trichloro-6-carbopentoxyphenyl)oxalate

*2 活性中間体の構造としてジオキセタンジオンなどが推測されている。

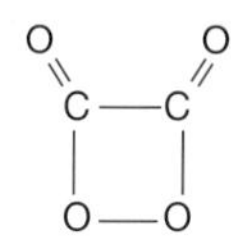

TOPICS

生物発光

ホタルやウミホタルなどの発光生物が可視光を発することを生物発光という。生物発光は基本的に発光基質ルシフェリンが発光酵素ルシフェラーゼによって酸化されることによって起こる。ルシフェリン，ルシフェラーゼは生物種によって構造が異なる。

化学発光は温度が高くなると反応速度が増して発光が強くなるのに対し，生物発光は温度が高くなると酵素であるルシフェラーゼが失活(➡ p.293)し発光能力を失う。

オワンクラゲの発光タンパク質イクオリンは青色の発光を示す。イクオリンのそばに GFP(緑色蛍光タンパク質)が存在すると，イクオリンから GFP へエネルギーの移動が起こり GFP が緑色の光を発する。GFP は紫外線を当てることでも緑色の発光をするため，GFP の遺伝子をさまざまな細胞や生体に導入することで，分子レベルの生命現象を生命活動を停止させずに観測することが可能となった。下村脩博士はイクオリンと GFP の発見・精製の功績により 2008 年にノーベル化学賞を受賞した。

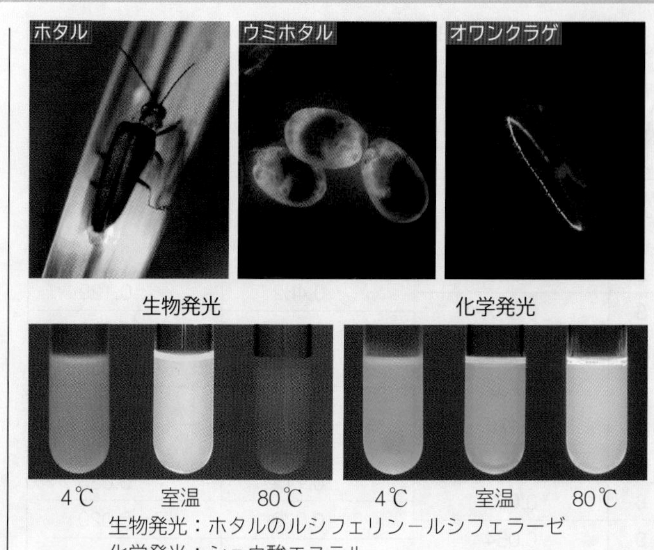

生物発光：ホタルのルシフェリン－ルシフェラーゼ
化学発光：シュウ酸エステル

35 化学反応の速さ 1

Rates of chemical reactions 1

1 化学反応の速さ

化学反応は，瞬時に完結する非常に速いものから，数ヶ月以上かかる遅いものまでさまざまである。化学反応の速さは，単位時間あたりの反応物(または生成物)の変化量で表す。

化学

遅い反応

緑青

鉄や銅のさびは，ゆっくりと起こる化学反応によって生じる。

鍾乳洞

石灰岩の化学的侵食により，長い年月を経て大きな洞窟がつくられる。

速い反応

花火

花火は爆発的な酸化還元反応である。

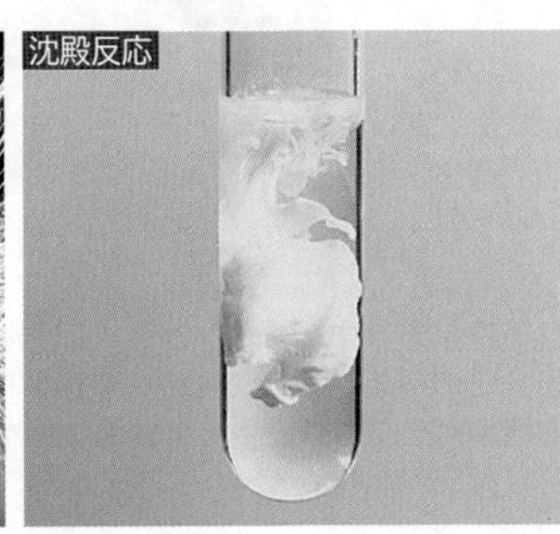

沈殿反応

塩化銀 AgCl など，水に難溶な物質は瞬時に析出し，沈殿する。

過酸化水素の分解反応

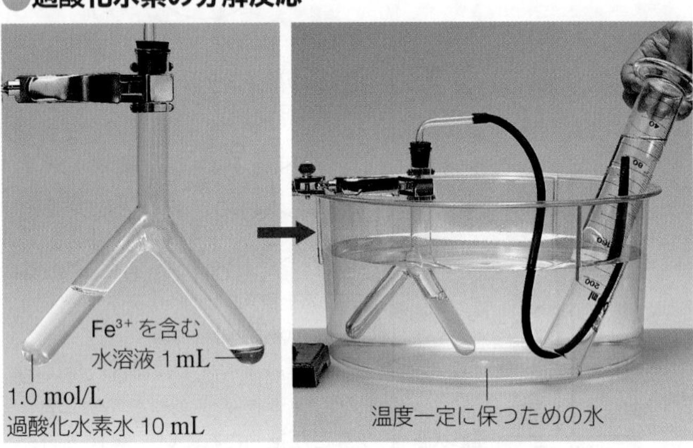

Fe^{3+} を触媒とした過酸化水素水 H_2O_2 の分解で発生する酸素の量を 1 分おきに測定し，反応した H_2O_2 の物質量から，H_2O_2 の濃度$[H_2O_2]$を算出する。

$$2H_2O_2 \xrightarrow{Fe^{3+}} 2H_2O + O_2\uparrow$$

A 時間〔分〕	B H_2O_2 の濃度〔mol/L〕	C H_2O_2 の平均濃度〔mol/L〕	D 反応速度〔mol/(L・分)〕(単位時間の変化量)
0	d_0 0.918	$\frac{d_0+d_1}{2}$ 0.807	$\frac{d_0-d_1}{1分}$ 0.223
1	d_1 0.695	0.611	0.169
2	0.526	0.462	0.129
3	0.397	0.349	0.096
4	0.301	0.267	0.069
5	0.232	0.204	0.056
6	0.176	0.154	0.045
7	0.131	0.112	0.038
8	0.093	0.079	0.029
9	0.064	0.052	0.024
10	0.040		

過酸化水素の分解速度

POINT

反応速度の求め方

反応速度 $v = \dfrac{\text{反応物の減少量}}{\text{反応時間}}$ または $\dfrac{\text{生成物の増加量}}{\text{反応時間}}$

$$v = -\frac{\Delta[H_2O_2]}{\Delta t} = k[H_2O_2] \quad (k：反応速度定数)$$

▶H_2O_2 の濃度変化

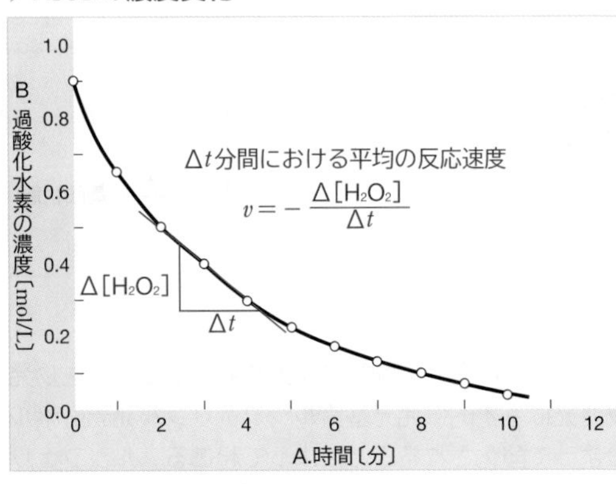

分解反応が進むため，時間の経過とともに過酸化水素の濃度は減少する。

▶H_2O_2 の濃度と反応速度の関係

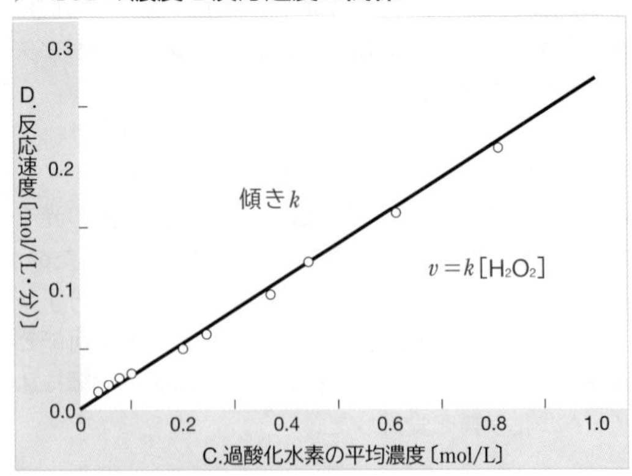

H_2O_2 の分解反応の反応速度 v は，H_2O_2 の濃度$[H_2O_2]$ に比例する。

2 反応速度に影響を与える条件としくみ
reaction rate

同じ化学反応でも，濃度，温度，触媒など条件を変えると反応速度は変わる。 化学

濃度の影響
反応物の濃度を大きくすると，反応速度は大きくなる。

▶スチールウールの燃焼　空気中(左)，酸素中(右)

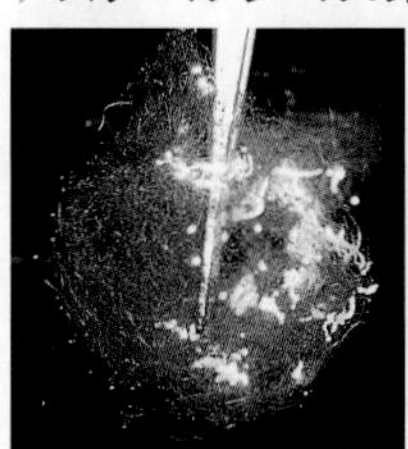

酸素の濃度(分圧)が高いと衝突回数が増えるため反応速度が大きく，激しく燃焼する。

表面積の影響
反応物を細かくすると反応速度は大きくなる。

▶Fe 微粉末は空気中で容易に燃焼する

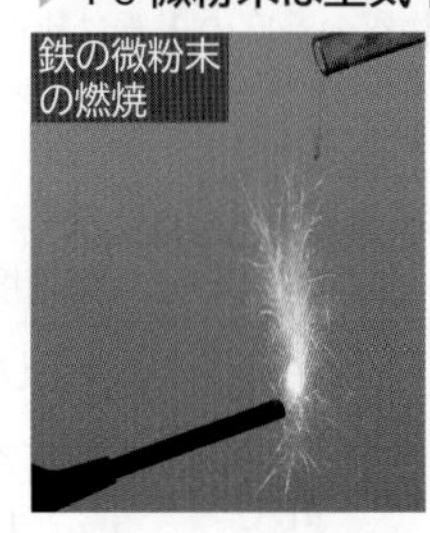

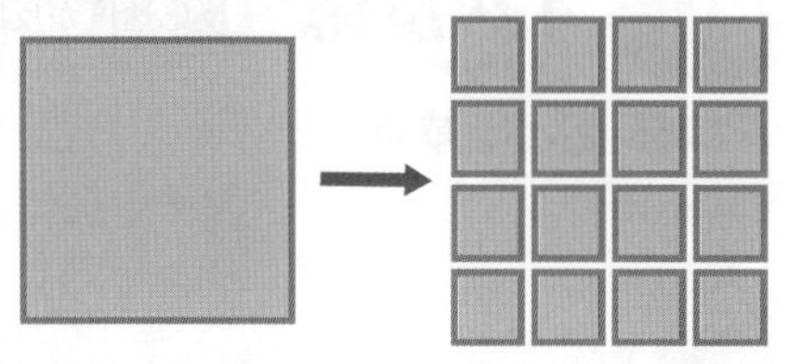

鉄を微粉末にすることで，酸素との接触面積が増え衝突回数が増加するため反応速度が大きくなる。

2 物質の変化

温度の影響
高温になるほど反応速度は大きい。

▶過マンガン酸カリウムとシュウ酸の反応

	氷水中(5℃)	室温(22℃)	60℃
実験開始直後	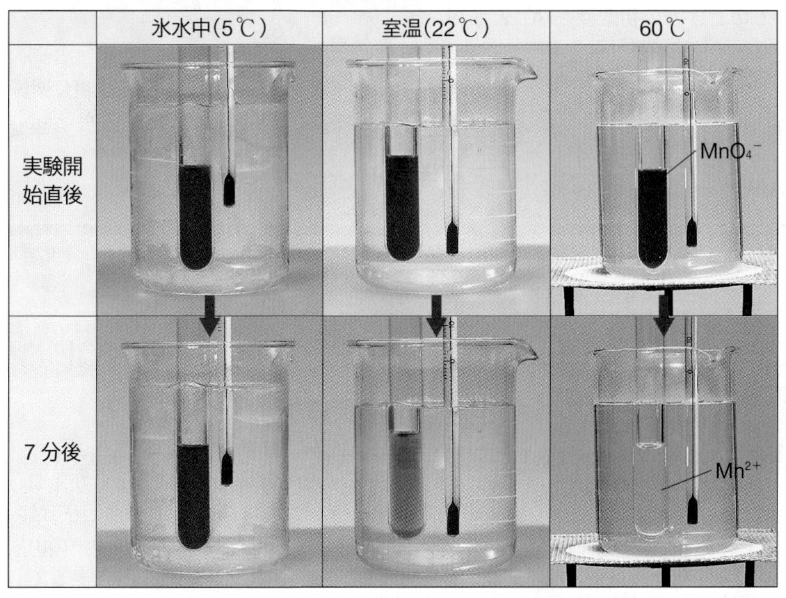		
7分後			

室温付近では，温度が 10 K 上がると，反応速度は 2～3 倍に大きくなる。

$$2MnO_4^- + 6H^+ + 5H_2C_2O_4 \longrightarrow 2Mn^{2+} + 10CO_2 + 8H_2O$$
(赤紫色)　　(無色)

▶化学反応とエネルギー

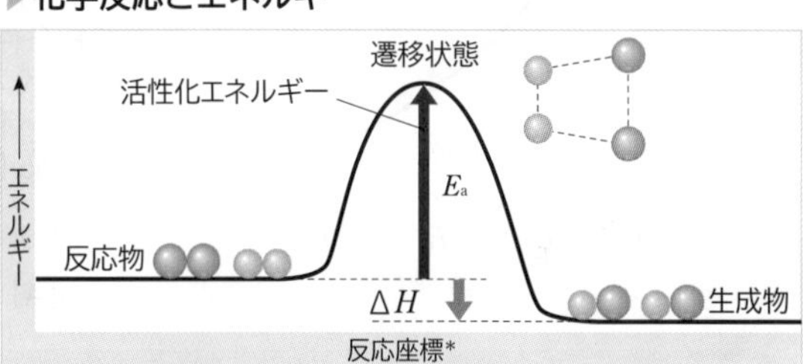

化学反応は遷移状態というエネルギーの高い状態を通らなければ起こらない。この遷移状態になるために必要なエネルギーを**活性化エネルギー(E_a)**という。

*原子どうしの空間的位置を表しており，反応の経路にそって変化する。

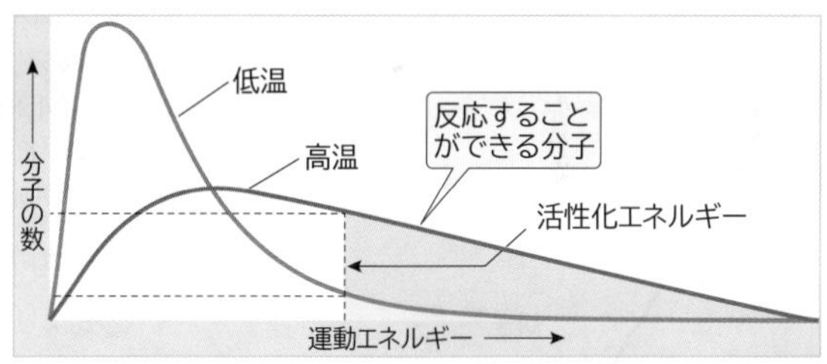

高温になると，反応に必要な活性化エネルギーより大きなエネルギーをもつ分子の割合が急激に増える。したがって，反応速度は高温ほど大きくなる。

触媒
反応の前後でそれ自身は変化せず，反応速度のみを変える物質を**触媒**という。

▶過酸化水素の分解反応

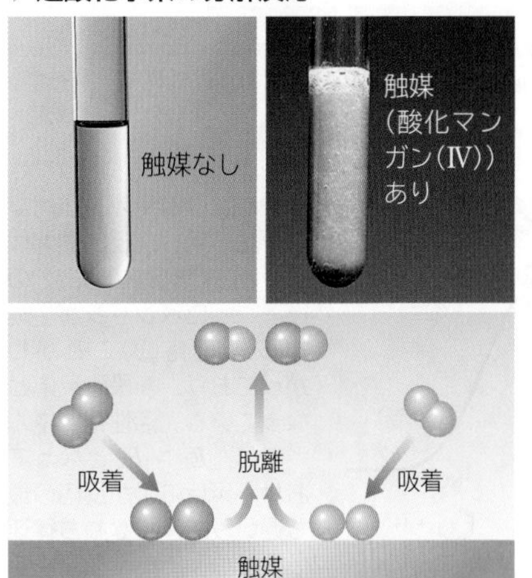

▶触媒の有無と活性化エネルギー

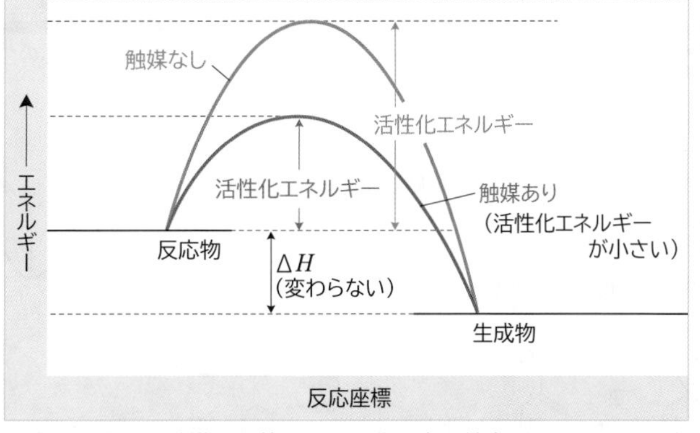

反応する分子が触媒に吸着すると，分子内の結合が弱められ，反応しやすい状態になる。よって，活性化エネルギーの低い経路で反応し，反応速度は増大する。ただし，ΔHの大きさは変わらない。

▶身のまわりの触媒

自動車のマフラーには，排ガスに含まれる一酸化炭素，炭化水素，窒素酸化物を無害な二酸化炭素，水，窒素に変化させるための触媒(三元触媒)が組み込まれている。三元触媒には白金，ロジウム，パラジウムが用いられる。

化学

表現 ケミカルライト(➡ p.139)を熱湯や氷水に浸すと，光量はどのように変化するか。理由とともに説明せよ。

36 化学反応の速さ 2 発展

Rates of chemical reactions 2

1 1次反応

first-order reaction

反応速度が反応物質の濃度の 1 乗に比例するような反応を 1 次反応という。

化学 発展

1次反応と半減期

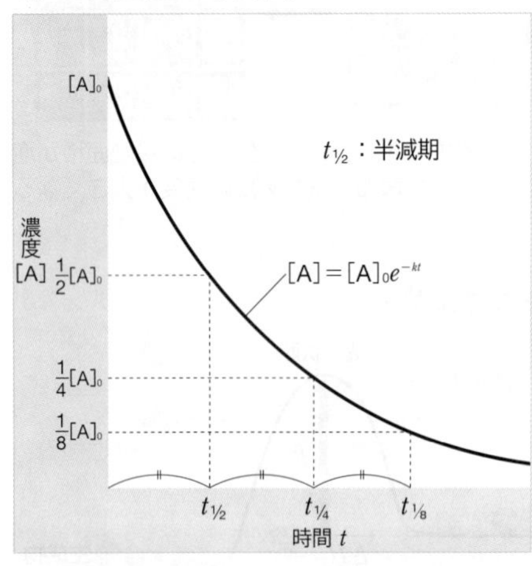

1次反応　反応式 A ⟶ B

時刻 t における反応速度 v は，

$$v=-\frac{d[A]}{dt}=k[A] \qquad k：反応速度定数$$

上式を変形し，積分すると，

$$\frac{d[A]}{[A]}=-kdt,\ \int\frac{1}{[A]}d[A]=-\int kdt$$

よって，

$$\log_e[A]=-kt+C\ (C：積分定数)\ \cdots①$$

初期条件($t=0$ のとき A の初濃度を$[A]_0$とする)を代入すると，積分定数 C は，

$C=\log_e[A]_0$ となるので，式①に代入すると

$$\log_e[A]=-kt+\log_e[A]_0$$

$$\log_e\frac{[A]}{[A]_0}=-kt \quad \cdots②$$

$$[A]=[A]_0e^{-kt} \quad \cdots③$$

③式より 1 次反応では，反応物 A の濃度は指数関数的に減少する。

A の濃度が半分になる時間を $t_{\frac{1}{2}}$ とし，

②式に $t=t_{\frac{1}{2}}$，$[A]=\frac{1}{2}[A]_0$ を代入すると，

$$\log_e\frac{\frac{1}{2}[A]_0}{[A]_0}=-kt_{\frac{1}{2}},\ \log_e\frac{1}{2}=-kt_{\frac{1}{2}}$$

よって，$t_{\frac{1}{2}}=\frac{\log_e2}{k}=\frac{0.69}{k}$　…④

$$半減期=\frac{0.69}{k}$$

④式より 1 次反応では，反応物 A の濃度に関係なく濃度が半分になる。このとき $\frac{0.69}{k}$ を**半減期**という。

2 反応速度と活性化エネルギー

activation energy

反応速度定数 k の温度依存性を調べることによって，活性化エネルギー E_a が求まる。

化学 発展

アレニウス・プロット

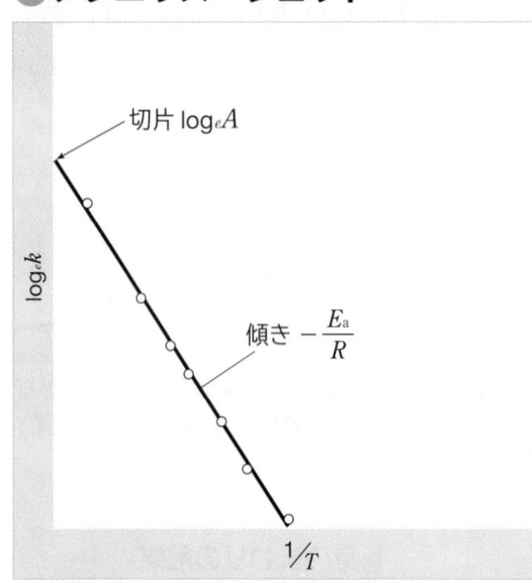

反応速度定数 k は，絶対温度 T，活性化エネルギー E_a を用いて，

$$k=A\cdot e^{-\frac{E_a}{RT}} \quad \cdots①$$

(A：頻度因子(定数)，R：気体定数)

と表される。この式を**アレニウスの式**という。

①式の両辺の自然対数をとると，

$$\log_ek=\log_eA-\frac{E_a}{RT} \quad \cdots②$$

②式より，縦軸に $\log_ek$，横軸に $\frac{1}{T}$ をとってグラフ化(アレニウス・プロット)すると直線関係になることがわかる。この直線の傾きは，

$$傾き=-\frac{E_a}{R}\ であるので,$$

活性化エネルギー E_a を，グラフから求めることができる。

ADVANCE

化学反応が進行するには？

分子 A と分子 B が衝突し，活性化エネルギー E_a の山を越えたときに分子 C が生成する。アレニウスの式の A(頻度因子)は衝突回数，$e^{-\frac{E_a}{RT}}$ は活性化エネルギーの山を越える確率(ボルツマン因子)を表している。

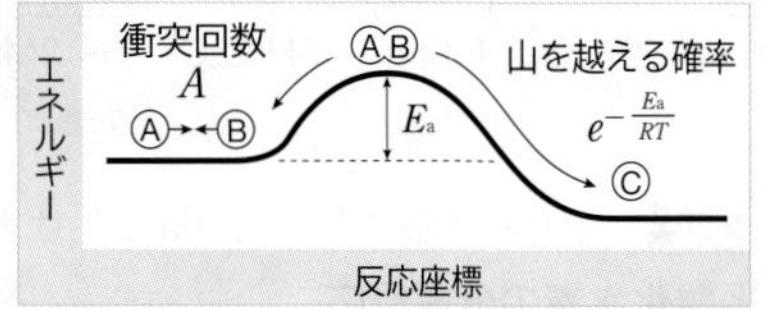

3 多段階反応

multistage reaction

1 つの段階だけで進む反応を素反応という。また，素反応の生成物がさらに他の反応に用いられて進む反応を多段階反応という。

化学 発展

ベンゼンのニトロ化

ベンゼンに濃硝酸と濃硫酸の混合物を加えて，約 60℃で反応させると，ニトロベンゼンが生成する。

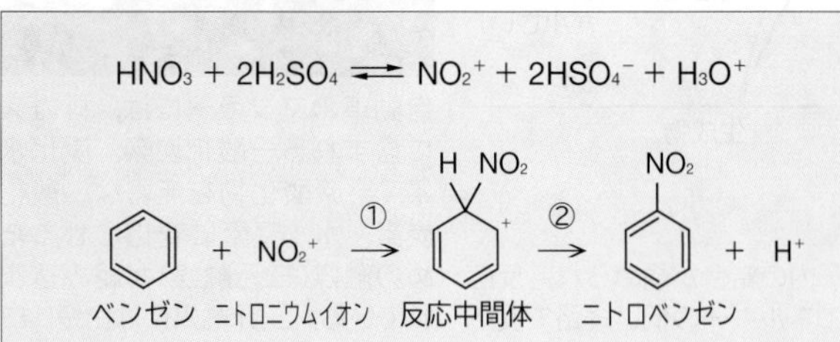

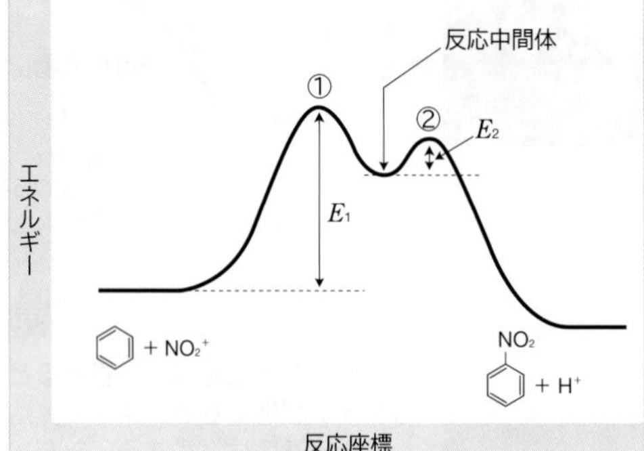

ベンゼンのニトロ化では，ニトロニウムイオンがベンゼンに作用し，反応中間体をつくり(素反応①)，その後，ニトロベンゼンが生成する(素反応②)ことがわかっており，多段階反応となっている。活性化エネルギーは，$E_1 > E_2$ となっており，素反応①が反応の最も遅い段階，すなわち**律速段階**となっている。

思考 アレニウスプロットで活性化エネルギーを測定する際，正触媒を加えるとグラフの傾きはどのように変化するか。

4 酵素反応 enzyme reaction

生体内の化学反応において触媒となる機能をもったタンパク質を**酵素**(➡p.292)という。

化学 発展

ミカエリス・メンテンの式(➡p.293)

ミカエリスとメンテンはスクロースをグルコースとフルクトースに加水分解する反応を解析し，次のような機構を考えた。

(1)酵素－基質複合体E・Sは酵素Eと基質Sの速い平衡で形成される。

(2)E・Sは1次反応で分解してもとのEと生成物Pが生じる。

$$\mathrm{E+S \underset{k_2}{\overset{k_1}{\rightleftarrows}} E\cdot S} \qquad \mathrm{E\cdot S \xrightarrow{k_3} E+P}$$

それぞれの反応速度を v_1, v_2, v_3 とすると

$v_1=k_1[\mathrm{E}][\mathrm{S}]$ …①，$v_2=k_2[\mathrm{E\cdot S}]$ …②

$v_3=k_3[\mathrm{E\cdot S}]$ …③ (律速段階)

E・Sの分解速度 $v_4=v_2+v_3=(k_2+k_3)[\mathrm{E\cdot S}]$ …④

[E・S]が一定とみなせるので

$v_1=v_4$

よって，$k_1[\mathrm{E}][\mathrm{S}]=(k_2+k_3)[\mathrm{E\cdot S}]$ …⑤

全酵素濃度を$[\mathrm{E}]_\mathrm{T}$とすると

$[\mathrm{E}]_\mathrm{T}=[\mathrm{E}]+[\mathrm{E\cdot S}]$ …⑥

⑥式より$[\mathrm{E}]=[\mathrm{E}]_\mathrm{T}-[\mathrm{E\cdot S}]$，これを⑤式に代入すると

$k_1([\mathrm{E}]_\mathrm{T}-[\mathrm{E\cdot S}])[\mathrm{S}]=(k_2+k_3)[\mathrm{E\cdot S}]$

[E・S]について解くと

$$[\mathrm{E\cdot S}]=\frac{k_1[\mathrm{E}]_\mathrm{T}[\mathrm{S}]}{k_2+k_3+k_1[\mathrm{S}]}$$

ここで $\dfrac{k_2+k_3}{k_1}=K_\mathrm{m}$ とおくと (K_m：ミカエリス定数)

$$[\mathrm{E\cdot S}]=\frac{[\mathrm{E}]_\mathrm{T}[\mathrm{S}]}{\dfrac{k_2+k_3}{k_1}+[\mathrm{S}]}=\frac{[\mathrm{E}]_\mathrm{T}[\mathrm{S}]}{K_\mathrm{m}+[\mathrm{S}]} \quad …⑦$$

E・SからEとPを生成する③式の反応が律速段階であるので，Pの生成速度 $V(=v_3)$ は

$V=k_3[\mathrm{E\cdot S}]$ …⑧

⑦式を⑧式に代入すると

$$V=\frac{k_3[\mathrm{E}]_\mathrm{T}[\mathrm{S}]}{K_\mathrm{m}+[\mathrm{S}]} \quad …⑨$$

[E]に対して[S]が十分にあるとき，全酵素がE・S複合体を形成しているとみなせ，Pの生成速度 V は最大となる。このときの速度を V_max とおくと

$V_\mathrm{max}=k_3[\mathrm{E}]_\mathrm{T}$

これを⑨式に代入すると

$$V=\frac{V_\mathrm{max}[\mathrm{S}]}{K_\mathrm{m}+[\mathrm{S}]} \quad …⑩ \quad \text{ミカエリス・メンテンの式}$$

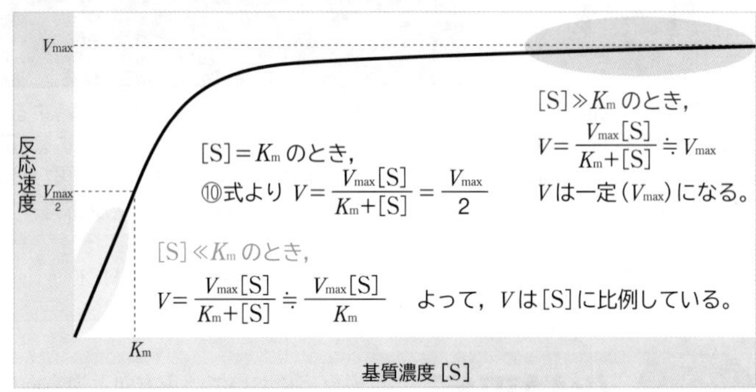

入試ではこう出る！

生体内で起こる多くの化学反応において，酵素とよばれるタンパク質が触媒としてはたらいている。酵素(E)は，基質(S)と結合して酵素-基質複合体(E・S)となり，反応生成物(P)を生じる。また酵素-基質複合体から酵素と基質に戻る反応も起こる。これらの反応は次式①～③のように表すことができる。

$\mathrm{E+S \longrightarrow E\cdot S}$ ①　$\mathrm{E\cdot S \longrightarrow E+P}$ ②

$\mathrm{E\cdot S \longrightarrow E+S}$ ③

(1)以下の文の空欄(a)～(d)に入る適切な式を記せ。ただし，反応①，②，③の反応速度定数をそれぞれ k_1, k_2, k_3 とし，酵素，基質，酵素-基質複合体，反応生成物の濃度をそれぞれ[E]，[S]，[E・S]，[P]とする。

反応①によってE・Sが生成する速度は v_1=(a)，反応②においてPが生成する速度は v_2=(b)と表される。一方，E・Sが分解する反応は，反応②と反応③の2経路があり，それぞれの反応速度は，v_2=(b)，v_3=(c)と表される。したがってE・Sの分解する速度 v_4 は，v_4=(d)となる。

(2)多くの酵素反応では酵素-基質複合体E・Sの生成と分解がつり合い，E・Sの濃度は変化せず一定と考えることができる。この条件では，反応生成物Pの生成する速度 v_2 は，次式④となることを示せ。

$$v_2=\frac{k_2\times[\mathrm{E}]_\mathrm{T}\times[\mathrm{S}]}{K+[\mathrm{S}]} \quad …④$$

ただし，$[\mathrm{E}]_\mathrm{T}$ は全酵素濃度，$[\mathrm{E}]_\mathrm{T}=[\mathrm{E}]+[\mathrm{E\cdot S}]$ …⑤

である。また，$K=\dfrac{k_2+k_3}{k_1}$ …⑥ である。

(3)インベルターゼは加水分解酵素の一種であり，スクロースをグルコースとフルクトースに分解する。

$$\underset{\text{スクロース}}{\mathrm{C_{12}H_{22}O_{11}}}+\mathrm{H_2O}\longrightarrow\underset{\text{グルコース}}{\mathrm{C_6H_{12}O_6}}+\underset{\text{フルクトース}}{\mathrm{C_6H_{12}O_6}} \quad …⑦$$

式⑦の反応速度はスクロースを基質(S)として式④に従い，$K=1.5\times10^{-2}\ \mathrm{mol\cdot L^{-1}}$とする。インベルターゼ濃度が一定の場合，スクロース濃度が $1\times10^{-6}\sim1\times10^{-5}\ \mathrm{mol\cdot L^{-1}}$ の範囲にあるとき，スクロース濃度と反応速度 v_2 との関係として最も適切なものを(A)～(D)から選べ。また，その理由を式④を用いて簡潔に説明せよ。

(A) 反応速度 v_2 はスクロース濃度にほぼ比例する。
(B) 反応速度 v_2 はスクロース濃度の2乗にほぼ比例する。
(C) 反応速度 v_2 はスクロース濃度にほぼ反比例する。
(D) 反応速度 v_2 はスクロース濃度によらずほぼ一定である。

(4)(3)において，スクロース濃度が $1\sim2\ \mathrm{mol\cdot L^{-1}}$ の範囲にあるとき，スクロース濃度と反応速度 v_2 との関係として最も適切なものを，(3)の(A)～(D)から選び，その理由を式④を用いて簡潔に説明せよ。 [東京大]

【解答】(1)(a)$k_1[\mathrm{E}][\mathrm{S}]$ (b)$k_2[\mathrm{E\cdot S}]$ (c)$k_3[\mathrm{E\cdot S}]$

(d)$(k_2+k_3)[\mathrm{E\cdot S}]$　(2)$v_2=k_2[\mathrm{E\cdot S}]=\dfrac{k_2\times[\mathrm{E}]_\mathrm{T}\times[\mathrm{S}]}{K+[\mathrm{S}]}$

(3)(A)理由 $K\gg[\mathrm{S}]$より，$K+[\mathrm{S}]\fallingdotseq K$

よって，$v_2\fallingdotseq\dfrac{k_2[\mathrm{E}]_\mathrm{T}[\mathrm{S}]}{K}$，$v_2$は[S]に比例 ($k_2$，$[\mathrm{E}]_\mathrm{T}$，$K$は定数)

(4)(D)理由 $[\mathrm{S}]\gg K$より，$K+[\mathrm{S}]\fallingdotseq[\mathrm{S}]$

よって，$v_2\fallingdotseq\dfrac{k_2[\mathrm{E}]_\mathrm{T}[\mathrm{S}]}{[\mathrm{S}]}=k_2[\mathrm{E}]_\mathrm{T}$=一定 ($k_2$，$[\mathrm{E}]_\mathrm{T}$は定数)

37 化学平衡

Chemical equilibrium

1 可逆反応と不可逆反応

reversible reaction　irreversible reaction

化学反応でどちらの向きにも進行する反応を**可逆反応**，一方向にだけ進行する反応を**不可逆反応**という。 化学

不可逆反応

マグネシウム Mg と塩酸 HCl から水素 H_2 が発生するが，この逆の反応は起こらない。

$$Mg + 2HCl \longrightarrow MgCl_2 + H_2\uparrow$$

可逆反応

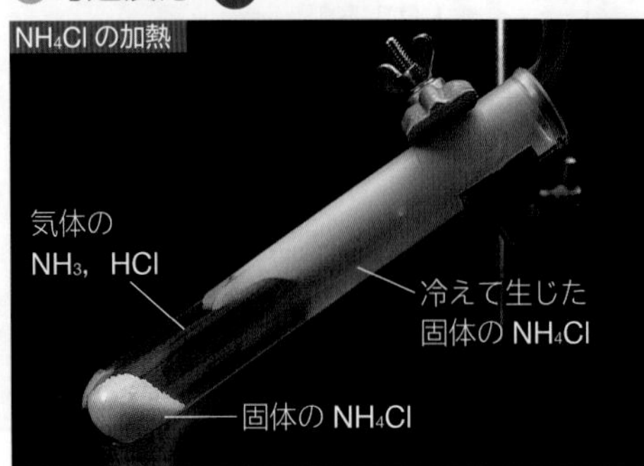

固体の塩化アンモニウム NH_4Cl を加熱すると，アンモニア NH_3 と塩化水素 HCl に分解する(**正反応**)。これらは，試験管の口付近で冷えると再び反応して，固体の塩化アンモニウムに戻る(**逆反応**)。

$$NH_4Cl \underset{逆反応}{\overset{正反応}{\rightleftarrows}} NH_3 + HCl$$

ニクロム酸イオン $Cr_2O_7^{2-}$ の水溶液(左)に塩基(OH^-)を加えると，$Cr_2O_7^{2-}$ が減少して CrO_4^{2-} になるので，黄色に変化する(右)。これに酸(H^+)を加えると，橙赤色に戻る。

$$\underset{橙赤色}{Cr_2O_7^{2-}} + OH^- \underset{H^+}{\overset{OH^-}{\rightleftarrows}} \underset{黄色}{2CrO_4^{2-}} + H^+$$

2 化学平衡

chemical equilibrium

可逆反応において，正方向と逆方向の反応速度が等しくなると，見かけ上，反応が停止した状態となる。このような状態を**化学平衡**という。 化学

ヨウ化水素の生成反応

反応容器内のイメージ　物質濃度のイメージ　H_2 + I_2 ⇄ 2HI

①反応開始直後

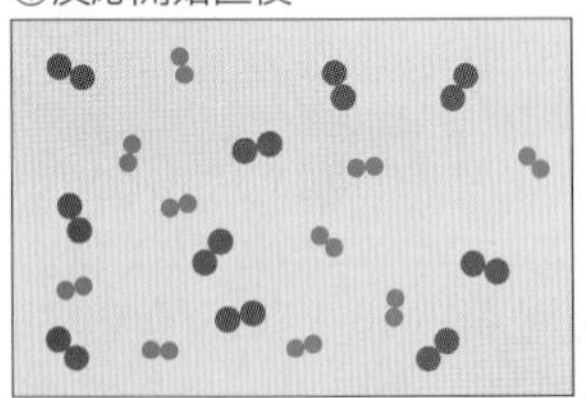

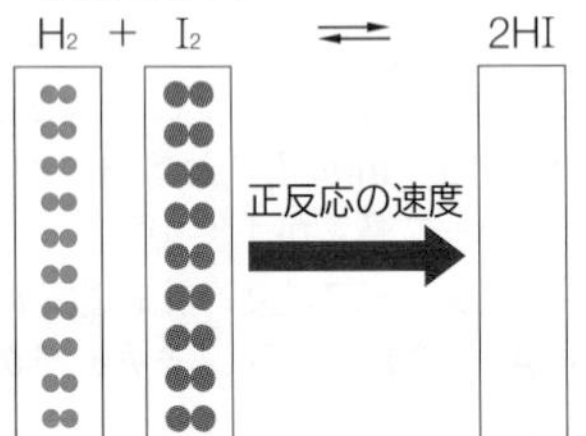

②途中の状態

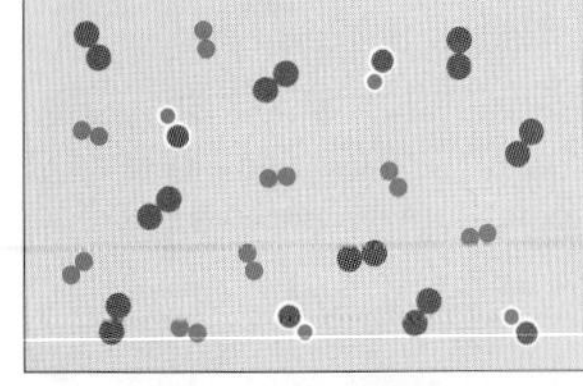

③平衡状態

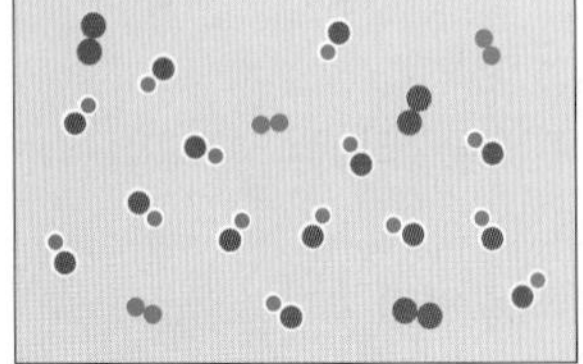

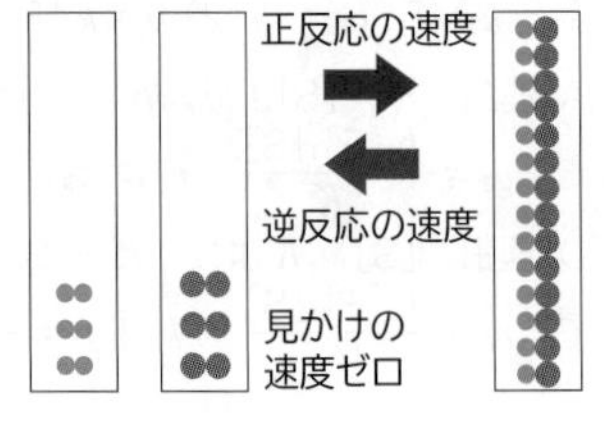

反応開始直後は正反応が速いが，やがて正反応と逆反応の速度が等しくなり濃度が一定となる。この状態を**平衡状態**という。

時間と濃度の関係

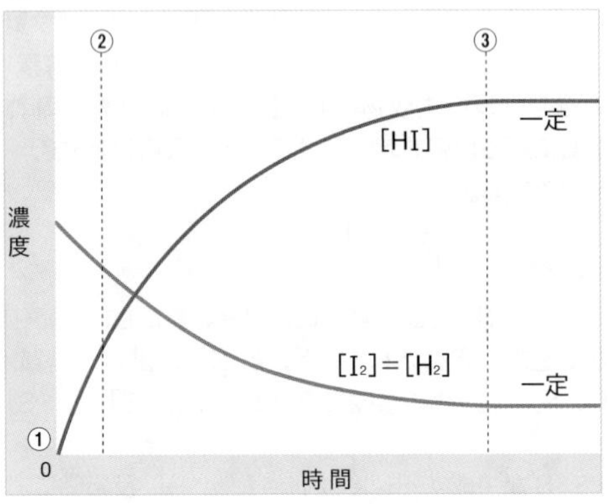

反応が始まると$[I_2]$，$[H_2]$が減少し，[HI]は増加するが，平衡状態に達するとそれぞれの濃度は変化しなくなり一定となる。

時間と反応速度の関係

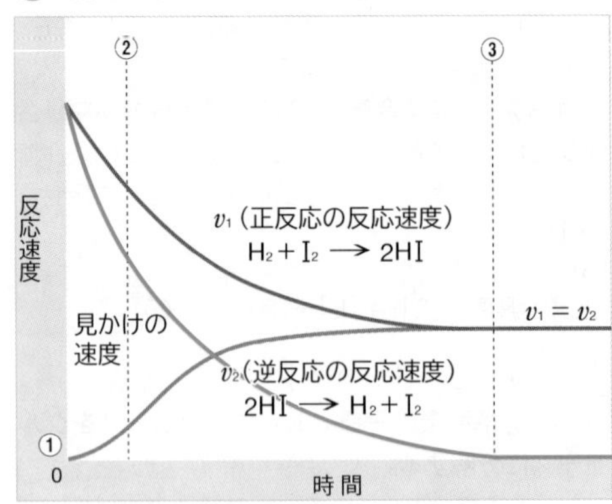

始めは正反応の方が速度が速いが，平衡状態に達すると，正反応，逆反応の速度が等しくなり，見かけ上，反応速度が0となる。

表現 不可逆反応とみなせるものにはどのようなものがあるか。

3 平衡定数
equilibrium constant

平衡定数や圧平衡定数は，温度一定ならば，始めの物質の濃度や圧力(分圧)に関係なく，一定の値をとる。 化学

ヨウ化水素の平衡定数

平衡状態

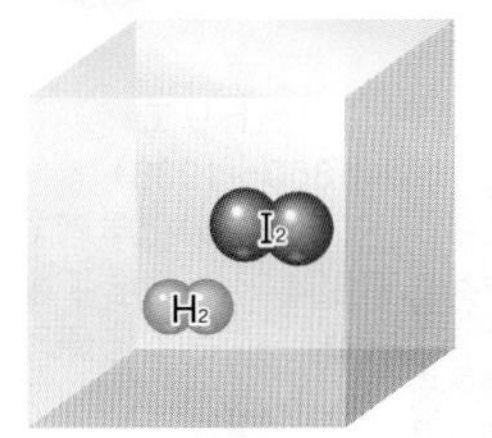

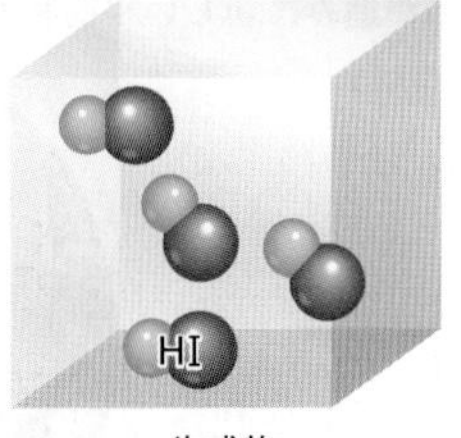

反応物　　生成物

$H_2 + I_2 \rightleftharpoons 2HI$

ここで，正反応の速度を v_1，逆反応の速度を v_2 とすると，実験結果から次のように表すことができる。

$v_1 = k_1[H_2][I_2]$，$v_2 = k_2[HI]^2$

平衡状態では正反応と逆反応の速度が等しいから $v_1 = v_2$ より

$k_1[H_2][I_2] = k_2[HI]^2$

よって　$\dfrac{[HI]^2}{[H_2][I_2]} = \dfrac{k_1}{k_2} = K$(一定)　となる。

このような平衡定数の求め方は，正反応・逆反応ともに素反応(一段階の反応)である場合のみに限られる。

POINT

化学平衡の法則(質量作用の法則)

一般に，反応物をA，B，生成物をC，D，それらの係数を a，b，c，d とすると，

$aA + bB \rightleftharpoons cC + dD$

平衡状態では，次の式がなりたつ。

$\dfrac{[C]^c[D]^d}{[A]^a[B]^b} = K$　　K：平衡定数(温度によって決まる)

反応	平衡定数	平衡定数の値	
		400 K	800 K
$2HCl \rightleftharpoons H_2 + Cl_2$	$\dfrac{[H_2][Cl_2]}{[HCl]^2}$	7.56×10^{-26}	1.06×10^{-13}
$2HI \rightleftharpoons H_2 + I_2$	$\dfrac{[H_2][I_2]}{[HI]^2}$	5.07×10^{-3}	2.69×10^{-2}
$2NO \rightleftharpoons N_2 + O_2$	$\dfrac{[N_2][O_2]}{[NO]^2}$	1.10×10^{23}	7.34×10^{10}

ヨウ化水素の圧平衡定数

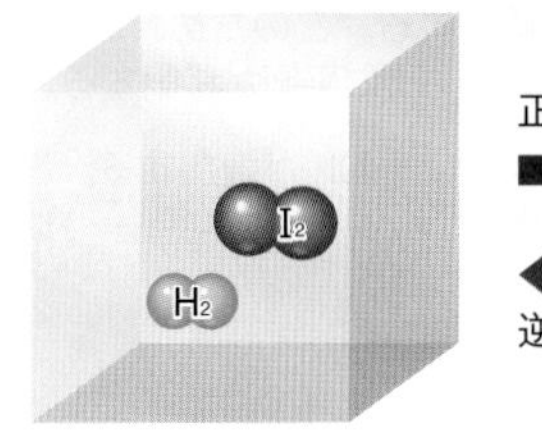

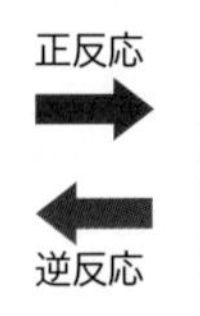

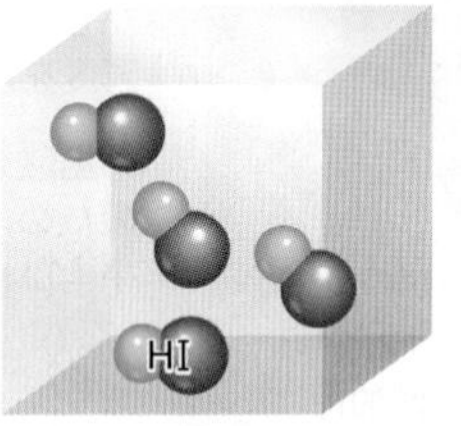

反応物　　生成物

分割(温度 T，体積 V)

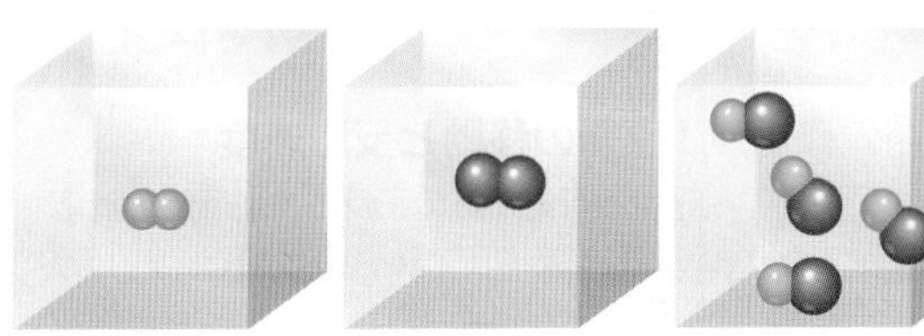

	水素 H_2	ヨウ素 I_2	ヨウ化水素 HI
物質量	n_A	n_B	n_C
分圧	p_A	p_B	p_C
気体の状態方程式	$p_AV = n_ART$ $p_A = \dfrac{n_A}{V}RT$ $= [H_2]RT$ ①	$p_BV = n_BRT$ $p_B = \dfrac{n_B}{V}RT$ $= [I_2]RT$ ②	$p_CV = n_CRT$ $p_C = \dfrac{n_C}{V}RT$ $= [HI]RT$ ③

気体反応のとき，各成分の分圧により平衡定数が表されることが多い。①～③より，

$K_p = \dfrac{p_C^2}{p_A \cdot p_B} = \dfrac{[HI]^2}{[H_2][I_2]} = K$　(K_p：圧平衡定数)

POINT

圧平衡定数

A，B，C，Dが気体の場合，それぞれの分圧を p_A，p_B，p_C，p_D とすると，平衡状態では，次の式がなりたつ。

$K_p = \dfrac{p_C^c p_D^d}{p_A^a p_B^b}$　　K_p：圧平衡定数(温度によって決まる)

入試ではこう出る！

水素とヨウ素を密封容器に入れて加熱し，温度を一定に保つと，次の可逆反応が進行してヨウ化水素が生じる。

H_2(気) + I_2(気) $\rightleftharpoons$ 2HI(気)

水素 1.0 mol とヨウ素 1.0 mol を 10 L の容器に入れ，327℃に保って平衡状態に到達させたところ，ヨウ化水素 1.6 mol が存在していた。次の(1)，(2)に答えよ。

(1)平衡状態での水素とヨウ素の濃度はそれぞれ何 mol/L か。

(2)この温度での平衡定数はいくらか。　[神奈川大　改]

【解答】(1)水素：0.020 mol/L　ヨウ素：0.020 mol/L　(2)64

【解説】(1)ヨウ化水素が 1.6 mol 生成したということは，水素とヨウ素がそれぞれ 0.80 mol 反応したことになる。

	H_2	+	I_2	→	2HI
反応前の量〔mol〕	1.0		1.0		0.0
変化量〔mol〕	−0.80		−0.80		+1.6
平衡状態の量〔mol〕	0.20		0.20		1.6

上の表より，平衡状態での水素，ヨウ素の濃度は，

$[H_2] = [I_2] = \dfrac{0.20}{10} = 0.020$ mol/L

(2) $K = \dfrac{[HI]^2}{[H_2][I_2]} = \dfrac{\left(\dfrac{1.6}{10}\right)^2}{\left(\dfrac{0.20}{10}\right)\left(\dfrac{0.20}{10}\right)} = 64$

2 物質の変化

化学

38 化学平衡の移動

Shift of the chemical equilibrium state (on the change in any one of the variables)

1 ルシャトリエの原理

Le Chatelier's principle

化学反応が平衡状態にあるとき，濃度・温度・圧力などの反応条件を変化させると，その変化をやわらげる方向に反応が進み，新しい平衡状態になる。 化学

	条件	平衡の移動
濃度*	ある物質の濃度が減少 ある物質の濃度が増加	その物質の濃度が増加する方向に移動 その物質の濃度が減少する方向に移動
温度	下げる 上げる	発熱する方向に移動 吸熱する方向に移動
圧力	減圧する 加圧する	気体全体の物質量が増加する方向に移動 気体全体の物質量が減少する方向に移動
触媒	触媒を加える	平衡は移動しないが平衡状態に達する時間は短くなる

* 平衡に関与しない物質を加えても，平衡は移動しない。

ルシャトリエ
(1850～1936)
フランスの化学者で，1884 年に化学平衡の移動に関する原理を発表した。

2 濃度変化と平衡の移動

平衡状態のとき，その中の 1 つの物質の濃度を増加(減少)させると，その物質の濃度が減少(増加)する方向に平衡が移動する。

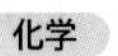

●コバルトの錯イオンの平衡

硝酸銀 $AgNO_3$ を加えた状態

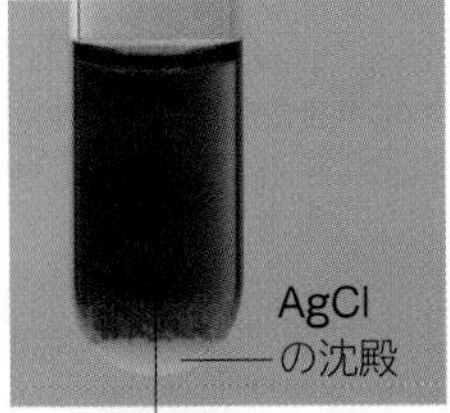

$[Co(H_2O)_6]^{2+}$ 増加

① Cl^- を減らす ←

塩化コバルト(II)水溶液

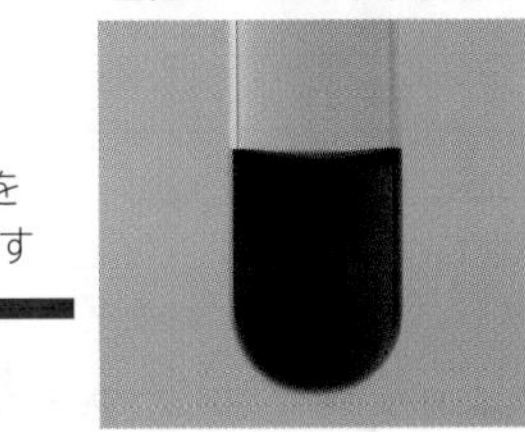

② Cl^- を増やす →

塩酸 HCl を加えた状態

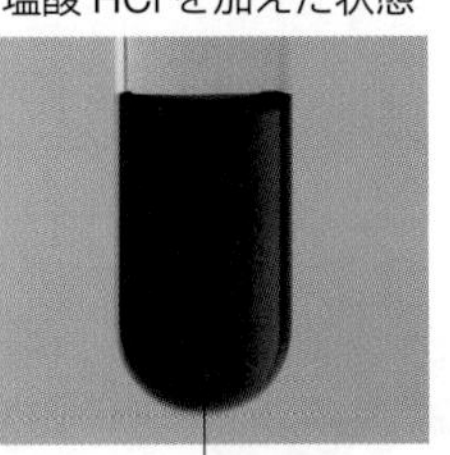

$[CoCl_4]^{2-}$ 増加

$[Co(H_2O)_6]^{2+}$(赤色) + $4Cl^-$ $\rightleftarrows$ $[CoCl_4]^{2-}$(青色) + $6H_2O$

①硝酸銀 $AgNO_3$ を加えると，AgCl の沈殿が生じ，Cl^- が減少する。このため，Cl^- の濃度を増やす方向(←)に平衡が移動する。

②塩酸 HCl を加えると，Cl^- が増加する。このため，Cl^- の濃度が減少する方向(→)に平衡が移動する。

3 温度変化と平衡の移動

平衡状態のとき，冷却すると発熱反応の方向に平衡が移動し，加熱すると吸熱反応の方向に平衡が移動する。

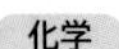

●四酸化二窒素の平衡

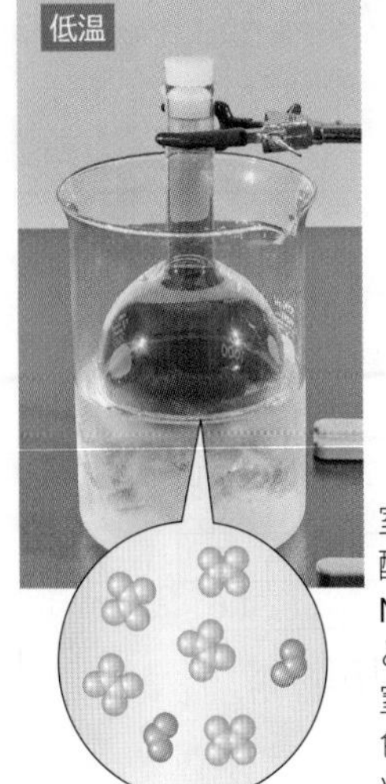

冷却 ←

室温では，四酸化二窒素 N_2O_4(無色)と，二酸化窒素 NO_2(褐色)とが平衡状態にある。

加熱 →

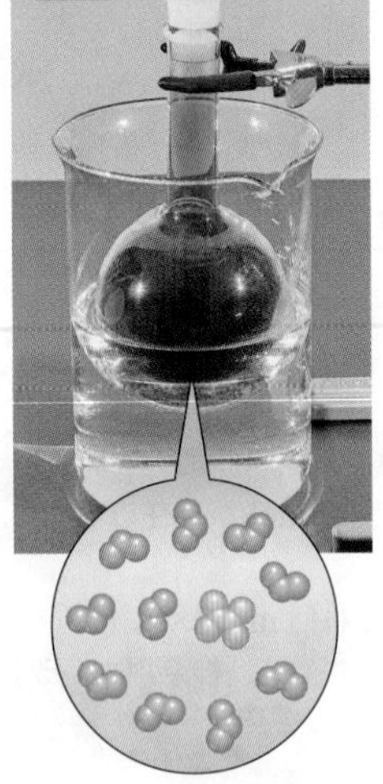

温度を下げると，発熱反応の方向すなわち，N_2O_4(無色)が生じる方向(←)に平衡が移動し，褐色が薄くなる。

N_2O_4(無色) $\rightleftarrows$ $2NO_2$(褐色)
($N_2O_4 \longrightarrow 2NO_2 \quad \Delta H = 57.3\ \mathrm{kJ}$)

温度を上げると，吸熱反応の方向すなわち，NO_2(褐色)が生じる方向(→)に平衡が移動し，褐色が濃くなる。

ADVANCE

平衡の移動と反応速度

次の可逆反応の正反応，逆反応の反応速度をそれぞれ v_1，v_2 とする。

$H_2 + I_2 \rightleftarrows 2HI$

この反応が平衡状態のとき，H_2 を加えると，反応速度は下図のようになる。

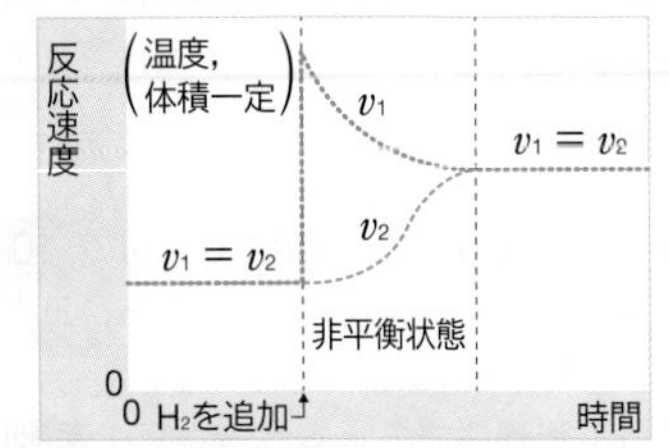

H_2 を追加直後は正反応の反応速度 v_1 が上昇し平衡状態でなくなる。その後，H_2，I_2 の消費に伴い v_1 が低下し，同時に HI の増加によって逆反応の反応速度 v_2 が上昇する。やがて $v_1 = v_2$ となり新しい平衡状態に達する。

4 圧力変化と平衡の移動

平衡状態のとき，圧力を高くすると，気体全体の物質量が減少する方向に平衡が移動し，圧力を低くすると，気体全体の物質量が増加する方向に平衡が移動する。 化学

四酸化二窒素と二酸化窒素の平衡 N_2O_4(無色) ⇄ $2NO_2$(赤褐色)

層が積算されるため色は変化しない

圧力を高くする

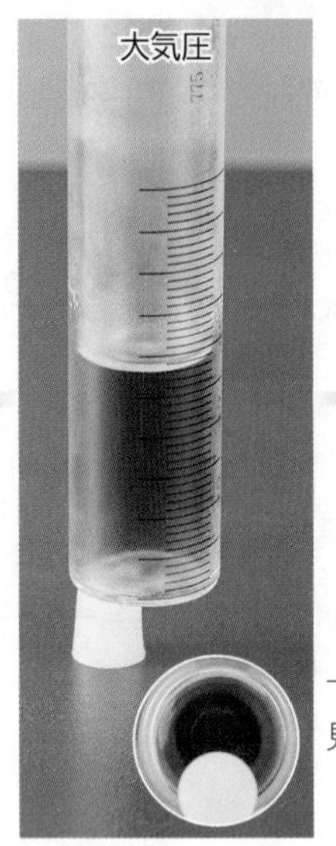

下から見た様子

圧力を低くする

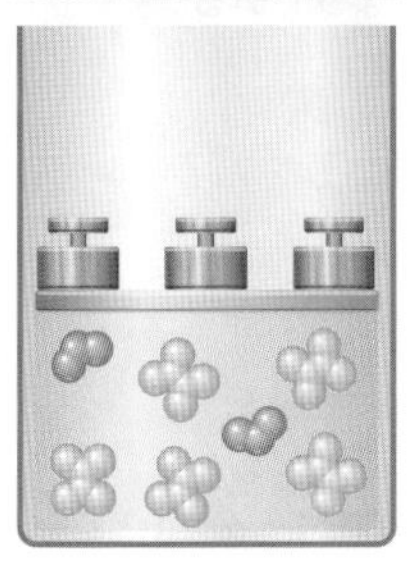
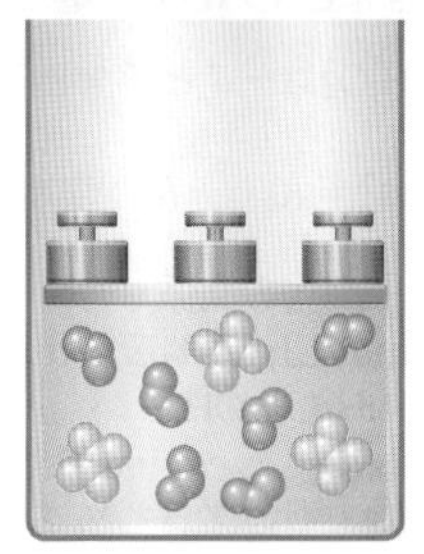
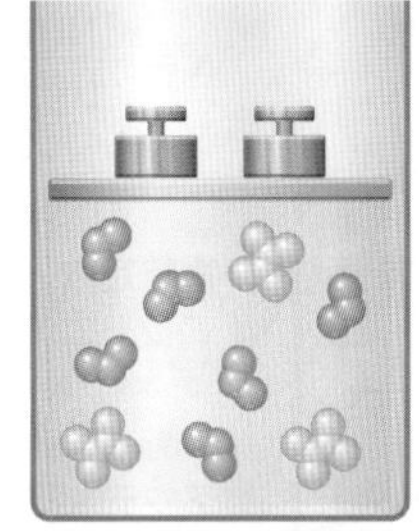
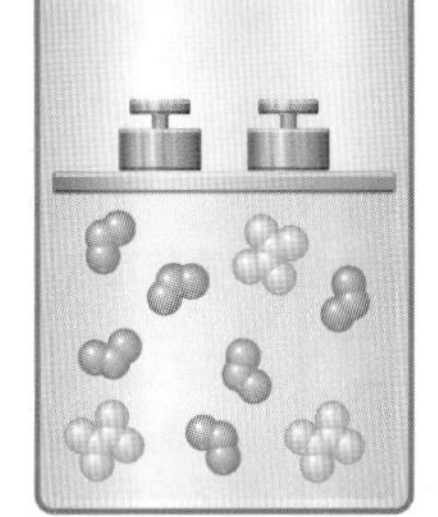
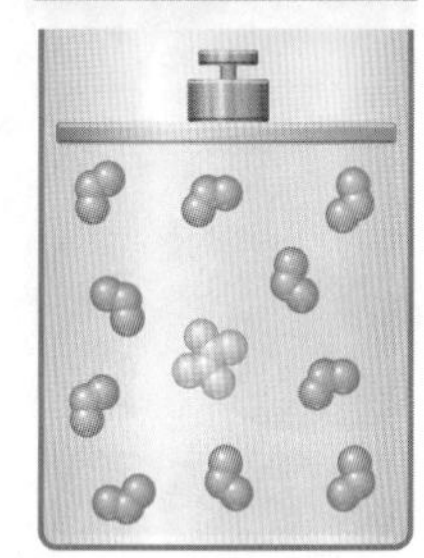

圧力を加えると，瞬間的に濃縮されて気体の色は濃くなる。しばらくすると，気体分子の総数が減少する方向，すなわち，N_2O_4(無色)が生じる方向に平衡が移動し，褐色が薄くなる。

四酸化二窒素 N_2O_4 と二酸化窒素 NO_2 の平衡

N_2O_4(無色) ⇄ $2NO_2$(褐色)

圧力を下げると，瞬間的に希釈されて気体の色は薄くなる。しばらくすると，気体分子の総数が増加する方向，すなわち，NO_2(褐色)が生じる方向に平衡が移動し，褐色が濃くなる。

*右向きの反応は吸熱反応であり断熱圧縮(温度上昇)による影響もあると考えられる(減圧時も同様に断熱膨張の影響も考えられる)。
*体積を一定に保ち，貴ガスなど反応に関与しない気体を加えた場合，NO_2，N_2O_4 の分圧は変化しないため平衡の移動は起こらない。

5 アンモニアの合成(ハーバー・ボッシュ法)

Harber-Bosch process

窒素と水素を原料にしたアンモニア合成は，ルシャトリエの原理を化学工業に応用した例である。 化学

温度・圧力の関係

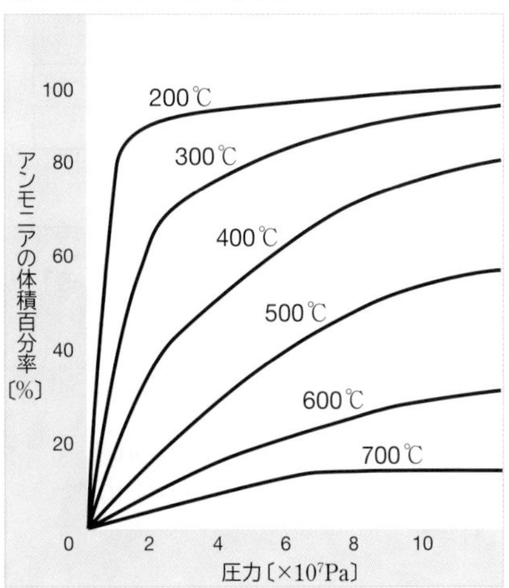

平衡に達するまでの時間

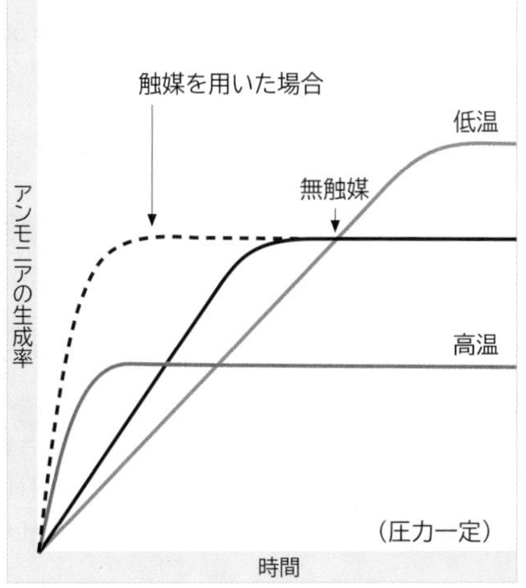

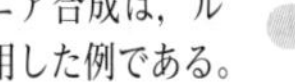

N_2(気) + $3H_2$(気) ⇄ $2NH_3$(気)　$\Delta H = -92.2$ kJ

平衡を右へ移動させ NH_3 の生成率を高めるには，次の条件で反応させるのがよい。

①**温度を下げる**　(発熱方向に平衡が移動)
②**圧力を高める**　(気体の物質量が減少する方向に平衡が移動)

しかし，温度を下げると反応速度が遅くなり，圧力を上げると設備の強度を上げるために費用がかかる。触媒の発見により低温でも平衡に達するまでの時間を短くできるようになった。

ハーバー・ボッシュ法の触媒

現在では，鉄を主成分とする触媒を用いて，2×10^7～1×10^8 Pa，400～600℃で合成されている。合成されたアンモニアは，冷却し液体にすることによって，N_2 と H_2 を分離させる。

思考 $H_2 + I_2 \rightleftarrows 2HI$ の反応が平衡状態にあるとき，全圧を保ったままアルゴン Ar を加えると，平衡状態はどのように移動するか。

39 電解質水溶液の化学平衡 1

Chemical equilibriums in aqueous solutions of electrolytes 1

1 電離平衡

ionization equilibrium

酸，塩基，塩などの電解質を水に溶かすと，電離して生じたイオンと，電離していない電解質の間で平衡状態となる。このような電離による平衡を電離平衡という。

化学

弱酸の電離　例 酢酸 CH_3COOH

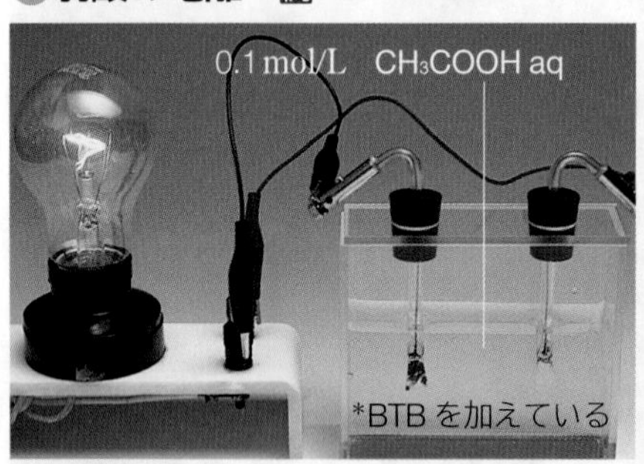

0.1 mol/L の酢酸には，電流がわずかに流れる。

電離のモデル

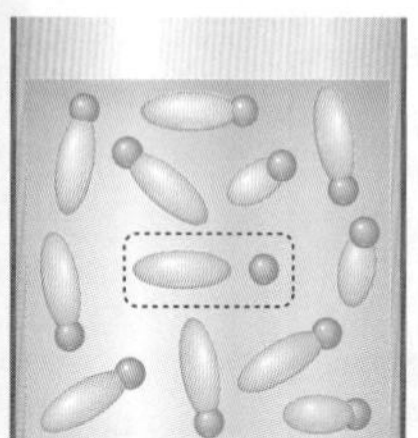

$$CH_3COOH \rightleftarrows CH_3COO^- + H^+$$

弱酸である酢酸は水溶液中で，電離平衡になっている。

$$\frac{[CH_3COO^-][H^+]}{[CH_3COOH]} = K_a \qquad K_a\text{：酸の電離定数}$$

電離定数 K_a，電離度 α，$[H^+]$ の関係

酢酸の濃度を c〔mol/L〕，電離度を α とすると，

$$CH_3COOH \rightleftarrows CH_3COO^- + H^+$$

平衡時　$c(1-\alpha)$　　$c\alpha$　　$c\alpha$〔mol/L〕

酢酸は弱酸で α は 1 に比べてきわめて小さいので，$1-\alpha \fallingdotseq 1$ となり，

$$K_a = \frac{(c\alpha)^2}{c(1-\alpha)} = \frac{c\alpha^2}{1-\alpha} \fallingdotseq c\alpha^2 \qquad \alpha = \sqrt{\frac{K_a}{c}} \qquad \text{よって，} [H^+] = c\alpha = \sqrt{cK_a}$$

電離定数は一定値をとるため，濃度 c が大きくなると電離度 α は小さくなる。

弱塩基の電離　例 アンモニア NH_3

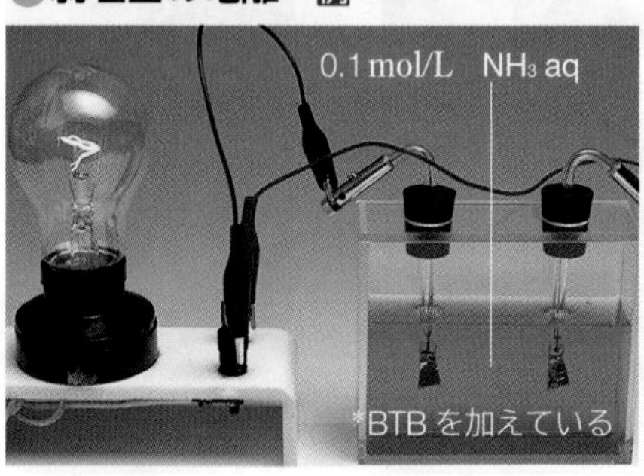

0.1 mol/L のアンモニア水には，電流がわずかに流れる。

電離のモデル

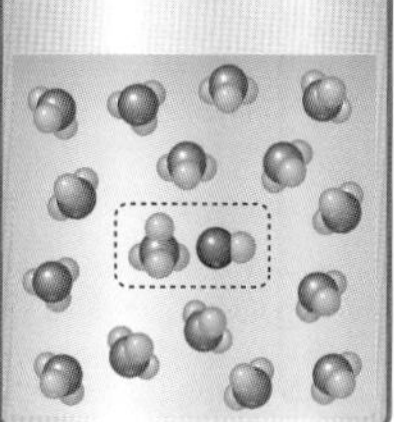

$$NH_3 + H_2O \rightleftarrows NH_4^+ + OH^-$$

弱塩基であるアンモニアは水と反応して，電離平衡になっている。

$$K = \frac{[NH_4^+][OH^-]}{[NH_3][H_2O]}\text{，} [H_2O]\text{は一定とみなせるので，}$$

$$\frac{[NH_4^+][OH^-]}{[NH_3]} = K[H_2O] = K_b \qquad K_b\text{：塩基の電離定数}$$

電離定数 K_b，電離度 α，$[OH^-]$ の関係

アンモニア水の濃度を c〔mol/L〕，電離度を α とすると，

$$NH_3 + H_2O \rightleftarrows NH_4^+ + OH^-$$

平衡時　$c(1-\alpha)$　　$c\alpha$　　$c\alpha$〔mol/L〕

アンモニアは弱塩基で α は 1 に比べてきわめて小さいので，$1-\alpha \fallingdotseq 1$ となり，

$$K_b = \frac{(c\alpha)^2}{c(1-\alpha)} = \frac{c\alpha^2}{1-\alpha} \fallingdotseq c\alpha^2 \qquad \alpha = \sqrt{\frac{K_b}{c}} \qquad \text{よって，} [OH^-] = c\alpha = \sqrt{cK_b}$$

電離定数は一定値をとるため，濃度 c が大きくなると電離度 α は小さくなる。

2 水の電離平衡

水のイオン積は水の電離平衡から導くことができる。

化学

純粋な水もわずかに電離している。

$$H_2O \rightleftarrows H^+ + OH^-\text{，} K = \frac{[H^+][OH^-]}{[H_2O]}$$

水の濃度 $[H_2O]$ は一定値と考えられるから

$$[H^+][OH^-] = K[H_2O] = K_w \quad (K_w\text{：水のイオン積})$$

25℃では $[H^+] = [OH^-] = 1.0 \times 10^{-7}$ mol/L なので，

$$K_w = [H^+][OH^-] = 1.0 \times 10^{-14} (\text{mol/L})^2$$

この関係は酸，塩基の水溶液でもなりたち，$[H^+]$ と $[OH^-]$ を互いに変換できる。

ADVANCE　水のイオン積（電離定数）と温度

水の電離は吸熱反応であるため，温度が上がると $[H^+]$ と $[OH^-]$ の値は大きくなる。

$$H_2O \longrightarrow H^+ + OH^- \qquad \Delta H = 56.5\ \text{kJ}$$

したがって，水のイオン積は温度が上がると値は大きくなる。同様に，電離定数も温度によって変化する。

温度〔℃〕	水のイオン積 $(\text{mol/L})^2$
25	1.0×10^{-14}
40	2.9×10^{-14}
50	5.5×10^{-14}

入試ではこう出る！

25℃の 0.10 mol/L アンモニア水の電離度を 0.01 とする。アンモニアの電離定数 K_b〔mol/L〕と水溶液の pH を求めよ。　［東京薬科大　改］

【解答】$K_b = 1.0 \times 10^{-5}$ mol/L　pH = 11

【解説】

アンモニア水のモル濃度を c〔mol/L〕，アンモニアの電離度を α とすると，

	NH_3 + H_2O	$\rightleftarrows$	NH_4^+	+ OH^-
電離前	c		0	0
電離後	$c(1-\alpha)$		$c\alpha$	$c\alpha$

単位は mol/L

$[NH_4^+] = [OH^-] = c\alpha$，$[NH_3] = c(1-\alpha)$

$$K_b = \frac{[NH_4^+][OH^-]}{[NH_3]} = \frac{c\alpha \cdot c\alpha}{c(1-\alpha)} = \frac{c\alpha^2}{1-\alpha}$$

$1-\alpha \fallingdotseq 1$ より　$K_b \fallingdotseq c\alpha^2 = 0.10 \times (0.01)^2 = 1.0 \times 10^{-5}$ mol/L

水のイオン積　$K_w = [H^+][OH^-] = [H^+](0.1 \times 0.01) = 1.0 \times 10^{-14}$

$[H^+] = 1.0 \times 10^{-11}$ mol/L　pH = 11

思考 電離度が 1 よりも極めて小さい酸の水溶液の濃度を 3 倍にすると，水素イオン濃度はどうなるか。

3 塩の溶解平衡

飽和水溶液中では，溶けないで残っている結晶と，溶けた溶質の間で平衡状態になっている。このような状態を溶解平衡という。 化学

共通イオン効果

水溶液に含まれるイオンと同じイオン(共通イオン)を生じる物質を加えると，そのイオンを減少させる方向へ平衡が移動する。これを**共通イオン効果**という。

NaOH ←

Na^+ の濃度が増加するので，Na^+ の濃度が減少する方向(⟵)へ平衡が移動し，NaCl の固体が析出する。

溶け残った NaCl の固体と水溶液中のイオンの間に次の溶解平衡がなりたつ。

$$NaCl(固) \rightleftharpoons Na^+ + Cl^-$$

→ HCl

Cl^- の濃度が増加するので，Cl^- の濃度が減少する方向(⟵)へ平衡が移動し，NaCl の固体が析出する。

溶解度積

塩化銀 AgCl のような難溶性の物質でもわずかに水に溶け溶解平衡となっている。

$$AgCl(固) \rightleftharpoons Ag^+ + Cl^-$$

この場合，一定の温度で次の関係がなりたつ。

$$K=\frac{[Ag^+][Cl^-]}{[AgCl(固)]}$$

[AgCl(固)]は一定なので，

$$[Ag^+][Cl^-]=K[AgCl(固)]=K_{sp}$$

$$K_{sp}=[Ag^+][Cl^-]$$

この K_{sp} を**溶解度積**という。

溶解度積の小さな塩ほど溶解度が小さい。また，両イオンを混合したとき，両イオンの濃度の積が K_{sp} より大きくなると，沈殿を生じる。

塩	イオン濃度の積	溶解度積 $(mol/L)^2$
AgCl	$[Ag^+][Cl^-]$	1.8×10^{-10}
AgI	$[Ag^+][I^-]$	2.1×10^{-14}
FeS	$[Fe^{2+}][S^{2-}]$	2.5×10^{-9}
CuS	$[Cu^{2+}][S^{2-}]$	6.5×10^{-30}
$CaCO_3$	$[Ca^{2+}][CO_3^{2-}]$	6.7×10^{-5}
$BaSO_4$	$[Ba^{2+}][SO_4^{2-}]$	9.1×10^{-11}

(25℃のときの値。ただし，FeS は 18℃，AgI は 20℃のとき。)

硫化水素と金属イオンの反応

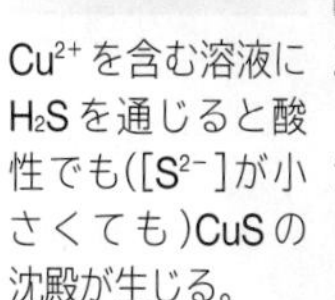

Cu^{2+} を含む溶液に H_2S を通じると酸性でも($[S^{2-}]$が小さくても)CuS の沈殿が生じる。

$K_{sp}=6.5\times10^{-30}$
$K_{sp}<[Cu^{2+}][S^{2-}]$

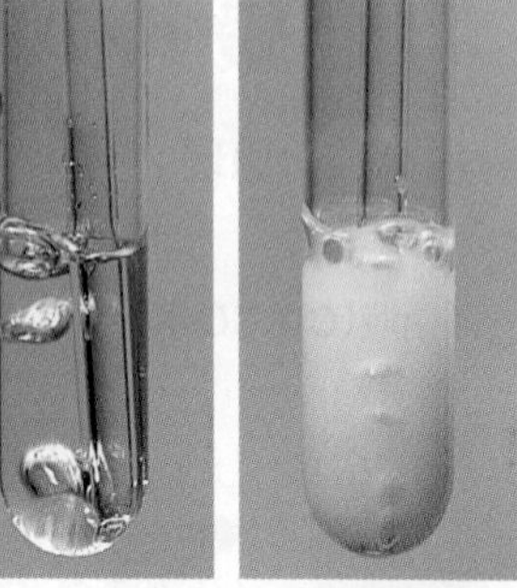

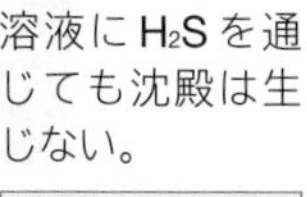

Zn^{2+} を含む酸性($[S^{2-}]$が小さい)溶液に H_2S を通じても沈殿は生じない。

$K_{sp}=2.2\times10^{-18}$
$K_{sp}>[Zn^{2+}][S^{2-}]$

Zn^{2+} を含む塩基性($[S^{2-}]$が大きい)溶液に H_2S を通じると沈殿が生じる。

$K_{sp}=2.2\times10^{-18}$
$K_{sp}<[Zn^{2+}][S^{2-}]$

硫化水素は弱酸で次のように電離している。

$$H_2S \rightleftharpoons H^+ + HS^-$$
$$HS^- \rightleftharpoons H^+ + S^{2-}$$

この溶液に酸を加え H^+ を増やすと平衡は左へ移動し，S^{2-} の濃度が減少する。Cu^{2+}，Ag^+ などの金属硫化物は溶解度が小さいので，S^{2-} の少ない酸性の硫化水素水でも，沈殿を生じる。しかし，Zn^{2+} などの金属硫化物は，溶解度が比較的大きいので酸性の硫化水素水では沈殿は生じない。

塩化物イオンの定量(モール法)

硝酸銀を用いて塩化物イオンを定量することができる。

指示薬としてクロム酸カリウム K_2CrO_4 水溶液を加えた試料(Cl^- を含む)

$AgNO_3$ 水溶液を滴下していくと，試料中の Cl^- と反応し，塩化銀 AgCl の白色沈殿が生成する。

$$Ag^+ + Cl^- \longrightarrow AgCl$$

$AgNO_3$ 水溶液をさらに滴下し，試料中の Cl^- が減少すると，クロム酸銀 Ag_2CrO_4 の赤褐色沈殿が生成する。

$$2Ag^+ + CrO_4^{2-} \longrightarrow Ag_2CrO_4$$

AgCl, Ag_2CrO_4 が沈殿するのに必要な Ag^+の濃度は溶解度積より次のように求められる。$[Cl^-]=[CrO_4^{2-}]=1.8\times10^{-2}$ のとき

AgCl の場合	Ag_2CrO_4 の場合
$[Ag^+][Cl^-]>1.8\times10^{-10}$	$[Ag^+]^2[CrO_4^{2-}]>3.6\times10^{-12}$
$[Ag^+]>\dfrac{1.8\times10^{-10}}{[Cl^-]}$	$[Ag^+]^2>\dfrac{3.6\times10^{-12}}{[CrO_4^{2-}]}$
$[Ag^+]>\dfrac{1.8\times10^{-10}}{1.8\times10^{-2}}$	$[Ag^+]>\sqrt{\dfrac{3.6\times10^{-12}}{1.8\times10^{-2}}}$
$[Ag^+]>1.0\times10^{-8}$	$[Ag^+]>1.4\times10^{-5}$

濃度が小さい AgCl が先に沈殿する。

(濃度決定)

c〔mol/L〕の塩化物イオン v〔L〕をすべて塩化銀として沈殿させるのに必要な c'〔mol/L〕の硝酸銀の体積 v'〔L〕には次の関係がなりたつ。

$$c\times v=c'\times v'$$

入試ではこう出る！

1.0×10^{-3} mol/L の塩化カルシウム水溶液 10 mL に 2.0×10^{-3} mol/L の硫酸マグネシウム水溶液 10 mL を加えて混合した。25℃において硫酸カルシウムの沈殿が生じるかどうかを判断せよ。ただし，25℃における硫酸カルシウムの溶解度積は $2.2\times10^{-5}(mol/L)^2$ とする。

【解答】沈殿しない

【解説】混合後の体積は 20 mL なので，

$$[Ca^{2+}]=\frac{1.0\times10^{-3}}{2}=5.0\times10^{-4}\ mol/L$$

$$[SO_4^{2-}]=\frac{2.0\times10^{-3}}{2}=1.0\times10^{-3}\ mol/L$$

よって，$[Ca^{2+}][SO_4^{2-}]$
$=5.0\times10^{-4}\ mol/L\times1.0\times10^{-3}\ mol/L$
$=5.0\times10^{-7}(mol/L)^2$

40 電解質水溶液の化学平衡 2

Chemical equilibriums in aqueous solutions of electrolytes 2

1 緩衝液 buffer solution

少量の酸や塩基を加えても，pH の変化が起こりにくい溶液を緩衝液という。一般に，弱酸とその塩の混合溶液，弱塩基とその塩の混合溶液には，緩衝作用がある。 化学

緩衝液の原理

酢酸 CH_3COOH と酢酸ナトリウム CH_3COONa の混合溶液は少量の酸，塩基を加えたり，水で薄めても，その pH はほとんど変化しない。

▶緩衝液（$CH_3COONa + CH_3COOH$）に酸・塩基を加える

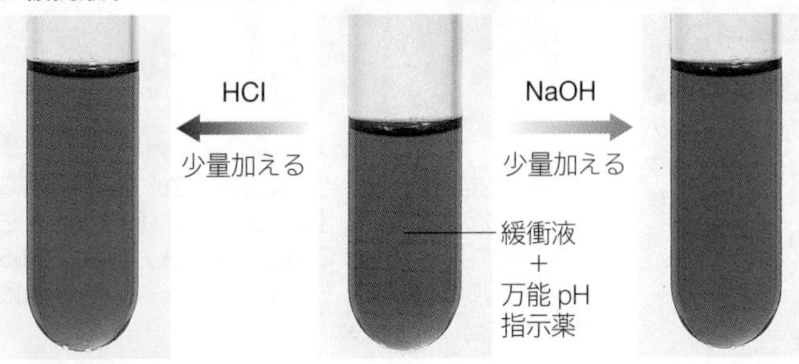

少量の酸，塩基を加えても pH はほとんど変化しない。

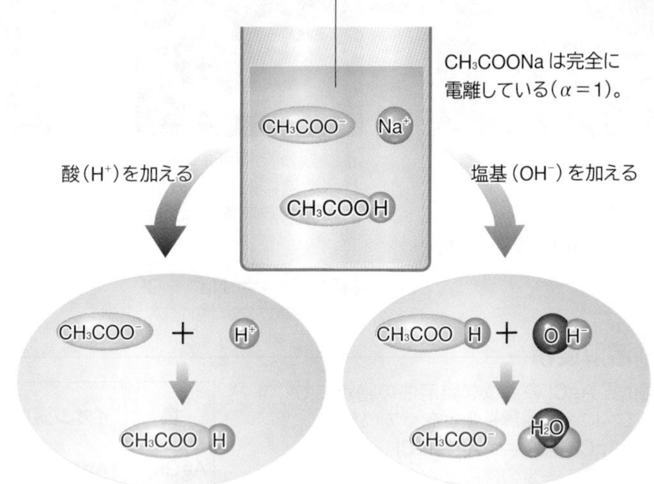

$CH_3COO^- + H^+ \longrightarrow CH_3COOH$

加えた H^+ が，CH_3COO^- と反応して pH がほとんど変化しない。

$CH_3COOH + OH^- \longrightarrow CH_3COO^- + H_2O$

加えた OH^- が CH_3COOH と反応して pH がほとんど変化しない。

▶身近な緩衝液の例

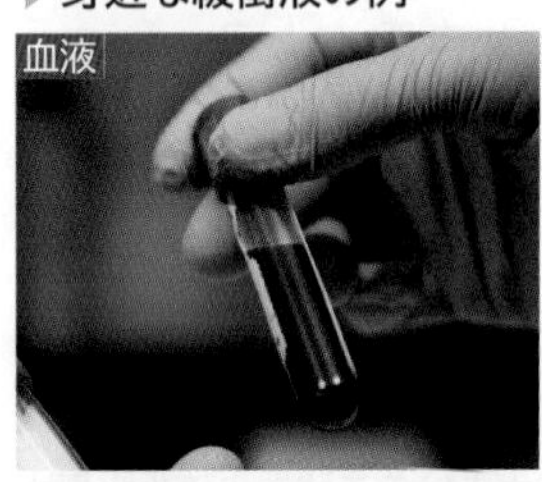

血液などの細胞内液では，おもに核酸の成分であるリン酸二水素イオン $H_2PO_4^-$ とリン酸一水素イオン HPO_4^{2-} による緩衝液により，pH は約 6.9 に保たれている。
血しょうなどの細胞外液では，おもに細胞の呼吸で放出された二酸化炭素 CO_2 が溶け，炭酸と炭酸水素イオンによる緩衝液により pH は約 7.4 に保たれている。

2 塩の加水分解と加水分解定数 hydrolysis constant

加水分解定数も，平衡定数や圧平衡定数と同様，温度一定ならば，始めの物質の濃度に関係なく，一定の値をとる。 化学

弱酸の塩・弱塩基の塩の加水分解

弱酸の塩を水に溶かすと，電離して生じた弱酸の陰イオンの一部が水と反応（加水分解）して弱塩基性を示す。また弱塩基の塩を水に溶かすと，電離して生じた弱塩基の陽イオンの一部が水と反応（加水分解）して弱酸性を示す。

▶弱酸の塩（酢酸ナトリウム）の加水分解

$CH_3COONa \longrightarrow CH_3COO^- + Na^+$

$CH_3COO^- + H_2O \rightleftharpoons CH_3COOH + OH^-$

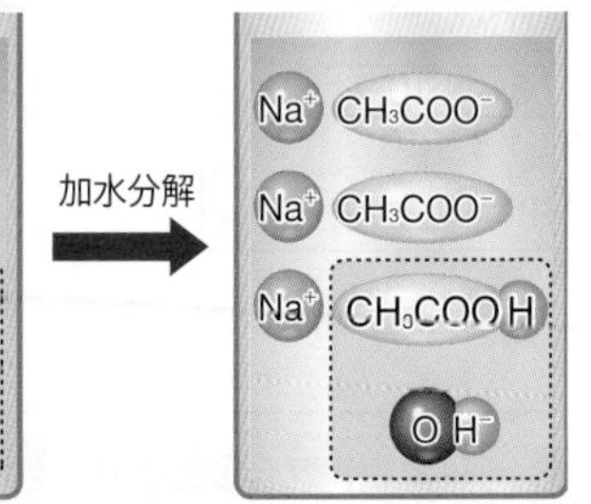

酢酸ナトリウムの加水分解

$$CH_3COO^- + H_2O \rightleftharpoons CH_3COOH + OH^-$$ 塩基性

加水分解定数 $K = \dfrac{[CH_3COOH][OH^-]}{[CH_3COO^-][H_2O]}$

$[H_2O]$は一定とみなせるので

$$\frac{[CH_3COOH][OH^-]}{[CH_3COO^-]} = K[H_2O] = K_h$$

▶弱塩基の塩（塩化アンモニウム）の加水分解

$NH_4Cl \longrightarrow NH_4^+ + Cl^-$

$NH_4^+ + H_2O \rightleftharpoons NH_3 + H_3O^+$

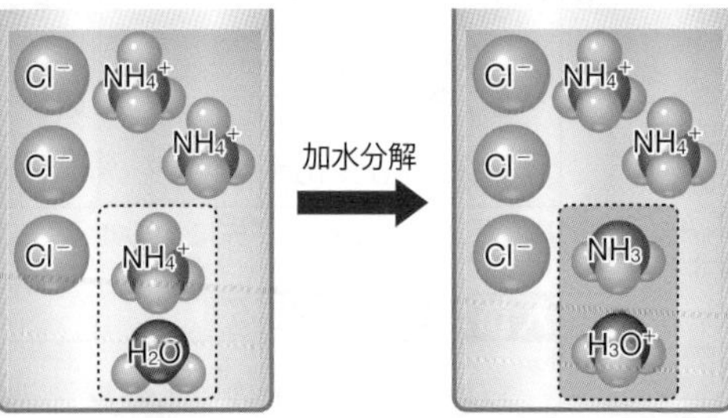

塩化アンモニウムの加水分解

$$NH_4^+ + H_2O \rightleftharpoons NH_3 + H_3O^+$$ 酸性

加水分解定数 $K = \dfrac{[NH_3][H^+]}{[NH_4^+][H_2O]}$

$[H_2O]$は一定とみなせるので

$$\frac{[NH_3][H^+]}{[NH_4^+]} = K[H_2O] = K_h$$

平衡定数の関係

酢酸の電離定数 K_a，水のイオン積 K_w と酢酸ナトリウムの加水分解定数 K_h には次のような関係がある。

$$K_h = \frac{K_w}{K_a}$$

①酢酸の電離定数 K_a

$$K_a = \frac{[CH_3COO^-][H^+]}{[CH_3COOH]}$$

②水のイオン積 K_w

$$K_w = [H^+][OH^-]$$

③酢酸ナトリウムの加水分解定数 K_h

$$K_h = \frac{[CH_3COOH][OH^-]}{[CH_3COO^-]}$$

K_h の分子と分母に$[H^+]$をかけると

$$K_h = \frac{[CH_3COOH][OH^-][H^+]}{[CH_3COO^-][H^+]} \quad \left([OH^-][H^+] = K_w,\ \frac{[CH_3COOH]}{[CH_3COO^-][H^+]} = \frac{1}{K_a} \right)$$

$$= \frac{K_w}{K_a}$$

3 酢酸と水酸化ナトリウムの滴定曲線と pH

酢酸水溶液に水酸化ナトリウム水溶液を滴下していったときの pH は次のように求められる。 化学 発展

酢酸水溶液と水酸化ナトリウム水溶液の滴定曲線

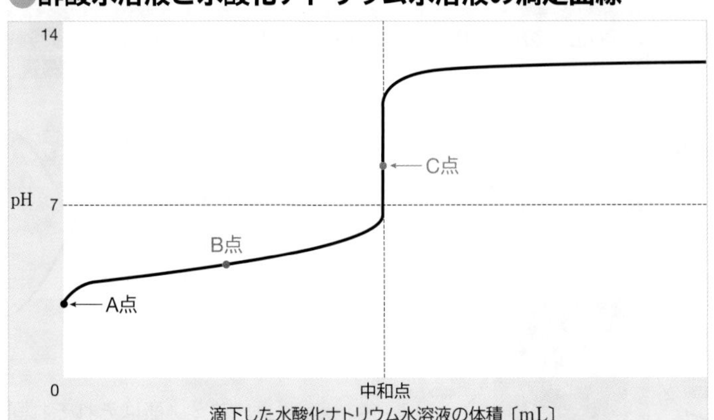

▶酢酸水溶液の pH(A 点)

POINT

$[H^+]=\sqrt{cK_a}$　　$pH=-\log\sqrt{cK_a}$

(K_a：酢酸の電離定数)

$CH_3COOH \rightleftarrows CH_3COO^- + H^+$　　(c：酢酸の濃度　α：電離度)

	CH_3COOH	CH_3COO^-	H^+
平衡時	$c(1-\alpha)$	$c\alpha$	$c\alpha$

酢酸の電離定数 K_a より，

$$K_a=\frac{[CH_3COO^-][H^+]}{[CH_3COOH]}=\frac{c\alpha\cdot c\alpha}{c(1-\alpha)}=\frac{c\alpha^2}{1-\alpha}\fallingdotseq c\alpha^2 (1-\alpha\fallingdotseq 1)$$

したがって，$\alpha=\sqrt{\dfrac{K_a}{c}}$

$$[H^+]=c\alpha=c\times\sqrt{\frac{K_a}{c}}=\sqrt{cK_a}$$

よって，$[H^+]=\sqrt{cK_a}$　　$pH=-\log\sqrt{cK_a}$

▶酢酸と酢酸ナトリウムの混合溶液(緩衝液)の pH(B 点)

POINT

$[H^+]=\dfrac{c_a}{c_s}K_a$　　$pH=-\log\left(\dfrac{c_a}{c_s}K_a\right)$

(c_a：酢酸の濃度　c_s：酢酸ナトリウムの濃度)

酢酸の濃度を c_a〔mol/L〕，酢酸ナトリウムの濃度を c_s〔mol/L〕，酢酸の濃度の電離時の変化量を x〔mol/L〕とすると

$CH_3COOH \rightleftarrows CH_3COO^- + H^+$

	CH_3COOH	CH_3COO^-	H^+
電離前	c_a	0	0
変化量	$-x$	$+x$	$+x$
平衡時	c_a-x	x	x

酢酸ナトリウムは完全に電離するので，

$CH_3COONa \longrightarrow CH_3COO^- + Na^+$

	CH_3COONa	CH_3COO^-	Na^+
電離前	c_s	0	0
変化量	$-c_s$	$+c_s$	$+c_s$
電離後	0	c_s	c_s

$$K_a=\frac{[CH_3COO^-][H^+]}{[CH_3COOH]}=\frac{(c_s+x)\times x}{c_a-x}$$

ここで，$c_a \gg x$，$c_s \gg x$ より $c_a-x\fallingdotseq c_a$，$c_s+x\fallingdotseq c_s$

$$K_a=\frac{c_s\cdot x}{c_a}$$

$[H^+]=x$ より，　$[H^+]=\dfrac{c_a}{c_s}K_a$　　$pH=-\log\left(\dfrac{c_a}{c_s}K_a\right)$

▶酢酸ナトリウム水溶液の pH(C 点)

POINT

$[H^+]=\sqrt{\dfrac{K_a\cdot K_w}{x}}$　　$pH=-\log\sqrt{\dfrac{K_a\cdot K_w}{x}}$

(x：酢酸ナトリウム水溶液の濃度)

中和点では酢酸ナトリウムの水溶液になっている。

酢酸ナトリウムの電離(x：酢酸ナトリウム水溶液の濃度)

$CH_3COONa \longrightarrow CH_3COO^- + Na^+$

	CH_3COONa	CH_3COO^-	Na^+
電離前	x	0	0
変化量	$-x$	$+x$	$+x$
電離後	0	x	x

次に，加水分解を考える。(h：加水分解度)

$CH_3COO^- + H_2O \overset{h}{\rightleftarrows} CH_3COOH + OH^-$

	CH_3COO^-	CH_3COOH	OH^-
はじめ	x	0	0
変化量	$-xh$	$+xh$	$+xh$
平衡時	$x(1-h)$	xh	xh

加水分解の平衡定数を K_h とおくと

$$K_h=\frac{[CH_3COOH][OH^-]}{[CH_3COO^-]}=\frac{xh\cdot xh}{x(1-h)}=\frac{xh^2}{1-h}$$

ここで，$1\gg h$ より，$1-h\fallingdotseq 1$ と近似できるので

$K_h=xh^2$　よって，$h=\sqrt{\dfrac{K_h}{x}}$

$$[OH^-]=xh=x\times\sqrt{\frac{K_h}{x}}=\sqrt{xK_h}$$

$K_w=[H^+][OH^-]$　　$K_h=\dfrac{K_w}{K_a}$ であるので

$$[H^+]=\frac{K_w}{[OH^-]}=\frac{K_w}{\sqrt{xK_h}}=\sqrt{\frac{K_w^2}{x\cdot\frac{K_w}{K_a}}}=\sqrt{\frac{K_a\cdot K_w}{x}}$$

よって，$[H^+]=\sqrt{\dfrac{K_a\cdot K_w}{x}}$　　$pH=-\log\sqrt{\dfrac{K_a\cdot K_w}{x}}$

入試ではこう出る!

0.10 mol/L 酢酸水溶液 10 mL に 0.10 mol/L 水酸化ナトリウム水溶液を滴下し，pH を測定した。C は中和点を，B は中和に必要な量の半分の水酸化ナトリウム水溶液を滴下したときの点を示す。この実験条件下での酢酸の電離定数 K_a を 2.8×10^{-5} mol/L とする。ただし，$\sqrt{2.8}=1.7$，$\log_{10}2.8=0.45$，$\log_{10}1.7=0.23$ とする。

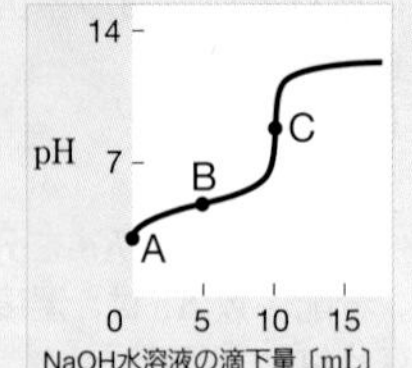

(1)点 A(0.10 mol/L 酢酸水溶液)の pH を，計算過程を示して答えよ。ただし，このときの酢酸の電離度は 1 に比べて非常に小さいものとする。

(2)点 B では，酢酸(CH_3COOH)と酢酸イオン(CH_3COO^-)の濃度は等しい。点 B の pH を，計算過程を示して答えよ。［山口大　改］

【解答】(1)pH＝2.8　(2)pH＝4.6

【解説】(1) $[H^+]=\sqrt{cK_a}=\sqrt{0.10\times2.8\times10^{-5}}=1.7\times10^{-3}$ mol/L

$pH=-\log_{10}(1.7\times10^{-3})\fallingdotseq 2.8$

(2) $[H^+]=\dfrac{c_a}{c_s}K_a$，$c_a=c_s$ より，$[H^+]=2.8\times10^{-5}$ mol/L

$pH=-\log_{10}(2.8\times10^{-5})\fallingdotseq 4.6$

思考 0.1 mol/L のリン酸水溶液を 0.1 mol/L の NaOH で滴定した際の滴定曲線はどのような形になるか。リン酸の pK_a は，$pK_{a1}=2.2$，$pK_{a2}=7.2$，$pK_{a3}=12.4$ である。

41 いろいろな化学平衡
Chemical equilibrium

1 アミノ酸の電離平衡

アミノ酸の電離平衡では，等電点(p.288)における陽イオンと陰イオンの濃度が等しい。

化学 発展

アミノ酸の平衡

陽イオン　陰イオン　双性イオン

アミノ酸は酸性を示すカルボキシ基$-COOH$と塩基性を示すアミノ基$-NH_2$をもっているため，水溶液のpHによって陽イオン，双性イオン，陰イオンとして存在する。アミノ酸の陽イオン，双性イオン，陰イオンの平衡混合物の電荷が0となるときのpHを等電点という。等電点では，**[陽イオン]＝[陰イオン]**となっている。

グリシンの平衡

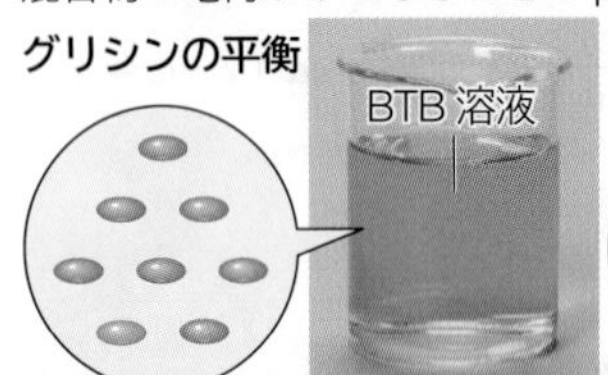

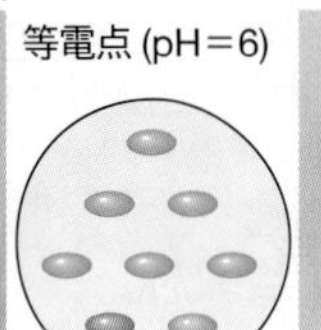

等電点 (pH＝6)

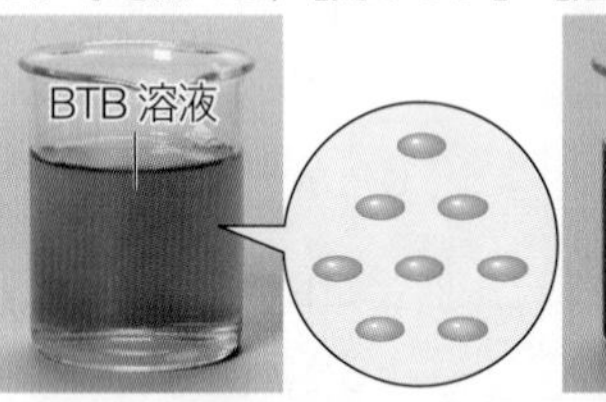

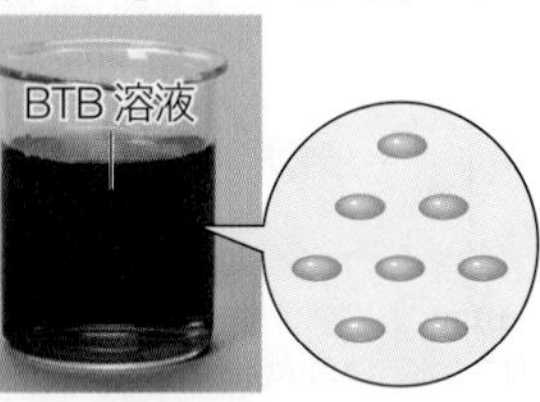

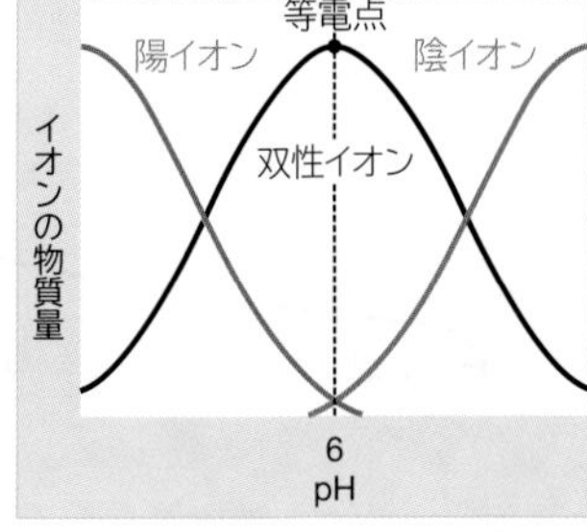

$$^{+}H_3N-CH_2-COOH \underset{+H^+}{\overset{+OH^-}{\rightleftharpoons}} {}^{+}H_3N-CH_2-COO^- \underset{+H^+}{\overset{+OH^-}{\rightleftharpoons}} H_2N-CH_2-COO^-$$

陽イオン　双性イオン　陰イオン

酸性 ← → 塩基性

$$\begin{array}{c} H \\ | \\ H_2N-C-COOH \\ | \\ H \end{array}$$

グリシンの構造式

アミノ酸はそれぞれ固有の等電点をもつ。等電点はアミノ酸の特性を示す重要な値で，これを利用してアミノ酸を分離し，種類を特定できる。(p.289)

この平衡は，次のように2段階の電離平衡とみることができる。

$$^{+}H_3N-CH_2-COOH \rightleftharpoons {}^{+}H_3N-CH_2-COO^- + H^+ \quad \cdots①$$

$$^{+}H_3N-CH_2-COO^- \rightleftharpoons H_2N-CH_2-COO^- + H^+ \quad \cdots②$$

$$K_1=\frac{[{}^{+}H_3N-CH_2-COO^-][H^+]}{[{}^{+}H_3N-CH_2-COOH]}=4.0\times10^{-3}\,\mathrm{mol/L}$$

$$K_2=\frac{[H_2N-CH_2-COO^-][H^+]}{[{}^{+}H_3N-CH_2-COO^-]}=2.5\times10^{-10}\,\mathrm{mol/L}$$

$$K_1\cdot K_2=\frac{[{}^{+}H_3N-CH_2-COO^-][H^+]}{[{}^{+}H_3N-CH_2-COOH]}\cdot\frac{[H_2N-CH_2-COO^-][H^+]}{[{}^{+}H_3N-CH_2-COO^-]}=\frac{[H_2N-CH_2-COO^-]}{[{}^{+}H_3N-CH_2-COOH]}\cdot[H^+]^2$$

等電点では，[陽イオン]＝[陰イオン]　つまり，
$[{}^{+}H_3N-CH_2-COOH]=[H_2N-CH_2-COO^-]$　なので，
この条件を代入すると，
$K_1\cdot K_2=[H^+]^2$

よって，グリシンの等電点は
$[H^+]=\sqrt{K_1\cdot K_2}=1.0\times10^{-6}\,\mathrm{mol/L}$
$pH=-\log(1.0\times10^{-6})=6.0$

2 分配平衡
distribution equilibrium

分液ろうとを使った抽出は，この原理に基づいて行われる。

化学 発展

分配平衡

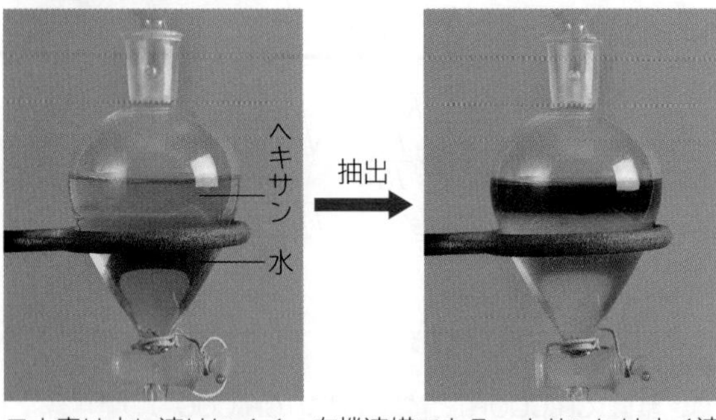

ヨウ素は水に溶けにくく，有機溶媒であるヘキサンにはよく溶解する。このため水に溶けていたヨウ素をヘキサンで抽出することができる。I_2のヘキサンへの溶解度を$I_{2\,ヘキサン}$，I_2の水への溶解度を$I_{2\,水}$とすると，$I_{2\,ヘキサン} \gg I_{2\,水}$である。このとき，ヨウ素は，水とヘキサンの間を行き来して平衡状態になっており，この平衡を**分配平衡**という。

$$I_{2\,水} \rightleftharpoons I_{2\,ヘキサン}$$

分配係数

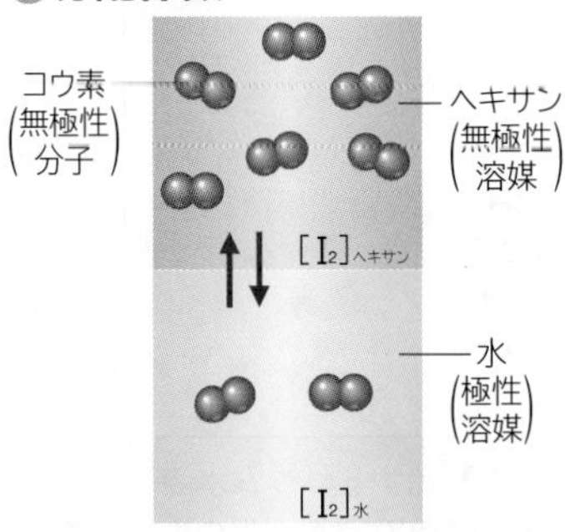

水に溶けているヨウ素の濃度を$[I_2]_{水}$，ヘキサンに溶けているヨウ素の濃度を$[I_2]_{ヘキサン}$とすると，

$$K_D=\frac{[I_2]_{ヘキサン}}{[I_2]_{水}}$$

という関係がなりたち，K_Dを**分配係数**という。分配係数K_Dは，温度・圧力が一定ならば一定である。

例

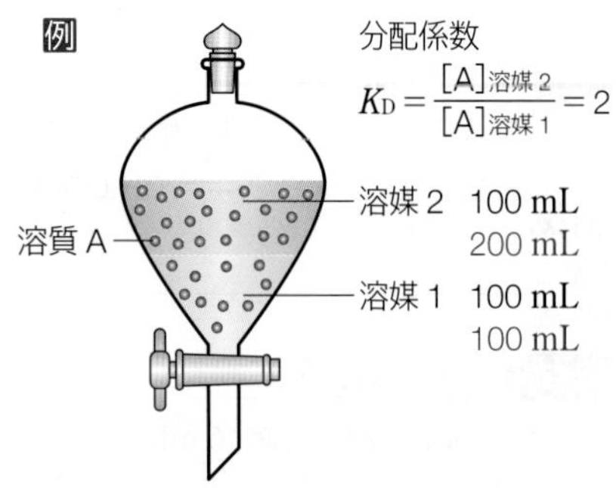

分配係数

$$K_D=\frac{[A]_{溶媒2}}{[A]_{溶媒1}}=2$$

$$K_D=\frac{20\,個/100\,mL}{10\,個/100\,mL}=2$$

分配係数は温度・圧力が一定であれば一定なので，抽出溶媒を多くすれば，より多くの溶質を抽出できる。

$$K_D=\frac{24\,個/200\,mL}{6\,個/100\,mL}=2$$

思考 ヨウ素液中のヨウ素の抽出について，ヨウ素液とヘキサンがそれぞれ100 mLある場合，できるだけ多くのヨウ素を抽出するにはどのような操作を行えばよいか。

入試▶では**こう出る！**

水とベンゼンは，互いに溶けあわずに2液層に分離する。この二つの液体に溶質Aが溶ける場合，溶質Aが両液層中で同じ分子として存在するならば，一定の温度では両液層に溶ける溶質の濃度の比 $\frac{c_2}{c_1}$ $=K$(分配係数)は一定となる。
c_1，c_2 は，それぞれ水層とベンゼン層における溶質Aの濃度である。
水100 mLに1.00 gの溶質Aを溶かし，これを水溶液Xとする。
実験1　水溶液Xが入った分液ろうとに，ベンゼン100 mLを加えてよく振り混ぜ，25℃で静置したところ，溶質Aの0.75 gが水層からベンゼン層へ移った。
実験2　別の分液ろうとに水溶液Xを入れ，ベンゼン50 mLを加えてよく振り混ぜ，25℃で静置したあと，ベンゼン層と水層とを分けた。再び分液ろうとを用いて，この分けた水溶液に新たに50 mLのベンゼンを加えてよく振り混ぜ，25℃で静置したあと，ベンゼン層と水層とを分けた。この操作により，合計 a〔g〕の溶質Aが水層からベンゼン層へ移った。
(1) 水層とベンゼン層とでは，どちらが下層になるか。
(2) 実験1の結果を用いて，水層の濃度 c_1 とベンゼン層の濃度 c_2 を溶質〔g〕/溶媒〔1 mL〕の単位で表し，分配係数 K を求めよ。
(3) 実験2における全抽出量 a を求めよ。
(4) 実験1と実験2の比較からいえることは何か。
〔お茶の水女子大　改〕

【解答】(1) 水層　(2) 3.0　(3) 0.84 g
(4) 同じ体積のベンゼンで抽出するとき，ベンゼンを少量に分けて，抽出する回数を多くした方が，抽出量が多くなる。
【解説】(2) 実験1の結果から，

$$c_1=\frac{1.00-0.75}{100}=2.5\times10^{-3}\,\mathrm{g/mL}$$

$$c_2=\frac{0.75}{100}=7.5\times10^{-3}\,\mathrm{g/mL}$$

$$\text{分配係数 } K=\frac{c_2}{c_1}=\frac{7.5\times10^{-3}}{2.5\times10^{-3}}=3.0$$

(3) 1回目にベンゼンに抽出された溶質Aの質量を x〔g〕とすると，

$$\frac{\frac{x}{50}}{\frac{1.00-x}{100}}=3.0\qquad x=0.60\,\mathrm{g}$$

2回目にベンゼンに抽出された溶質Aの質量を y〔g〕とすると，

$$\frac{\frac{y}{50}}{\frac{1.00-0.60-y}{100}}=3.0\qquad y=0.24\,\mathrm{g}$$

よって，実験2における全抽出量 $a=x+y=0.60+0.24=0.84\,\mathrm{g}$

3 吸着平衡

adsorption equilibrium

吸着現象も平衡状態のため，平衡定数を使って考えることができる。

化学 発展

吸着

脱臭剤，乾燥剤として用いられる活性炭(備長炭)やシリカゲルは，多孔質物質で表面積が広く，その表面に多くの気体分子が吸着する。

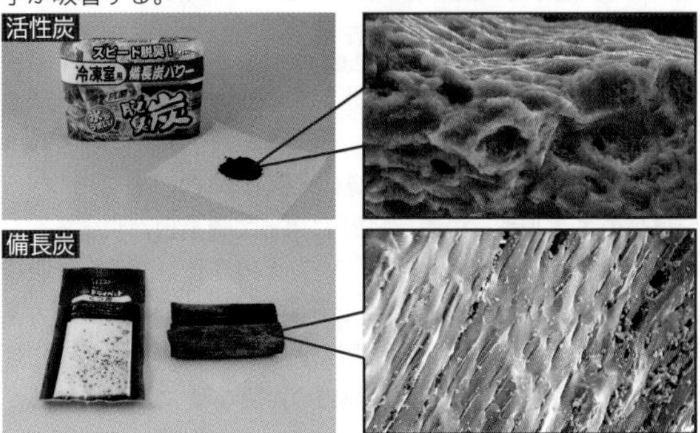

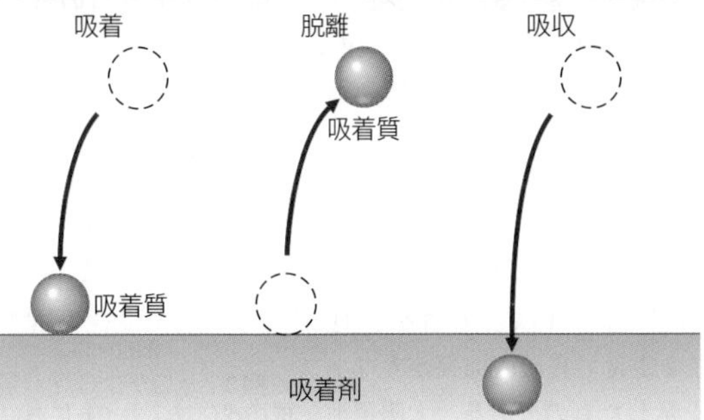

他の物質を吸着する物質を吸着剤，吸着される物質を吸着質とよぶ。吸着には結合が強い化学吸着(化学結合)と結合が弱い物理吸着(ファンデルワールス力)がある。

吸着平衡

吸着と脱離は平衡状態になっており，気体Aと固体表面Mの間で，次のような関係がなりたつ。

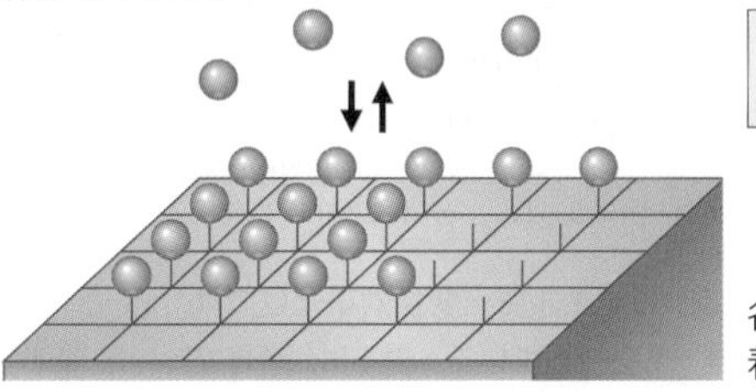

$$\mathrm{A(気)+M(表面)}\ \underset{K_d}{\overset{K_a}{\rightleftarrows}}\ \mathrm{AM}$$

(K_a：吸着の速度定数，K_d：脱離の速度定数)

各吸着点には1個の分子のみが吸着することができる。

固体表面に気体Aがどのくらいの割合 θ でおおっているかは，その気体の圧力 P_A に比例している。固体表面に吸着できる気体分子の最大数を N とすると，
吸着速度は，気体Aの圧力と表面上の空席の数 $N(1-\theta)$ に比例するので
　吸着速度 $=K_aP_AN(1-\theta)$　… ①
脱離速度は，吸着した分子数 $N\theta$ に比例するので
　脱離速度 $=K_dN\theta$　… ②
平衡状態では，吸着速度＝脱離速度となるので，　①＝②
　$K_aP_AN(1-\theta)=K_dN\theta$
したがって，$K_aP_A(1-\theta)=K_d\theta$
よって，θ は

$$\theta=\frac{K_aP_A}{K_d+K_aP_A}=\frac{K_{ad}P_A}{1+K_{ad}P_A}$$

$$\left(K_{ad}=\frac{K_a}{K_d}：\text{吸着係数}\right)$$

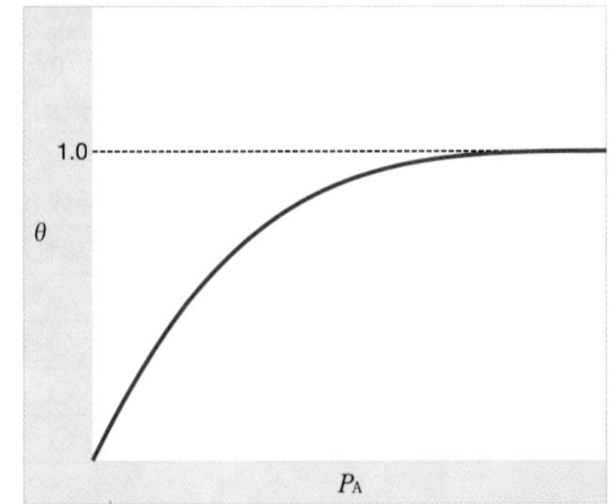

固体表面を気体分子がおおう割合 θ は，圧力 P_A とともに増加し，1に近づいていく。θ が1に近づくのは，非常に高圧のときである。

2 物質の変化

化学

ペロブスカイト太陽電池

桐蔭横浜大学　宮坂力　特任教授

1 ペロブスカイトとは

ペロブスカイト（Perovskite）は結晶の構造の形に付けられた名称で，ロシアの鉱物学者ペロブスキー（Perovski，1792～1856）の名前に由来している。ロシアのウラル山脈で1839年に黒い鉱石（$CaTiO_3$）が発見され，その結晶構造が分析で明らかになったのは19世紀に入ってからで，この金属酸化物のもつ結晶構造をペロブスカイト型と称するようになった。

ペロブスカイト構造をもつ金属酸化物は電気産業に広がっており，強誘電材料としてコンデンサに使うチタン酸バリウム（$BaTiO_3$）やインクジェットプリンタのインク吐出に使うピエゾ素子が知られている。ところが，太陽電池に使われるペロブスカイト材料は酸化物ではなく，ハロゲン化物であり，光発電に優れた半導体としてはたらく。その構造は，ABX_3で示される（図1）。まず大きな特徴は，この結晶がハロゲンを含むことで強いイオン性を持っていることである。ハロゲン化金属で光に反応するものには，ほかに写真のフィルムに使うハロゲン化銀があり，これらのイオン結晶は晶析（液体から結晶が析出すること）によって微結晶の粒子となり，電力をつくり出す。

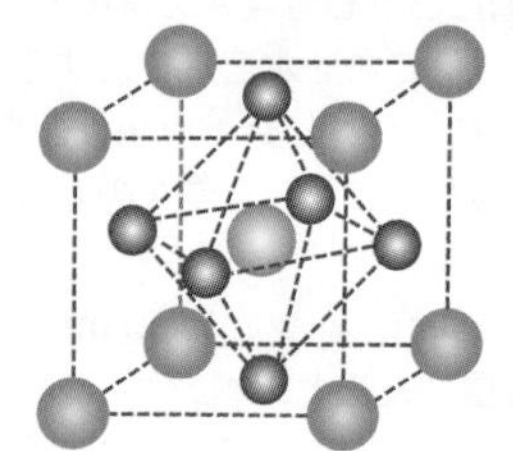

ABX_3

1価の正イオン

2価の正イオン

1価（ハロゲン）の負イオン

▲**図1**　ペロブスカイト結晶（ABX_3）の格子構造，立方体の中に八面体の格子構造がはまっているのがペロブスカイト型構造

次に特徴的なのは，ABX_3結晶のAのイオンが有機物で，Bのイオンが鉛（Pb）やスズ（Sn）であることである。有機と無機の複合したハイブリッド構造のペロブスカイトが，太陽電池の高いエネルギー変換効率（20％以上）を達成している。Aのイオンにメチルアンモニウム（MA）やホルムアミディニウム（FA）を使った$MAPbI_3$や$FAPbI_3$が代表的で，Xのイオンにはヨウ素（I）と臭素（Br）を混合した材料を使う場合が多い。混合することで光物性を連続的に調節できるからである。

2 日本発の高効率太陽電池

溶液の塗布という平易な方法で作るペロブスカイト太陽電池は，日本の大学の研究室で発明された。2006年の研究開始からそのエネルギー変換効率*は急速に向上し，これまで市場をリードしてきた結晶シリコン（Si）の太陽電池の最高効率と肩を並べるレベル（26％）まで進化した。26％は，GaAs半導体の28％に次いで太陽電池の最高効率である。

＊エネルギー変換効率とは，晴天の太陽光の入射エネルギー（1000 W/m²）に対する発電の出力エネルギー（W/m²）の割合（％）で表す。20％ならば，1 m²から200 Wの発電をすることになる。

ペロブスカイト太陽電池が優れているのはエネルギー変換効率だけではない。次世代太陽電池として多くのメリットを持っている。表1に，ペロブスカイト（有機無機ハイブリッド）がシリコンに対して優れる特徴をまとめた。

まず，シリコンの単結晶は高温で長時間加熱・溶融させて作り，これをスライスしたウエハが太陽電池の半導体に使われているが，ペロブスカイトの半導体膜は原料溶液の塗布と100℃程度の加熱処理によって数十分程度で速やかに作製できる。

▼**表1**　ペロブスカイトのシリコン半導体に対する優位性

	ペロブスカイト	シリコン（ウエハ）
低価格な半導体	200円/m²	4000円/m²
高速で生産	~10分（約100℃）	~4時間（約1400℃）
発電の最高効率	26.0%	26.1~26.8%
強い光吸収	吸光係数10^5/cm	$10^{2\sim4}$/cm
高い電圧出力	1.2V/単セル	0.7V/単セル
薄くフレキシブルにできる	○	×
組成を変えて光吸収波長を調整できる	○	×
弱い光でも発電できる	○	×
透明にできる（両面で発電できる）	○	×

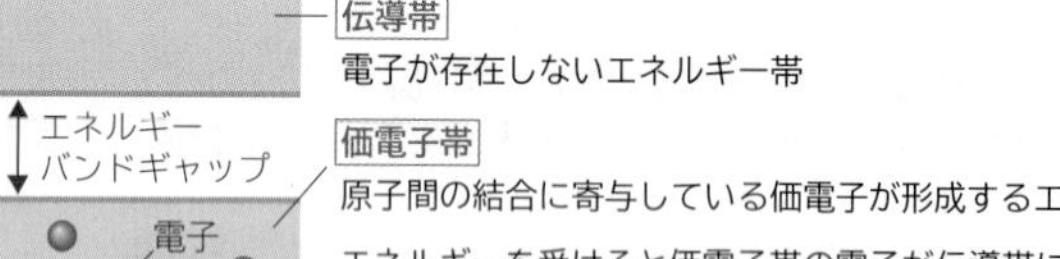

電子が存在しないエネルギー帯

原子間の結合に寄与している価電子が形成するエネルギー帯

エネルギーを受けると価電子帯の電子が伝導帯に移動して自由に動くようになり，電流が流れる。ギャップの小さい半導体からは小さい電圧，大きい半導体からは高い電圧が発生する。

▲**図2**　半導体のバンドギャップの模式図

また，光発電による電圧の出力は，半導体に固有のバンドギャップ（価電子帯と伝導帯のエネルギーの差，図2）によって最高値が決まる。シリコンはこのギャップが小さく（約1.1 eV），太陽光を赤外線まで吸収するため発電の電流値が大きいが，電圧は小さい。一方，ペロブスカイトはギャップが大きい（約1.5 eV）ため，電圧がずっと大きい。この電圧は，ペロブスカイトでは弱い光（曇天，雨天，屋内の照明など）でも保たれるが，シリコンでは大きく落ちるため，シリコンの高い性能は屋外の晴天の場合に限られる。ペロブスカイトは，屋内の照明でも使えるために，その用途は屋内まで広がっており，無線や携帯デバイスなどのIoT機器が主流である。

組成を変えて吸収波長とバンドギャップを自在に変えることができる点も利点である。図3は$MAPb(I_{1-x}Br_x)_3$からなるペロブスカイトにおいて，ハロゲン（I，Br）の組成を変えて光吸収波長がシフトする様子を示したものである。太陽電池に使うときは長波長までを集光するヨウ素含量の多い組成が使われる。

$MAPb(I_{1-x}Br_x)_3$

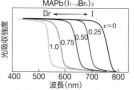

Br ← → I

光吸収強度

x=0　0.25　0.50　0.75　1.0

400　500　600　700　800

波長(nm)

▲**図3**　ハロゲン（I，Br）混合組成のペロブスカイトにおいてBrの比率による吸収波長の変化　グラフ線の色はペロブスカイト結晶の色を示す

図4では，太陽光の照射スペクトルに対する各種の太陽電池用半導体の吸収特性（発電の分光感度に相当）を比較した。ペロブスカイトの$MAPbI_3$では可視光のすべてを吸収する800nm近くまでの感度をもつ。また，GaAs半導体などと同様に鋭いバンドギャップ吸収の立ち上がりを示す。これは表1にあるように光吸収が強いためであり，結晶Si（c-Si）ではこの吸光係数が1桁～3桁も小さいために吸収が鈍い。

▶**図4**　各種の太陽電池用半導体の分光感度

3 厚さ数ミクロンの薄膜で発電

ペロブスカイトの発電層は1 μmもない厚さである。その両側を電子と正孔をそれぞれ受け取る輸送層ではさんだ積層構造（合計数μm）を電極基板に乗せることで太陽電池が作られる。その結果，非常に薄く（シリコン太陽電池の1/10以下の薄さ），非常に軽い。図5は$Cs_x(FA_{0.83}MA_{0.17})_{1-x}Pb(I_{0.83}Br_{0.17})_3$の組成のペロブスカイトを使った高効率の太陽電池の断面構造である。

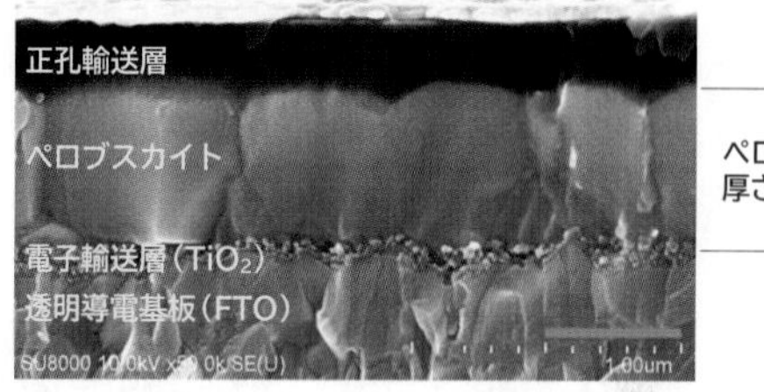

▲**図5**　高効率で発電するペロブスカイト太陽電池の断面構造

4 ペロブスカイト太陽電池の可能性

ペロブスカイト太陽電池は弱い光に対しても効率が落ちない特長があるため，シリコン太陽電池などが使えなかった場所に用途を広げることが可能である。屋根の上だけでなく，直射光の当たらない壁面や窓，そして屋内の照明までも利用できる。また，軽くて曲げられる至便性から，ブラインドやカーテン，バッグや洋服，帽子にも貼って使うことができる。さらに，太陽電池を半透明なものにできることもメリットで，窓に使えば両側からの光を使って発電ができる。サングラスが太陽電池となって携帯機器の充電に使えるときも来るだろう。最も期待されるのは自動車への搭載である。軽いので燃費がよく，車体の曲面にも設置することができる。

大学の研究室では，PETフィルムにペロブスカイト膜を被覆した薄くて曲げられる太陽電池を作っており，成膜には専用のインクジェットプリンター（大学ベンチャーのペクセル・テクノロジーズ社が開発，販売）を使用している。これを使って会社のロゴマークやイラストなどを含めた様々な図柄を太陽電池にすることができる（図6）。

このようにペロブスカイト太陽電池は，次世代太陽電池として，シリコンに無い発電機能をもち，屋内での発電を含めて使い方が大きく広がり，エネルギー生産への貢献が期待できる。

▲**図6** インクジェットでプラスチックフィルムに印刷したペロブスカイト膜

【参考文献】
宮坂力（2023）．『ペロブスカイト太陽電池』．
共立出版，化学の要点シリーズ．
※ペロブスカイト太陽電池の発見のストーリーについては以下の書籍をご覧ください。
宮坂力（2023）．『大発見の舞台裏で！ペロブスカイト太陽電池誕生秘話』．さくら舎．

Interview インタビュー

Q.高校生のときはどのような生徒でしたか？

A.勉強のスピードが遅いので，成績が伸びずに四苦八苦していました。趣味の方ではクラシックの室内合奏団に入ってフルートを吹いていました。いまもバイオリンをやっています。

Q.化学の勉強・研究をはじめようと思った理由は何ですか？

A.化学はあまり好きではなかったのですが，エレクトロニクスも含めて全ての材料は化学がもとですから，将来の就職ではつぶしがきくと思って大学進学の専門分野に選びました。いまでは後悔していません。日常生活の医薬品，化粧品，食品，デバイスなど，化学がわかれば中身がわかって面白くなります。

Q.大学や企業と高校の化学はどこが違うのですか？

A.高校は化学の教養を身につけること，企業は誰もやっていない新しい材料を開発して，それをコストまでを含めて実用化するための生産の方法を構築することですね。

Q.化学を学ぶ高校生にメッセージをお願いします。

A.化学の分野は広くて物理との境界領域には面白いデバイスがいっぱいあります。それを知って化学がいかに広いかを楽しんでください。ペロブスカイトはまさに化学で作る優秀な太陽電池です。自作の太陽電池の性能を測ることで，完成度をすぐに知ることができるのが醍醐味です。

1 周期表と元素の性質

Periodic table and properties of the elements

1 元素の分類

元素は，典型元素と遷移元素，金属元素と非金属元素に分類される。　化学基礎

	典型元素		遷移元素										典型元素					
	1	2	3	4	5	6	7	8	9	10	11	12	13	14	15	16	17	18
1	1H																	2He
2	3Li	4Be											5B	6C	7N	8O	9F	10Ne
3	11Na	12Mg											13Al	14Si	15P	16S	17Cl	18Ar
4	19K	20Ca	21Sc	22Ti	23V	24Cr	25Mn	26Fe	27Co	28Ni	29Cu	30Zn	31Ga	32Ge	33As	34Se	35Br	36Kr
5	37Rb	38Sr	39Y	40Zr	41Nb	42Mo	43Tc	44Ru	45Rh	46Pd	47Ag	48Cd	49In	50Sn	51Sb	52Te	53I	54Xe
6	55Cs	56Ba	57-71 ランタノイド	72Hf	73Ta	74W	75Re	76Os	77Ir	78Pt	79Au	80Hg	81Tl	82Pb	83Bi	84Po	85At	86Rn
7	87Fr	88Ra	89-103 アクチノイド	104Rf	105Db	106Sg	107Bh	108Hs	109Mt	110Ds	111Rg	112Cn						

非金属元素
金属元素

2 典型元素と遷移元素

化学基礎

周期表の1族，2族および13～18族の元素を**典型元素**といい，3～12族の元素を**遷移元素**という。
典型元素と遷移元素を比較すると，下表のようになる。
遷移元素は，典型元素の陽性から陰性へと「うつり変わる」間にある，という意味で命名されている。

典型元素		遷移元素
金属元素のものと非金属元素のものがある	金属 / 非金属	すべて金属元素である
価電子の数がそれぞれ異なるので，性質の違いが大きい	族による性質の違い	同一周期では隣りあった元素の性質は類似している
融点や密度，硬度が低い	単体の特徴	融点や密度，硬度が高い
酸化数は1種類であることが多い	酸化数	同じ元素で複数の酸化数をとる
金属元素では無色のものが多い	イオンや化合物の色	元素特有の色を示すものが多い

3 金属元素と非金属元素

化学基礎

単体が金属の性質を示すものは**金属元素**に分類され，それ以外の元素は**非金属元素**に分類される。
遷移元素は，すべて金属元素である。
金属元素は価電子の数が少ないものが多く，陽イオンになりやすい。非金属元素は陰イオンになるものが多い。

金属元素		非金属元素
典型元素のものと遷移元素のものがある	典型 / 遷移	すべて典型元素である
常温・常圧で固体だが，水銀 Hg は液体である 電気伝導性や熱伝導性が高く，展性・延性がある 金属光沢をもつ	単体の特徴	常温・常圧では，気体か固体のものがほとんどであるが，Br_2 は液体である
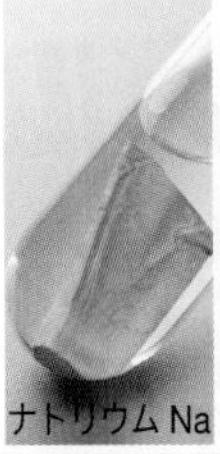 ナトリウム Na 　ニオブ Nb	単体の例	 塩素 Cl_2 　炭素(黒鉛)C

思考 周期表の左下に位置する元素ほど陽性が強くなるのはなぜか。

4 d 軌道と d ブロック元素

化学

M 殻の電子の軌道

電子殻は軌道から構成され，電子は実際には軌道に収容されている。

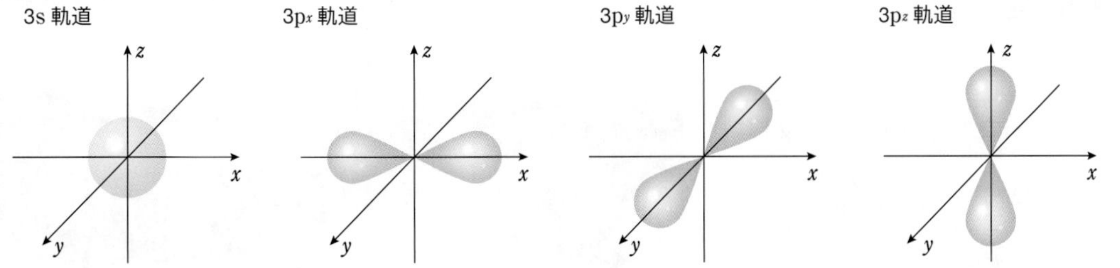

3s 軌道　3p$_x$ 軌道　3p$_y$ 軌道　3p$_z$ 軌道

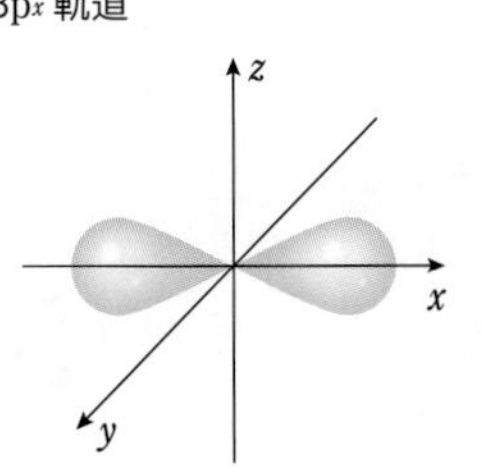

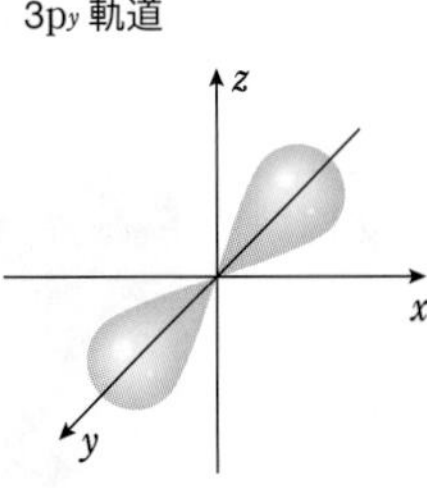

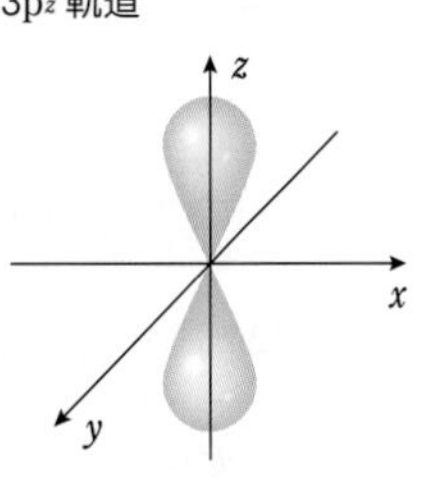

軌道の名称は，軌道を表すアルファベットの前に番号をつけて表す。
K 殻は 1，L 殻は 2，M 殻は 3，... となる。

3d$_{z^2}$ 軌道　3d$_{x^2-y^2}$ 軌道　3d$_{zy}$ 軌道　3d$_{xz}$ 軌道　3d$_{yz}$ 軌道

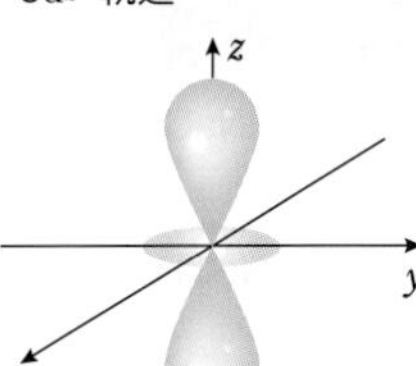

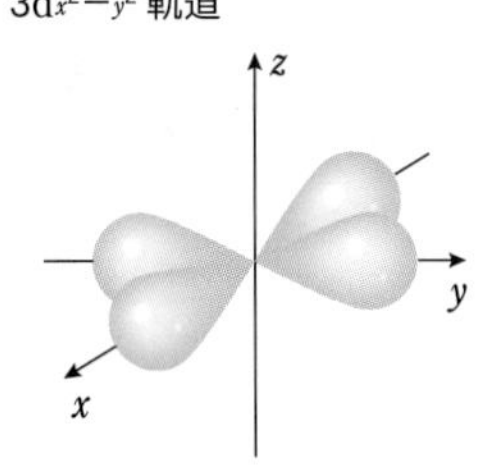

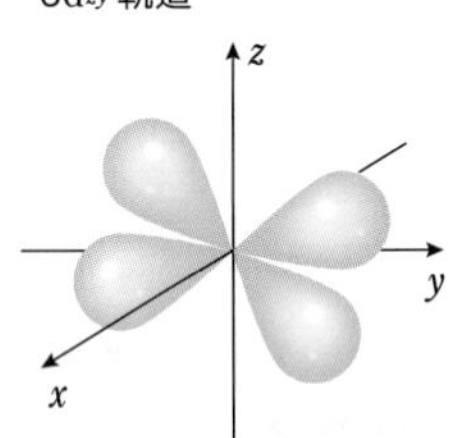

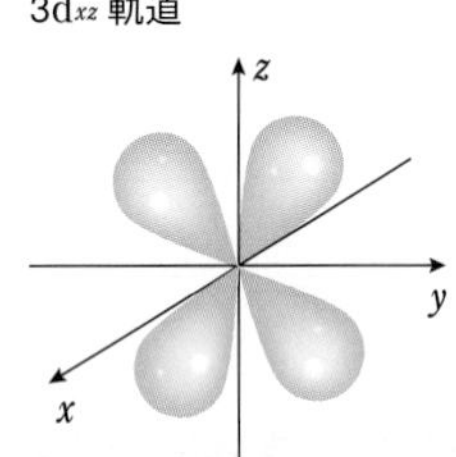

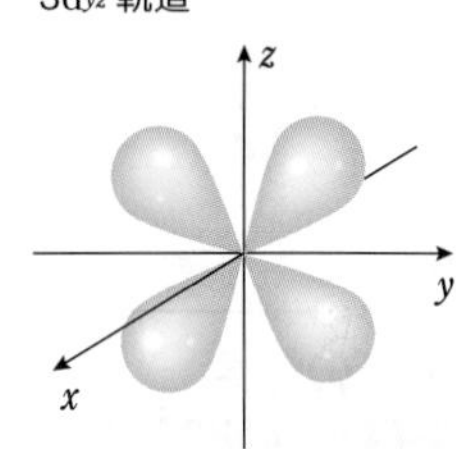

電子殻	軌道（軌道に存在できる最大電子数）
K 殻	1s(2)
L 殻	2s(2)2p(6)
M 殻	3s(2) 3p(6) 3d(10)
M 殻	4s(2) 4p(6) 4d(10) 4f(14)

s 軌道はすべての電子殻に存在する。p 軌道は L 殻以降の電子殻に 3 つ，d 軌道は M 殻以降の電子殻に 5 つ，f 軌道は N 殻以降の電子殻に 7 つ存在する（p.33）。
各軌道には最大 2 電子が入ることができる。そのとき，p 軌道や d 軌道のように，同じエネルギーの軌道が複数存在する場合は，なるべく多くの軌道に電子が配置されるように電子が入る。

遷移元素と d ブロック元素

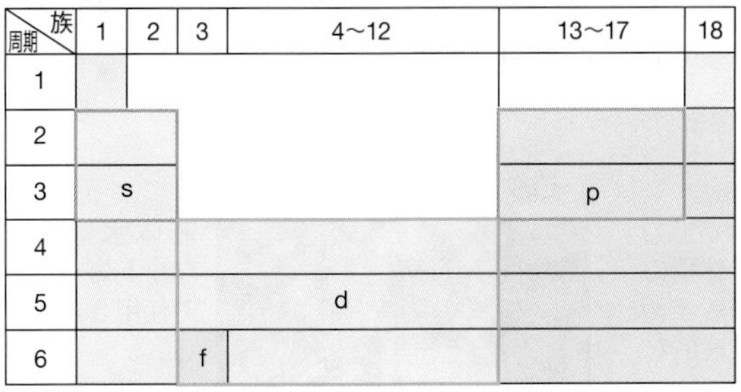

周期＼族	1	2	3	4～12	13～17	18
1						
2						
3	s				p	
4						
5				d		
6			f			

：遷移元素
：典型元素（IUPAC2005年勧告）

電子を収容していったときの最後の電子に注目すると，元素を次のようなブロックに分けることができる（p.337）。
　s ブロック元素：最後の電子が 1s，2s，3s，…に入る元素
　p ブロック元素：最後の電子が 2p，3p，4p，…に入る元素
　d ブロック元素：最後の電子が 3d，4d，…に入る元素
　f ブロック元素 ：最後の電子が 4f，5f，…に入る元素
遷移元素は d ブロック元素と f ブロック元素からなる。
IUPAC（国際純正・応用化学連合）は，2005 年の勧告で典型元素は左図のオレンジ枠の領域に限定している。また，H 以外の 1 族，2 族，13 ～ 18 族の元素は主要族元素としている。

スカンジウム $_{21}$Sc から亜鉛 $_{30}$Zn の電子配置

電子殻	K 殻	L 殻		M 殻			N 殻
軌道	1s	2s	2p	3s	3p	3d	4s
$_{21}$Sc	2	2	6	2	6	1	2
$_{22}$Ti	2	2	6	2	6	2	2
$_{23}$V	2	2	6	2	6	3	2
$_{24}$Cr *	2	2	6	2	6	5	1
$_{25}$Mn	2	2	6	2	6	5	2
$_{26}$Fe	2	2	6	2	6	6	2
$_{27}$Co	2	2	6	2	6	7	2
$_{28}$Ni	2	2	6	2	6	8	2
$_{29}$Cu *	2	2	6	2	6	10	1
$_{30}$Zn	2	2	6	2	6	10	2

$_{20}$Ca の電子配置は，K(2) L(8) M(8) N(2) であるが，$_{21}$Sc の電子配置は，K(2) L(8) M(9) N(2) となる。オクテット則では，N 殻が 2 個のまま内側の M 殻に電子が増えることが説明できない。ここで，軌道を用いて電子配置を表すと，次のようになる。
[$_{20}$Ca]　$1s^2$ $2s^2$ $2p^6$ $3s^2$ $3p^6$ $3d^0$ $4s^2$
[$_{21}$Sc]　$1s^2$ $2s^2$ $2p^6$ $3s^2$ $3p^6$ $3d^1$ $4s^2$
4s 軌道に電子が 2 個入った後に，21 個目の電子が 3d 軌道に入るので，3d 軌道がある M 殻としては収容電子数が 9 個になったといえる。このように，$_{21}$Sc から亜鉛 $_{30}$Zn では，原子番号が増えると，内側の電子殻の 3d 軌道に電子が配置されるため，最外殻電子が 1 個または 2 個のままである。

＊ $_{24}$Cr では，5 つの d 軌道に電子が 1 つずつ入った状態（$1s^2$ $2s^2$ $2p^6$ $3s^2$ $3p^6$ $3d^5$ $4s^1$）のほうが，$1s^2$ $2s^2$ $2p^6$ $3s^2$ $3p^6$ $3d^4$ $4s^2$ よりも安定である。また，$_{29}$Cu は，d 軌道に電子が 1 つずつ入った状態（$1s^2$ $2s^2$ $2p^6$ $3s^2$ $3p^6$ $3d^{10}$ $4s^1$）のほうが，$1s^2$ $2s^2$ $2p^6$ $3s^2$ $3p^6$ $3d^9$ $4s^2$ よりも安定である（フントの法則p.33）。

2 水素と貴ガス

Hydrogen and noble gas

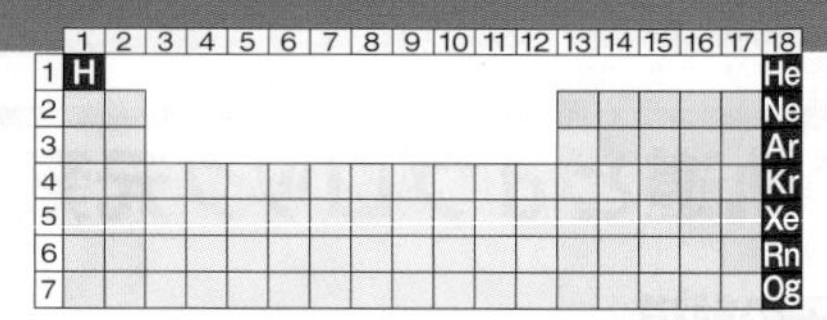

1 水素 H_2 の性質

hydrogen

水素原子は，価電子を1個もち，1価の陽イオンになりやすい。水素の単体は，二原子分子であり，すべての気体の中で密度が最も小さい。 化学

水素の性質と存在

名称	融点〔℃〕	沸点〔℃〕	色・におい	気体の密度〔g/L〕
水素　H_2	−259	−253	無色・無臭	0.0899 (0 ℃, 1.013×10^5 Pa)

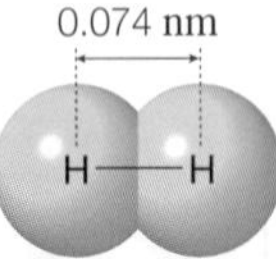

▶宇宙の元素の存在比（質量パーセント）

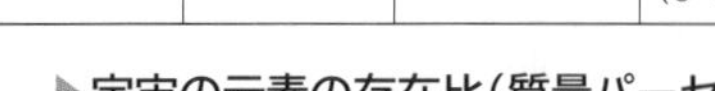

水素　70.7 %	ヘリウム 27.4 %	その他

質量が軽い元素が多く存在している。

製法

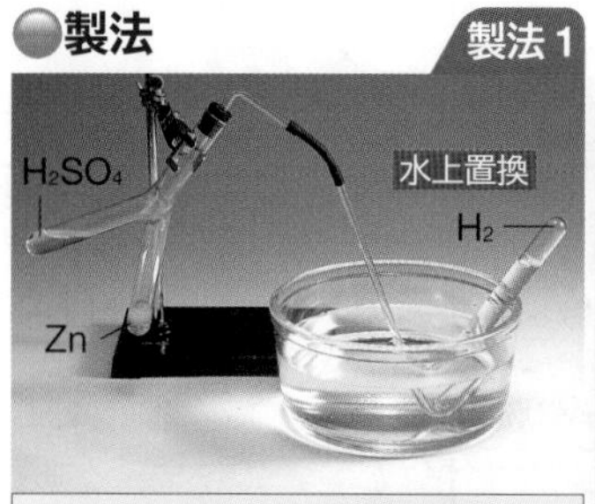

$Zn + H_2SO_4 \longrightarrow ZnSO_4 + H_2\uparrow$

亜鉛や鉄などの金属に希硫酸などの酸を加えて発生させる。

$NaH + H_2O \longrightarrow NaOH + H_2\uparrow$

水に水素化ナトリウムを少量入れると，水素 H_2 と NaOH が生じる。

水素の燃焼

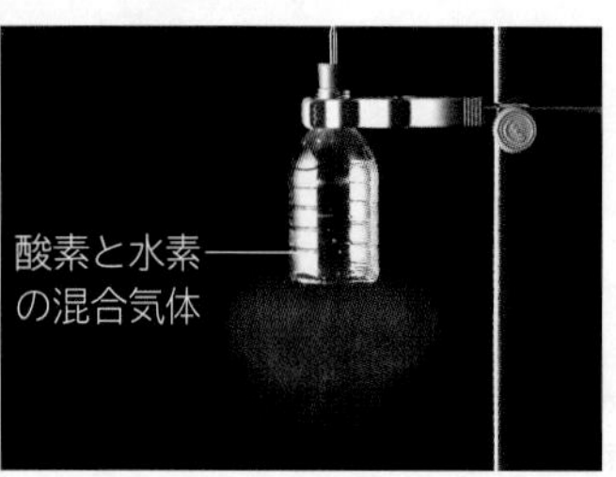

水素は酸素と反応して燃焼する。瞬間的に起こる燃焼を爆発とよぶ。燃焼も爆発も化学反応式は同じである。

$$2H_2 + O_2 \longrightarrow 2H_2O$$

還元剤としての水素

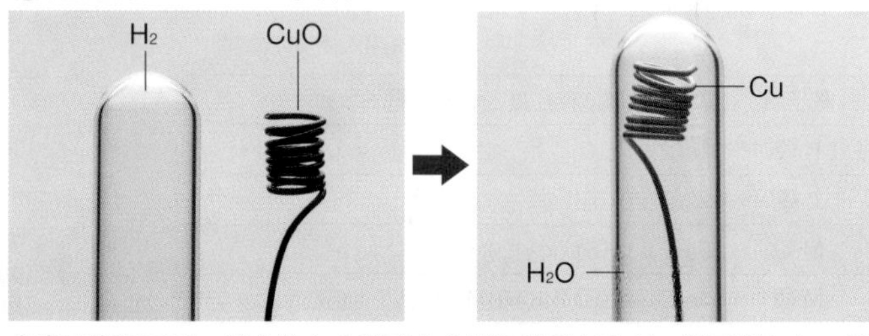

水素は高温では，酸化物から酸素をうばう性質があり，還元剤として用いられる。銅は還元され，試験管に水が生じる。

$$CuO + H_2 \longrightarrow Cu + H_2O$$

水素の利用

▶燃料電池自動車

水素はガソリンと異なり，燃焼しても水しか生じないので，クリーンなエネルギー源として注目されている。

▶水素吸蔵合金

常温付近で1000倍以上の体積の水素を吸収する合金。代表的な $LaNi_5$ はニッケル水素電池の負極に利用される。

▶ロケット燃料

液体水素はロケット燃料として使用されている。

2 水素化合物

水素は，貴ガス以外のいろいろな元素と水素化合物をつくる。 化学

水素化合物と周期表

周期＼族	1	2	13	14	15	16	17
2	LiH 水素化リチウム	BeH_2 水素化ベリリウム	B_2H_6 ジボラン	CH_4 メタン	NH_3 アンモニア	H_2O 水	HF フッ化水素
3	NaH 水素化ナトリウム	MgH_2 水素化マグネシウム	AlH_3 水素化アルミニウム	SiH_4 シラン	PH_3 ホスフィン	H_2S 硫化水素	HCl 塩化水素
4	KH 水素化カリウム	CaH_2 水素化カルシウム	Ga_2H_6 水素化ガリウム	GeH_4 ゲルマン	AsH_3 アルシン	H_2Se セレン化水素	HBr 臭化水素

非金属元素の水素化合物

族	14	15	16	17
名	メタン CH_4	アンモニア NH_3	水 H_2O	フッ化水素 HF
構造	正四面体形	三角錐形	折れ線形	直線形

NH_3，H_2O，HF は水素結合しているため，分子間の引力が大きく，沸点が異常に高い。また，氷の構造はすき間が多く，水より密度が小さい（➡p.46，47）。

3 貴ガスの性質と元素
noble gas

貴ガスの原子は安定で，他の原子と結合しにくい。反応しにくく，ほとんど化合物をつくらない。 化学

●貴ガスの性質と存在
微量の貴ガスを封入した放電管に電流を流すと，特有の色を発光する。

元素		原子の電子配置						融点〔℃〕	沸点〔℃〕	空気中の体積〔%〕	語源	発見	放電のようす
		K	L	M	N	O	P						
ヘリウム	He	2						−272*	−269	0.00052	helios 太陽	1868年ロッキャー，フランクランド 太陽のスペクトルより	
ネオン	Ne	2	8					−249	−246	0.0018	neos 新しい	1898年ラムゼー，トラバーズ 液体空気の分留	
アルゴン	Ar	2	8	8				−189	−186	0.93	argos はたらかない	1894年ラムゼー，レイリー 製法の違いによる窒素の原子量の比較	
クリプトン	Kr	2	8	18	8			−157	−152	0.00011	kryptos 隠された	1898年ラムゼー，トラバーズ 液体空気の分留	
キセノン	Xe	2	8	18	18	8		−112	−107	0.000009	xenos 変わった	1898年ラムゼー，トラバーズ 液体空気の分留	
ラドン	Rn	2	8	18	32	18	8	−71	−62	——	radium ラジウムの崩壊	1900年ドルン 放射能の研究	

* 26345 hPa における融点。ヘリウムは，常圧ではいくら冷却しても固体にならない。■は最外殻電子を示す。

4 貴ガスの用途

貴ガスの反応しにくい性質などが利用されている。 化学

●ヘリウム He

飛行船：水素に次いで密度が小さいので，安全な浮揚性ガスでの利用がある。

リニアモーターカー：超電導磁石の冷却材として液体ヘリウム（沸点−269℃）が利用されている。

●ネオン Ne

ネオンサイン：低い圧力のときに放電すると，美しい赤色の発光のネオンサインとなる。

レーザー：He と Ne との混合気体は，赤色のレーザー光を発光する。写真は実験用光源。

●アルゴン Ar

フィラメントの消耗防止のため，白熱球に封入。

電極のまわりからアルゴン放出しシールドガスとなり，アーク（放電）による溶接部を酸化や窒素から守る。

●クリプトン Kr

フィラメントの消耗防止用封入ガス。アルゴンより優れている。

●ラドン Rn

ラドンを含んでいる温泉は，神経痛に効果があるといわれている。

●キセノン Xe

ヘッドライト：キセノン封入のランプは，自動車用ヘッドライトなどに用いられる。

サーチライト：太陽光に類似しているので，サーチライトなどに利用されている。

イオンエンジン：小惑星探査機はやぶさにも搭載されたイオンエンジン推進剤。

TOPICS ニフッ化キセノン XeF_2

貴ガスは閉殻構造のため，一般的に化合物をつくりにくい。しかし，キセノンとフッ素を混合し，ある条件下で太陽光に当てることで貴ガスの化合物 XeF_2 を得ることができる。

思考 貴ガスの原子が他の原子と結合しにくいのはなぜか。

3 ハロゲン
Halogens

1 ハロゲンの単体
halogen

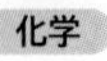

17族元素をハロゲンという。ハロゲンの原子は，価電子を7個もち，1価の陰イオンになりやすい。ハロゲンの単体はいずれも**二原子分子**であり，有毒である。分子量の大きいものほど融点・沸点が高い。

ハロゲンの性質

ハロゲン		原子の電子配置 K	L	M	N	O	状態（常温）	色	融点〔℃〕	沸点〔℃〕	酸化力	水素との反応
フッ素	F_2	2	7				気体	淡黄色	−220	−188	強	冷暗所でも爆発的に反応
塩素	Cl_2	2	8	7			気体	黄緑色	−101	−34	↑	光により爆発的に反応
臭素	Br_2	2	8	18	7		液体	赤褐色	−7	59		加熱・触媒により反応
ヨウ素	I_2	2	8	18	18	7	固体	黒紫色	114	184	弱	加熱・触媒によりわずかに反応

＊▢は最外殻電子を示す。

成分元素の存在

▶フッ素

▶塩素

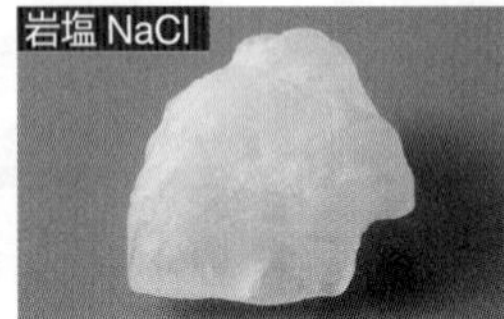

▶臭素

▶ヨウ素

単体

▶フッ素 F_2

フッ素は淡黄色の気体である。酸化力が強いので，ボンベに保存する。ボンベの中は鏡面仕上げとなっている。

▶塩素 Cl_2

塩素は黄緑色の気体である。塩素の水溶液は塩素水とよばれる。

▶臭素 Br_2

臭素は赤褐色の液体である。臭素の水溶液は臭素水とよばれる。

▶ヨウ素 I_2

ヨウ素は黒紫色の固体である。ヨウ化カリウム水溶液に溶ける（➡p.161）。

水との反応

▶塩素　▶臭素　▶ヨウ素

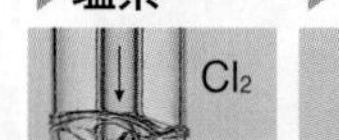

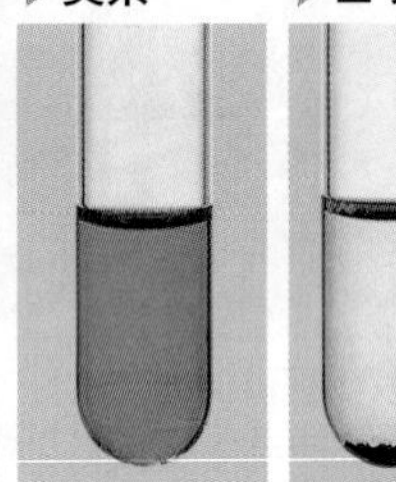

塩素は一部が水と反応して塩化水素 HCl と酸化作用を示す次亜塩素酸 HClO となっている。臭素は水にわずかに溶ける。ヨウ素は水に溶けにくい。

$$Cl_2 + H_2O \rightleftharpoons HCl + HClO$$
$$Br_2 + H_2O \rightleftharpoons HBr + HBrO$$

TOPICS

塩素の発見

1774年シェーレ（スウェーデン）は，軟マンガン鉱（天然の酸化マンガン(Ⅳ)）と塩酸が反応して塩素が生成することを発見した。

1810年デービー（英）は，塩素を単体と考え，ギリシア語のクローロス chloros（黄緑色）から，クローリン chlorine と名づけた。

2 ハロゲンの酸化力

ハロゲンの単体は強い**酸化力**をもつ。

化学

ハロゲンの酸化力の強さ

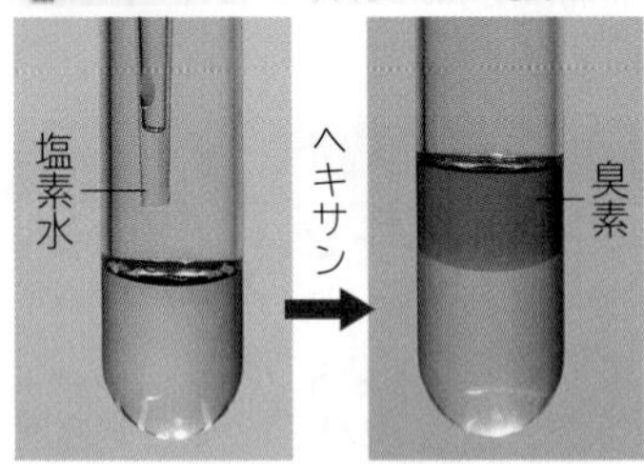

臭化カリウム水溶液　臭素がヘキサン層へ

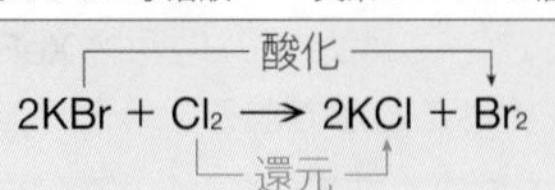

$$2KBr + Cl_2 \longrightarrow 2KCl + Br_2$$

酸化力　$Cl_2 > Br_2$

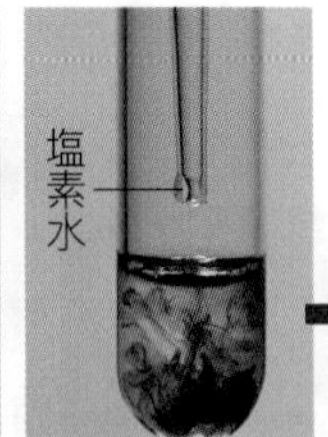

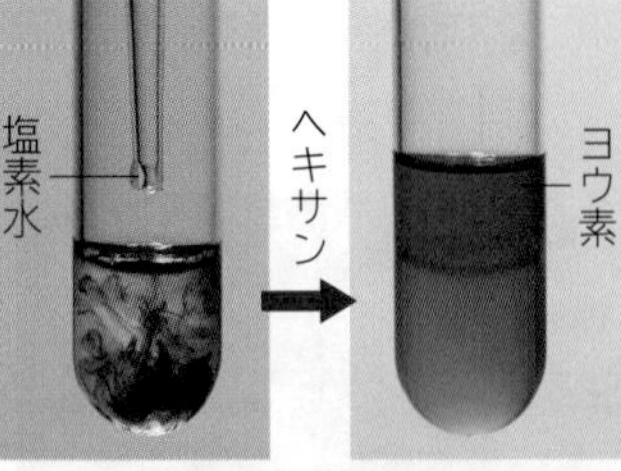

ヨウ化カリウム水溶液　ヨウ素がヘキサン層へ

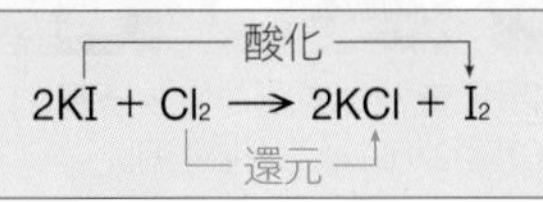

$$2KI + Cl_2 \longrightarrow 2KCl + I_2$$

酸化力　$Cl_2 > I_2$

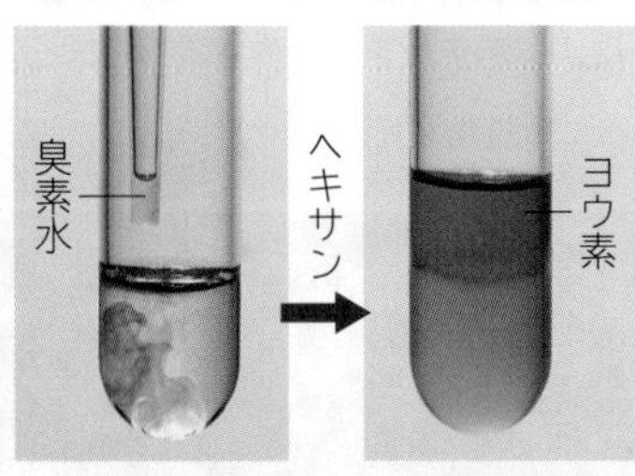

ヨウ化カリウム水溶液　ヨウ素がヘキサン層へ

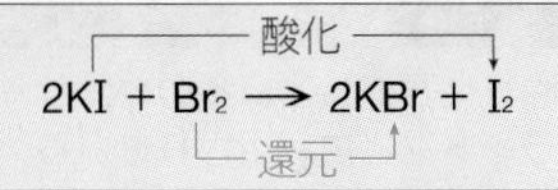

$$2KI + Br_2 \longrightarrow 2KBr + I_2$$

酸化力　$Br_2 > I_2$

POINT

酸化力の強さ

$$F_2 \gg Cl_2 > Br_2 > I_2$$

ハロゲンの単体は強い酸化力をもつ。原子番号が小さいほど酸化力が強く，原子番号の大きい方の化合物を酸化する。F_2 は最も酸化力が強く，水と激しく反応し，O_2 を生じる。

$$2F_2 + 2H_2O \longrightarrow 4HF + O_2$$

思考 原子番号が小さいほど酸化力が強いのはなぜか。

3 塩素 Cl_2

chlorine

塩素の単体は，黄緑色の気体で刺激臭があり，空気より重い(3.214 g/L(0 ℃，1.013×10^5 Pa))。塩素の工業的製法にはイオン交換膜法が利用されている(➡p.227)。

化学

塩素の製法

製法 1

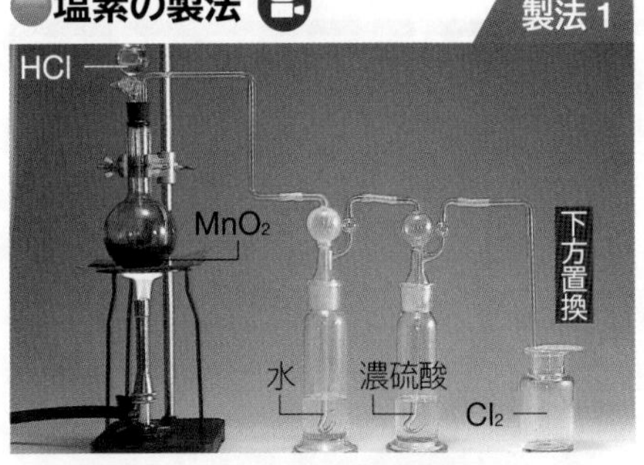

酸化マンガン(Ⅳ)MnO_2 に濃塩酸を加えて加熱する。発生する塩素中に含まれる塩化水素は水に通して除き，水は濃硫酸に通して除く。

$$MnO_2 + 4HCl \longrightarrow MnCl_2 + 2H_2O + Cl_2\uparrow$$

製法 2

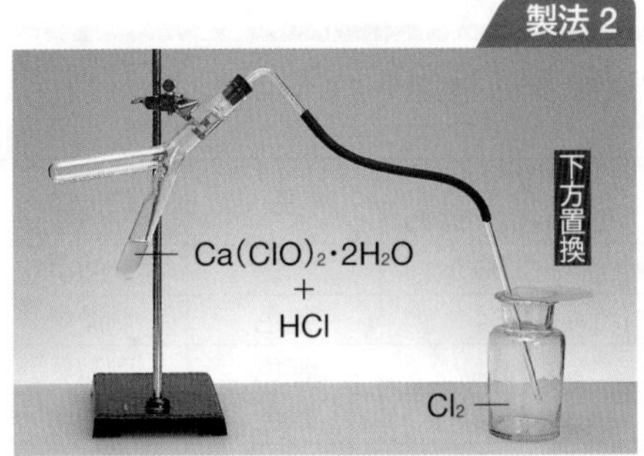

高度さらし粉 $Ca(ClO)_2 \cdot 2H_2O$ に塩酸を加える。

$$Ca(ClO)_2 \cdot 2H_2O + 4HCl \longrightarrow CaCl_2 + 4H_2O + 2Cl_2\uparrow$$

製法 3

過マンガン酸カリウム $KMnO_4$ に濃塩酸を加える。生成物には塩化マンガン(Ⅱ)$MnCl_2$ の他に途中まで還元された MnO_2 も混在する。

$$2KMnO_4 + 16HCl \longrightarrow 2KCl + 2MnCl_2 + 8H_2O + 5Cl_2\uparrow$$

4 塩素 Cl_2 の性質

塩素の単体は，強い酸化力による漂白作用がある。

化学

漂白作用

塩素の一部が水と反応して生じる次亜塩素酸 HClO は，強い酸化力をもつため，漂白作用や殺菌作用を示す。塩素中に花を入れると，花の色素が漂白される。また，プールの水や水道水は，塩素を加えて殺菌している。

$$Cl_2 + H_2O \rightleftarrows HCl + HClO$$

金属との反応

加熱した銅線を塩素中に入れると，激しく反応して，塩化銅(Ⅱ)$CuCl_2$ になる。燃焼後，水を加えて振ると青色の水溶液になる(銅(Ⅱ)イオン Cu^{2+} の存在を示す)。

$$Cu + Cl_2 \longrightarrow CuCl_2$$

水素との反応

水素に点火し，塩素中に入れると，青白い炎を上げて燃える。このとき塩化水素 HCl が生成する。

$$H_2 + Cl_2 \longrightarrow 2HCl$$

5 ヨウ素 I_2

iodine

ヨウ素の単体は，昇華性のある黒紫色の固体である。

化学

コンブから抽出

コンブを焼いた灰に水を加えて成分のヨウ素をヨウ化ナトリウム NaI などとして溶かし出す。酸化マンガン(Ⅳ)MnO_2 と希硫酸を入れて加熱すると，ヨウ素が昇華して，赤紫色の蒸気が生じる。

$$2NaI + MnO_2 + 2H_2SO_4 \longrightarrow Na_2SO_4 + MnSO_4 + 2H_2O + I_2$$

ヨウ素の溶解性

KI水溶液	エタノール	ヘキサン

ヨウ素は水に溶けにくいが，ヨウ化カリウムの水溶液に溶けて，褐色の溶液となる(**ヨウ素液**)。これは溶液内で，次式の3種類の分子やイオンが存在するためである。ヨウ素はエタノール，ヘキサン，四塩化炭素などの有機溶媒にもよく溶ける。

$$I_2 + I^- \rightleftarrows I_3^-$$ (三ヨウ化物イオン)

塩素の検出

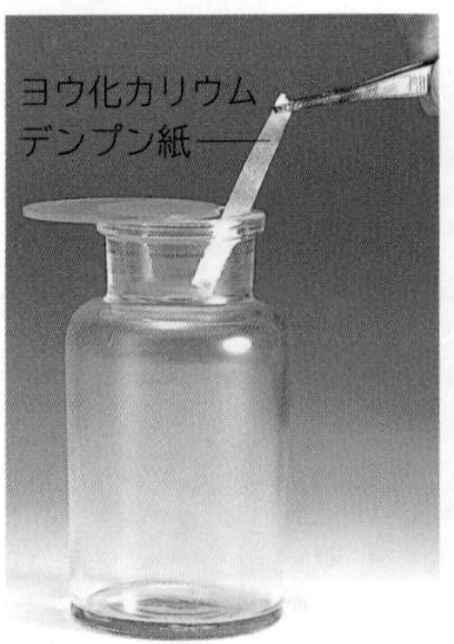

塩素中に湿ったヨウ化カリウムデンプン紙を入れると，塩素の酸化作用でヨウ化カリウムからヨウ素が遊離してデンプンと反応する。この**ヨウ素デンプン反応**が青紫色を示し，塩素の検出ができる。

$$2KI + Cl_2 \longrightarrow 2KCl + I_2$$

4 ハロゲンの化合物 1
Halogen compounds 1

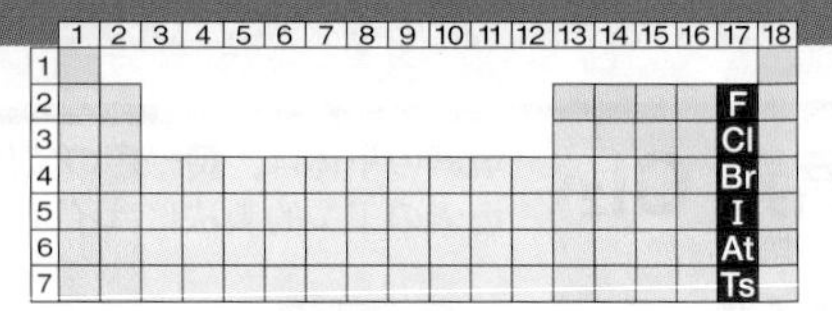

1 ハロゲン化水素
hydrogen halide

すべて，無色，刺激臭をもつ。常温ではいずれも気体である。 化学

ハロゲン化水素	融点〔℃〕	沸点〔℃〕	密度〔g/L〕(0℃, 1.013×10⁵ Pa)	色	におい	水溶液		極性
						名称	酸の強さ	
フッ化水素　HF	−83	20	1.00	無色	刺激臭	フッ化水素酸	弱酸	大
塩化水素　HCl	−114	−85	1.64	無色	刺激臭	塩酸	強酸	↑
臭化水素　HBr	−89	−67	3.64	無色	刺激臭	臭化水素酸	強酸	
ヨウ化水素　HI	−51	−35	5.99	無色	刺激臭	ヨウ化水素酸	強酸	小

2 フッ化水素 HF
hydrogen fluoride

フッ化水素の水溶液であるフッ化水素酸は弱酸で，ガラスを腐食させる性質がある。 化学

製法

フッ化水素は，白金または鉛の容器の中で，ホタル石(主成分 CaF_2)に濃硫酸を加えて加熱すると得られる。

$$CaF_2 + H_2SO_4 \longrightarrow CaSO_4 + 2HF\uparrow$$

分子構造

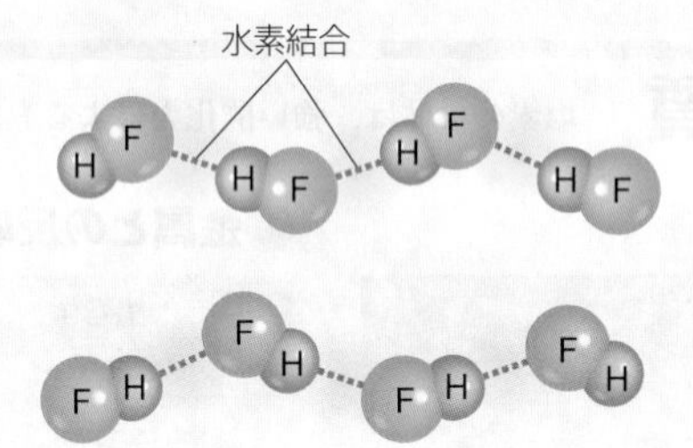

フッ素は電気陰性度がきわめて大きいため，HF 分子は強い極性をもつ。このため，HF 分子は分子間に水素結合を形成するため分子量が小さくても融点・沸点が非常に高い。

フッ化水素酸 HF

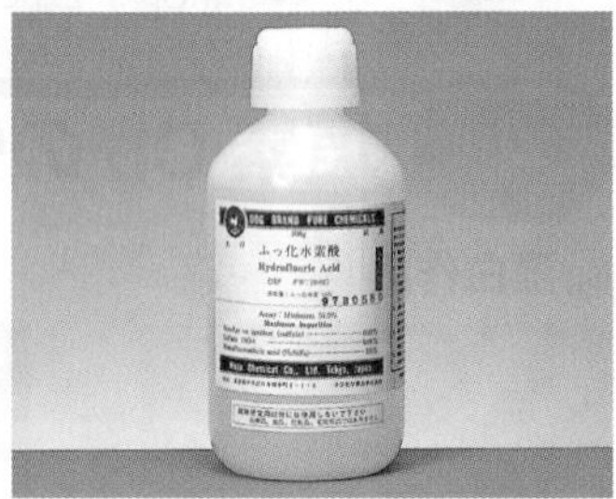

ガラスの主成分であるケイ酸塩または SiO_2 と反応するのでポリエチレンの容器で保存する。

$$SiO_2 + 6HF \longrightarrow H_2SiF_6 + 2H_2O$$

ヘキサフルオロケイ酸

フッ化水素酸とガラスの腐食

①パラフィンをガラスに塗り，好みの形に削りとる。
②フッ化水素酸を筆でガラスの上に塗り，一晩置く。
③水洗いし，パラフィンをとるとガラス絵ができる。

3 塩化水素 HCl
hydrogen chloride

塩化水素は，空気より密度が大きく(1.64 g/L(0 ℃, 1.013 × 10⁵ Pa))，水によく溶ける。 化学

製法

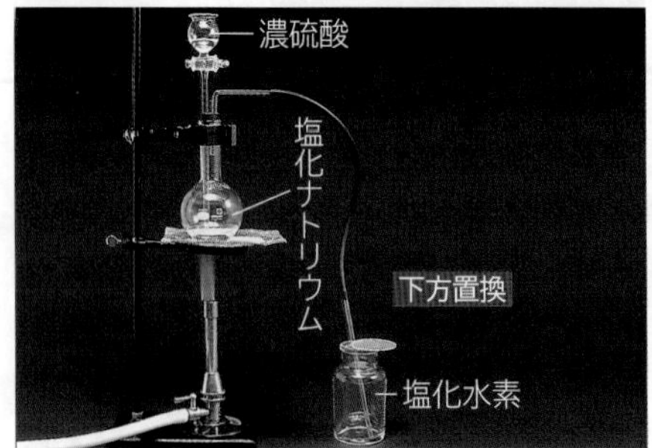

塩化水素は塩化ナトリウムに濃硫酸を加えると得られる。反応を促進させるには，おだやかに加熱する。

$$NaCl + H_2SO_4 \longrightarrow NaHSO_4 + HCl\uparrow$$

性質

空気中で塩化水素とアンモニアを接触させると，塩化アンモニウムの白煙が生じる(HCl の検出)。

$$NH_3 + HCl \longrightarrow NH_4Cl$$

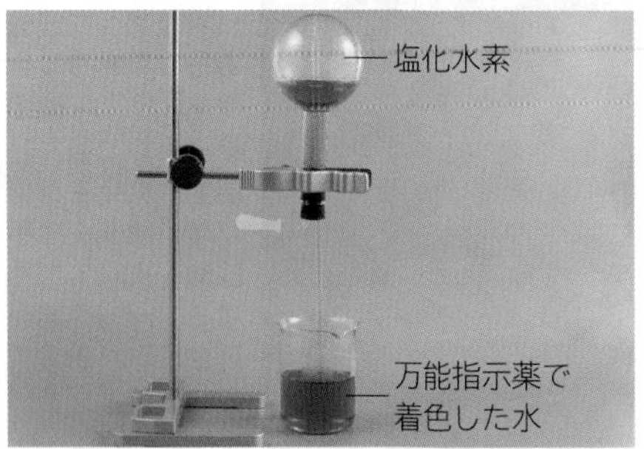

塩化水素は水によく溶けて，強酸の塩酸になる。万能指示薬で着色した水が赤色の噴水になる。

$$HCl \longrightarrow H^+ + Cl^-$$

思考 HF が他の同族の水素化物と比べて沸点が高い理由を説明せよ。

塩酸

市販の濃塩酸は 12 mol/L (約 37 %) で発煙性がある。

塩酸と金属の反応

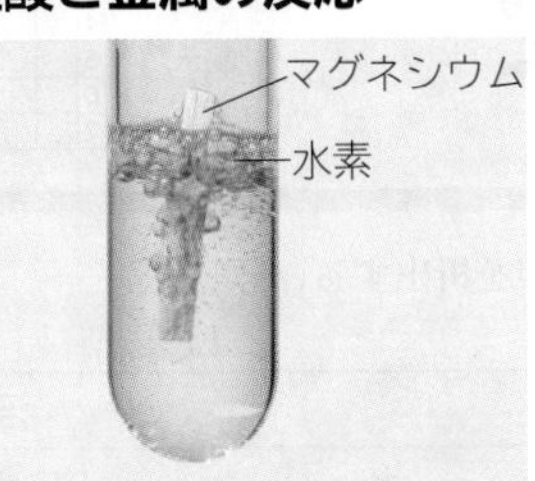

塩酸はマグネシウムや亜鉛などの金属を溶かして，水素を発生する。

$$Mg + 2HCl \longrightarrow MgCl_2 + H_2\uparrow$$

塩酸と硝酸銀水溶液の反応

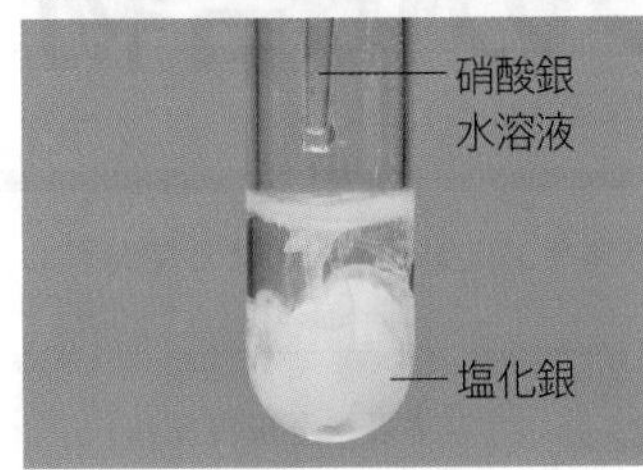

塩酸に硝酸銀 $AgNO_3$ 水溶液を入れると，塩化銀の白色沈殿ができる。

$$AgNO_3 + HCl \longrightarrow AgCl\downarrow + HNO_3$$

TOPICS

胃酸

塩酸は代表的な強酸の一つである。胃液の主成分の一つで，消化酵素ペプシンのはたらきを助ける。胃壁は粘液におおわれているため，胃酸により消化されることはない。

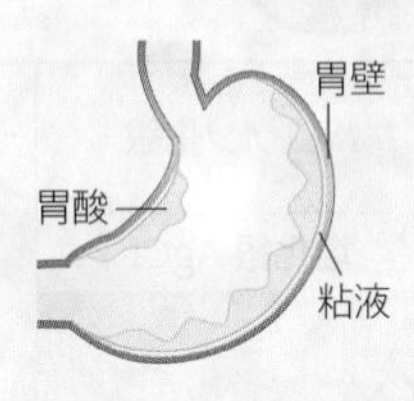

4 塩素のオキソ酸

oxoacid

酸素原子を含む酸をオキソ酸という。

化学

塩素のオキソ酸 (➡p.167)

*HOCl とも表す。

物質名	次亜塩素酸	亜塩素酸	塩素酸	過塩素酸
化学式	$HClO$*	$HClO_2$	$HClO_3$	$HClO_4$
Clの酸化数	+1	+3	+5	+7
酸の強さ	弱 ←			→ 強
構造式	H-O-Cl	H-O-Cl (Cl→O)	H-O-Cl→O (Cl→O)	H-O-Cl→O (Cl→O 上下に各1)

電気陰性度が O > Cl より，酸素の数が増えると塩素の酸化数は増加する。

→(矢印)は配位結合を表す。共有電子対が電気陰性度の大きい原子に引きつけられている向きを示す。

▶次亜塩素酸ナトリウム

$NaClO$

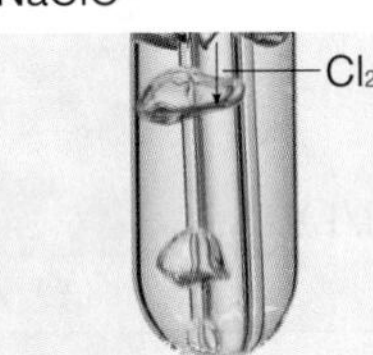

酸化作用を示し，殺菌・漂白剤として利用される。塩素と水酸化ナトリウムを反応させると得られる。

$$Cl_2 + 2NaOH \longrightarrow NaClO + NaCl + H_2O$$

▶さらし粉

$CaCl(ClO)\cdot H_2O$

水酸化カルシウムに塩素を吸収させると得られる。殺菌・漂白剤に使われてきた。現在では高度さらし粉 $Ca(ClO)_2\cdot 2H_2O$ が用いられている。

$$Cl_2 + Ca(OH)_2 \longrightarrow CaCl(ClO)\cdot H_2O$$

▶塩素酸カリウム

$KClO_3$

強い酸化剤であり，マッチの頭薬の原料。酸化マンガン(Ⅳ)を触媒として加え，加熱により分解して酸素を発生する。

$$2KClO_3 \longrightarrow 2KCl + 3O_2\uparrow$$

入試ではこう出る!

塩素は少し水に溶け，その水溶液は塩素水とよばれる。(a)塩素水は，青色リトマス紙を赤変させ，さらにその色を漂白する。実験室で，単体の塩素をつくるには(b)高度さらし粉に塩酸を反応させるか，(c)図のように，酸化マンガン(Ⅳ)に濃塩酸を加えて加熱してつくる。発生する塩素は(ア)置換により捕集する。

ヨウ化カリウム水溶液に，塩素を通じるとヨウ素が遊離する。この反応は，塩素がヨウ素よりも(イ)作用が強いことを示している。したがって，微量の塩素の検出にヨウ化カリウム(ウ)紙が用いられる。

常温，常圧では，塩素は黄緑色の気体，臭素は赤褐色の(エ)体，フッ素は淡黄色の(オ)体の状態で存在する。(d)単体のフッ素は水と激しく反応する。(e)フッ化水素はホタル石を濃硫酸とともに加熱すると得られる。フッ化水素は，塩化水素に比べて沸点が(カ)い。これは，フッ化水素分子間に(キ)結合を生じるためである。フッ化水素酸は，塩酸に比べて酸性が(ク)い。なお，(f)フッ化水素酸は，二酸化ケイ素と反応するため，くもりガラスの製造に利用される。フッ化水素酸の保存には(ケ)製の容器を用いる。

(1) 空欄(　　)の中に，当てはまる語句を記せ。

(2) 下線部(a)のようにリトマス紙の変色が起こり，退色するのはなぜか。その理由を塩素水中に含まれる物質に注目して説明せよ。

(3) 下線部(b)～(f)の化学反応式を書け。　　[信州大　改]

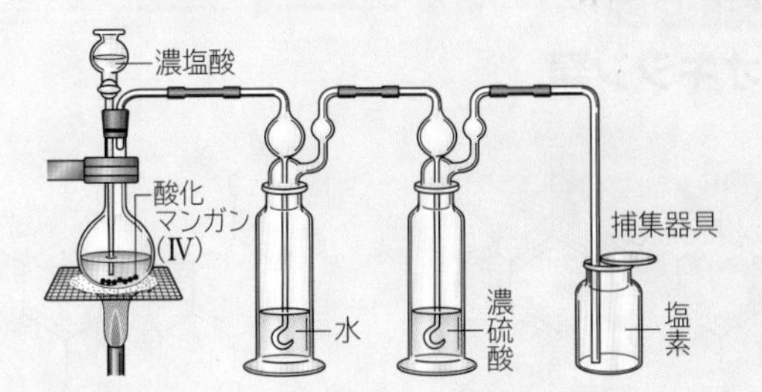

【解答】(1) (ア)下方　(イ)酸化　(ウ)デンプン　(エ)液　(オ)気　(カ)高　(キ)水素　(ク)弱　(ケ)ポリエチレン

(2) 塩素は水と次のように反応する。

$$Cl_2 + H_2O \rightleftharpoons HCl + HClO$$

このとき生じる塩酸と次亜塩素酸は酸性の物質であるため，青色リトマス紙を赤変させる。さらに，次亜塩素酸は酸化作用があり，リトマス紙の色素は酸化されて，退色する。

(3) (b) $Ca(ClO)_2\cdot 2H_2O + 4HCl \longrightarrow CaCl_2 + 4H_2O + 2Cl_2$

(c) $MnO_2 + 4HCl \longrightarrow MnCl_2 + 2H_2O + Cl_2$

(d) $2F_2 + 2H_2O \longrightarrow O_2 + 4HF$

(e) $CaF_2 + H_2SO_4 \longrightarrow CaSO_4 + 2HF$

(f) $SiO_2 + 6HF \longrightarrow H_2SiF_6 + 2H_2O$

【解説】(3) (c) 発生した気体を水に通して未反応の HCl を溶かし，次に濃硫酸に通して水を除く。この順序を逆にしてしまうと，濃硫酸のあとに水に通すことになり，水を除くことができない。

5 ハロゲンの化合物 2
Halogen compounds 2

	1	2	3	4	5	6	7	8	9	10	11	12	13	14	15	16	17	18
1																		
2																	F	
3																	Cl	
4																	Br	
5																	I	
6																	At	
7																	Ts	

1 ハロゲン化銀
silver halide

ハロゲン化銀は，光によって分解し，銀を析出する(感光性)。

化学

ハロゲン化銀	光の照射	溶解度と溶解度積	溶解性		
			水	アンモニア水	チオ硫酸ナトリウム水溶液
塩化銀 AgCl 白色の固体	光の照射 黒く変化する	溶解度(25℃) 1.93×10^{-4} g/100 g 水 溶解度積(25℃) 1.8×10^{-10}(mol/L)^2	ほとんど溶けない	$[Ag(NH_3)_2]^+$ 溶ける	$[Ag(S_2O_3)_2]^{3-}$ 溶ける
臭化銀 AgBr 淡黄色の固体	光の照射 少し変化する	溶解度(25℃) 1.35×10^{-5} g/100 g 水 溶解度積(25℃) 5.2×10^{-13}(mol/L)^2	ほとんど溶けない	少し溶ける	$[Ag(S_2O_3)_2]^{3-}$ 溶ける
ヨウ化銀 AgI 黄色の固体	光の照射 わずかに変化する	溶解度(20℃) 3.4×10^{-6} g/100 g 水 溶解度積(20℃) 2.1×10^{-14}(mol/L)^2	ほとんど溶けない	溶けない	$[Ag(S_2O_3)_2]^{3-}$ 溶ける

*フッ化銀 AgF は黄色の固体で，水に溶けるので沈殿しない。

TOPICS

ダイオキシン類

▶種類

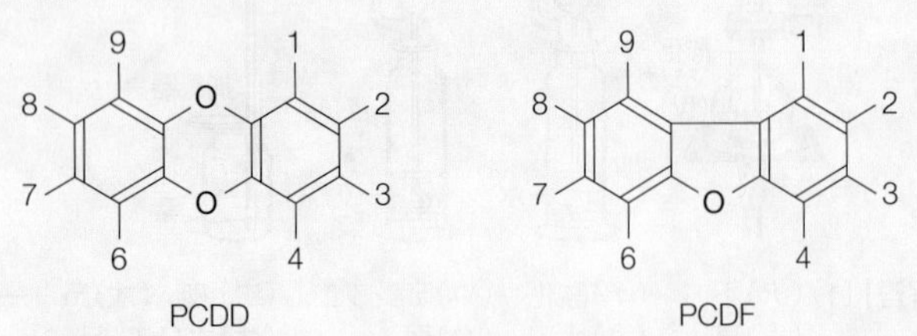

ポリ塩化ジベンゾ-*p*-ジオキシン(PCDD)とポリ塩化ジベンゾフラン(PCDF)の1～4，6～9の位置に塩素のついたものをダイオキシン類といい，PCDD は75種類，PCDF は135種類ある。

▶発生

ダイオキシン類の約9割が，身のまわりのごみや産業廃棄物を焼却するときに出ると報告されている。大気中に放出されたダイオキシン類は，土壌や水を汚染し，さらに食物連鎖を通してプランクトンや魚にとり込まれていくことで，生物にも蓄積されていく。

ダイオキシン類の排出を低減したゴミ焼却場

▶人への影響と対策

WHO(世界保健機構)の国際がん研究機関(IARC)では，2,3,7,8-TCDD に発がん性があるという評価をしている。また，ダイオキシン類は内分泌かく乱物質(環境ホルモン)と考えられており，甲状腺機能の低下，生殖器官の縮小，精子数の減少，免疫機能低下，胎児に奇形を起こす可能性が危惧(きぐ)されている。日本では，大気汚染防止法や廃棄物処理法により廃棄物焼却炉などからの排出量を規制し，健康に影響が出ることを未然に防いでいる。

g/kg	半数致死量*
10^{-9}	ボツリヌス菌(天然)
⋮	
10^{-6}	ダイオキシン(人工)
10^{-5}	フグ毒(天然)
10^{-4}	サリン(人工)
10^{-3}	
10^{-2}	青酸カリ(人工)

*ねずみに与えたとき，半数が死ぬ量

Cl O Cl
Cl O Cl

2,3,7,8-TCDD

多くの種類があるが，この構造のものが，最も毒性が強いといわれている。

2 ハロゲンの化合物の利用

フッ素

▶歯みがき粉の添加物

虫歯予防のためにフッ化ナトリウム NaF を添加した歯みがき粉がある。

▶調理器具

フッ素樹脂(商品名：テフロン)は，耐熱性・耐薬品性に優れている(p.306)。

▶ゴアテックス

ポリテトラフルオロエチレン(PTFE：テフロン)を加工したもの。防水性と透湿性をあわせもった素材。

TOPICS

フロン

クロロフルオロカーボン(CFC)の総称。化学的に安定で，無色・無臭・不燃性であり，毒性も弱いので，スプレーの噴霧剤，冷蔵庫などの冷媒として利用されてきた。しかし，オゾン層を破壊することがわかり，1996 年から国際的に特定フロンの生産や消費が禁止された。現在国内では，フロンを利用しない「ノンフロン機器」の導入を積極的に進めている。

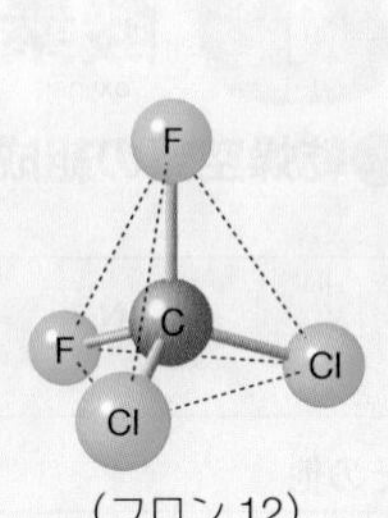

(フロン 12)

塩素

▶酸性洗剤と塩素系漂白剤

酸性の洗剤には塩酸など，塩素系の漂白剤には次亜塩素酸ナトリウムなどを含む。これらを同時に使うと，塩素が発生して危険(p.89)。

▶水道管

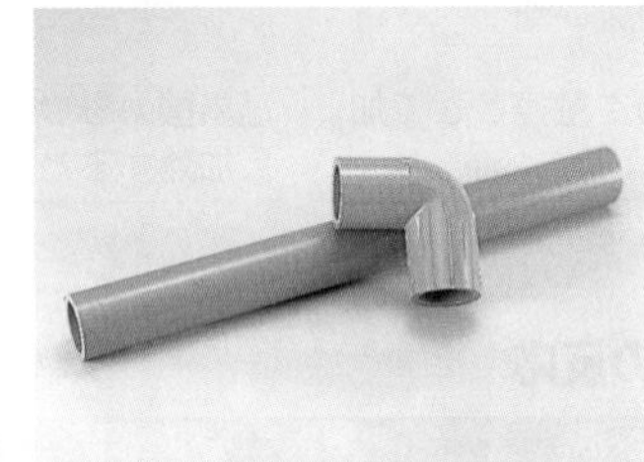

ポリ塩化ビニルは塩素を含む合成樹脂で，水道管などのパイプなどに使われている(p.300)。

▶食品の包装用ラップ

ポリ塩化ビニリデン(サラン)は，食品の包装用ラップとして使われている(p.300)。

▶防虫剤

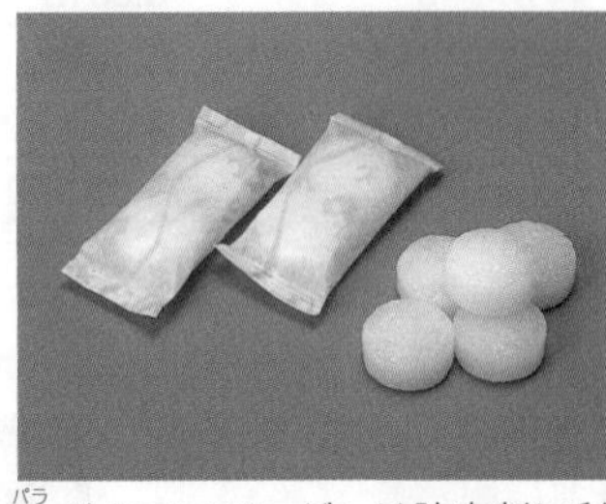

p(パラ)-ジクロロベンゼンは防虫剤に利用されている(p.255)。

臭素

▶写真のフィルム

臭化銀 AgBr は写真のフィルムの感光剤として用いられてきた(p.202)。

▶プリント基板

臭素は難燃剤として，プリント基板に添加されている。

▶ハロゲン化ガラス

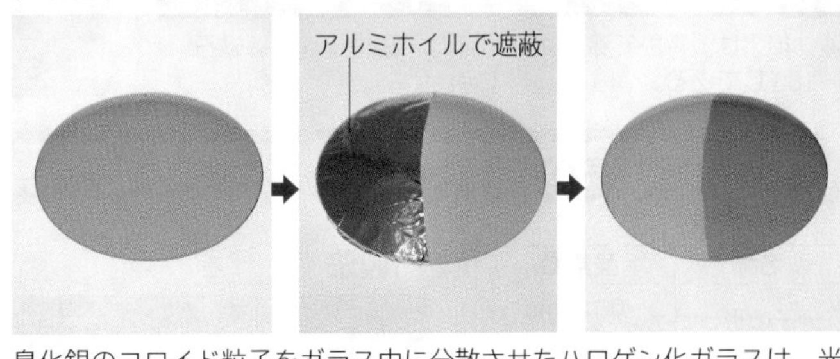

臭化銀のコロイド粒子をガラス中に分散させたハロゲン化ガラスは，光が当たると臭化銀が分解して銀が生成し黒くなる(p.202)。

$$2AgBr \rightleftharpoons 2Ag + Br_2$$

ヨウ素

▶うがい薬

ヨウ素の溶液は，ヨードチンキやうがい薬に利用されている。

▶ヨード卵

ヨウ素は，1 人 1 日 0.2 mg 必要である。ヨウ素を多く含むヨード卵が市販されている。

▶医療への応用

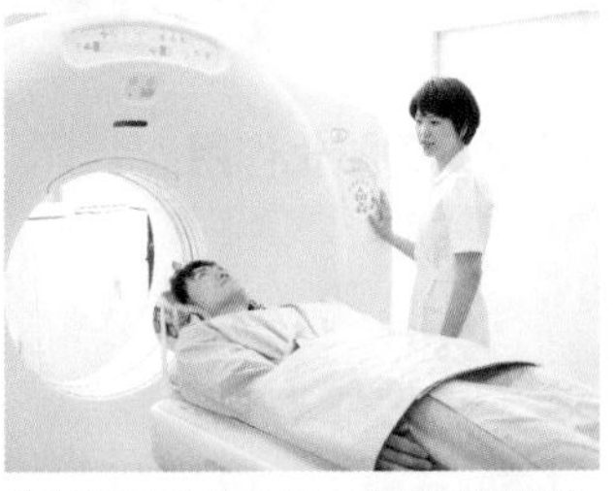

放射性同位体のヨウ素は甲状腺機能の測定や甲状腺がんの治療に利用されている。

▶ハロゲンランプ

微量のハロゲンガスがタングステンの蒸発を防ぐため，きわめて明るい。自動車の前照灯などに利用。

思考 塩素系漂白剤と酸性洗剤を混ぜてはいけないのはなぜか。

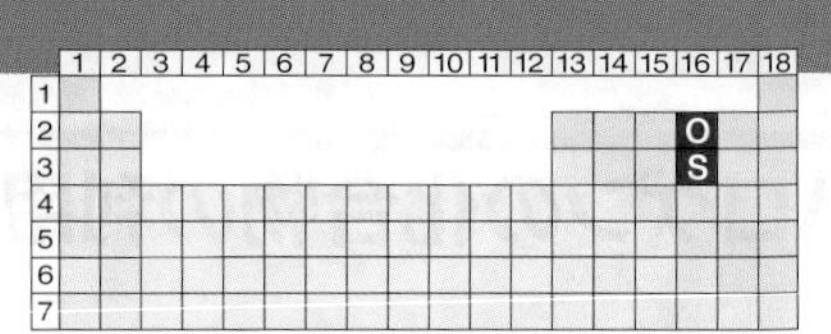

6 酸素と硫黄

Oxygen and sulfur

1 酸素 O_2

oxygen

酸素は，約20億年前からシアノバクテリアなどの光合成により蓄積されたと考えられている。酸素原子は，価電子を6個もち，2価の陰イオンになりやすい。工業的に酸素を得るには，液体空気を分留する。

化学

乾燥空気の組成

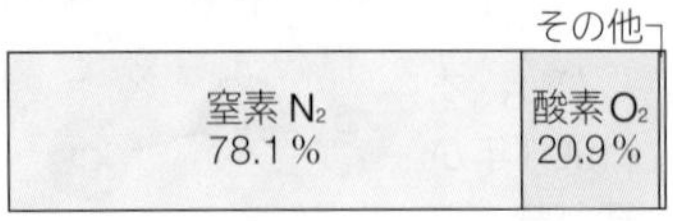

その他

成分	組成（体積％）
アルゴン Ar	0.9
二酸化炭素 CO_2	0.04
ネオン Ne	0.0018
ヘリウム He	0.00052
クリプトン Kr	0.00011
水素 H_2	～0.00005
キセノン Xe	0.000009

製法

製法1

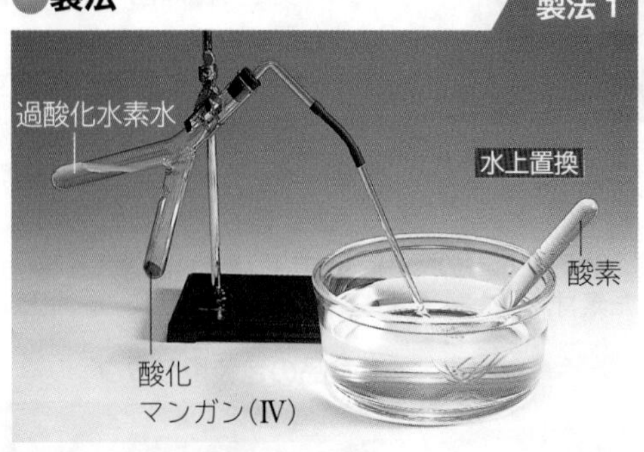

過酸化水素水に，酸化マンガン(Ⅳ)を触媒として加えると発生する。

$$2H_2O_2 \longrightarrow 2H_2O + O_2\uparrow$$

製法2

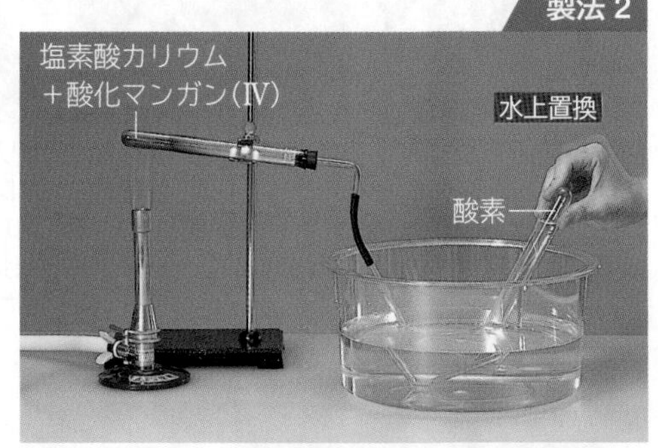

塩素酸カリウムに酸化マンガン(Ⅳ)を触媒として加え加熱すると，酸素が発生する（➡p.163）。

$$2KClO_3 \longrightarrow 2KCl + 3O_2\uparrow$$

液体酸素

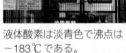

液体酸素は淡青色で沸点は－183℃である。

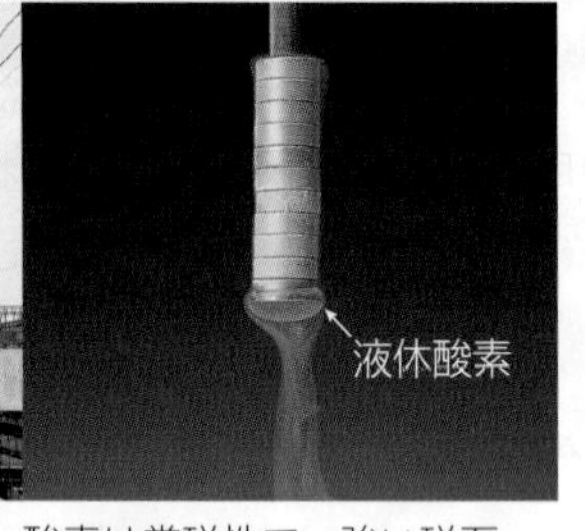

酸素は常磁性で，強い磁石に引かれる。

酸素との反応

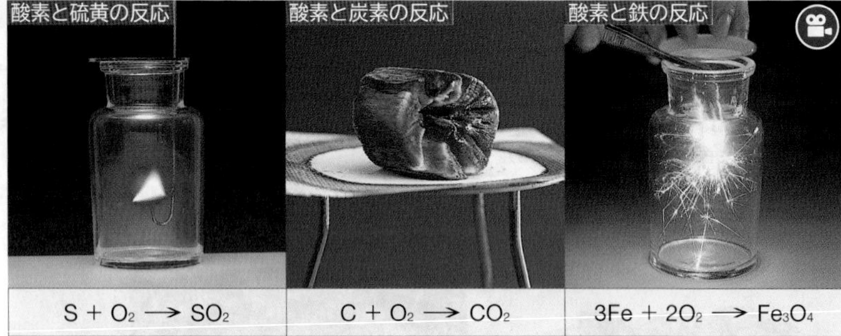

酸素と硫黄の反応	酸素と炭素の反応	酸素と鉄の反応
$S + O_2 \longrightarrow SO_2$	$C + O_2 \longrightarrow CO_2$	$3Fe + 2O_2 \longrightarrow Fe_3O_4$

2 酸素の同素体

酸素の同素体には，酸素 O_2 とオゾン O_3 がある。

化学

名称	酸素 O_2
分子の形	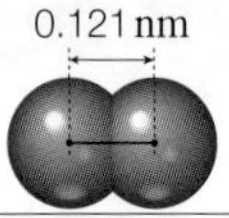 0.121 nm
融点〔℃〕	−218
沸点〔℃〕	−183
密度〔g/L〕	1.43
色（常温）	無色
におい	無臭

名称	オゾン O_3
分子の形	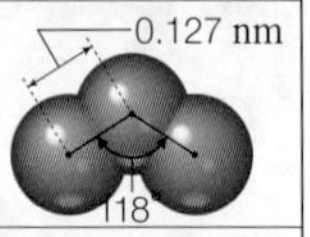 0.127 nm, 118°
融点〔℃〕	−193
沸点〔℃〕	−111
密度〔g/L〕	2.14
色（常温）	淡青色
におい	特異臭

製法

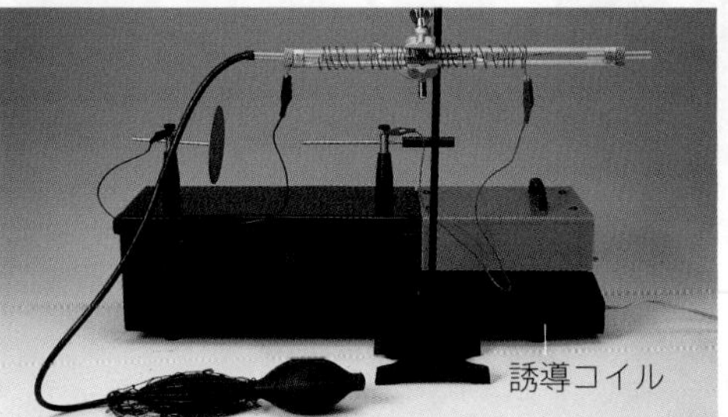

オゾン発生器

空気または酸素中で無声放電（音をともなわない放電）を行うか，酸素に強い紫外線を当て，発生させる。

$$3O_2 \longrightarrow 2O_3$$

オゾンの酸化作用

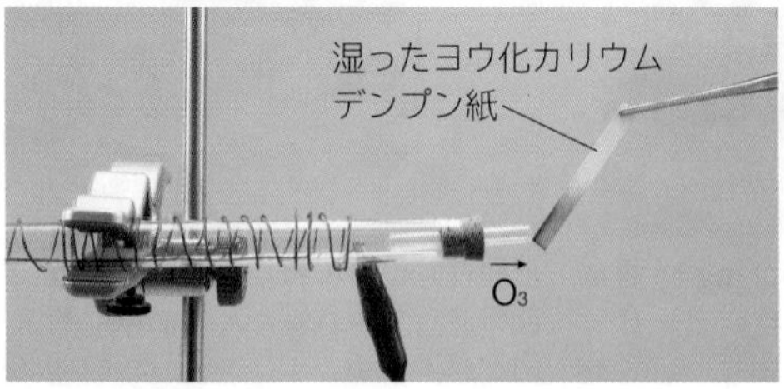

湿ったヨウ化カリウムデンプン紙

O_3

オゾンは分解しやすく，強い酸化作用を示すので，湿ったヨウ化カリウムデンプン紙を青変させる。

$$2KI + O_3 + H_2O \longrightarrow I_2 + 2KOH + O_2$$

オゾンの利用

オゾンは，繊維の漂白，空気や水の殺菌，工場排水中の有害物質の処理などに利用される。大量のオゾンは，その酸化作用の強さから生物にとって有害であるため，人体に害を及ぼさない量のオゾンが使用されている。

思考 大気中でのオゾンはどのようにできるか。

3 酸化物とオキソ酸

酸素は多くの物質と結合して酸化物をつくる。オキソ酸は酸素を分子中に含む酸である。 化学

第3周期の元素の酸化物および水酸化物とオキソ酸

族	1	2	13	14	15	16	17
元素	Na	Mg	Al	Si	P	S	Cl
酸化物	Na_2O	MgO	Al_2O_3	SiO_2	P_4O_{10}	SO_3	Cl_2O_7
分類	①塩基性		②両性	③酸性			
水酸化物 オキソ酸	NaOH	$Mg(OH)_2$	$Al(OH)_3$	H_2SiO_3	H_3PO_4	H_2SO_4	$HClO_4$
水溶液	強塩基性	弱塩基性	(ほとんど溶けない)		酸性	強酸性	

①金属元素の酸化物の多くは塩基性酸化物。

$Na_2O + H_2O \longrightarrow 2NaOH$ ←水に溶け塩基を生じる
$MgO + 2HCl \longrightarrow MgCl_2 + H_2O$ ←酸と反応する

②酸化アルミニウム Al_2O_3 などは両性酸化物。

$Al_2O_3 + 6HCl \longrightarrow 2AlCl_3 + 3H_2O$ ←酸と反応する
$Al_2O_3 + 2NaOH + 3H_2O \longrightarrow 2Na[Al(OH)_4]$ ←塩基とも反応する

③非金属元素の酸化物の多くは酸性酸化物。

$SO_3 + H_2O \longrightarrow H_2SO_4$ ←水に溶け酸を生じる
$P_4O_{10} + 12NaOH \longrightarrow 4Na_3PO_4 + 6H_2O$ ←塩基と反応する

オキソ酸とその性質

酸化数	15族 化学式	15族 名称	16族 化学式	16族 名称	17族 化学式	17族 名称	酸の強さ
+1					HClO	次亜塩素酸	弱
+3	HNO_2	亜硝酸			$HClO_2$	亜塩素酸	↑
+4			H_2SO_3	亜硫酸			
+5	HNO_3	硝酸			$HClO_3$	塩素酸	
+6			H_2SO_4	硫酸			↓
+7					$HClO_4$	過塩素酸	強

酸の強さ

①中心となるN，P，S，Clなどの元素の電気陰性度が大きいほど酸性が強い。
例 酸の強さ $H_2SO_4 > H_3PO_4$

②中心となる元素が同じオキソ酸の中では，分子中の酸素原子の数が多いほど酸性が強い。これは酸素原子の電気陰性度が大きいためである。中心原子は，酸素原子が結合するほど電子が少なくなり，水素原子が H^+ として電離しやすくなる。
例 酸の強さ $HClO_4 > HClO_3 > HClO_2 > HClO$
酸素原子4個 3個 2個 1個

TOPICS オゾン層の破壊

大気中のオゾンは成層圏(約10～50 km上空)に約90%存在しており，この層をオゾン層とよぶ。オゾン層は，太陽からくる光線のうち生物に有害な紫外線を吸収し，地上に達するのを防ぐ。フロンは地上では分解されにくく，成層圏に達すると紫外線を受けて分解し，塩素原子を発生する。この塩素が触媒として働き，オゾンを次々に破壊する。

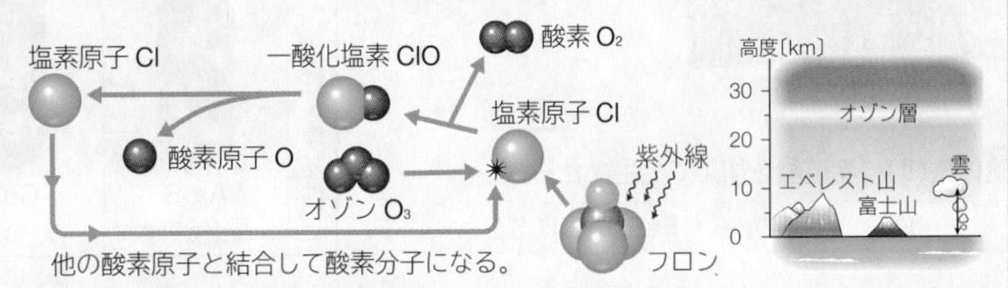

4 硫黄Sの単体
sulfur

硫黄の単体は，現在，石油精製の工程において脱硫作業で回収している。これを原料として硫黄化合物が工業的に生産されている。 化学

硫黄の存在

硫黄は火山の噴気孔などで天然に存在する。

硫黄の溶解性

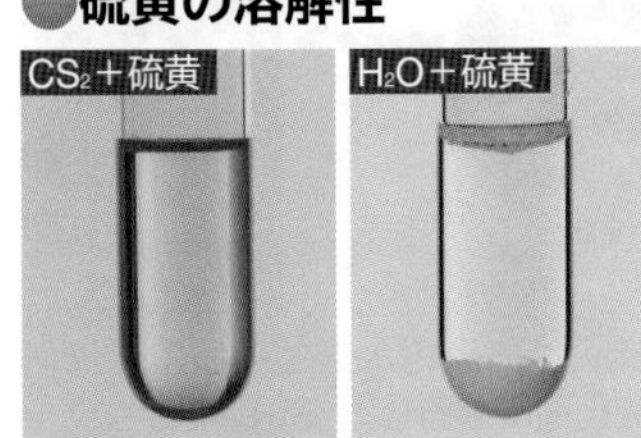

斜方硫黄や単斜硫黄は二硫化炭素 CS_2 に溶けるが水には溶けない。

硫黄の同素体(→p.23)

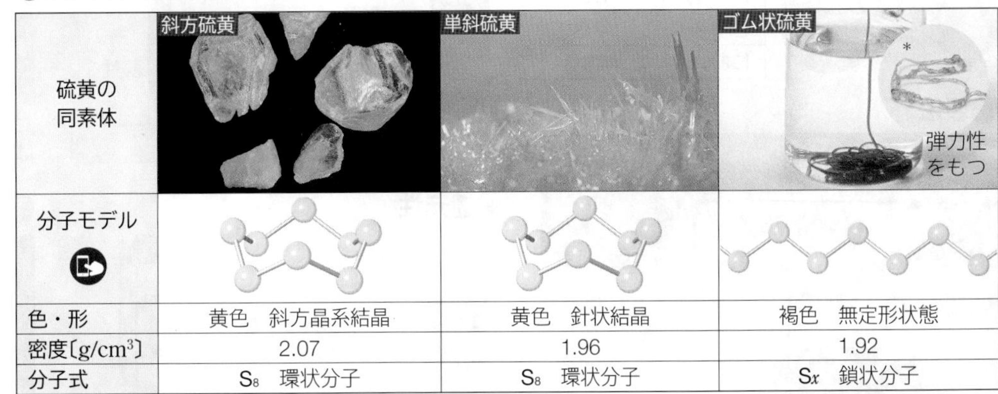

	斜方硫黄	単斜硫黄	ゴム状硫黄
硫黄の同素体			
分子モデル			
色・形	黄色 斜方晶系結晶	黄色 針状結晶	褐色 無定形状態
密度〔g/cm^3〕	2.07	1.96	1.92
分子式	S_8 環状分子	S_8 環状分子	S_x 鎖状分子

*条件によって，黄色～褐色になる。

同素体の関係

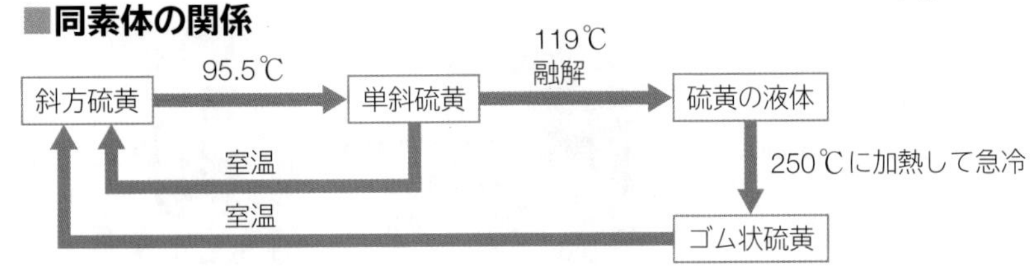

斜方硫黄，単斜硫黄，ゴム状硫黄は温度変化により相互に変化する。ゴム状硫黄は原料の純度により黄色～褐色の色をとる。

7 硫黄の化合物
Sulfur compounds

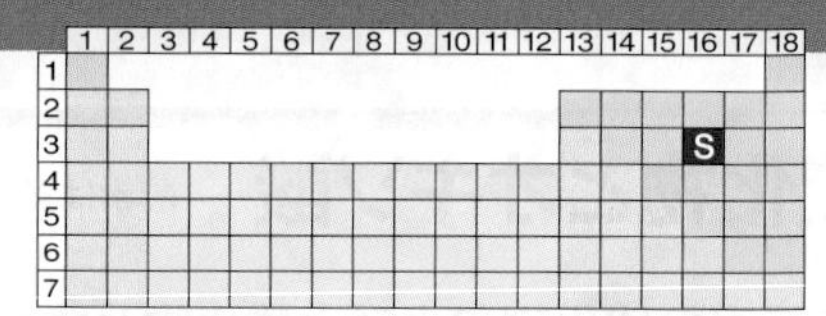

1 硫化水素 H_2S
hydrogen sulfide

硫化水素は火山ガスや温泉に含まれる。無色，腐卵臭の有毒な気体で，金属イオンの分離・検出に利用される。 化学

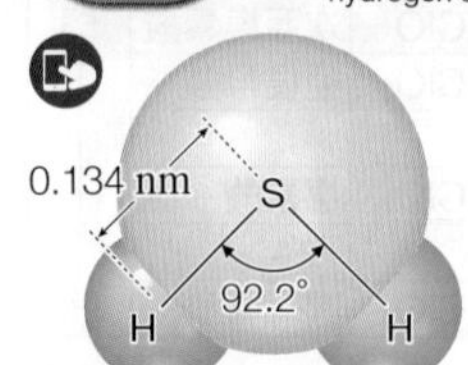

融点〔℃〕	−86
沸点〔℃〕	−61
密度〔g/L〕	1.54
色	無色
におい	腐卵臭

製法

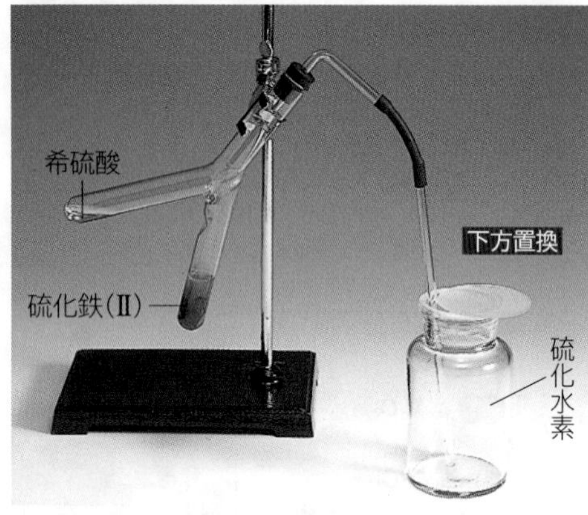

硫化鉄(Ⅱ)に希硫酸を加えて発生させる。

$$FeS + H_2SO_4 \longrightarrow FeSO_4 + H_2S\uparrow$$

水溶液の性質

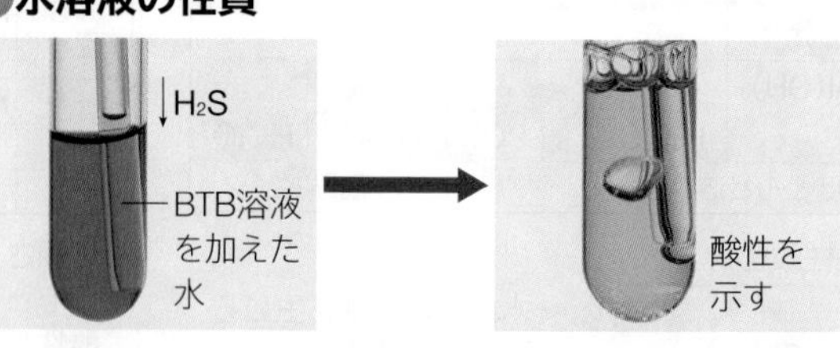

水に少し溶け，弱い酸性を示す。

$$H_2S \rightleftharpoons H^+ + HS^-$$
$$HS^- \rightleftharpoons H^+ + S^{2-}$$

金属イオンとの反応

金属イオンの中には，硫化水素と反応して硫化物の沈殿をつくるものが多い。

	Ag^+	Cu^{2+}	Pb^{2+}	Cd^{2+}	Fe^{2+}	Zn^{2+}
酸性	Ag_2S 黒色沈殿	CuS 黒色沈殿	PbS 黒色沈殿	CdS 黄色沈殿	沈殿せず	沈殿せず
中性・塩基性	Ag_2S 黒色沈殿	CuS 黒色沈殿	PbS 黒色沈殿	CdS 黄色沈殿	FeS 黒色沈殿	ZnS 白色沈殿

2 二酸化硫黄 SO_2
sulfur dioxide

二酸化硫黄は火山ガスに含まれる。無色の気体で刺激臭があり，還元性をもつ。 化学

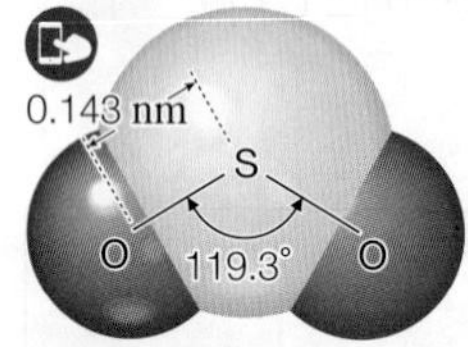

融点〔℃〕	−76
沸点〔℃〕	−10
密度〔g/L〕	1.93
色	無色
におい	刺激臭

製法

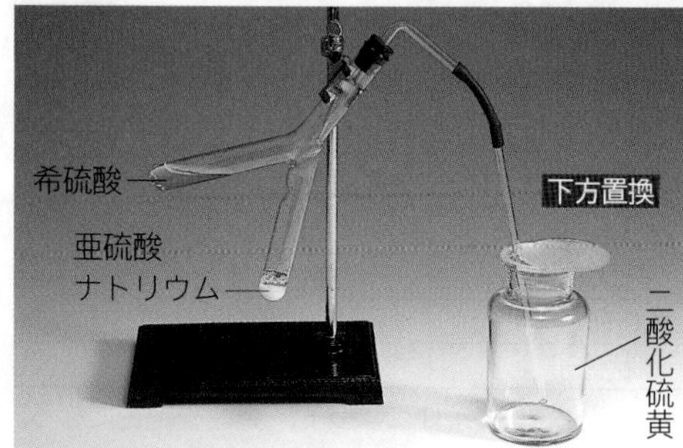

亜硫酸ナトリウムに希硫酸を加えると発生する。

$$Na_2SO_3 + H_2SO_4 \longrightarrow Na_2SO_4 + H_2O + SO_2\uparrow$$

他には，硫黄の燃焼や銅と熱濃硫酸の反応がある。

$$S + O_2 \longrightarrow SO_2$$
$$Cu + 2H_2SO_4 \longrightarrow CuSO_4 + 2H_2O + SO_2\uparrow$$

水溶液の性質

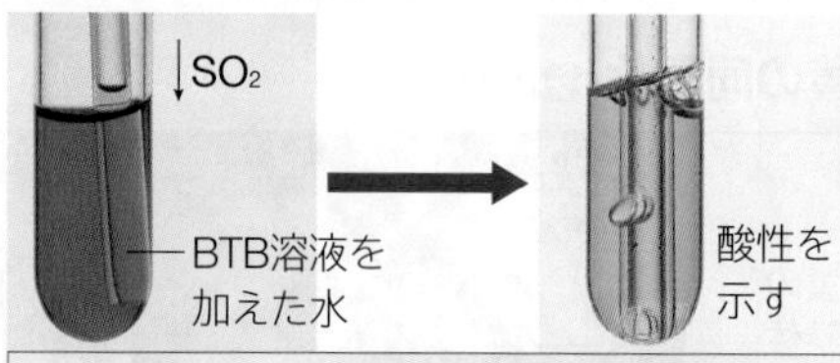

$$SO_2 + H_2O \rightleftharpoons H^+ + HSO_3^-$$

還元性

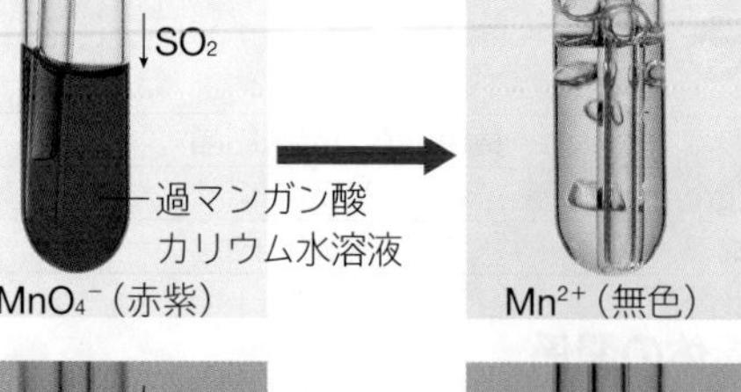

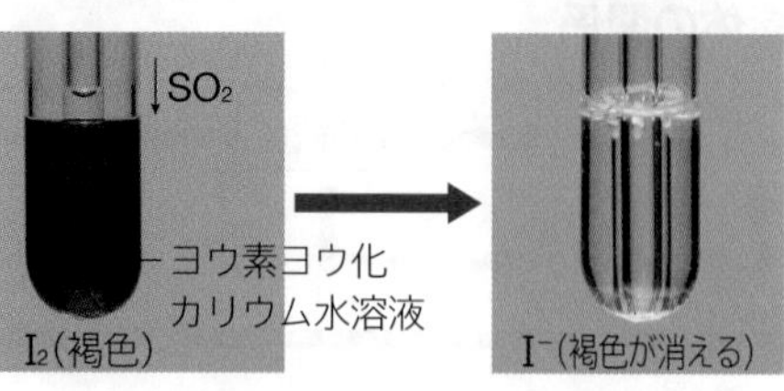

漂白作用

二酸化硫黄には色素を還元して漂白するはたらきがある。

硫化水素との反応

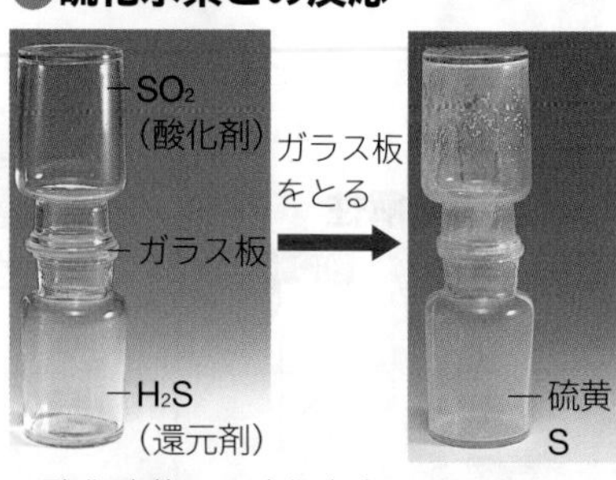

二酸化硫黄は，硫化水素との反応では例外的に酸化剤になる（p.89）。

$$\underset{+4}{\underline{S}O_2} + 2H_2\underset{-2}{\underline{S}} \longrightarrow 2H_2O + 3\underset{0}{\underline{S}}$$

3 硫酸 H_2SO_4

sulfuric acid

工業的には，酸化バナジウム(V) V_2O_5 を触媒として二酸化硫黄を酸化(接触法 ➡p.228)することによってつくられる。

化学

濃硫酸

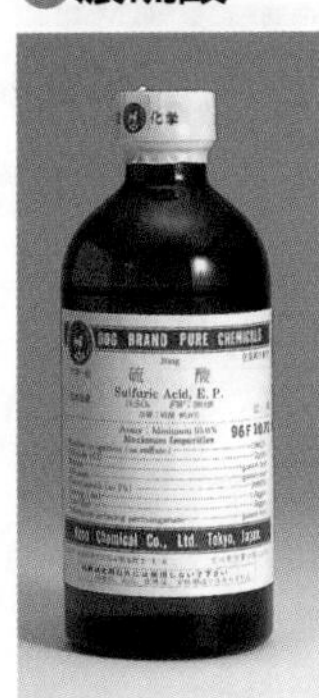

濃硫酸は，無色で粘性や密度が大きく，沸点が高い不揮発性の液体である。市販の濃硫酸は，一般に密度が 1.84 g/cm³ で，濃度が 96 %（18 mol/L）である。

▶酸化作用

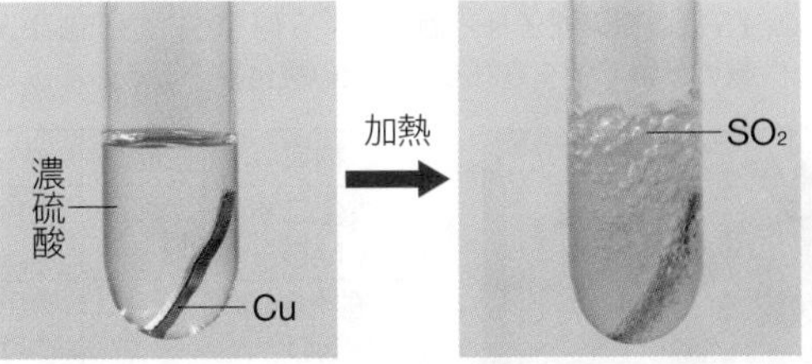

熱濃硫酸(加熱した濃硫酸)は酸化力が強く，イオン化傾向の小さな銅・銀などを溶かし，SO_2 を発生する。

$$Cu + 2H_2SO_4 \longrightarrow CuSO_4 + 2H_2O + SO_2\uparrow$$
$$2Ag + 2H_2SO_4 \longrightarrow Ag_2SO_4 + 2H_2O + SO_2\uparrow$$

▶脱水作用

濃硫酸は，有機化合物中の水素と酸素を水の形でうばう。スクロース $C_{12}H_{22}O_{11}$ では脱水されて炭素が残され，黒くなる。

$$C_{12}H_{22}O_{11} \longrightarrow 12C + 11H_2O$$

▶吸湿作用

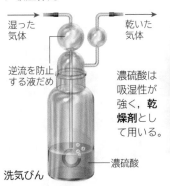

湿った気体
乾いた気体
逆流を防止する液だめ
濃硫酸
洗気びん

濃硫酸は吸湿性が強く，**乾燥剤**として用いる。

▶不揮発性

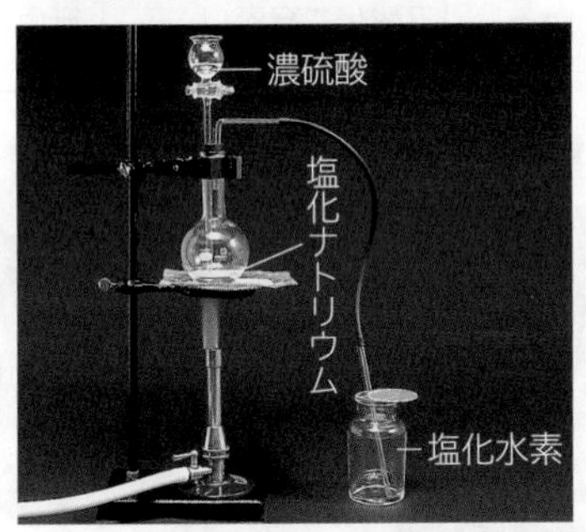

濃硫酸は**不揮発性**の液体であり，塩化ナトリウム（揮発性の酸の塩）に濃硫酸を加えて熱すると，揮発性の酸 HCl が生成する。

$$NaCl + H_2SO_4 \longrightarrow NaHSO_4 + HCl\uparrow$$

利用

濃硫酸は吸湿作用をもつので，気体の乾燥剤として用いられる。洗気びんやデシケーターの下部に入れて用いることが多く，試薬を乾燥状態に保つことができる(➡p.179)。

濃硫酸の薄め方

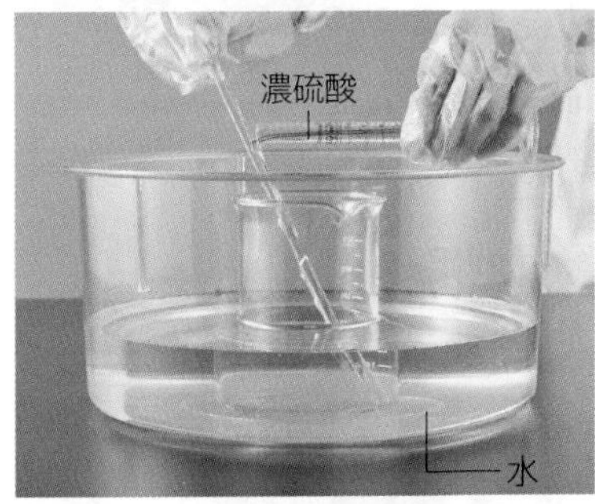

濃硫酸を水に溶かすと多量の熱を発生する。濃硫酸に水を注ぐと水が沸騰して危険なので，濃硫酸を薄めるときは水に少しずつ濃硫酸を注ぐ。

$$H_2SO_4(液) \xrightarrow{H_2O} H_2SO_4\,aq$$
$$\Delta H = -95\ \mathrm{kJ}$$

硫酸イオンの反応

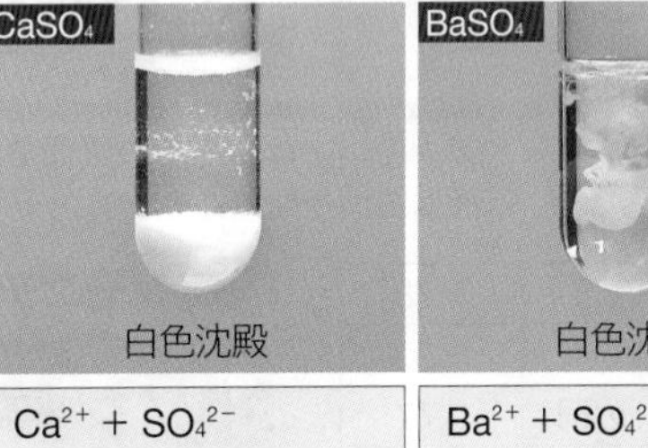

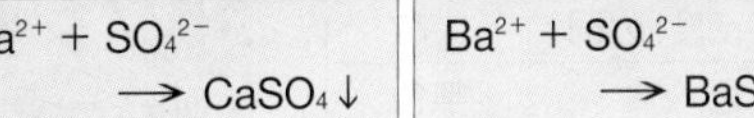

$$Ca^{2+} + SO_4^{2-} \longrightarrow CaSO_4\downarrow$$
$$Ba^{2+} + SO_4^{2-} \longrightarrow BaSO_4\downarrow$$
$$Pb^{2+} + SO_4^{2-} \longrightarrow PbSO_4\downarrow$$

硫酸イオン SO_4^{2-} は，Ca^{2+}，Ba^{2+}，Pb^{2+} と反応して難溶性の白色沈殿を生じる。

硫酸の酸性の強さ

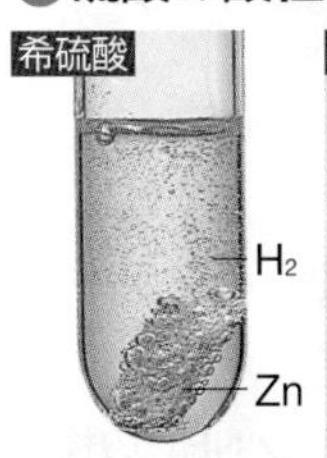

濃硫酸
Zn

希硫酸は強い酸性を示し，亜鉛と反応して水素を発生する。

濃硫酸は，あまり電離していないので，亜鉛とはほとんど反応しない。

$$Zn + H_2SO_4 \longrightarrow ZnSO_4 + H_2\uparrow$$

TOPICS あぶり出し

希硫酸で紙の上に文字を書く。乾燥させると，文字が消える。

火であぶると文字が黒く浮かび上がる。

希硫酸で紙に文字を書いてあぶると，水だけが蒸発して不揮発性の硫酸が残り，紙(セルロース)を脱水して炭素が文字の形で現れる(濃硫酸の脱水性)。

$$(C_6H_{10}O_5)_n \longrightarrow 6nC + 5nH_2O$$
(セルロース)

表現 希硫酸と濃硫酸の性質の違いを説明せよ。

8 窒素とその化合物
Nitrogen and its compounds

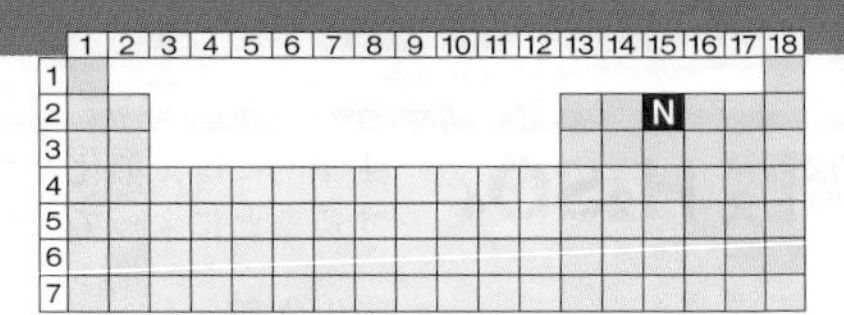

1 窒素 N_2 とその酸化物
nitrogen

15族の窒素原子は，価電子を5個もち，原子価は3である。窒素は工業的には空気の分留でつくられる。複数の酸化数をとるので，さまざまな窒素酸化物をつくる。 化学

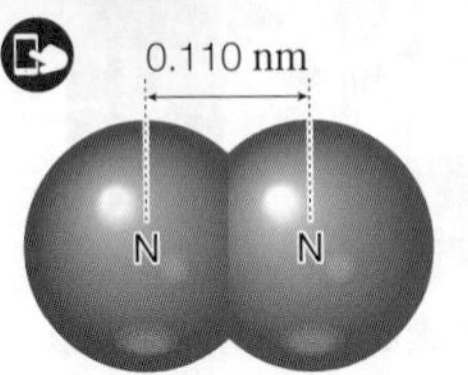

融点〔℃〕	−210
沸点〔℃〕	−196
密度〔g/L〕	1.25
色	無色
におい	無臭

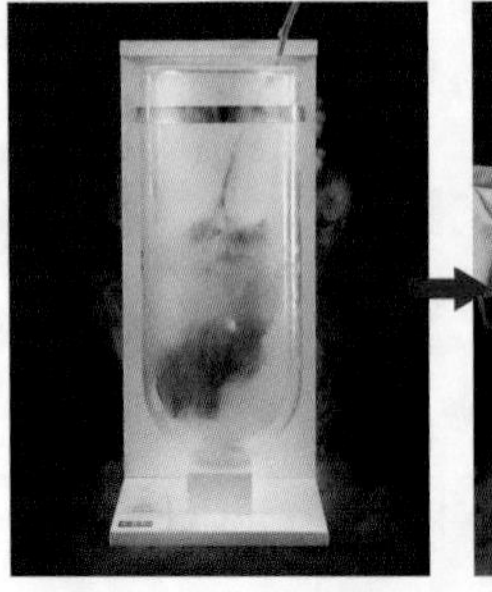
液体窒素は沸点−196℃の無色透明の液体で，花などを入れると瞬時に凍結し，力を加えると粉々に砕けてしまう。

物質	酸化数	性質
一酸化二窒素 N_2O	+1	無色の気体。窒素酸化物の中では最も安定。笑気ともよばれ，麻酔に利用される。
一酸化窒素 NO	+2	無色の気体。水に溶けにくく，空気中ですぐに酸化され NO_2 になる。
三酸化二窒素 N_2O_3	+3	不安定で，液体では一部分解し，気体ではさらに分解する。固体・液体は青色。
二酸化窒素 NO_2	+4	赤褐色の気体。悪臭・有毒で，水に溶けやすい。N_2O_4 と平衡状態にある。
四酸化二窒素 N_2O_4	+4	気体では無色，液体では黄色。NO_2 と平衡状態にあり，冷却すると多く得られる。
五酸化二窒素 N_2O_5	+5	無色の結晶で強力な酸化剤。無水硝酸ともよばれ，水に溶かすと硝酸になる。

一酸化窒素の製法

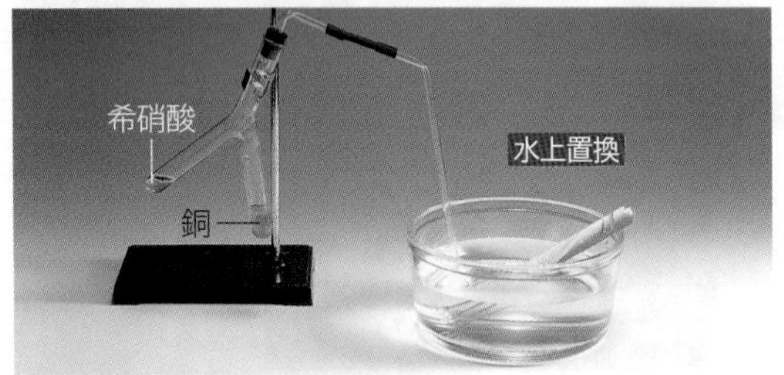

銅片を希硝酸に入れると発生する。

$$3Cu + 8HNO_3 \longrightarrow 3Cu(NO_3)_2 + 4H_2O + 2NO\uparrow$$

二酸化窒素の製法

製法 1

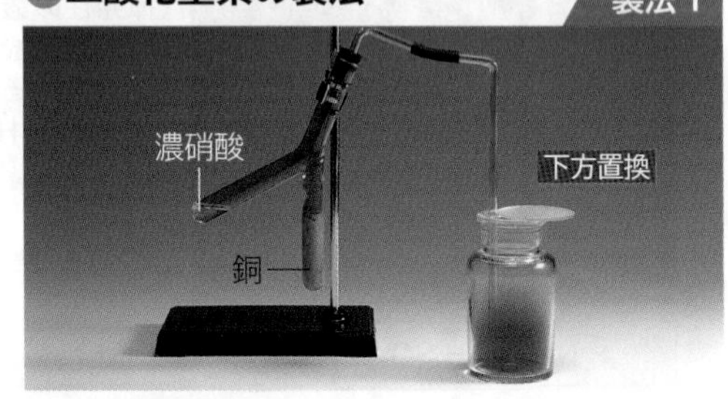

銅片を濃硝酸に入れると発生する。赤褐色の気体。

$$Cu + 4HNO_3 \longrightarrow Cu(NO_3)_2 + 2H_2O + 2NO_2\uparrow$$

製法 2

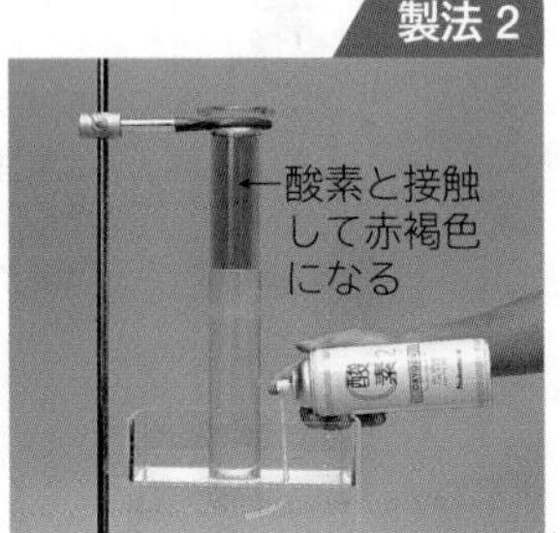

NO は酸化されて NO_2 になる。

$$2NO + O_2 \longrightarrow 2NO_2$$

2 アンモニア NH_3
ammonia

アンモニアは，無色の気体で刺激臭があり，空気よりも軽い。水に非常によく溶け，水溶液は弱塩基性である。アンモニアはハーバー・ボッシュ法(p.228)でつくられる。 化学

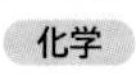
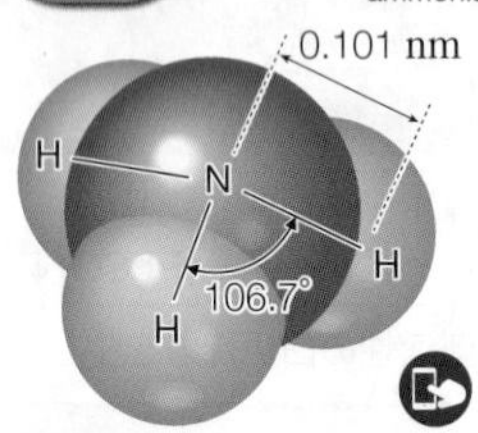

融点〔℃〕	−78
沸点〔℃〕	−33
密度〔g/L〕	0.77
色	無色
におい	刺激臭

製法

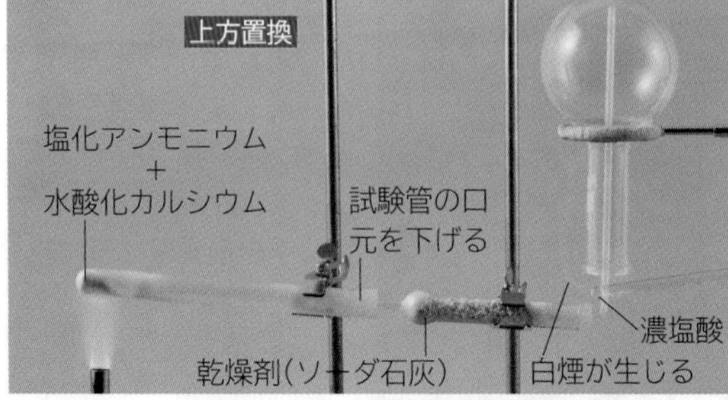

実験室では，塩化アンモニウムと水酸化カルシウムの混合物を加熱して発生させる。

$$2NH_4Cl + Ca(OH)_2 \longrightarrow CaCl_2 + 2NH_3\uparrow + 2H_2O$$

アンモニアの検出

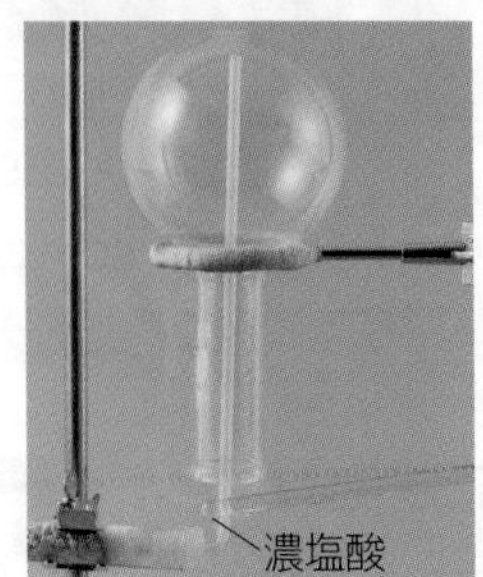

発生した NH_3 は，濃塩酸をつけたガラス棒を近づけると NH_4Cl の白煙が生じることから確認できる(p.162)。

$$NH_3 + HCl \longrightarrow NH_4Cl$$

アンモニアの噴水

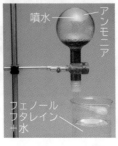

アンモニアは水に非常によく溶け，塩基性を示す。スポイトの水をフラスコに入れると，アンモニアが溶けフラスコ内の気圧が下がり，ビーカーの水が噴水のように上昇する。

利用

アンモニア水は，虫さされの薬の主成分として利用されている。

TOPICS ネスラー試薬

アンモニウムイオン NH_4^+ の検出に用いられる。微量では黄色，多量では赤褐色沈殿を生じる。水銀を含むため有毒。

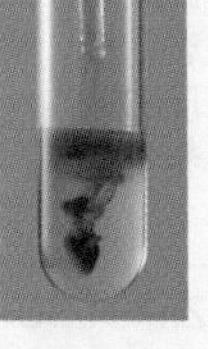

思考 アンモニアの乾燥剤に P_4O_{10} や $CaCl_2$ が不適当である理由を説明せよ。

3 硝酸 HNO_3
nitric acid

硝酸は工業的にはアンモニアを酸化(オストワルト法)してつくられる(➡p.229)。

化学

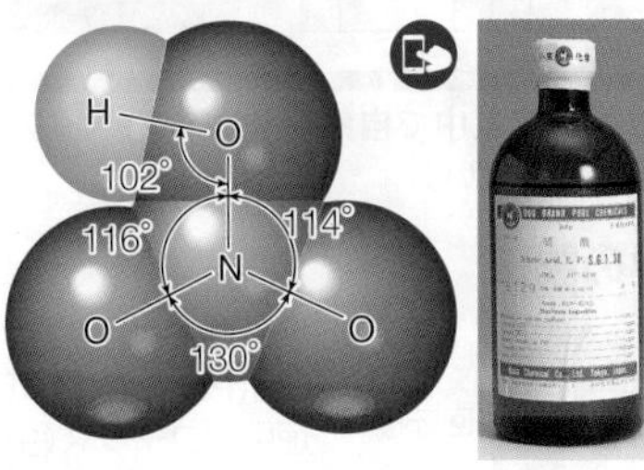

光や熱で分解するので**褐色びん**に入れて冷暗所に保存する。市販の濃硝酸は 1.38 g/cm³, 濃度約 60 %（13 mol/L）。

$$4HNO_3 \xrightarrow{光} 2H_2O + 4NO_2 + O_2$$

不動態

濃硝酸に鉄やアルミニウムを入れると，表面にち密な酸化被膜を生じて内部を保護し，酸などと反応しなくなる。

硝酸イオン NO_3^- の検出

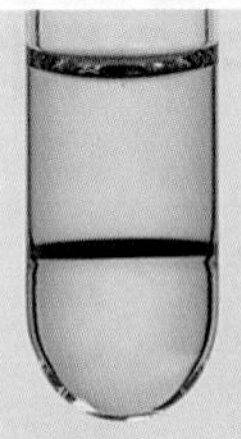

硝酸イオンを含む溶液に硫酸鉄(Ⅱ)水溶液を入れ，よく混合し，静かに濃硫酸を壁面を伝わらせて注ぎ，静置する。二層に分離した溶液の界面に，褐色の層が生じる(褐輪(かつりん)反応)。

製法

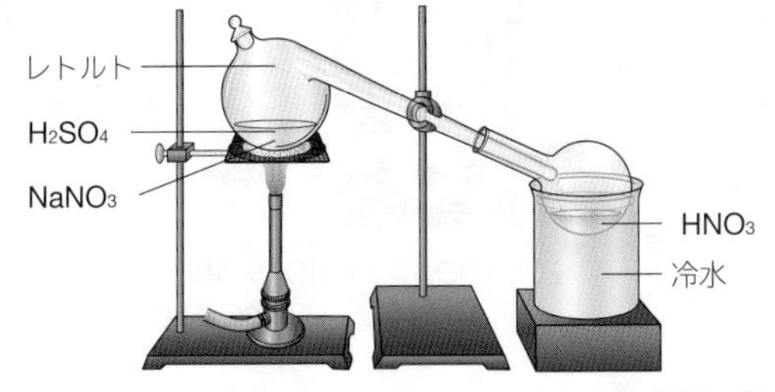

実験室では，硝酸塩に不揮発性の酸である硫酸を加え加熱し，硝酸をつくる。

$$NaNO_3 + H_2SO_4 \longrightarrow NaHSO_4 + HNO_3$$

酸化作用

酸化力のある強酸で，さまざまな金属と反応する。

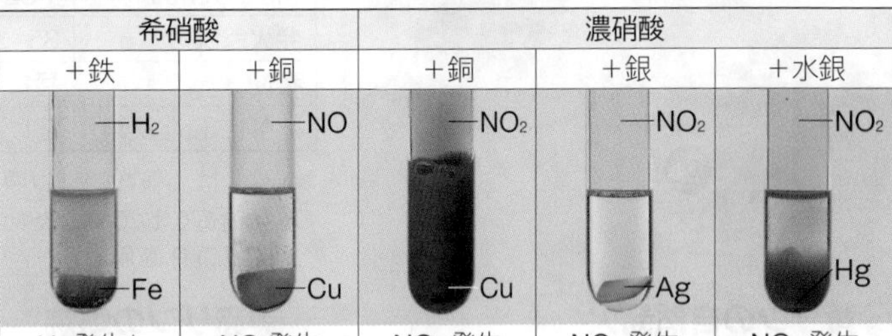

希硝酸		濃硝酸		
＋鉄	＋銅	＋銅	＋銀	＋水銀
H_2 / Fe	NO / Cu	NO_2 / Cu	NO_2 / Ag	NO_2 / Hg
H_2 発生*	NO 発生	NO_2 発生	NO_2 発生	NO_2 発生

＊H_2 のほかに NO も発生する。

4 窒素とその化合物の利用

化学

充填ガス

食品の酸化を防ぐため，高純度の窒素が包装内に充填されている。

肥料

塩化アンモニウム NH_4Cl(塩安)，硫酸アンモニウム$(NH_4)_2SO_4$(硫安)は，窒素肥料として使用される。

即冷パック

NH_4NO_3 の水への溶解は，吸熱変化である。即冷パックはこの反応の利用例である。

花火・マッチ

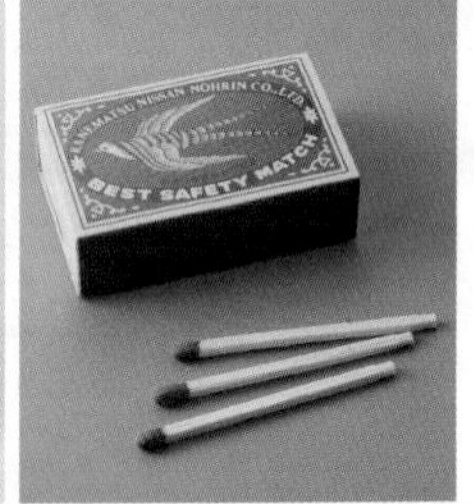

硝酸カリウム KNO_3 は，可燃性物質と共存すると爆発する。古くはチリ硝石 $NaNO_3$ からつくられていた。黒色火薬，マッチなどに用いる。

TOPICS

アンモニアの燃焼利用

(➡p.230)

アンモニアは，燃焼しても二酸化炭素を排出しないカーボンフリーの物質であるため，燃料として期待されている。また，アンモニアを燃焼すると，排気される気体量が増加するため，排気によってガスタービンを回すタービン発電では有利に働く。さらに，石炭火力発電に混ぜて燃やす(混焼)やアンモニアだけを燃料に発電する技術も開発されている。

水素エネルギーを大量に導入するにあたっても，輸送技術が確立しているアンモニアを水素エネルギーキャリア(輸送媒体)として利用することが研究されている。

燃料	発熱量*〔×MJ/kg〕	CO_2 排出係数〔g_{CO_2}/MJ〕
海外天然ガス	55	56
国産天然ガス	53	56
石炭	26	94
アンモニア	23	0

＊発熱量は，燃焼ガス中の生成水蒸気が凝縮したときに得られる凝縮潜熱を含めた発熱量

TOPICS

肥料の三要素

植物の生育に必要な元素は 10 種類以上あるが，そのうち窒素 N，リン P，カリウム K をそれぞれ含む肥料を三大肥料という。

硫酸アンモニウム(硫安)や塩化アンモニウム(塩安)，尿素に含まれる窒素は，タンパク質の合成や茎や葉を大きく育てるのに必要である。過リン酸石灰(リン)は花や実の生育を活性化させ，硫酸カリウム(カリウム)は根の生育を促進する働きがある。

9 リンとその化合物
Phosphorus and its compounds

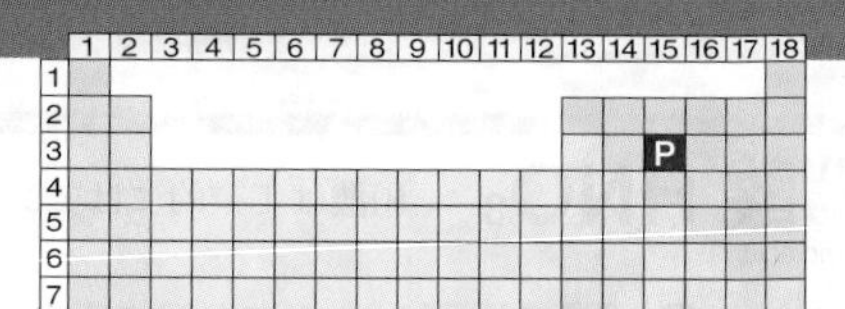

1 リン P の単体
phosphorus

リンには，黄リン P_4 や赤リンをはじめ数種の同素体がある。黄リンは空気中で自然発火するため水中に保存する。また猛毒である。赤リンは赤褐色の粉末で毒性は少ない。 化学

リンの同素体(p.22)

▶黄リン

▶赤リン

同素体	黄リン	赤リン
外観	淡黄色 ろう状固体	赤褐色 粉末
化学式	P_4	P *
密度〔g/cm³〕	1.82	2.20
発火点〔℃〕	35	260
毒性	猛毒	少ない
溶解(二硫化炭素)	溶ける	溶けにくい

*赤リンは，多数のリン原子が共有結合した複雑な構造をしているため，分子式のかわりに組成式の P を用いる。

黄リンの製法

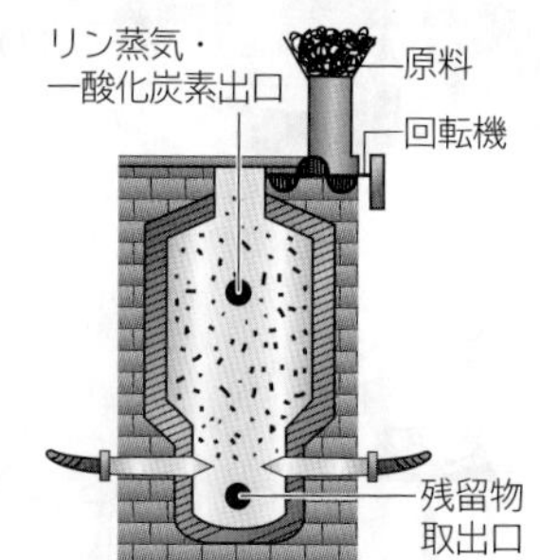

リン酸カルシウム $Ca_3(PO_4)_2$ を電気炉中でコークス(主成分C)とケイ砂(SiO_2)を混合し，1300～1500 ℃ で強熱する。発生する蒸気を水中に導くと黄リン P_4 が得られる。

$$2Ca_3(PO_4)_2 + 6SiO_2 + 10C \longrightarrow 6CaSiO_3 + 10CO + P_4$$

黄リンの自然発火

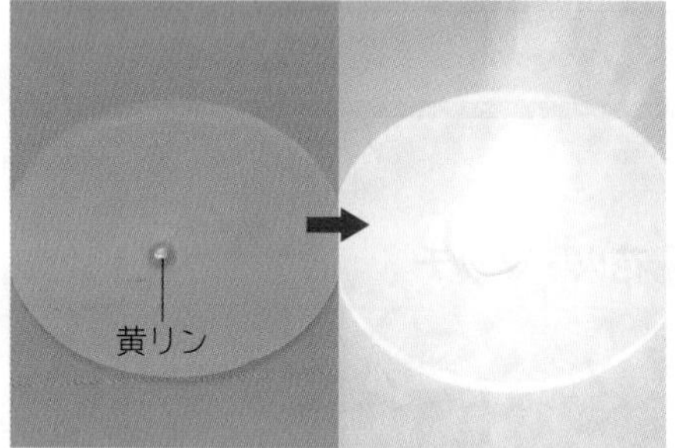

黄リン P_4 を二硫化炭素に溶かし，ろ紙にしみ込ませる。しばらくすると，二硫化炭素が蒸発し，黄リンが空気中の酸素に触れ，自然発火する。

$$P_4 + 5O_2 \longrightarrow P_4O_{10}$$

赤リンの燃焼

酸素中で燃焼させると，十酸化四リン P_4O_{10} の白煙を生じる。

リンの存在

▶リン灰石

▶骨

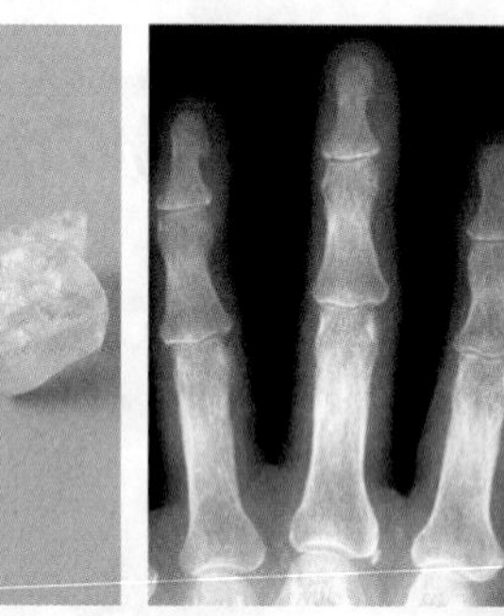

▶歯

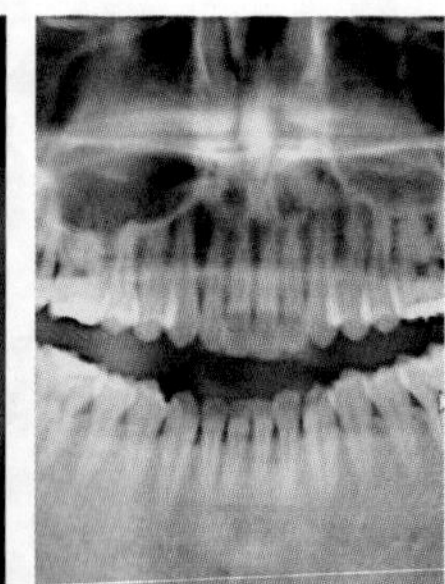

リンは，天然にはカルシウム塩などの形で存在し，リン酸カルシウム $Ca_3(PO_4)_2$ を主成分とする鉱物はリン灰石である。動物の骨や歯の構成成分はヒドロキシアパタイト $Ca_{10}(PO_4)_6(OH)_2$ である。

2 リンの化合物

リンは 15 族元素であり，一般に共有結合の化合物をつくる。リンの化合物には，酸化物，リン酸塩，ハロゲン化物などがある。 化学

十酸化四リン P_4O_{10}

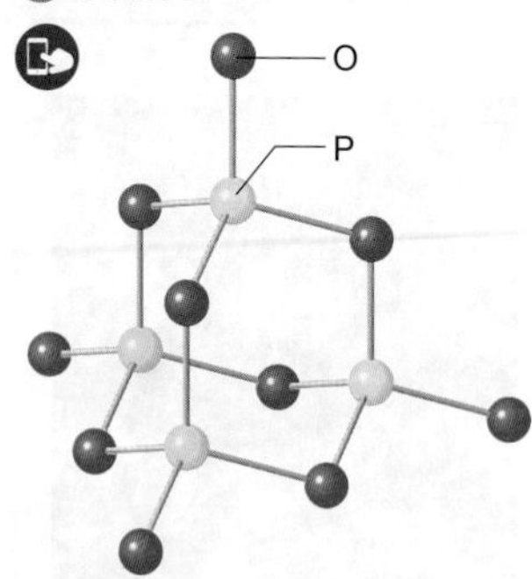

リンを空気中で燃焼させると白色の十酸化四リンが生成する。その分子構造は，黄リンの四面体のリン原子間に 6 つの酸素原子が橋かけし，4 つの酸素原子が頂点に結合した形である。

十酸化四リンの潮解

放置

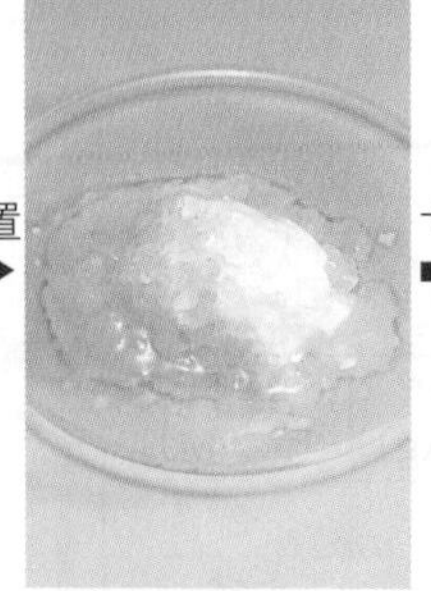

+水

十酸化四リン P_4O_{10} を空気中に放置すると，水を吸収し潮解するので，乾燥剤として利用されることが多い。これに水を加えるとメタリン酸が生じ，さらに加熱するとリン酸(オルトリン酸)H_3PO_4 の水溶液が得られる。

$$nP_4O_{10} + 2nH_2O \xrightarrow{\text{冷水}} 4(HPO_3)_n \text{（メタリン酸）}$$

$$P_4O_{10} + 6H_2O \xrightarrow{\text{加熱}} 4H_3PO_4 \text{（リン酸）}$$

リン酸カルシウム

無色の結晶。水には溶けにくい。動物の骨や歯の主成分。

リン酸二水素カルシウム

無色の結晶。水に溶けやすいため，肥料として重要。

●リン酸

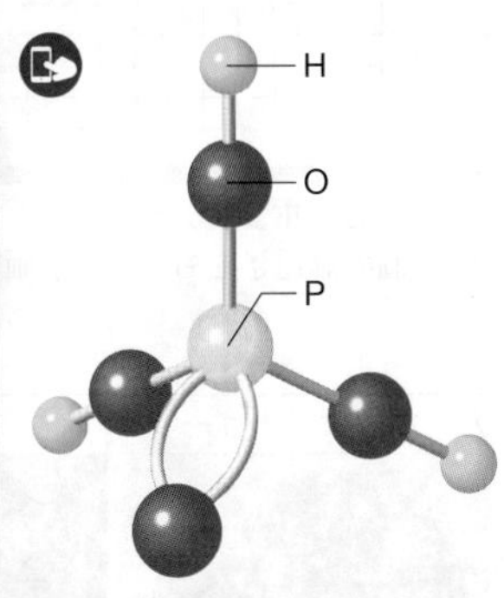

リン酸(オルトリン酸)は，あまり強くない不揮発性の酸である。市販の試薬の密度は1.69 g/cm³，濃度は85 %(14.7 mol/L)である。

●リン酸の酸としての強さ

酸の強さ　**酢酸＜リン酸＜塩酸**

酢酸よりも強い酸で，塩酸よりも弱い酸。リン酸の水溶液は，中程度の強さの酸性を示す。亜鉛との反応による水素の発生の激しさから，強さが比較できる。

3 リンとその化合物の利用

化学

●マッチ

赤リン(発火点260℃)は黄リン(発火点35℃)より反応性が弱いので，マッチ箱の側薬に用いる。

●肥料

過リン酸石灰は，水溶性のリン酸二水素カルシウム $Ca(H_2PO_4)_2$ を含み，肥料として利用される。

● pH 調整剤

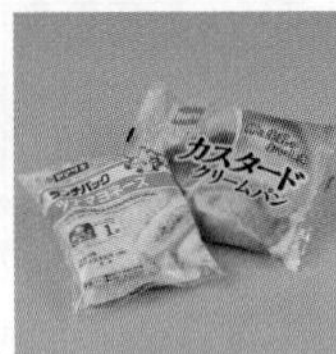

リン酸は食品の pH を調整する効果(緩衝作用)があり，食品の安全性や保存性を保つために利用される。

●硬水軟化剤

リン酸ナトリウム十二水和物 $Na_3PO_4 \cdot 12H_2O$ はリン酸に過剰の水酸化ナトリウムを加えると得られる。水溶液は強い塩基性を示し，硬水軟化剤などに用いられる。

4 リンの反応系統図

化学

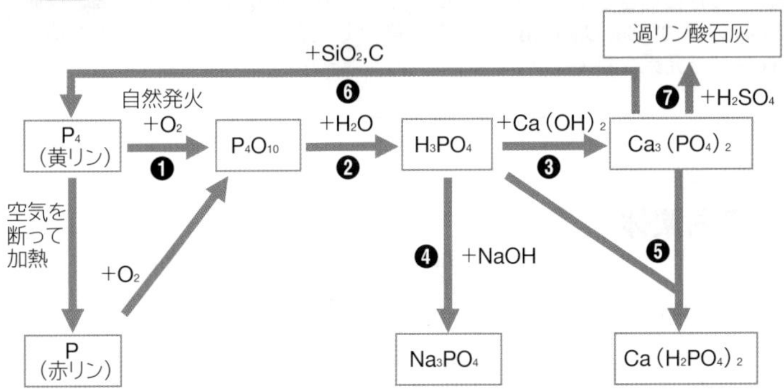

❶ $P_4 + 5O_2 \longrightarrow P_4O_{10}$

❷ $P_4O_{10} + 6H_2O \longrightarrow 4H_3PO_4$

❸ $2H_3PO_4 + 3Ca(OH)_2 \longrightarrow Ca_3(PO_4)_2 + 6H_2O$

❹ $H_3PO_4 + 3NaOH \longrightarrow Na_3PO_4 + 3H_2O$

❺ $4H_3PO_4 + Ca_3(PO_4)_2 \longrightarrow 3Ca(H_2PO_4)_2$

❻ $2Ca_3(PO_4)_2 + 6SiO_2 + 10C \longrightarrow P_4 + 10CO + 6CaSiO_3$

❼ $Ca_3(PO_4)_2 + 2H_2SO_4 \longrightarrow Ca(H_2PO_4)_2 + 2CaSO_4$

TOPICS

リンと洗剤

かつての洗剤は硬水(Ca^{2+}，Mg^{2+} を含む水)でも洗浄力を保つため，リン酸塩(トリポリリン酸ナトリウム $Na_5P_3O_{10}$)が添加されていた。リン酸塩を含む家庭排水と，リン酸塩を含む化学肥料が溶けた農業用水などが，湖水の富栄養化を引き起こし，琵琶湖では赤潮が発生した。これにともない，滋賀県などでは富栄養化防止条例を制定した。現在では無リン洗剤が使用されている。

ATP

生体内では，リンを含む化合物が重要な役割をはたしている。たとえば，呼吸で生成する ATP(アデノシン三リン酸)は，ADP(アデノシン二リン酸)に変化する際にエネルギーを放出し，生命活動に必要なエネルギーを供給する。

$$ATP + H_2O \longrightarrow ADP + H_3PO_4 \qquad \Delta H = -31\ \text{kJ}$$

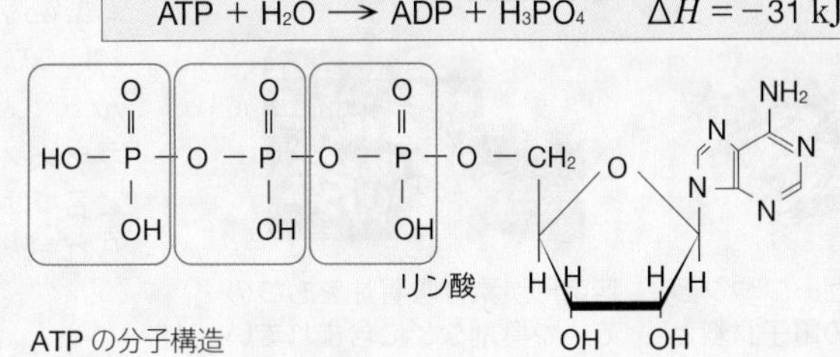

ATP の分子構造

3 無機物質
化学

表現 リン酸肥料として使用されている過リン酸石灰とはどのようなものか説明せよ。

10 炭素
Carbon

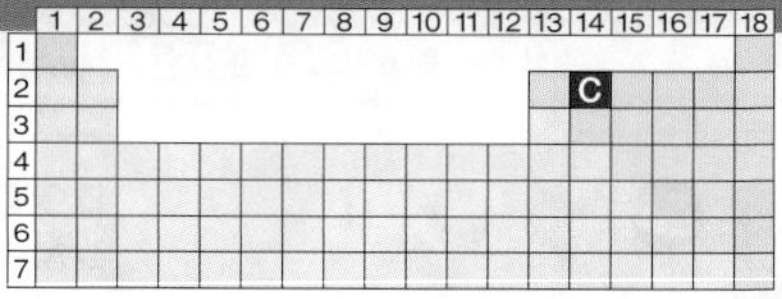

炭素Cの単体
carbon

炭素にはダイヤモンド，黒鉛(グラファイト)，フラーレン，カーボンナノチューブ，グラフェンといった同素体がある。炭素は14族の元素で，原子は4個の価電子をもち，原子価は4である。 化学

炭素の同素体(➡p.22)

	ダイヤモンド	黒鉛(グラファイト)	フラーレン	カーボンナノチューブ	グラフェン
同素体			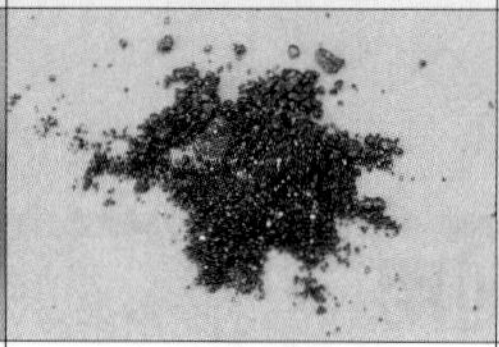		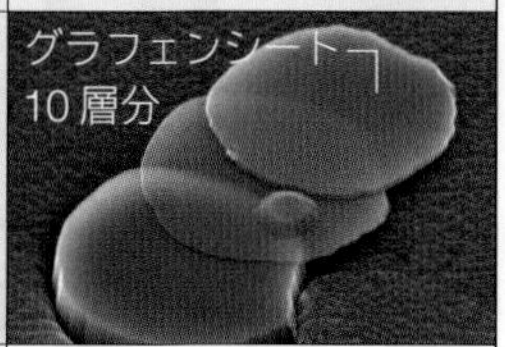 グラフェンシート10層分
色	無色透明 (不純物があるときは着色)	黒色 金属のような光沢がある	茶～黒色	黒色	黒色
かたさ	あらゆる物質の中で最もかたい	やわらかい	—	—	非常にかたい
密度	3.51 g/cm^3	2.26 g/cm^3	1.65 g/cm^3	—	—
電気伝導性	ない	ある	ない	ある	ある
構造	炭素原子が正四面体の形に共有結合した，非常に丈夫な立体的構造である。	正六角形に炭素原子が結合し，その平面の間が分子間力で結びついた，薄くてはがれやすい層状構造である。りん片状結晶になっている。	球状の炭素分子である。炭素原子60個がサッカーボール形に結合しているC_{60}のほか，C_{70}，C_{76}やC_{84}などが発見されている。	多数の炭素原子が筒状につながった物質で，穴の径はナノメートル(10^{-9} m)。関連物質として，角(ホーン)のあるカーボンナノホーンがある。	炭素原子が正六角形の網目状に結合したシート状の構造をもち，厚さは炭素原子1個分しかない。

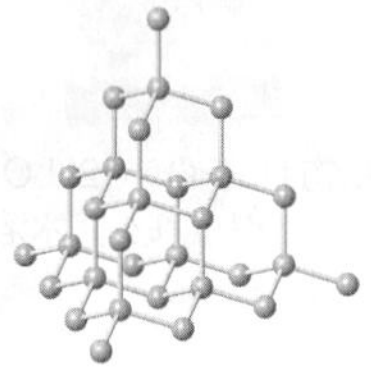

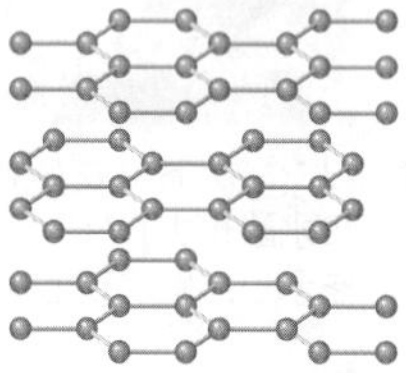

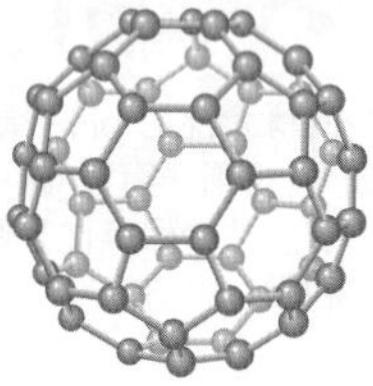

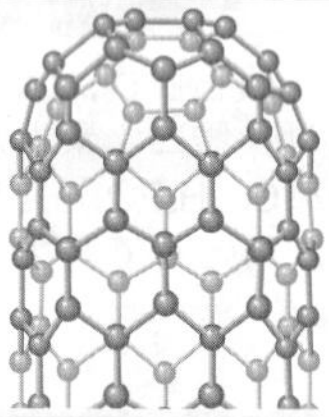

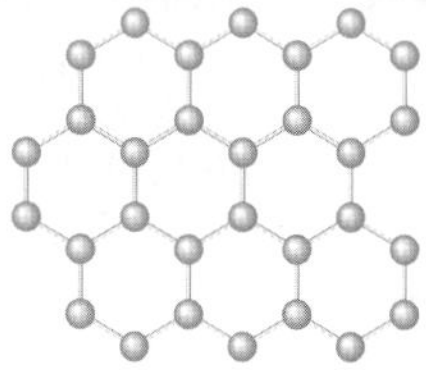

2 炭素の利用 化学

ダイヤモンドカッター

ダイヤモンドは硬度が大きいので，切削や研磨材料に使われている。

電極

黒鉛は電気伝導性があるので，乾電池などの電極に利用されている。

電子回路

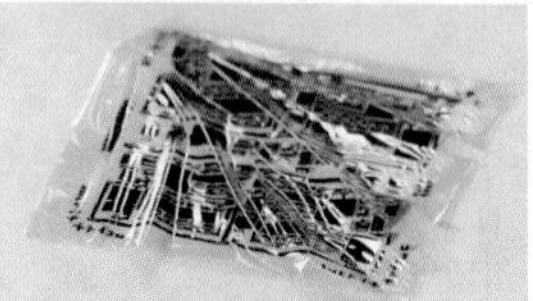

カーボンナノチューブやグラフェンは，薄膜の電子材料として期待されている。

活性炭

無定形炭素は吸着性をもつので，脱臭剤などに含まれている。

TOPICS 炭素の同素体

炭素の構造は黒鉛とダイヤモンドが古くから知られていた。近年，フラーレン，カーボンナノチューブやグラフェンが発見され，その幅広い応用に期待が高まり，今やナノテクノロジーの主役ともいえる存在である。

フラーレン

1985年，クロトー(英)とスモーリー(米)は，真空中で黒鉛をばらばらの原子に分解し，それらが再び集まったときにどのような物質ができるのかを実験した。この生成物の中から偶然C_{60}が発見され，B・フラーが建てたドーム型建造物にちなんでフラーレンと名づけられた。

グラフェン

2004年，ガイム(英)らは，黒鉛を粘着テープで剥離し，得られた薄膜の表面をさらにまた剥離するという単純な方法でグラフェンを単離した。電子の移動速度が大きく，デバイス材料などとして有望視されている。

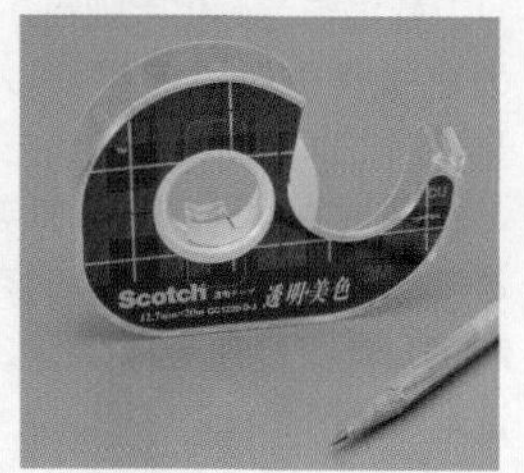

表現 炭素の同素体であるフラーレンとはどのようなものか。

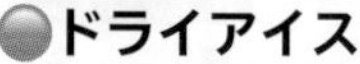

3 二酸化炭素 CO_2
carbon dioxide

二酸化炭素は，大気中に約 0.04 %存在する。水に少し溶けて炭酸となる。　化学

ドライアイス

二酸化炭素の固体を**ドライアイス**とよぶ。液化した二酸化炭素を細孔から減圧下に噴出させると，気化熱を必要とするため一部が固体となる。

製法

製法 1

実験室では大理石 $CaCO_3$ に塩酸を加えて発生させる。

$$CaCO_3 + 2HCl \longrightarrow CaCl_2 + H_2O + CO_2\uparrow$$

製法 2

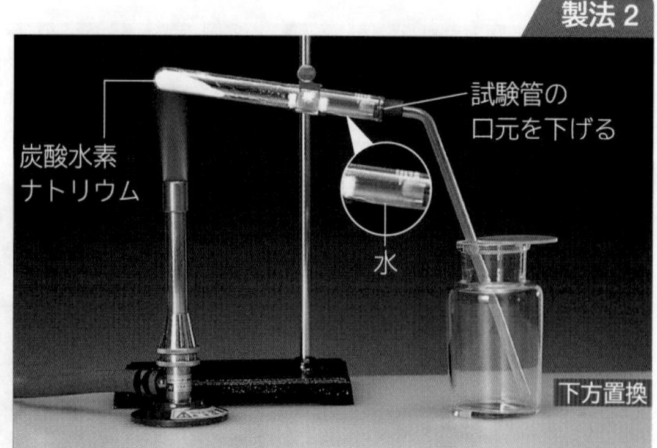

炭酸水素ナトリウムや炭酸カルシウムを熱分解すると発生する。

$$2NaHCO_3 \longrightarrow Na_2CO_3 + H_2O + CO_2\uparrow$$
$$(CaCO_3 \longrightarrow CaO + CO_2\uparrow)$$

石灰水との反応

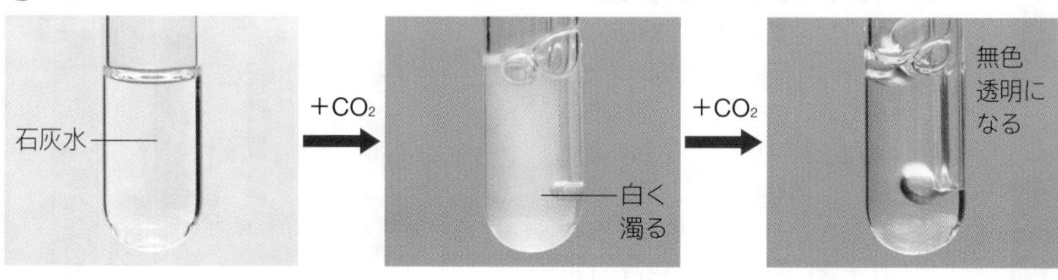

石灰水 $Ca(OH)_2$ 中に CO_2 を通じると，不溶性の炭酸カルシウム $CaCO_3$ が生じて白濁する（CO_2 の検出）。

$$Ca(OH)_2 + CO_2 \longrightarrow CaCO_3\downarrow + H_2O$$

さらに多量に通じると，可溶性の炭酸水素カルシウム $Ca(HCO_3)_2$ となり透明になるが，煮沸すると，CO_2 を放出して再び白濁する。

$$CaCO_3 + CO_2 + H_2O \rightleftharpoons Ca(HCO_3)_2$$

炭酸

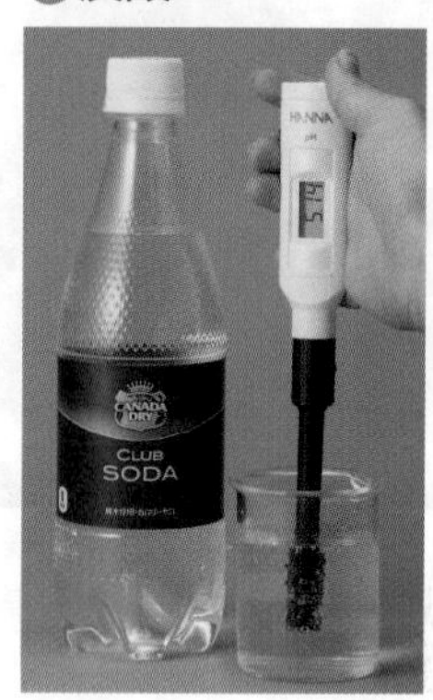

二酸化炭素が水に溶けた溶液中で一部の二酸化炭素分子が水と反応して生じる。弱酸で，水溶液中にのみ存在し，単離できない。

4 一酸化炭素 CO
carbon monoxide

酸素をうばう性質が強く猛毒である。　化学

製法

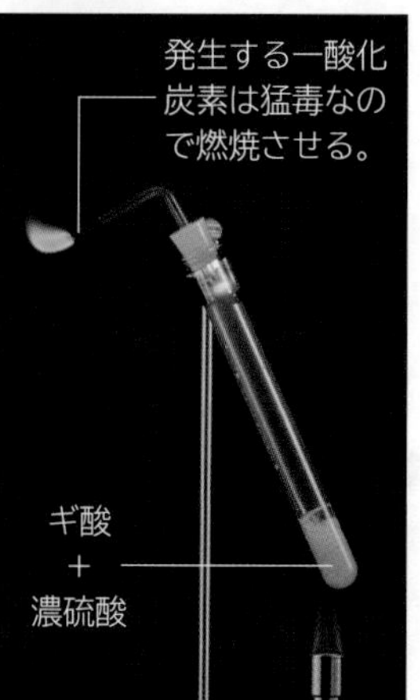

ギ酸 HCOOH を濃硫酸で脱水する。

$$HCOOH \longrightarrow H_2O + CO$$

一酸化炭素の還元

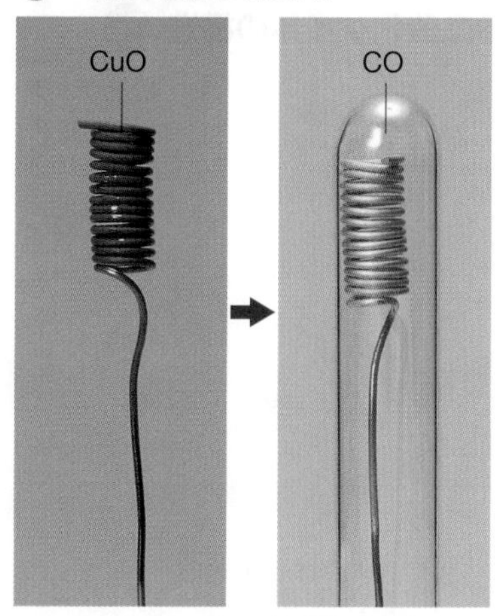

還元性が強く，酸化銅(Ⅱ)CuO などを還元する。

$$CuO + CO \longrightarrow Cu + CO_2$$

5 一酸化炭素と二酸化炭素の比較　化学

一酸化炭素

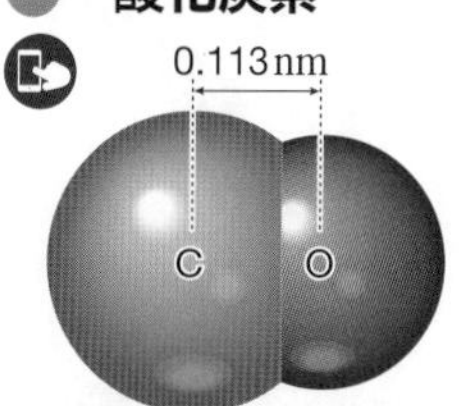

二酸化炭素

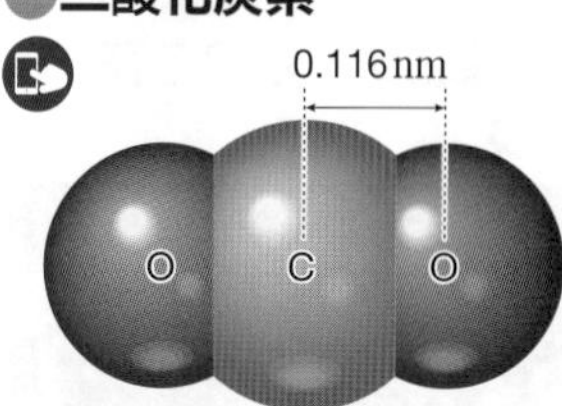

	一酸化炭素 CO	二酸化炭素 CO_2
状態の変化	液体や固体になりにくい	容易に液体や固体になる
水との関係	水にほとんど溶けない	水に溶けて弱い酸性を示す
還元性	還元剤として用いられる	ない
燃焼性	燃えて二酸化炭素となる	燃えない
石灰水との反応	反応しない	炭酸カルシウムを生じ白濁
密度〔g/L〕	1.25 （ほぼ空気と同じ）	1.98 （空気より重い）

炭素の単体または炭素化合物が燃焼すると，完全燃焼すれば CO_2，不完全燃焼すれば CO ができる。

3 無機物質

化学

11 ケイ素とその化合物
Silicon and its compounds

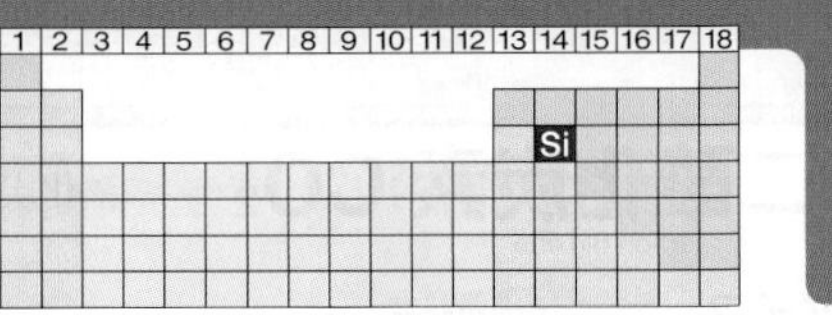

1 ケイ素 Si
silicon

ケイ素は地殻に 27.7 %含まれており，酸素の次に多い。ケイ素原子は 4 個の価電子をもち，原子価は 4 である。一般に共有結合の化合物をつくる。 化学

●地殻中の元素の存在量

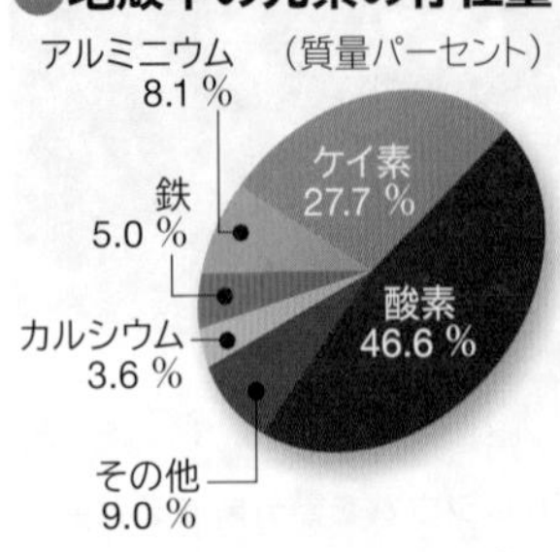

*地殻とは，マントルより浅い表層部のことを指す。

●ケイ素の精製法

多結晶のケイ素を融解させる。 → 種となる結晶を融解したケイ素に付ける。 → 回転させながらゆっくりと引き上げる。

固相と液相(融解相)とで，不純物の濃度に違いがあることを利用してケイ素を精製する。日本では世界でも最高純度のケイ素単結晶をつくる技術をもっている。

●単体の利用

人工衛星にはケイ素でできたソーラーパネルが搭載されている。

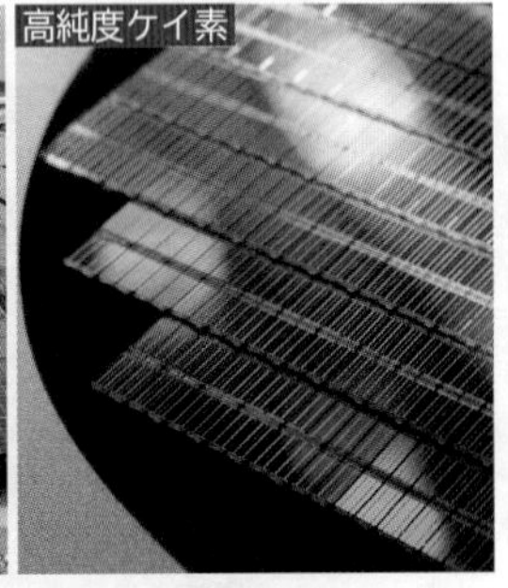

99.99999999 %（テンナイン）は半導体や IC 基板として利用。

TOPICS ゾーンメルティング法

高純度のケイ素の結晶を得る方法にゾーンメルティング法というものがある。この方法は，不純物の混じった低純度のケイ素を末端から局所的に加熱し融解させ，その後に凝固させる。この処理を行うと，ケイ素は凝固する箇所では規則的に結晶化し，不純物は融解している箇所に留まる。これを連続的にくり返すことで，高純度のケイ素の結晶が得られる。

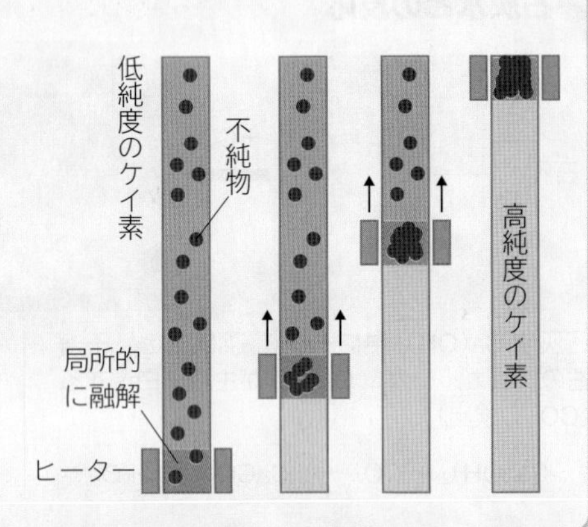

2 二酸化ケイ素 SiO_2
silicon dioxide

二酸化ケイ素は，自然界にはおもに石英・水晶・ケイ砂として存在する。 化学

●二酸化ケイ素の存在

▶石英

▶水晶

▶メノウ

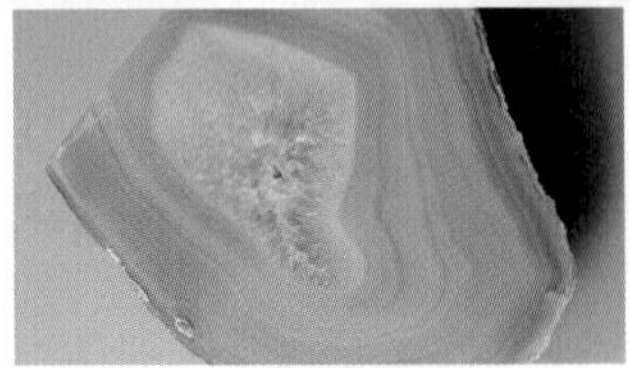

▶ケイ砂（しゃ）

●二酸化ケイ素の構造

二酸化ケイ素は，SiO_2 の正四面体構造が三次元的にくり返し結合した結晶である。

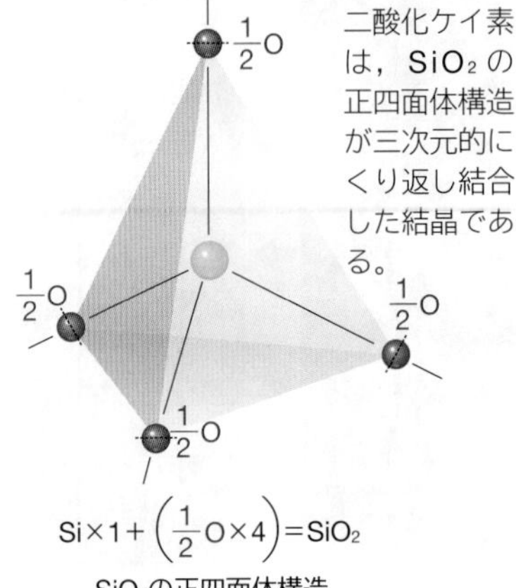

$$Si\times1+\left(\frac{1}{2}O\times4\right)=SiO_2$$

SiO_2の正四面体構造

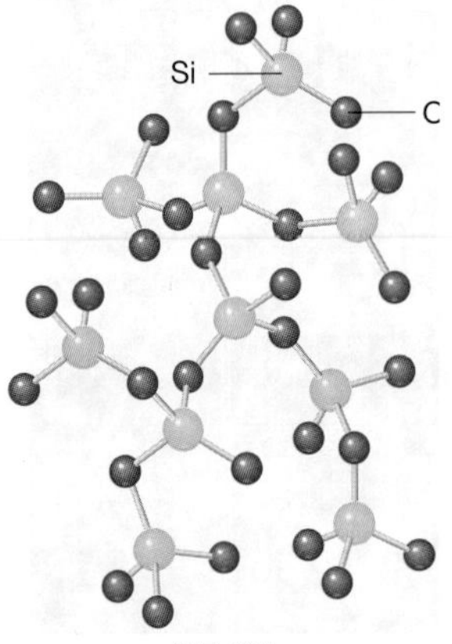

結晶構造

3 ケイ素化合物とその利用

化学

ケイ酸ナトリウム Na_2SiO_3

ケイ砂に NaOH や Na_2CO_3 などの塩基を加えて加熱すると，長い鎖状構造のケイ酸ナトリウム Na_2SiO_3 が生成する。

$SiO_2 + 2NaOH \longrightarrow Na_2SiO_3 + H_2O$
$SiO_2 + Na_2CO_3 \longrightarrow Na_2SiO_3 + CO_2\uparrow$

ケイ酸ナトリウムに水を加えて熱すると，無色透明で粘性の大きな**水ガラス**が得られる。

＋酸

ケイ酸 H_2SiO_3

水ガラスに塩酸を加えると，白色ゲル状のケイ酸 H_2SiO_3 が沈殿する(弱酸遊離)。

$Na_2SiO_3 + 2HCl \longrightarrow 2NaCl + H_2SiO_3$

ケイ酸を加熱乾燥したものを**シリカゲル** $SiO_2 \cdot nH_2O$ という。

乾燥

シリカゲル

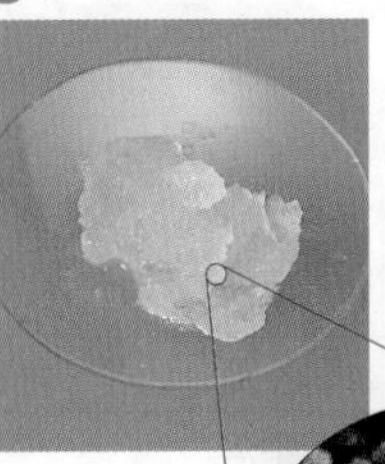

シリカゲルは，多孔性の粒子。表面積は1 g あたり450 m^2 に及ぶものもある。

表面に親水性のヒドロキシ基(−OH) をもち，水を吸着する力が強い。

電子顕微鏡写真

利用

乾燥剤

水晶発振子

クォーツ時計は水晶の固有振動を利用している。

炭化ケイ素 SiC とその利用

ケイ素と炭素の化合物は，強い共有結合で結合することによって，ダイヤモンドに次ぐ硬さをもち，熱にも強い。現在では半導体材料としても使用されており，新幹線 N700S など鉄道車両に採用され，消費電力削減に大きな効果をあげている。

光ファイバー

光ファイバーは透過率の高い石英ガラス(二酸化ケイ素)を融解し，繊維状にしたもの。光通信の伝送路や胃カメラに利用される。

4 ケイ酸塩工業 silicate

SiO_2 に塩基を反応させて得られる結晶をケイ酸塩という。ガラス・陶磁器・セメントなどはケイ酸塩をおもな原料としてつくられる。これらはセラミックスともよばれる。

化学

ガラス

ガラスはケイ砂 SiO_2 が主原料で，炭酸ナトリウム Na_2CO_3 や石灰石 $CaCO_3$，酸化鉛(Ⅱ)PbO が副原料として加えられ，融解・成形される。

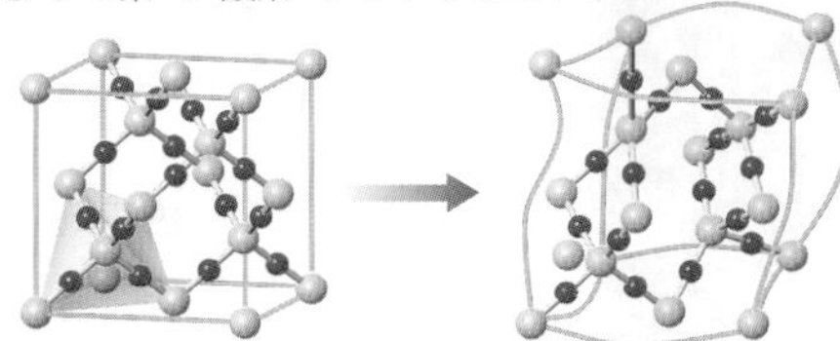

二酸化ケイ素
共有結合の結晶。正四面体構造をもち，きわめてかたく，融点も高い。組成式 SiO_2 で表される。

石英ガラス
SiO_2 を強熱融解し，冷却したもので，結晶のような規則的な構造をもたない(非晶質)。

ソーダ石灰ガラス
石英の結晶格子がくずれた立体的な配列に，陽イオン(Na^+，K^+ など)が入り込んだ構造になっている。

ガラス粉の煮沸

ガラス中の Na_2O などが水に溶けて水酸化ナトリウムとなるため，溶液は塩基性を示す。

ほうろう

鉄などの表面をガラスの膜でおおって内部を保護したものである。ガラスの膜により，鉄がさびるのを防ぐことができる。

シリコーン

例 ジメチルポリシロキサン

$$\left[-\underset{CH_3}{\overset{CH_3}{Si}}-O- \right]_n$$

油状のシリコーン

低分子のシリコーンは油状で，口紅などに用いる。

シリコーン樹脂

高分子のシリコーンは，耐熱性，電気的な絶縁性に優れている。シリコーン樹脂，電気材料，耐熱接着剤として用いる。

ガラスの種類 (➡p.210)

セラミックス (➡p.210)

思考 強塩基の NaOH 水溶液を長期間試薬ビンで保存する場合，ゴム栓を使用するのはなぜか。

12 気体の製法と性質 1

Generation and properties of gases 1

1 気体の性質

化学

気体	色	におい	水への溶解	水溶液	酸化・還元	毒性	特徴		リンク
水素 H_2	無色	無臭	不溶	—	還元剤	—	可燃性。酸素と混合し点火すると爆発的に燃える。		p.158
酸素 O_2	無色	無臭	不溶	—	酸化剤	—	化学的に活発で多くの物質と酸化物をつくる。		p.166
窒素 N_2	無色	無臭	不溶	—	—	—	常温で安定。空気中に体積で 78 %含まれる。		p.170
オゾン O_3	淡青色	特異臭	少し溶ける	—	酸化剤	有毒	強い酸化作用を示す。殺菌・漂白に利用。		p.166
塩素 Cl_2	黄緑色	刺激臭	少し溶ける	酸性	酸化剤	有毒	多くの金属と直接反応して塩化物をつくる。		p.161
アンモニア NH_3	無色	刺激臭	よく溶ける	弱塩基性	—	有毒	塩化水素と容易に反応し白煙(NH_4Cl)を生じる。		p.170
フッ化水素 HF	無色	刺激臭	よく溶ける	弱酸性	—	有毒	水溶液はフッ化水素酸。ガラスを侵す。		p.162
塩化水素 HCl	無色	刺激臭	よく溶ける	酸性	—	有毒	水溶液は塩酸。代表的な強酸。		p.162
硫化水素 H_2S	無色	腐卵臭	少し溶ける	弱酸性	還元剤	有毒	強い還元性を示す。金属イオンと硫化物をつくる。		p.168
一酸化炭素 CO	無色	無臭	不溶	—	還元剤	有毒	きわめて有毒。空気中で燃える。		p.175
二酸化炭素 CO_2	無色	無臭	少し溶ける	弱酸性	—	—	石灰水を白濁させる。		p.175
一酸化窒素 NO	無色	無臭	不溶	—	還元剤	—	酸素と容易に反応し NO_2 となる。	酸性雨の原因物質。	p.170
二酸化窒素 NO_2	赤褐色	刺激臭	よく溶ける	酸性	—	有毒	一部は N_2O_4 となっている。		p.170
二酸化硫黄 SO_2	無色	刺激臭	溶ける	酸性	還元剤*	有毒	水溶液は亜硫酸。		p.168

* H_2S などの強力な還元剤と反応すると，酸化性を示す(p.89)。

2 気体の色と検出

化学

塩素

塩素は黄緑色の気体である。

オゾン

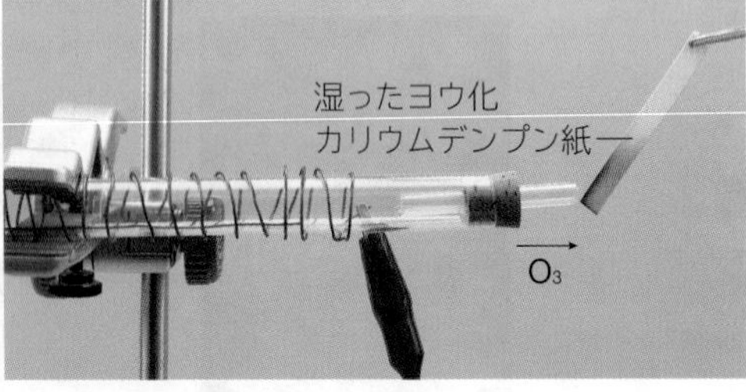

オゾンは強い酸化力をもつので，ヨウ化カリウムデンプン紙を青色にする。

$$O_3 + 2KI + H_2O \longrightarrow O_2 + I_2 + 2KOH$$

アンモニア

アンモニアは塩化水素と反応し，塩化アンモニウムの白煙を生じる。

$$NH_3 + HCl \longrightarrow NH_4Cl$$

二酸化窒素

二酸化窒素は赤褐色の気体である。

硫化水素

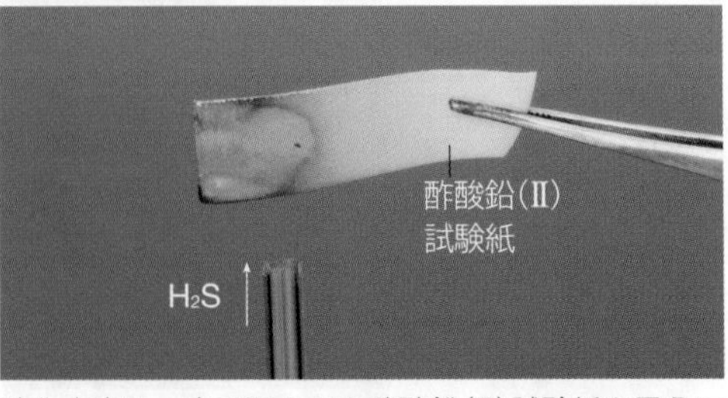

硫化水素は，水で湿らせた酢酸鉛(II)試験紙を黒色にする。

$$H_2S + (CH_3COO)_2Pb \longrightarrow PbS + 2CH_3COOH$$

二酸化炭素

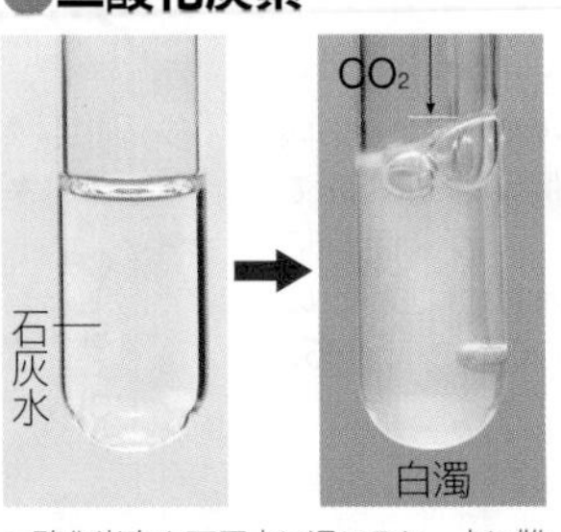

二酸化炭素を石灰水に通じると，水に難溶の炭酸カルシウムが生じて白濁する。

$$CO_2 + Ca(OH)_2 \longrightarrow CaCO_3 + H_2O$$

TOPICS 気体の保存

気体はガスボンベに封入されて運搬される。気体の取り間違えがないようにボンベの色と文字の色で気体の識別をしている。

二酸化炭素	ボンベ	緑
	文字	白
水素	ボンベ	赤
	文字	白
酸素	ボンベ	黒
	文字	白

思考 濃硫酸で乾燥できない酸性の気体は何か。

3 気体の捕集法

化学基礎 化学

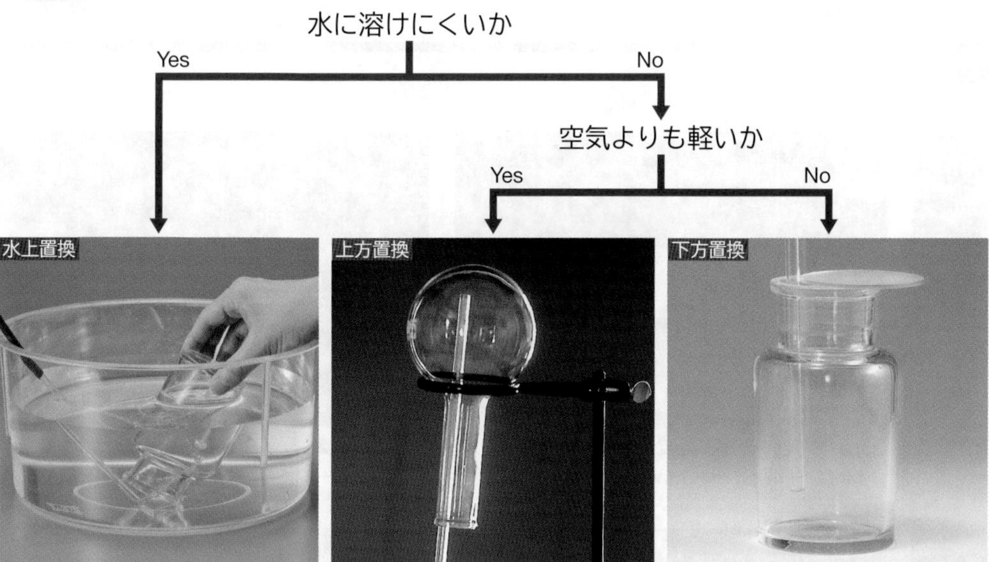

例 H_2, O_2, NO

例 NH_3

例 Cl_2, HCl, NO_2, SO_2

ADVANCE

気体の捕集の注意点

①最初の気体を捨てる

最初に捕集した気体にはガラス管やゴム管などにあった空気が多く含まれるため，捨てる必要がある。

②ガラス管は集気びんや丸底フラスコの奥まで入れる

捕集した気体で集気びんなどにもとからある空気を効率的に追い出すために，ガラス管は奥まで入れる。

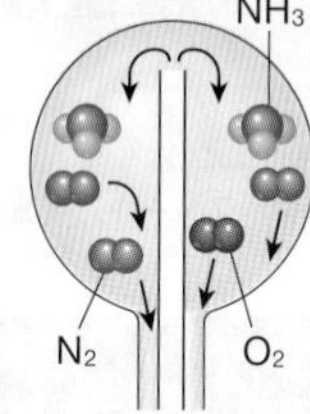

4 気体の乾燥

化学

酸性の乾燥剤	中性の乾燥剤	塩基性の乾燥剤
例 濃硫酸（液体）[*2] H_2SO_4 十酸化四リン（粉末） P_4O_{10}	例 塩化カルシウム[*3] （塊状，粒状） $CaCl_2$	例 生石灰（固体） CaO ソーダ石灰（固体） NaOH+CaO

酸性の気体	中性の気体	塩基性の気体[*1]
例 Cl_2, NO_2, SO_2	例 H_2, O_2, NO	例 NH_3

*1 捕集する気体と反対の性質の乾燥剤は使えない。

*2 濃硫酸と硫化水素は酸化還元反応が起こるので使えない。

*3 塩化カルシウムとアンモニアは反応して $CaCl_2 \cdot 8NH_3$ が生成するので使えない。

●洗気びん

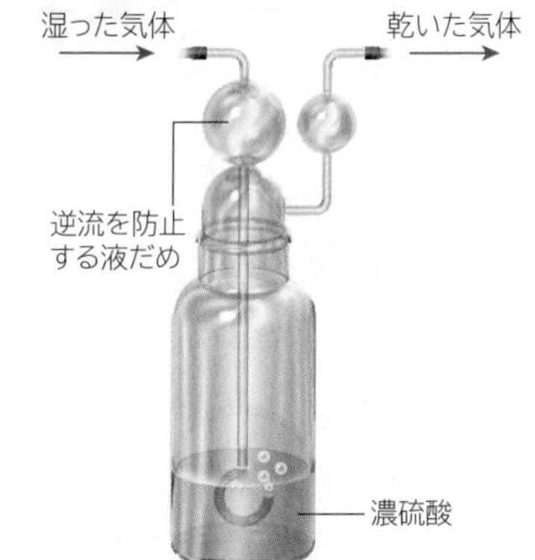

中に入れる液体は，水または濃硫酸のいずれかで，液体の中を気体が通過する際に不純物が除かれる。

●乾燥管

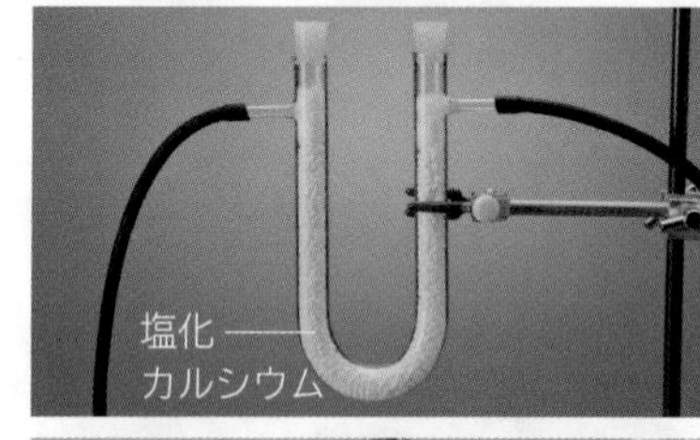

中に入れる固体は，塩化カルシウム $CaCl_2$ または酸化カルシウム CaO，ソーダ石灰（CaO + NaOH）である。

入試ではこう出る!

アンモニアについて，次の(1) ～ (4)に答えよ。

(1)工業的に使用されるような高温・高圧の反応条件を得るのは難しいので，通常実験室ではどのような反応で気体のアンモニアを得ているか，その反応を化学反応式で示せ。

(2)(1)で生成したアンモニアを気体として捕集する方法の名称およびなぜその方法が使われるのか，理由を 25 字程度で示せ。

(3)生成したアンモニアにある物質をガラス棒に付着させて近づけたところ白煙が生じた。ある物質は何か。化学式で答えよ。

(4)アンモニアを乾燥させる際に用いることのできる薬品を答えよ。

［東京農工大　改］

【解答】 (1)$2NH_4Cl + Ca(OH)_2 \longrightarrow CaCl_2 + 2H_2O + 2NH_3\uparrow$

(2)上方置換　(理由)水に非常に溶けやすく，空気より密度が小さいため。

(3)HCl　(4)ソーダ石灰または生石灰

【解説】 (1)アンモニアは工業的にはハーバー・ボッシュ法(➡ p.228)で製造されている。実験室では，塩化アンモニウムと水酸化カルシウムの混合物を加熱して発生させる。

(4)アンモニアは塩基性の気体なので，酸性の乾燥剤を使うことができない。また，塩化カルシウムは中性の乾燥剤であるが，アンモニアと反応するので利用できない。

13 気体の製法と性質 2

Generation and properties of gases 2

1 気体の発生装置

化学

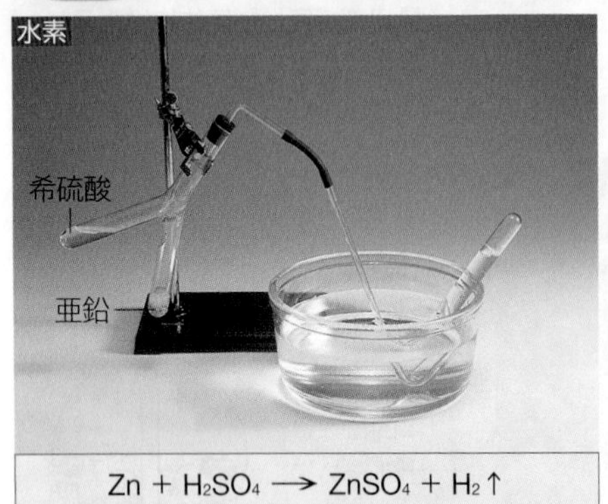

$Zn + H_2SO_4 \longrightarrow ZnSO_4 + H_2\uparrow$

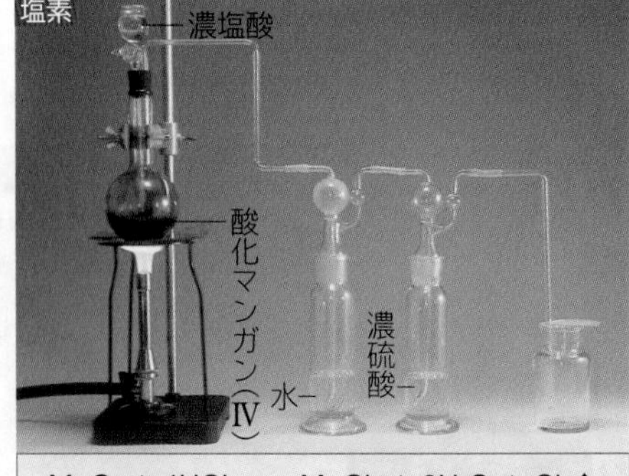

$MnO_2 + 4HCl \longrightarrow MnCl_2 + 2H_2O + Cl_2\uparrow$

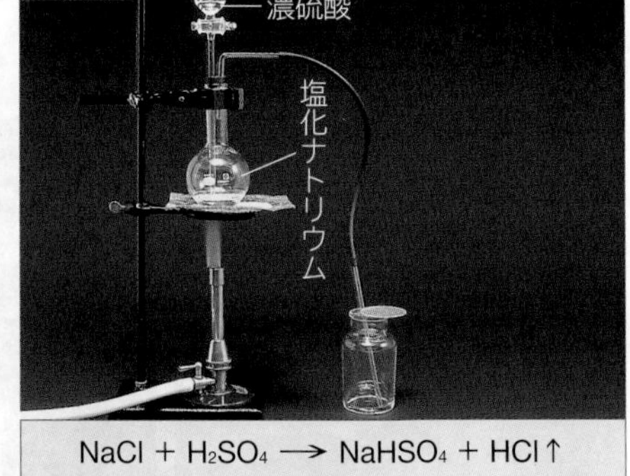

$NaCl + H_2SO_4 \longrightarrow NaHSO_4 + HCl\uparrow$

$2H_2O_2 \longrightarrow 2H_2O + O_2\uparrow$

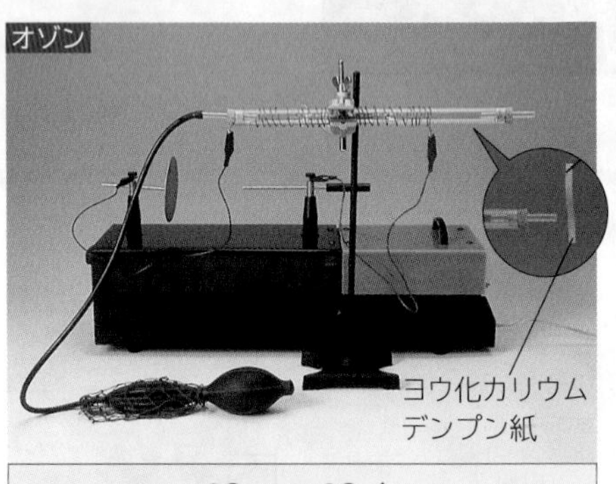

$3O_2 \longrightarrow 2O_3\uparrow$

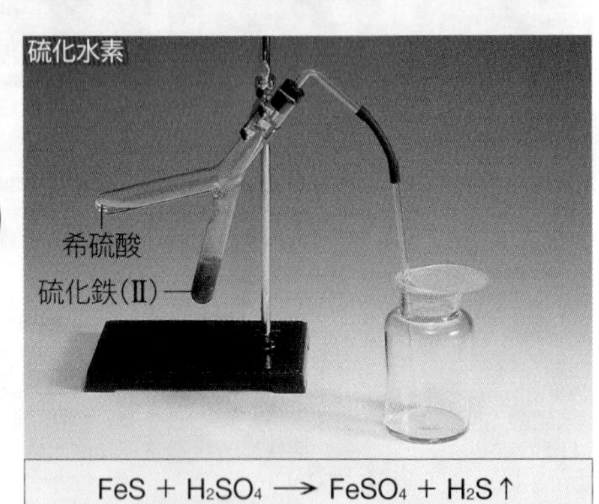

$FeS + H_2SO_4 \longrightarrow FeSO_4 + H_2S\uparrow$

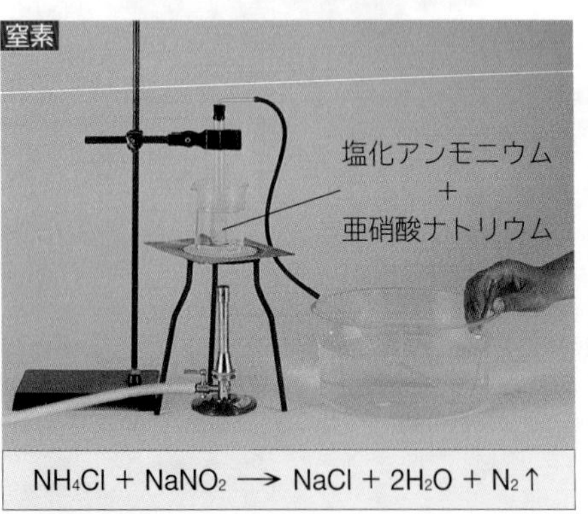

$NH_4Cl + NaNO_2 \longrightarrow NaCl + 2H_2O + N_2\uparrow$

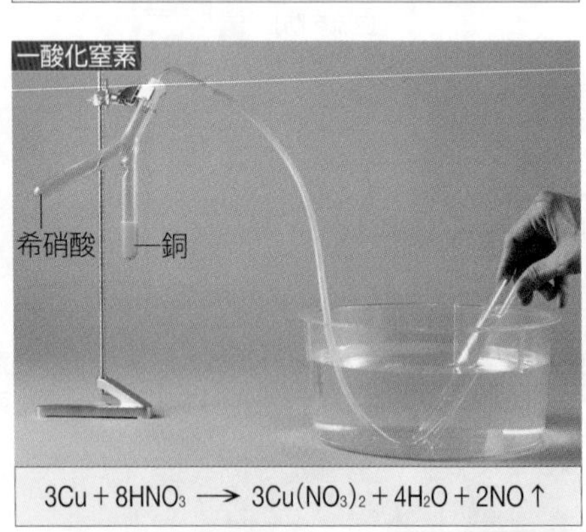

$3Cu + 8HNO_3 \longrightarrow 3Cu(NO_3)_2 + 4H_2O + 2NO\uparrow$

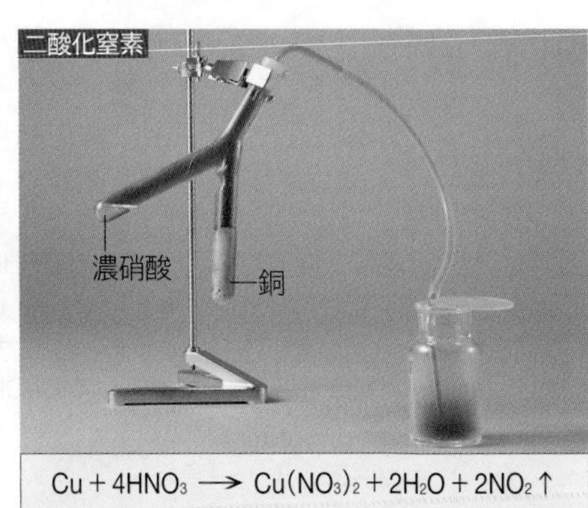

$Cu + 4HNO_3 \longrightarrow Cu(NO_3)_2 + 2H_2O + 2NO_2\uparrow$

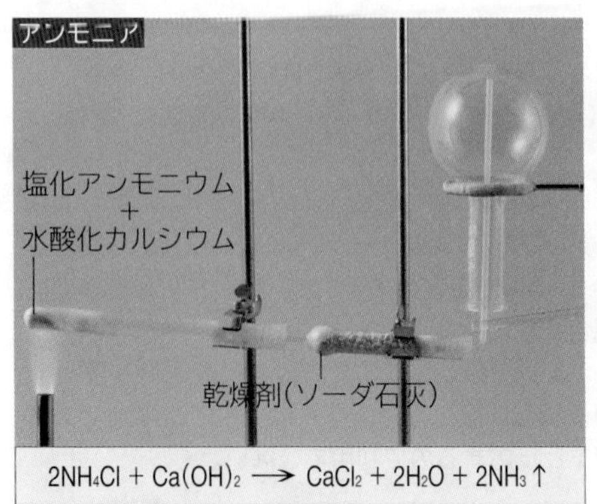

$2NH_4Cl + Ca(OH)_2 \longrightarrow CaCl_2 + 2H_2O + 2NH_3\uparrow$

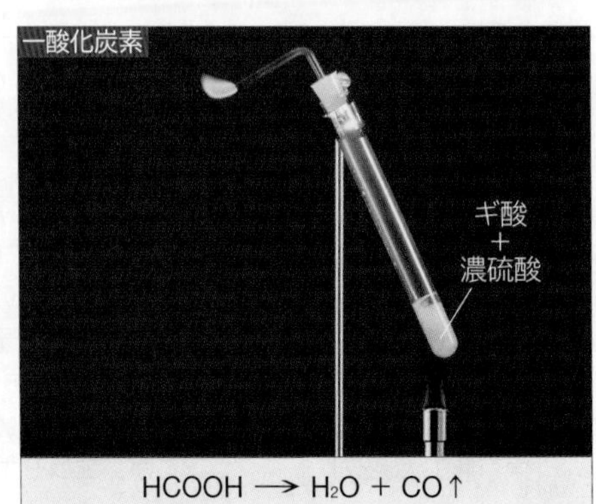

$HCOOH \longrightarrow H_2O + CO\uparrow$

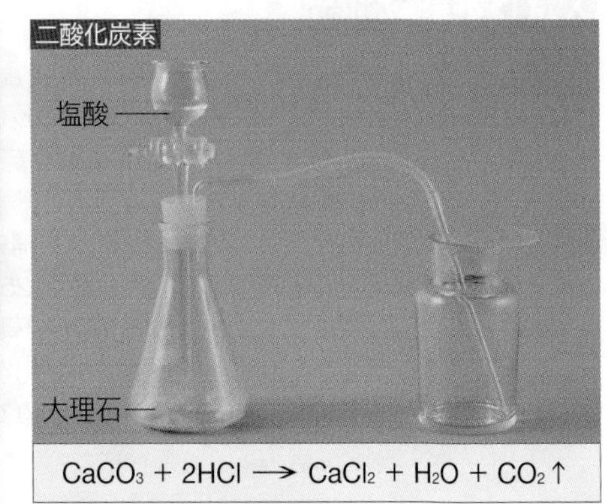

$CaCO_3 + 2HCl \longrightarrow CaCl_2 + H_2O + CO_2\uparrow$

2 気体の実験室的製法

化学

気体	反応物[触媒]		反応物の状態	加熱	捕集法	化学反応式
水素 H_2	亜鉛	希硫酸	固+液	—	水上	$Zn + H_2SO_4 \longrightarrow ZnSO_4 + H_2\uparrow$
酸素 O_2	過酸化水素	[酸化マンガン(Ⅳ)]	液+固	—	水上	$2H_2O_2 \longrightarrow 2H_2O + O_2\uparrow$ (MnO_2 は触媒)
	塩素酸カリウム	[酸化マンガン(Ⅳ)]	固+固	必要	水上	$2KClO_3 \longrightarrow 2KCl + 3O_2\uparrow$ (MnO_2 は触媒)
窒素 N_2	亜硝酸アンモニウム		固	必要	水上	$NH_4NO_2 \longrightarrow 2H_2O + N_2\uparrow$
オゾン O_3	酸素		気	—	—	$3O_2 \longrightarrow 2O_3$(酸素中または空気中で無声放電)
塩素 Cl_2	酸化マンガン(Ⅳ)	濃塩酸	固+液	必要	下方	$MnO_2 + 4HCl \longrightarrow MnCl_2 + 2H_2O + Cl_2\uparrow$
	高度さらし粉	濃塩酸	固+液	—	下方	$Ca(ClO)_2 \cdot 2H_2O + 4HCl \longrightarrow CaCl_2 + 4H_2O + 2Cl_2\uparrow$
アンモニア NH_3	塩化アンモニウム	水酸化カルシウム	固+固	必要	上方	$2NH_4Cl + Ca(OH)_2 \longrightarrow CaCl_2 + 2H_2O + 2NH_3\uparrow$
フッ化水素 HF	フッ化カルシウム(蛍石)	濃硫酸	固+液	必要	下方	$CaF_2 + H_2SO_4 \longrightarrow CaSO_4 + 2HF\uparrow$
塩化水素 HCl	塩化ナトリウム	濃硫酸	固+液	必要	下方	$NaCl + H_2SO_4 \longrightarrow NaHSO_4 + HCl\uparrow$
硫化水素 H_2S	硫化鉄(Ⅱ)	希硫酸	固+液	—	下方	$FeS + H_2SO_4 \longrightarrow FeSO_4 + H_2S\uparrow$
一酸化炭素 CO	ギ酸	[濃硫酸]	液+液	必要	水上	$HCOOH \longrightarrow H_2O + CO\uparrow$ (H_2SO_4 による脱水)
二酸化炭素 CO_2	炭酸カルシウム(石灰石)	希塩酸	固+液	—	下方	$CaCO_3 + 2HCl \longrightarrow CaCl_2 + H_2O + CO_2\uparrow$
	炭酸水素ナトリウム		固	必要	下方	$2NaHCO_3 \longrightarrow Na_2CO_3 + H_2O + CO_2\uparrow$
一酸化窒素 NO	銅	希硝酸	固+液	—	水上	$3Cu + 8HNO_3 \longrightarrow 3Cu(NO_3)_2 + 4H_2O + 2NO\uparrow$
二酸化窒素 NO_2	銅	濃硝酸	固+液	—	下方	$Cu + 4HNO_3 \longrightarrow Cu(NO_3)_2 + 2H_2O + 2NO_2\uparrow$
二酸化硫黄 SO_2	亜硫酸水素ナトリウム*	希硫酸	固+液	—	下方	$NaHSO_3 + H_2SO_4 \longrightarrow NaHSO_4 + H_2O + SO_2\uparrow$
	銅	熱濃硫酸	固+液	必要	下方	$Cu + 2H_2SO_4 \longrightarrow CuSO_4 + 2H_2O + SO_2\uparrow$

*亜硫酸ナトリウム Na_2SO_3 でもよい。

3 気体の工業的製法

化学

気体	工業的製法の解説	反応式の例・解説
水素 H_2	石油(炭化水素)と水蒸気の反応。 水性ガス(H_2 と CO を主成分とするガス)から水素を得る。	$CH_4 + H_2O \longrightarrow CO + 3H_2\uparrow$ $C + H_2O \longrightarrow CO + H_2\uparrow$
酸素 O_2	空気の分留	酸素の沸点−183℃,窒素は−196℃であり,沸点の違いで分ける。
窒素 N_2	空気の分留	酸素と同様に沸点の違いで分ける。
塩素 Cl_2	食塩水や塩酸の電気分解	$2Cl^- \longrightarrow Cl_2\uparrow + 2e^-$
アンモニア NH_3	ハーバー・ボッシュ法 p.228	$N_2 + 3H_2 \longrightarrow 2NH_3\uparrow$
塩化水素 HCl	塩素による炭化水素の置換反応で生成。 NaOH 製造の副産物である H_2 と Cl_2 から直接製造。	$CH_4 + Cl_2 \longrightarrow CH_3Cl + HCl\uparrow$ など $H_2 + Cl_2 \longrightarrow 2HCl\uparrow$
硫化水素 H_2S	各種工業過程の硫化水素を回収して利用。 石油の脱硫で回収した硫黄を水素と直接反応など。	化学反応を用いずに吸着するなどして硫化水素を回収。 $H_2 + S \longrightarrow H_2S\uparrow$
一酸化炭素 CO	炭化水素を水蒸気と CO_2 に混合し Ni 触媒中で反応。 高温でコークスと二酸化炭素,または水を反応。	$CH_4 + H_2O \longrightarrow CO\uparrow + 3H_2$ $C + CO_2 \longrightarrow 2CO\uparrow$ または $C + H_2O \longrightarrow H_2 + CO\uparrow$
二酸化炭素 CO_2	石灰石の熱分解。	$CaCO_3 \longrightarrow CaO + CO_2\uparrow$
一酸化窒素 NO	オストワルト法の中間生成物 p.229	$4NH_3 + 5O_2 \longrightarrow 4NO\uparrow + 6H_2O$
二酸化窒素 NO_2	オストワルト法の中間生成物 p.229	$2NO + O_2 \longrightarrow 2NO_2\uparrow$
二酸化硫黄 SO_2	硫黄を燃焼させて得たガスを洗浄。	$S + O_2 \longrightarrow SO_2\uparrow$

14 アルカリ金属

Alkali metals

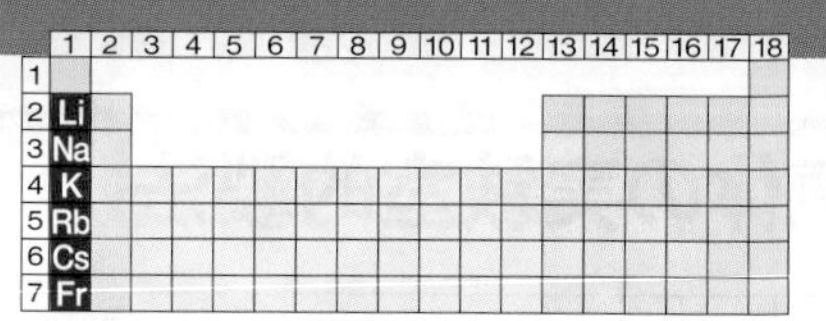

1 アルカリ金属

alkali metal

1族元素のうち，水素を除いたものをアルカリ金属という。原子は価電子を1個もつ。イオン化エネルギーが小さいので，1価の陽イオンになりやすい。

化学

アルカリ金属の電子配置と性質

元素		原子の電子配置 K	L	M	N	O	P	イオン	融点〔℃〕	沸点〔℃〕	密度〔g/cm³〕	イオン化エネルギー〔kJ/mol〕		炎色反応
リチウム	Li	2	1					Li^+	181	1350	0.53	520.2	大	赤
ナトリウム	Na	2	8	1				Na^+	98	883	0.97	495.8	↑	黄
カリウム	K	2	8	8	1			K^+	64	774	0.86	418.8		赤紫
ルビジウム	Rb	2	8	18	8	1		Rb^+	39	688	1.53	403.0		紅紫
セシウム	Cs	2	8	18	18	8	1	Cs^+	28	678	1.87	375.7	小	青

＊■は最外殻電子を示す。

ナトリウムと水の反応

密度が1 g/cm³ 以下なので水に浮いて反応する。

存在

アルカリ金属は常温でも空気や水と反応しやすいので，天然には岩塩 NaCl やソーダ長石 $NaAlSi_3O_8$ などの化合物の状態で存在する。

保存

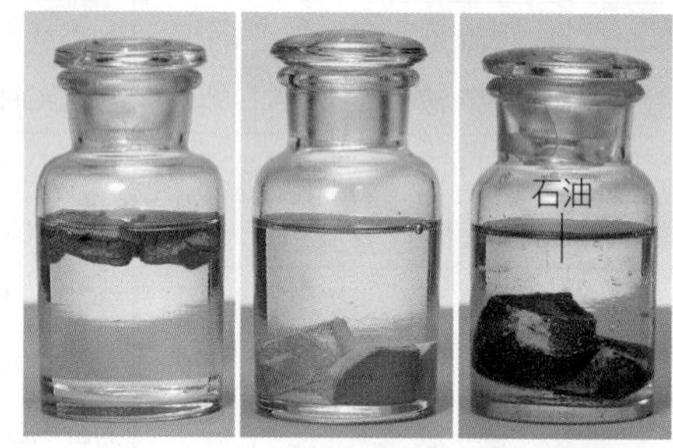

空気や水と反応しやすいので，**石油(灯油)中**に保存する。

ナトリウムの製法（塩化ナトリウムの溶融塩電解）

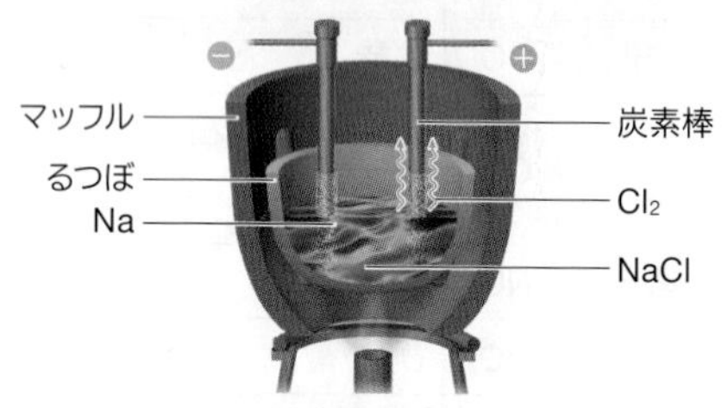

ナトリウムの単体は，融解した塩化ナトリウムの電気分解で得られる(工業的製法➡p.227)。

$$2NaCl \longrightarrow 2Na + Cl_2$$

単体

単体は軽くてやわらかい銀白色の金属である。ナイフですぐに切れるが，切断面はすぐに酸化され，金属光沢を失う。

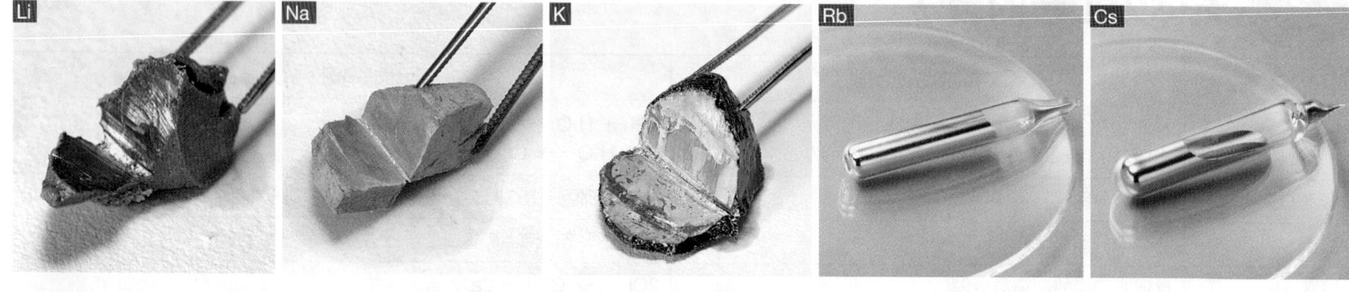

炎色反応

アルカリ金属を含む化合物は特有の炎色反応を示す。

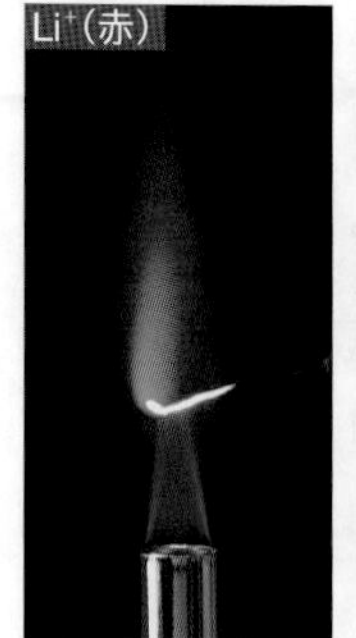

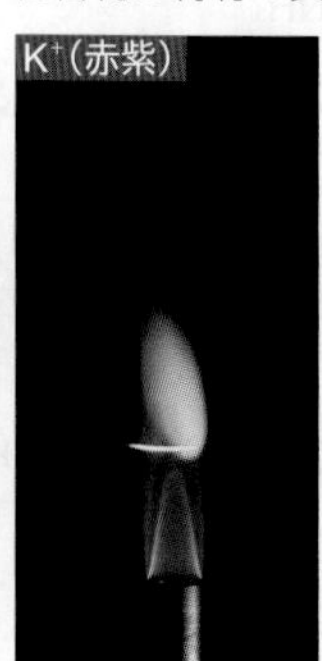

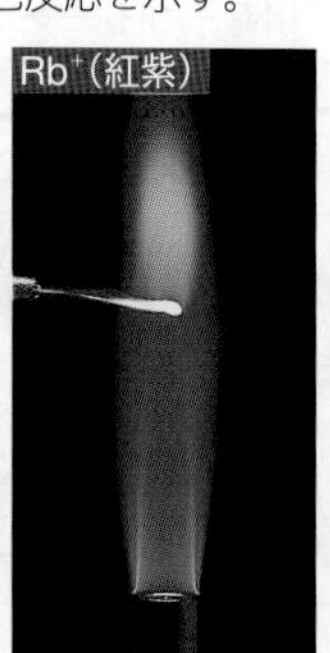

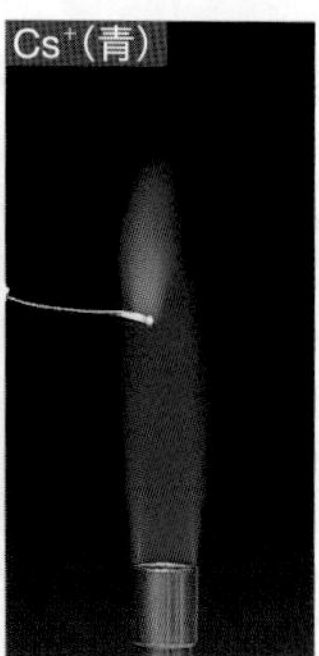

白金線の先端に塩化物(塩化物は発色がよい)の水溶液をつけて，ガスバーナーの外炎にかざすと，炎色反応を示す。アルカリ金属のイオンは沈殿をつくらないので，元素の検出に利用される(➡p.24，213)。

TOPICS

生体内の Na^+ と K^+

生体内は，細胞内に K^+ が多く，細胞外に Na^+ が多い状態に保たれている。外部から刺激を受けると，神経繊維の一部に Na^+ が流れ込み，それが次々と伝わって脳などの中枢に興奮が伝わっていく。

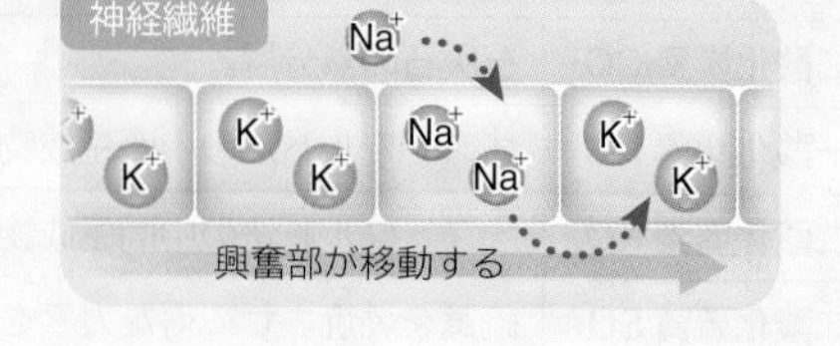

2 アルカリ金属の反応

アルカリ金属の反応性は大きい。反応の激しさは，Li < Na < K の順である。 化学

水との反応

多量の熱を発生しながら水と激しく反応して，強塩基と水素を生じる。

▶リチウム

$2Li + 2H_2O \longrightarrow 2LiOH + H_2\uparrow$

▶ナトリウム

$2Na + 2H_2O \longrightarrow 2NaOH + H_2\uparrow$

▶カリウム

$2K + 2H_2O \longrightarrow 2KOH + H_2\uparrow$

エタノールとの反応

水との反応ほど激しくないが，水素を発生して溶ける。

▶リチウム

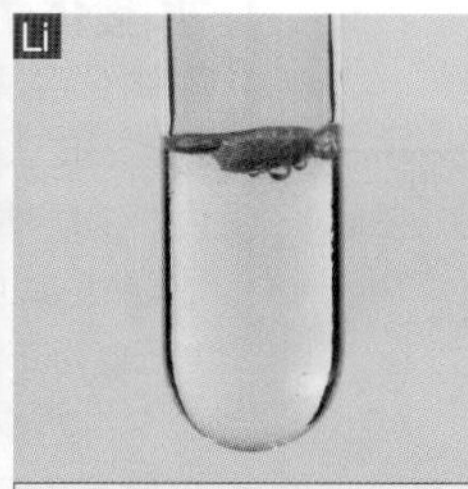

$2Li + 2C_2H_5OH \longrightarrow 2C_2H_5OLi + H_2\uparrow$

▶ナトリウム

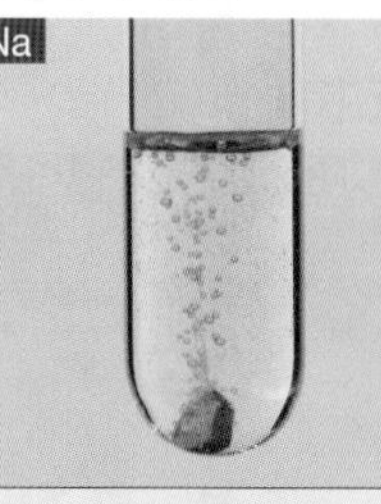

$2Na + 2C_2H_5OH \longrightarrow 2C_2H_5ONa + H_2\uparrow$

（C_2H_5ONa：ナトリウムエトキシド）

▶カリウム

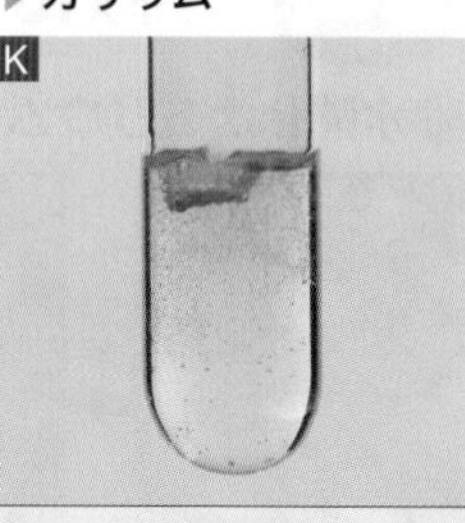

$2K + 2C_2H_5OH \longrightarrow 2C_2H_5OK + H_2\uparrow$

ナトリウムの燃焼

ナトリウムを加熱すると，黄色の炎をあげながら燃焼し，おもに過酸化ナトリウム Na_2O_2(淡黄色)を生じる。

$2Na + O_2 \longrightarrow Na_2O_2$

ナトリウムと塩素との反応

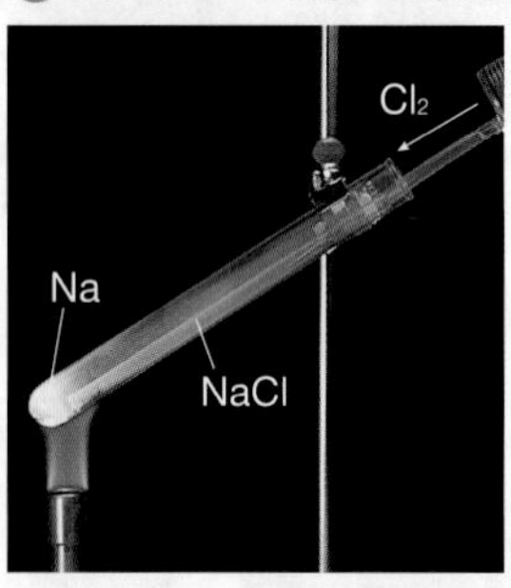

塩素中に融解したナトリウムを入れると激しく反応して NaCl の白煙を生じる。

$2Na + Cl_2 \longrightarrow 2NaCl$

TOPICS セシウム原子時計

従来の1秒の長さは，地球の自転や公転などに基づいて天文学的に定められていたが，現在は ^{133}Cs 原子が吸収したり放出したりするマイクロ波の周波数 9,192,631,770 Hz によって定義されている。この吸収・放出が最大となる周波数に合わせることで，セシウム原子時計は高精度で安定した時を刻んでいる。原子時計の時刻情報は標準電波として発信されているので，電波時計はこの電波を受信することで時計の誤差を修正している。地球の自転に基づく時刻系との差を±0.9 秒以内に保つために，うるう秒調整が行われる。

リチウム電池

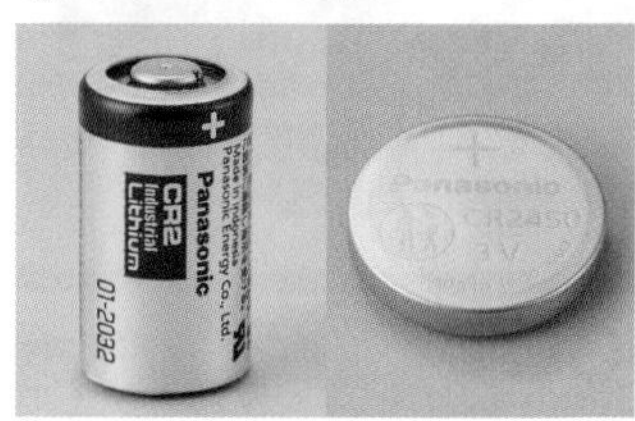

高い電圧を安定して供給できるので，カメラや時計，ガスメーターやカーナビゲーションなど幅広く利用される。

リチウムイオン電池

軽量で容量の大きい電池で，パソコンやスマートフォンなどに用いられる。

ナトリウムランプ

排気ガス中の粉塵や煤煙などの影響を受けにくく，遠くまでよく見えるので，トンネルの照明に用いられてきた。

ナトリウム・硫黄電池(NAS 電池)

正極に硫黄，負極にナトリウム，電解質に Na^+ 伝導性をもつベータアルミナセラミックスを用いた電池。エネルギー密度が高く，充放電効率が高い(➡p.101)。

エンジンバルブの冷却システム

金属ナトリウムは軽くて熱伝導率に優れるため，スポーツカーのエンジンバルブに封入され，冷却装置として用いられている。

肥料

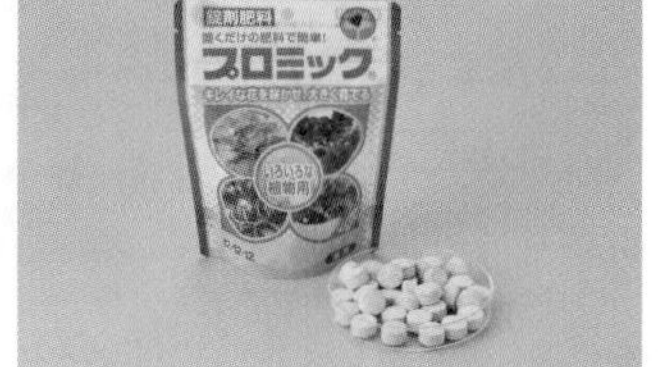

カリウムは肥料三要素の一つである。硫酸カリウムなどが利用されている。

光電子増倍管

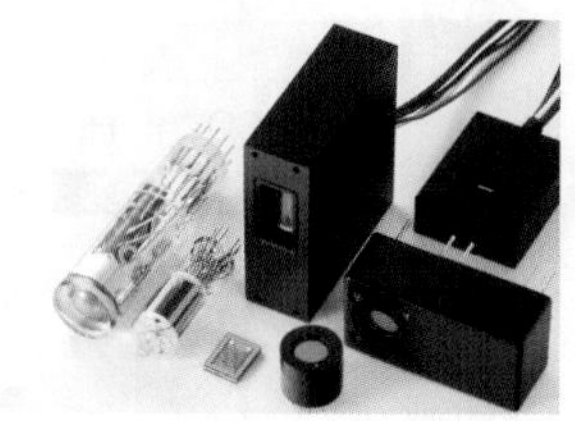
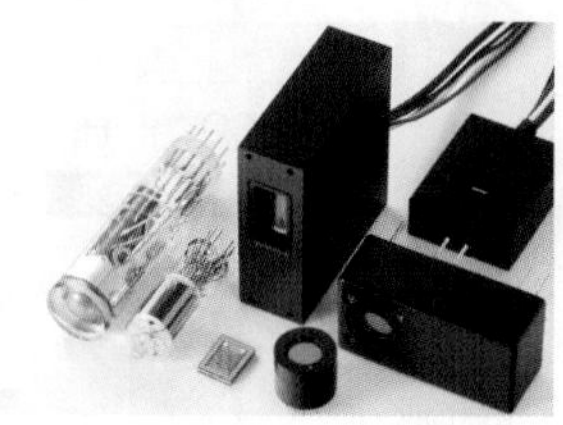

セシウムはイオン化エネルギーが小さいので光電効果を起こしやすく，光電子増倍管の陰極に使われている。

花火

アルカリ金属などの化合物を火薬に混ぜ，炎色反応を利用して花火に色をつけている。

思考 Li，Na，K のうち，常温の水と最も激しく反応するのはどれか。また，その理由を述べよ。

15 ナトリウムの化合物

Sodium compounds

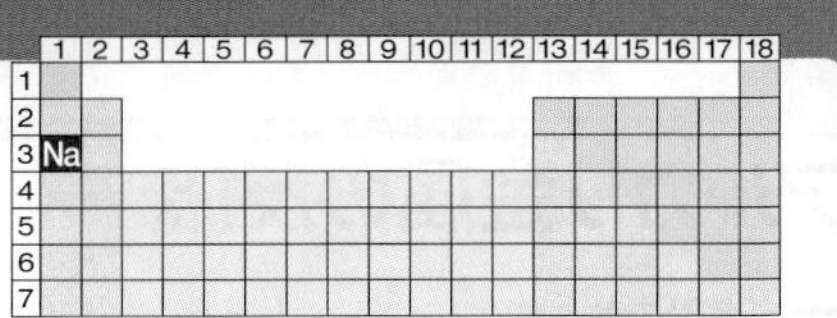

1 水酸化ナトリウム NaOH 化学

sodium hydroxide

●水酸化ナトリウムの反応

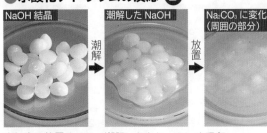

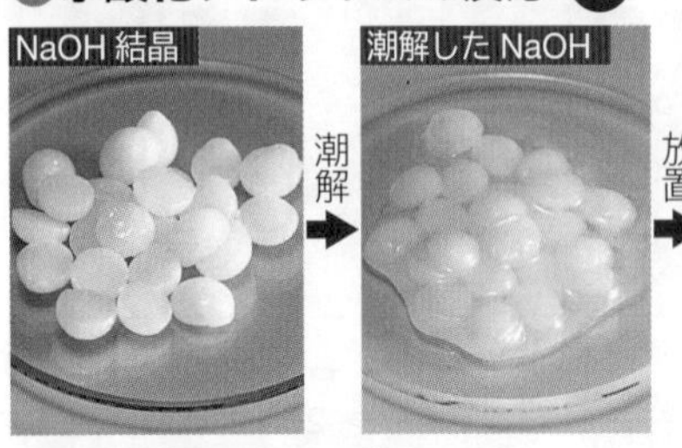

空気中に放置すると，潮解したあと，CO_2 を吸収。

$$2NaOH + CO_2 \longrightarrow Na_2CO_3 + H_2O$$

工業的には，食塩水の電気分解でつくられる(▶p.227)。

TOPICS 水酸化ナトリウムの取り扱い

固体を溶解すると溶解エンタルピーにより発熱するため，温度が上がりすぎないように，かき混ぜながら少しずつ溶解させる。なお，水酸化ナトリウムはタンパク質を分解する性質があるので，手についた場合は，多量の水でぬめりがなくなるまで洗い流す。目に入った場合は，多量の水で洗い流し，ただちに医師の診断を受ける。

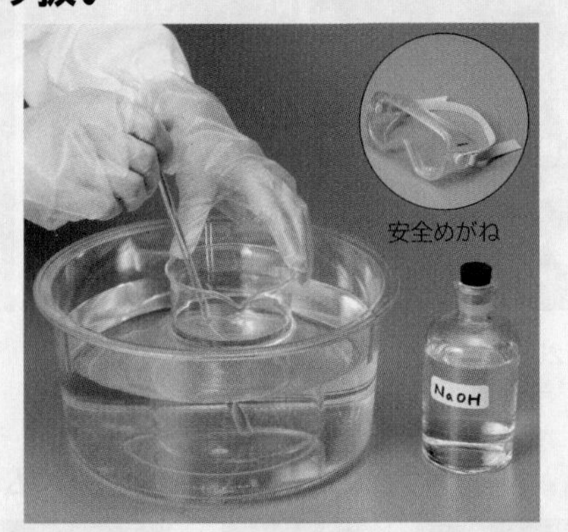

2 塩化ナトリウム NaCl

sodium chloride

塩化ナトリウムは，海水中に質量で平均 2.7%含まれており，岩塩として天然に産出する。食塩ともよばれ，水溶液は中性である。 化学

●天日塩の結晶

●岩塩

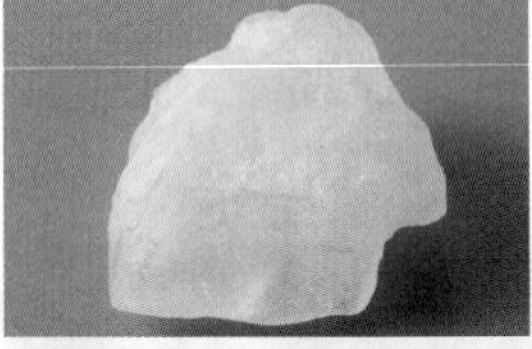

●製塩法

日本では岩塩が産出しないので，独自の製塩法が発達した。入浜法，揚浜法，流下枝条架法によって塩分を約 20 %まで濃縮した海水を，釜で煮詰めて食塩を得ていた。

●塩原

ボリビアにある湖。塩分濃度が高く，乾季には塩の結晶が湖の表面をおおう。

3 炭酸水素ナトリウム $NaHCO_3$ と炭酸ナトリウム Na_2CO_3 化学

sodium hydrogencarbonate　sodium carbonate

●炭酸水素ナトリウムの熱分解

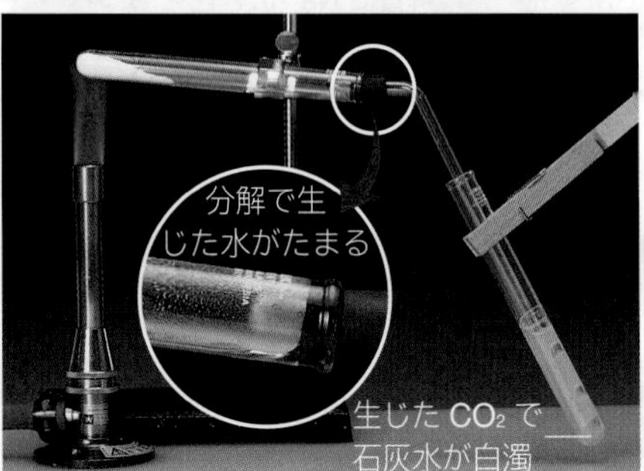

炭酸水素ナトリウムを加熱すると水，二酸化炭素が生じ，炭酸ナトリウムの白色固体が残る。

$$2NaHCO_3 \longrightarrow Na_2CO_3 + H_2O + CO_2$$

●水溶液

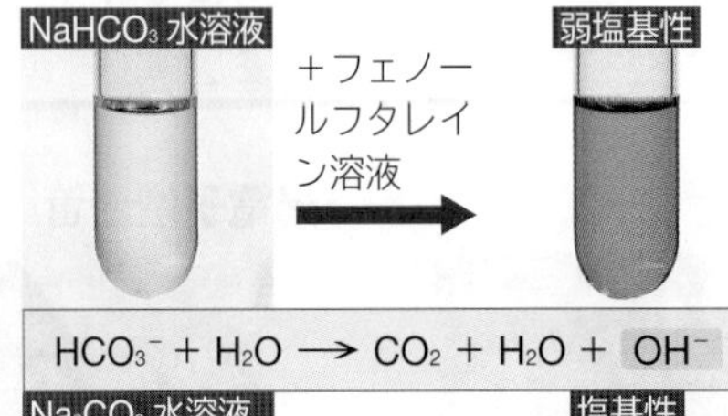

$$HCO_3^- + H_2O \longrightarrow CO_2 + H_2O + OH^-$$

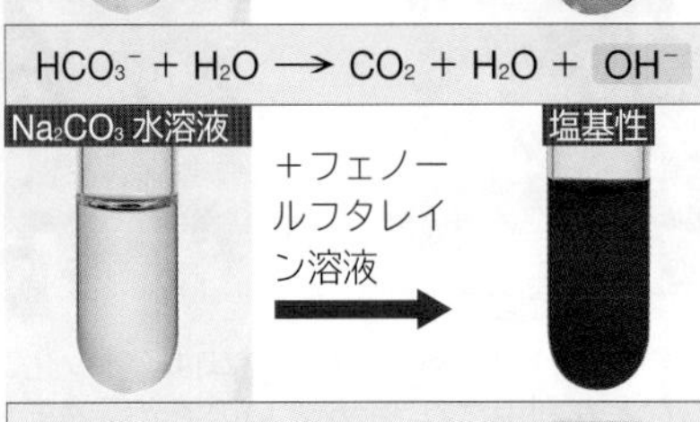

$$CO_3^{2-} + H_2O \longrightarrow HCO_3^- + OH^-$$

●炭酸ナトリウム(ソーダ灰)

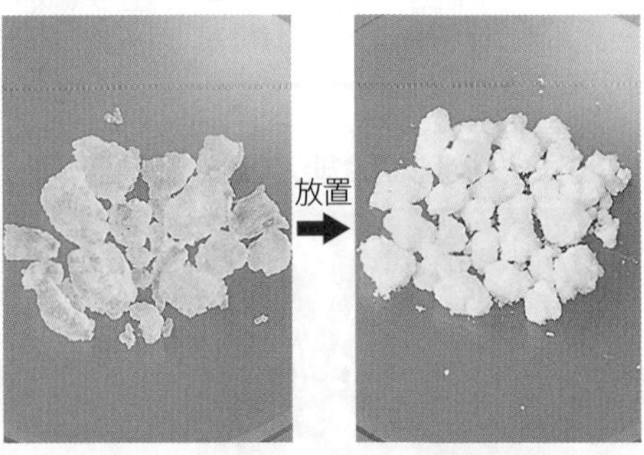

炭酸ナトリウム十水和物の結晶は風解する。

$$Na_2CO_3 \cdot 10H_2O \longrightarrow Na_2CO_3 \cdot H_2O + 9H_2O$$

表現 $NaHCO_3$ を水に溶かすと塩基性を示す理由を述べよ。

4 ナトリウムの反応系統図

化学

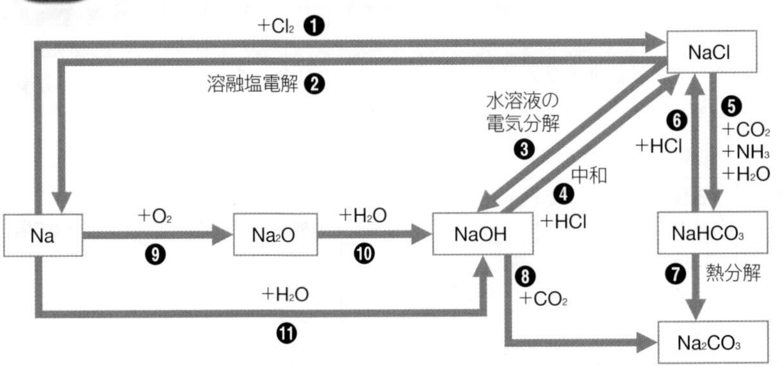

❶ $2Na + Cl_2 \longrightarrow 2NaCl$
❷ $2NaCl \longrightarrow 2Na + Cl_2\uparrow$
❸ $2NaCl + 2H_2O \longrightarrow 2NaOH + H_2\uparrow + Cl_2\uparrow$
❹ $NaOH + HCl \longrightarrow NaCl + H_2O$
❺ $NaCl + CO_2 + NH_3 + H_2O \longrightarrow NaHCO_3 + NH_4Cl$
❻ $NaHCO_3 + HCl \longrightarrow NaCl + H_2O + CO_2\uparrow$
❼ $2NaHCO_3 \longrightarrow Na_2CO_3 + H_2O + CO_2\uparrow$
❽ $2NaOH + CO_2 \longrightarrow Na_2CO_3 + H_2O$
❾ $4Na + O_2 \longrightarrow 2Na_2O$
❿ $Na_2O + H_2O \longrightarrow 2NaOH$
⓫ $2Na + 2H_2O \longrightarrow 2NaOH + H_2\uparrow$

5 ナトリウムの化合物の利用

化学

水酸化ナトリウム NaOH

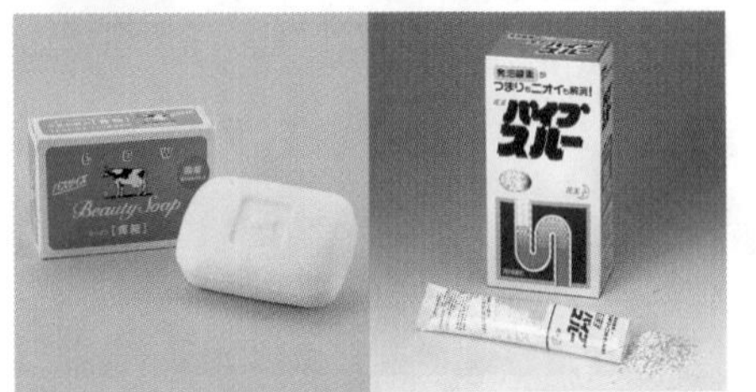

セッケンは，油脂に水酸化ナトリウムを加え，加熱してつくる。水酸化ナトリウムは強塩基性で洗浄力が強いため，パイプ洗浄剤に用いる。

炭酸水素ナトリウム $NaHCO_3$

加熱により二酸化炭素が発生するので，ケーキなどを膨らませることができる。また，胃酸過多症の胃酸の中和剤として用いる。

炭酸ナトリウム Na_2CO_3

ソーダ石灰ガラスの原料である。塩基性が強いので家庭用洗剤にも用いられる。また，発泡性入浴剤にも利用されている。

硫酸ナトリウム Na_2SO_4

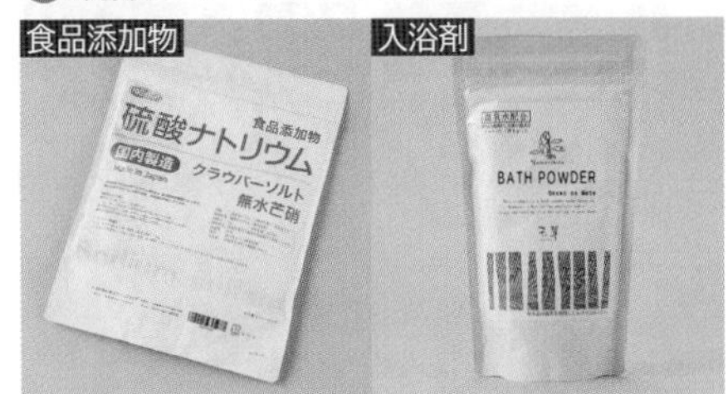

ボウ硝ともよばれ，ガラス，パルプ，洗剤の製造に用いる。また，食品添加物や入浴剤などにも利用されている。水溶液は中性である。

亜硫酸ナトリウム Na_2SO_3

Na_2SO_3 などの亜硫酸塩は還元力が強く，漂白剤・保存料・ビールやワインの酸化防止剤に用いる(➡p.89)。

TOPICS ソーダ

炭酸飲料水のことをソーダとよぶが，炭酸ガス CO_2 を発生させるのに炭酸水素ナトリウム $NaHCO_3$ を用いていた名残りである。工業的にソーダとはナトリウム化合物のことを指す。

TOPICS セスキ炭酸ナトリウム

一般にセスキ炭酸ソーダともよばれ，炭酸ナトリウム Na_2CO_3 と炭酸水素ナトリウム(重曹) $NaHCO_3$ が 1：1 の物質量の比で構成される複塩(ミョウバン ➡p.191)の結晶である。成分は $Na_2CO_3 \cdot NaHCO_3 \cdot 2H_2O$ や $Na_3H(CO_3)_2$ などと表される。ナトリウムイオンと炭酸イオンが 3：2 の比で構成されているので，「1.5倍の」を意味するセスキ(sesqui-)が接頭辞として付いている。
天然にはトロナ鉱石として産出する。安価であり，水に溶けやすい。重曹よりも pH がやや大きく，油などの汚れ落としとして利用されている。クエン酸などの酸とともに水に溶けると二酸化炭素を発生するため，入浴剤の成分としても用いられる。酸と混合しないように保管・使用する。

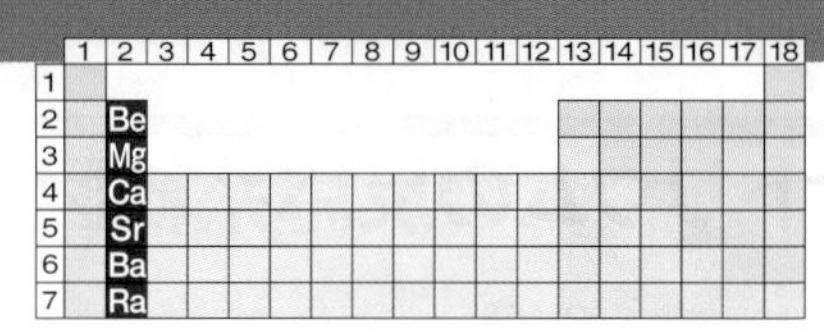

16 アルカリ土類金属とその化合物

Alkaline earth metal and their compounds

1 2族元素

2族元素をアルカリ土類金属という。原子は価電子を2個もつ。単体はアルカリ金属に比べて密度がやや大きく，融点・沸点が高い。Ca，Sr，Ba，Raの4元素は，特に性質が似ている。

化学

アルカリ土類金属の電子配置と性質

元素		原子の電子配置							融点〔℃〕	沸点〔℃〕	密度〔g/cm³〕	炎色反応	水との反応	塩の水への溶解性			
		K	L	M	N	O	P	Q						硝酸塩	炭酸塩	水酸化物	硫酸塩
ベリリウム	Be	2	2						1282	2970	1.85	なし	常温では反応しない	○	×	×	○
マグネシウム	Mg	2	8	2					649	1090	1.74	なし		○	×	×	○
カルシウム	Ca	2	8	8	2				839	1484	1.55	橙赤	常温で反応し強塩基性の水酸化物をつくる	○	×	△	×
ストロンチウム	Sr	2	8	18	8	2			769	1384	2.54	深赤		○	×	△	×
バリウム	Ba	2	8	18	18	8	2		729	1637	3.59	黄緑		○	×	○	×
ラジウム	Ra	2	8	18	32	18	8	2	700	1140	5	洋紅		○	△	×	×

*やや性質が異なるBe，Mgをアルカリ土類金属から除く場合がある。□は最外殻電子を示す。　○溶ける　△少し溶ける　×溶けにくい

単体

炎色反応

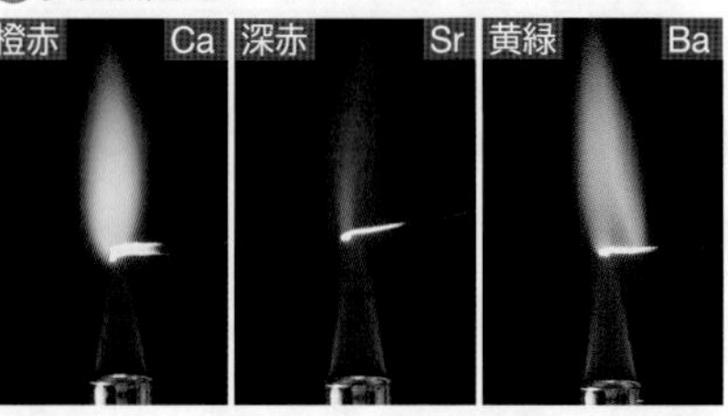

2 マグネシウム Mg とその化合物

magnesium

マグネシウムは，一度反応が始まると激しく反応をする。

化学

マグネシウム元素の存在

▶海水

▶植物の葉

マグネシウムは海水中に質量で0.129％，地殻中に2.1％存在する。緑色植物の葉緑素（クロロフィル）の中心にもある元素である。

マグネシウムと酸素との反応

マグネシウムは明るい光を出しながら激しく燃える。このため花火にも利用される。マグネシウムは燃焼後に，白色の酸化マグネシウムになる。

$$2Mg + O_2 \longrightarrow 2MgO$$

マグネシウムと酸との反応

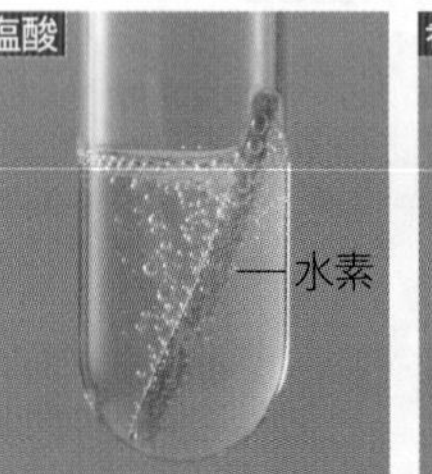

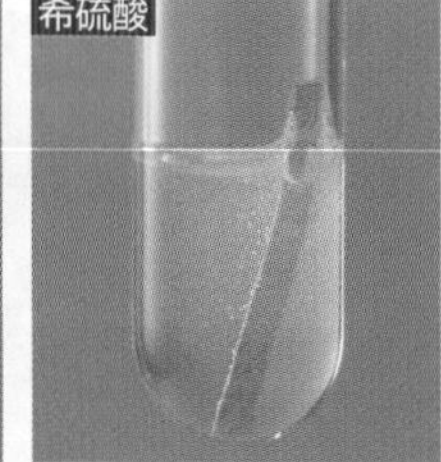

マグネシウムは塩酸や希硫酸と反応して水素を発生する。

$$Mg + 2HCl \longrightarrow MgCl_2 + H_2\uparrow$$
$$Mg + H_2SO_4 \longrightarrow MgSO_4 + H_2\uparrow$$

マグネシウムと水との反応

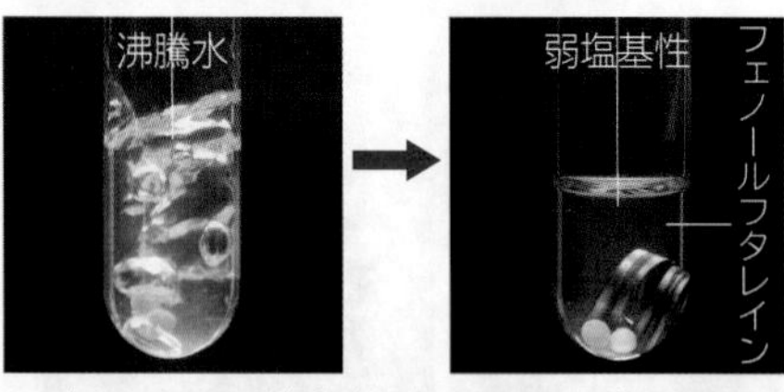

マグネシウムは冷水とはほとんど反応しないが，沸騰水とは反応して，水素を発生する。水酸化マグネシウム $Mg(OH)_2$ は弱塩基性を示す。

$$Mg + 2H_2O \longrightarrow Mg(OH)_2 + H_2\uparrow$$

マグネシウムと二酸化炭素との反応（ドライアイスの行燈（あんどん））

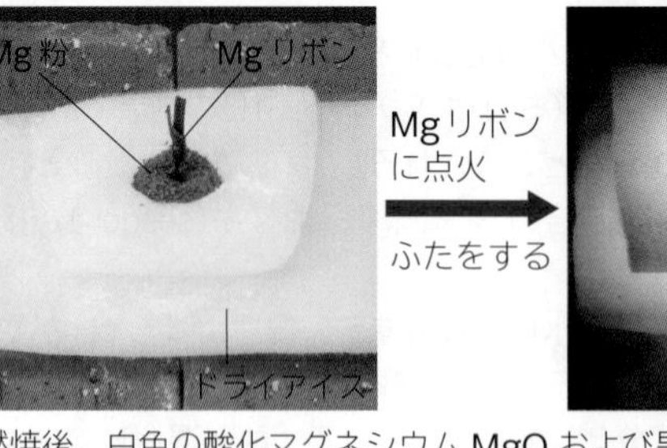

燃焼後，白色の酸化マグネシウム MgO および黒色の粉末(C)の混合物が残る。

$$2Mg + CO_2 \longrightarrow 2MgO + C$$

思考 アルカリ土類金属の単体は，同周期のアルカリ金属の単体と比べ，融点は高いか，低いか。理由とともに説明せよ。

酸化マグネシウム MgO

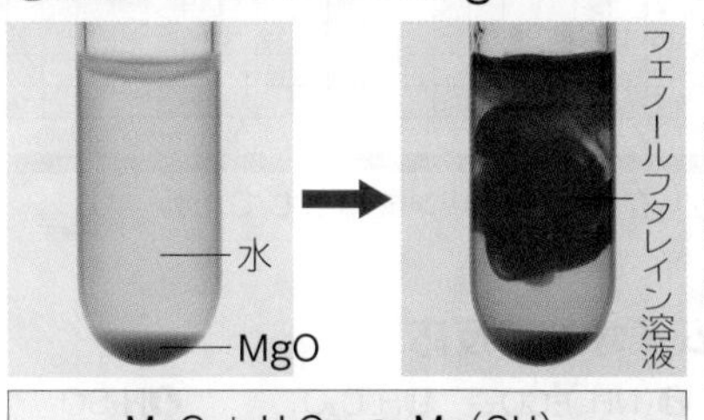

酸化マグネシウムは塩基性酸化物である。水に少し溶け，弱塩基性の水酸化マグネシウム $Mg(OH)_2$ を生じる。

$$MgO + H_2O \longrightarrow Mg(OH)_2$$

マグネシウムの利用

表面にシルバー塗装がされている
カメラ

マグネシウムの密度は 1.74 g/cm³ と小さく，軽合金の成分として，カメラ，ノートパソコンのボディに用いられている。

塩化マグネシウム $MgCl_2$

塩化マグネシウム六水和物の結晶は潮解性がある。

塩化マグネシウムの利用

塩化マグネシウム $MgCl_2$ を主成分とするにがりは，豆腐をつくるときの豆乳の凝固剤として用いる。

マグネシウムの反応系統図

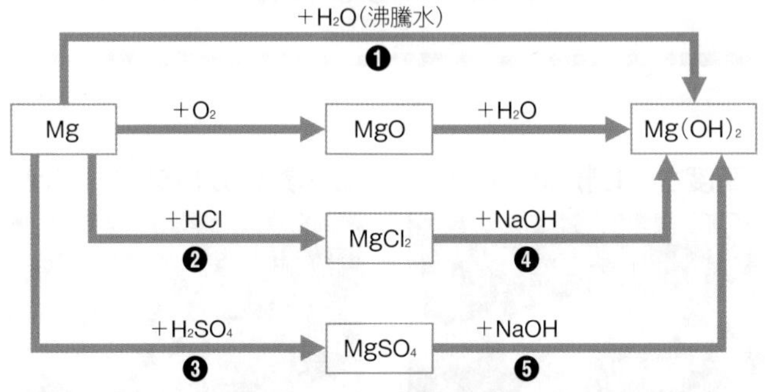

❶$Mg + 2H_2O \longrightarrow Mg(OH)_2 + H_2\uparrow$
❷$Mg + 2HCl \longrightarrow MgCl_2 + H_2\uparrow$
❸$Mg + H_2SO_4 \longrightarrow MgSO_4 + H_2\uparrow$
❹$MgCl_2 + 2NaOH \longrightarrow Mg(OH)_2 + 2NaCl$
❺$MgSO_4 + 2NaOH \longrightarrow Mg(OH)_2 + Na_2SO_4$

*$Mg(OH)_2$ は溶解度が小さい。

TOPICS

クロロフィル

葉緑体に存在するクロロフィル(a, b)は光合成において光エネルギーを化学エネルギーに変換するという重要なはたらきがある。クロロフィルはおもに400～500 nm(青紫色)付近と650～700 nm(赤色)付近の領域の光をよく吸収する。吸収されなかった領域の光(緑色)がわれわれの目に入り，葉は緑色に見える。

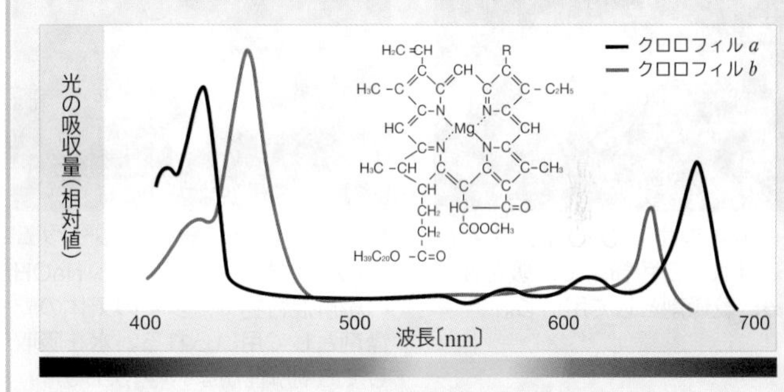

3 バリウムの化合物とその利用 barium

硫酸バリウム $BaSO_4$，炭酸バリウム $BaCO_3$ は水に難溶である。 化学

水酸化バリウム $Ba(OH)_2$

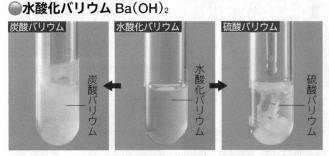

炭酸バリウム　水酸化バリウム　硫酸バリウム

水酸化バリウム水溶液に希硫酸や二酸化炭素を加えると，硫酸バリウムや炭酸バリウムの白色沈殿が生成する。

$$Ba(OH)_2 + H_2SO_4 \longrightarrow BaSO_4\downarrow + 2H_2O$$
$$Ba(OH)_2 + CO_2 \longrightarrow BaCO_3\downarrow + H_2O$$

チタン酸バリウム $BaTiO_3$

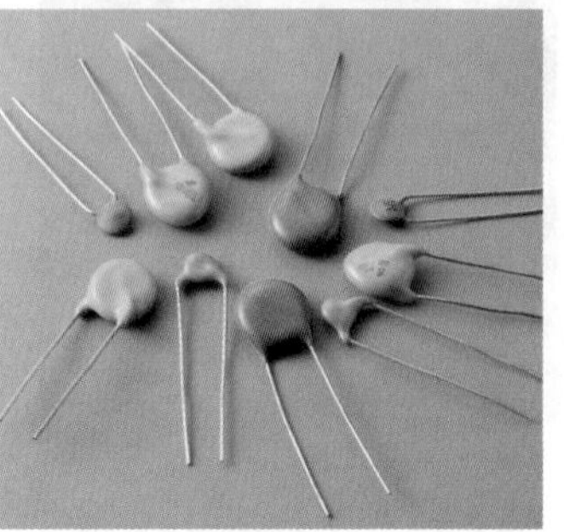

チタン酸バリウムは，優れたコンデンサーの基本材料で，IC(集積回路)で多量に用いられる。

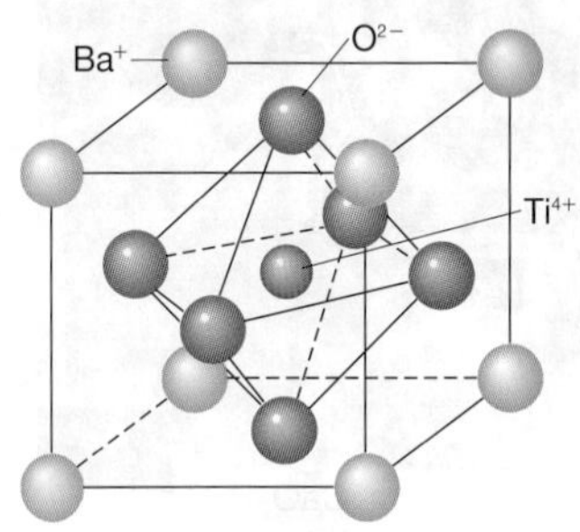

$BaTiO_3$ の結晶構造は，高温で図のような立方体の結晶格子となる。この構造はペロブスカイト構造とよばれる(➡p.154，327)。

3 無機物質
化学

17 カルシウムとその化合物

Calcium and its compounds

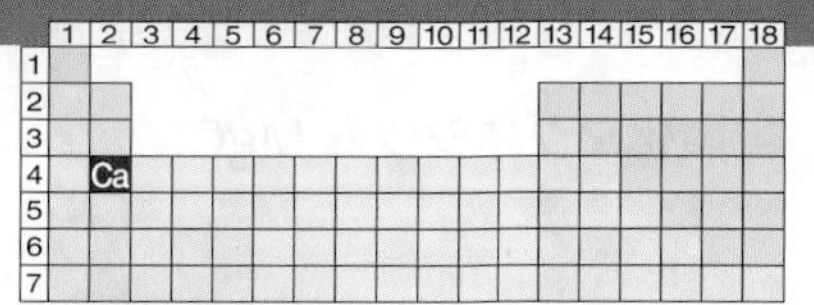

1 カルシウム Ca

calcium

カルシウムは，海水中に質量で 0.0412 %，地殻中に 3.9 %存在する。リン酸塩として，動物の殻および骨の重要な成分である。

化学

大理石（主成分 $CaCO_3$）

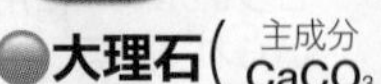

ホタル石（主成分 CaF_2）

カルシウムの単体と水との反応

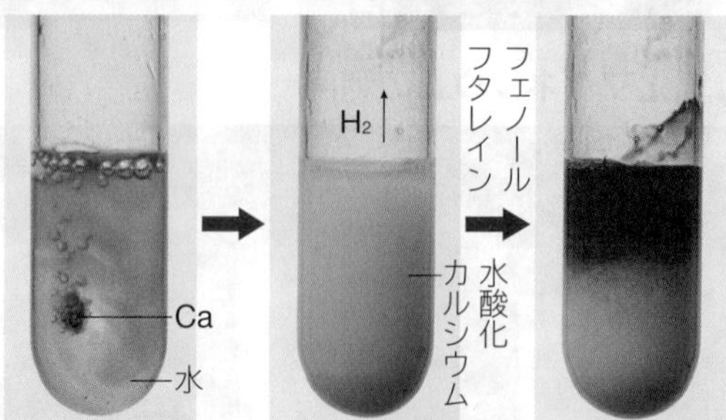

常温で水と反応して水素を発生する。水酸化カルシウム $Ca(OH)_2$ は溶解度が小さいので，溶液は白濁する。一部溶解した $Ca(OH)_2$ により，塩基性を示す。

$$Ca + 2H_2O \longrightarrow Ca(OH)_2 + H_2\uparrow$$

カルシウムイオンの反応

❶NaOH

❷$(NH_4)_2CO_3$

❸$H_2C_2O_4$

❹H_2SO_4

❶$Ca^{2+} + 2OH^- \longrightarrow Ca(OH)_2\downarrow$　一部溶解
❷$Ca^{2+} + CO_3^{2-} \longrightarrow CaCO_3\downarrow$
❸$Ca^{2+} + C_2O_4^{2-} \longrightarrow CaC_2O_4\downarrow$
❹$Ca^{2+} + SO_4^{2-} \longrightarrow CaSO_4\downarrow$

2 カルシウムの化合物とその利用

化学

酸化カルシウム CaO

酸化カルシウム CaO は，**生石灰**（せいせっかい）とよばれる白色粉末で，吸湿性に富み，乾燥剤として用いる。

ソーダ石灰

ソーダ石灰は，酸化カルシウム CaO と水酸化ナトリウム NaOH の融解混合物で，多くの気体の乾燥剤として用いられる。水を吸収しても潮解性がない（➡p.179）。

高度さらし粉（➡p.161, 163）

高度さらし粉（主成分 $Ca(ClO)_2 \cdot 2H_2O$）は，通常のさらし粉 $CaCl(ClO) \cdot H_2O$ よりも有効塩素含有量を高めた製品。水と反応して次亜塩素酸 HClO を生じ，強い漂白・殺菌作用を示す。

水素化カルシウム CaH_2

水と激しく反応し水素を発生するので，携帯用の水素発生剤として用いる（➡p.101）。

$$CaH_2 + 2H_2O \longrightarrow Ca(OH)_2 + 2H_2\uparrow$$

酸化カルシウム CaO と水との反応

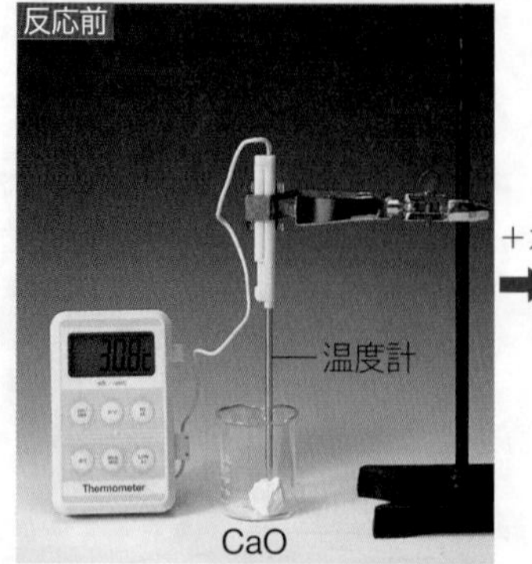

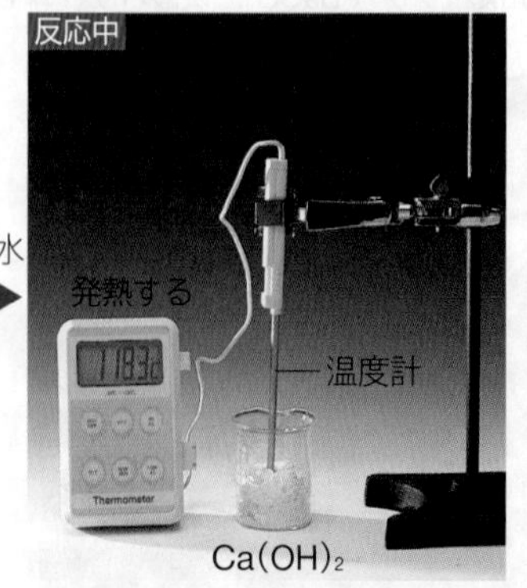

酸化カルシウムに水を加えると多量の熱を発生しながら反応し，水酸化カルシウム水溶液（石灰水）となる。

$$CaO + H_2O \longrightarrow Ca(OH)_2 \quad \Delta H = -63.7\ \mathrm{kJ}$$

酸化カルシウム CaO の利用

弁当の発熱剤

ひもを引くと水袋が破れ，酸化カルシウムと反応して激しく発熱して水蒸気が生じるので，弁当を温めることができる。

防虫剤の蒸散

水との反応を利用して煙を勢いよく拡散させている。

乾燥剤

空気中の水を吸収するので，せんべいや海苔の乾燥剤として用いられている。

水酸化カルシウム $Ca(OH)_2$

<ruby>消石灰<rt>しょうせっかい</rt></ruby>とよばれる白色の粉末。飽和水溶液は**石灰水**とよばれ，二酸化炭素を通じると炭酸カルシウムを生じて白濁するが，過剰に通じると溶解し透明に戻る。

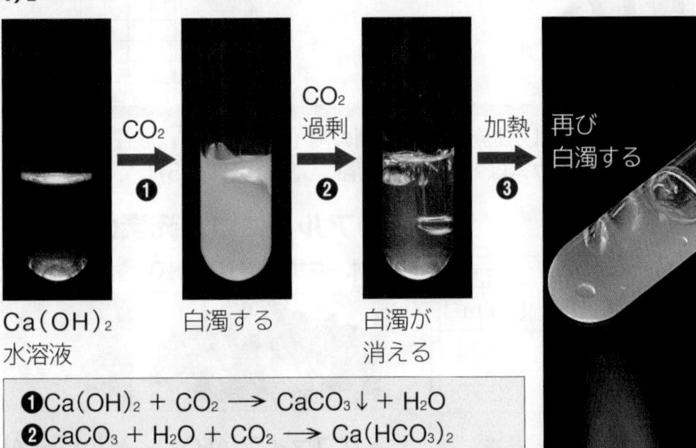

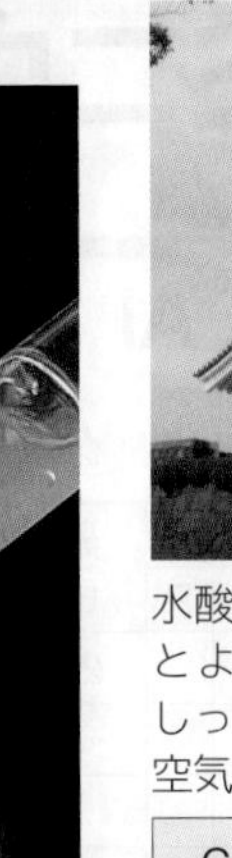

$Ca(OH)_2$ 水溶液　白濁する　白濁が消える

❶$Ca(OH)_2 + CO_2 \longrightarrow CaCO_3\downarrow + H_2O$
❷$CaCO_3 + H_2O + CO_2 \longrightarrow Ca(HCO_3)_2$
❸$Ca(HCO_3)_2 \longrightarrow CaCO_3\downarrow + H_2O + CO_2$

水酸化カルシウム $Ca(OH)_2$ は，しっくいとよばれる建築材料に利用されている。しっくいを塗った壁が徐々に固まるのは，空気中の二酸化炭素と反応するからである。

$$Ca(OH)_2 + CO_2 \longrightarrow CaCO_3 + H_2O$$

塩化カルシウム $CaCl_2$

白色固体で，潮解性をもつ。アンモニア，アルコールを除くすべての気体の乾燥に用いることができる(➡p.179)。

硫酸カルシウム $CaSO_4$

セッコウ(硫酸カルシウム二水和物) $CaSO_4\cdot 2H_2O$ を焼くと，水和水の一部を失って焼きセッコウ $CaSO_4\cdot\frac{1}{2}H_2O$ になる。これに水を加えると，再びセッコウとなって固まる。

$$CaSO_4\cdot 2H_2O \xrightarrow{熱} CaSO_4\cdot\frac{1}{2}H_2O + \frac{3}{2}H_2O$$
$$CaSO_4\cdot\frac{1}{2}H_2O + \frac{3}{2}H_2O \longrightarrow CaSO_4\cdot 2H_2O$$

炭酸カルシウム $CaCO_3$

石灰石や大理石，方解石，貝殻などの主成分。水には難溶の白色粉末で強熱すると分解して酸化カルシウム(生石灰)と二酸化炭素になる。

$$CaCO_3 \longrightarrow CaO + CO_2$$

▶チョーク

チョークは炭酸カルシウムと硫酸カルシウムを原料としたものがある。水産廃棄物のホタテの貝(主成分炭酸カルシウム)を利用したチョークも開発されている。

▶セメント

石灰石と粘土の混合物を約1500℃に強熱し，硫酸カルシウムを加えて粉末にしたものがセメント(ポルトランドセメント)である。セメントに砂と水を混ぜて放置すると，ケイ酸カルシウム $CaSiO_3\cdot nH_2O$ などができて固まる。

▶鍾乳洞

サンゴなどの死がいが海底にたい積して化石化したものが石灰岩(主成分炭酸カルシウム)となる。その大地が二酸化炭素を含んだ雨水にさらされて溶けてできた洞穴が鍾乳洞である。

$$CaCO_3 + H_2O + CO_2 \rightleftarrows Ca(HCO_3)_2$$

カルシウムの反応系統図

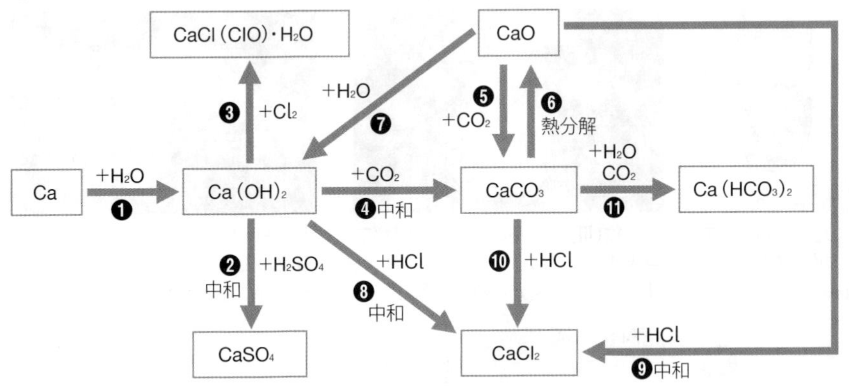

❶$Ca + 2H_2O \longrightarrow Ca(OH)_2 + H_2\uparrow$
❷$Ca(OH)_2 + H_2SO_4 \longrightarrow CaSO_4 + 2H_2O$
❸$Ca(OH)_2 + Cl_2 \longrightarrow CaCl(ClO)\cdot H_2O$
❹$Ca(OH)_2 + CO_2 \longrightarrow CaCO_3 + H_2O$
❺$CaO + CO_2 \longrightarrow CaCO_3$
❻$CaCO_3 \longrightarrow CaO + CO_2\uparrow$
❼$CaO + H_2O \longrightarrow Ca(OH)_2$
❽$Ca(OH)_2 + 2HCl \longrightarrow CaCl_2 + 2H_2O$
❾$CaO + 2HCl \longrightarrow CaCl_2 + H_2O$
❿$CaCO_3 + 2HCl \longrightarrow CaCl_2 + CO_2\uparrow + H_2O$
⓫$CaCO_3 + H_2O + CO_2 \longrightarrow Ca(HCO_3)_2$

表現 石灰水が二酸化炭素の検出に用いられるのはなぜか。

18 アルミニウム

Aluminum

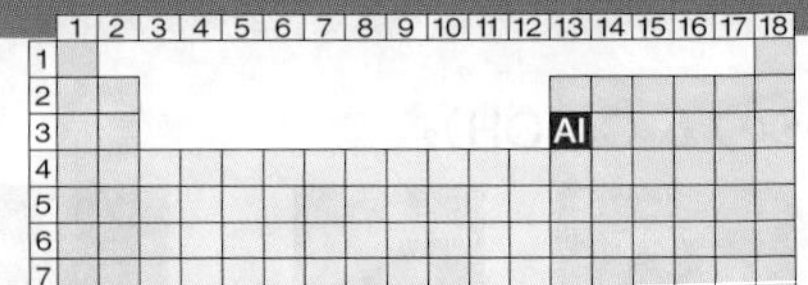

1 アルミニウム Al

aluminium

アルミニウムは13族元素で3価の陽イオンになる。**展性・延性**が大きく，電気・熱をよく伝える。アルミニウムはアルミナを**溶融塩電解**(➡p.105)してつくるため，多くの電力が必要である。 化学

13族元素の電子配置と性質

元素		原子の電子配置 K	L	M	N	O	P	融点〔℃〕	沸点〔℃〕	密度〔g/cm³〕
ホウ素	B	2	3					2300	3658	2.34
アルミニウム	Al	2	8	3				660	2467	2.70
ガリウム	Ga	2	8	18	3			28	2403	5.91
インジウム	In	2	8	18	18	3		157	2080	7.31
タリウム	Tl	2	8	18	32	18	3	304	1457	11.85

* ■は最外殻電子を示す。

アルミニウム元素の存在

▶ボーキサイト $Al_2O_3 \cdot nH_2O$

▶氷晶石 Na_3AlF_6

▶サファイア Al_2O_3
鉄とチタンを含有

▶ルビー Al_2O_3
クロムを含有

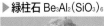

▶緑柱石 $Be_3Al_2(SiO_3)_6$

2 アルミニウムの反応

アルミニウムは**両性金属**で，単体の反応性は激しいが，表面に**不動態**をつくるため，アルミニウム板などは反応しにくくなる。 化学

アルミニウムの反応系統図

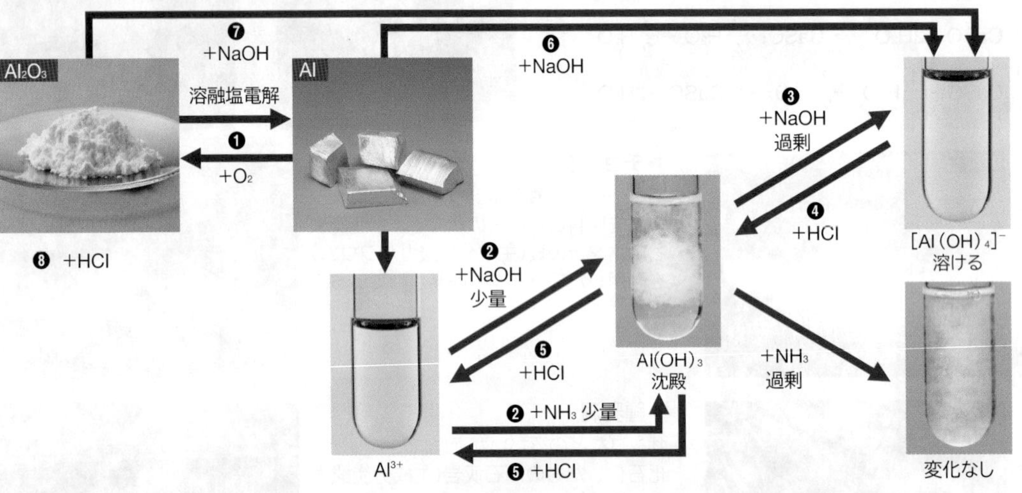

テトラヒドロキシドアルミン酸イオン $[Al(OH)_4]^-$

$[Al(OH)_4]^-$は正四面体構造をしていると考えられる。

水酸化アルミニウム $Al(OH)_3$ は両性水酸化物である。アンモニア水を加えても溶けないが，水酸化ナトリウム水溶液にはテトラヒドロキシドアルミン酸イオン $[Al(OH)_4]^-$ をつくって溶解する。

❶ $4Al + 3O_2 \longrightarrow 2Al_2O_3$
❷ $Al^{3+} + 3OH^- \longrightarrow Al(OH)_3\downarrow$ (白色)
❸ $Al(OH)_3 + OH^- \longrightarrow [Al(OH)_4]^-$
❹ $[Al(OH)_4]^- + H^+ \longrightarrow Al(OH)_3\downarrow + H_2O$
❺ $Al(OH)_3 + 3H^+ \longrightarrow Al^{3+} + 3H_2O$
❻ $2Al + 2NaOH + 6H_2O \longrightarrow 2Na[Al(OH)_4] + 3H_2\uparrow$
❼ $Al_2O_3 + 2NaOH + 3H_2O \longrightarrow 2Na[Al(OH)_4]$
❽ $2Al + 6HCl \longrightarrow 2AlCl_3 + 3H_2\uparrow$

両性金属

12族の亜鉛 Zn，13族のアルミニウム Al，14族のスズ Sn や鉛 Pb などの金属の単体は，酸とも強塩基の水溶液とも反応して水素を発生する。このような金属を**両性金属**という。

アルミニウムと酸・塩基

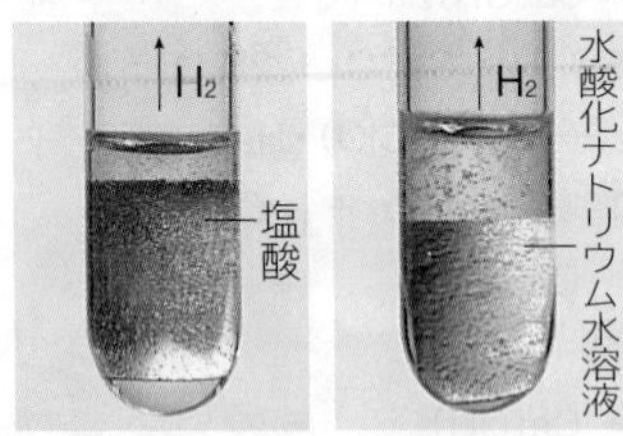

両性金属で，酸とも強塩基とも反応する。

$2Al + 6HCl \longrightarrow 2AlCl_3 + 3H_2\uparrow$
$2Al + 2NaOH + 6H_2O \longrightarrow 2Na[Al(OH)_4] + 3H_2\uparrow$

アルミニウムの不動態

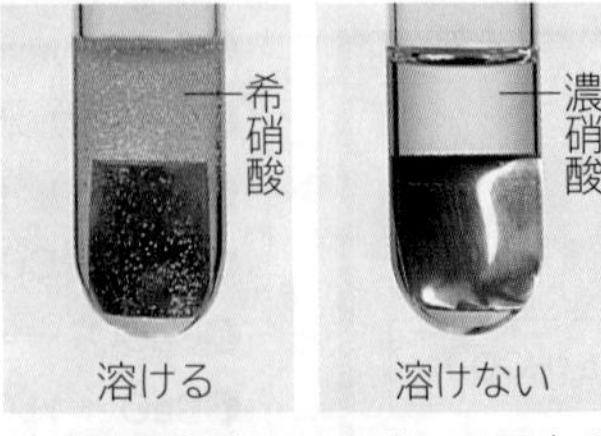

希硝酸や塩酸などの酸とは反応するが，濃硝酸では表面に酸化アルミニウムの緻密被膜ができ，反応しない(**不動態**)。

テルミット反応

酸化鉄(Ⅲ)をアルミニウムと混ぜて点火すると，激しく反応して酸化鉄(Ⅲ)が鉄へと還元される(➡p.225)。

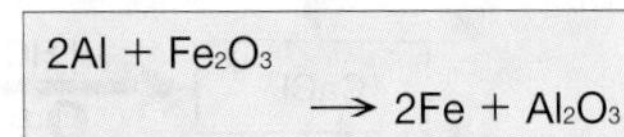
$2Al + Fe_2O_3 \longrightarrow 2Fe + Al_2O_3$

アルミニウムアマルガム

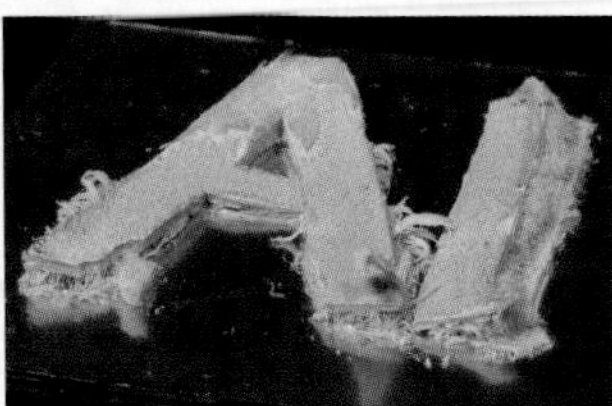

水銀 Hg に溶ける。アマルガム中のアルミニウムは容易に酸化されるようになり，綿状の酸化アルミニウム Al_2O_3 を生じる(➡p.205)。

思考 一円玉がイオン化傾向の大きなアルミニウムでできているにもかかわらずさびにくいのはなぜか。

3 アルミニウムの化合物

化学

硫酸アルミニウム $Al_2(SO_4)_3$

無色の結晶で，紙のサイジング，媒染剤，水の浄化，潰瘍の薬として利用される。実験室では，硫酸と水酸化アルミニウムを反応させてつくる。工業的にはボーキサイトを硫酸で処理してつくる。

塩化アルミニウム $AlCl_3$

無色の結晶。潮解性が強く空気中の水分を吸って加水分解し，塩化水素を発生する。触媒として広く利用されている。

硫酸カリウムアルミニウム十二水和物 $AlK(SO_4)_2 \cdot 12H_2O$

ミョウバンともよばれ，無色正八面体の結晶である。硫酸アルミニウム $Al_2(SO_4)_3$ と硫酸カリウム K_2SO_4 の混合溶液からつくられる複塩である。

$$Al_2(SO_4)_3 + K_2SO_4 \longrightarrow 2AlK(SO_4)_2$$

複塩と錯塩

▶**複塩**(ふくえん)

陽イオンまたは陰イオンを2種類以上含んでいる塩。

例 ミョウバン $AlK(SO_4)_2 \cdot 12H_2O$

▶**錯塩**(さくえん)(➡p.194)

錯イオンを含む塩。

例 テトラヒドロキシドアルミン酸ナトリウム $Na[Al(OH)_4]$

4 アルミニウムの利用

化学

アルミニウムは**熱伝導性**が高く軽い。金属の中で4番目に**電気伝導性**が大きい良導体である。これらの性質を利用して，さまざまな用途に使われている。

アルミニウムの利用

アルミホイル

純度 99.0 %以上

送電線

アルミ缶

アルミの鍋

アルミ建材

アルミニウムの蒸着

菓子袋の内側面

CD-ROM

光の遮断や反射，熱の反射などを目的に，プラスチックや布の表面にアルミニウムを蒸着させた製品が多い。

ファインセラミックス

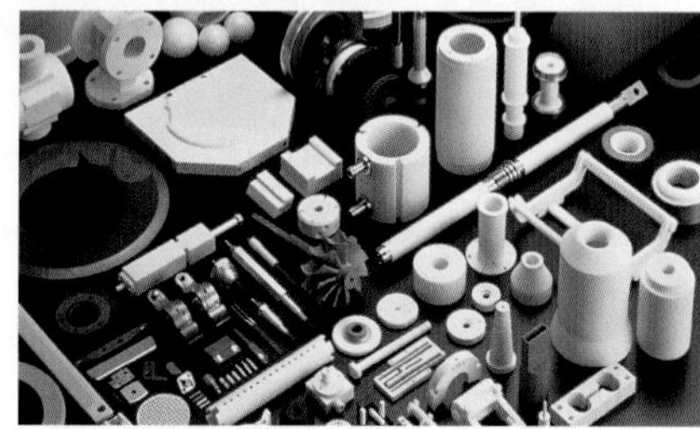

高度に精製された酸化アルミニウムは，**ファインセラミックス**の原料の1つである。ファインセラミックスは金属材料に比べ，軽くてかたく，高温でも使用できる(➡p.211)。

アルマイト

アルミニウムの表面に 5～100 μm の耐食性の酸化被膜をつけ美しく仕上げた製品。

ジュラルミン

20世紀初頭ドイツで発明されたアルミニウム合金。銅，マグネシウム，マンガンなどを含む。密度が小さく強度が大きいため，航空機・自動車などに広く利用されている。

媒染剤

媒染剤あり　媒染剤なし

染色の際，酢酸アルミニウム $(CH_3COO)_3Al$ やミョウバン $AlK(SO_4)_2 \cdot 12H_2O$ などの媒染剤は色素を繊維に定着させる。

TOPICS アルミ缶のリサイクル

アルミニウムを製錬する際，多量の電力を消費するが，回収されたアルミ缶から再生地金をつくると，ボーキサイトを原料として新地金をつくる際のわずか3％のエネルギーしかかからない。アルミ缶の回収・再利用はエネルギーの節約になる。

19 スズ・鉛とその化合物
Tin, lead and their compounds

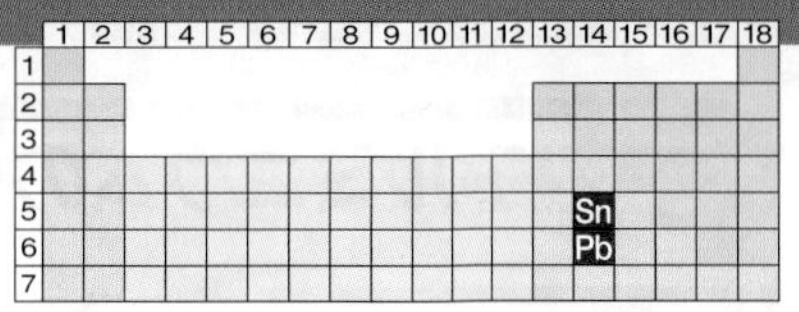

1 スズ Sn の単体と化合物
tin

最外殻電子を4個もち，+2と+4の酸化数をとる。融点は低くやわらかい。両性金属である。 化学

電子配置と単体の性質

元素		原子の電子配置						融点〔℃〕	沸点〔℃〕	密度〔g/cm³〕
		K	L	M	N	O	P			
スズ	Sn	2	8	18	18	4		232	2270	7.31

＊■は最外殻電子を示す。

スズ Sn の単体

スズと酸との反応

スズは，希塩酸・希硫酸と反応してスズ(Ⅱ)イオン Sn^{2+} になる。

TOPICS

スズの同素体

温度が下がると金属のβスズ(白色スズ)は非金属のαスズ(灰色スズ)という同素体になる。ロシアに侵入したナポレオン軍の兵士のスズ製(βスズ)ボタンが，−30℃という低温で，灰色の粉になってくずれてしまったという。

スズの反応系統図

スズは酸とも強塩基とも反応する両性金属である

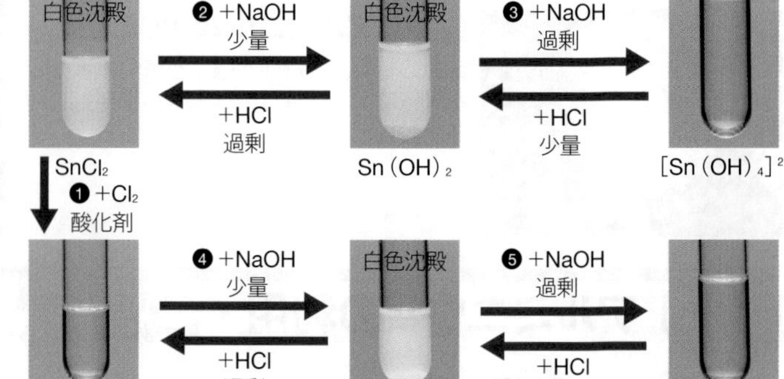

❶ $Sn^{2+} \longrightarrow Sn^{4+} + 2e^-$
❷ $Sn^{2+} + 2OH^- \longrightarrow Sn(OH)_2$
❸ $Sn(OH)_2 + 2OH^- \longrightarrow [Sn(OH)_4]^{2-}$
❹ $Sn^{4+} + 4OH^- \longrightarrow Sn(OH)_4$
❺ $Sn(OH)_4 + 2OH^- \longrightarrow [Sn(OH)_6]^{2-}$

塩化スズ(Ⅱ)二水和物 $SnCl_2 \cdot 2H_2O$

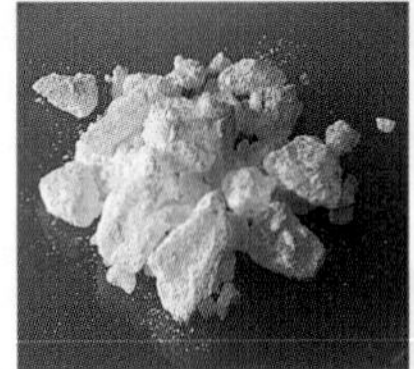

スズを塩酸に溶かした溶液から得られる無色の結晶で，還元力が強い。

$Sn + 2HCl \longrightarrow SnCl_2 + H_2\uparrow$

塩化スズ(Ⅱ)と水銀(Ⅱ)イオンとの反応

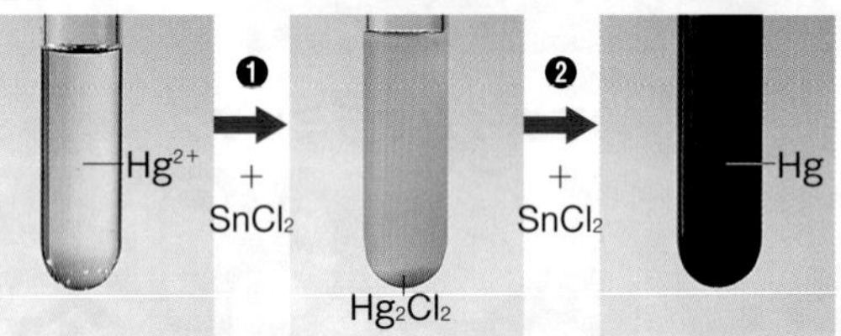

塩化スズ(Ⅱ)を水銀(Ⅱ)イオンに加えると塩化水銀(Ⅰ) Hg_2Cl_2 が生じ，さらに加えると水銀 Hg が遊離する。これは水銀が還元されていくためである。

❶ $\underset{+2}{2HgCl_2} + \underset{+2}{SnCl_2} \longrightarrow \underset{+1}{Hg_2Cl_2}\downarrow + \underset{+4}{SnCl_4}$

❷ $\underset{+1}{Hg_2Cl_2} + \underset{+2}{SnCl_2} \longrightarrow \underset{0}{2Hg} + \underset{+4}{SnCl_4}$

2 スズの利用

スズは主に合金として用いられる。 化学

ブリキ

ブリキは鉄板にスズをめっきしたもの。水と反応しにくいので，缶に使われている(➡p.95)。

青銅(ブロンズ)

銅に2～35％程度の割合でスズを混ぜた合金。鋳造(ちゅうぞう)性がよく，置物・銅像に用いる。

パイプオルガン

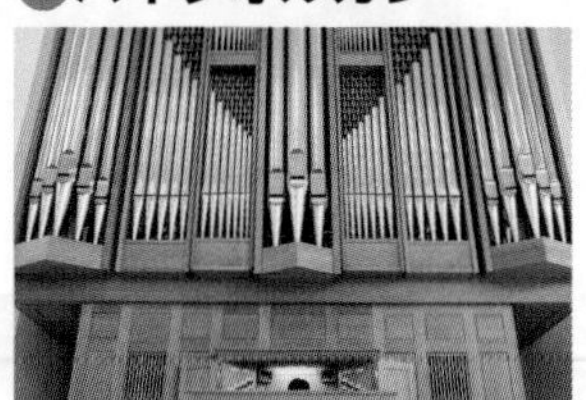

パイプオルガンのパイプは，スズと鉛の合金で，スズ50～75％を含んでいる。

3 鉛 Pb の単体と化合物
lead

最外殻電子を4個もつ。比較的密度は高く(11.4 g/cm³)，融点は低くやわらかい。両性金属である。

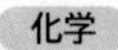
化学

電子配置と性質

元素		原子の電子配置						融点〔℃〕	沸点〔℃〕	密度〔g/cm³〕
		K	L	M	N	O	P			
鉛	Pb	2	8	18	32	18	4	327	1740	11.35

＊■は最外殻電子を示す。

鉛 Pb の単体

鉛と酸との反応

濃硝酸には溶けるが，塩酸・硫酸とは，表面に塩化鉛(Ⅱ)や硫酸鉛(Ⅱ)をつくって溶けない(➡p.95)。

鉛の反応系統図

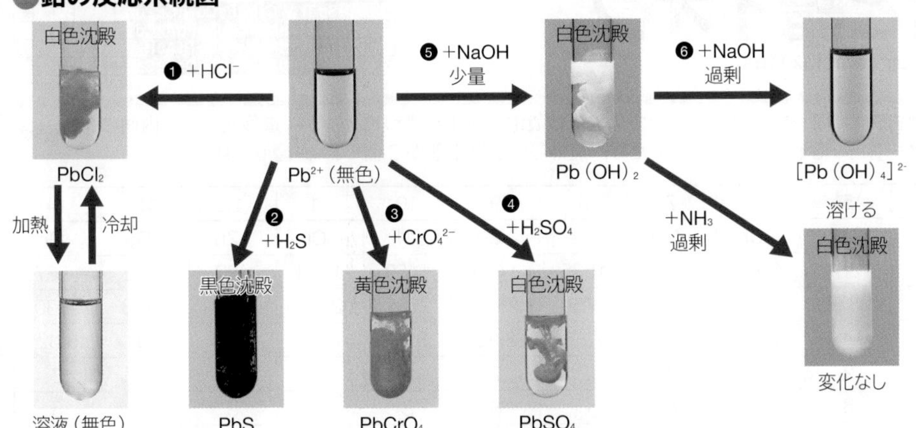

❶ $Pb^{2+} + 2Cl^- \longrightarrow PbCl_2\downarrow$ (白色)
❷ $Pb^{2+} + S^{2-} \longrightarrow PbS\downarrow$ (黒色)
❸ $Pb^{2+} + CrO_4^{2-} \longrightarrow PbCrO_4\downarrow$ (黄色)
❹ $Pb^{2+} + SO_4^{2-} \longrightarrow PbSO_4\downarrow$ (白色)
❺ $Pb^{2+} + 2OH^- \longrightarrow Pb(OH)_2\downarrow$ (白色)
❻ $Pb(OH)_2 + 2OH^- \longrightarrow [Pb(OH)_4]^{2-}$

酸化鉛(Ⅱ)PbO

オレンジ色の粉末で，リサージともよばれ顔料などに用いられる。両性酸化物で酸とも強塩基とも反応する。

$PbO + 2HNO_3 \longrightarrow Pb(NO_3)_2 + H_2O$
$PbO + 2NaOH + H_2O \longrightarrow Na_2[Pb(OH)_4]$

酸化鉛(Ⅳ)PbO₂

黒褐色の粉末で，強い酸化力を示す。その酸化作用を利用して，鉛蓄電池の正極に使われる(➡p.97)。

$PbO_2 + 4H^+ + SO_4^{2-} + 2e^- \longrightarrow PbSO_4 + 2H_2O$

四酸化三鉛 Pb₃O₄

鉛丹，光明丹とよばれる赤色の粉末。さび止め塗料に使われる。鉛ガラスの成分。希硝酸に溶かすと，PbO_2 と硝酸鉛(Ⅱ)の水溶液が得られる。

$Pb_3O_4 + 4HNO_3 \longrightarrow 2Pb(NO_3)_2 + PbO_2\downarrow + 2H_2O$

硫酸鉛(Ⅱ)PbSO₄

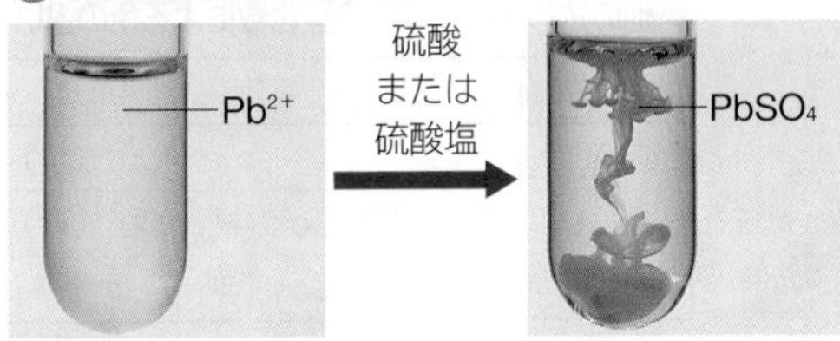

鉛(Ⅱ)イオン Pb^{2+} を含む水溶液に，硫酸または硫酸塩を加えると，硫酸鉛(Ⅱ)$PbSO_4$ の沈殿が生じる。

$Pb^{2+} + SO_4^{2-} \longrightarrow PbSO_4$

酢酸鉛(Ⅱ)(CH₃COO)₂Pb

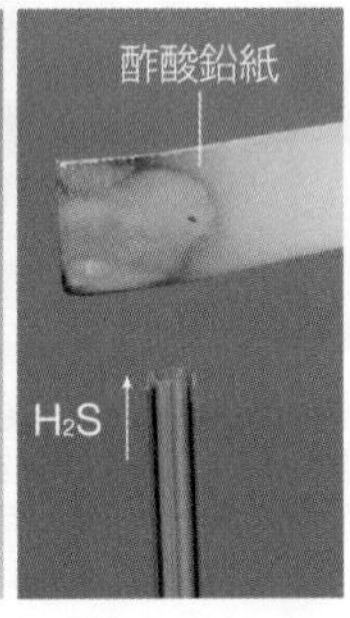

酸化鉛(Ⅱ)PbO を酢酸に溶解させて冷却すると，析出する。

$PbO + 2CH_3COOH \longrightarrow (CH_3COO)_2Pb + H_2O$

これをろ紙にしみ込ませて乾燥した酢酸鉛紙は硫化物イオン S^{2-} の検出に用いられる。S^{2-} と反応すると，PbS が生成し，黒色に変化する。

4 鉛の利用

鉛は鉛蓄電池の負極として用いられるほか，合金としても用いられる。 化学

鉛蓄電池

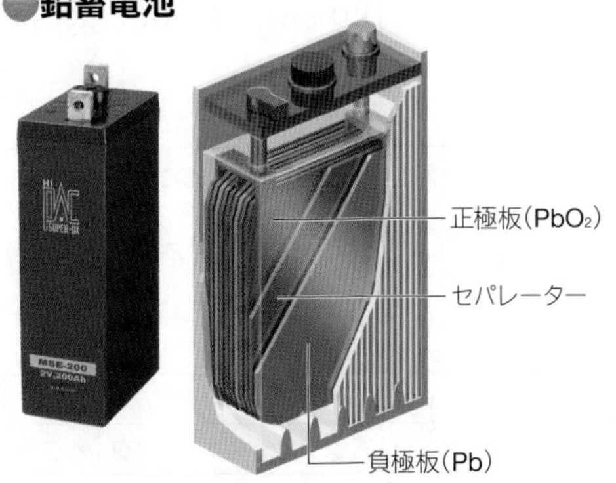

鉛は，鉛蓄電池の負極に用いる(➡p.97)。

X線の遮蔽板

X線を透過させないので，医療や研究でのX線利用施設では，鉛を含むエプロンやガラスを使用する。

はんだ

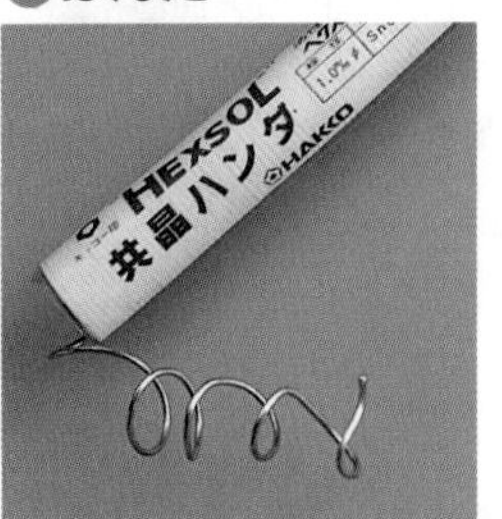

はんだの融解

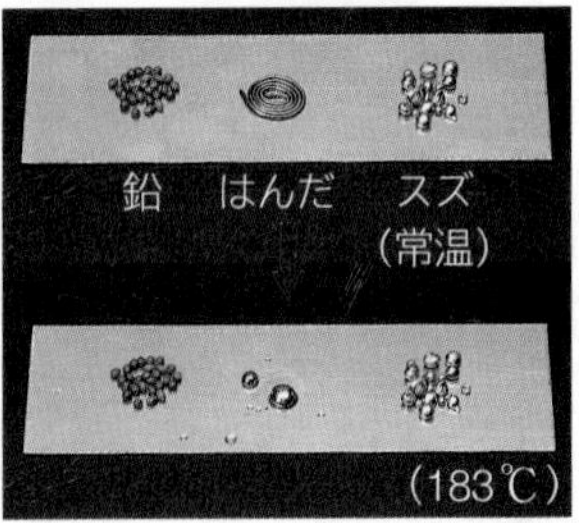

スズと鉛の合金で，融点(183℃)が低い。はんだは，電気配線のろう付けに用いる。
鉛は人体や環境に有害であり，鉛のかわりにビスマスや銀，銅を含む鉛フリーはんだが普及し始めている。

表現 鉄板と比べたときのブリキの利点を述べよ。

20 遷移元素と錯イオン
Transition elements and their complex ions

	1	2	3	4	5	6	7	8	9	10	11	12	13	14	15	16	17	18
1																		
2																		
3																		
4			Sc	Ti	V	Cr	Mn	Fe	Co	Ni	Cu	Zn						
5			Y	Zr	Nb	Mo	Tc	Ru	Rh	Pd	Ag	Cd						
6				Hf	Ta	W	Re	Os	Ir	Pt	Au	Hg						
7				Rf	Db	Sg	Bh	Hs	Mt	Ds	Rg	Cn						

1 第4周期の金属元素

同一周期の典型元素では，最外殻電子が1個ずつ増えるが，遷移元素では内側の電子殻に電子が入るため，最外殻電子は1個か2個である(➡ p.33)。

化学

族		1	2	3	4	5	6	7	8	9	10	11	12	13	14
元素記号		$_{19}$K	$_{20}$Ca	$_{21}$Sc	$_{22}$Ti	$_{23}$V	$_{24}$Cr	$_{25}$Mn	$_{26}$Fe	$_{27}$Co	$_{28}$Ni	$_{29}$Cu	$_{30}$Zn	$_{31}$Ga	$_{32}$Ge
融点〔℃〕		64	839	1541	1660	1887	1860	1244	1535	1495	1453	1083	420	28	937
沸点〔℃〕		774	1484	2831	3287	3377	2671	1962	2750	2870	2732	2567	907	2403	2830
密度〔g/cm^3〕		0.86	1.55	2.99	4.54	6.11	7.19	7.44	7.87	8.90	8.90	8.96	7.13	5.91	5.32
電子配置	K	2	2	2	2	2	2	2	2	2	2	2	2	2	2
	L	8	8	8	8	8	8	8	8	8	8	8	8	8	8
	M	8	8	9	10	11	13	13	14	15	16	18	18	18	18
	N	1	2	2	2	2	1	2	2	2	2	1	2	3	4
		典型元素		遷移元素										典型元素	

＊▒は最外殻電子を示す。

❶一般に，単体は融点が高く，硬度・密度が大きい。多くは密度の大きい重金属である。
❷さまざまな酸化数を示す(＋2，＋3の電荷をもつイオンが多い)。過マンガン酸カリウム $KMnO_4$，二クロム酸カリウム $K_2Cr_2O_7$ など酸化数の大きな原子を含むものは，酸化剤として働く。
❸遷移元素のイオンや化合物には，水溶液中で着色しているものが多い。同じ元素でも酸化数によって色が異なる場合が多い。
❹錯イオンをつくるものが多い。
❺さまざまな合金の成分や触媒として重要である。

酸化数による色の違い

遷移元素のイオンは，酸化数が異なると色が異なる場合が多い。

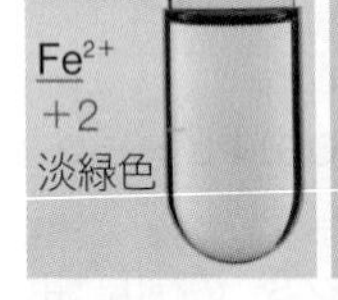

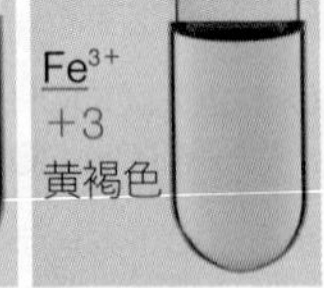

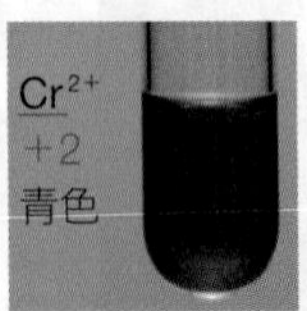

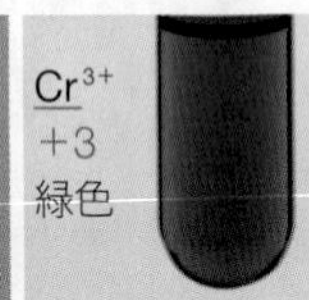

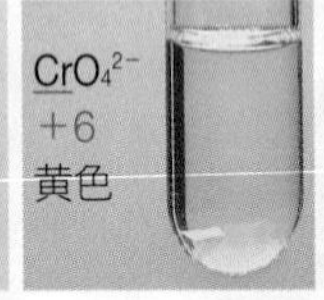

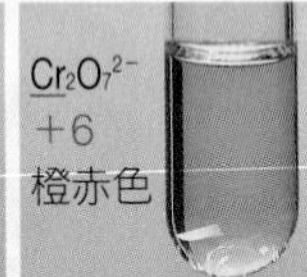

▶他の遷移元素イオンの酸化数による色の違い

酸化数	7族	9族	11族
+1			Cu^{+} (無)
+2	Mn^{2+}(淡桃)	Co^{2+}(桃)	Cu^{2+}(青)
+3	Mn^{3+}(暗緑)	Co^{3+}(赤)	

2 錯イオン
complex ion

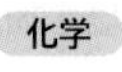

金属イオンに，**非共有電子対をもつ分子または陰イオンが配位結合したイオンを錯イオン**という。錯イオンを含む塩を錯塩，中心金属イオンと配位子が結合してできた原子やイオンの集団を錯体という。

錯イオンの構造

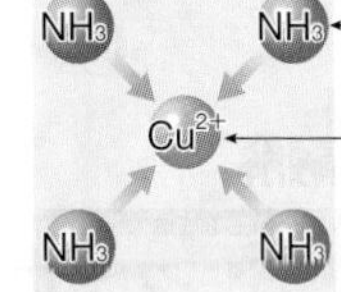

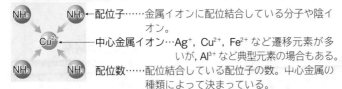

配位子……金属イオンに配位結合している分子や陰イオン。
中心金属イオン…Ag^{+}，Cu^{2+}，Fe^{2+} など遷移元素が多いが，Al^{3+} など典型元素の場合もある。
配位数……配位結合している配位子の数。中心金属の種類によって決まっている。

錯イオンの名称

例 テトラ❶ アンミン❷ 銅(Ⅱ)❸ イオン❹

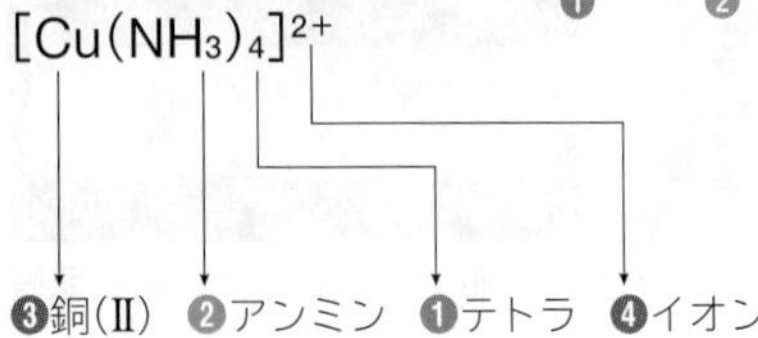

❶配位数，2(ジ)，4(テトラ)，6(ヘキサ)
❷配位子の名称
❸中心金属イオンの名称と価数
❹陽イオンなら「イオン」，陰イオンなら「酸イオン」

錯イオン全体の電荷
＝金属イオンの電荷＋配位子の電荷×配位数

おもな配位子

配位子	NH_3	H_2O	CN^-	OH^-	CO	Cl^-
構造	H–N(:)(–H)–H	H–Ö:–H	[:C≡N:]$^-$	[:Ö–H]$^-$	:C≡O:	[:C̈l:]$^-$
名称	アンミン	アクア	シアニド	ヒドロキシド	カルボニル	クロリド

水溶液中の金属イオンの色も，水が配位したアクア錯イオンの色である。
例 $[Cu(H_2O)_4]^{2+}$
水溶液中の Cu^{2+} は，実際には $[Cu(H_2O)_4]^{2+}$ (テトラアクア銅(Ⅱ)イオン)のことを表す。

▶数詞

数	1	2	3	4	5	6	7	8
数詞	モノ	ジ	トリ	テトラ	ペンタ	ヘキサ	ヘプタ	オクタ

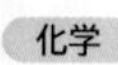

3 錯イオンの立体構造と色

錯イオンは特有の色を示すことが多い。錯イオンの立体構造や色は，金属や配位子の種類で決まる。

●金属と立体構造

金属イオン	形
Ag^{+}	直線形
Cu^{2+}	正方形
Zn^{2+}	正四面体
Fe^{2+} Fe^{3+} Ni^{2+} Co^{3+}	正八面体

直線形(配位数 2)

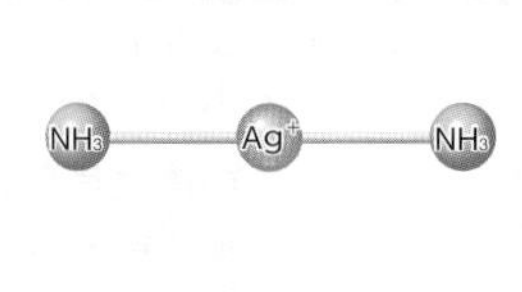

無色

ジアンミン銀(I)イオン
$[Ag(NH_3)_2]^{+}$

Ag^{+}	$[Ag(NH_3)_2]^{+}$	ジアンミン銀(I)イオン	無色
	$[Ag(CN)_2]^{-}$	ジシアニド銀(I)酸イオン	無色
	$[Ag(S_2O_3)_2]^{3-}$	ビス(チオスルファト)銀(I)酸イオン	無色

正方形(配位数 4)

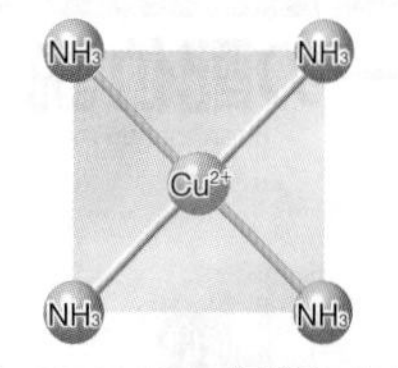

深青色

テトラアンミン銅(II)イオン
$[Cu(NH_3)_4]^{2+}$

Cu^{2+}	$[Cu(NH_3)_4]^{2+}$	テトラアンミン銅(II)イオン	深青色
	$[Cu(H_2O)_4]^{2+}$	テトラアクア銅(II)イオン	青色

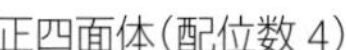

正四面体(配位数 4)

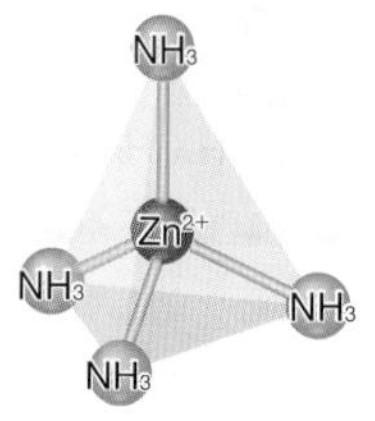

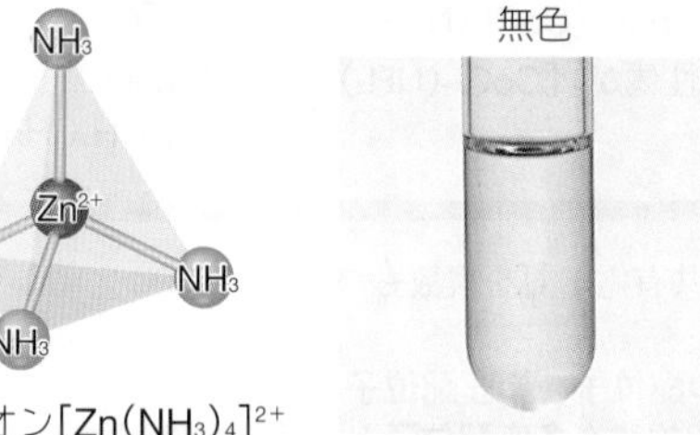

無色

テトラアンミン亜鉛(II)イオン$[Zn(NH_3)_4]^{2+}$

Zn^{2+}	$[Zn(NH_3)_4]^{2+}$	テトラアンミン亜鉛(II)イオン	無色
	$[Zn(OH)_4]^{2-}$	テトラヒドロキシド亜鉛(II)酸イオン	無色
	$[Zn(CN)_4]^{2-}$	テトラシアニド亜鉛(II)酸イオン	無色

正八面体(配位数 6)

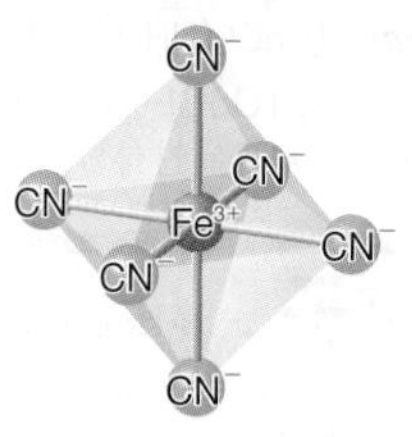

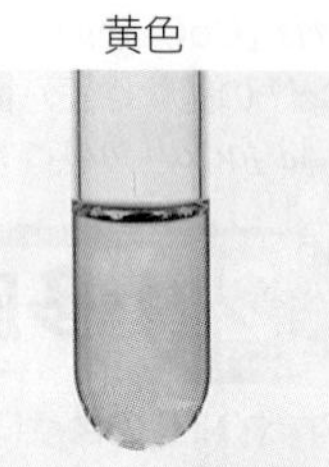

黄色

ヘキサシアニド鉄(III)酸イオン$[Fe(CN)_6]^{3-}$

Fe^{3+}	$[Fe(CN)_6]^{3-}$	ヘキサシアニド鉄(III)酸イオン	黄色
Fe^{2+}	$[Fe(CN)_6]^{4-}$	ヘキサシアニド鉄(II)酸イオン	淡黄色
Cr^{3+}	$[Cr(NH_3)_6]^{3+}$	ヘキサアンミンクロム(III)イオン	黄色
Co^{3+}	$[Co(NH_3)_6]^{3+}$	ヘキサアンミンコバルト(III)イオン	橙色
Ni^{2+}	$[Ni(NH_3)_6]^{2+}$	ヘキサアンミンニッケル(II)イオン	青紫色

●配位子による色の違い

Co^{3+} の錯イオンの色は配位子の種類によって異なる。

$[Co(NH_3)_6]^{3+}$

$[CoCl(NH_3)_5]^{2+}$

$[Co(H_2O)(NH_3)_5]^{3+}$

TOPICS ヘモグロビンとヘモシアニン

生物が活動する上で，酸素を体内のさまざまな場所へ運搬する必要がある。人の場合，この酸素の運搬をヘモグロビンに含まれる鉄錯体(ヘム)が行っている。この鉄錯体の影響により，人間の血液は赤色になる。一方，カニやエビなどの場合，酸素の運搬をヘモシアニンに含まれる銅錯体が行っている。この銅錯体の影響により，血液は青色になる。

鉄錯体
(Fe と O_2 が 1：1 で結合)

銅錯体
(Cu と O_2 が 2：1 で結合)

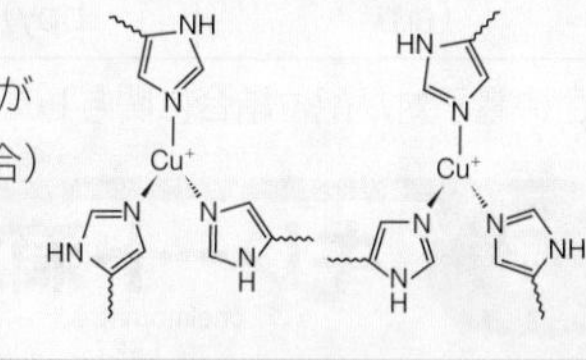

ADVANCE 錯体の色と d 軌道

一般に，物質が可視光線(およそ 380 ～ 780nm)(➡ p.136)のうち特定の波長の光を吸収すると，吸収されずに反射された残りの波長の光の色(補色)が見える。

d ブロックの遷移元素の原子では，最外殻電子が d 軌道に入っている(➡ p.157)。正八面体構造をもつ錯イオンの 5 つの d 軌道は，エネルギーの高い状態である 2 つの軌道(xyz 座標軸上に存在する $d_{x^2-y^2}$ と d_{z^2})と，エネルギーの低い状態である 3 つの軌道(軸の間に張り出した d_{xy}，d_{yz}，d_{zx})に分裂している。

錯イオンでは，分裂したエネルギー差 ΔE が可視光領域の光のエネルギーに相当しているため，低い状態の軌道の電子が，可視光線を吸収してエネルギーの高い状態の 3d 軌道に移り，補色が観察される。この 3d 軌道の分裂による ΔE の大きさは，同じ金属イオンでも配位子の種類や立体構造によって変化するため，吸収する光の波長が変わり，錯イオンの色が変化する。

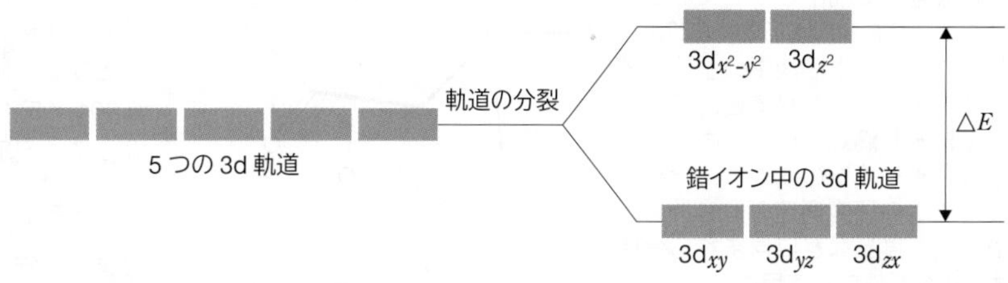

表現 遷移元素では，典型元素と異なり，原子番号が増えても最外殻電子の数があまり変化しないのはなぜか。

21 錯体の幾何異性体とキレート滴定 発展

Geometrical isomer and chelatometry of complexes

1 ウェルナーの配位説

coordination theory

A. Werner(スイス)は，現在の錯体化学の基礎となる「配位説」を提唱し，中心金属イオンのまわりを取りまく配位子の概念を示し，それらの多くの幾何構造を推定した。 化学 発展

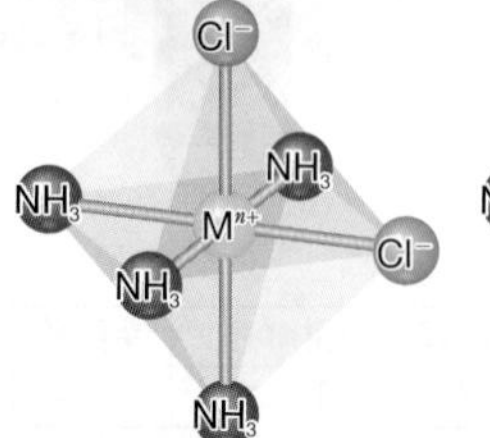

cis-$[CoCl_2(NH_3)_4]^+$

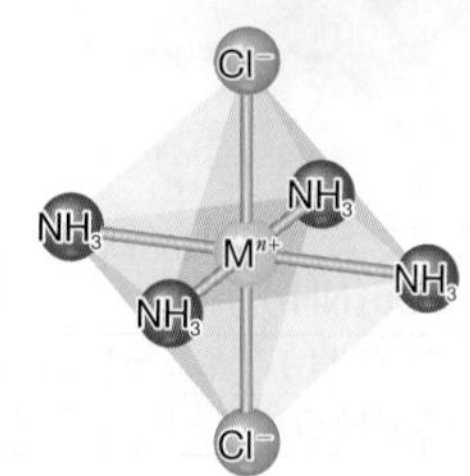

trans-$[CoCl_2(NH_3)_4]^+$

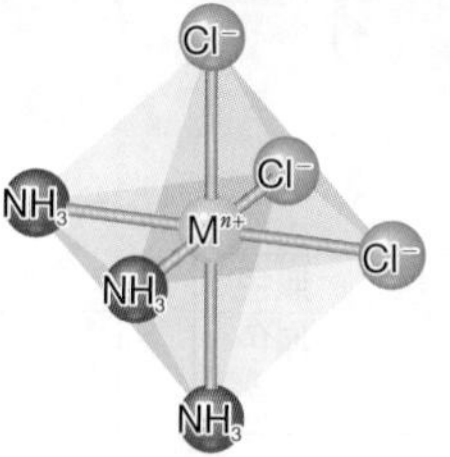

fac-$[CoCl_3(NH_3)_3]$

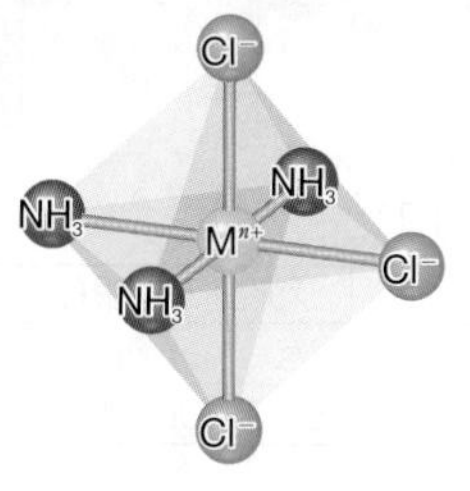

mer-$[CoCl_3(NH_3)_3]$

Co^{3+} の錯体は正八面体構造をとり，$[CoCl_2(NH_3)_4]^+$ には *cis* と *trans* の幾何異性体が，$[CoCl_3(NH_3)_3]$ には *facial*(*fac*)と *meridional*(*mer*)の異性体が存在する。

Co^{3+} に同じ配位子が結合していても立体構造が異なるため色が異なる。

シス-$[CoCl_2(en)_2]^+$

トランス-$[CoCl_2(en)_2]^+$

*(en)はエチレンジアミン $H_2NCH_2CH_2NH_2$ を表す。

2 多座配位子

polydentate ligand

多座配位子には，配位結合に必要な非共有電子対を複数もつ分子が多い。 化学 発展

Cl^- や NH_3 のように，一つの金属イオンに対して，配位できる原子を一つもつ配位子を**単座配位子**という。一方，一つの金属イオンに対して，一つの配位子内にある2つ以上の原子が同時に配位結合できるとき，そのような配位子を**多座配位子**という。多座配位子には，配位結合に必要な非共有電子対のある酸素O，窒素N，硫黄Sを複数個分子内にもつ化合物が多い。多座配位子が金属イオンをはさみこんで配位結合している状態を**キレート**(chelate)(ギリシア語で「かにのはさみ」に由来)とよび，金属を含んだ環状構造(キレート環)を形成する。キレート環の大きさは，5～6個の原子でつくられる環のときが安定であり，7個以上の原子からなる大きなキレート環は通常見られない。

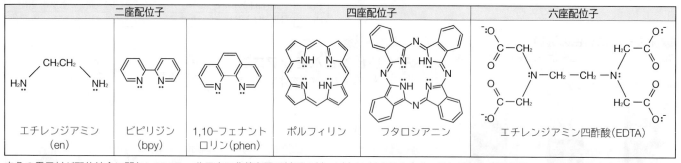

二座配位子			四座配位子		六座配位子
$H_2N-CH_2CH_2-NH_2$					
エチレンジアミン(en)	ビピリジン(bpy)	1,10-フェナントロリン(phen)	ポルフィリン	フタロシアニン	エチレンジアミン四酢酸(EDTA)

赤色の電子対が配位結合に関与している。分子内に非共有電子対が2対，4対，6対あるものを，それぞれ二座配位子，四座配位子，六座配位子という。

3 キレート滴定

chelatometry

金属イオンの定量に用いられる。 化学 発展

エチレンジアミン四酢酸(EDTA)の4価の陰イオンは，多くの金属イオンと1：1の物質量の比で反応が進行し，安定な錯体(**キレート錯体**)をつくる。

Ca^{2+} + EDTA ⇄ Ca-EDTA

このとき，金属イオンのまわりを配位子が包み込み，しかもイオンの電荷が電気的に中和されるので，水に不溶の**キレート錯体**となり，沈殿したり有機溶媒に抽出しやすくなったりする。これを利用すると，EDTAの塩などを使って水溶液中の金属イオン濃度を求めることができ，この操作を**キレート滴定**という。キレート滴定は金属イオンのすぐれた分析法として，水の硬度測定をはじめ，土壌や血液，食品などに含まれる金属イオンの分析に広く応用されている。

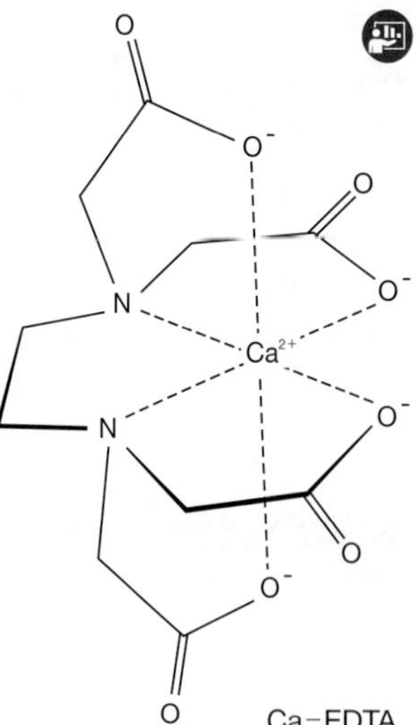

Ca-EDTA

ADVANCE キレート錯体の安定度

Ca^{2+} + EDTA ⇄ Ca-EDTA

上の式の平衡定数は次のように表せる。

$$K=\frac{[\text{Ca-EDTA}]}{[Ca^{2+}][\text{EDTA}]}$$

この K はキレート錯体の安定度をはかる値であり，**安定度定数**またはキレート生成定数とよばれている。この反応を実用的な分析方法として用いるのならば，反応の終点において少なくともキレートが99.9％以上生成していることが求められる。

たとえば，水溶液中で0.01 mol/Lの Ca^{2+} と0.01 mol/LのEDTA溶液を同体積加え99.9％反応し，0.005 mol/LのCa-EDTAが生成したとする。[Ca-EDTA]＝0.005 mol/L，$[Ca^{2+}]$=[EDTA]=0.005×0.001＝5×10^{-6} mol/L

よって，安定度定数 K は

$$K=\frac{0.005}{(5\times10^{-6})^2}=2\times10^8 \text{ L/mol}$$

であり，安定度定数は 10^8 以上でなければ十分とはいえない。

表現 EDTAがキレート滴定によく用いられるのはなぜか。

TOPICS

キレート滴定に用いる指示薬

適定の終点を簡便に決めるには，エリオクロムブラックT(EBT)指示薬やNN指示薬などの金属指示薬を用いることが多い。金属指示薬自身も，水溶液中の金属イオンとキレート錯体を生成するが，その安定度はEDTAよりも低い。

金属イオンM^{2+}を含む水溶液にEBTを加えると，M-EBTキレート錯体を形成する。

M^{2+} + EBT ⇄ M-EBT(赤色)

そこに濃度既知のEDTAを加えると，EDTAはEBTとまだ結合していない金属イオンと結合するが，それがなくなると，M-EBTキレート錯体から金属をうばい，より安定なM-EDTAキレート錯体を形成する。

M-EBT(赤色) + EDTA ⟶ M-EDTA(無色) + EBT(青色)

金属指示薬は，色素自身の色と，色素が水溶液中の金属イオンとキレート化合物を生成したときの色が異なる。そのため，すべてのM^{2+}が無色のキレート錯体M-EDTAを形成したとき，水溶液は赤みが消失し，遊離したEBTの青色を示す。このとき，滴下したEDTAの物質量と水溶液中のM^{2+}の物質量は等しいことから，試料中のM^{2+}の濃度を求めることができる。

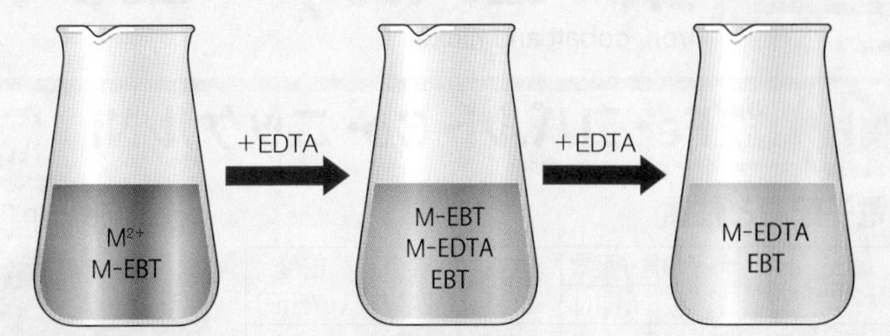

金属イオンはEBT指示薬とキレート錯体を形成し，M-EBTの赤色を呈する

EDTAは金属イオンをEBTから引き離し，M-EDTAを形成する

すべての金属イオンがM-EDTAとなり，水溶液はEBTの青色を呈する

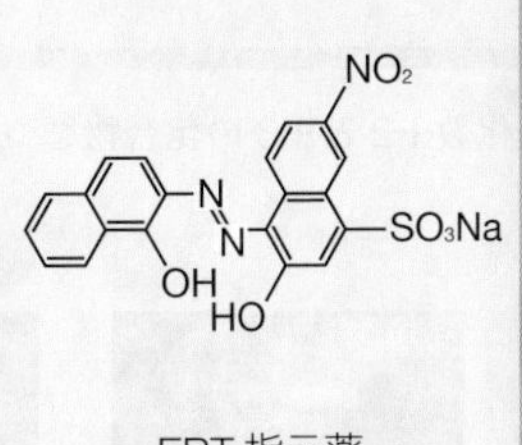

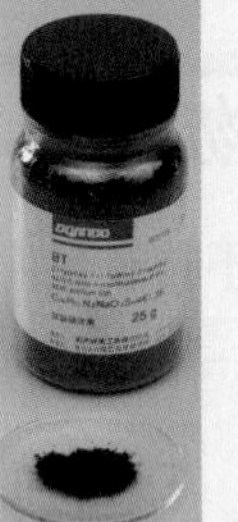

EBT指示薬
(pH 7～11で青色)

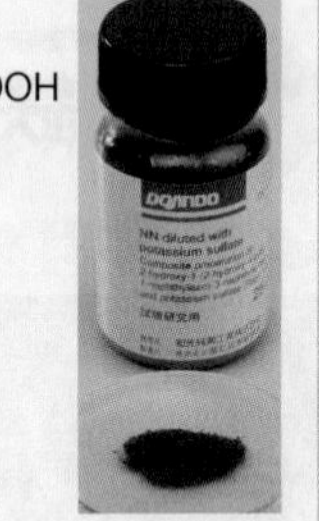

NN指示薬
(pH 12～13で青色)

重要実験 水の硬度

化学
発展

操作①水の全硬度(Ca硬度＋Mg硬度)の測定

コニカルビーカーに試料水50 mLを入れる。

pH 10緩衝液5 mL*1, 5% Na_2S溶液2 mL*2, EBT指示薬を数滴加える。

0.01 mol/L EDTA溶液で滴定し，赤紫色から青色になったところを終点とする(x〔mL〕)。

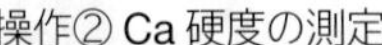

操作② Ca硬度の測定

コニカルビーカーに試料水50 mLを入れる。

pH 12緩衝液5 mL*3, 5% Na_2S溶液2 mL*2, NN指示薬0.1 gを加える。

0.01 mol/L EDTA溶液で滴定し，赤紫色から青色になったところを終点とする(y〔mL〕)。

▶硬度の計算

1 Lの水に溶けているCa^{2+}およびMg^{2+}を$CaCO_3$に換算した濃度を硬度という。0.01 mol/L EDTA 1 mL＝$CaCO_3$ 1 mg＝Ca 0.40 mg＝Mg 0.24 mgの関係がある。

EDTAとCa^{2+}およびMg^{2+}は物質量比1：1で反応するので，Ca硬度とMg硬度は次のように求められる。

0.01 mol/L EDTA溶液で試料水50 mLを滴定するとき，

$$\text{Ca硬度}\left(0.40\times y\times\frac{1000}{50}\right)\text{〔mg/L〕}$$

$$\text{Mg硬度}\left(0.24\times(x-y)\times\frac{1000}{50}\right)\text{〔mg/L〕}$$

今回の実験では，$x=14.61$，$y=9.61$であったとすると，硬度は次のようになる。

$$\text{Ca硬度}=0.40\times9.61\times\frac{1000}{50}=76.88\text{ mg/L}$$

$$\text{Mg硬度}=0.24\times(14.61-9.61)\times\frac{1000}{50}=24.00\text{ mg/L}$$

*1 pH 10付近でEBT指示薬は青色を呈するが，Ca^{2+}とMg^{2+}などとキレート錯体を形成すると赤紫色になる。

*2 Na_2Sは，試料水中に含まれるCu^{2+}やFe^{2+}などの重金属イオンを硫化物沈殿にして，錯体を形成するのを防ぐ物質で，マスキング剤とよばれる。KCNを用いてもよい。

*3 pH 12付近では，Mg^{2+}は安定な水酸化物となっているので，Ca^{2+}のみがNN指示薬とキレート錯体を形成し，赤紫色を呈する。

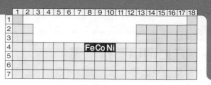

22 鉄・コバルト・ニッケル
Iron, cobalt and nickel

1 鉄Fe・コバルトCo・ニッケルNi
iron　cobalt　nickel

鉄・コバルト・ニッケルはともに第4周期の**遷移元素**で，互いに性質がよく似ている。**磁性**のある金属単体はこの3種のみである。 化学

電子配置と性質

元素		原子の電子配置 K	L	M	N	融点〔℃〕	沸点〔℃〕	密度〔g/cm³〕
鉄	Fe	2	8	14	2	1535	2750	7.87
コバルト	Co	2	8	15	2	1495	2870	8.90
ニッケル	Ni	2	8	16	2	1453	2732	8.90

＊□は最外殻電子を示す。

鉄 Fe（➔p.224）

コバルト Co

ニッケル Ni

2 鉄とその化合物

鉄は酸化数+2と+3の化合物をつくる。鉄鉱石などの還元（➔p.224）により得られる。 化学

鉄の燃焼

鉄は酸素中で燃焼し，黒色の四酸化三鉄 Fe_3O_4 などになる。

不動態

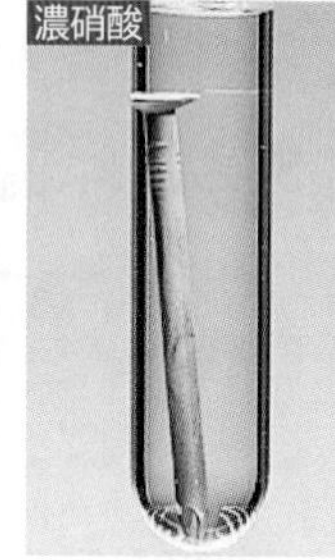

不動態

水素が発生

鉄くぎを濃硝酸に入れると，ち密な酸化被膜ができる（**不動態**）。不動態ができたあとは，濃硝酸とは反応しないが，希塩酸とは加熱すると反応する。希硝酸とは遅い速度で反応することがある。

鉄と硫黄との反応

硫黄と鉄粉の混合物を加熱すると，激しく反応して硫化鉄(Ⅱ)FeS が生じる。

$$Fe + S \longrightarrow FeS$$

鉄の酸化物

鉄は+2と+3の酸化数を示し，酸化物には酸化鉄(Ⅱ)FeO，酸化鉄(Ⅲ)Fe_2O_3，四酸化三鉄 Fe_3O_4 などがある。Fe_3O_4 は**ハーバー・ボッシュ法**（➔p.228）の触媒。

鉄(Ⅱ)イオン Fe^{2+} と鉄(Ⅲ)イオン Fe^{3+} の反応

加える試薬 ＼ 鉄イオン	水酸化ナトリウム水溶液 NaOH	ヘキサシアニド鉄(Ⅱ)酸カリウム水溶液 $K_4[Fe(CN)_6]$	ヘキサシアニド鉄(Ⅲ)酸カリウム水溶液 $K_3[Fe(CN)_6]$	チオシアン酸カリウム水溶液 KSCN	硫化水素 H_2S（酸性）	硫化水素 H_2S（塩基性）
鉄(Ⅱ)イオン 淡緑色溶液	水酸化鉄(Ⅱ) 緑白色沈殿	青白色沈殿	濃青色沈殿*1（ターンブルブルー）	変化なし	変化なし	硫化鉄(Ⅱ) 黒色沈殿
鉄(Ⅲ)イオン 黄褐色溶液	水酸化鉄(Ⅲ) 赤褐色沈殿	濃青色沈殿*2（紺青）	褐色溶液	血赤色溶液	淡緑色溶液*3	硫化鉄(Ⅱ) 黒色沈殿*4

*1 $Fe^{2+} + K_3[Fe(CN)_6] \longrightarrow KFe[Fe(CN)_6]\downarrow + 2K^+$

*2 $Fe^{3+} + K_4[Fe(CN)_6] \longrightarrow KFe[Fe(CN)_6]\downarrow + 3K^+$

*3 硫化水素により Fe^{3+} が Fe^{2+} へ還元される。

*4 硫化水素により Fe^{3+} が Fe^{2+} に還元され，その後，黒色沈殿を生成する。

ターンブルブルー（ターンブル青ともいう）と紺青（ベルリン青，プルシアンブルーともいう）は，同じ構造をもち区別できない。

思考 Fe^{2+} および Fe^{3+} の検出方法を述べよ。

硫化鉄(Ⅱ)FeS

黒色，水に難溶である。酸と反応させると硫化水素を発生する。

硫酸鉄(Ⅱ)七水和物 $FeSO_4 \cdot 7H_2O$

酸化されやすいので還元剤として用いられる。青色顔料，黒インク，医薬品の原料として用いる。

ヘキサシアニド鉄(Ⅱ)酸カリウム $K_4[Fe(CN)_6]$

フェロシアン化カリウムまたは黄血塩ともいう。黄色柱状結晶で，毒性は少ない。感光剤材料，青色顔料，Fe^{3+} の検出試薬として用いる。

塩化鉄(Ⅲ)六水和物 $FeCl_3 \cdot 6H_2O$

潮解

黄褐色で潮解性が著しく，水溶液は加水分解して強酸性を示す。エッチング液，医薬品として用いる。

ヘキサシアニド鉄(Ⅲ)酸カリウム $K_3[Fe(CN)_6]$

フェリシアン化カリウムまたは赤血塩ともいう。赤血色柱状結晶で，有毒である。感光剤材料，酸化剤，Fe^{2+} の検出試薬として用いる。

3 鉄の利用

鉄には，ステンレス鋼や酸化物の利用例が身近にある。

化学

鉄の合金

鋼にクロムを 18％，ニッケルを 8％混ぜるとかたくてさびにくいステンレス鋼になる。コバルトやニッケルとの合金は強磁性体である KS 鋼や MK 鋼になり，磁石に利用されている。

磁気テープ

紙などに磁性材を塗り，粒子が一定の方向を向くように磁場で処理し，乾燥させてつくる。ガンマ酸化鉄（$\gamma\,Fe_2O_3$）とよばれる針状の微粒子一つ一つが磁場を記録する。

鉄と酸素の反応を利用した製品

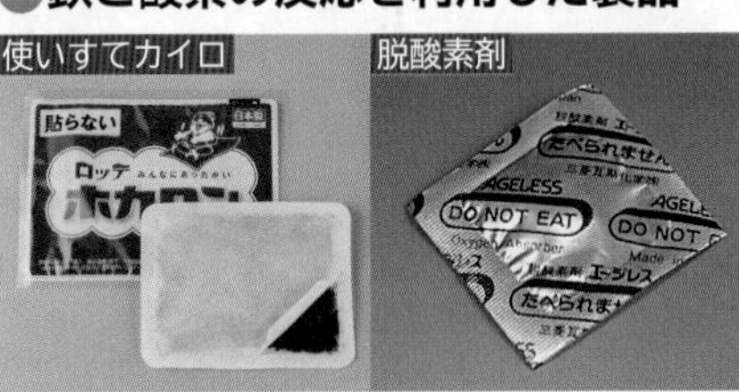

鉄は酸素や水と反応する際に発熱する。使いすてカイロはこの現象を利用している。

脱酸素剤も使いすてカイロと同じ原理であり，高熱を発生しないように工夫されている。

4 コバルト・ニッケルとその化合物

ニッケルは酸化数＋2，コバルトは酸化数＋2 と＋3 の化合物をつくる。

化学

塩化ニッケル(Ⅱ)六水和物 $NiCl_2 \cdot 6H_2O$

塩化コバルト(Ⅱ) $CoCl_2$

吸湿前

吸湿 ⇄ 乾燥

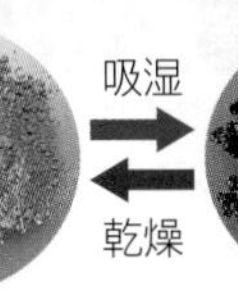

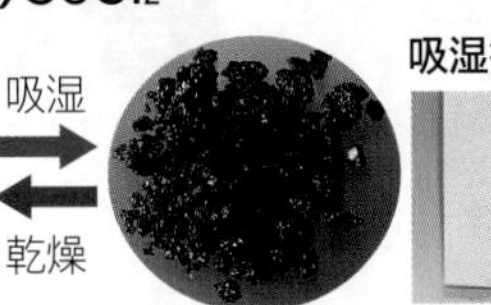

吸湿後

塩化コバルト(Ⅱ)無水物 $CoCl_2$　　塩化コバルト(Ⅱ)六水和物 $CoCl_2 \cdot 6H_2O$

青色の無水物は水分を吸って，淡赤色の六水和物に変化する。この色の変化は，シリカゲルに混ぜたり，ろ紙にしみこませて，水分（湿度）の検出に用いる。

コバルト＋濃塩酸 —H_2

$Co + 2HCl \xrightarrow{(加熱)} CoCl_2 + H_2\uparrow$

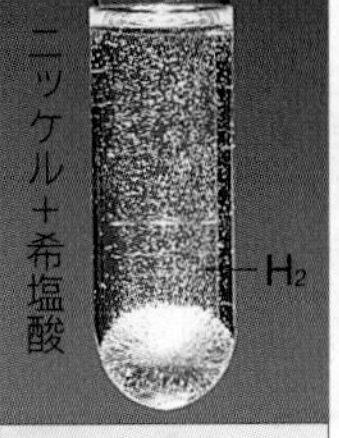

$Ni + 2HCl \longrightarrow NiCl_2 + H_2\uparrow$

不動態をつくるので反応しない。

ニッケル(Ⅱ)イオンの反応

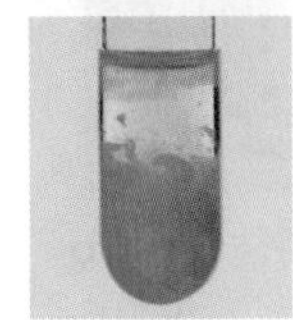

変化なし

← ＋NaOH 過剰

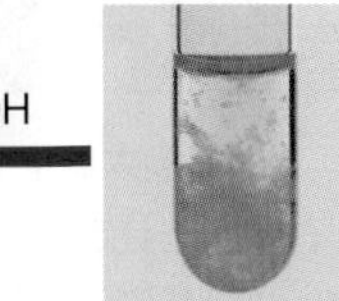

$Ni(OH)_2$ 緑色沈殿

← ＋NaOH 少量

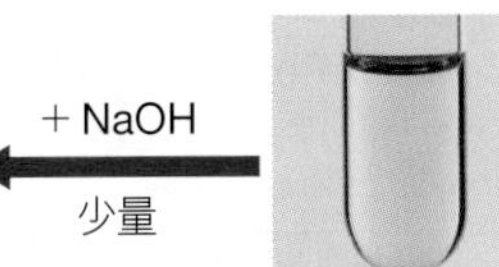

Ni^{2+} ニッケル(Ⅱ)イオン 緑色溶液

→ ＋NH_3 少量

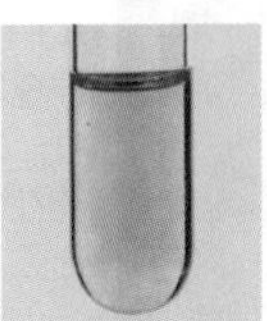

$Ni(OH)_2$ 緑色沈殿

→ ＋NH_3 過剰

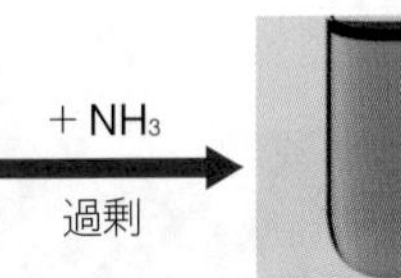

$[Ni(NH_3)_6]^{2+}$ ヘキサアンミンニッケル(Ⅱ)イオンの青紫色溶液

23 銅・銀・金とその化合物 1

Copper, silver, gold and their compounds 1

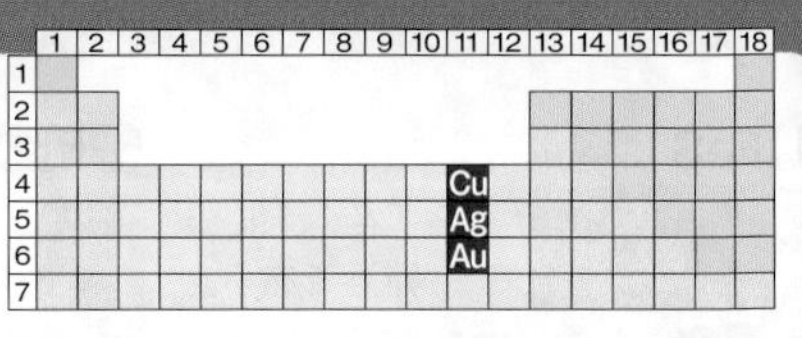

1 銅 Cu・銀 Ag・金 Au

copper silver gold

銅・銀・金は，いずれも美しい金属光沢をもち，密度が大きい。展性・延性に富み，熱・電気の伝導性がよい。

化学

電子配置と性質

元素		原子の電子配置						融点〔℃〕	沸点〔℃〕	密度〔g/cm^3〕
		K	L	M	N	O	P			
銅	Cu	2	8	18	1			1083	2567	8.96
銀	Ag	2	8	18	18	1		952	2212	10.5
金	Au	2	8	18	32	18	1	1064	2807	19.3

＊ ▒ は最外殻電子を示す。

銅 Cu（➡p.226）

銀 Ag

金 Au

2 銅 Cu

銅は赤色の金属光沢をもつ。酸化数＋1 と＋2 の化合物をつくる。

化学

存在

▶自然銅　▶黄銅鉱

単体は，天然に自然銅として存在するが，多くは黄銅鉱（主成分 $CuFeS_2$）から得られる（➡p.226）。

銅の炎色反応

炎色反応は青緑色だが，コバルトガラスをすかすと青紫色になる。

銅と酸との反応

❶希硝酸　❷濃硝酸　❸熱濃硫酸　❹過酸化水素水

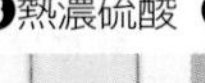

酸化力の強い硝酸や熱濃硫酸と反応し，水素以外の気体を発生する。また，希硫酸とは反応しないが，硫酸酸性の過酸化水素水とは反応する。

❶ $3Cu + 8HNO_3 \longrightarrow 3Cu(NO_3)_2 + 4H_2O + 2NO\uparrow$
❷ $Cu + 4HNO_3 \longrightarrow Cu(NO_3)_2 + 2H_2O + 2NO_2\uparrow$
❸ $Cu + 2H_2SO_4 \longrightarrow CuSO_4 + 2H_2O + SO_2\uparrow$
❹ $Cu + H_2O_2 + H_2SO_4 \longrightarrow CuSO_4 + 2H_2O$

銅の利用

古くから「あかがね」とよばれ，展性・延性が大きいため種々の工芸品に利用されてきた。また，電気伝導性，熱伝導性も非常に大きく，調理器具や電線などに広く使用されている。

銅の殺菌作用

ごく微量の銅イオンには殺菌作用があり，船底塗料や日用品として利用されている。

銅の合金

青銅

白銅

黄銅

銅は，添加する金属の種類によって，種々の色をもつ合金になる。代表的なものは，青銅（Cu－Sn），白銅（Cu－Ni），黄銅（Cu－Zn）で，生活に広く利用されている。

緑青（ロクショウ）

銅は空気中では徐々に酸化され，青緑色の緑青が生じる。緑青は塩基性炭酸銅 $CuCO_3 \cdot Cu(OH)_2$ や塩基性硫酸銅 $CuSO_4 \cdot 3Cu(OH)_2$ を中心とした塩基性塩で，丈夫な被膜をつくり，内部を保護する。城や神社の屋根で見ることができる。

TOPICS 奈良の大仏と鎌倉の大仏

	奈良の大仏	鎌倉の大仏
Cu	93.2 %	68.8 %
Sn	1.9 %	9.3 %
Pb	0.5 %	19.6 %

鎌倉の大仏

いずれも青銅鋳仏だが，成分を比較すると鎌倉大仏は Sn，Pb の含有量が多い。これらは当時の貨幣の成分に近く，集められた一文銭を原料につくられたことを意味している。

3 銅の化合物

銅は酸化数＋1 と＋2 の化合物をつくる。

化学

酸化銅(Ⅱ)CuO

銅を空気中で赤熱すると得られる。黒色，水に不溶。ガラス工業，窯業で，緑色・青色の顔料として用いる。

$$2Cu + O_2 \longrightarrow 2CuO$$

酸化銅(Ⅰ)Cu_2O

銅を 1000℃以上で強熱すると得られる。赤色，水に不溶。天然には赤銅鉱として産出される(フェーリング液の還元➡p.245)。

硫酸銅(Ⅱ)五水和物の結晶構造

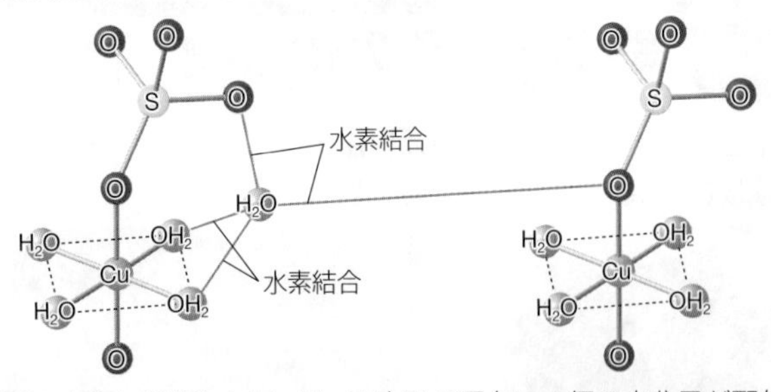

正方形の中心に銅(Ⅱ)イオンが，正方形の頂点に 4 個の水分子が配位し，上下から硫酸イオン SO_4^{2-} が結合している。残りの水分子は，2 個の硫酸イオンおよび配位している水分子との間で水素結合している。

硫酸銅(Ⅱ)五水和物は，加熱によって，次のように段階的に結晶水を失う。

$$CuSO_4 \cdot 5H_2O \xrightarrow{102℃} CuSO_4 \cdot 3H_2O \xrightarrow{113℃} CuSO_4 \cdot H_2O \xrightarrow{150℃} CuSO_4$$

硫化銅(Ⅱ)CuS

黒色または青黒色で，水には溶けないが，濃硝酸には溶ける。湿った空気中では，一部酸化されて硫酸銅(Ⅱ)$CuSO_4$ になる。

硫酸銅(Ⅱ)五水和物 $CuSO_4 \cdot 5H_2O$

硫酸銅(Ⅱ)五水和物 $CuSO_4 \cdot 5H_2O$ は，青色の結晶で，加熱すると水和水を失い，白色粉末の無水硫酸銅(Ⅱ)$CuSO_4$ になる。無水硫酸銅(Ⅱ)は水分に触れると再び青色に戻るので，水分の検出に用いる。

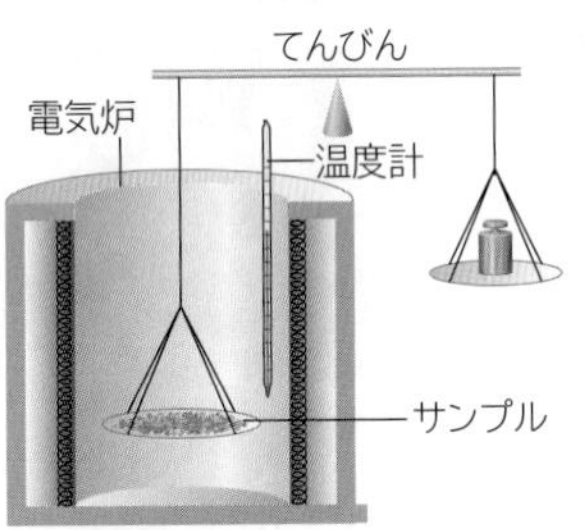

硫酸銅(Ⅱ)五水和物 $CuSO_4 \cdot 5H_2O$ をてんびんにのせて，電気炉の中で加熱し，質量をてんびんで測定する(このようなてんびんを熱てんびんという)。

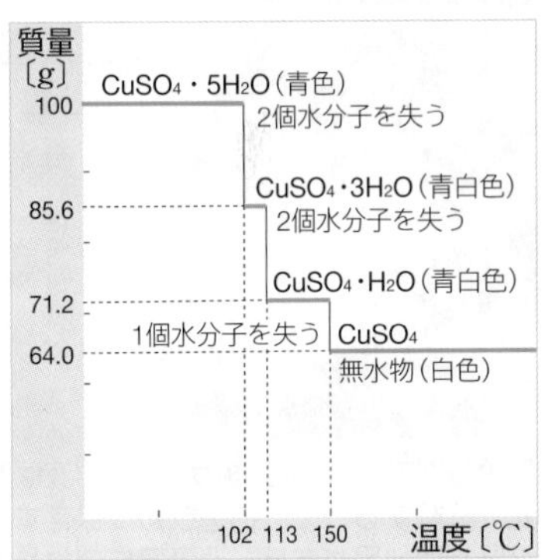

温度による質量変化を表している。グラフは，熱重量分析曲線とよばれる。

銅の反応系統図

Cu ❶＋H_2SO_4 → Cu^{2+}

Cu^{2+} ❷＋NaOH またはNH_3 少量 → 青白色沈殿 $Cu(OH)_2$

$Cu(OH)_2$ ❸＋NH_3 過剰 → $[Cu(NH_3)_4]^{2+}$

Cu ❹加熱 1000℃以下 → CuO

Cu ❺加熱 1000℃以上 → Cu_2O

CuO 加熱 1000℃以上 → Cu_2O　❻加熱

Cu ❼加熱＋S → 黒色沈殿 CuS

Cu^{2+} ❽＋H_2S → CuS

$Cu(OH)_2$ ❾加熱 → CuO

Cu^{2+} ❿＋酒石酸ナトリウムカリウム*＋NaOH(フェーリング液の還元) → Cu_2O

❶ $Cu + 2H_2SO_4 \longrightarrow CuSO_4 + SO_2 + 2H_2O$

❷ $Cu^{2+} + 2OH^- \longrightarrow Cu(OH)_2\downarrow$(青白色)

❸ $Cu(OH)_2 + 4NH_3 \longrightarrow$
$[Cu(NH_3)_4]^{2+}$(深青色)$+ 2OH^-$

❹ $2Cu + O_2 \longrightarrow 2CuO$

❺ $4Cu + O_2 \longrightarrow 2Cu_2O$

❻ $4CuO \underset{おだやかに加熱}{\overset{強熱}{\rightleftarrows}} 2Cu_2O + O_2$

❼ $Cu + S \longrightarrow CuS$

❽ $Cu^{2+} + S^{2-} \longrightarrow CuS\downarrow$(黒色)

❾ $Cu(OH)_2 \xrightarrow{加熱} CuO + H_2O$

❿ $2Cu^{2+} + 4OH^- \longrightarrow Cu_2O\downarrow$(赤色)$+ 2H_2O + [O]$

* 酒石酸ナトリウムカリウム $KNaC_4H_4O_6$

TOPICS

ボルドー剤

硫酸銅(Ⅱ)と酸化カルシウム(生石灰)を混合して調製した溶液は殺菌剤としての働きがあり，ボルドー剤とよばれる。日本農林規格(JAS)において，ボルドー液を使用した農産物にも「有機農産物」の表示が認められている。

表現 銅が塩酸に溶けないのはなぜか。

24 銅・銀・金とその化合物 2

Copper, silver, gold and their compounds 2

1 銀 Ag とその化合物

常温では水とも酸素とも反応しない安定した金属。熱伝導性や電気伝導性が金属中で最大である。酸化数＋1 の化合物をつくる。 化学

存在

▶輝銀鉱

天然には，自然銀や輝銀鉱 Ag_2S として産出する。

利用

▶銀食器

銀は美しく，反応性が乏しく，味をそこなわないので，食器などに用いる。

硫化銀 Ag_2S

銀製品の表面が温泉や火山で黒くくもるのは，空気中に微量に存在する硫化水素 H_2S の作用で銀が硫化銀に変化するためである。銀は硫黄に対し大きな親和力をもつ。

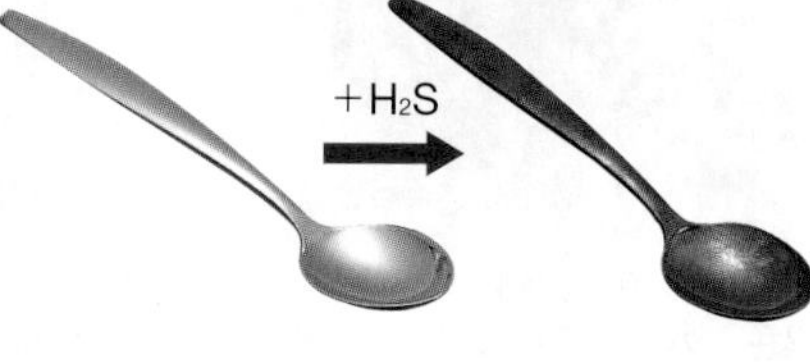

$4Ag + 2H_2S + O_2 \longrightarrow 2Ag_2S$(黒色)$+ 2H_2O$

硝酸銀 $AgNO_3$

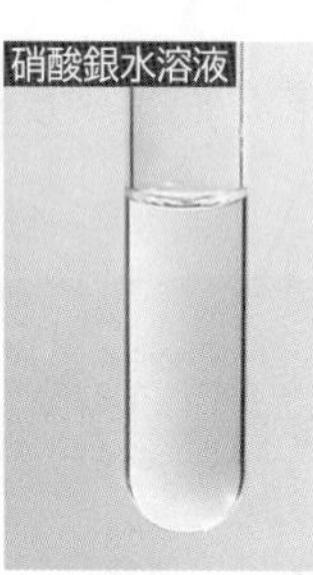

無色の斜方晶系結晶(板状)。水溶液は無色で中性。光で分解するので，褐色びんに保存する。タンパク質凝固作用があり，消毒薬に使われる。また写真感光剤や各種銀鏡の製造などに用いる。

臭化銀 AgBr

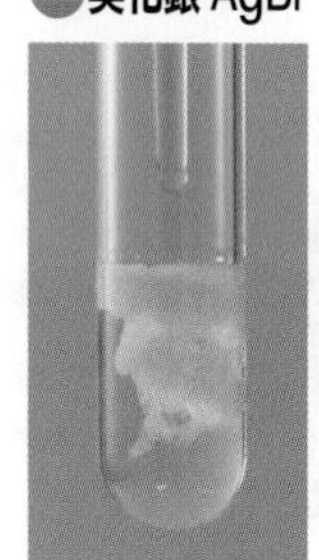

銀はハロゲンと反応し，ハロゲン化銀をつくる(▶p.164)。

写真

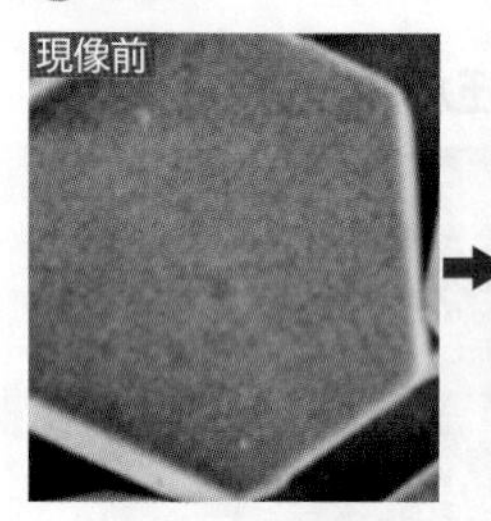

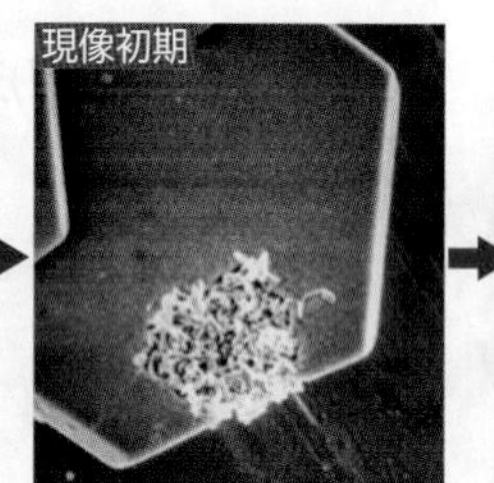

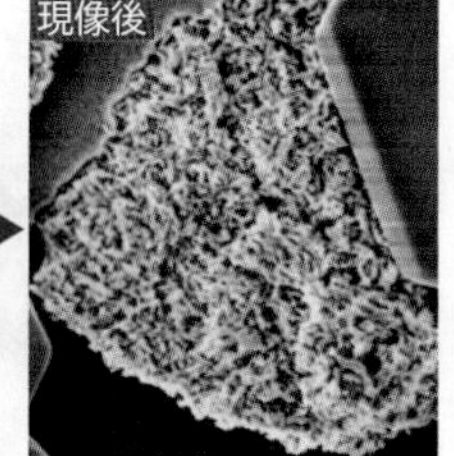

白黒フィルムにはゼラチンとともに感光性の臭化銀が塗ってある。フィルムに光が当たると，臭化銀のごく一部が分解し，銀の微粒子が遊離する(▶p.165)。

$2AgBr \longrightarrow 2Ag + Br_2$

この銀を核に，現像液(還元剤)で銀粒子をつくる。未露光 AgBr はチオ硫酸ナトリウム $Na_2S_2O_3$ と次の反応で除かれる。

$AgBr + 2Na_2S_2O_3 \longrightarrow Na_3[Ag(S_2O_3)_2] + NaBr$

銀と酸との反応

銀は水素よりもイオン化傾向が小さく，塩酸や希硫酸とは反応しない。しかし，酸化力の強い硝酸や熱濃硫酸とは反応する(▶p.95)。

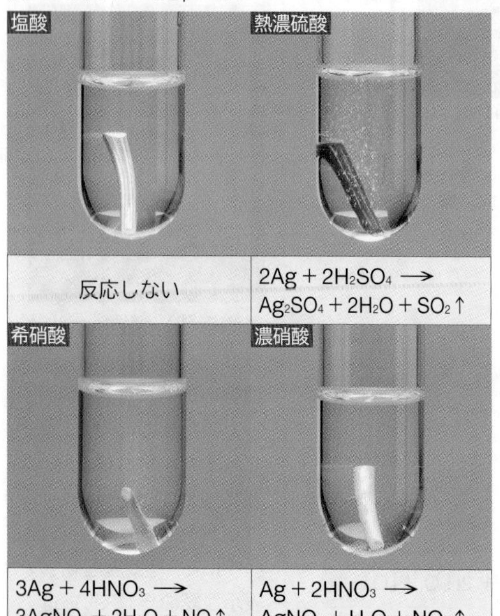

塩酸	熱濃硫酸
反応しない	$2Ag + 2H_2SO_4 \longrightarrow Ag_2SO_4 + 2H_2O + SO_2\uparrow$

希硝酸	濃硝酸
$3Ag + 4HNO_3 \longrightarrow 3AgNO_3 + 2H_2O + NO\uparrow$	$Ag + 2HNO_3 \longrightarrow AgNO_3 + H_2O + NO_2\uparrow$

銀イオンの反応系統図

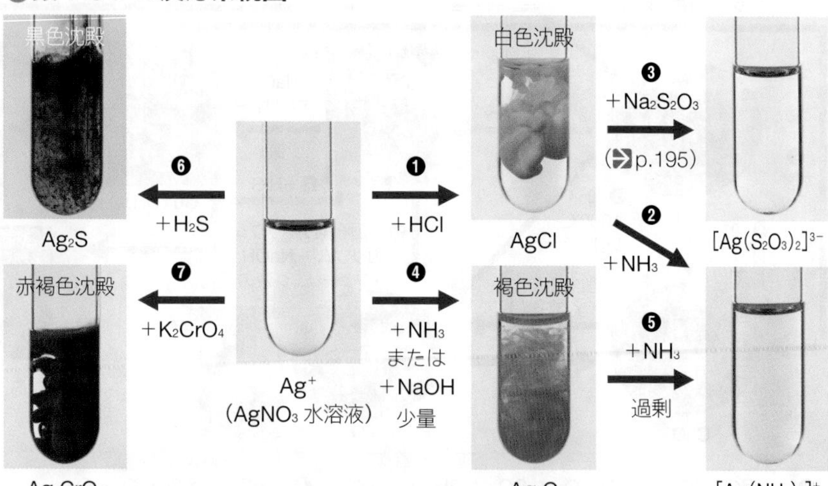

❶ $Ag^+ + Cl^- \longrightarrow AgCl\downarrow$(白色)
❷ $AgCl + 2NH_3 \longrightarrow [Ag(NH_3)_2]^+ + Cl^-$
❸ $AgCl + 2S_2O_3^{2-} \longrightarrow [Ag(S_2O_3)_2]^{3-} + Cl^-$
❹ $2Ag^+ + 2OH^- \longrightarrow Ag_2O\downarrow$(褐色)$+ H_2O$
❺ $Ag_2O + 4NH_3 + H_2O \longrightarrow 2[Ag(NH_3)_2]^+ + 2OH^-$
❻ $2Ag^+ + S^{2-} \longrightarrow Ag_2S\downarrow$(黒色)
❼ $2Ag^+ + CrO_4^{2-} \longrightarrow Ag_2CrO_4\downarrow$(赤褐色)

●銀めっき

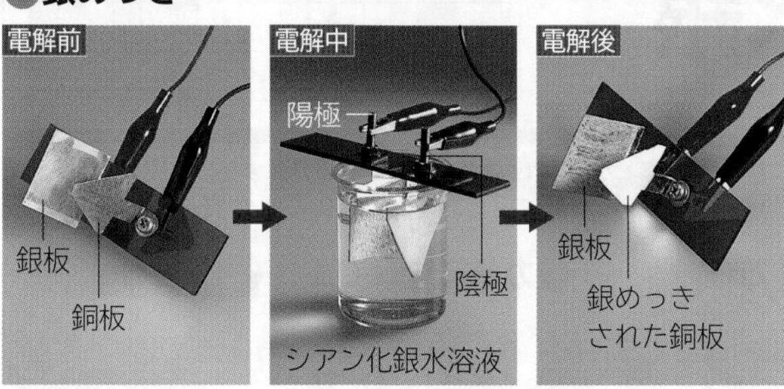

銀板を陽極とし，シアン化銀 AgCN 水溶液を電解液として電気分解する。陰極の金属の表面は銀でめっきされ銀色に変わる。

陽極 $Ag \longrightarrow Ag^+ + e^-$	陰極 $Ag^+ + e^- \longrightarrow Ag$

●鏡

硝酸銀水溶液に還元剤を加え，ガラスの表面に銀を析出させることで製造されている。

TOPICS 銀イオンの除菌作用

銀イオンは古くから除菌作用があることが知られていた。Ag^+ が水中で負の電荷をもった菌の表面をとり囲み，菌の活動を抑制していく。Ag^+ は人体への影響がほとんどなく安全性が高いため，制汗剤や洗剤などに用いられている。

2 金 Au・白金 Pt
platinum

金と白金はともにイオン化傾向が小さいので，つねに美しい金属光沢を保ち，容易に化学変化されない。貴金属として古くから貨幣や装飾品に使われ，化学工業においても価値が高い。 化学

●存在

▶自然金

金はおもに自然金として産出する。

▶自然白金

パラジウムや鉄が混ざっている。

●金の利用

▶電子機器の金めっき

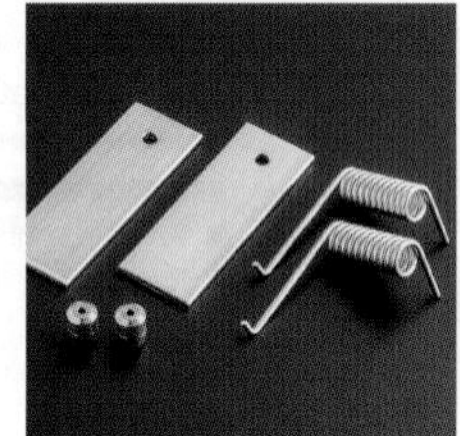

延性・展性・電気伝導度が大きくさびないため，電子機器の基板に使用される。

▶赤色ガラス

金のコロイド(➡p.120)は特有の美しい色をもち，着色に用いられる。

●白金の利用

▶白金触媒

自動車から排出される窒素酸化物(NO_x)や一酸化炭素 CO，炭化水素を浄化する触媒に含まれる。

▶白金電極

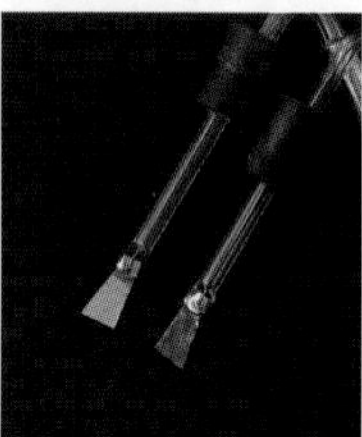

化学的に安定で電気伝導度が大きく加工しやすいため，電極材料として欠かせない。

●王水

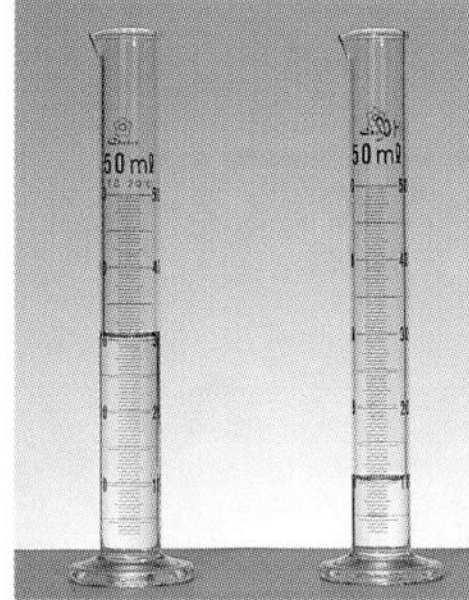

濃塩酸と濃硝酸を体積で3：1になるように用意する。

濃塩酸と濃硝酸を混合すると，金や白金をも溶かす王水ができる。

金箔を溶かすと，テトラクロリド金(Ⅲ)酸 $H[AuCl_4]$ の黄色の水溶液ができる。

白金箔を溶かすと，ヘキサクロリド白金(Ⅳ)酸 $H_2[PtCl_6]$ の橙色の水溶液ができる。

金は，酸・塩基に溶けないが，**王水**にはテトラクロリド金(Ⅲ)酸 $H[AuCl_4]$ をつくって溶ける。王水は白金 Pt も溶かし，ヘキサクロリド白金(Ⅳ)酸 $H_2[PtCl_6]$ をつくる。

$$3HCl + HNO_3 \longrightarrow Cl_2 + NOCl + 2H_2O$$
$$Au + Cl_2 + NOCl + HCl \longrightarrow H[AuCl_4] + NO$$
$$Pt + Cl_2 + 2NOCl + 2HCl \longrightarrow H_2[PtCl_6] + 2NO$$

●酸との反応

金は濃塩酸や濃硝酸に溶けないが，王水には溶ける。

TOPICS 18金とWG(ホワイトゴールド)

装飾品に用いられる18金(18 K)は18カラットといい，24金(純金)に対する金の割合を表している。

$$18\,K = \frac{18}{24} \times 100 = 75\,\%$$

ホワイトゴールドは，白金の代用として装飾品によく使われる合金で，Au 75 %，残り 25 %が Ag，Pd，Cu でできている。

3 無機物質

化学

思考 金が古くから貨幣や装飾品などとして価値が高いのはなぜか。

25 亜鉛・カドミウム・水銀

Zinc, cadmium and mercury

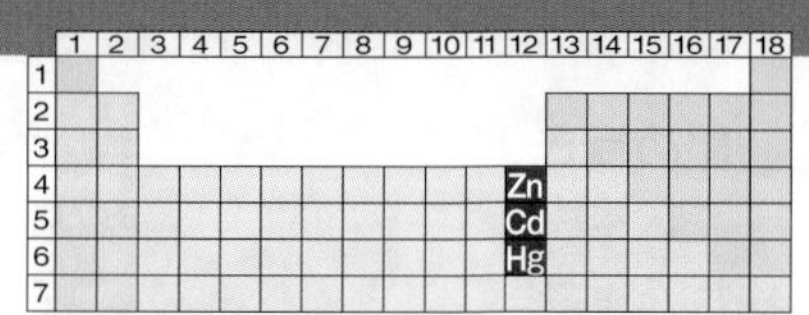

1 亜鉛 Zn・カドミウム Cd・水銀 Hg

zinc　cadmium　mercury

亜鉛・カドミウム・水銀は，遷移元素であるが，典型元素との境に位置する 12 族元素に属し，典型元素に似た性質をもつ。 化学

12 族元素の電子配置の性質

元素		原子の電子配置						融点〔℃〕	沸点〔℃〕	密度〔g/cm³〕
		K	L	M	N	O	P			
亜鉛	Zn	2	8	18	2			419.5	907	7.13
カドミウム	Cd	2	8	18	18	2		321.0	765	8.65
水銀	Hg	2	8	18	32	18	2	−38.9	356.6	13.55

＊ は最外殻電子を示す。

亜鉛 Zn

カドミウム Cd

水銀 Hg

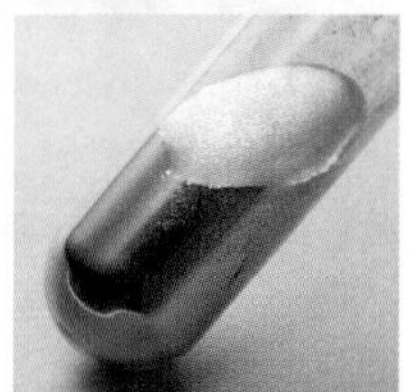

2 亜鉛とその化合物

亜鉛は両性金属で，酸化数＋2 の化合物をつくる。 化学

亜鉛と酸・塩基との反応

亜鉛は両性金属で，酸とも強塩基とも反応する。希硫酸，希塩酸，水酸化ナトリウム水溶液と反応して，水素を発生する。酸との反応より，塩基との反応のほうが緩やかである。

$Zn + H_2SO_4 \longrightarrow ZnSO_4 + H_2\uparrow$
$Zn + 2HCl \longrightarrow ZnCl_2 + H_2\uparrow$
$Zn + 2NaOH + 2H_2O \longrightarrow Na_2[Zn(OH)_4] + H_2\uparrow$

酸化亜鉛 ZnO

Zn^{2+}　ZnO　$[Zn(OH)_4]^{2-}$

両性酸化物で，酸・強塩基のどちらとも反応する。

$ZnO + 2H^+ \longrightarrow Zn^{2+} + H_2O$
$ZnO + 2OH^- + H_2O \longrightarrow [Zn(OH)_4]^{2-}$

亜鉛イオンの反応系統図

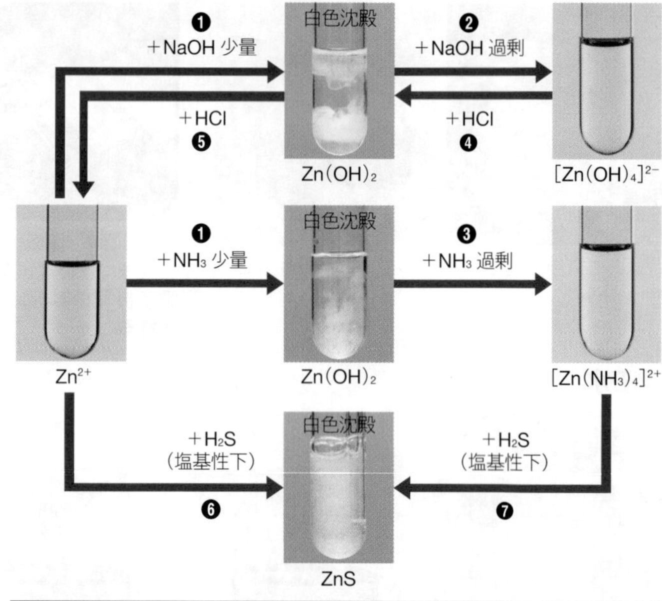

❶$Zn^{2+} + 2OH^- \longrightarrow Zn(OH)_2\downarrow$（白色）
❷$Zn(OH)_2 + 2OH^- \longrightarrow [Zn(OH)_4]^{2-}$
❸$Zn(OH)_2 + 4NH_3 \longrightarrow [Zn(NH_3)_4]^{2+} + 2OH^-$
❹$[Zn(OH)_4]^{2-} + 2H^+ \longrightarrow Zn(OH)_2 + 2H_2O$
❺$Zn(OH)_2 + 2H^+ \longrightarrow Zn^{2+} + 2H_2O$
❻$Zn^{2+} + S^{2-} \longrightarrow ZnS\downarrow$（白色）
❼$[Zn(NH_3)_4]^{2+} + 2OH^- + H_2S \longrightarrow ZnS\downarrow$（白色）$+ 4NH_3 + 2H_2O$

3 亜鉛の利用

化学

酸化亜鉛 ZnO

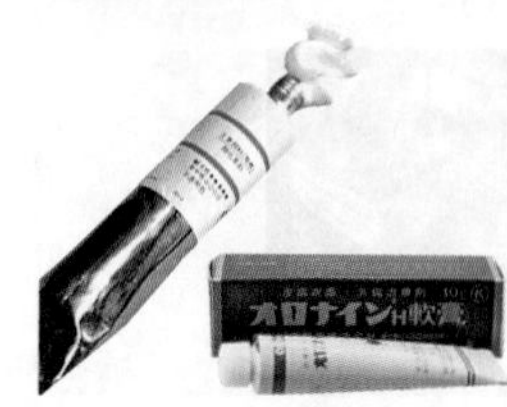

酸化亜鉛は，白色顔料として絵の具，化粧品，医薬品に用いる。

塩化亜鉛 $ZnCl_2$

白色の粉末で，水溶液は酸性を示す。乾電池に用いる。

$Zn + 2HCl \longrightarrow ZnCl_2 + H_2\uparrow$

硫化亜鉛 ZnS

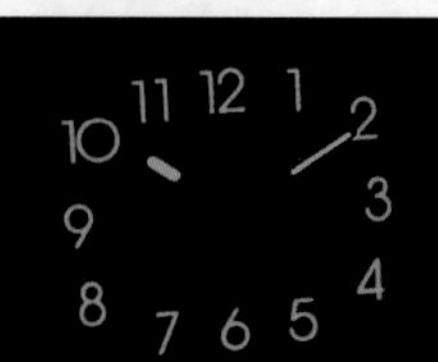

硫化亜鉛は，蓄光材料として時計の文字盤などに利用されている。

乾電池

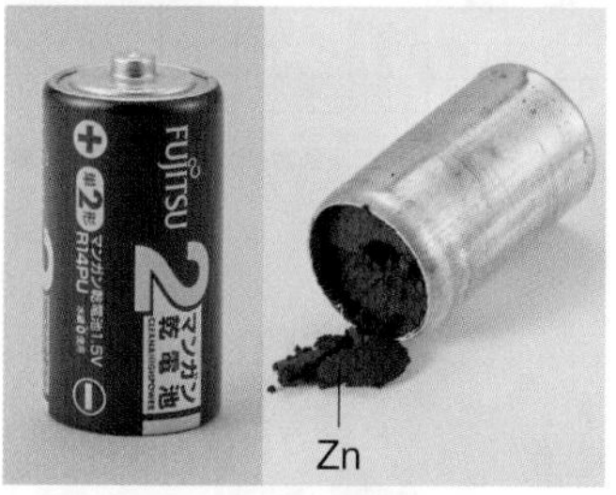

マンガン乾電池は，正極に酸化マンガン(Ⅳ)MnO_2，負極に亜鉛を用いたものである(➡p.98)。

トタン

鉄に亜鉛をめっきしたものである。傷がついても亜鉛が溶け出すので，鉄はさびにくい(➡p.95)。

黄銅(しんちゅう)

亜鉛と銅の合金で，展性，加工性に優れ，さびにくいので，楽器や家具などに使われている。

4 カドミウムとその化合物

カドミウムの蒸気およびカドミウム塩は有毒である。 化学

硫化カドミウム CdS

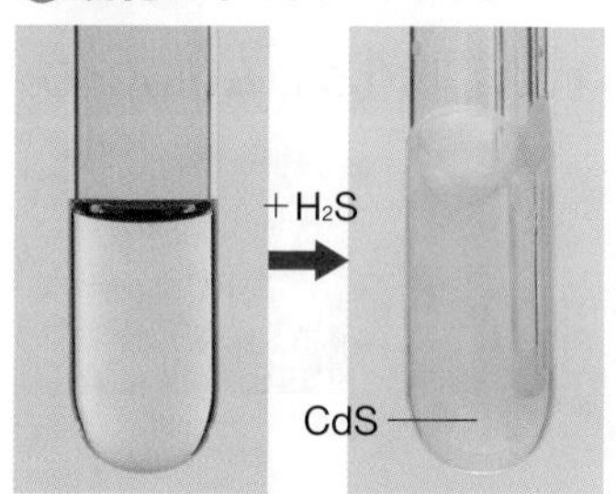

硫酸カドミウム $CdSO_4$ 水溶液に，硫化水素 H_2S を吹き込むと，黄色の CdS が沈殿する。

硫化カドミウムの利用

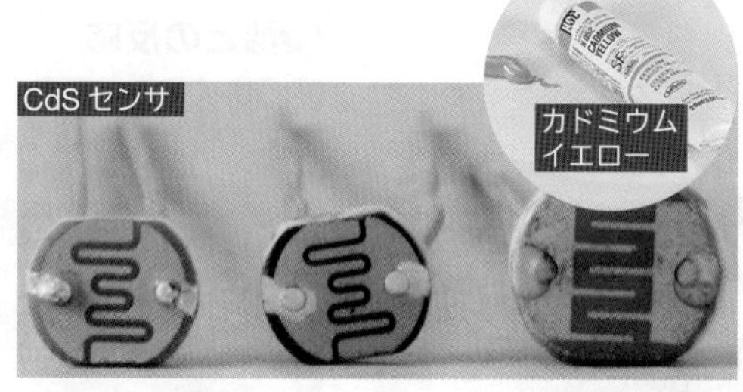

光センサや絵の具などに使われてきたが，カドミウム化合物には有害なものが多いため，水銀化合物同様に代替化が進んでおり，名称のみ残っているものもある。

ニッケル・カドミウム電池

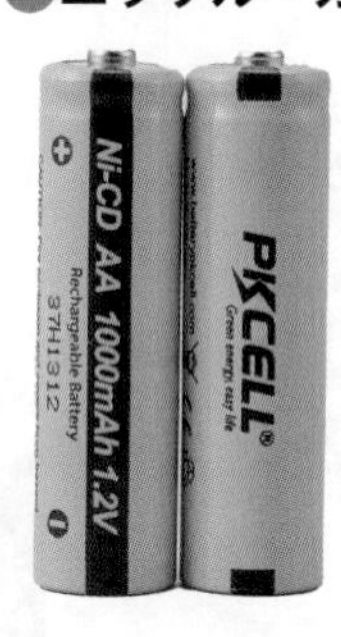

ニッケル・カドミウム電池(ニッカド電池)の正極は酸化水酸化ニッケル(Ⅲ)NiO(OH)，負極はカドミウム Cd である。

5 水銀とその化合物

水銀は，酸化数＋1 と＋2 の化合物をつくる。水銀の蒸気および水銀(Ⅱ)イオンの化合物は有毒である。 化学

水銀の単体

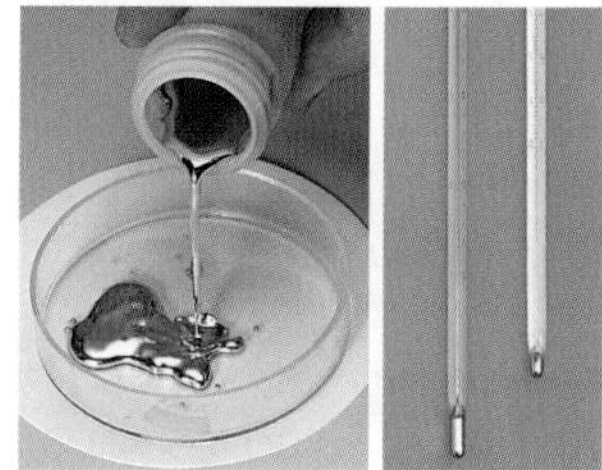

水銀は常温で唯一液体の金属で，温度計や体温計などに用いる。

蛍光灯

蛍光灯や水銀灯には水銀蒸気が封入されており，放電による水銀の発光を利用している。

アマルガム

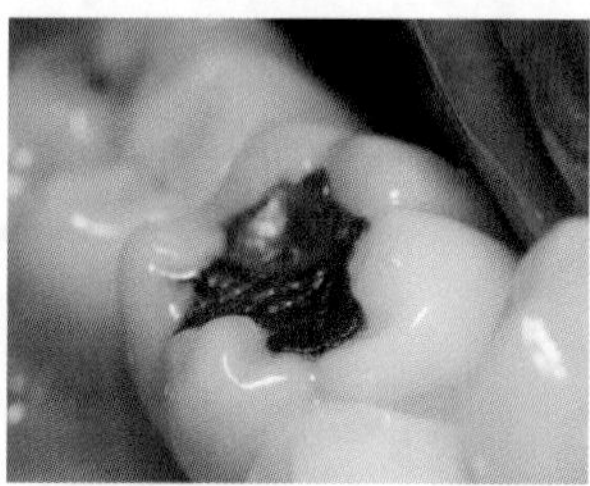

水銀といろいろな金属との合金をアマルガムとよぶ。かつては銀歯にスズのアマルガムが用いられた。

硫化水銀(Ⅱ)HgS

朱，辰砂(しゅ，しんしゃ)など古くから使われてきたが，水銀化合物は代替化が進む。

塩化水銀(Ⅱ)$HgCl_2$

昇(しょう)コウともよばれ，分子結晶でかつては消毒薬として用いられた。水に溶ける。きわめて有毒。

塩化水銀(Ⅰ)Hg_2Cl_2

甘(かん)コウともよばれ，かつては下剤として用いられた。水にほとんど溶けない。有毒である。

TOPICS 東大寺の大仏

水銀は金や銀などとアマルガムを形成する。奈良の東大寺の大仏は当初，金めっきが施されていた。大仏の表面に水銀と金のアマルガムを塗り，水銀を蒸発させるという方法で行われた。

26 その他の遷移金属
Other transition metals

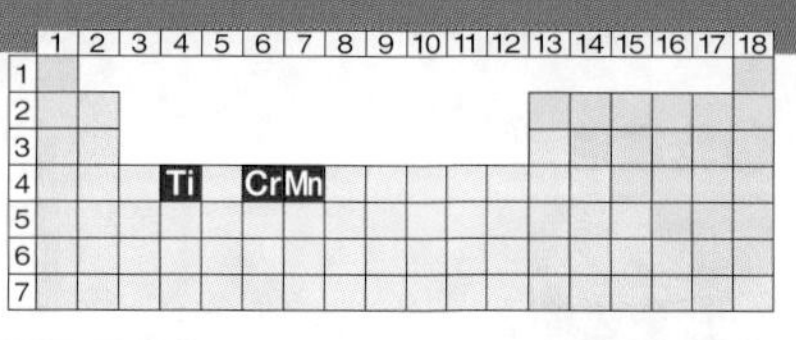

1 クロム Cr・マンガン Mn・チタン Ti
chromium manganese titanium

化学

電子配置と性質

元素	原子の電子配置 K	L	M	N	融点〔℃〕	沸点〔℃〕	密度〔g/cm³〕
クロム Cr	2	8	13	1	1860	2671	7.19
マンガン Mn	2	8	13	2	1244	1962	7.44
チタン Ti	2	8	10	2	1660	3287	4.54

＊■は最外殻電子を示す。

クロム Cr

クロムCrの単体は，空気中でも水中でも酸化されにくい。

マンガン Mn

マンガンMnの単体は銀白色の金属で，空気中で表面が酸化される。

チタン Ti (p.51, 208)

チタンTiの単体は銀白色の金属で，軽くてかたい。

2 クロムとその化合物

クロムの単体はきわめて安定で，水や空気で酸化されない。さまざまな酸化数(+2 ～ +6)をとる。

化学

存在

▶クロム鉄鉱

天然にはクロム鉄鉱 $FeCr_2O_4$ として存在する。

利用

▶クロムめっき製品

▶ステンレスの流し

クロム Cr は硬くてさびにくいのでめっきの材料となる。また，鉄にニッケルと混ぜてステンレス鋼などの特殊鋼をつくる。ニクロム線は，ニッケルとクロムの合金である。電気抵抗が大きく，電熱線などに利用される。

酸との反応

クロムは水素よりもイオン化傾向が大きく，希塩酸や希硫酸には溶けるが，濃硝酸には**不動態**をつくり溶解しない。

酸化クロム(Ⅲ) Cr_2O_3

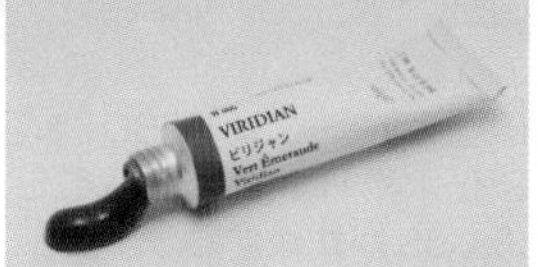

緑色顔料(ヴィリディアン)として用いる。クロムグリーンとよばれる。

クロムの化合物とその反応

▶ニクロム酸カリウム $K_2Cr_2O_7$

▶クロム酸カリウム K_2CrO_4

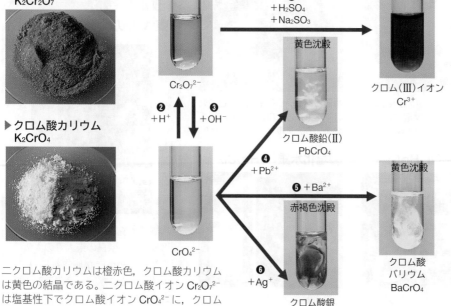

ニクロム酸カリウムは橙赤色，クロム酸カリウムは黄色の結晶である。ニクロム酸イオン $Cr_2O_7^{2-}$ は塩基性下でクロム酸イオン CrO_4^{2-} に，クロム酸イオン CrO_4^{2-} は酸性下でニクロム酸イオン $Cr_2O_7^{2-}$ に変化する(酸化剤p.88)。

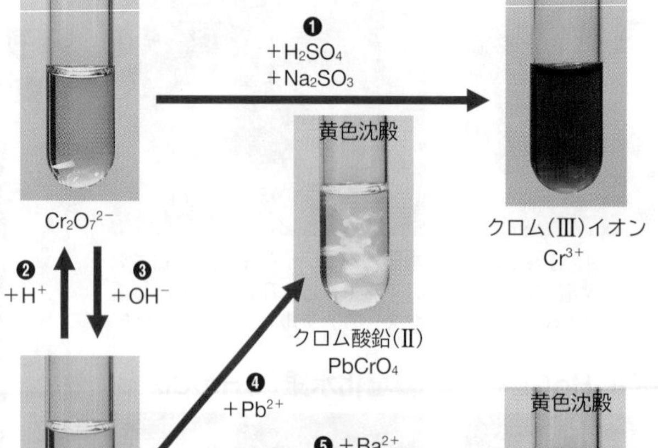

硫酸で酸性にしたニクロム酸カリウム $K_2Cr_2O_7$ 水溶液は強い酸化剤で，亜硫酸ナトリウム Na_2SO_3 水溶液と反応して，クロム(Ⅲ)イオン Cr^{3+} を生成する。

❶ $Cr_2O_7^{2-}$(橙赤色) $+ 8H^+ + 3SO_3^{2-} \longrightarrow 2Cr^{3+}$(緑色) $+ 3SO_4^{2-} + 4H_2O$

❷ $2CrO_4^{2-}$(黄色) $+ 2H^+ \longrightarrow Cr_2O_7^{2-} + H_2O$

❸ $Cr_2O_7^{2-} + 2OH^- \longrightarrow 2CrO_4^{2-} + H_2O$

❹ $Pb^{2+} + CrO_4^{2-} \longrightarrow PbCrO_4\downarrow$(黄色)

❺ $Ba^{2+} + CrO_4^{2-} \longrightarrow BaCrO_4\downarrow$(黄色)

❻ $2Ag^+ + CrO_4^{2-} \longrightarrow Ag_2CrO_4\downarrow$(赤褐色)

TOPICS 六価クロム

クロムは+2 ～ +6の酸化数をとる。このうち，酸化数が+6の六価クロムは強い酸化力を有し，そのため強い毒性を示す。六価クロムはクロムめっき工場などで使用されているが，その有毒性から三価クロムへの代替が進められている。

3 マンガンとその化合物

マンガンは，さまざまな酸化数（+1 ～ +7）をとるが，このうち，+2，+4，+7 が安定である。

化学

●マンガンの利用

マンガン鋼は，鉄とマンガンなどの合金できわめてかたくて強い。鉄道のレールのポイントなどに用いる。

●マンガンの化合物

▶過マンガン酸カリウム $KMnO_4$

黒紫色の針状結晶。水によく溶け赤紫色の過マンガン酸イオン MnO_4^- を生じる。

▶酸化マンガン(Ⅳ) MnO_2

黒色の酸化剤で，マンガン乾電池の正極活物質として用いる（▶p.98）。

▶硫酸マンガン(Ⅱ) $MnSO_4$

無色で潮解性のある固体。水和物として存在することが多い。

●マンガン(Ⅱ)イオンの反応系統図

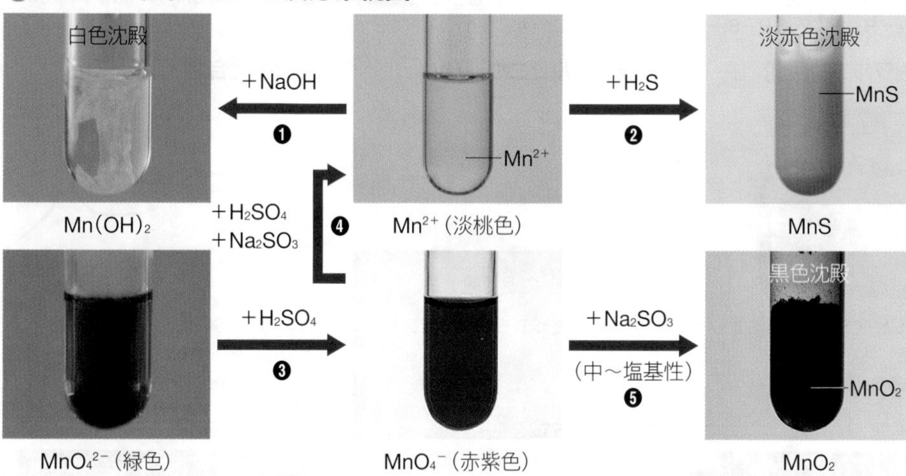

❶ $Mn^{2+} + 2OH^- \longrightarrow Mn(OH)_2\downarrow$（白色）

❷ $Mn^{2+} + S^{2-} \longrightarrow MnS\downarrow$（淡赤色）

❸ $3MnO_4^{2-} + 4H^+$
$\longrightarrow 2MnO_4^- + MnO_2\downarrow$（黒色）$+ 2H_2O$

❹ $2MnO_4^- + 6H^+ + 5SO_3^{2-}$
$\longrightarrow 2Mn^{2+} + 5SO_4^{2-} + 3H_2O$

❺ $2MnO_4^- + 3SO_3^{2-} + H_2O$
$\longrightarrow 2MnO_2 + 3SO_4^{2-} + 2OH^-$

TOPICS

レアメタル（希少金属）

有用であるが存在量が少なく，産出国がかたよっている金属をレアメタル（希少金属）という。レアメタルには 47 種類の元素が指定されている。現代のテクノロジーを支えている重要な金属であるが，その多くは枯渇の危機にさらされている。このため，日本では，バナジウム V，クロム Cr，マンガン Mn，コバルト Co，ニッケル Ni，モリブデン Mo，タングステン W の 7 種類が，国内での消費量のおよそ 2 ヶ月分をめやすに備蓄されている。

●周期表で見るレアメタル

	1	2	3	4	5	6	7	8	9	10	11	12	13	14	15	16	17	18
1	H																	He
2	Li	Be											B	C	N	O	F	Ne
3	Na	Mg											Al	Si	P	S	Cl	Ar
4	K	Ca	Sc	Ti	V	Cr	Mn	Fe	Co	Ni	Cu	Zn	Ga	Ge	As	Se	Br	Kr
5	Rb	Sr	Y	Zr	Nb	Mo	Tc	Ru	Rh	Pd	Ag	Cd	In	Sn	Sb	Te	I	Xe
6	Cs	Ba	ランタノイド	Hf	Ta	W	Re	Os	Ir	Pt	Au	Hg	Tl	Pb	Bi	Po	At	Rn
7	Fr	Ra	アクチノイド	Rf	Db	Sg	Bh	Hs	Mt	Ds								

ランタノイド	La	Ce	Pr	Nd	Pm	Sm	Eu	Gd	Tb	Dy	Ho	Er	Tm	Yd	Lu
アクチノイド	Ac	Th	Pa	U	Np	Pu	Am	Cm	Bk	Cf	Es	Fm	Md	No	Lr

□レアメタル　□コモンメタル　□その他の金属

●レアメタルとよばれる理由

・地殻中に存在する量が少ない。
・産出する場所が一部の地域に集中している。
・分離，精製が困難である。

●身のまわりにあるレアメタル

インジウム・タンタル・ネオジム・ニッケルなど

ニッケル・クロム・バリウム・ストロンチウムなど

インジウム・白金・ニッケルなど

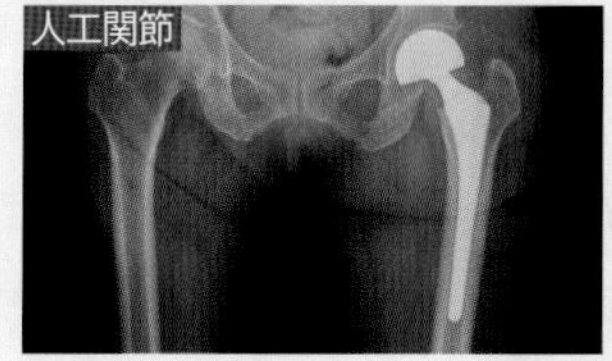

チタン・コバルト・クロム・タンタルなど

27 合金
Alloy

1 合金

金属に他の金属や非金属をとかしこんだものを合金という。合金は耐食性やさびにくさなど，もとの金属にない優れた性質をもつ。 化学

▶水素吸蔵合金

熱や圧力の変化で水素を吸収・放出する。水素ボンベの代わりにもなる。
La−Ni，Ti−Fe，Mg−Ni

▶アモルファス合金

規則的な構造をもたず(非晶質)，強度・磁気保持力が高く，磁気ヘッドに用いる。 Fe−B−Si，Fe−B−Si−C

▶防振合金

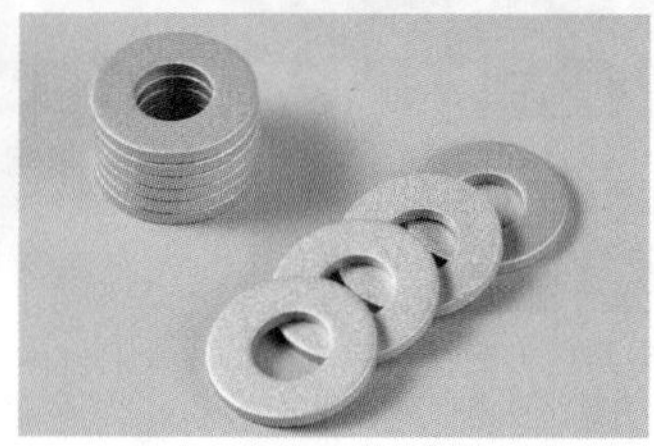

振動や音のエネルギーを吸収して熱に変える。工作機械の振動防止などに利用。 Fe−Cr−Al，Mn−Cu

▶超塑性合金

自由自在に変形することができる。
Zr−Al，Pb−Sn，Al−Zn，Al−Cu

▶フェライト

磁気を保持する性質にすぐれた酸化物。
$MO\cdot Fe_2O_3$（金属 M は Ni，Cu，Zn，Mg，Cd など。）

▶チタン酸ジルコン酸鉛

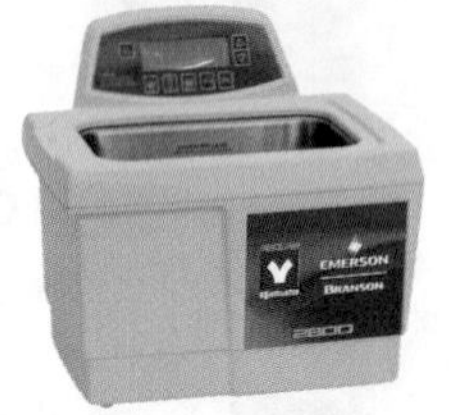

圧力を加えると電気的な分極を生じる。超音波洗浄機に用いる。
$PbTiO_3-PbZrO_3$

▶酸化ジルコニウム(Ⅳ)

イオン導電性をもち，ガスセンサーに用いる。
ZrO_2

▶超弾性合金

力を加えて変形しても，力を除くともとの形に戻る合金。
Ni−Ti，Cu−Zn−Al

▶ニクロム

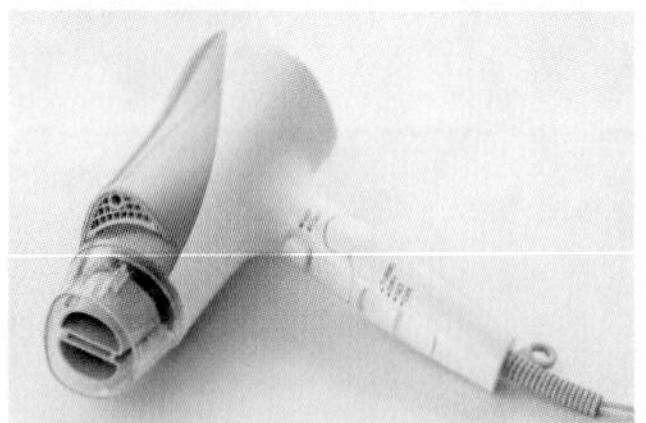

電気抵抗が大きく，電気を流すと発熱する。ドライヤーなどに使用されている。
Ni−Cr

▶鋼

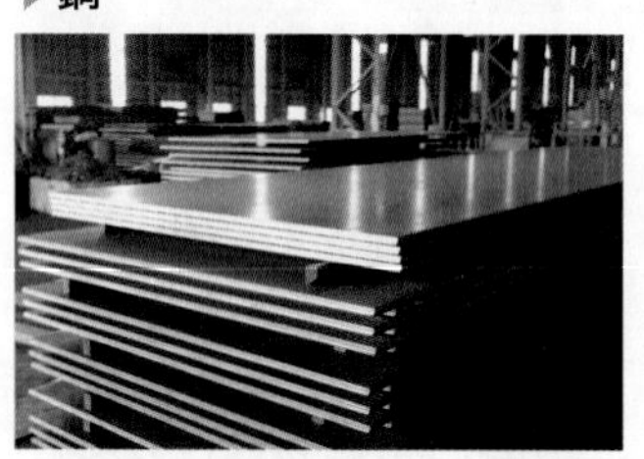

純鉄に比べて強度が高く，加工性，耐酸化性に優れる。
Fe−C

▶超伝導合金

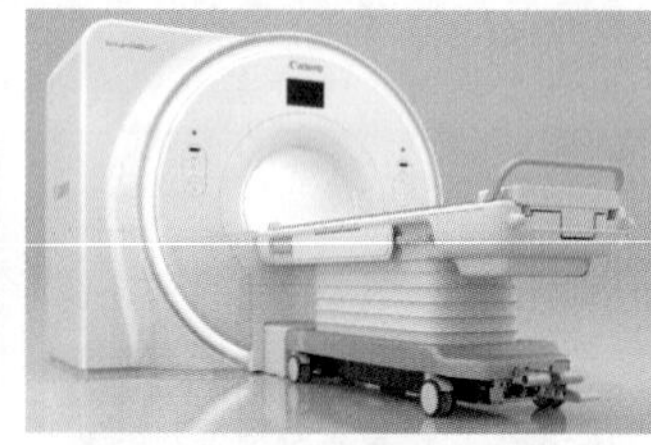

ある温度以下で電気抵抗が 0 になる。MRI のコイルにはニオブチタンが使用されている。 Nb−Sn，Nb−Ti

▶超硬合金

硬度の大きい金属炭化物を焼結して作る合金。トンネルの掘削機の刃に利用。
炭化タングステンとコバルト

2 合金の構造

合金の構造には結晶性合金とアモルファス合金の 2 種類がある。 化学

●結晶性合金

▶置換型固溶体

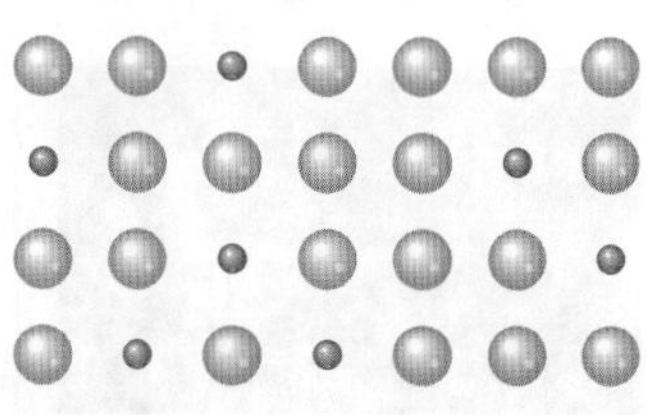

金属原子の位置に他の原子が不規則に置き換わっている。
例：黄銅

▶侵入型固溶体

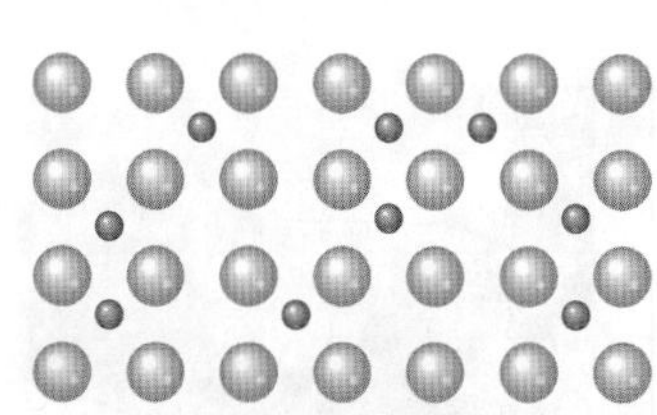

金属の結晶格子のすき間に，小さい原子が入り込んでいる。
例：鋼

▶金属間化合物

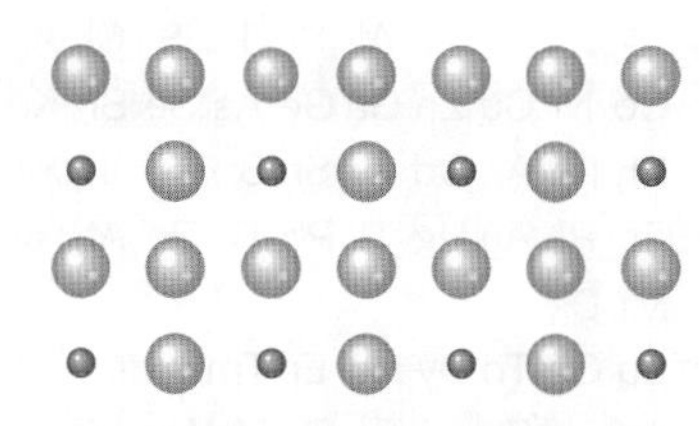

異なる金属が一定の比率で，規則的に整列している。
例：水素吸蔵合金

●アモルファス合金

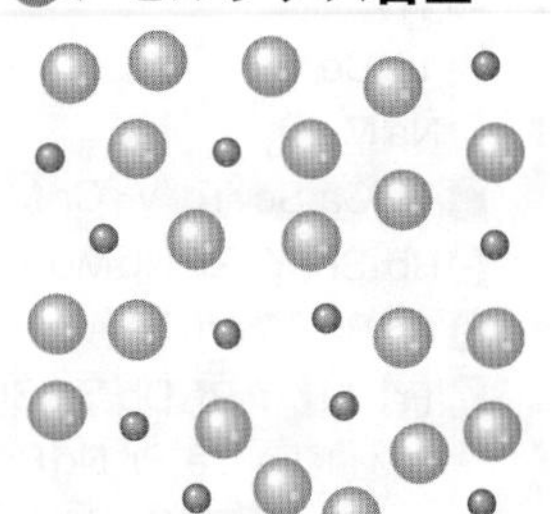

異なる金属が不規則に配列している。
例：Fe−B−Si 系アモルファス合金

TOPICS

ゼオライト

ゼオライトは粘土鉱物の一種として発見されたアルミノケイ酸塩である。国内各地で天然の鉱物資源として産出し，また人工的にも合成されている。基本的な構造は，図1に示すような正四面体の SiO_4 または AlO_4 を結晶構造の基本単位としている。酸素原子を介して構造単位同士が連結する(図2)ことにより，3次元の立体構造を形成している。

Si−O−Si および Si−O−Al を1本の直線で置き換えて構造のごく一部を表すと図3のようになる。(A)と(B)は連結の仕方がことなるため，結晶構造が全く異なる。ゼオライトには構造が異なるものが約200種類ある。

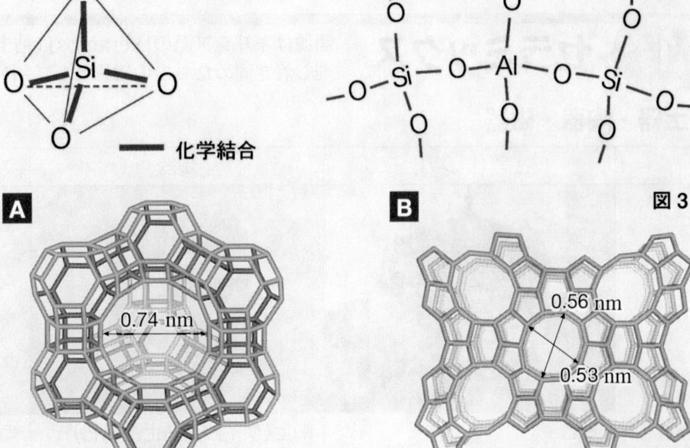

図でも明らかなように，ゼオライトの特徴は規則的な細孔を有することである。細孔の大きさは種類によって異なるが，メタンやベンゼンなどと同程度である。そのため，大きさの異なる分子の混合物から，小さな分子だけを細孔内に取り込むことができる。この性質を分子のふるい作用とよぶ。

ゼオライトの細孔

ゼオライトを最も大量に使用しているのは，洗剤である。洗剤の主成分である界面活性剤(➡ p.250)が有効に作用するためには，水中(とくに硬水中)の Ca^{2+} や Mg^{2+} を除去する必要がある。洗剤に Na 形ゼオライトを加えて，これらのイオンをイオン交換作用により，Na^+ と交換することにより，硬水を用いても洗浄能力が低下しないようにしている。

TOPICS

水素吸蔵合金

近年，水素は新しいエネルギー源として話題である。

燃料電池やエンジンの動力への利用について研究されている。水素が燃焼すると水しか発生させない という性質により，環境への負荷も少ない。一方，水素は常温常圧で気体であるため，安全に貯蔵するには工夫が必要である。そこで注目されたのが水素吸蔵合金である。典型的な水素吸蔵合金として知られているものには，$LaNi_5$ や TiFe(➡ p.329)などがある。どの結晶構造も空隙があり，この空隙に水素原子が入り込んでいく。金属に水素が取り込まれる反応を反応式で表すと次のようになる。

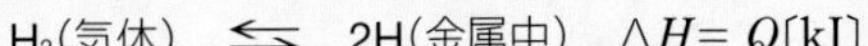

H_2(気体) ⇆ 2H(金属中)　$\Delta H = Q$〔kJ〕

上の反応は可逆反応であり，水素が解離して原子に取り込まれると体積が減少する。ルシャトリエの原理(➡ p.146)により，水素の圧力を上げれば，反応は右に進む。また，水素が取り込まれると同時に熱を放出(発熱反応)する。水素が室温・大気圧下の穏やかな条件で取りだせるよう開発されたのが，この水素吸蔵合金である。

$LaNi_5$ の結晶構造

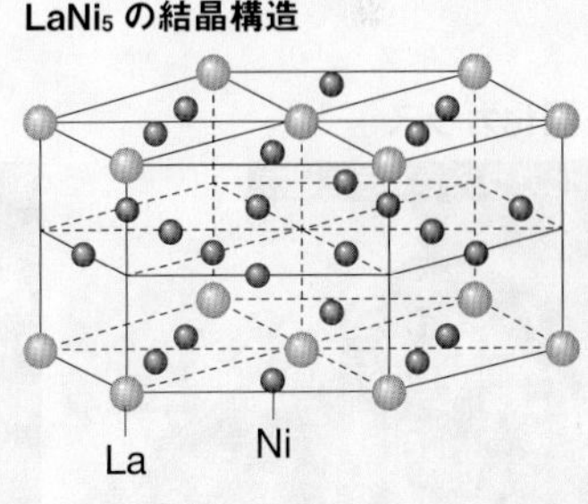

入試ではこう出る!

水素吸蔵合金を利用すると，H_2 を安全に貯蔵することができる。ある水素吸蔵合金 X は，0℃，1.013×10^5Pa で，X の体積の1200倍の H_2 を貯蔵することができる。反応式は次の通りである。

H_2(気体) ⇆ 2H(金属中)　$\Delta H = Q$〔kJ〕　$(Q<0)$

問1　この温度，圧力で 248 g の X に貯蔵できる H_2 は何 mol か。なお，このときの X の密度は 6.2 g/cm³ であり，気体定数は $R=8.3\times10^3$ Pa·L(K·mol)とする。(有効数字2桁)

問2　水素吸蔵合金中の水素を放出するには温度をどのようにすればよいか。

［大学入学共通テスト　改］

【解答】問1　2.1 mol
問2　温度を上げればよい

思考　体心立方格子，面心立方格子，および六方最密構造のうち，どの構造が多くの水素を吸蔵する可能性を秘めているかを考えたとき，どのような構造的特徴に着目すればよいか。

28 セラミックス

Ceramics

1 セラミックス

語源はギリシア語の「keramos」(粘土を焼き固めたもの)といわれる。広義には，無機物を加熱処理し焼き固めたものの総称として用いられる。

化学

●土器・陶器・磁器

	土器(レンガ)	陶器	磁器
材質	粘土	陶土(ケイ砂，粘土，長石)	陶石を粉砕した石粉
焼成温度	600-900° C	900-1300° C	1200-1500° C
性質	通気性，透水性	不透水性，保温性	不吸水性，透光性

建物の床や壁に使用されるタイルは，粘土などの原料を高温で焼いたもので，平板に成形した陶磁器の一種である。

●ガラス

▶石英ガラス

プリズム

石英からつくられるガラスで，耐熱性が大きく，紫外線をよく通す。光ファイバー，プリズムなどに用いられる。

▶ソーダ石灰ガラス

SiO_2，Na_2CO_3，$CaCO_3$ を混合してつくられる。石英ガラスよりも低い温度でガラス化する。窓ガラスや瓶など，一般に広く利用される。

▶ホウケイ酸ガラス

SiO_2 と $Na_2B_4O_7$ を混合してつくられる。熱や薬品に強く，ビーカー，フラスコなどに利用される。

▶鉛ガラス(クリスタルガラス)

SiO_2，Na_2CO_3，PbO を混合してつくられる。屈折率が大きく，光学用品や装飾品として用いる。また，鉛の放射線吸収力をいかし，遮へい材料としても使われる。

▶強化ガラス

強化ガラスでできた建物

割れた強化ガラス

強化ガラスとは，一般的なガラスに比べて3～5倍の強度を持つガラスのことを指す。普通のガラスを軟化点近くの約650℃まで熱した後，ガラスに冷風をかけて急冷して製造する。このときに表面のみが冷やされ，内側がゆっくり冷えることでガラスの表面に圧縮応力層が生じ，強化される。割れ方にも特徴がある。

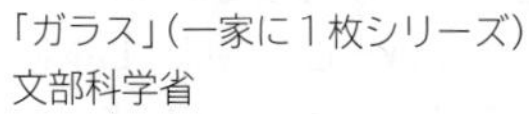

▶参考ウェブサイト

「ガラス」(一家に1枚シリーズ)
文部科学省

●セメント

セメント工場

石灰石，粘土，スラグを粉砕し焼成してつくる。コンクリートは，セメントに砂，水と砂利を混ぜ合わせてつくる。モルタルは，セメントに砂と水を混ぜ合わせてつくる建築材料である。

▶コンクリートの劣化

硬化したコンクリートは，セメントの成分である酸化カルシウムの水和反応によって生じる水酸化カルシウムを多量に含むため，強塩基性を示す。コンクリートが長期間空気にふれると風化し，劣化する。これは，空気中の二酸化炭素や水蒸気と反応して中性化が起こり，pH10程度以下になると内部の鉄筋が腐食するためである。

2 セラミックスの特徴

セラミックスにはそれぞれさまざまな特徴がある。 化学

機械的性質	熱的性質	化学的性質	光学的性質	電気・磁気的性質
・密度は小さい ・硬度・剛性が高い ・耐摩耗性が大きい ・靭性が低い(もろい)	・熱伝導率 高いもの：AlN，SiC 低いもの：ZrO_2 ・熱膨張率は金属より少ない ・耐熱衝撃性が大きい(Si_3N_4)	・触媒性 ・生体適合性 ・耐食性 人工関節	・光透過性(ガラスの特徴) ・通電すると発光する ・光を吸収し，光エネルギーを電気エネルギーに変換(太陽電池に利用) 太陽光パネル	・基本的には絶縁体だが，導電体に変化して蓄電するものもある ・電気抵抗が強く，発熱しやすい ・圧電体(着火装置に利用) ・磁性をもち，磁石として利用 フェライト磁石

3 ファインセラミックス

優れた性質や新たな機能をもつセラミックス。つくられる際は，成形や焼成の温度と時間の管理，研削などが精密に制御されている。

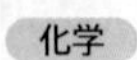

ファインセラミックスの代表的な材料と利用

▶アルミナ

アルミナ Al_2O_3 を原料とするセラミックスは，かたくて丈夫であるが，高温では強度が劣化する。点火栓，回路基板などに使われる。

▶ヒドロキシアパタイト

耐久性に優れ，生体になじむ。そのため，人工骨や人工関節に使われる。

▶窒化アルミニウム

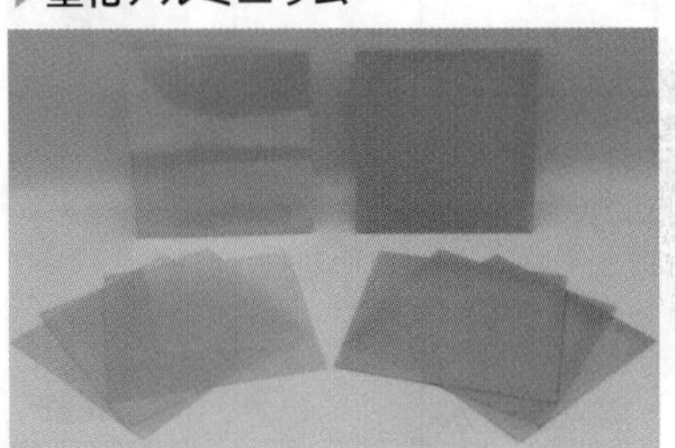

耐熱性や耐久性に優れ，集積回路の基板に使われる。

▶ジルコニアセラミックス

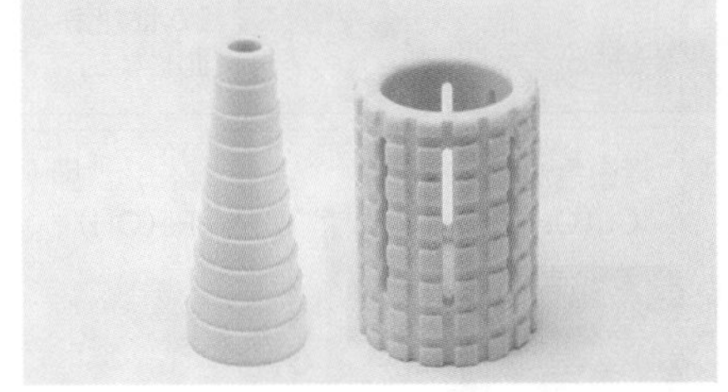

熱を伝えにくく，高融点で耐火性に優れている。熱膨張率が金属に近く，金属との組み合わせが比較的容易である。変わった利用例としては，ファンデーション粉末としての利用もある。

▶炭化ケイ素セラミックス

硬度がダイヤモンドの次に高く高温のもとでも強度を保ち，優れた耐食性もそなえている。熱伝導率が高く，高温用のファンの材料などとして利用されている。

▶窒化ケイ素セラミックス

高温でも高強度であり，高硬度で低膨張性，耐薬品性，電気絶縁性に優れる。溶融非鉄金属ポンプ部材，ベアリングのボールとしての利用などがある。

▶宝石(人工)

ファインセラミックスの結晶技術で，天然の宝石と同じ結晶構造をもたせた宝石類。
左：アレキサンドライト(青緑)
中：エメラルド(緑)
右：ブルーサファイア(青)

▶光ファイバー

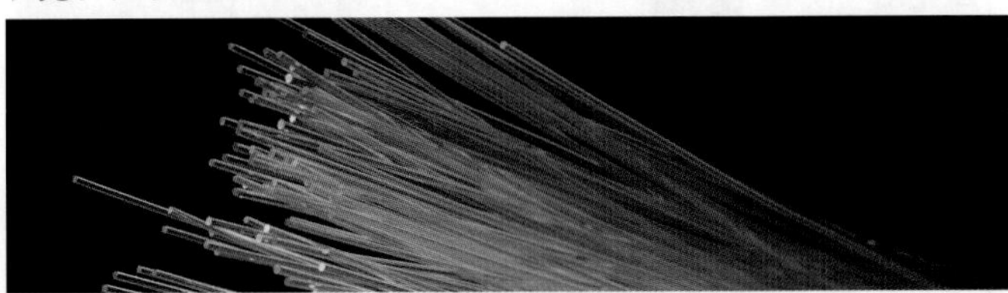

屈折率の高い中心部と低い周辺部の間を光が全反射して伝わっていく。

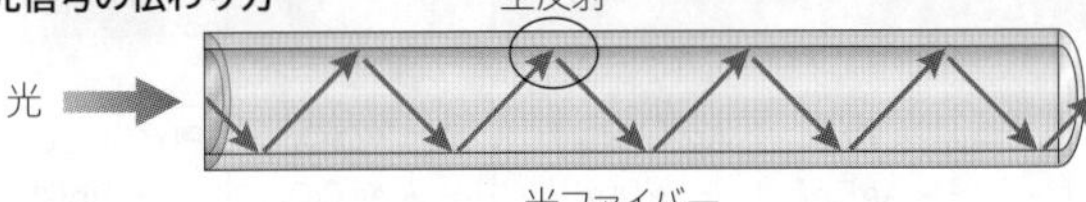

3 無機物質

化学

表現 セラミックスの特徴を2つ挙げよ。

29 金属イオンの検出と確認 1 化学

Detection and identification of metal ions 1

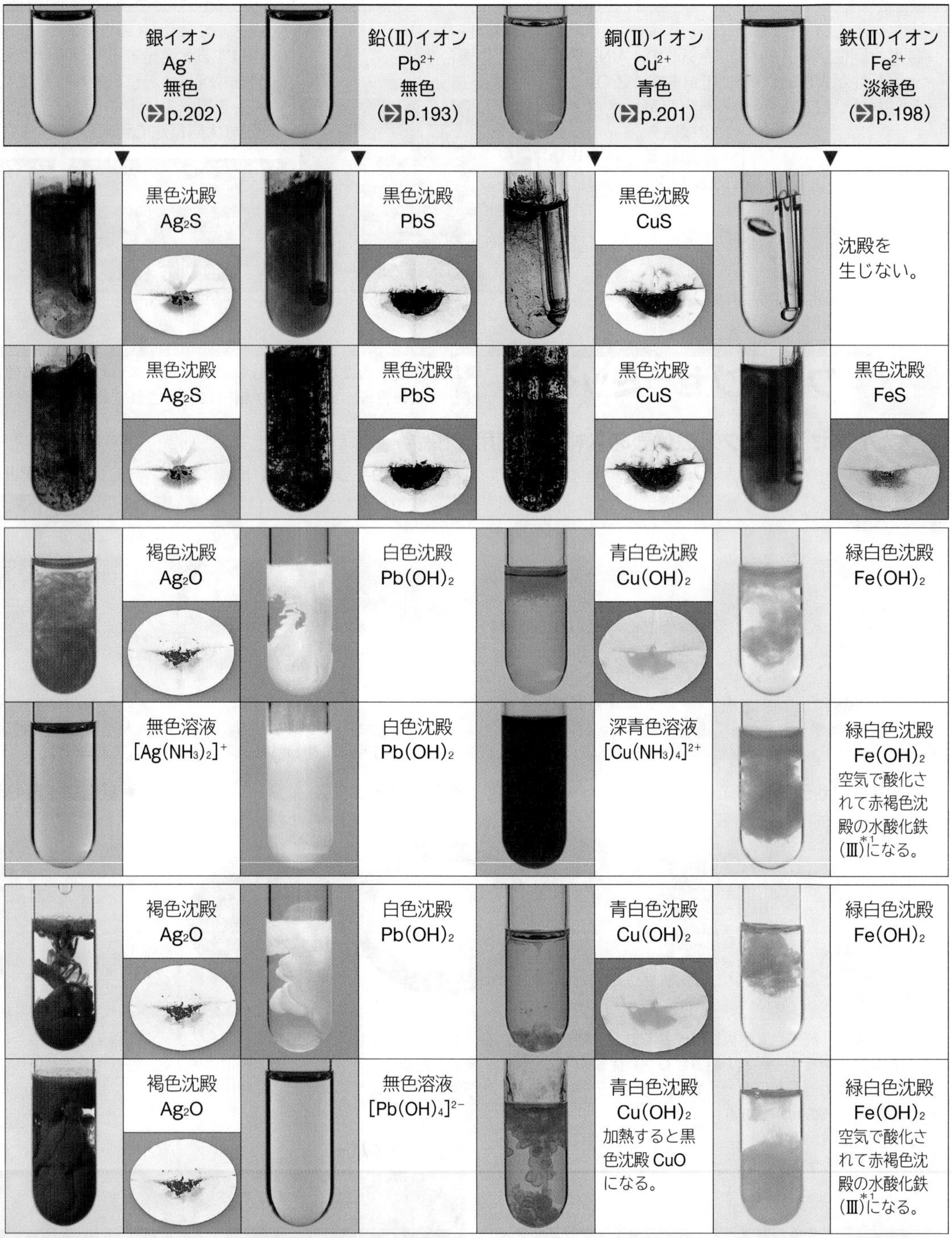

金属イオン▶ / ▼加える試薬		銀イオン Ag^+ 無色 (p.202)	鉛(Ⅱ)イオン Pb^{2+} 無色 (p.193)	銅(Ⅱ)イオン Cu^{2+} 青色 (p.201)	鉄(Ⅱ)イオン Fe^{2+} 淡緑色 (p.198)
硫化水素 H_2S (p.168)	酸性 反応液中のS^{2-}が少ない。	黒色沈殿 Ag_2S	黒色沈殿 PbS	黒色沈殿 CuS	沈殿を生じない。
	塩基性 反応液中のS^{2-}が比較的多い。	黒色沈殿 Ag_2S	黒色沈殿 PbS	黒色沈殿 CuS	黒色沈殿 FeS
アンモニア水 NH_3	少量	褐色沈殿 Ag_2O	白色沈殿 $Pb(OH)_2$	青白色沈殿 $Cu(OH)_2$	緑白色沈殿 $Fe(OH)_2$
	過剰量 Ag^+, Cu^{2+}, Zn^{2+}の場合沈殿が錯イオンとなって溶ける。	無色溶液 $[Ag(NH_3)_2]^+$	白色沈殿 $Pb(OH)_2$	深青色溶液 $[Cu(NH_3)_4]^{2+}$	緑白色沈殿 $Fe(OH)_2$ 空気で酸化されて赤褐色沈殿の水酸化鉄(Ⅲ)*1になる。
水酸化ナトリウム水溶液 NaOH	少量	褐色沈殿 Ag_2O	白色沈殿 $Pb(OH)_2$	青白色沈殿 $Cu(OH)_2$	緑白色沈殿 $Fe(OH)_2$
	過剰量 両性金属のイオン Pb^{2+}, Zn^{2+}, Al^{3+}の場合沈殿が溶ける。	褐色沈殿 Ag_2O	無色溶液 $[Pb(OH)_4]^{2-}$	青白色沈殿 $Cu(OH)_2$ 加熱すると黒色沈殿 CuO になる。	緑白色沈殿 $Fe(OH)_2$ 空気で酸化されて赤褐色沈殿の水酸化鉄(Ⅲ)*1になる。

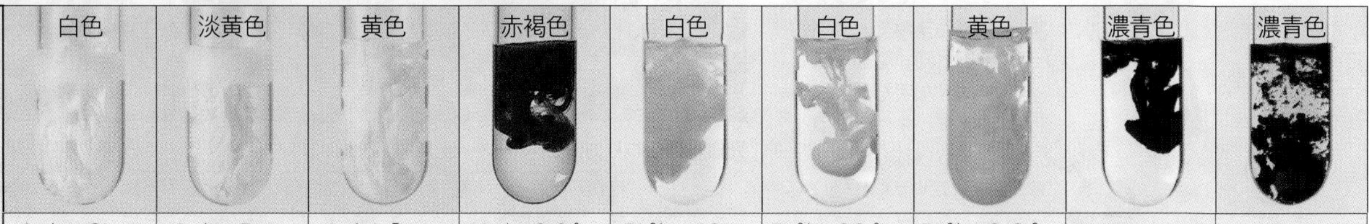

その他の重要なイオンの反応	色	反応
	白色	$Ag^+ + Cl^- \longrightarrow AgCl\downarrow$
	淡黄色	$Ag^+ + Br^- \longrightarrow AgBr\downarrow$
	黄色	$Ag^+ + I^- \longrightarrow AgI\downarrow$
	赤褐色	$2Ag^+ + CrO_4^{2-} \longrightarrow Ag_2CrO_4\downarrow$
	白色	$Pb^{2+} + 2Cl^- \longrightarrow PbCl_2\downarrow$
	白色	$Pb^{2+} + SO_4^{2-} \longrightarrow PbSO_4\downarrow$
	黄色	$Pb^{2+} + CrO_4^{2-} \longrightarrow PbCrO_4\downarrow$
	濃青色	$Fe^{2+} + K_3[Fe(CN)_6]$ *2
	濃青色	$Fe^{3+} + K_4[Fe(CN)_6]$ *3

*1 水酸化鉄(Ⅲ)の組成は条件によって異なり，水酸化酸化鉄(Ⅲ)FeO(OH)などが含まれる混合物になるため，単純な化学式では示すことができない。

[反応式などは p.214]

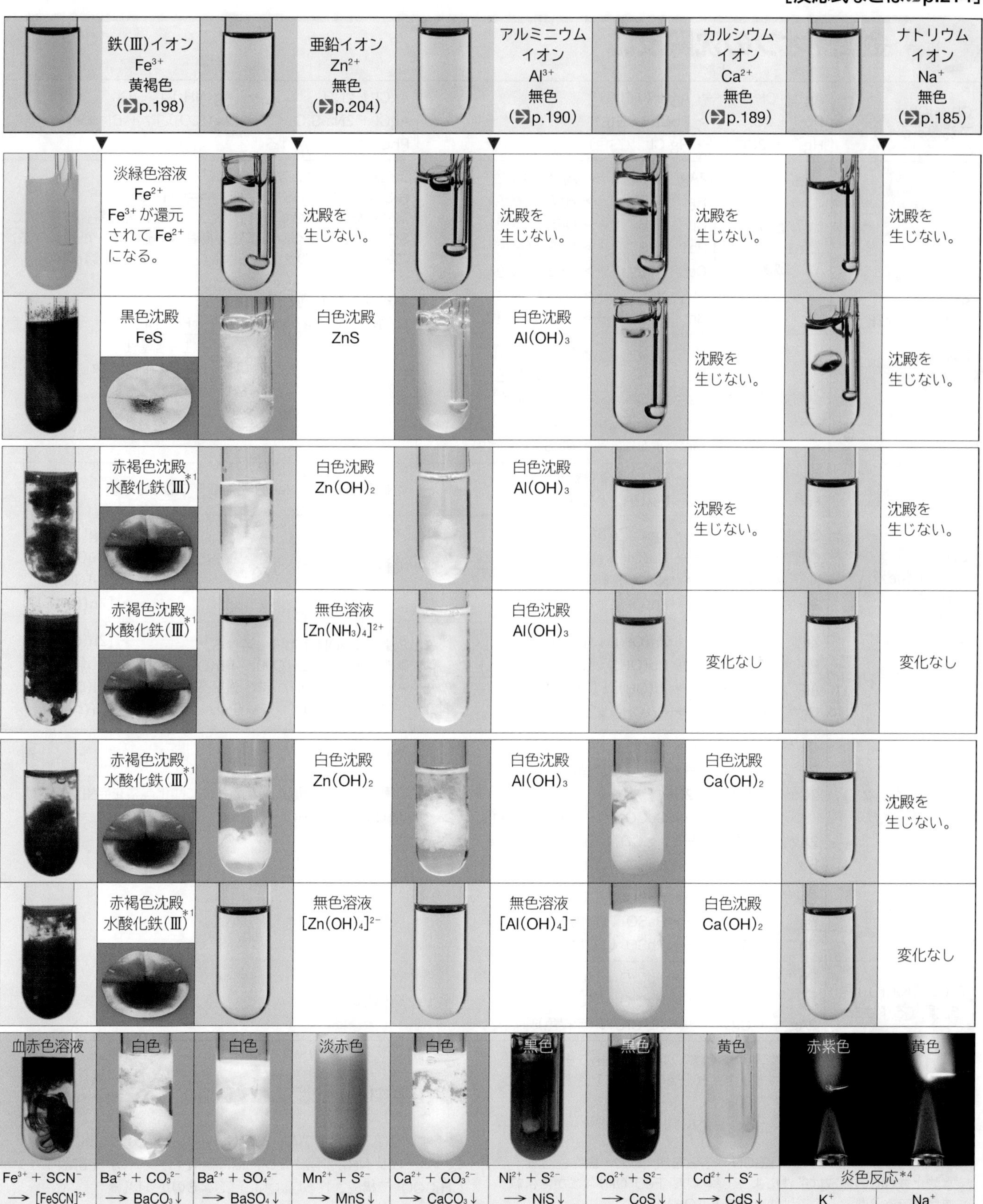

*2 $Fe^{2+} + K_3[Fe(CN)_6] \longrightarrow KFe[Fe(CN)_6]\downarrow + 2K^{+}$　*3 $Fe^{3+} + K_4[Fe(CN)_6] \longrightarrow KFe[Fe(CN)_6]\downarrow + 3K^{+}$　*4 K^{+}, Na^{+}は沈殿反応を示さないので炎色反応によって検出する。

30 金属イオンの検出と確認 2

Detection and identification of metal ions 2

1 金属イオンの沈殿反応

precipitation

化学

Cl^- (HCl) で沈殿するイオン		$Ag^+ + Cl^- \longrightarrow AgCl\downarrow$（白色） $Pb^{2+} + 2Cl^- \longrightarrow PbCl_2\downarrow$（白色） $Hg_2^{2+} + 2Cl^- \longrightarrow Hg_2Cl_2\downarrow$（白色）	$AgCl + 2NH_3 \longrightarrow [Ag(NH_3)_2]^+ + Cl^-$ $AgCl + 2Na_2S_2O_3 \longrightarrow [Ag(S_2O_3)_2]^{3-} + Cl^- + 4Na^+$ $PbCl_2$ は熱水に溶ける。
S^{2-} (H_2S) で沈殿するイオン	酸性 (液性によらず沈殿)	$2Ag^+ + S^{2-} \longrightarrow Ag_2S\downarrow$（黒色） $Hg^{2+} + S^{2-} \longrightarrow HgS\downarrow$（黒色） $Cu^{2+} + S^{2-} \longrightarrow CuS\downarrow$（黒色） $Pb^{2+} + S^{2-} \longrightarrow PbS\downarrow$（黒色） $Cd^{2+} + S^{2-} \longrightarrow CdS\downarrow$（黄色） $Sn^{2+} + S^{2-} \longrightarrow SnS\downarrow$（褐色） $Sn^{4+} + 2S^{2-} \longrightarrow SnS_2\downarrow$（黄色）	硫化水素 H_2S は，次のように電離する。 $H_2S \rightleftarrows H^+ + HS^-$　$HS^- \rightleftarrows H^+ + S^{2-}$ 溶液が酸性の場合は$[H^+]$が大きいので，左に平衡が移動し，S^{2-} は少なくなる。塩基性の場合は，逆に S^{2-} が多くなる。このため，S^{2-} の沈殿反応は液性により異なる(➡p.149)。 ▶**イオン化傾向との関係** Li K Ca Na Mg Al Zn Fe Ni （Zn Fe Ni：中性・塩基性） Sn Pb H Cu Hg Ag Pt Au （Sn Pb H Cu Hg Ag：酸性(液性によらない)）
	中性～塩基性	$Ni^{2+} + S^{2-} \longrightarrow NiS\downarrow$（黒色） $Co^{2+} + S^{2-} \longrightarrow CoS\downarrow$（黒色） $Fe^{2+} + S^{2-} \longrightarrow FeS\downarrow$（黒色） $Zn^{2+} + S^{2-} \longrightarrow ZnS\downarrow$（白色） $Mn^{2+} + S^{2-} \longrightarrow MnS\downarrow$（淡赤色）	
OH^- (NaOH 水溶液 または NH_3 水) で沈殿するイオン		$Fe^{2+} + 2OH^- \longrightarrow Fe(OH)_2\downarrow$（緑白色） $Fe^{3+} + 3OH^- \longrightarrow Fe(OH)_3\downarrow$（赤褐色）*1	過剰の NH_3 水や NaOH 水溶液でも溶けない。
		$2Ag^+ + 2OH^- \longrightarrow Ag_2O\downarrow$（褐色）$+ H_2O$ $Cu^{2+} + 2OH^- \longrightarrow Cu(OH)_2\downarrow$（青白色） $Ni^{2+} + 2OH^- \longrightarrow Ni(OH)_2\downarrow$（緑色） $Zn^{2+} + 2OH^- \longrightarrow Zn(OH)_2\downarrow$（白色）	過剰の NH_3 水に溶ける。 $\longrightarrow [Ag(NH_3)_2]^+$ $\longrightarrow [Cu(NH_3)_4]^{2+}$ $\longrightarrow [Ni(NH_3)_6]^{2+}$ $\longrightarrow [Zn(NH_3)_4]^{2+}$
		$Zn^{2+} + 2OH^- \longrightarrow Zn(OH)_2\downarrow$（白色） $Pb^{2+} + 2OH^- \longrightarrow Pb(OH)_2\downarrow$（白色） $Al^{3+} + 3OH^- \longrightarrow Al(OH)_3\downarrow$（白色） $Cr^{3+} + 3OH^- \longrightarrow Cr(OH)_3\downarrow$（灰緑色）	過剰の NaOH 水溶液に溶ける。 両性水酸化物($Zn(OH)_2$，$Pb(OH)_2$，$Al(OH)_3$，$Cr(OH)_3$)は，強塩基性水溶液を過剰に加えると溶ける。 $\longrightarrow [Zn(OH)_4]^{2-}$ $\longrightarrow [Pb(OH)_4]^{2-}$ $\longrightarrow [Al(OH)_4]^-$ $\longrightarrow [Cr(OH)_4]^-$
CO_3^{2-} (Na_2CO_3 など) で沈殿するイオン		$Ca^{2+} + CO_3^{2-} \longrightarrow CaCO_3\downarrow$（白色） $Fe^{2+} + CO_3^{2-} \longrightarrow FeCO_3\downarrow$（淡黄色） $2Cu^{2+} + CO_3^{2-} + 2OH^-$ $\longrightarrow CuCO_3\cdot Cu(OH)_2\downarrow$（緑青色） $2Ag^+ + CO_3^{2-} \longrightarrow Ag_2CO_3\downarrow$（淡黄色） $Ba^{2+} + CO_3^{2-} \longrightarrow BaCO_3\downarrow$（白色）	塩酸のような強酸を加えると，二酸化炭素を発生して溶ける。 例 $CaCO_3 + 2HCl \longrightarrow CaCl_2 + H_2O + CO_2\uparrow$
SO_4^{2-} (H_2SO_4) で沈殿するイオン		$Ca^{2+} + SO_4^{2-} \longrightarrow CaSO_4\downarrow$（白色） $Ba^{2+} + SO_4^{2-} \longrightarrow BaSO_4\downarrow$（白色） $Pb^{2+} + SO_4^{2-} \longrightarrow PbSO_4\downarrow$（白色）	強酸にも溶けない。
CrO_4^{2-} (K_2CrO_4) で沈殿するイオン		$Pb^{2+} + CrO_4^{2-} \longrightarrow PbCrO_4\downarrow$（黄色） $Ba^{2+} + CrO_4^{2-} \longrightarrow BaCrO_4\downarrow$（黄色） $2Ag^+ + CrO_4^{2-} \longrightarrow Ag_2CrO_4\downarrow$（赤褐色）	有色である。

鉄(Ⅱ)イオン Fe^{2+} と鉄(Ⅲ)イオン Fe^{3+} では，次の確認反応も使われる。

〈Fe^{2+}〉ヘキサシアニド鉄(Ⅲ)酸カリウム $K_3[Fe(CN)_6]$ 水溶液を加えると，
濃青色沈殿

〈Fe^{3+}〉ヘキサシアニド鉄(Ⅱ)酸カリウム $K_4[Fe(CN)_6]$ 水溶液を加えると，
濃青色沈殿
チオシアン酸カリウム KSCN 水溶液を加えると，血赤色溶液

*1 水酸化鉄(Ⅲ)の組成は条件によって異なり，FeO(OH)などが含まれる混合物であるが，ここでは便宜的に $Fe(OH)_3$ として示す。

ADVANCE 沈殿しやすい塩と沈殿しにくい塩

陽イオンでは，ナトリウムイオン Na^+，カリウムイオン K^+，アンモニウムイオン NH_4^+，陰イオンでは，硝酸イオン NO_3^- や酢酸イオン CH_3COO^- で構成される塩は水に可溶なものが多い。

2 炎色反応

沈殿反応を示さないイオンは**炎色反応**で確認する。白金線にイオンを含む溶液をつけて炎に入れると特有の炎色が生じる(➡ p.24)。

化学基礎　化学

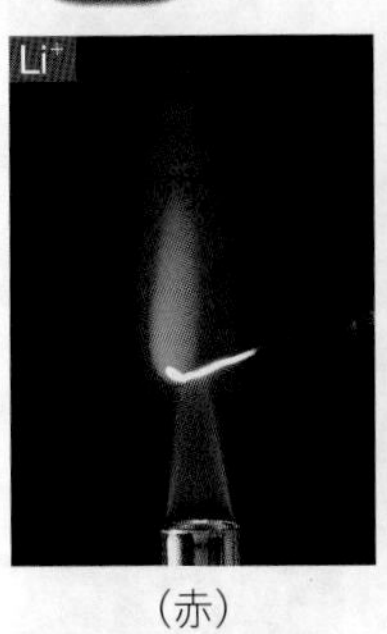

(赤)

(黄)

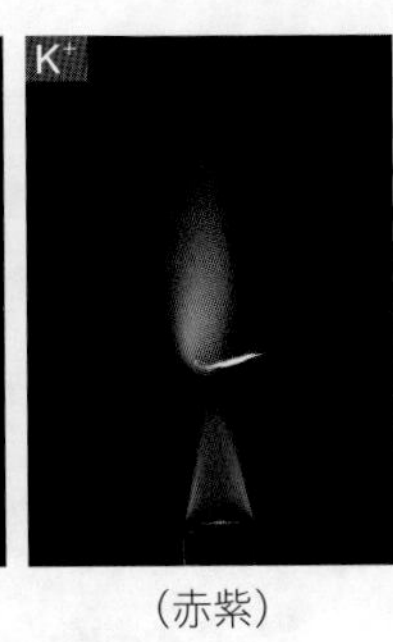

(赤紫)

(橙赤)

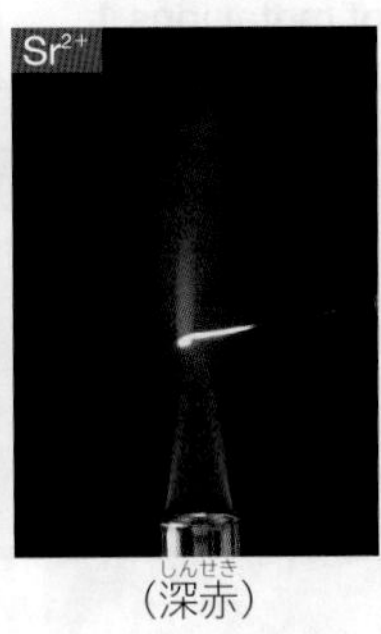

(深赤)

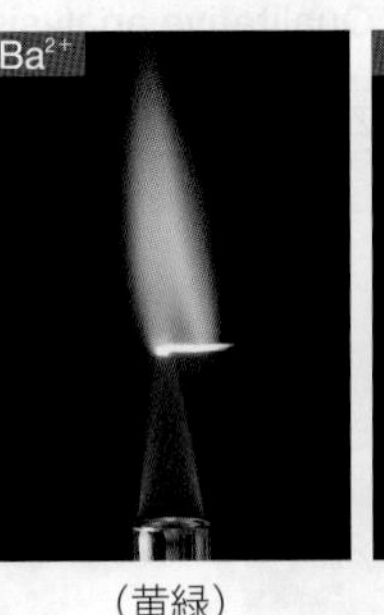

(黄緑)

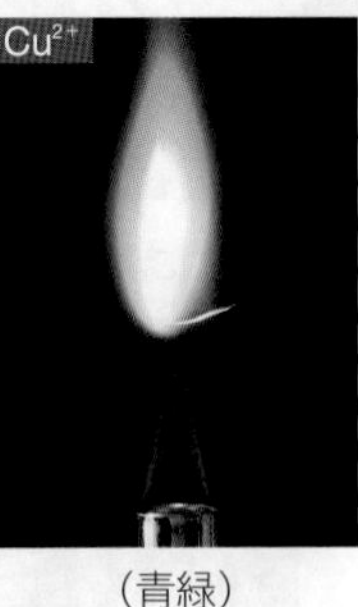

(青緑)

*沈殿をつくるイオンの炎色反応ものせてある。

3 系統分析

2種類以上の陽イオンの混合溶液を一定の手順で分離することを**系統分析**という。

化学

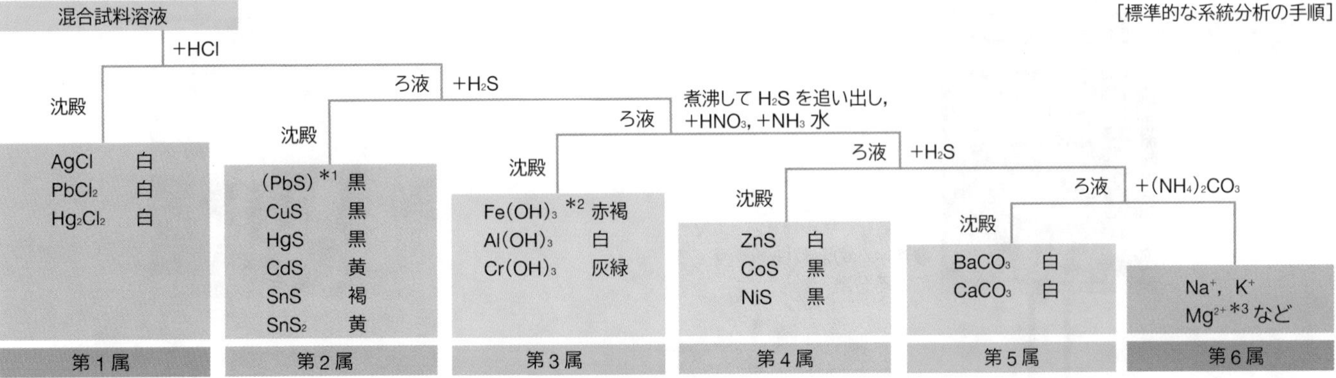

*1 $PbCl_2$ は水にわずかに溶けるため，残った Pb^{2+} が PbS になって沈殿する。　*2 p.198 脚注参照。

*3 試料溶液に Mg^{2+} が入っていることが想定される場合は，第3属を分ける際に沈殿しないように，NH_4Cl を加え塩基性を弱めておく必要がある。

入試ではこう出る!

電気陰性度 χ は，化合物中の原子が電子を引きつける度合を表す。貴ガスを除く単体および異なる2つの元素からなる化合物において，その化学結合は，図に示す元素間の電気陰性度の差 $\Delta\chi$ と平均の電気陰性度 $\chi_{平均}$ に基づくケテラーの三角形の中の3つの領域におよそ分類される。たとえば，金属ゲルマニウムの電気陰性度の差と平均値はそれぞれ0.0と1.99であり，境界付近に位置している。よって，伝導体と半導体の中間的な電気陰性度を示す半導体となる。

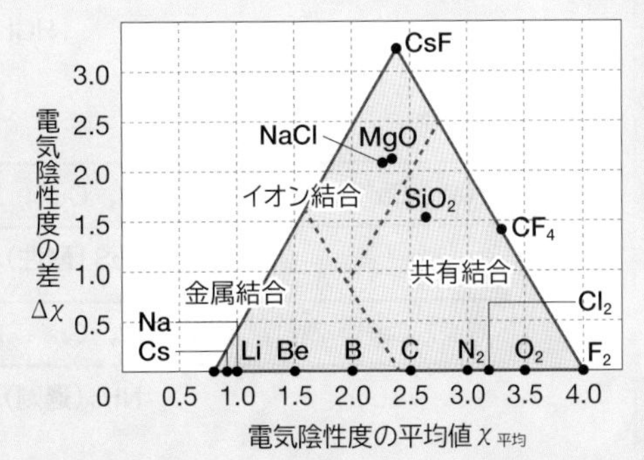

電気陰性度	
Ag	1.93
Na	0.93
Cl	3.16

問1　塩化銀 AgCl は図のどの領域に当てはまるか。

問2　塩化ナトリウムは水に溶け，塩化銀は沈殿する。この理由を，問1を利用して簡潔に答えよ。

【解答】問1　共有結合

問2　AgCl は NaCl よりも構成元素間の電気陰性度の差が小さく，共有結合性が大きいため。

(AgCl の電気陰性度の差：1.23，NaCl の電気陰性度の差：2.23)

TOPICS 原子吸光分析

原子が熱エネルギーを吸収すると電子はエネルギーの高い状態(励起状態)に移る。これがもとの安定な状態(基底状態)に戻るときに光を放出し，一部の原子では炎色反応として確認される。吸収するエネルギーを熱から光に代えても，原子は光を吸収して，同様に励起状態になる。このとき吸収される光の波長は元素の種類により異なるため，その波長の吸収量を調べることで元素の存在量が分かる。この分析方法を原子吸光分析とよぶ。環境分析などに利用され，工業用排水，河川，ならびに土壌中の金属元素定量に用いられる。

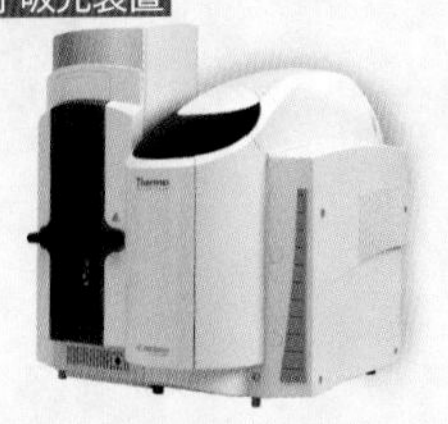
原子吸光装置

思考　系統分析において，酸性状態で硫化水素を吹き込み，その後，煮沸して硫化水素を追い出す操作がある。なぜ，そのような操作が必要なのか説明せよ。

31 金属イオンの分析 1

Qualitative analysis of metal ions 1

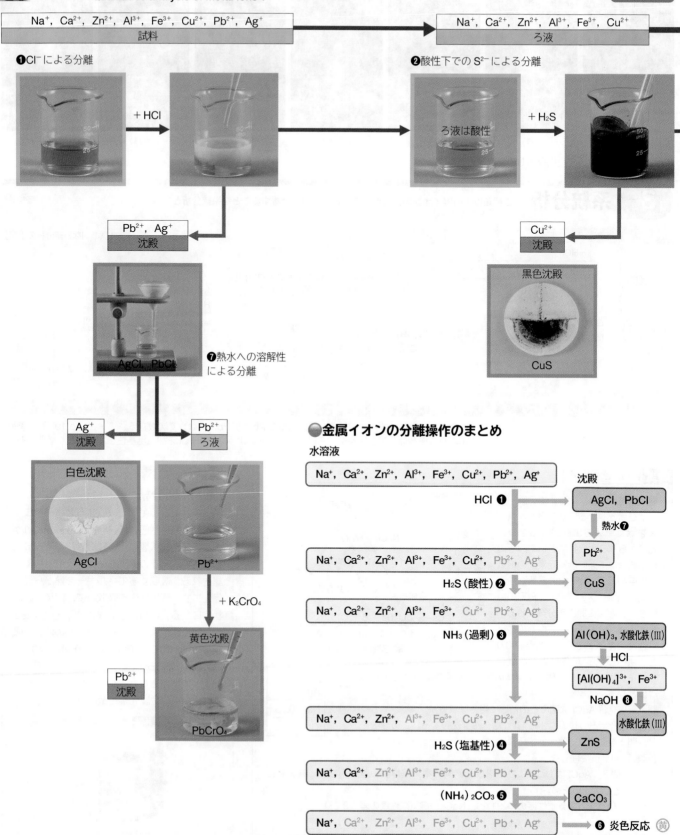

(➡ p.212, 213) 化学

試料: Na^+, Ca^{2+}, Zn^{2+}, Al^{3+}, Fe^{3+}, Cu^{2+}, Pb^{2+}, Ag^+ → ろ液: Na^+, Ca^{2+}, Zn^{2+}, Al^{3+}, Fe^{3+}, Cu^{2+}

❶Cl^-による分離

＋HCl → 沈殿: Pb^{2+}, Ag^+

❷酸性下でのS^{2-}による分離

ろ液は酸性 ＋H_2S → 沈殿: Cu^{2+}

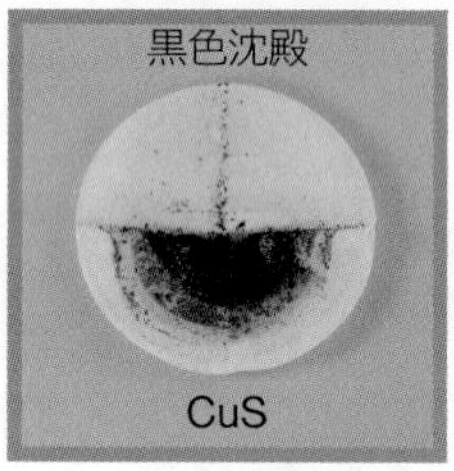

黒色沈殿 CuS

AgCl, $PbCl_2$

❼熱水への溶解性による分離

沈殿: Ag^+ — 白色沈殿 AgCl

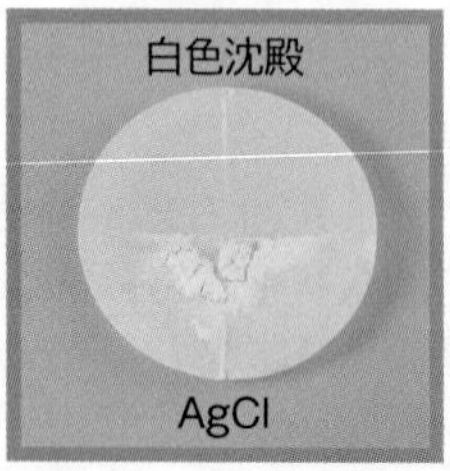

ろ液: Pb^{2+} — Pb^{2+}

＋K_2CrO_4 → 沈殿: Pb^{2+} — 黄色沈殿 $PbCrO_4$

金属イオンの分離操作のまとめ

水溶液

Na^+, Ca^{2+}, Zn^{2+}, Al^{3+}, Fe^{3+}, Cu^{2+}, Pb^{2+}, Ag^+

HCl ❶ → 沈殿: AgCl, PbCl → 熱水❼ → Pb^{2+}

Na^+, Ca^{2+}, Zn^{2+}, Al^{3+}, Fe^{3+}, Cu^{2+}, Pb^{2+}, Ag^+

H_2S（酸性）❷ → CuS

Na^+, Ca^{2+}, Zn^{2+}, Al^{3+}, Fe^{3+}, Cu^{2+}, Pb^{2+}, Ag^+

NH_3（過剰）❸ → $Al(OH)_3$, 水酸化鉄(III) → HCl → $[Al(OH)_4]^{3+}$, Fe^{3+} → NaOH ❽ → 水酸化鉄(III)

Na^+, Ca^{2+}, Zn^{2+}, Al^{3+}, Fe^{3+}, Cu^{2+}, Pb^{2+}, Ag^+

H_2S（塩基性）❹ → ZnS

Na^+, Ca^{2+}, Zn^{2+}, Al^{3+}, Fe^{3+}, Cu^{2+}, Pb^+, Ag^+

$(NH_4)_2CO_3$ ❺ → $CaCO_3$

Na^+, Ca^{2+}, Zn^{2+}, Al^{3+}, Fe^{3+}, Cu^{2+}, Pb^+, Ag^+ → ❻ 炎色反応 (黄)

思考 確認実験で用いた最初の試料溶液は透明である。この試料溶液を作るのに用いた化合物は，硫酸塩，硝酸塩，塩化物のどれが適正と考えられるか。

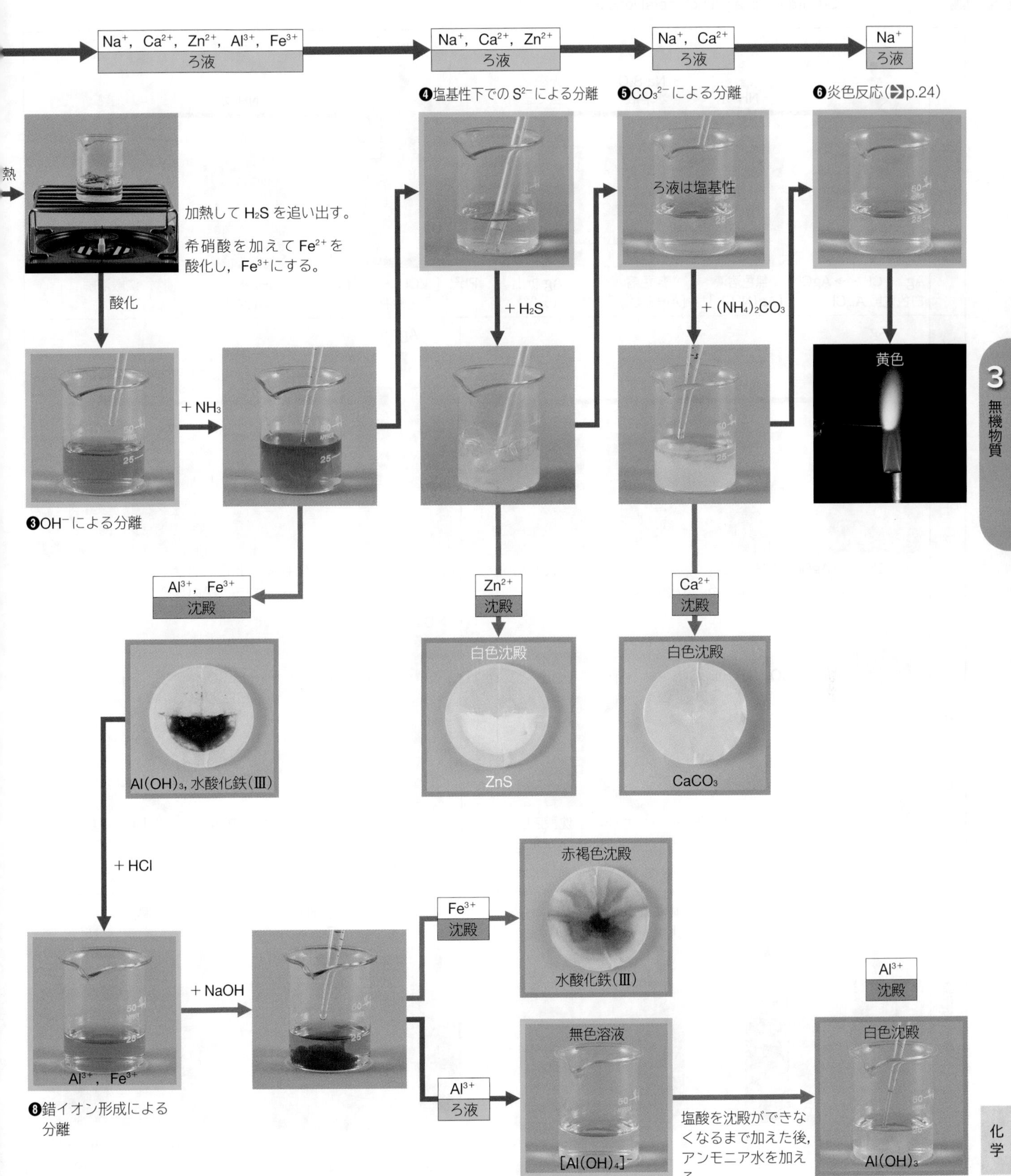

Na^+, Ca^{2+}, Zn^{2+}, Al^{3+}, Fe^{3+}
ろ液
Na^+, Ca^{2+}, Zn^{2+}
ろ液
Na^+, Ca^{2+}
ろ液
Na^+
ろ液
❹塩基性下での S^{2-} による分離
❺CO_3^{2-} による分離
❻炎色反応(➡p.24)
熱
加熱して H_2S を追い出す。
希硝酸を加えて Fe^{2+} を酸化し，Fe^{3+}にする。
ろ液は塩基性
酸化
＋H_2S
＋$(NH_4)_2CO_3$
黄色
＋NH_3
❸OH^- による分離
Al^{3+}, Fe^{3+}
沈殿
Zn^{2+}
沈殿
Ca^{2+}
沈殿
白色沈殿
白色沈殿
$Al(OH)_3$, 水酸化鉄(Ⅲ)
ZnS
$CaCO_3$
＋HCl
赤褐色沈殿
Fe^{3+}
沈殿
水酸化鉄(Ⅲ)
＋NaOH
Al^{3+}
沈殿
無色溶液
白色沈殿
Al^{3+}, Fe^{3+}
Al^{3+}
ろ液
❽錯イオン形成による分離
塩酸を沈殿ができなくなるまで加えた後，アンモニア水を加える。
$[Al(OH)_4]^-$
$Al(OH)_3$

3 無機物質

化学

32 金属イオンの分析 2 化学

Qualitative analysis of metal ions 2

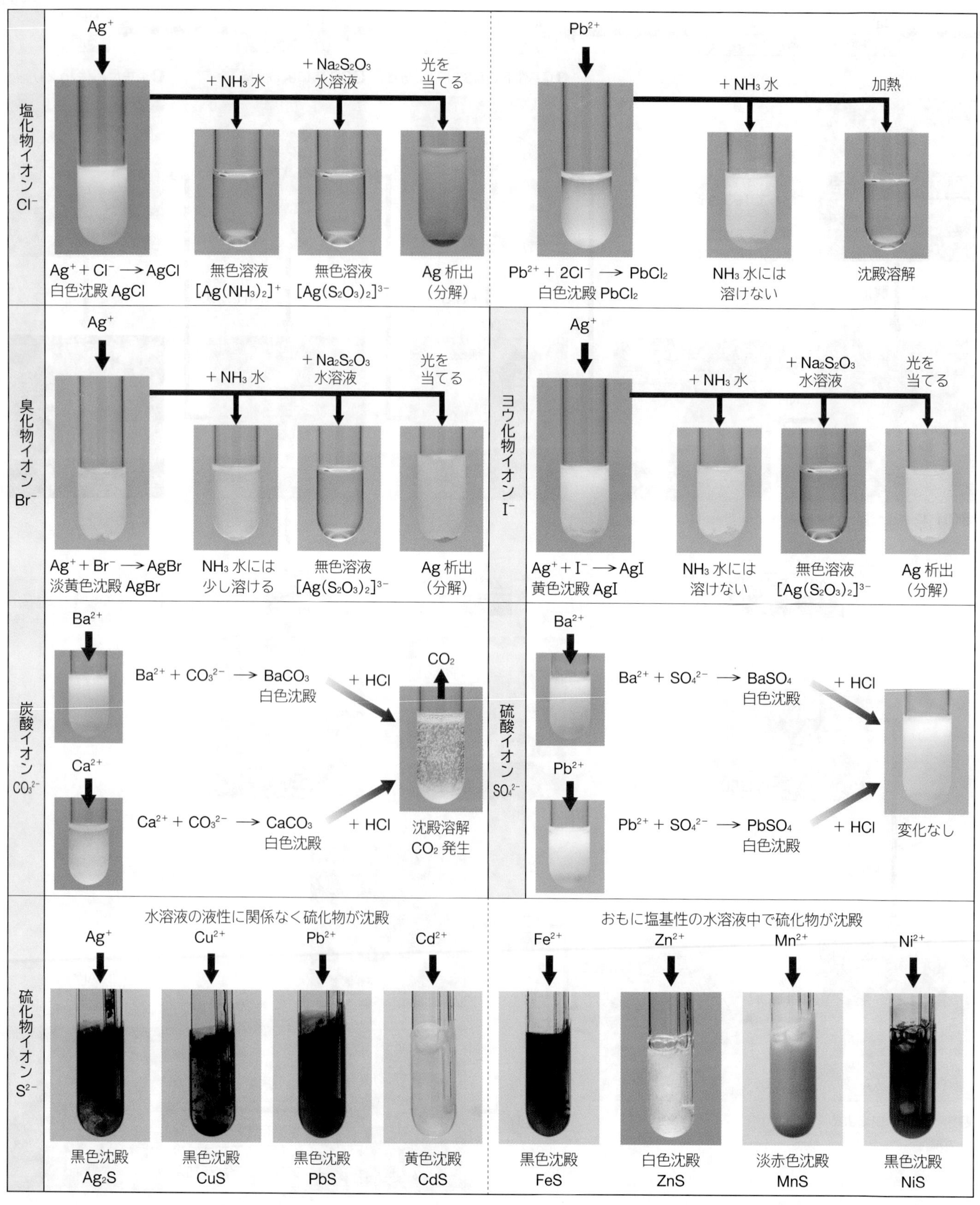

思考 AgCl と $PbCl_2$ の沈殿が入った水溶液がある。この 2 つの物質を，熱水を使わずに分離するには，どのような方法があるか説明せよ。

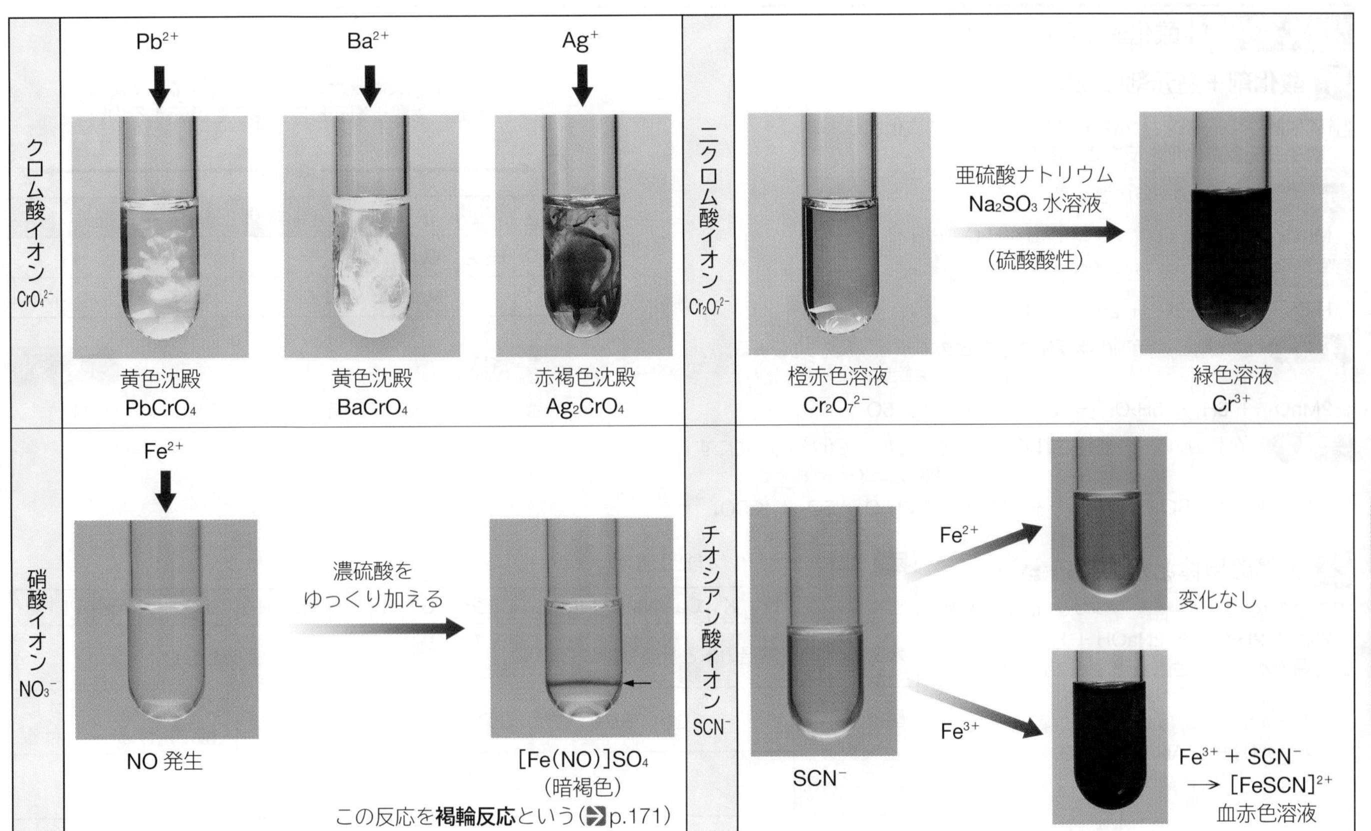

入試▶ではこう出る！

たがいに異なる金属元素から構成される水溶性の塩Ａ～Ｅがある。これらの塩は陽イオンとして Al^{3+}，Zn^{2+}，Ag^{+}，Ca^{2+}，および Pb^{2+} のいずれか１種類をもち，陰イオンとして Cl^-，NO^{3-}，SO_4^{2-} のいずれか１種類をもつ。これらの塩の水溶液について，次の①～⑧の操作を行った。

① Ａ～Ｅの水溶液にそれぞれ少量のアンモニア水を加えたところ，Ｂ～Ｅの水溶液に沈殿は生じたが，Ａの水溶液には沈殿が生じなかった。沈殿が生じたＢ～Ｅの水溶液に過剰のアンモニア水を加えたところ，ＣおよびＤの水溶液に生じた沈殿は溶解したが，ＢおよびＥの水溶液に生じた沈殿は溶解しなかった。

② Ａの水溶液にＢの水溶液を加えたところ，沈殿アが生じた。これを加熱すると生じた沈殿は溶解した。

③ Ａの水溶液にＤの水溶液を加えたところ，沈殿イが生じた。これに過剰のアンモニア水を加えたところ，沈殿が溶解した。

④ Ａの水溶液にＥの水溶液を加えたところ，沈殿ウが生じた。

⑤ Ｂの水溶液にＣの水溶液を加えたところ，沈殿エが生じた。これを加熱すると生じた沈殿は溶解した。

⑥ Ｂの水溶液にＥの水溶液を加えたところ，沈殿オが生じた。

⑦ Ｃの水溶液にＤの水溶液を加えたところ，沈殿カが生じた。これに過剰のアンモニア水を加えたところ，沈殿が溶解した。

⑧ Ａの水溶液にＣの水溶液を加えたもの，Ｂの水溶液にＤの水溶液を加えたもの，Ｃの水溶液にＥの水溶液を加えたものには沈殿が生じなかった。

問１ 沈殿ア～カのうち，同じものが２組ある。その組み合わせをそれぞれ答えよ。

問２ 塩Ａ～Ｅの化学式をそれぞれ答えよ。

問３ 下線部の反応をイオン反応式で答えよ。また生じた沈殿ウの色は何色か

［近畿大 改］

【解答】問１ アとエ イとカ

問２ Ａ：$CaCl_2$ Ｂ：$Pb(NO_3)_2$ Ｃ：$ZnCl_2$
Ｄ：$AgNO_3$ Ｅ：$Al_2(SO_4)_3$

問３ $Ca^{2+} + SO_4^{2-} \longrightarrow CaSO_4$ 白色

33 無機化学に必要な理論化学の知識

Theoretical background necessary for understanding inorganic chemistry

パターン 1 酸化還元反応(➡p.86)

1 酸化剤＋還元剤の反応

例 硫酸酸性の過マンガン酸カリウム水溶液と過酸化水素水の酸化還元反応の化学反応式の書き方

手順 1 酸化剤の半反応式を書く。

$MnO_4^- + 8H^+ + 5e^- \longrightarrow Mn^{2+} + 4H_2O$ … i

手順 2 還元剤の半反応式を書く。

$H_2O_2 \longrightarrow O_2 + 2H^+ + 2e^-$ … ii

手順 3 酸化剤と還元剤の**半反応式をまとめて**イオン反応式にする。

↑ i 式×2＋ ii 式×5

$2MnO_4^- + 6H^+ + 5H_2O_2 \longrightarrow 2Mn^{2+} + 8H_2O + 5O_2$

手順 4 イオン反応式に**省略されていたイオン**を加えて化学反応式にする。

↑両辺に $2K^+$，$3SO_4^{2-}$ を加える。

$2KMnO_4 + 3H_2SO_4 + 5H_2O_2 \longrightarrow 2MnSO_4 + 8H_2O + 5O_2 + K_2SO_4$

酸化剤：酸化還元反応で**相手を酸化**する物質
還元剤：酸化還元反応で**相手を還元**する物質

小 ←── 酸化数 ──→ 大

−2	−1	0	+1	+2	+3	+4	+5	+6	+7
H_2O	H_2O_2	O_2							
		Mn		$MnCl_2$		MnO_2			$KMnO_4$

還元剤　　酸化剤

酸化数が小さいほど還元剤，大きいほど酸化剤になりやすい。

2 金属の単体と水の反応(➡p.95)

①常温の水・熱水＋金属 ⟶ 水酸化物＋水素

$2Na + 2H_2O \longrightarrow 2NaOH + H_2$

②高温の水蒸気＋金属 ⟶ 酸化物*＋水素

$2Al + 3H_2O \longrightarrow Al_2O_3 + 3H_2$

*水酸化物が熱分解して酸化物になる。

$(2Al(OH)_3 \longrightarrow Al_2O_3 + 3H_2O)$

参考 金属のイオン化傾向と反応性

イオン化列	Li	K	Ca	Na	Mg	Al	Zn	Fe	Ni	Sn	Pb	(H_2)	Cu	Hg	Ag	Pt	Au
水との反応	常温の水と反応				熱水と反応	高温の水蒸気と反応			反応しない								
酸との反応	酸化力のない酸と反応して水素を発生												酸化力のある酸に溶ける			王水に溶ける	
S^{2-}との反応							中性・塩基性で沈殿										

3 金属の単体と酸の反応(➡p.95)

①イオン化傾向が水素より大きい金属＋**酸化力の弱い酸** ⟶ 副生成物＋水素

$Zn + 2HCl \longrightarrow ZnCl_2 + H_2$　↑希塩酸，希硫酸

②イオン化傾向が水素より小さい金属＋**酸化力の強い酸** ⟶ 副生成物＋酸に応じた気体

$Cu + 2H_2SO_4 \longrightarrow CuSO_4 + 2H_2O + SO_2$　↑希硝酸，濃硝酸，熱濃硫酸

酸に応じた気体
希硝酸を使用→ NO 発生
濃硝酸を使用→ NO_2 発生
熱濃硫酸を使用→ SO_2 発生

4 自己酸化還元反応

同一物質が酸化剤にも還元剤にもなる反応。

例 塩素酸カリウムの自己酸化還元反応

$$2K\underline{Cl}\underline{O_3} \xrightarrow{MnO_2} 2K\underline{Cl} + 3\underline{O_2}$$

(Cl: +5 → −1，O: −2 → 0)

硫酸酸性の過酸化水素水と過マンガン酸カリウム水溶液の反応
硫酸酸性の過酸化水素水(無色)に過マンガン酸カリウム水溶液(赤紫色)を滴下する。滴下した MnO_4^- が過酸化水素水と反応して Mn^{2+} に変化したところでは溶液にほとんど色がつかない。滴下した MnO_4^- の赤紫色が消えずに薄く残ったところが終点になる。

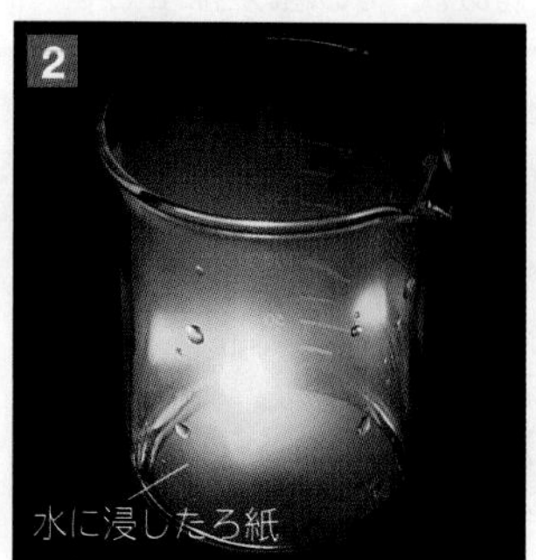

ナトリウムと水の反応

銅と希硝酸の反応

銅と濃硝酸の反応

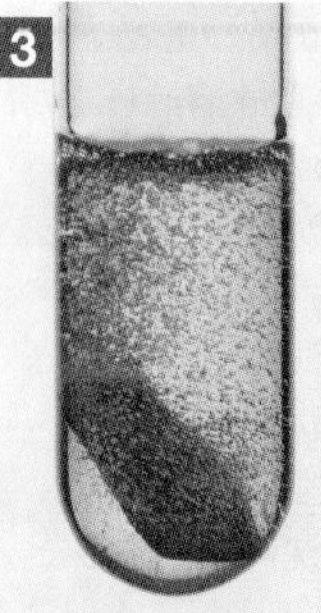
銅と熱濃硫酸の反応

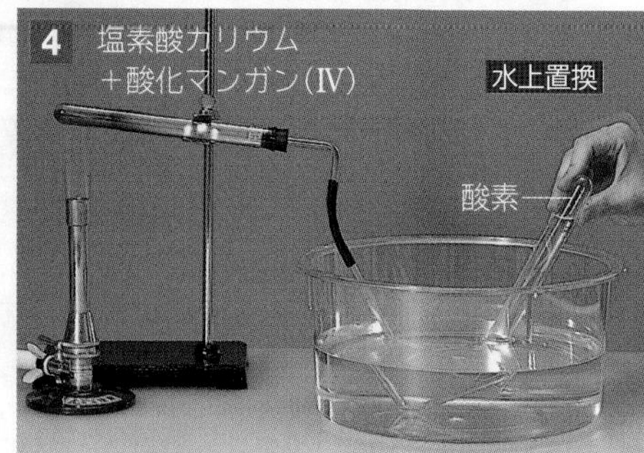

塩素酸カリウムの自己酸化還元反応

パターン 2 酸化物＋水

①酸性酸化物＋水 ⟶ オキソ酸
↑分子中に酸素原子を含む酸

$CO_2 + H_2O \longrightarrow H_2CO_3$

②塩基性酸化物＋水 ⟶ 水酸化物

$Na_2O + H_2O \longrightarrow 2NaOH$

酸性酸化物：非金属元素の酸化物
例 CO_2，NO_2
塩基性酸化物：金属元素の酸化物
例 Na_2O，CaO
両性酸化物：両性金属の酸化物
例 Al_2O_3，ZnO

・同一元素のオキソ酸
中心の原子に結合する**酸素原子**の数が多いほど強い酸性を示す。
酸の強さ：$HClO_4 > HClO_3 > HClO_2 > HClO$
・同一周期のオキソ酸
周期表の**右側**の元素ほど強い酸性を示す。
酸の強さ：$HClO_4 > H_2SO_4 > H_3PO_4$

パターン 3 中和反応(➡p.76)

1 酸＋塩基 ⟶ 塩(えん)＋水

$HCl + NaOH \longrightarrow NaCl + H_2O$

2 酸化物＋酸・塩基，酸性酸化物＋塩基性酸化物

①酸性酸化物＋塩基
$CO_2 + 2NaOH \longrightarrow Na_2CO_3 + H_2O$
②塩基性酸化物＋酸
$Na_2O + 2HCl \longrightarrow 2NaCl + H_2O$
③酸性酸化物＋塩基性酸化物
$CO_2 + CaO \longrightarrow CaCO_3$

酸性酸化物は水に溶けると**酸性**を示す。
塩基性酸化物は水に溶けると**塩基性**を示す。
参考
両性酸化物(例 Al，Zn，Sn，Pb)は水に溶けないが，酸や強塩基には溶ける。

塩酸と水酸化ナトリウム水溶液の反応
水酸化ナトリウムがフェノールフタレインと反応して赤紫色になるが，すぐに中和反応して無色になる。終点では水酸化ナトリウムを中和しきれず薄い赤紫色が残る。

パターン 4 弱酸・弱塩基の遊離(➡p.77)

①弱酸の塩＋強酸 ⟶ 弱酸＋強酸の塩
$CH_3COONa + HCl \longrightarrow CH_3COOH + NaCl$
→弱酸 CH_3COOH
②弱塩基の塩＋強塩基 ⟶ 弱塩基＋強塩基の塩
$NH_4Cl + NaOH \longrightarrow NH_3 + H_2O + NaCl$
→弱塩基 $NH_3 + H_2O$

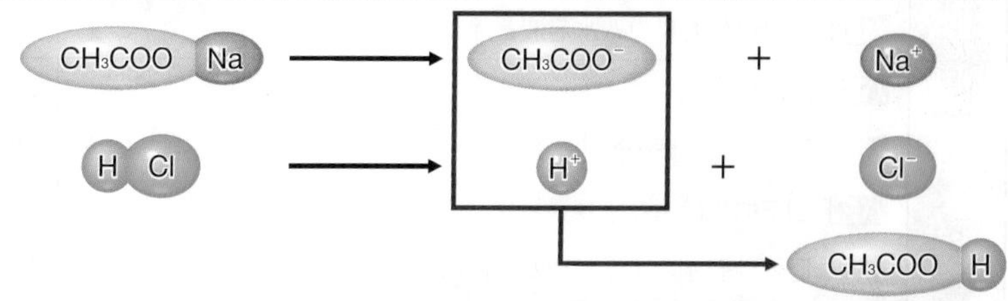

パターン 5 揮発性の酸の遊離

①揮発性の酸の塩＋不揮発性の酸
⟶ 不揮発性の酸の塩＋揮発性の酸

$NaCl + H_2SO_4 \longrightarrow NaHSO_4 + HCl$
→揮発性の酸

揮発性の酸：濃硫酸以外の酸
不揮発性の酸：濃硫酸

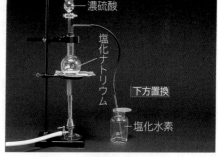

濃硫酸
塩化ナトリウム
下方置換
塩化水素

塩化ナトリウムと濃硫酸の反応

パターン 6 熱分解反応

①水酸化物 ⟶ 酸化物＋水
$Ca(OH)_2 \longrightarrow CaO + H_2O$
②炭酸塩 ⟶ 酸化物＋二酸化炭素
$CaCO_3 \longrightarrow CaO + CO_2$
③炭酸水素塩 ⟶ 炭酸塩＋二酸化炭素＋水
$2NaHCO_3 \longrightarrow Na_2CO_3 + CO_2 + H_2O$

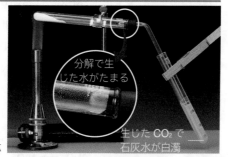

分解で生じた水がたまる
生じた CO_2 で石灰水が白濁

炭酸水素ナトリウムの熱分解反応

パターン 7 錯イオン形成反応

中心金属イオンに配位子が配位結合すると錯イオンが形成される(➡p.195)。

例 $Cu(OH)_2 + 4NH_3 \longrightarrow [Cu(NH_3)_4]^{2+} + 2OH^-$

テトラ　アンミン　銅(Ⅱ)イオン*

*陰イオンのときは「酸」が入る。

$[Cu(NH_3)_4]^{2+}$　$[Al(OH)_4]^-$

中心金属イオン
例 Ag^+，Cu^{2+}，Zn^{2+}，Fe^{2+}，Fe^{3+}，Al^{3+}
配位子
例 NH_3(アンミン)，H_2O(アクア)，Cl^-(クロリド)，OH^-(ヒドロキシド)，CN^-(シアニド)
錯イオンの配位数と立体構造は中心金属イオンの種類で決まる。

思考 二酸化硫黄は酸化剤にも還元剤にもなりえる。その理由を説明せよ。

34 無機物質の元素別化学反応式 

Chemical reactions of inorganic materials classified

(△は加熱処理を示す。)

パ1～パ7はp.220，221のパターン1～パターン7に対応する。

元素	パターン	反応	加熱	化学反応式
F	パ5	□フッ化カルシウム(蛍石)と硫酸	△	$CaF_2 + H_2SO_4 \longrightarrow CaSO_4 + 2HF$
		□フッ化水素酸とガラス(二酸化ケイ素)		$SiO_2 + 6HF \longrightarrow H_2SiF_6 + 2H_2O$
Cl	パ1	□濃塩酸と酸化マンガン(Ⅳ)	△	$4HCl + MnO_2 \longrightarrow MnCl_2 + 2H_2O + Cl_2$
	パ1	□高度さらし粉と塩酸		$Ca(ClO)_2 \cdot 2H_2O + 4HCl \longrightarrow CaCl_2 + 4H_2O + 2Cl_2$
	パ1	□塩素と水		$Cl_2 + H_2O \rightleftharpoons HCl + HClO$
	パ1	□塩素と水酸化カルシウム		$Cl_2 + Ca(OH)_2 \longrightarrow CaCl(ClO) \cdot H_2O$
	パ1	□塩素と水素		$Cl_2 + H_2 \xrightarrow{光} 2HCl$
	パ5	□塩化ナトリウムと濃硫酸	△	$NaCl + H_2SO_4 \longrightarrow NaHSO_4 + HCl$
Br	パ1	□臭化カリウムと塩素　(ハロゲンの酸化力)		$2KBr + Cl_2 \longrightarrow 2KCl + Br_2$
I	パ1	□ヨウ化カリウムと塩素　(ハロゲンの酸化力)		$2KI + Cl_2 \longrightarrow 2KCl + I_2$
	パ1	□ヨウ化カリウムと臭素　(ハロゲンの酸化力)		$2KI + Br_2 \longrightarrow 2KBr + I_2$
O	パ1	□塩素酸カリウムの分解	△	$2KClO_3 \xrightarrow{MnO_2} 2KCl + 3O_2$
	パ1	□過酸化水素の分解		$2H_2O_2 \xrightarrow{MnO_2} 2H_2O + O_2$
	パ1	□ヨウ化カリウム水溶液とオゾン		$2KI + H_2O + O_3 \longrightarrow 2KOH + O_2 + I_2$
S	パ1	□硫黄の燃焼		$S + O_2 \longrightarrow SO_2$
	パ1	□二酸化硫黄の酸化　(接触法)	△	$2SO_2 + O_2 \xrightarrow{V_2O_5} 2SO_3$
	パ2	□三酸化硫黄と水		$SO_3 + H_2O \longrightarrow H_2SO_4$
	パ4	□亜硫酸水素ナトリウムと硫酸		$NaHSO_3 + H_2SO_4 \longrightarrow NaHSO_4 + H_2O + SO_2$
	パ1	□銅と熱濃硫酸	△	$Cu + 2H_2SO_4 \longrightarrow CuSO_4 + 2H_2O + SO_2$
	パ4	□硫化鉄と硫酸		$FeS + H_2SO_4 \longrightarrow FeSO_4 + H_2S$
N	パ1	□銅と濃硝酸		$Cu + 4HNO_3 \longrightarrow Cu(NO_3)_2 + 2H_2O + 2NO_2$
	パ1	□銅と希硝酸		$3Cu + 8HNO_3 \longrightarrow 3Cu(NO_3)_2 + 4H_2O + 2NO$
	パ4	□塩化アンモニウムと水酸化カルシウム	△	$2NH_4Cl + Ca(OH)_2 \longrightarrow CaCl_2 + 2H_2O + 2NH_3$
	パ1	□窒素と水素　(ハーバー・ボッシュ法)	△	$N_2 + 3H_2 \underset{}{\overset{Fe_3O_4}{\rightleftharpoons}} 2NH_3$
	パ3	□アンモニアと塩化水素		$NH_3 + HCl \longrightarrow NH_4Cl$
		□アンモニアと水		$NH_3 + H_2O \rightleftharpoons NH_4^+ + OH^-$
	パ1	□アンモニアの酸化　(オストワルト法)	△	$4NH_3 + 5O_2 \xrightarrow{Pt} 4NO + 6H_2O$
	パ1	□一酸化窒素の酸化　(オストワルト法)		$2NO + O_2 \longrightarrow 2NO_2$　（まとめて $NH_3 + 2O_2 \longrightarrow HNO_3 + H_2O$）
	パ1	□二酸化窒素と水　(オストワルト法)		$3NO_2 + H_2O \longrightarrow 2HNO_3 + NO$
		□二酸化窒素と四酸化二窒素の平衡		$2NO_2 \rightleftharpoons N_2O_4$
P	パ1	□リンの燃焼		$4P + 5O_2 \longrightarrow P_4O_{10}$
	パ2	□十酸化四リンと水		$P_4O_{10} + 6H_2O \longrightarrow 4H_3PO_4$
	パ4	□過リン酸石灰の生成		$Ca_3(PO_4)_2 + 2H_2SO_4 \longrightarrow Ca(H_2PO_4)_2 + 2CaSO_4$
C		□二酸化炭素と水　(光合成で生成する物質をグルコースで代表させたとき)		$6CO_2 + 6H_2O \longrightarrow C_6H_{12}O_6 + 6O_2$
		□ギ酸の分解	△	$HCOOH \xrightarrow{H_2SO_4} H_2O + CO$
	パ1	□コークスと水蒸気　(水性ガスの生成)	△	$C + H_2O \longrightarrow CO + H_2$

Si	パ1 □二酸化ケイ素とコークス △	$SiO_2 + 2C \longrightarrow Si + 2CO$
	パ3 □二酸化ケイ素とフッ化水素酸	$SiO_2 + 6HF \longrightarrow H_2SiF_6 + 2H_2O$
	□二酸化ケイ素とフッ化水素	$SiO_2 + 4HF \longrightarrow SiF_4 + 2H_2O$
	□二酸化ケイ素と水酸化ナトリウム △	$SiO_2 + 2NaOH \longrightarrow Na_2SiO_3 + H_2O$
	□二酸化ケイ素と炭酸ナトリウム △	$SiO_2 + Na_2CO_3 \longrightarrow Na_2SiO_3 + CO_2$
	パ4 □水ガラスと塩酸	$Na_2SiO_3 + 2HCl \longrightarrow 2NaCl + H_2SiO_3$
Na	パ1 □ナトリウム(金属)と水	$2Na + 2H_2O \longrightarrow 2NaOH + H_2$
	パ2 □酸化ナトリウムと水	$Na_2O + H_2O \longrightarrow 2NaOH$
	パ3 □水酸化ナトリウムと二酸化炭素	$2NaOH + CO_2 \longrightarrow Na_2CO_3 + H_2O$
	パ4 □炭酸ナトリウムと塩酸	$Na_2CO_3 + 2HCl \longrightarrow 2NaCl + H_2O + CO_2$
	パ4 □炭酸水素ナトリウムと塩酸	$NaHCO_3 + HCl \longrightarrow NaCl + H_2O + CO_2$
	□飽和食塩水とアンモニアと二酸化炭素 (アンモニアソーダ法)	$NaCl + NH_3 + CO_2 + H_2O \longrightarrow NaHCO_3 + NH_4Cl$
	パ6 □炭酸水素ナトリウムの熱分解 (アンモニアソーダ法) △	$2NaHCO_3 \longrightarrow Na_2CO_3 + H_2O + CO_2$
Ca	パ1 □カルシウムと水	$Ca + 2H_2O \longrightarrow Ca(OH)_2 + H_2$
	パ2 □酸化カルシウムと水	$CaO + H_2O \longrightarrow Ca(OH)_2$
	パ3 □水酸化カルシウム(石灰水)に二酸化炭素	$Ca(OH)_2 + CO_2 \longrightarrow CaCO_3 + H_2O$
	□炭酸カルシウムに水と二酸化炭素	$CaCO_3 + H_2O + CO_2 \rightleftarrows Ca(HCO_3)_2$
	パ6 □炭酸カルシウムの熱分解 △	$CaCO_3 \longrightarrow CaO + CO_2$
	パ4 □炭酸カルシウムと塩酸	$CaCO_3 + 2HCl \longrightarrow CaCl_2 + H_2O + CO_2$
	□炭化カルシウム(カーバイド)と水	$CaC_2 + 2H_2O \longrightarrow Ca(OH)_2 + C_2H_2$
Al	パ1 □アルミニウムと塩酸	$2Al + 6HCl \longrightarrow 2AlCl_3 + 3H_2$
	パ7 □アルミニウムと水酸化ナトリウム	$2Al + 2NaOH + 6H_2O \longrightarrow 2Na[Al(OH)_4] + 3H_2$
	パ3 □酸化アルミニウムと塩酸	$Al_2O_3 + 6HCl \longrightarrow 2AlCl_3 + 3H_2O$
	パ7 □酸化アルミニウムと水酸化ナトリウム	$Al_2O_3 + 2NaOH + 3H_2O \longrightarrow 2Na[Al(OH)_4]$
	パ3 □水酸化アルミニウムと塩酸	$Al(OH)_3 + 3HCl \longrightarrow AlCl_3 + 3H_2O$
	パ7 □水酸化アルミニウムと水酸化ナトリウム	$Al(OH)_3 + NaOH \longrightarrow Na[Al(OH)_4]$
Zn	パ1 □亜鉛と硫酸	$Zn + H_2SO_4 \longrightarrow ZnSO_4 + H_2$
	パ7 □亜鉛と水酸化ナトリウム	$Zn + 2NaOH + 2H_2O \longrightarrow Na_2[Zn(OH)_4] + H_2$
	パ3 □酸化亜鉛と塩酸	$ZnO + 2HCl \longrightarrow ZnCl_2 + H_2O$
	パ7 □酸化亜鉛と水酸化ナトリウム	$ZnO + 2NaOH + H_2O \longrightarrow Na_2[Zn(OH)_4]$
	パ3 □水酸化亜鉛と塩酸	$Zn(OH)_2 + 2HCl \longrightarrow ZnCl_2 + 2H_2O$
	パ7 □水酸化亜鉛と水酸化ナトリウム	$Zn(OH)_2 + 2NaOH \longrightarrow Na_2[Zn(OH)_4]$
Cu	パ7 □水酸化銅(Ⅱ)とアンモニア	$Cu(OH)_2 + 4NH_3 \longrightarrow [Cu(NH_3)_4]^{2+} + 2OH^-$
Ag	□銀イオンと水酸化物イオン	$2Ag^+ + 2OH^- \longrightarrow Ag_2O + H_2O$
	パ7 □酸化銀とアンモニア水	$Ag_2O + 4NH_3 + H_2O \longrightarrow 2[Ag(NH_3)_2]^+ + 2OH^-$
Fe	パ1 □酸化鉄(Ⅲ)とアルミニウム (テルミット反応)	$Fe_2O_3 + 2Al \longrightarrow Al_2O_3 + 2Fe$
Pb	パ1 □鉛蓄電池の反応	$Pb + PbO_2 + 2H_2SO_4 \rightleftarrows 2PbSO_4 + 2H_2O$
		(負極)$Pb + SO_4^{2-} \longrightarrow PbSO_4 + 2e^-$
		(正極)$PbO_2 + 4H^+ + SO_4^{2-} + 2e^- \longrightarrow PbSO_4 + 2H_2O$

3 無機物質

化学

思考 鍾乳洞ができる原理を，化学反応式を用いて説明せよ。

35 無機化学工業1 金属の製造

Chemical industries of inorganic compounds 1 Metallurgical industry

1 製錬法 metallurgy

鉱石から金属をとり出す方法を製錬という。製錬の方法は，取りだす金属のイオン化傾向により異なる。 化学

金属	K	Ca	Na	Mg	Al	Zn	Fe	Ni	Sn	Pb	Cu	Hg	Ag	Pt	Au
おもな鉱石	カリ岩塩	石灰石	岩塩	マグネサイト	ボーキサイト	セン亜鉛鉱	赤鉄鉱	ニッケル鉱	スズ石	方鉛鉱	黄銅鉱	シン砂	輝銀鉱	単体	単体
主成分の化学式	KCl	$CaCO_3$	$NaCl$	$MgCO_3$	Al_2O_3	ZnS	Fe_2O_3	NiS	SnO_2	PbS	$CuFeS_2$	HgS	Ag_2S	—	—
製錬の方法	化合物を直接融解し電気分解(**溶融塩電解**)する。$CaCO_3$ と $MgCO_3$ は塩化物に変えてから溶融塩電解する。					高温で炭素や一酸化炭素により還元する。硫化物は一度焼いて酸化物に変えて，炭素で還元する。			空気とともに強熱して還元。					比重選鉱など物理的に選り分ける。	

金 Au，銀 Ag，銅 Cu はイオン化傾向が小さい金属であり，単体も得やすい。そのため古くから利用されてきた。鉄についても，紀元前1500年頃には単体を取りだす技術が開発されている。一方，イオン化傾向が大きい金属アルミニウム Al，チタン Ti などは原料の鉱石が還元されにくいため，単体を利用できるようになったのは19～20世紀以降という近代である。還元するのにも多くのエネルギーを要する。

2 鉄 Fe の製錬

鉄の単体は，鉄鉱石(鉄の酸化物)を還元して得られる。

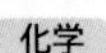

赤鉄鉱 Fe_2O_3　磁鉄鉱 Fe_3O_4

[高炉内] コークスから生じた一酸化炭素 CO によって徐々に還元される。このとき得られる鉄を**銑鉄**という。

$$3Fe_2O_3 + CO \longrightarrow 2Fe_3O_4 + CO_2$$
$$Fe_3O_4 + CO \longrightarrow 3FeO + CO_2$$
$$FeO + CO \longrightarrow Fe + CO_2$$

ケイ酸塩などの不純物は，石灰石と化合し，スラグとなって銑鉄の上に浮かぶ。

▶転炉

[転炉内] 銑鉄は炭素や不純物を多く含むので，転炉で酸素を強く吹き込み，それらを酸化して除く。このとき得られる鉄を**鋼**という。

▶高炉(溶鉱炉)

▶連続鋳造

▶圧延(熱延)

▶銑鉄1トンの製造に必要な原料等

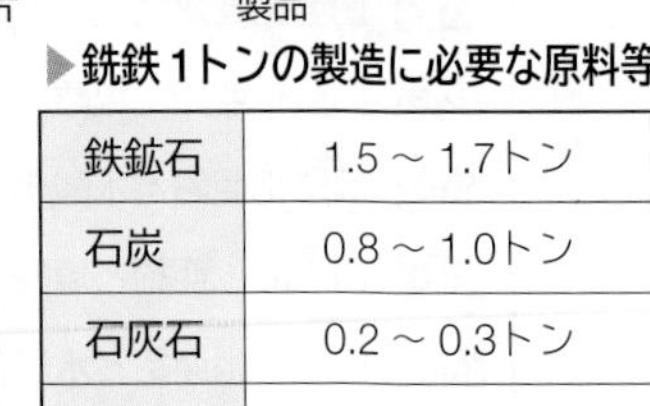

鉄鉱石	1.5～1.7トン
石炭	0.8～1.0トン
石灰石	0.2～0.3トン
電力	10～80 kwh
水	30～60トン

▶鉄の利用

マンホールのふた

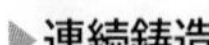

鋼管

釘

レール

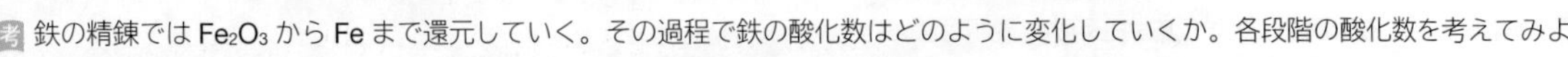

思考 鉄の精錬では Fe_2O_3 から Fe まで還元していく。その過程で鉄の酸化数はどのように変化していくか。各段階の酸化数を考えてみよう。

3 テルミット法
thermite process

テルミット法とは，アルミニウムの強い還元性を利用した反応である。非常に高い温度に達する。バナジウムなどの金属の精錬にテルミット法を使うこともある。

化学

鉄とアルミニウムのテルミット反応(→p.190)

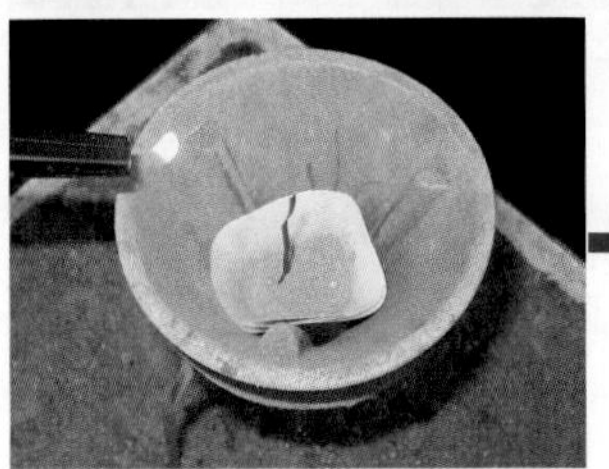

鉄の酸化物とアルミニウムの粉末をよく混ぜて，点火。

点火後，激しい反応が全体に広がる。

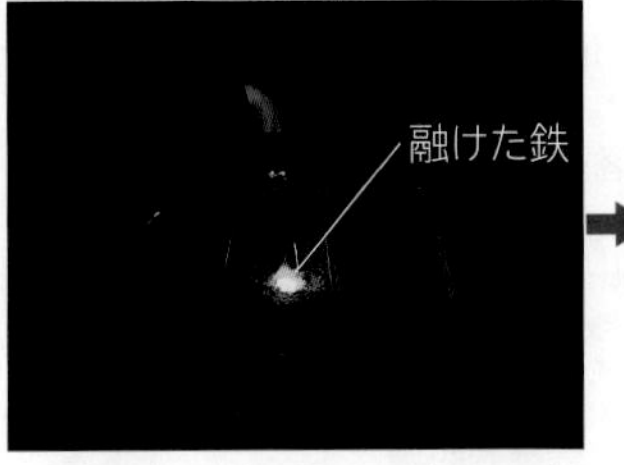

鉄が還元されて融けた状態で落ちる。

酸化バナジウム(V)のテルミット法による還元

❶ 炉の型枠にアルミニウム粉と酸化バナジウムをよく混ぜ，しきつめる。

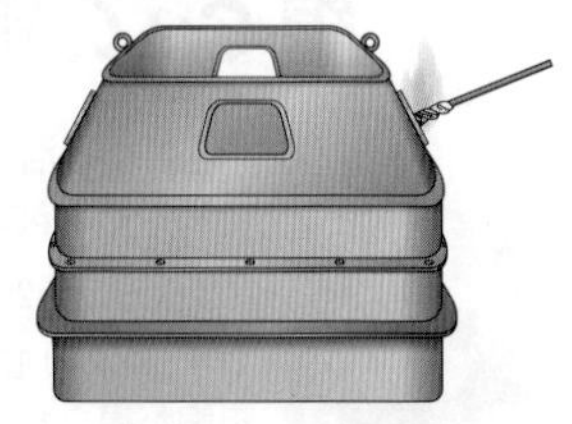

❷ 炉の上枠をのせ，点火する。

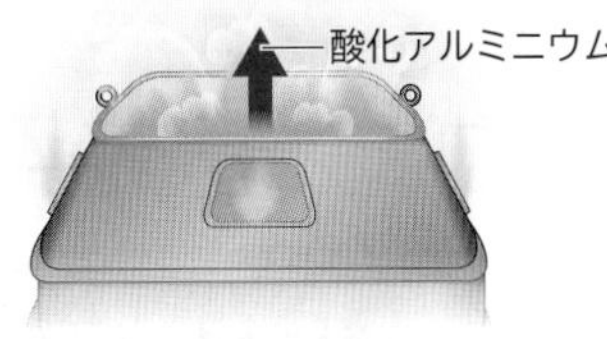

❸ アルミニウム粉と酸化バナジウム粉が激しく反応し，酸化アルミニウムが上昇する。

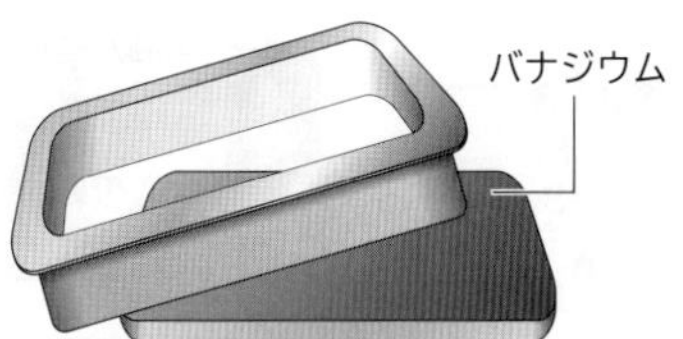

❹ 炉の型枠をはずすと，バナジウムが得られる。

TOPICS 金属の利用の歴史

▶金

紀元前6000年頃から，シュメール人たちが世界最古の金製品を作ったとされる。

金が使用されたツタンカーメンのマスク

▶鉄

火に関する技術が向上し，紀元前1500年頃から，ヒッタイト文明で鉄の武器などを作ることが可能になった。

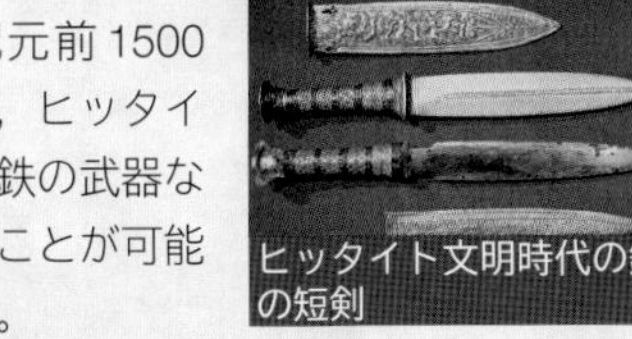

ヒッタイト文明時代の鉄の短剣

▶アルミニウム

1886年，ホール(米)とエール(仏)の2人が，それぞれ溶融塩を使用した電気分解による製錬法を考案し，アルミニウム工業が発展した。

ホール

エルー

▶チタン

チタン鉱物は18世紀イギリスの海岸で発見された。純粋なチタンを得るにはそれから100年の月日がかかり，工業的製法が始まったのは1946年である。

TOPICS たたら製鉄

たたら製鉄は，日本で千年以上に渡って受け継がれた，伝統的な製鉄法である。6世紀には全国に広まっており，明治時代にその役割を終えた。たたらとは炉に空気を送る「ふいご」のことである。粘土製の炉に砂鉄と木炭を交互に入れ，比較的低温で還元することによって，高純度の鉄が得られる。とくに玉鋼(たまはがね)と呼ばれる特級品は，日本刀の材料となる。

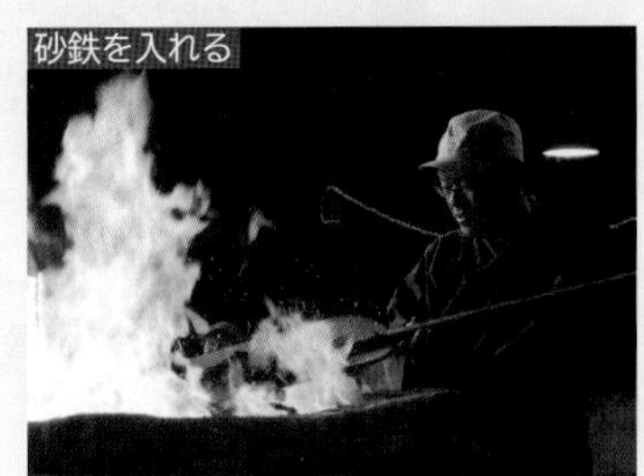

砂鉄を入れる

木炭を入れる

日刀保たたら(公益財団法人日本美術刀剣保存協会)

TOPICS 灰吹法

鉱石から銀を吹き分ける「灰吹法」は1553年に朝鮮半島から招いた技術者によって，石見銀山で初めて行われた。この技法によって銀の製錬技術は飛躍的に発展し，良質の銀を生産できるようになった。

❶鏈拵(くさりこしらえ)

銀を含む鉱石を「要石」の上にのせてかなづちで砕く。その後，水の中で選別する。

❷素吹(すぶき)

細かく砕かれた鉱石に鉛やマンガンなどを加えて溶かす。鉄などの不純物をとり除き，「基鉛(きえん)(銀と鉛の合金)」をつくる。

❸灰吹・清吹(はいふき・きよぶき)

基鉛を「灰吹床」で加熱して溶解させ，鉛を灰にしみ込ませることで銀を単離する。これをくり返し，灰吹銀の純度を上げる。

思考 アルミ缶を回収し再利用することは，エネルギーの節約として重要である。その理由を簡潔に説明せよ。

36 無機化学工業 2 電解工業

Chemical industries of inorganic compounds 2 Electrolytic industry

1 銅 Cu の電解精錬

electrolysis refining

銅の単体は黄銅鉱から得られる。銅は硫黄と結びつきやすいため，鉱石には硫黄が含まれる。 化学

黄銅鉱 $CuFeS_2$

▶溶錬炉(溶鉱炉)・転炉

黄銅鉱 $CuFeS_2$ は，溶錬炉内で硫化銅(I)Cu_2S になる。

$$2CuFeS_2 + 2SiO_2 + 4O_2 \longrightarrow Cu_2S + 2FeO \cdot SiO_2 + 3SO_2$$

硫化銅(I)は転炉内で空気を吹き込み燃焼させると，粗銅が得られる。

$$2Cu_2S + 3O_2 \longrightarrow 2Cu_2O + 2SO_2$$
$$Cu_2S + 2Cu_2O \longrightarrow 6Cu + SO_2$$

▶電解精錬(➡p.104)

粗銅を陽極，純銅を陰極として硫酸酸性の硫酸銅(Ⅱ)水溶液中で電気分解すると，陰極に純銅が析出してくる。

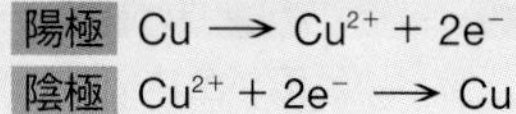

陽極 $Cu \longrightarrow Cu^{2+} + 2e^-$

陰極 $Cu^{2+} + 2e^- \longrightarrow Cu$

電解によって析出した銅

▶粗銅中の不純物

亜鉛…イオンになるが，銅よりイオン化傾向が大きいので，析出しない。

金・銀…イオンにならず，陽極の下に落ちる(**陽極泥**)。

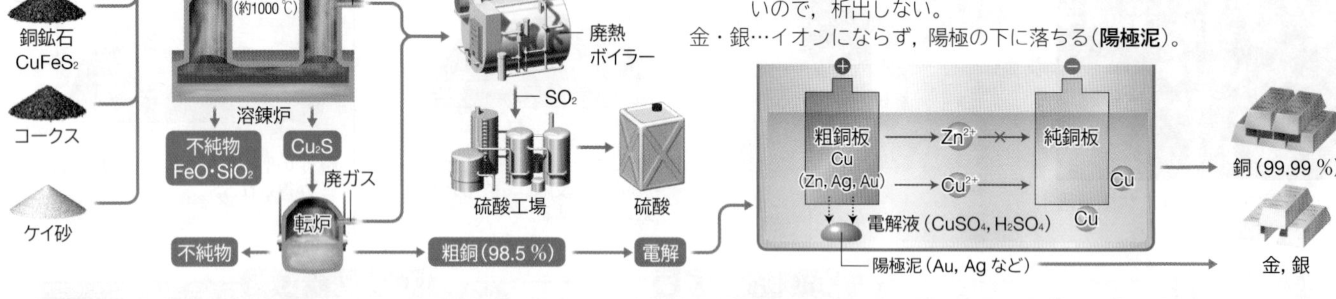

2 アルミニウム Al の製造

アルミニウムの単体は，ボーキサイトから純粋な酸化アルミニウム(アルミナ)をとり出し，これを溶融塩電解して得られる。 化学

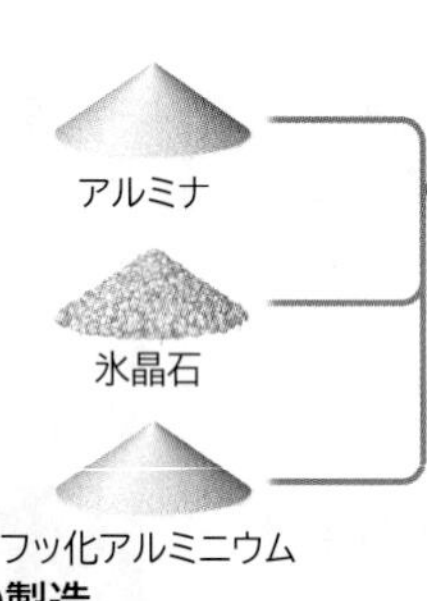

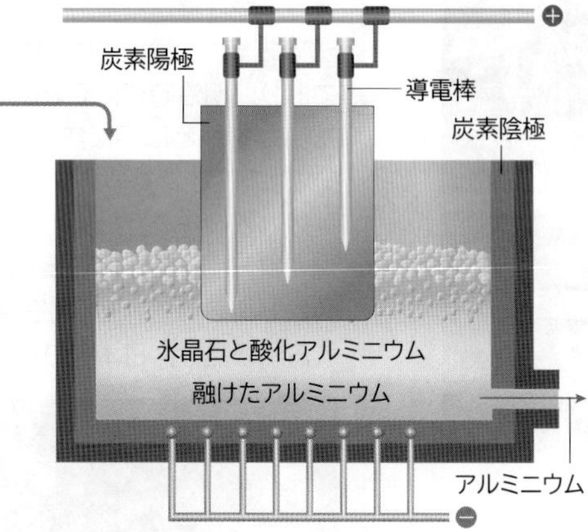

陽極 $2O^{2-} + C \longrightarrow CO_2 + 4e^-$

($O^{2-} + C \longrightarrow CO + 2e^-$)

(炭素電極は消耗する)

陰極 $Al^{3+} + 3e^- \longrightarrow Al$

アルミニウム電解工場

▶酸化アルミニウム(アルミナ)の製造

①ボーキサイトに濃水酸化ナトリウム水溶液を加える。

$$Al_2O_3 + 2NaOH + 3H_2O \longrightarrow 2Na[Al(OH)_4]$$

②テトラヒドロキシドアルミン酸ナトリウム $Na[Al(OH)_4]$ を加水分解する。

$$Na[Al(OH)_4] \longrightarrow Al(OH)_3 + NaOH$$

③水酸化アルミニウムを焼成する。

$$2Al(OH)_3 \longrightarrow Al_2O_3 + 3H_2O$$

▶溶融塩電解(融解塩電解)

氷晶石 Na_3AlF_6 を入れて通電し，1000℃で融解する。酸化アルミニウム Al_2O_3(融点2054℃)をこれに溶かし込むことで，低い温度で電気分解できる(➡p.105)。

入試 ではこう出る!

(1)ボーキサイトはアルミナが主成分であるが，少量の Fe_2O_3 などの不純物が入っている。酸化アルミニウムは両性酸化物なので，濃水酸化ナトリウム水溶液に溶かして，不溶性の Fe_2O_3 を除いてから，加熱してアルミナにしている。酸化アルミニウムと水酸化ナトリウム水溶液の反応を化学反応式で表せ。

(2)アルミニウムの単体は，アルミニウム化合物の水溶液の電気分解では得られず，溶融塩電解で得る。その理由を，15 字以内で書け。

(3)アルミニウムの電解精錬では，融解した氷晶石にアルミナを入れる。この氷晶石の役割を 10 字以内で書け。

(4)反応が進行するにつれて炭素陽極はどうなるか。簡単に説明せよ。

[鳥取大 改]

【解答】(1)$Al_2O_3 + 2NaOH + 3H_2O \longrightarrow 2Na[Al(OH)_4]$

(2)イオン化傾向が大きいため。

(3)融点を下げるため。 (4)酸素と反応して消耗していく。

思考 ボーキサイトの主成分は Al_2O_3 であるが，少量の Fe_2O_3 などの不純物が含まれている。この不純物を取り除くには，どのような操作を行えばよいか説明せよ。

3 ナトリウム Na の製造
sodium

ナトリウムの単体は，塩化ナトリウムの溶融塩電解によって得られる(アルカリ金属やアルカリ土類金属の単体には，化合物の溶融塩電解によって得られるものが多い)。 化学

融解した塩化ナトリウムを電気分解すると，陽極に塩素 Cl_2，陰極にナトリウム Na が析出する。

陽極	$2Cl^- \longrightarrow Cl_2\uparrow + 2e^-$
陰極	$Na^+ + e^- \longrightarrow Na$

ナトリウムの方が塩化ナトリウムより密度が小さいので，析出したナトリウムは，ナトリウム捕集器の方へ移動していく。

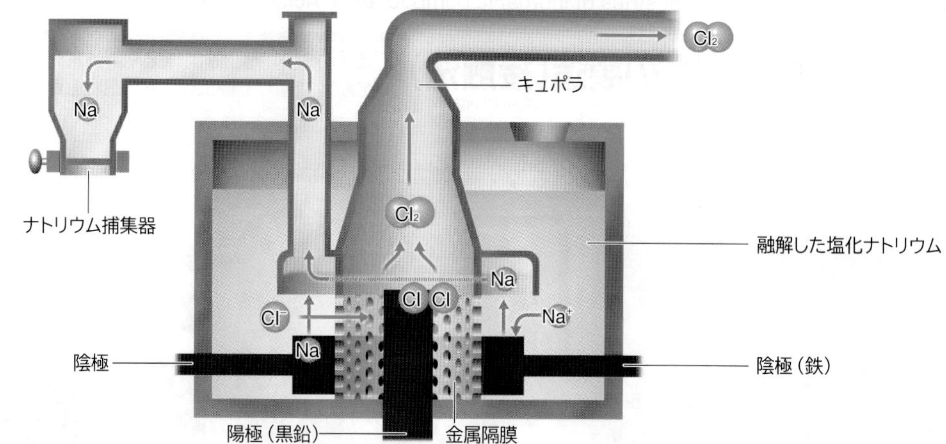

4 水酸化ナトリウム NaOH の製造

水酸化ナトリウムは，セッケン・製紙・繊維の製造など化学工業で多量に用いられる。工業的には，食塩水の電気分解によって得られる。 化学

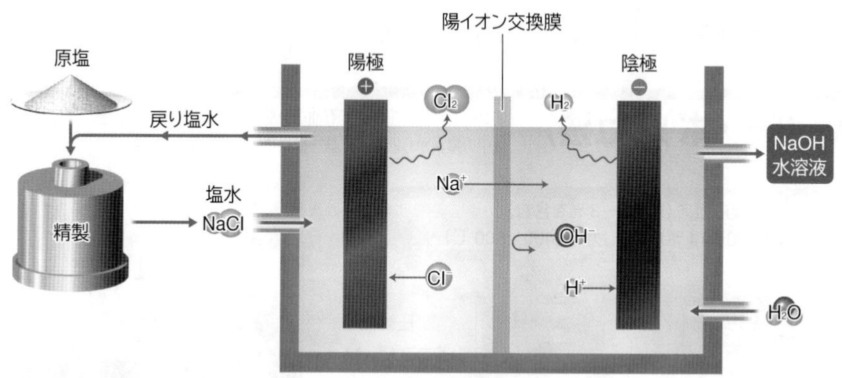

陽極	$2Cl^- \longrightarrow Cl_2 + 2e^-$
陰極	$2Na^+ + 2H_2O + 2e^-$ $\longrightarrow 2NaOH + H_2$

*電極は，陽極にはチタンを特殊加工したもの，陰極には鉄網が用いられることが多い。

イオン交換膜法(➡p.104)

陽極で発生した塩素が水酸化ナトリウムと反応するのを防ぐために，両極を分離する膜が用いられている。以前は，多孔質のアスベストなどが用いられていたが，塩化ナトリウムも通過してしまうため，最近では，陽イオンのみを通す陽イオン交換膜が主流になっている。

TOPICS 海水の濃縮

海に囲まれた日本では，古くから海水を使って塩をつくる塩業がさかんだった。現在では海水をイオン交換膜法を用いて濃縮し塩をつくる方法がとられている。

ナトリウムイオンのみを通す陽イオン交換膜(A)と，塩化物イオンのみを通すことができる陰イオン交換膜(B)を電解槽に交互に並べる。電気分解により，海水の濃縮と脱塩が同時に起こる。

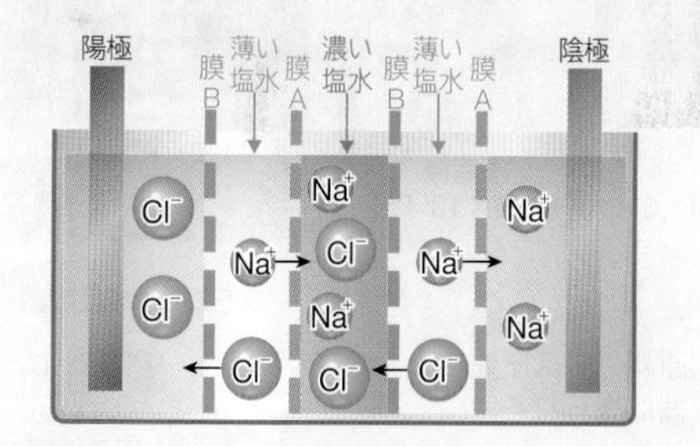

入試ではこう出る!

図は塩化ナトリウム水溶液の電気分解(電解)の反応槽を模式的に示したものである。陽極と陰極は陽イオン交換膜で仕切られており，陽極で生成した[ア]と陰極で生成した[イ]および[ウ]とは，互いに混ざりあうことはない。また，[エ]のみが選択的に陽イオン交換膜を通り抜けるため，電気分解により陰極側の室では[ウ]と[エ]の濃度が高くなる。この電気分解法の特徴は，隔膜法と比べ純度の高い[オ]の水溶液が得られる点にある。

(1)[ア]~[オ]に当てはまる語句を答えよ。

(2)この反応の全体の反応式を書け。

[大阪大　改]

【解答】(1)(ア) 塩素 (イ) 水素 (ウ) 水酸化物イオン (エ) ナトリウムイオン
(オ) 水酸化ナトリウム

(2)$2NaCl + 2H_2O \longrightarrow 2NaOH + H_2 + Cl_2$

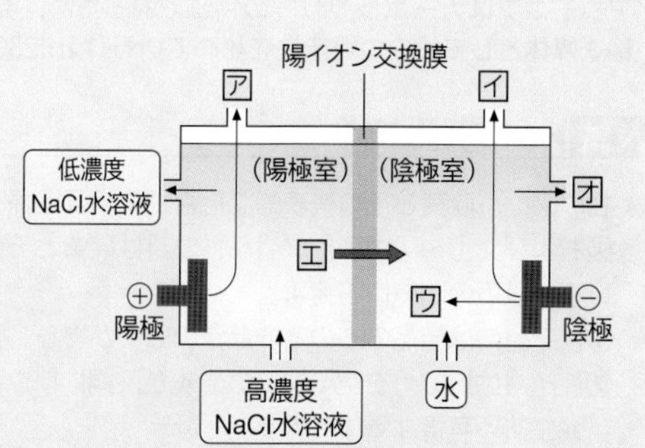

陽イオン交換膜を用いた塩化ナトリウム水溶液の電気分解

3 無機物質

化学

37 無機化学工業3 酸・塩基

Chemical industries of inorganic compounds 3 Acid-base industry

1 硫酸 H_2SO_4 の製造(接触法)

contact process

硫酸，アンモニア，硝酸は，繊維・染料・医薬品・肥料などの化学工業原料として非常に重要である。硫酸は，工業的には，二酸化硫黄を触媒を用いて三酸化硫黄にすることにより得られる。 化学

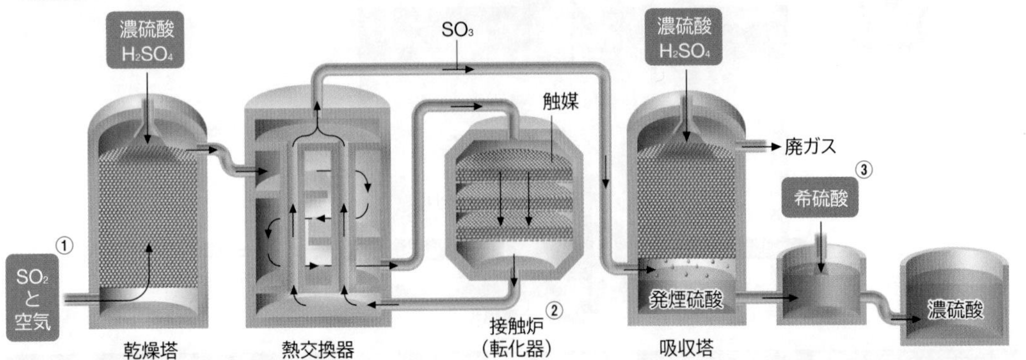

硫酸工場

①原料の二酸化硫黄は，金属精錬の廃ガス，石油の脱硫，黄鉄鉱(FeS_2 など)の燃焼によるものである。

$$4FeS_2 + 11O_2 \longrightarrow 2Fe_2O_3 + 8SO_2$$

②触媒(酸化バナジウム(V)V_2O_5)を用いて，二酸化硫黄 SO_2 を酸化して三酸化硫黄 SO_3 とする。

$$2SO_2 + O_2 \underset{V_2O_5}{\rightleftarrows} 2SO_3^{*}$$

③三酸化硫黄を濃硫酸に吸収させて発煙硫酸とし，これを希硫酸で薄めて濃硫酸とする。

$$SO_3 + H_2O \longrightarrow H_2SO_4$$

*この反応は，可逆反応で，高圧・低温にすれば効率よく反応が進むが，装置が複雑になったり，反応速度が低下したりするので，触媒を用いる。

2 アンモニア NH_3 の製造(ハーバー・ボッシュ法)

アンモニアは，主として石油を分解して得られる水素と，空気中の窒素から四酸化三鉄を触媒に用いて直接合成される。 化学

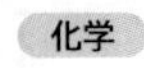

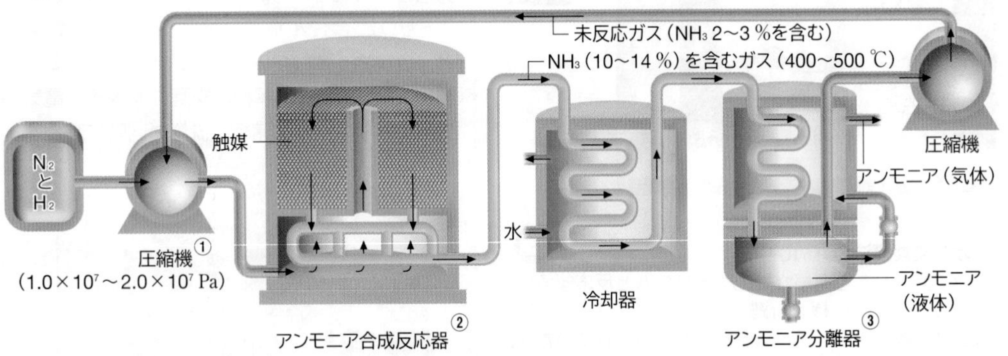

アンモニア工場

①原料ガスは圧縮されて合成反応器に送られる。

②四酸化三鉄 Fe_3O_4 を触媒として反応させる。

$$N_2 + 3H_2 \underset{Fe_3O_4}{\rightleftarrows} 2NH_3$$

③冷却して液体アンモニアを得る。未反応の H_2，N_2 は，反応器へ戻される。

ハーバー・ボッシュ法の触媒 Fe_3O_4

*アンモニアはカーボンフリーの物質であるため，発電を視野に入れた技術開発が進められているほか，水素の輸送媒体として役立つ可能性を秘めている(➡p.230)。

入試ではこう出る!

右の図は，硫黄とその代表的な化合物の相互関係を示したものである。図および文①～③中の[ア]～[ウ]は硫黄とその化合物に対応している。以下の問いに答えよ。

①[ア]には結晶のものと非晶質のものがある。

②[イ]は[ア]を空気中で燃やすか，銅に[ウ]を加えて熱すると発生する有毒な気体である。

③[ウ]は工業的には，乾燥空気と[イ]の混合気体を V_2O_5 の触媒層を通して SO_3 をつくり，これを水と反応させてつくられる。

(1)[ア]～[ウ]に対応する物質の化学式を書け。

(2)[ウ]の工業的な製造方法は何とよばれるか。

[北海道大　改]

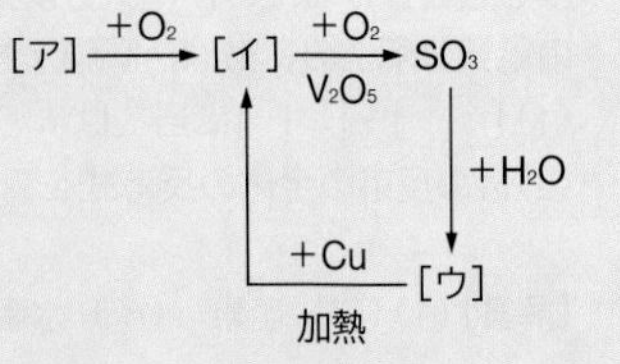

[ア] —($+O_2$)→ [イ] —($+O_2$, V_2O_5)→ SO_3 —($+H_2O$)→ [ウ] —($+Cu$, 加熱)→ [イ]

【解答】(1)(ア) S　(イ) SO_2　(ウ) H_2SO_4　(2)接触法

思考 接触法において，三酸化硫黄を濃硫酸に吸収させ発煙硫酸にする過程がある。なぜ，水を加えないのか。その理由を述べよ。

3 硝酸 HNO_3 の製造(オストワルト法)
Ostwald process

硝酸は，工業的には，アンモニアの酸化で得られる。 化学

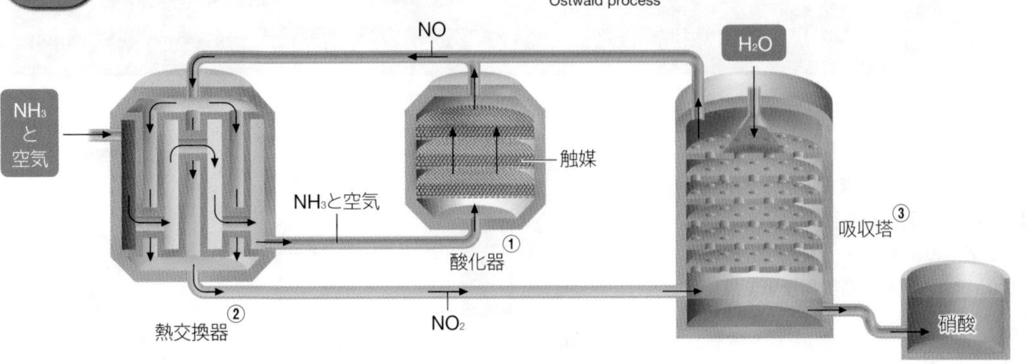

硝酸工場

①アンモニアを酸化し，一酸化窒素 NO を得る。このとき，触媒として白金触媒を用いる。

$$4NH_3 + 5O_2 \xrightarrow{Pt} 4NO + 6H_2O$$

②一酸化窒素 NO を空気中の O_2 と反応させ，二酸化窒素 NO_2 に変える。

$$2NO + O_2 \longrightarrow 2NO_2$$

③二酸化窒素 NO_2 を水に溶かし硝酸を得る。

$$3NO_2 + H_2O \longrightarrow 2HNO_3 + NO$$

(NO は②へ戻る。)

①〜③の反応をまとめると，

$$NH_3 + 2O_2 \longrightarrow HNO_3 + H_2O$$

4 炭酸ナトリウム Na_2CO_3 の製造(アンモニアソーダ法)
ammonia soda process

炭酸ナトリウムは，ガラス，セッケンなどの原料として非常に重要である。工業的には食塩と石灰石にアンモニアを作用させて得る。 化学

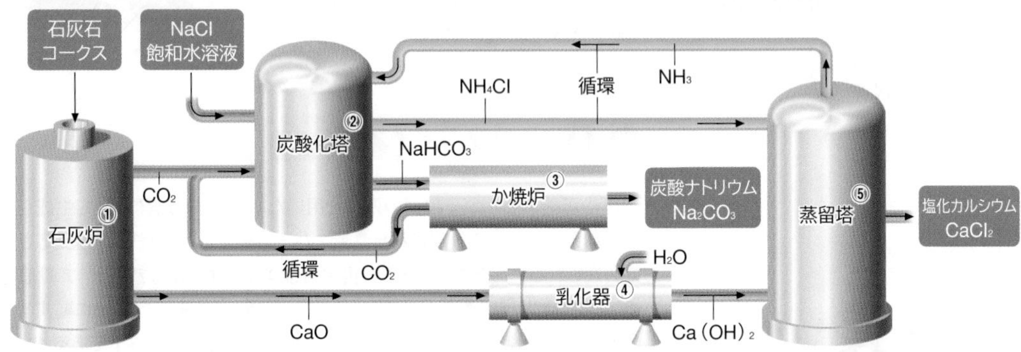

①石灰石 $CaCO_3$ を熱して二酸化炭素 CO_2 を得る。

$$CaCO_3 \longrightarrow CaO + CO_2$$

②①の CO_2 とアンモニア NH_3 を NaCl 飽和水溶液に吹き込むと，比較的溶解度の小さい炭酸水素ナトリウムが沈殿する。

$$CO_2 + NH_3 + NaCl + H_2O \longrightarrow NaHCO_3 + NH_4Cl$$

③炭酸水素ナトリウム $NaHCO_3$ を加熱すると炭酸ナトリウム Na_2CO_3 が得られる。

$$2NaHCO_3 \longrightarrow Na_2CO_3 + CO_2 + H_2O$$

(CO_2 は②へ戻る。)

④①の CaO に水を作用させると消石灰 $Ca(OH)_2$ になる。

$$CaO + H_2O \longrightarrow Ca(OH)_2$$

⑤② の NH_4Cl と ④ の $Ca(OH)_2$ からアンモニア NH_3 が得られる。

$$Ca(OH)_2 + 2NH_4Cl \longrightarrow CaCl_2 + 2NH_3 + 2H_2O$$

(NH_3 は②へ戻る。)

①〜⑤の反応をまとめると，

$$CaCO_3 + 2NaCl \longrightarrow Na_2CO_3 + CaCl_2$$

*アンモニアソーダ法の食塩利用率は約 75 %と低いため，食塩利用率の高い塩安ソーダ法も開発されている。

TOPICS
化学工業の変遷

塩酸公害を克服したアンモニアソーダ法

ソルベー (1838〜1922)

セッケンやガラス製造に不可欠な炭酸ナトリウムの工場生産を可能にしたのは，18 世紀後半フランスのルブランである。これは，食塩 NaCl と硫酸 H_2SO_4 から硫酸ナトリウム Na_2SO_4 をつくり，これにコークス C と石灰石 $CaCO_3$ を混ぜ，800℃で加熱する方法である。当時，この方法で発生する塩化水素 HCl は公害問題となった。このような状況の中で，処理に困る副生成物もない，経済的なアンモニアソーダ法(ソルベー法)が広く採用されていくことになった。その後，1940 年代に入ると，アメリカのワイオミング州でトロナ鉱石の鉱床(炭酸ナトリウムと炭酸水素ナトリウムの化合物)が大量に見つかった。アメリカではこの鉱床が発見されて以降，炭酸ナトリウム製造はトロナ鉱石に切り替わった。世界的には全生産量の 28% がトロナ由来のものである。

食料危機を救ったハーバー・ボッシュ法

ハーバー (1868〜1934)

19 世紀後半，火薬，肥料，硝酸の原料としてチリ硝石(主成分 $NaNO_3$)は重要な鉱物であった。1898 年イギリスの化学者クルックスは，チリ硝石が枯渇する前に肥料問題を解決し，食料危機を乗りきる努力をすべきことを強調した。1911 年ドイツの BASF 社はハーバー・ボッシュ法を完成させ，巨大なアンモニア合成工場を建設した。生産されたアンモニアは，窒素肥料である硫酸アンモニウム(硫安)の原料となった。しかし，1914 年第一次世界大戦が勃発すると，ドイツにおけるアンモニア生産は，火薬をつくるための硝酸の原料(オストワルト法でアンモニアを酸化)として重要になっていった。

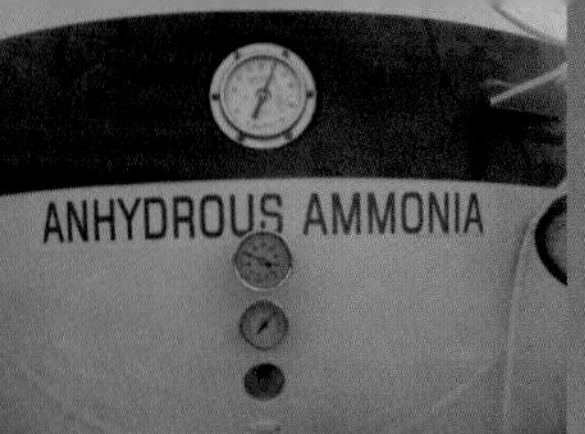

燃料アンモニア

広島大学自然科学研究支援開発センター　小島由継　特任教授（DP）

1 アンモニアとは

アンモニアは分子式 NH_3（分子量17.03）で表され，常温で無色の強い刺激臭をもつ気体である。アンモニアは天然ガスや石炭を高温の水蒸気と反応させて得られる水素（水蒸気改質）と空気中の窒素をハーバー・ボッシュ法（鉄系触媒，400～600℃，20～100MPa）により，高温高圧下で反応させて製造される。

$$N_2 + 3H_2 \longrightarrow 2NH_3 \quad ①$$

その製造量は約2億トン/年（2022年）であり，約80％は肥料の原料として利用されている。下図にその分子構造を示す。アンモニア中の窒素は非共有電子対をもち，3つの水素と共有結合を形成する。さらに，アンモニア分子間において，アンモニア分子の水素ともう一方のアンモニア分子の窒素との間に水素結合を形成する。水素結合を切るためのエネルギーが必要な分，同程度の分子量をもつメタンに比べ沸点が高くなる（アンモニアの沸点−33℃，メタンの沸点−162℃）。そのため，燃料として長距離輸送や長時間貯蔵に適している。

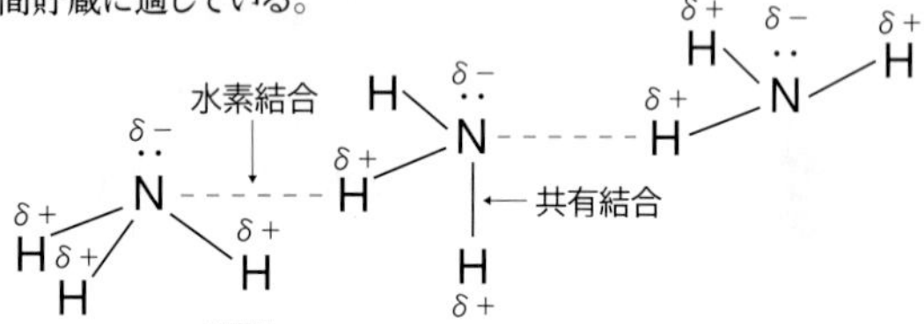

2 燃料アンモニアの性質

アンモニア中の水素の割合は17.8％と高く，水素吸蔵合金の10倍，水素貯蔵物質の中ではNH_3BH_3，$LiBH_4$に次いで3番目に大きな値を示す。また，アンモニアは圧縮することによって25℃，1MPaで液化するため，液体アンモニア中の水素の密度は10.7～12.1kg H_2/100L（1MPa, 25℃～0.1MPa, −33℃）と液体水素の1.5～1.7倍にもなる。アンモニア中の水素は＋に帯電しているため，水に非常に良く溶ける。また，アンモニアは燃え，その燃焼エンタルピーは液体水素の1.3～1.5倍となる。

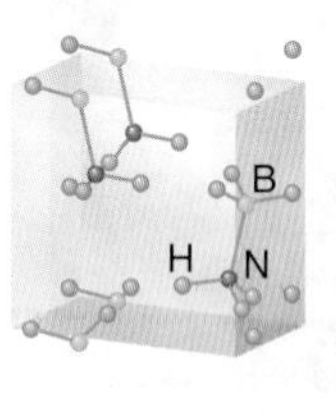

固体NH_3BH_3
7.64 kgH_2/100L

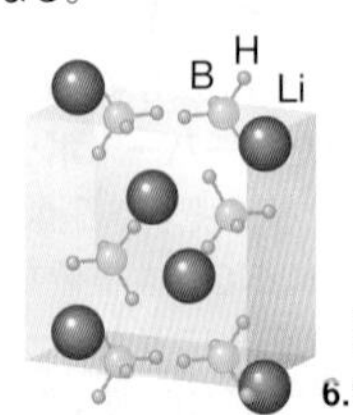

固体$LiBH_4$
6.16 kgH_2/100L

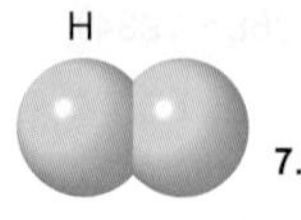

液体H_2
7.08 kgH_2/100L

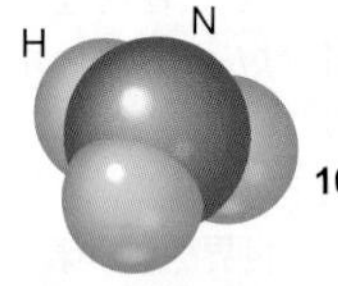

液体NH_3
10.7～12.1 kgH_2/100L

濃度が10％以下のアンモニア水（溶液）は虫刺されの薬，気付け薬，家庭用アンモニア（ガラス，バス，キッチンクリーナ）などに使われている。

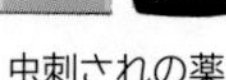

虫刺されの薬

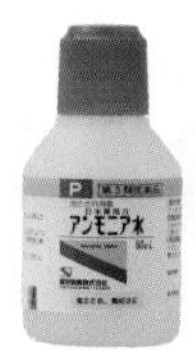

気付け薬

家庭用アンモニア

濃度が10％を超えるアンモニア水や無水アンモニアは劇物に指定されている。全米防火協会では化学薬品の危険性を表示するための規格を設けている。これは通称ファイアダイアモンドと呼ばれるダイヤ型の標識に赤「可燃性」，青「健康有害性」，黄「不安定性」，白「特記事項」の4つの区画で物質特性を示すもので，アンモニアの健康有害性は3（大），可燃性は1（小）である。その結果，無水アンモニアは脱硝還元剤，冷蔵庫（冷凍庫）の冷媒やナイロンの原料などとして管理区域で使われている。

3 グリーンアンモニア

再生可能エネルギー起源の電力を用いた水の電気分解によって生成される水素と，空気から分離された窒素をハーバー・ボッシュ法により反応させて製造されるアンモニアである。再生可能エネルギーからアンモニア製造時の二酸化炭素排出量はゼロである。窒素製造とアンモニア製造に要するエネルギーは，水から水素を製造するエネルギーに比べ10％以下である。

4 ブルーアンモニア

天然ガス（おもにメタン）の水蒸気改質により生成する水素と空気から分離された窒素からアンモニアを製造する過程で発生する二酸化炭素を回収・地中貯留（CCS）することで，二酸化炭素排出量を削減して製造されるアンモニアである。

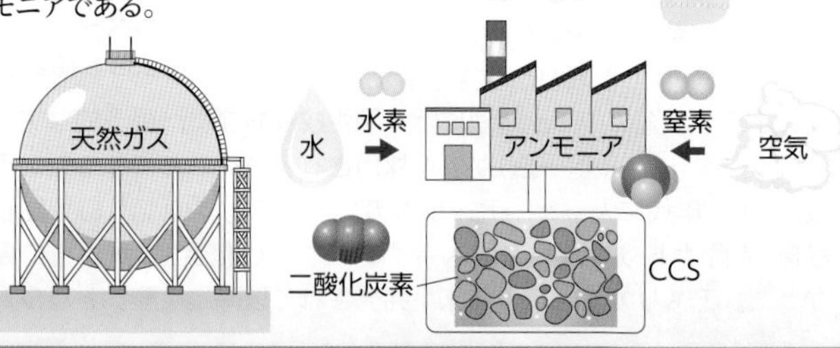

アンモニアの燃焼

アンモニアは燃焼しても二酸化炭素を発生しないため，「カーボンニュートラル燃料」としての利用が検討されている。アンモニアを燃料として使用する場合の課題として安定燃焼とNO_xの排出量低減があげられる。アンモニアは酸素中では安定して燃焼する。一方，空気中で安定して燃焼させるためには (1) 施回している空気中にアンモニアを噴射する方法，(2) 天然ガスや水素などの可燃性ガスを利用する方法などがある。

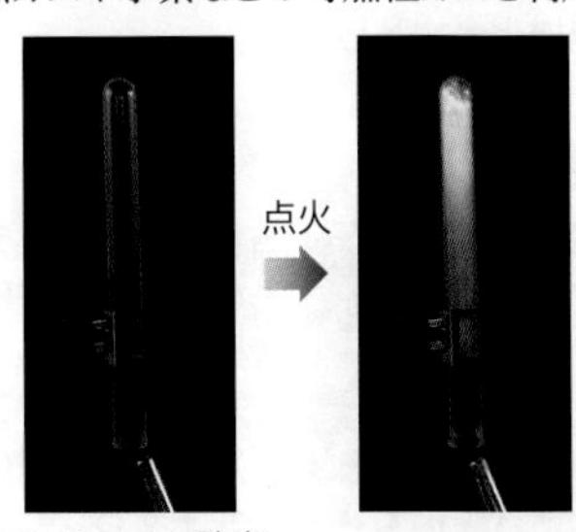

アンモニア＋酸素

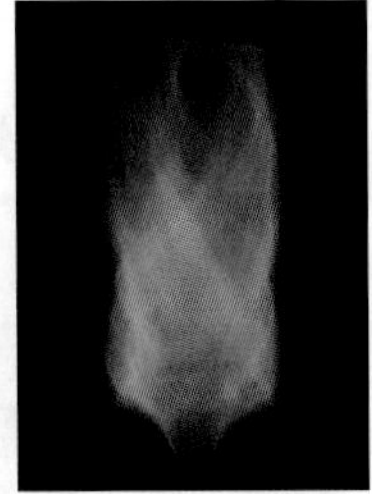
アンモニア＋空気

アンモニアの燃焼反応は以下の式で表すことができる。

$$4NH_3 + 3O_2 \longrightarrow 2N_2 + 6H_2O \quad ②$$

少量のNO_x (4000 ppm＝0.4％以下，アンモニアの空気中燃焼) が生成してしまうが，NO_xは脱硝装置 (1970年代日本で開発) を用いてNH_3と反応させ，10 ppm 以下に低減できる。さらに，石炭とアンモニアを混焼する技術が研究されている。これによって発生するCO_2量は混焼率に応じて減少し，NO_x量は混焼前と同程度であることが報告されている。

燃料アンモニアの利用

生産地から供給地まで二酸化炭素を発生せずに燃料アンモニア (グリーンアンモニア，ブルーアンモニア) を長距離輸送するために，アンモニア燃料を使った大型アンモニア運搬船 (タンカー) や燃料アンモニアを貯蔵するためのアンモニアタンクの開発が行われている。電力会社では石炭火力発電所で脱炭素に向けて燃料アンモニアへの転換を進めている。アンモニアは劇物であるため，これらは管理下での利用形態である。

アンモニアタンカー

アンモニアタンク

火力発電所

Interview インタビュー

Q. 高校生のときはどのような生徒でしたか？

A. 高校と自宅を自転車で往復する日々を送っていました。高度経済成長期で，映画「ALWAYS 三丁目の夕日」にみられるように，新技術を利用した商品によって生活が豊かになる時代でした。そこで，理系のクラスを選びました。物質に興味があり，化学をいかせる仕事がしたいと思っていました。

Q. 化学の勉強・研究を始めようと思った理由は何ですか？

A. 1960～1970年代，叔父が高分子化合物 (ナイロン6) の加工によりウーリーナイロンの製造を行っていたことがきっかけでした。ナイロン6の加工によりその機能性が大きく向上するのを見て，化学の力を利用して，種々の物質に新しい機能が付与できないかと漠然と考えていました。

Q. 研究はどのように行うのですか？

A. Longman現代英英辞典によると，研究 (Research) とは「新しい事実を発見したり，新しいideaを検証したりするためにあるテーマを真剣に調べること」であり，化学 (Chemistry) とは「物質の構造やそれらが互いに変化したり結合したりするようすを調べる科学」です。これらから，化学の研究は新しいアイデアを含む物質に関するテーマを提案し，実験的に検証することになります。新規アイデアの提案のためには，化学を学ぶだけでは不十分で，物理学，数学，生物学などの幅広い知識が必要となります。また，今までの仕組みを変えるような発想も重要です。例えば，私達の研究室ではエネルギー (水素，アンモニア) 貯蔵物質を研究テーマとして，あらゆる種類の固体物質 (金属，無機物質，有機化合物，炭素) や液体物質 (無機物質，有機化合物) のエネルギー貯蔵特性を評価しその構造や熱力学的安定性を解析してきました。研究結果がまとまったら，国内の学会や国際会議で発表して批判を受け研究の精度を高めます。その後，「学術雑誌」に研究成果を発表します。特に英語で論文を執筆することで世界中の研究者に情報発信することができます。また，論文の質は被引用回数で決まりますので，なるべく影響力の高い学術雑誌に掲載されることが望まれます。テーマ提案，実験，結果・考察，論文発表までが研究の流れとなります。

Q. 化学の魅力は何ですか？

A. 化学はイノベーションを起こしている物質の基礎を担い，裾野の広い学問です。数学が好きなら数学的な化学を，物理学が好きなら物理学的な化学を，生物学が好きなら生物学的な化学を学べばよいです。化学の醍醐味は実験によって新物質や新化学現象を発見できる可能性があることです。

Q. 化学を学ぶ高校生にメッセージをお願いします。

A. 化石燃料 (石油，石炭，天然ガスなど) を燃やすと大量の二酸化炭素が放出されます。二酸化炭素は地球温暖化を促進させる温室効果ガスの一種です。日本・世界各国は2040年～2070年までに「地球温暖化の原因となる温室効果ガス排出量を実質ゼロとする」脱炭素社会の実現を目指しています。化学を学び，化学と知恵の力を利用して脱炭素社会達成に貢献するような研究や技術開発をしましょう。

有機化合物の特徴と分類

Characteristics and classification of organic compounds

1 有機化合物の特徴

organic compound

C原子による骨格をもち，他にH，O，N，S，P，ハロゲンなど少数の元素からなる化合物。

化学

	有機化合物	無機化合物
構成元素	C(必ず含む)，H，O，N，S，P，ハロゲンなど少数の非金属元素	ほとんどすべての元素
化合物の種類	きわめて多い。	比較的少ない。

Cを含んでいても，炭素の酸化物(CO，CO_2)，シアン化物(KCNなど)，炭酸塩(Na_2CO_3，$NaHCO_3$など)は，無機化合物として扱う。

融点・沸点が低い

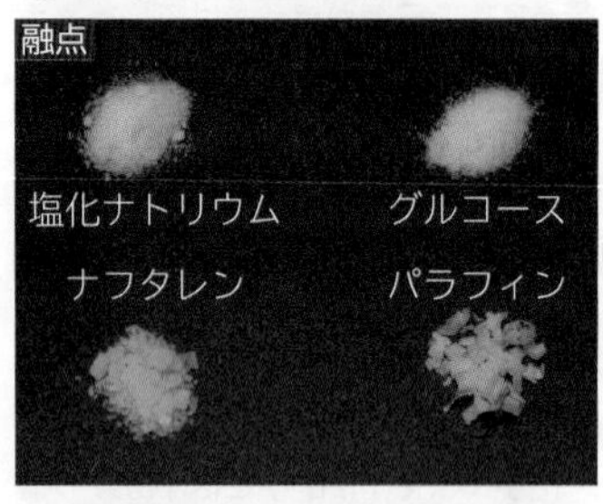

加熱

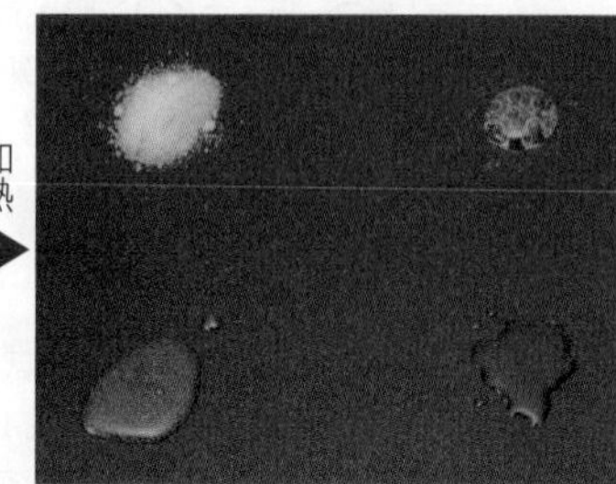

有機化合物は分子からできているものが多く，結晶は分子結晶である。分子間力はイオン結合や共有結合より弱いので融点が低いものが多い。

燃焼性

有機化合物は燃えるものが多く，二酸化炭素と水を生じることが多い。メタンは燃焼すると多量の熱が発生する。

$$CH_4(気) + 2O_2(気) \longrightarrow CO_2(気) + 2H_2O(液) \quad \Delta H = -891\ kJ$$

溶解性

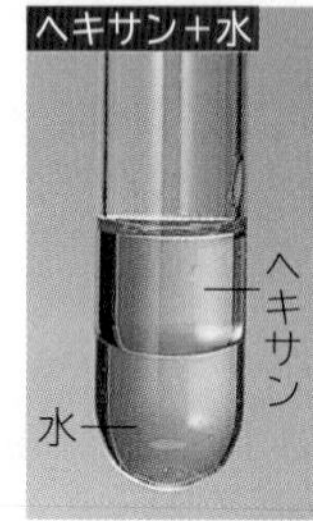

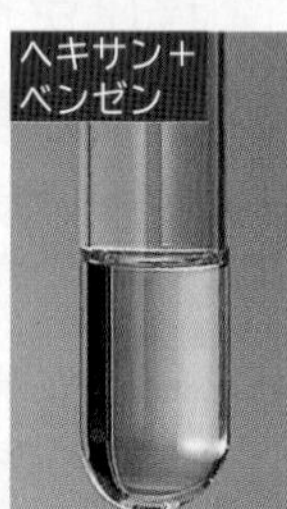

有機化合物は極性の小さな物質が多い。このため有機化合物は一般に水に溶けにくく，ベンゼンなどの有機溶媒に溶けやすいものが多い。

水溶液の電気伝導性

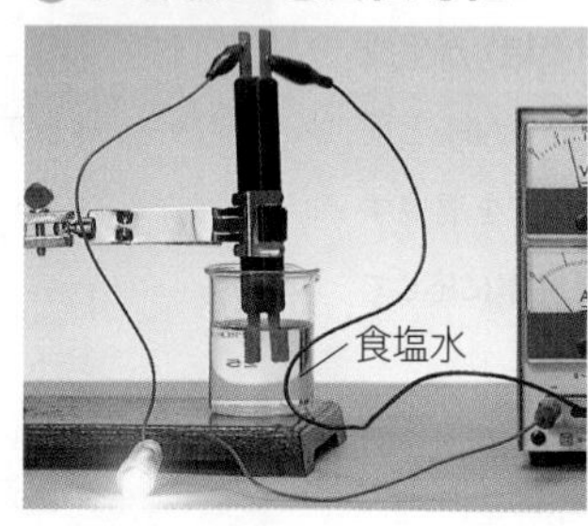

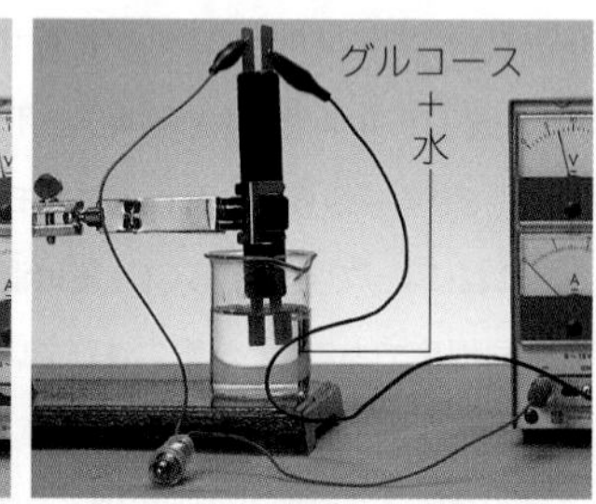

極性のある有機化合物のグルコースは極性溶媒の水に溶けるが，イオンに電離しないので電流は流れない。

2 炭素原子のつながり方と炭化水素の分類

hydrocarbon

炭素骨格で鎖式と環式に，炭素間の結合で飽和と不飽和に分類する。

化学

炭素原子の構造

電子配置	K殻	L殻
$_6C$	2	4

電子式

·C· (価電子)

構造式

$-\overset{|}{\underset{|}{C}}-$

炭素原子は，4個の価電子をもつ。

炭素骨格

環状の構造をもつものを**環式**，もたないものを**鎖式**という。

鎖式	環式
直鎖状 C−C−C−C C=C−C−C	脂環式（ベンゼン環をもたない。） C−C │　│ C−C
枝分かれ状 C−C−C−C 　　│ 　　C	芳香族（ベンゼン環をもつ。） 六員環（C=C，C−C交互）

H原子を省略し，C原子による骨格のみを示した。

炭素間の結合

単結合を**飽和結合**，二重結合や三重結合を**不飽和結合**という。

飽和結合	不飽和結合	
単結合	二重結合	三重結合
−C−C−	C=C	−C≡C−

炭素骨格と分子式

鎖式飽和炭化水素より不飽和結合が1つ増えるあるいは環が1つできると水素の数は2個減る。分子式より，二重結合，三重結合，環の数を推定できる。

例 分子式C_4H_8
鎖式飽和炭化水素C_4H_{10}より水素の数が2個少ないので，二重結合を1つあるいは環を1つもつ。

① C=C−C−C　② C−C=C−C
③ C−C=C（中央のCにCが枝分かれ）　④ C−C／│　│／C−C（四員環）　⑤ C／C−C−C（三員環にCが結合）

思考 有機化合物はその構成元素の種類は少ないが，化合物の種類が多いのはなぜか。

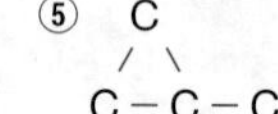

炭化水素の分類

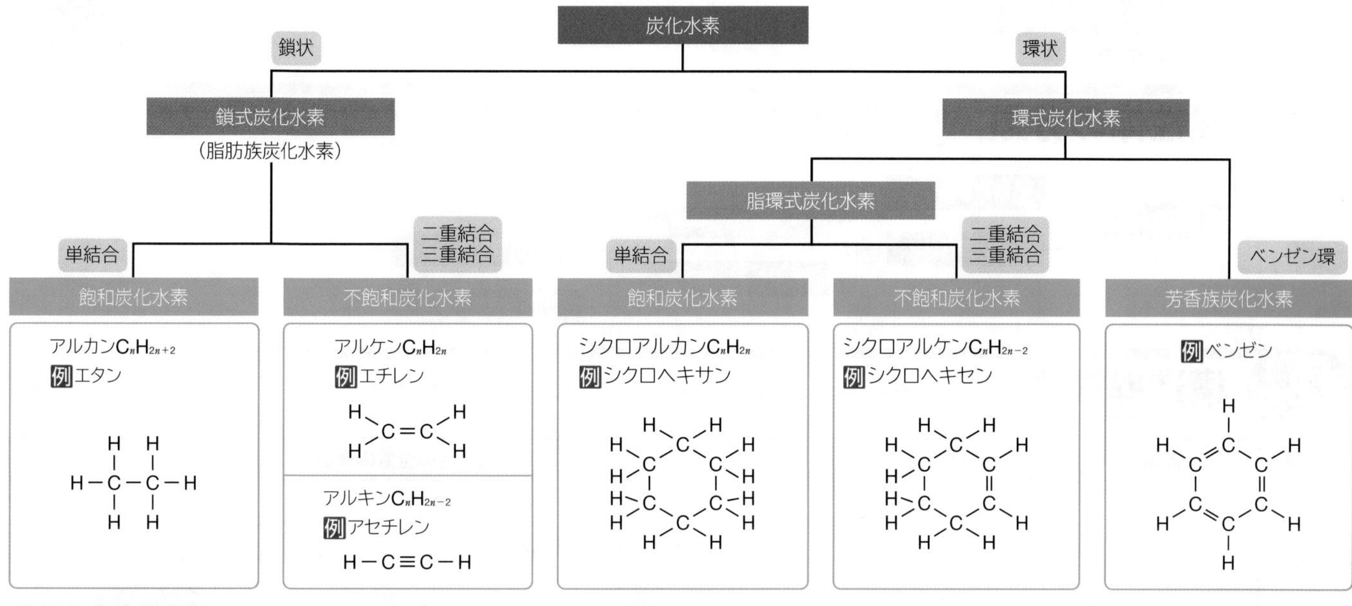

炭化水素の燃焼

一般に，分子に含まれる炭素の割合が多いほど，すすを発生しやすい。

3 有機化合物の表し方

化学

例 酢酸

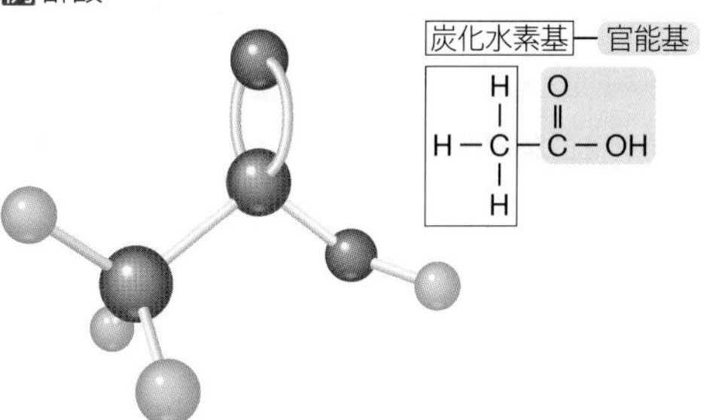

POINT

構造式：分子中の単結合，二重結合，三重結合を，1 本，2 本，3 本の線で示した式

示性式：性質がわかるように官能基を示した式　CH_3COOH 官能基

分子式：分子を構成する原子の数を表す式　$C_2H_4O_2$

4 官能基の種類

functional group

化学

官能基の種類		化合物の一般名	化合物の例と示性式
ヒドロキシ基　−OH		アルコール	エタノール　C_2H_5 OH
		フェノール類	フェノール　C_6H_5 OH
エーテル結合　−O−		エーテル	ジエチルエーテル　C_2H_5 O C_2H_5
カルボニル基 ＞CO	ホルミル基　−CHO	アルデヒド	アセトアルデヒド　CH_3 CHO
	ケトン基　＞CO	ケトン	アセトン　CH_3 CO CH_3
カルボキシ基　−COOH		カルボン酸	酢酸　CH_3 COOH
エステル結合　−COO−		エステル	酢酸エチル　CH_3 COO C_2H_5
アミノ基　$-NH_2$		アミン	アニリン　C_6H_5 NH_2
ニトロ基　$-NO_2$		ニトロ化合物	ニトロベンゼン　C_6H_5 NO_2
スルホ基　$-SO_3H$		スルホン酸	ベンゼンスルホン酸　C_6H_5 SO_3H
アミド結合　−NHCO−		アミド	アセトアニリド　C_6H_5 NHCO CH_3

TOPICS

有機化学のはじまり

ウェーラー
(1800～1882)

1800年代初期において，有機化合物は人工的に合成できず，生物のみが合成できる物質であると考えられていた(生気論)。ウェーラーが1828年にシアン酸アンモニウムNH_4OCNから尿素$(NH_2)_2CO$の合成に成功すると，生気論の考え方は否定された。有機化合物が人工的に合成されることがわかると，多くの化学者が有機化学の研究に取りかかり，有機化学の発展へとつながった。

2 異性体
Isomers

1 異性体の分類

有機化合物には，分子式が同じでも分子の構造が異なり，性質が違う化合物が存在する。このような化合物をたがいに**異性体**とよび，下のように分類できる。 化学

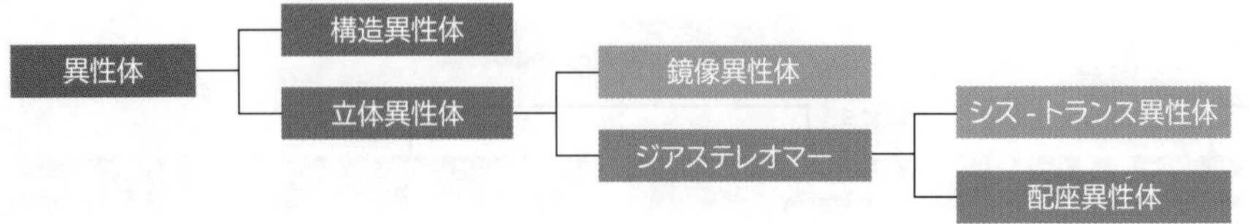

2 構造異性体
structural isomer

異性体のうち，分子の構造が異なるために生じる異性体を**構造異性体**という。 化学

原因	炭素原子のつながり方の違い	不飽和結合の位置の違い	
分子式	C_4H_{10}	C_4H_8	
例	$CH_3-CH_2-CH_2-CH_3$ ブタン ①CH_3-②$CH(CH_3)-$③CH_3 2-メチルプロパン	①$CH_2=$②$CH-$③CH_2-④CH_3 1-ブテン ①$CH_2=$②$C(CH_3)-$③CH_3 2-メチルプロペン	①CH_3-②$CH=$③$CH-$④CH_3 2-ブテン 2-ブテンには3のシス-トランス異性体がある。

原因	官能基の位置の違い	官能基の種類の違い
分子式	C_3H_8O	C_2H_6O
例	③CH_3-②CH_2-①CH_2-OH 1-プロパノール ③CH_3-②$CH(OH)-$①CH_3 2-プロパノール	CH_3-CH_2-OH エタノール CH_3-O-CH_3 ジメチルエーテル

炭素原子間の結合のうち，単結合は回転できる。下記の(ア)や(イ)の構造式やモデルはいずれもブタン $CH_3-CH_2-CH_2-CH_3$ であり，(ア)と(イ)は構造異性体ではない。

(ア) $CH_3-CH_2-C(CH_3)(H)-H$　(イ) $H-C(CH_3)(H)-C(CH_3)(H)-H$

3 立体異性体
stereoisomer

異性体のうち，分子の立体的な構造が異なるために生じる異性体を**立体異性体**という。 化学

鏡像異性体(エナンチオマー)

4種類の異なる原子や原子団が結合している炭素原子を**不斉**(ふせい)**炭素原子**という。不斉炭素原子 C* があると，鏡像関係(右手と左手のような関係)にある鏡像異性体が存在する。

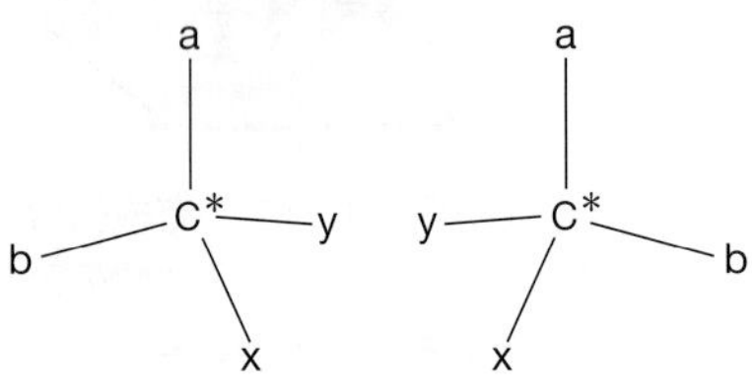

a，b，x，y は置換基を示す。

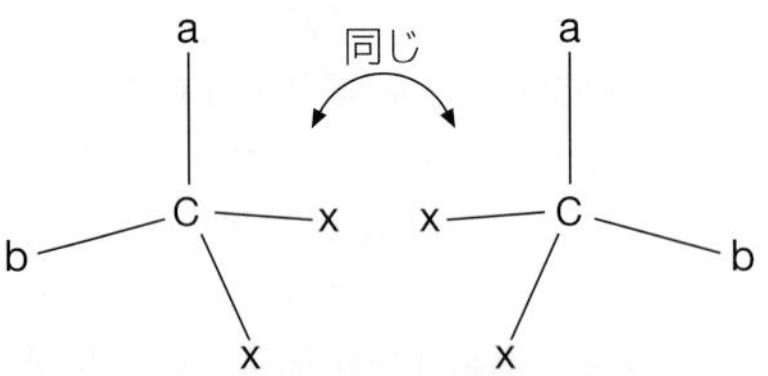

炭素原子に結合する原子や原子団に，同じものがある場合，鏡像異性体は存在しない。

鏡像異性体は，融点・密度などの性質は等しいが，下図のように偏光面を回転させる向きが異なり，**光学異性体**ともいう。またにおいなど，生体への作用の異なる場合もある。

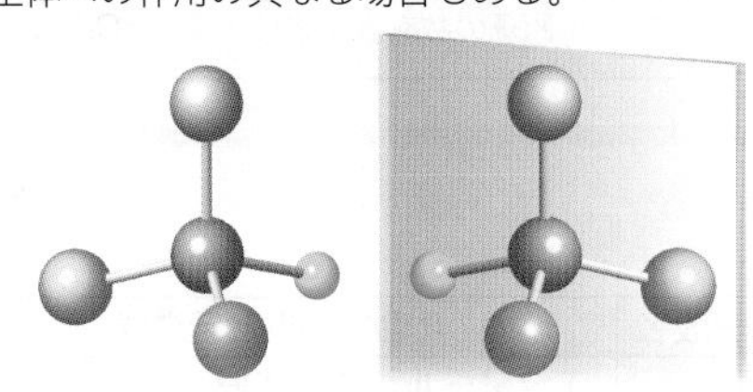

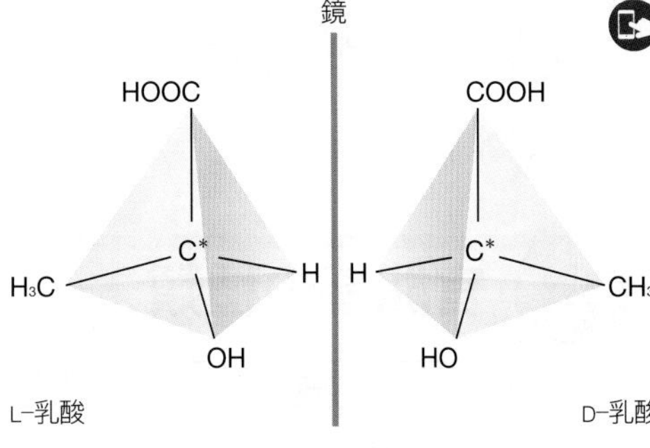

乳酸溶液に平面偏光(波の振動方向が1つの平面内にそろった光)を通すと，偏光面(振動方向)が回転する。

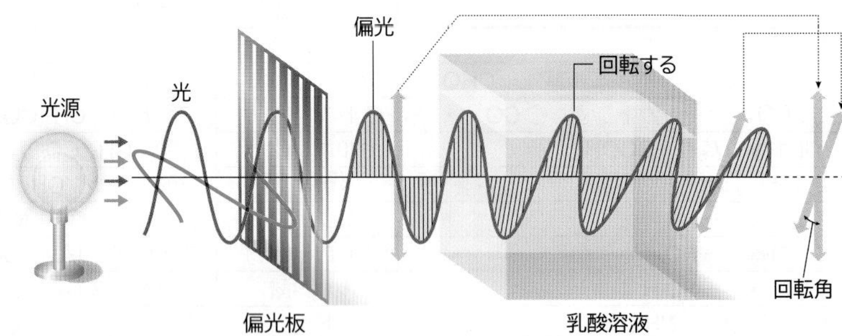

思考 C_6H_{14} の異性体は何種類あるか。

ジアステレオマー

立体異性体のなかで，鏡像異性体以外のものを**ジアステレオマー**という。

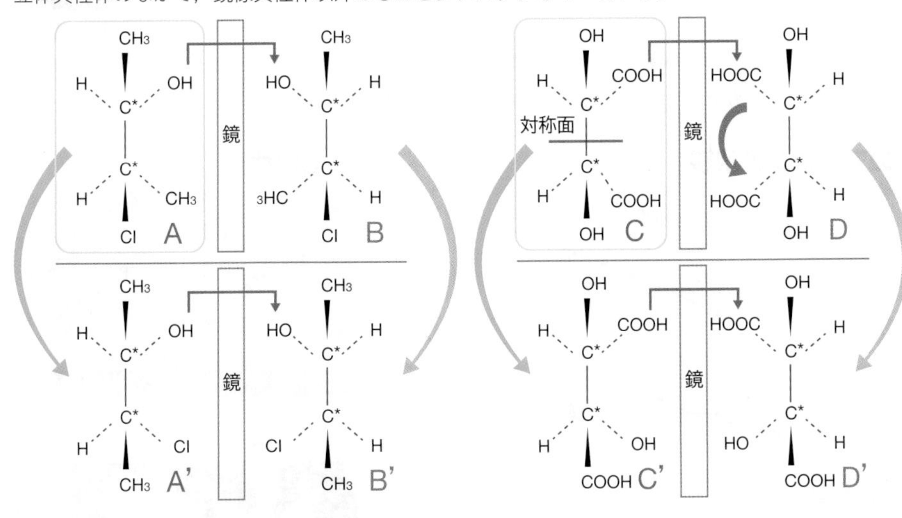

3-クロロ-2-ブタノールは，不斉炭素を2個もつため立体異性体が4個存在する。まずAの鏡像としてBがある。またAの二つの炭素原子のうち，下の炭素に結合した官能基を入れ替えたA′とその鏡像であるB′ができる。このとき，AとBは鏡像異性体とよぶがAとA′，B′との関係は鏡像異性体ではないが立体異性体である。このように，鏡像異性体でない立体異性体A′，B′をジアステレオマーとよぶ。一般に，分子中に不斉炭素原子を n 個もつと立体異性体は $2n$ 個存在する。

ところが酒石酸Cも不斉炭素を2個もつ化合物である。前者にならえば立体異性体は4個つくられるが，Cの鏡像であるDは上下を反転させると官能基が同じ配置になるため同一化合物である。このように，不斉炭素原子間で対称的な配置をとる(対称面をもつ)場合は鏡像異性体が同一物質になる(メソ体という)ため，立体異性体は3個になる。

シス-トランス異性体

シス-トランス異性体は**幾何異性体**ともいう。炭素原子間の二重結合は回転できないため，置換基の空間的な配列の異なる異性体が生じる。置換基が同じ側にあるものを**シス形**，反対側にあるものを**トランス形**という。

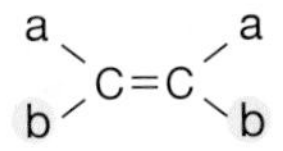

シス形 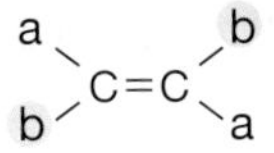　　トランス形

a，bはそれぞれ同じ置換基を示す。

シス-2-ブテン

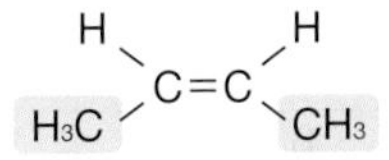

2つのメチル基が二重結合の同じ側にある。

トランス-2-ブテン

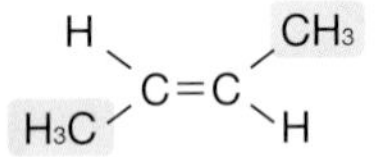

2つのメチル基が二重結合の反対側にある。

シクロアルカンには，上の面と下の面の2つの異なる面があるので，シス-トランス異性体が生じる。

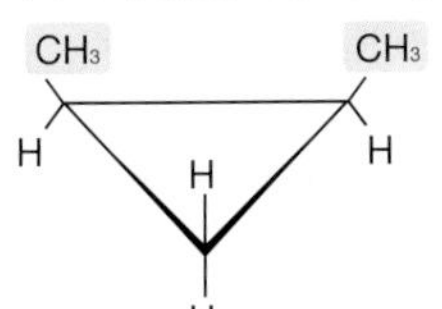
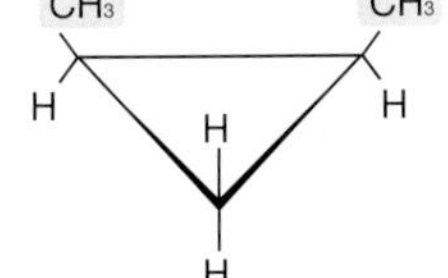

シス-1,2-ジメチルシクロプロパン(メチル基が環の同じ側)

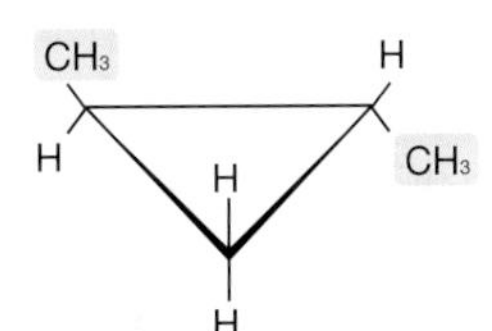

トランス-1,2-ジメチルシクロプロパン(メチル基が環の反対側)

融点・沸点・溶解度

シス-トランス異性体は融点・沸点・溶解度などの性質が異なる。

マレイン酸

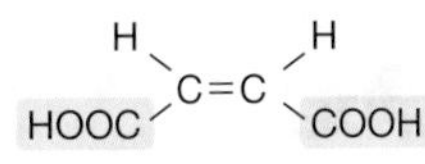

シス形

2つのカルボキシ基が二重結合の同じ側にある。
融点約133℃，水に溶けやすい(75 g/水100 g)。

フマル酸

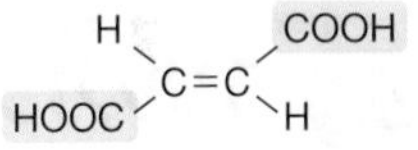

トランス形

2つのカルボキシ基が二重結合の反対側にある。
融点約300℃，水に溶けにくい(0.70 g/水100 g)，昇華性。

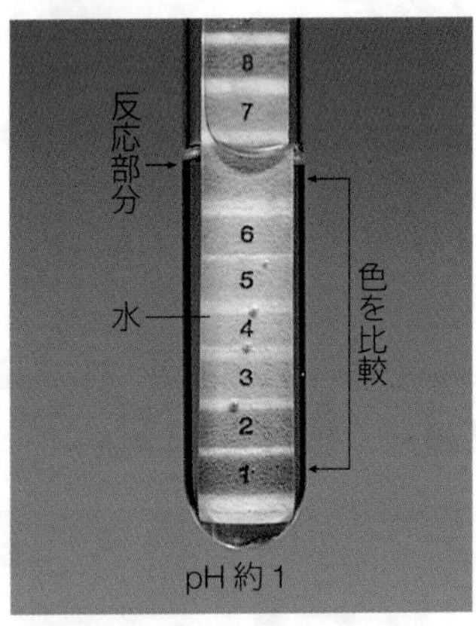

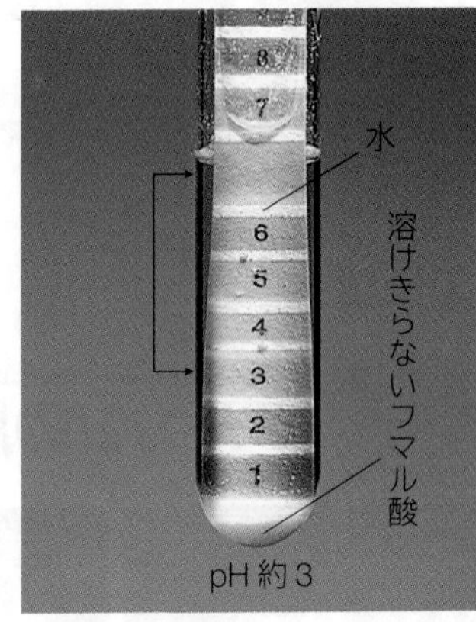

配座異性体

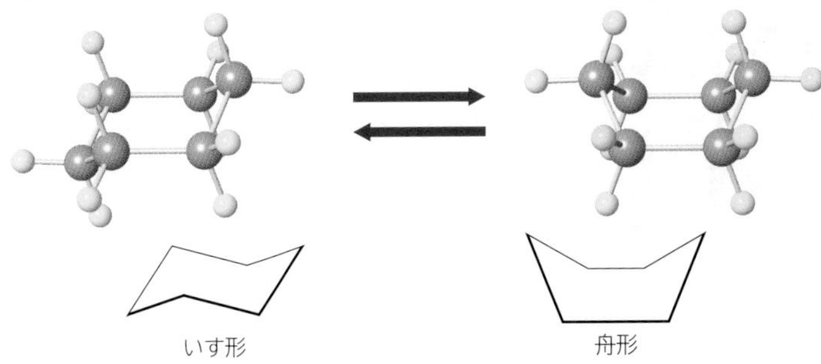

シクロヘキサンには左のように2種類の立体異性体が存在する。いす形はひずみのない三次元構造をもつため，舟形よりも安定な構造をしている。このように，分子内の原子や官能基の相対的な空間配列の違いで生じる立体異性体を**配座異性体**という。

3 アルカン
Alkanes

1 アルカン alkane

鎖状の飽和炭化水素の総称。アルカンの一般式は C_nH_{2n+2} で表される。語尾が -ane となる。 化学

炭素原子の数(n)	分子式 C_nH_{2n+2}	名称
1	CH_4	メタン
2	C_2H_6	エタン
3	C_3H_8	プロパン
4	C_4H_{10}	ブタン
5	C_5H_{12}	ペンタン
6	C_6H_{14}	ヘキサン
7	C_7H_{16}	ヘプタン
8	C_8H_{18}	オクタン
9	C_9H_{20}	ノナン
10	$C_{10}H_{22}$	デカン
20	$C_{20}H_{42}$	イコサン
30	$C_{30}H_{62}$	トリアコンタン

アルカンの一般式は C_nH_{2n+2} で表される。

直鎖状のアルカンの状態

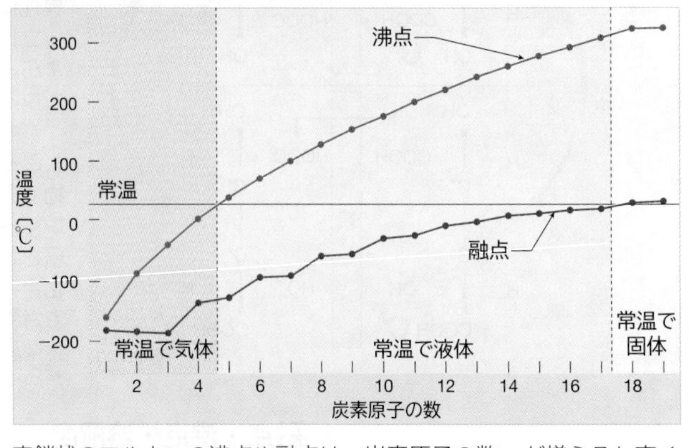

直鎖状のアルカンの沸点や融点は，炭素原子の数 n が増えると高くなる傾向にある。$n=4$ のブタンまでは常温で気体だが，$n=5$ のペンタンからは常温で液体である。

溶解性

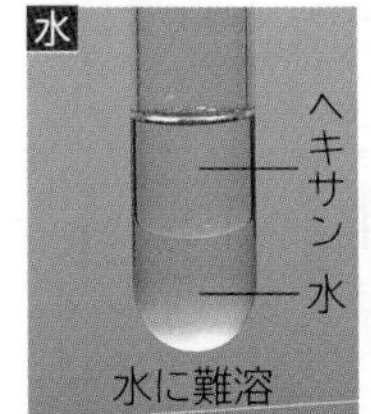

燃焼性

アルカンは燃焼して水と二酸化炭素を生じる。

2 アルカンの立体構造

アルカンの炭素原子は正四面体の中心に位置する。炭素数が 4 以上になると構造異性体が存在する。   化学

メタン

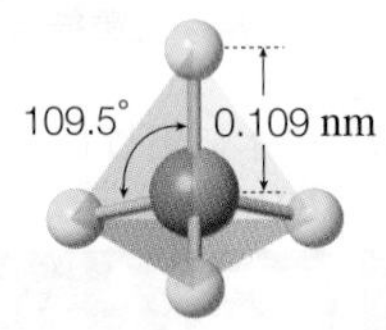

正四面体構造をしている。

```
    H
    |
H - C - H
    |
    H
```

エタン

炭素原子間の単結合C－Cは回転できる。

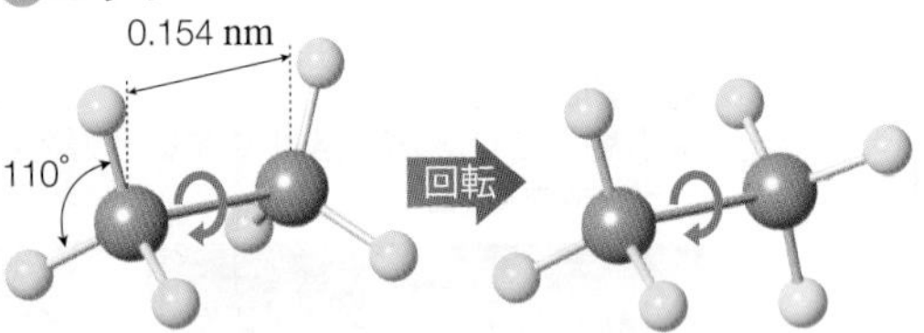

水素原子が互いに最も離れた構造が一番安定である。

(➡p.241)

```
    H   H
    |   |
H - C - C - H
    |   |
    H   H
```

プロパン

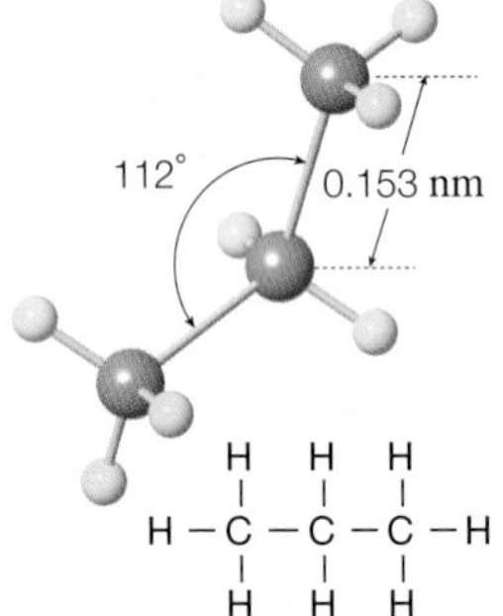


```
    H   H   H
    |   |   |
H - C - C - C - H
    |   |   |
    H   H   H
```

炭素原子の数	構造異性体の数
4	2
5	3
6	5
7	9
8	18
9	35
10	75
20	366,319
30	4,111,846,763

炭素数 4 以上のアルカンは構造異性体をもつ。

3 アルカンの反応　置換反応 substitution reaction

アルカンは反応性に乏しいが，光を当てるとハロゲンと置換反応を起こす。 化学

ヘキサンに臭素を加える。　光を当てる。　置換反応が起こる。

$$C_6H_{14} + Br_2 \longrightarrow C_6H_{13}Br + HBr$$

置換反応と構造異性体

ヘキサンの 1 つの水素原子と臭素原子が置換したものには，次のような構造異性体が存在する。

1-ブロモヘキサン

```
          対称面
           ③  ②  ①
C - C - C ┼ C - C - C
                    |
                    Br
```

2-ブロモヘキサン

```
          対称面
           ③  ②  ①
C - C - C ┼ C - C - C
                |
                Br
```

3-ブロモヘキサン

```
          対称面
           ③  ②  ①
C - C - C ┼ C - C - C
            |
            Br
```

対称面に注意して数えると，3 つの構造異性体が存在することがわかる。

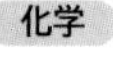 思考 C_5H_{10} のシクロアルカンには構造異性体と幾何異性体を合わせて何種類あるか。

4 メタン CH_4
methane

最も簡単な構造のアルカン。無色・無臭の気体で，空気より軽く，水に溶けにくい。

化学

製法

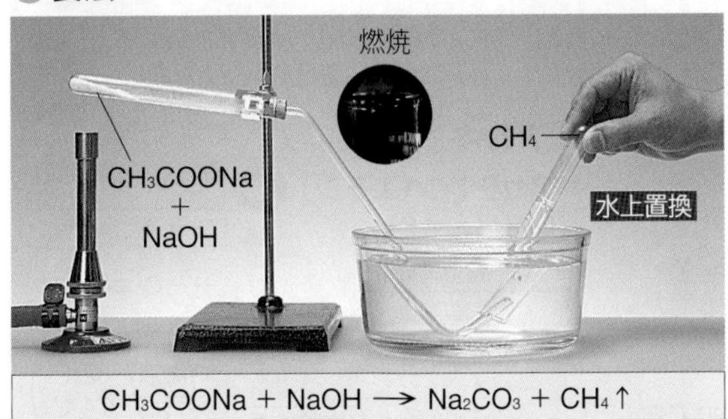

$$CH_3COONa + NaOH \longrightarrow Na_2CO_3 + CH_4\uparrow$$

酢酸ナトリウムと水酸化ナトリウムをよく混合して加熱すると発生する。火をつけると燃える。

TOPICS

メタンハイドレート

水分子がカゴ状の構造をつくり，その中にメタン分子が取り込まれた包接水和物である。見かけは氷と似ているが，火をつけると燃える。深海に多く存在していることがわかっており，代替エネルギーとして注目されている。

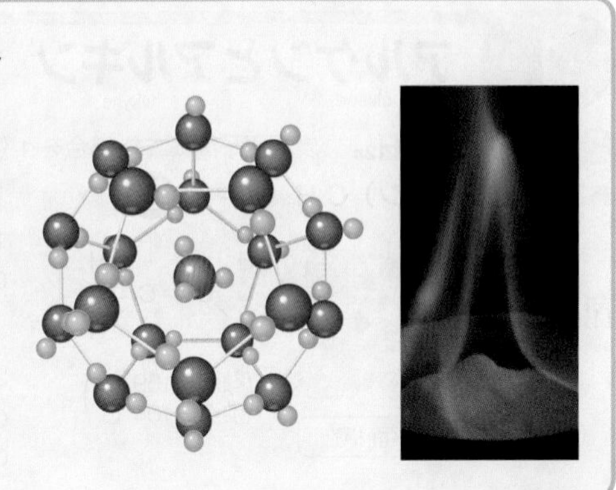

置換反応

メタンと塩素の混合物に紫外線を当てると，メタンの水素原子が段階的に塩素原子に置き換わる置換反応を起こす(➡p.138)。

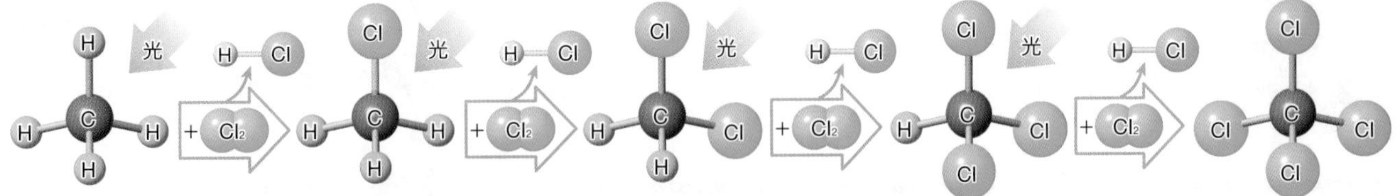

メタン	クロロメタン（塩化メチル）	ジクロロメタン（塩化メチレン）	トリクロロメタン（クロロホルム）	テトラクロロメタン（四塩化炭素）
CH_4	CH_3Cl	CH_2Cl_2	$CHCl_3$	CCl_4
融点 −183℃／沸点 −162℃	融点 −98℃／沸点 −24℃	融点 −97℃／沸点 40℃	融点 −64℃／沸点 61℃	融点 −29℃／沸点 77℃

5 アルカンの利用

アルカンは空気中で燃えて二酸化炭素と水になり，多量の熱を発生する。

化学

アルカンは，石油や天然ガスからとれる(➡p.272)。

メタン CH_4

プロパン

ブタン

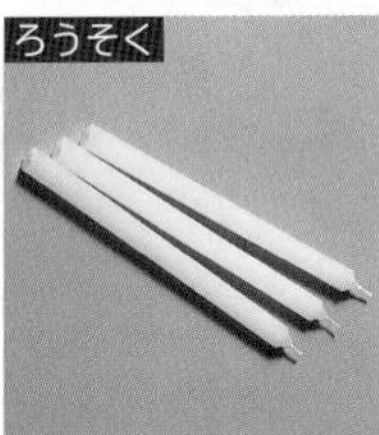

パラフィン

6 シクロアルカン
cycloalkane

環を1個もつ飽和炭化水素の総称。シクロアルカンの一般式は C_nH_{2n} で表される。

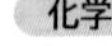

分子式 C_nH_{2n}	名称	融点〔℃〕	沸点〔℃〕
C_3H_6	シクロプロパン	−128	−33
C_4H_8	シクロブタン	<−80	12
C_5H_{10}	シクロペンタン	−93	49
C_6H_{12}	シクロヘキサン	6	81

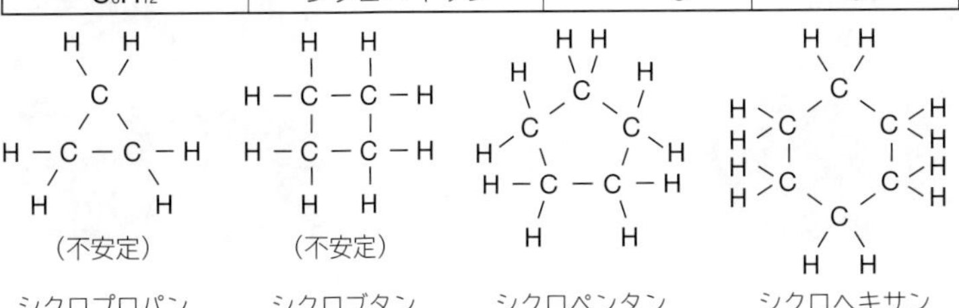

シクロプロパン　シクロブタン　シクロペンタン　シクロヘキサン

シクロアルカンは環を1個もち，一般式は C_nH_{2n} で表される。化学的性質はアルカンに似ており，反応性に乏しい。

立体構造(➡p.235)

▶いす形構造　▶舟形構造

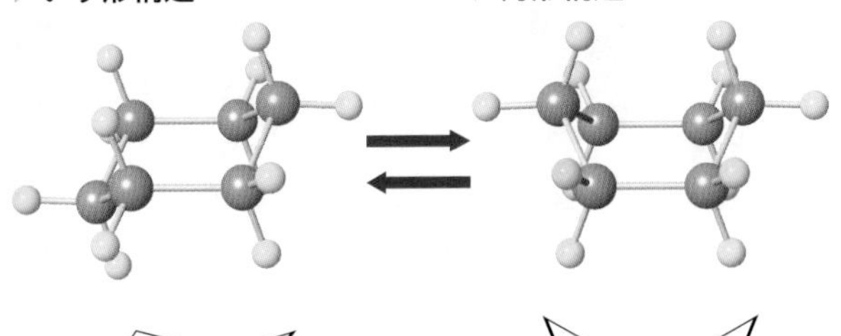

いす形　舟形

シクロヘキサンは，いす形と舟形の立体構造をとる。いす形の方が安定である。構造式の頂点には CH_2 が省略されている。

表現 アルカンは水にはほとんど溶けないが有機溶媒には溶けやすい。それはなぜか。

4 アルケンとアルキン

Alkenes and alkynes

1 アルケンとアルキン

alkene　alkyne

二重結合を1個もつ鎖式炭化水素をアルケンという。一般式は C_nH_{2n} で表す。語尾が -ene となる。
三重結合を1個もつ鎖式炭化水素をアルキンという。一般式は C_nH_{2n-2} で表す。語尾が -yne となる。

化学

アルケン C_nH_{2n}

炭素原子間に二重結合を1個もつ。二重結合は回転できない。

▶エチレン(エテン) C_2H_4 ($n=2$)

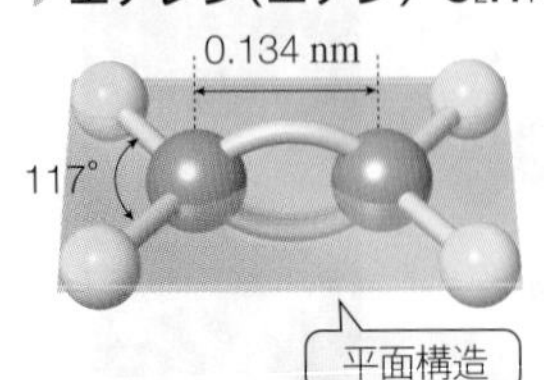

H₂C＝CH₂ の構造式：$\mathrm{H_2C{=}CH_2}$

(融点 −169 ℃、沸点 −104 ℃)

▶プロペン(プロピレン) C_3H_6 ($n=3$)

構造式：$\mathrm{H_2C{=}CH{-}CH_3}$

(融点 −185 ℃、沸点 −47 ℃)

▶ C_4H_8 ($n=4$)の異性体

1-ブテン
$\mathrm{CH_3-CH_2-CH{=}CH_2}$
(融点 −185 ℃、沸点 −6 ℃)

2-メチルプロペン
$\mathrm{(CH_3)_2C{=}CH_2}$
(融点 −140 ℃、沸点 −7 ℃)

シス-2-ブテン
$\mathrm{CH_3(H)C{=}C(H)CH_3}$（$CH_3$ が同じ側）
(融点 −139 ℃、沸点 4 ℃)

トランス-2-ブテン
$\mathrm{CH_3(H)C{=}C(H)CH_3}$（$CH_3$ が反対側）
(融点 −106 ℃、沸点 1 ℃)

アルキン C_nH_{2n-2}

炭素原子間に三重結合を1個もつ。

▶アセチレン(エチン) C_2H_2 ($n=2$)

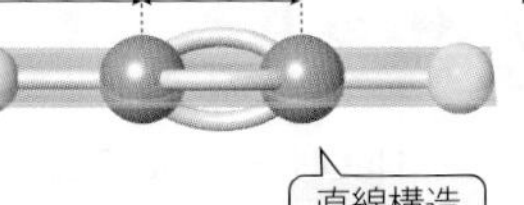

三重結合より短い

$\mathrm{H-C{\equiv}C-H}$

(融点 −82 ℃、沸点 −74 ℃)

▶メチルアセチレン(プロピン) C_3H_4 ($n=3$)

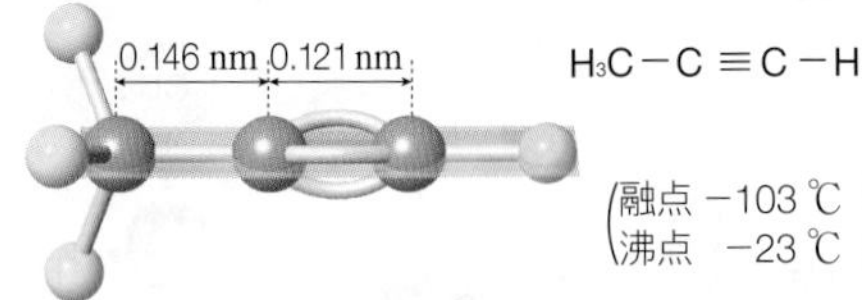

$\mathrm{H_3C-C{\equiv}C-H}$

(融点 −103 ℃、沸点 −23 ℃)

2 エチレン(エテン) C_2H_4

ethylene

最も簡単な構造のアルケン。無色でかすかに甘いにおいのある気体で水に溶けにくい。

化学

製法

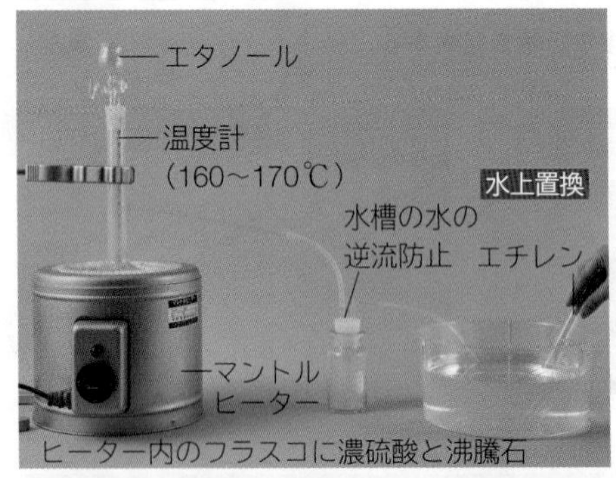

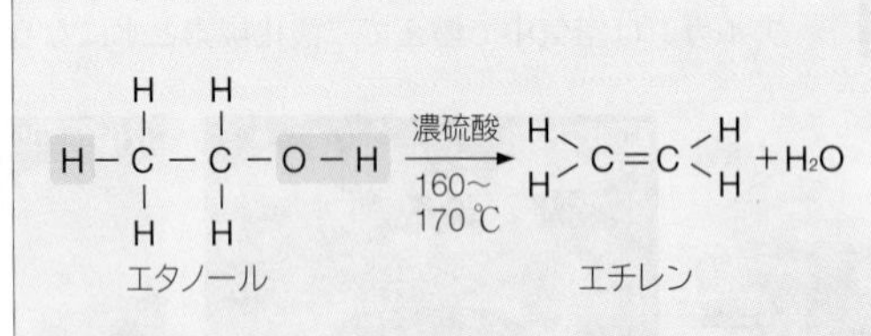

エタノール1分子から水が1分子とれる。

エタノールに触媒として濃硫酸を加え，**160～170℃**に加熱すると，脱水反応が起こりエチレンが発生する。

植物ホルモンとしてのエチレン

エチレンは植物ホルモンの一種で熟した果実などでつくられる。果物の成熟や落葉，落果をうながす。リンゴとバナナを一緒に保存すると，リンゴから発生するエチレンによりバナナが熟す。

3 アセチレン(エチン) C_2H_2

acetylene

最も簡単な構造のアルキン。無色・無臭の気体で水に溶けにくい。

化学

製法

炭化カルシウム(カーバイド)と水の反応で発生する。

$$CaC_2 + 2H_2O \longrightarrow Ca(OH)_2 + C_2H_2\uparrow$$

燃焼

アセチレンが完全燃焼すると約3000℃の高温が得られる。酸素アセチレン炎として金属の切断に用いる。

アセチリド

銀アセチリドは，乾くと爆音を発して分解する。

$$HC\equiv CH + 2AgNO_3 + 2NH_3 \longrightarrow AgC\equiv CAg + 2NH_4NO_3$$

思考 シス-2-ブテンとトランス-2-ブテンではシス形の方がトランス形に比べて少し沸点が高い。それはなぜか。

4 アルケンとアルキンの反応(1) 付加

アルケンの二重結合やアルキンの三重結合は，種々の物質と付加反応を起こす。 化学

エチレン＋臭素水

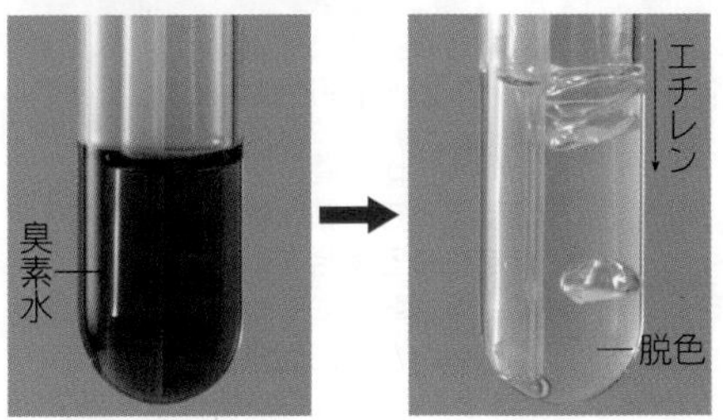

二重結合に臭素が付加し，臭素の色が消える。

アセチレン＋臭素水

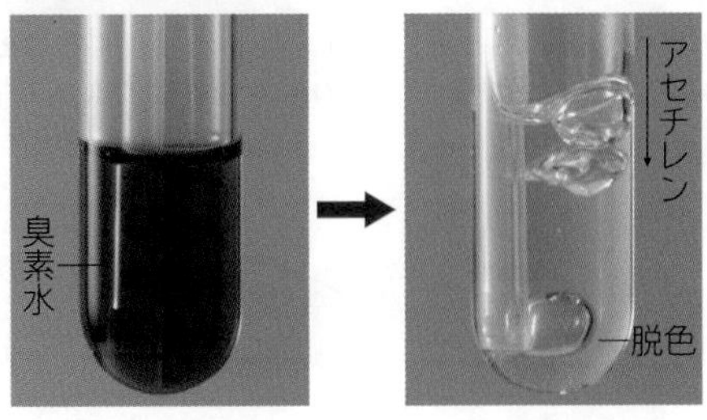

三重結合に臭素が付加し，臭素の色が消える。

エチレンと臭素との付加反応

$$H_2C=CH_2 + Br-Br \longrightarrow H_2CBr-CH_2Br$$

エチレン ＋ 臭素 → 1,2−ジブロモエタン

二重結合に臭素が付加する。

マルコフニコフ則

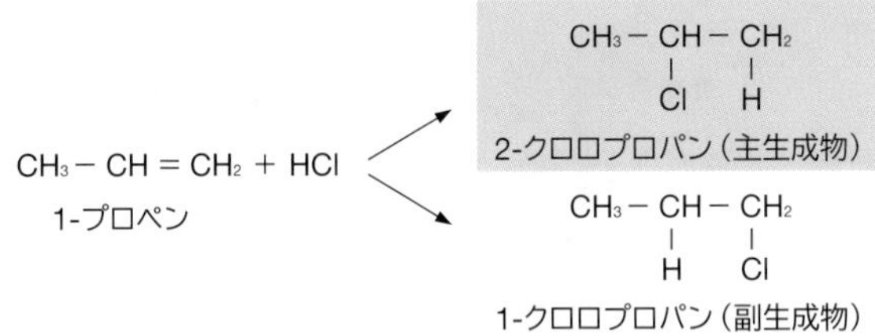

ハロゲン化水素 HX(X＝Cl，Br，I)は，アルケンの炭素−炭素二重結合に付加する。分子構造が炭素−炭素二重結合に対して対称ではないアルケンに HX が付加する反応は，H が置換基のより少ない(水素原子のより多い)炭素原子に結合し，X が置換基のより多い炭素原子に結合した生成物が主生成物として得られる。この経験則を**マルコフニコフ則**という。

ケト−エノール互変異性

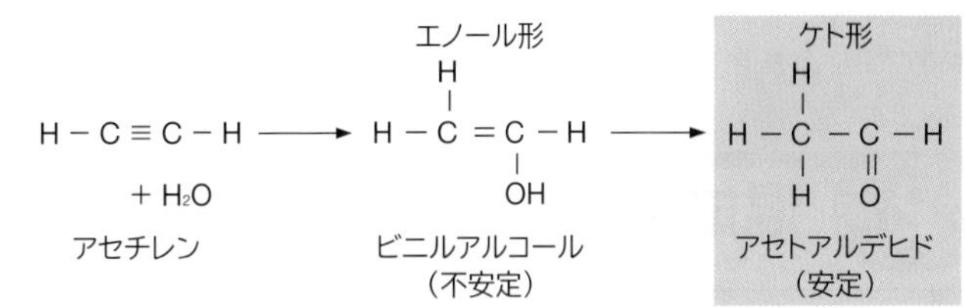

アセチレンと水との反応で生じたビニルアルコールは不安定で，ただちにアセトアルデヒドに異性化する。ビニルアルコールのように，一般に二重結合にヒドロキシ基が結合した構造をエノール形といい，ヒドロキシ基の H^+ が二重結合炭素に移動して生成するカルボニル化合物と平衡の関係にある。このカルボニル化合物をケト形といい，エノール形とケト形がたがいに変化しあう現象を，**ケト−エノール互変異性**という。

5 アルケンとアルキンの反応(2) 酸化

アルケンの二重結合やアルキンの三重結合は，$KMnO_4$ などで酸化される。 化学

メタン＋ $KMnO_4$

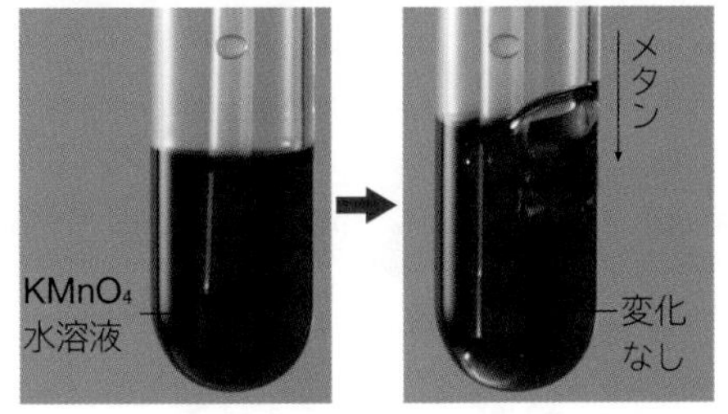

メタンは不飽和結合をもたないので，酸化されにくい。

エチレン＋ $KMnO_4$

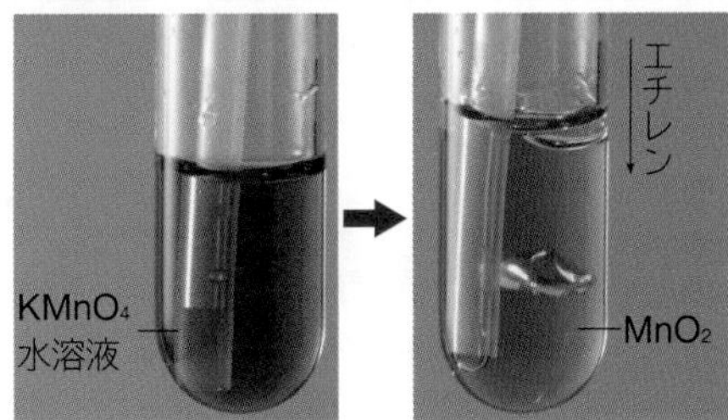

エチレンの二重結合が酸化され，$KMnO_4$ は還元されて MnO_2 になる。

アセチレン＋ $KMnO_4$

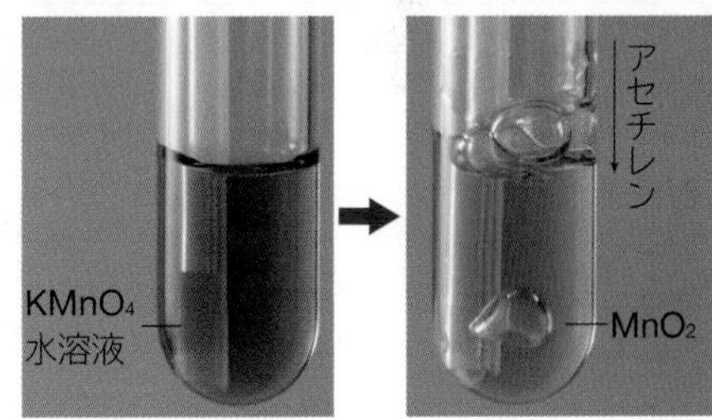

アセチレンの三重結合が酸化され，$KMnO_4$ は還元されて MnO_2 になる。

アルケンの酸化

$$>C=C< \xrightarrow{KMnO_4} \text{(環状中間体 C−O−Mn(=O)(−O}^-\text{)−O−C)} \xrightarrow{KOH} >C(OH)-C(OH)< + MnO_2$$

$$R^1R^2C=CHR^3 \xrightarrow{KMnO_4,\ H^+} R^1R^2C=O + R^3-COOH$$

$$R^1R^2C=CR^3R^4 \xrightarrow[-78℃]{O_3,\ CH_2Cl_2} \text{オゾニド} \xrightarrow[CH_3COOH]{Zn} R^1R^2C=O + O=CR^3R^4$$

▶過マンガン酸カリウム $KMnO_4$ による酸化（塩基性条件）

左の反応経路に示すように，環状の中間体を経て，2 価アルコールと黒色の沈殿 MnO_2 が生成する。

▶過マンガン酸カリウム $KMnO_4$ による酸化（酸性条件）

左のようにアルケンの炭素−炭素二重結合を開裂し，ケトンとカルボン酸が生成する。このとき，R^3 が H の場合，R^3-COOH の中の炭素原子は二酸化炭素まで酸化され二酸化炭素と水が生成する。

▶オゾン O_3 による酸化（オゾン分解）

アルケンに低温でオゾンを作用させると，まず環状化合物(オゾニド)が生成する。それを亜鉛−酢酸で還元する。この結果，二重結合が切断されて，2 種のカルボニル化合物が生成する。

5 混成軌道と分子の形
Hybrid orbitals and molecular geometry

1 共有結合

原子が電子を1個ずつ出しあって，それを互いに共有することによってできた結合を共有結合という。共有結合にはσ結合，π結合があり，その組み合わせによって単結合，二重結合，三重結合が形成される。 発展 化学

σ（シグマ）結合とπ（パイ）結合

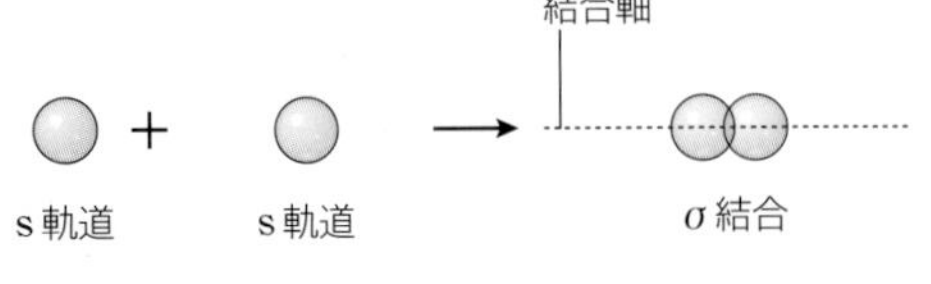

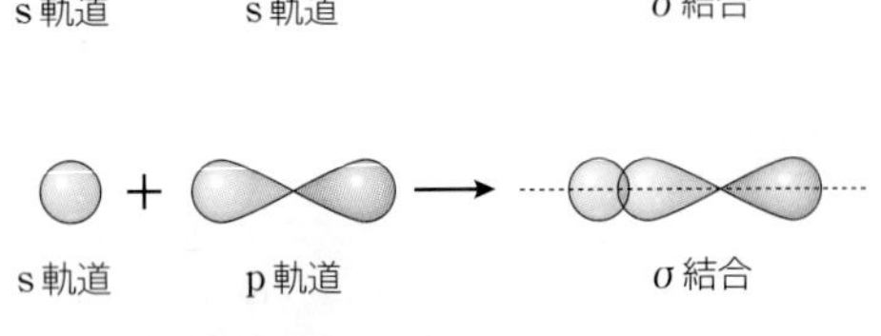

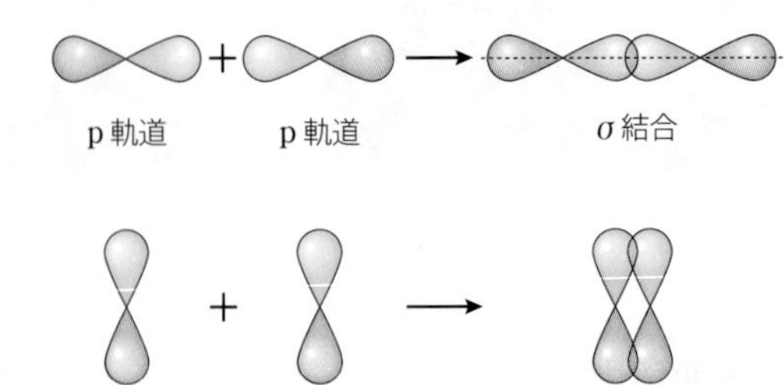

s軌道やp軌道が接近して結合を形成するとき，結合軸にそって共有結合を生じる場合をσ結合という。σ結合は回転しても軌道の重なりは変化しないため回転が可能である。一方，p軌道どうしが結合軸と直交したところに結合を生じる場合をπ結合という。π結合は結合軸を中心に回転すると電子の存在確率が低くなり結合は切れてしまう。
（アルファベットでs，pにあたるギリシャ語が，σ，πである）

2 混成軌道
hybrid orbital

s軌道とp軌道などの電子軌道を混ぜあわせてできた新しい軌道を，混成軌道という。そのとき使ったもとの電子軌道と同じ数の混成軌道ができる。混成軌道の形，エネルギーはすべて等しい（➡ p.32）。

化学

	sp^3 混成軌道	sp^2 混成軌道	sp 混成軌道
電子配置	エネルギー：2p（2px 2py 2pz）• • ／ 2s •• ／ 1s •• → 移動 → 混成 → sp^3 • • • • ／ 1s ••	エネルギー：2p（2px 2py 2pz）• • ／ 2s •• ／ 1s •• → 移動 → 混成 → 2pz • ／ sp^2 • • • ／ 1s ••	エネルギー：2p（2px 2py 2pz）• • ／ 2s •• ／ 1s •• → 移動 → 混成 → 2py 2pz • • ／ sp • • ／ 1s ••
	炭素原子の2s軌道にある電子を1つ，2p軌道に入れる。2s軌道と3個の2p軌道を混成させ，4個のsp^3混成軌道をつくる（軌道を混成させるとエネルギーが低くなり，安定化する）。	炭素原子の2s軌道にある電子を1つ，2p軌道に入れる。次に2s軌道と2個の2p軌道を混成させ，3個のsp^2混成軌道をつくる。	炭素原子の2s軌道にある電子を1つ，2p軌道に入れる。次に2s軌道と1個の2p軌道を混成させ，2個のsp混成軌道をつる。
電子軌道	2s + 2px + 2py + 2pz → sp^3混成 → sp^3混成軌道	2s + 2px + 2py → sp^2混成 → sp^2混成軌道	2s + 2px → sp混成 → sp混成軌道
混成軌道の形	sp^3混成軌道（sp^3，109.5°）正四面体形	sp^2混成軌道（120°，2pz，sp^2，z，y，x）平面形	sp混成軌道（2pz，2py，180°，sp，z，y，x）直線形
説明	4個のsp^3混成軌道にはそれぞれ不対電子が1つずつ入っており，原子核から互いに109.5°の角度をなして，その頂点を結ぶと正四面体になる。	3個のsp^2混成軌道にはそれぞれ不対電子が1つずつ入っており，同一平面上で互いに120°の角度をなして平面三角形になる。1つだけ残った$2p_z$軌道がその平面に垂直になっている。	2個のsp混成軌道は互いに反対方向を向き，混成に加わらなかった2個の2p軌道（$2p_y$，p_z軌道）は混成軌道（x軸方向）と直交している。

思考 エタン，エチレン，アセチレンの順番に炭素原子間の距離が短くなるのはなぜか。

3 分子の形

共有結合においてどのような軌道を共有するかで分子の形が決まる。メタンは正四面体形，エチレンは平面形，アセチレンは直線形になる。

化学

	結合過程	分子の形	説明
メタン CH_4	sp^3 + 1s H H H H → σ結合	正四面体形	炭素原子の正四面体頂点方向に広がる4つの sp^3 混成軌道と水素原子の 1s 軌道で，4つのσ結合を形成する。よって，メタン分子は正四面体形になる。
エチレン C_2H_4	sp^2 → σ結合	π結合 平面形	炭素原子の2つの sp^2 混成軌道と2つの水素原子の 1s 軌道でσ結合を形成する。また，炭素原子間では炭素原子のもう1つの sp^2 混成軌道どうしがσ結合を形成する。さらに，炭素原子の 2p 軌道どうしでπ結合を形成する。炭素－炭素間の結合は，1つのσ結合と1つのπ結合から形成されているため二重結合となる。よって，エチレン分子は平面形になる。
アセチレン C_2H_2	H + sp + sp + H → σ結合	π結合 直線形	炭素原子の1つの sp 混成軌道と1つの水素原子の 1s 軌道でσ結合を形成する。また，炭素原子間では炭素原子のもう1つの sp 混成軌道どうしがσ結合を形成する。炭素－炭素間の結合は1つのσ結合と2つのπ結合から形成されているため三重結合となる。よって，アセチレン分子は直線形になる。
ベンゼン C_6H_6	π結合 $2p_z$結合 sp^2混成軌道 ベンゼン分子の各炭素原子はすべて sp^2 混成軌道を形成している。3個ある sp^2 混成軌道のうちの2個は，隣接する炭素－炭素間のσ結合を形成する。残りの1個は，水素原子の 1s 軌道とσ結合を形成する。また混成軌道に使われなかった $2p_z$ 軌道は，右図のように重なり合って炭素－炭素間で重なり合い，π結合を形成する。π結合を形成する電子はπ電子とよばれる。	π電子雲	π電子は6個の炭素原子から等しく束縛を受けており，6個の原子上に広がって存在している。このような状態を電子の非局在化とよび，この状態では電子のもつエネルギー状態は低く，分子全体が安定化する。ベンゼン分子の炭素－炭素間結合の距離はすべて等しくなっており，分子は正六角形の構造になる。

4 分子の立体的安定性

原子どうしが立体的に近づく重なり形よりも，原子どうしが立体的に離れるねじれ形がエネルギー的に安定な構造となる。

化学 発展

ニューマン投影式

炭素－炭素結合を軸に他の原子がどのような立体配置にあるか表したものを**ニューマン投影式**という。

▶エタンのニューマン投影式

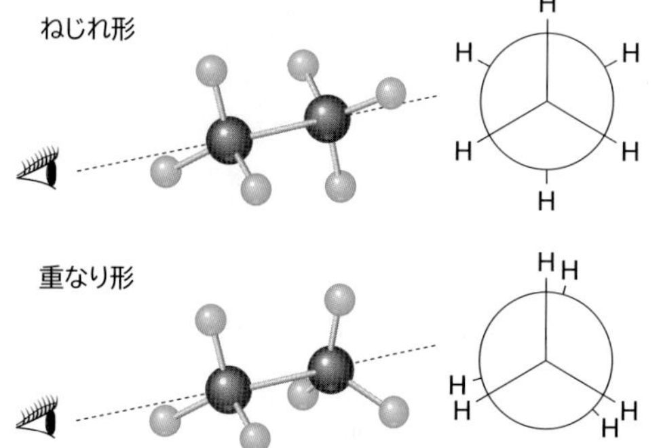

立体的安定性

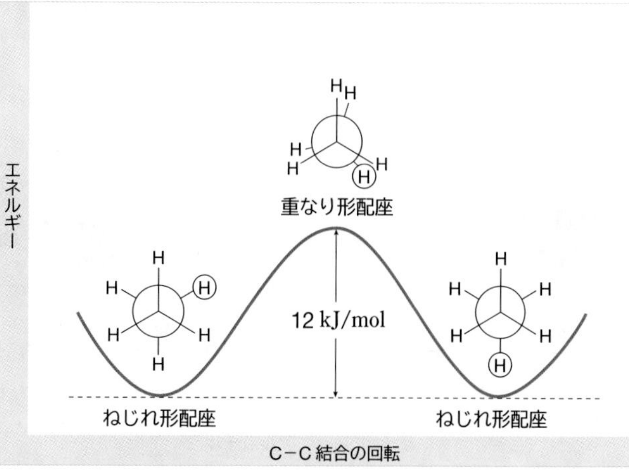

エタンは単結合をもつため，炭素－炭素間の結合は自由に回転することができる。炭素が回転したときの水素の位置により，重なり形とねじれ形に分類される。このうち，ねじれ形は水素どうしが立体的に離れているため，重なり形よりエネルギーが低く，安定である。

4 有機化合物

化学

6 アルコールとエーテル

Alcohols and ethers

1 アルコール alcohol

アルコールはヒドロキシ基－OHをもち，一般式R－OH。分子中のヒドロキシ基の数やヒドロキシ基が結合した炭素原子に直接結合する他の炭素原子の数によって分類される。

化学

アルコール

炭素数	名称	示性式	融点〔℃〕	沸点〔℃〕
1	メタノール	CH_3OH	−98	65
2	エタノール	C_2H_5OH	−115	78
3	1-プロパノール	$CH_3(CH_2)_2OH$	−127	97
	2-プロパノール	$(CH_3)_2CHOH$	−90	82
4	1-ブタノール	$CH_3(CH_2)_3OH$	−90	117
	2-ブタノール	$C_2H_5CH(CH_3)OH$	−115	99
	2-メチル-1-プロパノール	$(CH_3)_2CHCH_2OH$	−108	108
	2-メチル-2-プロパノール	$(CH_3)_3COH$	26	83

溶解性　炭素数が多いほど，水に溶けにくい。

CH_3OH＋水	C_2H_5OH＋水	C_3H_7OH＋水	C_4H_9OH＋水
			アルコールを少し溶かした水／溶けきらないアルコール
炭素数1〜3は水に溶けやすい。			炭素数4以上は，一般に水に溶けにくい。

アルコールの価数

1価アルコール	2価アルコール	3価アルコール
$-\underset{\mid}{\overset{\mid}{C}}-OH$	$-\underset{OH}{\overset{\mid}{C}}-\underset{OH}{\overset{\mid}{C}}-$	$-\underset{OH}{\overset{\mid}{C}}-\underset{OH}{\overset{\mid}{C}}-\underset{OH}{\overset{\mid}{C}}-$
$H-\underset{H}{\overset{H}{C}}-\underset{H}{\overset{H}{C}}-OH$ エタノール	$H-\underset{OH}{\overset{H}{C}}-\underset{OH}{\overset{H}{C}}-H$ 1, 2-エタンジオール（エチレングリコール）	$H-\underset{OH}{\overset{H}{C}}-\underset{OH}{\overset{H}{C}}-\underset{OH}{\overset{H}{C}}-H$ 1, 2, 3-プロパントリオール（グリセリン）

分子中のヒドロキシ基－OHの数がn個のものを**n価アルコール**という。$n \geqq 2$のアルコールは，多価アルコールとよばれる。2価アルコールは「-diol」，3価アルコールは「-triol」と命名する。

1価アルコールの級数

第一級アルコール	第二級アルコール	第三級アルコール
$R-CH_2-OH$ （RはHでもよい）	$R-\underset{R'}{CH}-OH$	$R-\underset{R''}{\overset{R'}{C}}-OH$
$CH_3CH_2CH_2-CH_2-OH$ 1-ブタノール	$CH_3CH_2-\underset{CH_3}{CH}-OH$ 2-ブタノール （*s*-ブチルアルコール）	$CH_3-\underset{CH_3}{\overset{CH_3}{C}}-OH$ 2-メチル-2-プロパノール （*t*-ブチルアルコール）

ヒドロキシ基－OHが結合した炭素原子に直接結合する他の炭素原子の数がn個のものを**第n級アルコール**という。なお，$n = 0$のメタノールは，第一級アルコールに分類する。（R, R′, R″は炭化水素基を示す。*s*-は*secondary*（セカンダリー），*t*-は*tertiary*（ターシャリー）の略記号である。）

2 アルコールの反応(1) 酸化

アルコールの酸化は，第一級，第二級，第三級で結果が異なる。

化学

第一級アルコール→アルデヒド→カルボン酸

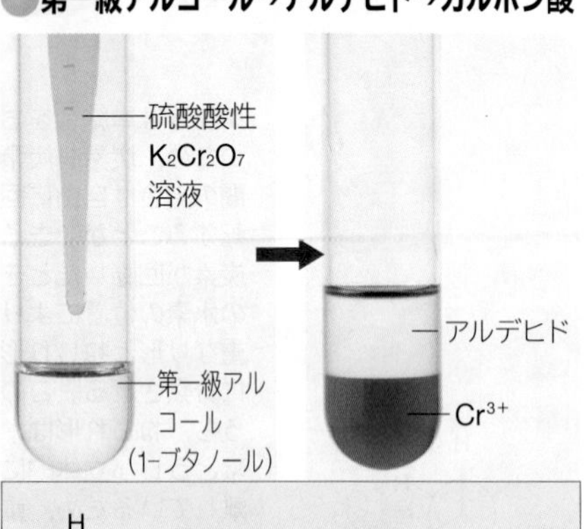

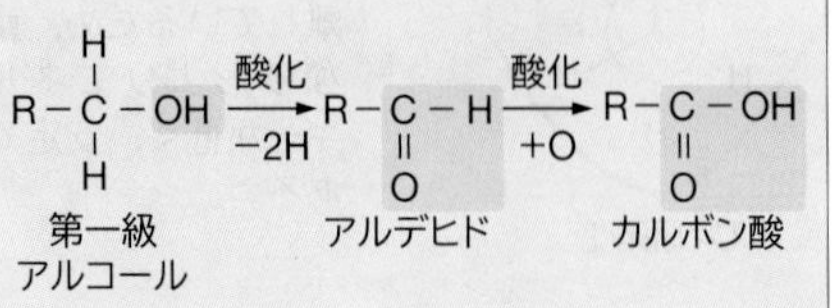

第二級アルコール→ケトン

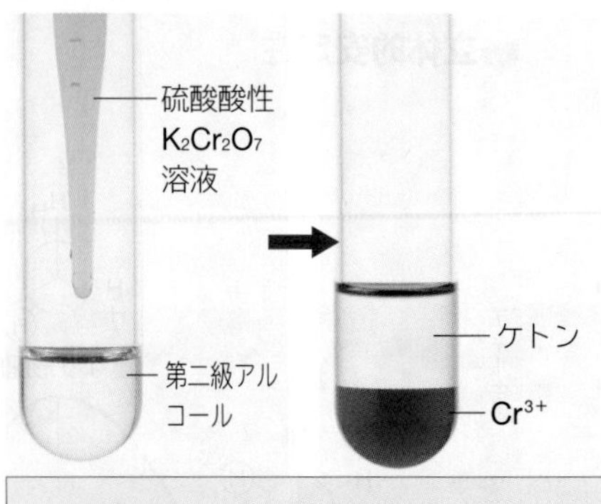

$$R-\underset{H}{\overset{R'}{C}}-OH \xrightarrow[-2H]{酸化} \begin{matrix}R\\R'\end{matrix}\!\!>C=O$$

第二級アルコール　　ケトン

第三級アルコール→酸化されにくい

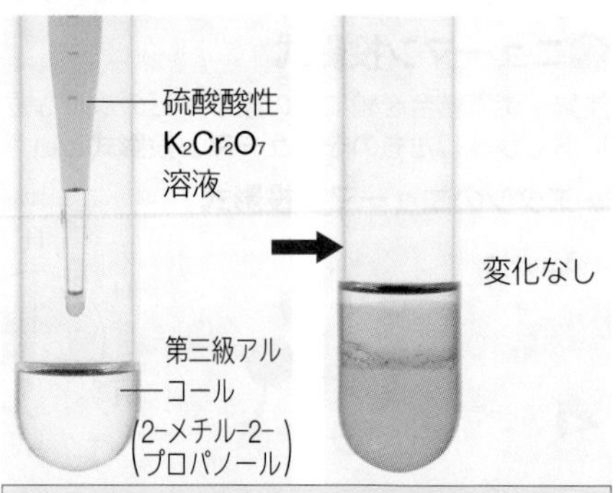

$$R-\underset{R''}{\overset{R'}{C}}-OH \longrightarrow 酸化されない$$

第三級アルコール

思考 アルコールの水への溶解性は，炭素数が多くなると低くなる。これはなぜか。

3 アルコールの反応(2) 脱水

分子間から水がとれるとエーテルが，分子内から水がとれるとアルケンが生成する。 化学

分子間の脱水でエーテル生成

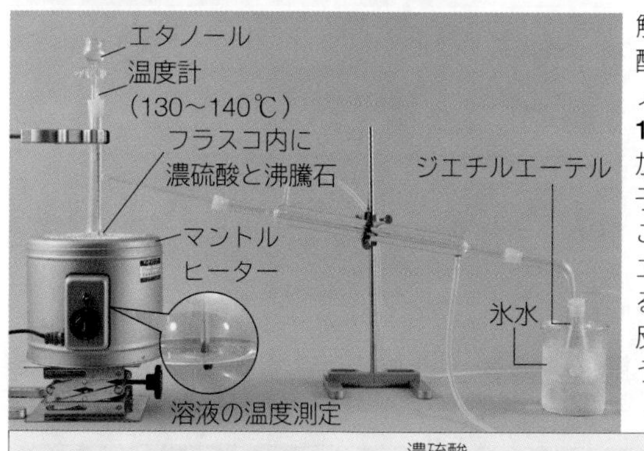

触媒として濃硫酸を加え，エタノールを滴下し，**130〜140℃** に加熱すると，分子間で脱水が起こり，ジエチルエーテルが生じる。このような反応を**縮合**という。

$$C_2H_5-O-H + H-O-C_2H_5 \xrightarrow[130\sim140℃]{濃硫酸} C_2H_5-O-C_2H_5 + H_2O$$

エタノール　ジエチルエーテル

分子内の脱水でアルケン生成

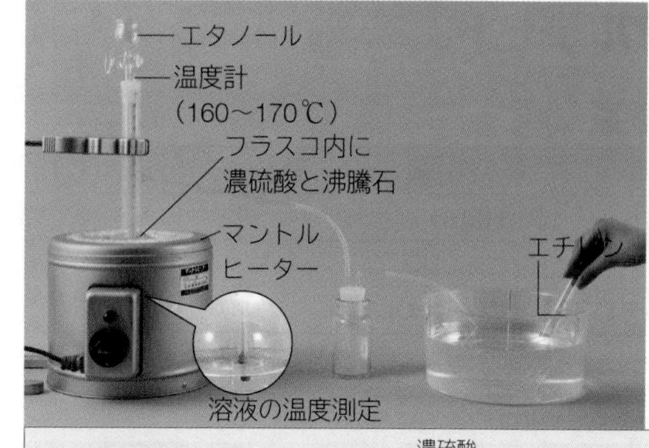

触媒として濃硫酸を加え，エタノールを滴下し，**160〜170℃** に加熱すると，分子内で脱水が起こり，エチレンが生じる。

$$H-CH_2-CH_2-OH \xrightarrow[160\sim170℃]{濃硫酸} CH_2=CH_2 + H_2O$$

エタノール　エチレン

4 エーテル ether

エーテルはエーテル結合 −O− をもち，一般式 R−O−R′。 化学

エーテル

炭素数	名称	示性式	融点〔℃〕	沸点〔℃〕
2	ジメチルエーテル	CH_3OCH_3	−142	−25
3	エチルメチルエーテル	$C_2H_5OCH_3$	—	7
4	ジエチルエーテル	$C_2H_5OC_2H_5$	−116	35

溶解性

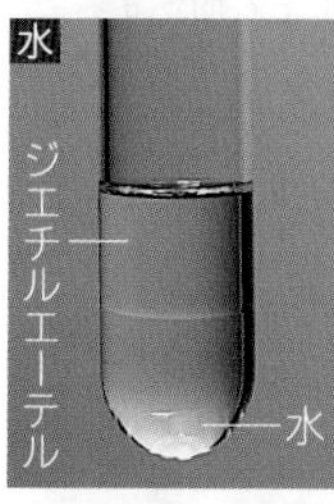

水に溶けにくい。

有機溶媒にはよく溶ける。

引火性

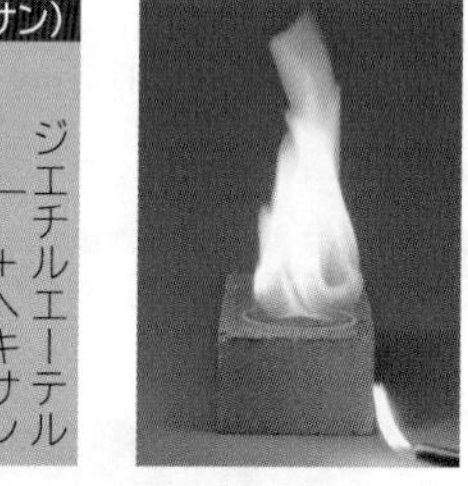

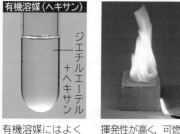

揮発性が高く，可燃性・引火性がある。

アルコールとエーテル

名称	エタノール	ジメチルエーテル
分子式	C_2H_6O	C_2H_6O
示性式	C_2H_5OH	CH_3OCH_3
構造式	H−C(H)(H)−C(H)(H)−OH	H−C(H)(H)−O−C(H)(H)−H
沸点〔℃〕	78	−25
融点〔℃〕	−115	−142

炭化水素基が鎖状飽和(アルキル基)で，−OH を1個もつアルコールは一般式 $C_nH_{2n+2}O$ で表され，エーテルと異性体の関係にある。アルコールは分子間に水素結合を生じるので，同じ炭素数のエーテルに比べ，沸点・融点が高い。

ザイツェフ則

$CH_2-CH-CH-CH_3$（H，OH，H：副，主）

2-ブタノール

→ $CH_3-CH=CH-CH_3$ 2-ブテン(主生成物)

→ $CH_2=CH-CH_2-CH_3$ 1-ブテン(副生成物)

アルコールの脱水反応でアルケンが生成するとき，ヒドロキシ基が結合している炭素の隣の炭素原子のうち，水素原子の数が少ないほうの炭素原子との間で二重結合が形成され，脱水反応を起こしたものが主生成物になる。これを**ザイツェフ則**という。

5 アルコールとエーテルと Na 化学

アルコール＋Na

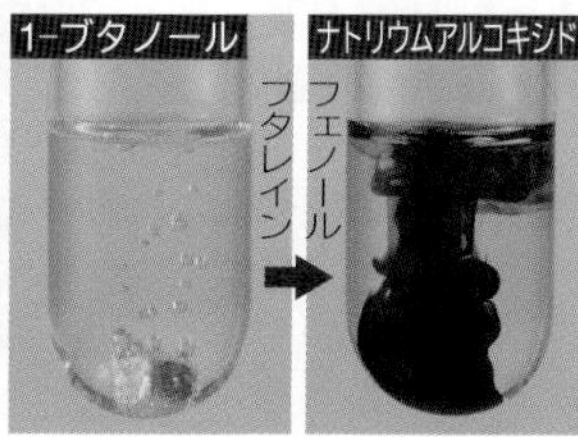

アルコールは Na と反応して水素を発生する。炭素数が多いほど反応はおだやかになる。また，その水溶液は塩基性を示す。

$$2ROH + 2Na \longrightarrow 2RONa + H_2\uparrow$$

ナトリウムアルコキシド

エーテル＋Na

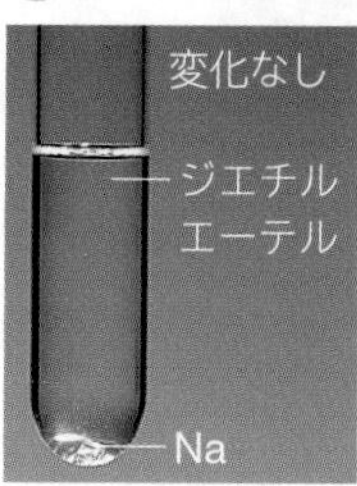

エーテルは Na と反応しない。この反応により，アルコールとエーテルを区別できる。

6 メタノールとエタノール methanol ethanol 化学

ヨードホルム反応

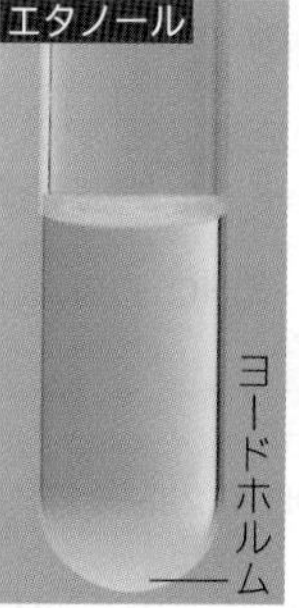

メタノール：H−C(H)(H)−OH

エタノール：CH_3−C(H)(H)−OH

$CH_3-CH(OH)-$ の構造をもつエタノールはヨードホルム反応を起こす。この反応を利用して，メタノールとエタノールを区別できる(➡p.245)。

$$C_2H_5OH + 4I_2 + 6NaOH \longrightarrow CHI_3 + HCOONa + 5NaI + 5H_2O$$

思考 $C_4H_{10}O$ の構造異性体の中で，酸化されにくいものはいくつあるか。

7 アルデヒドとケトン
Aldehydes and ketones

1 アルデヒド aldehyde

アルデヒドはホルミル基(アルデヒド基) $-CHO$ をもち，一般式 $R-CHO$。

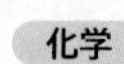

アルデヒド

名称	示性式	融点〔℃〕	沸点〔℃〕
ホルムアルデヒド	$HCHO$	−92	−19
アセトアルデヒド	CH_3CHO	−124	20
プロピオンアルデヒド	C_2H_5CHO	−80	48

分子量の小さいものは強い刺激臭をもち水溶性。ホルミル基は酸化されやすく還元性を示す。

$$R-CH_2-OH \xrightarrow[-2H]{酸化} R-C(=O)-H \xrightarrow[+O]{酸化} R-C(=O)-OH$$

第一級アルコール　アルデヒド　カルボン酸

アルデヒドは，第一級アルコールを酸化すると得られる。アルデヒドをさらに酸化すると，カルボン酸(➡p.246)になる。

2 アルデヒドの製法

アルデヒドは第一級アルコールの酸化で得られる。

化学

ホルムアルデヒド

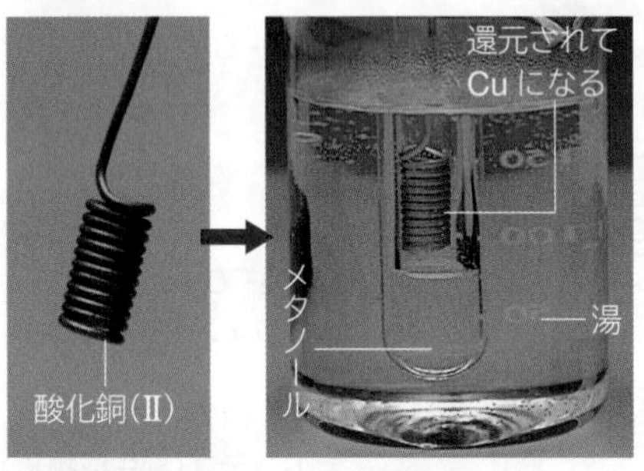

酸化銅(Ⅱ)でメタノールを酸化する。

$$CH_3OH + CuO \longrightarrow HCHO + Cu + H_2O$$

メタノール

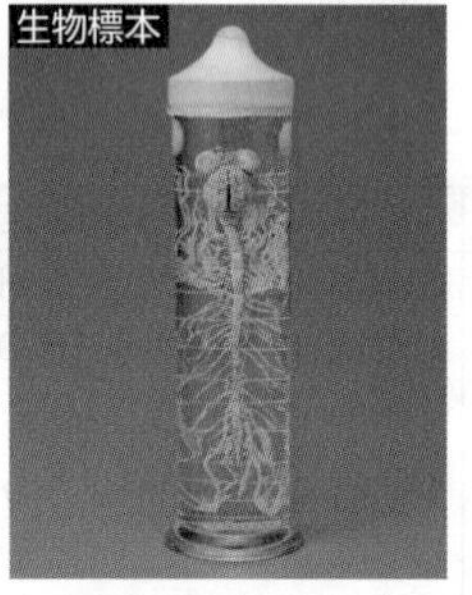

ホルムアルデヒドは水によく溶ける。約37％のホルムアルデヒドの水溶液を**ホルマリン**とよぶ。

アセトアルデヒド

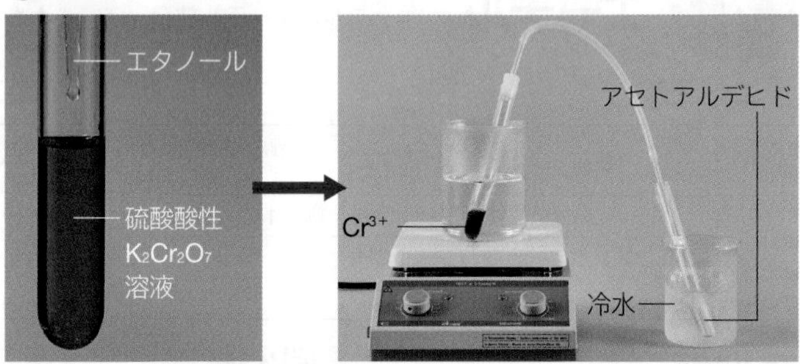

エタノールを硫酸酸性のニクロム酸カリウム水溶液に加えて加熱する。

$$3C_2H_5OH + Cr_2O_7^{2-} + 8H^+ \longrightarrow 3CH_3CHO + 2Cr^{3+} + 7H_2O$$

エタノール　アセトアルデヒド

3 アルデヒドの還元性(1) 銀鏡反応 silver mirror test

アンモニア性硝酸銀水溶液にアルデヒドを加えて加熱すると，銀が析出する。

硝酸銀水溶液に NH_3 水を加える。

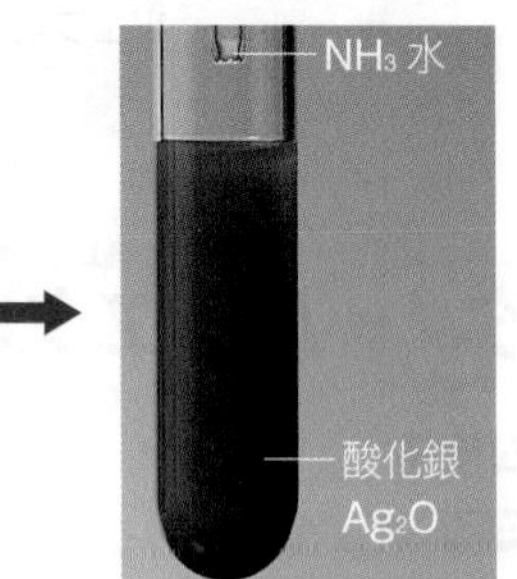

酸化銀の褐色沈殿ができるが，さらに NH_3 水を加えると沈殿は溶ける。

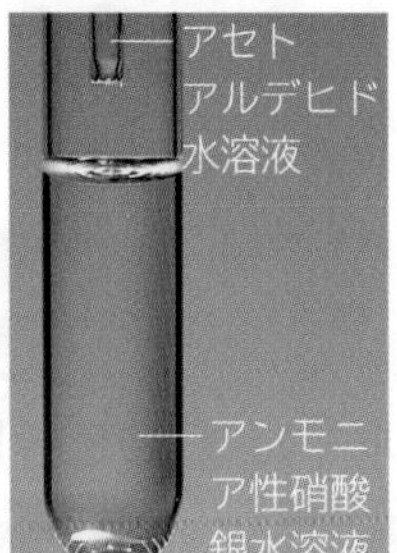

沈殿が溶けたらアルデヒドを加える。

湯(50～60℃)につけて温めると，銀が析出する。

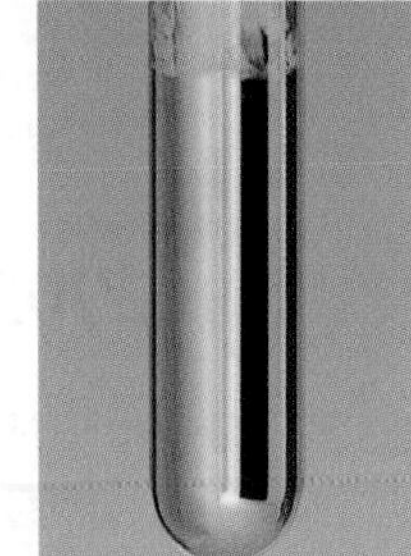

銀が鏡のように析出するので，この反応を**銀鏡反応**という。

$$R-CHO + 2[Ag(NH_3)_2]^+ + 3OH^- \longrightarrow R-COO^- + 2Ag + 4NH_3 + 2H_2O$$

アルデヒド　銀

[アルデヒドの中性条件下での半反応式]

$R-CHO + H_2O \longrightarrow R-COOH + 2e^- + 2H^+$ …①

塩基性では，①の両辺に OH^- を加え，

$R-CHO + 2OH^- \longrightarrow R-COOH + 2e^- + H_2O$ …②

さらに，塩基が過剰のときは②の $R-COOH$ が中和されるので，

$R-CHO + 3OH^- \longrightarrow R-COO^- + 2e^- + 2H_2O$ …③

[アンモニア性硝酸銀の半反応式]

$[Ag(NH_3)_2]^+ + e^- \longrightarrow Ag\downarrow + 2NH_3$ …④

③＋④×2より，

$R-CHO + 2[Ag(NH_3)_2]^+ + 3OH^-$
$\longrightarrow R-COO^- + 2Ag\downarrow + 4NH_3 + 2H_2O$

4 アルデヒドの還元性(2) フェーリング液の還元
Fehling's solution

フェーリング液にアルデヒドを加えて加熱すると酸化銅(I) Cu_2O の赤色沈殿を生じる。 化学

フェーリングA液
硫酸銅(Ⅱ)水溶液

フェーリングB液
酒石酸ナトリウムカリウムと水酸化ナトリウムの混合水溶液

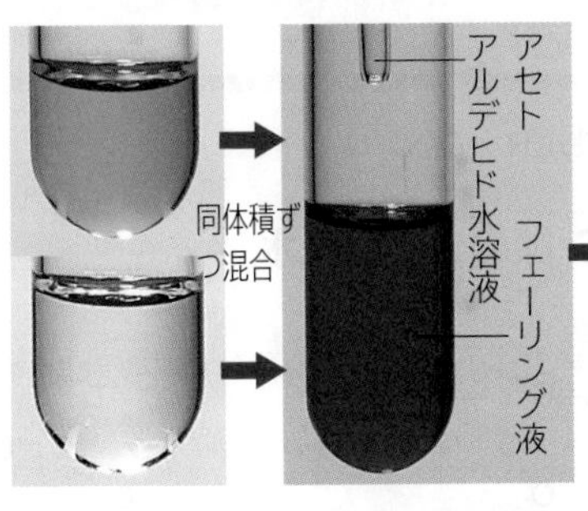

酸化銅(I)の赤色沈殿を生じる。

$$R-CHO + 2Cu^{2+} + 5OH^- \longrightarrow RCOO^- + Cu_2O\downarrow + 3H_2O$$

(R−CHO：アルデヒド，Cu_2O：酸化銅(I))

5 ケトン
ketone

ケトンはカルボニル基 −CO− をもち，一般式 R−CO−R′。

化学

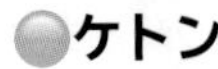

ケトン

名称	示性式	融点〔℃〕	沸点〔℃〕
アセトン	CH_3COCH_3	−95	56
エチルメチルケトン	$C_2H_5COCH_3$	−87	80

炭素原子数の少ないケトンはカルボニル基の極性のために水によく溶ける。

$$R-\underset{H}{\overset{R'}{C}}-OH \xrightarrow[-2H]{\text{酸化}} \begin{matrix}R\\R'\end{matrix}\!\!>C=O \longrightarrow \text{酸化されにくい}$$

(第二級アルコール → ケトン)

ケトンは，第二級アルコールを酸化すると得られる。ケトンは酸化されにくい。

6 アセトンの製法
acetone

ケトンは第二級アルコールの酸化で得られる。アセトンは酢酸カルシウムの乾留(熱分解)でも得られる。 化学

2−プロパノールの酸化

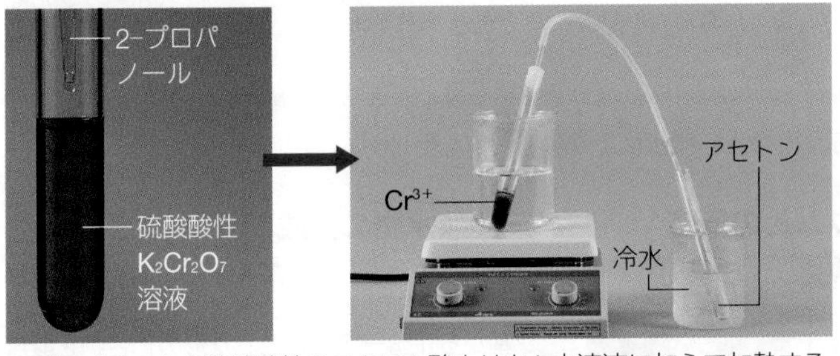

2−プロパノールを硫酸酸性のニクロム酸カリウム水溶液に加えて加熱する。

$$3(CH_3)_2CHOH + Cr_2O_7^{2-} + 8H^+ \longrightarrow 3CH_3COCH_3 + 2Cr^{3+} + 7H_2O$$

(2−プロパノール → アセトン)

酢酸カルシウムの乾留

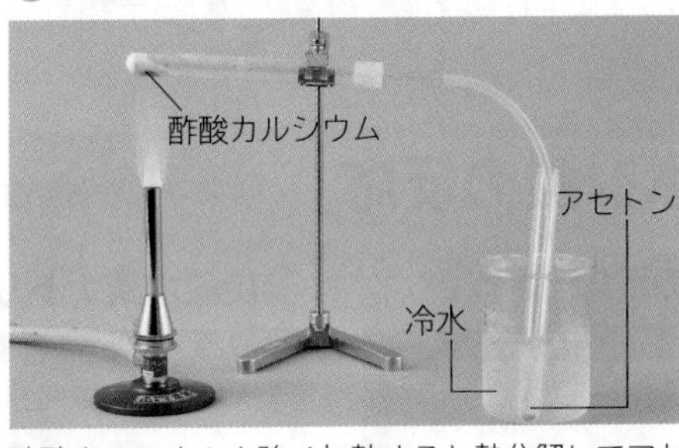

工業的には，ベンゼンを原料としたクメン法によって，フェノールと同時に得られる(➡p.257)。

酢酸カルシウムを強く加熱すると熱分解してアセトンができる。

$$(CH_3COO)_2Ca \longrightarrow CH_3COCH_3 + CaCO_3$$

(酢酸カルシウム → アセトン)

7 ヨードホルム反応
iodoform reaction

CH_3CO- や $CH_3CH(OH)-$ の検出に使われる。ヨードホルム CHI_3 の黄色沈殿を生じる。 化学

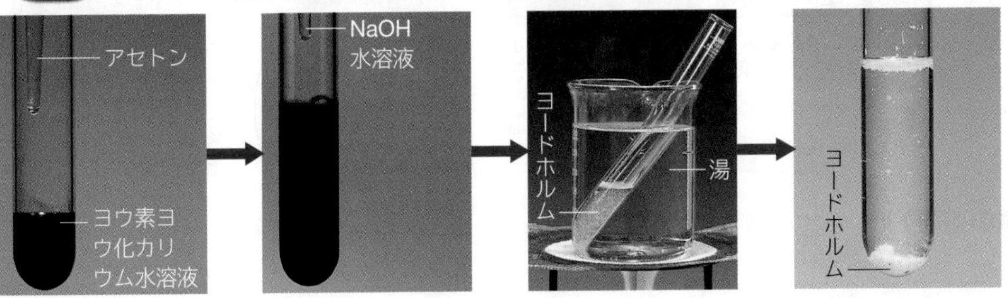

ヨウ素ヨウ化カリウム水溶液にアセトンを加える。 → I_2 の褐色が消えるまで，塩基を加える。 → 湯につけて温める。 → 特有の臭気をもつヨードホルム CHI_3 の黄色結晶が生じる。

$$CH_3COCH_3 + 3I_2 + 4NaOH \longrightarrow CHI_3\downarrow + CH_3COONa + 3NaI + 3H_2O$$

(アセトン → ヨードホルム)

POINT

次の構造のときヨードホルム反応を示す。

$CH_3-\underset{\|}{C}-$ (C=O)　　$CH_3-\underset{|}{CH}-$ (OH)

例 アセトアルデヒド，アセトン　　例 エタノール，2−プロパノール

・アセチル基をもっていても酢酸 CH_3COOH や酢酸のエステル CH_3COOR などはヨードホルム反応を示さない。
・ヨードホルムとともに生成する化合物の炭素数は，元の化合物の炭素数から1つ少なくなる。

思考 銀鏡反応やフェーリング反応を調べる際，塩基と硝酸銀水溶液や硫酸銅水溶液を混ぜるだけでなく，過剰なアンモニアや酒石酸ナトリウムカリウムをさらに加えるのはなぜか。

8 カルボン酸とエステル

Carboxylic acids and esters

1 カルボン酸

carboxylic acid

カルボン酸はカルボキシ基 − COOH をもち，一般式 R − COOH。

化学

カルボン酸

	名称	示性式	融点〔℃〕	沸点〔℃〕
1価	ギ酸	HCOOH	8	101
	酢酸	CH_3COOH	17	118
	プロピオン酸	C_2H_5COOH	−21	141
2価	シュウ酸	HOOC − COOH	100	110
	マレイン酸/フマル酸	HOOC−CH=CH−COOH	133/300	160/昇華
	アジピン酸	$HOOC-(CH_2)_4-COOH$	153	206
その他	乳酸	$CH_3CH(OH)COOH$	17	119

乳酸

CH_3
H − C* − OH
COOH

酒石酸

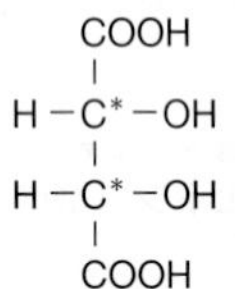

ヒドロキシ基をもつカルボン酸をヒドロキシ酸といい，乳酸や酒石酸(しゅせき)などがある。どちらも不斉炭素原子 C*をもち，鏡像異性体(光学異性体)が存在する。

マレイン酸の分子内脱水

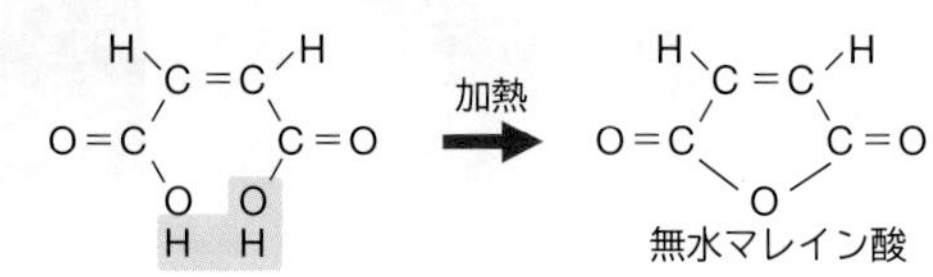

マレイン酸はシス型で，加熱すると容易に無水マレイン酸となる。そのため，フマル酸とは区別できる。

マレイン酸とフマル酸

マレイン酸

水素結合

分子間水素結合

分子内水素結合

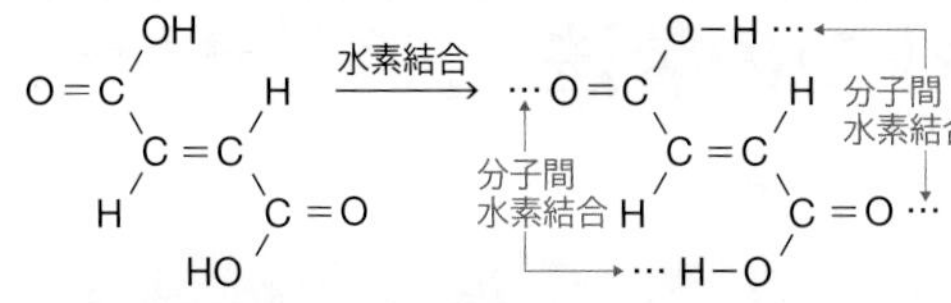

マレイン酸とフマル酸はシス-トランス異性体の関係にある(➡p.235)。シス形のマレイン酸は，分子間だけでなく分子内でも水素結合を形成するため，フマル酸よりも分子間力が弱くなる。また，マレイン酸は水に溶けるが，フマル酸は水には溶けない。

2 カルボン酸の反応

カルボン酸は弱酸性を示す。また，脱水により酸無水物を生成する。

化学

マグネシウムとの反応

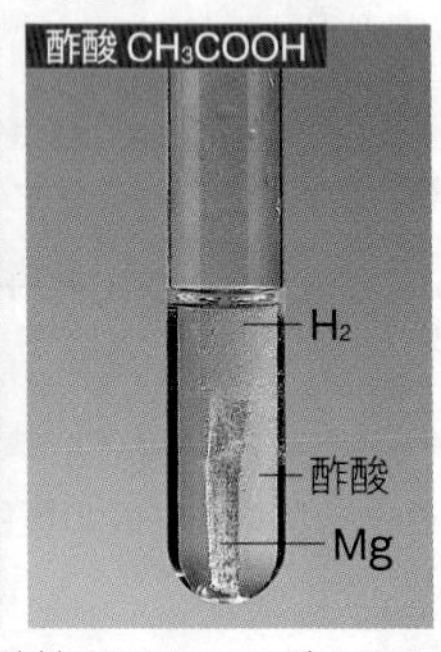

カルボン酸は電離し，酸性を示す。マグネシウムと反応すると，水素を発生する。

$RCOOH \longrightarrow RCOO^- + H^+$
$2RCOOH + Mg \longrightarrow (RCOO)_2Mg + H_2\uparrow$

炭酸水素ナトリウムとの反応

カルボン酸は炭酸より強い酸なので，炭酸水素ナトリウムと反応し，二酸化炭素を発生する(➡p.265)。

$RCOOH + NaHCO_3 \longrightarrow RCOONa + H_2O + CO_2\uparrow$

酸無水物の生成

酢酸に十酸化四リンを加え加熱すると，無水酢酸となる。無水酢酸のように，2 個のカルボキシ基から 1 分子の水がとれた形の化合物を**酸無水物**という。

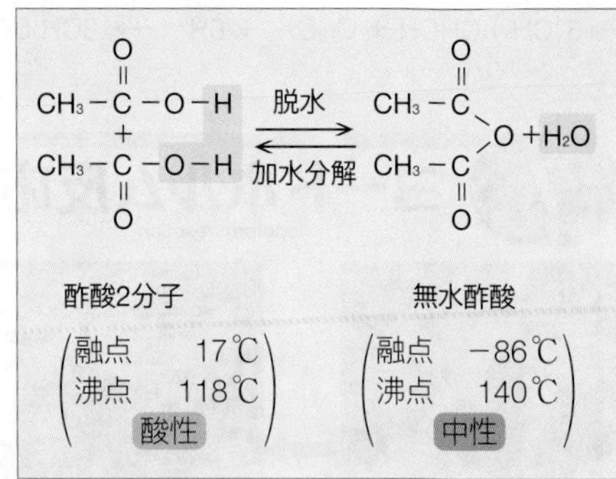

カルボン酸の塩と酸の反応(弱酸の遊離)

一般に，「弱酸の塩 + 強酸 → 弱酸 + 強酸の塩」という，弱酸の遊離反応が起こる。

酸の強さ
塩酸，希硫酸 > カルボン酸 > 炭酸水($H_2O + CO_2$) > フェノール類

カルボン酸のナトリウム塩にカルボン酸よりも強い酸である塩酸や希硫酸を加えると，弱酸であるカルボン酸が得られる。

R − COONa + HCl ⟶ R − COOH + NaCl
(カルボン酸の塩)　(強酸)　(カルボン酸)　(強酸の塩)

表現 マレイン酸とフマル酸の性質として，共通点および相違点をあげよ。

3 ギ酸と酢酸 formic acid acetic acid

ギ酸は最も簡単な構造のカルボン酸である。酢酸は代表的なカルボン酸である。

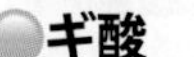

ギ酸

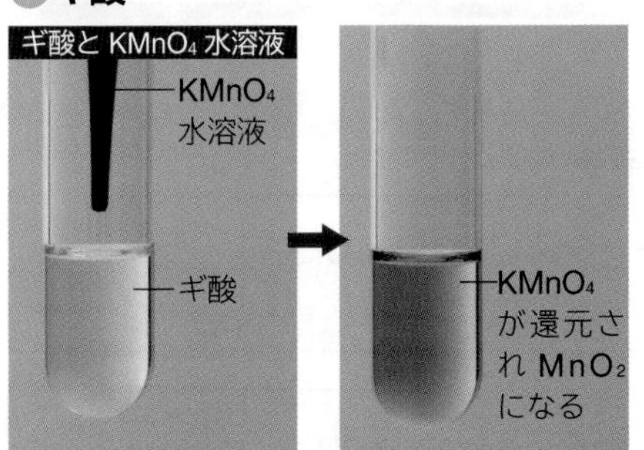

ギ酸は分子の中にホルミル基をもつので還元性を示す。

ホルミル基 / カルボキシ基: H−C(=O)−O−H

$$HCOOH + (O) \longrightarrow H_2O + CO_2$$

酢酸

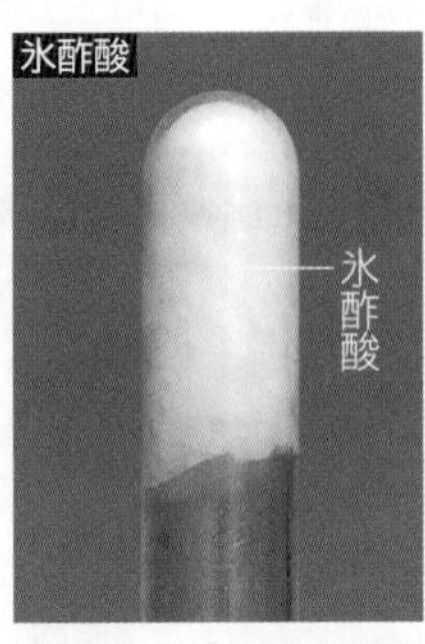

酢酸は食酢中に4％前後含まれる。

融点は17℃で，純度の高いものは冬期には凝固するため**氷酢酸**とよばれる。

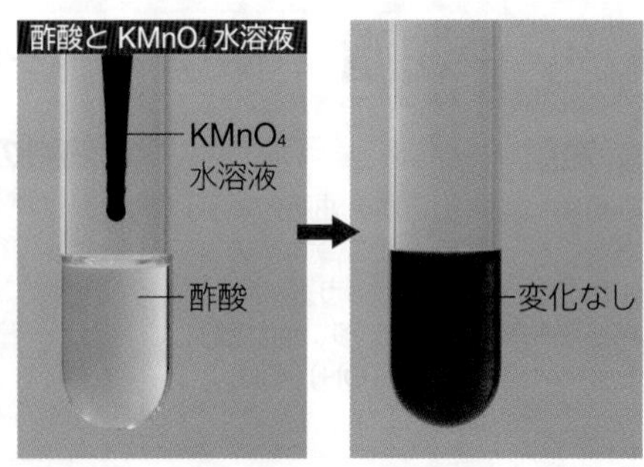

酢酸はホルミル基をもたないので，還元性を示さない。

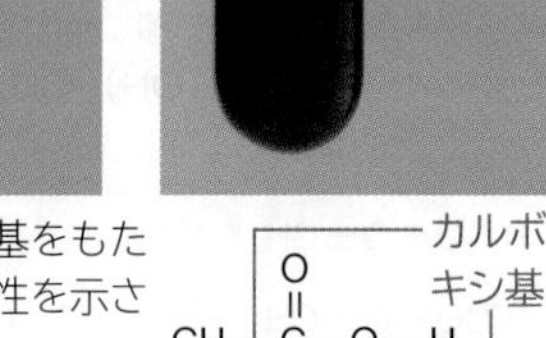

カルボキシ基: CH_3−C(=O)−O−H

4 エステル ester

エステルはエステル結合 − COO − をもち，一般式 R − COO − R′。カルボン酸とアルコールからエステルができる反応をエステル化，その逆の反応を加水分解という。

エステル

名称	示性式	融点〔℃〕	沸点〔℃〕
ギ酸メチル	$HCOOCH_3$	−99	32
ギ酸エチル	$HCOOC_2H_5$	−79	54
酢酸エチル	$CH_3COOC_2H_5$	−84	77

$$R-C(=O)-O-H + H-O-R' \underset{\text{加水分解}}{\overset{\text{エステル化}}{\rightleftarrows}} R-C(=O)-O-R' + H_2O$$

脱水

カルボン酸　アルコール　エステル　水

その他のエステル

硫酸エステル

$C_{12}H_{25}OSO_3H$
硫酸水素ドデシル

硫酸と1価の高級アルコールのエステル。ナトリウム塩は合成洗剤として利用される(p.251)。

硝酸エステル

CH_2-O-NO_2
$CH-O-NO_2$
CH_2-O-NO_2

ニトログリセリン（三硝酸グリセリン）

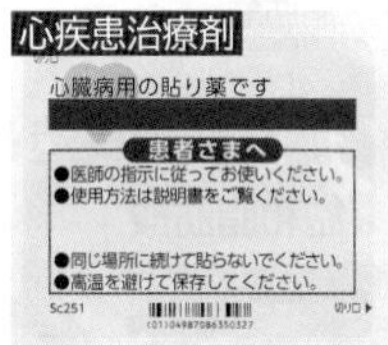

硝酸とグリセリンのエステル。ダイナマイトや狭心症の薬剤などに利用されている。

ろう・ワックスは高級脂肪酸(p.248)と1価の高級アルコールのエステルである。

エステル化

カルボン酸とアルコールからエステルができる反応。

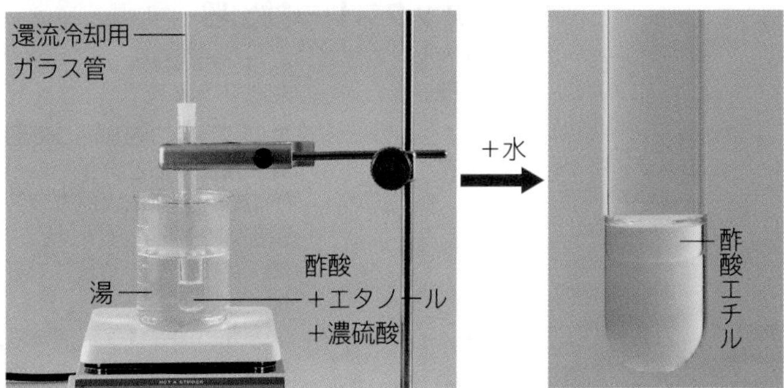

芳香をもつ酢酸エチルができる。エステル化のように，2つの分子の間から水のような簡単な分子がとれて1つの分子ができる反応を**縮合**という。

$$CH_3-C(=O)-OH + H-O-C_2H_5 \underset{H^+\ \text{加水分解}}{\overset{\text{濃硫酸}\ \text{エステル化}}{\rightleftarrows}} CH_3-C(=O)-O-C_2H_5 + H_2O$$

酢酸　エタノール　酢酸エチル　水

加水分解とけん化

エステルは酸や塩基で分解する。

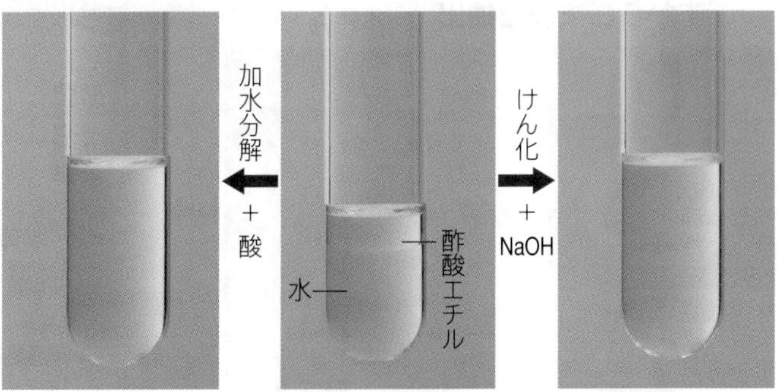

エステルに酸を加えると，アルコールとカルボン酸に分解する。この反応を**加水分解**という。塩基によるエステルの加水分解を**けん化**という。

$$CH_3COOC_2H_5 + NaOH \xrightarrow{\text{けん化}} CH_3COONa + C_2H_5OH$$

酢酸エチル　水酸化ナトリウム　酢酸ナトリウム　エタノール

9 油脂
Fats and oils

1 油脂
fats and oils

油脂は高級脂肪酸とグリセリンのエステルである。

化学

油脂

動植物に含まれる油を油脂という。カルボキシ基を1個もつ鎖状のカルボン酸を脂肪酸という。油脂は高級脂肪酸(炭素数の多い脂肪酸)とグリセリン $C_3H_5(OH)_3$ のエステルである。

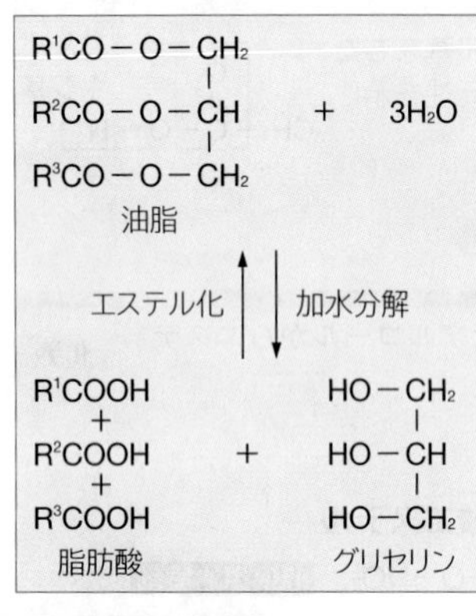

油脂の分類

油脂の性質は，構成脂肪酸のもつ不飽和結合の多少によって変わる。

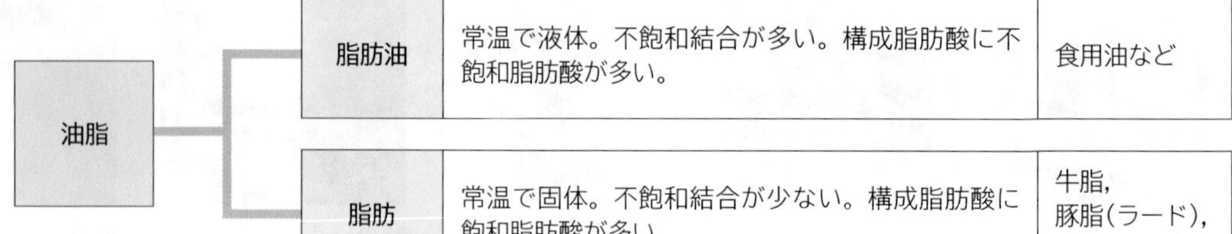

油脂	分類	性質	例
油脂	脂肪油	常温で液体。不飽和結合が多い。構成脂肪酸に不飽和脂肪酸が多い。	食用油など
	脂肪	常温で固体。不飽和結合が少ない。構成脂肪酸に飽和脂肪酸が多い。	牛脂，豚脂(ラード)，バターなど

おもな油脂の構成脂肪酸

油脂	凝固点〔℃〕	飽和脂肪酸〔%〕		不飽和脂肪酸〔%〕		
		パルミチン酸 $C_{15}H_{31}COOH$	ステアリン酸 $C_{17}H_{35}COOH$	オレイン酸 $C_{17}H_{33}COOH$	リノール酸 $C_{17}H_{31}COOH$	リノレン酸 $C_{17}H_{29}COOH$
あまに油	−27〜−18	4〜7	2〜5	12〜34	17〜24	35〜60
大豆油	−17〜−10	11.1	2.4	24.7	53.7	6.5
オリーブ油	0〜6	11.6	2.5	75.5	7.3	0.7
バター	28〜38	31.4	10.7	24.8	2.3	0.2

脂肪酸の構造と性質

不飽和結合をもつ脂肪酸を不飽和脂肪酸といい，同じ炭素数の飽和脂肪酸よりも融点が低い。

▶飽和脂肪酸

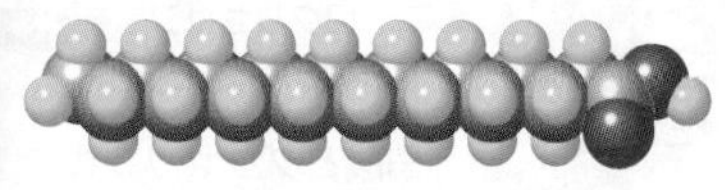

ステアリン酸 $C_{17}H_{35}COOH$(融点：71℃)

▶不飽和脂肪酸　$CH_3(CH_2)_7CH=CH(CH_2)_7COOH$

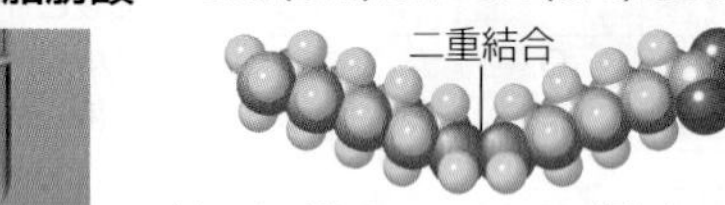

オレイン酸 $C_{17}H_{33}COOH$(融点：13℃)

分子が折れ曲がっているため，分子どうしが接近しにくく，分子間力が弱くなり，融点が低くなる。

2 油脂の抽出と利用

油脂は有機溶媒で抽出することができる。

化学

ごまからごま油を抽出

ごま油をヘキサンに溶かして抽出する。

①ごまをつぶす。

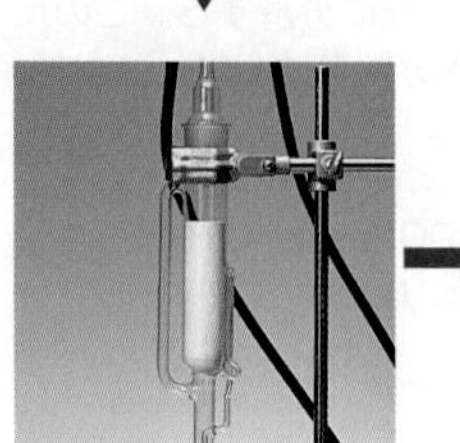

②円筒ろ紙に入れる。

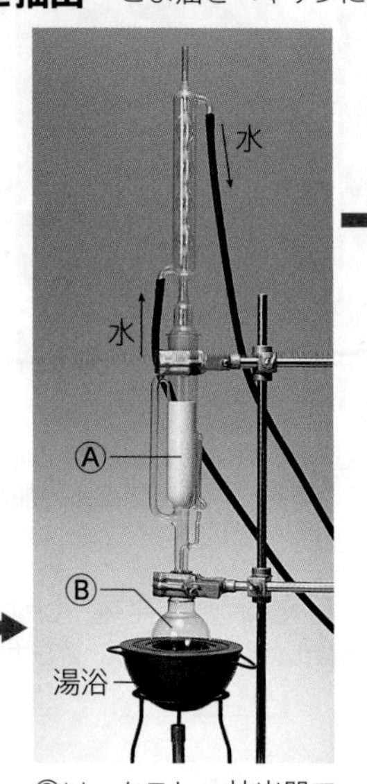

③ソックスレー抽出器で抽出する。

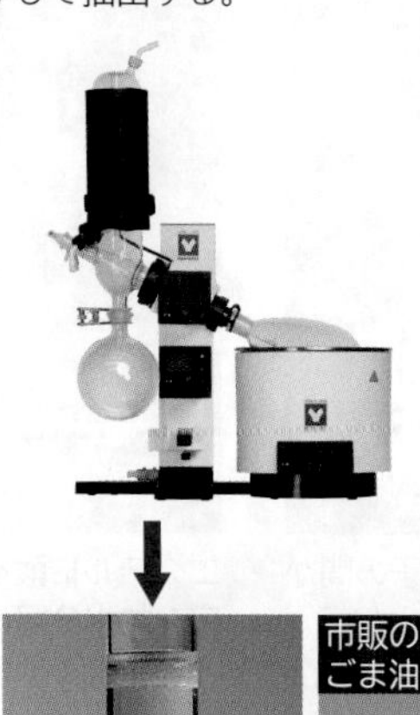

④ロータリーエバポレータを用いて減圧下で抽出溶媒を除く。減圧することで低温で溶媒が除去できる。

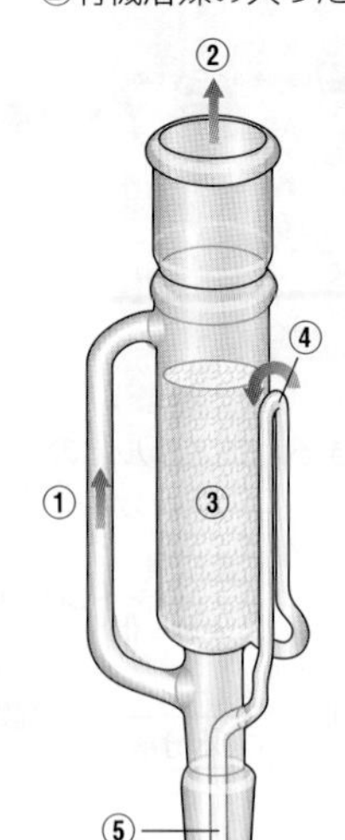

⑤残った油の一部を試験管に取り，水を加えるとごま油は上に浮く。

ソックスレー抽出器

Ⓐ油脂を含む試料の入った円筒ろ紙
Ⓑ有機溶媒の入った丸底フラスコ

丸底フラスコを加熱して溶媒が沸騰すると，

(1)溶媒の蒸気は太いガラス管部①を通り，上昇する。
(2)②につないだ冷却管で凝縮する。
(3)温かい溶媒は③に溜まり，円筒ろ紙内の試料から油脂を抽出する。
(4)③の溶液は液面の高さがサイフォン部(④)よりも高くなると，④，⑤を通って，丸底フラスコに戻り，溶媒は加熱されて再び沸騰する。抽出された油脂は丸底フラスコに溜まる。
(5)(1)〜(4)のくり返しで，試料から油脂が抽出される。

思考 同じ炭素数のステアリン酸とオレイン酸は，その融点が71℃と13℃であり大きく異なる。その理由を説明せよ。

3 油脂のけん化価とヨウ素価

saponification value　iodine number

けん化価は油脂の分子量，ヨウ素価は油脂の不飽和度のめやすになる。　化学

けん化価

けん化価は油脂の分子量のめやすとなる。塩基を用いて油脂を加水分解することを**けん化**という。

油脂 1 g をけん化するのに必要な水酸化カリウム KOH の質量〔mg〕の数値を**けん化価**という。

$$\begin{matrix} R^1-CO-O-CH_2 \\ R^2-CO-O-CH \\ R^3-CO-O-CH_2 \end{matrix} + 3KOH \xrightarrow{\text{けん化}} \begin{matrix} R^1COOK \\ R^2COOK \\ R^3COOK \end{matrix} + \begin{matrix} CH_2-OH \\ CH-OH \\ CH_2-OH \end{matrix}$$

油脂　高級脂肪酸のカリウム塩　グリセリン

油脂(分子量 M) 1 mol をけん化するには，3 mol の KOH(式量 56)が必要である。

よって，けん化価 x は　$x=\dfrac{3\times56\times10^3}{M}$

けん化価	油脂の分子量 M
大	小
小	大

ヨウ素価

ヨウ素価は油脂の不飽和度のめやすとなる。不飽和脂肪酸のグリセリンエステルでは，不飽和結合の炭素原子にハロゲン原子が付加する。油脂 100 g に付加するヨウ素 I_2 の質量〔g〕の数値を**ヨウ素価**という。

油脂1分子中の >C=C< の数を n とすると

$$n\ {>}C{=}C{<} + n\,I_2 \longrightarrow n\ {>}\underset{I}{C}-\underset{I}{C}{<}$$

ヨウ素価 y は，油脂の分子量を M，ヨウ素 I_2 の分子量を 254 とすると

$$y=\frac{100}{M}\times n\times254$$

ヨウ素価	油脂を構成する脂肪酸中の二重結合の数
大	多
小	少

▶ヨウ素価による植物油の分類

	油脂	ヨウ素価	用途
乾性油	あまに油 きり油	130 以上	油絵の具 塗料など
半乾性油	なたね油 ごま油	100 ～130	食用など
不乾性油	オリーブ油 つばき油	100 以下	化粧品 食用など

油脂の付加反応

水素付加 → ニッケル触媒

▶**硬化油**

不飽和結合を多くもつ油脂は液体だが，水素を付加すると融点が高くなり，固体になる。こうして得られる油脂を硬化油という。植物性油脂の硬化油はマーガリンなどに利用される。

▶**乾性油**

乾性油は，不飽和結合を多くもつので，空気中の酸素で酸化されて固まる。強くて耐久性のある膜をつくるので，顔料を加え塗料として用いられる。

TOPICS　トランス脂肪酸

天然に存在する油脂に含まれる脂肪酸には不飽和脂肪酸が多いが，そのほとんどがシス形である。これは飽和脂肪酸から生合成する脱水素化酵素の性質による。このシス形がトランス形になったものをトランス脂肪酸といい，悪玉コレステロールを増やしたり，動脈硬化のリスクを高めたりといった健康被害が生じる恐れがある。このトランス脂肪酸は油脂の加工時などに生成されることがあるため，食品メーカーはさまざまな技術改良をして安全な食品づくりに努めている。

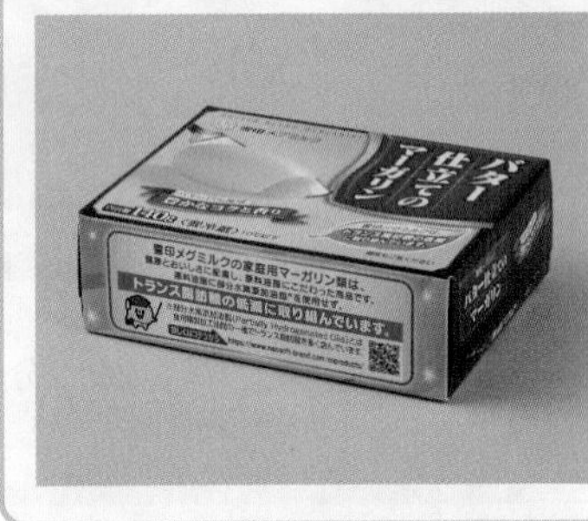

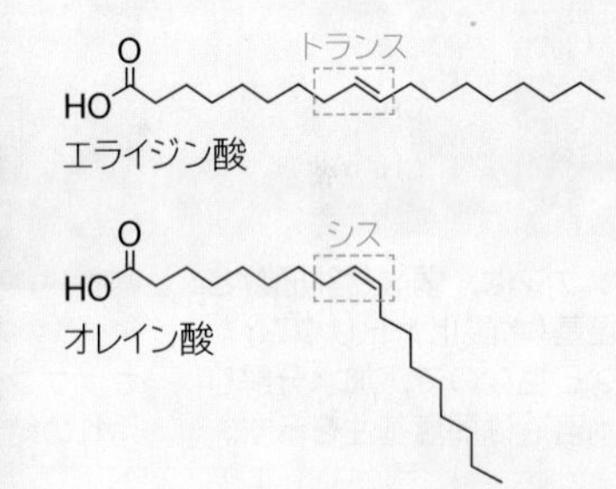

入試ではこう出る！

脂肪酸であるステアリン酸 $C_{17}H_{35}COOH$ とリノレン酸 $C_{17}H_{29}COOH$ について，次の(1)～(5)に答えよ。原子量は H = 1.0，C = 12.0，O = 16.0，Na = 23.0，I = 127 とする。

(1) ステアリン酸とリノレン酸 1 分子は，C = C 結合をそれぞれ何個含むか。

(2) リノレン酸 2.78 g に付加できるヨウ素は何 g か。小数点以下 2 桁で答えよ。計算過程も示せ。

(3) ステアリン酸のみからなる油脂とリノレン酸のみからなる油脂を比較して，融点の低いのはどちらか。

(4) ステアリン酸のみからなる油脂の示性式を書け。

(5) ステアリン酸のみからなる油脂 107 g を完全にけん化するのに必要な水酸化ナトリウムは何 g か。小数点以下 1 桁で答えよ。計算過程も示せ。

〔工学院大　改〕

【解答】

(1) ステアリン酸…0 個，リノレン酸…3 個

(2) $C_{17}H_{29}COOH$ のモル質量は 278 g/mol で，1 分子中に C = C が 3 個含まれる。

I_2 のモル質量は 254 g/mol より　$\dfrac{2.78}{278}\times3\times254=7.62$ g

(3) リノレン酸のみからなる油脂

(4) $C_3H_5(OCOC_{17}H_{35})_3$

(5) $C_3H_5(OCOC_{17}H_{35})_3 + 3NaOH \longrightarrow C_3H_5(OH)_3 + 3C_{17}H_{35}COONa$

$C_3H_5(OCOC_{17}H_{35})_3$ のモル質量は 890 g/mol，NaOH のモル質量は 40 g/mol より $\dfrac{107}{890}\times3\times40=14.42\fallingdotseq14.4$ g

表現 けん化価が大きいほど，油脂の平均分子量が小さいと判断できるのはなぜか。

10 セッケンと合成洗剤

Soaps and Synthetic detergents

1 セッケンの製造

soap

油脂を水酸化ナトリウムでけん化すると，セッケン(高級脂肪酸のナトリウム塩)を生じる。 化学

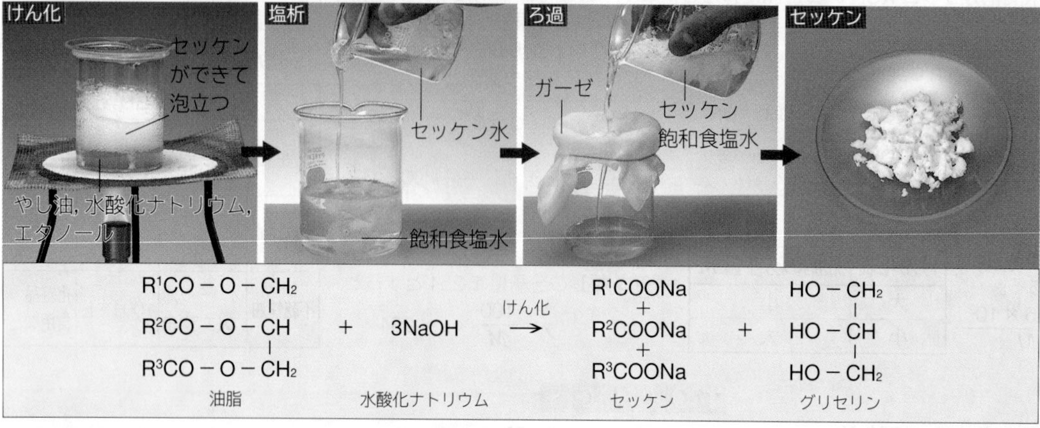

$$\begin{array}{l} R^1CO-O-CH_2 \\ R^2CO-O-CH \\ R^3CO-O-CH_2 \end{array} + 3NaOH \xrightarrow{\text{けん化}} \begin{array}{c} R^1COONa \\ + \\ R^2COONa \\ + \\ R^3COONa \end{array} + \begin{array}{l} HO-CH_2 \\ HO-CH \\ HO-CH_2 \end{array}$$

油脂　　水酸化ナトリウム　　セッケン　　グリセリン

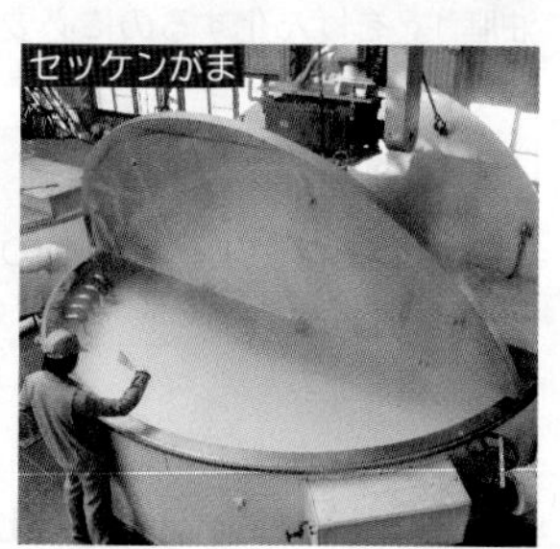

2 セッケンの洗浄作用

セッケンは，疎水性の炭化水素基の部分と親水性の$-COO^-$の部分からなる。 化学

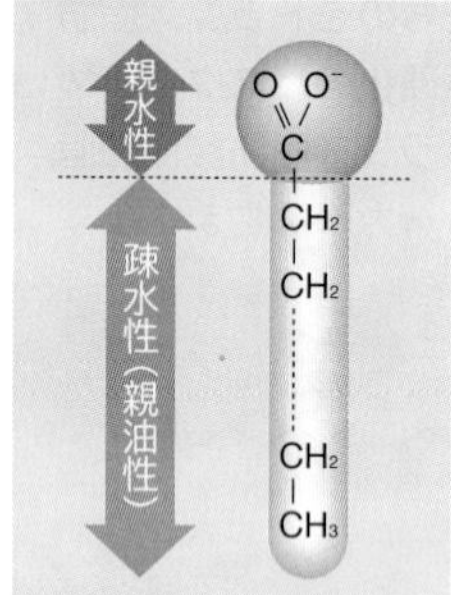

セッケンは，弱酸(脂肪酸)と強塩基(水酸化ナトリウム)からなる塩なので，加水分解して水溶液は弱塩基性を示す。

界面活性剤

水に溶けて電離したセッケン分子で，油を疎水性の部分でとり囲み，水中に分散して乳濁液となる。これを**乳化**といい，乳化作用を示す物質を乳化剤という。また，水と油の境界面に配列し，境界面の性質を変える物質を**界面活性剤**という。

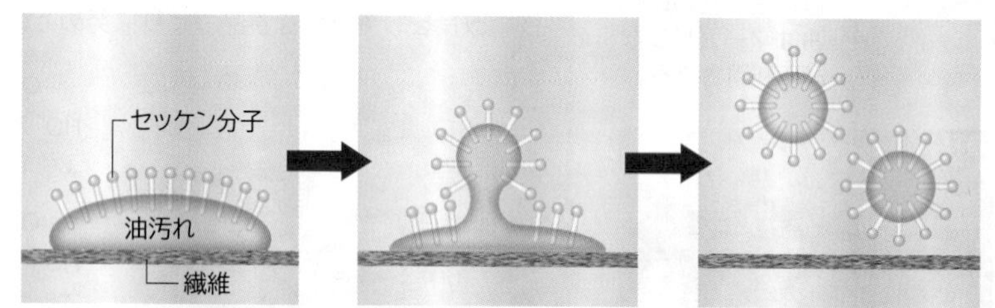

セッケン分子が繊維と油汚れの結合力を弱める。 → 汚れがセッケン分子に包み込まれる。 → 繊維から離れた汚れが洗剤液中に分散する。

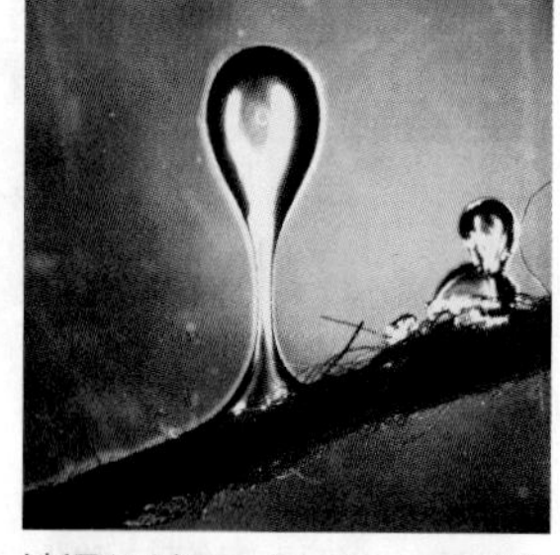

油汚れがセッケンによって繊維から離れるようす(ローリングアップ)。このあと安定な親水性の微粒子(ミセル)となって，水中に分散する。

3 セッケンと合成洗剤の比較

synthetic detergent

セッケン水は弱塩基性で，Ca^{2+}やMg^{2+}との塩が水に難溶であるが，合成洗剤は中性でCa^{2+}やMg^{2+}との塩が水に溶けやすい。 化学

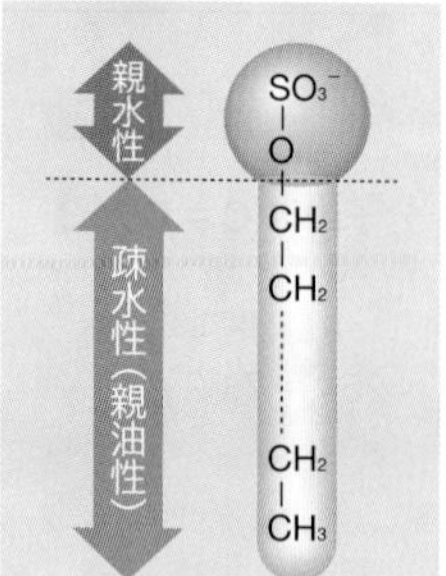

合成洗剤は，強酸と強塩基からなる塩なので，水溶液は中性を示す。Ca^{2+}やMg^{2+}との塩が水に溶けるので，硬水中でも使用できる。

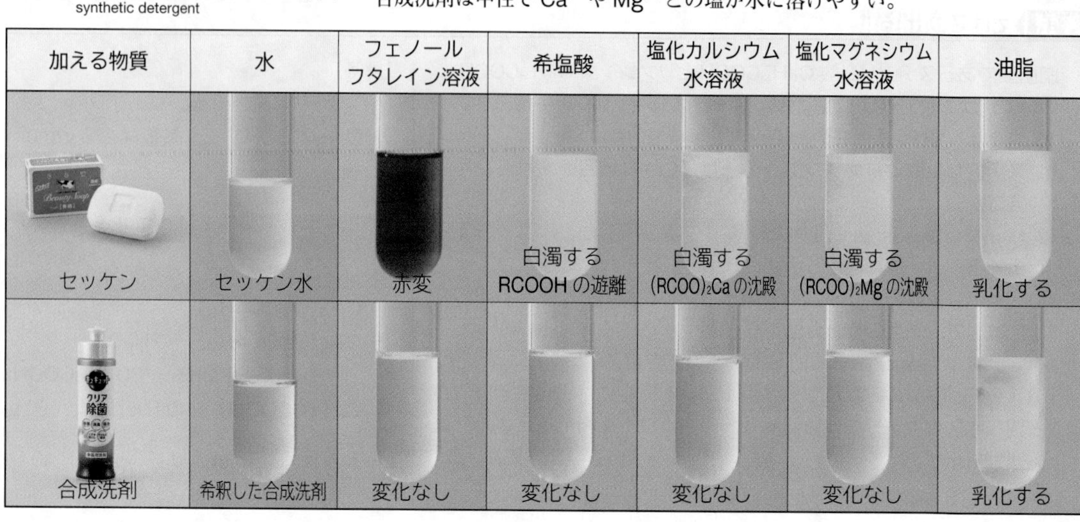

加える物質	水	フェノールフタレイン溶液	希塩酸	塩化カルシウム水溶液	塩化マグネシウム水溶液	油脂
セッケン	セッケン水	赤変	白濁する RCOOH の遊離	白濁する $(RCOO)_2Ca$ の沈殿	白濁する $(RCOO)_2Mg$ の沈殿	乳化する
合成洗剤	希釈した合成洗剤	変化なし	変化なし	変化なし	変化なし	乳化する

思考 油脂を水酸化ナトリウムでけん化してセッケンを得るとき，飽和食塩水を加えるのはなぜか。

合成洗剤の合成

合成洗剤は高級アルコールのエステル化および中和，アルキルベンゼンのスルホン化および中和などにより合成される。

$$C_{12}H_{25}-OH + H_2SO_4 \xrightarrow{\text{エステル化}} C_{12}H_{25}-O-SO_3H + H_2O$$

1-ドデカノール → 硫酸水素ドデシル

$$C_{12}H_{25}-O-SO_3H + NaOH \xrightarrow{\text{中和}} C_{12}H_{25}-O-SO_3Na + H_2O$$

硫酸水素ドデシル → 硫酸ドデシルナトリウム

$$R-C_6H_4 + H_2SO_4 \xrightarrow{\text{スルホン化}} R-C_6H_4-SO_3H + H_2O$$

アルキルベンゼン → 直鎖アルキルベンゼンスルホン酸

$$R-C_6H_4-SO_3H + NaOH \xrightarrow{\text{中和}} R-C_6H_4-SO_3Na + H_2O$$

直鎖アルキルベンゼンスルホン酸 → 直鎖アルキルベンゼンスルホン酸ナトリウム(LAS)

4 界面活性剤 surfactant

界面活性剤は，親水基の違いによって4種類に分類される。

化学

分類		親水基の特徴	構造	使用例
イオン系	陰イオン界面活性剤	親水性部分が陰イオン	$CH_3-CH_2-\cdots\cdots-CH_2-CH_2-O-SO_3^-$ Na^+ 硫酸アルキルナトリウム	衣料用洗剤 台所用洗剤 シャンプー
イオン系	陽イオン界面活性剤	親水性部分が陽イオン	$CH_3-CH_2-\cdots\cdots-CH_2-CH_2-N^+(CH_3)_3$ Cl^- アルキルトリメチルアンモニウム塩化物	柔軟仕上げ剤 リンス 殺菌剤
イオン系	両性界面活性剤	溶液が塩基性のときは陰イオン，酸性のときは陽イオンとしてはたらく	$CH_3-CH_2-\cdots\cdots-CH_2-CH_2-N^+(CH_3)_2CH_2-COO^-$ N-アルキルベタイン	シャンプー 食器用洗剤
非イオン系	非イオン界面活性剤	水溶液中でイオンに電離しない	$CH_3-CH_2-\cdots\cdots-CH_2-CH_2-O-(CH_2CH_2O)_n-H$ ポリオキシエチレンアルキルエーテル	衣料用洗剤 住宅用洗剤 乳化剤

シャンプーとリンス

柔軟剤

衣料用洗剤

TOPICS 表面張力と界面活性剤

水は表面積をできるだけ小さくしようとする性質がある。このときにはたらく力を表面張力とよぶ。コップの口まで注いだ水があふれ出ないのも表面張力のためである。一方，界面活性剤は水の表面張力を小さくするはたらきがある。水面をコショウで満たした容器に食器用洗剤のついた指で触ると，触れた部分の水の表面張力が低下するため，コショウが外側に引っ張られて濃淡ができる。また，界面活性剤には汚れの再付着を防ぐ性質もある。

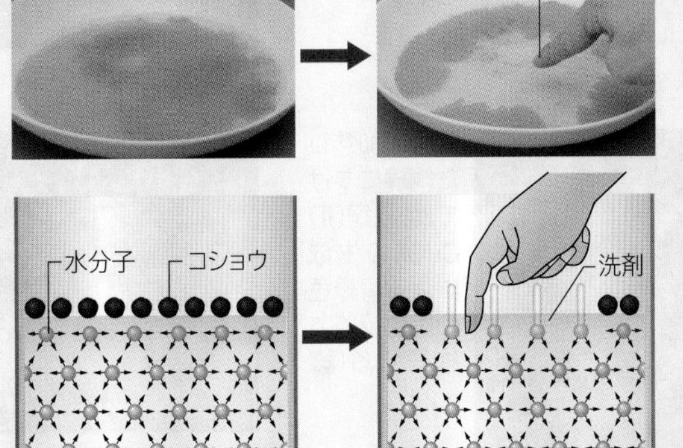

4 有機化合物

化学

表現 油汚れがセッケン水で落ちる現象について説明せよ。

11 有機化合物の構造決定

Structural determination of organic compounds

1 構造決定の手順 化学

成分元素を調べ，元素の質量から組成式を決める。分子量から分子式を決定し，化学的性質などから構造式を決める。

混合物
▼ 分離・精製
純粋な有機化合物
▼ 元素分析
組成式決定
▼ 分子量測定
分子式決定
▼ 物理的・化学的性質を調べる。
構造式決定

2 有機化合物の分離・精製

分析のために分離・精製をして，純粋な有機化合物を得る。 化学

抽出（➡p.21）

溶媒に対する溶解性の違いを利用して，目的の物質を分離する。

蒸留（➡p.20）

沸点の違いを利用して分離する。

再結晶法（➡p.19）

混合物を溶媒に溶かし温度を下げたり，溶媒を蒸発させたりして，再び結晶を析出させて精製する。

カラムクロマトグラフィー

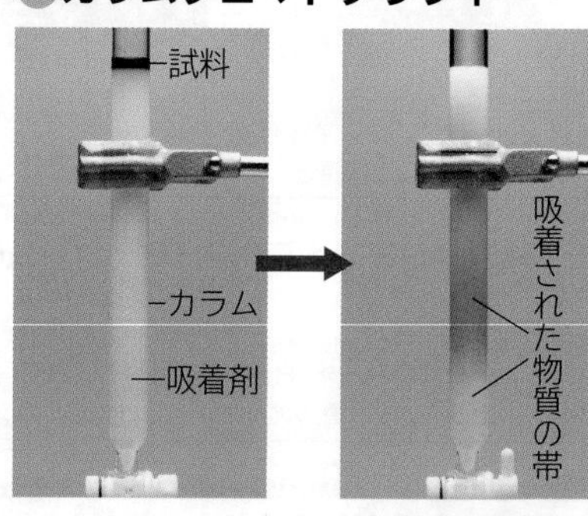

吸着剤への吸着力の違いによる移動速度の差を利用して，分離する。

ADVANCE 液体クロマトグラフィー ➡p.323

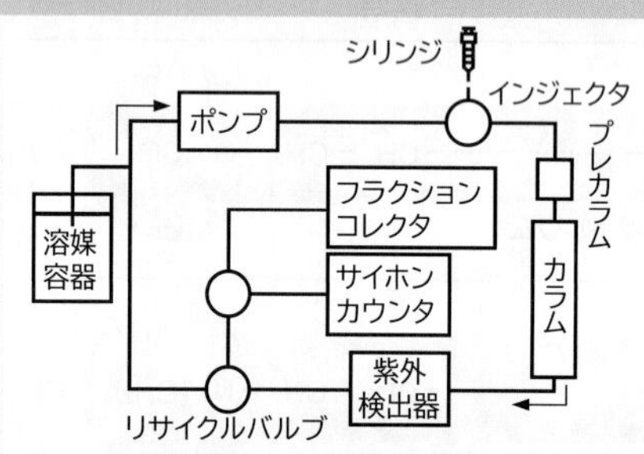

シリンジを用いて試料溶液を試料室に導入し，ポンプで一定圧力に加圧した溶媒でこれをカラムに送り込む。そのまま加圧した溶媒を送り続けると，カラム内で分離した成分が紫外検出器で検出され，その電気信号が記録計で記録される。ガスクロマトグラフィーと異なり，試料を加熱しないので，試料の分解を避けることができ，成分の分取も可能である。

3 成分元素の確認

有機化合物の成分元素を検出するときは，試料を化学反応させ，成分元素を無機化合物に変えて，分離し検出・確認する。 化学

炭素 C と水素 H

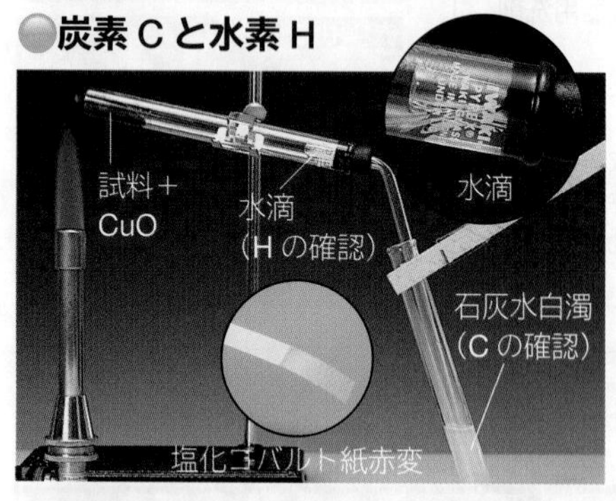

試料を酸化銅(Ⅱ) CuO とともに加熱する。C は CO_2 が石灰水を白濁することで，H は H_2O の水滴の生成で確認する。

塩素 Cl

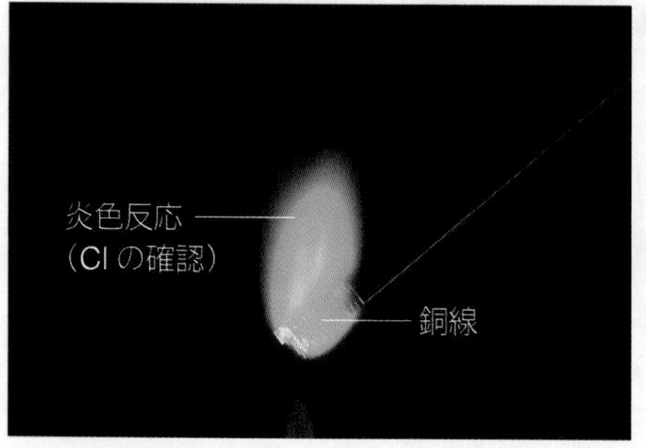

試料を加熱した銅線につけて，塩化銅(Ⅱ) $CuCl_2$ の生成による青緑色の炎色反応で確認する（➡p.24）。

硫黄 S と窒素 N

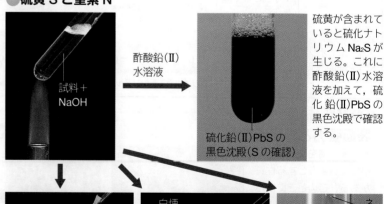

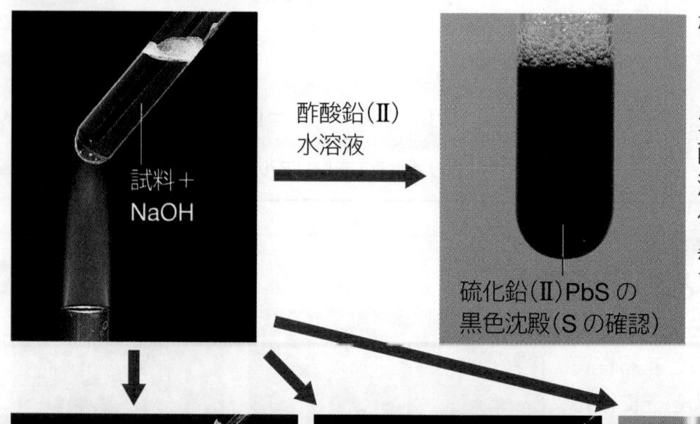

硫黄が含まれていると硫化ナトリウム Na_2S が生じる。これに酢酸鉛(Ⅱ)水溶液を加えて，硫化鉛(Ⅱ) PbS の黒色沈殿で確認する。

発生するアンモニアにより，赤色リトマス紙が青変する。

濃塩酸を近づけると NH_4Cl の白煙を生じる。

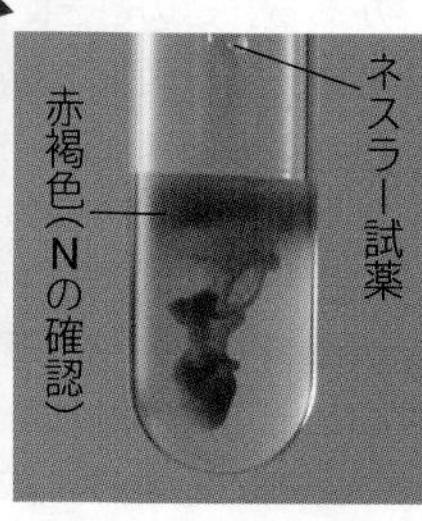

アンモニアと反応すると赤褐色沈殿が生じる。

思考 水素の確認方法として，塩化コバルト紙の変色があるが，なぜそのような色の変化をするのか説明せよ。

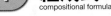

4 組成式の決定(元素分析)
compositional formula

組成式を求めるには，試料を完全燃焼させ，生成する二酸化炭素と水の質量から炭素，水素，酸素の質量を求め，それを原子量で割ればよい。 化学

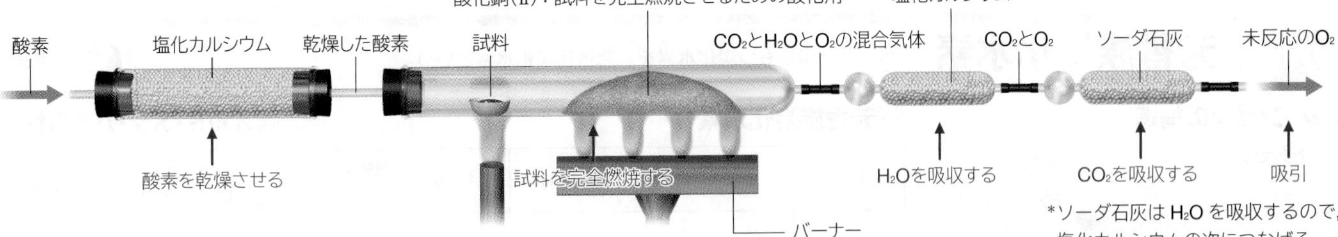

計算方法

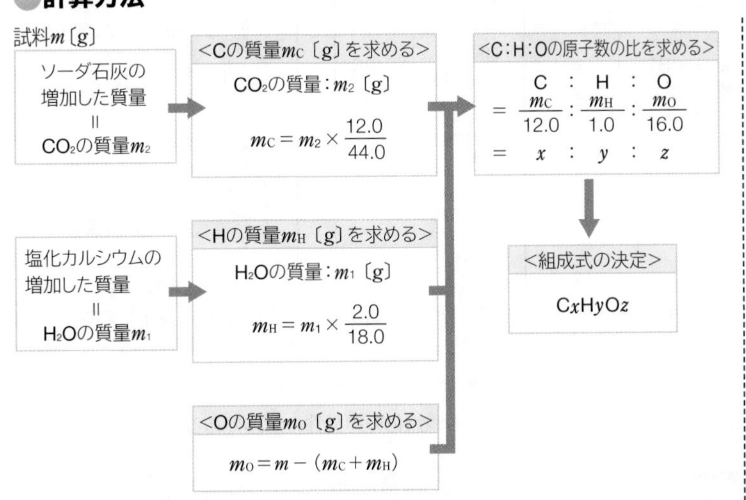

計算例

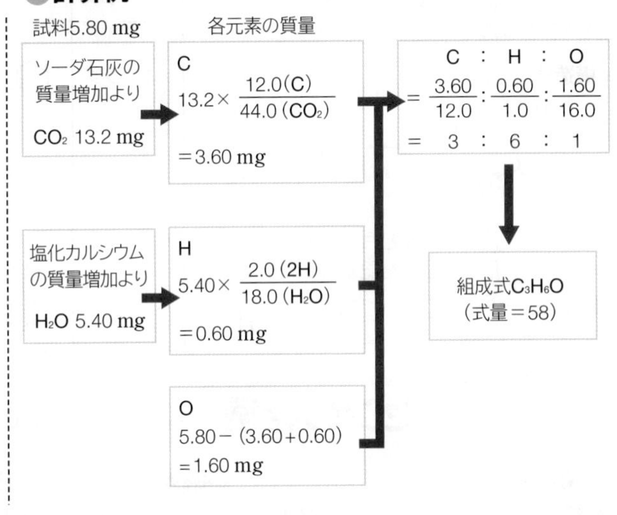

試料5.80 mg
各元素の質量
ソーダ石灰の質量増加より
CO_2 13.2 mg
C
$13.2 \times \frac{12.0(C)}{44.0(CO_2)}$
=3.60 mg
塩化カルシウムの質量増加より
H_2O 5.40 mg
H
$5.40 \times \frac{2.0(2H)}{18.0(H_2O)}$
=0.60 mg
O
5.80 − (3.60+0.60)
=1.60 mg
C : H : O
$= \frac{3.60}{12.0} : \frac{0.60}{1.0} : \frac{1.60}{16.0}$
= 3 : 6 : 1
組成式C_3H_6O
(式量=58)

5 分子式の決定
molecular formula

分子量を測定したり，さまざまな実験から得られる情報から分子式を決定する。 化学

分子量の測定

分類	測定法
揮発性物質	蒸気密度測定(➡p.111)
不揮発性物質	凝固点降下，沸点上昇測定(➡p.117)
酸性物質	中和滴定(➡p.78)
高分子化合物	浸透圧測定(➡p.119)

実験結果から得られる情報

例 組成式 C_3H_6O の化合物が，分子量が 150 以下で中和滴定による 1 価のカルボン酸であることがわかった。

(組成式)$_n$ = 分子式
・1 価のカルボン酸は O 原子を 2 個もつ　・分子量が 150 以下(n は 2 以下)

したがってこの条件から，分子式は，$(C_3H_6O)_2 = C_6H_{12}O_2$

6 構造式の決定

異性体の性質を比較し，構造式を決定する。 化学

不飽和度

$$\text{不飽和度} = \frac{2C + 2 - H - X + N}{2}$$

(C：C 原子の数　X：ハロゲン原子の数
H：H 原子の数　N：N 原子の数)

二重結合，環が 1 個あると不飽和度が 1，三重結合があると不飽和度が 2 増える。

例 $C_2H_4O_2$

$$\text{不飽和度} = \frac{2 \times 2 + 2 - 4 - 0 + 0}{2} = 1$$

二重結合あるいは環が 1 個ある。

分子式 $C_2H_4O_2$ から考えられる構造式

酢酸

```
   H  O
   |  ‖
H－C－C－O－H
   |
   H
```

ギ酸メチル

```
   O     H
   ‖     |
H－C－O－C－H
         |
         H
```

上記以外にも異性体があるが，今回はこの 2 種類に限定して考える。

物理的性質・化学的性質 試料はギ酸メチル

	酢酸	ギ酸メチル
融点〔℃〕	16.6	−99
沸点〔℃〕	117.8	32
水への溶解性	よく溶ける	少し溶ける
エーテルへの溶解性	よく溶ける	よく溶ける
液性	酸性	中性
銀鏡反応	しない	する

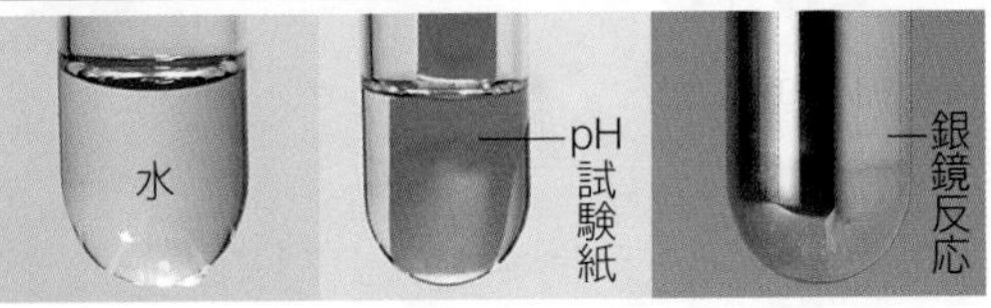

思考 組成式を決定するための元素分析装置の図の中で，塩化カルシウムの入った容器とソーダ石灰の入った容器の順番を逆にしたらどうなるか。

12 芳香族炭化水素
Aromatic hydrocarbons

1 芳香族炭化水素
aromatic hydrocarbon

ベンゼン環をもつ炭化水素を，芳香族炭化水素という。

化学

ベンゼンの構造

▶分子モデル

ベンゼンの分子は，正六角形をしており，炭素原子と水素原子はすべて同一の平面上にある。ベンゼンの環状構造を**ベンゼン環**という。

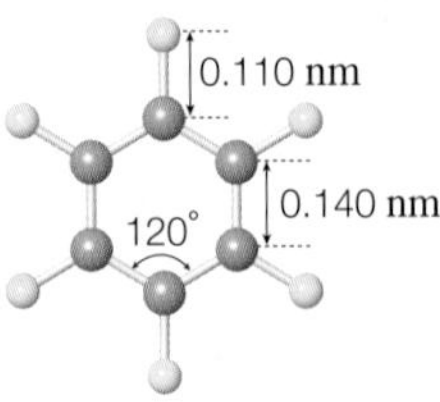

▶構造式

構造式は，上図の右，左どちらの表し方でもよい。また下図のように略記することが多い。

▶略記法

芳香族炭化水素

名称	構造	融点〔℃〕(沸点〔℃〕)	名称	構造	融点〔℃〕(沸点〔℃〕)
ベンゼン		6 (80)	スチレン	CH=CH₂	−31 (145)
ナフタレン		81 (218)	*o*−キシレン	CH_3 CH_3	−25 (144)
アントラセン		216 (342)	*m*−キシレン	CH_3 CH_3	−48 (139)
トルエン	CH_3	−95 (111)	*p*−キシレン	CH_3 CH_3	13 (138)

オルト・メタ・パラ異性体

X, Y (1, 2, 3, 4, 5, 6)	*o*−(オルト)置換体 または 1,2−置換体
X, Y	*m*−(メタ)置換体 または 1,3−置換体
X, Y	*p*−(パラ)置換体 または 1,4−置換体

ベンゼンの2個の水素原子をほかの基または原子に置換した化合物には3種類の異性体がある。

2 ベンゼンの特徴
benzene

ベンゼンは分子式 C_6H_6 で表され，特有のにおいをもつ無色の揮発性の液体である。

化学

溶解性

ベンゼンは無色の液体で有毒である。水にはほとんど溶けず，水より軽い。

ベンゼンはヘキサンなどの有機溶媒によく溶ける。

融点

ベンゼンの融点は5.5℃で，固体になりやすい。

燃焼

ベンゼンは引火しやすい。分子中の炭素の割合が多いので多量のすすを出しながら燃焼する。

C − C 結合距離

名称	C − C 結合距離〔nm〕
エタン(アルカン)	0.154
エチレン(アルケン)	0.134
アセチレン(アルキン)	0.120
ベンゼン	0.140
シクロヘキサン(シクロアルカン)	0.154

ベンゼンの炭素原子間の結合距離は単結合と二重結合の中間の値である。

密度

名称	液体の密度〔g/cm³〕
水	1.00
濃硝酸	1.50
濃硫酸	1.83
ベンゼン	0.88
ニトロベンゼン	1.20

液体を混合したとき，密度が小さい方が上層になる。(ニトロベンゼンの製法➡p.260)

付加反応

ベンゼンは安定であり，付加反応や酸化反応が起こりにくい(右図)。しかし，光や触媒を用いることで付加反応を起こすことができる。

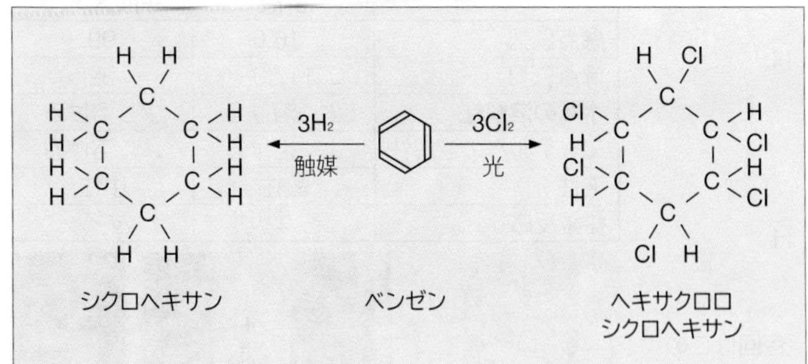

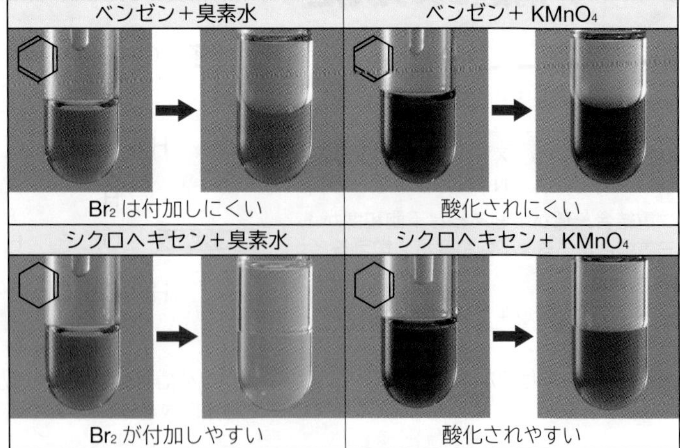

表現 ケクレ構造と呼ばれるベンゼン環の結合について説明せよ。

3 ベンゼンの置換反応

ベンゼン環に結合している水素は，他の基や原子に置換されやすい。　化学

ハロゲン化

ベンゼンの水素原子はハロゲン原子に置換される。

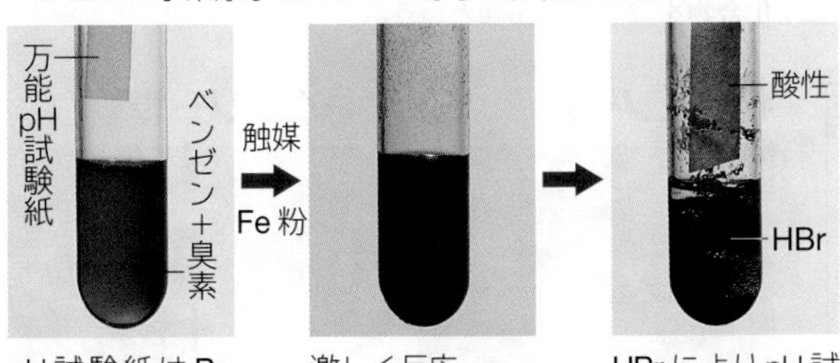

pH試験紙は Br_2 により脱色される。　激しく反応。　HBrによりpH試験紙は赤くなる。

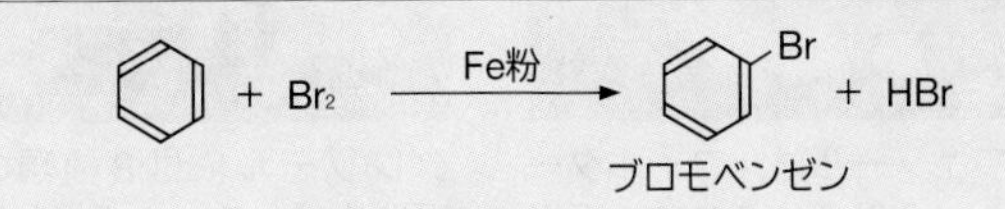

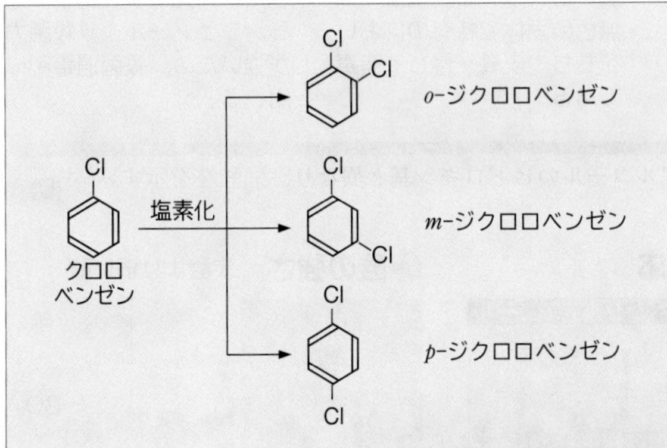

クロロベンゼンの水素原子1つをさらに塩素原子で置換すると，3つの二置換体が生成する。*p*-ジクロロベンゼンは，防虫剤などに用いられている。

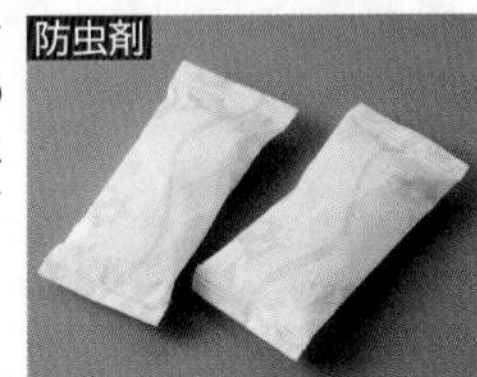
防虫剤

ニトロ化

ベンゼンの水素原子は混酸により，ニトロ基 $-NO_2$ に置換される。

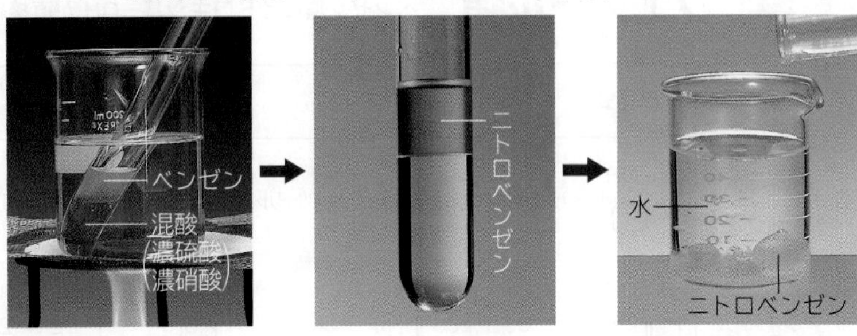

混酸にベンゼンを加え，約60℃で加熱する。　ニトロベンゼンが生成する。　冷水に注ぐとニトロベンゼンが下に沈む。

スルホン化

ベンゼンの水素原子は濃硫酸により，スルホ基 $-SO_3H$ に置換される。

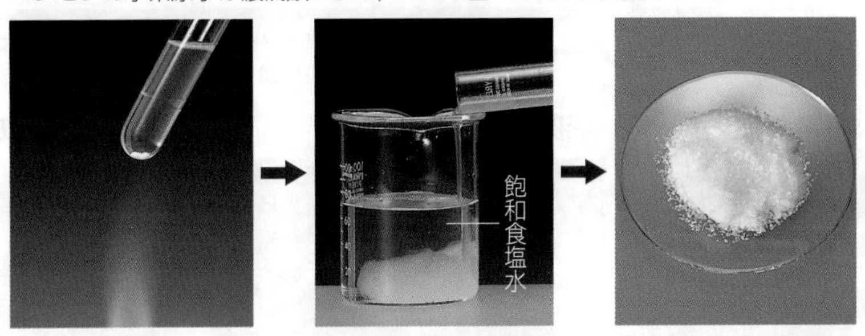

ベンゼンに濃硫酸を加えて，加熱する。　飽和食塩水に反応液を注ぐ。　ベンゼンスルホン酸ナトリウムが析出する。

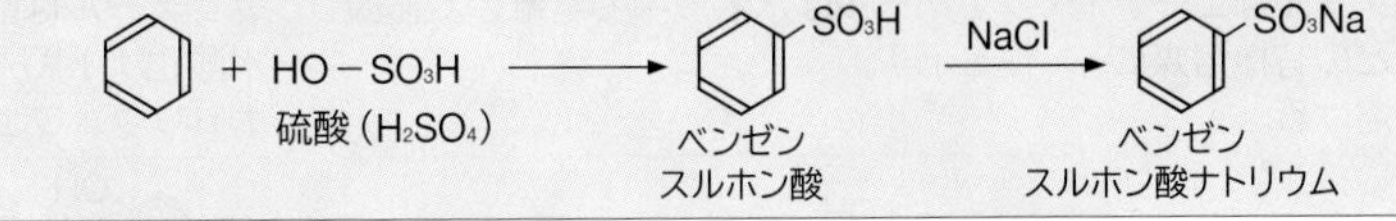

ADVANCE　ベンゼンの安定性

ベンゼンの環状構造は，単結合と二重結合が交互になっているように表記されるが，実際にはその二重結合は特定の炭素原子間ではなく，6個の炭素原子間に一様に分布している（共鳴構造）。
シクロヘキセンが水素化するときのエンタルピー変化が約－120 kJであることから，ベンゼンを3つの二重結合をもつ環（1,3,5-シクロヘキサトリエン）と仮定したとき，水素化してシクロヘキサンになるときのエンタルピー変化は－360 kJと予想される。このエンタルピー変化は，実際のベンゼンが水素化するときのエンタルピー変化である－209 kJよりも大きい。
すなわち，実在のベンゼンは，1,3,5-シクロヘキサトリエンよりも安定であることがわかる。

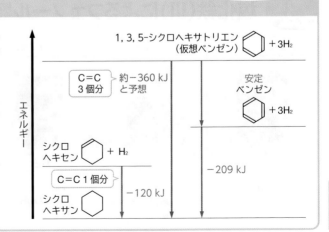

1, 3, 5-シクロヘキサトリエン（仮想ベンゼン） ＋3H₂
C=C 3個分 約－360 kJと予想
安定ベンゼン ＋3H₂
エネルギー
シクロヘキセン ＋H₂
C=C 1個分 －120 kJ
－209 kJ
シクロヘキサン

4 有機化合物

化学

13 フェノール類
Phenols

1 フェノール類
phenols

ベンゼン環にヒドロキシ基－OH が直接結合した化合物をフェノール類という。 化学

名称	構造式	融点〔℃〕	沸点〔℃〕
フェノール	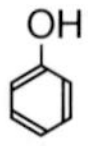 C_6H_5–OH	41	182
1-ナフトール	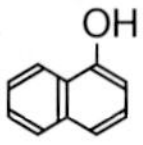 OH（1位）	96	288
2-ナフトール	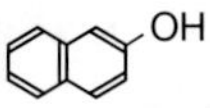 OH（2位）	122	296

名称	構造式	融点〔℃〕	沸点〔℃〕
o-クレゾール	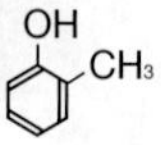 OH, CH_3	31	191
m-クレゾール	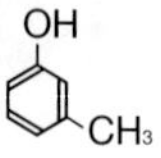 OH, CH_3	12	203
p-クレゾール	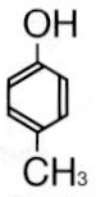 OH, CH_3	35	202

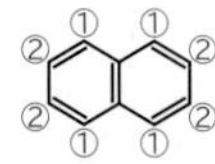

ナフトールは，ナフタレンの１つの水素原子がヒドロキシ基－OH に置換したものである。一置換体は１位と２位の２種類がある。

フェノール

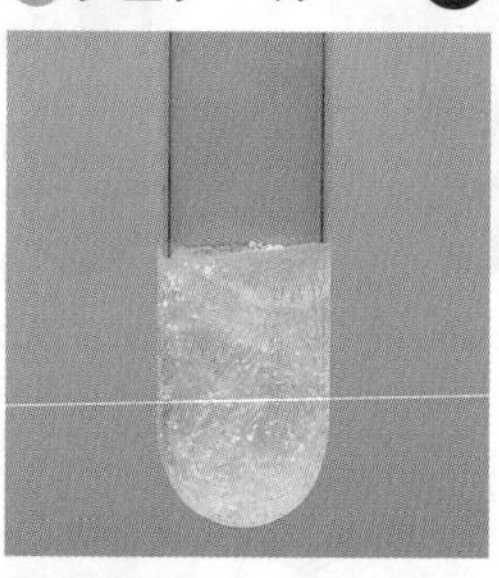

フェノールは，コールタールから得られるので，石炭酸ともよばれる。室温では無色の固体で特有のにおいをもち，皮膚を侵して有毒である。

クレゾール

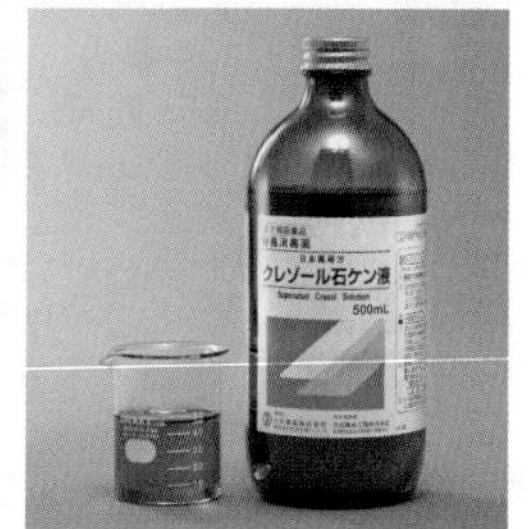

クレゾールには３種類の異性体がある。いずれも無色だが，光により褐色になる。フェノールより殺菌力が強いため，殺菌消毒剤に用いる。

2 フェノールの性質
phenol

フェノール類のヒドロキシ基は，アルコールのヒドロキシ基と異なり，弱酸性を示す。酸の強さは炭酸より弱い。 化学

溶解性

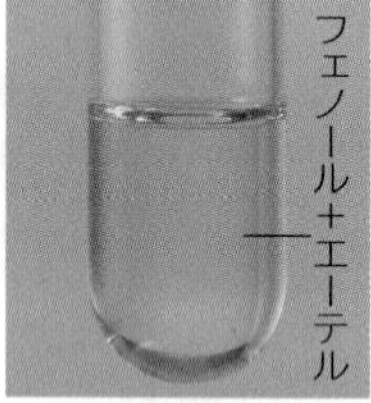

フェノールはエーテルなどの有機溶媒によく溶ける。

液性

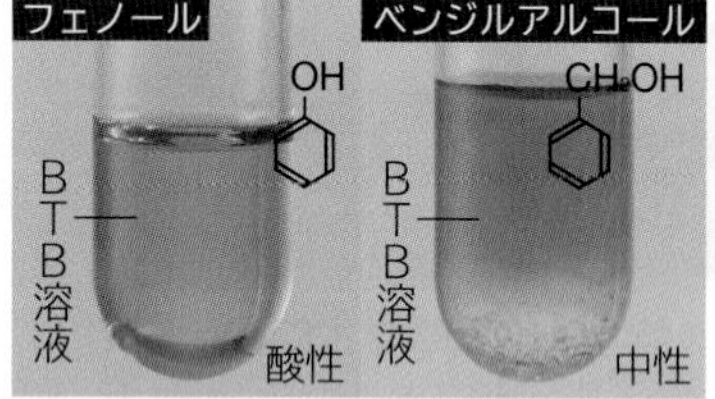

フェノールは水溶液中で電離して弱酸性を示す。

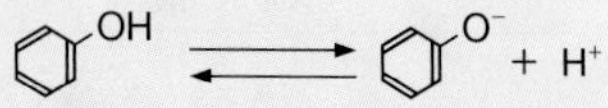

$$C_6H_5OH \rightleftarrows C_6H_5O^- + H^+$$

フェノール　　フェノキシドイオン

強塩基との反応

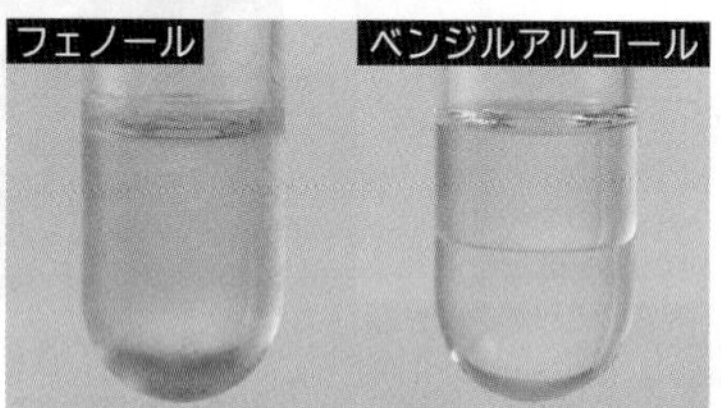

フェノールは酸であるため，強塩基の水酸化ナトリウム水溶液と反応して，ナトリウムフェノキシドになる。

$$C_6H_5OH + NaOH \longrightarrow C_6H_5ONa + H_2O$$

フェノール　　ナトリウムフェノキシド

酸の強さ

炭酸より弱い酸

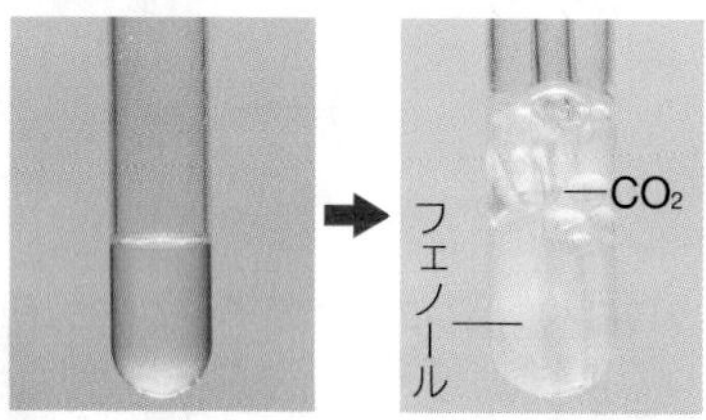

ナトリウムフェノキシドの水溶液に二酸化炭素を吹き込むと，フェノールが遊離し，白濁する。

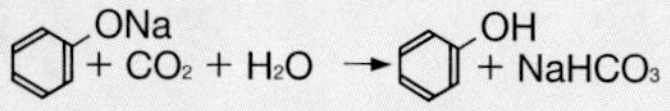

$$C_6H_5ONa + CO_2 + H_2O \longrightarrow C_6H_5OH + NaHCO_3$$

ナトリウムフェノキシド　　フェノール

3 塩化鉄(Ⅲ)によるフェノール類の呈色反応

フェノール類に塩化鉄(Ⅲ)$FeCl_3$ 水溶液を加えると，青～紫色の呈色反応を示す。 化学

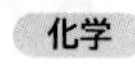

フェノール	*o*-クレゾール	サリチル酸	サリチル酸メチル	ベンジルアルコール	アセチルサリチル酸
紫色	青色	紫色	赤紫色	呈色しない	呈色しない
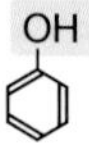 OH	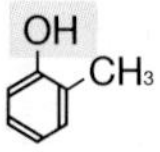 OH, CH_3	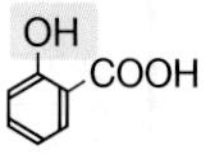 OH, COOH	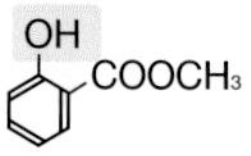 OH, $COOCH_3$	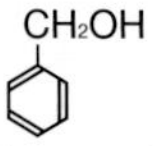 CH_2OH（フェノール性ヒドロキシ基がない）	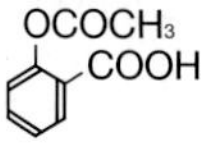 $OCOCH_3$, COOH（フェノール性ヒドロキシ基がない）

表現 アルコール類とフェノール類の代表的な共通点および相違点を説明せよ。

4 フェノールの合成

フェノールは，ベンゼンスルホン酸ナトリウムをアルカリ融解してつくることができる。 化学

ニッケルるつぼ
融解した NaOH，KOH

ニッケルるつぼに水酸化ナトリウムと水酸化カリウムを入れ，加熱して融解させる。

これにベンゼンスルホン酸ナトリウムを加え，加熱を続けて反応させる。

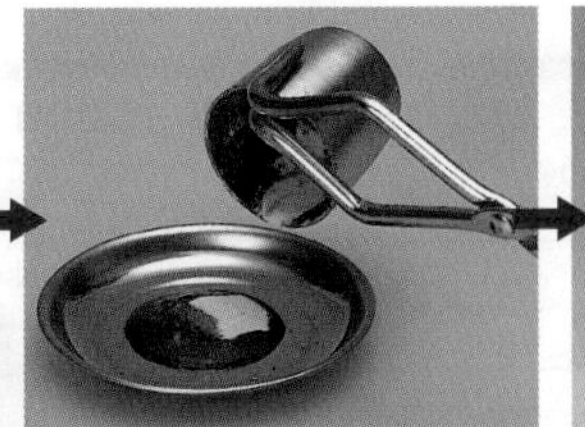

生成したナトリウムフェノキシドを取り出して放冷すると固まる。

ナトリウムフェノキシドをビーカーに移し，塩酸を加えると，フェノールが得られる。

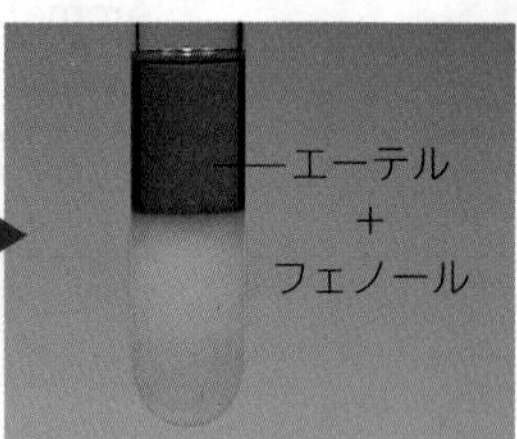

溶液を試験管に移し，ジエチルエーテルを加え，フェノールを抽出する。

フェノールの合成法

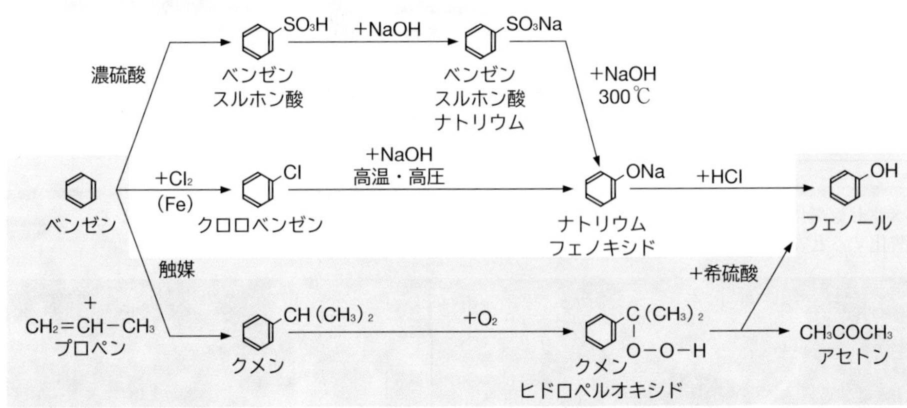

クメン法
ベンゼンとプロペンからフェノールを製造する方法は，クメン法とよばれる。

TOPICS

ポリフェノール

分子内にフェノール性ヒドロキシ基を多くもつものをポリフェノールとよぶ。ポリフェノールの一つであるカテキンはお茶などに含まれ，脂肪の燃焼を促進し，高血圧を抑えるといわれている。

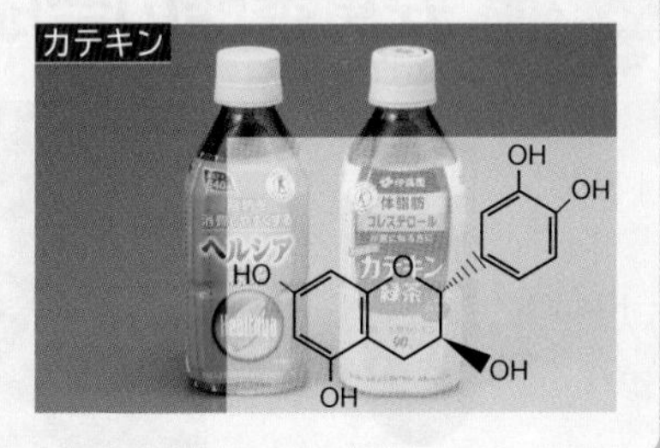

5 フェノールの反応

フェノールは反応性に富み，ベンゼンよりニトロ化やハロゲン化が起こりやすい。 化学

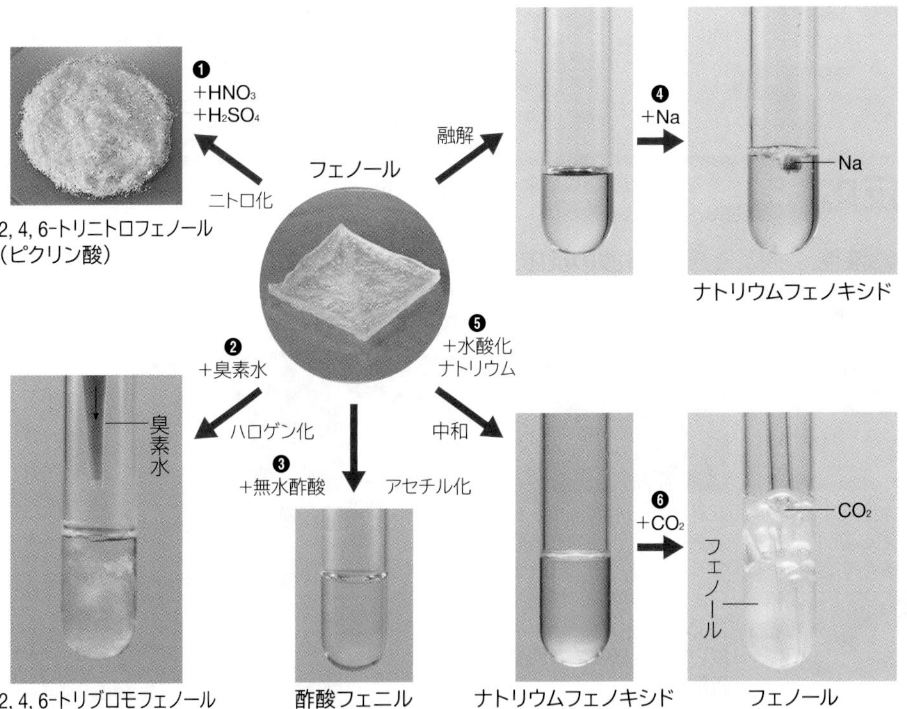

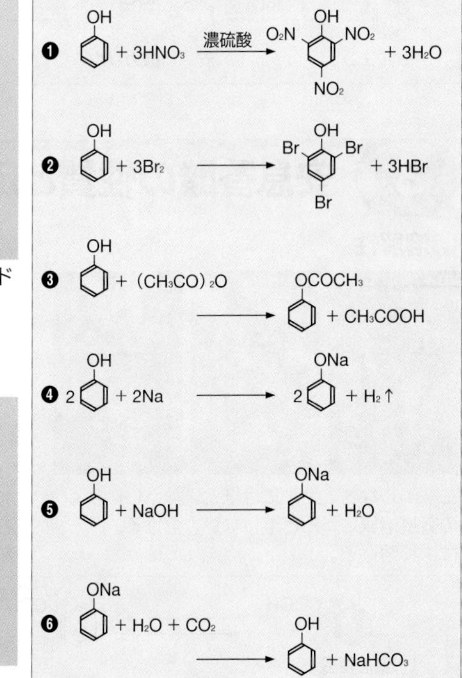

❶ $C_6H_5OH + 3HNO_3 \xrightarrow{濃硫酸} C_6H_2(OH)(NO_2)_3 + 3H_2O$

❷ $C_6H_5OH + 3Br_2 \longrightarrow C_6H_2(OH)Br_3 + 3HBr$

❸ $C_6H_5OH + (CH_3CO)_2O \longrightarrow C_6H_5OCOCH_3 + CH_3COOH$

❹ $2C_6H_5OH + 2Na \longrightarrow 2C_6H_5ONa + H_2\uparrow$

❺ $C_6H_5OH + NaOH \longrightarrow C_6H_5ONa + H_2O$

❻ $C_6H_5ONa + H_2O + CO_2 \longrightarrow C_6H_5OH + NaHCO_3$

4 有機化合物

化学

14 芳香族カルボン酸
Aromatic carboxylic acids

1 芳香族カルボン酸
aromatic carboxylic acid

ベンゼン環にカルボキシ基－COOH が直接結合した化合物を芳香族カルボン酸という。

化学

名 称	構造式	融点〔℃〕	沸点〔℃〕	おもな用途
安息香酸	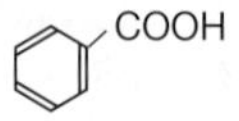 C_6H_5-COOH	123	250	防腐剤・医薬品・染料・香料などの原料
フタル酸	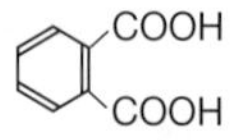 $C_6H_4(COOH)_2$ (オルト位)	234	分解	合成樹脂・香料・防虫剤などの原料
テレフタル酸	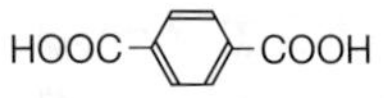 HOOC-C_6H_4-COOH	—	300(昇華)	ポリエステルの原料
サリチル酸	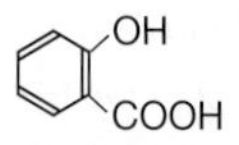 C_6H_4(OH)COOH (オルト位)	159	—	防腐剤・医薬品・染料・香料などの原料

●安息香酸

最も簡単な芳香族カルボン酸。安息香(東南アジアに生えている植物の樹皮に傷をつけて得られる樹液)を加熱昇華してつくられたので，この名がある。

●サリチル酸

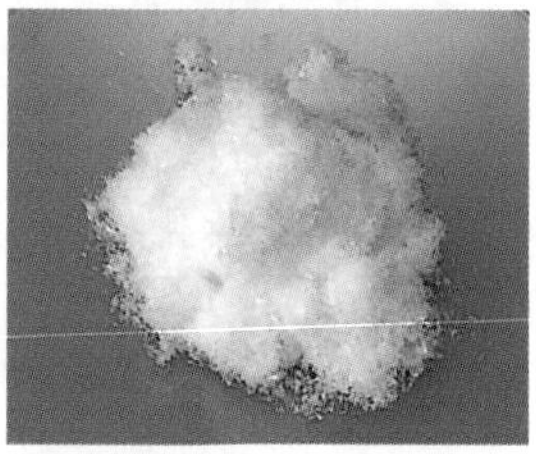

安息香酸のオルト位にフェノール性ヒドロキシ基をもつ化合物で針状結晶。防腐剤として用いられ，誘導体も医薬品として使われている。

2 安息香酸の合成
benzoic acid

ベンゼン環に直接結合したアルキル基は酸化されるとカルボキシ基に変わる。トルエンを酸化すると安息香酸が得られる。

化学

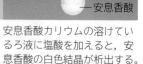

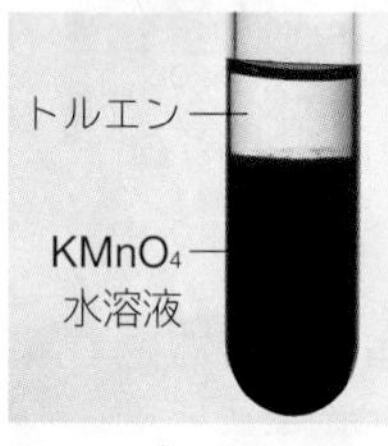

過マンガン酸カリウム水溶液にトルエンを加える。

空気冷却管をつけて加熱する。酸化マンガン(Ⅳ)が生成し，溶液は濁ってくる。

生成した酸化マンガン(Ⅳ)をろ過して除く。

ろ液には安息香酸カリウムが溶けている。

安息香酸カリウムの溶けているろ液に塩酸を加えると，安息香酸の白色結晶が析出する。

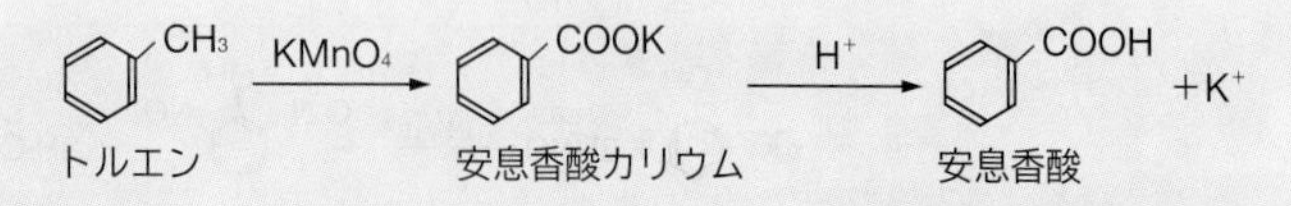

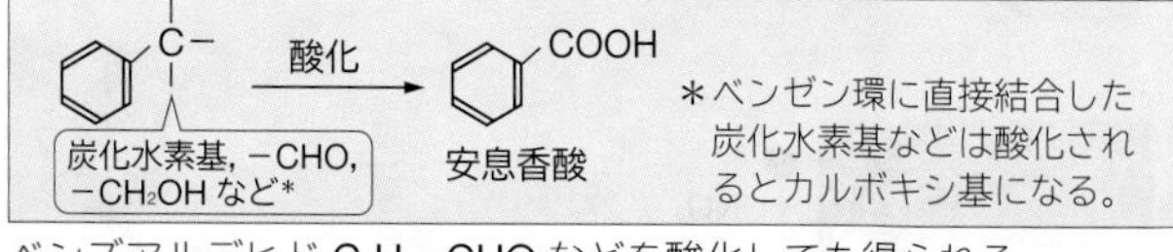

ベンズアルデヒド C_6H_6-CHO などを酸化しても得られる。

3 安息香酸の性質と反応

エーテルなどの有機溶媒によく溶ける。冷水には溶けにくいが，熱水には溶け，弱酸性を示す。酸の強さは，塩酸＞安息香酸＞炭酸の順である。

化学

●溶解性

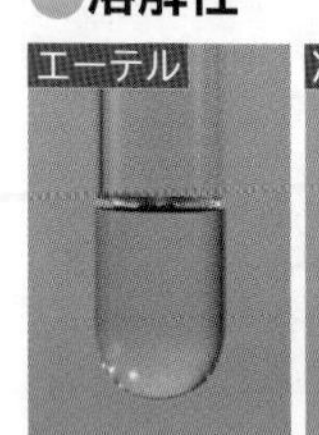

エーテルなどの有機溶媒にはよく溶ける。

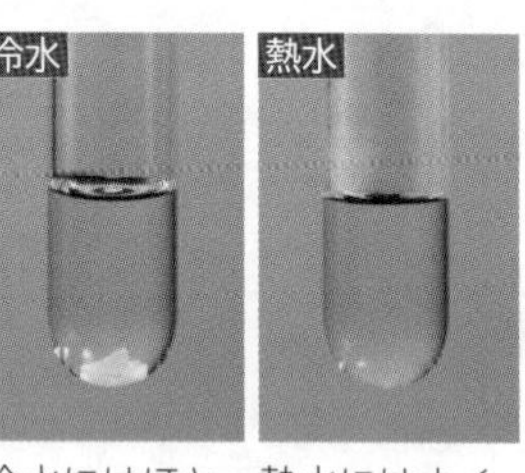

冷水にはほとんど溶けない。

熱水にはよく溶ける。

●液性

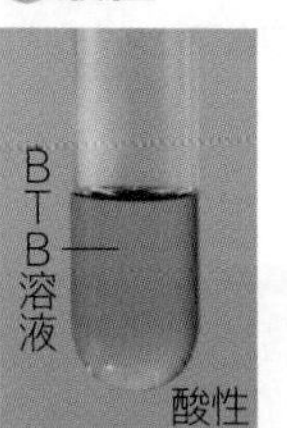

水溶液中で電離して弱酸性を示す。

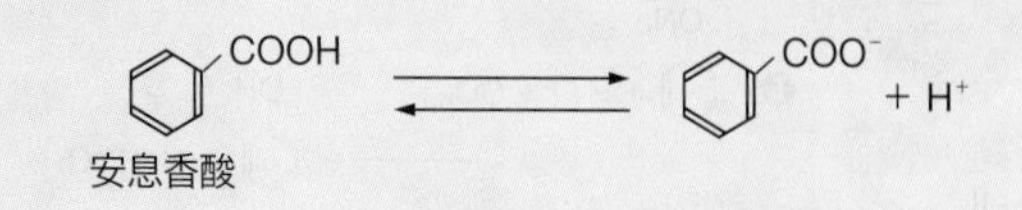

●安息香酸の反応

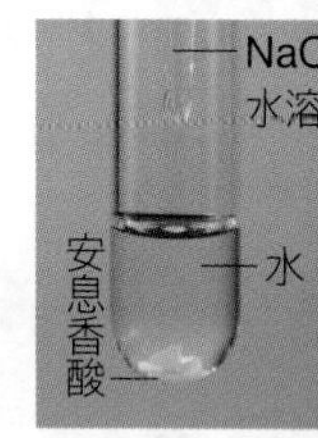

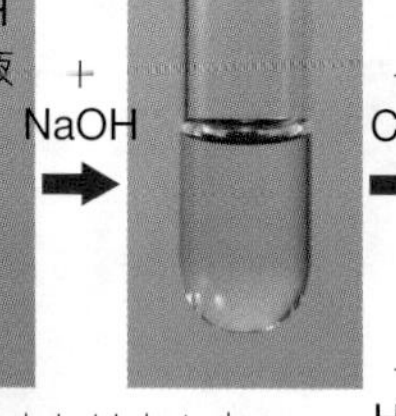

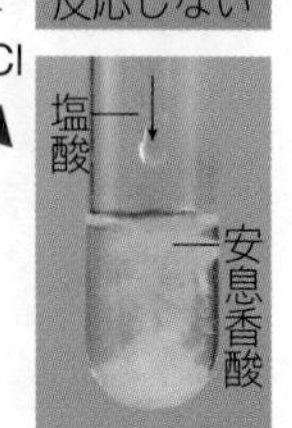

安息香酸に水酸化ナトリウム水溶液を加えると安息香酸ナトリウムになり，水に溶ける。これにより弱い酸の二酸化炭素を加えても反応しないが，より強い酸の塩酸を加えると安息香酸が遊離する。

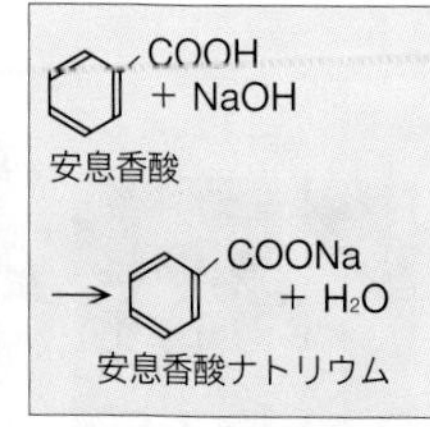

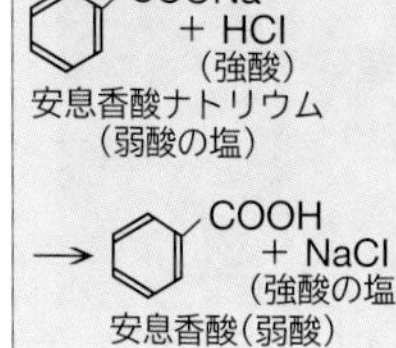

思考 サリチル酸と炭酸水素ナトリウムとの反応について，カルボキシ基とヒドロキシ基の酸性の違いに注目して説明せよ。

4 フタル酸とテレフタル酸

phthalic acid　terephthalic acid

化学

フタル酸とテレフタル酸

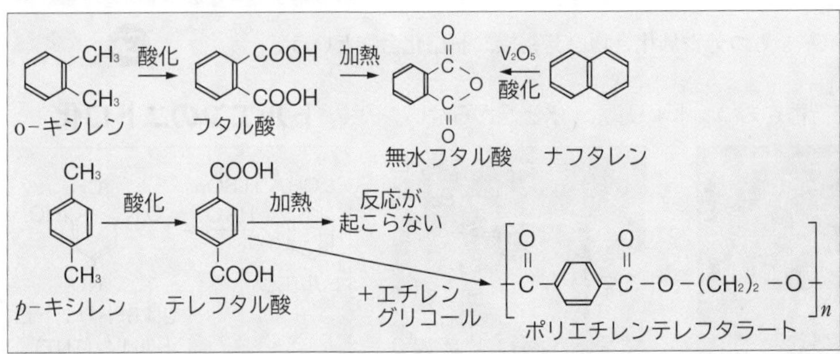

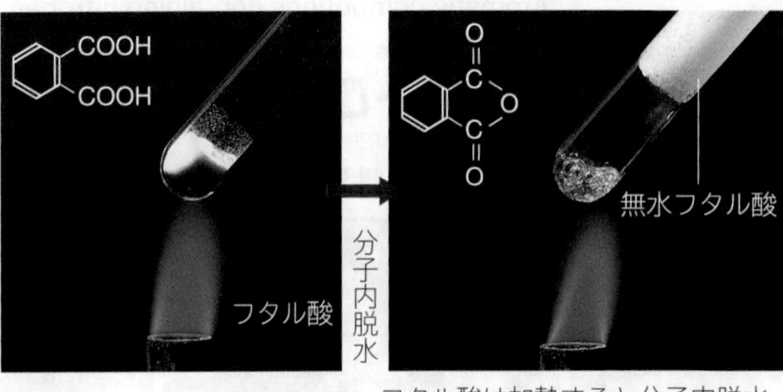

フタル酸は加熱すると分子内脱水して，無水フタル酸になる。

5 サリチル酸

salicylic acid

サリチル酸にはカルボキシ基とフェノール性ヒドロキシ基があるので，サリチル酸はカルボン酸とフェノール類の両方の性質を示す。

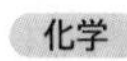

化学

サリチル酸

サリチル酸はナトリウムフェノキシドに二酸化炭素を高温・高圧下で反応させ，酸で処理することにより生じる。

サリチル酸メチルの合成

サリチル酸をメタノールでエステル化すると，サリチル酸メチルができる。

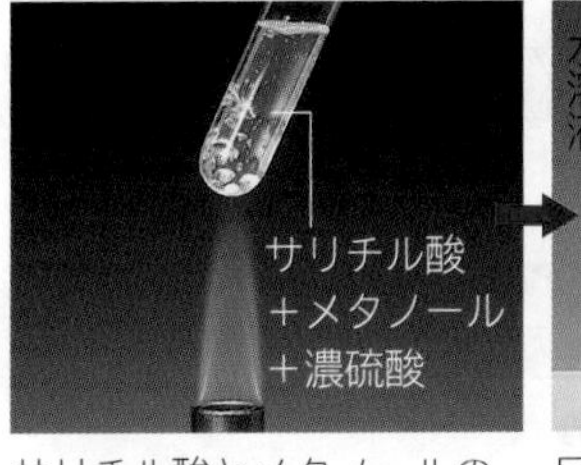

サリチル酸とメタノールの混合物に，触媒として濃硫酸を加え，おだやかに加熱する。

反応後の溶液を，炭酸水素ナトリウム水溶液中に注ぎ，未反応のサリチル酸を塩にして水に溶かす。

サリチル酸メチル(融点−8℃)は水に溶けにくいので，油状の液体として得られる。

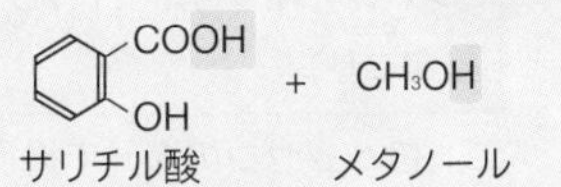

+ CH_3OH

メタノール

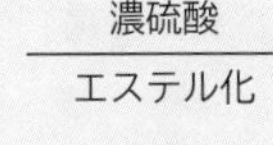

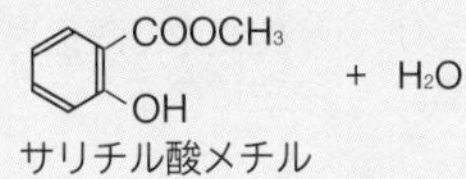

+ H_2O

塩化鉄(Ⅲ)水溶液との反応

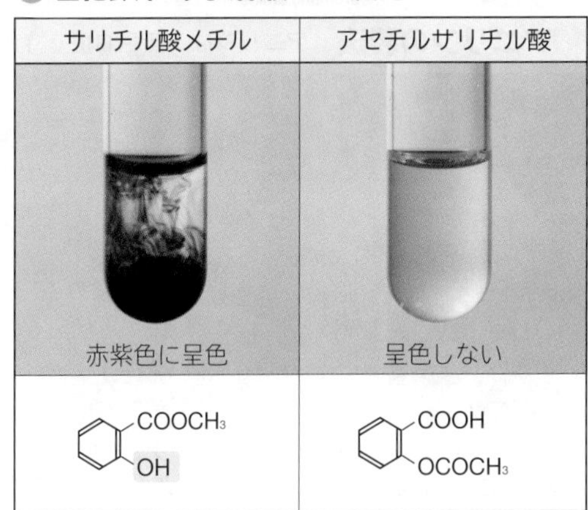

サリチル酸メチルはフェノール性ヒドロキシ基をもつため，塩化鉄(Ⅲ)水溶液を加えると呈色する(p.256)。

アセチルサリチル酸の合成

サリチル酸を無水酢酸でアセチル化すると，アセチルサリチル酸ができる。

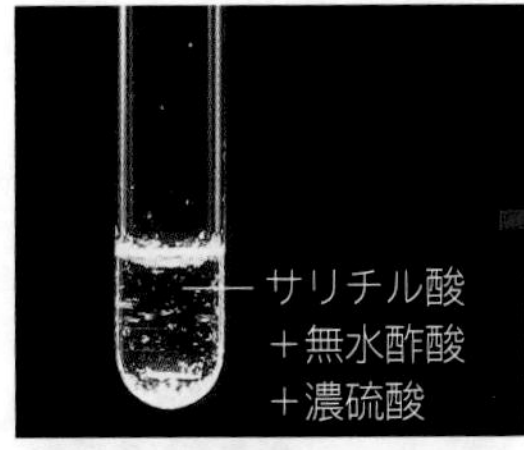

サリチル酸と無水酢酸の混合物に，触媒として濃硫酸を加え，よく振り混ぜる。

結晶が析出したら，砕いて水に注ぐ。

アセチルサリチル酸(融点135℃)の白色結晶が得られる。

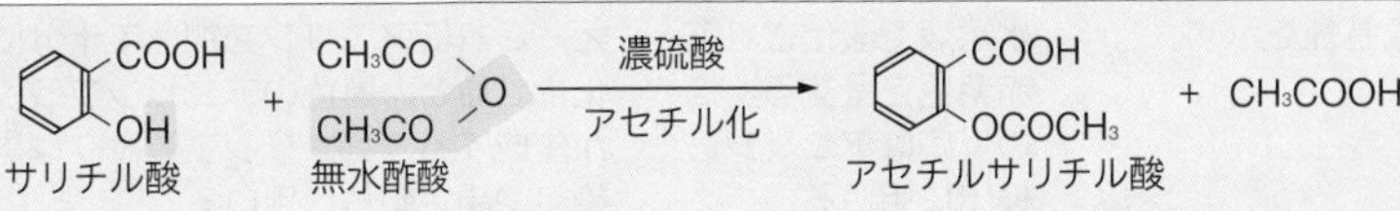

利用

▶サリチル酸メチル

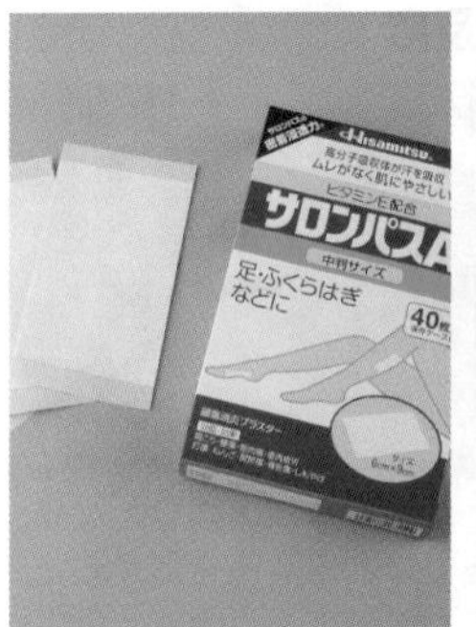

サリチル酸メチルは，筋肉などの鎮痛消炎剤として，外用塗布薬に用いる。

▶アセチルサリチル酸

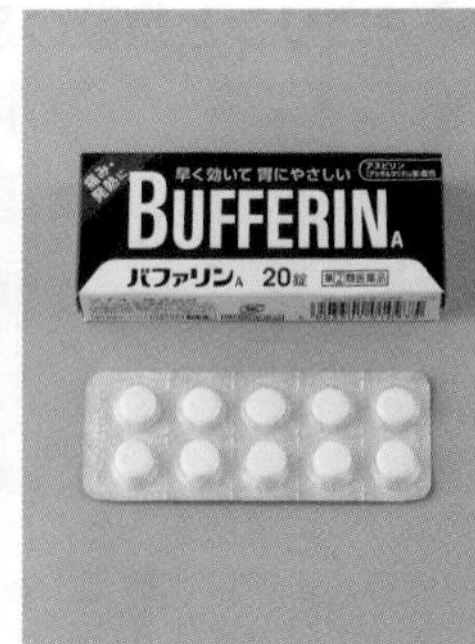

アセチルサリチル酸(アスピリン)は，解熱鎮痛剤として，内服薬に用いる。

15 窒素を含む芳香族化合物

Aromatic compounds containing nitrogen atoms

1 芳香族ニトロ化合物

aromatic nitro compound

ニトロ基 $-NO_2$ をもつ芳香族化合物を芳香族ニトロ化合物という。

化学

●ニトロベンゼンの製法と性質

ニトロベンゼンは淡黄色で芳香をもつ。水より重く，水と混ざらない。

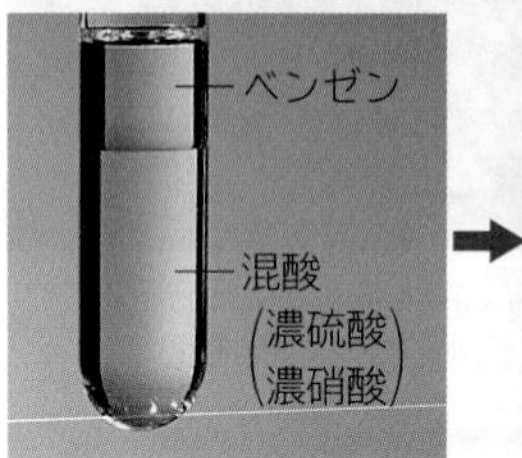

濃硝酸と濃硫酸の混合物にベンゼンを少しずつ加える。

緩やかに加熱する。

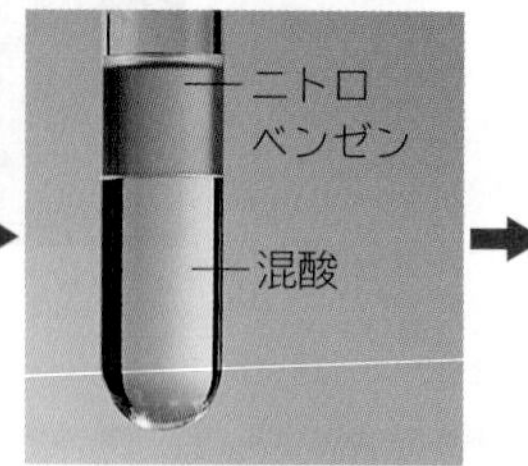

ニトロベンゼンが生成する。

反応液を冷水中に注ぐとニトロベンゼンが沈む。

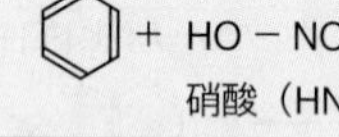 $+ \; HO-NO_2 \xrightarrow{\text{濃硫酸}}$ 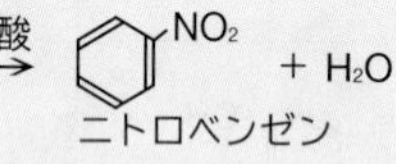 $+ \; H_2O$

硝酸（HNO_3）　　ニトロベンゼン

●トルエンのニトロ化

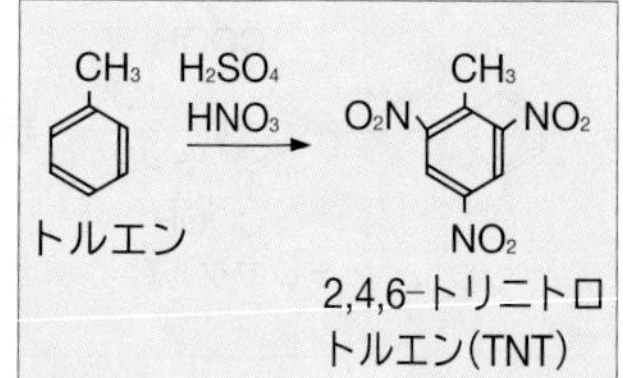

トルエンをニトロ化すると，2,4,6-トリニトロトルエンが生じる。2,4,6-トリニトロトルエンは爆薬として利用される。

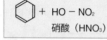

2 芳香族アミン

aromatic amine

アンモニアの水素原子を芳香族炭化水素基で置き換えたものを芳香族アミンという。

化学

●アニリンの製法

アニリンは，無色油状で特有の臭気をもち，水に溶けにくい。

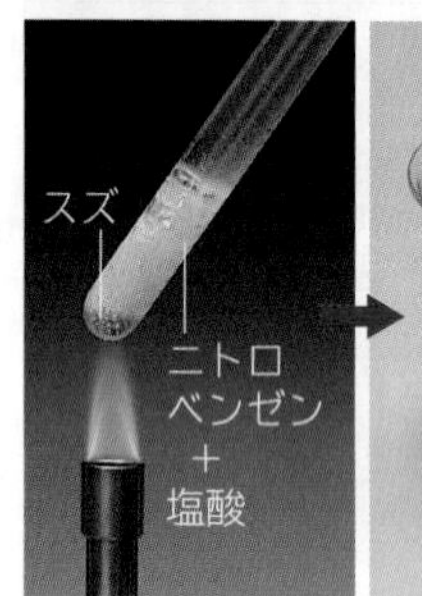

ニトロベンゼンにスズと塩酸を加え，油滴が消えるまで加熱する(❶)。

水酸化ナトリウムを加え，アニリンを遊離させる(❷)。

ジエチルエーテルを加え，アニリンを抽出する。

エーテルを蒸発させるとアニリンが得られる。

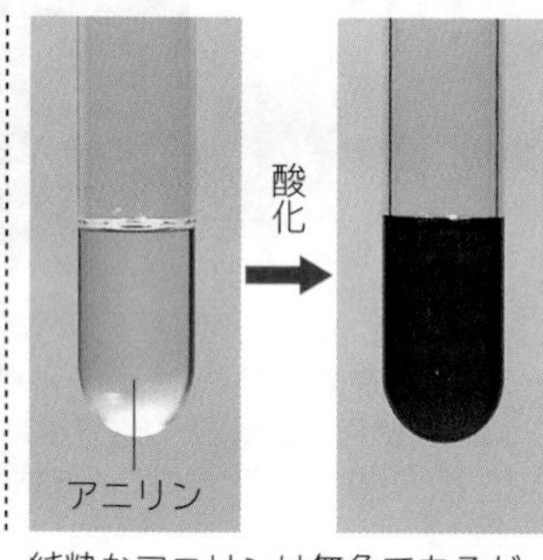

純粋なアニリンは無色であるが，空気中で酸化されて，黄から褐色になる。

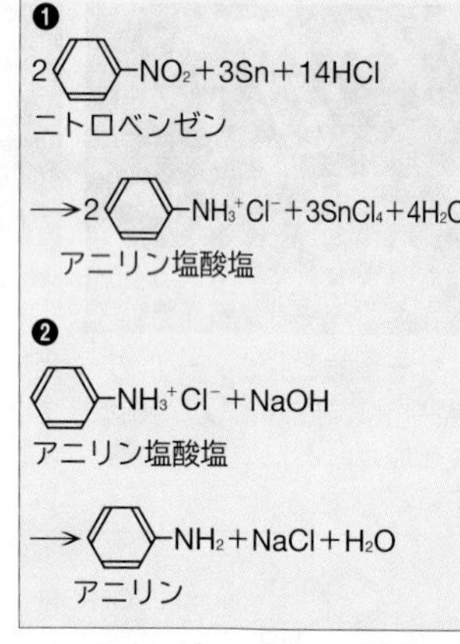

❶

$2 C_6H_5-NO_2 + 3Sn + 14HCl$

ニトロベンゼン

$\longrightarrow 2 C_6H_5-NH_3^+Cl^- + 3SnCl_4 + 4H_2O$

アニリン塩酸塩

❷

$C_6H_5-NH_3^+Cl^- + NaOH$

アニリン塩酸塩

$\longrightarrow C_6H_5-NH_2 + NaCl + H_2O$

アニリン

ニトロベンゼンの還元で得られる。

3 アニリンの性質と反応

aniline

アニリンは弱塩基性を示し，塩酸のような強い酸とは反応するが，弱い酸とは反応しない。

化学

●アニリンと塩酸の反応

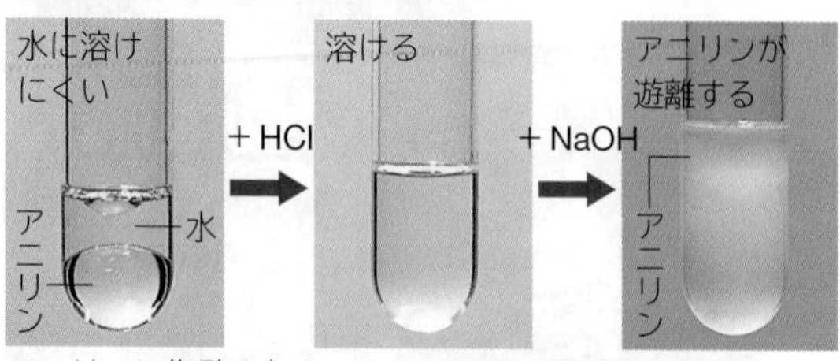

アニリンに塩酸を加えると，アニリン塩酸塩となり，水に溶ける。これに水酸化ナトリウム水溶液を加えると，アニリンが再び遊離する。

$C_6H_5-NH_2 \xrightarrow{HCl} C_6H_5-NH_3^+Cl^- \xrightarrow{NaOH} C_6H_5-NH_2$

●アニリンの pH

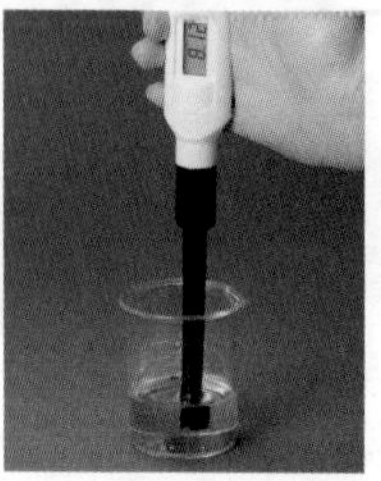

アニリンの水溶液は弱塩基性を示す。

●さらし粉による呈色

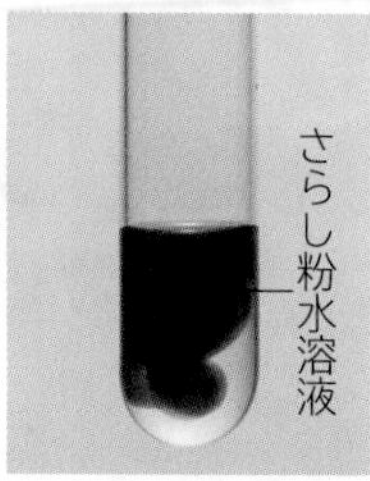

アニリンはさらし粉水溶液で酸化されて赤紫色を呈する。この反応はアニリンの検出に用いる。

●アニリンブラック

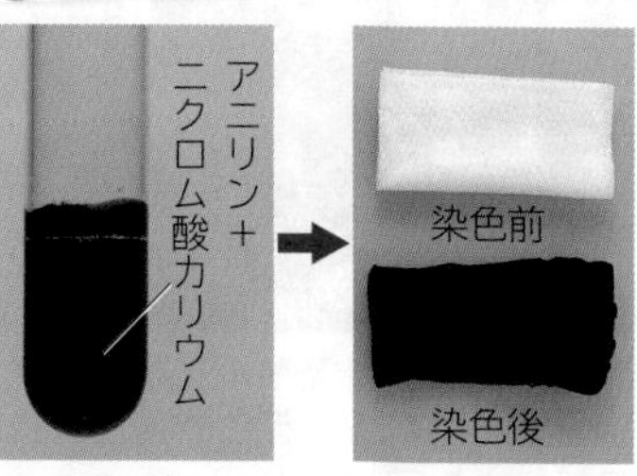

ニクロム酸カリウム水溶液に硫酸を加え，これにアニリンを加えて十分に酸化させると，黒色のアニリンブラックが生成する。アニリンブラックは黒色染料や黒色顔料に用いる。

思考 トルエンを高温で急速にニトロ化すると，2,4,6-トリニトロトルエン TNT が生じるが，穏やかにニトロ化したとき，おもに得られる物質を2種類答えよ。

アセトアニリド

アニリンに無水酢酸を作用させると，無色・無臭のアセトアニリドが得られる。かつては解熱剤に用いられた。

アニリンに無水酢酸を加える。

冷水に注ぐとアセトアニリドが得られる。

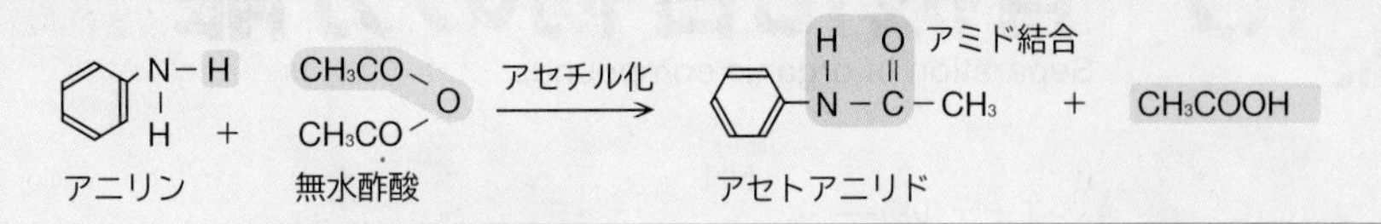

アセトアニリドは高い毒性をもつため，現在は4-アミノフェノールを無水酢酸と反応させて得られるアセトアミノフェンが解熱剤として用いられている。

$$\text{HO-C}_6\text{H}_4\text{-NH}_2 + (\text{CH}_3\text{CO})_2\text{O} \xrightarrow{\text{アセチル化}} \text{HO-C}_6\text{H}_4\text{-NH-CO-CH}_3 + \text{CH}_3\text{COOH}$$

4-アミノフェノール　無水酢酸　アセトアミノフェン

ジアゾ化とカップリング

diazotization　coupling

アニリンを出発物質として，ジアゾ化とカップリングにより，芳香族アゾ化合物を合成することができる。

化学

ジアゾ化

低温で第一級アミンに酸と亜硝酸ナトリウム $NaNO_2$ を作用させてジアゾニウムを得る反応を**ジアゾ化**という。

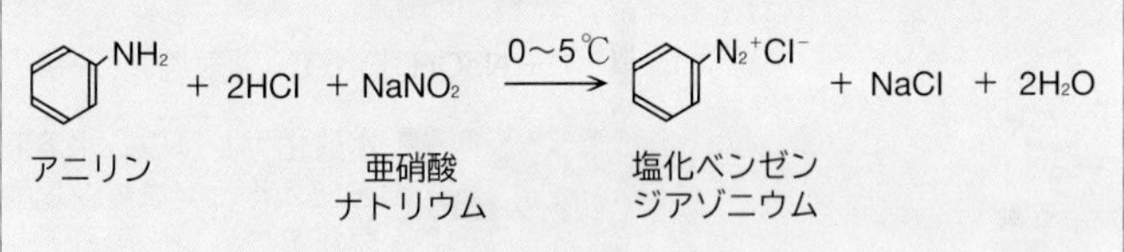

塩化ベンゼンジアゾニウムは分解しやすいので0〜5℃に冷却して反応させる。温度が上がると加水分解し，窒素とフェノールを生じる。

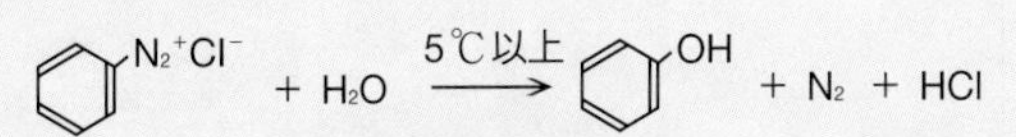

カップリング

芳香族ジアゾニウム塩と他の芳香族化合物が反応し，アゾ基 $-N=N-$ をもつ化合物が生成する反応を**ジアゾカップリング**という。

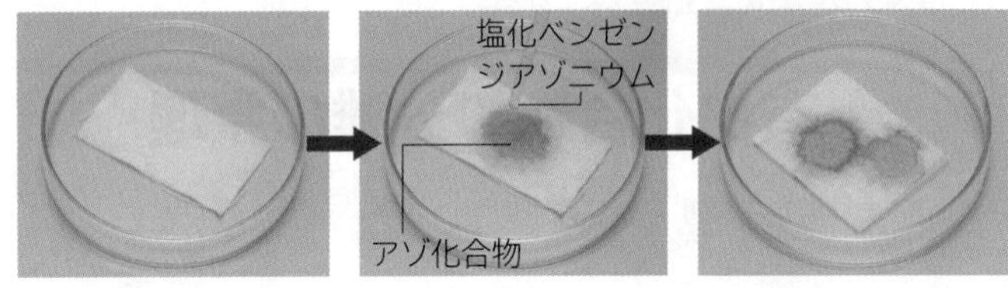

フェノールと NaOH 水溶液に木綿布を浸し，塩化ベンゼンジアゾニウムを加えると，カップリングしてアゾ化合物が生成し，染色する。

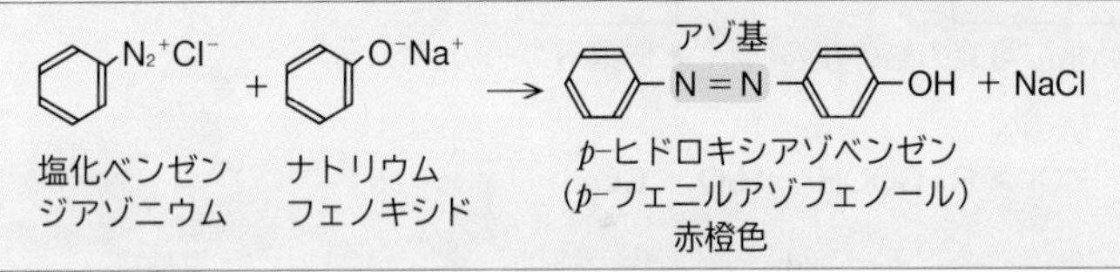

カップリングさせる化合物により，色が異なる。

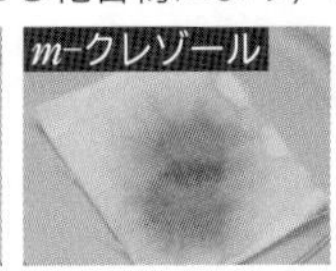

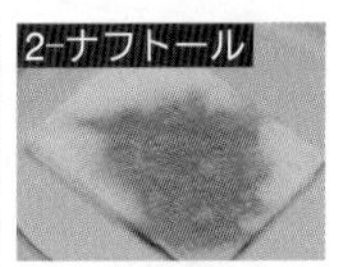

5 アゾ色素

azo color

芳香族アゾ化合物は黄〜赤色の結晶で，アゾ染料，アゾ顔料として用いる。

化学

pH 指示薬

水素イオンが配位して色が変わる。

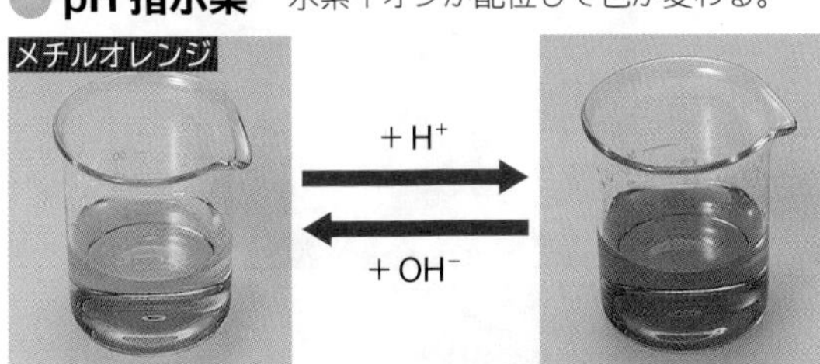

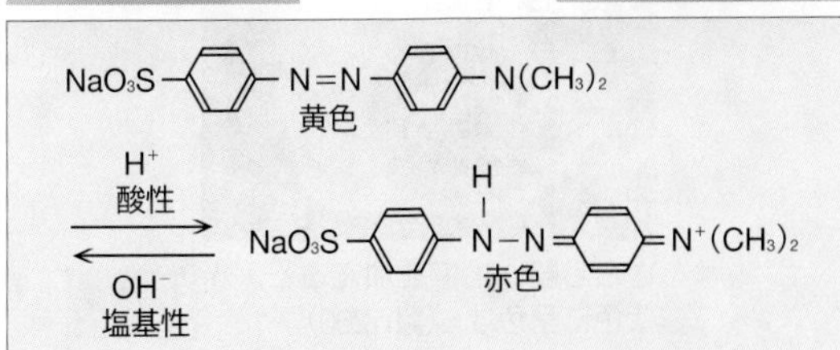

アゾ色素の利用

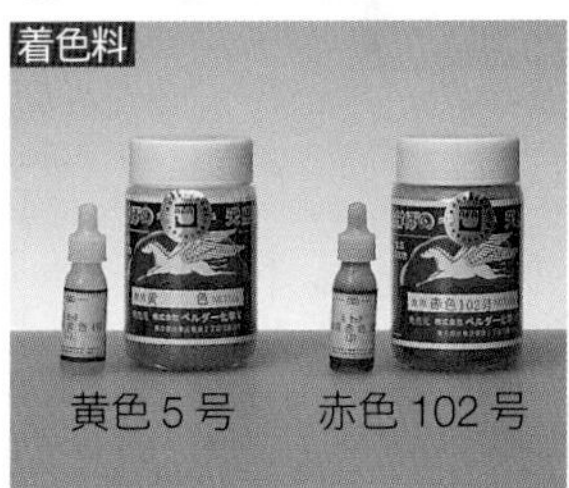

黄色 5 号

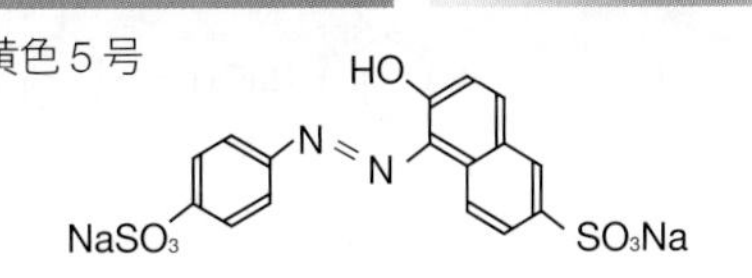

黄色 5 号は菓子や漬物などの着色に使用されている。

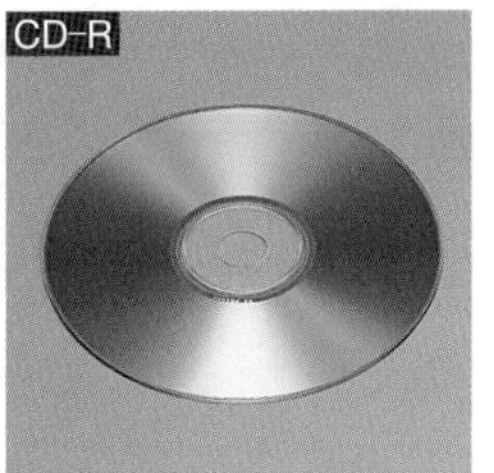

レーザー光線を当てると，アゾ色素の組成が変化する。組成の変化により光の反射率が変わるため，この反射率の違いを利用してデータの読み取りを行っている。

16 有機化合物の分離

Separation of organic compounds

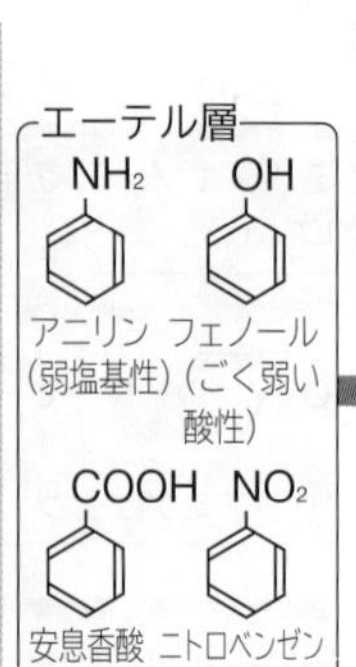

塩基である NH_2 を塩にする

中和

① + HCl

エーテル層：OH　COOH　NO_2

上層

水層：$NH_3^+Cl^-$

COOH を塩にする。

中和

③ + $NaHCO_3$ 水溶液

エーテル層：OH　COOH　NO_2

密度は，ジエチルエーテル＜水のため，エーテルが上層，水が下層となる。ジクロロメタンを使用すると，密度が水＜ジクロロメタンのため，上層が水となる。

下層を取り出す

1 有機化合物の分離の原理

化学

・中和により塩が生成する。塩は水に溶けやすいものが多い。

・弱酸の塩に強酸を加えると弱酸が遊離する。

（弱塩基）（強塩基）　（弱塩基）

水に可溶のものが多い　水に離溶のものが多い

・酸の強さ

HCl ＞ R−COOH ＞ H_2O + CO_2 ＞フェノール

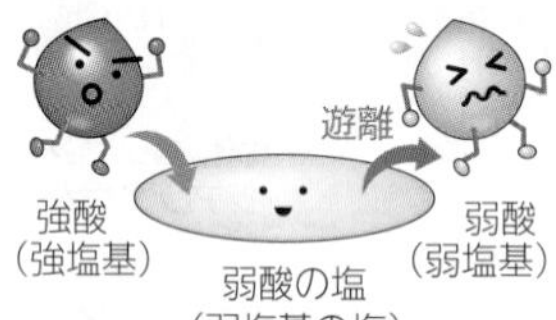

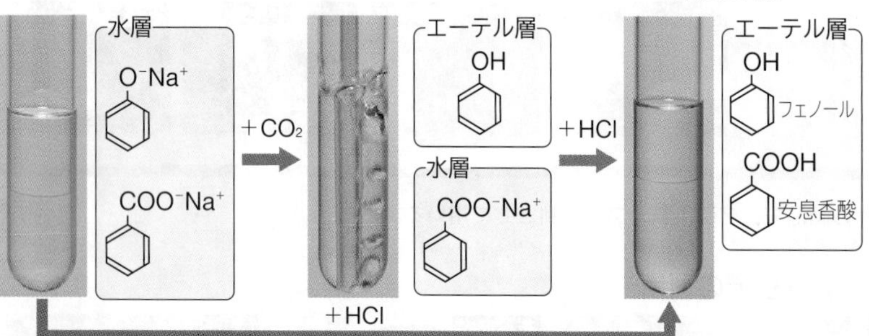

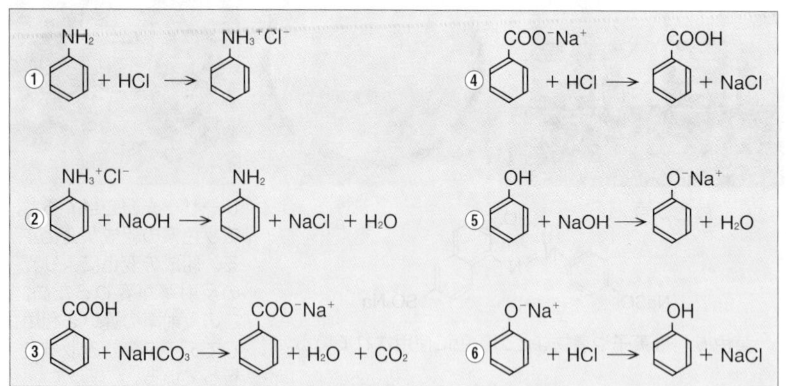

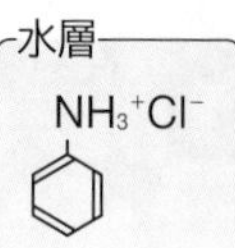

② + NaOH 水溶液

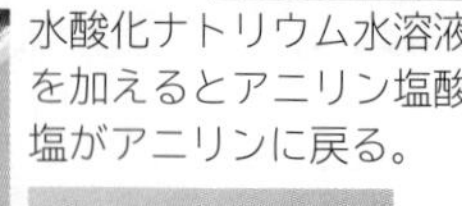

水酸化ナトリウム水溶液を加えるとアニリン塩酸塩がアニリンに戻る。

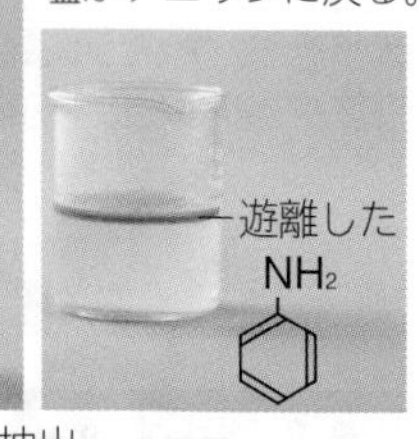

エーテル抽出
エーテル蒸発

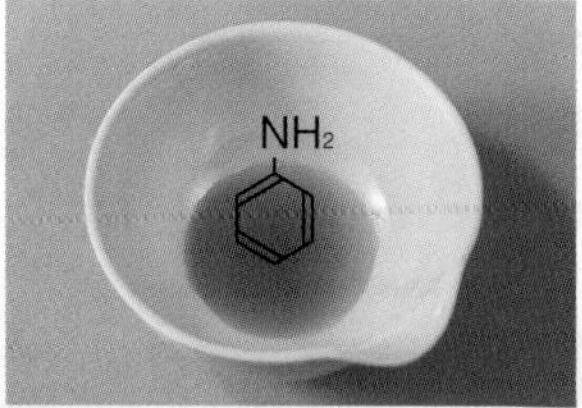

さらし粉水溶液を加えると，赤紫色に呈色する(➡p.260)。

検出

思考　次の①～③の芳香族化合物を上記の方法で分離した場合，アニリン，安息香酸，フェノール，ニトロベンゼンのいずれと同じところに分離されるか。　①ベンゼン　②トルエン　③サリチル酸

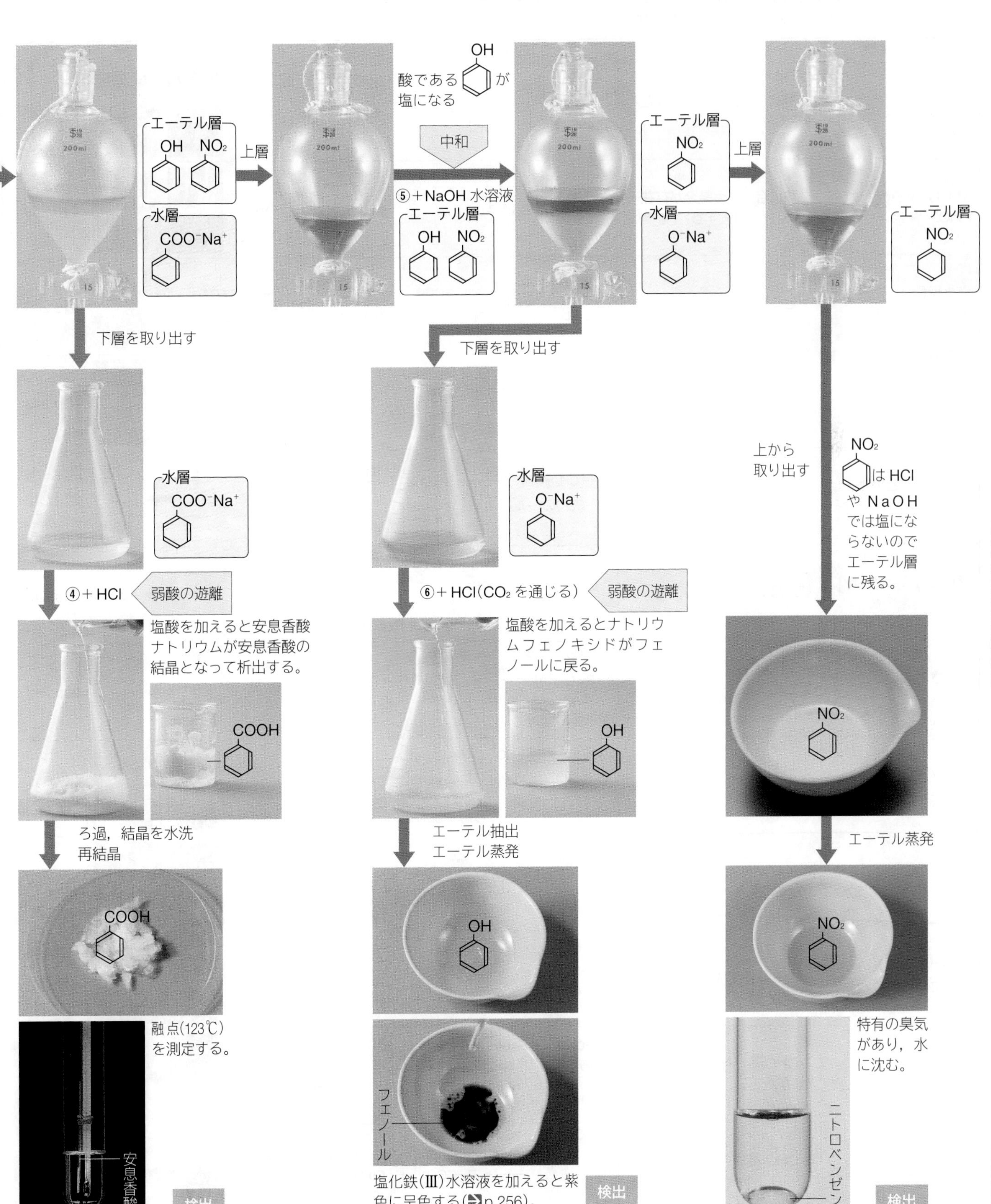

エーテル層
OH NO_2
上層
水層
COO^-Na^+
酸である OH が塩になる
中和
⑤＋NaOH 水溶液
エーテル層
OH NO_2
エーテル層
NO_2
上層
水層
O^-Na^+
エーテル層
NO_2
下層を取り出す
下層を取り出す
水層
COO^-Na^+
水層
O^-Na^+
上から取り出す
NO_2 は HCl や NaOH では塩にならないのでエーテル層に残る。
④＋HCl
弱酸の遊離
⑥＋HCl（CO_2 を通じる）
弱酸の遊離
塩酸を加えると安息香酸ナトリウムが安息香酸の結晶となって析出する。
COOH
塩酸を加えるとナトリウムフェノキシドがフェノールに戻る。
OH
NO_2
ろ過，結晶を水洗
再結晶
エーテル抽出
エーテル蒸発
エーテル蒸発
COOH
OH
NO_2
融点(123℃)を測定する。
安息香酸
検出
フェノール
塩化鉄(Ⅲ)水溶液を加えると紫色に呈色する(➔p.256)。
検出
特有の臭気があり，水に沈む。
ニトロベンゼン
検出

4 有機化合物

化学

17 有機化合物の検出反応 化学

Detection of organic compounds

反応・特徴	確認できること	化学反応式	リンク
Br_2 の脱色	二重結合，三重結合が存在（赤褐色が消失する）	$R^1R^2C=CR^3R^4$ ＋ Br_2（赤褐色） ⟶ $Br-CR^1R^2-CR^3R^4-Br$（無色）	p.239
$KMnO_4$ が還元されて MnO_2	二重結合，三重結合が存在（赤紫色が消失する）	$R^1R^2C=CR^3R^4$ ＋ $KMnO_4$（赤紫色） ⟶ $R^1R^2C=O$ ＋ $O=CR^3R^4$ ＋ MnO_2	p.239
塩化銅(Ⅰ)，硝酸銀でアセチリドを生成	アセチレンが存在	$HC\equiv CH$（アセチレン） $\xrightarrow[NH_3 性]{CuCl}$ $CuC\equiv CCu$（銅アセチリド（赤色沈殿）） $HC\equiv CH$（アセチレン） $\xrightarrow[NH_3 性]{AgNO_3}$ $AgC\equiv CAg$（銀アセチリド（白色沈殿））	p.238
金属 Na で H_2 発生	−OH 基が存在	$2R-OH + 2Na \longrightarrow 2R-ONa + H_2$（ナトリウムアルコキシド）	p.243
酸化されるとアルデヒド，カルボン酸になる	第一級アルコールが存在	$R-CH_2-OH$（第一級アルコール） $\xrightarrow[-2H]{酸化}$ $R-CHO$（アルデヒド（還元性）） $\xrightarrow[+O]{酸化}$ $R-COOH$（カルボン酸（酸性））	p.242
酸化されるとケトンになる	第二級アルコールが存在	$R-CH(R')-OH$（第二級アルコール） $\xrightarrow[-2H]{酸化}$ $RR'C=O$（ケトン（中性，これ以上酸化できない））	p.242
酸化されないアルコール	第三級アルコールが存在	$R-C(R')(R'')-OH$（第三級アルコール） $\xrightarrow{酸化}$ 酸化されない	p.242
エタノールを 130 ～ 140℃で脱水	ジエチルエーテルが生成（分子間脱水）	$C_2H_5-OH + HO-C_2H_5$（エタノール） $\xrightarrow[130〜140℃（分子間脱水）]{濃硫酸}$ $C_2H_5-O-C_2H_5 + H_2O$（ジエチルエーテル）	p.243
エタノールを 160 ～ 170℃で脱水	エチレンが生成（分子内脱水）	$H-CH_2-CH_2-OH$（エタノール） $\xrightarrow[160〜170℃（分子内脱水）]{濃硫酸}$ $CH_2=CH_2 + H_2O$（エチレン）	p.243
酢酸カルシウムの乾留による生成物	アセトンが生成	$(CH_3COO)_2Ca$（酢酸カルシウム） $\xrightarrow{乾留}$ $CH_3-CO-CH_3$（アセトン） ＋ $CaCO_3$（炭酸カルシウム）	p.245
銀鏡反応	−CHO 基が存在（銀が析出）	$R-CHO + 2[Ag(NH_3)_2]^+ + 3OH^-$（アルデヒド，$NH_3$ 性硝酸銀） $\longrightarrow R-COO^- + 2Ag + 4NH_3 + 2H_2O$（銀）	p.244
フェーリング液の還元	−CHO 基が存在（Cu_2O が析出）	$R-CHO + 2Cu^{2+} + 5OH^-$（アルデヒド，フェーリング液（$CuSO_4$ ＋ NaOH ＋ 酒石酸塩）） $\longrightarrow R-COO^- + Cu_2O + 3H_2O$（酸化銅(Ⅰ)（赤色沈殿））	p.245

思考 ある有機化合物を酸で加水分解したところ，銀鏡反応陽性の有機化合物とヨードホルム反応陽性のアルコールが得られた。このような有機化合物のうち，炭素数が最も小さいものを答えよ。

反応・特徴	確認できること	化学反応式	リンク
ヨードホルム反応	R−CO−CH_3 または R−CH(OH)−CH_3 が存在（CHI_3 が沈殿）	R−CO−CH_3 ＋ $3I_2$ ＋ 4NaOH（I_2 と NaOH を反応させる）⟶ R−CO−ONa ＋ CHI_3 ＋ 3NaI ＋ $3H_2O$ CHI_3：ヨードホルム（黄色沈殿）	p.245
還元性を示すカルボン酸	ギ酸が存在	ギ酸 HCOOH：H−C(=O)−O−H ホルミル基（還元性を示す）、カルボキシ基	p.247
加熱で容易に脱水	分子内のカルボキシ基が隣接して存在	マレイン酸 ⟶（加熱）無水マレイン酸 フタル酸 ⟶（加熱）無水フタル酸	p.246
$NaHCO_3$ 水溶液と反応	−COOH 基が存在（CO_2 が発生）	R−COOH（カルボン酸）＋ $NaHCO_3$ ⟶ R−COONa ＋ H_2O ＋ CO_2 （炭酸より強い酸は $NaHCO_3$ と反応して CO_2 を発生）	p.246
酸触媒で加水分解	エステルが存在する可能性	R−COO−R′（エステル）＋ H_2O ⇄ R−COOH ＋ HO−R′ （右向き：加水分解、左向き：エステル化、濃硫酸（触媒））	p.247
塩基で分解	エステルが存在する可能性	R−COO−R′（エステル）＋ NaOH ⟶（けん化）R−COONa ＋ HO−R′	p.247
$FeCl_3$ 水溶液で青紫色に呈色	フェノール性−OH 基が存在（青紫色に呈色）	C_6H_5−OH、C_6H_4(COOH)OH、C_6H_4(CH_3)OH など フェノール性−OH 基	p.256
Br_2 で白色沈殿	フェノールが存在	フェノール ＋ $3Br_2$ ⟶ 2,4,6-トリブロモフェノール（白色沈殿）＋ 3HBr	p.257
エステルの加水分解による生成物がともに酸性物質	加水分解による生成物にフェノール性−OH 基が存在する可能性	R−COO−C_6H_5（エステル）＋ H_2O ⇄（加水分解）R−COOH（カルボン酸（酸性））＋ HO−C_6H_5（フェノール類（酸性））	p.258
ベンゼン環に結合したアルキル基をもつ芳香族化合物と $KMnO_4$ が反応	アルキル基が酸化されて−COOH 基が生成	C_6H_5−CH_3（トルエン）⟶（$KMnO_4$）C_6H_5−COOK ⟶（H^+）C_6H_5−COOH（安息香酸）＋ K^+ $C_6H_4(CH_3)_2$（*o*-キシレン）⟶（$KMnO_4$）$C_6H_4(COOK)_2$ ⟶（H^+）$C_6H_4(COOH)_2$（フタル酸）＋ $2K^+$	p.258
$K_2Cr_2O_7$ で黒色	アニリンが存在（アニリンブラック）	C_6H_5−NH_2（アニリン）＋ $K_2Cr_2O_7$ ⟶（黒色に呈色）	p.260
さらし粉水溶液で赤紫色に呈色	アニリンが存在（赤紫色に呈色）	C_6H_5−NH_2（アニリン）＋ さらし粉水溶液 ⟶（赤紫色に呈色）	p.260

18 構造異性体の識別

Distinction of structural isomers

1 $C_4H_{10}O$ の構造異性体

化学

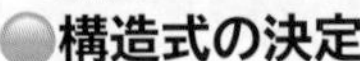

構造式の決定

$C_4H_{10}O$ で表される有機化合物 A ~ D は，1-ブタノール，2-ブタノール，2-メチル-2-プロパノール，ジエチルエーテルのいずれかである。それぞれの異性体を識別するため(1)~(3)の実験を行ったところ，以下のような結果が得られた。

(1)ナトリウムとの反応による識別(➡ p.243)

試験管に A ~ D を取り，小さく切った金属ナトリウムを加えたところ，A ~ C は反応したが，D は反応しなかった。

水素の泡が発生	変化なし
アルコール	エーテル

(1)の結果から，
A ~ C は**アルコール**，D は**エーテル**とわかる。
D として考えられる構造は以下の 3 種類があり，該当するのはジエチルエーテルである。

$CH_3-O-CH_2-CH_2-CH_3$
メチルプロピルエーテル

$CH_3-CH(O-CH_3)-CH_3$
イソプロピルメチルエーテル

D $CH_3-CH_2-O-CH_2-CH_3$
ジエチルエーテル

(2)酸化剤との反応による識別(➡ p.242)

A ~ C を試験管に取り，硫酸酸性ニクロム酸カリウム水溶液を加えて変化を観察したところ，A と B では暗緑色に変化したが，C では橙赤色のままだった。

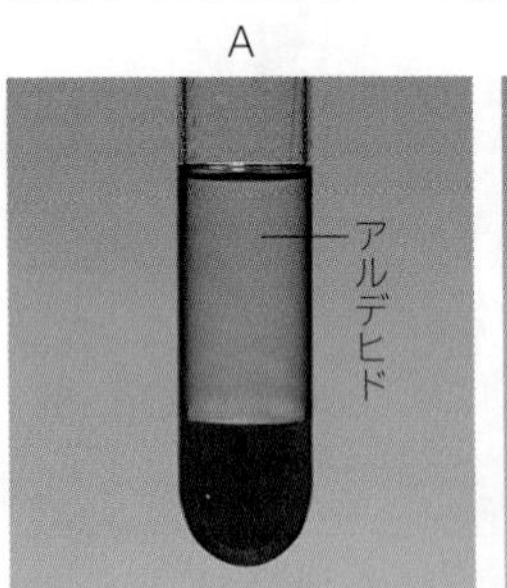

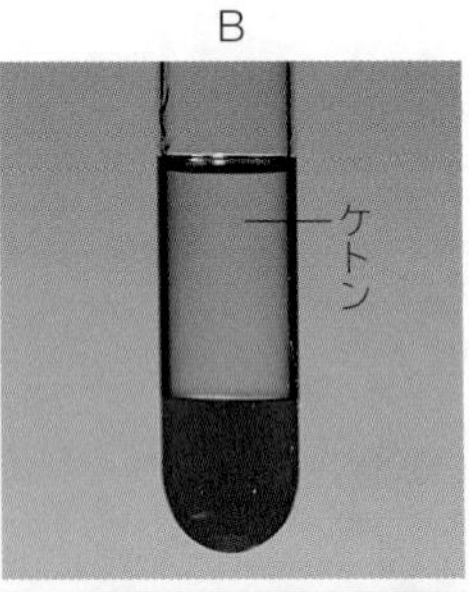

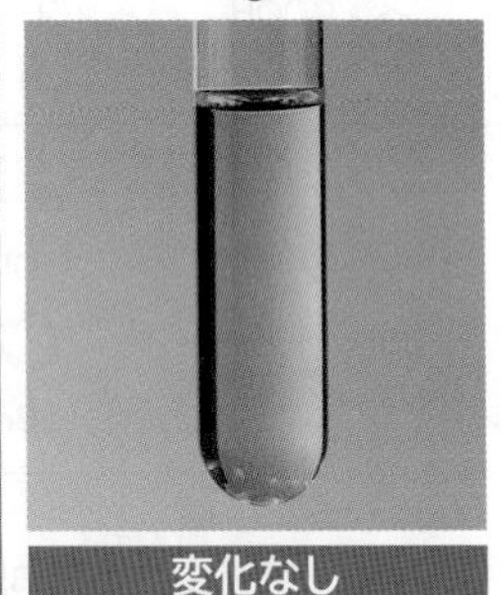

酸化反応が起こり，クロムの色が変化		変化なし
第一級アルコール	第二級アルコール	第三級アルコール

(2)の結果から，
A と B は**第一級または第二級アルコール**，
C は**第三級アルコール**とわかる。
したがって，C の構造が特定できる。

C

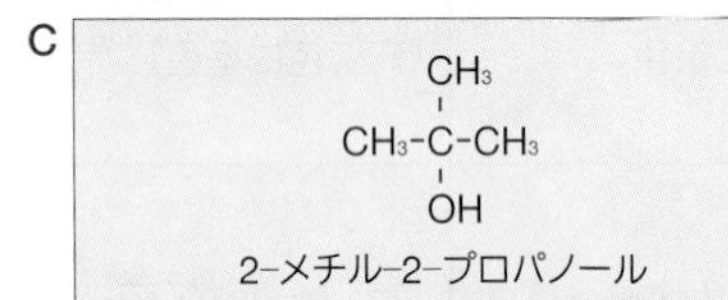

(3)ヨードホルム反応による識別(➡ p.245)

A，B を試験管に取り，ヨウ素ヨウ化カリウム水溶液と水酸化ナトリウム水溶液を加えて加熱したところ，B のみにヨードホルムの黄色結晶が生じた。

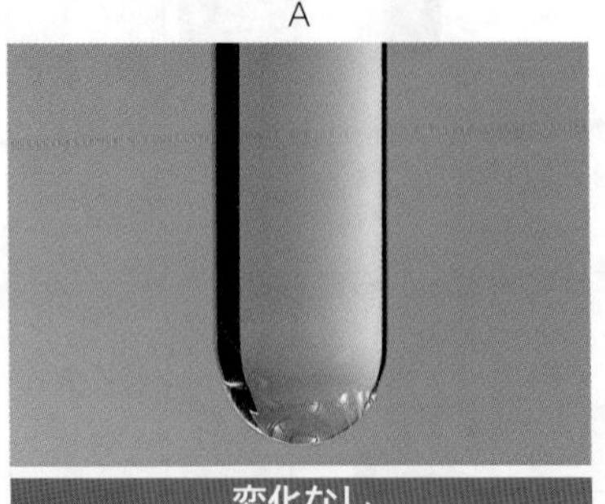

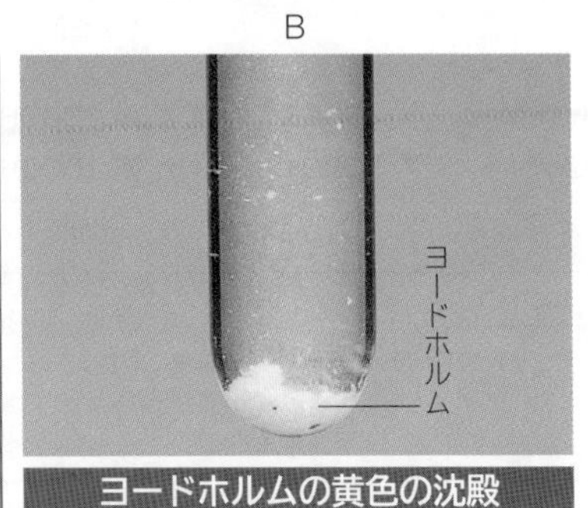

変化なし	ヨードホルムの黄色の沈殿
$CH_3-CH(OH)-$ の構造なし	$CH_3-CH(OH)-$ の構造あり

ヨードホルム反応が生じる構造は

$CH_3-CH(OH)-$　　$CH_3-C(=O)-$

であるから，A の構造は次の 2 つが考えられ，(3)の結果から該当するのは 1-ブタノールである。

A $CH_3-CH_2-CH_2-CH_2-OH$
1-ブタノール

$CH_3-CH(CH_3)-CH_2-OH$
2-メチル-1-プロパノール

また，B は以下の構造と特定できる。

B $CH_3-CH(OH)-CH_2-CH_3$
2-ブタノール

2-ブタノールは不斉炭素原子をもつため鏡像異性体が存在する。

思考 $C_4H_{10}O$ の分子式で表される有機化合物で鏡像異性体を持つ物質は何種類あるか。

2 $C_4H_8O_2$ の構造異性体

化学

構造式の決定

$C_4H_8O_2$ で表されるカルボン酸またはエステルA～Dは，酪酸，酢酸エチル，ギ酸-2-プロピル，プロピオン酸メチルのいずれかである。それぞれの異性体を識別するため(1)～(3)の実験を行ったところ，以下のような結果が得られた。

(1)溶解性による識別

A～Dを試験管に取り水を加えると，A～Cは二層に分かれたがDは水に溶けた。

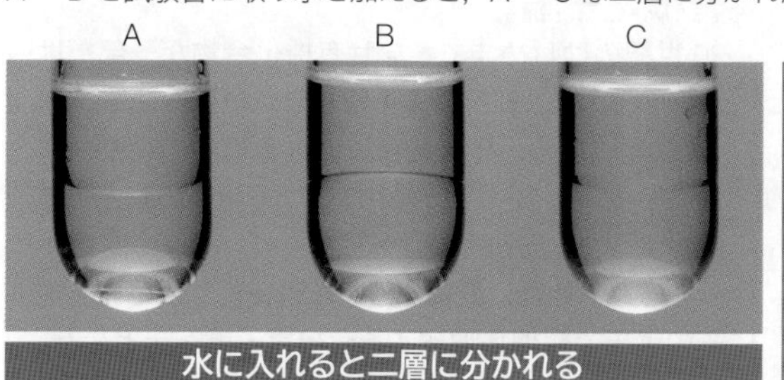

水に入れると二層に分かれる

エステル

水に溶ける

カルボン酸

(1)の結果から，
A～Cは**エステル**，Dは**カルボン酸**とわかる。
Dとして考えられる構造は以下の2種類があり，該当するのは酪酸である。

D $CH_3-CH_2-CH_2-COOH$
酪酸

$CH_3-CH(COOH)-CH_3$
イソ酪酸

(2)ヨードホルム反応(➡p.243)，銀鏡反応(➡p.244)による識別

A，B，Cを加水分解したところ，それぞれ別のアルコール(あ)，(い)，(う)と，カルボン酸(ア)，(イ)，(ウ)が得られた。

A → アルコール(あ)＋カルボン酸(ア)
B → アルコール(い)＋カルボン酸(イ)
C → アルコール(う)＋カルボン酸(ウ)

①アルコール(あ)，(い)，(う)にヨウ素ヨウ化カリウム水溶液と水酸化ナトリウム水溶液を加えて加熱したところ，(あ)，(い)にヨードホルムの黄色結晶が生じた。

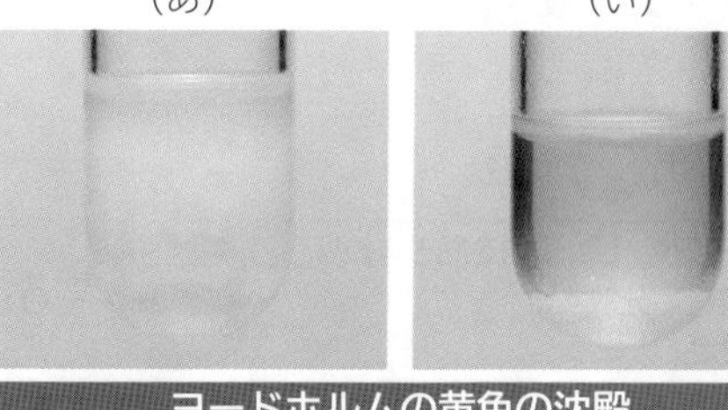

ヨードホルムの黄色の沈殿

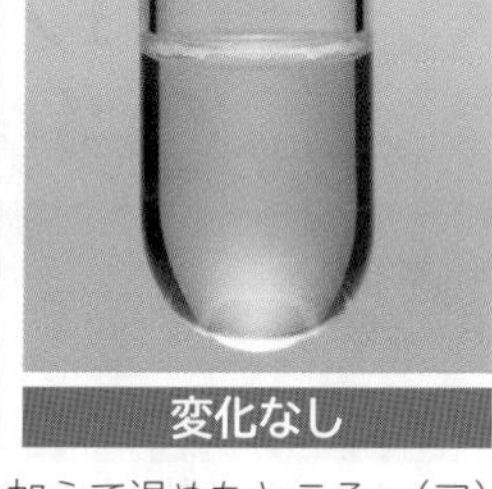

変化なし

(2)①の結果から，
(あ)，(い)は**エタノール**または**2-プロパノール**とわかる。

CH_3-CH_2-OH
エタノール

$CH_3-CH(OH)-CH_3$
2-プロパノール

(う)は次の構造をもたないことがわかる。

$CH_3-CH(OH)-$　　$CH_3-C(=O)-$

②カルボン酸(ア)，(イ)にアンモニア性硝酸銀水溶液を加えて温めたところ，(ア)のみに銀が析出した。

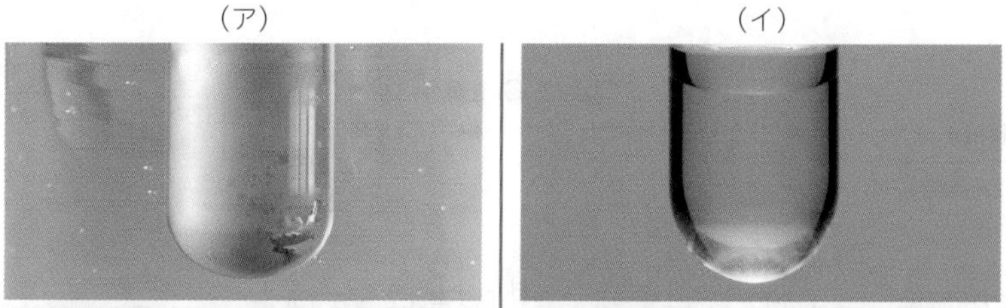

(ア)

銀ができる

(イ)

変化なし

(2)②の結果から，
(ア)は銀鏡反応を示す(アルデヒドの性質を示す)唯一のカルボン酸である**ギ酸**と決定できる。

$H-C(=O)-OH$
ギ酸

(3)構造式の検討

A → アルコール(あ)＋カルボン酸(ア)
Aはエステルで，(あ)は**エタノール**または**2-プロパノール**，(ア)は**ギ酸**で，構造式が $C_4H_8O_2$
B → アルコール(い)＋カルボン酸(イ)
Bはエステルで，(い)は**エタノール**，(イ)はアルデヒドの性質をもたず，構造式が $C_4H_8O_2$
C → アルコール(う)＋カルボン酸(ウ)
Cはエステルで，(う)はエタノールや2-プロパノール以外で，(ウ)はギ酸以外，構造式が $C_4H_8O_2$

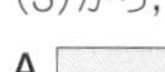

(3)から，

A $H-C(=O)-O-CH(CH_3)-CH_3$
ギ酸-2-プロピル

B $CH_3-C(=O)-O-CH_2-CH_3$
酢酸エチル

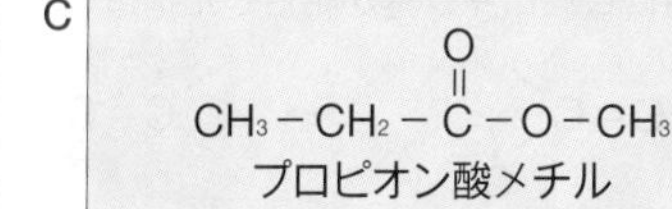

C $CH_3-CH_2-C(=O)-O-CH_3$
プロピオン酸メチル

19 有機化学の学習を深める発展知識（有機電子論）

Advanced concepts for understanding of organic reactions

1 結合の切断と生成

有機化合物の反応は，分子中の共有結合の電子対の切断と生成によって起こると考えられる。また，分子は構成する原子によって部分的に極性をもっており，電気陰性度を手がかりに考えることができる。 化学 発展

有機電子論では，電子対の移動を，巻矢印とよばれる曲がった矢印で表すことが習慣となっている。

結合の切断

(1)イオンになる

$-OH \longrightarrow -O^- + H^+$

$-O:H \longrightarrow -O:\ H^+$

電気陰性度が大きいO原子の方へ共有電子対が移動する

(2)ラジカルになる

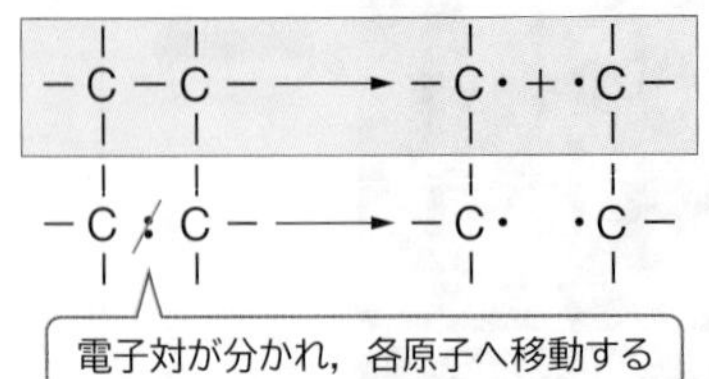

電子対が分かれ，各原子へ移動する

結合の生成

(1)イオンが反応

$A^- + B^+ \longrightarrow A-B$

$A^-: {}^+B \longrightarrow A:B$

マイナスとプラスは引き合う

(2)ラジカルが反応

$A\cdot + \cdot B \longrightarrow A-B$

$A\cdot\ \cdot B \longrightarrow A:B$

不対電子をもつ=ラジカル（不安定）

TOPICS 有機電子論

20世紀のはじめまで，なぜ有機化合物が一部だけ反応するのか，研究する手段もなくわからなかった。1930年頃から，化学結合における電子の役割が次第に明らかとなり，反応中における電子の動きを理解しようとする研究が活発になった。イギリスのインゴールドらは，既に知られた有機化学反応を，電子の動きで整理し理解する有機電子論をまとめた。またアメリカのポーリングにより共鳴理論が提案され，有機化学反応への理解が深まってきた。
現在ではさらに電子の波動性を考え，量子力学を応用した福井謙一のフロンティア軌道理論や，分子軌道法が考え出され，数学とコンピューターの力も借りて複雑な化合物の構造や反応の解析が進んでいる。

2 官能基の性質

一般に負電荷（電子）が広く分散していると安定する。
カルボン酸やフェノールの陰イオンは，水と比べて安定であり，水よりもH^+を放しやすい。 化学 発展

カルボン酸

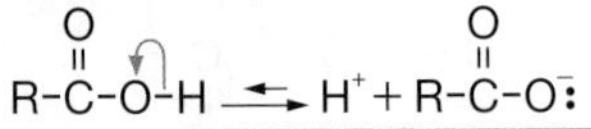

電子は広く動きまわり，負電荷が分散する
=安定

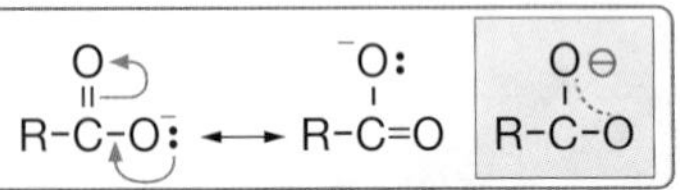

フェノール

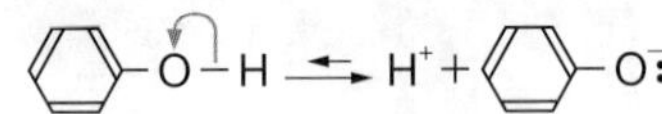

電子はベンゼン環内を動きまわり，負電荷が分散する
=安定

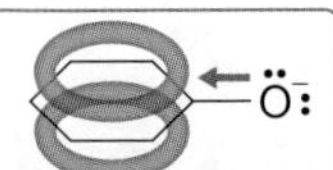

3 アルカン，アルケンの性質

アルカンは比較的反応性の低い化合物だが，反応性がきわめて高いラジカルと反応する。二重結合をもつアルケンは付加反応がおこりやすい。 化学 発展

アルカンの置換反応（➡ p.236）

①光でCl_2が$Cl\cdot$になる
$Cl{:}Cl \longrightarrow 2Cl\cdot$（光）

②$Cl\cdot$がCH_4からHを奪う
$Cl\cdot + H{:}CH_3 \longrightarrow Cl{:}H + \cdot CH_3$

ラジカルは不安定なため，結合しやすい

③$\cdot CH_3$がCl_2からClを奪う

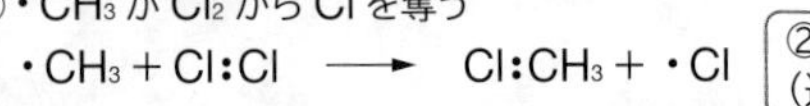

②へもどる（連鎖反応）

アルケンの付加反応（➡ p.239）

(1)酸の付加

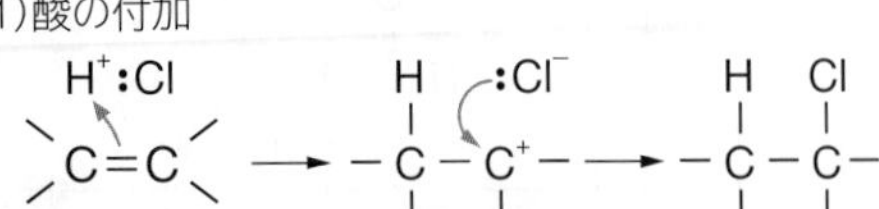

(2)水の付加（H^+触媒）

触媒H^+がπ電子と結合

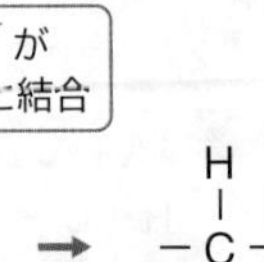

OはCに電子を与えてe^-が不足

H^+触媒

H^+を追い出してバランスをとる

4 ケト・エノール互変異性

アルデヒドやケトンは，ケト形とエノール形とよばれる2種類の構造の平衡の関係にある。エノール形とケト形が互いに変化しあう異性現象を**ケト-エノール互変異性**という。 化学 発展

二重結合にヒドロキシ基が結合した構造を**エノール形**，ヒドロキシ基のH^+が二重結合に移動して生成するカルボニル化合物を**ケト形**という。

エノール形 → ケト形

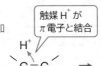

電子が広く動きまわり，負電荷が分散する

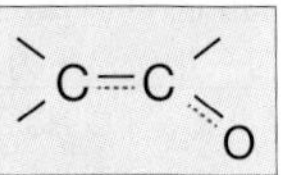

思考 アセトンにヨウ素と水酸化ナトリウムを加えるとヨードホルム反応が起こる。この反応を化学反応式で表せ。

5 エステル化

化学 発展

カルボン酸とアルコールが縮合し，エステル結合が生じる。(➡ p.247)

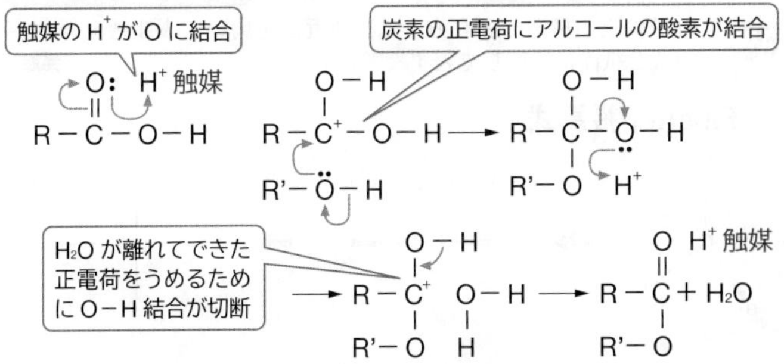

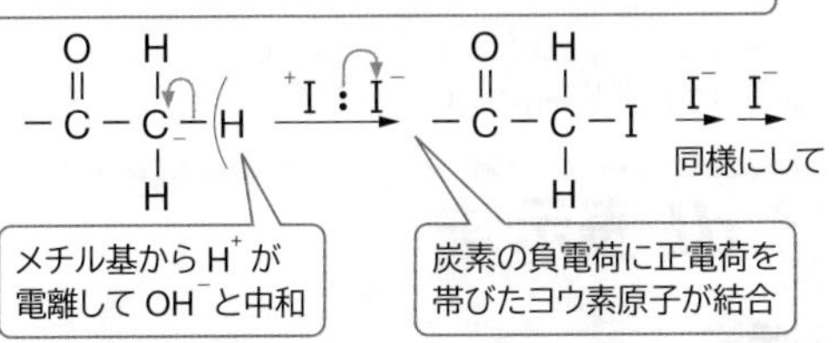

6 アルコールの脱水反応

化学 発展

アルコールから水がとれる反応。分子間の脱水でエーテル，分子内の脱水でアルケンができる(➡ p.243)

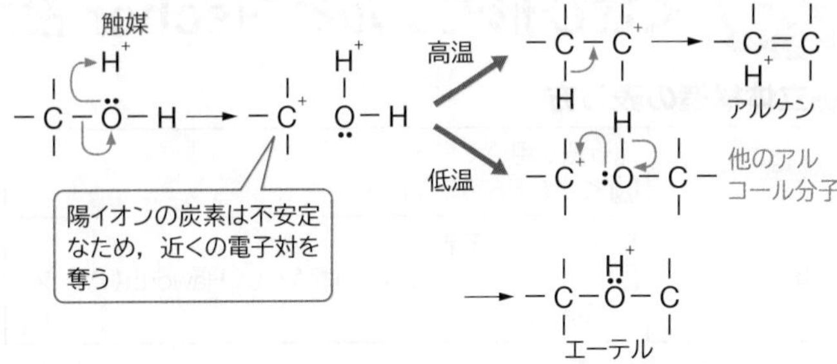

7 ヨードホルム反応

化学 発展

CH_3CO- や $CH_3CH(OH)-$ をもつ化合物に塩基性の条件下でヨウ素 I_2 を加えて温めると，特異臭をもつヨードホルム CHI_3 の黄色沈殿が生じる反応。(➡ p.245)

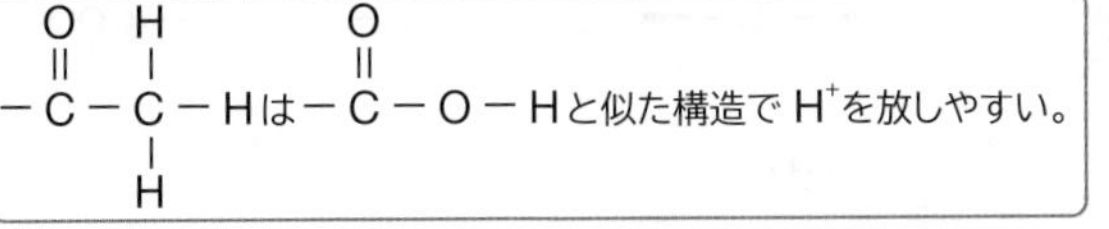

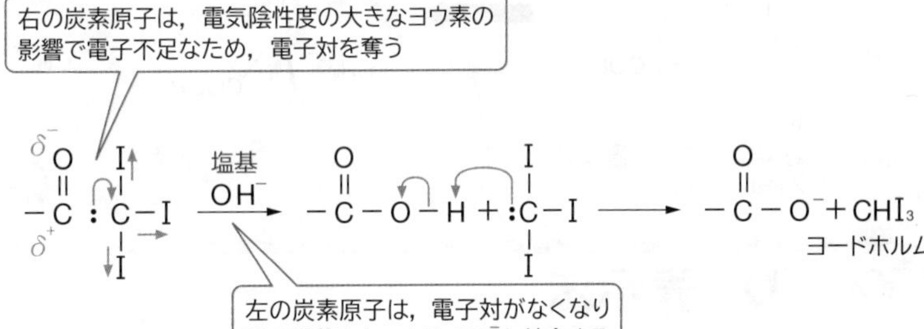

8 芳香族化合物の置換反応

化学 発展

ベンゼン環の不飽和結合は，付加反応を起こしにくく，置換反応を起こしやすい。また，陽イオンは近づけるが，陰イオンは接近しづらい。

ベンゼンの置換反応(➡ p.255)

①ハロゲン化

$FeCl_3$:Cl:Cl ⟶ $[FeCl_4]^-$ + Cl^+

ベンゼン + Cl_2 —(Fe粉)→ クロロベンゼン

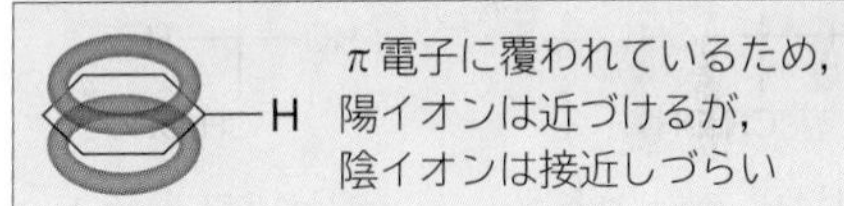

H
π電子に覆われているため，
陽イオンは近づけるが，
陰イオンは接近しづらい

②ニトロ化

H_2SO_4 H－Ö－NO_2 ⟶ HSO_4^- + H_2O + NO_2^+

ベンゼン + HNO_3 —(H_2SO_4)→ ニトロベンゼン

③スルホン化

H_2SO_4 H－Ö－SO_3H ⟶ HSO_4^- + H_2O + SO_3H^+

ベンゼン + H_2SO_4 ⟶ ベンゼンスルホン酸

2個以上の官能基が入る置換反応

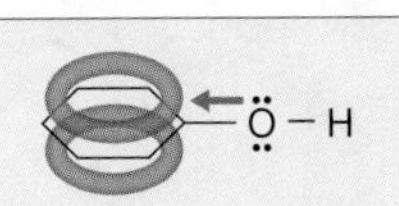

フェノールは非共有電子対の電子がベンゼン環内を広く動き回り，負電荷を分散させる

↓

特にオルト位，パラ位の電子密度が増加する

↓

2個目以降も官能基が入りやすい

サリチル酸の合成(➡ p.259)

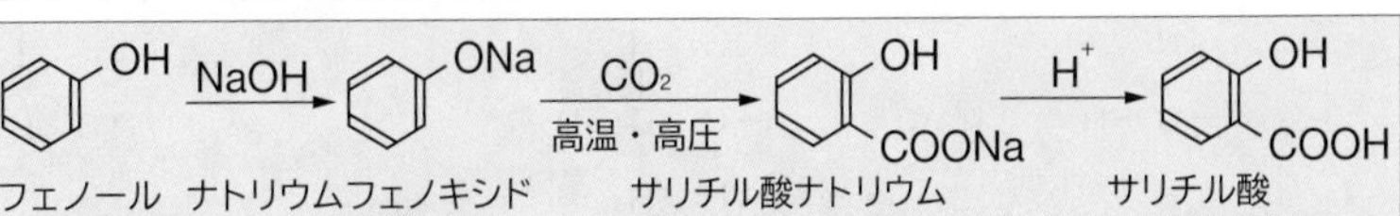

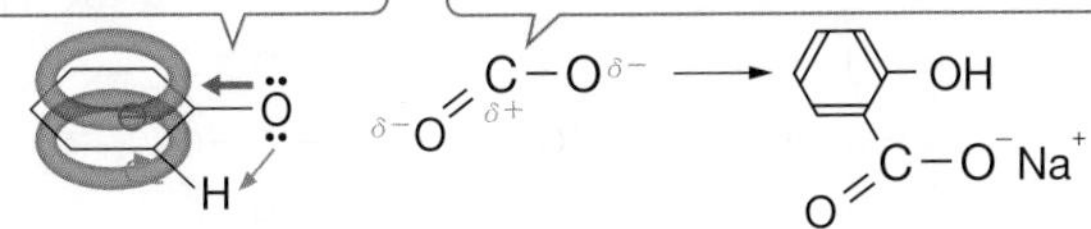

陰イオンのため，さらに多くの電子がベンゼン環に流れ込む
CO_2 は分子全体では無極性だが，中心の炭素原子は部分的・瞬間的に電荷が偏ると考えられる

4 有機化合物

化学

20 有機化学と立体化学 発展

Organic chemistry and stereochemistry

1 くさび形モデルと Fischer 投影式

分子の立体構造の表し方には，遠近法を用いて表す透視式と紙面に投影して表す投影式がある。 化学 発展

立体構造の表し方

透視式	遠近法を用いて表す。 例 くさび形モデル
投影式	紙面に投影して表す。 例 Fischer（フィッシャー）投影式，Haworth（ハース）投影式

Fischer 投影式

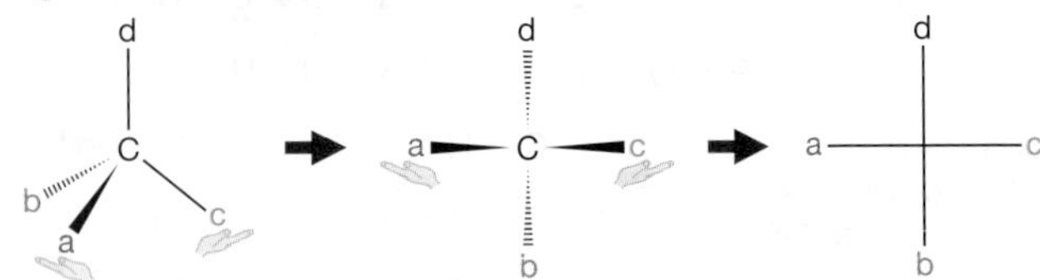

くさび形モデル

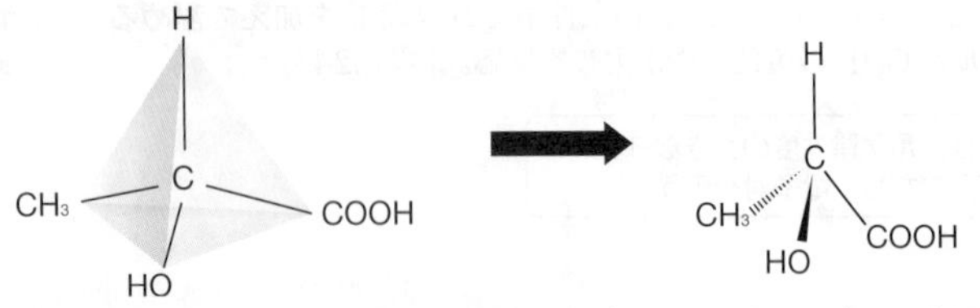

紙面の手前に突き出ている置換基を表す場合はくさび形で書く。紙面より奥にある置換基には先細りの破線を用いる。

例

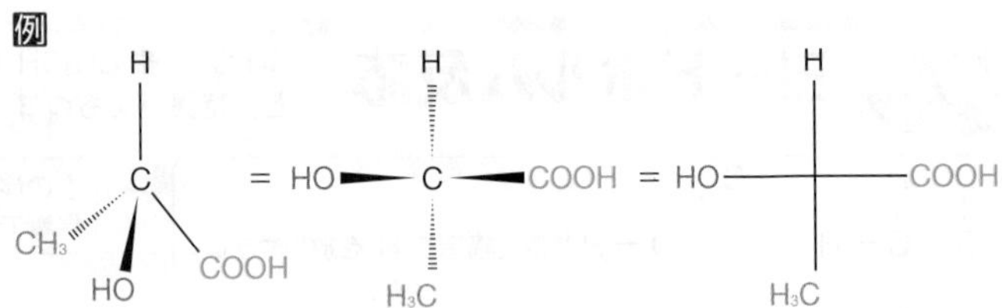

炭素原子を中心にして，紙面の奥側に結合している原子(団)を上下方向に書き，紙面の手前側に結合している原子(団)を左右方向に書く。

2 DL 表示法 化学 発展

DL 表示法

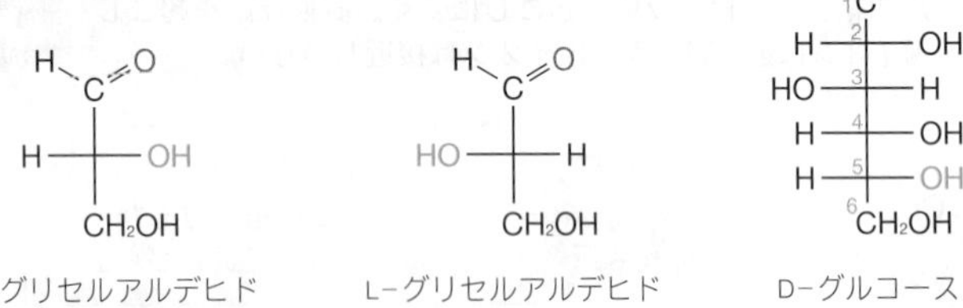

グリセルアルデヒドの立体配置と対応させて D，L を分類している。カルボニル基から最も遠い位置にある不斉炭素原子 C_5 のヒドロキシ基が右側にあるときを D，左側にあるときを L とする。一般に，天然の糖は D-配置である。

3 *dl* 表示法 化学

dl 表示法

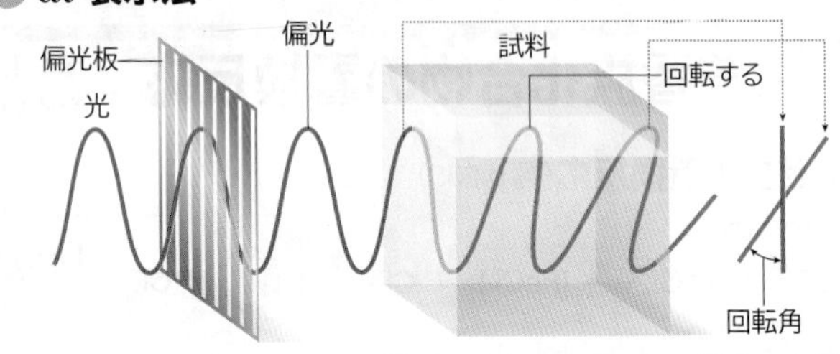

鏡像異性体が偏光面を右回り(時計回り)に回転させる場合を**右旋性**といい *d* または(+)で表し，左回り(反時計回り)に回転させる場合を**左旋性**といい *l* または(−)で表す。

4 *R*/*S* 表示法・*E*, *Z* 命名法

不斉炭素原子のまわりの立体配置を区別するための ***R*/*S* 表示法**や二重結合に対する立体配置を区別するための ***E*, *Z* 命名法**がある。 化学 発展

優先順位の決定方法

規則１　不斉炭素原子に結合している四つの原子について，原子番号が最も大きいものを１位とし，以下，原子番号が減少する順とする。

例　Br ＞ Cl ＞ O ＞ N ＞ C ＞ H

規則２　順位が同じ場合，その次の原子の原子番号で順位を決めていく。

例

−C(H)(H)−H（低い） ＜ −C(H)(H)−C(H)(H)−H（高い）

規則３　二重・三重結合の場合，同じ種類の原子が単結合しているとみなす。

例

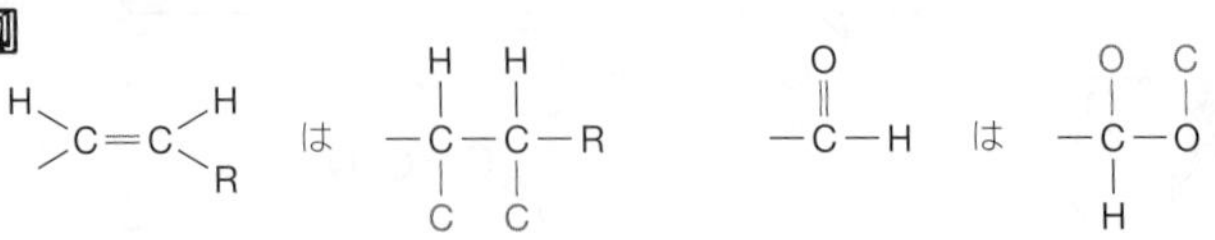

H−C(H)=C(H)−R は −C(H)(C)−C(H)(C)−R　　O=C(H)− は −C(O)(H)−O(C)

絶対配置の決定

優先順位が最も小さい原子が後ろ側にくるように見たとき，残りの三つの原子(団)の優先順位が高い順に右回りならば *R*，左回りならば *S* とする。

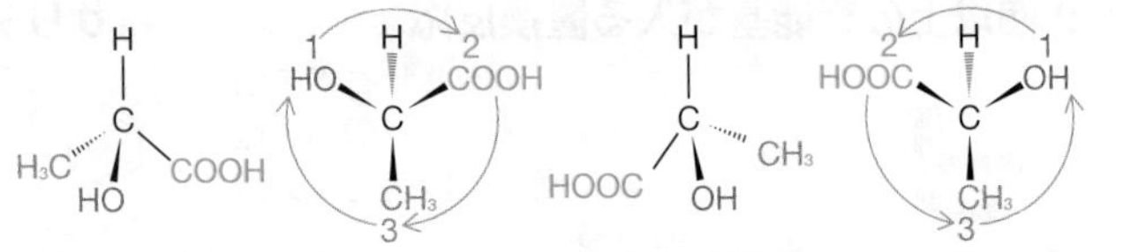

(*R*)-乳酸　*R*　(*S*)-乳酸　*S*

例

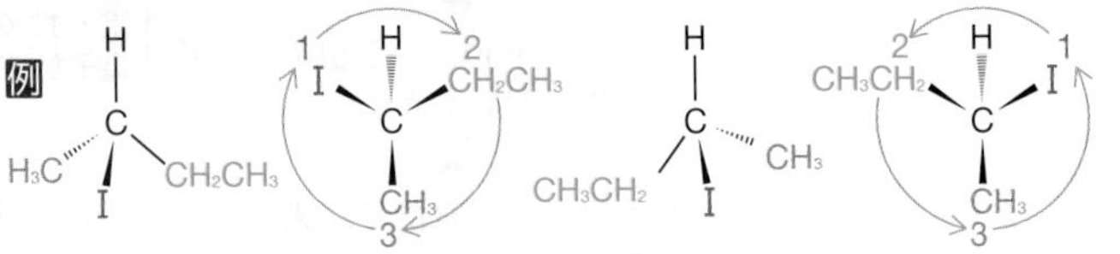

(*R*)-2-ヨードブタン　(*S*)-2-ヨードブタン

思考 (*R*)-2-ブタノールをくさび形モデルで表せ。

E，Z 命名法

アルケンの立体化学は E，Z 命名法で表すことができる。二重結合の両端の炭素原子ごとに置換基の優先順位を決める。優先順位が高い置換基が二重結合を挟んで同じ側にあるときを **Z 配置**，反対側にあるときを **E 配置**とよぶ。

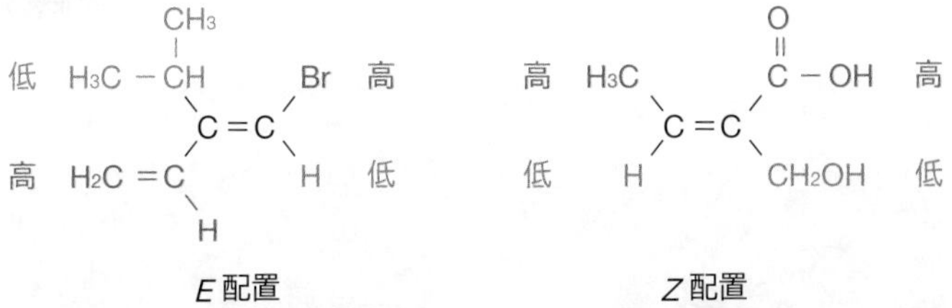

低 $H_3C-CH(CH_3)$　Br 高
高 $H_2C=CH$　H 低

E 配置

高 H_3C　C(=O)−OH 高
低 H　CH_2OH 低

Z 配置

メソ体・ラセミ体（p.235）

▶**メソ体**　不斉炭素原子を 2 個もつ互いに鏡像異性体である。分子内に対称面をもち，重ね合わせることができる。

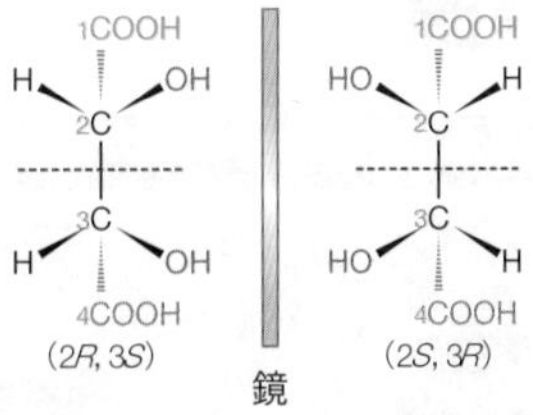

(2R, 3S)　鏡　(2S, 3R)

▶**ラセミ体**　一組の鏡像異性体の 1：1 の等量混合物。一方の鏡像異性体で生じる旋光が他方の旋光によって相殺されるため光学不活性となる。

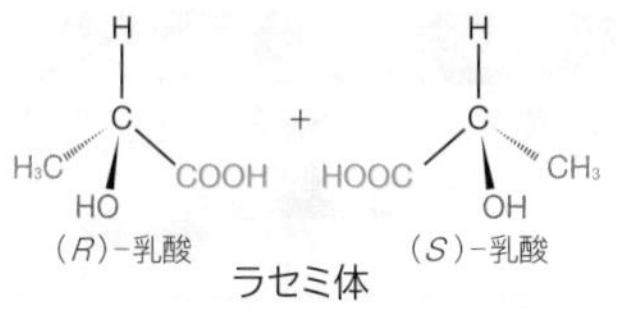

(R)-乳酸 + (S)-乳酸　ラセミ体

5 アルケンと臭素との付加反応

アルケンは**付加反応**を起こしやすく，臭素 Br_2 と反応するとき，二重結合している炭素原子に対して Br^+ と Br^- が互いに反対の方向から付加する。これを**トランス付加（アンチ付加）**という。　化学 発展

アルケンと臭素との付加反応とその立体化学

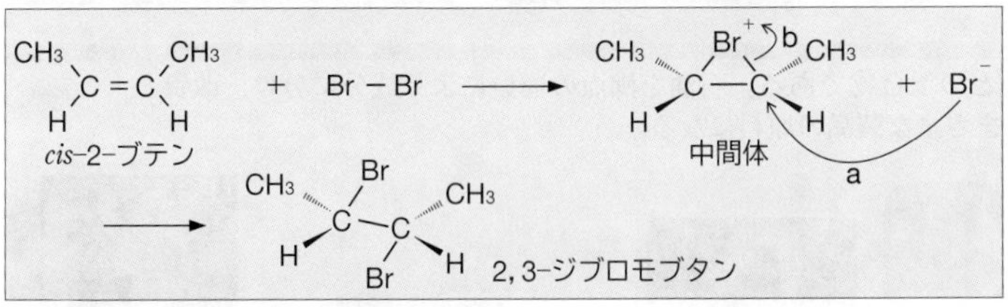

cis-2-ブテン + Br−Br ⟶ 中間体 + Br^- ⟶ 2, 3-ジブロモブタン

cis-2-ブテンに臭素が付加するとき，Br^+ が *cis*-2-ブテンの平面の上方に位置した三員環構造をもつ中間体を生じる。次に，この平面に対して Br^+ の反対の方向から Br^- が炭素原子を攻撃し（矢印 a），C−Br 結合が開裂することによって（矢印 b），2,3-ジブロモブタンが生成する。この付加反応では，二重結合している炭素原子に対して Br^+ と Br^- が互いに反対の方向から付加しているので，**トランス付加（アンチ付加）**という。このとき，Br^- が三員環のもう一方の炭素原子を攻撃すると，互いに鏡像異性体の関係にある構造をもった 2,3-ジブロモブタンが生成する。

6 求電子置換反応

ベンゼン環の上下は π 電子でおおわれており，電子が不足している求電子試薬 E^+（低電子密度の分子，あるいは正電荷を帯びたイオン）と**求電子置換反応**を起こしやすい。　化学 発展

求電子置換反応（p.269）

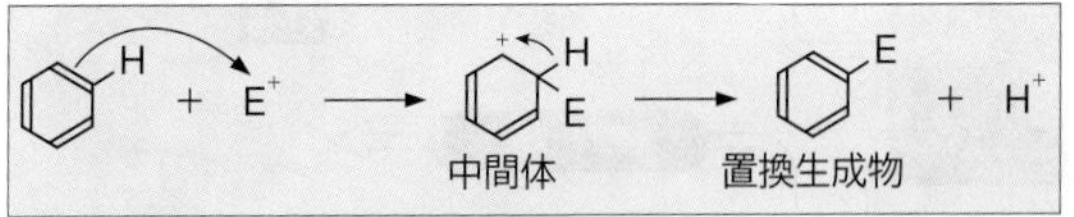

ベンゼンに求電子試薬が付加すると，芳香族性を失った不安定な中間体を生じるが，安定なベンゼン環の構造に戻るために，プロトンを脱離して新しいベンゼン化合物を生じる。この反応を**求電子置換反応**とよぶ。芳香族化合物で置換反応生成物が得られるのは，安定な芳香環が維持されるためである。一方で，芳香環が壊れるような，付加反応は起こりにくい。

7 求核置換反応

化合物中の原子（団）を他の原子（団）で置き換える反応を**置換反応**という。求核試薬が炭素原子に結合している原子（団）と置換する反応をとくに**求核置換反応**という。　化学 発展

求核置換反応

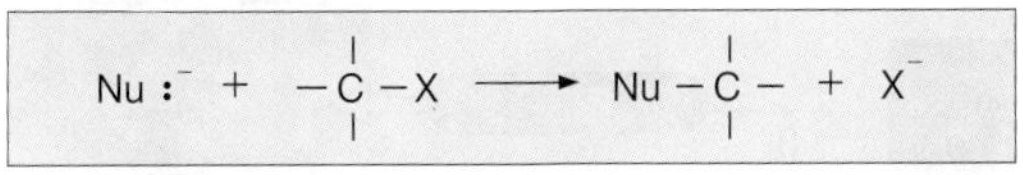

$$Nu:^- + -\overset{|}{\underset{|}{C}}-X \longrightarrow Nu-\overset{|}{\underset{|}{C}}- + X^-$$

左図ではハロゲン原子（X）は炭素原子よりも電気陰性度が大きいので，炭素原子はいくらか正電荷をもつ。求核試薬 $Nu:^-$ はこの炭素原子を攻撃し，ハロゲン原子と求核試薬が置き換われば**求核置換反応**が起きたことになる。

S_N1 反応（一分子求核置換反応）とその立体化学

極性溶媒中で $(CH_3)_3CBr$ に H_2O を作用させると，H_2O を求核剤として以下のような置換反応が進行する。

$$(CH_3)_3C-Br+H_2O \longrightarrow (CH_3)_3C-OH+HBr$$

この反応の反応速度式を実験により求めると，この反応全体の遷移状態には H_2O は関与せず，$(CH_3)_3CBr$ のみが関わっていることがわかる。このような求核置換反応を **S_N1 反応（一分子求核置換反応）**という。

中間体（平面構造）

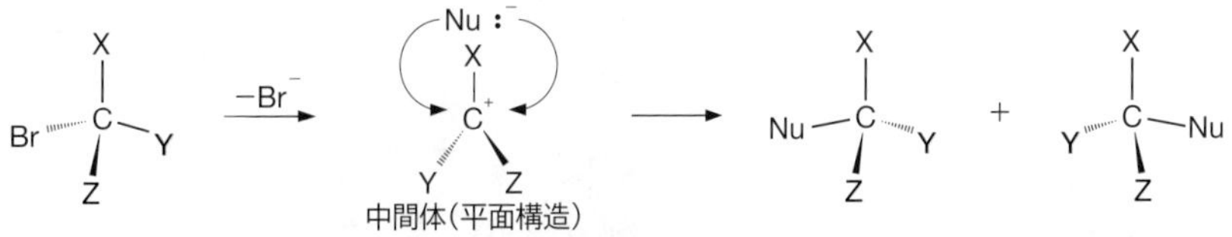

図のように S_N1 反応においては，中間体が平面構造をもつため，求核試薬の接近は両方から同じ確率で起こる。とくに，反応物の炭素原子が不斉炭素原子であり，反応物が鏡像異性体の一方のみを含む場合の S_N1 反応においては，生成物は鏡像異性体の 1：1 の混合物（ラセミ体）になる。

S_N2 反応（二分子求核置換反応）とその立体化学

CH_3Br に OH^- を作用させると，OH^- を求核剤として以下のような置換反応が進行する。

$$CH_3-Br+OH^- \longrightarrow CH_3-OH+Br^-$$

この反応の反応速度式を実験により求めると，この反応全体の遷移状態には CH_3Br と OH^- の 2 種類の分子が関わっていることがわかる。このような求核置換反応を **S_N2 反応（二分子求核置換反応）**という。

遷移状態

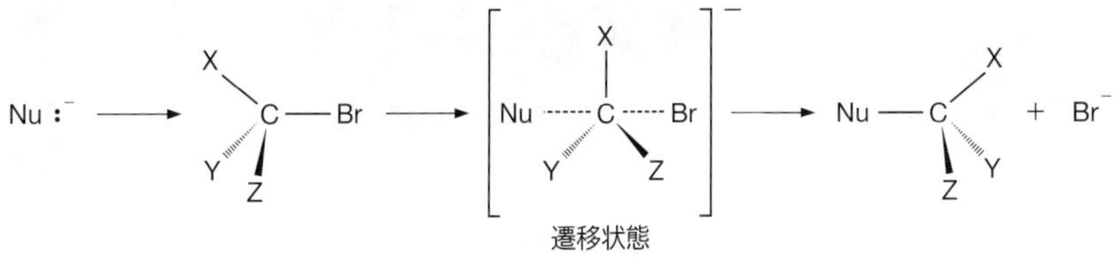

図のように S_N2 反応において，求核試薬は臭素原子と反対の方向から接近する。生成物の炭素原子に結合した X，Y，Z の立体的な配置は，最初の配置と反転する。

21 石油化学工業
Petrochemical industry

1 原油の採掘・運搬
crude oil

化学

油田の地下構造

原油の採掘

タンカーによる運搬

原油備蓄基地

2 原油の分留と精製

石油は，炭化水素などの混合物である。石油を沸点の違いにより成分に分け，改質してそれらの成分はさまざまな製品の原料になる。

化学

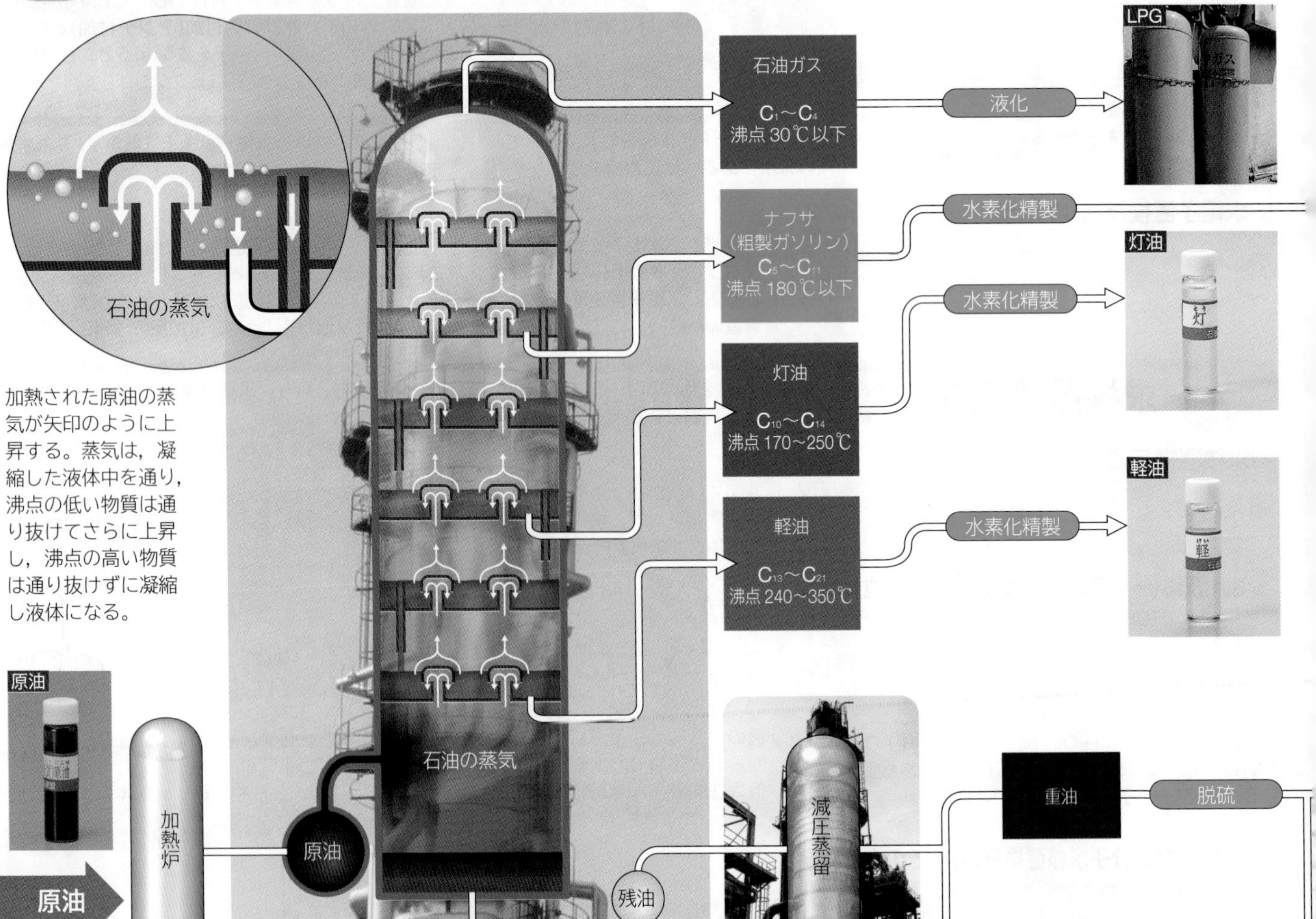

石油の蒸気

加熱された原油の蒸気が矢印のように上昇する。蒸気は，凝縮した液体中を通り，沸点の低い物質は通り抜けてさらに上昇し，沸点の高い物質は通り抜けずに凝縮し液体になる。

原油

原油 → 加熱炉 → 原油 → 石油の蒸気

石油ガス C_1〜C_4 沸点 30℃以下 → 液化 → LPG

ナフサ（粗製ガソリン）C_5〜C_{11} 沸点 180℃以下 → 水素化精製

灯油 C_{10}〜C_{14} 沸点 170〜250℃ → 水素化精製 → 灯油

軽油 C_{13}〜C_{21} 沸点 240〜350℃ → 水素化精製 → 軽油

残油 → 減圧蒸留 → 重油 → 脱硫

→ アスファルト

蒸留塔では，何段階にもわたり蒸留が行われている。原油は，この多段階蒸留により，沸点の異なった，石油ガス，ナフサ，灯油，軽油，残油などに分けられる。残油からは，重油とアスファルトが得られる。これを**分留**という。

表現 石油は身のまわりでどのように利用されているか。

TOPICS 原油ができるまで

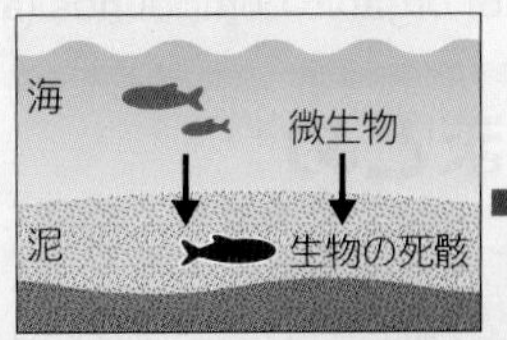

有機物と土砂が堆積

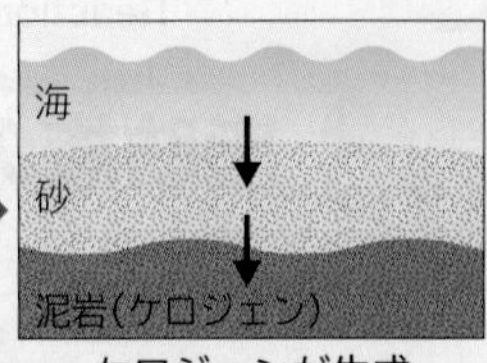

ケロジェンが生成

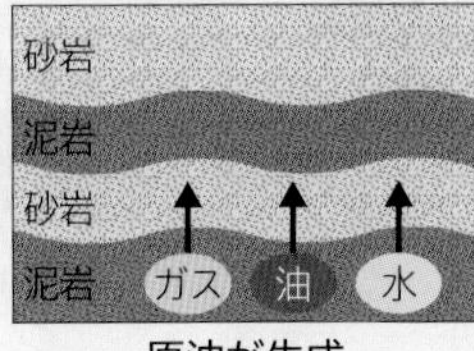

原油が生成

原油が移動・堆積

石油精製工場

精留塔

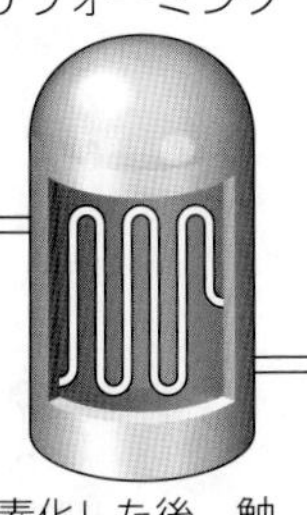

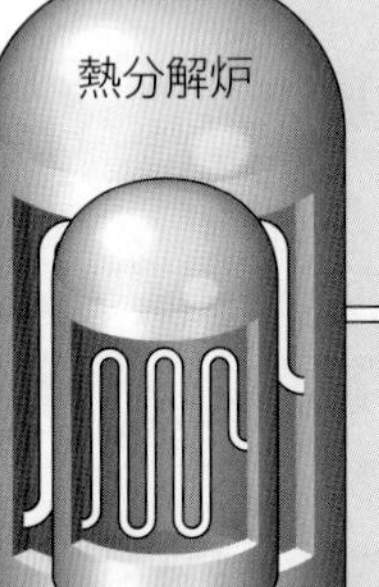

ナフサを水素化した後，触媒を通して側鎖の多い炭化水素に変えられる。これを接触改質(リフォーミング)という。リフォーミングをするとガソリンとしての性能(オクタン価)が向上する。

ナフサは熱分解により石油化学工業の基礎製品である低分子量のエチレンやプロピレンになる。(接触分解：クラッキング)

ガソリン

重油

硫黄として回収され硫酸製造などに用いられる。

		つくられる製品
エチレン $CH_2 = CH_2$	・低密度ポリエチレン ・高密度ポリエチレン ・塩化ビニル ・エチレンオキシド ・アセトアルデヒド ・スチレン	・電線被覆　・合成ゴム ・界面活性剤　・パイプ ・フィルム　・成形品 ・ラミネート ・ポリ塩化ビニル樹脂 ・ポリエステル繊維
プロピレン CH_2CHCH_3	・ポリプロピレン ・アクリロニトリル ・プロピレンオキシド ・アセトン，フェノール ・オクタノール，ブタノール	・合成繊維　・合成樹脂 ・フェノール樹脂 ・塗料溶剤 ・アクリル繊維 ・ポリウレタン
BB 留分 (ブタン C_4H_{10} ブテン)	・ブタジエン	・合成ゴム ・合成樹脂
BTX (ベンゼン C_6H_6 トルエン キシレン)	・ベンゼン ・トルエン ・キシレン	・ナイロン ・合成洗剤 ・染料 ・溶剤

石油の消費割合

熱源 約 40%	動力源 約 40%	原料・他 約 20%
火力発電所，家庭やオフィスの暖房，調理コンロなど	乗用車，トラック，航空機，船舶などの燃料	プラスチック製品，化学繊維の服など

22 有機化合物の反応(脂肪族)

Reactions of organic compounds (aliphatics)

1 脂肪族のまとめ

化学

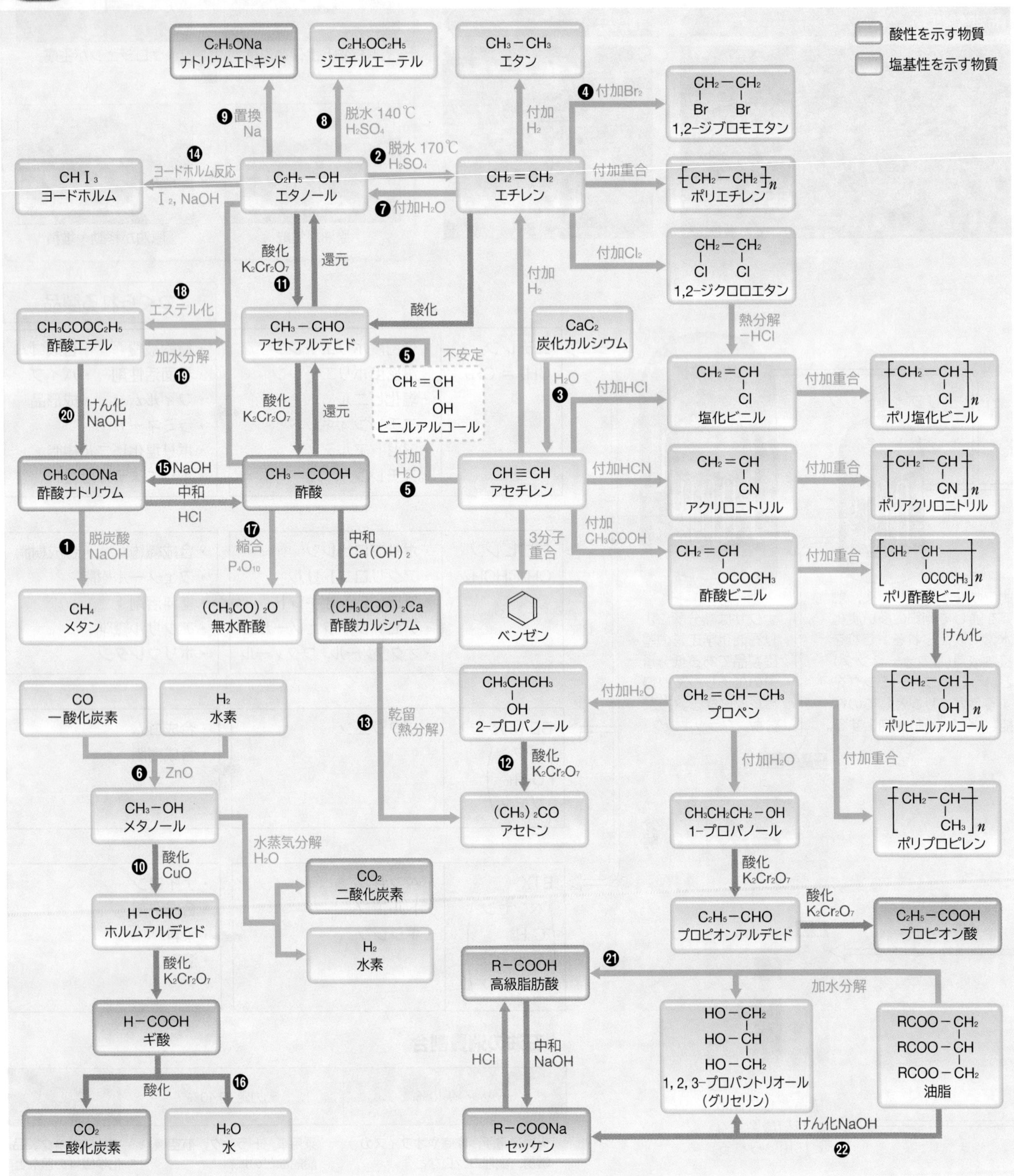

酸性を示す物質
塩基性を示す物質
C2H5ONa ナトリウムエトキシド
C2H5OC2H5 ジエチルエーテル
CH3－CH3 エタン
❾置換 Na
❽脱水 140℃ H2SO4
付加 H2
❹付加Br2
CH2－CH2 Br Br 1,2-ジブロモエタン
⓮ヨードホルム反応 I2, NaOH
CHI3 ヨードホルム
❷脱水 170℃ H2SO4
C2H5－OH エタノール
CH2＝CH2 エチレン
❼付加H2O
付加重合
[CH2－CH2]n ポリエチレン
付加Cl2
CH2－CH2 Cl Cl 1,2-ジクロロエタン
酸化 K2Cr2O7 ⓫
還元
付加 H2
熱分解 －HCl
⓲エステル化
CH3COOC2H5 酢酸エチル
加水分解 ⓳
酸化
CH3－CHO アセトアルデヒド
❺ 不安定
CH2＝CH OH ビニルアルコール
CaC2 炭化カルシウム
H2O ❸
付加HCl
CH2＝CH Cl 塩化ビニル
付加重合
[CH2－CH Cl]n ポリ塩化ビニル
⓴けん化 NaOH
酸化 K2Cr2O7
還元
付加 H2O ❺
CH≡CH アセチレン
付加HCN
CH2＝CH CN アクリロニトリル
[CH2－CH CN]n ポリアクリロニトリル
CH3COONa 酢酸ナトリウム
⓯NaOH 中和 HCl
CH3－COOH 酢酸
付加 CH3COOH
CH2＝CH OCOCH3 酢酸ビニル
[CH2－CH OCOCH3]n ポリ酢酸ビニル
けん化
❶脱炭酸 NaOH
⓱縮合 P4O10
中和 Ca(OH)2
3分子 重合
CH4 メタン
(CH3CO)2O 無水酢酸
(CH3COO)2Ca 酢酸カルシウム
ベンゼン
[CH2－CH OH]n ポリビニルアルコール
CO 一酸化炭素
H2 水素
⓭乾留 (熱分解)
CH3CHCH3 OH 2-プロパノール
付加H2O
CH2＝CH－CH3 プロペン
❻ ZnO
⓬酸化 K2Cr2O7
付加H2O
付加重合
CH3－OH メタノール
(CH3)2CO アセトン
CH3CH2CH2－OH 1-プロパノール
[CH2－CH CH3]n ポリプロピレン
水蒸気分解 H2O
⓾酸化 CuO
CO2 二酸化炭素
酸化 K2Cr2O7
H－CHO ホルムアルデヒド
H2 水素
C2H5－CHO プロピオンアルデヒド
酸化 K2Cr2O7
C2H5－COOH プロピオン酸
酸化 K2Cr2O7
R－COOH 高級脂肪酸
㉑
加水分解
H－COOH ギ酸
HO－CH2 HO－CH HO－CH2 1, 2, 3-プロパントリオール (グリセリン)
RCOO－CH2 RCOO－CH RCOO－CH2 油脂
HCl
中和 NaOH
酸化 ⓰
CO2 二酸化炭素
H2O 水
R－COONa セッケン
けん化NaOH ㉒

2 おもな化学反応式

化学

式頭の番号は左ページの図中番号と対応しています。

▶アルカン (p.237)

□□❶ $CH_3COONa + NaOH \longrightarrow Na_2CO_3 + CH_4\uparrow$

▶アルケンとアルキン (p.238, 239)

□□❷ $C_2H_5OH \longrightarrow CH_2=CH_2\uparrow + H_2O$

□□❸ $CaC_2 + 2H_2O \longrightarrow Ca(OH)_2 + CH\equiv CH\uparrow$

□□❹ $CH_2=CH_2 + Br_2 \longrightarrow CH_2BrCH_2Br$

□□❺ $CH\equiv CH + H_2O \longrightarrow (CH_2=CH-OH) \longrightarrow CH_3CHO$

▶アルコールとエーテル (p.242, 243)

□□❻ $CO + 2H_2 \longrightarrow CH_3OH$

□□❼ $CH_2=CH_2 + H_2O \longrightarrow C_2H_5OH$

□□❽ $2C_2H_5OH \longrightarrow C_2H_5OC_2H_5 + H_2O$

□□❾ $2C_2H_5OH + 2Na \longrightarrow 2C_2H_5ONa + H_2\uparrow$

▶アルデヒドとケトン (p.244, 245)

□□❿ $CH_3OH + CuO \longrightarrow HCHO + Cu + H_2O$

□□⓫ $3C_2H_5OH + 4H_2SO_4 + K_2Cr_2O_7 \longrightarrow 3CH_3CHO + K_2SO_4 + Cr_2(SO_4)_3 + 7H_2O$

□□⓬ $3(CH_3)_2CHOH + 4H_2SO_4 + K_2Cr_2O_7 \longrightarrow 3(CH_3)_2CO + K_2SO_4 + Cr_2(SO_4)_3 + 7H_2O$

□□⓭ $(CH_3COO)_2Ca \longrightarrow (CH_3)_2CO + CaCO_3$

□□⓮ $C_2H_5OH + 4I_2 + 6NaOH \longrightarrow HCOONa + 5NaI + 5H_2O + CHI_3\downarrow$

▶カルボン酸とエステル (p.246, 247)

□□⓯ $CH_3COOH + NaOH \longrightarrow CH_3COONa + H_2O$

□□⓰ $2HCOOH + O_2 \longrightarrow 2H_2O + 2CO_2$

□□⓱ $2CH_3COOH \longrightarrow (CH_3CO)_2O + H_2O$

□□⓲ $CH_3COOH + C_2H_5OH \longrightarrow CH_3COOC_2H_5 + H_2O$

□□⓳ $CH_3COOC_2H_5 + H_2O \longrightarrow CH_3COOH + C_2H_5OH$

□□⓴ $CH_3COOC_2H_5 + NaOH \longrightarrow CH_3COONa + C_2H_5OH$

▶油脂とセッケン (p.248 ~ 250)

□□㉑
$$\begin{array}{l} RCOO-CH_2 \\ \quad\quad\quad\ | \\ RCOO-CH \\ \quad\quad\quad\ | \\ RCOO-CH_2 \end{array} + 3H_2O \longrightarrow 3RCOOH + \begin{array}{l} HO-CH_2 \\ \quad\quad\ | \\ HO-CH \\ \quad\quad\ | \\ HO-CH_2 \end{array}$$

□□㉒
$$\begin{array}{l} RCOO-CH_2 \\ \quad\quad\quad\ | \\ RCOO-CH \\ \quad\quad\quad\ | \\ RCOO-CH_2 \end{array} + 3NaOH \longrightarrow 3RCOONa + \begin{array}{l} HO-CH_2 \\ \quad\quad\ | \\ HO-CH \\ \quad\quad\ | \\ HO-CH_2 \end{array}$$

23 有機化合物の反応(芳香族)

Reactions of organic compounds (aromatics)

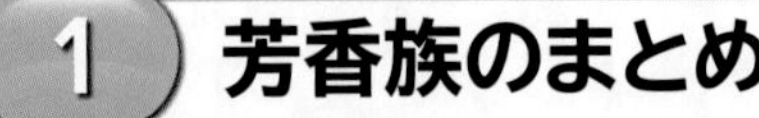

1 芳香族のまとめ

化学

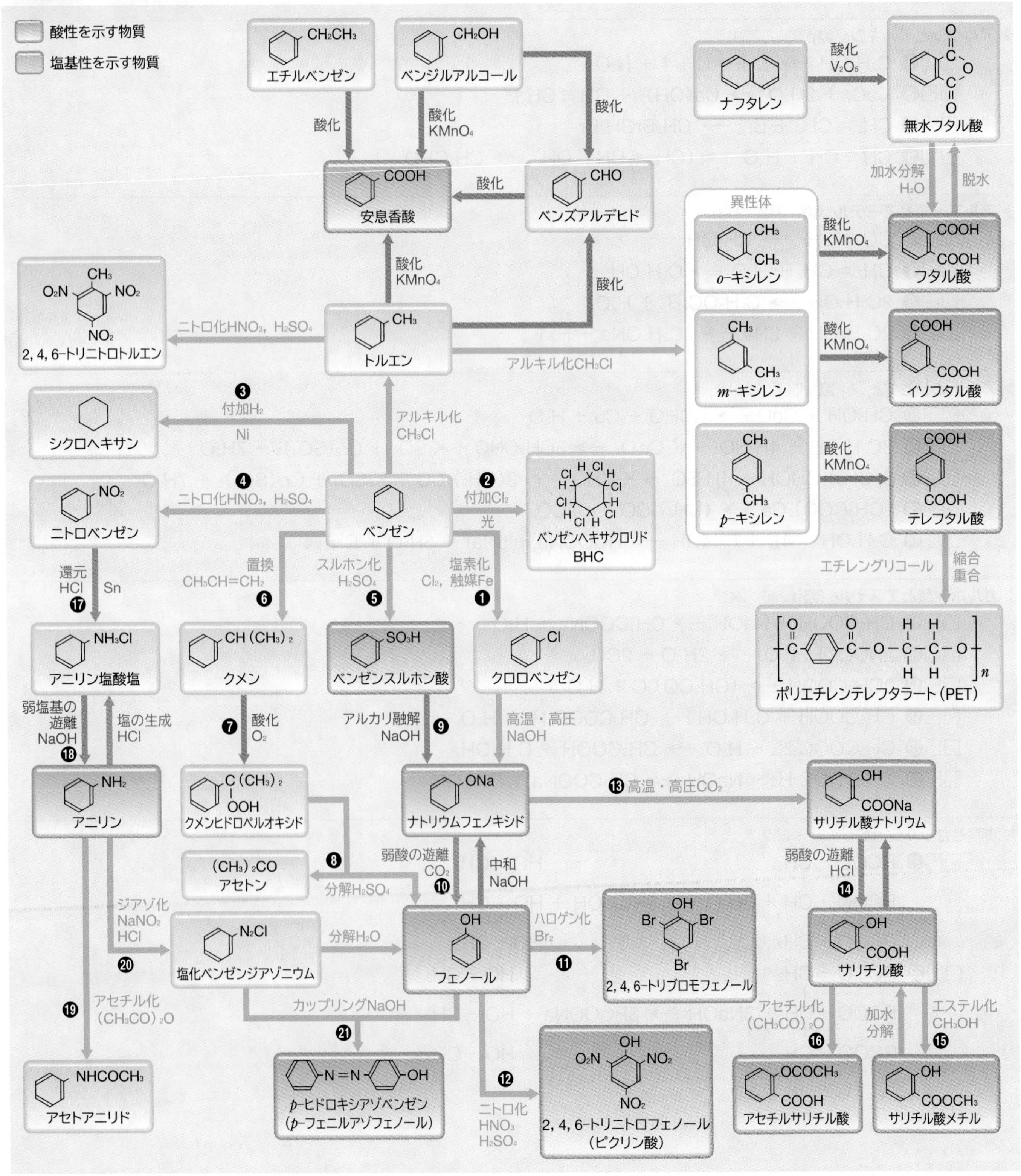

酸性を示す物質

塩基性を示す物質

エチルベンゼン CH_2CH_3 —酸化→ 安息香酸 COOH

ベンジルアルコール CH_2OH —酸化 $KMnO_4$→ 安息香酸

ベンジルアルコール —酸化→ ベンズアルデヒド CHO

ベンズアルデヒド —酸化→ 安息香酸

ナフタレン —酸化 V_2O_5→ 無水フタル酸

無水フタル酸 —加水分解 H_2O→ フタル酸

フタル酸 —脱水→ 無水フタル酸

トルエン CH_3 —酸化 $KMnO_4$→ 安息香酸

トルエン —酸化→ ベンズアルデヒド

トルエン —ニトロ化 HNO_3, H_2SO_4→ 2, 4, 6-トリニトロトルエン

トルエン —アルキル化 CH_3Cl→ 異性体

異性体

o-キシレン —酸化 $KMnO_4$→ フタル酸 COOH COOH

m-キシレン —酸化 $KMnO_4$→ イソフタル酸 COOH COOH

p-キシレン —酸化 $KMnO_4$→ テレフタル酸 COOH COOH

テレフタル酸 —縮合重合 エチレングリコール→ ポリエチレンテレフタラート(PET)

ベンゼン —アルキル化 CH_3Cl→ トルエン

❸ ベンゼン —付加 H_2 Ni→ シクロヘキサン

❷ ベンゼン —付加 Cl_2 光→ ベンゼンヘキサクロリド BHC

❹ ベンゼン —ニトロ化 HNO_3, H_2SO_4→ ニトロベンゼン NO_2

❻ ベンゼン —置換 $CH_3CH=CH_2$→ クメン $CH(CH_3)_2$

❺ ベンゼン —スルホン化 H_2SO_4→ ベンゼンスルホン酸 SO_3H

❶ ベンゼン —塩素化 Cl_2, 触媒Fe→ クロロベンゼン Cl

⓱ ニトロベンゼン —還元 HCl Sn→ アニリン塩酸塩 NH_3Cl

⓲ アニリン塩酸塩 —弱塩基の遊離 NaOH→ アニリン NH_2

アニリン —塩の生成 HCl→ アニリン塩酸塩

❼ クメン —酸化 O_2→ クメンヒドロペルオキシド $C(CH_3)_2$ OOH

❽ クメンヒドロペルオキシド —分解 H_2SO_4→ $(CH_3)_2CO$ アセトン、フェノール

❾ ベンゼンスルホン酸 —アルカリ融解 NaOH→ ナトリウムフェノキシド ONa

クロロベンゼン —高温・高圧 NaOH→ ナトリウムフェノキシド

⓭ ナトリウムフェノキシド —高温・高圧 CO_2→ サリチル酸ナトリウム OH COONa

❿ ナトリウムフェノキシド —弱酸の遊離 CO_2→ フェノール OH

フェノール —中和 NaOH→ ナトリウムフェノキシド

⓮ サリチル酸ナトリウム —弱酸の遊離 HCl→ サリチル酸 OH COOH

⓳ アニリン —アセチル化 $(CH_3CO)_2O$→ アセトアニリド $NHCOCH_3$

⓴ アニリン —ジアゾ化 $NaNO_2$ HCl→ 塩化ベンゼンジアゾニウム N_2Cl

塩化ベンゼンジアゾニウム —分解 H_2O→ フェノール

㉑ 塩化ベンゼンジアゾニウム + フェノール —カップリング NaOH→ p-ヒドロキシアゾベンゼン(p-フェニルアゾフェノール) N=N OH

⓫ フェノール —ハロゲン化 Br_2→ 2, 4, 6-トリブロモフェノール Br OH Br Br

⓬ フェノール —ニトロ化 HNO_3 H_2SO_4→ 2, 4, 6-トリニトロフェノール(ピクリン酸) O_2N OH NO_2 NO_2

⓰ サリチル酸 —アセチル化 $(CH_3CO)_2O$→ アセチルサリチル酸 $OCOCH_3$ COOH

⓯ サリチル酸 —エステル化 CH_3OH→ サリチル酸メチル OH $COOCH_3$

サリチル酸メチル —加水分解→ サリチル酸

2 おもな化学反応式

式頭の番号は左ページの図中番号と対応しています。

▶芳香族炭化水素（p.254，255）

□□❶ ⌬ + Cl_2 → ⌬–Cl + HCl

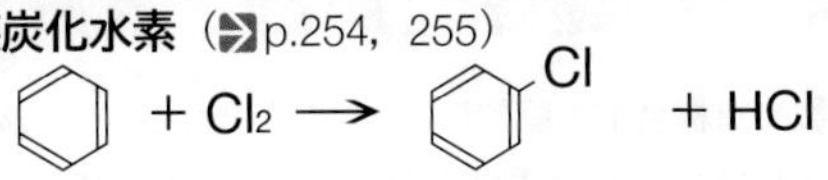

□□❷ ⌬ + $3Cl_2$ → $C_6H_6Cl_6$

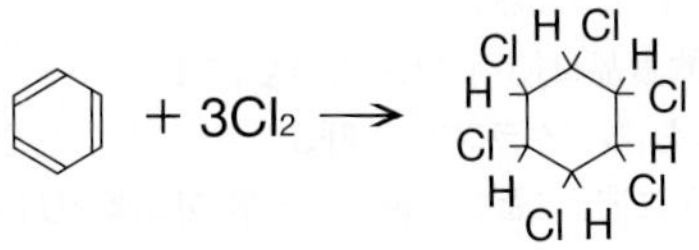

□□❸ ⌬ + $3H_2$ → C_6H_{12}

□□❹ ⌬ + HNO_3 ($HO-NO_2$) → ⌬–NO_2 + H_2O

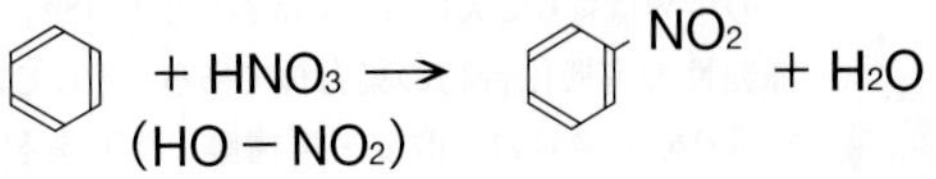

□□❺ ⌬ + H_2SO_4 ($HO-SO_3H$) → ⌬–SO_3H + H_2O

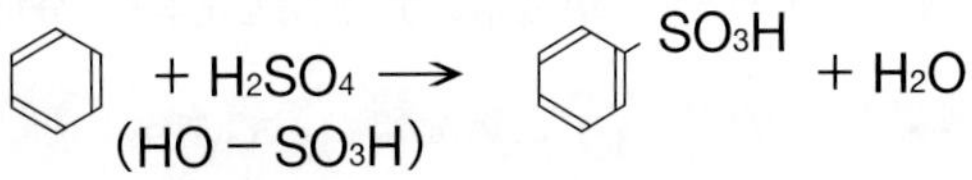

▶フェノール類（p.256，257）

□□❻ ⌬ + $CH_3CH=CH_2$ → ⌬–$CH(CH_3)_2$

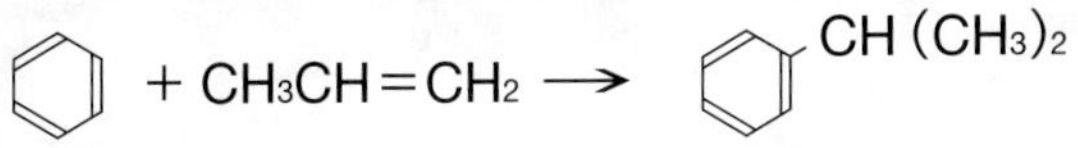

□□❼ ⌬–$CH(CH_3)_2$ + O_2 → ⌬–$C(CH_3)_2$–OOH

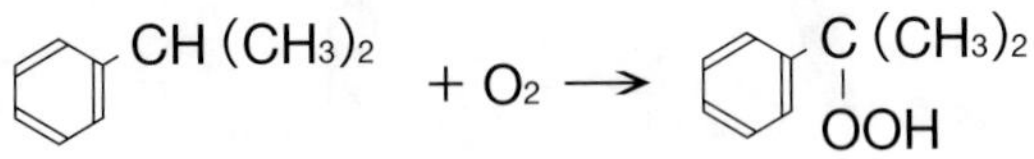

□□❽ ⌬–$C(CH_3)_2$–OOH → ⌬–OH + $(CH_3)_2CO$

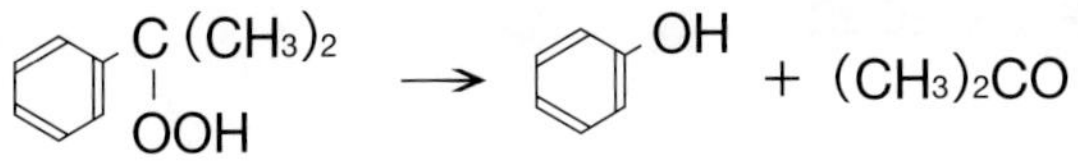

□□❾ ⌬–SO_3H + 3NaOH → ⌬–ONa + Na_2SO_3 + $2H_2O$

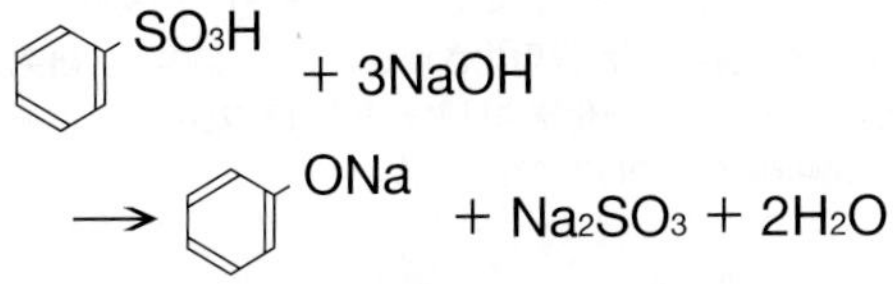

□□❿ ⌬–ONa + H_2O + CO_2 → ⌬–OH + $NaHCO_3$

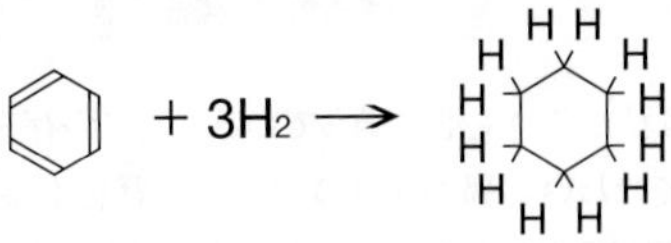

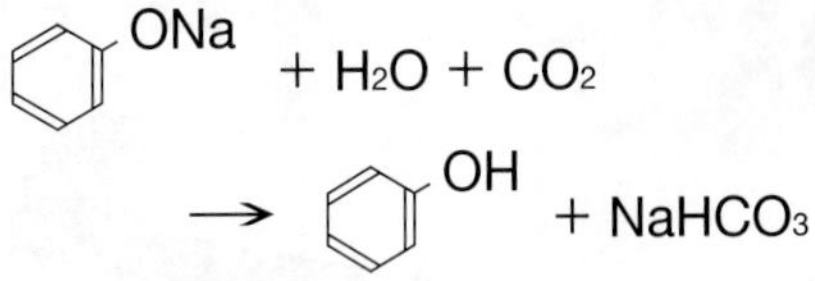

□□⓫ ⌬–OH + $3Br_2$ → ⌬(OH)Br_3 + 3HBr

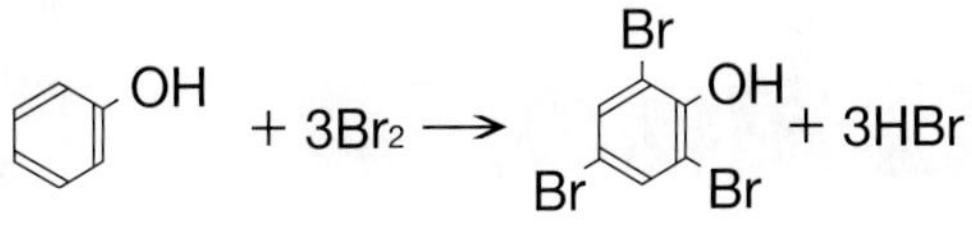

□□⓬ ⌬–OH + $3HNO_3$ → ⌬(OH)$(NO_2)_3$ + $3H_2O$

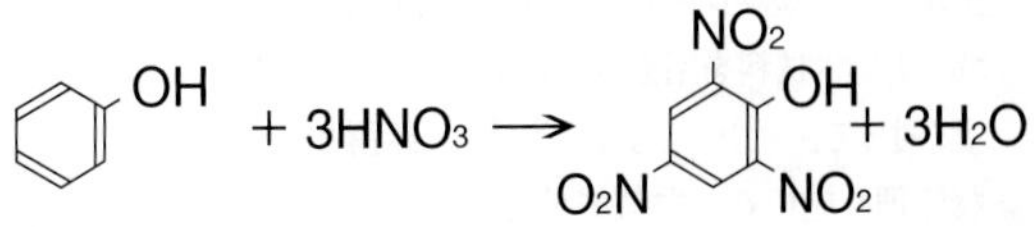

▶芳香族カルボン酸（p.258，259）

□□⓭ ⌬–ONa + CO_2 → ⌬(OH)(COONa)

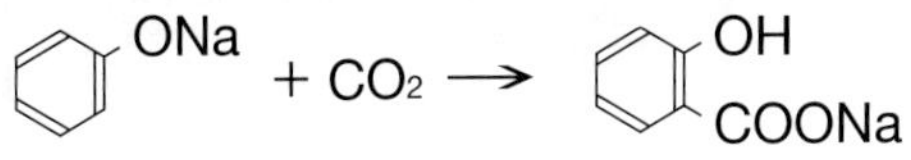

□□⓮ ⌬(OH)(COONa) + HCl → ⌬(OH)(COOH) + NaCl

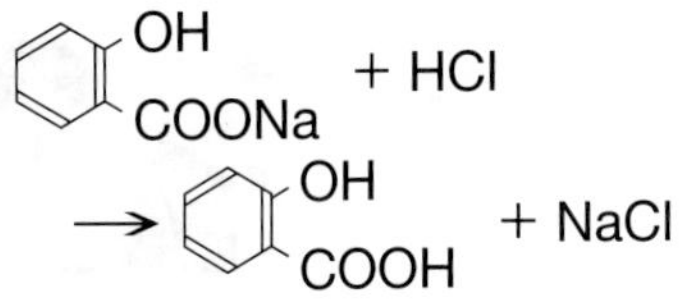

□□⓯ ⌬(OH)(COOH) + CH_3OH → ⌬(OH)($COOCH_3$) + H_2O

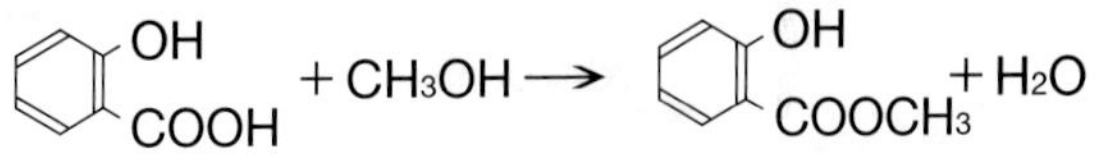

□□⓰ ⌬(OH)(COOH) + $(CH_3CO)_2O$ → ⌬($OCOCH_3$)(COOH) + CH_3COOH

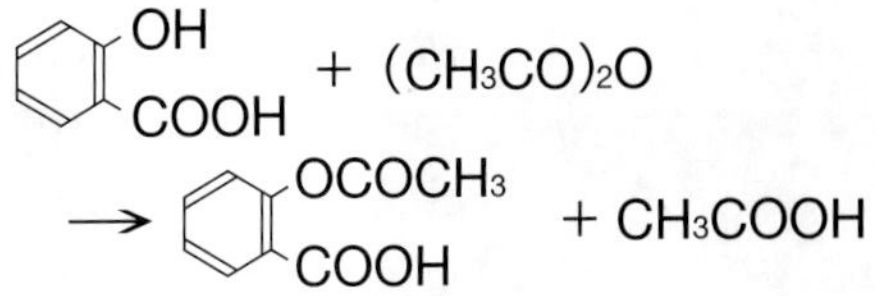

▶窒素を含む芳香族化合物（p.260，261）

□□⓱ 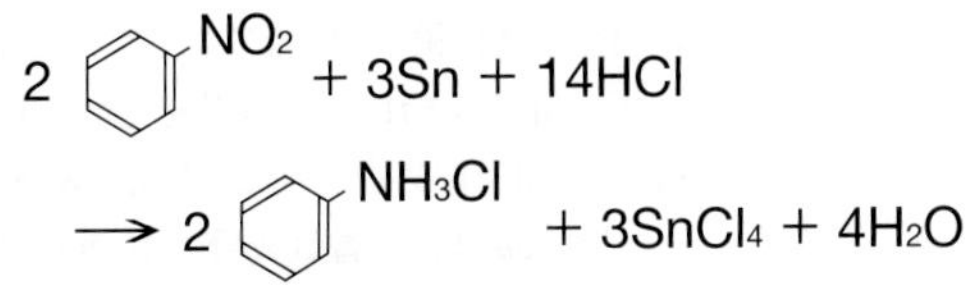 2 ⌬–NO_2 + 3Sn + 14HCl → 2 ⌬–NH_3Cl + $3SnCl_4$ + $4H_2O$

□□⓲ ⌬–NH_3Cl + NaOH → ⌬–NH_2 + NaCl + H_2O

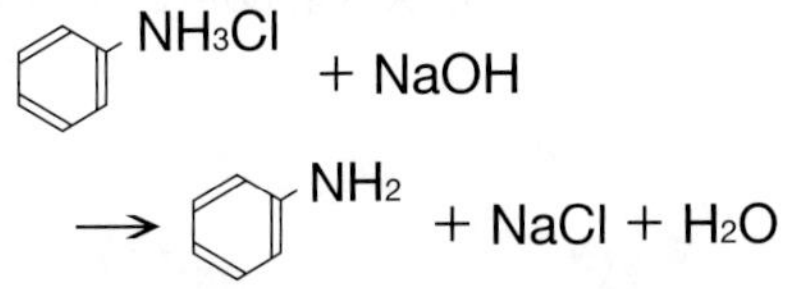

□□⓳ ⌬–NH_2 + $(CH_3CO)_2O$ → ⌬–$NHCOCH_3$ + CH_3COOH

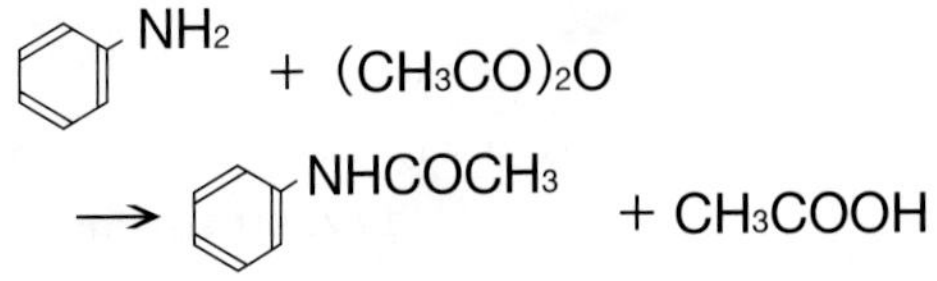

□□⓴ ⌬–NH_2 + 2HCl + $NaNO_2$ → ⌬–N_2Cl + NaCl + $2H_2O$

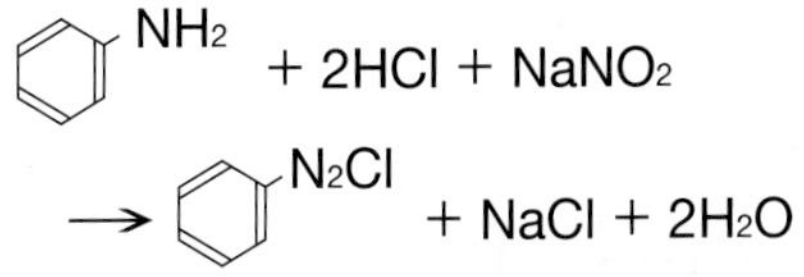

□□㉑ ⌬–N_2Cl + ⌬–OH + NaOH → ⌬–N=N–⌬–OH + NaCl + H_2O

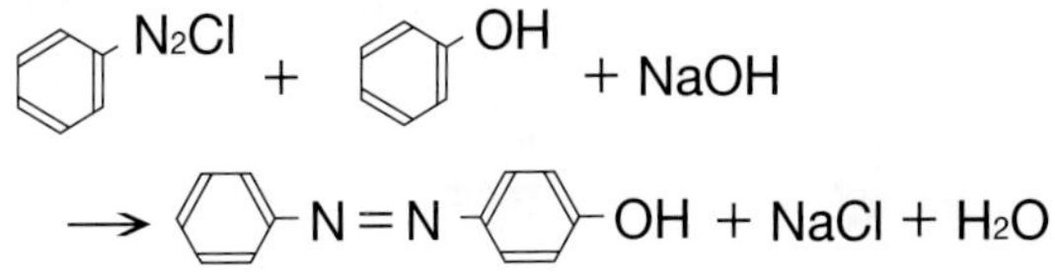

世界を豊かにする香料

長谷川香料株式会社　上席研究員　増田 唯

香りと香料

香りは私たちの生活に満ちている。香りの存在しない世界を想像してみてほしい。鼻づまりの際などに疑似体験することになるが，その世界は彩りに欠ける。では香りとは何か。その正体は複数の揮発性の有機化合物の集合体である。そして香料とは，さまざまな香りを化学の力で改変・再構築した工業製品である。香料は，目標とする香りを構成する成分を化学的に分析し，天然物からの単離精製や有機合成を駆使して必要な有機化合物を集め，香りのスペシャリストである調香師が自身の感性に従って混ぜ合わせる（調合する）ことで完成する。

香料の中で飲食品に使用されるものを「フレーバー」，香粧品に使用されるものを「フレグランス」と呼ぶ。今回は，新規フレーバーの開発経緯を順に追うことで，香料と化学の関連をひも解いていく。

原料 → 香気濃縮物の調製，香気成分の分析・しぼり込み → 調合原料集め・調合 → 香料完成

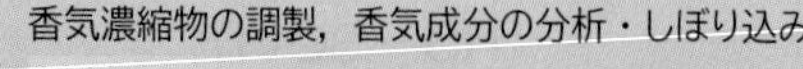

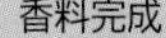

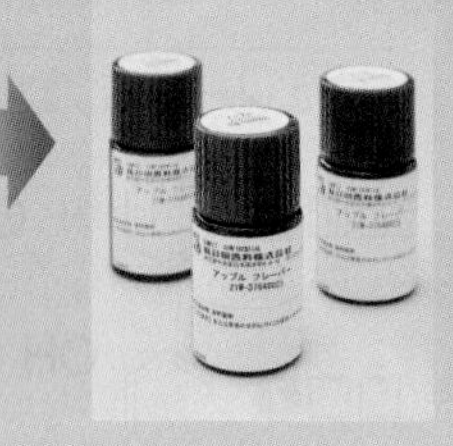

1 香気濃縮物の調製

自然の香気から新規フレーバーの開発を行うためには，まず大量の天然試料を用意する必要がある。集めた天然試料に対して，抽出，分画，濃縮，蒸留といったさまざまな処理を施して，香気成分を取り出した香気濃縮物を調製する。多くの香気成分は揮発性の高い化合物であるため，特別な注意を払って各工程を実施するが，得られる収量は驚くほどに少ない。

大量の天然試料

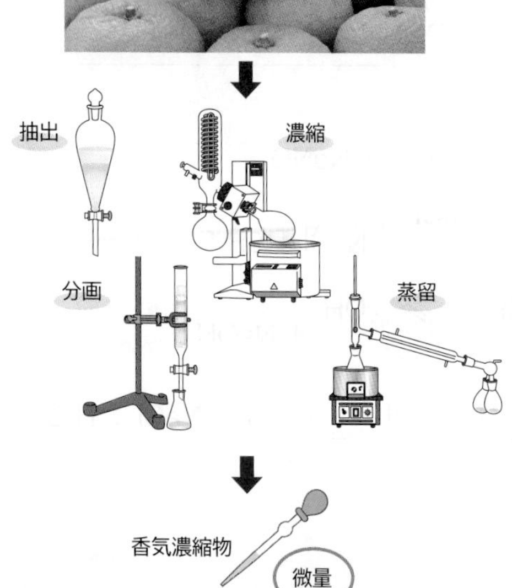

TOPICS 香料化学

自然から学び得られた知見を活かして人類を豊かにすることを目的とした「天然物化学」という学問分野があり，さまざまな薬品や染料などが実用化されている。その中で，研究対象を香気（香り）としたものが「香料化学」である。香料化学より生み出されるフレーバーは加工食品に彩りを添えて，私たちの食生活に選択肢を増やしてくれている。

2 香気成分の分析

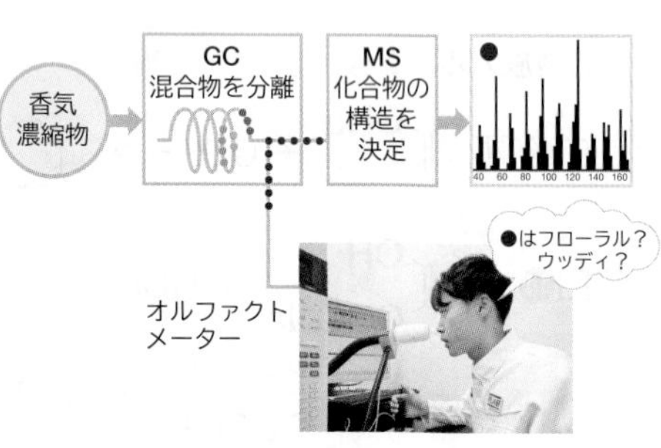

得られた貴重な香気濃縮物の分析には，主にGC（ガスクロマトグラフィー，p.324 参照）が用いられる。GC 測定を行うことで，有機化合物の集合体である香気濃縮物に含まれている成分を一つひとつ分離することができる。

通常は分離した後に適当な解析を行うが，香気分析においてはGC-O（GC-オルファクトメトリー）という解析手法を用いる。右上の図のように，実際に人間の鼻を使って，分離されて出てくる各有機化合物の匂いを確認する。人間の嗅覚は時に鋭く，機器分析では有機化合物の存在が示されていない箇所でも匂いを感じ取り，極微量に含まれている成分を見つけ出すことがある。香料研究において最も重要で高額な分析装置は，よく香気訓練された人間の嗅覚なのである。

GC-O 分析操作を行うと，香気濃縮物中に含まれるあまたの香気成分の中から，その特徴を決定づけるような重要香気成分をしぼり込むことができる。天然香気の中で，代表的な重要香気成分の例を以下に示す。

	バニラ	ペパーミント	ユズ
天然香気			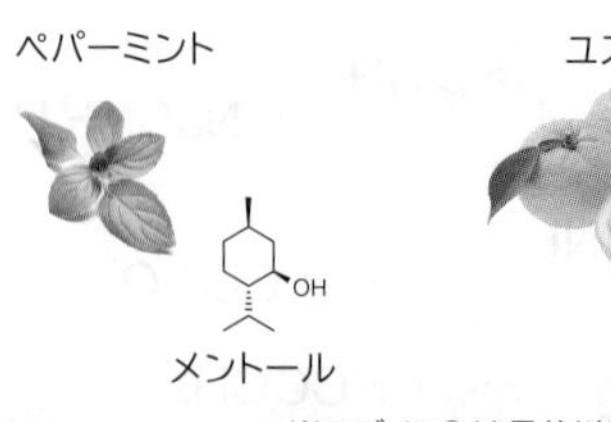
重要香気成分	バニリン	メントール	ユズノン®

※ユズノン® は長谷川香料の登録商標です。

3 重要香気成分のしぼり込み

天然香気には，数十～数百種類の有機化合物が含まれている。理論上は，その有機化合物の種類や存在割合など全ての情報を把握して，天然香気と同じ割合で既存の有機化合物を混ぜ合わせれば，香気の完璧な再現が可能である。しかし，そこまで高性能な分析が可能な装置も手法も未だ完成しておらず，また，多様な化合物を精密に調合する作業には莫大なコストが必要となるため，工業的には実現性に乏しい。

そこで工業製品の開発では，しぼり込んだ重要香気成分のみを用いることにより，可能な限り少ない手数で目標とする香気の再現を行い，経済的合理性に基づいて香料を作り出している。右の図は，天然香気と香料それぞれのGC分析結果例である。これを見ると香料は天然香気と比較してシンプルな構成となっていることがわかる。

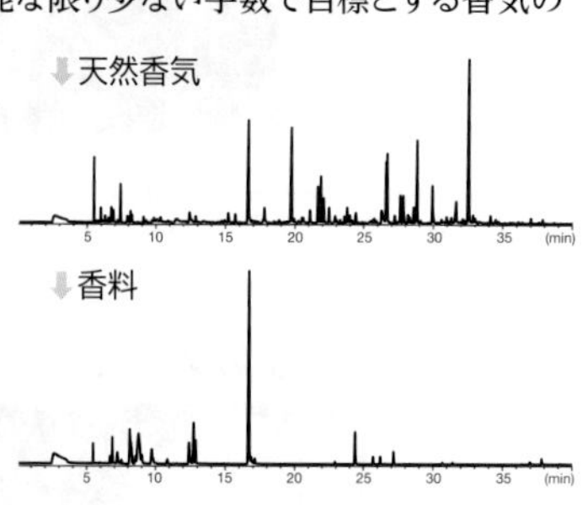

4 調合原料集め

目標とする香気の構築に重要な香気成分のしぼり込みが完了したら，次は香気の再現のために必要な調合原料をそろえる必要がある。その供給元が自然界であるものを「天然香料」，人工的に作り出すものを「合成香料」と呼ぶ。

【天然香料】 天然香料の例としては，リナロールが挙げられる。リナロールはさまざまな果実や草花に含まれており，重要な香料原料である。香気に華やかな特徴を付与するため，ユズ香気の構築などに活用される。リナロールは，現代では合成法が確立されているが，必要に応じて天然香料も活用されている。

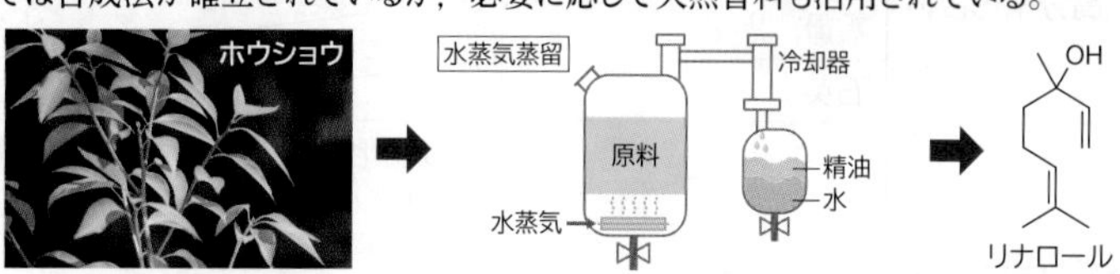

ホウショウはクスノキ科の高木で，枝や葉を水蒸気処理することで精油が得られる。精油をさらに蒸留精製することでリナロールを入手することができる。

【合成香料】 天然からの供給が困難な化合物は数多く存在する。例えば，先述のユズの重要香気成分であるユズノン®はユズ果実中に極めて微量にしか含まれておらず，天然からの供給に頼るのは大変困難であるが，有機合成を用いれば安定的な供給が可能である。

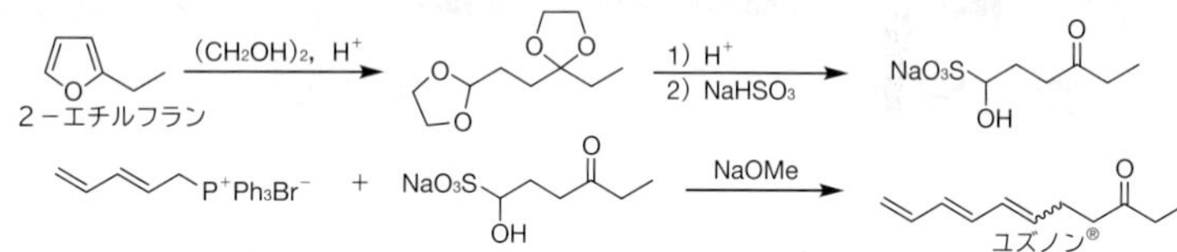

リナロールのように天然資源中に高い割合で含まれている化合物は天然香料としての供給が可能であるが，そのような化合物ばかりではない。合成香料と天然香料を併用することではじめて香料を製造することができる。

5 調合

香料開発の最後の工程を担うのが調香師である。彼らは，先述の香気分析により得られた知見を参考に，自社製造したものも含めて世界各地から集めた香料原料を調合することで，香料を作り出す。分析データ通りに調合しても，必ずしも目標とする香気が再現できるとは限らない。香気濃縮物作成技術や分析技術に未だ改善の余地があるからだ。目標とする香気と現代化学技術の差を埋めるのが，調香師一人一人の感性と経験である。彼らは何千もの香料原料とその匂いを嗅ぎ分け，それぞれを調合した際の相乗効果も記憶している。時には，分析データが示す割合とは異なる配合や，データからは検出されていない成分の使用も検討する。そのような試行錯誤のすえ，目標としていた天然香気と全く同質と感じられる香料や，今までに体感したどの香気よりも魅力的な香料ができあがる。

このように，現代の化学技術は香料分野においては未だ発達段階であるため，化学と感性の融合が香料研究・香料開発では重要であり，これこそが香料化学の最大の魅力である。

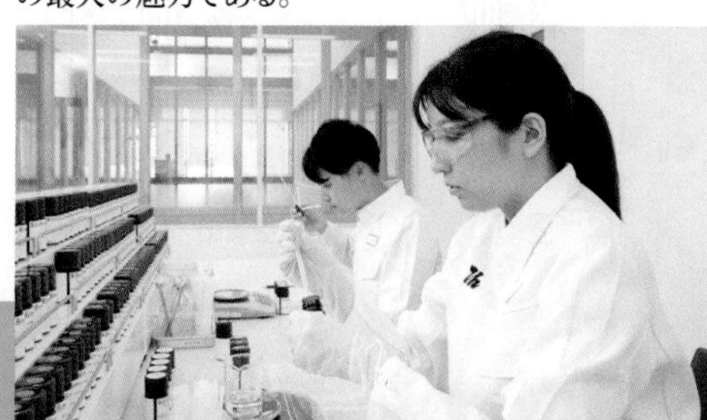

Interview インタビュー

Q. 化学の道に進んだきっかけは何ですか?

A. 小学生の時に観たタイムトラベルをテーマにした映画の博士に憧れを抱き，将来は研究者になりたいと思いました。博士はおそらく物理学専攻だと予想し，物理を懸命に勉強していましたが，途中から化学の方が面白くなり，大学の化学科に進学しました。これまで学んだ知識や技術を生かして一人でも多くの人のために貢献したいと考え，幅広い製品に活用されて生活の隅々に浸透している香料の研究者になりました。

Q. 企業での研究とはどのようなものですか?

A. 民間企業で研究を行う一番の魅力は，研究者だけでなく，製造，企画，営業…など，多くの仲間とものづくりができることです。民間企業の目的は，世界を豊かにするために自社製品を世に送り出すこと，またその活動を永続するために必要な利益を生み出すことです。良い香料を作り世界を豊かにするという大きな目的を共有して，皆で成果を挙げることができた時の喜びは格別です。

Q. 化学を学ぶ高校生にメッセージをお願いします。

A. 面白そうだと感じたことは失敗を恐れずに果敢に挑戦してほしいです。そもそも失敗とは何でしょうか?研究をしていれば思うような結果が出ないなんてことはざらにあります。そんなものは失敗でもなんでもなく，「想定した条件ではうまくいかないことが解った」という前進です。私は他人の人生に取り返しのつかない損失を与えてしまう事だけが真の失敗だと思います。おそらくみなさんが恐れている「失敗」は単なる「成功への過程」です。うまくいかなかった時に，そこから次に繋がる何かを拾いながら立ち上がれるかが大切です。そのために必要なのは挑戦です。

1 高分子化合物
Polymers

1 高分子化合物の分類

分子量がおよそ一万以上の物質を高分子化合物あるいは高分子とよぶ。高分子は天然に存在する天然高分子化合物と人工的に合成された合成高分子化合物に分類される。 化学

分類	無機高分子化合物	有機高分子化合物	分子の形
天然高分子化合物	アスベスト	デンプン，セルロース，タンパク質，天然ゴム，核酸	線状またはらせん状
	雲母，黒鉛		平面網目状
	石英		立体網目状
合成高分子化合物		ポリ塩化ビニル，ナイロン，合成ゴム	線状またはらせん状
	窒化ホウ素		平面網目状
	シリコーン樹脂 ガラス	フェノール樹脂 尿素樹脂，加硫ゴム	立体網目状

セルロース

アスベスト(石綿)

2 高分子化合物の特徴

高分子は単量体がつながっている数(重合度)が異なるので，分子量が一定でない。そのため，分子量は平均分子量を用いる。 化学

重合度と分子量

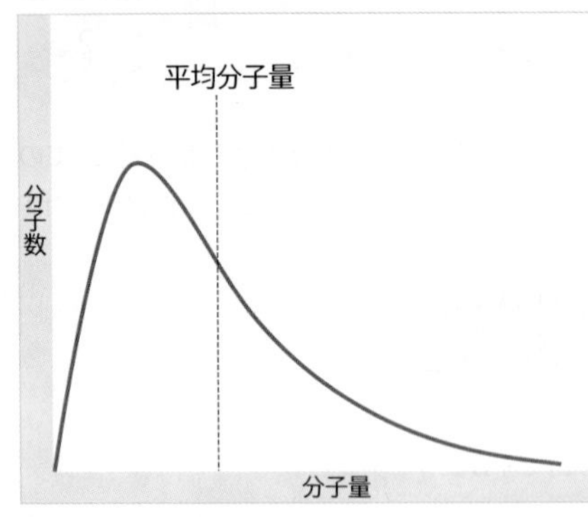

▶平均分子量

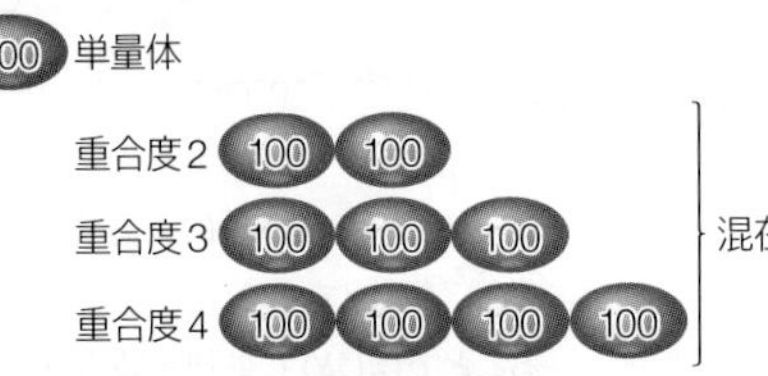

平均分子量

$$\frac{200\times1+300\times1+400\times1}{1+1+1}=300$$

単量体がつながっている数を**重合度**という。高分子化合物は重合度が異なるものが混在するため分子量は**平均分子量**で表す。

分子の大きさ

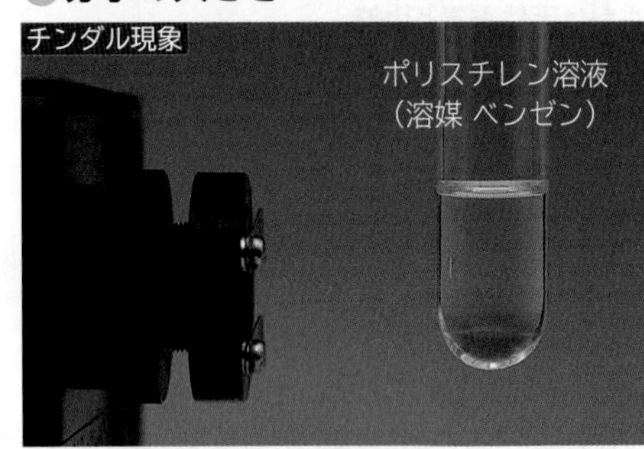

高分子化合物の溶液中での大きさはコロイド粒子程度なので**チンダル現象**を示す。

分子の配列

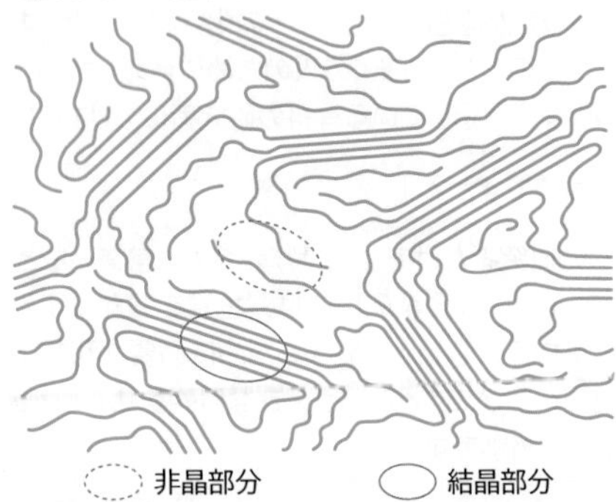

	非晶部分	結晶部分
分子の並び	乱雑	規則正しい
密度	小	大
分子間力	小	大
強度	弱	強
透明性	透明	不透明

▶高密度ポリエチレン(HDPE)

・枝分かれが少ないので結晶化しやすい。
・結晶部分と非晶部分が混在し，かたくて不透明になる。

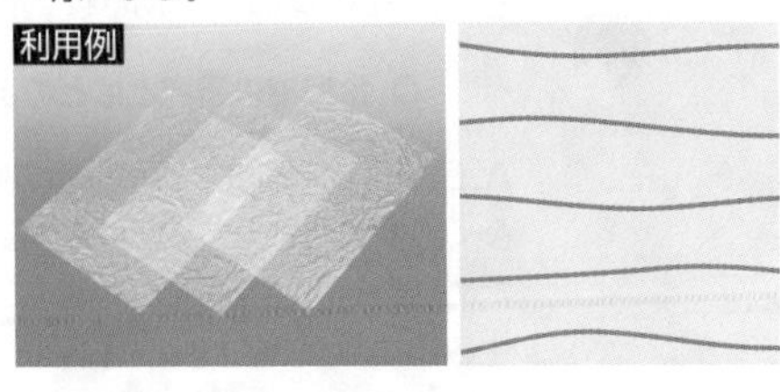

▶低密度ポリエチレン(LDPE)

・枝分かれのため結晶化しにくい。
・結晶部分が少ないので，やわらかくて透明になる。

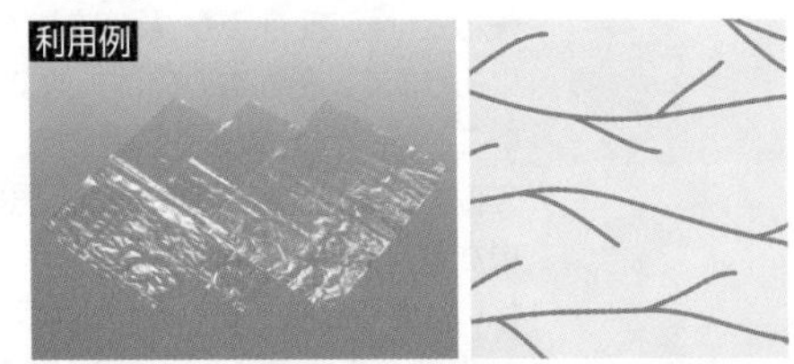

毛細管粘度計

デンプンのりやハチミツのように高分子化合物の溶液は粘性を示す。一般に，分子量が大きいほど分子間力が大きくなるため，粘度は大きくなる。毛細管粘度計を用いて算出した試料溶液の粘度を，分子量がわかっている高分子化合物の溶液と粘度と比較することで，試料の分子量を求めることができる。高分子化合物の分子量は，溶液の浸透圧の測定によっても求められる(➡p.118)。

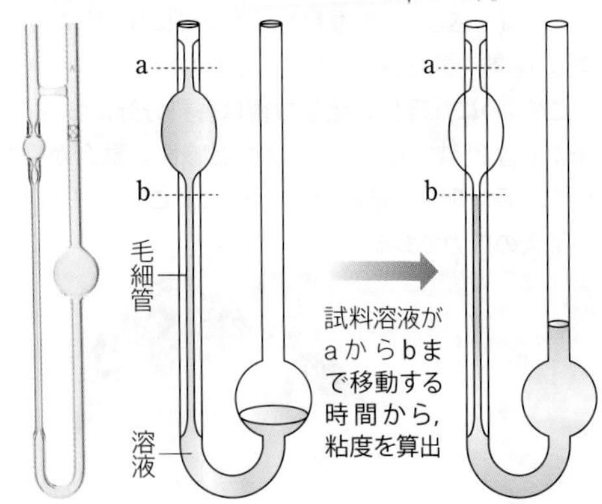

思考 合成高分子化合物が，天然高分子化合物と比較して自然界で分解されにくい理由を説明せよ。

3 高分子化合物の結合様式

高分子の結合様式にはおもに**付加重合**, **縮合重合**, **開環重合**がある。また, 特別な結合様式として, 付加縮合(➡p.301)や共重合(➡p.299)がある。 化学 発展

付加重合	縮合重合	開環重合
不飽和化合物の二重結合を開いて付加反応をくり返して重合する反応。 … + + … ↓付加重合 … …	縮合反応する官能基を2個以上もつ化合物が縮合反応をくり返して重合する反応。 … + + + … ↓縮合重合 … … 縮合で除かれる分子	環状構造を切りながら重合する反応。 … + + … ↓開環重合 … …
例 ポリエチレン, ポリスチレン	例 ナイロン66, ポリエチレンテレフタラート	例 ナイロン6

ラジカル重合 発展

付加重合の反応機構には反応性の高いラジカル(不対電子をもつ原子・分子など)を介して起こるものがある。このような重合を**ラジカル重合**という。エチレンのラジカル重合は次のように進行する。

①重合開始剤に光または熱を加えるとラジカルが生成する。

RO−OR(重合開始剤) ⟶ 2RO・　(R−：炭化水素基)

②重合開始剤のラジカルがエチレンの二重結合の電子と電子対をつくると, 新しいラジカルが生じる。

RO・ + CH_2=CH_2 ⟶ RO−CH_2−CH_2・

③新しく生成したラジカルが再びエチレンの二重結合の電子と電子対をつくると, 炭化水素鎖が長くなる。③がくり返すことにより重合が進む。

RO−CH_2−CH_2・ + CH_2=CH_2
⟶ RO−CH_2−CH_2−CH_2−CH_2・

④ラジカルどうしが再結合することにより重合が停止する。

RO−CH_2−CH_2−CH_2−CH_2・ + RO−CH_2−CH_2・
⟶ RO−CH_2−CH_2−CH_2−CH_2−CH_2−CH_2−OR

4 合成高分子化合物の熱的性質

合成高分子化合物のうち, 合成繊維と合成ゴム以外の材料となるものを**合成樹脂**という。**熱可塑性樹脂**と**熱硬化性樹脂**とに分類される。 化学

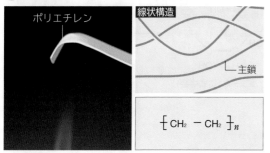

熱可塑性

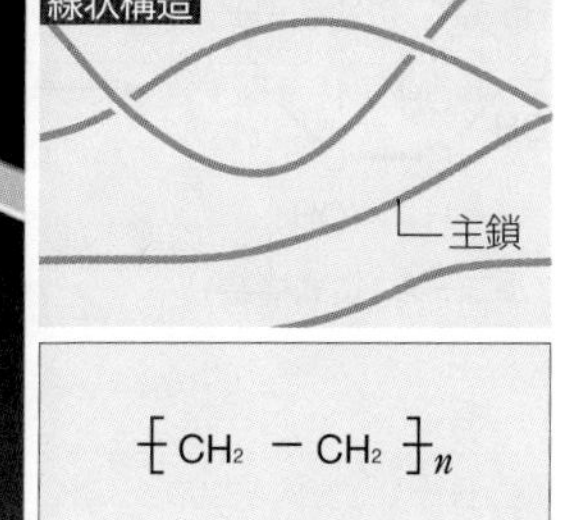

線状構造をしており, 加熱するとある温度(軟化点)で変形し始める。冷却すると, 再度かたくなる。

熱硬化性

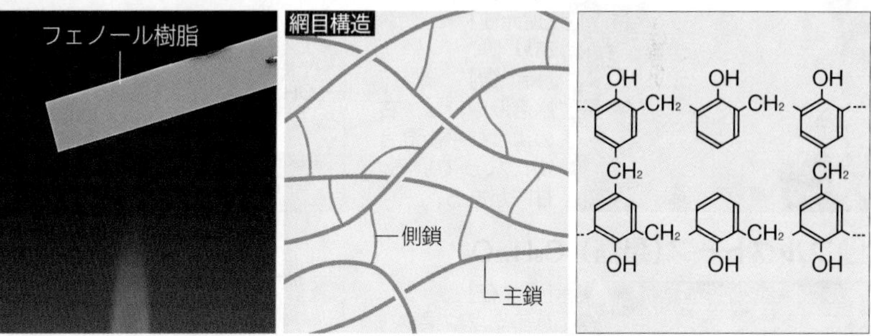

立体的な網目構造で, 主鎖が側鎖につながっている。原料は流動性をもつが, 加熱により一度重合してしまうと, 再度加熱してもやわらかくならない。

ADVANCE 高分子化合物の立体規則性

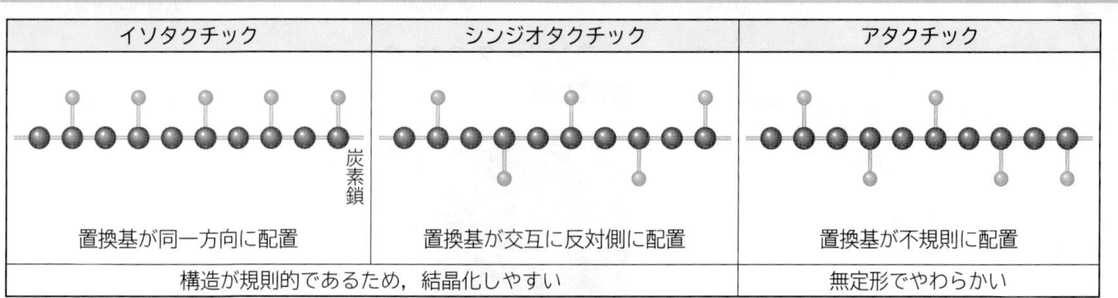

イソタクチック	シンジオタクチック	アタクチック
炭素鎖 置換基が同一方向に配置	置換基が交互に反対側に配置	置換基が不規則に配置
構造が規則的であるため, 結晶化しやすい		無定形でやわらかい

ビニル化合物から生成する高分子化合物には, イソタクチック, シンジオタクチック, アタクチックの3つの立体規則性がある。

2 糖類(炭水化物)

Saccharides

1 糖類の分類

saccharides

一般式 $C_nH_{2m}O_m$ で表される有機化合物を糖(炭水化物)という。 化学

糖類の種類	単糖	二糖	多糖
分子式	$C_6H_{12}O_6$	$C_{12}H_{22}O_{11}$	$(C_6H_{10}O_5)_n$
化合物の例	グルコース(ブドウ糖), フルクトース(果糖), ガラクトース	マルトース(麦芽糖), スクロース(ショ糖), ラクトース(乳糖), セロビオース	デンプン, セルロース
性質	炭素数6のヘキソースのほか, 炭素数5のペントースも存在する。	2個の単糖が脱水縮合。 水に溶けやすく, 甘味を示す。	多数の単糖が脱水縮合。 水に溶けにくく, 甘味を示さない。

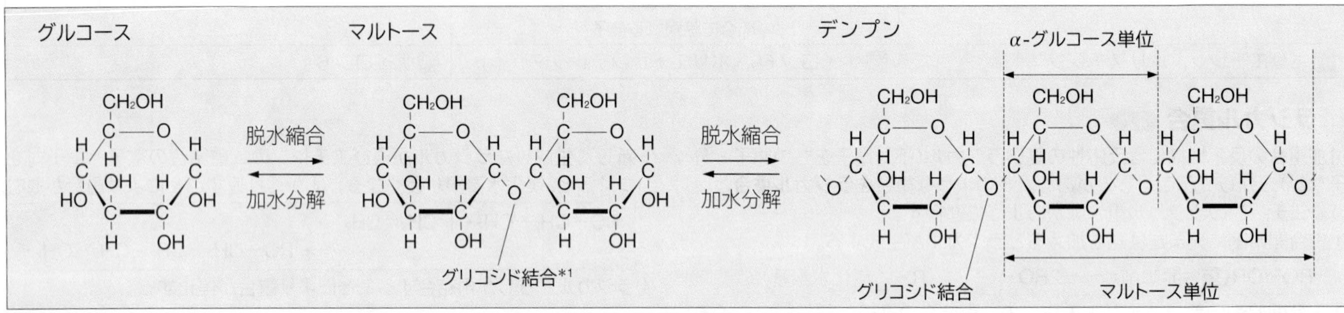

*1 単糖を結びつけているエーテル結合を**グリコシド結合**という。 *2 単糖が2～10個程度結合したものを**オリゴ糖**とよぶ。

2 単糖

monosaccharide

炭水化物の1種で, これより簡単な分子に加水分解されない糖類を**単糖**という。

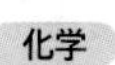

化学

グルコース(ブドウ糖) $C_6H_{12}O_6$

[所 在]
動植物の体内
[還元性]
あり
[特 徴]
水溶液中では, 右のような平衡混合物になっている。甘味がある。

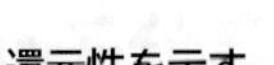

鎖状構造になれる(ヘミアセタール構造) 還元性を示す

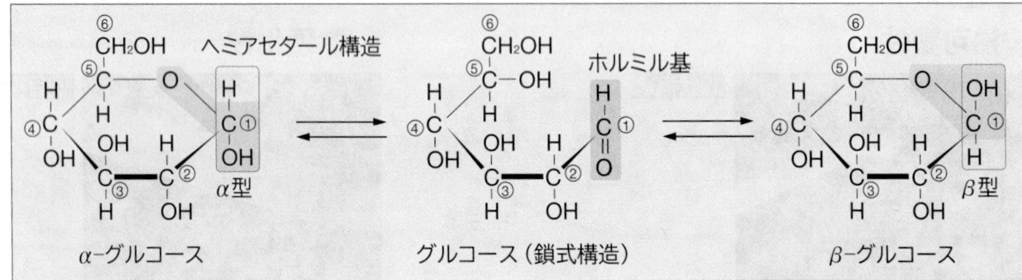

フルクトース(果糖) $C_6H_{12}O_6$

[所 在]
ハチミツや果物
[還元性]
あり
[特 徴]
水溶液中では, 右のような平衡混合物になっている。甘味が強い。

β-フルクトース (六員環式構造)　フルクトース (鎖式構造)　β-フルクトース (五員環式構造)

ガラクトース $C_6H_{12}O_6$

[製 法]
寒天の成分のガラクタンを加水分解する。
[還元性]
あり
[特 徴]
グルコースの立体異性体である。

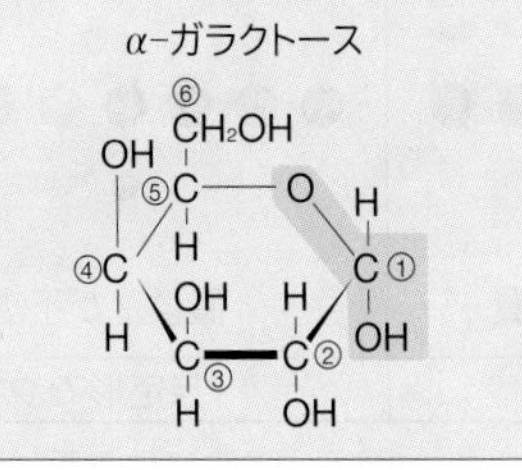

マンノース $C_6H_{12}O_6$

[製 法]
こんにゃくの成分のグルコマンナンを加水分解する。
[還元性]
あり
[特 徴]
グルコースの立体異性体である。

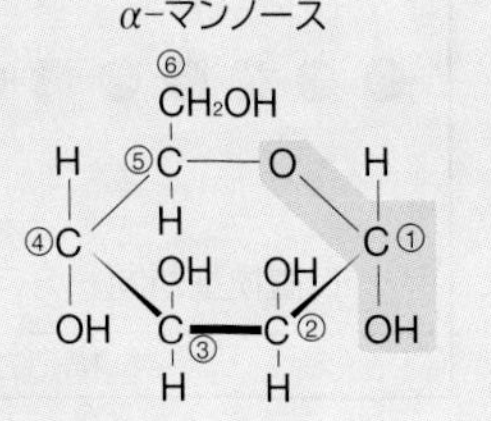

3 単糖の性質

単糖には還元性があり，銀鏡反応やフェーリング液の還元によって調べられる。また，酵素によってエタノールと二酸化炭素に分解される。 化学

還元作用(1) 銀鏡反応(➡p.244)

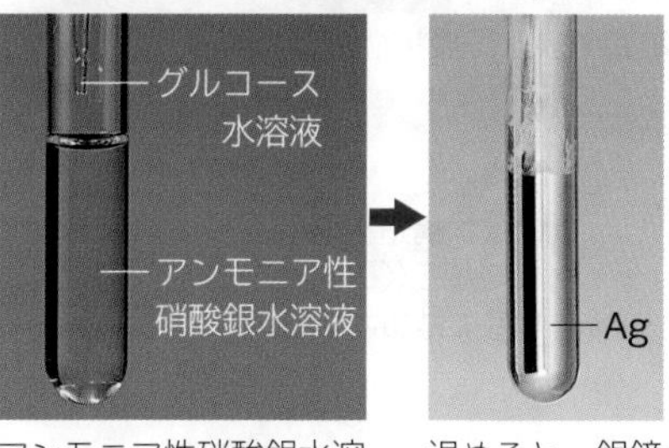

アンモニア性硝酸銀水溶液にグルコースを加える。 → 温めると，銀鏡ができる。

還元作用(2) フェーリング液の還元(➡p.245)

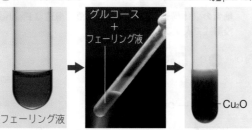

グルコース水溶液を加え加熱する。 → 酸化銅(I)の赤色沈殿が生じる。

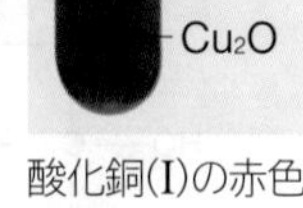

アルコール発酵

酵母に含まれる酵素**チマーゼ**によって，エタノールと二酸化炭素に分解される。これを**アルコール発酵**という。ビールやワインは，麦芽やブドウに含まれる糖類を酵母菌の作用で分解させている。

$$C_6H_{12}O_6 \xrightarrow{\text{チマーゼ}} 2C_2H_5OH + 2CO_2$$

単糖　　　　エタノール

4 二糖 disaccharide

2分子の単糖が脱水縮合したものを二糖という。 化学

スクロース(ショ糖) $C_{12}H_{22}O_{11}$

[所　在] サトウキビ，テンサイ
[還元性] なし
[特　徴] 砂糖の主成分。グラニュー糖はスクロース100%。

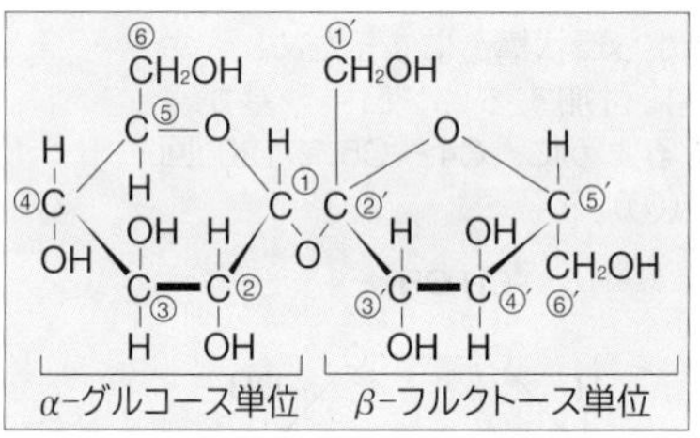

ラクトース(乳糖) $C_{12}H_{22}O_{11}$

[所　在] 哺乳類の乳汁
[還元性] **あり**
[特　徴] 加水分解するとガラクトースとグルコースになる。

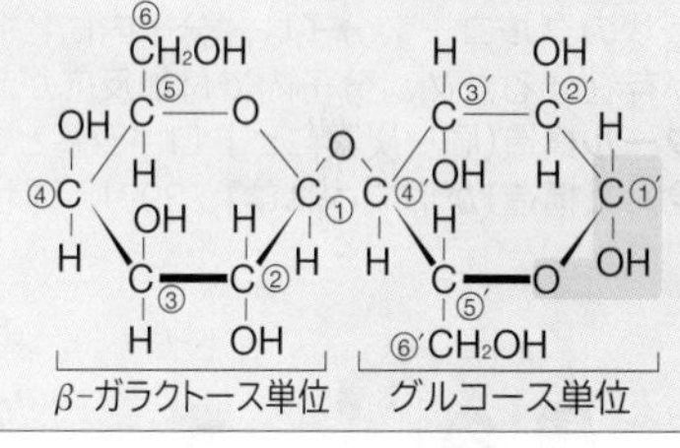

マルトース(麦芽糖) $C_{12}H_{22}O_{11}$

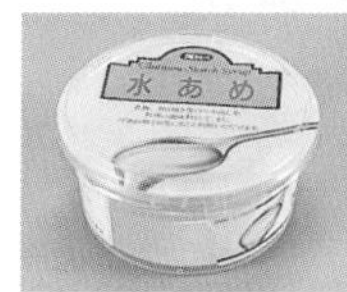

[製　法] デンプンにアミラーゼを作用させる。
[還元性] **あり**
[特　徴] 水あめの主成分。

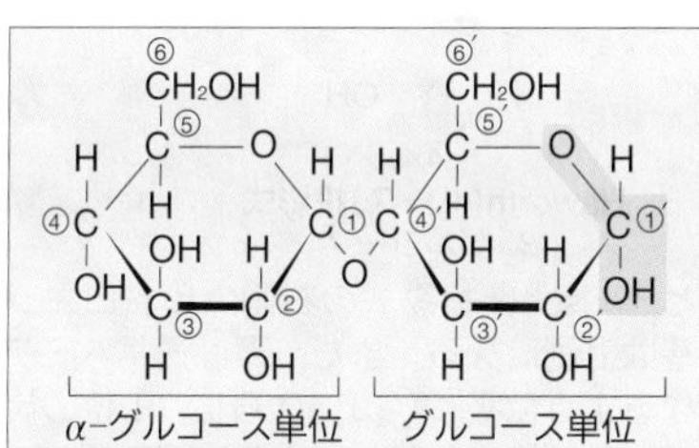

セロビオース $C_{12}H_{22}O_{11}$

[所　在] 松の葉
[還元性] **あり**
[特　徴] 加水分解すると2分子のグルコースになる。

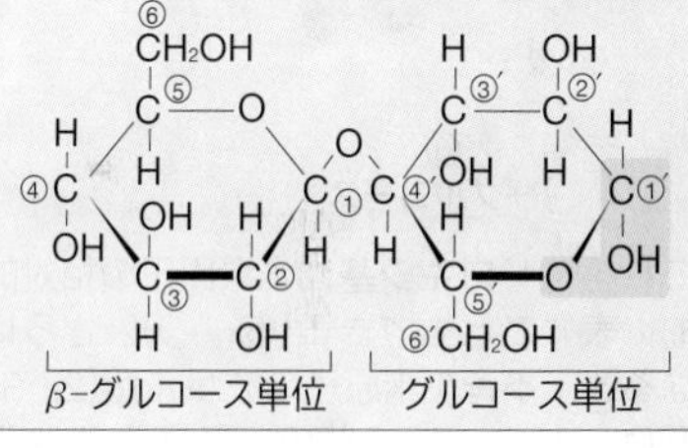

スクロースの加水分解(転化)

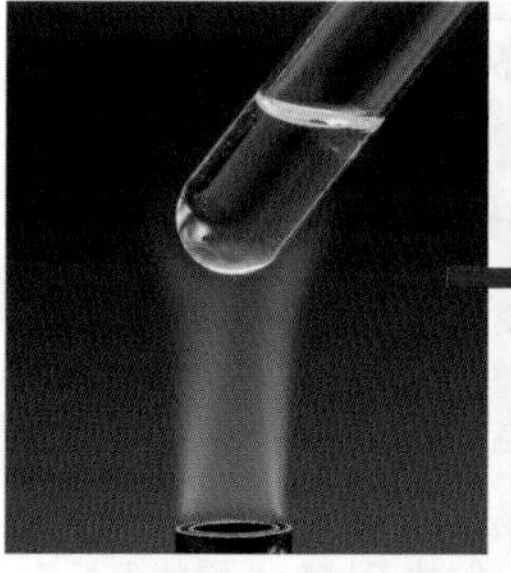

スクロースに希硫酸を加えて加熱する。

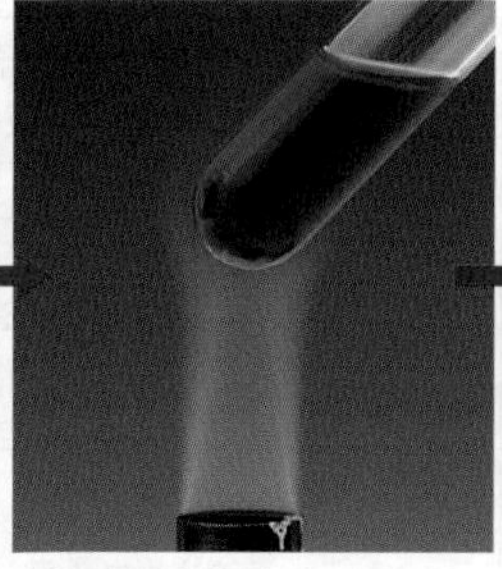

中和させたあとに，フェーリング液を加えて加熱する。

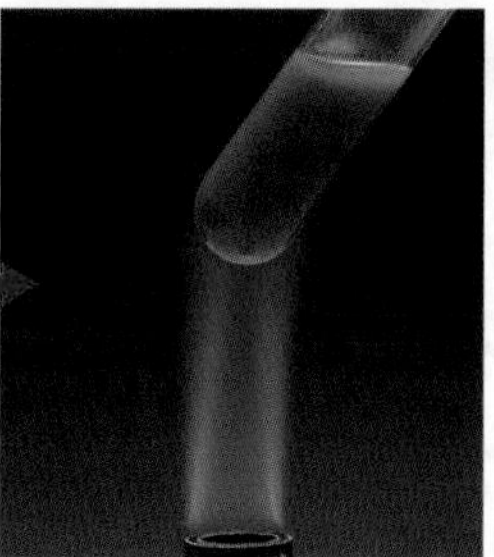

フェーリング液が還元されて，赤色の Cu_2O の沈殿。

スクロースは還元性を示さないが，加水分解をすると還元性を示す。加水分解で得られたグルコースとフルクトースの等量混合物を**転化糖**ともいう。

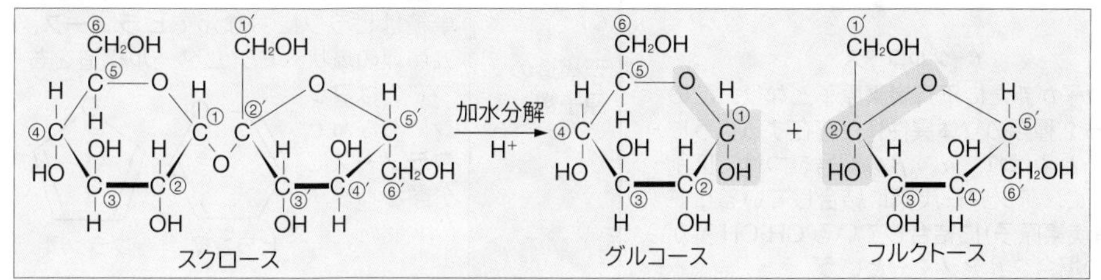

TOPICS トレハロース

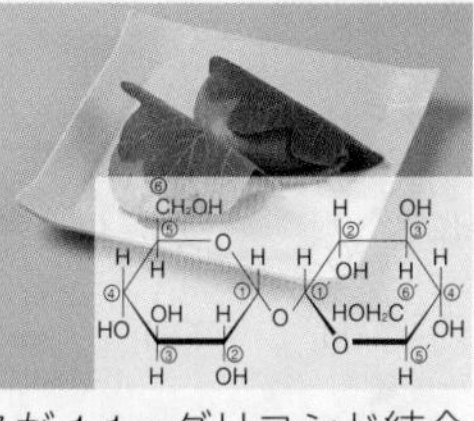

α－グルコースが1,1－グリコシド結合した二糖をトレハロースという。還元性は示さない。次のような特徴があり，食品や化粧品など幅広く利用されている。市販のようかんや餅菓子などにはトレハロースが添加されていることがある。

① 保水力　　…乾燥しにくい
② 鮮度を維持…風味や色が落ちにくい
③ 臭いを抑制…牛乳の臭いを抑える

表現 グルコースの水溶液が還元性を示す理由を説明せよ。

3 糖類の立体化学 発展

Stereochemistry of saccharides

1 糖類の立体表記

糖類の立体構造を表す際には，鎖状構造は Fischer 投影式で表し，環状構造は Haworth 投影式で表すことが多い。 化学 発展

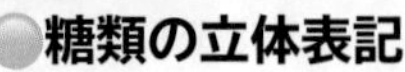

糖類の立体表記

H　OH　O　C　CH_2OH

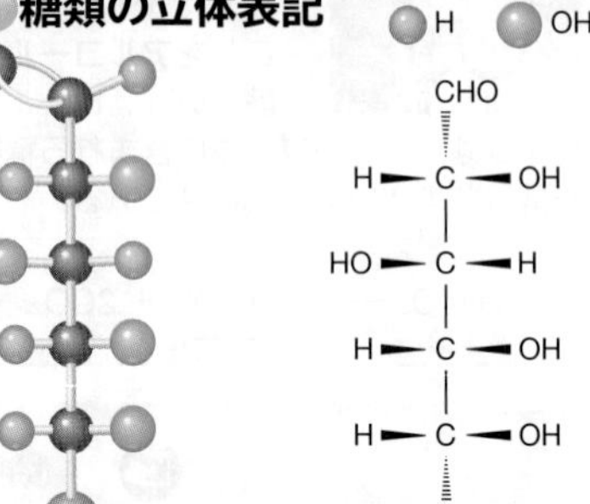

分子モデル　くさび形モデル D-グルコース

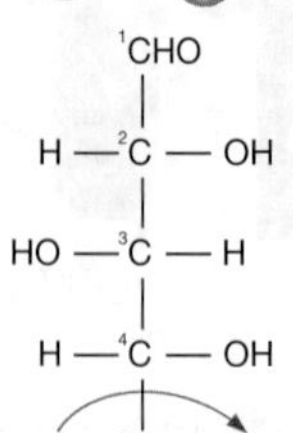

Fischer（フィッシャー）投影式
①

②

この鎖状構造を時計回りに回して横に倒してから（②），ヒドロキシ基をホルミル基に付加させる（③）。

鎖状のグルコース分子は，分子内にヒドロキシ基とホルミル基が存在するため，分子内で付加反応が起こって環状の**ヘミアセタール**構造（同一炭素にヒドロキシ基とエーテル結合を1個ずつ含んだ構造）が形成され（➡p.299），環状構造をとるようになる。

鎖状構造から環状構造にするために，ホルミル基に付加するヒドロキシ基が一番下にくるように，C4－C5 を 120°回転させる（①）。

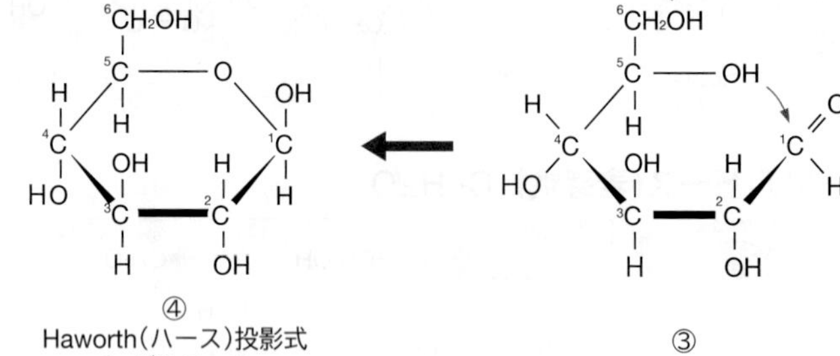

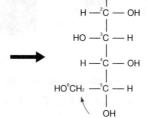

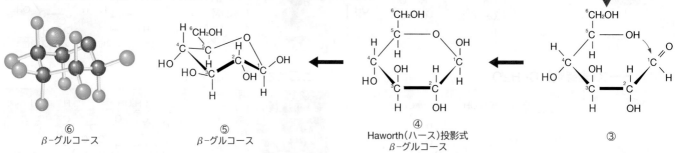

⑥ β-グルコース　⑤ β-グルコース　④ Haworth（ハース）投影式 β-グルコース　③

これをヒドロキシ基と水素原子の相対的な上下関係に注意して立体的に表すこともできる（⑤，⑥）。さらに，鎖状構造から環状構造になると，不斉炭素原子の数が4個（2，3，4，5位の炭素原子）から5個（1，2，3，4，5位の炭素原子）になる。

このとき Fischer 投影式の右側のヒドロキシ基は環の下側に，左側のヒドロキシ基は上側になる。また，環は通常ヘミアセタールの酸素原子が環の右後方になるように書く（④）。さらに，1位の炭素（アノマー炭素）に新しくできるヒドロキシ基は上向き（β）または下向き（α）にすることができる。

アノマー炭素

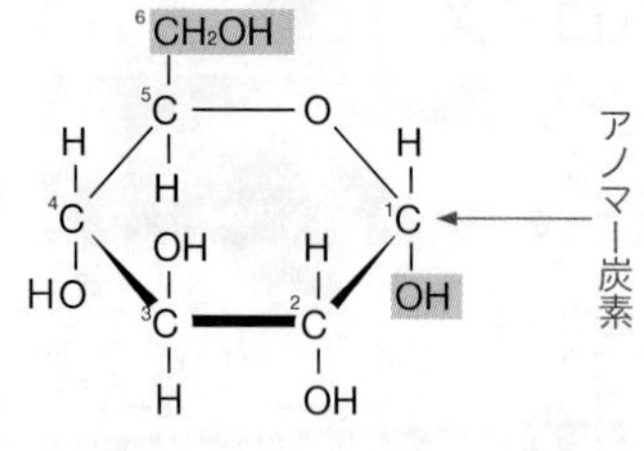

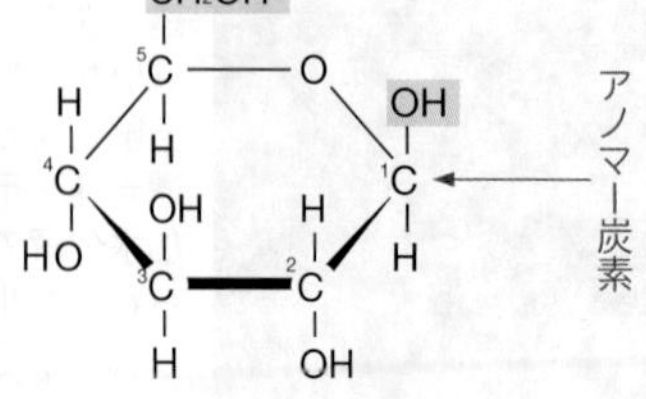

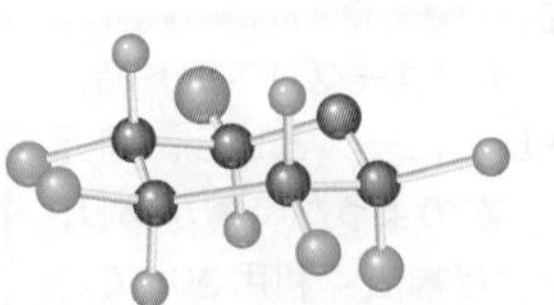

α-グルコース　β-グルコース

環状のヘミアセタール構造をとると，1位の炭素原子が新たに不斉炭素原子となり，この部分（**アノマー炭素**という）の立体配置のみが異なる2種類の立体異性体が存在するようになる。この2種類の立体異性体は，互いに**アノマー**とよばれ，α，βの記号をつけて区別される。 Haworth 投影式で環状構造を書いたときに，アノマー炭素に結合しているヒドロキシ基と5位の炭素（位置番号の最も大きい不斉炭素原子）に結合している CH_2OH 基が，上下反対側になる場合をαアノマー，上下同じ側の場合をβアノマーという。

単糖の分類

構成する炭素数	糖を構成する炭素数が6個の糖は**ヘキソース（六炭糖）**，5個の糖は**ペントース（五炭糖）**に分類される。
カルボニル基の種類	鎖状構造をとったとき，グルコースのようにホルミル基を含む糖は**アルドース**に分類され，フルクトースのようにケトン基を含む糖は**ケトース**に分類される。
環構造の原子数	単糖は通常，鎖状ではなく環状のヘミアセタール構造として存在している。六員環の環状ヘミアセタール構造もつ単糖はピランにちなんで**ピラノース**，五員環の環状ヘミアセタール構造をもつものはフランにちなんで**フラノース**に分類される。　ピラン環　フラン環

表現 ハース投影式で示したα-グルコースとβ-グルコースの構造の違いを簡潔に説明せよ。

スクロースとセロビオースの表記

＊一部の炭素原子や水素原子が省略してある。

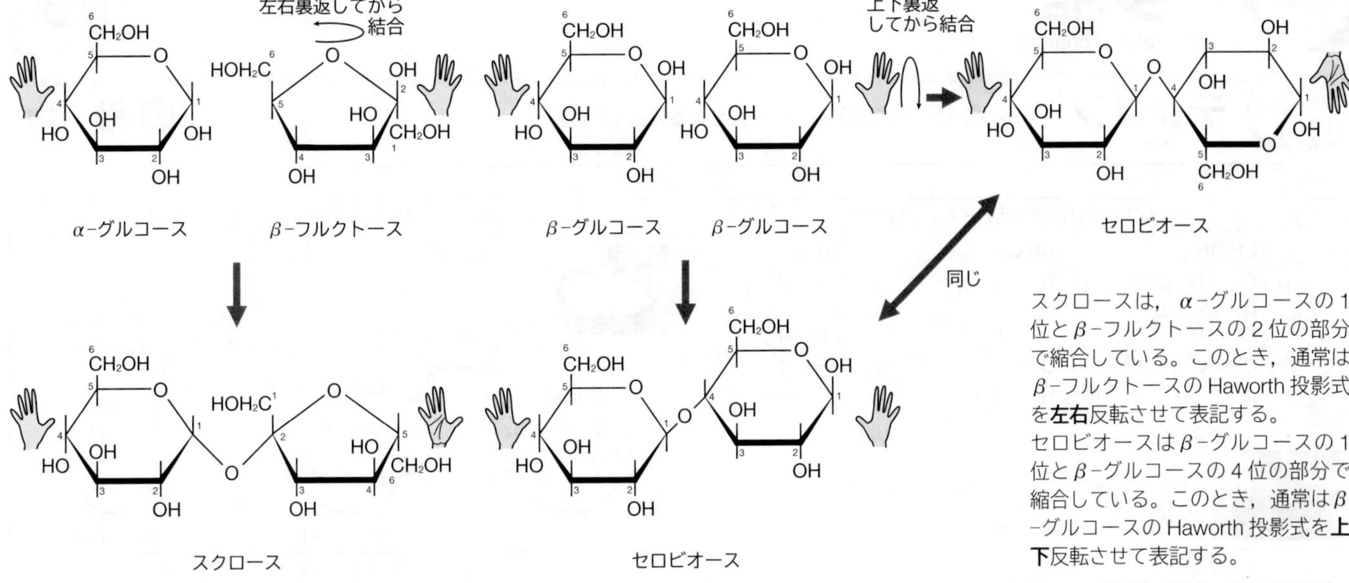

スクロースは，α-グルコースの1位とβ-フルクトースの2位の部分で縮合している。このとき，通常はβ-フルクトースのHaworth投影式を**左右**反転させて表記する。

セロビオースはβ-グルコースの1位とβ-グルコースの4位の部分で縮合している。このとき，通常はβ-グルコースのHaworth投影式を**上下**反転させて表記する。

2 糖類の立体構造

環状構造のグルコースは，シクロヘキサンのような立体構造をとる。

化学 発展

アキシアル結合とエクアトリアル結合

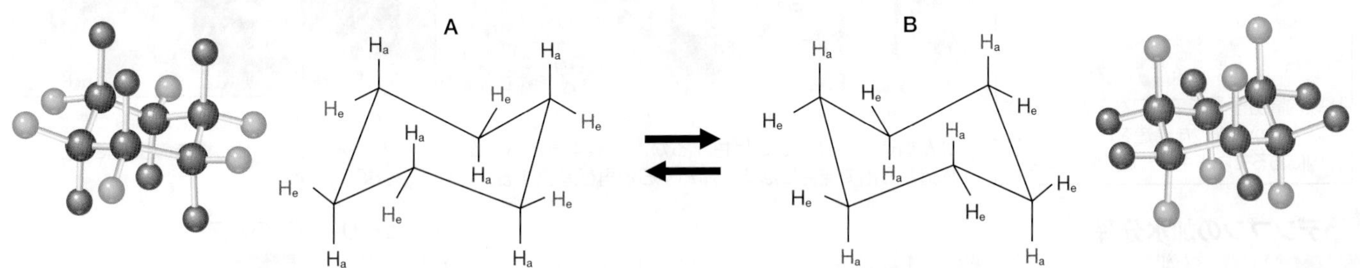

いす形のシクロヘキサンにおいて，環平面の上下に出る結合を**アキシアル結合**(axial, axis＝軸)とよび，横に出る結合を**エクアトリアル結合**(equatorial, equator＝赤道)とよぶ。いす形のAから舟形を経て環が反転するといす形のBになる。このとき，すべてのエクアトリアル結合はアキシアル結合に，すべてのアキシアル結合はエクアトリアル結合に変換されることがわかる。

グルコースの立体構造

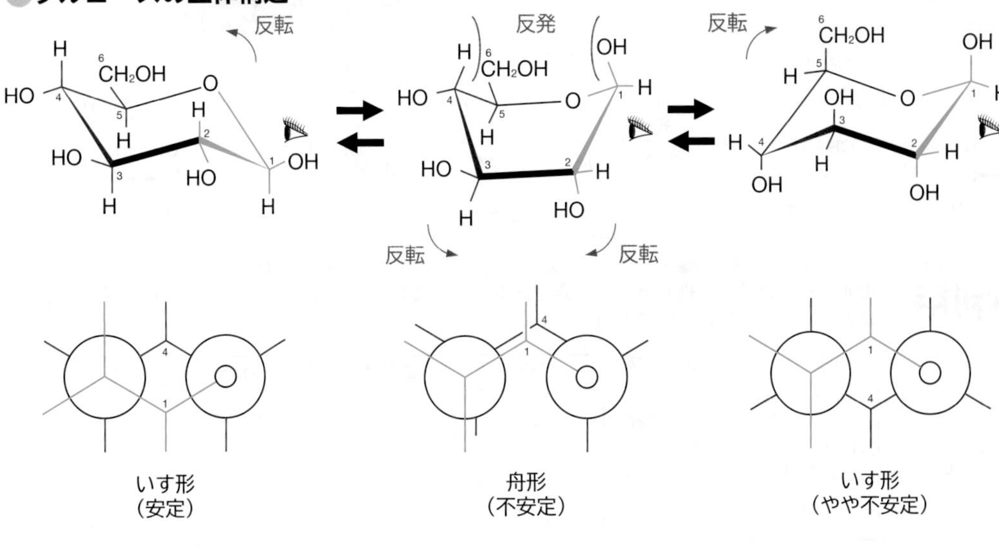

グルコースの六員環は平面ではなく，シクロヘキサンと同じような立体構造をとる。このとき，おもな立体構造として，いす形や舟形(➡p.237)などが考えられるが，このうちいす形が最も安定である。舟形では，舟の「船首」と「船尾」にあたる2個の炭素原子上の内側の基が空間的に近接し，それらの間に立体反発が生じる(上図中央)。また，下図のニューマン投影式(➡p.241)からもわかるとおり，いす形をとるときが置換基の重なりが少なく安定となる。さらに，β-グルコースのいす形の立体配座としては環が反転した2種類が考えられるが，かさ高い置換基($-OH$や$-CH_2OH$)が分子の中心から離れる方向を向いている(エクアトリアル結合となる)ときが，これらの置換基の混みあいが少なくより安定となる。

4 多糖
Polysaccharide

1 デンプン
starch

デンプンは一般式$(C_6H_{10}O_5)_n$で表される多糖である。

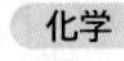
化学

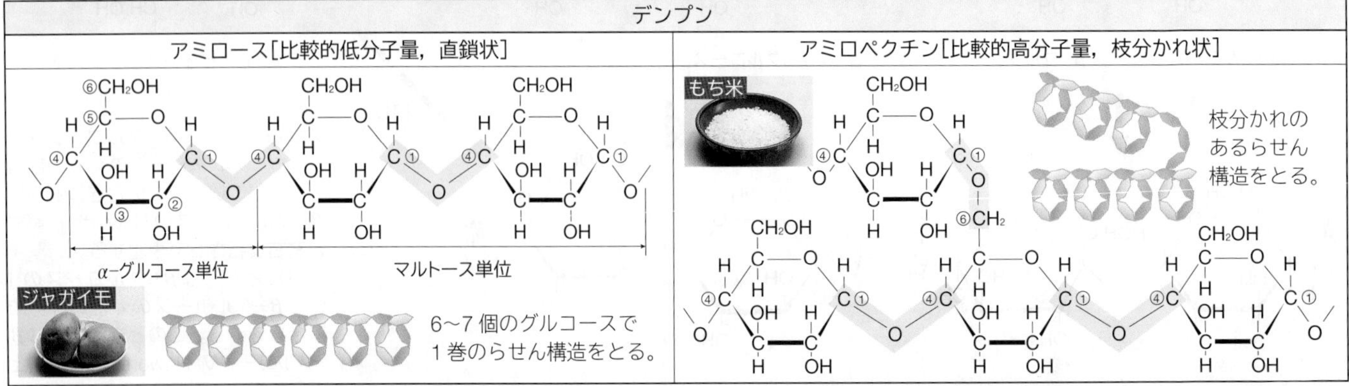

α-1,4-グリコシド結合　α-1,6-グリコシド結合

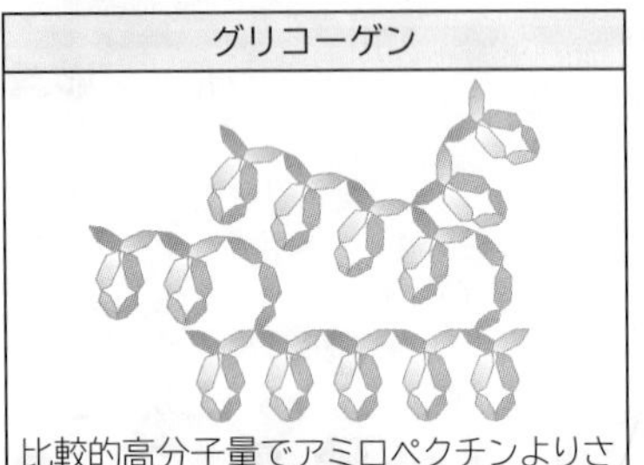

比較的高分子量でアミロペクチンよりさらに枝分かれをした構造をとる。動物の体内にあるエネルギー貯蔵物質である。

ヨウ素デンプン反応

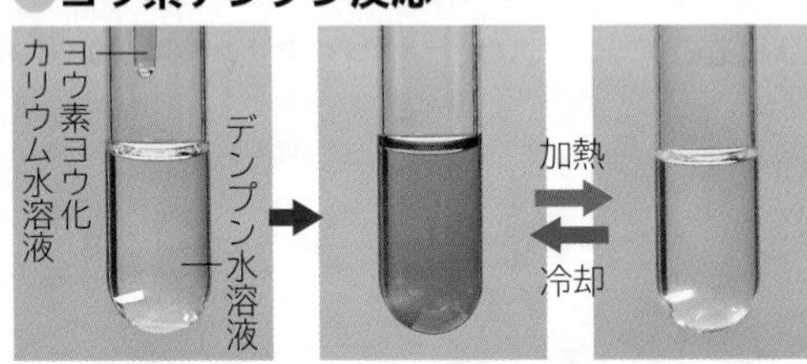

ポリヨウ化物イオンI_n^-（n=3，5など）がデンプンのらせん構造に入り込むと呈色するが，加熱するとらせん構造から出て無色になる。冷却すると再び呈色する。

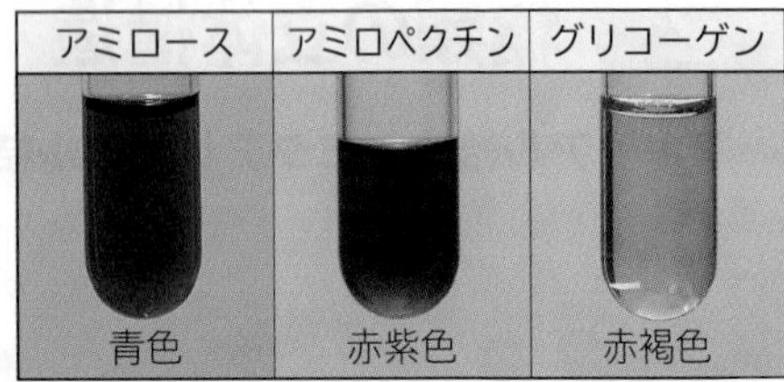

アミロース	アミロペクチン	グリコーゲン
青色	赤紫色	赤褐色

デンプン分子のらせん構造にポリヨウ化物イオンが入り込むと，らせん構造の長さによって青紫～赤褐色になる。

デンプンの加水分解

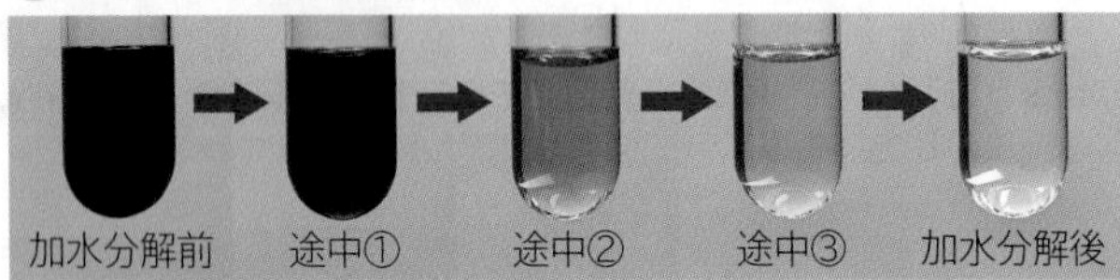

デンプン　デキストリン　グルコース

$$(C_6H_{10}O_5)_n \rightarrow (C_6H_{10}O_5)_m \rightarrow C_6H_{12}O_6 \quad (n > m)$$

デンプンに酸を加えると徐々に加水分解され，ヨウ素デンプン反応の色は，紫→赤褐色→無色に変化する。デキストリンは，デンプンより分子量の小さい多糖の混合物である。

▶ フェーリング液の還元

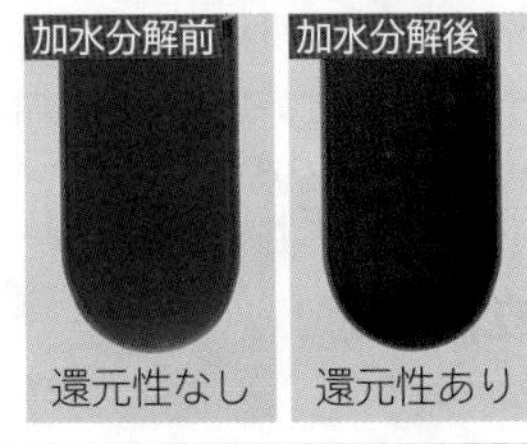

デンプンには還元性はないが，加水分解後はフェーリング液を還元する。

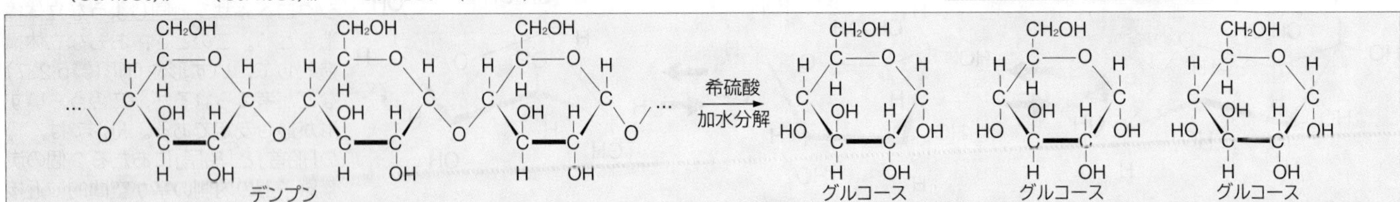

2 セルロースの利用
cellulose

セルロースは植物の細胞壁の主成分である。天然繊維を化学処理し，紡糸して繊維としたものを**半合成繊維**という。

化学

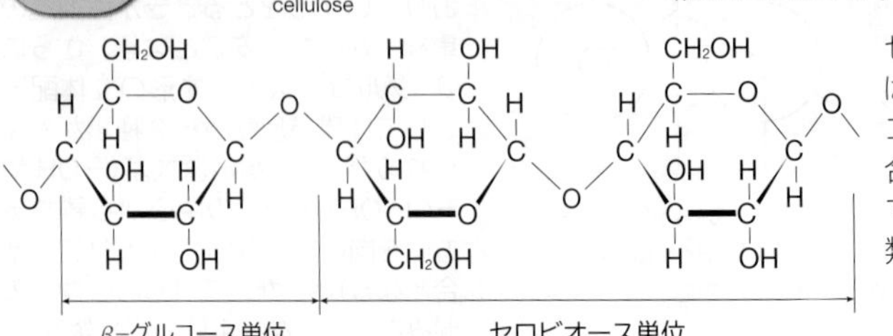

セルロースは，β-グルコースが縮合重合してできた多糖類である。

名称	単量体	構造	ヨウ素デンプン反応
デンプン	α-グルコース	らせん	示す
セルロース	β-グルコース	シート	示さない

思考 デンプンとセルロースを見分ける方法を示せ。

ビスコースレーヨンの製造

ほぼ純粋なセルロースであるろ紙を，アルカリセルロース，セルロースキサントゲン酸ナトリウムを経てビスコースとし，希硫酸中に押し出して繊維を再生する。

ろ紙を水酸化ナトリウム水溶液に浸すと，アルカリセルロースとなる。

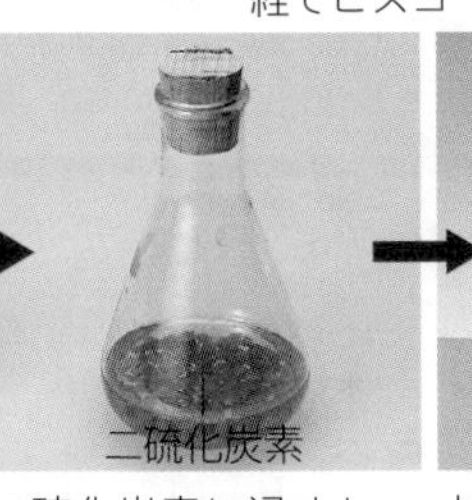

二硫化炭素に浸すと，セルロースキサントゲン酸ナトリウムとなる。

水酸化ナトリウム水溶液に加えると，ビスコースとなる。

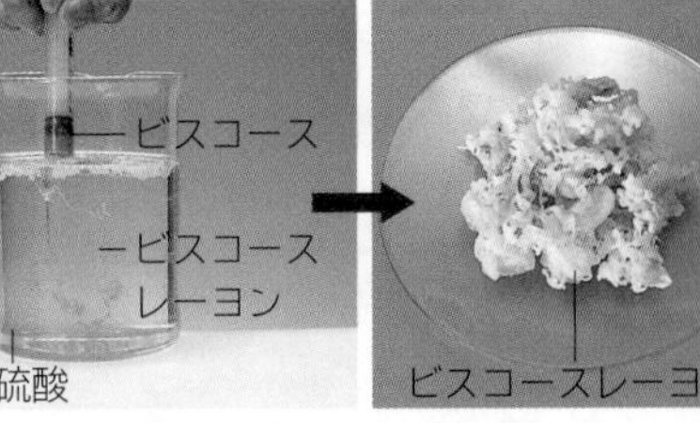

ビスコースを注射器から希硫酸中に押し出す。

得られたビスコースレーヨンを水洗し，乾燥させる。

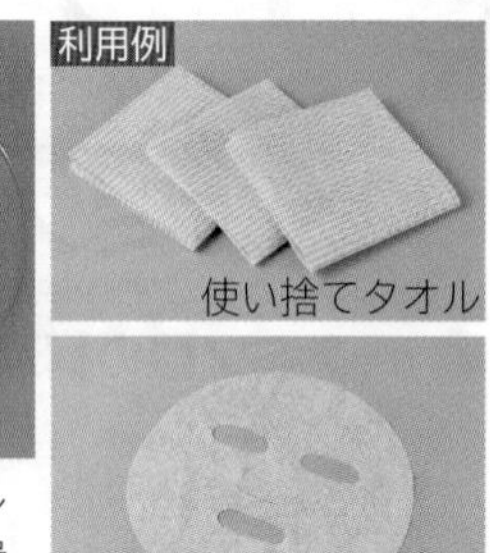

銅アンモニアレーヨン（キュプラ）の製造

ほぼ純粋なセルロースである脱脂綿をシュバイツァー試薬に溶かし，希硫酸中に押し出して繊維を再生する。

水酸化銅(Ⅱ)を濃アンモニア水に溶かした溶液を**シュバイツァー試薬**という。

ほぐした脱脂綿を少しずつ，粘性が高くなるまで加える。

希硫酸中に押し出し，青色が抜けるまで浸しておく。

得られた銅アンモニアレーヨンを水洗し，乾燥させる。

▶**再生繊維**　ビスコースレーヨンや銅アンモニアレーヨンのように，天然繊維を溶解し，再度凝固させ紡糸したもの。

アセチルセルロース（アセテート）

セルロースは水素結合が強く成形がむずかしい。セルロースのヒドロキシ基$-OH$をアセチル化し，水素結合を弱めて繊維やフィルムに用いる。

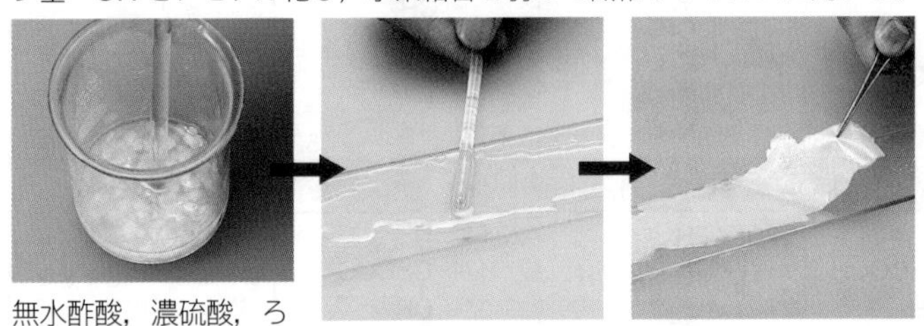

無水酢酸，濃硫酸，ろ紙を反応させると，ろ紙が半透明のアセチルセルロースとなる。

ガラス板上に薄く広げて乾燥する。

水洗してガラス板からはがすと，フィルムが得られる。

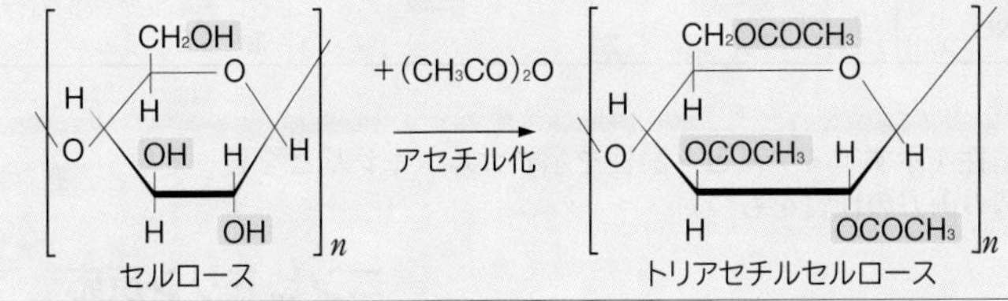

ニトロセルロース

セルロースのヒドロキシ基$-OH$を硝酸エステル化したもの。ジニトロセルロースはセルロイドに，トリニトロセルロースは火薬に用いる。

脱脂綿をほぐし，濃硝酸と濃硫酸の混合物に浸して放置する。

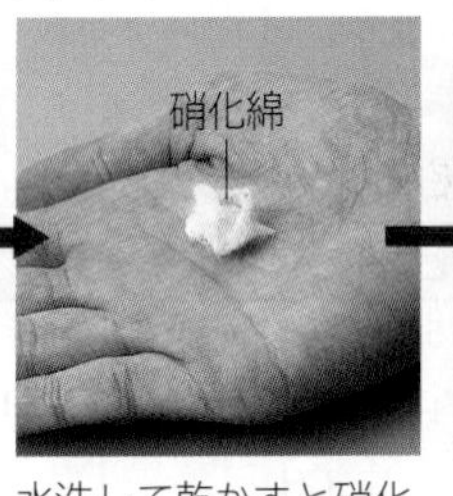

水洗して乾かすと硝化綿が得られる。

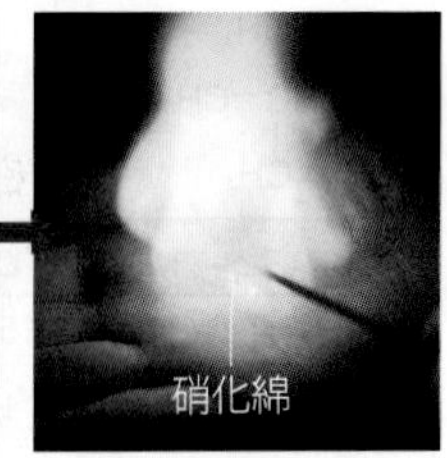

点火すると，一瞬で燃えつきる。燃えかすは残らず，熱くない。

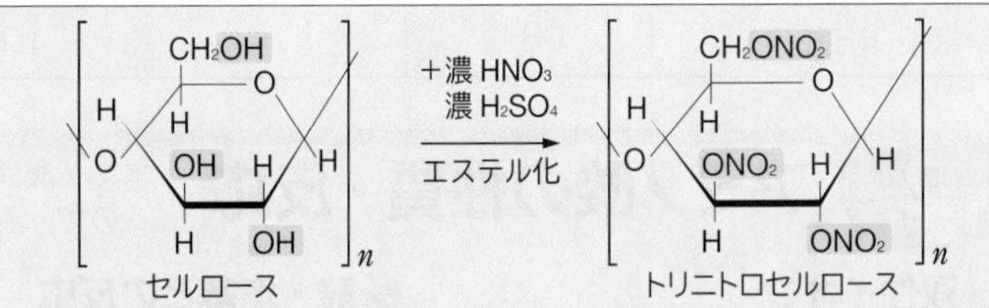

TOPICS

レーヨンの始まり

絹が高価だった1800年代後半，フランスのシャルドンネ伯が一般の市民でも絹に似たような素材が手に入らないかと考え，1883年にニトロセルロースを工業化したのがレーヨン（当時は，人造絹糸とよばれていた）の始まりである。ニトロセルロースは万博にも出展されたが，引火性の高い素材であったため，それを着たモデルが炎上する事故が起こった。その後，ビスコースの紡糸技術ができると，1905年にビスコースレーヨンの工業化が開始され，ニトロセルロースにとってかわった。

5 アミノ酸

Amino acids

1 アミノ酸

amino acid

分子中にアミノ基$-NH_2$とカルボキシ基$-COOH$をもつ化合物を，アミノ酸という。

化学

α-アミノ酸の構造

$$H_2N-\underset{R}{\overset{H}{C}}-COOH$$

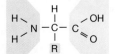

アミノ基　カルボキシ基

アミノ酸により異なる部分

アミノ基とカルボキシ基が同一の炭素原子に結合しているアミノ酸を，**α-アミノ酸**という。

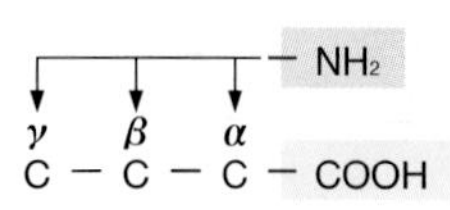

アミノ基がα位に結合したものをα-アミノ酸といい，順次うつるにしたがってβ-，γ-アミノ酸とよぶ。

鏡像異性体(光学異性体)

＊は不斉炭素原子

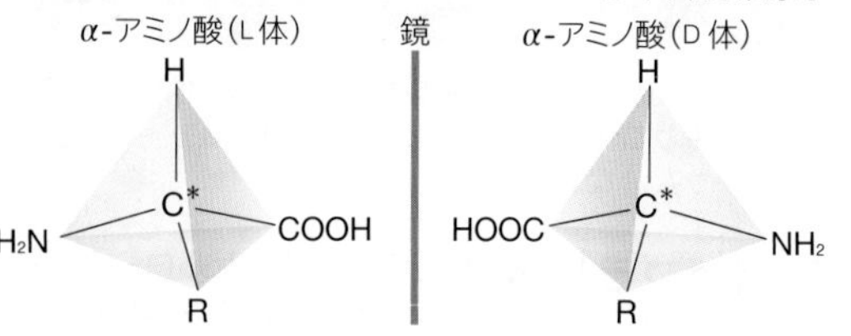

グリシンを除くα-アミノ酸では，中心の炭素原子が不斉炭素原子になるため，鏡像異性体(光学異性体)が存在する。天然にはL体だけが存在する。

例 α-アミノ酸

L-グルタミン酸のモノナトリウム塩は，化学調味料に使われている。D体ではうま味を感じない。

タンパク質をつくるα-アミノ酸

タンパク質は，次の20種類のアミノ酸が縮合重合してできている。(　)内は略号，黒数字は分子量，赤数字は等電点を表している。　　が R(側鎖)に相当。■酸性アミノ酸　■塩基性アミノ酸　■中性アミノ酸

グリシン (Gly)	アラニン (Ala)	セリン (Ser)	プロリン (Pro)	バリン (Val)	トレオニン (Thr)	システイン (Cys)
75 $H_2N-CH(H)-COOH$ 6.0	89 $H_2N-CH(CH_3)-COOH$ 6.0	105 $H_2N-CH(CH_2-OH)-COOH$ 5.7	115 $HN-CH-COOH$, $H_2C-CH_2-CH_2$ (環) 6.3	117 ＊ $H_2N-CH(HC(CH_3)-CH_3)-COOH$ 6.0	119 ＊ $H_2N-CH(HC(OH)-CH_3)-COOH$ 6.1	121 $H_2N-CH(CH_2-SH)-COOH$ 5.1
ロイシン (Leu)	**イソロイシン (Ile)**	**アスパラギン (Asn)**	**アスパラギン酸 (Asp)**	**リシン (Lys)**	**グルタミン (Gln)**	**グルタミン酸 (Glu)**
131 ＊ $H_2N-CH(CH_2-HC(CH_3)-CH_3)-COOH$ 6.0	131 ＊ $H_2N-CH(HC(CH_3)-CH_2-CH_3)-COOH$ 6.0	132 $H_2N-CH(CH_2-C(=O)-NH_2)-COOH$ 5.4	133 $H_2N-CH(CH_2-COOH)-COOH$ 2.8	146 ＊ $H_2N-CH(CH_2-CH_2-CH_2-CH_2-NH_2)-COOH$ 9.7	146 $H_2N-CH(CH_2-CH_2-C(=O)-NH_2)-COOH$ 5.7	147 $H_2N-CH(CH_2-CH_2-COOH)-COOH$ 3.2
メチオニン (Met)	**ヒスチジン (His)**	**フェニルアラニン (Phe)**	**アルギニン (Arg)**	**チロシン (Tyr)**	**トリプトファン (Trp)**	
149 ＊ $H_2N-CH(CH_2-CH_2-S-CH_3)-COOH$ 5.7	155 ＊ $H_2N-CH(CH_2-C{=}CH, HN\ N, CH)-COOH$ (イミダゾール環) 7.6	165 ＊ $H_2N-CH(CH_2-C_6H_5)-COOH$ (ベンゼン環) 5.5	174 $H_2N-CH(CH_2-CH_2-CH_2-NH-C(=NH)-NH_2)-COOH$ 10.8	181 $H_2N-CH(CH_2-C_6H_4-OH)-COOH$ (ベンゼン環) 5.7	204 ＊ $H_2N-CH(CH_2-C{=}CH-NH)-COOH$ (インドール環) 5.9	▶必須アミノ酸 動物の体内で，他のアミノ酸から合成できない，あるいは必要量を合成しにくいアミノ酸を必須アミノ酸という。成人の場合，＊印の9種類である。 ▶システインの還元性 システインの$-SH$基は還元性を示す。

2 アミノ酸の性質・反応

アミノ酸は，塩基性を示すアミノ基と，酸性を示すカルボキシ基とをもっているので，酸と塩基の両方の性質をもつ。

化学

双性イオン

$$R-\underset{NH_2}{\overset{H}{C}}-COOH \Rightarrow R-\underset{NH_3^+}{\overset{H}{C}}-COO^-$$

H^+を与える　H^+を受け取る　双性イオン

アミノ酸は，結晶中や水中では，1つの分子内に陽イオンの部分と陰イオンの部分が存在する**双性イオン**になっている。このため，アミノ酸は融点や沸点が高く，水に溶けやすい。

酸・塩基との反応

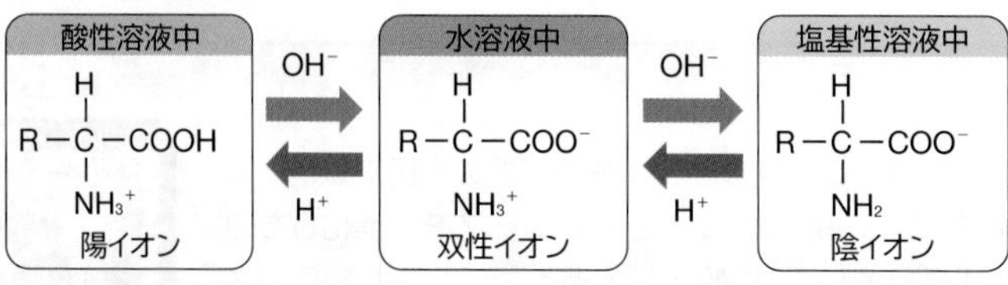

アミノ酸は水溶液中では双性イオンであるが，外部から塩基(OH^-)を加えると反応が右の方向に進んで陰イオンになり，外部から酸(H^+)を加えると反応が左の方向に進んで陽イオンになる。また，イオンの正の電荷と負の電荷の大きさが等しくなり，全体として打ち消されるときの水溶液のpHを**等電点**という。

ニンヒドリン反応

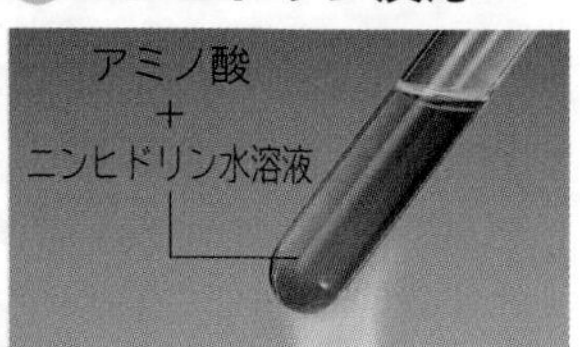

アミノ酸にニンヒドリンの水溶液を加えて加熱すると，赤紫～青紫色になる。この反応は**ニンヒドリン反応**とよばれ，アミノ酸の検出に用いる。

思考 アミノ酸の融点が高い理由を説明せよ。

3 アミノ酸の分離

等電点は，アミノ酸の特性を示す重要な値で，これを利用してアミノ酸を分離し，種類を特定できる。

化学

アミノ酸混合溶液の電気泳動

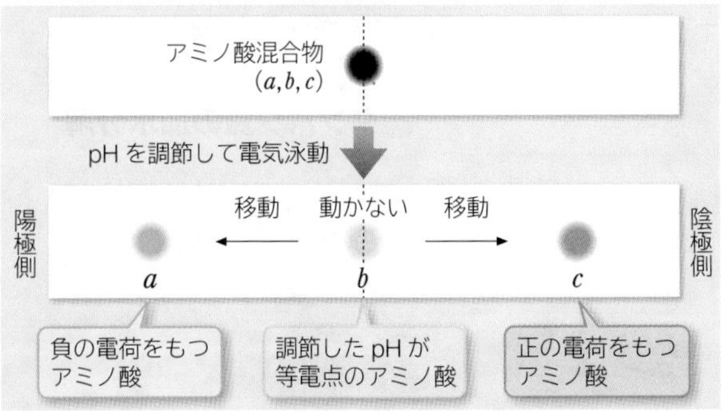

電荷によるアミノ酸の分離

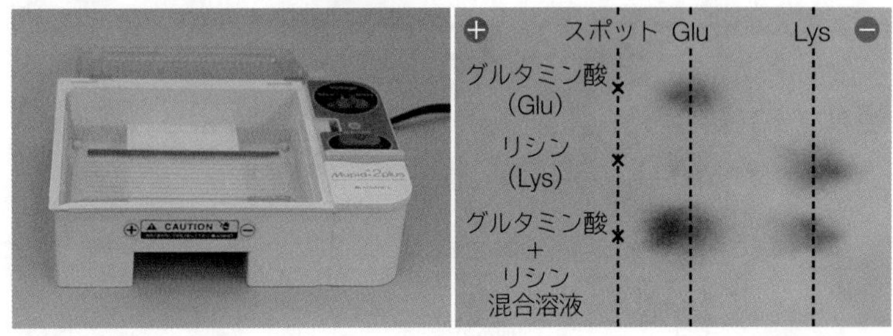

酸性溶液中でグルタミン酸とリシンの混合溶液を電気泳動すると，電荷の違いにより分離することができる。

グルタミン酸の pH による電荷のようす

酸性アミノ酸であるグルタミン酸は，強い酸性溶液中では①の状態である。塩基で中和され，pH が大きくなるにつれて，②→③→④と変化する。

①		②		③		④
COOH		COO^-		COO^-		COO^-
$CHNH_3^+$		$CHNH_3^+$		$CHNH_3^+$		$CHNH_2$
CH_2	OH^- →	CH_2	OH^- →	CH_2	OH^- →	CH_2
CH_2	← H^+	CH_2	← H^+	CH_2	← H^+	CH_2
COOH		COOH		COO^-		COO^-
①1価の陽イオン		②双性イオン		③1価の陰イオン		④2価の陰イオン

リシンの pH による電荷のようす

塩基性アミノ酸であるリシンは，強い酸性溶液中では，①の状態である。塩基で中和され，pH が大きくなるにつれて，②→③→④と変化する。

①		②		③		④
COOH		COO^-		COO^-		COO^-
$CHNH_3^+$		$CHNH_3^+$		$CHNH_2$		$CHNH_2$
CH_2	OH^- →	CH_2	OH^- →	CH_2	OH^- →	CH_2
CH_2	← H^+	CH_2	← H^+	CH_2	← H^+	CH_2
CH_2		CH_2		CH_2		CH_2
$CH_2NH_3^+$		$CH_2NH_3^+$		$CH_2NH_3^+$		CH_2NH_2
①2価の陽イオン		②1価の陽イオン		③双性イオン		④1価の陰イオン

*アミノ基とカルボキシ基の電離度はまわりの置換基の影響を受けて変化する。

陽イオン交換樹脂によるアミノ酸の分離

アミノ酸の混合溶液を強酸性にすると，アミノ酸はすべて正に帯電した状態になる。これを陽イオン交換樹脂のつまったカラム(ガラス円筒)に通すと，すべてのアミノ酸が樹脂に吸着される。

ここに，pH を上げながら緩衝液を流していくと，pH が等電点に達したアミノ酸から順番に樹脂との吸着力を失って溶出する。

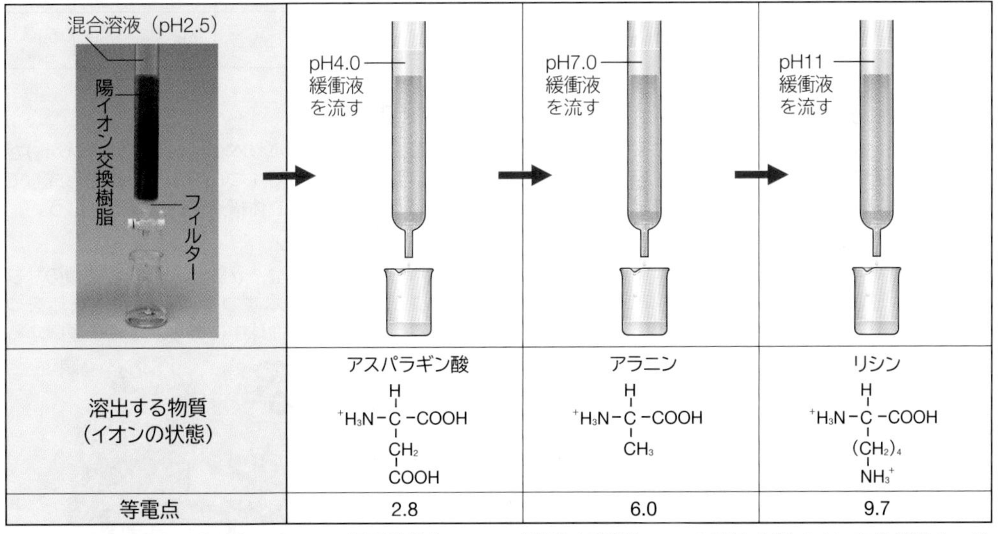

溶出する物質（イオンの状態）	アスパラギン酸 $^+H_3N-CH(CH_2COOH)-COOH$	アラニン $^+H_3N-CH(CH_3)-COOH$	リシン $^+H_3N-CH((CH_2)_4NH_3^+)-COOH$
等電点	2.8	6.0	9.7

アラニン，アスパラギン酸，リシンの塩酸酸性(pH＝2.5)溶液を調製し，この溶液を陽イオン交換樹脂をつめたカラムの上から流して吸着させる。これに pH を 2.5 から 11 まで順次に大きくしながら緩衝液を流していくと，等電点が酸性側にある酸性アミノ酸のアスパラギン酸がまず中和され，双性イオンになり，イオン交換樹脂との吸着力を失って溶出する。ついで，中性アミノ酸のアラニンが，最後に塩基性アミノ酸のリシンが溶出する。

TOPICS 池田菊苗

明治初期，食べ物の味は「酸味」，「塩味」，「甘味」，「苦味」の 4 種類でできていると考えられていた。菊苗は昆布に含まれる味がこれらのどれにも当てはまらない新しい味「うま味」と考え，昆布の研究に着手する。1907 年に約 38 kg の昆布の中から 30 g のグルタミン酸ナトリウムをとり出し，これが「うま味」の原因であることをつきとめる。この発明は「日本の十大発明」の一つに位置づけられている。

6 タンパク質
Proteins

1 アミノ酸とタンパク質
protein

タンパク質は，多数のα－アミノ酸がペプチド結合でつながった構造をもつ高分子化合物である。 化学

ペプチド結合

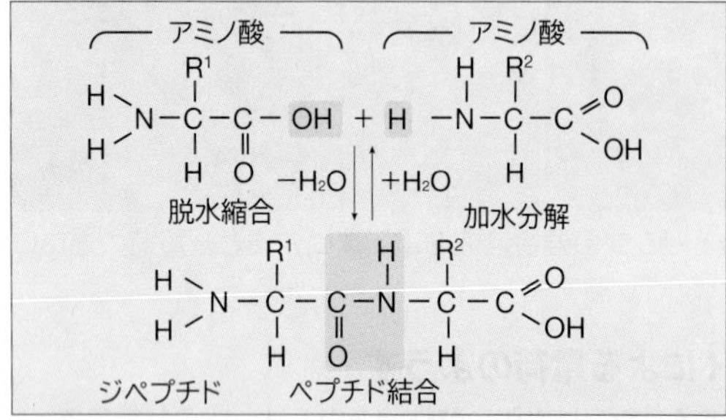

2分子のアミノ酸が縮合して生成したものを**ジペプチド**という。このとき，一方のアミノ酸の$-COOH$と他方のアミノ酸の$-NH_2$から1分子の水がとれて生成するアミド結合を，とくに**ペプチド結合**という。

ポリペプチド

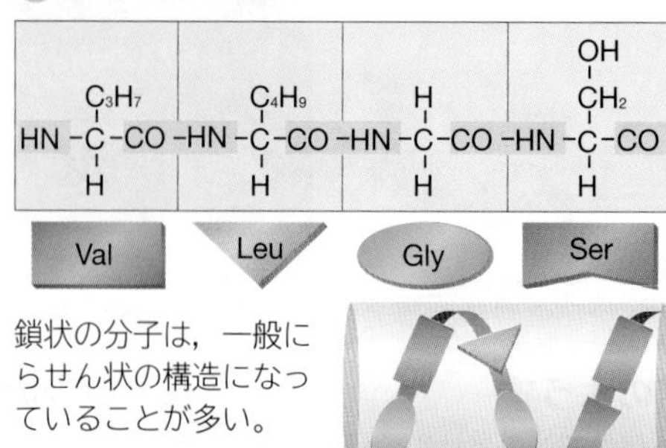

鎖状の分子は，一般にらせん状の構造になっていることが多い。

多数のアミノ酸が結合したものを**ポリペプチド**といい，タンパク質はポリペプチド構造をもつ高分子化合物である。

タンパク質の加水分解

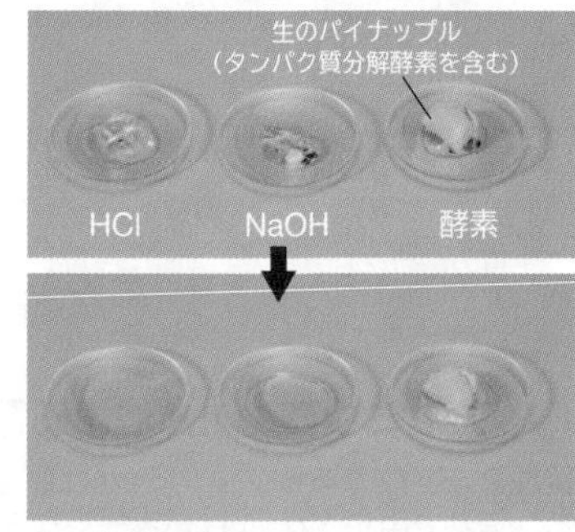

酸や塩基，酵素によって，ゼラチン(タンパク質)が加水分解されてアミノ酸になり，しだいに形が崩れていく。

2 タンパク質の構造

タンパク質を構成しているポリペプチド部分は，らせん(ヘリックス)構造をとることが多く，さらにそれが折りたたまれて，特有の立体構造をとる。  化学

一次構造

タンパク質を構成するポリペプチドのアミノ酸配列を**一次構造**という。

インスリン(血糖量調節に関係するホルモン)は51個のアミノ酸からできており，動物の種類によってその配列の一部が異なっている。
ポリペプチド中のシステイン分子のSH基どうしがH原子を失って結合したものを**ジスルフィド結合**(S−S結合)といい，タンパク質の立体構造を保持するはたらきをしている。

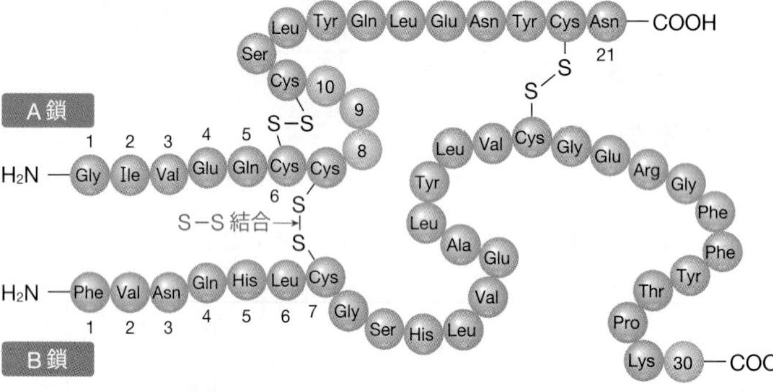

空白部のアミノ酸配列

	8	9	10	30
ヒト	Thr	Ser	Ile	Thr
ウマ	Thr	Gly	Ile	Ala
ウシ	Ala	Ser	Val	Ala
ブタ	Thr	Ser	Ile	Ala
ヒツジ	Ala	Ser	Val	Ala

二次構造

水素結合により形成されたポリペプチド鎖の部分的に現れる規則的な立体構造を**二次構造**といい，**α(らせん)構造**や**β(ジグザグ)構造**などがある。

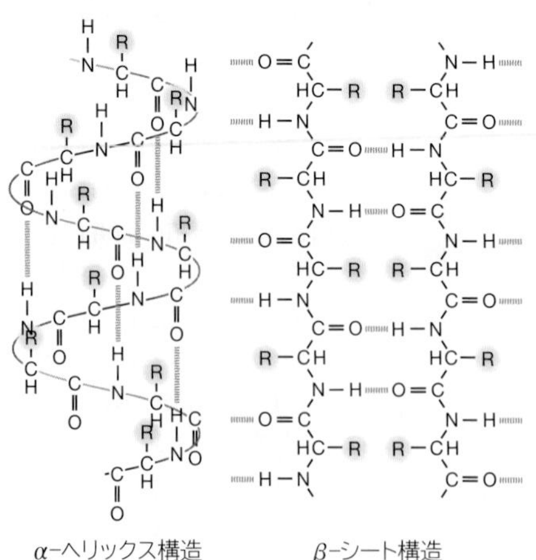

α−ヘリックス構造　β−シート構造

三次構造

1本のポリペプチド鎖がつくる全体的な立体構造を**三次構造**という。三次構造の形成には，アミノ酸の官能基どうしの水素結合やジスルフィド結合(S−S結合)が関わっている。

▶ミオグロビン

ミオグロビンは，1本のポリペプチド鎖からできており，α-ヘリックス構造などがさらに折りたたまれている。筋肉内にあり，酸素を保持する。

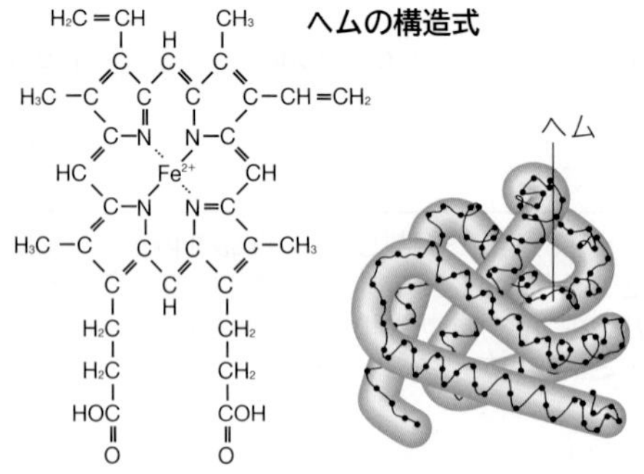

四次構造

三次構造をもつポリペプチド(サブユニット)がいくつか集まって1つのタンパク質を形成している場合，その立体構造を**四次構造**という。

▶ヘモグロビン

ヘモグロビンでは，α鎖とβ鎖の2種類のサブユニットが，2本ずつ集合した四次構造をつくっている。赤血球中にあり，酸素を運搬する。

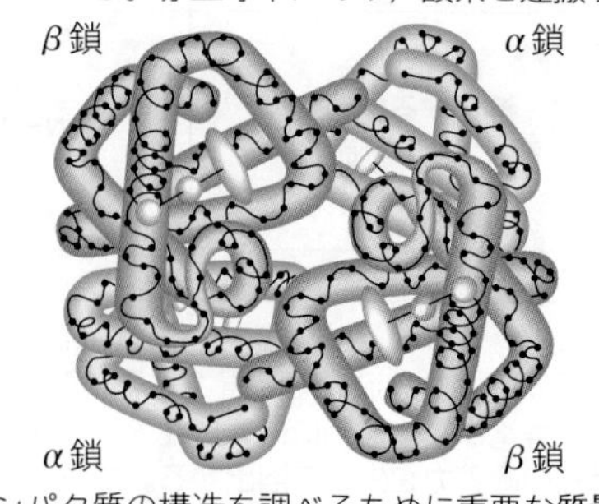

タンパク質の構造を調べるために重要な質量分析法で，田中耕一氏らはノーベル賞を受賞した。

3 タンパク質の分類

タンパク質は構成成分や立体構造によって分類される。 化学

構成成分による分類

単純タンパク質

名称	所在
アルブミン	血液，牛乳など
グロブリン	卵白，牛乳，血液など
ケラチン	毛髪，爪，羽毛など
コラーゲン	骨，皮膚など

複合タンパク質

名称	結合している物質	所在
リンタンパク質	リン酸	血液，牛乳など
核タンパク質	核酸	卵白，牛乳，血液など
色素タンパク質	色素	毛髪，爪，羽毛など
糖タンパク質	糖	骨，皮膚など

形状による分類

名称	所在
球状タンパク質	アルブミン，グロブリン
繊維状タンパク質	ケラチン，コラーゲン

球状タンパク質は，水を加えるとコロイド溶液になるが，繊維状タンパク質は水に溶けにくい。

4 タンパク質の性質

タンパク質は親水コロイドであり，熱，酸，塩基，アルコール，重金属イオンなどを加えると凝固する。この現象を変性という。 化学

チンダル現象

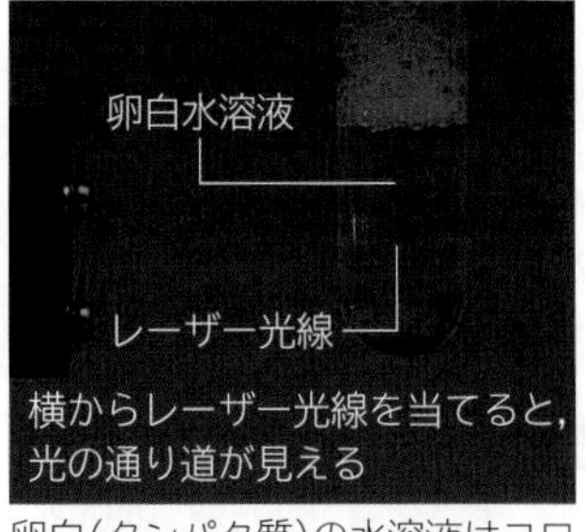

卵白(タンパク質)の水溶液はコロイド溶液で，チンダル現象を示す。

塩溶

タンパク質に少量の塩を加えると，タンパク質が溶ける。この現象を**塩溶**という。

塩析

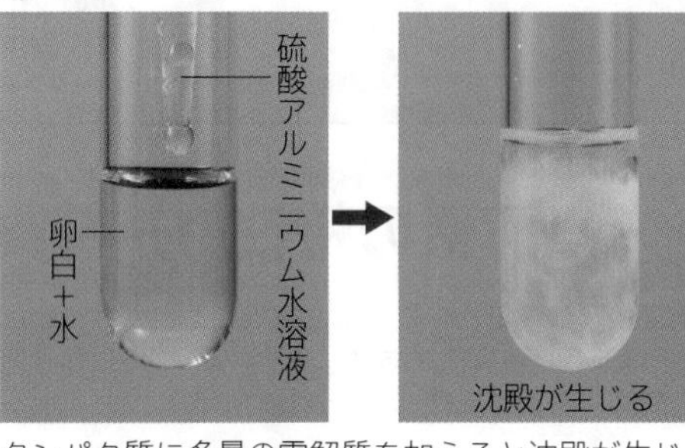

タンパク質に多量の電解質を加えると沈殿が生じる。この現象を**塩析**という。

タンパク質の変性

タンパク質の立体構造を保っている水素結合などの力は，熱や薬品に弱い。熱，酸，塩基，アルコール，重金属イオンなどで，立体構造が変化して凝固する。卵白水溶液を加熱すると沈殿が生じる。また，酸，有機溶媒，重金属イオンをそれぞれ加えると，全て沈殿が生じる。

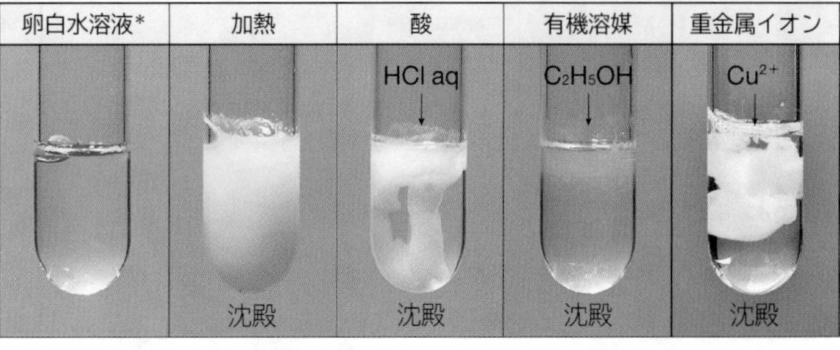

*塩化ナトリウムを加えて卵白を水に溶かしたもの

5 タンパク質の反応

タンパク質には，窒素や硫黄の検出，ビウレット反応，キサントプロテイン反応，ニンヒドリン反応などの呈色反応がある。 化学

窒素の検出

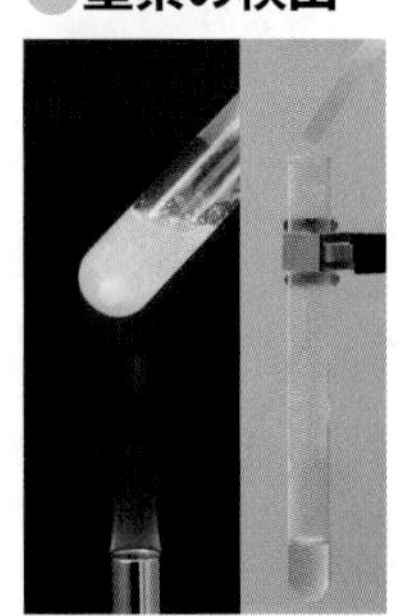

水酸化ナトリウムと加熱して，アンモニアが発生することから，窒素Nが検出できる(赤色リトマス紙→青変)。

硫黄の検出

水酸化ナトリウムと加熱後，酢酸鉛(Ⅱ)水溶液で硫化鉛(Ⅱ)PbSの**黒色沈殿**を生じれば，硫黄Sが存在する。

ビウレット反応

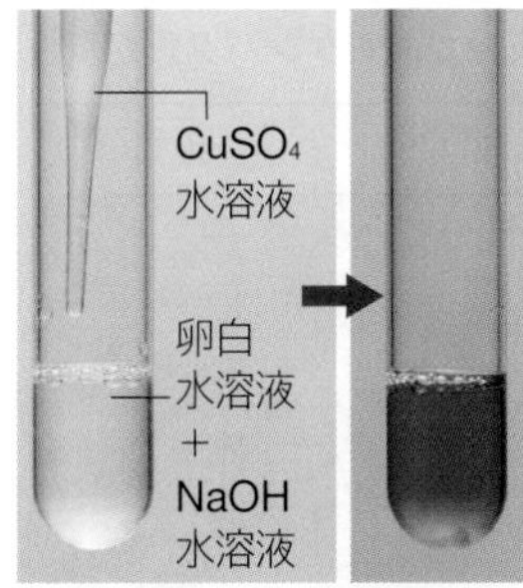

水酸化ナトリウム水溶液と硫酸銅(Ⅱ)水溶液を加えると**赤紫色**になる。Cu^{2+}と錯イオンをつくるトリペプチド以上のポリペプチドの検出反応。

キサントプロテイン反応

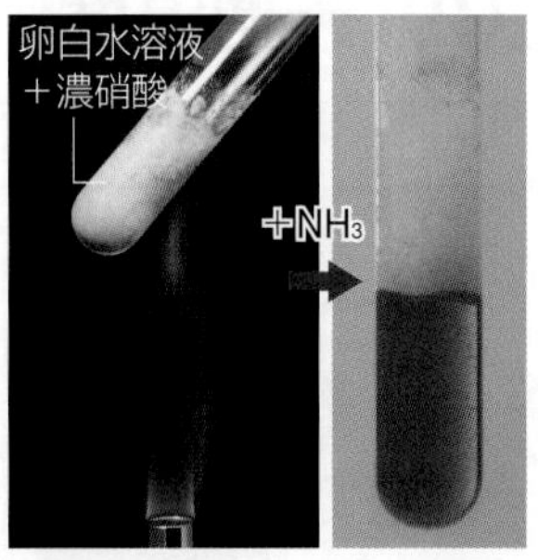

濃硝酸を加えて加熱すると**黄色**になり，アンモニア水を加えると**橙黄色**になる。ベンゼン環がニトロ化されるためであり，ベンゼン環をもつアミノ酸が含まれていることを示す。

ニンヒドリン反応

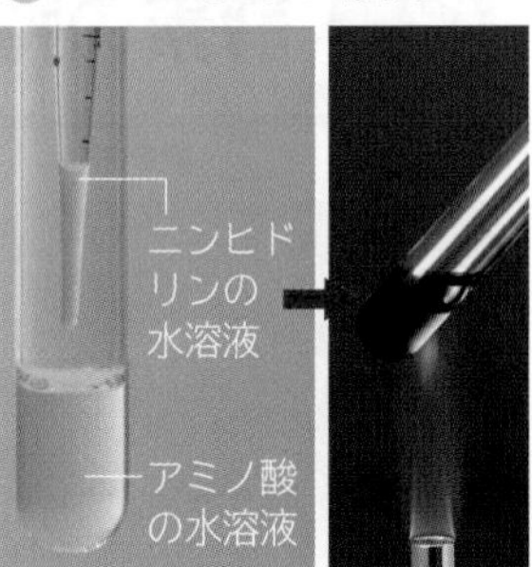

ニンヒドリンの水溶液を加えて加熱すると**赤紫～青紫色**になる。ペプチド結合していないアミノ基$-NH_2$と反応するので，アミノ酸やタンパク質の検出に使用される。

思考 卵白の水溶液に多量の電解質を加えると塩析する。この理由を説明せよ。

7 酵素
Enzymes

1 酵素 enzyme

生体内に存在し，生体内の化学反応の触媒としてはたらくタンパク質。

化学

プロテアーゼ

タンパク質分解酵素。パイナップルやキウイに含まれている。

ゼラチン（タンパク質）＋生のパイナップル	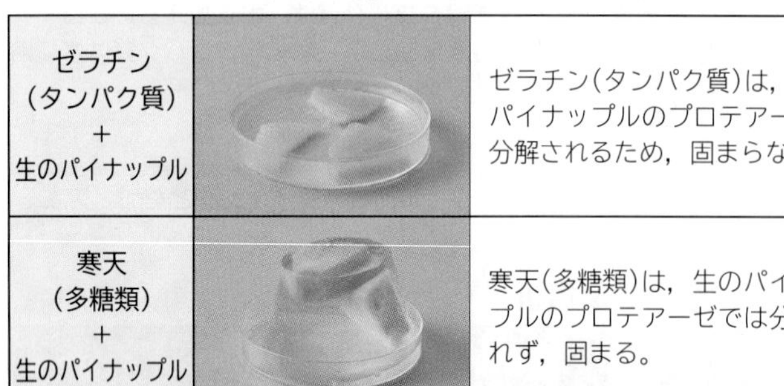	ゼラチン（タンパク質）は，生のパイナップルのプロテアーゼで分解されるため，固まらない。
寒天（多糖類）＋生のパイナップル		寒天（多糖類）は，生のパイナップルのプロテアーゼでは分解されず，固まる。

アルカリセルラーゼ

弱塩基性でセルロースを分解する酵素。セルロースを分解し，汚れを落とすので，洗剤の成分に用いる。

ジアスターゼ

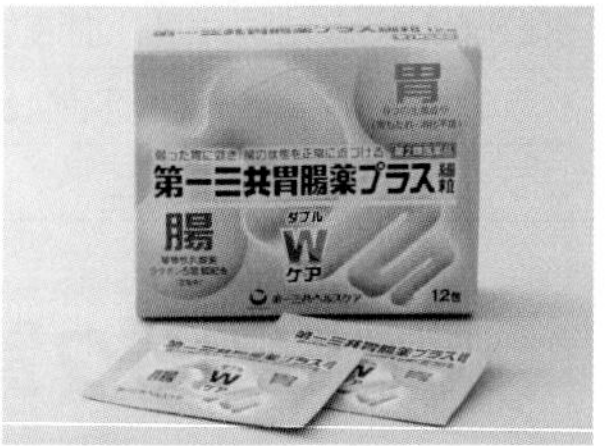

高峰譲吉は，麹菌から消化酵素であるジアスターゼ（アミラーゼ）を抽出し，自身の名からタカジアスターゼと命名した。

2 酵素の特性（1）基質特異性 substrate specificity

酵素は，特定の物質の特定の化学反応の触媒としてはたらく。

化学

酵素は特定の基質との間に鍵と鍵穴にたとえられるような特定の構造をもっており（特異性があり），特定の基質にしか作用しない。この性質を酵素の**基質特異性**という。

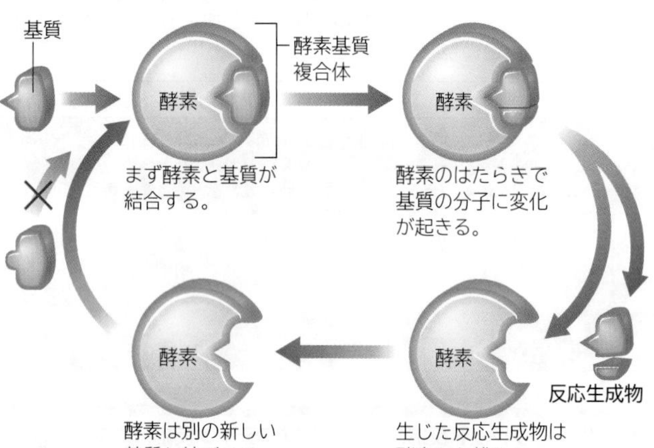

酵素の例

分類	名称	作用（反応物→生成物）	所在
糖質加水分解酵素	アミラーゼ	デンプン ⟶ マルトース	だ液，すい液，血液
	マルターゼ	マルトース ⟶ グルコース	だ液，すい液，腸液，酵母
	インベルターゼ（スクラーゼ，サッカラーゼ）	スクロース ⟶ グルコース＋フルクトース	腸液，植物
エステル加水分解酵素	リパーゼ	脂肪 ⟶ 脂肪酸＋モノグリセリド	すい液，胃液，植物
	ホスファターゼ	リン酸エステル ⟶ リン酸＋糖	細胞，体液
ペプチド加水分解酵素	ペプシン	タンパク質 ⟶ ペプチド	胃液
	トリプシン	タンパク質 ⟶ ペプチド	すい液
	ペプチダーゼ	ペプチド ⟶ アミノ酸	すい液，腸液
酸化還元酵素	カタラーゼ	過酸化水素 ⟶ 水＋酸素	肝臓，赤血球
	ペルオキシダーゼ	過酸化水素 ⟶ 水	植物

3 酵素の特性（2）最適温度

酵素には，はたらきが最も活発になる温度範囲がある。高温では酵素の主成分であるタンパク質が変性するので，はたらきは低下する。

化学

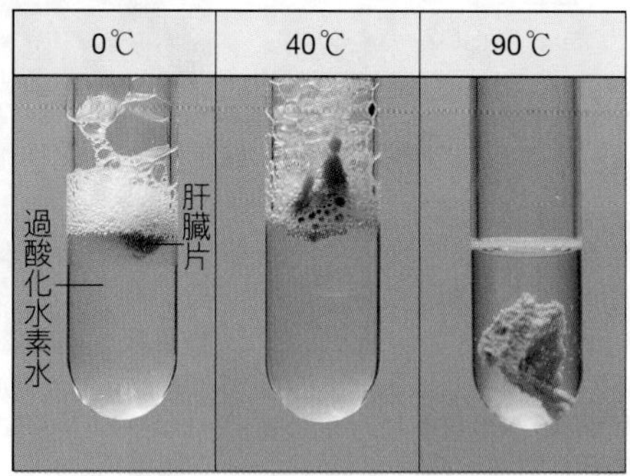

過酸化水素水に酸化マンガン（Ⅳ）や肝臓片を入れたものは酸素の発生が確認できる。写真中の肝臓片にはカタラーゼが含まれている。

カタラーゼは，過酸化水素の分解酵素であるが，加熱すると触媒のはたらきを失う。

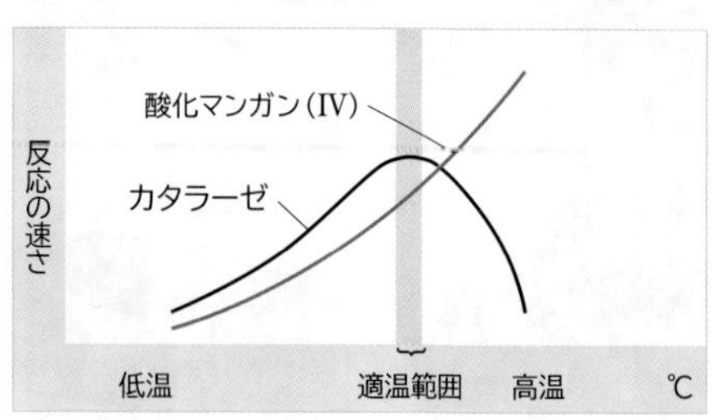

温度が高くなるにつれて，酵素と基質の衝突する機会が増え，酵素反応の速度が増す。しかし，高温では，酵素の主成分であるタンパク質が変性するため，酵素活性は急激に低下する。このように，酵素には，はたらきやすい適温範囲がある。一般に35〜55℃が**最適温度**である。

思考 酵素の触媒としてのはたらきが最適温度で最大になる理由を説明せよ。

失活

酵素は熱や酸で変性する。それによって活性部位の立体構造が変化するため，触媒作用を示さなくなることを**失活**という。熱湯でゆでたパイナップルをゼラチンに入れて固める実験を行うと次のようになる。

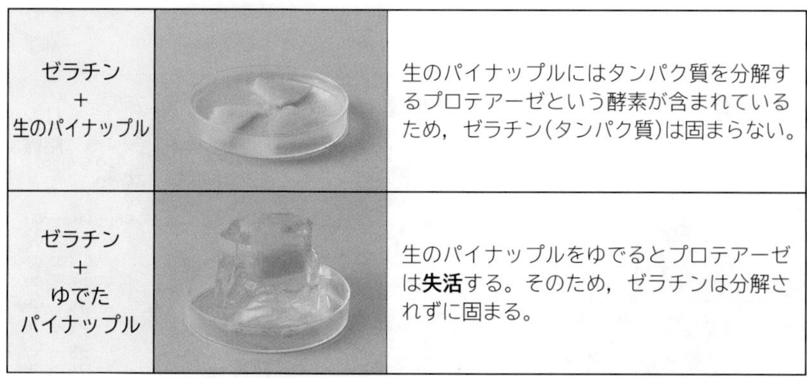

ゼラチン ＋ 生のパイナップル		生のパイナップルにはタンパク質を分解するプロテアーゼという酵素が含まれているため，ゼラチン(タンパク質)は固まらない。
ゼラチン ＋ ゆでた パイナップル		生のパイナップルをゆでるとプロテアーゼは**失活**する。そのため，ゼラチンは分解されずに固まる。

TOPICS

消毒液

オキシドールを傷口につけると，その中に含まれる過酸化水素がカタラーゼの作用で分解して酸素を発生する。この酸素により殺菌する。

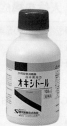

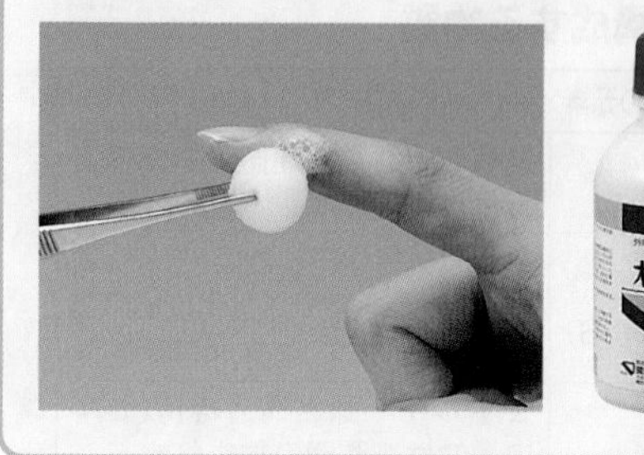

4 酵素の特性(3) 最適 pH

酵素には，はたらきが最も活発になる pH 範囲がある。最適 pH は酵素によって異なる。

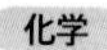
化学

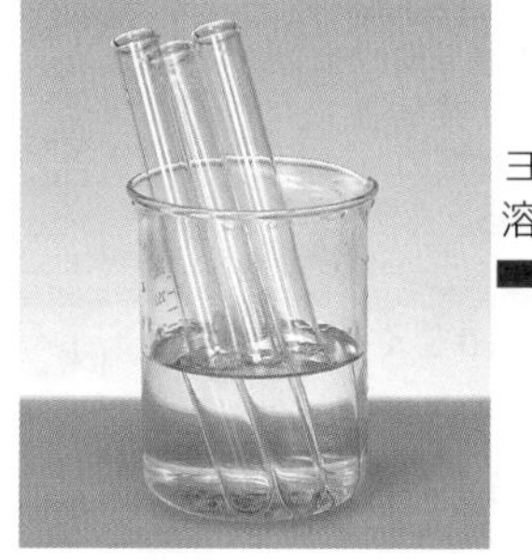

pH を調節したデンプン水溶液にアミラーゼ(デンプンの加水分解酵素)を加え，一定温度に保つ。

ヨウ素溶液

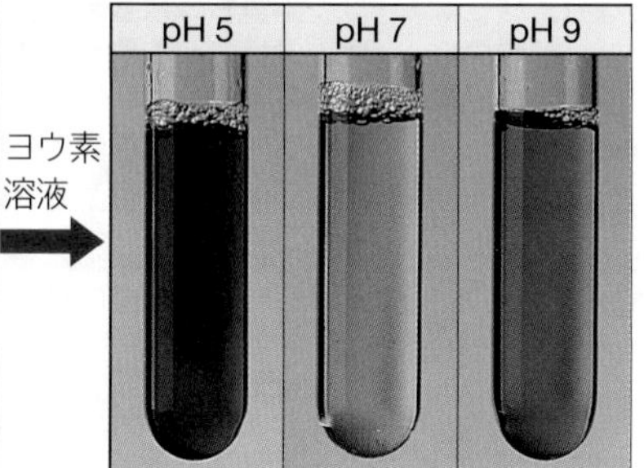

pH 7 のときにデンプンの分解が速く進み，ヨウ素溶液を加えてもヨウ素デンプン反応の青紫色を示さなくなる。

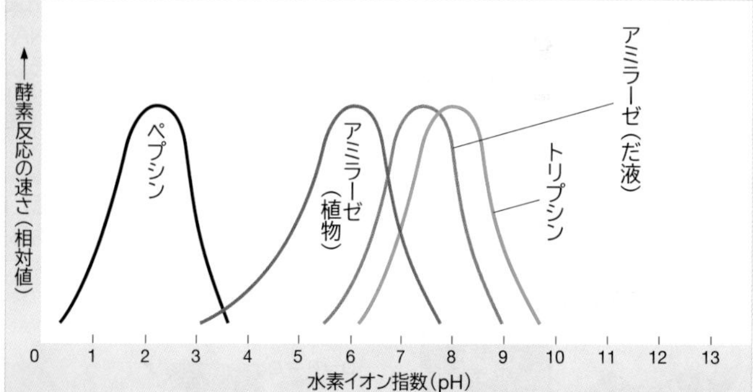

pH によって，酵素のタンパク質の立体構造が変わることなどによって反応速度も変化する。そのため，各酵素には最適 pH がある。

5 基質濃度と反応速度の関係

酵素反応において，基質濃度と反応速度の間には，次のような関係がある。

化学

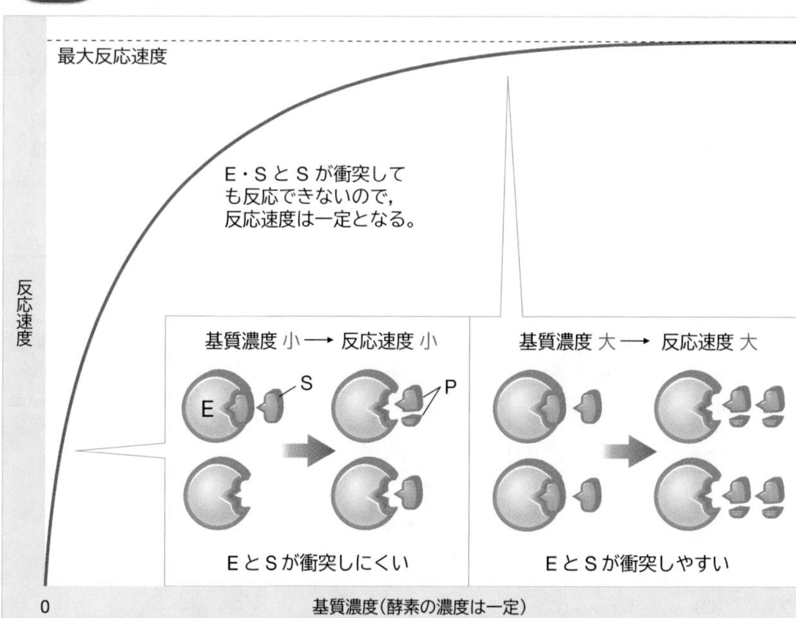

酵素 E が反応を促進するときには，一時的に酵素 E と基質 S が結合した酵素基質複合体 E・S ができる。基質と結合する酵素の特定の部分を**活性部位(活性中心)**という。活性部位に結合した基質は生成物 P に変化して，酵素から離れる。このような一連の酵素反応を式で表すと次のようになる。

$$E + S \rightleftarrows E\cdot S \longrightarrow E + P$$

この酵素反応の反応速度は，できた E・S の濃度に比例する。したがって，酵素の濃度[E]を一定において基質の濃度[S]が大きくなると，E・S がつくられやすくなり，反応速度は増す。また，[E]に比べて[S]がごく小さくなる場合には，反応速度は[S]にほぼ比例する。

[S]がさらに大きくなると，E・S の濃度は[E]に近づくが，この濃度(上限値)を超えることはできず，反応速度も上限値(最大反応速度)に近づく(➡p.133)。

8 核酸 Nucleic acids

1 細胞の構造 cell

生物を構成する最小単位。

化学

人体を構成する物質

構成物質とその元素	生体内でのはたらき
水 (H, O)	物質を溶かして運搬，生体内での化学反応場所，体温の調節
タンパク質 (C, H, O, N, S)	身体の保持(筋肉，内臓，血液，皮膚，つめ)，酸素や二酸化炭素の運搬，視覚・味覚・触覚，酵素，免疫
糖類 (C, H, O)	エネルギー源と構造維持(セルロースは細胞壁の主成分)
油脂 (C, H, O, P)	エネルギーの貯蔵，体の衝撃防止，保温
核酸 (C, H, O, N, P)	生命の維持活動，生物の遺伝情報の保持・伝達
無機塩類 (Na, K, Mg, Ca, P, S, Cl, Fe)	体液の浸透圧やpHの調節，酵素のはたらきを助ける。生体の構成成分(骨・歯，血液，クロロフィル)

動物細胞

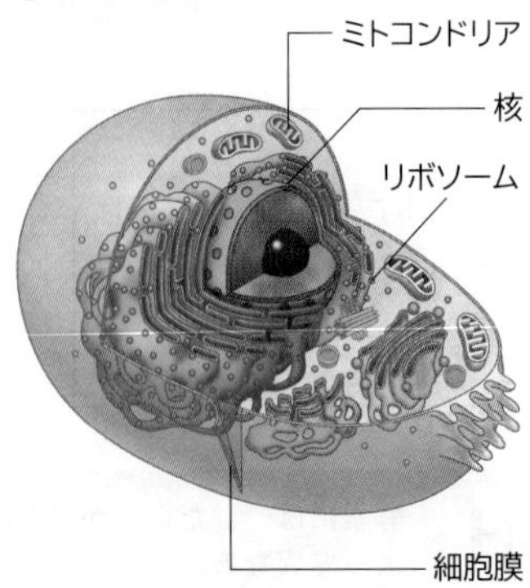

細胞は核と細胞質からなり，核には核酸であるDNAを含む。細胞の形や性質を決める核や細胞呼吸に関連したミトコンドリアなどではさまざまな化学反応が行われている。

細胞膜

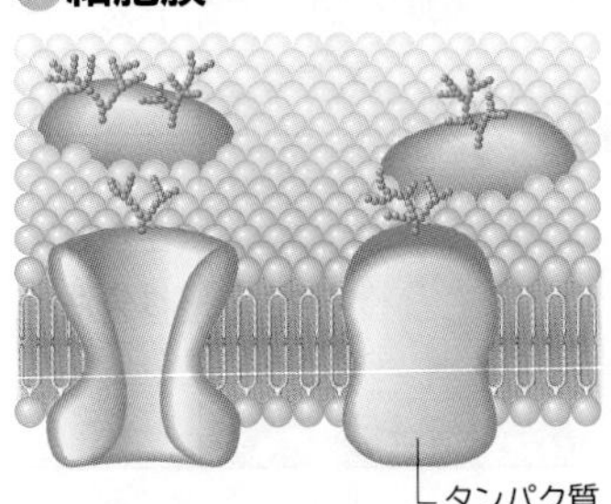

リン脂質

細胞膜はリン脂質により構成されている。界面活性剤は疎水基を内側，親水基を外側に向けてミセルを形成するが，リン脂質も疎水基を内側に親水基を外側に向けたリン脂質二重層を形成する。細胞膜にはタンパク質が混じっており，細胞内外の物質の出入りの調整を行っている。

2 核酸 nucleic acid

核酸にはデオキシリボ核酸(DNA)とリボ核酸(RNA)が存在する。DNAは分子量が100万～10億くらいであるのに対し，RNAは分子量が100万以下である。

化学

ヌクレオチド

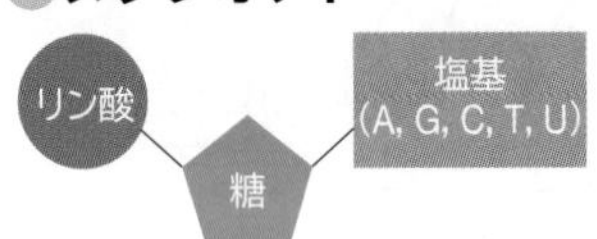

ヌクレオチドはリン酸，糖，塩基で構成されている。多数のヌクレオチドが結合することで核酸ができる。

DNAの構造

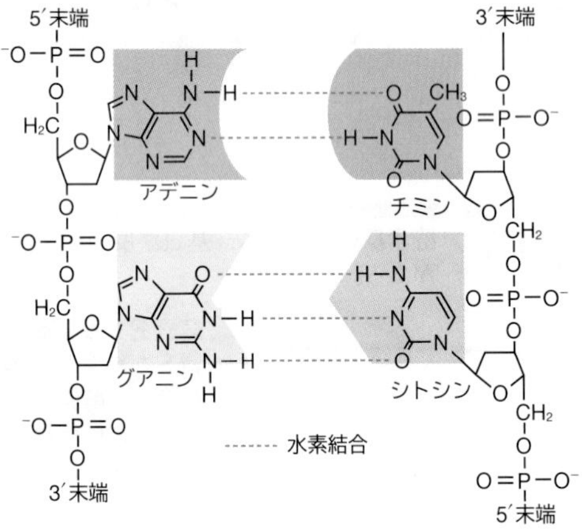

DNAは2本のヌクレオチド鎖の塩基部位がA(アデニン)－T(チミン)，C(シトシン)－G(グアニン)でそれぞれ水素結合をして**二重らせん構造**を形成している。

伝令RNA(mRNA)

伝令RNAは1本のヌクレオチド鎖が直線にのびたもの。DNAの塩基配列の情報を読み取る。3つの塩基でアミノ酸を指定する。

DNAとRNA

•塩基対の間で水素結合を形成する位置

核酸	リン酸	糖(五炭糖)	塩基				存在	役割	構造
			プリン塩基		ピリミジン塩基				
DNA (デオキシリボ核酸)	HO－P(=O)(OH)－OH	デオキシリボース	アデニン(A)	グアニン(G)	シトシン(C)	チミン(T)	主に核内	遺伝子の本体(遺伝情報を保有)	二重らせん構造をした2本鎖鎖どうしの塩基の間で水素結合を形成する
RNA (リボ核酸) (mRNA, tRNA, rRNA)	HO－P(=O)(OH)－OH	リボース	アデニン(A)	グアニン(G)	シトシン(C)	ウラシル(U)	核内，細胞室基質内，リボソーム内など	DNAの塩基配列にもとづくタンパク質の合成など	1本鎖

表現 DNAとRNAの共通点を簡潔に示せ。

3 タンパク質の合成

生体内でのタンパク質の合成は，転写や翻訳の過程を経て，次のように行われる。

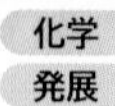

タンパク質の合成過程

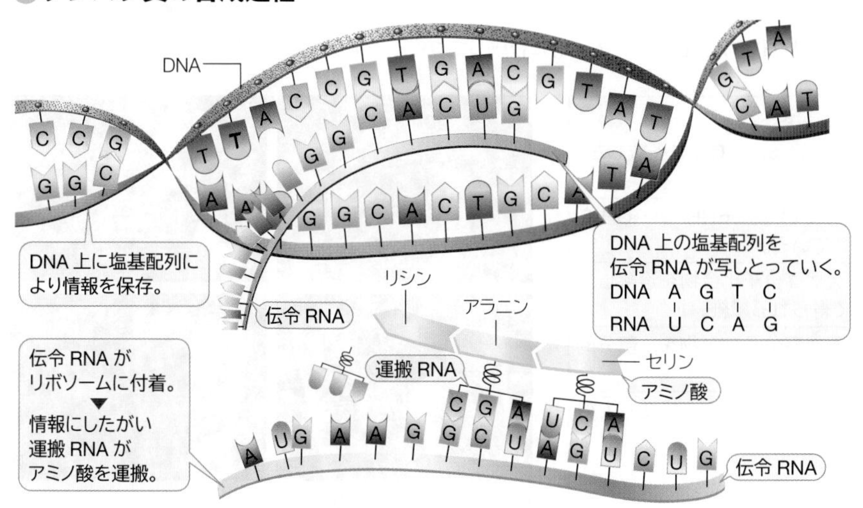

伝令 RNA 上の塩基配列によりアミノ酸配列を決める。
塩基の 3 組の並び順が 1 つのアミノ酸を指定。
例 AUG →メチオニン，AAG →リシン

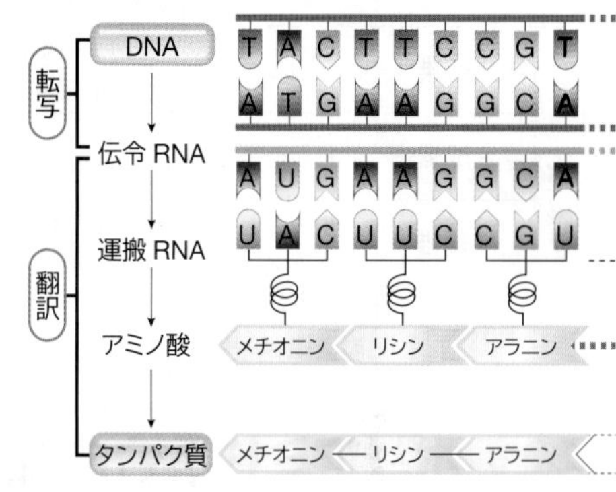

DNA の電気泳動

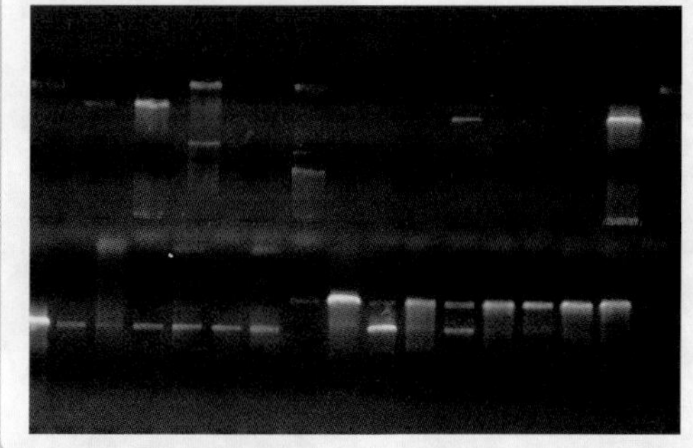

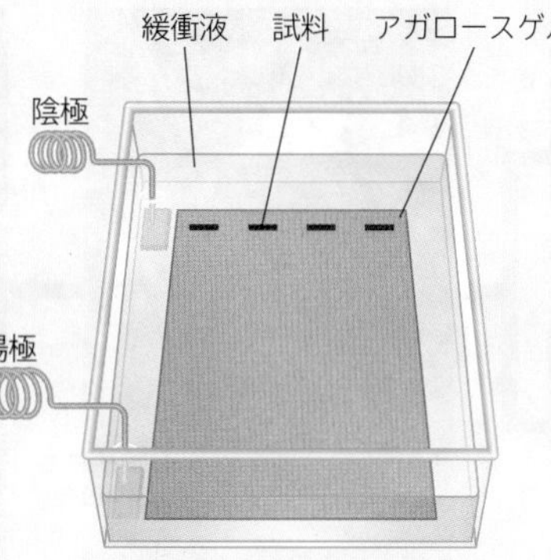

DNA は負の電荷を帯びているため，電気泳動を行うと陽極側に移動する。アガロースゲルは網目構造を有し，このゲル中では，大きい DNA 分子（分子量大）はこの網目に引っかかりながら進むためゆっくりと，小さい DNA 分子（分子量小）は容易に通過できるため遠くまで移動することができる。電気泳動によって，DNA 分子を大きさごとに分離することができる。

ATP

adenosine triphosphate

生物は呼吸などで得た化学エネルギーを ATP とよばれる物質に貯蔵し，必要なときにとり出して生命活動に利用している。

化学

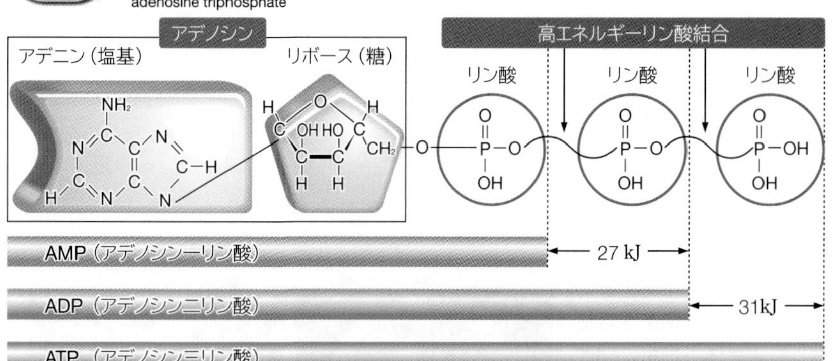

$$ATP + H_2O \rightleftharpoons ADP + \text{リン酸}$$

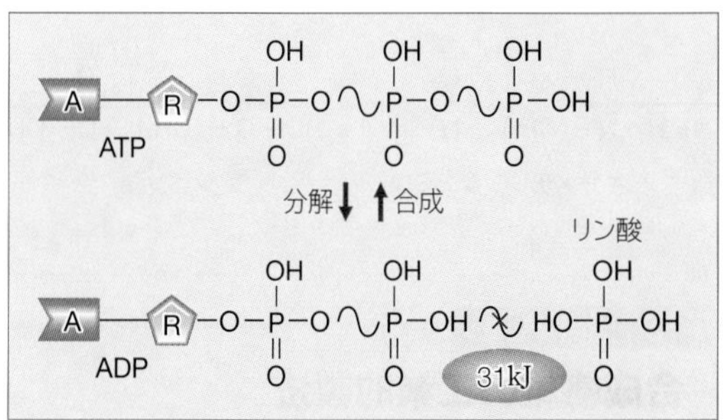

ATP は高エネルギー化合物で，ATP アーゼのはたらきで加水分解し，高エネルギー結合が切られ ADP になるとき 1 mol あたり 31 kJ のエネルギーを放出し，これが生命活動に使われる。

5 高分子化合物

化学

9 合成繊維 1

Synthetic fiber 1

1 繊維の分類

繊維は，自然界から得られる**天然繊維**と，人工的に合成してつくる**化学繊維**に分類される。

化学

		名称	例	特徴
繊維	天然繊維	植物繊維	綿，麻	セルロースからできている。$-OH$ を多数もち，吸水性に優れている。
		動物繊維	羊毛，絹	タンパク質からできている。$-NH_2$ や $-OH$ をもち，吸水性に優れている。
	化学繊維	再生繊維	レーヨン	セルロースなどの天然高分子化合物を溶解した後，再生凝固させて得られる繊維。
		半合成繊維	アセテート	セルロースなどの天然高分子化合物を，部分的に化学処理した繊維。
		合成繊維	ナイロン，ポリエステル	石油などを原料として，化学的に合成されて得られる繊維。
		無機繊維	ガラス繊維，炭素繊維	無機物質から人工的に得られる繊維。

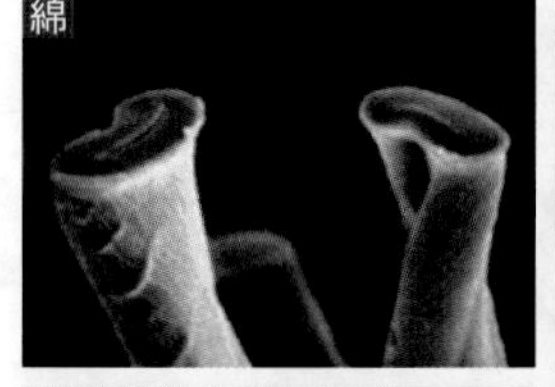
綿

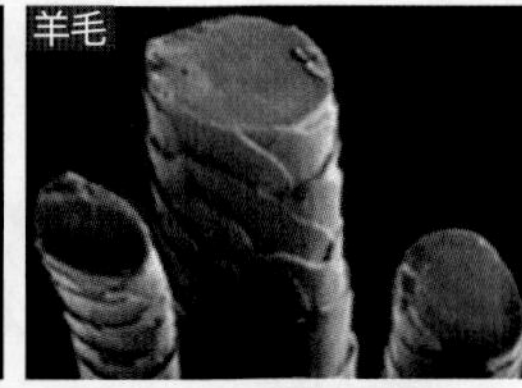
羊毛

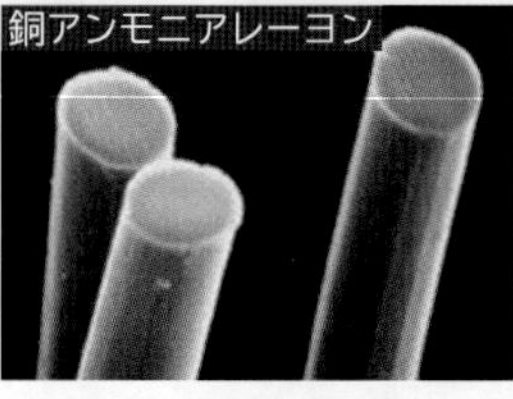
銅アンモニアレーヨン

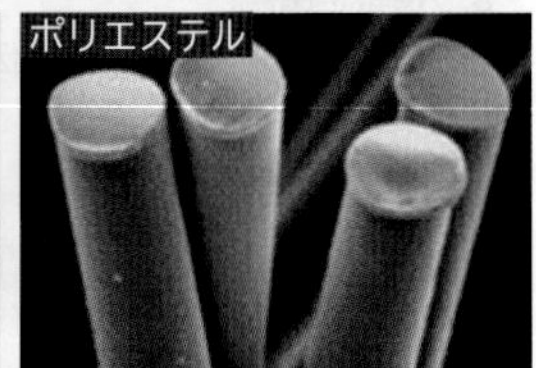
ポリエステル

繊維の電子顕微鏡写真

2 ポリアミド系合成繊維

polyamide synthetic fiber

アミド結合を多数もつ合成繊維をポリアミド系合成繊維とよぶ。

化学

ナイロン 66 の合成

絹に似た肌触りがある。

アジピン酸ジクロリドをヘキサンに加えて溶かす。
※常温・常圧で反応させるため，アジピン酸ではなく，アジピン酸ジクロリドを用いる。

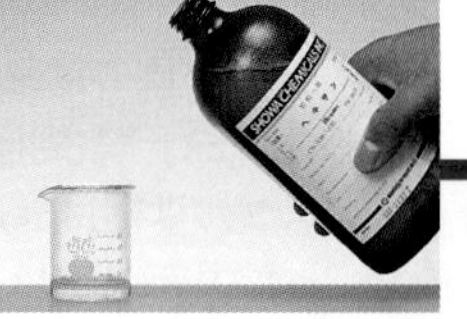

水酸化ナトリウムとヘキサメチレンジアミンに水を加えて溶かす。
※ NaOH が脱離する HCl を中和するため，反応が促進される。

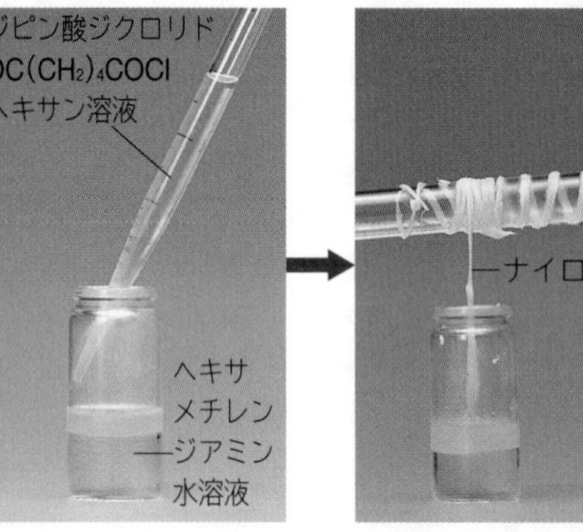

液は二層に分かれて，接触面で縮合重合が進む(界面重合)。

境界面にできた膜をピンセットでつまみあげ，試験管で巻きとる。

ナイロン 66 の利用

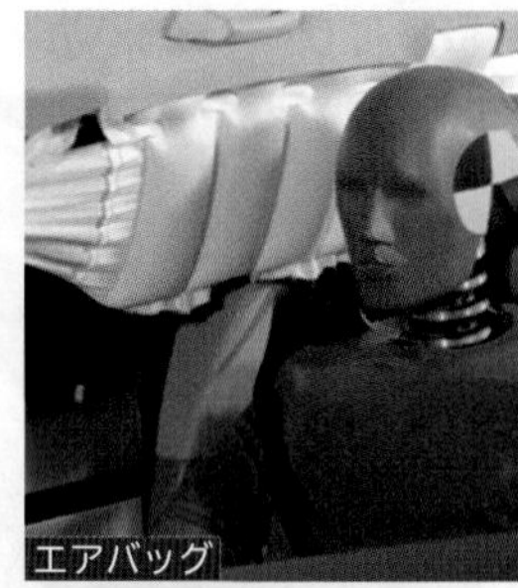
エアバッグ

タイヤコード

$$n\,H-\overset{H}{\overset{|}{N}}-(CH_2)_6-\overset{H}{\overset{|}{N}}-H + n\,HO-\overset{O}{\overset{\|}{C}}-(CH_2)_4-\overset{O}{\overset{\|}{C}}-OH \xrightarrow{\text{縮合重合}} \left[\overset{H}{\overset{|}{N}}-(CH_2)_6-\overset{H}{\overset{|}{N}}-\overset{O}{\overset{\|}{C}}-(CH_2)_4-\overset{O}{\overset{\|}{C}}\right]_n + 2n\,H_2O$$

ヘキサメチレンジアミン　アジピン酸　ナイロン66（アミド結合）

※ナイロン 66 などの数字は，合成に用いる単量体の炭素数を表している。

TOPICS 合成繊維の工業的製法

天然繊維が植物や動物から得られるのに対し，化学繊維は人工的に紡糸をするため，均一な形状となる。合成繊維では，通常，熱で融解した重合体を口金に開けられた丸い穴から押し出して引き伸ばすため，均一な円形断面の繊維となる。口金の孔の形状や製法を工夫することで，さまざまな断面の形，特徴，機能をもつ繊維が作られている。

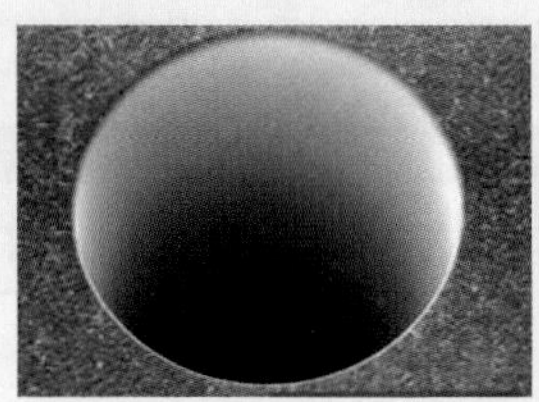

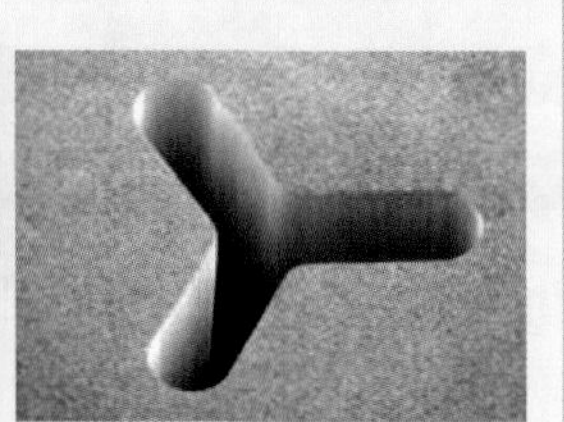

ナイロン6の合成　木綿に似た肌触りがある。

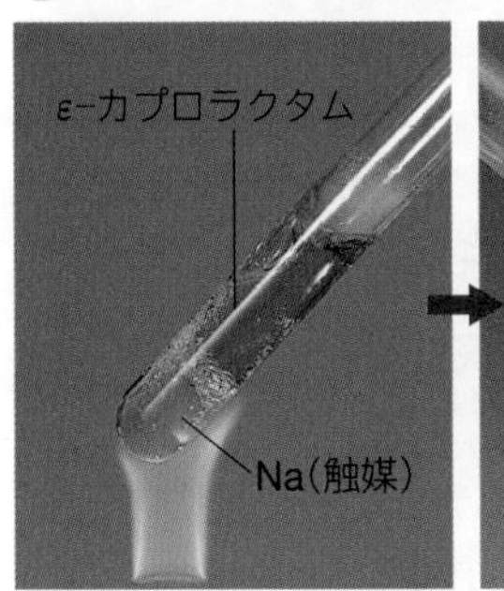

加熱してナトリウムを溶かす。粘性が大きくなったら加熱をやめる。

試験管からナイロンを流し出し，ピンセットで引っ張る。

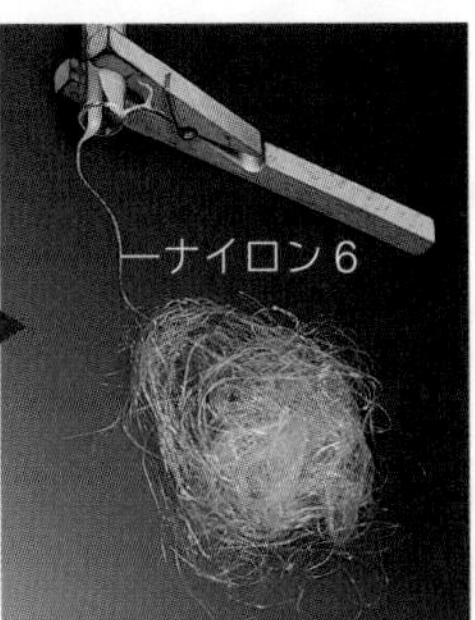

冷えると糸状のナイロン6が得られる。

$$n\ H_2C\left\langle\begin{matrix} CH_2-CH_2-C=O \\ CH_2-CH_2-N-H \end{matrix}\right. \xrightarrow{\text{開環重合}} \left[\begin{matrix} H & & O \\ | & & \| \\ N- & (CH_2)_5 & -C \end{matrix}\right]_n$$

ε-カプロラクタム（C=O と N−H の間が切れる）　→　ナイロン6（アミド結合）

ナイロン6の利用

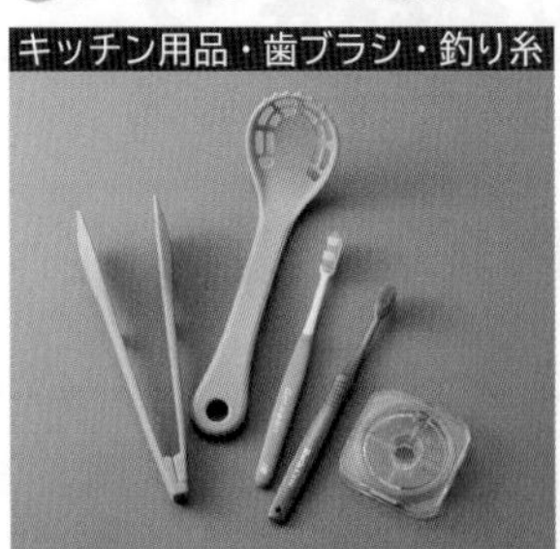
キッチン用品・歯ブラシ・釣り糸

ストッキング

漁網

ナイロン6とナイロン66は，物性に大きな差はない(ナイロン66のほうが耐熱性にやや優れる)が，ナイロン6のほうが染色性には優れていると言われる。

アラミド繊維　ナイロンと比べて断熱性や強じん性をもつ。消防服や防弾チョッキに用いられる。アラミド繊維はベンゼン環による分子間力のため，強い強度を示す。

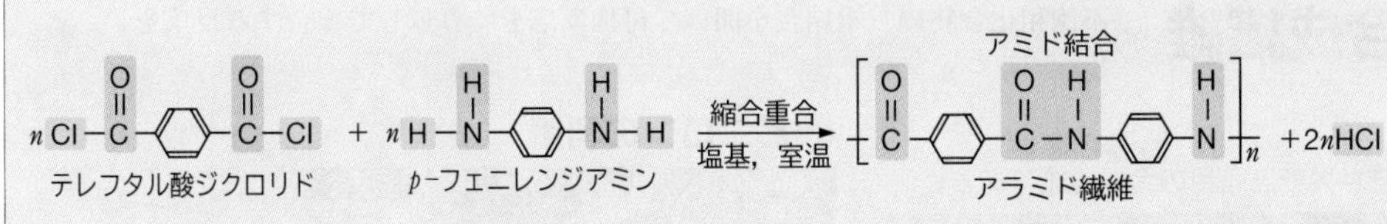

アラミド繊維の利用

消防服

TOPICS

ナイロンの発明

1920年代になって，天然繊維は単量体が繋がった構造をした高分子化合物だということがわかり，人工的な重合体の合成が試みられるようになった。高価だった絹の代用品の合成を研究していたアメリカのデュポン社のカロザースは，1935年に世界で初めて化学繊維(現在のナイロン66)を合成することに成功した。この繊維は「ナイロン」と命名され，「石炭と水と空気から作られ，鋼鉄よりも強く，クモの糸より細い」と世界に紹介された。当時，絹の最大の用途はストッキングであったが，その後ナイロン製のストッキングが売り出され，日本の蚕糸業は衰退することになった。ナイロンが合成された4年後の1939年，世界で二番目の合成繊維となるビニロンが，桜田一郎らによって合成された。

カロザース

入試ではこう出る！

ナイロン66は，ジカルボン酸XとジアミンYの縮合重合によって得られる。実験室でナイロン66をつくる場合には，Xの代わりに酸塩化物(ここでは，カルボン酸の−COOHを−COClに置換した化合物をさす)のZを使うと，加熱や加圧が不要となり，以下の操作(ⅰ)～(ⅲ)を行うことで簡単に合成することができる。

(ⅰ) ビーカーに溶媒Sを入れ，化合物Zを溶かす。

(ⅱ) 別のビーカーに溶媒の水を入れ，水酸化ナトリウムと化合物Yを溶かす。

(ⅲ) (ⅰ)で調製した溶液に(ⅱ)で調製した溶液を静かに注ぐと，(ⅱ)の溶液が上層となり，2つの液の境界面にナイロン66の薄膜が生成する。これをピンセットでつまんで引き上げ，試験管などに巻き付けて，ナイロン66の繊維を得る。

次の(ア)～(ウ)の問いに答えよ。

(ア) Zの構造式を記せ。

(イ) 下線部について，水酸化ナトリウムを加える理由を答えよ。

(ウ) 溶媒Sとして最も適当なものを次から1つ選べ。

(1) ジクロロメタン　(2) アセトン　(3) ジエチルエーテル　(4) エタノール

［東京大　改］

【解答】(ア) $Cl-\underset{\underset{O}{\|}}{C}-(CH_2)_4-\underset{\underset{O}{\|}}{C}-Cl$

(イ) 塩化水素を中和し縮合速度が低下することを防ぐ。

(ウ) (1)

思考 アラミド繊維が，ナイロンと比較して強い強度を示す理由を説明せよ。

5 高分子化合物

化学

10 合成繊維 2
Synthetic fiber 2

1 ポリエステル系合成繊維
polyester

エステル結合を多数もつ合成繊維をポリエステル系繊維とよぶ。 化学

ポリエチレンテレフタラート 丈夫でしわになりにくい。

$$n\,HO-(CH_2)_2-OH + n\,HO-\overset{\overset{O}{\|}}{C}-C_6H_4-\overset{\overset{O}{\|}}{C}-OH \xrightarrow{\text{縮合重合}} \left[O-(CH_2)_2-O-\overset{\overset{O}{\|}}{C}-C_6H_4-\overset{\overset{O}{\|}}{C}\right]_n + 2nH_2O$$

エチレングリコール　テレフタル酸　ポリエチレンテレフタラート（PET）（エステル結合）

紡糸法

溶融紡糸法	ペレット状にした合成高分子を高温で溶融し，金型を通して成型し，空気中で冷却することで繊維とする方法。	ナイロン ポリエステル
湿式紡糸法	溶剤に溶かした合成高分子を金型を通して成型し，凝固液に浸して繊維とする方法。	レーヨン アクリル
乾式紡糸法	揮発性の溶剤に溶かした合成高分子を金型を通して成型し，溶剤を蒸発させて繊維とする方法。	アセテート

ポリエチレンテレフタラートの利用

ワイシャツ

綿

2 付加重合による合成繊維
addition polymerization

不飽和化合物の二重結合を開いて付加反応をくり返して重合する反応を付加重合という。 化学

ビニロンの合成

ビニロンは日本の桜田一郎らにより合成された世界で2番目の合成繊維である。

ポリビニルアルコールは多数の$-OH$基をもつため水によく溶ける。

一部$-OH$基と$-OH$基との間に$-CH_2-$の架橋がつくられ（アセタール化），水に不溶となる。

約60～70％の$-OH$基が残っているため，ビニロンは適度な吸湿性を示す。

ビニロンの利用

漁網

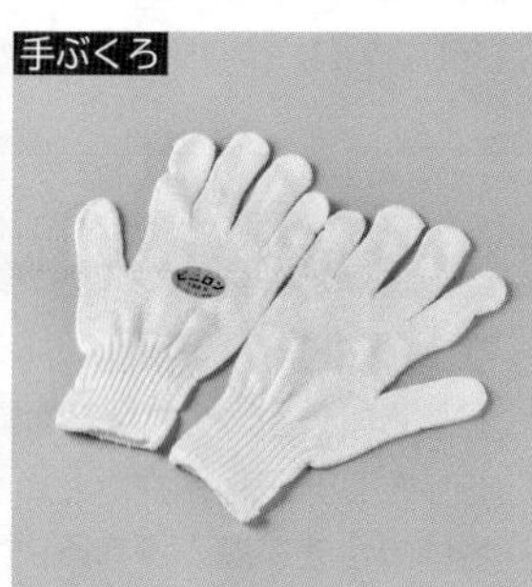
手ぶくろ

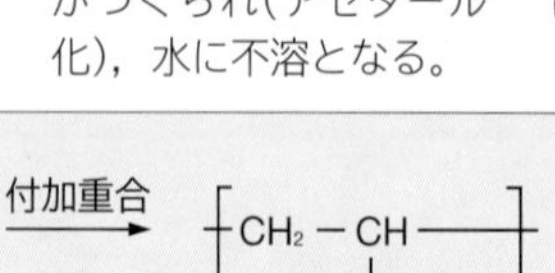

$$n\,CH_2=\underset{\underset{OCOCH_3}{|}}{CH} \xrightarrow{\text{付加重合}} \left[CH_2-\underset{\underset{OCOCH_3}{|}}{CH}\right]_n \xrightarrow[\text{NaOH}]{\text{加水分解}} \left[CH_2-\underset{\underset{OH}{|}}{CH}\right]_n \xrightarrow[\text{HCHO}]{\text{アセタール化}} \cdots-CH_2-\underset{|}{CH}-CH_2-\underset{|}{CH}-CH_2-\underset{\underset{OH}{|}}{CH}-\cdots \;(O-CH_2-O)$$

酢酸ビニル　ポリ酢酸ビニル　ポリビニルアルコール　ビニロン

TOPICS

ペットボトルからつくられる衣料

回収したペットボトルを細かく砕いたものを加熱しペレット状にしたものを，溶融紡糸法によって繊維とする。これを紡績した糸から，さまざまな衣類が作られている。また，ペットボトルのほかにも，植物性の廃棄物由来の素材や繊維，廃棄衣類由来の繊維などにも注目が集まっている。

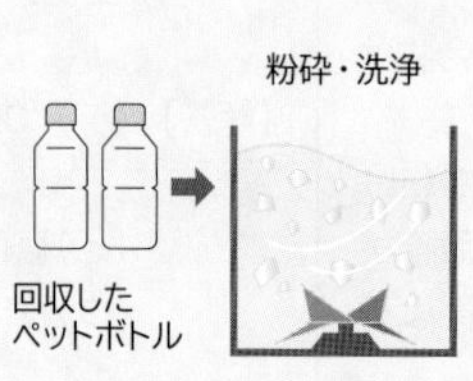

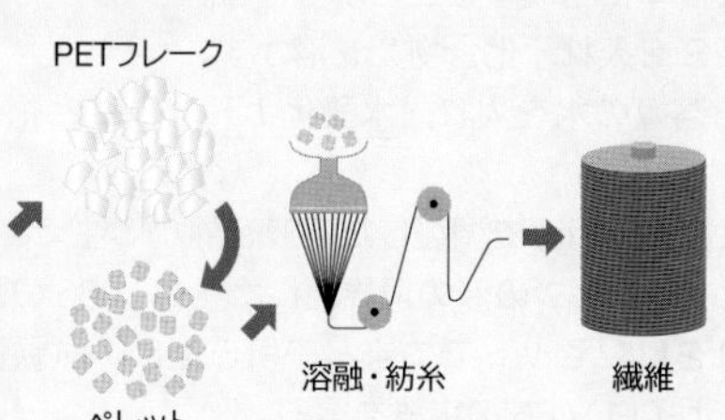

紡糸のようす

思考 ビニロンが吸湿性に優れている理由を説明せよ。

アクリル繊維

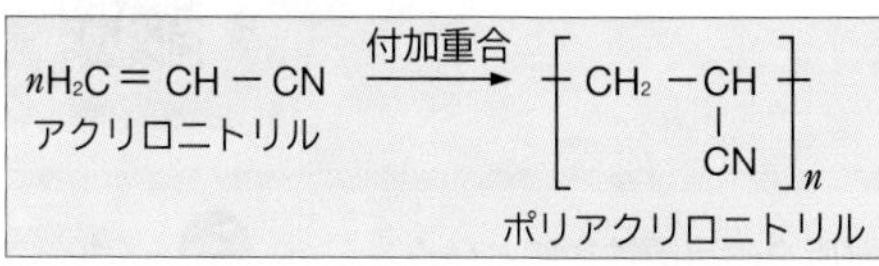

$$n\mathrm{H_2C=CH-CN} \xrightarrow{\text{付加重合}} \left[\mathrm{CH_2-\underset{\displaystyle CN}{\underset{|}{CH}}}\right]_n$$

アクリロニトリル　　ポリアクリロニトリル

セーター

軽くて保湿性に富み，毛に似た肌触りがある。セーターやカーペットに用いられている。

モダクリル繊維(アクリル系繊維)

種類の異なる単量体を重合することを共重合といい，生成した高分子化合物を共重合体とよぶ。

モダクリル繊維(アクリル系繊維)とはアクリロニトリルが35%以上85%未満で，塩化ビニルや塩化ビニリデンと共重合して得られた繊維である。また，繊維内に塩素原子を含むことで，難燃性を持ち合わせている。

共重合

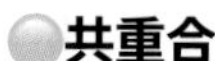

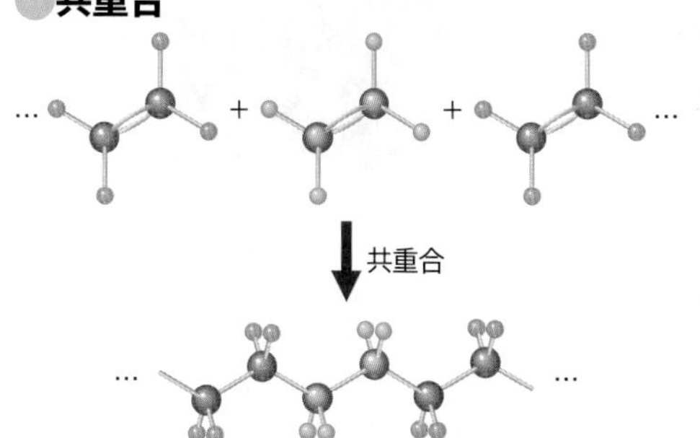

例 アクリロニトリルと塩化ビニルの共重合

$$n\mathrm{CH_2=CH-CN} + m\mathrm{CH_2=CH-Cl} \xrightarrow{\text{共重合}} \cdots\mathrm{-CH_2-\underset{\displaystyle CN}{\underset{|}{CH}}-CH_2-\underset{\displaystyle Cl}{\underset{|}{CH}}-CH_2-\underset{\displaystyle CN}{\underset{|}{CH}}-}\cdots$$

アクリロニトリル　　塩化ビニル

モダクリル繊維のほかに，合成ゴムの多くも共重合によって作られている(➡p.303)。共重合体には，規則正しいくり返し単位があるとは限らない。合成ゴムでは，単量体としてジエン(炭素ー炭素間の二重結合を2つもっている)が用いられることも多い。

アセタールとヘミアセタール

酸の存在下でアルデヒドとアルコールを反応させるとヘミアセタールを生成する。ヘミアセタールは不安定なため，すぐに別のアルコールと反応してアセタールになるか，あるいはもとのアルデヒドに戻る。

$$\mathrm{\overset{H}{\underset{R^2}{>}}C=O} \underset{}{\overset{\mathrm{R^3OH, H^+}}{\rightleftharpoons}} \left[\mathrm{\overset{H}{\underset{R^2}{>}}C\overset{OH}{\underset{OR^3}{<}}}\right] \overset{\mathrm{R^3OH, H^+}}{\rightleftharpoons} \mathrm{\overset{H}{\underset{R^2}{>}}C\overset{OR^3}{\underset{OR^3}{<}}} + \mathrm{H_2O}$$

アルデヒド　　ヘミアセタール　　アセタール

$$\mathrm{-CH_2-\underset{\displaystyle OH}{\underset{|}{CH}}-CH_2-\underset{\displaystyle OH}{\underset{|}{CH}}-} \xrightarrow{\mathrm{HCHO}} \left[\mathrm{-CH_2-\underset{\displaystyle O-CH_2-OH}{\underset{|}{CH}}-CH_2-\underset{\displaystyle OH}{\underset{|}{CH}}-}\right] \rightarrow \mathrm{-CH_2-\underset{\displaystyle O}{\underset{|}{CH}}-CH_2-\underset{\displaystyle O}{\underset{|}{CH}}-}\ (\mathrm{O-CH_2-O})$$

ポリビニルアルコール　　ヘミアセタール　　アセタール

TOPICS 不織布

繊維を編んだり織ったりするのではなく，絡ませたり接着したりすることで繊維状にしたものを不織布とよんでいる。おもにポリプロピレンから作られている不織布マスクは，繊維間の距離を小さくすることにより，微粒子や飛沫，ウイルスなどを通過させないようにしている。不織布はほかにも，衣料品，紙おむつの表面材，ウェットティッシュ，ティーバッグなど，さまざまな場面で用いられている。

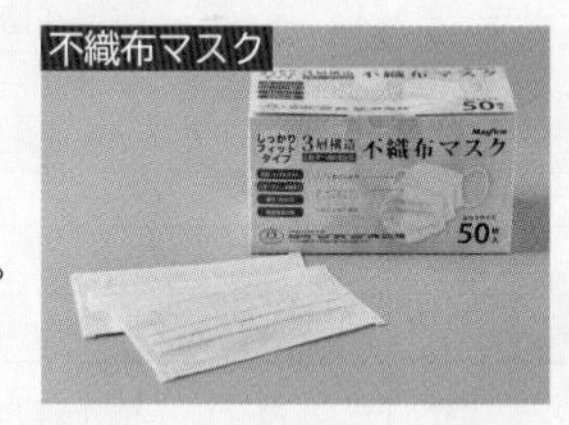

不織布マスク

TOPICS 炭素繊維

ポリアクリロニトリルを無酸素下の高温で蒸し焼きにすると，窒素や水素が離れて炭素だけが残り，軽くて丈夫な炭素繊維ができる。航空機の機体，自動車の部品，テニスラケット，風力発電用の風車の羽根などに使用されている。

炭素繊維

主翼，胴体，尾翼に炭素繊維強化プラスチックが用いられている。

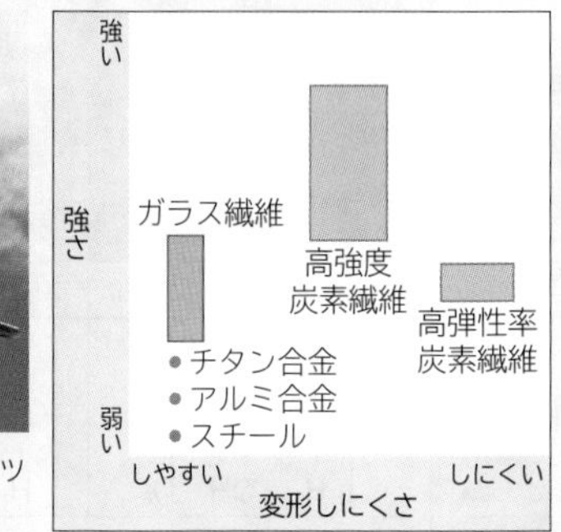

入試ではこう出る!

エチレングリコールとテレフタル酸を用いて縮合重合を行ったとき，平均分子量 9.60×10^5 をもつポリエチレンテレフタラートが得られたとする。このポリエチレンテレフタラート1分子中に含まれるエステル結合の数を求めなさい。

［東京理科大　改］

【解答】 1.00×10^4

【解説】 エチレングリコールの分子量は62，テレフタル酸の分子量は166，重合度を n としたとき，ポリエチレンテレフタラートの分子量は $192\,n$ である。

$192\,n = 9.60 \times 10^5$　より，　$n = 5.00 \times 10^3$

エステル結合の数は，$2\,n = 1.00 \times 10^4$

思考 ビニロンを合成する際の単量体に，ビニルアルコールではなく，酢酸ビニルが用いられる理由を説明せよ。

11 合成樹脂(プラスチック)

Synthetic resin (plastics)

1 熱可塑性樹脂

thermoplastic resin

熱を加えるとやわらかくなり，冷やすと再びかたくなる樹脂を熱可塑性樹脂という。

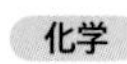

ポリスチレンの合成

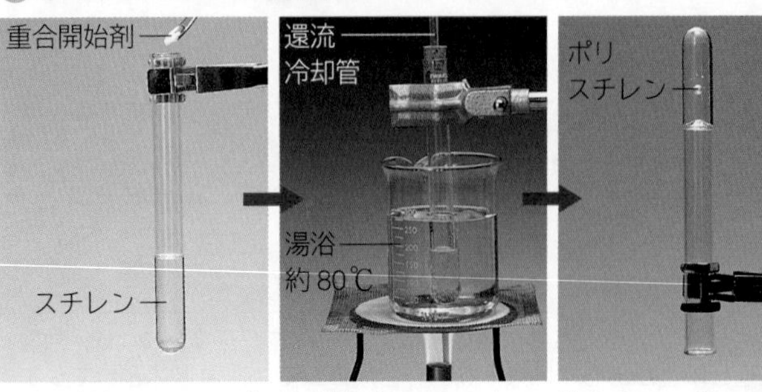

重合開始剤としてアゾビスイソブチロニトリルを加える。

流動性がなくなるまで加熱する。

放冷するとポリスチレンが試験管の底に固まる。

ポリエチレンとポリスチレンの燃焼

融けながら燃える。

すすを出して燃える。

TOPICS

発泡ポリスチレン

発泡ポリスチレンはポリスチレンをブタンやペンタンのような発泡ガスにより高温蒸気中で発泡させ(1 次発泡)，50 倍程度に膨張させたものを成型器で加熱し，粒どうしが融着することでできる。

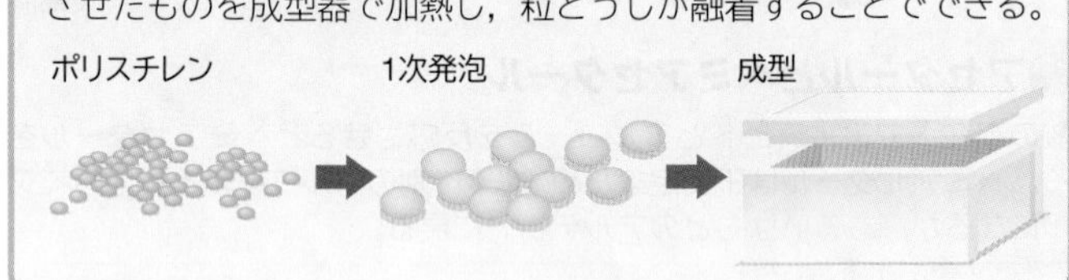

	付加重合				縮合重合
名称	ポリエチレン	ポリプロピレン	ポリ塩化ビニル	ポリ酢酸ビニル	ポリエチレンテレフタラート
構造式	$-[CH_2-CH_2]_n-$	$-[CH_2-CH(CH_3)]_n-$	$-[CH_2-CH(Cl)]_n-$	$-[CH_2-CH(OCOCH_3)]_n-$	$-[CO-C_6H_4-CO-O-CH_2-CH_2-O]_n-$
原料(単量体)	エチレン	プロピレン	塩化ビニル	酢酸ビニル	テレフタル酸 エチレングリコール
特徴	絶縁性，耐水性，耐薬品性	耐熱性，高い機械的強度	難燃性，耐水性	低い軟化点	高い透明性，気体を通しにくい
用途の例	袋類	入浴用具	水道管などのパイプ	ボンドやチューインガムの成分	ペットボトル
名称	ポリビニルアルコール	ポリメタクリル酸メチル	ポリスチレン	ポリ塩化ビニリデン	ナイロン 66
構造式	$-[CH_2-CH(OH)]_n-$	$-[CH_2-C(CH_3)(COOCH_3)]_n-$	$-[CH_2-CH(C_6H_5)]_n-$	$-[CH_2-CCl_2]_n-$	$-[NH-(CH_2)_6-NH-CO-(CH_2)_4-CO]_n-$
原料(単量体)	ポリ酢酸ビニル*	メタクリル酸メチル	スチレン	塩化ビニリデン	ヘキサメチレンジアミン アジピン酸
特徴	親水性，接着性	高い透明性，高強度	有機溶媒に可溶	耐薬品性，気体を通しにくい	耐摩耗性，弾性，耐熱性，耐衝撃性
用途の例	合成洗たくのりの成分	水族館の水槽の板の材料	食品容器の材料	ラップフィルムの材料	レトルトパウチ

*単量体に相当するビニルアルコールが不安定なので，ポリ酢酸ビニルの加水分解でつくる。

思考 ポリスチレンが燃焼する際に，すすを出す理由を説明せよ。

2 熱硬化性樹脂
thermosetting resin

原料に熱を加えて硬化させて製造する樹脂を**熱硬化性樹脂**という。 化学

尿素樹脂の合成

尿素とホルマリンを混合し，型に入れる。

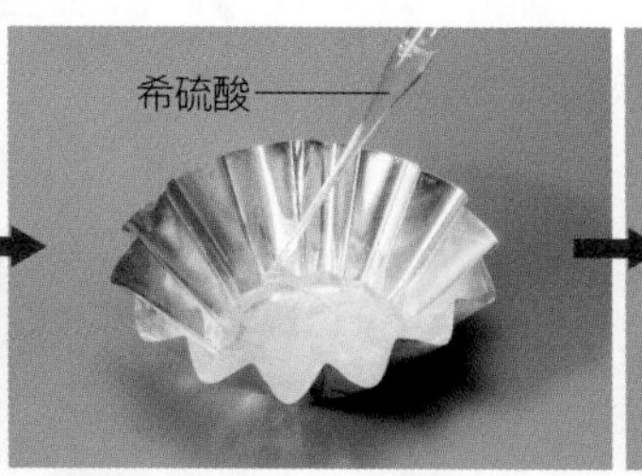

希硫酸を加えると，重合が開始される。

重合が進み三次元の網目構造が発達し，かたい樹脂になる。

フェノール樹脂の合成

フェノールとホルムアルデヒドが付加縮合することにより，フェノール樹脂ができる。反応経路が 2 種類あり，酸触媒を用いたときはノボラック，塩基触媒を用いたときはレゾールを経由してできる。
ノボラックは鋳造用や電子材料の製造，レゾールは接着剤や断熱材として利用されている。

ノボラックとレゾール

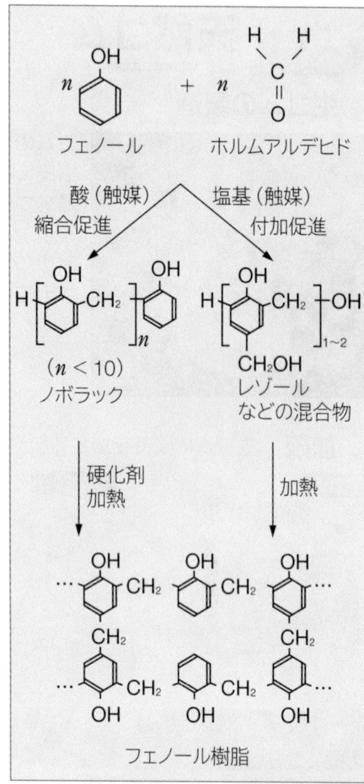

フェノールとホルムアルデヒドの付加反応と，付加物がフェノールと縮合する反応が交互に起こる。このような反応を**付加縮合**という。

*レゾールは分子量 100〜300 程度の液体，ノボラックは分子量 1000 程度の固体である。

名称	フェノール樹脂(ベークライト)	メラミン樹脂	尿素樹脂(ユリア樹脂)	アルキド樹脂
構造	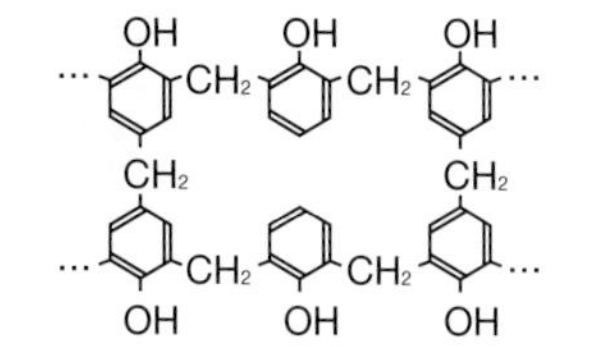 （構造式）	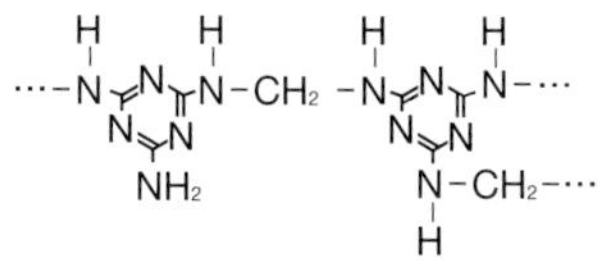 （構造式）	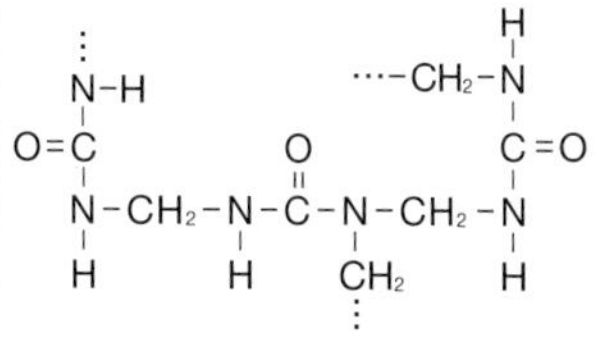 （構造式）	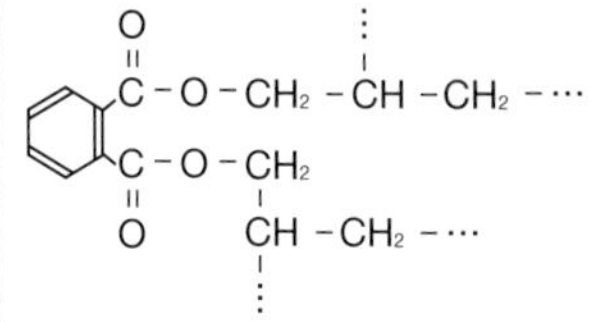 （構造式）
原料(単量体)	フェノール C_6H_5OH ホルムアルデヒド HCHO	メラミン $C_3N_3(NH_2)_3$ ホルムアルデヒド HCHO	尿素 $CO(NH_2)_2$ ホルムアルデヒド HCHO	無水フタル酸 $C_6H_4(CO)_2O$ グリセリン $C_3H_5(OH)_3$
重合様式	付加縮合	付加縮合	付加縮合	縮合重合
特徴	電気絶縁性，耐熱性	耐熱性，高強度	耐熱性，着色性，安価	密着性，対候性(塗膜)
利用例	電化製品の基板 	食器類 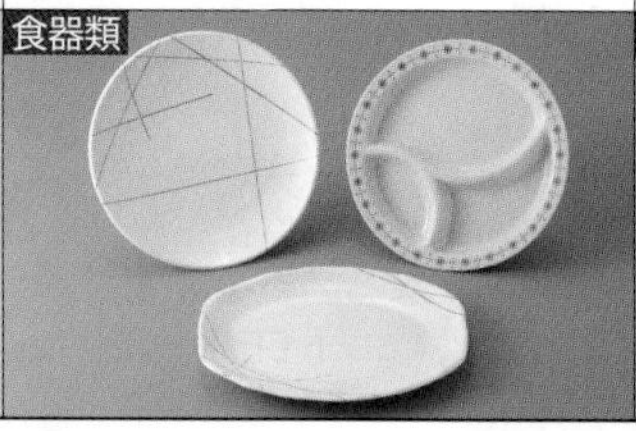	ボタンやコンセント 	塗料 

ほかに，エポキシ樹脂やシリコーン樹脂などがある。

5 高分子化合物

化学

12 ゴム
Rubbers

1 天然ゴム natural rubber

ゴムの木の乳液(ラテックス)からつくる生ゴムが天然ゴムである。 化学

生ゴムの製造

ゴムの木の樹皮に切り傷をつけると乳液(ラテックス)が出てくる。

ラテックスに希酢酸を加える。

かき混ぜると徐々に凝固する。

水洗すると生ゴムが得られる。

生ゴムの主成分は，イソプレン C_5H_8 が重合したポリイソプレン $(C_5H_8)_n$ で，分子量数万～200万である。弾性が小さく，熱で変化しやすいため，ゴムとして利用できない。

加硫

生ゴムに硫黄を加えて加熱すると，架橋され，網目状構造になる。

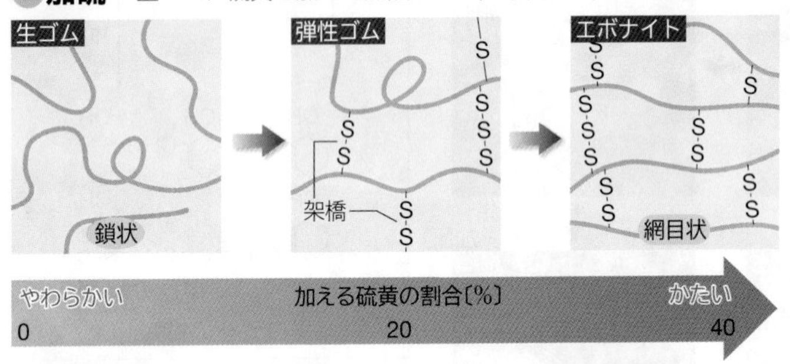

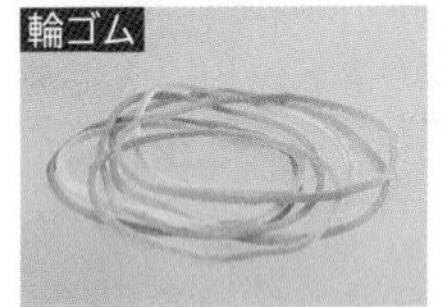

輪ゴム

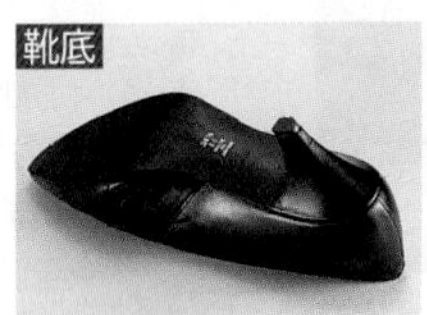

靴底

ソケット

TOPICS ゴムの歴史

ゴムをヨーロッパに最初に紹介したのはアメリカ大陸を発見したコロンブスである(1493年)。しばらくその用途が見つからず，約300年後の1770年代，ようやく，レインコートや消しゴムとして使われ始める。しかし，当時のゴムは気温差により，ベタベタになったり，かたくなったりする欠点があった。グッドイヤーは硫黄を加えることで，ベタベタしないやわらかいゴムの開発に偶然成功し(加硫法)，この問題を解決した。その後，ダンロップにより空気入りのゴムタイヤが開発されると，ゴムは爆発的に普及した。さまざまな合成ゴムが利用されるようになった現在でも，天然ゴムは重要な役割を果たしている。天然ゴムは強度が強く，タイヤに使用されるゴムのうち約60%が天然ゴムである。とくにバスやトラックなどの大型で耐久性の必要なタイヤでは多く使用されている。

ゴムの構造とゴム弾性

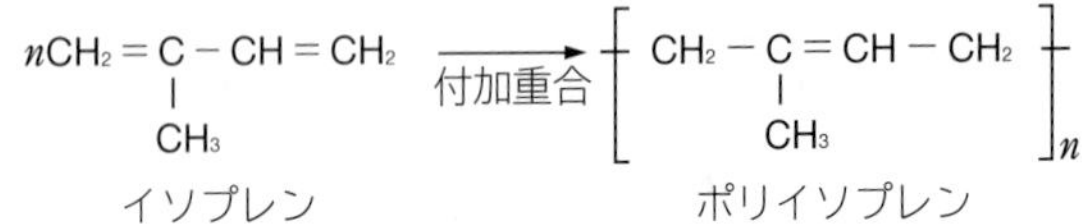

$$nCH_2=C(CH_3)-CH=CH_2 \xrightarrow{\text{付加重合}} \left[CH_2-C(CH_3)=CH-CH_2 \right]_n$$

イソプレン　　ポリイソプレン

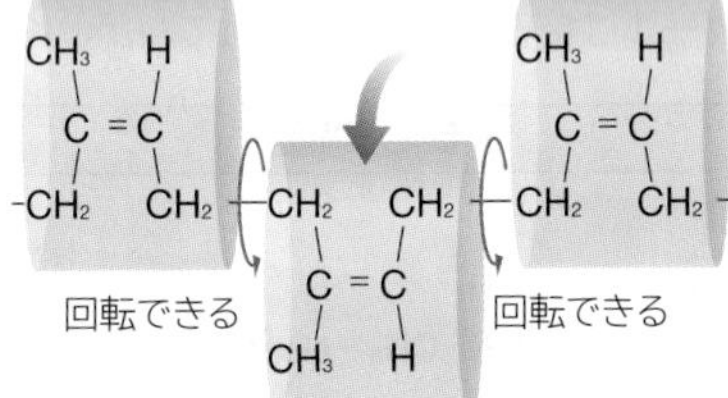

ポリイソプレン中の二重結合にはシス形とトランス形が存在するが，生ゴムを構成する分子中の二重結合はすべてシス形である。このため，普段は分子全体が丸まった構造をしており，力が加えられたときにはのびる。

ポリイソプレンは，$-CH_2-CH_2-$の結合が回転できるのでのびたり縮んだりできる。

シス形の構造

トランス形の構造

合成ゴムの分子には，シス形とトランス形が混在している。トランス形の構造の天然ゴムはグッタペルカとよばれ，弾力性に乏しい。合成ゴムでは，シス形とトランス形の配合比がくふうされている。

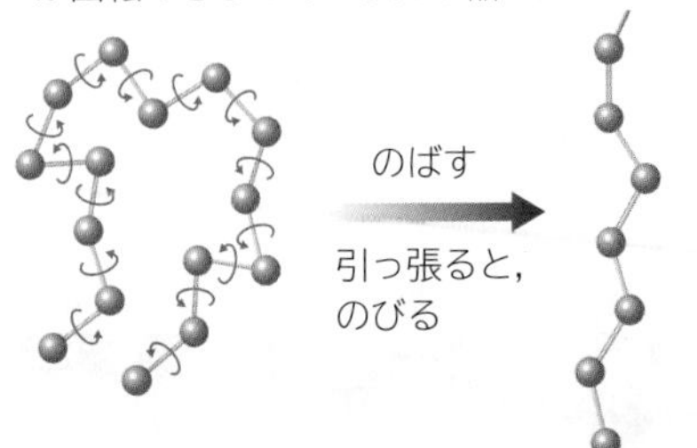

ゴムを引っ張ると，分子が規則正しく並んだエントロピーが小さい状態になる。引っ張る力を弱めると，エントロピーの大きい丸まった状態に戻ろうとする。

ゴムと温度変化

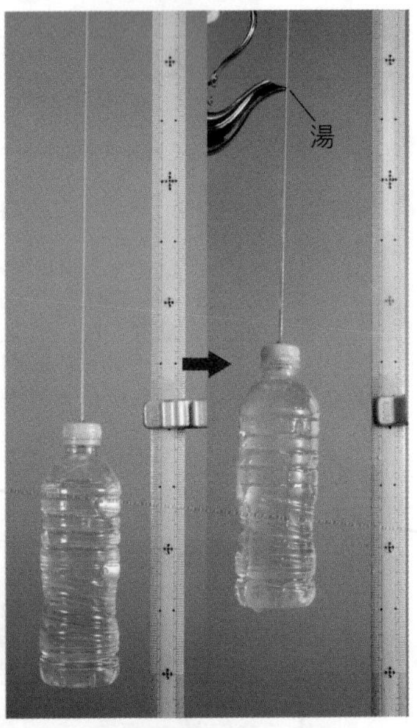

ゴムの温度を上げると，熱運動が激しくなり，もとの形に戻ろうとするため，ゴムは縮む。

表現 加硫によってゴムの弾性が高くなる理由を説明せよ。

ジエンの共重合

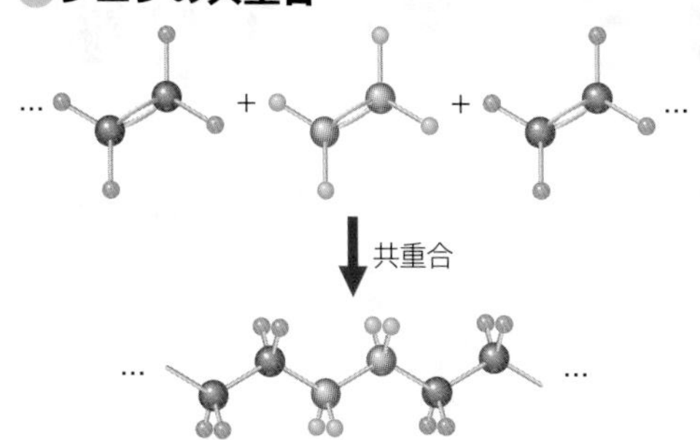

例 スチレン－ブタジエンの共重合

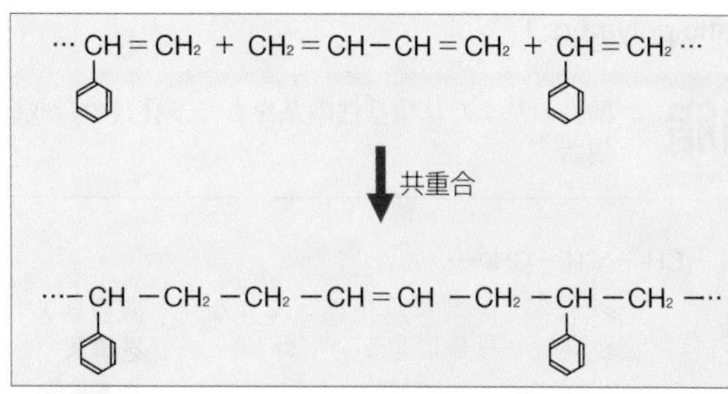

合成ゴムの単量体の多くを占めるジエン(炭素－炭素間の二重結合を2つもっている)の共重合では，付加重合が起こっている。共重合によってできた共重合体には，規則正しいくり返し単位があるとは限らない。スチレン－ブタジエンゴム(SBR)は，スチレンと1,3-ブタジエンの共重合体，アクリロニトリル－ブタジエンゴム(NBR)は，アクリロニトリルと1,3-ブタジエンの共重合体である。

2 合成ゴム synthetic rubber

合成ゴムは，イソプレンやイソプレンに似た構造の単量体を付加重合させて得られる，天然ゴムに似た性質をもつ合成高分子化合物である。 化学

名称(略号)	イソプレンゴム(IR)	ブタジエンゴム(BR)	クロロプレンゴム(CR)	スチレン－ブタジエンゴム(SBR)
構造	$\left[CH_2-C(CH_3)=CH-CH_2\right]_n$	$\left[CH_2-CH=CH-CH_2\right]_n$	$\left[CH_2-C(Cl)=CH-CH_2\right]_n$	$\left[CH(C_6H_5)-CH_2\right]_m\left[CH_2-CH=CH-CH_2\right]_n$
原料(単量体)	イソプレン $CH_2=C(CH_3)-CH=CH_2$	1,3-ブタジエン $CH_2=CH-CH=CH_2$	クロロプレン $CH_2=C(Cl)-CH=CH_2$	スチレン $C_6H_5-CH=CH_2$ 1,3-ブタジエン $CH_2=CH-CH=CH_2$
特徴	天然ゴムと似ている。耐摩耗性に優れている。	弾性，耐摩耗性に優れている。	耐熱性，耐燃性に優れている。	耐熱性，耐老化性，耐摩耗性に優れている。
利用例	輪ゴム	ゴルフボールの中心球	ゴム長ぐつ	タイヤ メイクスポンジ

名称(略号)	アクリロニトリル－ブタジエンゴム(NBR)	ブチルゴム(IIR)	シリコーンゴム(Q)	フッ素ゴム(FKM)
構造	$\left[CH_2-CH(CN)\right]_m\left[CH_2-CH=CH-CH_2\right]_n$	$\left[C(CH_3)_2-CH_2\right]_m\left[CH_2-C(CH_3)=CH-CH_2\right]_n$	$-Si(R)_2-O-Si(R)(CH_2)-O-Si(R)_2-O-Si(R)(CH_2)-O-$ の網目構造	$\left[CF_2-CF_2\right]_m\left[CF_2-CF(CF_3)\right]_n$
原料(単量体)	アクリロニトリル $CH_2=CH-CN$ 1,3-ブタジエン $CH_2=CH-CH=CH_2$	イソプレン $CH_2=C(CH_3)-CH=CH_2$ イソブテン $CH_2=C(CH_3)_2$	トリクロロメチルシラン CH_3SiCl_3 ジクロロジメチルシラン $(CH_3)_2SiCl_2$ クロロトリメチルシラン $(CH_3)_3SiCl$	テトラフルオロエチレン $CF_2=CF_2$ ヘキサフルオロプロペン $CF_3-CF=CF_2$
特徴	耐油性，耐摩耗性，耐老化性に優れている。	耐老化性，耐オゾン性に優れている。	耐熱性，耐寒性に優れている。	耐熱性，耐薬品性に優れている。
利用例	印刷ロール	バスケットボール	シリコーン栓	ゴム栓とパッキン

分子内にもつ原子や構造と性質には関係性がある。NBRは極性のある$-CN$をもつため耐油性がある。CRやFKMはハロゲン原子をもつため耐燃性がある。SBRはベンゼン環をもつため，その分子間力により強度に優れている。

13 特殊な機能をもった合成高分子化合物 1

Functional synthetic polymers 1

1 イオン交換樹脂

ion-exchange resin

酸性の基または塩基性の基をもつ多孔質の合成樹脂で，水溶液中のイオンを交換する樹脂。

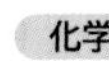

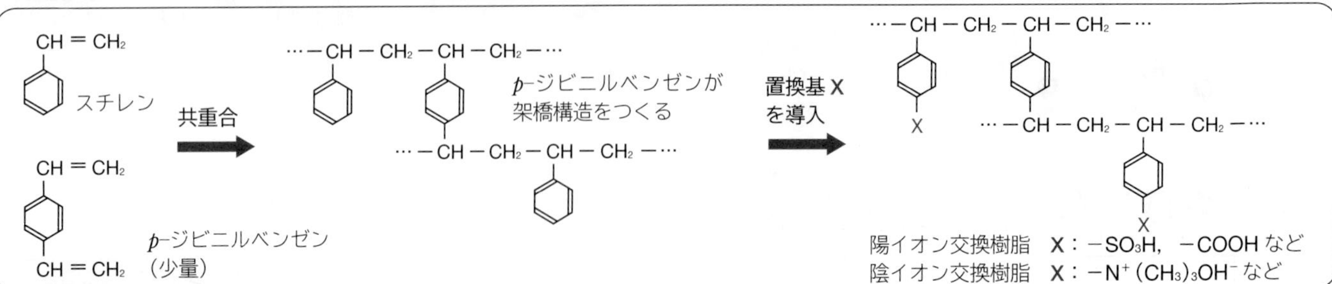

陽イオン交換樹脂

スルホ基$-SO_3H$，カルボキシ基$-COOH$，フェノール性のヒドロキシ基$-OH$などのような酸性の基をもつ。水中で電離して水素イオンH^+を放出し，他の**陽イオンと入れかわる**。

陰イオン交換樹脂

$\{N^+R_3\}(OH^-)$のような塩基性の構造をもつ。水中で電離して水酸化物イオンOH^-を放出し，他の**陰イオンと入れかわる**。

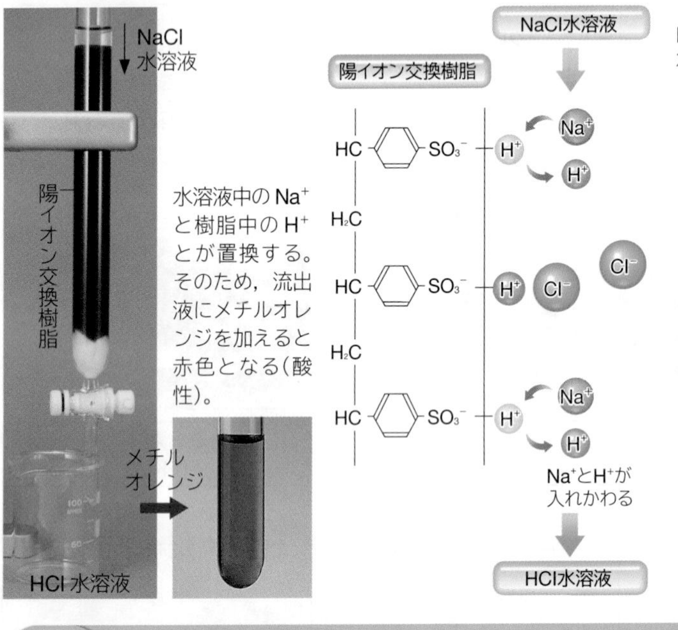

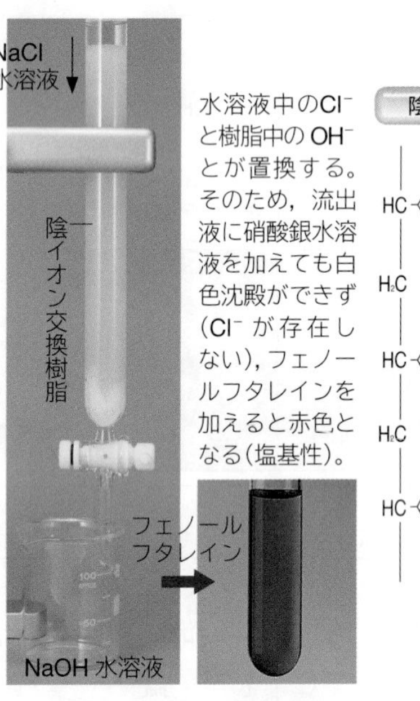

NaCl水溶液
陰イオン交換樹脂
水溶液中のCl^-と樹脂中のOH^-とが置換する。そのため，流出液に硝酸銀水溶液を加えても白色沈殿ができず(Cl^-が存在しない)，フェノールフタレインを加えると赤色となる(塩基性)。
フェノールフタレイン
NaOH水溶液

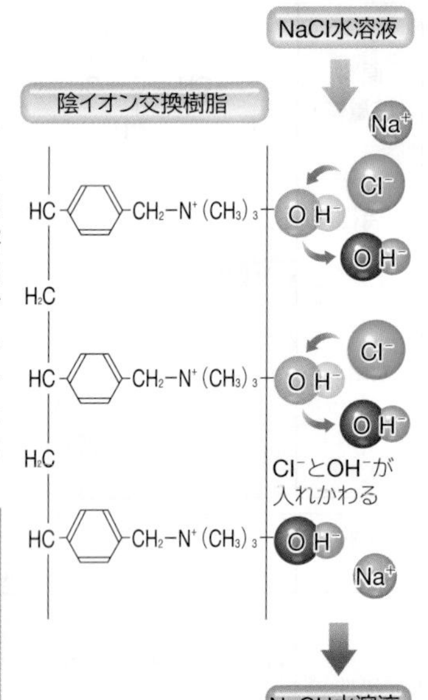

2 高吸水性高分子

高吸水性高分子は，自身の数十～数百倍もの水を吸収する。

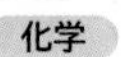

吸水前

吸水後

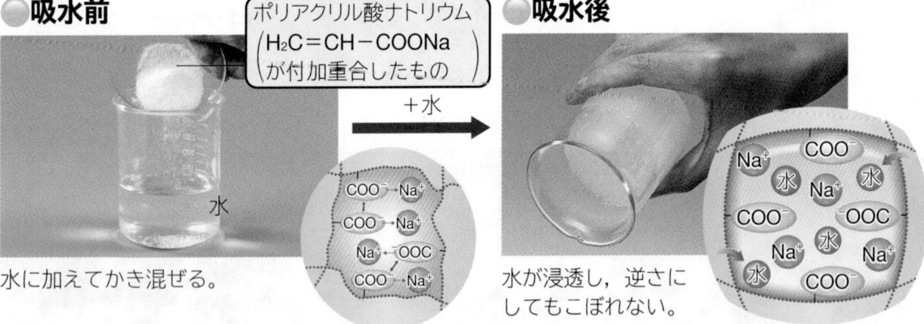

水に加えてかき混ぜる。

水が浸透し，逆さにしてもこぼれない。

水があると，ポリマー中の$-COONa$は，カルボキシ基$-COO^-$とNa^+とに電離する。その結果，網目の外より中の方のイオン濃度が大きくなり，浸透圧が生じて，網目の中に水が入り込む。さらに，カルボキシ基$-COO^-$どうしの反発で網目が広がり，水分子を閉じ込める。

高吸水性高分子の利用

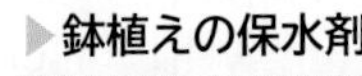

▶紙おむつ

▶鉢植えの保水剤

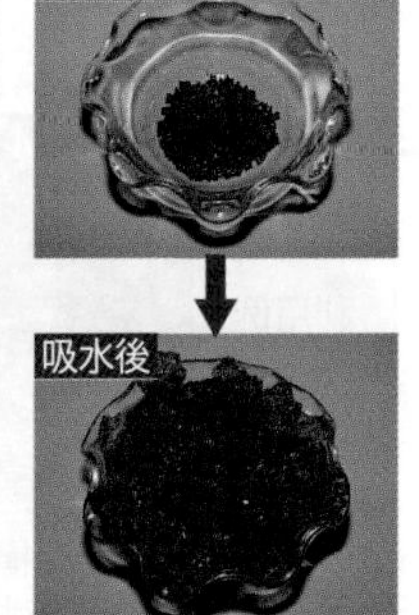

表現 塩化ナトリウム水溶液を陽イオン交換樹脂に通すと，水溶液が酸性になる理由を説明せよ。

3 生分解性高分子
biodegradable polymer

通常のプラスチックは自然に分解されないが，生体内の酵素や微生物などの作用により，最終的に水と二酸化炭素に分解される高分子を**生分解性高分子**という。

化学

ポリ乳酸(重合体)の構造の一部

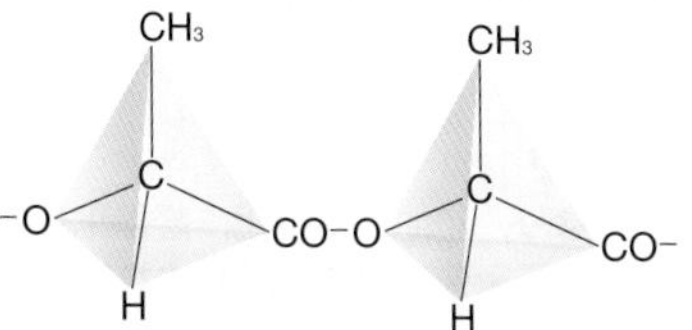

ポリ乳酸は，縮合重合により乳酸を重合した脂肪族ポリエステル樹脂である。自然界に放置すると生分解される。

ポリ乳酸の生分解性

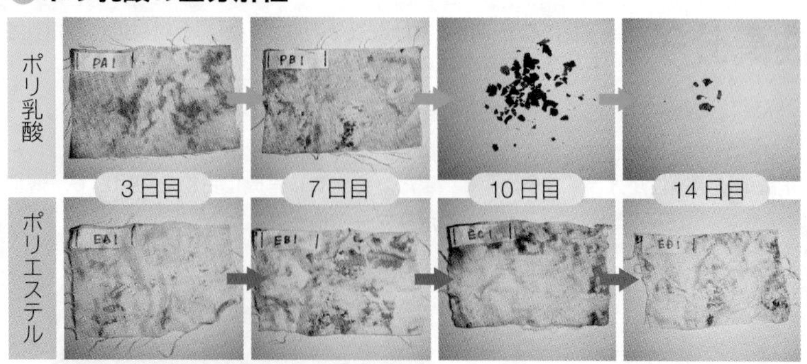

ポリ乳酸は室温環境下ではほとんど分解せず安定しているが，最終的には微生物に分解され，二酸化炭素と水に完全に分解する。
左の写真は，ポリ乳酸とポリエステルをコンポスト中(約58℃)で静置したものである。ポリ乳酸は，14日目にはほとんど分解されていることがわかる。

ポリ乳酸の循環サイクル

原料は天然に存在し，重合体のポリ乳酸も微生物により分解されるので，環境負荷がきわめて小さい(➡p.331)。

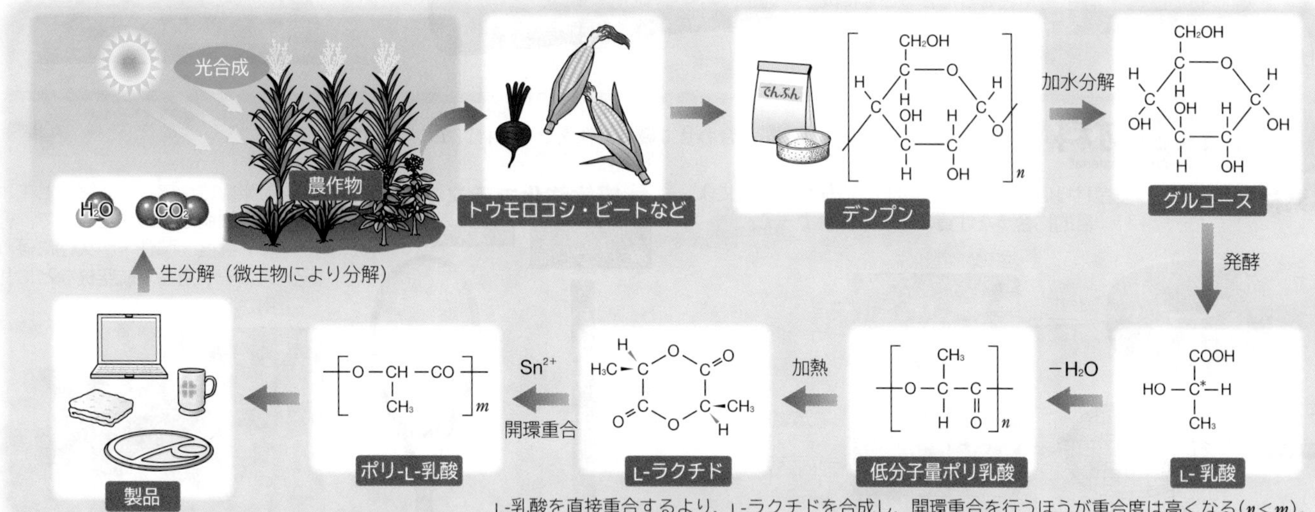

L-乳酸を直接重合するより，L-ラクチドを合成し，開環重合を行うほうが重合度は高くなる($n<m$)。

利用例

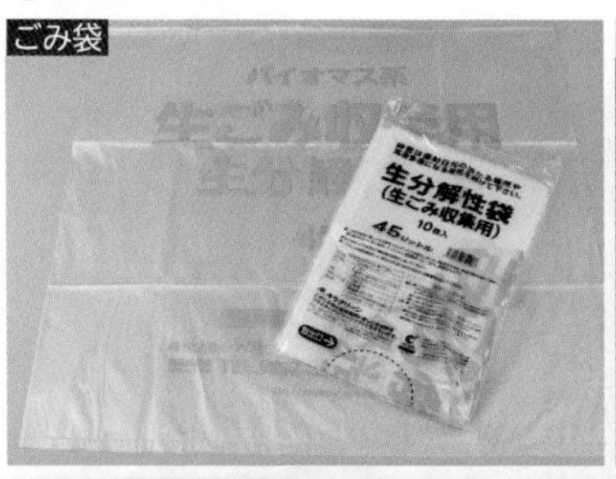

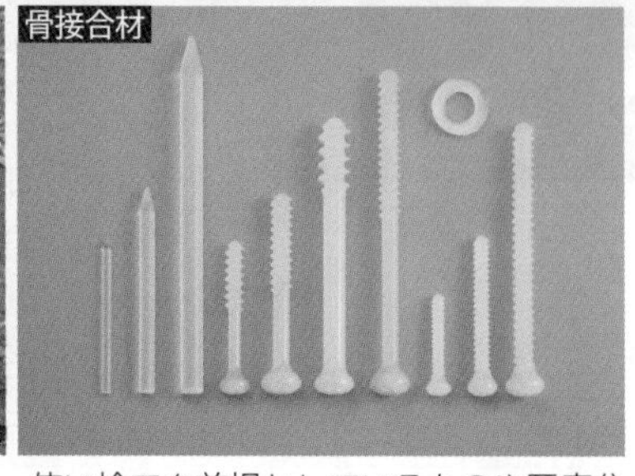

生分解性高分子は自然界で分解するため，使い捨てを前提としているものや医療分野において体内吸収されることで患者の負担を軽減できるものに応用されている。

TOPICS

イオン交換水

陽イオン交換樹脂と陰イオン交換樹脂を，順に，または混合して利用することで，イオン交換水を作ることができる。陽イオン交換樹脂から放出されたH^+と陰イオン交換樹脂から放出されたOH^-は結合してH_2Oになるため，イオンは残らない。また，ある程度使用したイオン交換樹脂は，酸・塩基の水溶液を用いることで，再生することができるため，くり返し使用することができる。

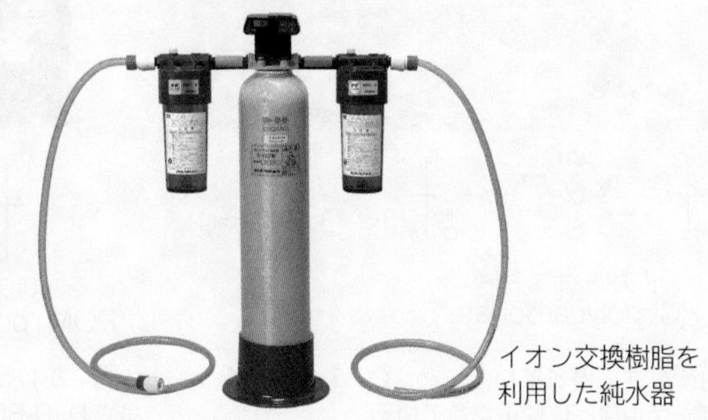

イオン交換樹脂を利用した純水器

14 特殊な機能をもった合成高分子化合物 2
Functional synthetic polymers 2

1 導電性高分子
conducting polymer

一般に高分子化合物は電気を通さないが，金属に近い導電性をもった高分子化合物が合成され，エレクトロニクスの分野に応用されている。 化学

ポリアセチレン
アセチレンを付加重合して得られる。これにヨウ素を作用(ドーピング)させると，飛躍的に導電性が大きくなる。

ポリアセチレン

$$\left[\mathrm{CH=CH} \right]_n$$

白川英樹らは，ポリアセチレンを合成し，それに高い導電性をもたせることに成功し，ノーベル化学賞を受賞した。

導電性高分子の利用
電池の電極活物質に導電性高分子が用いられるようになり，電池が小型化，軽量化した。また，発光する有機化合物を利用して，薄型，省電力のディスプレイも開発されている。

ポリマー電池

カラー・フレキシブル有機ELディスプレイ

2 複合材料
composite material

性質の異なる複数の材料を組み合わせて優れた性質をもつ物質がつくられている。 化学

素材の複合化
複合材料は，素材の組み合わせの種類や方法により，目的に合った性質のものを設計できる。

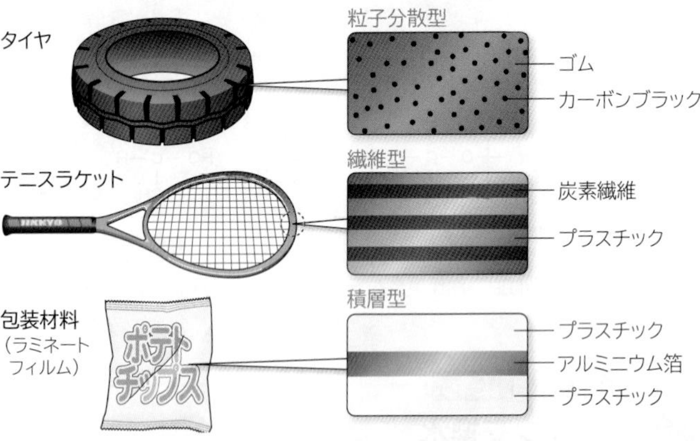

繊維強化プラスチック(FRP)
炭素繊維やアラミド繊維とエポキシ樹脂などの複合材料で，軽くて強度・弾性・耐久性に優れ，スポーツ用品，航空機などに利用される。

ゴルフクラブのシャフト　テニスラケット

機体にFRPが用いられている。従来よりも軽量化ができたため，省エネルギーに役立っている。

3 特殊な性能をもつプラスチック
熱的機械的強さを必要とするところに使われるプラスチックをエンジニアリングプラスチック(エンプラ)という。 化学

エンジニアリングプラスチック
機械的強度や耐熱性にとくに優れている(金属にかわる材料)。

▶ポリカーボネート

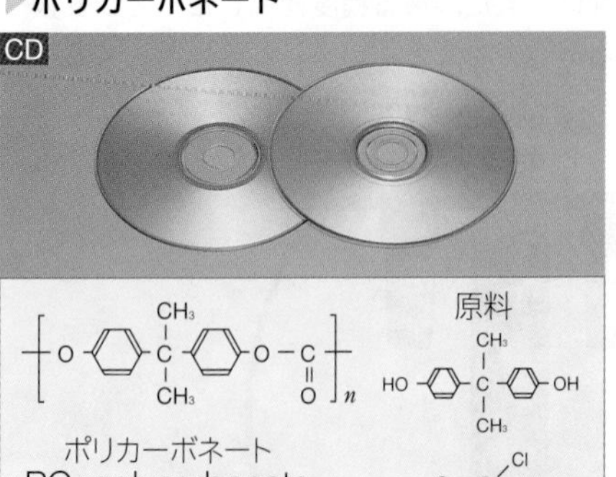
CD

$$\left[\mathrm{O}-\bigcirc-\underset{\mathrm{CH_3}}{\overset{\mathrm{CH_3}}{\mathrm{C}}}-\bigcirc-\mathrm{O}-\underset{\mathrm{O}}{\overset{}{\mathrm{C}}} \right]_n$$

原料：HO-⬡-C(CH_3)$_2$-⬡-OH，$O=CCl_2$

ポリカーボネート
PC：polycarbonate

耐衝撃性に優れているため，CDの表面剤やゴーグルなどに使用されている。

▶ポリアセタール

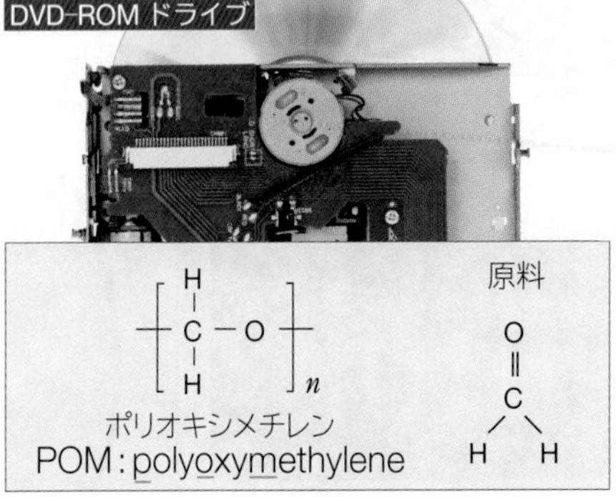
DVD-ROMドライブ

$$\left[\underset{\mathrm{H}}{\overset{\mathrm{H}}{\mathrm{C}}}-\mathrm{O} \right]_n$$

原料：HCHO（$H_2C=O$）

ポリオキシメチレン
POM：polyoxymethylene

金属にかわる材料として開発され，自動車部品やDVD-ROMの歯車にも使用されている。

スーパーエンジニアリングプラスチック

▶ポリテトラフルオロエチレン

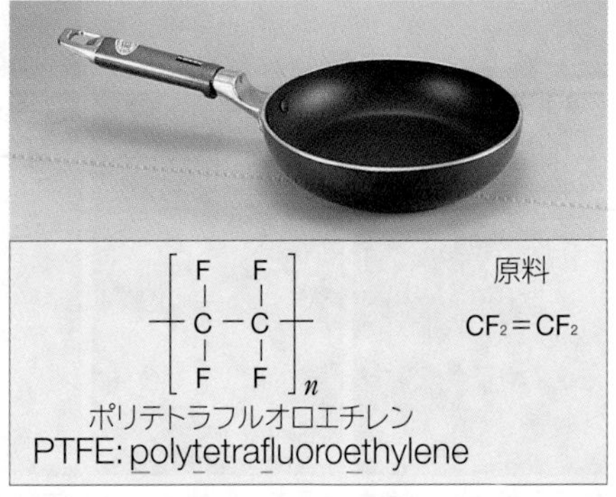

$$\left[\underset{\mathrm{F}}{\overset{\mathrm{F}}{\mathrm{C}}}-\underset{\mathrm{F}}{\overset{\mathrm{F}}{\mathrm{C}}} \right]_n$$

原料：$CF_2=CF_2$

ポリテトラフルオロエチレン
PTFE：polytetrafluoroethylene

耐薬品性や撥水性に優れる。一般にテフロンという名称でも知られる。フライパンに使用されている。

4 感光性樹脂 photosensitive resin

光に反応して分解したり，硬化したりする高分子を感光性樹脂という。 化学

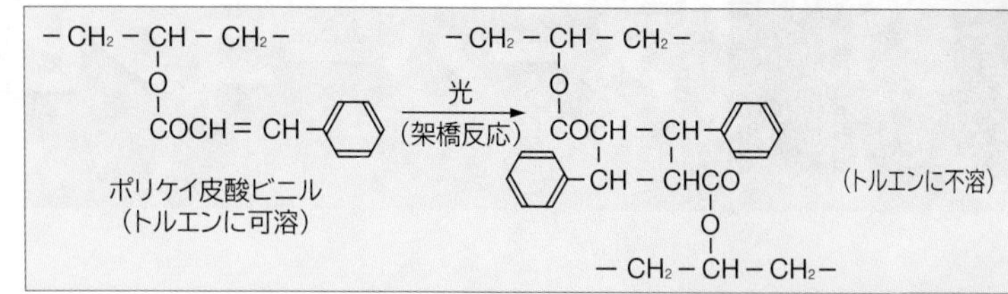

光で硬化する感光性樹脂

光ディスクや印刷用製版材料，歯科治療用充填剤などに利用される。

光ディスクの製造 光ディスクは，裏面の小さな穴（ピット）のパターンによって情報を記録している。

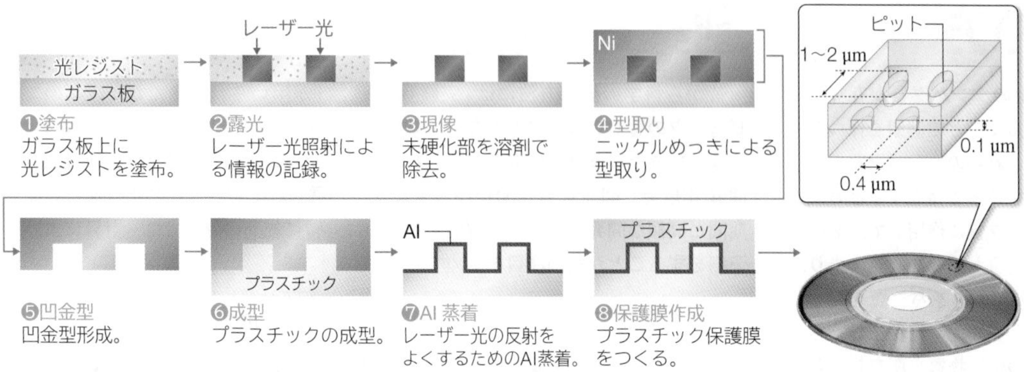

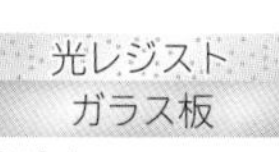

❶塗布
ガラス板上に光レジストを塗布。

レーザー光

❷露光
レーザー光照射による情報の記録。

❸現像
未硬化部を溶剤で除去。

Ni

❹型取り
ニッケルめっきによる型取り。

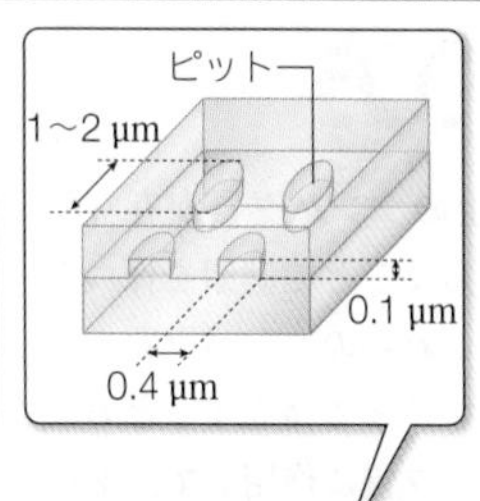

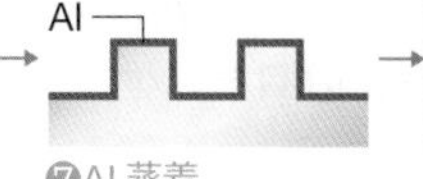

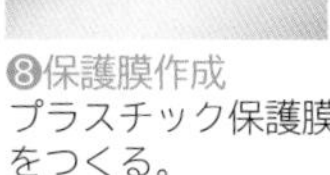

❺凹金型
凹金型形成。

❻成型
プラスチックの成型。

❼Al 蒸着
レーザー光の反射をよくするためのAl蒸着。

プラスチック

❽保護膜作成
プラスチック保護膜をつくる。

集積回路の配線の印刷にも感光性樹脂が利用されている。

5 高い強度をもつ高分子

化学

アラミド繊維（ケブラー®）

高強度で耐熱性，耐切創性に優れており，建築物の補強材など幅広く利用されている。➔p.297

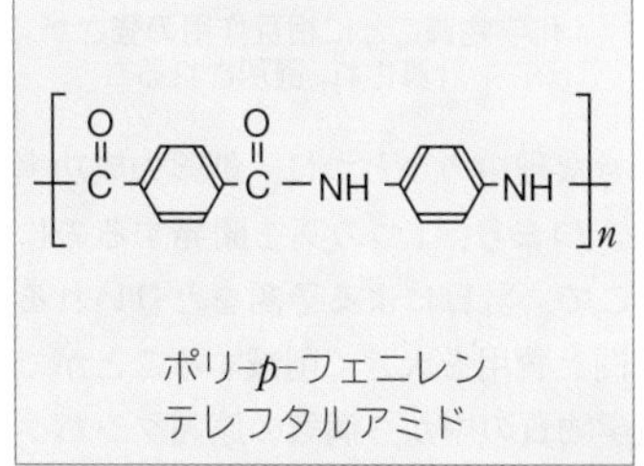

ポリ-*p*-フェニレンテレフタルアミド

炭素繊維

ポリアクリロニトリルを無酸素下の高温で蒸し焼きにして作られる。軽くて丈夫であるため，さまざまな材料と複合化して用いられる。➔p.299

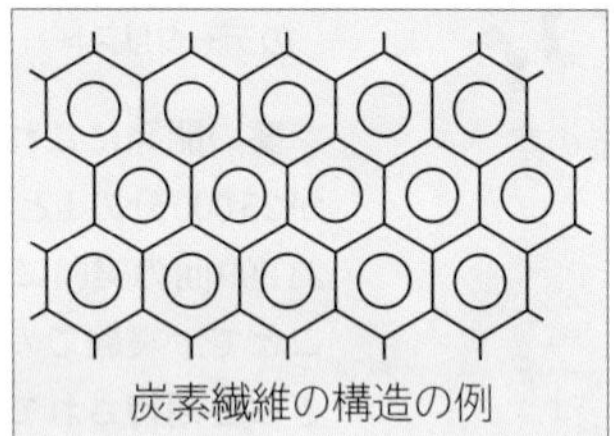

炭素繊維の構造の例

超高分子量ポリエチレン

ポリエチレンをゲル状の段階で引きのばしたもので，分子量は100万以上と大きい（通常のポリエチレンは分子量4万程度）。アラミド繊維より水分に強いので，スポーツシューズやロープ，作業用手袋，ネットなどに利用されている。

補強テープ部分に使用されている

6 耐熱性高分子 heat-resistant polymer

化学

ポリイミド

400℃の耐熱性に加え，機械的強度および電気絶縁性に優れる。用途としては，携帯電話の基板，ジェットエンジンなどがあり，最近では，太陽電池基板や太陽帆にも用いられている。

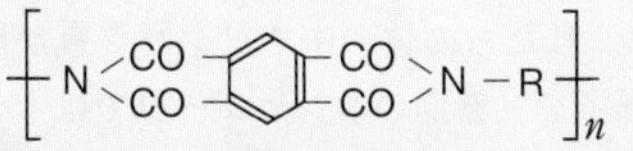

ソーラーセイル（太陽帆）の実証機「IKAROS」

7 圧電性高分子 piezoelectric polymer

化学

ポリフッ化ビニリデン

外から力を加えると電気が発生する性質（圧電性）をもつ。スピーカーや超音波診断装置などに利用されている。

$$\left[\, CH_2-CF_2 \,\right]_n$$

8 生体適合性高分子

化学

ソフトコンタクトレンズ

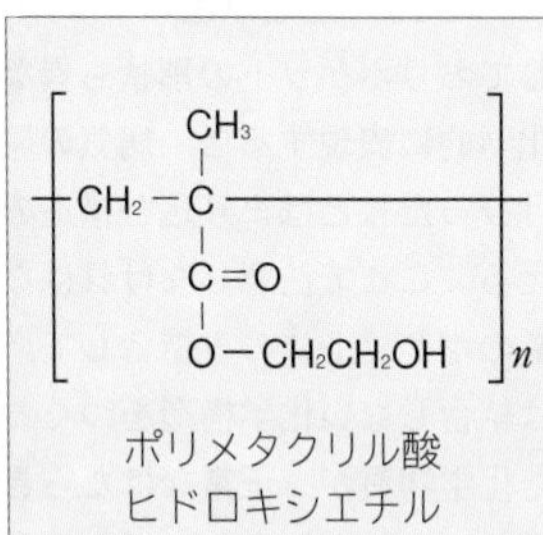

ポリメタクリル酸ヒドロキシエチル

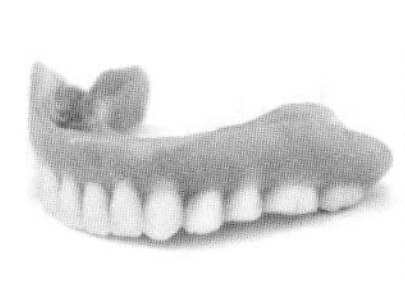

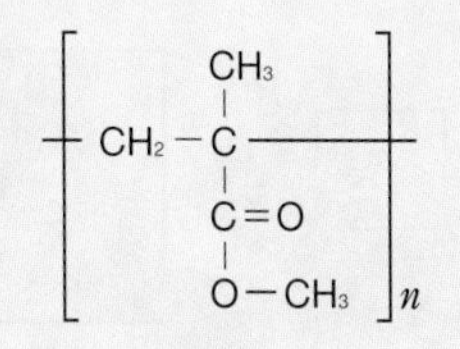

ポリメタクリル酸メチル

5 高分子化合物

化学

スーパーコンピュータと創薬

京都大学大学院医学研究科　奥野 恭史　教授

1 医薬品のつくり方

私たちの体の中には，10万種類以上のタンパク質が存在しており，これらすべてが正常にはたらくことで健康を保つことができる。一方，病気の多くは，これらのタンパク質のはたらきが何らかの原因で異常をきたすことで発症すると考えられている。この異常になったタンパク質に作用して，そのはたらきを調節する役割をもつ化学物質が薬である。つまり，創薬（薬をつくること）とは，病気の原因タンパク質を探し出し，その原因タンパク質だけに作用する化学物質をつくることである。製薬会社は数十万種類の化学物質を所有しており，この中から実験によって病気の原因タンパク質に作用する化学物質を見つけ出し，それをさらに最適な構造に変化させることで薬効，安定性，安全性などを考慮したより良い薬をつくりあげている。

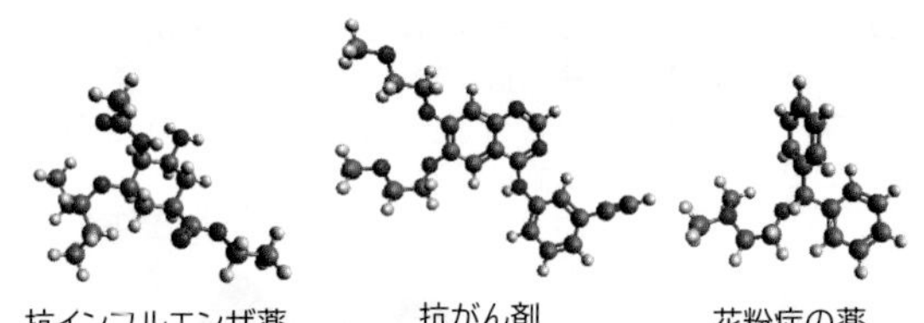

2 薬とタンパク質の作用

薬の成分である化学物質は，タンパク質のくぼみ（ポケット）にぴったりとはまり込むことによって作用する。体の中にある10万種類以上のタンパク質は，すべて異なる形状をしておりポケットの形状も異なる。したがって，創薬をより化学的に表現すると，病気の原因タンパク質のポケットにだけぴったりとはまり込む構造の化学物質をつくること，と言える。ここで注意しなければならないことは，原因タンパク質のポケットにのみ結合して，他のタンパク質のポケットには結合しない化学構造をつくることである。なぜなら，つくった化学物質が，正常なはたらきをしている他のタンパク質のポケットにも結合した場合，副作用の原因になる危険性があるからである。

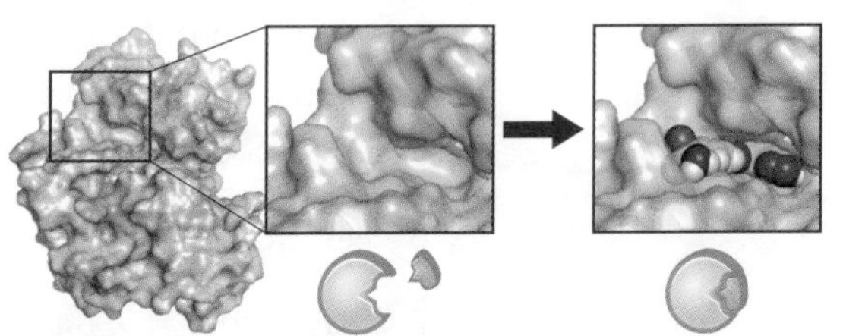

3 創薬と計算科学

昔から科学の研究方法には「実験」と「理論」が用いられてきたが，近年のコンピュータの著しい進歩にともない，第3の研究方法として「計算」が用いられるようになってきた。薬は，研究が開始されてから私たちの手に届くまでに，研究開発期間10年以上，開発費用1000億円以上かかると言われており，このような長い開発期間と高額な開発費の問題を解消するために，特に創薬の分野では，計算によって予測をすることが高い注目を集めている。

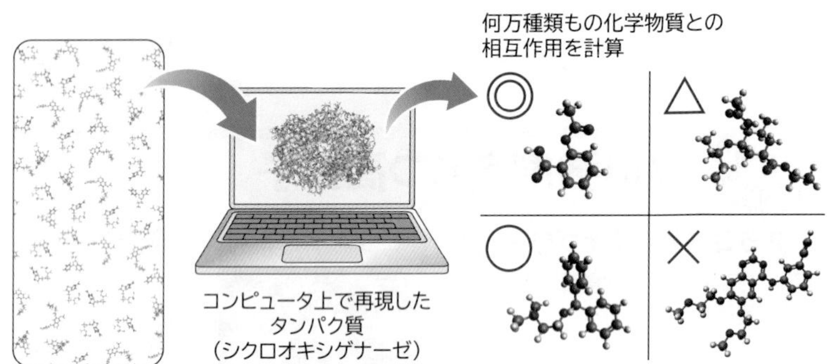

薬の開発にこれほどの時間と費用がかかる大きな理由のひとつに，創薬の成功率が25,000分の1と非常に低いことがあげられる。つまり，1つの薬を開発するのに24,999回の実験に失敗していることになる。そこで，計算による予測をとりいれることで，実験での試行錯誤を劇的に減らし，時間と費用を大きく削減することができると期待されている。もし，10,000種類の化学物質の中から病気の原因タンパク質に結合するものを実験で探そうとすると，少なくとも10,000回の結合実験をおこなう必要がある。これに対して，計算では，原因タンパク質をコンピュータ上に再現（モデリング）し，コンピュータの中でタンパク質のポケットに結合する化学物質を自動で探すことができる。

しかし，計算にも弱点がある。コンピュータ上では原因タンパク質に結合すると予測された化学物質も，実際に実験をしてみると結合しない場合がたくさん出てくるのである。製薬会社の多くが実際におこなっている計算でも，平均して5％程度しか正解が得られないと言われている（5％の正解率とは，あるタンパク質に結合すると予測された100個の化学物質のうち，実際に結合する正解の化学物質は5個しかないということである）。その原因は，私たちの体の中でタンパク質が形を変えながらゆらゆらと水の中に浮いている様子を，普通のコンピュータでは十分に再現しきれないことにある。つまり，普通のコンピュータでは，周りに水が存在しない状況下でタンパク質の構造を固定したままという現実とはかけ離れた環境での化学物質との結合を計算していたのである。タンパク質と化学物質の結合の強さを正確に計算するためには，周囲の水分子との相互作用を考慮しつつ，タンパク質の形の変化までも含めた計算（分子動力学法という計算手法を使うことが多い）が必要となる。分子動力学法とは，分子中の原子を1個ずつ動かしてその相互作用を計算する方法で，タンパク質のように何万もの原子をもつ分子では計算量が非常に多くなる。そこにタンパク質を取り囲む水分子も加わると，さらに計算量が増えるという問題があった。

スーパーコンピュータ「京」と「富岳」による創薬計算

4

スーパーコンピュータとは，超高速で計算をおこなう超高性能のコンピュータのことである。日本では，理化学研究所が世界トップクラスのスーパーコンピュータ「京（けい）」と「富岳（ふがく）」を開発してきた。「京」は1秒間に1京回（京は1兆の1万倍）の計算ができ，2011年に世界1位になった。1京回の計算とは，1人が1秒間に電卓で1回計算しつづけても3億年かかるほどの回数である。「京」の計算スピードの速さの秘訣は，8万個以上のCPU（計算装置）を同時に動かして，膨大な計算問題を一気に処理できる並列計算の技術にある。そして「京」の後継機として2020年に登場したのが「富岳」である。「富岳」は，「京」よりもさらに100倍の計算性能を有し，世界のスーパーコンピュータの性能ランキング4部門すべてで世界1位を獲得する快挙を達成した日本が誇るスーパーコンピュータである。上述の通り，病気の原因タンパク質に結合する化学物質を正確に計算するような創薬計算の課題は，計算量が非常に多くなるという点であった。そこで，この計算量の問題を解消するために「京」が使われた。具体的には，「京」を用いて分子動力学シミュレーションをすることで，タンパク質と化学物質に加え，周りの水分子も含むすべての原子の動きを精密に計算することができる。実際，5種類のタンパク質（病気の原因分子）にそれぞれ10種類程度の化学物質が結合する様子を計算し，いちばん強く結合するものを予測したところ，正解率は50%以上になった。このように「京」で計算することで，タンパク質と化学物質との結合を予測する正解率を5%から50%以上へ飛躍的に上げることに成功した。そして「京」の後継機である「富岳」では，「京」より「長時間」で「大規模」な創薬計算が可能になった。

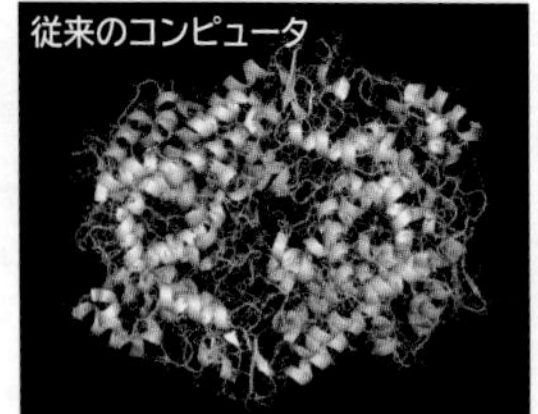

タンパク質は，動きのない孤立したモデルとして表現

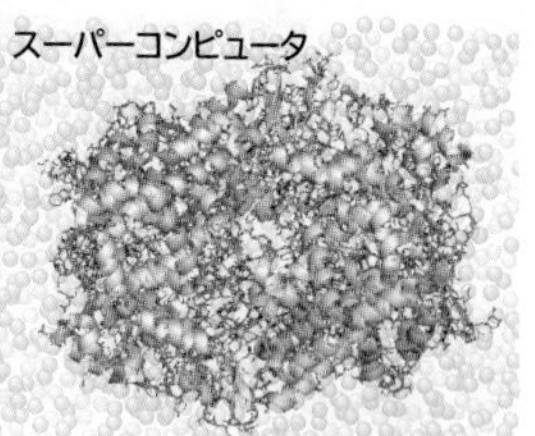

タンパク質の周りに存在する水分子との相互作用も再現できる

ここでいう「長時間」とは，計算で分子を動かす時間を長くすることである。「京」では，タンパク質の10マイクロ秒の動きしか計算することができなかったが，「富岳」では，「京」の100倍の1ミリ秒近くのシミュレーションが可能になった。これにより，タンパク質と化学物質の結合のようすがより詳細に計算できるようになった。

一方，「大規模」とは，病気の原因タンパク質と化学物質の組み合わせを1週間に数万通り計算できることである。これにより，副作用が少ない薬の候補を見つけたり，あるいはこれまで開発することが困難であった病気の新薬が見つかるかもしれない。薬の開発は計算だけでおこなえるわけではないが，開発のスピードを上げるのに欠かせない最先端技術の1つとして，「富岳」は今後，ますます重要なものになるであろう。

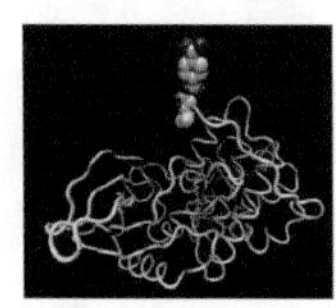
従来のコンピュータではスナップショット

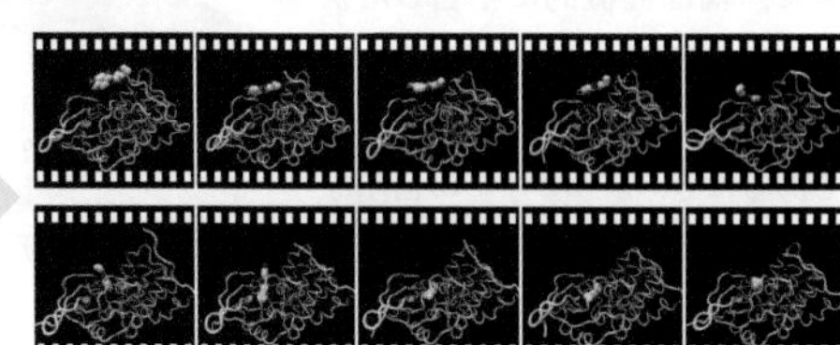
「京」では10マイクロ秒，「富岳」では1ミリ秒の動画

Interview インタビュー

Q. 高校生のときはどのような生徒でしたか？

A. よく遊びよく学び，好きな科目の勉強だけは没頭する生徒でした。特に物理が好きで，高校の教科書では満足できず，大学の教科書を独学で勉強していました。

Q. 化学の勉強・研究を始めようと思った理由は何ですか？

A. 京都大学出身のノーベル賞学者の湯川秀樹先生と福井謙一先生にあこがれて，京都大学に入学しました。湯川先生は理論物理，福井先生は理論化学のご専門ですが，理論物理は難しすぎたので，おのずと理論化学に興味をもつようになったという経緯があります。福井先生の時代はコンピュータの性能も低く，実験を再現する十分な計算ができなかったのですが，今では福井先生のような理論化学者がつくった化学の理論を使って，スパコンで計算することが可能になっています。

Q. 研究はどのように行うのですか？

A. 実験科学，理論科学，計算科学など，研究によってやり方はさまざまですが，世界で誰も発見や開発や証明をしていないことを自身の力で科学的に明らかにすることが研究だと思います。研究のやり方としては，まずはありのままをしっかり観察すること，次に，観察の結果として得られたデータを信頼できる方法で分析・解析することです。さらにこれだけでは不十分で，分析して得られた結論を他の視点から検証すること，何度実験や計算を繰り返しても同じ結論が得られるかの再現性を確認することです。外の学会で発表する機会があります。そこでは，学生から第一線の研究者までが対等な立場で研究について議論をします。日頃の努力を認めてもらえる瞬間でもあり，学生であってもいい研究をすれば高く評価される公平さが研究の世界の魅力の一つだと感じています。

Q. 化学の魅力は何ですか？

A. 化学は原子や分子からなる物質の自然法則から成り立っています。例えば，私たち人間の体も，犬や猫などの動物もバクテリアも草花も，原子の世界で見てみると炭素，酸素，水素，窒素，硫黄など，みんな同じ原子から構成されています。同じ部品からこれほど多様な生物や自然界が作り上げられていること自体，不思議ではありませんか？　化学の魅力は，このような自然界の謎を少しでも解き明かそうとすることにあると私は思っています。

Q. 化学を学ぶ高校生にメッセージをお願いします。

A. 自分が興味をもったことは，失敗を恐れずに思いっきり体当たりしてください。なにごとも本気で取り組めば，そこから学ぶことが多いはずです。なんちゃっての本気ではなく，人生をかけた本気モードになれる人生を目指してください。

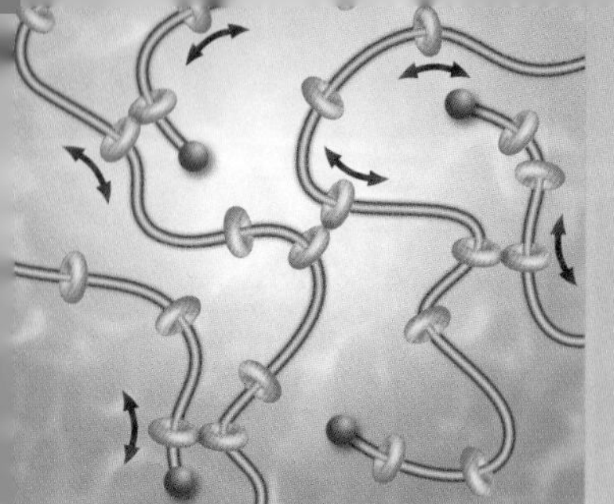

「ロタキサン」輪とひもの超分子

東京大学大学院新領域創成科学研究科
伊藤 耕三　教授

1 超分子とロタキサン

2016年のノーベル化学賞は，ソヴァージュ，ストッダート，フェリンハの3名が「分子機械の設計と合成」という内容で受賞した。分子機械とは，機械のように制御可能な動きをする分子あるいは分子集合体である。この分子機械の作成に使われたのが，カテナンやロタキサンとよばれる超分子である。超分子とは，多数の分子が集まって比較的弱い相互作用によって結合し，それぞれの分子が単独では出せなかったような新機能・秩序を生み出す分子集合体と定義されている。超分子の中でも，カテナンやロタキサンは構成分子として環状分子を用いている点に特徴がある。カテナンは知恵の輪のように絡み合った輪から構成された超分子であり，ロタキサンは輪とひも，または軸状の分子からできている。カテナンやロタキサンの面白いところは，輪やひもの間に相互作用がまったくない場合でも，分子の形のせいで，構成成分の分子が互いに離れることができないことにある。逆に相互作用がないために，輪は機械的に結合した状態でも自由に回転したり，ひもや軸上を移動したりすることが可能である。そのような分子の自由な運動が，今回のノーベル化学賞の対象となった分子機械をつくる上で大いに役に立っている。

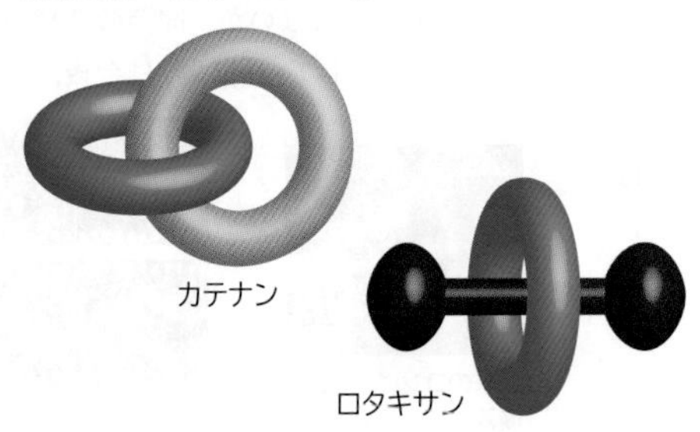

2 分子シャトル

ロタキサンの分子機械としての応用の代表例が分子シャトルである。分子シャトルは，ロタキサンの軸上に環状分子との相互作用が比較的強い部分（ステーションとよばれる）を2か所用意しておくことで，そのステーション間を環状分子が熱エネルギーなどによって行き来するという現象であり，1991年にストッダートが初めて報告した。まさに機械のスイッチングという機能を，分子レベルで実現した好例といえる。その後，分子シャトルの動きをさまざまな刺激で制御しようという研究が世界中で急激に盛んになった。外部刺激としては，光，pH，電圧，溶媒など多岐にわたる。たとえば，光照射中は分子シャトルがステーション間で運動を続けるが，光照射を止めるとどちらかのステーション上に停止する，まさに機械のような動きをするロタキサンも報告されている。

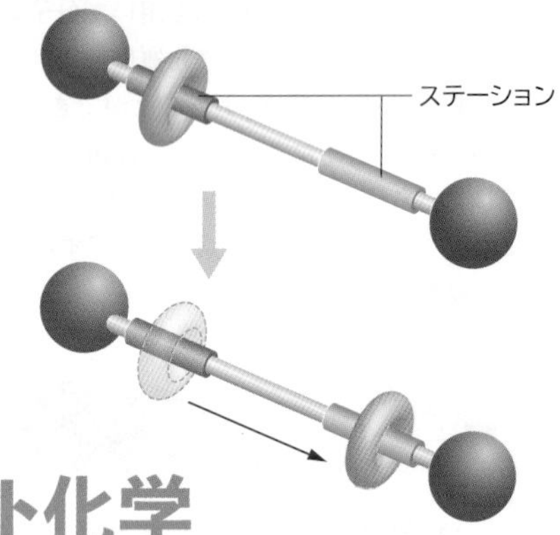

3 ロタキサンの合成とホストゲスト化学

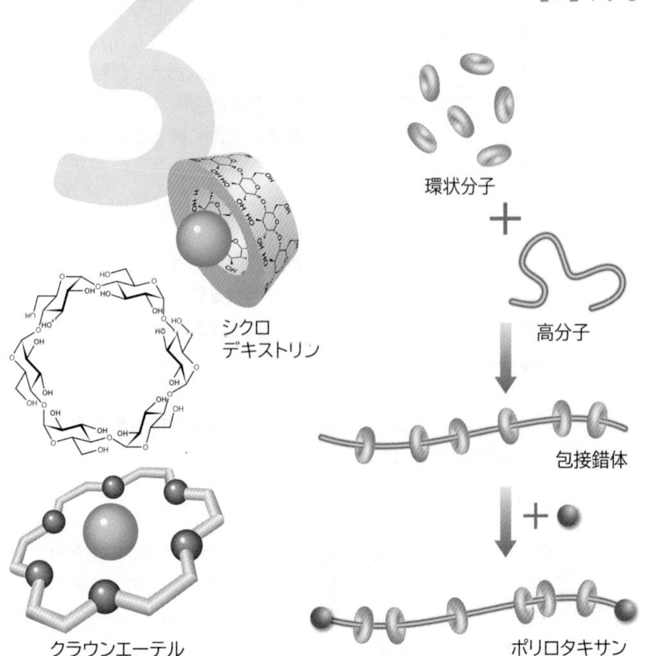

ロタキサンを合成する場合に一番大変なのは，輪の中にひもを入れることである。また，ひもを入れたあとで両末端に大きな分子（ストッパー）を付けて，抜けないようにすることも容易ではない。最初のロタキサンは1967年にハリソンによって報告された。その際には，輪の中にひもが入るのを偶然に頼っていたため，収率はきわめて低く，合成は非常に大変であった。それが大きく変わったのは，超分子化学の中のホストゲスト化学が，1980年代に飛躍的に発展したためである。ホストゲスト化学とは，たとえば環状分子（ホスト）が特定の原子やイオンまたは分子（ゲスト）を輪の中に取り込む“包接”とよばれる現象を扱う化学である。環状分子としては，シクロデキストリンやクラウンエーテルがよく知られている。このとき，環と取り込まれる分子との間の相互作用が，包接の強さに大きな影響を及ぼす。たとえば，シクロデキストリンは環状のオリゴ糖であるが，そのヒドロキシ基がすべて環の外側を向いているため，環の外側は親水性であるが内側は疎水性となる。したがって，シクロデキストリンは水にはよく溶けるが，環の内側に水分子が入ると不安定となる。

そこで，シクロデキストリン水溶液に疎水性分子を加えると，シクロデキストリンが疎水性分子を内側に取り込み安定化する。その際に，包接する分子として棒またはひも状分子を用い，包接したあとで両末端にストッパーを付けて環状分子が抜けないようにしてしまえば，ロタキサンが合成できる。このような疎水性相互作用だけでなく，環状分子の種類に応じて，水素結合，配位結合，ファンデルワールス力など，さまざまな分子間相互作用が包接化合物の形成に利用されている。包接化合物を介することでロタキサンの合成が比較的容易になり，ロタキサンの研究が飛躍的に進展した。

4 環動高分子

ロタキサン構造における環状分子の運動性を，網目構造に展開した例が環動高分子である。ロタキサンの環状高分子を共有結合でつなぐことで，結合点が8の字状になって自由に動くとともに，高分子が結合点を自由にすり抜ける網目ができる。ゴムなどの通常の網目構造の高分子は，結合間の高分子の長さがばらばらなので，高分子を伸長すると短い高分子に力が集中し，次々と高分子が壊れていく。これに対して環動高分子の場合には，8の字状の結合点が自由に動くことで，高分子にはたらく張力が等しくなる位置に結合点が自然に移動するため，力の集中を防ぐことができる。環動高分子のこのような特性は，滑車効果とよばれている。

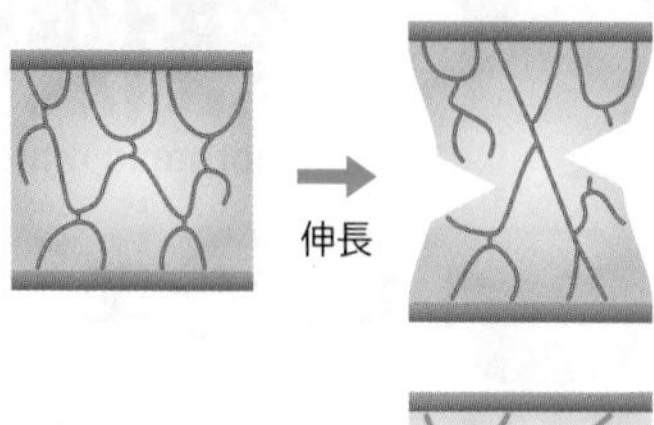

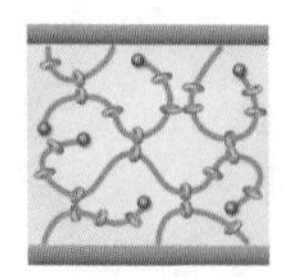

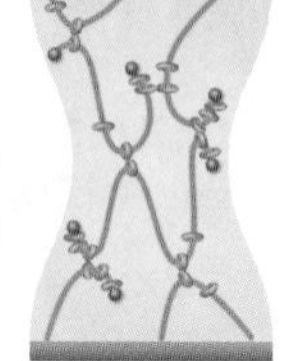

環動高分子は，さまざまな分野で実用化および応用が進んでいる。代表的な例として，耐傷性コーティング，防音振動吸収材，研磨材，粘着剤，誘電アクチュエータなどがあり，携帯電話やスピーカーなどさまざまな商品に利用されている。誘電アクチュエータとは，柔らかいゴムを電極で挟み，電圧をかけることでゴムが伸び縮みする性質を利用した人工筋肉である。通常のロボットなどに使われている電磁モーターに比べると軽いという利点があり，将来，ロボットやドローンなどへの応用が期待されている。

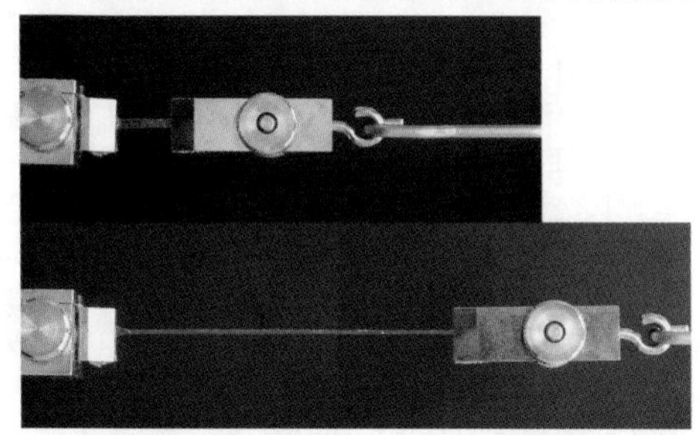
引張試験の様子：10 倍まで伸ばしても破断しない柔軟性をもつ。

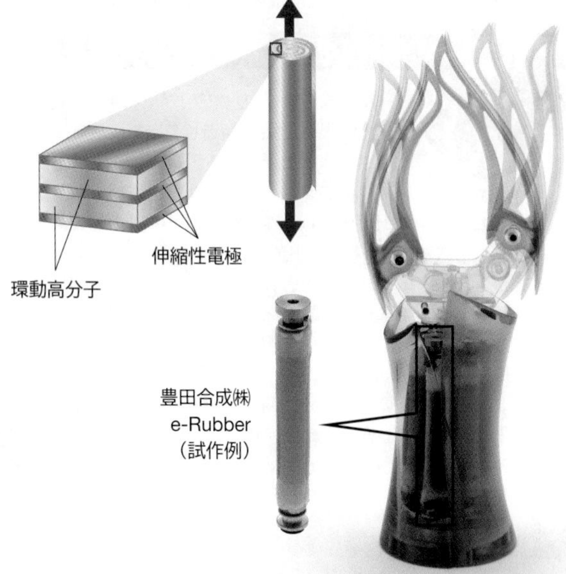

Interview インタビュー

Q. 高校生のときはどのような生徒でしたか？

A. 化学部に所属していました。真面目な化学部というよりも，化学を使って毎日遊んでいるような化学部です。毎年，文化祭で化学マジックという出しものをやるので，そのネタ作りをするのが非常に楽しみでした。

Q. 化学の勉強・研究を始めようと思った理由は何ですか？

A. 大学では物理を専攻していたのですが，卒論で所属した研究室のテーマが高分子だったことがきっかけです。その研究室を選んだ理由は，3年生のときに聞いた講義です。化学物理，非平衡，緩和現象など内容は非常に難しかったのですが，その魅力をわかりやすく教えていただいたので，その先生の研究室に入ることを決めました。

Q. 研究はどのように行うのですか？

A. 研究室には私以外に4名のスタッフがいます。テーマについては，まず研修ということで研究室のテーマを一通り体験してもらい，その後学生の希望を聞いて，スタッフと相談しながら少し時間をかけて決めています。テーマが決まったあとは，学生がそれぞれのスタッフの指導を受けながら高分子・超分子の基礎と応用の研究を行っています。毎週，報告会などが開催されており，学生は月に1度，全員の前で進捗を報告することになっています。外国人の学生もいるので，報告会では日本語と英語の両方でプレゼンしてもらいます。研究成果は，学会や論文で積極的に発表しています。研究室合宿やスポーツ大会など楽しいイベントも数多く，高い研究レベルと楽しく充実した研究生活の両立を実現していきたいと考えています。

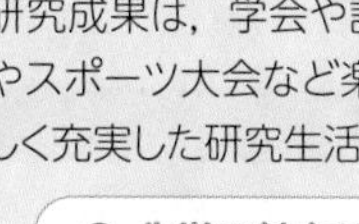

Q. 化学の魅力は何ですか？

A. 良い意味で予想が裏切られるところでしょうか。非常に多くの原子や分子が複雑な相互作用をしているので，想定外の結果が数多く出てきます。もちろん，実験に誤りがないかをまず確認しますが，誤りがない場合には，なぜそうなるかを学生やスタッフと夜遅くまで議論しながら考えます。そのような至福の時間を一度味わってしまったら，その魅力から離れることができなくなりますね。

Q. 化学を学ぶ高校生にメッセージをお願いします。

A. 化学だけでなく研究は直感が大事です。直感を磨くためには，いわゆる勉強も重要ですが，それ以外にも多くの経験を積んで，感受性を鍛えてください。

1 無機物質と人間生活1 ~さまざまな物質と人間生活~

Inorganic materials and human life 1

1 無機化学工業

今日の快適で便利な暮らしを陰で支えているさまざまな無機物質は，大量生産に向けていくつもの課題を克服しながら工業化されてきた。そこには課題と向き合い，乗り越えた化学者の歴史がある。

接触法 p.228

【硫酸 H_2SO_4 の工業的製法】 触媒に五酸化バナジウム V_2O_5 を使用し，二酸化硫黄 SO_2 を酸化することで得られる。

$$2SO_2 + O_2 \xrightleftharpoons{V_2O_5} 2SO_3$$

$$SO_3 + H_2O \rightleftharpoons H_2SO_4$$

SO_3 を濃硫酸に吸収させて発煙硫酸とし，希硫酸でうすめる。

開発の歴史

ローバック

1746 年，ローバック(英)がそれまで硫黄と硝石をガラス容器で燃焼させて製造していた硫酸を，鉛でできた容器の中で大量に合成できるように工夫した。

その後，改良を続けながら一世紀にわたってこの方法が使われた。しかし，肥料など化学製品の原料物質として需要が増すなかで，新しい方法が望まれた。硫黄から硫酸をつくる反応の鍵は三酸化硫黄を合成する反応だった。この可逆反応は正反応が発熱であり，ルシャトリエの原理によれば高圧・低温にする必要がある。しかし，反応速度などの問題があることから触媒の発見が望まれた。

鉛室法の装置

1831 年，フィリップ(英)は白金を触媒にして二酸化硫黄の酸化を試み，接触法の基礎となる方法を構築した。その後，1914 年にBASF 社(独)が酸化バナジウム(V)系触媒の開発に成功し，現在もこの方法が使われている。

ハーバー・ボッシュ法 p.228

【アンモニア NH_3 の工業的製法】 四酸化三鉄 Fe_3O_4 を主成分とする触媒を使用し，窒素 N_2 と水素 H_2 を 400 ~ 600℃，高圧で直接反応させて得られる。

$$N_2 + 3H_2 \xrightleftharpoons{Fe_3O_4} 2NH_3$$

開発の歴史

ハーバー

19 世紀のヨーロッパでは，人口増加にともなう肥料の需要が増大したが，原料は天然の窒素化合物に頼っていた。また，窒素化合物は火薬の原料としても重要で，不安定な国際情勢のなか，各国でその供給が問題となった。空気中の窒素を利用したアンモニアの合成は強く望まれたがうまくいかなかった。

1901 年にルシャトリエ(仏)が，この平衡反応でアンモニアの濃度を上げる条件を指摘し，ハーバー（独)らによって詳細な研究が進められ，1908 年，高圧下でオスミウムを含む触媒を使用するアンモニア合成法を確立した。さらに BASF 社のボッシュが，工業化に向けて高価な触媒を安価なものにしたり，高圧に耐える大型反応容器を開発したりといった課題を乗り越え，酸化鉄を触媒にした連続運転可能な耐圧反応容器を開発し，1911 年に工業化に成功した。合成したアンモニアは硫安(硫酸アンモニウム)にして肥料として利用されたが，1914 年の第一次世界大戦後からは硝酸の生産に切り換えて火薬の原料として使用された。

ボッシュ

オストワルト法 p.229

【硝酸 HNO_3 の工業的製法】 アンモニア NH_3 を酸化することで得られる。

① $4NH_3 + 5O_2 \xrightarrow{Pt} 4NO + 6H_2O$

② $2NO + O_2 \longrightarrow 2NO_2$

③ $3NO_2 + H_2O \longrightarrow 2HNO_3 +$ <u>NO(②に戻る)</u>

まとめると，$NH_3 + 2O_2 \longrightarrow HNO_3 + H_2O$

開発の歴史

オストワルト

硝酸は肥料や火薬の原料となり，重要な基幹化合物である。その原料として N_2 と O_2 の混合物である空気は化学工業的に魅力的であったが，それを利用する技術の開発は難しかった。古くから電気火花による硝酸の製法は知られていたが，19 世紀を通じて行われた工業化への挑戦はうまくいかなかった。1905 年，水力による大電力供給が可能なノルウェーで工業化された(電弧法)が，需要には追いつかなかった。

しかし 1902 年，オストワルト(独)が触媒に白金を用いてアンモニアの酸化によって硝酸を得る方法を確立した。その後，BASF 社のボッシュらにより改良され，ハーバー法による空気中の窒素からアンモニアを大量合成する方法と合わせて工業化に成功。1914 年の第一次世界大戦開戦時までに硝酸の大量製造が可能になり，その大部分が火薬となって戦地に送られることになった。一説では，アンモニアと硝酸の工業化成功がドイツを第一次世界大戦に踏み切らせる要因の 1 つになったと言われている。

アンモニアソーダ法 p.229

【炭酸ナトリウム Na_2CO_3 の工業的製法】 アンモニア NH_3 と食塩 $NaCl$ と石灰石 $CaCO_3$ から得られる。

① $NaCl + NH_3 + CO_2 + H_2O \longrightarrow NaHCO_3 + NH_4Cl$

② $2NaHCO_3 \longrightarrow Na_2CO_3 + H_2O + CO_2$

③ $CaCO_3 \longrightarrow CaO + CO_2$

④ $CaO + H_2O \longrightarrow Ca(OH)_2$

⑤ $Ca(OH)_2 + 2NH_4Cl \longrightarrow CaCl_2 + 2NH_3 + 2H_2O$

まとめると，$2NaCl + CaCO_3 \longrightarrow Na_2CO_3 + CaCl_2$

開発の歴史

ソルベー

18 世紀のヨーロッパでは，繊維工業の発達やガラス製造などによるアルカリ需要が増大し，アルカリ(「ソーダ」とよばれ主成分は Na_2CO_3)の不足が問題になってきた。

1789 年，ルブラン(仏)は硫酸と食塩から硫酸塩をつくり，コークスと石灰石とともに 1000℃で反応させる方法を使って，炭酸ナトリウムの大量合成に成功した。しかし，副生成物による大気汚染が深刻であった。そのような状況で，1861 年にソルベー（ベルギー)は食塩とアンモニアと二酸化炭素から炭酸水素ナトリウムができる反応に着目し，効率よく大量に反応を進められるソルベー塔を発明し工業化した。この方法では副生成物も循環させられ，また反応に高熱も必要なく，原料が液体や気体のため物質移動などの製造コストも少なくてすむことから，次第にルブランの方法を追い越してアルカリ工業の主流になった。

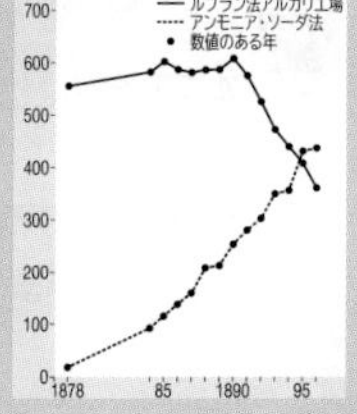

表現 工業化するうえで大切なことは何か。

2 金属の製錬

人類と金属との関わりの歴史は，金属のイオン化傾向と人類が手に入れたエネルギーによって変遷してきた。高温を制御し，電気エネルギーを利用できるようになるにしたがって，手にする金属の種類や量も増えていった。

鉄の製錬 p.224

鉄の単体は，溶鉱炉で赤鉄鉱（主成分 Fe_2O_3），磁鉄鉱（主成分 Fe_3O_4）などの酸化物をコークス C から生じた一酸化炭素 CO により還元して製造する。

$$Fe_2O_3 + 3CO \longrightarrow 2Fe + 3CO_2$$

開発の歴史

ベッセマー

鉄の製錬には鉄を融かす必要があるが，木材を使った方法で 1000℃を超える状態をつくるには耐火性の炉の建設や送風技術の開発など課題が多く，鉄を人類が大量に利用するには銅や青銅にくらべて時間がかかった。

14 世紀に入り，これらの問題を克服した高炉法がヨーロッパではじまったが，大量の木材を必要としたことから深刻な木材不足になった。18 世紀になると，石炭を利用することが可能になったが，石炭中の硫黄やリンなどの不純物を除去し，さらに銑鉄中の炭素を除去しなければ良質な鋼は得られなかった。この問題は，1783 年，コート（英）が精錬中に炉内の鉄をかき混ぜるパドル炉を発明することで解決し，ここから鋼の大量生産が可能となり，産業革命の原動力の一つになった。その後，1855 年にベッセマー（英）が溶融した銑鉄に直接空気を送り込むことで炭素を酸化して取り除く方法を開発し，生産量はさらに増大し，近代化が進んだ。

高炉

アルミニウムの製錬 p.226

アルミニウムの単体は，鉱石のボーキサイトからつくられる酸化アルミニウム Al_2O_3 を，氷晶石 Na_3AlF_6 とともに溶融塩電解して得られる。この方法はホール・エルー法ともよばれる。

開発の歴史

ホール

エルー

アルミニウムは地表を構成する元素の量としては，酸素，ケイ素に次いで第 3 位であり，ありふれた鉱石に多量に含まれている。しかし，イオン化傾向が大きく酸素との結合が強いため，金属単体としてはじめて取り出されたのは 1825 年で，それからしばらくは高価な貴金属だった。

1855 年のパリ万博では「粘土からの銀」とうたわれて展示され，ナポレオン三世は最高の賓客にアルミニウムの食器でもてなしたと伝えられる。そんなアルミニウムの工業的製法は，異国の面識のない二人の青年化学者ホール（米）とエルー（仏）によって発見された。二人はそれぞれ酸化アルミニウムを融解して電気分解する方法を研究していた。酸化アルミニウムは融点が 2000℃を超えるためコストがかかりすぎ工業化できなかった。ところが氷晶石の融解した中に酸化アルミニウムを入れると，約 1000℃で融解することを二人がそれぞれ偶然に発見し，その液体を電解し金属アルミニウムを手にすることに成功した。どちらも 23 歳で，わずか数ヶ月の差であった。その功績をたたえ，この方法はホール・エルー法として現在でも使われている。ちなみに二人は同じ 51 歳でこの世を去っている。

銅の電解精錬 p.226

溶鉱炉で黄銅鉱（主成分 $CuFeS_2$）に空気を吹き込みながら加熱すると，純度約 99%の粗銅が得られ，その粗銅を電解精錬することで純度 99.99%以上の純銅が得られる。

開発の歴史

ファラデー

銅の精錬の歴史は古く，紀元前 3500 年頃のエジプトがはじまりと言われている。鉱石から製錬する技術は鉄と同様に開発が進み，現在は鉄と同様に溶鉱炉により行われている。しかし，銅はインフラとして重要な電気工業に利用されるなど高品質な製品が望まれる。そのために溶鉱炉で得られた粗銅をさらに電解精錬して高純度にしている。1833 年にファラデーの法則を発表したファラデーが電解精錬の基礎を築き，1865 年にエルキントン（英）が工業化をはじめた。

チタンの製造（クロール法）

原料となるチタンの鉱石を，コークスとともに塩素と反応させると塩化チタン（IV）が得られる。これをマグネシウムで還元することで単体のチタンが得られる。この製造方法は，ルクセンブルクのクロールが開発した。

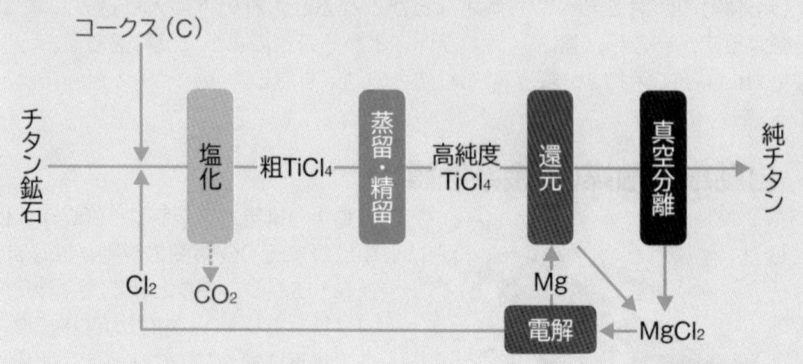

TOPICS

金属のリサイクルと都市鉱山

携帯電話やパソコンなど都市部で大量に廃棄される廃棄物の中には有用な資源が含まれている。これを鉱山にたとえ，**都市鉱山**とよび，資源を積極的にとり出すリサイクルの考え方の一つとして注目されている。2021 年に行われた東京オリンピック・パラリンピックでは，2017 年から 2 年間で 14 万 6000 台の携帯電話を回収し，金・銀・銅あわせて約 5000 個のメダルに必要な金属を回収し，その金属で作成したメダルが選手に贈呈された。

日本の都市鉱山の規模

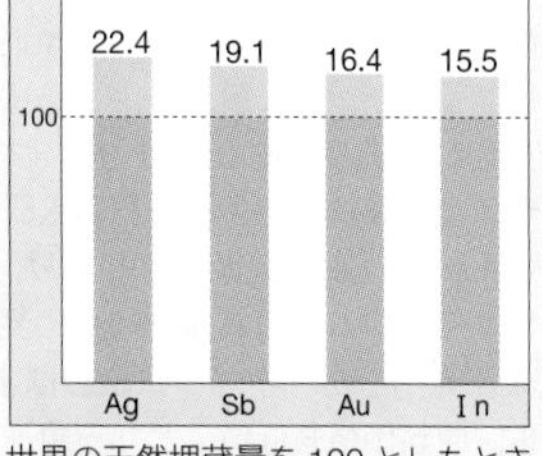

世界の天然埋蔵量を 100 としたとき

日本の都市鉱山と他国の天然埋蔵量

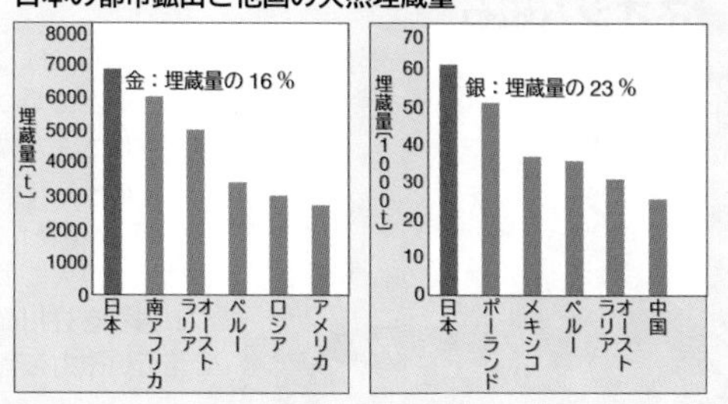

表現 レアメタルについて説明せよ。

2 無機物質と人間生活 2 ~さまざまな物質と人間生活~

Inorganic materials and human life 2

1 進展する無機物質の利用

無機物質は，主に金属・合金(▶ p.208)やセラミックス(▶ p.210)として利用されることが多かったが，科学技術の進展とともに，様々な元素が特別な用途で利用されるようになってきている。

光触媒 二酸化チタン TiO_2

1967 年，東大大学院生だった藤嶋昭は，実験中に酸化チタン電極と白金電極を入れた水槽から気体が発生しているのを発見する。その泡は水が分解した酸素と水素で，紫外線が当たったときだけ発生することがわかった。この酸化チタンによる光触媒反応の発見は，1972 年に Nature 誌でも取り上げられ，指導教官の本多健一とともに「本多・藤嶋効果」とよばれるようになった。

第二次石油危機の 1980 年頃には，この反応を使ってエネルギー供給源にする研究も行われたが，反応の性質上，大規模スケールには向かなかった。しかし，酸化力や超親水性といった特徴が見つかり，屋外の壁面の汚れ落としや曇り止めなどに利用されている。また最近では，可視光でも反応させる研究開発が進められている。

光触媒反応

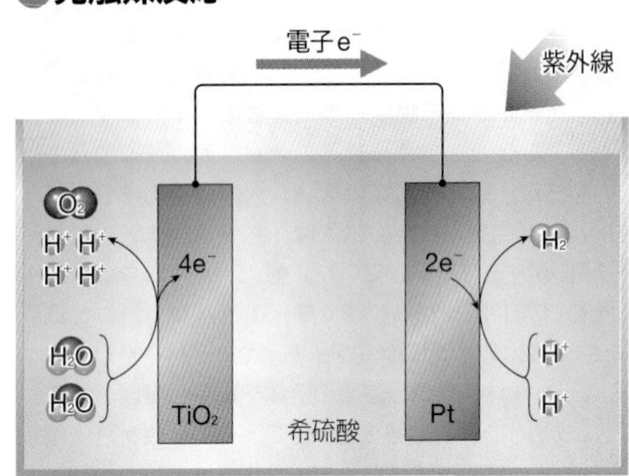

負極 $2H_2O \longrightarrow O_2 + 4H^+ + 4e^-$

正極 $2H^+ + 2e^- \longrightarrow H_2$

全体 $2H_2O \longrightarrow 2H_2 + O_2$

負極に酸化チタン(Ⅳ)TiO_2，正極に白金 Pt をつないで希硫酸に浸し，TiO_2 表面に光(紫外線)を照射すると電流が流れる。このとき，負極では酸素が，正極では水素が発生する。これを発見者の名前をとって**本多－藤嶋効果**とよぶ。

光(紫外線)の照射により，水が酸素と水素に分解して気泡が発生している。

酸化チタン(Ⅳ)TiO_2 の特徴

①酸化力

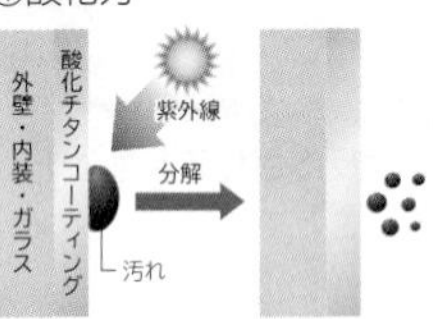

光(紫外線)の照射によって光触媒反応が起こり，強い酸化力によって汚れを分解する。

②超親水性

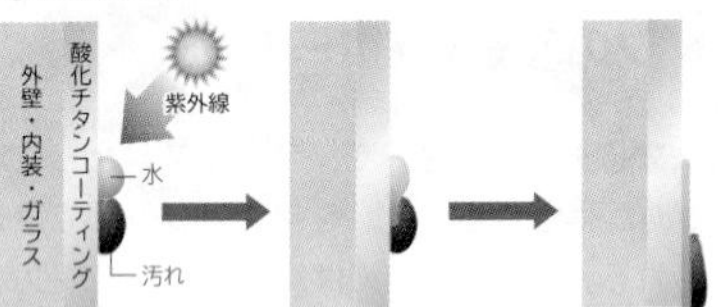

雨水などがかかると汚れの下に入り込み，汚れが浮き上がることによって流れ落ちる。くもり防止の効果もある。

光触媒反応の利用

壁面についた汚れは雨などによって定期的に洗い落とされる。セルフクリーニング作用をもつ。

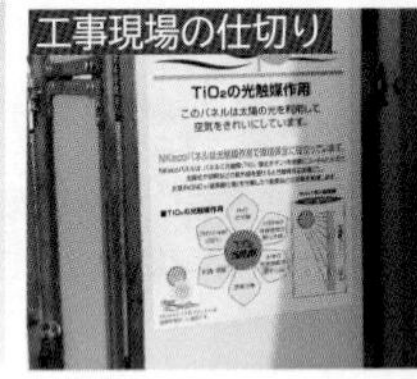

表面をコーティングすることで，窒素酸化物や硫黄酸化物を分解することができる。

雨天時に水が付着してもすぐに流れ落ち，視認性が向上する。また，くもり防止にもなる。

自動車用触媒(白金系触媒)

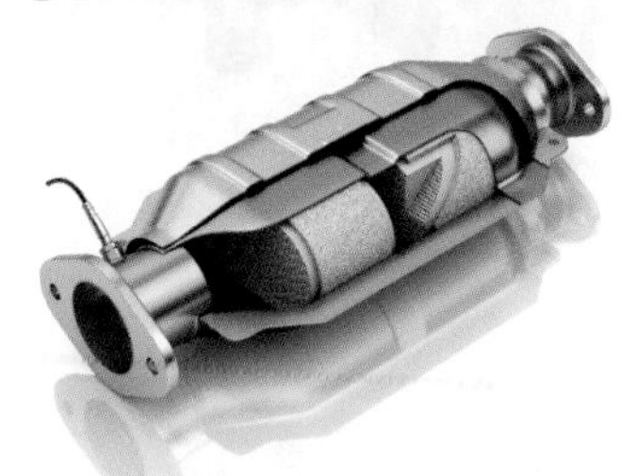

自動車の排気ガス規制は 1960 年代に米国カリフォルニア州を皮切りに世界規模ではじまり，日本でも 1966 年にガソリン車に対する CO 濃度の規制がはじまった。今でも厳しい規制強化が続いているが，その規制が原動力となって技術革新が進み，エンジン性能と排気ガス浄化の向上によって規制の壁を乗り越えてきた。

ガソリンエンジンの排気ガス中には，未焼却の炭化水素，一酸化炭素，窒素酸化物(NO_x)といった有害物質が含まれている。この排気に対して，CO と炭化水素は酸化して二酸化炭素と水に変え，NO_x は還元して窒素と酸素に変える三元触媒が使われている。この触媒には白金，パラジウム，ロジウムといった貴金属が使われており，また，酸化と還元を同時に触媒表面上で行う制御には，センサーや燃焼をコントロールするコンピュータの連携システムの構築などの技術向上も必要である。このシステムの導入が自動車のエレクトロニクス化を進めることになった。さらに今後は触媒として利用される貴金属を極力削減するため，自己再生能力を備えたインテリジェント触媒の開発研究などが進められている。

ネオジム磁石

人類が磁石にはじめて出会ったのは古代ギリシャ時代と言われる。その後，11 世紀には中国で羅針盤として使われるなど，磁石と人との関わりは長いが，特に脚光を浴びるようになったのは 20 世紀に入ってからである。モーターは永久磁石でコイルをはさんだ構造をしており，磁石が強力になれば性能も上がる。また記録媒体としての応用も進み，小型で強力な磁石が求められた。そのような状況で多くの日本人研究者が世界をリードしてきた。

1917 年，本多光太郎の「KS 鋼」の発明にはじまり，1932 年に加藤与五郎・武井武によるフェライト磁石の発明，1978 年には米山哲人によりサマリウム・コバルト磁石の発明と続いた。そして，1982 年には，現在も最強の磁石と言われるネオジム磁石を佐川眞人が発明した。ネオジム磁石はネオジム・鉄・ホウ素からなる化合物で，サマリウム・コバルト磁石の 2 倍近い磁力を有し，原料価格も低いことから急速に代替が進み，電気製品の小型化，高性能化に貢献している。

表現 酸化チタンの酸化力や親水性を利用する場面を考えてみよう。

LED 窒化ガリウム GaN

1879年トーマス・エジソンによって白熱電球が実用化された。それから60年後の1938年には蛍光灯が，さらに60年後の1996年にはLED照明が誕生した。

LED(Light Emitting Diode：発光ダイオード)は1962年に発明されたが，当初は赤色のみだった。それが1970年代までに赤，緑，黄色が出せるまでになったが，白色光を得るために必要な青色LEDは1989年にようやく実用化された。

その後は2000年代まで主流であった蛍光灯にかわり，新たな光源として急速にLEDの普及が進んでいる。

白熱電球　蛍光灯　HID※1　LED
※1 高輝度放電ランプのこと。高圧水銀ランプともいう。

出荷台数の内分け[%]　0　20　40　60　80　100
2008　2009　2010　2011　2012　2013　2014　2015　2016　2017
（一般社団法人　日本照明工業会「照明器具自主統計」より作成）

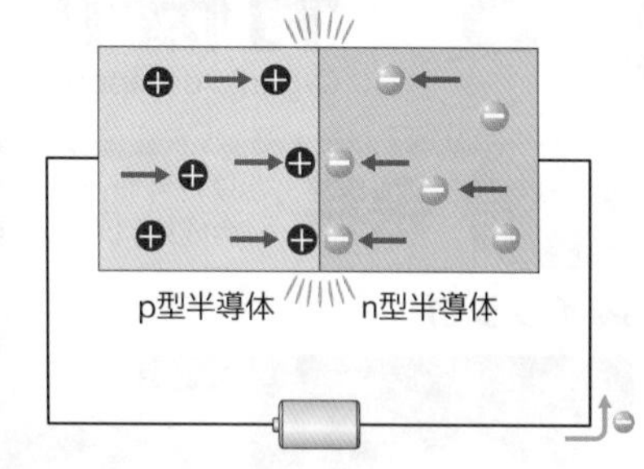

LEDは結晶中に正孔が多いp型半導体と，電子が多いn型半導体を接合したもので，接合部分で正孔と電子がぶつかって結合したときに生じるエネルギーによって発光する。LEDは，そのエネルギー効率の高さが最大の特徴である。電気エネルギーから光エネルギーへの変換効率は，白熱電球が約10%，蛍光灯が約20%なのに対し，LEDは約30%と言われている。白熱電球や蛍光灯に比べて長寿命のため経済的でもある。

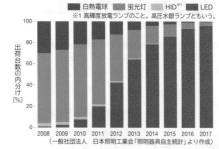

さらに蛍光灯はその発光のしくみ上，毒性の高い水銀の蒸気を含んでおり，蛍光灯が割れれば大気へ水銀が放出されるリスクがともなう。そのような状況からLED照明の普及が進んだ。現在，高価な窒化ガリウムに変わる新しい材料として，酸化亜鉛によるLEDの開発が進められている。また，発光材料に有機化合物を用いた有機ELなども登場し，今後もますますの発展が期待されている。

TOPICS

LEDと日本人研究者

初期の赤色LEDに使用されていた材料はガリウムGa，ヒ素As，リンPの化合物(GaAsP)だったが，青色LEDをつくるためには，窒化ガリウムGaNの高品質な結晶をつくる必要があった。世界中の研究者がチャレンジしたが成功には至らず，見切りをつけはじめていた1970年代，赤﨑勇・天野浩らはGaNと同じ結晶構造をもつサファイア(主成分Al_2O_3)を基板とし，その表面にGaNの結晶を成長させようと考えた。しかし結晶格子の原子間距離がわずかに違うため，結晶が成長していくとひずみが生じて良質な結晶ができなかった。そこで彼らは，サファイアとGaNの中間の格子間隔をもつ窒化アルミニウムAlNをクッションがわりに挿入する方法を思いつき，約1500回の失敗と5年の歳月をかけてGaNの結晶作成に成功した。それでも当時の青色LEDは発光が弱く実用化には程遠かったが，中村修二らによりインジウムInを添加したInGaNがつくられると明るさは100倍になり，1993年に実用化に至った。この偉業を成し遂げた日本人研究者三人(赤﨑勇・天野浩・中村修二)には，2014年ノーベル物理学賞が贈られている。現在，一般に使われている白色LEDは，青色LEDの上に青色の光を吸収して黄色い光を放出する蛍光体と組み合わせ，LEDからの青色光と蛍光体からの黄色光を合わせて白色光にしている。

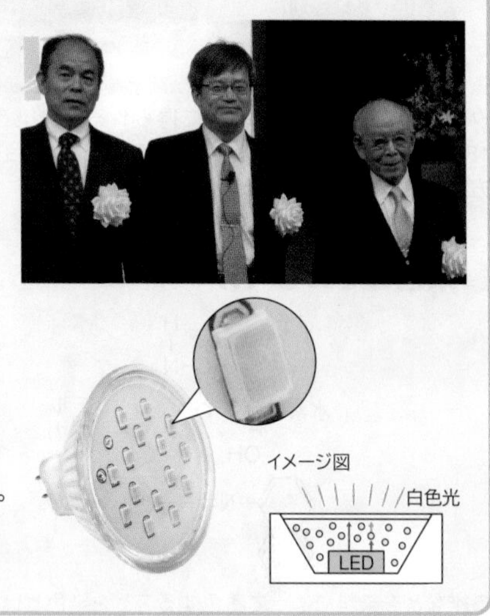

2 生命に関わる無機物質

私たちの体は炭素・水素・酸素・窒素などの元素を主成分として利用しているが，健康に生活していくためには，周期表上にある約120種の元素のうちで約1/6にあたる23種類の元素を必要としている。

肥料

作物を育てるためには，窒素N，リンP，カリウムKの3つが重要な成分で，肥料の三要素とよばれる。1910年，ハーバー・ボッシュ法によりアンモニアの製造がはじまると，そのアンモニアを使って合成肥料が作られるようになった。その恩恵を受け，穀物や食肉の生産量は増加し，一説には天然肥料では40億人が上限といわれていた世界人口は，70億人を超えるまでになった。

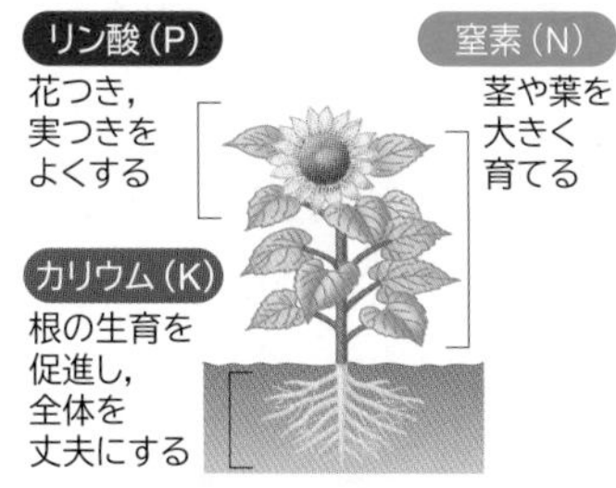

生体内の微量元素

人間に必須な微量元素は，鉄Fe，フッ素F，ケイ素Si，亜鉛Zn，セレンSe，ヨウ素I，モリブデンMo，ニッケルNi，クロムCr，コバルトCoの12種類である。金属の働きはそれぞれ特異的で，元素ごとに欠乏症の症状が異なり，対応する元素を摂取すれば症状は改善する。鉄は赤血球中に含まれる色素タンパク質であるヘモグロビンに含まれる。ヘモグロビンはFe^{2+}を含むヘムと呼ばれる錯体4分子から構成され，血液中の酸素分圧の増減によって酸素分子をFe^{2+}に結合させたり放出させたりしている。

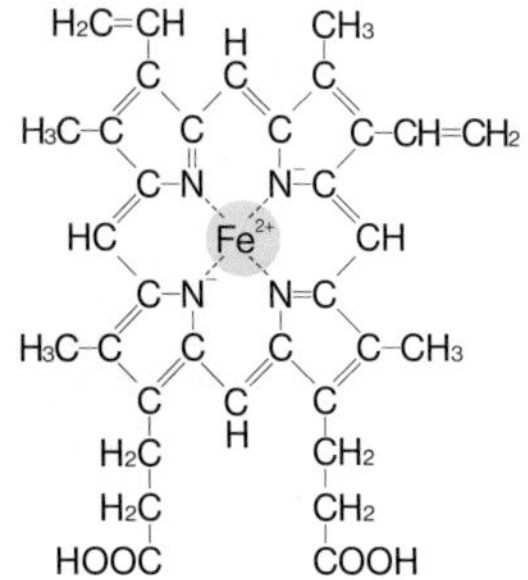

TOPICS

酸素解離曲線

ヘモグロビンと酸素が結合すると，酸素ヘモグロビンになるが，その変化は可逆的である。ヘモグロビンと酸素の結合の割合を酸素飽和度といい，酸素分圧と酸素飽和度の関係を表すグラフを酸素解離曲線という。肺の中では酸素分圧が約1.2×10^4Paで酸素飽和度がほぼ1だが，酸素分圧が約4.0×10^3Paになる体の末端組織では，酸素飽和度が0.55程度になる。

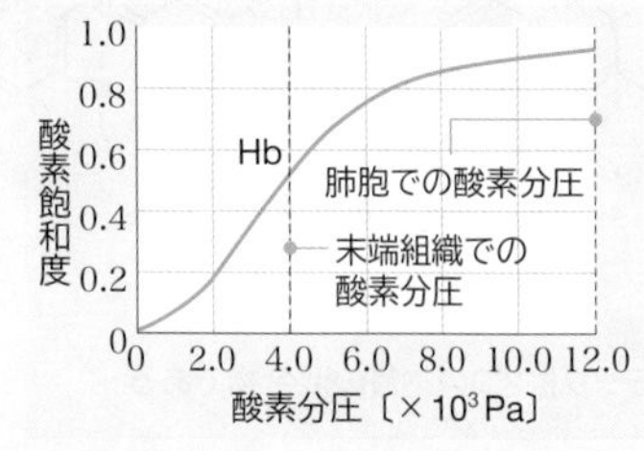

有機化合物と人間生活1 ~さまざまな物質と人間生活~
Organic compounds and human life 1

1 染料

身のまわりにある有機化合物のひとつに染料がある。天然染料には植物染料と動物染料があり，また，人工的に合成した合成染料も存在する。

インジゴ

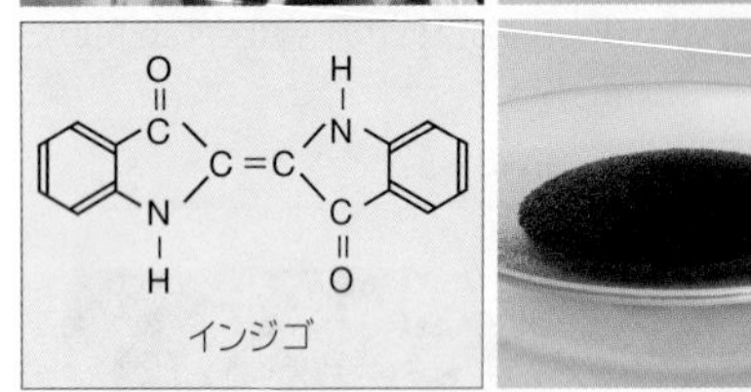

タデアイを発酵させたときに得られる藍色染料。1880年にアドルフ・バイヤーらがインジゴの合成方法を発見し，83年にその構造を決定した。

アリザリン

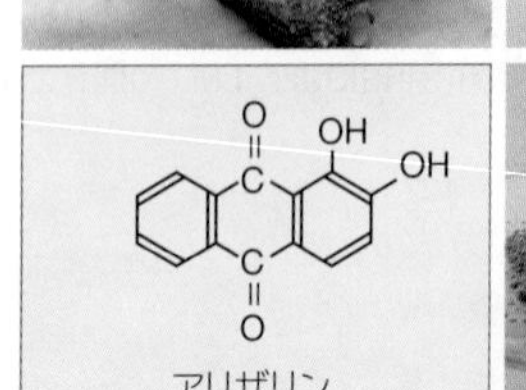

アカネの根に含まれる赤色染料。1868年に，カール・グレーベらが，アカネの成分であるアリザリンの分子構造を決定し，翌年，その合成にも成功した。

カルミン酸

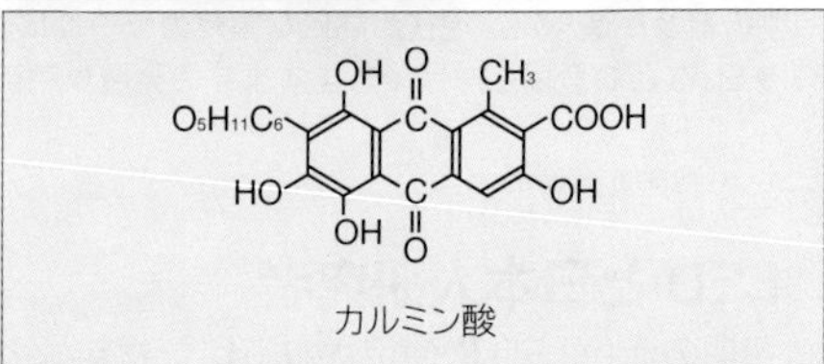

ペルー，メキシコ原産のサボテン類につくエンジムシの1種で，産卵前の雌虫を集めて熱湯に通し，蒸気をかけて乾燥させたもの。コチニールの赤色素はカルミン酸で，食品添加物，化粧品などに使われている。

染色とそのしくみ

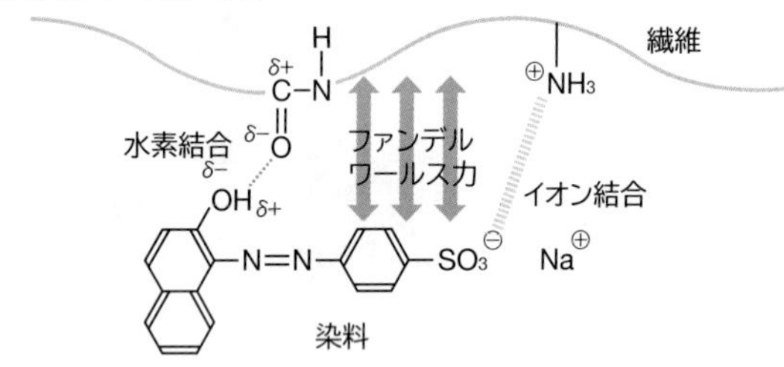

繊維などを染料によって着色することを染色という。色落ちしにくいように染色するには，繊維のすき間に染料が入り込み，分子間力やイオン結合によって繊維と離れにくくなる(これを染着という)必要がある。そこで，繊維にあった染色を行うため，繊維の主成分や化学的性質を考慮して染色が行われている。

TOPICS

人類初の合成染料「モーブ」

コールタールの成分であるベンゼンからできるアニリンの研究をしていたウィリアム・パーキンは，アニリンから医薬品のキニーネを合成しようとする過程で，紫色の染料の合成に成功した。あざやかな紫色で染めるパーキンの合成染料は大変な評判をよび，「モーブ」という名で親しまれた。本来の目的物質であったキニーネが合成されるのは，これから1世紀後のことである。

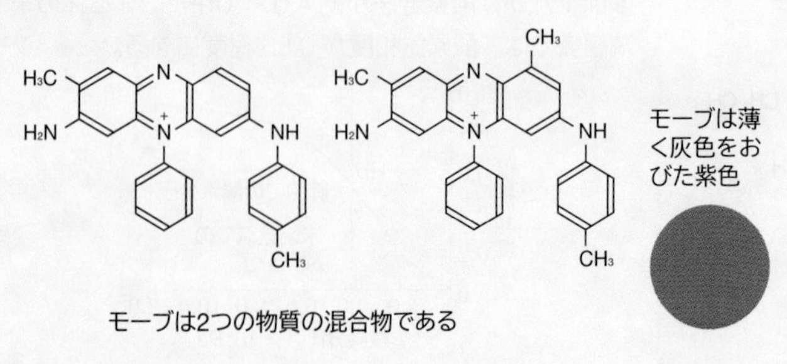

モーブは2つの物質の混合物である

藍染め

インジゴは水に不溶だが，塩基性にすると水溶性になる。還元剤の $Na_2S_2O_4$(ハイドロサルファイトナトリウム)で還元すると，水溶性のロイコ体になる。ロイコ体が繊維に吸着し，空気酸化すると水に不溶なインジゴに戻る。

熱湯にインジゴを加えよくかき混ぜる。NaOH水溶液を加え塩基性にする。

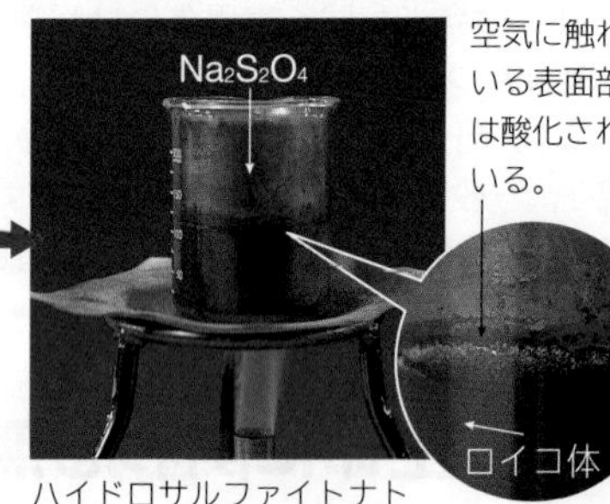

ハイドロサルファイトナトリウムでインジゴを還元し，ロイコ体にする。

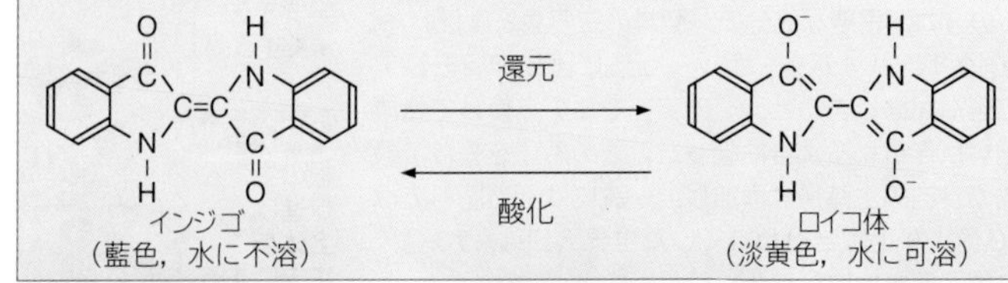

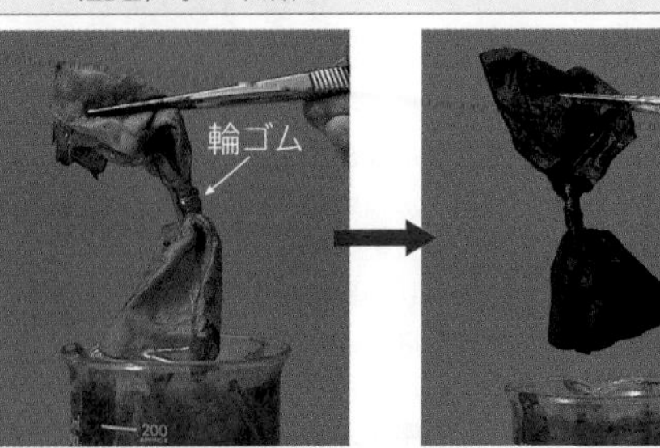

木綿の布を2～3分浸したあと，液から出す。空気中の酸素で酸化され，黄緑色から藍色に変化する。

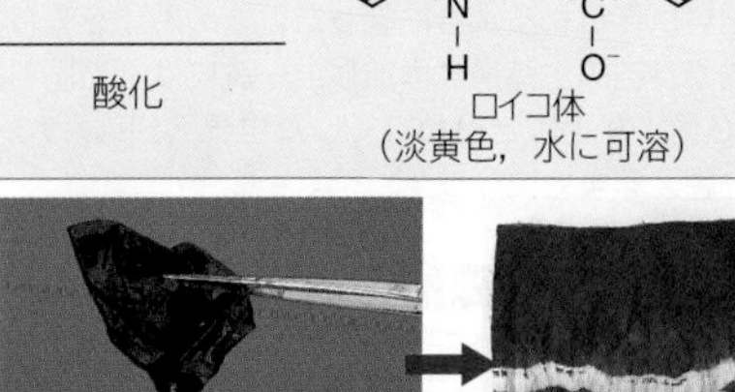

輪ゴムで絞った部分には，染液がしみ込まないので，染まらず白いままである。

2 色素

野菜や果物などの鮮やかな色は色素によるものである。また，人工的に合成された色素は合成着色料とよばれ，どちらも有機化合物である。

食物にふくまれる色素

⇧β−カロテン

⇦クロロフィルa

フラボン類の基本骨格⇨

アントシアニンの一つ
シアニンの構造⇨

食卓にのぼる色とりどりな野菜は，さまざまな色素を含む。代表的な例を挙げると，ほうれん草やブロッコリーに含まれるクロロフィル，カリフラワーや玉ねぎなどに含まれる白色～淡黄色のフラボン，ニンジンやトマトに含まれる黄色～赤色のカロテン，ブドウやナスに含まれる紫色～赤色を示すアントシアニンなどがある。これらの色素の共通する特徴は，二重結合と単結合が交互に繰り返される共役系と呼ばれる構造を持つことである。

合成着色料

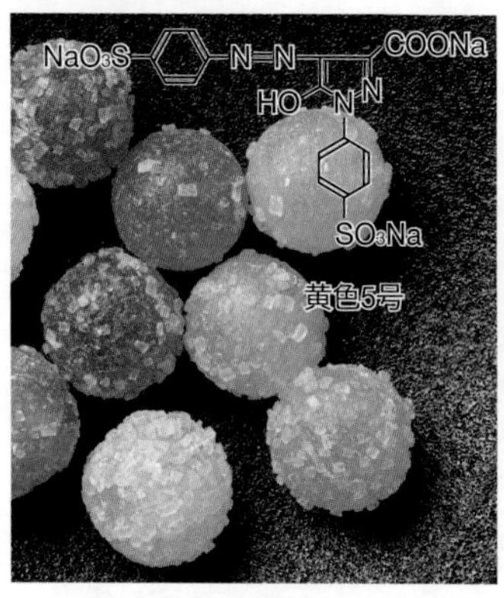

黄色5号

赤色102号

かつて合成着色料の原料は，コールタールから得られる化合物を原料にしていた。そのため，タール色素ともよばれている。現在では，合成着色料は石油から原料が得られている。染料と同様に，アゾ基や共役系の構造をもち，食品や医薬品の着色に用いられるため，光や熱に対して分解されにくいものが利用されている。また，安全性が科学的に検証されており，日本では厚生省の機関により純度や規格などが検査されている。

TOPICS

合成着色料の法規制

合成着色料は，発色がよく食品を鮮やかに彩り際立たせる効果がある。一方で，着色料を合成する際の副生成物の混在や，着色料自体が分解されにくいことなどから体内に多量に摂取した場合に，発がん性，アレルギー症状などの可能性があることが指摘されている。このため，厚生労働省は，食品添加物の安全性を確保するために，食品添加物が人の健康をそこなうおそれのない場合に限って使用を認めている。また，継続的に純度や規格を検査し，国民一人当たりの摂取量を調査している。現在，日本で使用できる合成着色料は 20 品目となっている。

過去に使用禁止になった合成着色料の例

赤色 103 号：安全性資料不足

橙色２号	：肝・心障害	黄色３号	：発がん性
緑色１号	：肝障害，肝腫瘍	紫色１号	：発がん性

TOPICS

有機工業化学

アセチレン C_2H_2 は，ビニル化，環化重合，カルボニル化などにより，多くの有用な有機化合物を合成する原料となる。アセチレンは，コークスと生石灰（酸化カルシウム）を原料として高温の電気炉で合成することができる。

カーバイド CaC_2 と水の反応は，フリードリヒ・ヴェーラーにより発見され，近代有機化学工業を支える重要な反応となる。

1940 年代～ 1950 年代初期まではアセチレンは有機化学工業の中心であった。1950 年代初期頃に使われていた反応の多くは，現在では別の合成方法に変わっている。

$$3C\ (\text{コークス}) + CaO \longrightarrow CaC_2 + CO$$

$$CaC_2 + 2H_2O \longrightarrow CH{\equiv}CH\ (\text{アセチレン}) + Ca(OH)_2$$

	1950年初期までに用いられていた反応	現在の合成方法
塩化ビニル	$CH{\equiv}CH + HCl \xrightarrow[\text{触媒}]{} CH_2{=}CHCl$	$2CH_2{=}CH_2 + 4HCl + O_2 \longrightarrow 2CH_2Cl{-}CH_2Cl + 2H_2O$ $CH_2Cl{-}CH_2Cl \xrightarrow{\text{熱分解}} CH_2{=}CHCl + HCl$
酢酸ビニル	$CH{\equiv}CH + CH_3COOH \xrightarrow[\text{触媒}]{} CH_2{=}CH(OCOCH_3)$	$2CH_2{=}CH_2 + CH_3COOH + O_2 \xrightarrow[\text{触媒}]{} 2CH_2{-}CH(OCOCH_3) + 2H_2O$
アセトアルデヒド	$CH{\equiv}CH + H_2O \xrightarrow[\text{触媒}]{HgSO_4} CH_3CHO$	$CH_2{=}CH_2 + O_2 \xrightarrow[\text{触媒}]{PbCl_2,\ CuCl_2} 2CH_3CHO$

終 化学が果たす役割

化学

4 有機化合物と人間生活 2 ~さまざまな物質と人間生活~

Organic compounds and human life 2

1 抗菌剤

ヒトの病気の治療などに用いる医薬品も，その多くは有機化合物である。人体には毒性をもたない化学物質を抗菌剤といい，それらを用いて病気を治療するのが化学療法である。

サルバルサン

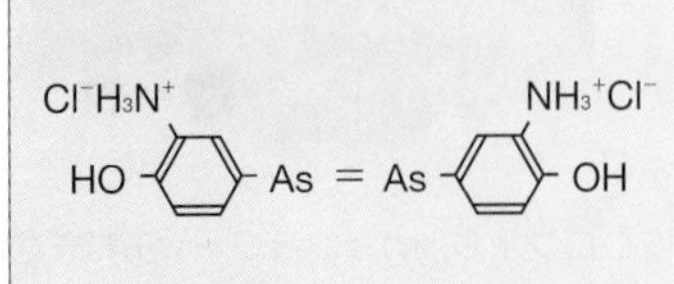

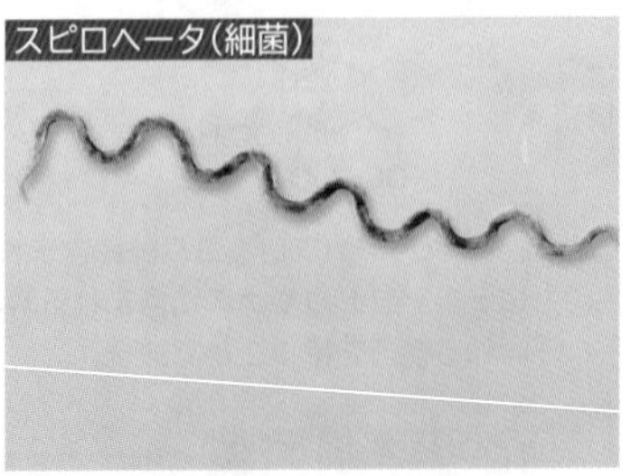

エールリッヒ(独)と秦(日本)により合成された。ヒ素 As を含む有機化合物で，梅毒スピロヘータに有効。

サルファ剤

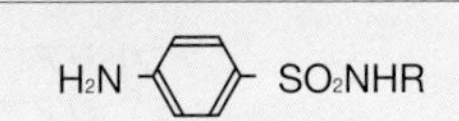

スルファニルアミド骨格をもつ物質の総称。ドーマク(独)により殺菌作用が確認された赤色プロントジルが最初のサルファ剤である。有効成分はスルファニルアミドである。

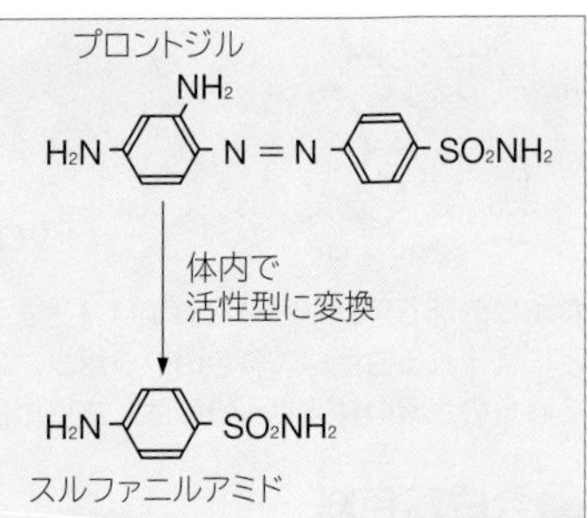

抗生物質

微生物から生成される物質で，他の微生物の成長や増殖を阻害するものを抗生物質という。

▶ペニシリン

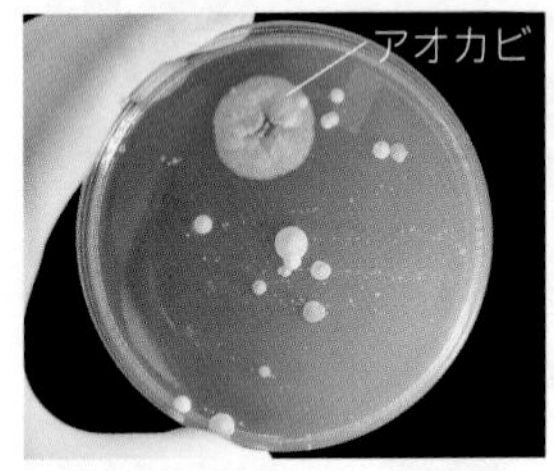

アオカビのまわりでは，アオカビから出るペニシリンにより，細菌が減少する。

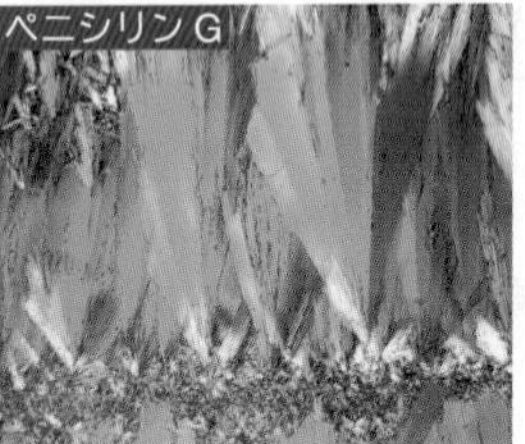

ペニシリンはフレミング(英)がアオカビによる分泌物質から発見。肺炎などの細菌による感染症に有効。

フレミング
(1881～1955)

▶ストレプトマイシン・テトラサイクリン

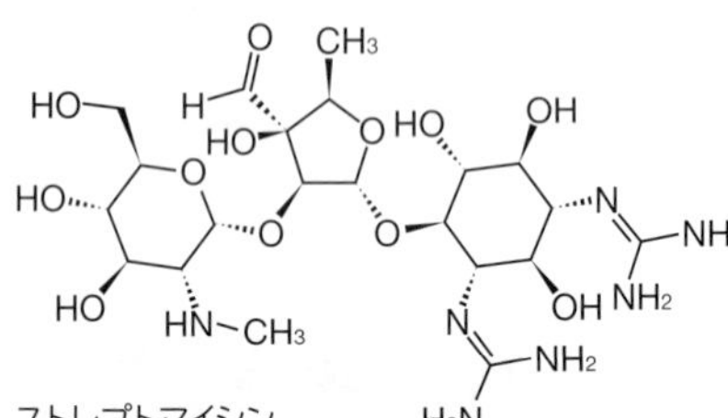

ストレプトマイシン

ペニシリンの発見以降，細菌から新たな抗生物質が得られることを目指して多くの研究が開始された。1944 年，結核菌のリボソームを選択的に攻撃するストレプトマイシンが発見された。

細菌の細胞分裂の速度は圧倒的に速いため，リボソームの働きを阻害すれば細菌のほうがヒトより先にタンパク質不足になり，増殖を抑えることができる。同様にリボソームの働きを阻害する医薬品には，テトラサイクリンなどがある。

抗ウイルス剤・抗がん剤

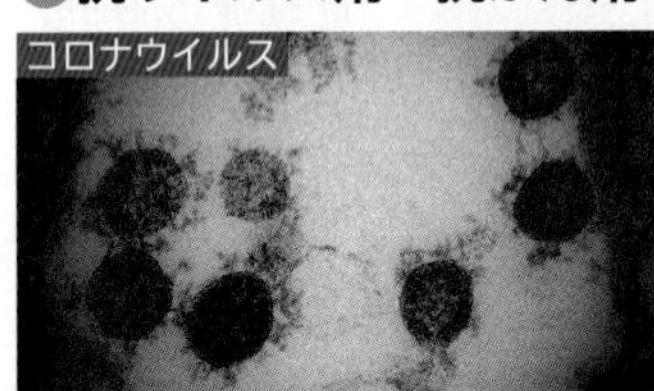

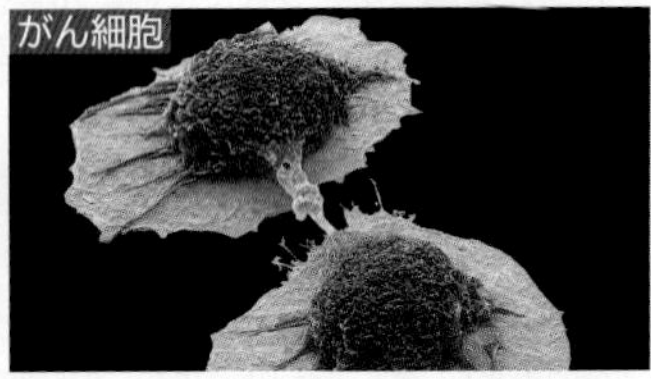

細菌は単細胞であり，細胞分裂により増殖できる。一方，ウイルスは DNA や RNA を保持し，生物の細胞に感染することで増殖する。ウイルスの増殖を抑える化学療法剤を抗ウイルス剤という。

がんは正常な細胞の遺伝子が損傷し，無秩序に増殖する病気である。がんの治療薬として，がんの増殖を抑える抗がん剤が用いられる。

TOPICS

敗血症とプロントジル

1932 年，細菌学者ドーマク(ドイツ)は，アゾ染料がタンパク質と結合しやすいことから，赤色アゾ染料であるプロントジルが感染症(敗血症)に効果を示すことを公表した。その後，プロントジルの効用はアゾ染料に含まれるアゾ基ではなく，プロントジルが体内で代謝されたスルファニルアミドが要因だと発見した。細菌が葉酸(ビタミン)の合成に必要な *p*-アミノ安息香酸の構造と，スルファニルアミドの構造が似ている。そのため，葉酸合成酵素の活性部位にスルファニルアミドが結合し，細菌が葉酸を合成できず増殖が阻害される。ヒトは葉酸の細胞膜透過を助けるタンパク質をもち，食物からの葉酸を取り入れるが，バクテリアはこのタンパク質をもたないため，細胞外から葉酸を取り込むことができない。

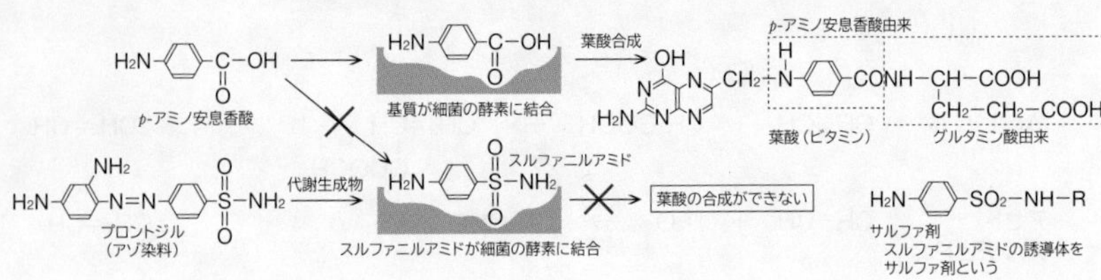

対症療法薬

▶アセチルサリチル酸

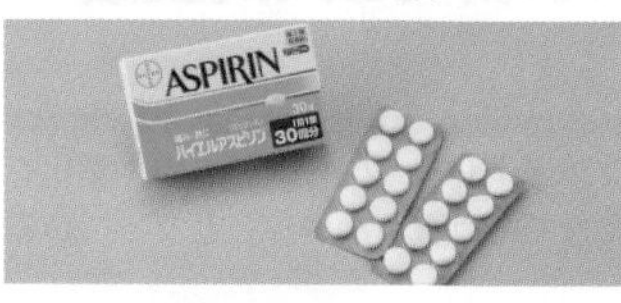

アセチルサリチル酸(商品名：アスピリン)は，解熱鎮痛剤として世界初の人工合成された医薬品である。現在世界中でも年間約4万トンが使用されている。

▶アセトアミノフェン

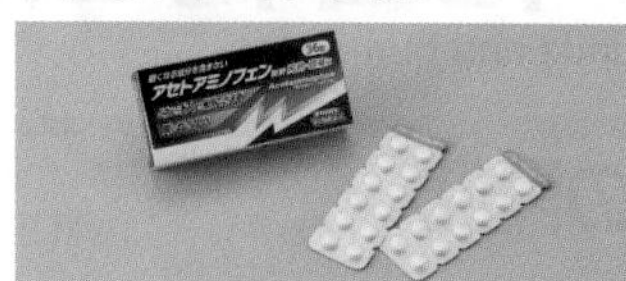

アセトアミノフェンは，1893年から医薬品として使用されている解熱鎮痛薬である。血管や汗腺を広げ，熱を体外に放出することで，体温を下げる作用がある。

TOPICS

ヤナギの樹皮とサリチル酸

ヤナギの樹皮は，古代ギリシャ時代から神経痛を抑える目的で使用されてきた。日本ではヤナギ木が歯痛に効果があることから楊枝として使用されてきた。1819年には，ヤナギ(salix)の樹皮から，解熱鎮痛を抑える有効成分であるサリシン(salicin)が分離された。その後，サリシンは体内で分解されサリチル酸が生成し，サリチル酸に鎮痛作用があることが分かった。

サリシン —加水分解→ サリチルアルコール —酸化→ サリチル酸

ドイツの化学会社バイエルの化学者であったFelix Hoffmannの父は，リウマチを患っており，リウマチの痛み止めとしてサリチル酸ナトリウムを服用していた。しかし，サリチル酸ナトリウムの副作用として胃が損傷を受け痛みに悩まされていた。そこで1897年，Hoffmannはサリチル酸のフェノール性ヒドロキシ基をアセチル化し，胃への副作用が少ない世界初の合成新薬アセチルサリチル酸を合成した。バイエル社は1899年にこのアセチルサリチル酸を商品名「アスピリン」として販売を始めた。Aspirinの名称由来は，アセチルの「A」とサリチル酸が単離された植物セイヨウナツユキソウ(Spiraea ulmaria)とサリチル酸のドイツ名シュピールゾイレ(spirsaure)にちなんだものである。

2 食物

多くの生物は，有機化合物を食物として摂取し生命を維持している。生命を維持し成長に必要な食物の成分を栄養素といい，炭水化物，タンパク質，脂質は三大栄養素といわれている。

炭水化物(糖)

炭水化物を含む食品

糖は，動植物のエネルギー源や植物体の構造維持を担っている。セルロースなどの多糖は，ヒトの消化酵素では消化吸収できないものの，大腸の運動を促す働きなどが認められており，食物繊維とよばれている。糖は $C_m(H_2O)_n$ とも表され，炭素と水の化合物とみなせるため炭水化物もよばれる。

タンパク質

タンパク質を含む食品

生体を構成するタンパク質は，同一炭素原子にカルボキシ基 $-COOH$ とアミノ基 $-NH_2$ が結合した α-アミノ酸から構成されている。タンパク質のおもな役割は，「生体を構成する」，「物質の運搬」，「体内の化学反応に関係する」などがあげられる。

脂質

脂質を含む食品

脂質を含む食品

水に溶けにくく，有機溶媒に溶けやすい生体物質を脂質という。体内でのエネルギー貯蔵体の働きをもつほか，生体膜の構成成分，生体表面の保護なども担っている。脂質は，単純脂質，複合脂質，誘導脂質に大きく分けられる。

$R^1-CO-O-CH_2$, $R^2-CO-O-CH-CH_2-O-PO(O^-)-O-CH_2CH_2N^+(CH_3)_3$

親水性　疎水性

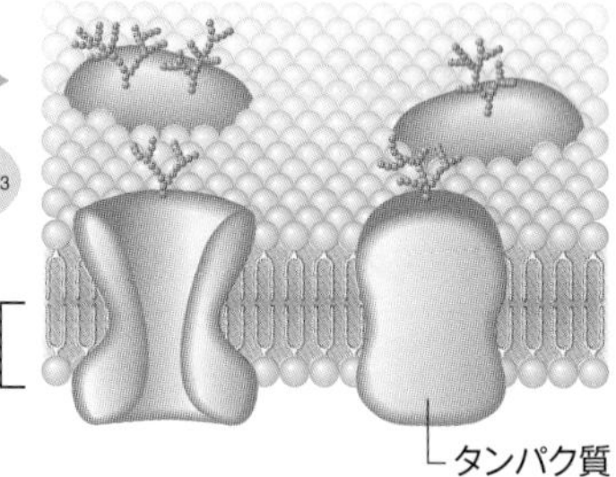

生体膜(細胞膜)はリン脂質によって構成されている。親水性の部分を外側に，疎水性の部分を内側に向けたリン脂質二重層を形成している。

ビタミン

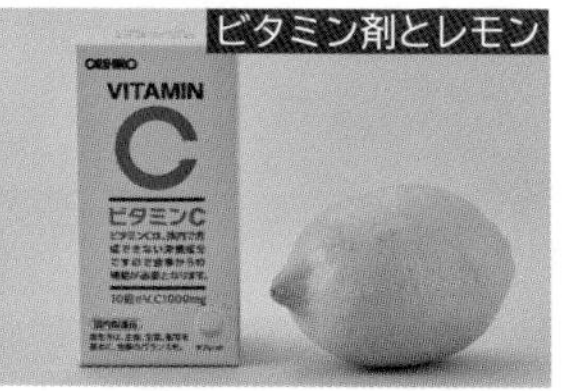

ビタミン剤とレモン

体内の化学反応の促進に働く酵素に強く結合し，酵素の働きを助ける物質を補酵素という。補酵素の1つにビタミンがある。L-アスコルビン酸は，コラーゲンの生成や鉄・カルシウム分の吸収を助ける水溶性のビタミンで，ビタミンCとよばれる。

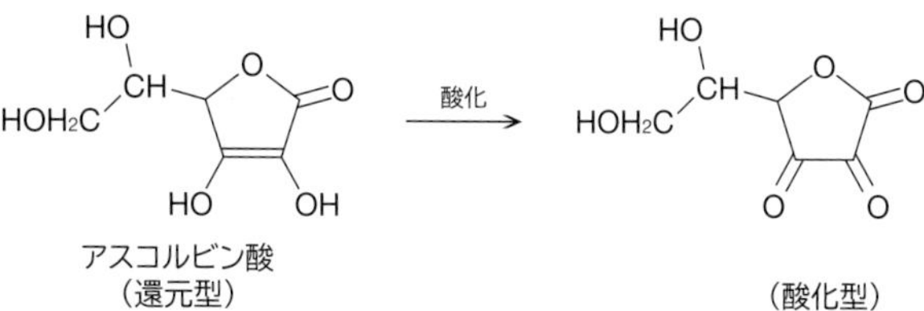

アスコルビン酸（還元型）　（酸化型）

5 高分子化合物と人間生活～さまざまな物質と人間生活～

Polymer compounds and human life

1 高分子化合物の開発

高分子化合物は 20 世紀になってから開発された。1907 年のベークライト(フェノール樹脂)の工業化をきっかけに，急速に開発が進み，今では高分子化合物は人間の生活になくてはならない存在となっている。

高分子化合物の開発の歴史

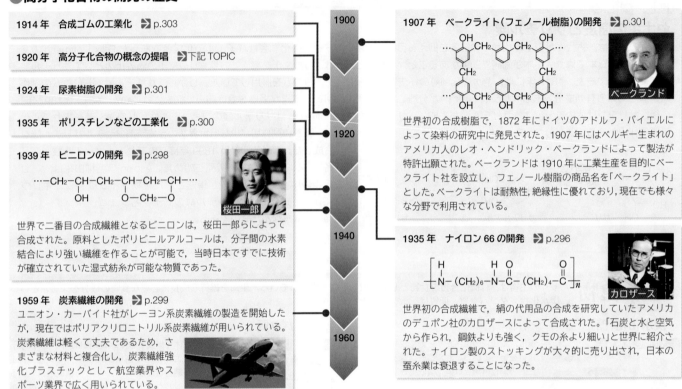

1900

1907 年　ベークライト(フェノール樹脂)の開発 p.301

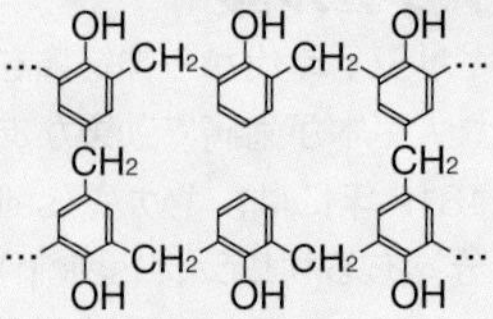

ベークランド

世界初の合成樹脂で，1872 年にドイツのアドルフ・バイエルによって染料の研究中に発見された。1907 年にはベルギー生まれのアメリカ人のレオ・ヘンドリック・ベークランドによって製法が特許出願された。ベークランドは 1910 年に工業生産を目的にベークライト社を設立し，フェノール樹脂の商品名を「ベークライト」とした。ベークライトは耐熱性，絶縁性に優れており，現在でも様々な分野で利用されている。

1914 年　合成ゴムの工業化 p.303

1920 年　高分子化合物の概念の提唱 下記 TOPIC

1920

1924 年　尿素樹脂の開発 p.301

1935 年　ポリスチレンなどの工業化 p.300

1935 年　ナイロン 66 の開発 p.296

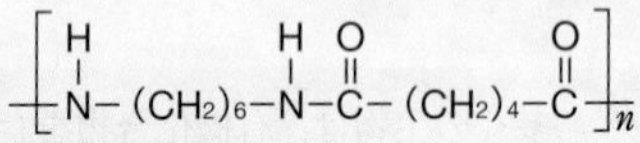

$$\left[-\underset{|}{\overset{H}{}}N-(CH_2)_6-\overset{H\ \ O}{N-\overset{\|}{C}}-(CH_2)_4-\overset{O}{\overset{\|}{C}}- \right]_n$$

カロザース

世界初の合成繊維で，絹の代用品の合成を研究していたアメリカのデュポン社のカロザースによって合成された。「石炭と水と空気から作られ，鋼鉄よりも強く，クモの糸より細い」と世界に紹介された。ナイロン製のストッキングが大々的に売り出され，日本の蚕糸業は衰退することになった。

1939 年　ビニロンの開発 p.298

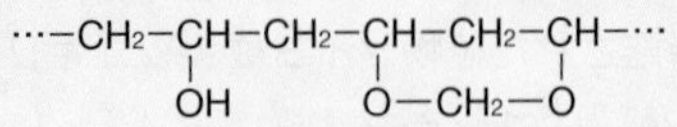

$$\cdots-CH_2-\underset{OH}{CH}-CH_2-\underset{O-CH_2-O}{CH-CH_2-CH}-\cdots$$

桜田一郎

世界で二番目の合成繊維となるビニロンは，桜田一郎らによって合成された。原料としたポリビニルアルコールは，分子間の水素結合により強い繊維を作ることが可能で，当時日本ですでに技術が確立されていた湿式紡糸が可能な物質であった。

1940

1959 年　炭素繊維の開発 p.299

ユニオン・カーバイド社がレーヨン系炭素繊維の製造を開始したが，現在ではポリアクリロニトリル系炭素繊維が用いられている。炭素繊維は軽くて丈夫であるため，さまざまな材料と複合化し，炭素繊維強化プラスチックとして航空業界やスポーツ業界で広く用いられている。

1960

TOPICS

シュタウディンガーによる高分子化合物の概念の提唱

1920 年，ドイツのシュタウディンガーは，天然ゴム，セルロース，デンプン，タンパク質などの物質は，通常の有機化合物(低分子化合物)と同じく共有結合によって構成され，非常に長くつながったものだとする「高分子説」を発表した。当時は，分子量 5000 以上の有機化合物は存在しないと考えられており，それらの物質は低分子化合物が会合した状態のものとされていた(ミセル説)。たとえば，天然ゴムの構造はイソプレンの環状二量体が会合したものだと考えられていた(図 1)。そのため，シュタウディンガーの高分子説は多くの科学者から猛烈な反対を受けた。

1927 年，シュタウディンガーは，ポリ酢酸ビニルを加水分解してポリビニルアルコールに変え，再アセチル化する実験(図 2)で，常に粘性を示すことを明らかにした(等重合度反応)。また，ホルムアルデヒドのポリマーであるポリオキシメチレンを無水酢酸で処理し，両末端がアセチル化されて安定になったものを重合度別で単離し，融点や溶解性，X 線回折図を比較した。そして，高分子化合物の溶液粘度は分子量に比例するという粘度律も提唱した。1928 年，マイヤーとマルクが高分子化合物の結晶構造を X 線で調べ，鎖分子の存在を証明したことも後押しとなり，高分子説が徐々に受け入れられていった。1953 年，シュタウディンガーは高分子化学者として初めてノーベル化学賞を受賞した。

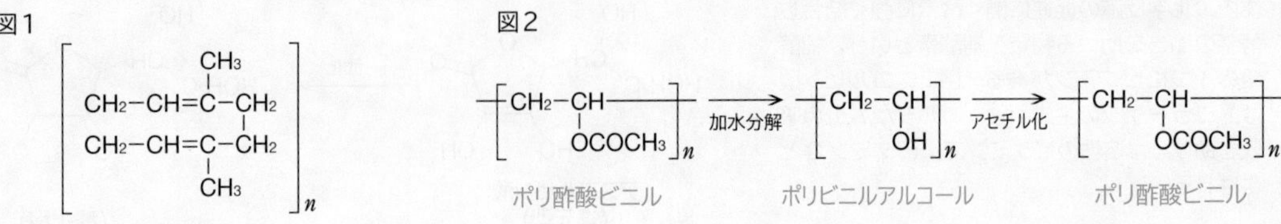

2 新しい高分子化合物

近年，新しい機能をもったさまざまな高分子化合物が開発されている。今後の研究により，さまざまな場面での実用化が期待されている。

有機 EL ➡p.306, 315

折りたたみ式スマートフォン

窓に組込まれた有機 EL ディスプレイ

電圧をかけて励起状態になった有機化合物が，基底状態に戻るときに発光する現象を用いている。有機化合物の種類などを調整すると，赤，緑，青などさまざまな色に発光させることができる。有機 EL は，分子自体が発光するため薄型化が可能であり，ディスプレイや照明に利用されている。窓や扉に組込むことで，スマートホームのデバイスとして活用することも可能である。

セルロースナノファイバー

セルロースナノファイバーを利用した化粧品

セルロースを主成分とする植物繊維を，ナノメートルサイズに微細化した素材である。天然素材由来で，軽量で強度に優れているため，炭素繊維などに代わる合成樹脂の補強材など，構造材として注目されている。また，保水性に優れていることから，化粧品や食品などにおいて実用化されている。

感光性樹脂 ➡p.307

光によって硬化する性質をもつ樹脂。

超高分子量ポリエチレン ➡p.307

ポリエチレンをゲル状の段階で引き延ばしたもので，強度に優れている。

耐熱性高分子 ➡p.307

耐熱性に優れている。

圧電性高分子 ➡p.307

力を加えると電気が発生する性質をもつ。

生体適合性高分子 ➡p.307

長期間にわたって生体に悪影響や強い刺激を与えず，材料の機能と耐久性を保持できる材料。

炭素繊維 ➡p.299

ポリアクリロニトリルを無酸素下の高温で蒸し焼きにすると，窒素や酸素が離れて炭素だけが残り，軽くて丈夫な炭素繊維が生成する。さまざまな材料と複合化して，航空機の機体，自動車の部品，テニスラケット，風力発電用の風車の羽根などに用いられている。

繊維強化プラスチック ➡p.306

繊維強化プラスチックを利用した船舶

軽量な樹脂プラスチックに炭素繊維やアラミド繊維などを混合させた，強度などに優れた複合材料である。特に炭素強化プラスチックは，金属と比較して低密度，高強度で，錆びないという特徴がある。

3 高分子化合物のリサイクル

高分子化合物の利用に際して，資源の循環的な利用による環境負荷の低減を目的に，さまざまな手法のリサイクルが実用化されている。

合成樹脂のリサイクル

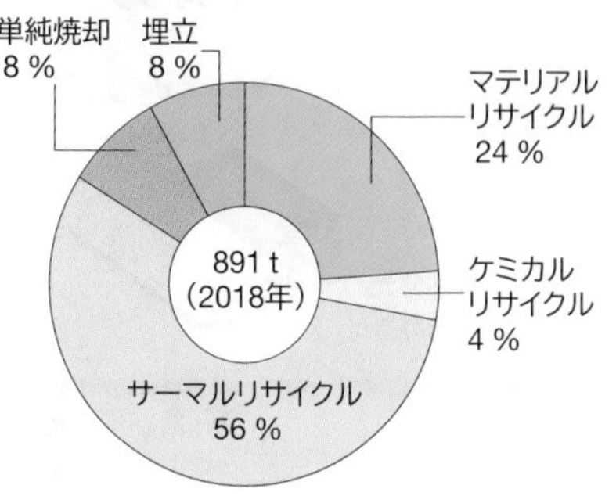

日本で利用されるリサイクル方法の内訳

合成樹脂のリサイクルは，さまざまな手法が実用化されているが，大きく分けて３種類の手法がある。

▶サーマルリサイクル

RPF

RDF

廃合成樹脂を焼却したときに発生する熱や排ガスを，新たなエネルギー源として利用するリサイクル方法のこと。合成樹脂は焼却時の単位当たりの発熱量が大きいので，貴重な燃料源となっている。焼却時に発生する蒸気は発電に利用されている。廃棄物固形燃料(RPF，RDF)を製造して利用されることもある。

▶マテリアルリサイクル

廃合成樹脂を融解して，プラスチックのまま原料にし，新しい製品を作るリサイクル方法のこと。例えば回収されたペットボトルは，新しいボトルや包装フィルム，繊維などに再生加工されている。

▶ケミカルリサイクル

廃合成樹脂に熱や圧力を加えて，原料や単量体に戻してから再度利用するリサイクル方法のこと。コークスの代わりに還元剤として利用されたり，燃料や原料の油やガスにして利用されたりしている。

TOPICS

合成高分子化合物の利用の課題

合成樹脂や合成繊維といった合成高分子化合物の大量生産によって私たちの生活は便利になった。一方で，石油などの天然資源の消費や，廃棄にともなう環境負荷など，合成高分子化合物の利用にはさまざまな課題がともなう。資源の循環的な利用による環境負荷の低減を目的に，上記のようなリサイクルへの取り組みがなされており，単一の合成樹脂が集まればリサイクルの選択肢が広がるため，分別回収が進められている。

環境負荷に関しては，製品システムのライフサイクル全体における天然資源の消費や環境負荷などを評価するライフサイクルアセスメント(LCA ➡p.331)の視点で，どのようにリサイクルをするべきか，あるいはリサイクルしないのか，などを総合的に検討する必要がある。また，生物資源由来のバイオマスプラスチックや生分解性プラスチックを用いることで，環境負荷を低減する取り組みも研究されている。

6 機器分析と人間生活1 ~さまざまな物質と人間生活~

Instrumental analysis and human life 1

1 機器分析

化学 発展

機器分析とは機械を用いて行う分析法のことである。物質を分析するときにその物理的な性質，たとえば光の吸収や電導度などを測定することで，その物質に関する情報を得る。機器分析は，**迅速である**，**操作が容易**，**試料が少なくてよい**，**自動化できる**などの長所がある。

機器分析には多くの種類がある。有機化合物によく用いられる分析法としては，**紫外可視分光法**，**赤外分光法**，**核磁気共鳴分光法**，**質量分析法**などがある。また，**電子顕微鏡**もよく用いられる。

分光分析で行われるスペクトル測定では，電磁波のエネルギーを用いて原子，分子の同定を行い，物性，反応性を明らかにする。

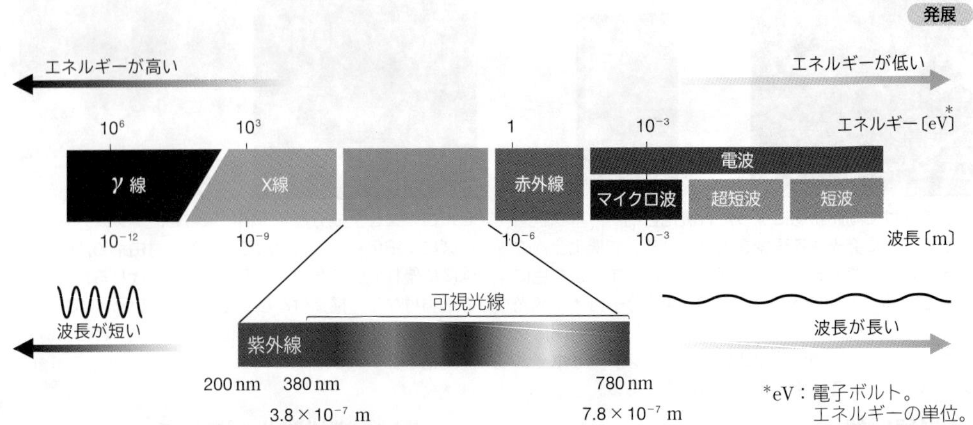

*eV：電子ボルト。エネルギーの単位。

電磁波は波長によって何種類かに分けられる。可視光線は波長が 380 ~ 780 nm の電磁波である。電磁波のエネルギーは波長に反比例する。波長が短い電磁波ほど高エネルギーである。

2 紫外可視分光法

ultraviolet visible spectroscopy (UV–vis)

化学 発展

紫外線と可視光線の吸収に基づく分子構造解析のこと。

物質に紫外線や可視光線を照射すると，その光を吸収して分子中の電子が高いエネルギーレベルに励起される。

単純な分子では電子を励起させるのに大きなエネルギーが必要となるので，短い波長の光を吸収する。それに対して複雑な分子では小さなエネルギーでよいので，長い波長の光を吸収する。

このような関係を利用すると，スペクトルを解析することで分子の構造を推定することが可能となる。

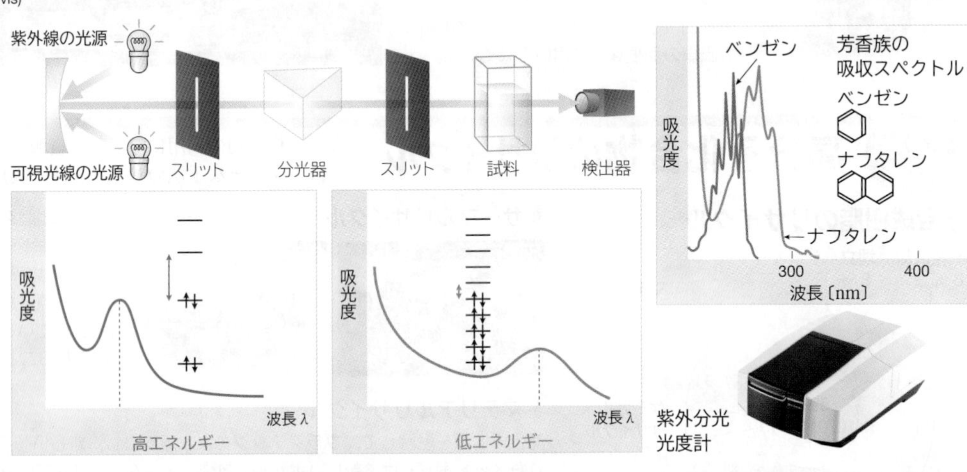

3 赤外分光法

infrared absorption spectroscopy (IR)

化学 発展

赤外線の吸収に基づく分子構造解析のこと。原子の運動エネルギーを測定する。

分子中の各原子間の結合は運動する。伸縮振動，変角振動，回転運動があり，それぞれ特有のエネルギーが必要で，そのエネルギーは分子の他の部分からの影響は少ない。

この運動に必要なエネルギーは赤外線のもつエネルギーに相当するので，分子に赤外線を照射すると，分子は赤外線を吸収して，そのエネルギーに応じた運動をする。

有機化合物の官能基はそれぞれ特有の波長の赤外線を吸収する。したがって赤外線吸収スペクトルを解析することで，官能基の種類を推定できる。

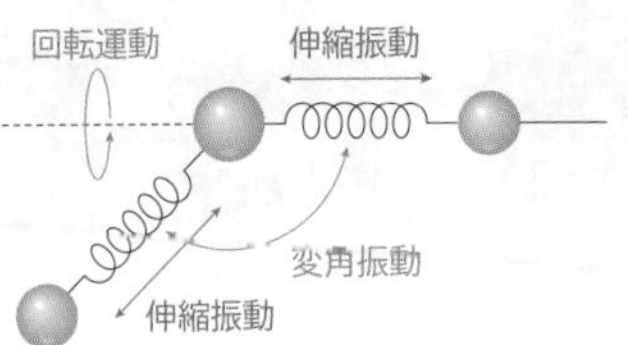

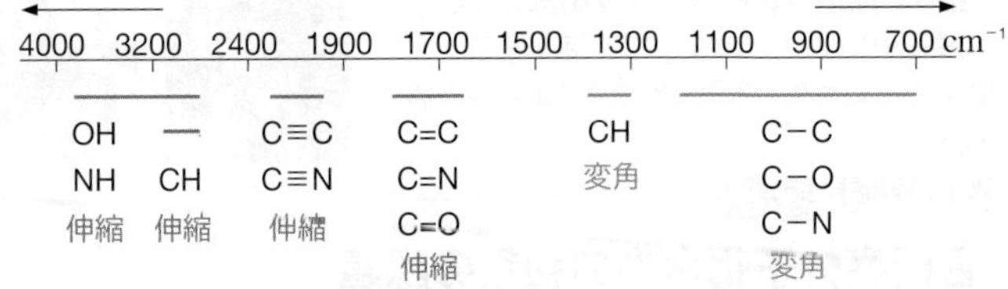

特性吸収

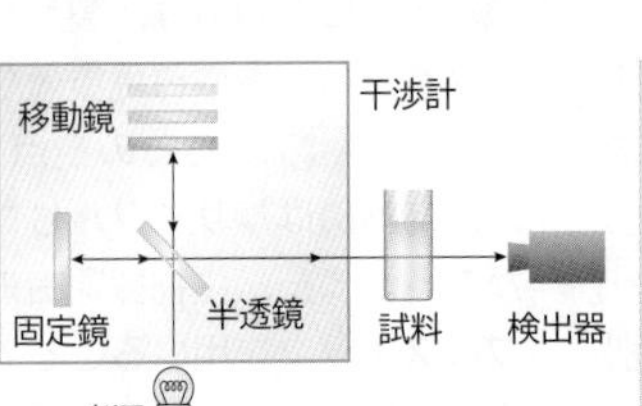

フーリエ変換赤外分光光度計（概略図）

波数〔cm⁻¹〕 4000 3200 2400 1900 1700 1500

吸光度 OH NH −C−H C≡N C=O

赤外吸収スペクトルの模式図

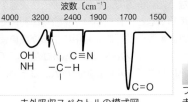

フーリエ変換赤外分光光度計(FT–IR)

4 核磁気共鳴分光法
nuclear magnetic resonance spectroscopy (NMR)

化学
発展

分子を強力な磁場に入れ，分子中の原子核のエネルギーを分裂させ，その程度を測定する方法を核磁気共鳴分光法という。有機化合物の構造決定に有効な方法。

電子と同様，原子核にも核スピンをもつものがあって，小さな磁石としてふるまう。たとえばプロトンを外部磁場の中に置くと，外部磁場と同じ方向を向くα状態と，反対方向を向くβ状態に分かれ，エネルギー差が生じる。このエネルギー差に等しいエネルギーの電磁波をプロトンに照射すると，そのエネルギーが吸収され NMR スペクトルが得られる。

分子内のプロトンのまわりの環境(結合状態)によって，このエネルギー差が少しずつ異なるので，NMR スペクトルは少しずつ分裂し，結合状態を反映したスペクトルになる。

逆にスペクトルを解析することによって，化合物の構造を決定できる。

この核磁気共鳴法は，MRI 検査など医療にも活用されている(MRI：Magnetic Resonanse Imeging　磁気共鳴画像)

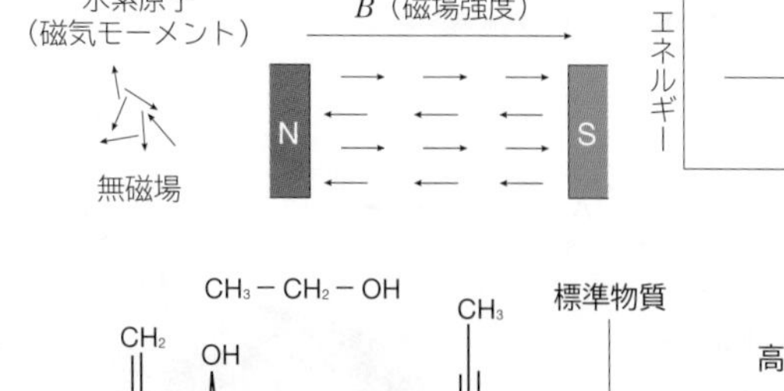

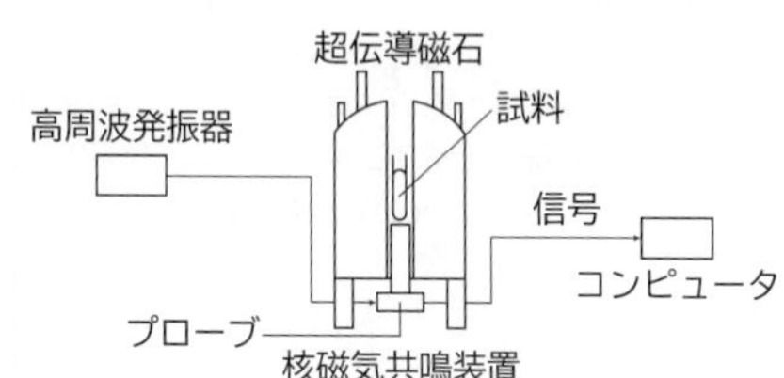

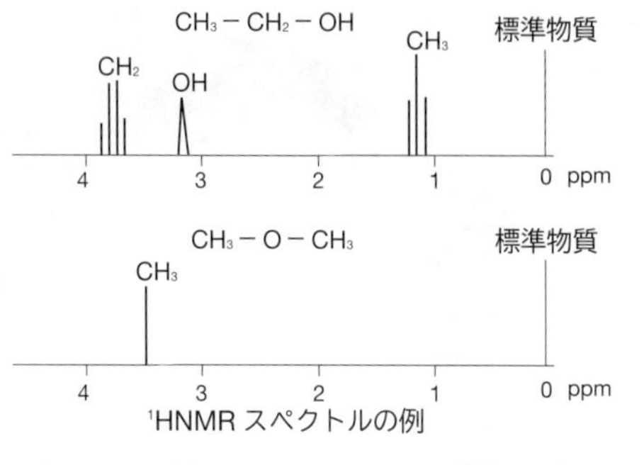

^{1}HNMR スペクトルの例

エタノールには CH_3，CH_2，OH の３種類のプロトン(H 原子)が存在するので，３組のシグナルが表れる。一方，ジメチルエーテルには CH_3 の１種類のプロトンしか存在しないので，１本のシグナルが表れる。

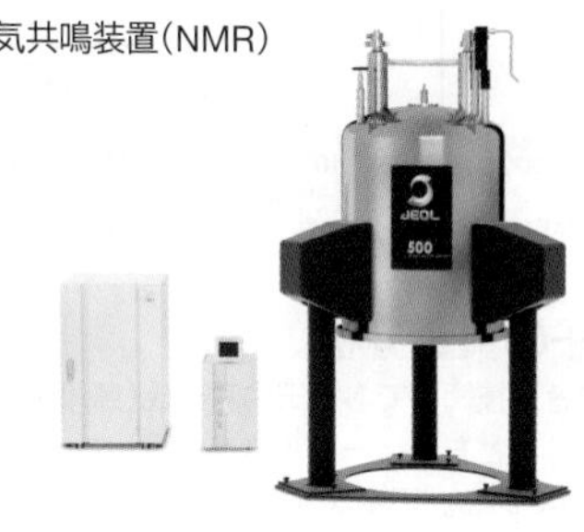

核磁気共鳴装置(NMR)

5 X 線回折
X-ray Diffraction (XRD)

化学
発展

原子，分子が規則正しく配列した結晶性物質に，原子間距離と同程度の波長をもつ単色Ｘ線を入射すると，各原子は散乱体となりＸ線を散乱する。その各原子の配置と散乱角から生じる波の行路差によって，たがいに強め合ったり弱め合ったりすることになる。そして，各散乱角に対して散乱強度を記録すると，その物質の原子や分子の配列特有の散乱曲線(散乱スペクトル)が得られ，これを解析することによって結晶中の原子の空間的な配置などを知ることができる。

このように，Ｘ線回折は，試料を破壊することなく分析を行うことができる(非破壊検査)ため，建造物を検査することなどに利用されている。

Ｘ線回折装置

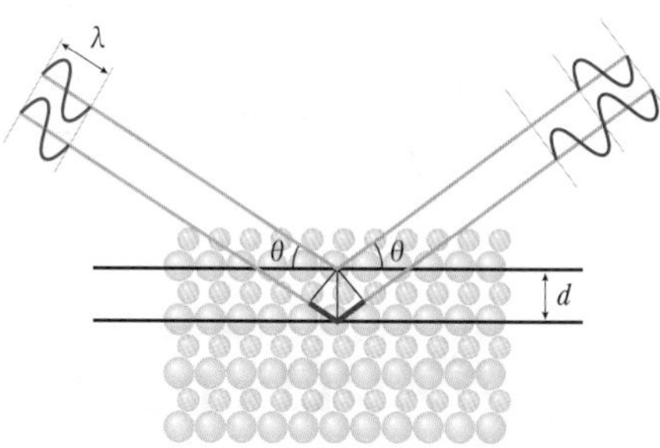

$$2d\sin\theta = \lambda$$

TOPICS

SPring-8(スプリングエイト，Super Photon ring-8 GeV)

SPring-8 は兵庫県にあり，直径が約 500 m の大きな円形をした大型放射光施設である。放射光とは，相対論的な荷電粒子(電子や陽電子)が磁場で曲げられたときに，その進行方向に放射される電磁波のことである。名称にある８は，電子の最大加速エネルギーが８GeV であることによる。

大型放射光施設である SPring-8 は，世界最高性能の放射線を利用でき，物質科学，地球科学，生命科学，環境科学などの分野の国内外の研究者に広く利用されているだけでなく，産業利用もされている。例えば，タンパク質巨大分子の３次元構造解析，触媒反応の動的挙動，半導体用新酸化物材料の評価など多岐にわたる。

7 機器分析と人間生活 2 ~さまざまな物質と人間生活~

Instrumental analysis and human life 2

1 質量分析法

mass spectroscopy (MS)

分子の質量を測定する方法のこと。

分子に高速電子などを衝突させて，分子内の電子をはじきだし，陽イオンにする。このイオンが飛び出すとき磁場の中を通過させると，イオンの行路が湾曲する。その曲がる度合いはイオンの質量に応じて異なり，重いイオンは軽いイオンより曲がる度合いは少ない。分離したイオンはフィルムに衝突して検出される。これによって各イオンの質量を測定する(p.59)。

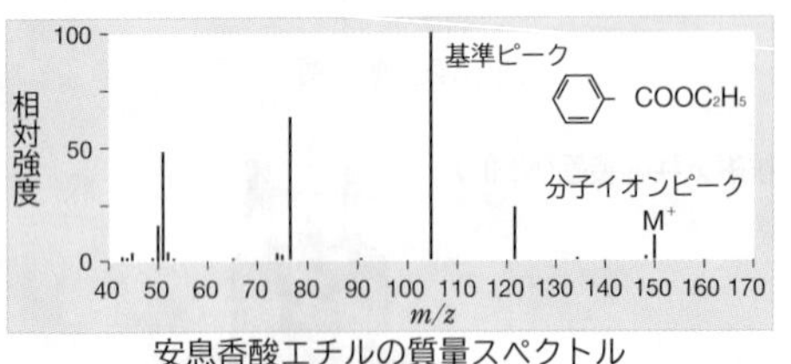

安息香酸エチルの質量スペクトル

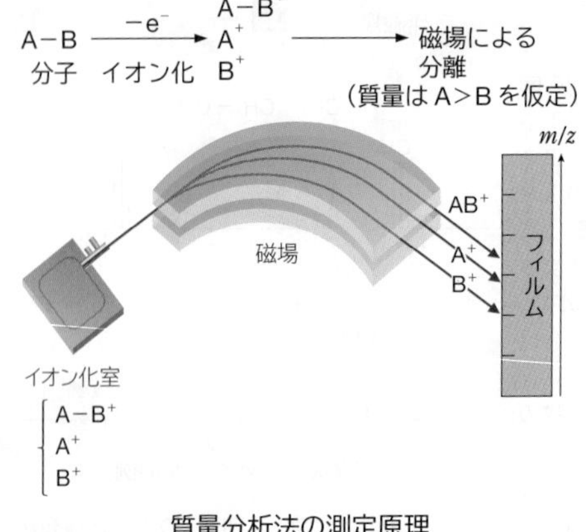

質量分析法の測定原理

質量分析計

高分子の質量分析

日本の化学者，技術者である田中耕一氏(島津製作所)は，2002年にフェン博士(米)，ビュートリッヒ博士(スイス)とともにノーベル賞を受賞した。3氏の授賞理由は「生体高分子の同定および構造解析の手法の開発」である。田中氏が開発した「ソフトレーザー脱離法」とフェン博士が開発した「エレクトロスプレーイオン化法」は壊れやすいタンパク質の分子を質量分析計で解析するための新技術である。また，ビュートリッヒ博士は核磁気共鳴(NMR)法を改良し，タンパク質に適用できるようにした。

田中氏が開発した手法は，「マトリックス支援レーザー脱離イオン化法」として実用化されている。質量分析法では，試料をイオン化する必要がある。ところがイオン化するためにタンパク質にレーザーを照射するとタンパク質が分解してしまい，測定できなかった。田中氏は，コバルトの微粉末とグリセリンでつくった媒質(マトリックス)中にタンパク質を分散させ，イオン化させることに成功した。こうして高分子であるタンパク質の分析が可能となった。

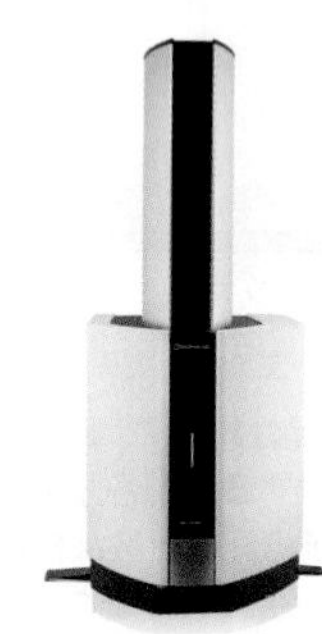

レーザー脱離イオン化法質量分析装置

田中耕一氏

2 ガスクロマトグラフィー・液体クロマトグラフィー

ガスクロマトグラフィー p.21

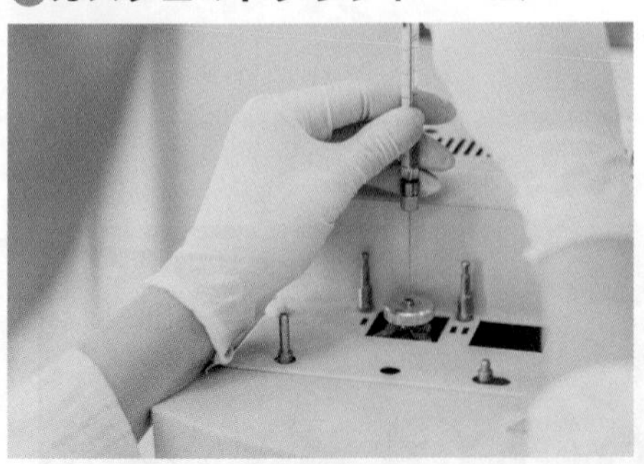

充塡カラムはガラスやステンレスの管の中に吸着剤を充塡したもの。キャピラリーカラムはシリカやステンレスの中空細管の内面に吸着剤を塗布または結合させたもの。

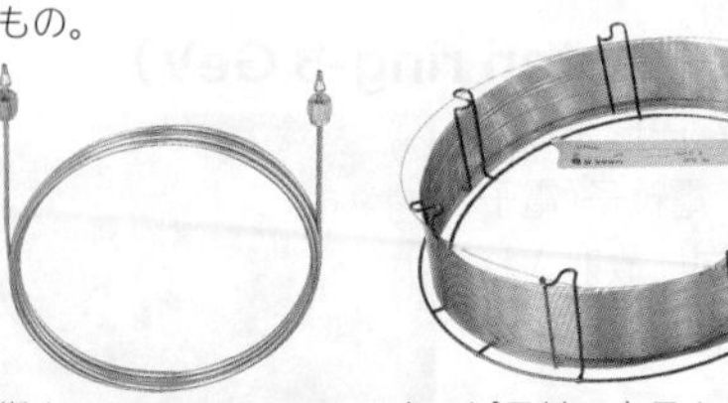

充塡カラム　キャピラリーカラム

ピーク〔mV〕

時間〔min〕

ガスクロマトグラフィーとは，気体(液体であれば試料気化室内で，熱で気化する成分)を分析する方法で，混合物であれば，それぞれの気体に分離，定量することができる。

シリンジに採取された少量の試料は，キャリアガス(窒素などを使う)とよばれる移動相によって，「試料気化室」→「カラム」→「検出器」と流される。吸着剤が詰まったカラム内で混合物が各成分に分離され，検出器で各化合物を定量する。検出器は各成分の量を電気信号に変換しデータ処理装置に信号を送るので，得られたチャートのピークの位置や面積から，試料に「どのような化合物」が「どれだけの量」含まれていたかを知ることができる。

液体クロマトグラフィー

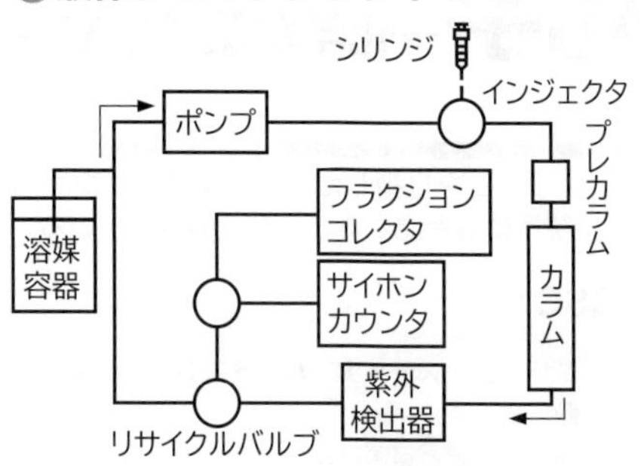

液体クロマトグラフィーでは，液体試料に溶解している化合物を分離・定量することができる。液体試料をカラムに通すことで化合物の分離を行うが，加圧して一定の速度でカラムに液体を通すポンプも開発され，一つの分析システムとして高性能化したことで，High Performance Liquid Chromatography(HPLC)と表記される。シリンジを用いて試料溶媒を試料室に導入し，ポンプで一定圧力に加圧した溶媒でカラムに送り込む。そのまま加圧した溶媒を送り続け，カラム内で分離した成分を検出器で検出し，その電気信号が記録計で記録される。得られたチャートのピークの位置や面積から，試料に「どのような化合物」が「どれだけの量」含まれていたかを知ることができる。ガスクロマトグラフィーと異なり，試料を加熱しないので，試料の分解を避けることができ，成分の分取も可能である。

3 透過型電子顕微鏡と走査型電子顕微鏡

transmission electron microscope (TEM), scanning electron microscope (SEM)

透過型電子顕微鏡(TEM)は，原理的には光学顕微鏡と同じであるが，原子や分子を見るために可視光のかわりに電子線を用い，光学レンズのかわりに磁界レンズが使われる。電子線の波長は光の波長の10万分の1以下にすることができるので，100万倍以上の高倍率で蛍光板上に観測することができる。また，対物レンズと中間レンズを調節することによって，回折像を観測することもできる。試料は薄片にする必要がある。

走査型電子顕微鏡(SEM)は，試料を透過した電子線ではなく，試料から反射してくる電子線を観測する。試料に当てる電子線を試料表面上で走査しながら測定する。試料表面の観察，特にその凹凸を調べるのに有効である。

最近では，TEMとSEMの機能を併せもつSTEMも販売されている。

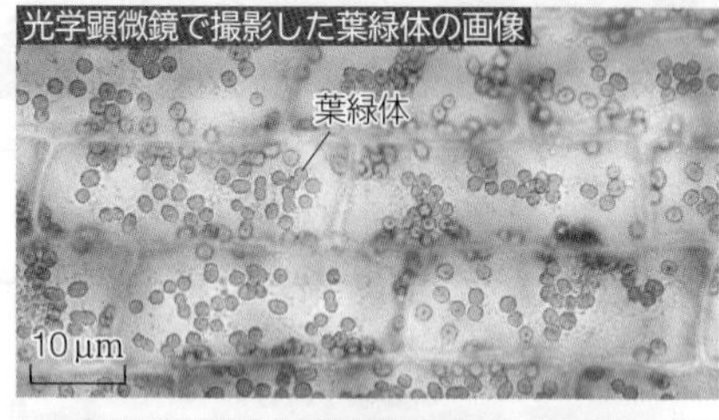

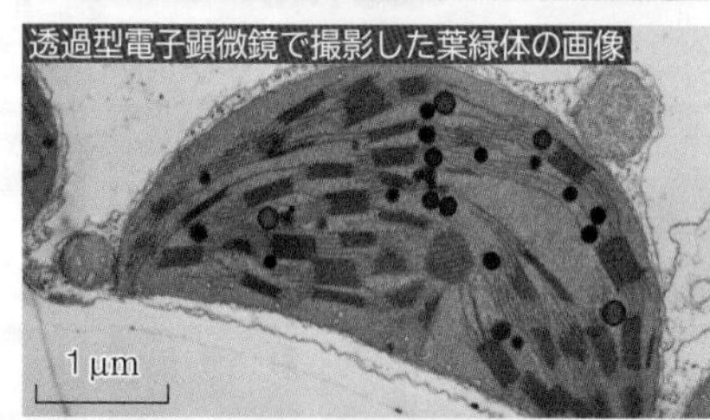

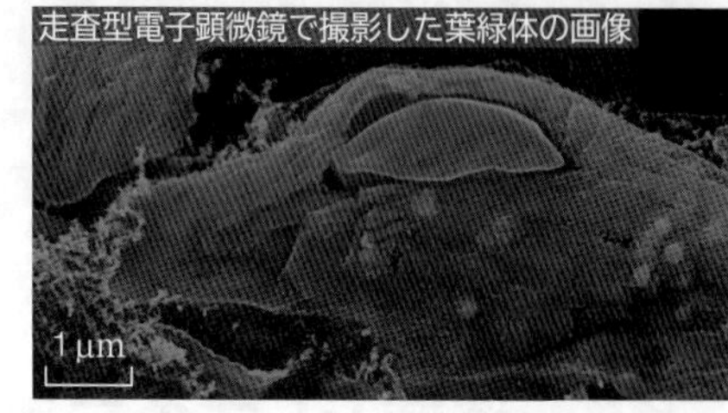

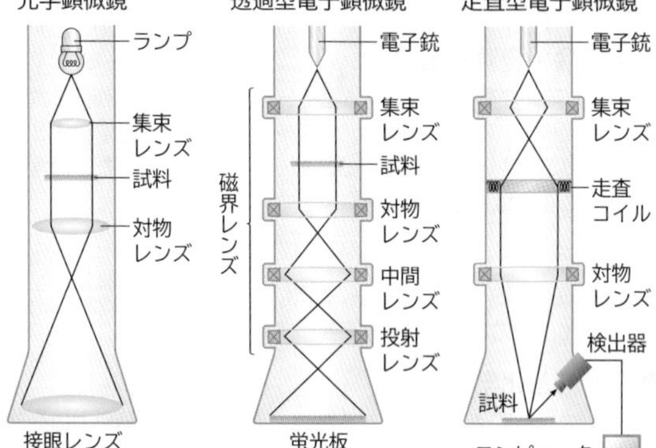

光学顕微鏡と透過型電子顕微鏡と走査型電子顕微鏡の比較

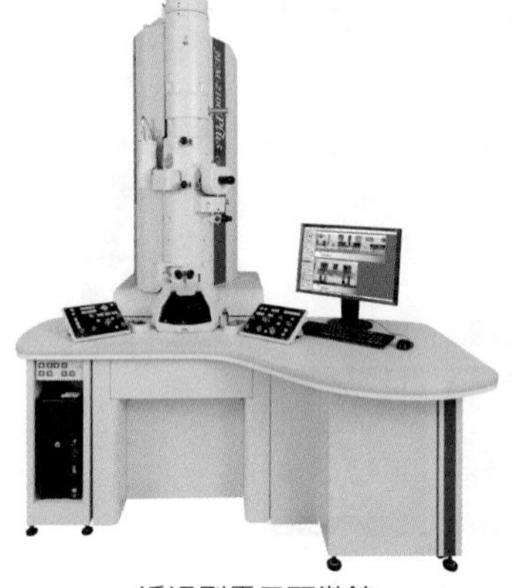

透過型電子顕微鏡

TOPICS 科学捜査と分析機器

刑事ドラマでもよく出てくる科学捜査は，実際に犯罪の立証に不可欠なものとなっており，犯罪現場の証拠の検証に，分析機器が用いられている。例えば，違法薬物の鑑定では，押収物や生体試料からの分離，分析をするために，ガスクロマトグラフ質量分析計(GC-MS)などを用いる。

また，現場の遺留品と犯人を結びつける重要な鑑定では，工業製品の同一性判断を行うために，印刷物のインク，繊維，プラスチック，塗膜，ガラス片などの材質，成分，色調などを検査する。その際には，赤外分光光度計，可視紫外分光光度計，走査型電子顕微鏡エネルギー分散型X線分光装置(SEM-EDS)などを用いる。科学捜査の現場では，この他にも多くの化学技術が利用されている。

ガスクロマトグラフ質量分析計

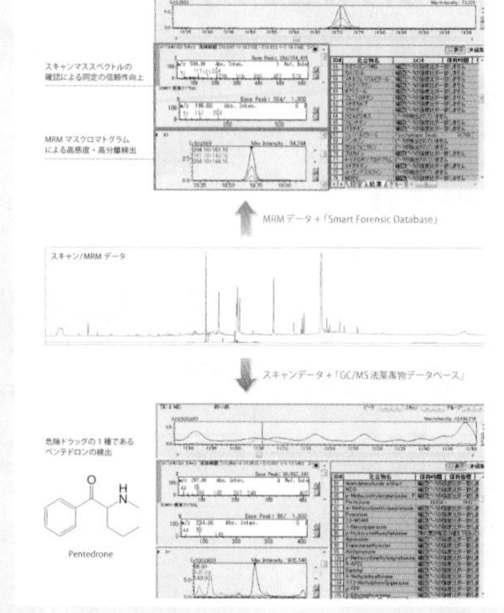

持続可能な社会の実現と化学～化学が築く未来～

Sustainability and chemistry

1 GSC と SDGs

かつての化学産業は最小のコストで最大のサービスを提供することを目指したが，さまざまな環境問題が顕在化した今日では，これらに加えて環境との共生や持続性にも考慮することが求められている。

グリーンサスティナブルケミストリー（Green and Sustainable Chemistry ; GSC）

バイオエンジニアリングプラスチックとそれをフロントグリルに使用した車体

1994 年，米国では「廃棄物を出してから処理するのではなく，廃棄物を出さないように生産する」という考え方を基本とするグリーンケミストリー（GS）の概念が提唱された。日本では，1999 年，我が国の GC を GSC と名付け，「人と環境にやさしく，持続可能な社会の発展を支える化学」と定義した。

2015 年，東京で開催された第 7 回 GSC 国際会議にて「東京宣言 2015」が採択された。その 2 ヶ月後に採択された SDGs の 17 の目標と重複する点が多く，GSC は SDGs の達成に向けた化学分野の牽引役であることがうかがえる。

グリーンサスティナブルケミストリーの課題

❶ 省エネルギー
❷ 省資源と資源循環（リサイクル）
❸ 石油資源や希少資源への依存度の削減
❹ 有害物質の使用や発生の抑制
❺ 汚染された環境の浄化
❻ 水資源の有効活用
❼ 食料の生産・供給の高効率化

SDGs（Sustainable Development Goals ; 持続可能な開発目標）

SUSTAINABLE DEVELOPMENT GOALS

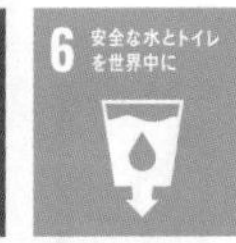

7 エネルギーをみんなにそしてクリーンに
8 働きがいも経済成長も
9 産業と技術革新の基盤をつくろう

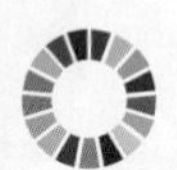

SDGs とは，国際連合が採択した世界共通の目標で，世界的に注目されている。SDGs において，化学の分野では次のことが期待されている。

▶環境と化学

持続可能な発展では，環境への影響を最小限に留めることが必要であり，そのために，化学の力で新しい材料やプロセスが開発されている。

▶低炭素社会・資源と化学

2020 年以降の気候変動問題に関する国際的な枠組み（パリ協定）に基づく低炭素社会に向け，石油・石炭の依存度を下げるため，化学によるエネルギーの有効活用が進められている。また，飢餓を無くすための食糧生産量増加にも化学は役立っている。

▶医療と化学

高齢化社会においてさらに重要となる医療において，創薬の意義は大きく，ここでも化学の力が重要な役割を担っている。

▶情報化社会と化学

情報端末などの長時間使用を実現するため，電子機器の駆動電力の抑制や高エネルギー密度の蓄電池の開発が化学の力で進んでいる。

2 資源としての元素

古来，人類は地殻から鉱物資源を得て，金属を製錬し，産業を発展させてきた。埋蔵量や産出量が豊富で比較的精錬しやすいベースメタルの他に，レアメタルとよばれる金属がある。

レアメタルとレアアース

有用であるが地殻中の存在量が少なく，産出国がかたよっている金属をレアメタル（希少金属）という。現代のテクノロジーを支えている重要な金属であるが，その多くは枯渇の危機にさらされている。レアメタルのうち 17 種類は，レアアースまたは希土類元素ともよばれる。

日本はレアアースに属する元素のほとんどを輸入に頼っているため，国際情勢による価格の影響などを大きく受ける。そのため，国家規模で 4 つの R（Reduce，Replace，Recycle，Regulation）と 1 つの F（Function）を掲げ，元素戦略を進めている。

日常で利用されるレアメタル・レアアース

▶リチウムイオン電池 ➡p.100, 183

スマートフォンやPC，電気自動車などのバッテリーとして広く利用されているが，Li，Co，Niなどのレアメタルが含まれているため，リサイクルが望まれている。

▶LED ➡p.315

窒化ガリウムGaNや窒化インジウムガリウムInGaNなどを材料とする。高品質GaN単結晶による青色LEDを発明したことにより，2014年，赤崎勇，天野浩，中村修二はノーベル物理学賞を受賞した。

▶強力磁石

主成分はFe，ネオジムNd，ホウ素Bなどである。磁力が強く，磁性を失いにくいことが特徴である。熱に弱いが，適量のジスプロシウムDyを添加することで耐熱性を上げ，自動車のモーターにも利用することができている。

▶ハイテン

自動車の車体

高張力鋼(High Tensile Strength Steel)ともよばれる高強度の鋼である。Mn，Ti，Nb，Vなどのレアメタルを含む。自動車や造船，鋼管などに利用されている。

▶液晶ディスプレイ

テレビ，スマートフォン，PCなどの画面に使われている。発光層と色フィルターの間にある液晶に電圧をかけると，液晶の構造が変化し光を透過しなくなる。この透明な電極(透明電極)にはインジウムInが含まれている。

高分子化合物の応用

高分子は，軽量・高性能・高機能であり，リサイクルがしやすい製品開発が進んでいる。自動車には，合成ゴムがタイヤや防振ゴムに，合成樹脂がボディーやエンジン部品などに，高分子化合物が幅広く使われている。CFRP(Carbon Fiber Reinforced Plastics；炭素繊維強化プラスチック)は，軽量，高強度，高剛性の特徴をいかし，レーシングカーや航空機などに利用されている。

超電導

リニアモーターカー

一般に，金属の電気抵抗は，低温ほど小さいが，0にはならない。しかし，特定の物質では，ある温度(**超伝導転移温度**)以下で電気抵抗が0になる(**超伝導**)。1986年，イットリウム系合金(Y-Ba-Cu-O)が発見されたのを皮切りに，超伝導転移温度が液体窒素の沸点(-196℃)よりも高い**高温超伝導体**の研究が進められている。リニアモーターカーには，より高温で超伝導を示し，かつ線状に加工しやすい素材の開発が求められている。

炭素材料の応用

フラーレン(C_{60}，C_{70})は，電気伝導性が大きく太陽電池へ応用が，カーボンナノチューブやグラフェンは，導体，半導体，絶縁体といった電気的性質を調整・制御できるため，トランジスタや配線材料としての利用が研究されている。とくにグラフェンは，1原子の厚さで正六角形に規則正しく(一つの欠陥もなく)並んだ構造である。ほとんど完全に透明であり，室温でも化学的に安定で極めてよく電気を通すため，次世代の材料として期待されている。

TOPICS

新合金

水の分解による水素製造装置に用いられているイリジウムIr触媒は，産出量が少なく高価であるため，安価で高性能な代替材料が求められている。合金には，原子レベルで混ざり合っている固溶という状態が存在する。京都大学の北川宏教授は，ルテニウムRu，ロジウムRh，パラジウムPd，オスミウムOS，イリジウムIr，白金Pt，銀Ag，金Auの8種類の金属を，固溶合金にした。異なる種類の金属イオンを含む水溶液を，熱した還元性の有機溶媒に入れて同時に還元させ，得られた単体を生じさせて均一に集まる状態をつくることで，本来混ざり合わない金属でも固溶合金となることができた。この合金は，もとのどの金属とも異なる性質を示し，組み合わせ次第では有用な活用が期待できるため，まさに“現代の錬金術”として注目されている。この合金は，水の分解反応における触媒としての性能が，白金触媒の10倍以上もつため，量産化できるように現在研究が進められている。

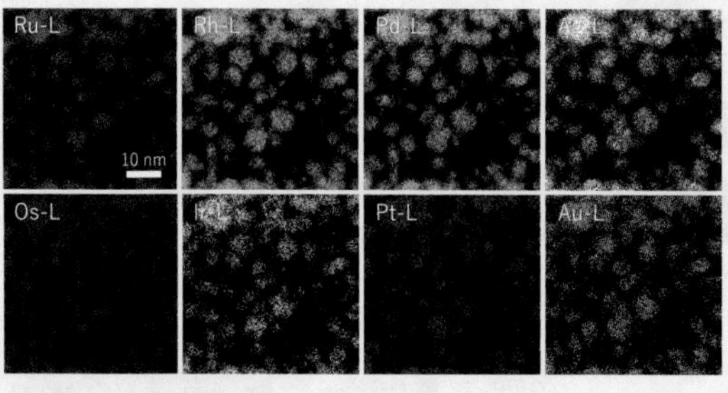

TOPICS

無機物質と有機化合物の融合

プラスチック(合成樹脂)などの有機材料は，分子レベルでの設計が可能であり，軽くて加工しやすいが，熱や薬品には弱い。一方，ガラスなどの無機材料は，熱や薬品には強いが，重くてもろく，加工が難しい。有機材料と無機材料が共有結合や水素結合，配位結合などにより，分子からナノレベルで融合(ハイブリット化)することで双方の長所をもち合わせた材料となり，これを「有機-無機ハイブリット材料」という。

無機材料には，Si，Al，Ti，Zrなどの酸化物が用いられることが多い。コーティング膜として利用することで，硬度や耐熱性，耐薬品性を高めることができる。また，加工性に優れ，透明で高屈折率であるため，メガネのレンズ，カメラなどのイメージセンサーの内部レンズ，光ファイバーなどにも用いられている。有機-無機ハイブリッドペロブスカイト($CH_3NH_3PbI_3$)は，PbI_6八面体構造の中で，メチルアンモニウムイオン($CH_3NH_3^+$)が自由に回転するという，結晶と液体の両方の特性をもつ。高純度で光電変換効率がよく，合成しやすいため，次世代の太陽電池材料として期待されている(➡p.154)。

9 エネルギーの利用 1 ～化学が築く未来～

Energy utilization 1

1 日本のおもなエネルギー資源

energy resource

日本のエネルギー自給率は，先進国の中で最も低い水準である。

国内で使用されているエネルギー資源

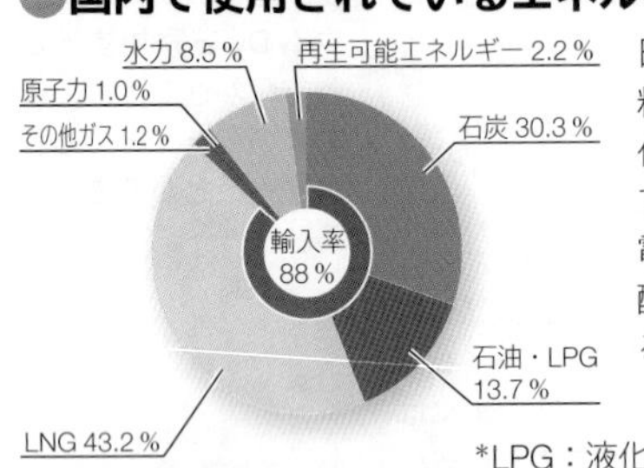

日本では，石油・石炭・天然ガスなどの化石燃料がエネルギー資源の主力となっている。その化石燃料の大部分は，海外からの輸入にたよっている。福島第一原子力発電所の事故後，火力電力への依存が高まり，電気代の値上がりや二酸化炭素排出量の増加などの影響が出てきている。

*LPG：液化石油ガス（liquefied petroleum gas）

水力発電

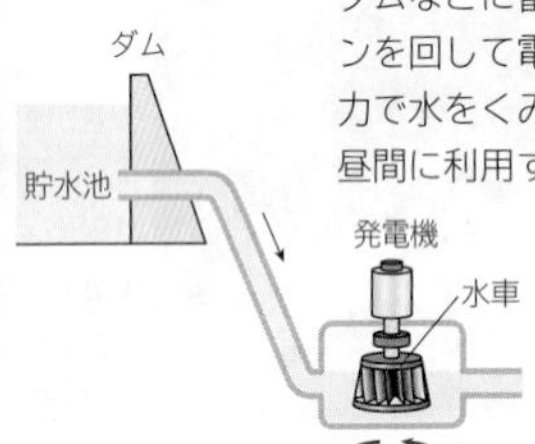

ダムなどに蓄えた水によって，タービンを回して電力を得る。夜間の余剰電力で水をくみ上げ，電力消費量の多い昼間に利用する揚水発電もある。

火力発電

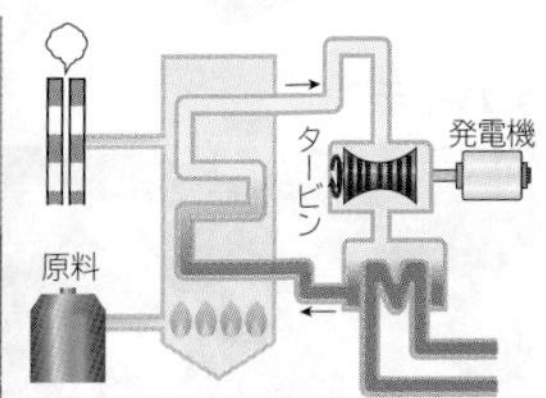

化石燃料を燃やして水を水蒸気に変え，タービンを回すことで発電機を回転させて電力を得る。

原子力発電

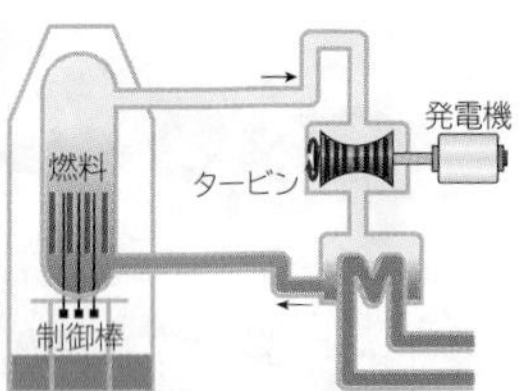

核燃料に含まれるウランなどの核分裂するときのエネルギーを利用して，水を水蒸気に変え，タービンを回すことで発電機を回転させ，電力を得る。

2 シェールガス革命

shale gas

採掘技術の進展にともない，生産量が増加し，産出価格が低下したことで，シェールガスは巨大天然ガス資源となった。

存在と成分

頁岩(けつがん)(シェール，shale)とよばれる地中深くにある岩盤のすき間に閉じ込められた天然ガスを，**シェールガス**という。シェールガスの成分は，液化天然ガスと同じ組成で，メタンが90%以上である。

二酸化炭素排出量

石炭	100(基準)
石油	88
シェールガス	55

天然ガス同様，シェールガスの燃焼時の CO_2 排出量は化石燃料の中では少なく，環境への負荷が小さいとされている。

採掘

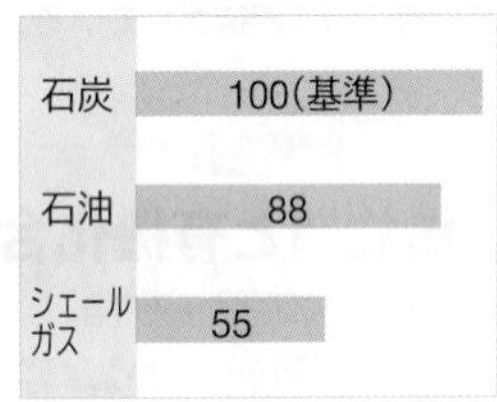

1本の井戸で生産性を高めるためには，水平抗井とよばれる地中で水平につくられた井戸をのばす技術や，頁岩層の中に閉じ込められたガスをとり出すために岩石を割る技術が必要である。2000年代に入り，強い圧力の水を当てて人工的に頁岩層の大きな割れ目をつくり，ガスをとり出す技術である水圧破砕が確立された。

3 次世代エネルギー

再生可能エネルギーを中心とした導入が進められているが，それぞれ長所と短所が指摘されており，また環境などの制約を受ける場合もある。

風力発電

風の力で風車を回して，発電機を回転させ，電力を得る。発電時に物質を排出せず，エネルギー資源はほぼ無限である。

地熱発電

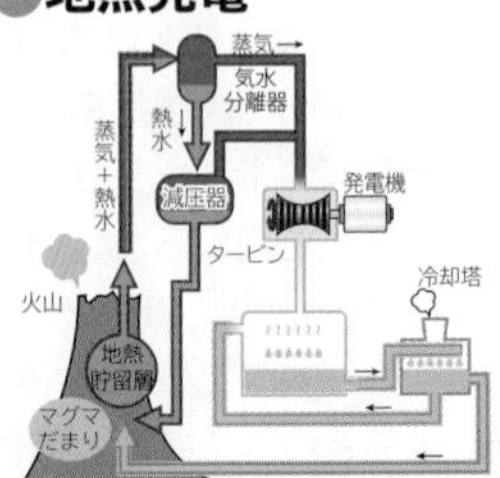

地下のマグマだまりの熱によって水蒸気を生じさせ，タービンを回して発電機を回転させ，電力を得る。

波力発電

波の運動エネルギーによって空気を圧縮・膨張させてタービンを回し，発電する。

潮汐(ちょうせき)発電

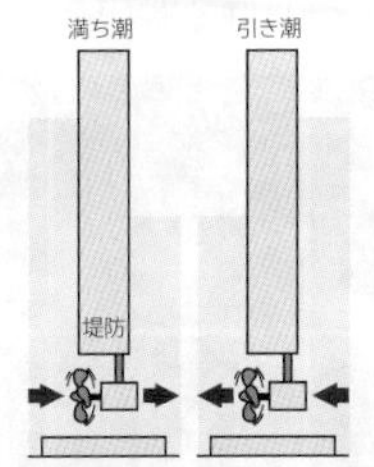

潮の満ち引きによって生じる潮位差でタービンを回して，電力を得る。

海洋温度差発電

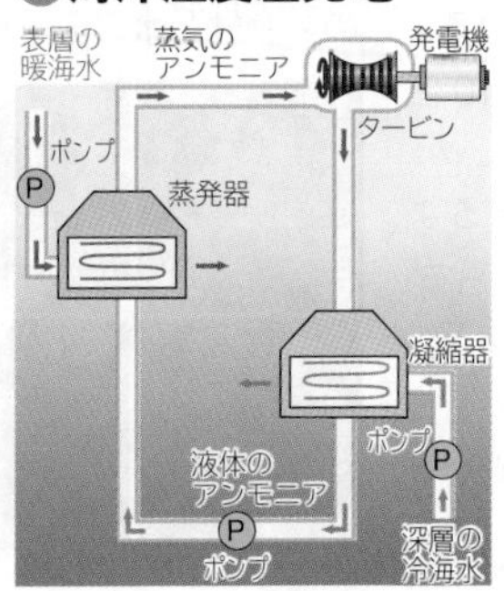

アンモニアなどの気化しやすい物質を，海面近くの温かい海水で蒸発させてタービンを回して発電し，深層の冷たい海水で凝縮する。

水素エネルギーと燃料電池 p.101, 158

燃料電池バス

水素ステーション

水素など燃えやすい物質のもつ化学エネルギーを直接電気エネルギーとして取り出す装置を燃料電池という。エネルギー効率が高く，反応による生成物が水のみで，大気汚染物質や温室効果ガスなどを発生しないため，水素はクリーンなエネルギー源として注目されている。

▶コージェネレーションシステム

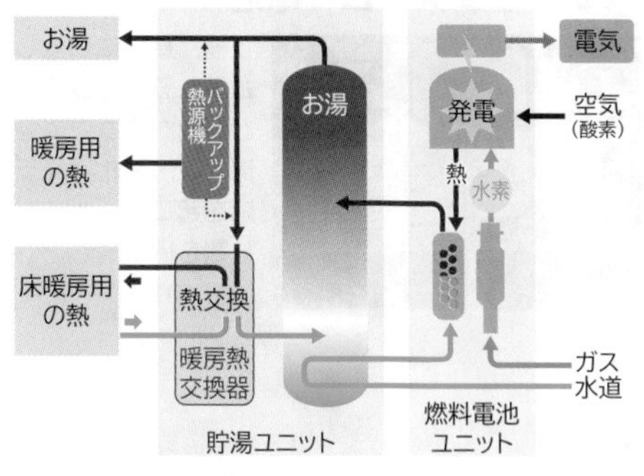

複数のエネルギーを同時に生産・供給することでエネルギー回収効率を高めるシステム。現在の主流は発電装置で電気をつくり，発電時に排出される熱を回収して給湯や暖房に利用する熱電併給システムである。火力発電所や燃料電池のシステムで採用されている。

▶水素吸蔵合金による水素の貯蔵 p.158

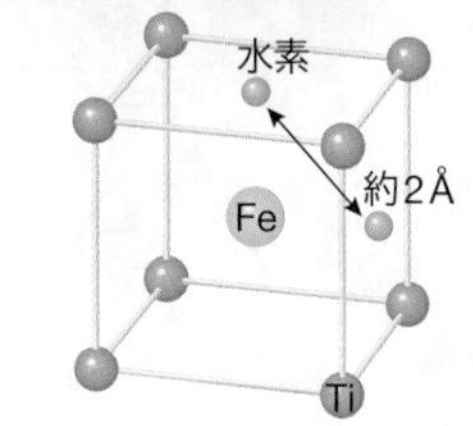

水素を取り込んだ TiFe 合金の構造

水素吸蔵合金は，金属の原子が作る隙間に水素を取り込ませ，100℃程度の比較的低温で加熱することによって取り込んだ水素を放出することができる。金属原子間に取り込まれた水素の密度は液体水素よりも高くなり，安全に多量の水素を貯蔵することができる。$LaNi_5$ や TiFe など，さまざまな種類が研究されている。

太陽光発電 p.99

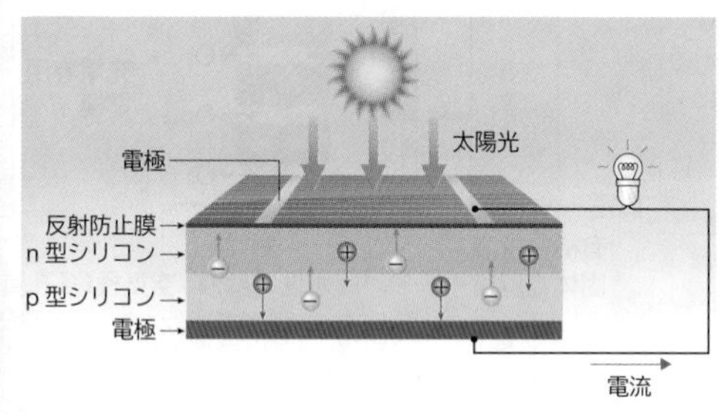

現在主流のシリコン系太陽電池は，電気的な性質の異なる２種類(p 型，n 型)の半導体を重ね合わせた構造を持つ。p 型，n 型の半導体を接合した面に太陽光が当たると，電子と正孔が発生し，電子は n 型側に，正孔は p 型側に移動し不安定な状態となり，電子が導線を伝わり n 型半導体から p 型半導体へ移動することで電流が生じる。

▶ペロブスカイト太陽電池 p.154

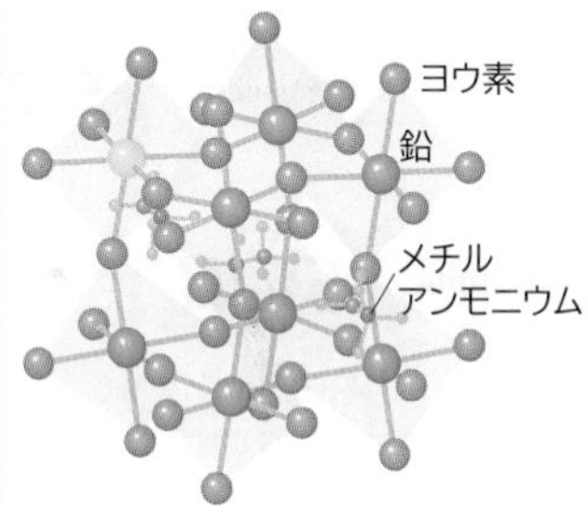

メチルアンモニウム，鉛，ヨウ素などからつくられるペロブスカイト結晶を用いた太陽電池。折り曲げや歪みに強く軽量化が可能である。また，原料が入手しやすい，材料の塗布や印刷による低コストでの製造が可能などの特徴をもち，研究が進んでいる。

TOPICS

水素社会の実現にむけて

水素は，炭素を含まず二酸化炭素を排出しないという環境特性や，エネルギーキャリアとして再生可能エネルギー等を貯め，運び，利用することができる特性(貯蔵性，可搬性，柔軟性)をもつ。そのため，一次エネルギーの 90％以上を海外からの化石燃料に頼るエネルギー資源の乏しい日本では，水素はエネルギー安全保障と温暖化対策の切り札として期待されている。

CO_2 排出量削減に不可欠な再生可能エネルギー（再エネ)は，気象条件などに左右されて供給が不安定なものが多く，再エネの利用効率を上げるためには余剰分の活用が必要となる。余剰電力を水素などのガスに変換することを Power to Gas(P2G)と言い，余剰電力をいったん水素に換えることで，必要な時・場所・目的で利用することが可能となる。また，再エネ由来の水素は製造段階から CO_2 が発生しないことからグリーン水素ともよばれ，環境負荷の低減にも大きな効果が見込まれている。P2G は再エネ活用の安定化・環境対策のいずれにも資する技術の一つとして期待されている。

水素の貯蔵・供給の手段として，圧縮水素，液化水素に加え，有機ハイドライド法によるメチルシクロヘキサン(MCH)，アンモニアやメタンといったエネルギーキャリアの活用が研究されている(p.230)。

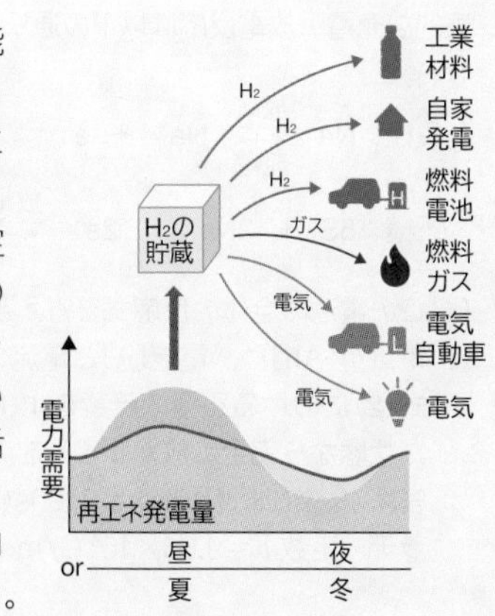

思考 太陽光発電とその他の発電の違いは何か。

10 エネルギーの利用 2 ～化学が築く未来～

Energy utilization 2

1 次世代型蓄電池

現在普及しているリチウムイオン電池のエネルギー密度・パワー密度の限界，原料の供給リスクの観点から次世代蓄電池の研究・開発が進められている。

全固体型リチウムイオン電池

固体電解質を用いたリチウムイオン電池(LIB)。現行の液式電池と比較して，より低温から高温での使用が可能で，高温に強いため急速充電ができる。また，固体電解質が劣化しにくく寿命が長い，燃えにくく液漏れが無いため安全性が高いなどの特性をもつ。

全固体型ナトリウムイオン電池

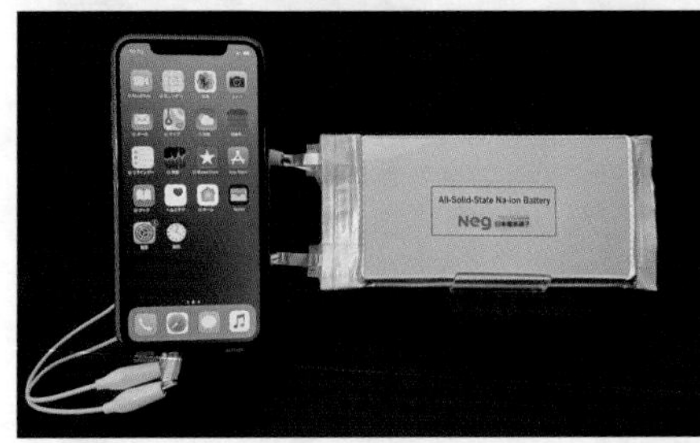

動作原理はLIBと同様であるが，充放電によりNa^+が固体電解質中を移動する。LIBと比較しエネルギー密度の点では不利だが，高い安全性，使用温度範囲の広さ，充電の速さ，Na原料の入手の容易さなどの優位性があり，次世代の電池として期待されている。

ナトリウム・硫黄電池

正極に硫黄，負極にナトリウム，電解質にNa^+伝導性をもつベータアルミナセラミックスを用いた電池。 p.101

レドックスフロー電池

正極，負極に用意した異なるイオンを含む溶液をポンプで循環させ，酸化還元反応を起こすことで充放電を行う電池。

p.101

液系リチウムイオン電池

液系リチウムイオン電池には，2008年に東芝が量産を開始した，負極にチタン酸リチウム(LTO)を用いたLIBなどがある。LTOは燃えにくいセラミック素材であり，充電時にリチウムの析出が起こらないため高い安全性を示す。現在はバスや産業機器，再生可能エネルギーと連動した大規模蓄電設備など，多方面で実用化されている。

リチウム空気電池

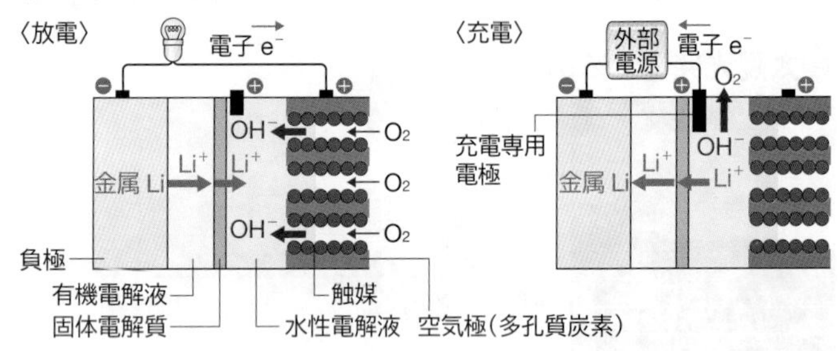

正極活物質として空気中の酸素，負極活物質としてリチウムを用いる二次電池。理論エネルギー密度が現行のLIBの数倍に達する「究極の二次電池」とされ，重量エネルギー密度が大きいことから，ドローンや電気自動車，家庭用蓄電システムまで幅広い分野への応用が期待されている。

入試ではこう出る!

ナトリウム・硫黄電池 NAS

硫黄を正極活物質に用いた二次電池の例として，ナトリウム・硫黄二次電池がある。ナトリウム・硫黄二次電池における正極・負極での代表的な充電・放電反応は以下の通りであり，他の反応はここでは考えない。

負極：$Na \underset{充電}{\overset{放電}{\rightleftarrows}} Na^+ + e^-$　　式(1)

正極：$5S + 2Na^+ + 2e^- \underset{充電}{\overset{放電}{\rightleftarrows}} Na_2S_5$　　式(2)

(1)この電池の全体の反応式を答えよ。

(2)電気量〔Ah〕は，電流〔A〕と電流の流れた時間〔h〕の積で表される。式(2)における正極の硫黄を1.00 gとするとき，完全に充電された状態から完全に放電するときの電気量〔Ah〕を，有効数字3桁で答えよ。なお，1h(時) = 3600s(秒)であり，原子量S=32.1，ファラデー定数F=9.65×10⁴ C/molとする。

［北海道大　改］

【解答】 (1)$2Na + 5S \rightleftarrows Na_2S_5$　　(2)0.334 Ah

【解説】

(1)　式(1)×2　$2Na \rightleftarrows 2Na^+ + 2e^-$

式(2)　$5S + 2Na^+ + 2e^- \rightleftarrows Na_2S_5$

$$2Na + 5S \underset{充電}{\overset{放電}{\rightleftarrows}} Na_2S_5$$

(2e⁻　2e⁻)

(2) (1)より，放電中に流れる電子の物質量は硫黄Sの2/5倍。放電で流れた電気量は1.00 g/32.1 g/mol×2/5×9.65×10⁴ C/molとなる。

題意より，1 Ah=1 A×3600秒=3.6×10³ Cであるので，

$$\frac{1\,g}{32.1\,g/mol} \times \frac{2}{5} \times 9.65 \times 10^4\,C/mol \times \frac{1\,Ah}{3.6 \times 10^3\,C}$$

$= 0.3340\,Ah$

表現 全固体電池が現行のリチウムイオン電池と比べて高温に強いのはなぜか。

2 環境を支える化学

サステナブル(持続可能)な社会の実現に向け，科学技術の発展は不可欠である。化学が貢献できる分野は幅広く存在する。

電子ペーパー

粒子内の顔料を電圧で制御するなどの方法により，紙のように表示することができる。電源を切っても映像が保たれるため，ペーパーレス，省エネにつながると期待されている。

人工光合成

水と二酸化炭素からギ酸と酸素がつくられるようす

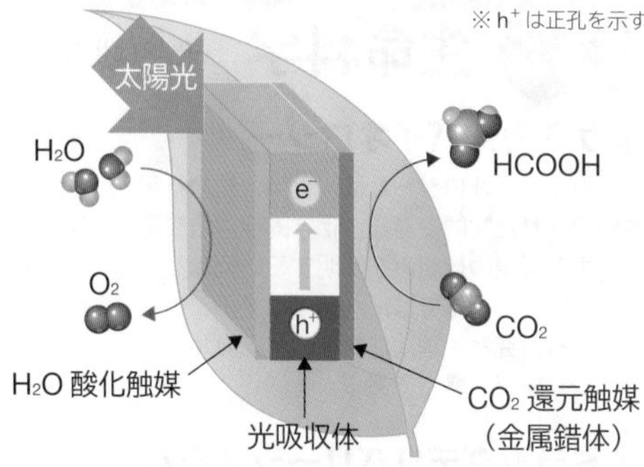

植物の葉緑体で行われている光合成を人工的に再現する技術。太陽光エネルギーを化学エネルギーに直接変換し貯蔵する。水と二酸化炭素からギ酸やアルコールなどの有機物を合成する研究が行われている。

二酸化炭素の資源化

省エネ型二酸化炭素回収設備

排ガスや大気中から，低エネルギーで高濃度の CO_2 を回収する技術が開発されている。また，その CO_2 からメタンやメタノールを合成する方法が研究されている。

オゾンによる水の浄化 ➔ p.166

オゾンによる水の浄化装置

浄水場では，オゾンの強い酸化力によって水中の有機物を酸化分解することで，水質が向上し，最終的に投入する塩素を削減することができるようになった。

磁気冷凍技術

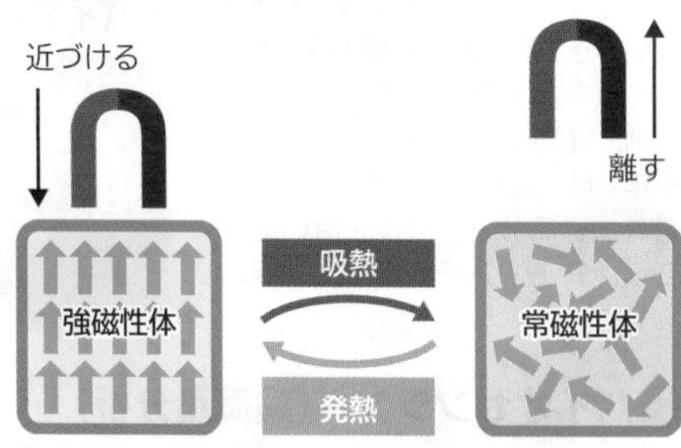

強磁性体が常磁性体になる際，増加するエントロピーを周囲からの熱として吸収することによって冷却する技術。現在の冷媒ガス(代替フロン)を撤廃する技術として期待されている。

3 ライフサイクルアセスメント

製品やサービスが環境に及ぼす影響を評価する方法としてライフサイクルアセスメント(LCA)が重要視されている。

ライフサイクルアセスメント LCA

資源採取・原料生産
商品の原料や包装資材などの生産や，輸送時などに発生する環境の負荷

➔

製品生産
商品の生産やそれにともなう廃棄物の処理で発生する環境の負荷

➔

流通
商品輸送や輸送資材の廃棄処理にともなう環境の負荷

➔

消費
商品の保管や調理などにともなって発生する環境の負荷

➔

廃棄・リサイクル
パッケージや包装資材などを廃棄物として輸送し処分する際の環境の負荷

ライフサイクルアセスメント(LCA)とは，ある製品・サービスのライフサイクル全体(資源採取・原料生産 — 製品生産 — 流通 — 消費 — 廃棄・リサイクル)における環境負荷を定量的に評価する手法である。LCA に基づいて求められた温室効果ガスの総排出量から除去・吸収量を除いた値を CO_2 排出量に換算したものをカーボンフットプリントという。
環境問題への関心が高まるなか，企業や事業者は，製品・サービスなどのライフサイクルにおける環境負荷を評価することで，より環境負荷の少ない製品の開発や生産活動の改善につなげ，サスティナブルな社会形成へ寄与することを目的として LCA を導入している。

カーボンフットプリントマーク(CFP マーク)
その製品あたりの，カーボンフットプリント(CO_2 の排出量)を定量的に示したマーク。

11 生命科学・情報機器と化学 ~化学が築く未来~

life science・Information equipment and chemistry

生命科学

化学は生物や生体内での仕組みの解明や医療現場を支える先端技術の開発に役立っている。

●ケミカルバイオロジー

ケミカルバイオロジーとは，化学と生命科学を融合させた学問である。化学的な手法を用いた生命現象の仕組みを解明する研究などが進んでいる。近年では，バイオイメージングに関する研究と生理活性物質のケミカルバイオロジー研究が盛んである。

▶バイオイメージングの研究

Ca^{2+}との結合で蛍光の変化を示す蛍光カルシウム指示薬 fura-2（フラツー）は，細胞内でのCa^{2+}の役割の解明に寄与した。

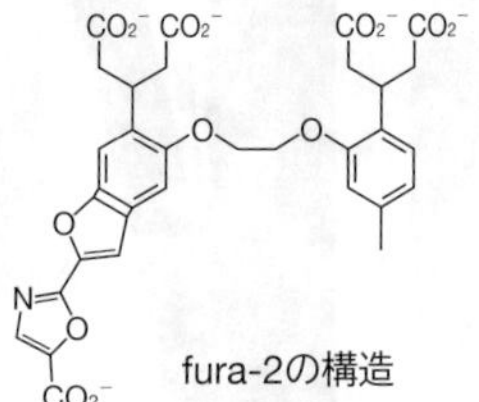

fura-2の構造

▶生理活性物質の研究

トリパノソーマに有効な抗寄生虫薬アスコフラノンの大量合成に成功した。

OH
OH
Cl

アスコフラノンの構造

●ドラッグデリバリーシステム

薬を必要なときに，働くべき場所に必要な量だけ届ける技術のことをドラッグデリバリーシステム（DDS）という。これが機能すると薬の効果を最大限に発揮させ，患部以外への影響を最低限に抑えることができる。

胃で溶けず腸で溶けるよう設計された腸溶性製剤，薬の溶解速度を遅くして血中薬物濃度を一定に保つ徐放製剤，経皮吸収剤などがある。

近年では，癌細胞中の血管の穴しか通れない高分子ミセルを用いたドラッグデリバリーシステムも研究されている。

▶バイアスピリン錠（腸溶性製剤）

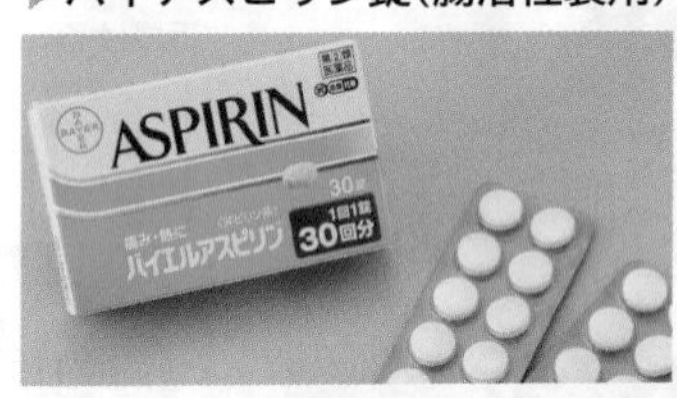

▶高分子ミセル型ドラッグデリバリーシステム

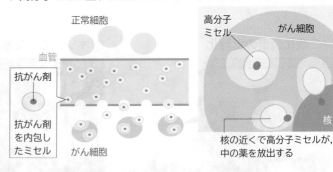

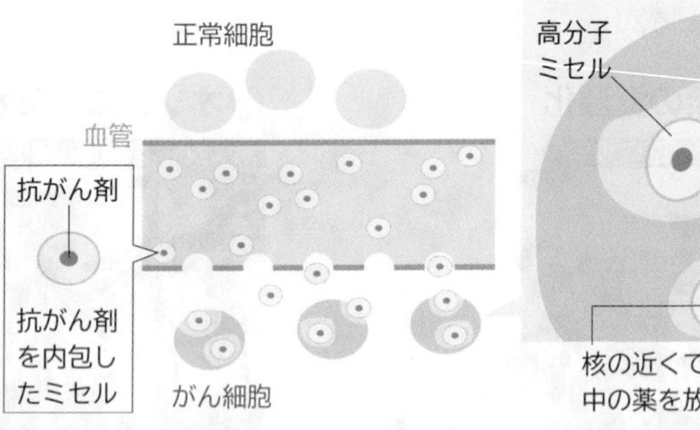

●バイオセンシング（超微量分析）

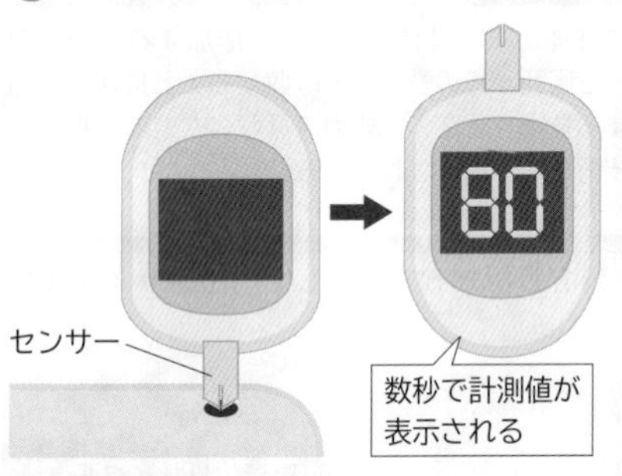

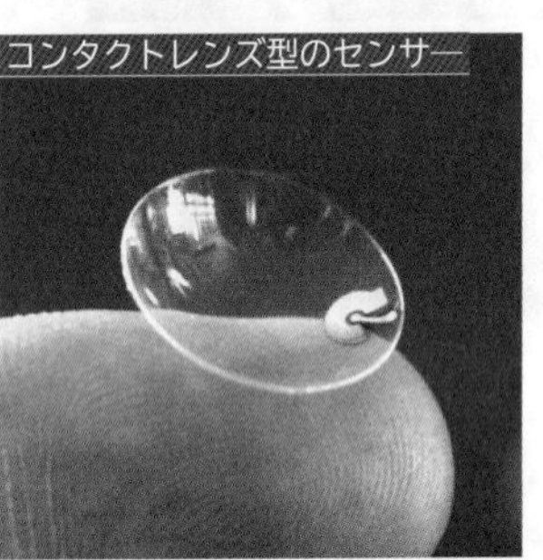

センサーを用いて，血糖値などの生体由来の分子情報を計測することをバイオセンシングという。糖尿病患者などのために，指先の血液1滴から血糖値を測定するセンサーが普及している。

近年では，ソフトコンタクトレンズ型のグルコースセンサーを用いて涙中のグルコース濃度を測定する手法も研究されている。他にも，極めて低い濃度のウィルスを簡便に検出できるセンサーが開発されており，下水の二次処理水中のノロウィルス様粒子の検出も可能になっている。

●人工医療材料

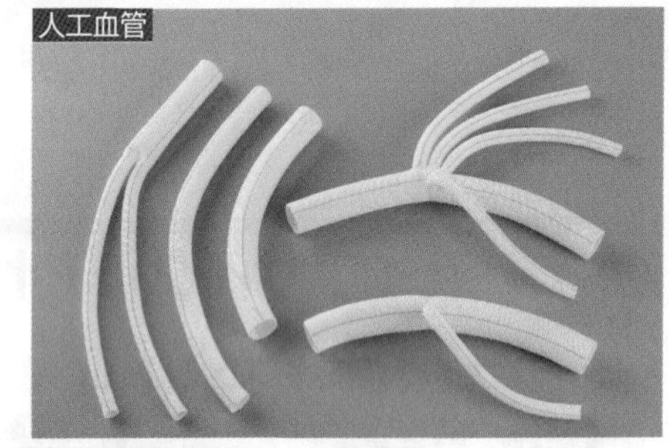

ヒトの体内に移植する人工医療材料は，バイオマテリアルともよばれている。すでに人工医療材料として普及している人工股関節には，ポリエチレンが用いられており，動脈瘤の置換手術などに利用される人工血管には，延伸性テフロンやポリエステルなどが用いられている。

人工医療材料の開発には，医師と研究者の双方が参画する場合が多い。

TOPICS

バイオミメティクス

生物の構造，機能などを模倣して新しい技術や製品の開発にいかす科学技術をバイオミメティクス（生物模倣）という。すでに，撥水性に優れたハスの葉表面を模倣して作られた「ヨーグルトが付着しにくい蓋」などが実用化されている。

他にも，絹糸を模倣して作られたナイロン，蜘蛛の糸を模倣して作られた人工のクモ糸素材，天井を走ることができるヤモリの足裏の構造を模倣したヤモリテープが存在する。また，七色に光るタマムシの表面を模倣して作られた発色ステンレスなども開発されている。

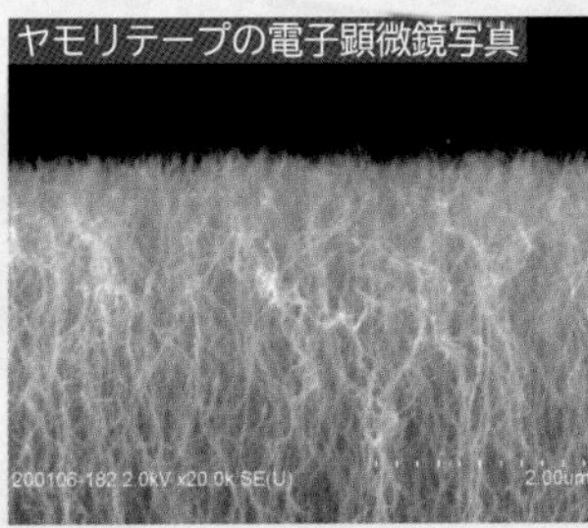

●緑色蛍光タンパク質(GFP)

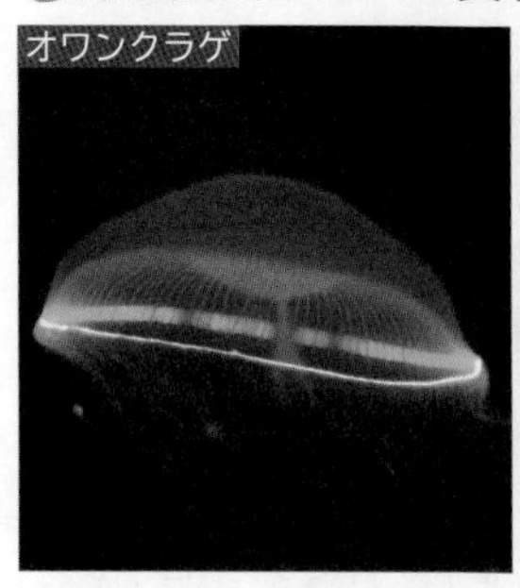

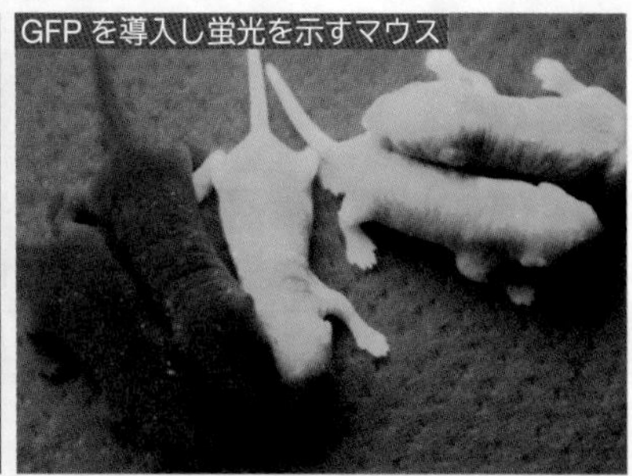

緑色蛍光タンパク質(GFP)とは，青色の光を吸収して緑色の蛍光を示すタンパク質のことである。下村脩博士がオワンクラゲから見付け，2008 年にノーベル化学賞を受賞した。近年では，緑色の蛍光を示す動物(カイコ蛾の繭，カエル，マウスなど)の研究が進められている。

●ゲノム編集

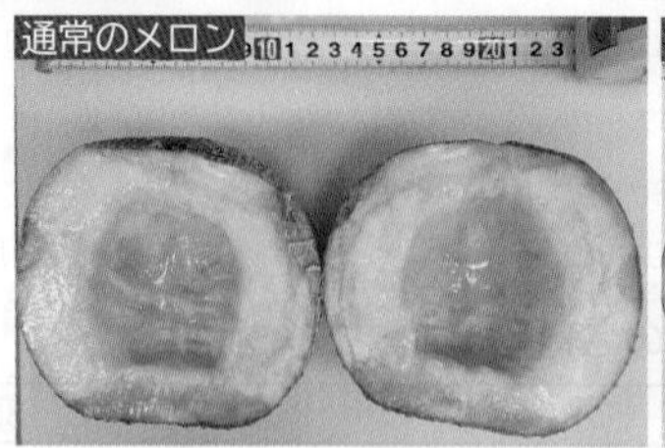

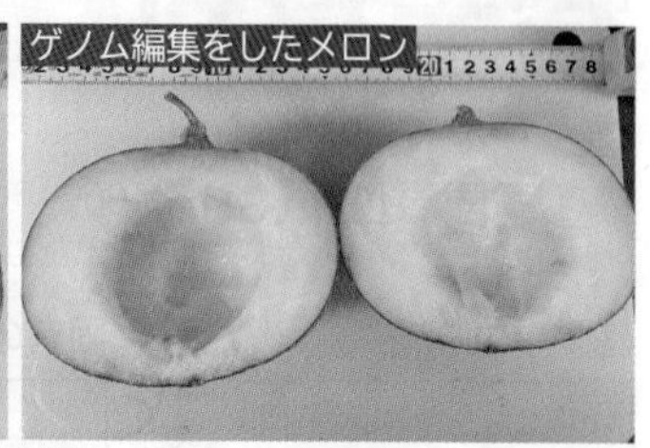

ゲノム編集は，標的となる遺伝子を狙って改変することができる技術である。従来の遺伝子組換え技術よりも比較的安全に遺伝子を編集できるため，農学，水産学，畜産学，生物工学，医学などの分野で注目を集めている。
上の画像は，通常のメロン(左)と，成熟をすすめる植物ホルモンの合成をゲノム編集技術で抑制したメロン(右)で，それぞれ収穫から 14 日後のものである。通常のメロンでは，果実が軟化し，浸潤や果皮の陥没が進んでいるが，ゲノム編集メロンでは果実の軟化が見られない。

2 情報機器と化学

パーソナルコンピューターやスマートフォンなどの情報機器の生産には化学が密接に関わっている。

●磁気抵抗メモリ(MRAM)

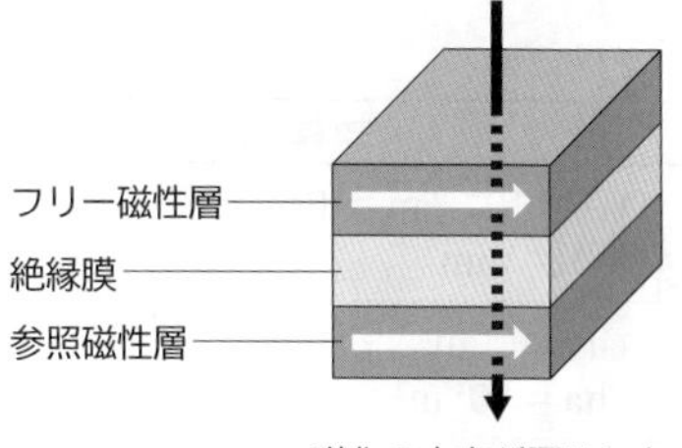

磁化の方向が同じとき
⇒電流が流れやすい
(抵抗が小さい)

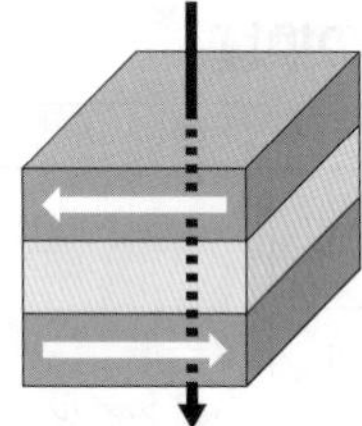

磁化の方向が逆のとき
⇒電流が流れにくい
(抵抗が大きい)

磁気抵抗メモリとは，半導体メモリの一種で，薄い強磁性体が絶縁体を挟んだ三重構造になっている。磁性体の磁化の状態を変えることで記録が行われる。磁気抵抗メモリに入力された情報は消えないため，不揮発性メモリともよばれている。

●タッチパネルと透明電極

透明度が高く導電性を兼ね備えた電極を透明電極という。タブレットのタッチパネルや液晶ディスプレイなどに用いられている。透明電極には，酸化インジウムに酸化スズを添加した酸化インジウムスズなどが用いられている。高価な酸化インジウムスズに代わる新素材の研究も推進されている。

●分子メモリ

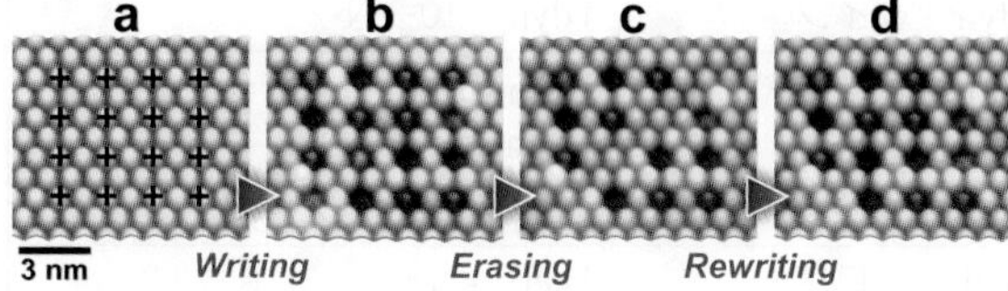

平面的に敷き詰めたフラーレン分子の膜。狙ったフラーレン分子(直径約 1 nm)の状態を可逆制御する技術が，単分子サイズでのデジタル情報の書き込みと消去を可能とした。

デジタル情報を分子に記憶させる装置を分子メモリという。分子メモリには，従来型の磁気ハードディスクに比べて単位面積あたりに書き込める情報量が桁違いに多いという利点がある。
現在，フラーレン分子を用いた分子メモリなどの研究が推進されている。

●ポリチオフェン系導電性ポリマー

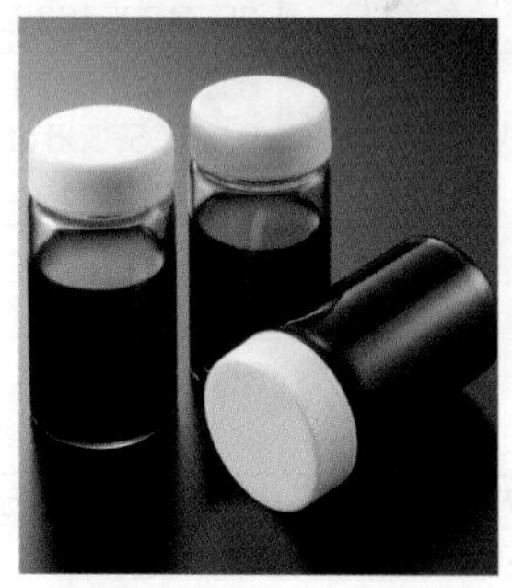

信越ポリマーが販売しているポリチオフェン系導電性ポリマーを用いた導電性塗料には，帯電防止用，透明電極用，コンデンサ用の 3 用途がある。粉体のものは，樹脂や他の導電性材料に容易に添加，混合することが可能であり，ディスプレイの静電気放電対策などに活用されている。

TOPICS

PCR 法

DNA の塩基配列は生物ごとに異なるため，特定の塩基配列を調べることで生物の種類や唾液中のウイルスの有無などを調べることができる。
PCR 法(ポリメラーゼ連鎖反応法)とは，生物固有の DNA の特定領域を増幅させる技術のことで，検体中の DNA が検出できないほど少ない場合でも，検出できる量まで増やすことが可能である。2019 年以降，新型コロナウイルス感染症(COVID-19)が流行した際は，唾液中のウイルスの有無を PCR 検査で確かめる検査が行われた。

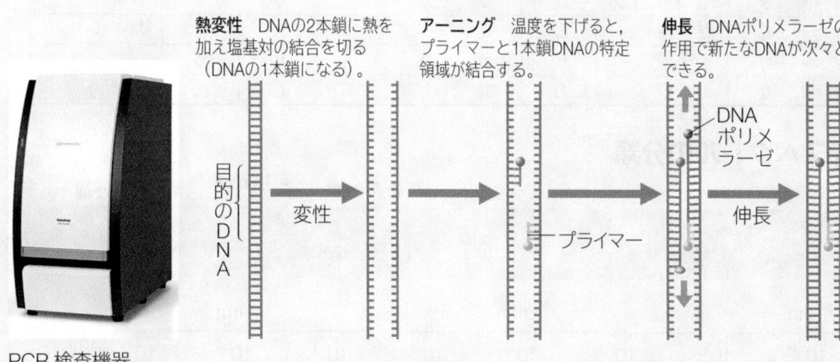

PCR 検査機器

巻末資料

①国際単位系(SI)

1960 年の国際度量衡総会で決議され，普及の努力が続けられている。互いに独立な 7 つの基本単位，および，それらの積または商としてつくられる組立単位から構成され，別に 10 の整数乗倍を示す接頭語が決められている。

基本単位

物理量	基本単位	
長さ	m	メートル
質量	kg	キログラム
時間	s	秒
電流	A	アンペア
温度	K	ケルビン
物質量	mol	モル
光度	cd	カンデラ

固有の名称をもつ組立単位

物理量	組立単位		SI単位による表し方	SI基本単位による表し方
周波数	Hz	ヘルツ		s^{-1}
力	N	ニュートン		$m \cdot kg \cdot s^{-2}$
圧力	Pa	パスカル	$N \cdot m^{-2}$	$m^{-1} \cdot kg \cdot s^{-2}$
エネルギー・熱量・仕事	J	ジュール	$N \cdot m$	$m^2 \cdot kg \cdot s^{-2}$
電力・仕事率	W	ワット	$J \cdot s^{-1}$	$m^2 \cdot kg \cdot s^{-3}$
電気量・電荷	C	クーロン		$A \cdot s$
電圧・電位	V	ボルト	WA^{-1}	$m^2 \cdot kg \cdot s^{-3} \cdot A^{-1}$
電気抵抗	Ω	オーム	$V \cdot A^{-1}$	$m^2 \cdot kg \cdot s^{-3} \cdot A^{-2}$
セルシウス温度	℃	セルシウス度		K
平面角	rad	ラジアン		
立体角	sr	ステラジアン		

単位の 10 の整数乗倍を示す接頭語

名称	記号	倍数	名称	記号	倍数
デカ	da	10^1	デシ	d	10^{-1}
ヘクト	h	10^2	センチ	c	10^{-2}
キロ	k	10^3	ミリ	m	10^{-3}
メガ	M	10^6	マイクロ	μ	10^{-6}
ギガ	G	10^9	ナノ	n	10^{-9}
テラ	T	10^{12}	ピコ	p	10^{-12}
ペタ	P	10^{15}	フェムト	f	10^{-15}
エクサ	E	10^{18}	アト	a	10^{-18}
ゼタ	Z	10^{21}	ゼプト	z	10^{-21}
ヨタ	Y	10^{24}	ヨクト	y	10^{-24}
ロナ	R	10^{27}	ロント	r	10^{-27}
クエタ	Q	10^{30}	クエスト	q	10^{-30}

②基本定数 (「2020 年理科年表」による)

物理量	記号	数値と単位
電子・陽子のもつ電気量の絶対値(電気素量)	e	$1.602176634 \times 10^{-19}$ C
電子 1 個の質量	m_e	$9.1093837015 \times 10^{-31}$ kg
陽子 1 個の質量	m_p	$1.67262192369 \times 10^{-27}$ kg
中性子 1 個の質量	m_n	$1.674927471 \times 10^{-27}$ kg
原子質量単位(1 u)	m_u	$1.66053906660 \times 10^{-27}$ kg
アボガドロ定数	N_A	$6.02214076 \times 10^{23}$ mol^{-1}
セルシウス温度目盛りのゼロ点(0℃)	T	273.15 K
標準大気圧(1 atm)		101325 Pa
理想気体のモル体積(0℃，1 atm) (0℃，10^5 Pa)	V_0	22.41396954 $L \cdot mol^{-1}$ 22.71095463 $L \cdot mol^{-1}$
気体定数	R	8.314462618 $J \cdot K^{-1} \cdot mol^{-1}$ 0.082057366 $atm \cdot L \cdot K^{-1} \cdot mol^{-1}$
ファラデー定数	F	9.648533212×10^4 $C \cdot mol^{-1}$
真空中の光速	c_0	299792458 $m \cdot s^{-1}$
自由落下の標準加速度	g_n	9.80665 $m \cdot s^{-2}$

③単位の換算

物理量	単位		換算
長さ	Å	オングストローム	$1\,Å = 10^{-10}\,m = 10^{-8}\,cm = 10^{-1}\,nm$
面積	a ha	アール ヘクタール	$1\,a = 10^2\,m^2$ $1\,ha = 10^4\,m^2$
体積	L	リットル	$1\,L = 10^{-3}\,m^3 = 1\,dm^3 = 10^3\,cm^3$
質量	t	トン	$1\,t = 10^3\,kg$
平面角	°	度	$1° = (\pi/180)\,rad$
力	kgw dyn	キログラム重 ダイン	$1\,kgw = 9.8\,N$ $1\,dyn = 10^{-5}\,N$
圧力	atm mmHg	標準大気圧 水銀柱ミリメートル	1 atm = 760 mmHg = 101325 Pa 1 mmHg = 133 Pa
温度	℃	セルシウス度	t〔℃〕= T〔K〕− 273.15
熱量	cal	カロリー	1 cal = 4.184 J

④ギリシア文字

大文字	小文字	読み方	大文字	小文字	読み方	大文字	小文字	読み方
A	α	アルファ	I	ι	イオタ	P	ρ	ロー
B	β	ベータ	K	κ	カッパ	Σ	σ	シグマ
Γ	γ	ガンマ	Λ	λ	ラムダ	T	τ	タウ
Δ	δ	デルタ	M	μ	ミュー	Y	υ	ウプシロン
E	ε	イプシロン	N	ν	ニュー	Φ	ϕ	ファイ
Z	ζ	ゼータ	Ξ	ξ	グザイ	X	χ	カイ
H	η	イータ	O	o	オミクロン	Ψ	ψ	プサイ
Θ	θ	シータ	Π	π	パイ	Ω	ω	オメガ

⑤数詞

数詞は化合物の命名のときに用いられる。

数	数詞の名称	数	数詞の名称
1	モノ(mono)	7	ヘプタ(hepta)
2	ジ(di)	8	オクタ(octa)
3	トリ(tri)	9	ノナ(nona)
4	テトラ(tetra)	10	デカ(deca)
5	ペンタ(penta)	11	ウンデカ(undeca)
6	ヘキサ(hexa)	12	ドデカ(dodeca)

●他に 2 はビス，3 はトリス，4 はテトラキスを用いることがある。

⑥スペクトルの分類

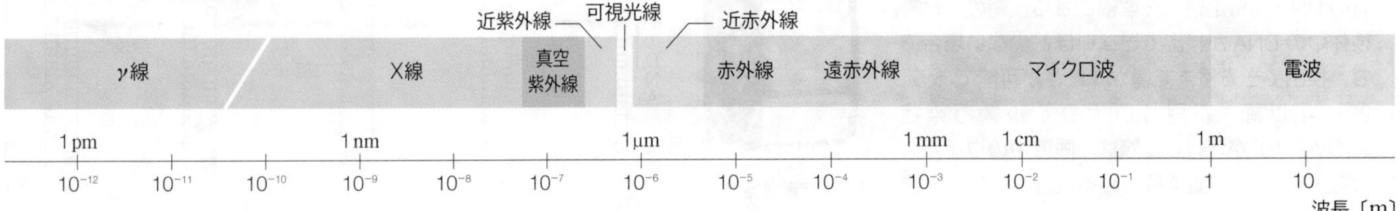

⑦単体の性質　(「化学便覧改訂６版」による)

原子番号	元素記号	単体の化学式	融点〔℃〕	沸点〔℃〕	密度〔g/cm³〕
1	H	H_2	−259.14	−252.87	0.08988^{0}
2	He	He	$-272.2^{26\mathrm{atm}}$	−268.934	0.1785^{0}
3	Li	Li	180.54	1347	0.534^{20}
4	Be	Be	1282	$2970^{圧}$	1.8477^{20}
5	B	B	2300	3658	2.34^{20}
6	C	ダイヤモンド	3550	4800(昇)	3.513^{20}
		黒鉛	3530		2.26^{20}
7	N	N_2	−209.86	−195.8	1.2506
8	O	酸素 O_2	−218.4	−182.96	1.429^{0}
		オゾン O_3	−193	−111.3	2.141^{0}
9	F	F_2	−219.62	−188.14	1.696^{0}
10	Ne	Ne	−248.67	−246.05	0.8999^{0}
11	Na	Na	97.81	883	0.971^{20}
12	Mg	Mg	648.8	1090	1.738^{20}
13	Al	Al	660.32	2467	2.6989^{20}
14	Si	Si	1410	2355	2.3296
15	P	黄リン	44.2	280	1.82^{20}
		赤リン			2.2^{20}
16	S	斜方硫黄	112.8	444.674	2.07^{20}
		単斜硫黄	119.0	444.674	1.957^{20}
17	Cl	Cl_2	−101.0	−33.97	3.214^{0}
18	Ar	Ar	−189.3	−185.8	1.784^{0}
19	K	K	63.65	774	0.862^{20}
20	Ca	Ca	839	1484	1.55^{20}
21	Sc	Sc	1541	2831	2.989^{20}
22	Ti	Ti	1660	3287	4.54^{20}
23	V	V	1887	3377	6.11^{19}
24	Cr	Cr	1860	2671	7.19^{20}
25	Mn	Mn	1244	1962	7.44^{20}
26	Fe	Fe	1535	2750	7.874^{20}
27	Co	Co	1495	2870	8.90^{20}
28	Ni	Ni	1453	2732	8.902
29	Cu	Cu	1083.4	2567	8.96^{20}
30	Zn	Zn	419.53	907	7.134
31	Ga	Ga	27.78	2403	5.907^{20}
32	Ge	Ge	937.4	2830	5.323^{20}
33	As	灰色ヒ素	$817^{28\mathrm{atm}}$	616(昇)	5.78^{20}
34	Se	金属セレン	217	684.9	4.79^{20}
35	Br	Br_2	−7.2	58.78	3.1226^{20}
36	Kr	Kr	−156.66	−152.3	3.7493^{0}
37	Rb	Rb	39.31	688	1.532^{20}
38	Sr	Sr	769	1384	2.54^{20}
39	Y	Y	1522	3338	4.47^{20}
40	Zr	Zr	1852	4377	6.506^{20}
41	Nb	Nb	2468	4742	8.57^{20}
42	Mo	Mo	2617	4612	10.22^{20}
43	Tc	Tc	2172	4877	11.5^{20}
44	Ru	Ru	2310	3900	12.37^{20}
45	Rh	Rh	1966	3695	12.41^{20}
46	Pd	Pd	1552	3140	12.02^{20}
47	Ag	Ag	951.93	2212	10.500^{20}
48	Cd	Cd	321.0	765	8.65^{20}
49	In	In	156.6	2080	7.31
50	Sn	Sn	231.97	2270	7.31^{20}
51	Sb	Sb	630.63	1635	6.691^{20}
52	Te	金属テルル	449.5	990	6.24^{20}
53	I	I_2	113.5	184.3	4.93^{20}
54	Xe	Xe	−111.9	−107.1	5.8971^{0}
55	Cs	Cs	28.4	678	1.873^{20}
56	Ba	Ba	729	1637	3.594^{20}
57	La	La	921	3457	6.145
58	Ce	Ce	799	3426	6.749
59	Pr	Pr	931	3512	6.773^{20}
60	Nd	Nd	1021	3068	7.007^{20}
61	Pm	Pm	1168	2700	7.22
62	Sm	Sm	1077	1791	7.52^{20}
63	Eu	Eu	822	1597	5.243^{20}
64	Gd	Gd	1313	3266	7.90
65	Tb	Tb	1356	3123	8.229^{20}
66	Dy	Dy	1412	2562	8.55^{20}
67	Ho	Ho	1474	2695	8.795
68	Er	Er	1529	2863	9.066
69	Tm	Tm	1545	1950	9.321^{20}
70	Yb	Yb	824	1193	6.965^{20}
71	Lu	Lu	1663	3395	9.84
72	Hf	Hf	2230	5197	13.31^{20}
73	Ta	Ta	2996	5425	16.654^{20}
74	W	W	3410	5657	19.3^{20}
75	Re	Re	3180	5596	21.02^{20}
76	Os	Os	3054	5027	22.59^{20}
77	Ir	Ir	2410	4130	22.56^{13}
78	Pt	Pt	1772	3830	21.45^{20}
79	Au	Au	1064.43	2807	19.32^{20}
80	Hg	Hg	−38.87	356.58	13.546^{20}
81	Tl	Tl	304	1457	11.85^{20}
82	Pb	Pb	327.5	1740	11.35^{20}
83	Bi	Bi	271.3	1610	9.747^{20}
84	Po	Po	254	962	9.32^{20}
85	At	At	302		
86	Rn	Rn	−71	−61.8	9.73^{0}
87	Fr	Fr			
88	Ra	Ra	700	1140	5
89	Ac	Ac	1050	3200	10.06
90	Th	Th	1750	4790	11.72^{20}
91	Pa	Pa	1840		15.37
92	U	U	1132.3	3745	18.950^{20}

・単体の化学式には同素体名または単体の分子式，組成式を示した。

●融点・沸点の肩数字は測定圧力である。肩数字のないものの測定圧力は 1.01×10^{5} Pa(1atm)である。

●密度の肩数字は測定温度である。肩数字のないものの測定温度は25℃における値である。［網掛け］の単位はg/Lである。

⑧地殻の元素の存在度　(「化学便覧改訂６版」による)

原子番号	元素記号	地殻における存在度〔ppm〕
3	Li	18
4	Be	2.4
5	B	11
8	O	472000
11	Na	23600
12	Mg	22000
13	Al	79600
14	Si	288000
19	K	21400
20	Ca	38500
21	Sc	16
22	Ti	4010
23	V	98
24	Cr	126
25	Mn	716
26	Fe	43200
27	Co	24
28	Ni	56
29	Cu	25
30	Zn	65
31	Ga	15
32	Ge	1.4
33	As	1.7
34	Se	0.12
37	Rb	78
38	Sr	333
39	Y	24
40	Zr	203
41	Nb	19
42	Mo	1.1
46	Pd	0.0004
47	Ag	0.07
48	Cd	0.1
49	In	0.05
50	Sn	2.3
51	Sb	0.3
55	Cs	3.4
56	Ba	584
57	La	30
58	Ce	60
59	Pr	6.7
60	Nd	27
62	Sm	5.3
64	Gd	4.0
79	Au	0.0025
90	Th	8.5
92	U	1.7

＊ppmは，100万分の1の意味。地殻1g中に含まれるそれぞれの元素の質量〔μg〕のこと。

巻末資料

■⑨元素の安定同位体 （2020 年理科年表による）

原子番号	同位体	存在比〔%〕	原子質量	原子量
1	^{1}H	[99.972 ～ 99.999]	1.00782503224	[1.00784 ～ 1.00811]
	^{2}H	[0.001 ～ 0.028]	2.01410177811	
2	^{3}He	0.0002	3.01602932265	4.002602
	^{4}He	99.9998	4.00260325413	
3	^{6}Li	[1.9 ～ 7.8]	6.0151228874	[6.938 ～ 6.997]
	^{7}Li	[92.2 ～ 98.1]	7.016003437	
4	^{9}Be	100	9.01218307	9.0121831
5	^{10}B	[18.9 ～ 20.4]	10.012936862	[10.806 ～ 10.821]
	^{11}B	[79.6 ～ 81.1]	11.009305167	
6	^{12}C	[98.84 ～ 99.04]	12	[12.0096 ～ 12.0116]
	^{13}C	[0.96 ～ 1.16]	13.00335483521	
7	^{14}N	[99.578 ～ 99.663]	14.00307400446	[14.00643 ～ 14.00728]
	^{15}N	[0.337 ～ 0.422]	15.0001088989	
8	^{16}O	[99.738 ～ 99.776]	15.99491461960	[15.99903 ～ 15.99977]
	^{17}O	[0.0367 ～ 0.0400]	16.9991317566	
	^{18}O	[0.187 ～ 0.222]	17.9991596128	
9	^{19}F	100	18.9984031629	18.998403163
10	^{20}Ne	90.48	19.9924401762	20.1797
	^{21}Ne	0.27	20.99384669	
	^{22}Ne	9.25	21.991385110	
11	^{23}Na	100	22.9897692820	22.98976928
12	^{24}Mg	[78.88 ～ 79.05]	23.985041697	[24.304 ～ 24.307]
	^{25}Mg	[9.988 ～ 10.034]	24.98583696	
	^{26}Mg	[10.96 ～ 11.09]	25.98259297	
13	^{27}Al	100	26.98153841	26.9815385
14	^{28}Si	[92.191 ～ 92.318]	27.9769265350	[28.084 ～ 28.086]
	^{29}Si	[4.645 ～ 4.699]	28.9764946653	
	^{30}Si	[3.037 ～ 3.110]	29.973770137	
15	^{31}P	100	30.9737619986	30.973761998
16	^{32}S	[94.41 ～ 95.29]	31.9720711744	[32.059 ～ 32.076]
	^{33}S	[0.729 ～ 0.797]	32.9714589099	
	^{34}S	[3.96 ～ 4.77]	33.96786701	
	^{36}S	[0.0129 ～ 0.0187]	35.96708070	
17	^{35}Cl	[75.5 ～ 76.1]	34.96885269	[35.446 ～ 35.457]
	^{37}Cl	[23.9 ～ 24.5]	36.96590258	
18	^{36}Ar	0.3336	35.967545105	39.948
	^{38}Ar	0.0629	37.96273210	
	^{40}Ar	99.6035	39.9623831238	
19	^{39}K	93.2581	38.963706487	39.0983
	^{40}K	0.0117	39.96399817	
	^{41}K	6.7302	40.961825258	
20	^{40}Ca	96.941	39.962590866	40.078
	^{42}Ca	0.647	41.95861783	
	^{43}Ca	0.135	42.95876643	
	^{44}Ca	2.086	43.9554815	
	^{46}Ca	0.004	45.9536880	
	^{48}Ca	0.187	47.95252290	
21	^{45}Sc	100	44.9559075	44.955908
22	^{46}Ti	8.25	45.95262686	47.867
	^{47}Ti	7.44	46.95175775	
	^{48}Ti	73.72	47.94794093	
	^{49}Ti	5.41	48.94786463	
	^{50}Ti	5.18	49.94478584	
23	^{50}V	0.250	49.9471558	50.9415
	^{51}V	99.750	50.9439569	
24	^{50}Cr	4.345	49.9460414	51.9961
	^{52}Cr	83.789	51.9405050	
	^{53}Cr	9.501	52.9406470	
	^{54}Cr	2.365	53.9388780	
25	^{55}Mn	100	54.9380432	54.938044
26	^{54}Fe	5.845	53.9396083	55.845
	^{56}Fe	91.754	55.9349356	
	^{57}Fe	2.119	56.9353921	
	^{58}Fe	0.282	57.9332737	
27	^{59}Co	100	58.9331937	58.933194
28	^{58}Ni	68.0769	57.9353418	58.6934
	^{60}Ni	26.2231	59.9307853	
	^{61}Ni	1.1399	60.9310549	
	^{62}Ni	3.6346	61.9283449	
	^{64}Ni	0.9255	63.9279663	
29	^{63}Cu	69.15	62.9295972	63.546
	^{65}Cu	30.85	64.9277895	
30	^{64}Zn	49.17	63.9291418	65.38
	^{66}Zn	27.73	65.9260337	
	^{67}Zn	4.04	66.9271275	
	^{68}Zn	18.45	67.9248443	
	^{70}Zn	0.61	69.9253192	
31	^{69}Ga	60.108	68.9255735	69.723
	^{71}Ga	39.892	70.9247025	
35	^{79}Br	[50.5 ～ 50.8]	78.9183376	[79.901 ～ 79.907]
	^{81}Br	[49.2 ～ 49.5]	80.9162882	
36	^{78}Kr	0.355	77.9203663	83.798
	^{80}Kr	2.286	79.9163780	
	^{82}Kr	11.593	81.913481155	
	^{83}Kr	11.500	82.914126518	
	^{84}Kr	56.987	83.911497729	
	^{86}Kr	17.279	85.910610626	
37	^{85}Rb	72.17	84.911789738	85.4678
	^{87}Rb	27.83	86.909180531	
38	^{84}Sr	0.56	83.9134191	87.62
	^{86}Sr	9.86	85.909260726	
	^{87}Sr	7.00	86.908877496	
	^{88}Sr	82.58	87.905612256	
47	^{107}Ag	51.839	106.9050915	107.8682
	^{109}Ag	48.161	108.9047558	
48	^{106}Cd	1.245	105.9064598	112.414
	^{108}Cd	0.888	107.9041836	
	^{110}Cd	12.470	109.9030075	
	^{111}Cd	12.795	110.9041838	
	^{112}Cd	24.109	111.90276388	
	^{113}Cd	12.227	112.90440810	
	^{114}Cd	28.754	113.90336499	
	^{116}Cd	7.512	115.90476323	
50	^{112}Sn	0.97	111.9048249	118.710
	^{114}Sn	0.66	113.90278013	
	^{115}Sn	0.34	114.903344697	
	^{116}Sn	14.54	115.90174282	
	^{117}Sn	7.68	116.9029540	
	^{118}Sn	24.22	117.9016066	
	^{119}Sn	8.59	118.9033112	
	^{120}Sn	32.58	119.9022019	
	^{122}Sn	4.63	121.9034440	
	^{124}Sn	5.79	123.9052767	
52	^{120}Te	0.09	119.904060	127.60
	^{122}Te	2.55	121.9030434	
	^{123}Te	0.89	122.9042697	
	^{124}Te	4.74	123.9028171	
	^{125}Te	7.07	124.9044299	
	^{126}Te	18.84	125.9033109	
	^{128}Te	31.74	127.9044613	
	^{130}Te	34.08	129.906222747	
53	^{127}I	100	126.904472	126.90447
54	^{124}Xe	0.095	123.9058916	131.293
	^{126}Xe	0.089	125.904277	
	^{128}Xe	1.910	127.9035310	
	^{129}Xe	26.401	128.904780859	
	^{130}Xe	4.071	129.903509349	
	^{131}Xe	21.232	130.905084136	
	^{132}Xe	26.909	131.904155087	
	^{134}Xe	10.436	133.905393034	
	^{136}Xe	8.857	135.907214476	
55	^{133}Cs	100	132.905451961	132.90545196
56	^{130}Ba	0.11	129.9063209	137.327
	^{132}Ba	0.10	131.9050611	
	^{134}Ba	2.42	133.9045084	
	^{135}Ba	6.59	134.9056886	
	^{136}Ba	7.85	135.9045760	
	^{137}Ba	11.23	136.9058274	
	^{138}Ba	71.70	137.9052472	
78	^{190}Pt	0.012	189.9599499	195.084
	^{192}Pt	0.782	191.9610427	
	^{194}Pt	32.864	193.9626835	
	^{195}Pt	33.775	194.9647944	
	^{196}Pt	25.211	195.9649547	
	^{198}Pt	7.356	197.9678967	
79	^{197}Au	100	196.9665701	196.966569
80	^{196}Hg	0.15	195.965833	200.592
	^{198}Hg	10.04	197.9667692	
	^{199}Hg	16.94	198.9682810	
	^{200}Hg	23.14	199.9683269	
	^{201}Hg	13.17	200.9703030	
	^{202}Hg	29.74	201.9706436	
	^{204}Hg	6.82	203.9734940	
82	^{204}Pb	1.4	203.9730434	207.2
	^{206}Pb	24.1	205.9744651	
	^{207}Pb	22.1	206.9758967	
	^{208}Pb	52.4	207.9766519	

⑩原子の電子配置 （「岩波理化学辞典第５版」による）

周期	分類	原子番号	元素記号	K 1s	L 2s	L 2p	M 3s	M 3p	M 3d	N 4s	N 4p	N 4d	N 4f	O 5s	O 5p
1	典型元素	1	H	1											
		2	He	2											
2		3	Li	2	1										
		4	Be	2	2										
		5	B	2	2	1									
		6	C	2	2	2									
		7	N	2	2	3									
		8	O	2	2	4									
		9	F	2	2	5									
		10	Ne	2	2	6									
3		11	Na	2	2	6	1								
		12	Mg	2	2	6	2								
		13	Al	2	2	6	2	1							
		14	Si	2	2	6	2	2							
		15	P	2	2	6	2	3							
		16	S	2	2	6	2	4							
		17	Cl	2	2	6	2	5							
		18	Ar	2	2	6	2	6							
4		19	K	2	2	6	2	6		1					
		20	Ca	2	2	6	2	6		2					
	遷移元素	21	Sc	2	2	6	2	6	1	2					
		22	Ti	2	2	6	2	6	2	2					
		23	V	2	2	6	2	6	3	2					
		24	Cr	2	2	6	2	6	5	1					
		25	Mn	2	2	6	2	6	5	2					
		26	Fe	2	2	6	2	6	6	2					
		27	Co	2	2	6	2	6	7	2					
		28	Ni	2	2	6	2	6	8	2					
		29	Cu	2	2	6	2	6	10	1					
		30	Zn	2	2	6	2	6	10	2					
	典型元素	31	Ga	2	2	6	2	6	10	2	1				
		32	Ge	2	2	6	2	6	10	2	2				
		33	As	2	2	6	2	6	10	2	3				
		34	Se	2	2	6	2	6	10	2	4				
		35	Br	2	2	6	2	6	10	2	5				
		36	Kr	2	2	6	2	6	10	2	6				
5		37	Rb	2	2	6	2	6	10	2	6			1	
		38	Sr	2	2	6	2	6	10	2	6			2	
	遷移元素	39	Y	2	2	6	2	6	10	2	6	1		2	
		40	Zr	2	2	6	2	6	10	2	6	2		2	
		41	Nb	2	2	6	2	6	10	2	6	4		1	
		42	Mo	2	2	6	2	6	10	2	6	5		1	
		43	Tc	2	2	6	2	6	10	2	6	5		2	
		44	Ru	2	2	6	2	6	10	2	6	7		1	
		45	Rh	2	2	6	2	6	10	2	6	8		1	
		46	Pd	2	2	6	2	6	10	2	6	10			
		47	Ag	2	2	6	2	6	10	2	6	10		1	
		48	Cd	2	2	6	2	6	10	2	6	10		2	
	典型元素	49	In	2	2	6	2	6	10	2	6	10		2	1
		50	Sn	2	2	6	2	6	10	2	6	10		2	2
		51	Sb	2	2	6	2	6	10	2	6	10		2	3
		52	Te	2	2	6	2	6	10	2	6	10		2	4
		53	I	2	2	6	2	6	10	2	6	10		2	5
		54	Xe	2	2	6	2	6	10	2	6	10		2	6

周期	分類	原子番号	元素記号	K 1s	L 2s	L 2p	M 3s	M 3p	M 3d	N 4s	N 4p	N 4d	N 4f	O 5s	O 5p	O 5d	O 5f	P 6s	P 6p	P 6d	Q 7s
6	典型元素	55	Cs	2	2	6	2	6	10	2	6	10		2	6			1			
		56	Ba	2	2	6	2	6	10	2	6	10		2	6			2			
	遷移元素 ランタノイド	57	La	2	2	6	2	6	10	2	6	10		2	6	1		2			
		58	Ce	2	2	6	2	6	10	2	6	10	1	2	6	1		2			
		59	Pr	2	2	6	2	6	10	2	6	10	3	2	6			2			
		60	Nd	2	2	6	2	6	10	2	6	10	4	2	6			2			
		61	Pm	2	2	6	2	6	10	2	6	10	5	2	6			2			
		62	Sm	2	2	6	2	6	10	2	6	10	6	2	6			2			
		63	Eu	2	2	6	2	6	10	2	6	10	7	2	6			2			
		64	Gd	2	2	6	2	6	10	2	6	10	7	2	6	1		2			
		65	Tb	2	2	6	2	6	10	2	6	10	9	2	6			2			
		66	Dy	2	2	6	2	6	10	2	6	10	10	2	6			2			
		67	Ho	2	2	6	2	6	10	2	6	10	11	2	6			2			
		68	Er	2	2	6	2	6	10	2	6	10	12	2	6			2			
		69	Tm	2	2	6	2	6	10	2	6	10	13	2	6			2			
		70	Yb	2	2	6	2	6	10	2	6	10	14	2	6			2			
		71	Lu	2	2	6	2	6	10	2	6	10	14	2	6	1		2			
	遷移元素	72	Hf	2	2	6	2	6	10	2	6	10	14	2	6	2		2			
		73	Ta	2	2	6	2	6	10	2	6	10	14	2	6	3		2			
		74	W	2	2	6	2	6	10	2	6	10	14	2	6	4		2			
		75	Re	2	2	6	2	6	10	2	6	10	14	2	6	5		2			
		76	Os	2	2	6	2	6	10	2	6	10	14	2	6	6		2			
		77	Ir	2	2	6	2	6	10	2	6	10	14	2	6	7		2			
		78	Pt	2	2	6	2	6	10	2	6	10	14	2	6	9		1			
		79	Au	2	2	6	2	6	10	2	6	10	14	2	6	10		1			
		80	Hg	2	2	6	2	6	10	2	6	10	14	2	6	10		2			
	典型元素	81	Tl	2	2	6	2	6	10	2	6	10	14	2	6	10		2	1		
		82	Pb	2	2	6	2	6	10	2	6	10	14	2	6	10		2	2		
		83	Bi	2	2	6	2	6	10	2	6	10	14	2	6	10		2	3		
		84	Po	2	2	6	2	6	10	2	6	10	14	2	6	10		2	4		
		85	At	2	2	6	2	6	10	2	6	10	14	2	6	10		2	5		
		86	Rn	2	2	6	2	6	10	2	6	10	14	2	6	10		2	6		
7		87	Fr	2	2	6	2	6	10	2	6	10	14	2	6	10		2	6		1
		88	Ra	2	2	6	2	6	10	2	6	10	14	2	6	10		2	6		2
	遷移元素 アクチノイド	89	Ac	2	2	6	2	6	10	2	6	10	14	2	6	10		2	6	1	2
		90	Th	2	2	6	2	6	10	2	6	10	14	2	6	10		2	6	2	2
		91	Pa	2	2	6	2	6	10	2	6	10	14	2	6	10	2	2	6	1	2
		92	U	2	2	6	2	6	10	2	6	10	14	2	6	10	3	2	6	1	2
		93	Np	2	2	6	2	6	10	2	6	10	14	2	6	10	4	2	6	1	2
		94	Pu	2	2	6	2	6	10	2	6	10	14	2	6	10	6	2	6		2
		95	Am	2	2	6	2	6	10	2	6	10	14	2	6	10	7	2	6		2
		96	Cm	2	2	6	2	6	10	2	6	10	14	2	6	10	7	2	6	1	2
		97	Bk	2	2	6	2	6	10	2	6	10	14	2	6	10	9	2	6		2
		98	Cf	2	2	6	2	6	10	2	6	10	14	2	6	10	10	2	6		2
		99	Es	2	2	6	2	6	10	2	6	10	14	2	6	10	11	2	6		2
		100	Fm	2	2	6	2	6	10	2	6	10	14	2	6	10	12	2	6		2
		101	Md	2	2	6	2	6	10	2	6	10	14	2	6	10	13	2	6		2
		102	No	2	2	6	2	6	10	2	6	10	14	2	6	10	14	2	6		2
		103	Lr	2	2	6	2	6	10	2	6	10	14	2	6	10	14	2	6	1	2
	遷移元素	104	Rf	2	2	6	2	6	10	2	6	10	14	2	6	10	14	2	6	2	2
		105	Db	2	2	6	2	6	10	2	6	10	14	2	6	10	14	2	6	3	2
		106	Sg	2	2	6	2	6	10	2	6	10	14	2	6	10	14	2	6	4	2

⑪原子・イオンの半径

イオン半径[10^{-10} m]　（「化学便覧改訂 6 版」による）

周期＼族	1	2	3	4	5	6	7	8	9	10	11	12	13	14	15	16	17	18
1	H^{+}																	He
2	Li^{+} 0.90	Be^{2+} 0.59											B^{3+} 0.25	C^{4+} 0.29	N^{3-} 1.32	O^{2-} 1.26	F^{-} 1.19	Ne
3	Na^{+} 1.16	Mg^{2+} 0.86											Al^{3+} 0.68	Si^{4+} 0.40	P^{3+} 0.58	S^{2-} 1.70	Cl^{-} 1.67	Ar
4	K^{+} 1.52	Ca^{2+} 1.14	Sc^{3+} 0.89	Ti^{4+} 0.75	V^{5+} 0.68	Cr^{6+} 0.40	Mn^{7+} 0.39	Fe^{3+} 0.69	Co^{3+} 0.69	Ni^{3+} 0.70	Cu^{+} 0.91	Zn^{2+} 0.88	Ga^{3+} 0.76	Ge^{4+} 0.67	As^{3+} 0.72	Se^{2-} 1.84	Br^{-} 1.82	Kr
5	Rb^{+} 1.66	Sr^{2+} 1.32	Y^{3+} 1.04	Zr^{4+} 0.86	Nb^{5+} 0.78	Mo^{6+} 0.73	Tc^{4+} 0.79	Ru^{4+} 0.76	Rh^{4+} 0.74	Pd^{4+} 0.76	Ag^{+} 1.29	Cd^{2+} 1.09	In^{3+} 0.94	Sn^{4+} 0.83	Sb^{3+} 0.90	Te^{2-} 2.07	I^{-} 2.06	Xe
6	Cs^{+} 1.81	Ba^{2+} 1.49	La^{3+} 1.17 *	Hf^{4+} 0.85	Ta^{5+} 0.78	W^{6+} 0.74	Re^{7+} 0.67	Os^{4+} 0.77	Ir^{4+} 0.77	Pt^{4+} 0.77	Au^{+} 1.51	Hg^{2+} 1.16	Tl^{3+} 1.03	Pb^{4+} 0.92	Bi^{3+} 1.17	Po	At	Rn
7	Fr	Ra^{2+} 1.62	Ac^{3+} 1.26															

*ランタノイド	Ce^{3+} 1.15	Nd^{3+} 1.12	Eu^{3+} 1.09	Gd^{3+} 1.08	Dy^{3+} 1.05	Lu^{3+} 1.00

共有結合半径[10^{-10} m]

周期＼族	1	2	3	4	5	6	7	8	9	10	11	12	13	14	15	16	17	18
1	H 0.30																	He
2	Li	Be											B 0.81	C 0.77	N 0.74	O 0.74	F 0.72	Ne
3	Na	Mg											Al	Si 1.17	P 1.10	S 1.04	Cl 0.99	Ar
4	K	Ca	Sc	Ti	V	Cr	Mn	Fe	Co	Ni	Cu	Zn	Ga	Ge	As 1.21	Se 1.17	Br 1.14	Kr
5	Rb	Sr	Y	Zr	Nb	Mo	Tc	Ru	Rh	Pd	Ag	Cd	In	Sn	Sb 1.45	Te 1.37	I 1.33	Xe
6	Cs	Ba	La	Hf	Ta	W	Re	Os	Ir	Pt	Au	Hg	Tl	Pd	Bi	Po	At	Rn
7	Fr	Ra	Ac															

ファンデルワールス半径[10^{-10} m]　（「化学便覧改訂 6 版」による）

周期＼族	1	2	3	4	5	6	7	8	9	10	11	12	13	14	15	16	17	18
1	H 1.20																	He 1.40
2	Li 1.82	Be											B	C 1.70	N 1.55	O 1.52	F 1.47	Ne 1.54
3	Na 2.27	Mg 1.73											Al	Si 2.10	P 1.80	S 1.80	Cl 1.75	Ar 1.88
4	K 2.75	Ca	Sc	Ti	V	Cr	Mn	Fe	Co	Ni 1.63	Cu 1.4	Zn 1.39	Ga 1.87	Ge	As 1.85	Se 1.90	Br 1.85	Kr 2.02
5	Rb	Sr	Y	Zr	Nb	Mo	Tc	Ru	Rh	Pd 1.63	Ag 1.72	Cd 1.58	In 1.93	Sn 2.17	Sb	Te 2.06	I 1.98	Xe 2.16
6	Cs	Ba	La	Hf	Ta	W	Re	Os	Ir	Pt 1.75	Au 1.66	Hg 1.55	Tl 1.96	Pb 2.02	Bi	Po	At	Rn
7	Fr	Ra	Ac															

金属結合半径[10^{-10} m]（12 配位の半径値）　（「化学便覧改訂 6 版」による）

周期＼族	1	2	3	4	5	6	7	8	9	10	11	12	13	14	15	16	17	18
1	H																	He
2	Li 1.52	Be 1.11											B	C	N	O	F	Ne
3	Na 1.86	Mg 1.60											Al 1.43	Si	P	S	Cl	Ar
4	K 2.30	Ca 1.98	Sc 1.63	Ti 1.45	V 1.31	Cr 1.25	Mn 1.12	Fe 1.24	Co 1.25	Ni 1.25	Cu 1.28	Zn 1.33	Ga 1.24	Ge	As	Se	Br	Kr
5	Rb 2.47	Sr 2.15	Y 1.78	Zr 1.59	Nb 1.43	Mo 1.36	Tc 1.35	Ru 1.33	Rh 1.34	Pd 1.38	Ag 1.44	Cd 1.49	In 1.63	Sn 1.51	Sb 1.45	Te	I	Xe
6	Cs 2.66	Ba 2.17	La 1.87 *	Hf 1.56	Ta 1.43	W 1.37	Re 1.37	Os 1.35	Ir 1.36	Pt 1.39	Au 1.44	Hg 1.50	Tl 1.70	Pd 1.75	Bi 1.54	Po	At	Rn
7	Fr	Ra	Ac 1.88 **															

*ランタノイド	Ce 1.83	Pr 1.82	Nd 1.81	Pm 1.80	Sm 1.79	Eu 1.98	Gd 1.79	Tb 1.76	Dy 1.75	Ho 1.74	Er 1.73	Tm 1.72	Yb 1.94	Lu 1.72
**アクチノイド	Th 1.80	Pa 1.60	U 1.38	Np 1.30	Pu 1.23	Am 1.73	Cm	Bk	Cf	Es	Fm	Md	No	Lr

⑫おもな金属の結晶格子　（「化学便覧改訂 6 版」による）

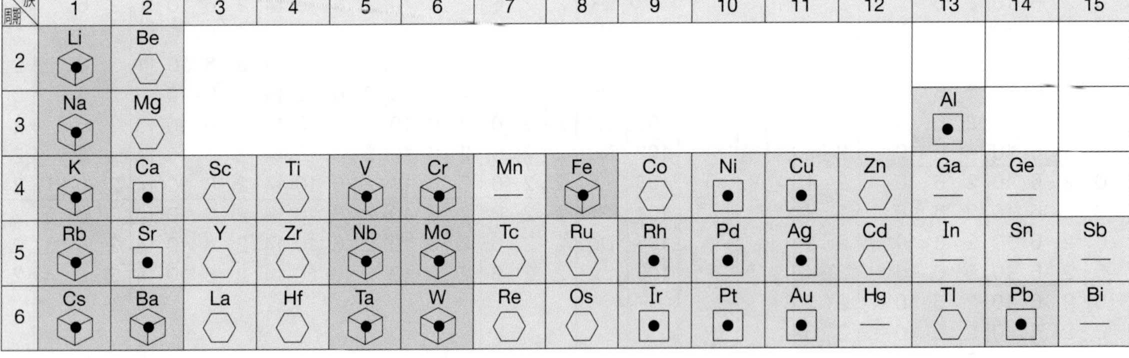

周期＼族	1	2	3	4	5	6	7	8	9	10	11	12	13	14	15
2	Li	Be													
3	Na	Mg											Al		
4	K	Ca	Sc	Ti	V	Cr	Mn —	Fe	Co	Ni	Cu	Zn	Ga —	Ge —	
5	Rb	Sr	Y	Zr	Nb	Mo	Tc	Ru	Rh	Pd	Ag	Cd	In —	Sn —	Sb —
6	Cs	Ba	La	Hf	Ta	W	Re	Os	Ir	Pt	Au	Hg —	Tl	Pb	Bi —

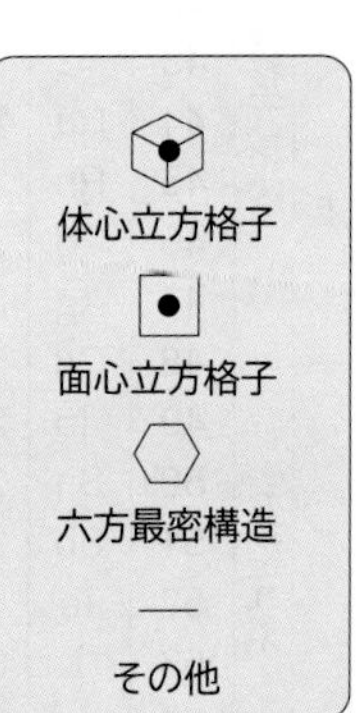

■⑬電気陰性度・イオン化エネルギー・電子親和力 （「化学便覧改訂６版」による）

原子番号	元素記号	電気陰性度	第１イオン化エネルギー	第２イオン化エネルギー	第３イオン化エネルギー	電子親和力
1	H	2.20	1312	—	—	0.754
2	He	—	2372	5250	—	<0
3	Li	0.98	520	7298	11815	0.618
4	Be	1.57	899	1757	14849	<0
5	B	2.04	801	2427	3660	0.279
6	C	2.55	1086	2353	4620	1.262
7	N	3.04	1402	2856	4578	−0.07
8	O	3.44	1314	3389	5300	1.461
9	F	3.98	1681	3374	6050	3.401
10	Ne	—	2081	3952	6119	<0
11	Na	0.93	496	4562	6910	0.547
12	Mg	1.31	738	1451	7733	<0
13	Al	1.61	578	1817	2745	0.432
14	Si	1.90	787	1577	3232	1.389
15	P	2.19	1012	1907	2914	0.746
16	S	2.58	1000	2252	3363	2.077
17	Cl	3.16	1251	2298	3840	3.612
18	Ar	—	1521	2666	3930	<0
19	K	0.82	419	3051	4419	0.501
20	Ca	1.00	590	1145	4912	0.024
21	Sc	1.36	633	1235	2389	0.188
22	Ti	1.54	658	1310	2653	0.079
23	V	1.63	651	1412	2828	0.527
24	Cr	1.66	653	1591	2987	0.675
25	Mn	1.55	717	1509	3248	<0
26	Fe	1.83	762	1563	2957	0.153
27	Co	1.88	760	1648	3232	0.662
28	Ni	1.91	737	1753	3395	1.157
29	Cu	1.90	745	1958	3555	1.235
30	Zn	1.65	906	1733	3833	<0
31	Ga	1.81	579	1979	2965	0.43
32	Ge	2.01	762	1537	3286	1.232
33	As	2.18	944	1794	2735	0.804
34	Se	2.55	941	2045	3058	2.020
35	Br	2.96	1140	2083	3364	3.363
36	Kr	3.00	1351	2350	3457	<0
37	Rb	0.82	403	2633	3786	0.485
38	Sr	0.95	549	1064	4137	0.052
39	Y	1.22	600	1179	1980	0.307
40	Zr	1.33	640	1267	2235	0.433
41	Nb	1.60	652	1382	2416	0.917
42	Mo	2.16	684	1559	2618	0.747
43	Tc	1.90	687	1472	2851	0.55
44	Ru	2.20	710	1617	2747	1.046
45	Rh	2.28	720	1744	2997	1.142
46	Pd	2.20	804	1875	3177	0.562
47	Ag	1.93	731	2073	3358	1.304
48	Cd	1.69	868	1631	3615	<0
49	In	1.78	558	1821	2706	0.3
50	Sn	1.96	709	1412	2943	1.112
51	Sb	2.05	831	1604	2443	1.047
52	Te	2.10	869	1795	2686	1.970
53	I	2.66	1008	1846	2853	3.059
54	Xe	2.60	1170	2023	2995	<0
55	Cs	0.79	376	2234	3203	0.471
56	Ba	0.89	503	965	3458	0.144
57	La	1.10	538	1079	1850	0.47
58	Ce	—	534	1057	1949	0.65
59	Pr	—	528	1025	2086	0.962
60	Nd	—	533	1040	2131	>1.916
61	Pm	—	539	1055	2165	0.129
62	Sm	—	545	1068	2272	0.162
63	Eu	—	547	1084	2396	0.864
64	Gd	—	593	1165	1981	0.137
65	Tb	—	566	1111	2105	>1.165
66	Dy	—	573	1123	2208	>0.352
67	Ho	—	581	1136	2199	0.338
68	Er	—	589	1149	2190	0.312
69	Tm	—	596	1164	2283	1.029
70	Yb	—	603	1175	2417	<0
71	Lu	—	524	1363	2022	0.346
72	Hf	1.30	659	1409	2176	0.178
73	Ta	1.50	728	1563	2229	0.323
74	W	2.36	759	1579	2509	0.816
75	Re	1.90	755	1601	2605	0.060
76	Os	2.20	814	1640	2412	1.1
77	Ir	2.20	865	1640	2702	1.564
78	Pt	2.28	864	1791	2798	2.125
79	Au	2.54	890	1949	2895	2.308
80	Hg	2.00	1007	1810	3324	<0
81	Tl	2.04	589	1971	2880	0.377
82	Pb	2.33	716	1450	3081	0.356
83	Bi	2.02	703	1612	2466	0.942
84	Po	2.00	812	1862	2634	−1.4
85	At	2.20	899	1725	2565	−2.42
86	Rn	—	1037	2064	2837	<0
87	Fr	0.70	393	2161	3232	−0.486
88	Ra	0.90	509	979	2991	−0.1
89	Ac	1.10	519	1133	1682	−0.35
90	Th	—	609	1167	1768	−1.17
91	Pa	—	568	1148	1795	−0.55
92	U	—	598	1119	1910	−0.53
93	Np	—	605	1110	1901	−0.48
94	Pu	—	581	1110	2036	<0
95	Am	—	576	1129	2094	−0.1
96	Cm	—	578	1196	1939	−0.28
97	Bk	—	597	1148	2084	<0
98	Cf	—	606	1157	2161	<0
99	Es	—	614	1177	2190	<0
100	Fm	—	627	1196	2238	−0.35
101	Md	—	635	1196	2345	−0.98
102	No	—	639	1248	2489	<0
103	Lr	—	478	1403	2103	<0

●イオン化エネルギーの単位は kJ/mol。
●電子親和力の単位は eV。

⑭乾燥空気の組成 （「化学便覧改訂６版」による）

気体	分子式	分子量	体積組成〔%〕	質量組成〔%〕
窒素	N_2	28.02	78.084	75.5234563
酸素	O_2	32.00	20.948	23.1389803
アルゴン	Ar	39.95	0.934	1.2879984
二酸化炭素	CO_2	44.01	0.0315	0.0478535
ネオン	Ne	20.18	0.001818	0.0012664
ヘリウム	He	4.003	0.000524	0.0000724
クリプトン	Kr	83.80	0.000114	0.000330
水素	H_2	2.016	～0.00005	0.0000035
キセノン	Xe	131.3	0.0000087	0.0000394

*CO_2 は経年的に増加しており，2001 年では 0.0371 %

⑮海水中のおもな元素 （「化学便覧改訂６版」による）

成分元素	濃度〔mg/kg〕	成分元素	濃度〔mg/kg〕	成分元素	濃度〔mg/kg〕
塩素	1.935×10^7	窒素	8700*	ルビジウム	120
ナトリウム	1.078×10^7	ストロンチウム	7800	ヨウ素	58
マグネシウム	1.28×10^6	ホウ素	4500	リン	62
硫黄	8.98×10^5	酸素		バリウム	15
カルシウム	4.12×10^5	ケイ素	2800	モリブデン	10
カリウム	3.99×10^5	フッ素	1300	ウラン	3.2
臭素	67000	アルゴン	620	ヒ素	1.2
炭素	27000	リチウム	180	バナジウム	2.0

*溶存窒素ガス(8.3×10^3)と硝酸イオン(NO_3^-)(420)の和。

⑯水の密度 （「2020 年理科年表」による）

温度〔℃〕	0	1	2	3	4	5	6	7	8	9
0	0.99984	0.99990	0.99994	0.99996	0.99997	0.99996	0.99994	0.99990	0.99985	0.99978
10	0.99970	0.99960	0.99950	0.99938	0.99924	0.99910	0.99894	0.99877	0.99859	0.99840
20	0.99820	0.99799	0.99777	0.99754	0.99730	0.99704	0.99678	0.99651	0.99623	0.99594
30	0.99565	0.99534	0.99502	0.99470	0.99437	0.99403	0.99368	0.99333	0.99296	0.99259
40	0.99221	0.99183	0.99143	0.99103	0.99062	0.99021	0.98979	0.98936	0.98892	0.98848
50	0.98803	0.98757	0.98711	0.98664	0.98617	0.98569	0.98520	0.98471	0.98421	0.98370
60	0.98319	0.98267	0.98215	0.98162	0.98109	0.98055	0.98000	0.97945	0.97889	0.97833
70	0.97776	0.97719	0.97661	0.97602	0.97543	0.97484	0.97424	0.97363	0.97302	0.97241
80	0.97178	0.97116	0.97053	0.96989	0.96925	0.96861	0.96796	0.96730	0.96664	0.96597
90	0.96530	0.96463	0.96395	0.96327	0.96258	0.96188	0.96118	0.96048	0.95977	0.95906

*3.98℃で最大値 0.99997 g/cm³ となる。

●表の縦の欄は 10 の位，横の欄は 1 の位を示す。密度の単位は，g/cm³。

⑰水溶液の密度 （「2020 年理科年表」による）

	塩酸		硝酸		アンモニア		水酸化ナトリウム		水酸化カリウム	硫酸	過酸化水素
濃度〔%〕	20℃の密度	Δ	20℃の密度	Δ	20℃の密度	Δ	20℃の密度	Δ	15℃の密度	20℃の密度	18℃の密度
1	1.0032	−2.1	1.0036	−2.2	0.9939	−2.0	1.0095	−2.5	1.0083	1.0051	1.0022
6	1.0279	2.8	1.0312	3.1	0.9730	2.7	1.0648	3.8	1.0544	1.0384	1.0204
10	1.0474	3.2	1.0543	3.8	0.9575	3.4	1.1089	4.4	1.0918	1.0661	1.0351
16	1.0776	4.0	1.0903	4.8	0.9362	4.3	1.1751	5.1	1.1493	1.1094	1.0574
20	1.0980	4.5	1.1150	5.5	0.9229	5.0	1.2191	5.5	1.1884	1.1394	1.0725
26	1.1290	5.3	1.1534	6.7	0.9040	6.0	1.2848	5.9	1.2489	1.1863	1.0959
30	1.1493	5.8	1.1800	7.5	0.8920	6.3	1.3279	6.1	1.2905	1.2185	1.1122
35	1.1789(36 %)	—	1.2140	8.5	—	—	1.3798	6.5	1.3440	1.2599	1.1327
40	1.1980	—	1.2463	9.4	—	—	1.4300	6.8	1.3991	1.3028	1.1536
45	—	—	1.2783	10.4	—	—	1.4779	7.1	1.4558	1.3476	1.1749
50	—	—	1.3100	11.4	—	—	1.5253	7.3	1.5143	1.3951	1.1966

●密度の単位は，g/cm³。Δは，1℃の温度上昇に対する密度の変化の割合 $\times 10^{-4}$。

⑱20℃の水溶液の密度 （「2020 年理科年表」による）

	4 %	10 %	20 %	30 %	40 %	50 %
KCl	1.02391	1.06329	1.13277	—	—	—
KNO_3	1.02341	1.06266	1.13258	—	—	—
K_2SO_4	1.0310	1.0817	—	—	—	
NaBr	1.02981	1.08030	1.17446	1.28410	1.41381	—
NaI	1.02978	1.08042	1.17688	1.29064	1.42708	1.59415
$CaCl_2$	1.0316	1.0835	1.1775	1.2816	1.3957	—
NaCl	1.02677	1.07065	1.14776	—	—	—
$NaNO_3$	1.0254	1.0674	1.1429	1.2256	1.3175	—
CH_3COONa	1.0186	1.0495	1.1021	—	—	—
$CuSO_4$	1.0401	1.0840	—	—	—	—
$ZnSO_4$	1.0403	1.1071	—	—	—	—
$MgCl_2$	1.0311	1.0816	1.1706	1.2688	—	—

	4 %	10 %	20 %	30 %	40 %	50 %
$FeCl_3$	1.0324	1.0851	1.1820	1.2910	1.4175	1.5510
$SrCl_2$	1.0344	1.0925	1.2010	1.325(24 %)	—	—
$MgSO_4$	1.0392	1.1034	1.2198	1.2701	—	—
$BaCl_2$	1.0341	1.0921	1.2031	1.2531(24 %)	—	—
NH_4Cl	1.0107	1.0286	1.0567	—	—	—
KBr	1.02744	1.07396	1.16002	1.25924	1.37451	—
KI	1.02808	1.07607	1.16594	1.27115	1.39587	1.54572
K_2CO_3	1.0345	1.0904	1.1898	1.2979	1.4141	1.5404
LiCl	1.02145	1.05591	1.11501	1.17914	—	—
$AgNO_3$	1.0327	1.0882	1.1715	—	—	—
$CdCl_2$	1.0339	1.0912	1.1992	1.3273	1.4833	1.6762
NH_4NO_3	1.0147	1.0397	1.0828	1.1277	1.1754	1.2258

●密度の単位は，g/cm³。

■⑲水の蒸気圧 （「化学便覧改訂６版」による）

温度	0	1	2	3	4	5	6	7	8	9
0	0.006117	0.006571	0.007060	0.007581	0.008136	0.008726	0.009354	0.010021	0.010730	0.011483
10	0.012282	0.013130	0.014028	0.014981	0.015990	0.017058	0.018188	0.019384	0.020647	0.021983
20	0.023393	0.024882	0.026453	0.028111	0.029858	0.031699	0.033639	0.035681	0.037831	0.040092
30	0.042470	0.044969	0.047596	0.050354	0.053251	0.056290	0.059479	0.062823	0.066328	0.070002
40	0.073849	0.077878	0.082096	0.086508	0.091124	0.095950	0.10099	0.10627	0.11177	0.11752
50	0.12352	0.12978	0.13631	0.14312	0.15022	0.15762	0.16533	0.17336	0.18171	0.19041
60	0.19946	0.20888	0.21867	0.22885	0.23943	0.25042	0.26183	0.27368	0.28599	0.29876
70	0.31201	0.32575	0.34000	0.35478	0.37009	0.38595	0.40239	0.41941	0.43703	0.45527
80	0.47414	0.49367	0.51387	0.53476	0.55635	0.57867	0.60173	0.62556	0.65017	0.67558
90	0.70182	0.72890	0.75684	0.78568	0.81541	0.84608	0.87771	0.91030	0.94390	0.97852
100	1.01420									

●温度の単位は℃。単位は，$\times 10^5$ Pa。

■⑳単体・化合物の蒸気圧 （「化学便覧改訂６版」のデータをもとにした，アントワンの式からの計算値）

物質名	化学式	0℃	10℃	20℃	30℃	40℃	50℃	60℃	80℃	100℃
臭素	Br_2	0.088099	0.145735	0.231228	0.353646	0.523573	0.753055	1.055496	1.938764	3.301615
ヨウ素(固)	I_2	0.000471	0.000897	0.001645	0.002911	0.004985	0.008288	0.013407	0.032590	0.072672
硫黄	S	0.000000	0.000000	0.000000	0.000000	0.000000	0.000000	0.000001	0.000004	0.000017
シアン化水素	HCN	0.341015	0.530755	0.802590	1.182387	1.701104	2.395106	3.306372	5.977333	10.164302
フッ化水素	HF	0.478779	0.711556	1.030636	1.458406	2.020481	2.745686	3.665973	6.234351	10.037197
アセトアルデヒド	CH_3CHO	0.441531	0.675102	0.998552	1.434134	2.006394	2.741859	3.668681	6.214800	9.887632
アセトン	CH_3COCH_3	0.093269	0.154959	0.247125	0.380108	0.566169	0.819482	1.156066	2.151606	3.712347
アニリン	$C_6H_5NH_2$	0.000092	0.000232	0.000537	0.001156	0.002336	0.004462	0.008110	0.023582	0.059484
エタノール	CH_3CH_2OH	0.015813	0.031281	0.058606	0.104640	0.179006	0.294739	0.468942	1.085329	2.269610
ギ酸	HCOOH	0.014972	0.026389	0.044580	0.072513	0.114018	0.173899	0.258036	0.528453	0.996440
クロロホルム	$CHCl_3$	0.079105	0.131766	0.210292	0.323227	0.480564	0.693693	0.975298	1.800280	3.076918
酢酸	CH_3COOH	0.004190	0.008264	0.015420	0.027397	0.046608	0.076281	0.120596	0.275417	0.568144
酢酸エチル	$CH_3COOC_2H_5$	0.032260	0.057744	0.098309	0.160185	0.251103	0.380369	0.558883	1.114983	2.036192
ジエチルエーテル	$C_2H_5OC_2H_5$	0.246775	0.387148	0.585979	0.859219	1.224808	1.702477	2.313514	4.026935	6.555513
ジメチルエーテル	CH_3OCH_3	2.729546	3.860448	5.324487	7.180497	9.489804	12.315331	15.720712	24.524155	36.393167
トルエン	$C_6H_5CH_3$	0.008911	0.016516	0.029065	0.048864	0.078904	0.122929	0.185498	0.388766	0.742279
1-ブタノール	$CH_3(CH_2)_3OH$	0.001034	0.002575	0.005859	0.012340	0.024307	0.045171	0.079765	0.218433	0.518714
ブタン	$CH_3(CH_2)_2CH_3$	1.032491	1.483891	2.073693	2.826651	3.768331	4.924675	6.321587	9.938297	14.811504
1-プロパノール	$CH_3(CH_2)_2OH$	0.004453	0.009756	0.019941	0.038361	0.069970	0.121765	0.203249	0.508545	1.128582
ヘキサン	$CH_3(CH_2)_4CH_3$	0.060485	0.101021	0.161785	0.249680	0.372880	0.540823	0.764155	1.425066	2.460974
ベンゼン	C_6H_6	0.034852	0.060450	0.100101	0.159142	0.244060	0.362516	0.523332	1.012806	1.803673
メタノール	CH_3OH	0.040308	0.074100	0.129976	0.218674	0.354457	0.555699	0.845426	1.808525	3.537231

●単位は，$\times 10^5$ Pa。(固)は固体の蒸気圧を示す。

■㉑気体の分子量，比重，密度，1 mol の体積

気体	分子量	比重	密度	1 mol の体積
水素	2.016	0.069589	0.0899	22.42
ヘリウム	4.003	0.138177	0.1785	22.43
メタン	16.042	0.553745	0.717	22.37
アンモニア	17.034	0.587988	0.771	22.09
ネオン	20.18	0.696583	0.900	22.42
アセチレン	26.036	0.898723	1.173	22.20
一酸化炭素	28.01	0.966862	1.250	22.41
窒素	28.02	0.967207	1.250	22.42
エチレン	28.052	0.968312	1.260	22.26
空気	28.97	1	1.293	22.41
一酸化窒素	30.01	1.035899	1.340	22.40
エタン	30.068	1.037901	1.356	22.17

気体	分子量	比重	密度	1 mol の体積
酸素	32.00	1.104591	1.429	22.39
硫化水素	34.086	1.176596	1.539	22.15
塩化水素	36.458	1.258474	1.639	22.24
フッ素	38.00	1.311702	1.696	22.41
アルゴン	39.95	1.379013	1.784	22.39
二酸化炭素	44.01	1.519158	1.977	22.26
プロパン	44.094	1.522057	2.02	21.83
オゾン	48.00	1.656886	2.14	22.43
二酸化硫黄	64.07	2.211598	2.926	21.90
塩素	70.90	2.447359	3.214	22.06
臭化水素	80.908	2.79282	3.644	22.20
ヨウ化水素	127.908	4.415188	5.789	22.10

●密度のデータは，標準状態(0℃，101325 Pa)における値。単位は，g/L。
●空気に対する比重は，分子量を，空気の平均分子量 28.97 で割った値である。逆に，空気の平均分子量 28.97 に，空気に対する比重をかけると，分子量が得られる。
●1 mol の質量は(分子量)g なので，これを標準状態の密度で割ると，標準状態の 1 mol の体積が得られる。
●一般に，分子量が小さい無極性分子(水素，窒素，貴ガスなど)は理想気体に近いので，標準状態の 1 mol の体積が 22.4 L に近くなる。

㉒固体の溶解度 （「化学便覧改訂 6 版」による）

物質名	溶質	水和水	温度〔℃〕 0	10	20	30	40	60	80	100
硝酸銀	$AgNO_3$	0	121	167	216	265	312	441	585	733
塩化アルミニウム	$AlCl_3$	6	43.9	46.4	46.6	47.1	47.3	47.7	48.6	49.9
硫酸アルミニウム	$Al_2(SO_4)_3$	16	37.9	38.1	38.3	38.9	40.4	44.9	55.3	80.5
塩化バリウム	$BaCl_2$	2	31.2	33.3	35.7	38.3	40.6	46.2	52.2	60.0
水酸化バリウム	$Ba(OH)_2$	8	1.68	2.48	3.89	5.59	8.23	21.0	101	—
塩化カルシウム	$CaCl_2$	6 → 4 → 2	59.5	64.7	74.5	100	115	137	147	159
水酸化カルシウム	$Ca(OH)_2$	0	0.19	0.18	—	0.16	0.14	0.12	0.11	—
硫酸カルシウム	$CaSO_4$	2 → 1/2	0.18	0.19	0.21	0.21	0.21	0.15	0.10	0.07
塩化銅(Ⅱ)	$CuCl_2$	2	68.6	70.9	73.3	76.7	79.9	87.3	98.0	111
硫酸銅(Ⅱ)	$CuSO_4$	5	14.0	17.0	20.2	24.1	28.7	39.9	56.0	—
塩化鉄(Ⅱ)	$FeCl_2$	6 → 4 → 2	49.7	60.3	62.6	65.6	68.6	78.3	90.1	94.9
塩化鉄(Ⅲ)	$FeCl_3$	6	74.4	82.1	91.9	107	150	—	—	—
硫酸鉄(Ⅱ)	$FeSO_4$	7 → 4 → 1	15.7	20.8	26.3	32.8	40.1	55.0	55.3	43.7
ヨウ素	I_2	0	0.014	0.020	0.029	0.039	0.052	0.101	0.230	0.471
臭化カリウム	KBr	0	53.6	59.5	65.0	70.6	76.1	85.5	94.9	104
塩化カリウム	KCl	0	28.1	31.2	34.2	37.2	40.1	45.8	51.3	56.3
塩素酸カリウム	$KClO_3$	0	3.31	5.15	7.30	10.1	13.9	23.8	37.6	56.3
クロム酸カリウム	K_2CrO_4	0	58.7	61.6	63.9	66.1	68.1	72.1	76.4	80.2
ニクロム酸カリウム	$K_2Cr_2O_7$	0	4.60	6.61	12.2	18.1	25.9	46.4	70.1	96.9
ヨウ化カリウム	KI	0	127	136	144	153	160	176	192	207
過マンガン酸カリウム	$KMnO_4$	0	2.83	4.24	6.34	9.03	12.5	22.2	25.3	—
硝酸カリウム	KNO_3	0	13.3	22.0	31.6	45.6	63.9	109	169	245
水酸化カリウム	KOH	2 → 1	96.9	103	112	135	138	152	161	178
塩化マグネシウム	$MgCl_2$	6	52.9	53.6	54.6	55.8	57.5	61.0	66.1	73.3
塩化アンモニウム	NH_4Cl	0	29.4	33.2	37.2	41.4	45.8	55.3	65.6	77.3
硝酸アンモニウム	NH_4NO_3	0(直→三→正)	118	150	190	238	245	418	663	931
硫酸アンモニウム	$(NH_4)_2SO_4$	0	70.5	72.6	75.0	77.8	80.8	87.4	94.1	102
炭酸ナトリウム	Na_2CO_3	10 → 7 → 1	7.0	12.1	22.1	45.3	49.5	46.2	45.1	44.7
塩化ナトリウム	$NaCl$	2 → 0	35.7	35.7	35.8	36.1	36.3	37.1	38.0	39.3
炭酸水素ナトリウム	$NaHCO_3$	0	6.93	8.13	9.55	11.1	12.7	16.4	—	23.6
硝酸ナトリウム	$NaNO_3$	0	73.0	80.5	88.0	96.1	105	124	148	175
水酸化ナトリウム	$NaOH$	2 → 1 → 0	83.5	103	109	119	129	223	288	365
硫酸ナトリウム	Na_2SO_4	10 → 0	4.5	9.0	19.0	41.2	$49.7^{32.4}$	45.1	43.3	42.2
硫酸亜鉛	$ZnSO_4$	7 → 6 → 1	41.6	47.3	53.8	69.4	75.4	72.1	65.0	60.5

●水和水の欄に記した矢印は水和水の数が変化することを示し，溶解度の右肩の数値はその転移温度を示す。
●右肩に(　)のついた溶解度は，(　)内の温度における溶解度である。　●データは水 100 g に溶ける溶質の質量〔g〕。

㉓気体の溶解度 （「化学便覧改訂 4 版および 5 版」による）

気体名	分子式		温度〔℃〕 0	10	20	30	40	60	80	100
水素	H_2	物質量〔mol〕	0.0010	0.0009	0.0008	0.0008	0.0007	0.0007	—	—
		体積〔L〕	0.0219	0.0197	0.0182	0.0172	0.0166	0.0164	—	—
窒素	N_2	物質量〔mol〕	0.001063	0.000848	0.000710	0.000616	0.000558	0.000496	—	—
		体積〔L〕	0.0238	0.0190	0.0159	0.0138	0.0125	0.0111	—	—
酸素	O_2	物質量〔mol〕	0.002201	0.001710	0.001393	0.001183	0.001040	0.000884	—	—
		体積〔L〕	0.0493	0.0383	0.0312	0.0265	0.0233	0.0198	—	—
一酸化炭素	CO	物質量〔mol〕	—	0.001259	0.001040	0.000893	0.000795	0.000688	0.000656	—
		体積〔L〕	—	0.0282	0.0233	0.0200	0.0178	0.0154	0.0147	—
二酸化炭素	CO_2	物質量〔mol〕	0.07647	0.05330	0.03920	0.02969	0.02366	0.01603	—	—
		体積〔L〕	1.713	1.194	0.878	0.665	0.530	0.359	—	—
一酸化窒素	NO	物質量〔mol〕	0.00329	0.00258	0.00211	0.00179	0.00158	0.00134	0.00125	—
		体積〔L〕	0.0737	0.0577	0.0472	0.0402	0.0354	0.0300	0.0280	—
硫化水素	H_2S	物質量〔mol〕	0.2085	0.1517	0.1153	0.0909	0.0741	0.0531	0.0409	0.0362
		体積〔L〕	4.670	3.399	2.582	2.037	1.660	1.190	0.917	0.810
二酸化硫黄	SO_2	物質量〔mol〕	—	2.432	1.700	1.232	0.933	0.549	0.358	—
		体積〔L〕	—	54.47	38.08	27.60	20.90	12.30	8.03	—
アンモニア	NH_3	物質量〔mol〕	21.29	17.51	14.24	11.47	9.19	5.82	3.64	2.26
		体積〔L〕	476.8	392.2	318.9	257.0	205.9	130.4	81.6	50.6
塩化水素	HCl	物質量〔mol〕	22.8	21.4	20.2	19.3	18.7	15.6	—	—
		体積〔L〕	510	480	453	432	419	349	—	—
メタン	CH_4	物質量〔mol〕	—	0.00194	0.00155	0.00130	0.00114	—	—	—
		体積〔L〕	—	0.0435	0.0348	0.0291	0.0255	—	—	—
エタン	C_2H_6	物質量〔mol〕	—	0.00301	0.00218	0.00167	0.00136	—	—	—
		体積〔L〕	—	0.0674	0.0488	0.0375	0.0304	—	—	—

●体積のデータは 1.01×10^5 Pa(1 atm)のもとで，水 1 L に溶ける気体の体積〔L〕を標準状態に換算した値。

㉔モル沸点上昇 （「化学便覧改訂６版」による）

溶媒	モル沸点上昇	沸点〔℃〕	溶媒	モル沸点上昇	沸点〔℃〕	溶媒	モル沸点上昇	沸点〔℃〕
水	0.515	100	四塩化炭素	4.48	76.75	ビフェニル	7.06	254.9
アセトン	1.71	56.29	シクロヘキサン	2.75	80.725	フェノール	3.60	181.839
アニリン	3.22	184.40	1,1-ジクロロエタン	3.20	57.28	*t*-ブチルアルコール	1.745	82.42
アンモニア	0.34	−33.35	1,2-ジクロロエタン	3.44	83.483	プロピオン酸	3.51	140.83
エタノール	1.160	78.29	ジクロロメタン	2.60	39.75	ブロモベンゼン	6.26	155.908
エチルメチルケトン	2.28	79.64	1,2-ジブロモエタン	6.608	131.36	ヘキサン	2.78	68.740
ギ酸	2.4	100.56	臭化エチル	2.53	38.35	ヘプタン	3.43	98.427
クロロベンゼン	4.15	131.687	ショウノウ	5.611	207.42	ベンゼン	2.53	80.100
クロロホルム	3.62	61.152	水銀	11.4	357	無水酢酸	3.53	136.4
酢酸	2.530	117.90	トルエン	3.29	110.625	メタノール	0.785	64.70
酢酸エチル	2.583	77.114	ナフタレン	5.80	217.955	ヨウ化エチル	5.16	72.30
酢酸メチル	2.061	56.323	ニトロベンゼン	5.04	210.80	ヨウ化メチル	4.19	42.43
ジエチルエーテル	1.824	34.55	二硫化炭素	2.35	46.225	酪酸	3.94	163.27

●単位は K・kg/mol。

㉕モル凝固点降下 （「化学便覧改訂６版」による）

溶媒	モル凝固点降下	凝固点〔℃〕	溶媒	モル凝固点降下	凝固点〔℃〕	溶媒	モル凝固点降下	凝固点〔℃〕
NH_3	0.98	−77.7	アセトン	2.40	−94.7	1,2-ジブロモエタン	12.5	9.79
$HgCl_2$	34.0	265	アニリン	5.87	−5.98	ショウノウ	37.7	178.75
$NaCl$	20.5	800	安息香酸	8.79	119.53	ステアリン酸	4.5	69
KNO_3	29.0	335.08	アントラセン	11.65	213	ナフタレン	6.94	80.290
$AgNO_3$	25.74	208.6	ギ酸	2.77	8.27	ニトロベンゼン	6.852	5.76
$NaNO_3$	15.0	305.8	*p*-キシレン	4.3	13.263	尿素	21.5	132.1
$NaOH$	20.8	327.6	*p*-クレゾール	6.96	34.739	パルミチン酸	4.313	62.65
水	1.853	0	クロロホルム	4.90	−63.55	ビフェニル	7.8	70.5
I_2	20.4	114	酢酸	3.90	16.66	ピリジン	4.75	−41.55
H_2SO_4	6.12	10.36	四塩化炭素	29.8	−22.95	フェノール	7.40	40.90
$H_2SO_4 \cdot H_2O$	4.8	8.4	シクロヘキサン	20.2	6.544	*t*-ブチルアルコール	8.37	25.82
Na_2SO_4	62	885	四臭化炭素	87.1	92.7	ブロモホルム	14.4	8.05
$Na_2SO_4 \cdot 10H_2O$	3.27	32.383	*m*-ジニトロベンゼン	10.6	91	ベンゼン	5.12	5.533
アセトアミド	4.04	80.00	ジフェニルメタン	6.72	26.3	ホルムアミド	3.85	2.55

●単位は K・kg/mol。

㉖結合エネルギー （「CRC Handbook of Chemistry and Physics, 91st Edition」による）

結合	分子	結合エネルギー	結合	分子	結合エネルギー	結合	分子	結合エネルギー	結合	分子	結合エネルギー
C−C	C_2	618	H−P	PH_3	322	F−O	F_2O	192	Br−C	CH_3Br	294
C−C	ダイヤモンド	357	H−C	CH_4	416	F−S	SF_6	329	I−I	I_2	152
C−C	C_2H_6	377	H−Si	SiH_4	322	F−C	CH_3F	460	I−C	CH_3I	239
C＝C	C_2H_4	730	H−Sn	SnH_4	253	Cl−Cl	Cl_2	243	S＝S	S_2	425.3
C≡C	C_2H_2	964	H−B	BH_3	377	Cl−Br	$ClBr$	219.3	S＝C	CS_2	577
H−H	H_2	435.78	H−Cu	HCu	255	Cl−I	ClI	211	N≡N	N_2	945
H−F	HF	569.68	H−Li	HLi	238.04	Cl−O	ClO_2	259	N≡P	NP	617
H−Cl	HCl	431.36	O＝O	O_2	498	Cl−P	PCl_3	322	N≡C	CN	750
H−Br	HBr	366	O＝C	CO_2	804.3	Cl−C	CH_3Cl	350	N≡B	BN	378
H−I	HI	298	O＝C	CO	1076	Cl−Na	$NaCl$	412	P≡P	P_2	489.1
H−O	H_2O	463	F−F	F_2	158.7	Br−Br	Br_2	194	Na−Na	Na_2	75
H−S	H_2S	367	F−Cl	FCl	260.83	Br−I	BrI	179	K−K	K_2	56.96
H−N	NH_3	391	F−I	FI	282	Br−P	PBr_3	264	Hg−Hg	Hg_2	8

●データは 25℃のときの値。単位は kJ/mol。

■㉗溶解エンタルピー（溶解熱）　（「化学便覧改訂６版」による）

物質	溶解熱	物質	溶解熱	物質	溶解熱	物質	溶解熱
HBr(気体)	−85.15	O_2(気体)	−11.7	$CaCl_2$	−81.34	$BaCl_2$	−13.4
HCl(気体)	−74.85	Na_2CO_3	−26.7	CaF_2	11.5	$Ba(OH)_2$	−50.6
HF(気体)	−61.5	NaCl	3.883	$Ca(OH)_2$	−16.74	$BaSO_4$	26.28
HI(気体)	−81.67	NaOH	−44.52	$FeCl_2$	−81.6	アセトアルデヒド(液体)	18.37
HNO_3(液体)	−33.3	Na_2SO_4	−2.43	$FeCl_3$	−151	エタノール(液体)	−10.5
H_3PO_4	1.7	$MgCl_2$	−159.8	$CoCl_2$	−79.9	ギ酸(液体)	−0.83
H_2S(液体)	−19.07	$MgSO_4$	−91.2	$CuSO_4$	−73.140	グリシン	58.325
H_2SO_4(液体)	−95.28	Cl_2(気体)	−23.4	$ZnCl_2$	−73.14	酢酸	−1.67
CO_2(気体)	−20.3	KBr	19.9	Br_2(液体)	−2.6	シュウ酸	2.1
NH_3(気体)	−34.18	KCl	17.217	I_2	22.6	尿素	15.4
NH_4Cl	14.8	KI	20.33	AgBr	84.39	ホルムアルデヒド(気体)	−33.2
NH_4NO_3	25.69	KNO_3	34.9	AgCl	65.49	メタノール(液体)	−7.280
$(NH_4)_2SO_4$	6.57	KOH	−57.61	$AgNO_3$	22.6		

●データは25℃の水における値。単位はkJ/mol。

■㉘燃焼エンタルピー（燃焼熱）　（「化学便覧改訂４版」による）

物質	分子(組成)式	燃焼熱	物質	分子(組成)式	燃焼熱	物質	分子(組成)式	燃焼熱
ダイヤモンド(固体)	C	−395.35	ヘキサン(液体)	C_6H_{14}	−4163.2	ジエチルエーテル(気体)	$C_4H_{10}O$	−2751.1
黒鉛	C	−393.51	シクロヘキサン(液体)	C_6H_{12}	−4163.2	ホルムアルデヒド(気体)	CH_2O	−570.8
一酸化炭素(気体)	CO	−282.98	ベンゼン(液体)	C_6H_6	−3267.5	酢酸(液体)	$C_2H_4O_2$	−874.3
アンモニア(気体)	NH_3	−382.64	*o*-キシレン(液体)	C_8H_{10}	−4552.8	グルコース	$C_6H_{12}O_6$	−2803.3
水素(気体)	H_2	−285.83	エチレン(気体)	C_2H_4	−1411.2	トルエン(液体)	C_7H_8	−3909.9
メタン(気体)	CH_4	−890.7	アセチレン(気体)	C_2H_2	−1301.1	フェノール	C_6H_6O	−3053.5
エタン(気体)	C_2H_6	−1560.7	メタノール(液体)	CH_4O	−725.7	ナフタレン	$C_{10}H_8$	−5156.2
プロパン(気体)	C_3H_8	−2219.2	エタノール(液体)	C_2H_6O	−1367.6			
ブタン(気体)	C_4H_{10}	−2877.5	アセトン(気体)	C_3H_6O	−1821.4			

●単位はkJ/mol。

■㉙生成エンタルピー（生成熱）　（「化学便覧改訂６版」による）

物質	生成熱	物質	生成熱	物質	生成熱	物質	生成熱
HBr(気体)	−36.4	O_3(気体)	142.7	CuO	−157.3	エタノール(液体)	−277.0
HCl(気体)	−92.307	Na_2CO_3	−1130.68	ZnO	−348.28	1-プロパノール(液体)	−302.6
HI(気体)	26.48	MgO	−601.7	AgCl	−127.068	グリセリン(液体)	−669.6
HNO_3(液体)	−174.1	Al_2O_3(コランダム)	−1675.7	Ag_2O	−31.05	フェノール	−165.1
H_2O(液体)	−285.83	SiO_2(石英)	−910.94	メタン(気体)	−74.87	ジメチルエーテル(気体)	−184.1
H_2O(気体)	−241.826	P_4O_{10}	−2984	エタン(気体)	−83.8	アセトン(液体)	−248.1
H_2O_2(液体)	−187.78	SO_2(気体)	−296.83	プロパン(気体)	−104.7	ギ酸(液体)	−425.1
CO(気体)	−110.525	KCl	−436.747	エチレン(気体)	52.47	酢酸(液体)	−485.6
CO_2(気体)	−393.509	KOH	−424.764	アセチレン(気体)	226.73	安息香酸	−385.2
CS_2(液体)	89.7	$CaCl_2$	−795.8	ベンゼン(液体)	49.0	サリチル酸	−589.9
NH_3(気体)	−45.94	CaO	−635.09	ナフタレン	150.3	酢酸エチル(液体)	−479.3
NO(気体)	90.25	$Ca(OH)_2$	−986.09	トルエン(液体)	12.4	アニリン(液体)	31.3
NaCl	−411.153	$FeCl_3$	−399.49	*o*-キシレン(液体)	−24.4	グリシン	−528.61
NaOH	−425.609	Fe_2O_3	−824.2	メタノール(液体)	−239.1	グルコース	−1273.3

●データは101.325 kPa，25℃における値。単位はkJ/mol。

■㉚中和エンタルピー（中和熱）　（「化学便覧改訂４版および６版」による）

酸	塩基	中和熱	酸	塩基	中和熱	酸	塩基	中和熱	酸	塩基	中和熱
HCl	NaOH	−55.8	HNO_3	NaOH	−55.7	H_2SO_4	NaOH	−56.6	フェノール	NaOH	−33.1
HCl	KOH	−56.7	HNO_3	KOH	−56.4	CH_3COOH	NaOH	−56.4	HCl	アニリン	−28.2

●データは25℃における値。単位はkJ/mol。

■㉛融解エンタルピーと蒸発エンタルピー（融解熱と蒸発熱）（「化学便覧改訂６版」による）

単体・無機化合物	融点〔℃〕	融解熱	沸点〔℃〕	蒸発熱
H_2	−259.14	0.117	−252.87	0.904
HBr	−88.5	2.40	−67	
HCl	−114.2	1.971	−84.9	16.2
HF	−83	4.577	19.5	7.5
HI	−50.8	2.87	−35.1	19.77
HNO_3	−42	10.47	83	39.5
H_2O	0.00	6.01	100.00	40.66
H_2O_2	−0.89	10.5	151.4	54.43
H_2S	−85.5	2.38	−60.7	18.67
H_2SO_4	10.36	10.7	338	
He	−272.2[26atm]	0.021	−268.934	0.084
Li	180.54	3.00	1347	148
C（ダイヤモンド）	3550	117.37	4800（昇）	713.2[昇華熱]
C（黒鉛）	3530			715.0[昇華熱]
CCl_4	−22.9	2.56	76.7	29.82
CF_4	−183.7	0.712	−128	11.81
CO	−205	0.83	−191.5	6.042
CO_2	−56.6[5.2atm]	8.33	−78.5（昇）	25.23[昇華熱]
N_2	−209.86	0.72	−195.8	5.58
NH_3	−77.7	5.66	−33.35	23.35
O_2	−218.4	0.44	−182.96	6.82
O_3	−193		−111.3	10.8
F_2	−219.62	1.56	−188.14	6.32
Ne	−248.67	0.33	−246.05	1.80
Na	97.81	2.597	883	89.1
NaCl	801	28.16	1413	215[昇華熱]
NaF	993	33.1	1704	209
NaI	651	23.68	1300	160
NaOH	318.4	5.82	1390	
Mg	648.8	8.477	1090	132
$MgCl_2$	714	43.1	1412	
Al	660.32	10.711	2467	291
Si	1410	50.2	2355	
SiO_2（石英）	1550	7.70	2950	
P（赤リン）		18.54		12.4
S	112.8	1.72	444.674	9.62
SO_2	−75.5	7.41	−10	24.9
Cl_2	−101.0	6.41	−33.97	20.41

単体・無機化合物	融点〔℃〕	融解熱	沸点〔℃〕	蒸発熱
Ar	−189.3	1.18	−185.8	6.519
K	63.65	2.3208	774	77.4
KCl	770	26.28	1500（昇）	207[昇華熱]
KOH	360.4±0.7	7.9	1320〜1324	134
Ca	839	8.539	1484	150
$CaCl_2$	772	28.55	1600 以上	222[昇華熱]
$CaSO_4$	1450	25.4		
Ti	1660	14.15	3287	
Mn	1244	12.91	1962	225
$MnCl_2$	650	37.66	1190	120
Fe	1535	13.81	2750	354
$FeCl_2$	676	42.83		126.4
$FeCl_3$	304	43.1	316	43.8
Co	1495	16.2	2870	373
Cu	1083.4	13.263	2567	305
$CuCl_2$	620	15	993（分）	
Zn	419.53	7.322	907	114.8
$ZnCl_2$	283	10.3	732	129
Br_2	−7.2	10.5	58.78	30.7
Kr	−156.66	1.64	−152.3	9.03
Ag	951.93	11.297	2212	254
AgCl	455	13.05	1550	183
AgBr	432	9.163	1300（分）	155
Sn	231.97	7.194	2270	290.4
Cd	321.0	6.1923	765	99.8
I_2	113.5	15.52	184.3	62.3[昇華熱]
Xe	−111.9	2.30	−107.1	12.6
CsCl	645	20.38	1290	
Ba	729	7.119	1637	
$BaCl_2$	962	15.85	1560	238
$Ba(OH)_2$	408	16.0		
W	3410	52.3	5657	799
Pt	1772	22.18	3830	447
Au	1064.43	12.55	2807	310.5
Hg	−38.87	2.2953	356.58	58.1
Pb	327.5	4.774	1740	179.5
$PbCl_2$	501	21.88	950	124
$PbSO_4$	1070〜1084	40.17		

有機化合物	融点〔℃〕	融解熱	沸点〔℃〕	蒸発熱
メタン	−182.8	0.939	−161.49	8.180
エタン	−183.6	6.46	−89.0	14.72
プロパン	−188	3.52	−42	18.77
ブタン	−138.3	4.661	−0.50	22.39
ペンタン	−129.7	8.401	36.07	25.8
ヘキサン	−95.348	13.08	68.74	28.85
エチレン	−169.2	3.351	−103.7	13.54
イソプレン	−146	4.77	34	27.4
シクロヘキサン	6.47	2.628	80.74	33.33
ベンゼン	5.5	9.866	80.1	30.72
トルエン	−94.99	6.64	110.63	33.5
ナフタレン	80.5	19.07	218	49.4
メタノール	−97.8	3.215	64.65	35.21
エタノール	−114.5	4.931	78.32	38.6
1-プロパノール	−126.5	5.37	97.15	41.0
1-ブタノール	−89.5	9.372	117.25	44.39

有機化合物	融点〔℃〕	融解熱	沸点〔℃〕	蒸発熱
エチレングリコール	−12.6	11.6	197.9	56.9
グリセリン	17.8	18.5	154	59.8
ジエチルエーテル	−116.3	7.19	34.48	26.5
フェノール	40.95	11.51	181.75	48.5
o-クレゾール	31		191	44.8
ニトロベンゼン	5.85	12.12	211.03	47.7
アニリン	−5.98	10.54	184.55	41.8
ギ酸	8.4	12.68	100.8	22.69
酢酸	16.6	11.72	117.8	24.4
マレイン酸	133〜134			
フタル酸	234		分解	
安息香酸	122.5	18.01	250.03	61.5
サリチル酸	159			85.8[昇華熱]
酢酸エチル	−83.6	10.48	76.82	32.5
アセトン	−94.8	5.69	56.3	29.0
アセトアルデヒド	−123.5	3.22	20.2	27.2

●融解熱・蒸発熱の単位は kJ/mol。

■㉜溶解度積 (「Lange's Handbook of Chemistry 15th Edition」による)

化合物	化学式	溶解度積
臭化銀	$AgBr$	5.35×10^{-13}
塩化銀	$AgCl$	1.77×10^{-10}
ヨウ化銀	AgI	8.52×10^{-17}
クロム酸銀	Ag_2CrO_4	1.12×10^{-12}
硫化銀	Ag_2S	6.3×10^{-50}
水酸化アルミニウム	$Al(OH)_3$	1.3×10^{-33}
硫酸バリウム	$BaSO_4$	1.08×10^{-10}
炭酸カルシウム	$CaCO_3$	3.36×10^{-9}
硫化カドミウム	CdS	8.0×10^{-27}
水酸化銅(Ⅱ)	$Cu(OH)_2$	2.2×10^{-20}
硫化銅(Ⅱ)	CuS	6.3×10^{-36}
水酸化鉄(Ⅲ)	$Fe(OH)_3$ *	2.79×10^{-39}
硫化鉄(Ⅱ)	FeS	6.3×10^{-18}
炭酸マグネシウム	$MgCO_3$	6.82×10^{-6}
硫化マンガン(Ⅱ)	MnS	2.5×10^{-13}
クロム酸鉛(Ⅱ)	$PbCrO_4$	2.8×10^{-13}
硫化鉛(Ⅱ)	PbS	8.0×10^{-28}
硫酸鉛(Ⅱ)	$PbSO_4$	2.53×10^{-8}
水酸化亜鉛	$Zn(OH)_2$	3×10^{-17}
硫化亜鉛	ZnS	2.5×10^{-22}

*p.212 脚注参照。

●18～25 ℃の値。

■㉝酸・塩基の電離定数 (「化学便覧改訂 6 版」による)

	物質名	電離式	電離定数〔mol/L〕
酸	亜硝酸	$HNO_2 \rightleftarrows H^+ + NO_2^-$	5.75×10^{-4}
酸	亜硫酸	$H_2SO_3 \rightleftarrows H^+ + HSO_3^-$	2.20×10^{-2}
酸		$HSO_3^- \rightleftarrows H^+ + SO_3^{2-}$	1.51×10^{-7}
酸	塩化水素	$HCl \rightleftarrows H^+ + Cl^-$	7.94×10^{5}
酸	酢酸	$CH_3COOH \rightleftarrows H^+ + CH_3COO^-$	2.69×10^{-5}
酸	次亜塩素酸	$HClO \rightleftarrows H^+ + ClO^-$	3.39×10^{-8}
酸	シュウ酸	$H_2C_2O_4 \rightleftarrows H^+ + HC_2O_4^-$	9.12×10^{-2}
酸		$HC_2O_4^- \rightleftarrows H^+ + C_2O_4^{2-}$	1.51×10^{-4}
酸	炭酸	$H_2CO_3 \rightleftarrows H^+ + HCO_3^-$	4.47×10^{-7}
酸		$HCO_3^- \rightleftarrows H^+ + CO_3^{2-}$	4.69×10^{-11}
酸	硫酸	$H_2SO_4 \rightleftarrows H^+ + HSO_4^-$	1.95×10^{3}
酸		$HSO_4^- \rightleftarrows H^+ + SO_4^{2-}$	1.03×10^{-2}
酸	リン酸	$H_3PO_4 \rightleftarrows H^+ + H_2PO_4^-$	1.48×10^{-2}
酸		$H_2PO_4^- \rightleftarrows H^+ + HPO_4^{2-}$	2.34×10^{-7}
酸		$HPO_4^{2-} \rightleftarrows H^+ + PO_4^{3-}$	3.47×10^{-12}
酸	硫化水素	$H_2S \rightleftarrows H^+ + HS^-$	1.26×10^{-7}
酸		$HS^- \rightleftarrows H^+ + S^{2-}$	3.31×10^{-14}
酸	安息香酸	$C_6H_5COOH \rightleftarrows H^+ + C_6H_5COO^-$	1.00×10^{-4}
酸	ギ酸	$HCOOH \rightleftarrows H^+ + HCOO^-$	2.88×10^{-4}
酸	サリチル酸	$C_6H_4(OH)COOH \rightleftarrows H^+ + C_6H_4(OH)COO^-$	1.66×10^{-3}
酸	フェノール	$C_6H_5OH \rightleftarrows H^+ + C_6H_5O^-$	1.35×10^{-10}
塩基	アンモニア	$NH_3 + H_2O \rightleftarrows NH_4^+ + OH^-$	2.29×10^{-5}
塩基	アニリン	$C_6H_5NH_2 + H_2O \rightleftarrows C_6H_5NH_3^+ + OH^-$	5.25×10^{-10}
塩基	メチルアミン	$CH_3NH_2 + H_2O \rightleftarrows CH_3NH_3^+ + OH^-$	3.24×10^{-4}
塩基	エチルアミン	$C_2H_5NH_2 + H_2O \rightleftarrows C_2H_5NH_3^+ + OH^-$	4.57×10^{-4}

●データは 25℃における値。

■㉞pH 指示薬と変色域 (実験化学便覧－新版－による)

No	指示薬	略号	低 pH 色	変色域*2	高 pH 色	液のつくり方
1	メチルオレンジ	MO	赤	3.1～4.5	黄	0.1%の水溶液
2	フェノールフタレイン	PP	無	8.0～9.8	赤	1%のエタノール溶液
3	ブロモチモールブルー	BTB	黄	6.0～7.8	青	0.1%のエタノール溶液
4	クレゾールレッド	CR	赤	0.4～2.2	黄	0.1%のエタノール溶液
5	チモールブルー	TB	赤	1.2～2.8	黄	0.1%のエタノール溶液
6	メチルイエロー	MY	赤	2.9～4.1	黄	0.1%のエタノール溶液
7	ブロモクレゾールグリーン	BCG	黄	3.8～5.4	青	0.05%のエタノール溶液
8	メチルレッド	MR	赤	4.4～6.3	黄	0.1%のエタノール溶液
9	ブロモクレゾールパープル	BCP	黄	5.2～6.8	紫	0.05%のエタノール溶液
10	フェノールレッド	PR	黄	6.4～8.2	赤	0.1 %のエタノール溶液
11	ニュートラルレッド	NR	赤	6.8～8.0	黄	0.1%の水溶液
12	クレゾールレッド	CR	黄	7.0～8.8	赤	0.1%のエタノール溶液
13	チモールブルー	TB	黄	8.0～9.6	青	0.1%のエタノール溶液
14	チモールフタレイン	TP	無	9.3～10.5	青	0.1%のエタノール溶液
15	アリザリンイエロー	AY	黄	10.1～12.0	紫	0.1%の水溶液
参考*1	リトマス	—	赤	5.0～8.0	青	0.5 %の水溶液

*1 リトマスは変色域が広く不正確なため，正確な滴定の際には用いることができない。

*2 同じ指示薬でも，違う pH で違う変色がある場合もある。

㉟酸化剤・還元剤の半反応式

酸化剤	半反応式
オゾン　O_3	$O_3 + 2H^+ + 2e^- \longrightarrow O_2 + H_2O$
過酸化水素*1　H_2O_2	$H_2O_2 + 2H^+ + 2e^- \longrightarrow 2H_2O$
過マンガン酸カリウム　$KMnO_4$	$MnO_4^- + 8H^+ + 5e^- \longrightarrow Mn^{2+} + 4H_2O$(酸性) $MnO_4^- + 2H_2O + 3e^- \longrightarrow MnO_2 + 4OH^-$(中性・塩基性)
酸化マンガン(Ⅳ)　MnO_2	$MnO_2 + 4H^+ + 2e^- \longrightarrow Mn^{2+} + 2H_2O$
塩素　Cl_2	$Cl_2 + 2e^- \longrightarrow 2Cl^-$
ニクロム酸カリウム　$K_2Cr_2O_7$	$Cr_2O_7^{2-} + 14H^+ + 6e^- \longrightarrow 2Cr^{3+} + 7H_2O$
酸素　O_2	$O_2 + 4H^+ + 4e^- \longrightarrow 2H_2O$
希硝酸　HNO_3	$HNO_3 + 3H^+ + 3e^- \longrightarrow NO + 2H_2O$
濃硝酸　HNO_3	$HNO_3 + H^+ + e^- \longrightarrow NO_2 + H_2O$
二酸化硫黄*2　SO_2	$SO_2 + 4H^+ + 4e^- \longrightarrow S + 2H_2O$

還元剤	半反応式
カリウム　K	$K \longrightarrow K^+ + e^-$
ナトリウム　Na	$Na \longrightarrow Na^+ + e^-$
過酸化水素*1　H_2O_2	$H_2O_2 \longrightarrow O_2 + 2H^+ + 2e^-$
シュウ酸　$(COOH)_2$	$(COOH)_2 \longrightarrow 2CO_2 + 2H^+ + 2e^-$
水素　H_2	$H_2 \longrightarrow 2H^+ + 2e^-$
硫化水素　H_2S	$H_2S \longrightarrow S + 2H^+ + 2e^-$
塩化スズ(Ⅱ)　$SnCl_2$	$Sn^{2+} \longrightarrow Sn^{4+} + 2e^-$
二酸化硫黄*2　SO_2	$SO_2 + 2H_2O \longrightarrow SO_4^{2-} + 4H^+ + 2e^-$
ヨウ化カリウム　KI	$2I^- \longrightarrow I_2 + 2e^-$
硫酸鉄(Ⅱ)　$FeSO_4$	$Fe^{2+} \longrightarrow Fe^{3+} + e^-$

*1 H_2O_2 は還元剤としてもはたらく。*2 SO_2 は硫化水素に対しては酸化剤としてはたらく。

㊱標準電極電位　(「化学便覧改訂６版」による)

	電極反応(酸化還元の反応)	標準電極電位〔V〕
金属	$Li^+ + e^- = Li$	−3.045
	$K^+ + e^- = K$	−2.925
	$Ba^{2+} + 2e^- = Ba$	−2.92
	$Sr^{2+} + 2e^- = Sr$	−2.89
	$Ca^{2+} + 2e^- = Ca$	−2.84
	$Na^+ + e^- = Na$	−2.714
	$Mg^{2+} + 2e^- = Mg$	−2.356
	$Al^{3+} + 3e^- = Al$	−1.676
	$Zn^{2+} + 2e^- = Zn$	−0.7626
	$Fe^{2+} + 2e^- = Fe$	−0.44
	$Cd^{2+} + 2e^- = Cd$	−0.4025
	$Ni^{2+} + 2e^- = Ni$	−0.257
	$Sn^{2+} + 2e^- = Sn$	−0.1375
	$Pb^{2+} + 2e^- = Pb$	−0.1263
	$2H^+ + 2e^- = H_2$	0
	$Cu^{2+} + 2e^- = Cu$	0.34
	$Hg_2^{2+} + 2e^- = 2Hg$	0.796
	$Ag^+ + e^- = Ag$	0.7991
	$Hg^{2+} + 2e^- = Hg$	0.8535
	$Pt^{2+} + 2e^- = Pt$	1.188
	$Au^{3+} + 3e^- = Au$	1.52

	電極反応(酸化還元の反応)	標準電極電位〔V〕
酸化剤	$O_3 + 2H^+ + 2e^- = O_2 + H_2O$	2.075
	H_2O_2 aq $+ 2H^+ + 2e^- = 2H_2O$	1.763
	$MnO_4^- + 4H^+ + 3e^- = MnO_2 + 2H_2O$	1.7
	Cl_2 aq $+ 2e^- = 2Cl^-$	1.396
	I_2(固体)$+ 2e^- = 2I^-$	0.5355
	$Cr_2O_7^{2-} + 14H^+ + 6e^- = 2Cr^{3+} + 7H_2O$	1.36
	$MnO_2 + 4H^+ + 2e^- = Mn^{2+} + 2H_2O$	1.23
	$NO_3^- + 4H^+ + 3e^- = NO$(気体)$+ 2H_2O$	0.957
	$2NO_3^- + 4H^+ + 2e^- = N_2O_4$(気体)$+ 2H_2O$	0.803
	$SO_4^{2-} + 4H^+ + 2e^- = H_2SO_3 + H_2O$	0.158
	$H_2SO_3 + 4H^+ + 4e^- = S + 3H_2O$	0.5
	$PbO_2 + 4H^+ + SO_4^{2-} + 2e^- = PbSO_4 + 2H_2O$	1.698
還元剤	$Fe^{3+} + e^- = Fe^{2+}$	0.771
	$O_2 + 2H^+ + 2e^- = H_2O_2$ aq	0.695
	$S + 2H^+ + 2e^- = H_2S$(気体)	0.174
	$Sn^{4+} + 2e^- = Sn^{2+}$	0.15
	$2H^+ + 2e^- = H_2$	0
	$2CO_2 + 2H^+ + 2e^- = H_2C_2O_4$ aq	−0.475
	$Li^+ + e^- = Li$	−3.045
	$PbSO_4 + 2e^- = Pb + SO_4^{2-}$	−0.3505

㊲電池の構成　(「化学便覧改訂６版」による)

分類	電池名	起電力	電池構成			特徴
			正極	電解質	負極	
一次電池	マンガン乾電池	1.5 V	MnO_2	$ZnCl_2(NH_4Cl)$	Zn	代表的な乾電池
	アルカリマンガン乾電池	1.5 V	MnO_2	KOH(ZnO)	Zn	一般の乾電池より高性能
	空気電池	1.3 V	O_2	KOH(ZnO)	Zn	小型軽量で放電持続時間が長い
	酸化銀電池	1.55 V	Ag_2O	KOH(ZnO)	Zn	小型精密機器用の電源に利用
	リチウム電池	3.0 V	MnO_2	有機溶媒に Li 塩を溶解したもの*	Li	高電圧・高出力で軽い
二次電池	鉛蓄電池	2.0 V	PbO_2	H_2SO_4	Pb	最も安価な蓄電池だが重い
	ニッケル・水素電池	1.35 V	NiO(OH)	KOH	水素吸蔵合金	いわゆるニッカド電池
	リチウムイオン電池	4.0 V	$LiCoO_2$	有機溶媒に Li 塩を溶解したもの	C	スマートフォンなどで利用

*PC(プロピレンカーボネート)，DME(1,2−ジメトキシエタン)は有機電解質

巻末資料

■㊳おもな無機化合物とその性質 （「化学便覧改訂６版」による）

	物質名	化学式	式量	色・状態	密度	融点〔℃〕	沸点〔℃〕	水溶性 冷	水溶性 熱	特徴など
水素化合物	水	H_2O	18.0	無・液	0.997	0.00	100.00	−		水素結合
	アンモニア	NH_3	17.0	無・気	0.771	−77.7	−33.4	◎	○	刺激臭・弱塩基性
	硫化水素	H_2S	34.1	無・気	1.54	−85.5	−60.7	○		特異臭・有毒・弱酸性
	フッ化水素	HF	20.0	無・液	1.00	−83	19.5	◎		刺激臭・弱酸性
	塩化水素	HCl	36.5	無・気	1.64	−114.2	−84.9	○		水溶液は塩酸，強酸性
	臭化水素	HBr	80.9	無・気	3.64	−88.5	−67	◎		刺激臭・強酸性
	ヨウ化水素	HI	127.9	無・気	5.99	−50.8	−35.1	◎		刺激臭・強酸性
酸化物	過酸化水素	H_2O_2	34.0	無・液	1.44	−0.89	151.4	∞		酸化剤・爆発性
	一酸化炭素	CO	28.0	無・気	1.25	−205.0	−191.5	△		引火性・有毒
	二酸化炭素	CO_2	44.0	無・気	1.98	−56.6[圧]	−78.5(昇)	○		固体はドライアイス
	一酸化窒素	NO	30.0	無・気	1.34	−163.6	−151.8	△		オストワルト法の中間体
	二酸化窒素	NO_2	46.0	赤褐・気	1.49	−9.3	21.3	○		二量化(N_2O_4)しやすい
	二酸化ケイ素(水晶，石英)	SiO_2	60.1	無・固	2.65	1550	2950	×		シリカゲルの原料
	十酸化四リン	P_4O_{10}	283.9	無・固	2.30	580	＞350(昇)	分		潮解性・昇華性
	二酸化硫黄	SO_2	64.1	無・気	1.93	−75.5	−10	◎	○	刺激臭・還元剤
	三酸化硫黄	SO_3	80.1	無・固	1.90	62.4	50(昇)	分		昇華性・腐食性
	酸化マグネシウム	MgO	40.3	無・固	3.65	2826	3600	×		耐火製品の原料
	酸化アルミニウム	Al_2O_3	102.0	無・固	3.96〜3.97	2054	2980±60	×		α-アルミナ，両性酸化物
	酸化カルシウム	CaO	56.1	無・固	3.37	2572	2850	分		吸湿性・水と反応して $Ca(OH)_2$
	酸化チタン(Ⅳ)	TiO_2	79.9	無・固	3.90	1843		×		光触媒・化粧品
	酸化バナジウム(Ⅴ)	V_2O_5	181.9	黄赤・固	3.35	690	1750(分)	△		毒性・酸化触媒
	酸化マンガン(Ⅳ)	MnO_2	86.9	黒〜黒褐・固	5.03	535(−O)		×		酸化剤・乾電池
	酸化鉄(Ⅲ)	Fe_2O_3	159.7	赤褐〜黒・固	5.29	1565(分)		×		べんがら・磁性体材料
	酸化銅(Ⅰ)	Cu_2O	143.1	赤〜黄・固	6.04	1235	1800(−O)	×		フェーリング液の還元で生成
	酸化銅(Ⅱ)	CuO	79.6	黒・固	6.32	1236		×		酸化剤・顔料
	酸化銀(Ⅰ)	Ag_2O	231.8	暗褐・固	7.22	＞200(分)		×		アンモニア水に可溶
	酸化スズ(Ⅳ)	SnO_2	150.7	無・固	7.00	1630	1800〜1900(昇)	×		断熱ガラス
	酸化水銀(Ⅱ)	HgO	216.6	黄，赤・固	11.2	500(分)		×	△	酸化剤・乾電池
	酸化鉛(Ⅱ)	PbO	223.2	赤・固	9.36	886		×		顔料
	酸化鉛(Ⅳ)	PbO_2	239.2	褐・固	9.64	290(分)		×		鉛蓄電池・酸化剤
硫化物	硫化マンガン(Ⅱ)	MnS	87.0	淡赤・固	4.05	1620		×		
	硫化鉄(Ⅱ)	FeS	87.9	黒褐・固	4.70	1193(分)		×		酸と反応して H_2S
	硫化銅(Ⅱ)	CuS	95.6	黒・固	4.60	220(分)		×		
	硫化亜鉛	ZnS	97.5	無・固	4.08	1700[圧]		×		半導体・蛍光塗料
	硫化銀	Ag_2S	247.9	黒・固	7.23	825		×		
	硫化カドミウム	CdS	144.5	黄橙・固	4.82	1750[圧]	980(昇)	×		半導体・太陽電池
	硫化水銀(Ⅱ)	HgS	232.7	赤・固	8.09		583(昇)	×		Hg_2S は黒色・半導体
	硫化鉛(Ⅱ)	PbS	239.3	黒・固	7.59	1114		×		半導体
水酸化物	水酸化ナトリウム	NaOH	40.0	無・固	2.13	318.4	1390	◎		潮解性・強塩基性
	水酸化アルミニウム	$Al(OH)_3$	78.0	無・固	2.49	300(−H_2O)		×		酸・塩基に可溶
	水酸化カリウム	KOH	56.1	無・固	2.06	360.4±0.7	1320〜1324	◎		潮解性・強塩基性
	水酸化カルシウム	$Ca(OH)_2$	74.1	無・固	2.24	580(−H_2O)		△		空気中の CO_2 吸収
	水酸化鉄(Ⅱ)	$Fe(OH)_2$	89.9	無〜淡緑・固	3.40	分		×		空気中で酸化
	水酸化鉄(Ⅲ)	$Fe(OH)_3$ *	106.9	赤褐・固	4.28			×		コロイド
	水酸化銅(Ⅱ)	$Cu(OH)_2$	97.6	青・固	3.95	分(−H_2O)		×	分	アンモニア水に可溶
	水酸化亜鉛	$Zn(OH)_2$	99.4	無・固	3.05	125(分)		×		アンモニア水に可溶
	水酸化バリウム八水和物	$Ba(OH)_2$・$8H_2O$	315.4	無・固	2.17	78	550(−$8H_2O$)	○	◎	毒性，強塩基性 空気中の CO_2 吸収
酸	硝酸	HNO_3	63.0	無・液	1.50	−42	83	∞		強酸性・酸化性
	硫酸	H_2SO_4	98.1	無・液	1.83	10.36	338	∞		脱水性・不揮発性
	リン酸	H_3PO_4	98.0	無・固	1.83	42.35	213(−0.5H_2O)	◎		潮解性
	過塩素酸	$HClO_4$	100.5	無・液	1.77	−112	39[圧]	◎		腐食性・強酸性

*p.212 脚注参照。

	物質名	化学式	式量	色・状態	密度	融点〔℃〕	沸点〔℃〕	水溶性 冷	水溶性 熱	特徴など
塩	塩化アンモニウム	NH_4Cl	53.5	無・固	1.53		340(昇)	○	◎	乾電池(マンガン電池)
	塩化リチウム	$LiCl$	42.4	無・固	2.07	605	1325〜1360	○	◎	潮解性・除湿剤
	塩化ナトリウム	$NaCl$	58.4	無・固	2.16	801	1413	◎		食用
	塩化マグネシウム	$MgCl_2$	95.2	無・固	2.33	714	1412	○		潮解性・にがり
	塩化アルミニウム	$AlCl_3$	133.3	無・固	2.44	190圧	$182.7^{755mmHg}$	◎		潮解性・触媒
	塩化カリウム	KCl	74.6	無・固	1.99	770	1500(昇)	○		カリ肥料
	塩化カルシウム	$CaCl_2$	111.0	無・固	2.15	772	> 1600	◎		潮解性・乾燥剤
	塩化鉄(Ⅲ)六水和物	$FeCl_3 \cdot 6H_2O$	270.3	黄褐・固		36.5	280	◎		潮解性
	塩化コバルト(Ⅱ)六水和物	$CoCl_2 \cdot 6H_2O$	237.9	赤・固	1.92	130(−6H₂O)		◎		潮解性
	塩化亜鉛	$ZnCl_2$	136.3	無・固	2.91	283	732	◎		潮解性・毒性
	塩化スズ(Ⅱ)二水和物	$SnCl_2 \cdot 2H_2O$	225.6	無・固	2.71	37.7(分)		分		
	塩化スズ(Ⅳ)	$SnCl_4$	260.5	無・液	2.23	−33	114.1	○	分	発煙性・触媒
	塩化銀	$AgCl$	143.4	無・固	5.56	455	1550	×		光で黒化・写真感光材
	塩化バリウム	$BaCl_2$	208.2	無・固	3.86	962	1560	○		腐食性・毒性
	塩化水銀(Ⅰ)	Hg_2Cl_2	472.1	無・固	7.15		400(昇)	×		甘コウ・毒性
	塩化水銀(Ⅱ)	$HgCl_2$	271.5	無・固	5.44	276	302	○		昇コウ・毒性
	塩化鉛(Ⅱ)	$PbCl_2$	278.1	無・固	5.85	501	950	△	○	
	臭化カリウム	KBr	119.0	無・固	2.75	730	1435	◎		医薬品・プリズム
	臭化銀(Ⅰ)	$AgBr$	187.8	淡黄・固	6.47	432	> 1300(分)	×		光で黒化・写真感光材
	ヨウ化カリウム	KI	166.0	無・固	3.13	680	1330	◎		還元性
	ヨウ化銀(Ⅰ)	AgI	234.8	黄・固	5.67	552	1506	×		光で黒化
	ヨウ化鉛(Ⅱ)	PbI_2	461.0	黄・固	6.16	402	954	△		
	炭酸水素ナトリウム	$NaHCO_3$	84.0	無・固	2.20	270(分)		○		ベーキングパウダー
	炭酸ナトリウム	Na_2CO_3	106.0	無・固	2.53	851(分)		○	◎	吸湿性
	炭酸カルシウム	$CaCO_3$	100.1	無・固	2.71	1339圧		×		チョーク・顔料
	炭酸バリウム	$BaCO_3$	197.3	無・固	4.43	1450(分)		×		毒性
	硝酸カリウム	KNO_3	101.1	無・固	2.11	339	400(分)	○		黒色火薬・酸化剤
	硝酸銀(Ⅰ)	$AgNO_3$	169.9	無・固	4.35	212		◎		腐食性・銀鏡反応
	硫酸アンモニウム	$(NH_4)_2SO_4$	132.2	無・固	1.77	> 280(分)		◎		窒素肥料
	硫酸鉄(Ⅱ)七水和物	$FeSO_4 \cdot 7H_2O$	278.0	青緑・固	1.90	64		◎		吸湿性・還元剤
	硫酸銅(Ⅱ)五水和物	$CuSO_4 \cdot 5H_2O$	249.7	青・固	2.29	150(−5H₂O)		○		風解性
	硫酸カリウムアルミニウム十二水和物	$AlK(SO_4)_2 \cdot 12H_2O$	474.4	無・固	1.76	92.5		○		カリウムミョウバン
	硫酸カルシウム	$CaSO_4$	136.2	無・固	2.96	1450		△		セッコウ
	硫酸クロム(Ⅱ)七水和物	$CrSO_4 \cdot 7H_2O$	274.2	青・固		分		○		還元剤
	硫酸マンガン(Ⅱ)	$MnSO_4$	151.0	淡赤・固	3.23	700	850(分)	◎		
	硫酸ニッケル(Ⅱ)	$NiSO_4$	154.8	黄・固	3.68	848(分)		◎		吸湿性・めっき
	硫酸バリウム	$BaSO_4$	233.4	無・固	4.47	1580		×		X線撮影の造影剤
	リン酸二水素ナトリウム二水和物	$NaH_2PO_4 \cdot 2H_2O$	156.0	無・固	1.91	60	95(−2H₂O)	◎		風解性・ベーキングパウダー
	リン酸二水素ナトリウム一水和物	$NaH_2PO_4 \cdot H_2O$	138.0	無・固	2.04	204(分)		◎		
	リン酸ナトリウム十二水和物	$Na_3PO_4 \cdot 12H_2O$	380.1	無・固	1.64	> 75(分)		○	◎	酸化性・乳化剤
	リン酸カルシウム	$Ca_3(PO_4)_2$	310.2	無・固	3.07	1670		×	分	食品添加物・肥料の原料
	過マンガン酸カリウム	$KMnO_4$	158.0	赤紫・固	2.70	200(分)		○		酸化剤
	クロム酸カリウム	K_2CrO_4	194.2	黄・固	2.73	975		◎		酸化剤・毒性
	ニクロム酸カリウム	$K_2Cr_2O_7$	294.2	赤〜橙赤・固	2.68	398		○	◎	酸化剤・毒性
	クロム酸鉛(Ⅱ)	$PbCrO_4$	323.2	黄・固	5.80	844(分)		×		毒性
	クロム酸銀(Ⅰ)	Ag_2CrO_4	331.8	暗赤・固	5.62			×	△	

●分：分解，昇：昇華，圧：圧力を加えたとき　●密度：固体・液体は g/cm³，気体は g/L，測定温度は室温付近　●$-H_2O$：水和水を失う温度
●∞：任意の割合で溶ける，◎：溶けやすい，○：溶ける，△：わずかに溶ける，×：溶けない

■ ㊴有機化合物の性質

●分：分解，昇：昇華　●密度の肩数値は測定温度〔℃〕。ないものは室温付近における値。
●融点・沸点の肩数値は測定圧力〔atm〕。ないものは 101.325 kPa(1 atm)における値。

分類	物質	化学式	分子量	状態	密度	融点〔℃〕	沸点〔℃〕	溶解性			特徴など
								①	②	③	
アルカン	ウンデカン	$C_{11}H_{24}$	156.3	液	0.74	−25.594	195.89	×	○	○	可燃性・揮発性・石油中**
	エタン	C_2H_6	30.07	気	1.05^{0}	−183.6	−89.0	△	◎	◎	可燃性・天然ガス**
	オクタン	C_8H_{18}	114.2	液	0.70^{25}	−56.8	125.67	×	△	◎	可燃性・石油中**
	2,2-ジメチルブタン	$(CH_3)_3CC_2H_5$	86.18	液	0.65	−99.870	49.741	×	○	○	引火性
	2,3-ジメチルブタン	$(CH_3)_2CHCH(CH_3)_2$	86.18	液	0.66	−128.54	57.988				引火性
	2,2-ジメチルプロパン	$C(CH_3)_4$	72.15	気	0.61	−16.55	9.503	×	○	○	ネオペンタン*・石油中**
	デカン	$C_{10}H_{22}$	142.3	液	0.73	−29.661	174.123	×	○	○	可燃性・揮発性・石油中**
	ドデカン	$C_{12}H_{26}$	170.3	液	0.75^{25}	−9.587	216.278	×	○	○	可燃性・石油中**
	ノナン	C_9H_{20}	128.3	液	0.72	−53.519	150.798	×	○	○	可燃性・揮発性・石油中**
	ブタン	C_4H_{10}	58.12	気	2.05^{0}	−138.3	−0.50	×	○	○	可燃性・石油中**
	プロパン	C_3H_8	44.1	気	1.55^{0}	−187.69	−42.07	×	○	○	可燃性・LP ガス・天然ガス**
	ヘキサン	C_6H_{14}	86.18	液	0.66	−95.348	68.740	×	○	○	可燃性・引火性・毒性・溶媒
	ヘプタン	C_7H_{16}	100.2	液	0.68	−90.610	98.427	×	○	○	オクタン価 0 の標準物質・石油中**
	ペンタン	C_5H_{12}	72.15	液	0.62	−129.7	36.07	×	○	○	引火性・低温温度計に利用
	メタン	CH_4	16.04	気	0.55^{0}	−182.76	−161.49	×	○	○	可燃性・置換反応・天然ガス**
	2-メチルブタン	$(CH_3)_2CHC_2H_5$	72.15	液	0.62	−159.900	27.852	×			揮発性・イソペンタン*・石油中**
	2-メチルプロパン	$(CH_3)_3CH$	58.12	気	0.60	−159.60	−11.73	△	○	○	可燃性・イソブタン*・天然ガス**
	2-メチルペンタン	$(CH_3)_2CHC_3H_7$	86.18	液	0.65	−153.670	60.271	×	○	○	イソヘキサン*
	3-メチルペンタン	$C_2H_5CH(CH_3)C_2H_5$	86.18	液	0.66	−118	63.282	×	○	○	
アルケン	エチレン	C_2H_4	28.05	気	$0.57^{-103.9}$	−169.2	−103.7	△	○		可燃性・果物の色づけ
	1,3-ブタジエン	$CH_2CHCHCH_2$	54.09	気	0.65^{-6}	−108.915	−4.413	×	○	○	可燃性・合成ゴムの原料
	1-ブテン	$CH_2CHC_2H_5$	56.11	気	0.60	−185.35	−6.25	×			可燃性・芳香臭・燃料
	シス-2-ブテン	$CH_3CHCHCH_3$	56.11	気	0.62	−138.91	3.72				可燃性・芳香臭
	トランス-2-ブテン	$CH_3CHCHCH_3$	56.11	気	0.60	−105.55	0.88				可燃性・芳香臭
	プロペン	CH_3CHCH_2	42.08	気	0.51	−185.25	−47.0	△	○	×	可燃性・刺激臭・プロピレン*
	2-メチルプロペン	$(CH_3)_2CCH_2$	56.11	気	0.59	−140.35	−6.90	×			可燃性・芳香臭・揮発性・イソブテン*
アルキン	アセチレン	C_2H_2	26.04	気		−81.8	−74	○	○	○	可燃性・毒性・重要な工業原料
	1-ブチン	$CHCC_2H_5$	54.09	気	0.65	−125.720	8.07				可燃性
	2-ブチン	CH_3CCCH_3	54.09	液	0.69	−32.260	26.99	×	○		引火性・ジメチルアセチレン*
	プロピン	CH_3CCH	40.06	気	0.71	−102.7	−23.22	○	◎	×	メチルアセチレン*・ガス溶接
シクロアルカン	シクロブタン	C_4H_8	56.11	気	0.70^{0}	<−80	12	×	◎		可燃性・テトラメチレン*
	シクロヘキサン	C_6H_{12}	84.16	液	0.78	6.47	80.74	×	○	○	揮発性・いす形・ふね形構造
	シクロペンタン	C_5H_{10}	70.13	液	0.75^{15}	−93.46	49.26	×	○	○	ペンタメチレン*
芳香族炭化水素	アントラセン	$C_{14}H_{10}$	178.2	固	1.28^{25}	216.2	342	×	×	×	アリザリン染料の原料
	o-キシレン	$C_6H_4(CH_3)_2$	106.2	液	0.88	−25.18	144.41	×	◎	◎	可燃性・ポリエステルの原料
	m-キシレン	$C_6H_4(CH_3)_2$	106.2	液	0.87^{15}	−47.89	139.10	×	◎	◎	可燃性
	p-キシレン	$C_6H_4(CH_3)_2$	106.2	液	0.86	13.26	138.35	×	◎	◎	可燃性
	スチレン	$C_6H_5CHCH_2$	104.1	液	0.91	−30.69	145.2	×	○	○	ポリスチレンの原料・ビニルベンゼン*
	トルエン	$C_6H_5CH_3$	92.14	液	0.87^{15}	−94.99	110.626	×	∞	∞	可燃性・揮発性・毒性
	ナフタレン	$C_{10}H_8$	128.2	固	0.96^{100}	80.5	217.96	×	○	◎	昇華性・防虫剤に利用・ナフタリン*
	ベンゼン	C_6H_6	78.11	液	0.88^{15}	5.533	80.099	△	∞	∞	可燃性・芳香臭・揮発性・毒性
ハロゲン化合物	塩化ビニル	CH_2CHCl	62.5	気	0.98^{-20}	−159.7	−13.70	△	○	◎	クロロエチレン*・ポリ塩化ビニルの原料
	クロロメタン	CH_3Cl	50.5	気	1.01^{-20}	−97.72	−23.76	△	○	∞	塩化メチル*・毒性
	ジクロロフルオロメタン	$CHCl_2F$	102.9	気	1.41^{9}	−135	8.92	×	○	○	フロン 21*・毒性
	p-ジクロロベンゼン	$C_6H_4Cl_2$	147.0	固	1.46	54	174.12	×	∞	◎	刺激臭・昇華性・防虫剤

●①水，②アルコール，③エーテル　∞：任意の割合で溶ける，◎：溶けやすい，○：溶ける，△：わずかに溶ける，×：溶けない。
●*は別称，**は含有物。

分類	物質	化学式	分子量	状態	密度	融点〔℃〕	沸点〔℃〕	溶解性			特徴など
								①	②	③	
ハロゲン化合物	ジクロロメタン	CH_2Cl_2	84.93	液	1.33	−96.8	40.21	△	∞	∞	塩化メチレン*・溶媒
	テトラクロロメタン	CCl_4	153.8	液	1.59	−28.6	76.74	△	∞	∞	四塩化炭素*・溶媒
	トリクロロフルオロメタン	$CFCl_3$	137.4	液	1.49^{17}	−111	23.77	×	◎	◎	フロン 11*
	トリクロロメタン	$CHCl_3$	119.4	液	1.50^{15}	−63.5	61.2	×	◎	◎	クロロホルム*・麻酔性
	ブロモベンゼン	C_6H_5Br	157.0	液	1.50	−30.6	156.15	×	○		芳香臭・溶剤
	ヨードホルム	CHI_3	393.7	固	4.01^{17}	125	218	×	○	○	ヨードホルム反応・消毒剤
アルコール	1-ウンデカノール	$C_{11}H_{23}OH$	172.3	液	0.84	16.5	$243.5^{1.01}$				ウンデシルアルコール*
	エタノール	C_2H_5OH	46.07	液	0.79	−114.5	78.32	∞		∞	消毒・殺菌剤
	エチレングリコール	$HO(CH_2)_2OH$	62.08	液	1.11	−12.6	197.85	○	○	△	吸湿性・不凍液
	1-オクタノール	$C_8H_{17}OH$	130.2	液	0.83	−15	195	×	∞	∞	芳香臭・香料・オクチルアルコール*
	グリセリン	$CH_2(OH)CH(OH)CH_2OH$	92.09	液	1.26^{15}	17.8	$154^{0.007}$	∞	○	△	吸湿性・ニトログリセリンの原料
	1-デカノール	$C_{10}H_{21}OH$	158.3	液	0.83	6.88	229	×	○	○	潤滑油・界面活性剤
	1-ドデカノール	$C_{12}H_{25}OH$	186.3	固	0.83^{24}	23.5	$153.5^{0.033}$	×	○	○	ラウリルアルコール*・ドデシルアルコール*
	1-ノナノール	$C_9H_{19}OH$	144.3	液	0.83	−5.5	213.5	×			溶剤・香料・界面活性剤の原料
	1-ブタノール	C_4H_9OH	74.12	液	0.81	−89.53	117.25	○	◎	◎	塗料溶剤・医薬品の原料
	2-ブタノール	$CH_3CH(OH)C_2H_5$	74.12	液	0.80^{25}	−114.7	$98.5^{0.974}$	○	○	○	可塑剤・香料の原料
	1-プロパノール	C_3H_7OH	60.1	液	0.80	−126.5	97.15	∞	∞	∞	溶剤・プロピルアルコール*
	2-プロパノール	$CH_3CH(OH)CH_3$	60.1	液	0.79	−89.5	82.4	∞	∞	∞	溶剤・アセトンの原料・イソプロピルアルコール*
	1-ヘキサノール	$C_6H_{13}OH$	102.2	液	0.82^{25}	−46.1	157.85	△	∞	∞	ヘキシルアルコール*
	1-ヘプタノール	$C_7H_{15}OH$	116.2	液	0.82^{25}	−34.03	176.81	△	○	○	ヘプチルアルコール*
	1-ペンタノール	$C_5H_{11}OH$	88.15	液	0.81	−78.85	138.25	○	◎	◎	ペンチルアルコール*・溶媒
	メタノール	CH_3OH	32.04	液	0.79	−97.78	64.65	∞	∞	∞	可燃性・自動車用燃料
エーテル	エチルメチルエーテル	$CH_3OC_2H_5$	60.1	液	0.73^{0}		6.6	○	◎	◎	
	ジエチルエーテル	$C_2H_5OC_2H_5$	74.12	液	0.71	−116.3	34.48	△	◎		揮発性・引火性・麻酔性
	ジメチルエーテル	CH_3OCH_3	46.07	気		−141.50	−24.82	△	◎	○	引火性・冷却剤
アルデヒド	アセトアルデヒド	CH_3CHO	44.05	液	0.78	−123.5	20.2	∞	∞	∞	刺激臭・プラスチック，合成ゴムの原料
	グルコース	$C_6H_{12}O_6$	180.2	固		146		◎	△	×	ブドウ糖*・単糖・甘味
	フルクトース	$C_6H_{12}O_6$	180.2	固		104		◎	○		果糖*・単糖・甘味
	ベンズアルデヒド	C_6H_5CHO	106.1	液	1.05	−26	178	×	◎	◎	フェーリング液を還元しない
	ホルムアルデヒド	$HCHO$	30.03	気		−92	−19.3	◎	◎	◎	刺激臭・ホルマリン・毒性
ケトン	アセトン	CH_3COCH_3	58.08	液	0.79	−94.82	56.3	∞	◎	◎	揮発性・引火性・毒性・溶媒
	エチルメチルケトン	$CH_3COC_2H_5$	72.11	液	0.81	−87.3	79.53	○	∞	○	芳香臭・引火性・塗料の原料
カルボン酸	アクリル酸	$CH_2CHCOOH$	72.06	液	1.05	14	$141^{0.993}$	∞	∞	∞	刺激臭・引火性・プラスチックの原料
	アジピン酸	$HOOC(CH_2)_4COOH$	146.1	固	1.36	153〜153.1	$205.5^{0.013}$	○	◎	×	高分子の原料
	安息香酸	C_6H_5COOH	122.1	固	1.27^{15}	122.5	250.03	△	◎	◎	繊維の媒染剤・香料に利用
	イソフタル酸	$C_6H_4(COOH)_2$	166.1	固		348.5	昇	△	○		表面処理剤に利用
	オレイン酸	$C_{17}H_{33}COOH$	282.5	液	$0.91^{17.5}$	13.3	$223^{0.013}$	△	○	○	空気中で酸化
	カプロン酸	$C_5H_{11}COOH$	116.2	液	0.93	−3.4	205.8	△	◎	◎	ヘキサン酸*・不快臭
	ギ酸	$HCOOH$	46.03	液	1.22	8.4	100.8	∞	○	○	刺激臭・還元性
	吉草酸	C_4H_9COOH	102.1	液	0.94	−34.5	184	○	○	○	ペンタン酸*・不快臭・バレリアン酸*
	コハク酸	$HOOC(CH_2)_2COOH$	118.1	固	1.57^{25}	188	235	○	○	△	調味料
	酢酸	CH_3COOH	60.05	液	1.05	16.635	117.8	∞	○	○	刺激臭・食酢
	サリチル酸	$C_6H_4(OH)COOH$	138.1	固	1.44	159	昇 $^{0.1}$	△	◎	◎	解熱・鎮痛作用
	シュウ酸二水和物	$(COOH)_2 \cdot 2H_2O$	126.1	固	1.65^{19}	99.8〜100.7	昇	○			標準物質・還元性・漂白剤
	酒石酸	$HOOCCH(OH)CH(OH)COOH$	150.1	固	1.70	170		◎	○	△	鏡像(光学)異性体・食品添加物

巻末資料

分類	物質	化学式	分子量	状態	密度	融点〔℃〕	沸点〔℃〕	溶解性			特徴など
								①	②	③	
	ステアリン酸	$C_{17}H_{35}COOH$	284.5	固	0.94	70.5	$283^{0.034}$	×	○	○	せっけんの原料・飽和脂肪酸
	テレフタル酸	$C_6H_4(COOH)_2$	166.1	固	1.51		300(昇)	×	△	×	PET の原料
	乳酸	$CH_3CH(OH)COOH$	90.08	固	1.25	16.8	$119^{0.016}$	○	○	△	鏡像(光学)異性体・潮解性
	パルミチン酸	$C_{15}H_{31}COOH$	256.4	固	0.85^{70}	62.65	$167.4^{0.001}$	×	○	○	飽和脂肪酸・動植物油
	フタル酸	$C_6H_4(COOH)_2$	166.1	固	1.59	234	分	△	○	△	脱水して無水フタル酸
	フマル酸	HOOCCHCHCOOH	116.1	固	1.64	300～302	昇	△	○	△	食品添加物・酸味・トランス形
	プロピオン酸	C_2H_5COOH	74.08	液	0.99^{15}	−20.83	140.80	∞	○	○	刺激臭・防カビ剤
	マレイン酸	HOOCCHCHCOOH	116.1	固	1.61	133～134	160	○	○	○	脱水して無水マレイン酸・シス形
	メタクリル酸	$CH_2C(CH_3)COOH$	86.09	液	1.01	16	$159^{0.976}$	○	○	○	刺激臭・腐食性・有機ガラスの原料
	ラウリン酸	$C_{11}H_{23}COOH$	200.3	固	0.87^{50}	44.8	298.9	×	○	◎	ココナッツ油**
	酪酸	C_3H_7COOH	88.11	液	0.96	−5.26	164.05	∞	◎	◎	不快臭
	リノール酸	$C_{17}H_{31}COOH$	280.4	液	0.90	−5.2～−5.0	$210^{0.007}$	×	○	∞	不飽和脂肪酸
	リノレン酸	$C_{17}H_{29}COOH$	278.4	液	0.92	−11.3～−11.0	$197^{0.005}$	×	◎	◎	不飽和脂肪酸
フェノール類	*o*-クレゾール	$C_6H_4(CH_3)OH$	108.1	固	1.05	31	191	○	○	○	フェノール臭・消毒剤
	m-クレゾール	$C_6H_4(CH_3)OH$	108.1	液	1.03	11.9	202.7	○	○	○	フェノール臭
	p-クレゾール	$C_6H_4(CH_3)OH$	108.1	固	1.03	34.7	201.9	○	○	○	フェノール臭
	1-ナフトール	$C_{10}H_7OH$	144.2	固	1.10^{99}	96	288	×	○	○	昇華性・染料・医薬品の原料
	2-ナフトール	$C_{10}H_7OH$	144.2	固		122	296	△	○	○	昇華性・酸化防止剤の原料
	p-ヒドロキシアゾベンゼン	$C_6H_5N_2C_6H_4OH$	198.2	固		156.5	$220～230^{0.026}$	△	○	○	アゾ染料
	フェノール	C_6H_5OH	94.11	固	1.05^{50}	40.95	181.75	○	○	○	毒性・腐食性
エステル	アセチルサリチル酸	$C_6H_4(OCOCH_3)COOH$	180.2	固		135		△	○	○	アスピリン・解熱・鎮痛作用
	ギ酸エチル	$HCOOC_2H_5$	74.08	液	0.92	−79	54.1	○	○	○	可燃性
	ギ酸プロピル	$HCOOC_3H_7$	88.11	液	0.90	−92.9	81.5		○	○	殺虫剤の分散剤
	ギ酸メチル	$HCOOCH_3$	60.05	液	0.97	−99	32	○	∞	∞	エーテル臭・殺虫剤
	酢酸エチル	$CH_3COOC_2H_5$	88.11	液	0.91^{15}	−83.6	76.82	○	∞	∞	芳香臭・香料
	酢酸ビニル	$CH_3COOCHCH_2$	86.09	液	0.93	−93.2	73.1	○	∞	∞	合成樹脂の原料
	酢酸プロピル	$CH_3COOC_3H_7$	102.1	液	0.89	−95.0	101.6		∞	∞	香料
	酢酸メチル	CH_3COOCH_3	74.08	液	0.93	−98.05	56.32	○	∞	∞	香料
	サリチル酸メチル	$C_6H_4(OH)COOCH_3$	152.1	液	1.18^{25}	−8.3	223.3	△	∞	∞	芳香臭・香料・消炎剤
	ニトログリセリン	$CH_2(ONO_2)CH(ONO_2)CH_2(ONO_2)$	227.1	液	1.60^{15}	13.0	$125^{0.003}$	△	○	○	爆発性・狭心症の治療薬
	プロピオン酸エチル	$C_2H_5COOC_2H_5$	102.1	液	0.89	−73.9	99.1	○	∞	∞	
	プロピオン酸メチル	$C_2H_5COOCH_3$	88.11	液	0.92	−87.5	79.7	○	∞	∞	
ニトロ化合物	2,4,6-トリニトロトルエン	$C_6H_2CH_3(NO_2)_3$	227.1	固		80.89	$245～250^{0.066}$				TNT*・爆薬
	ニトロベンゼン	$C_6H_5NO_2$	123.1	液	1.20	5.85	211.03	△	○	○	芳香臭・毒性
	2,4,6-トリニトロフェノール	$C_6H_2OH(NO_2)_3$	229.1	固	1.77^{19}	122.5	$255^{0.066}$	○	○	○	爆発性・ピクリン酸*
アミン	アニリン	$C_6H_5NH_2$	93.13	液	1.02	−5.98	184.55	○	◎	◎	毒性・染料，医薬品の原料
	尿素	NH_2CONH_2	60.06	固	1.34	135	昇真空	◎	○	×	肥料に利用
	ヘキサメチレンジアミン	$NH_2(CH_2)_6NH_2$	116.2	固		45～46	$81.5^{0.013}$	◎	△	△	ナイロン 66 の原料
その他	アクリロニトリル	CH_2CHCN	53.06	液	0.81	−83.55	77.6～77.7	○	∞	∞	毒性・合成樹脂の原料
	アセトアニリド	$C_6H_5NHCOCH_3$	135.2	固	1.22^{15}	115	305	△	○	○	解熱・鎮痛作用
	イソプレン	$CH_2C(CH_3)CHCH_2$	68.12	液	0.68	−145.95	34.07	×	○	○	毒性・合成ゴムの原料
	p-ベンゾキノン	$C_6H_4O_2$	108.1	固	1.32	115.5	昇	△	○	○	刺激臭・昇華性・*p*-キノン*
	無水酢酸	$(CH_3CO)_2O$	102.1	液	1.09^{15}	−86	140.0	分	分	○	刺激臭・アセチル化剤
	無水フタル酸	$C_8H_4O_3$	148.1	固	1.53	131.8	285	△	○	△	染料・医薬品の原料

■㊵高分子化合物の物理的性質

名称		密度〔g/cm^3〕	屈折率	比熱	溶融温度〔℃〕	耐熱性（連続）〔℃〕	燃焼速度〔in/min〕	日光の影響	耐酸性		耐アルカリ性		透明性
									弱酸	強酸	弱アルカリ	強アルカリ	
ポリエチレン	低密度	0.92〜0.93	1.51	0.55	98〜115	82〜100	1.04	×	○	×	○	○	○〜×
	高密度	0.95〜0.97	1.54	0.55	130〜137	121	1.0〜1.04	×	◎	×	◎	◎	○〜×
ポリプロピレン		0.90〜0.91	1.49	0.46	160〜175	121〜160	徐燃	△	◎	×	◎	○	○〜×
ポリスチレン		1.04〜1.05	1.59〜1.60	0.32	—	65〜76	徐燃	△	◎	×	◎	◎	○
ABS 樹脂		1.02〜1.06	—	—	—	71〜93	徐燃	△〜×	◎	△〜×	◎	◎	○〜×
スチレン－アクリロニトリル共重合樹脂		1.06〜1.08	—	—	—	60〜100	徐燃	△	◎	×	◎	◎	○
ポリ塩化ビニル	硬質	1.30〜1.58	1.52〜1.55	0.2〜0.28	—	66〜79	自消性	—	◎	◎〜△	◎	◎	◎〜×
	軟質	1.16〜1.35	—	—	—	—	—	—	—	—	—	—	—
メタクリル樹脂		1.17〜1.20	1.49	0.35	—	60〜88	0.9〜1.2	○	○	×	○	×	○〜×
ポリアミド	ナイロン 6	1.12〜1.14	—	0.38	210〜220	79〜121	自消性	×	○	×	◎	○	○〜×
	ナイロン 66	1.07〜1.09	1.53	0.4	255〜265	82〜149	自消性	○	○	×	◎	○	○〜×
ポリエチレンテレフタラート		1.29〜1.40	—	0.28	245〜265	—	遅燃	やや褐色	○	△	○	×	—
ポリブチレンテレフタレート		1.30〜1.38	—	—	220〜267	—	—	—	—	—	—	—	—
ポリテトラフルオロエチレン		2.14〜2.20	1.35	0.25	—	290	不燃	○	◎	◎	◎	◎	×
フェノール樹脂		1.24〜1.32	—	—	—	—	—	—	—	—	—	—	—
ユリア樹脂		1.47〜1.52	—	—	—	—	—	—	—	—	—	—	—
メラミン樹脂		1.47〜1.52	—	—	—	—	—	—	—	—	—	—	—

■㊶危険薬品の表示と保管法など

シンボルマーク	表示語	危険性の内容	保管など
	爆発性	摩擦や衝撃，加熱などによって爆発する。	風通しのよい火気から離れた冷暗所に保管する。多量の保管や使用を避ける。
	引火性	可燃性の液体で引火点が 70℃未満のもの。	風通しのよい火気から離れた冷暗所に密栓をして保管する。
	可燃性	発火源がそばにあると引火しやすい固体，低温で引火しやすい固体や気体。	
	自然発火性	空気中で自然発火する。	空気と直接触れないようにする。
	禁水性	水と接触すると発火し，可燃性の気体を発生する。	水分を含むものから離して密栓して保管する。
	酸化性	可燃性の物質と混ぜると燃焼したり爆発する。	風通しのよい冷暗所に可燃物から離して保管する。
	自己反応性	加熱や衝撃で多量の熱を発生したり爆発的な反応をする。	
	猛毒性	飲み込んだり吸い込んだり皮膚に付けたりすると非常に有毒で，死に至ることがある。	接触や吸引しないように取り扱いに十分気をつける。
	毒性	飲み込んだり吸い込んだり皮膚に付けたりすると非常に有毒である。	
	有毒性	発がん性などが認められ，飲み込んだり吸い込んだり皮膚に付けたりすると有害の可能性がある。	
	刺激性	皮膚，目，呼吸器官などに痛みなどの刺激を与える可能性がある。	接触や吸引しないように取り扱いに十分気をつける。
	腐食性	皮膚や装置などを腐食させる性質をもつ。	接触や吸引しないように取り扱いに十分気をつける。

●学校の実験で使われることの多い毒物・劇物

	表示	備考		表示	備考
アンモニア	可	少量でも目・粘膜を刺激する有毒な気体	水酸化ナトリウム		塩基性で皮膚などの粘膜を侵す
塩酸・濃塩酸		強酸で蒸気も刺激が強く有毒	ナトリウム	禁	水に触れると発火するため石油中で保管
塩素	酸	刺激性が強く低濃度でも粘膜等を侵す	二硫化炭素	引	引火性がきわめて高く，蒸気も毒性が高い
過酸化水素	酸	不安定なため冷暗所で保管	ピクリン酸	爆	爆発性が高く，蒸気は粘膜を刺激する
カリウム	禁	水に触れると発火するため石油中で保管	フェノール	可	腐食性があり，高濃度では皮膚を侵す
クロム酸カリウム	酸	強い酸化剤	フッ化水素		腐食性・毒性がきわめて高い
酢酸エチル	引	麻酔性がある，冷暗所に保管	ホルムアルデヒド	可	発がん性もあり，刺激も強く有毒
四塩化炭素		麻酔性があり，蒸気も有毒	メタノール	可	蒸発しやすく有毒な液体
臭素	酸	アンプルなどで密閉保存する	ヨウ素	酸	蒸気も有毒で粘膜を刺激する
硝酸・濃硝酸	酸	強酸で蒸気も有毒，遮光保存する	硫酸・濃硫酸	酸	強酸で強い脱水作用をしめす
硝酸銀	酸	光で分解するため褐色瓶で保存する	黄リン	自	毒性が高く，空気中で発火するため水中で保存
水銀		毒性が高く，蒸気も有毒			

爆：爆発性　引：引火性　可：可燃性　自：自然発火性　禁：禁水性　酸：酸化性

㊷廃液の処理

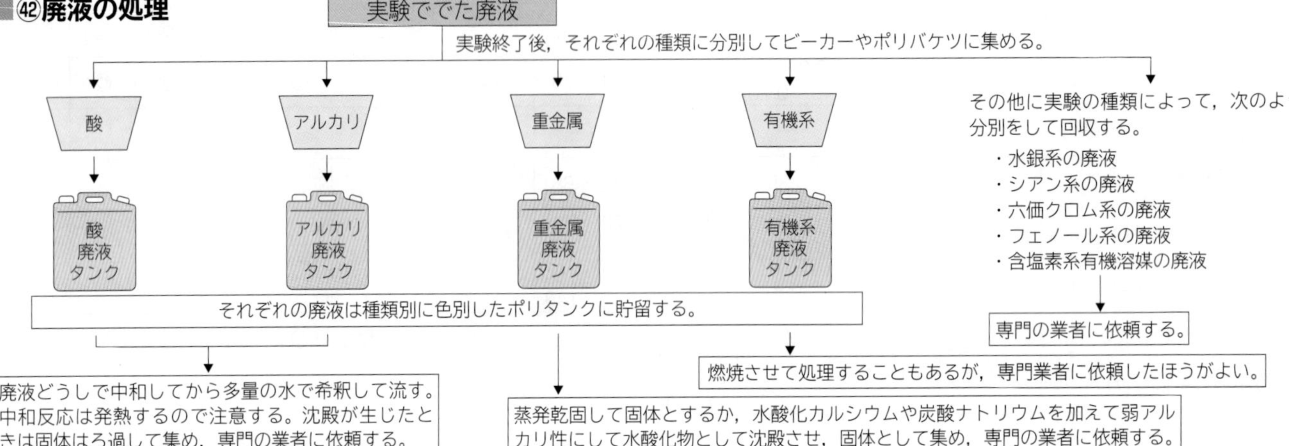

実験でてた廃液
実験終了後，それぞれの種類に分別してビーカーやポリバケツに集める。
酸
アルカリ
重金属
有機系
その他に実験の種類によって，次のような分別をして回収する。
・水銀系の廃液
・シアン系の廃液
・六価クロム系の廃液
・フェノール系の廃液
・含塩素系有機溶媒の廃液
酸 廃液 タンク
アルカリ 廃液 タンク
重金属 廃液 タンク
有機系 廃液 タンク
それぞれの廃液は種類別に色別したポリタンクに貯留する。
専門の業者に依頼する。
燃焼させて処理することもあるが，専門業者に依頼したほうがよい。
廃液どうしで中和してから多量の水で希釈して流す。中和反応は発熱するので注意する。沈殿が生じたときは固体はろ過して集め，専門の業者に依頼する。
蒸発乾固して固体とするか，水酸化カルシウムや炭酸ナトリウムを加えて弱アルカリ性にして水酸化物として沈殿させ，固体として集め，専門の業者に依頼する。

㊸IUPAC 命名法

IUPAC(国際純正および応用化学連合)では，無機物質や有機物質の名称と化学式が対応するように，命名法の規則を定めている。日本化学会は，これをもとにして，原語の名称を翻訳し，仮名書きする(字訳という)場合の規則を定めている。

●無機化学命名法―化学式の書き方・読み方―

①化学式の書き方

分子からなる物質 (1)その化合物が明確な分子からできている場合…分子量に相当する分子式で表す。 分子量が温度などで変わるときは，最も簡単な化学式で表す。 (2)2種類以上の非金属元素からなる化合物の場合…以下の順序で前にある元素を先に書く。 B，Si，C，Sb，As，P，N，H，Se，S，I，Br，Cl，O，F	例 H_2，H_2O_2 例 S_8，P_4 のかわりに S，P 例 NH_3，Cl_2O
イオンからなる物質 (1)金属元素と非金属元素からなる化合物の場合…電気的に陽性な部分(陽イオン)を先に書く。 (2)陽性および陰性の部分が2種類以上あるときには，それぞれの部分で元素記号(多原子イオンでは中心の元素の記号)のアルファベット順にする。 (3)一つの中心原子に2種類以上の原子(原子団)が結合しているときには，中心の原子を先に書く。ただし，鎖状のときには結合順とする。また酸ではHを先にする。	例 $BaBr_2$，NH_4Cl，K_2CO_3 例 $KNaCO_3$，$MgCl(OH)$，$AlK(SO_4)_2\cdot12H_2O$ 例 PCl_3O，H_2SO_4

②化合物名の読み方の原則

化合物名は，その成分(原子，原子団，イオンなど)の名称とそれら成分の数を用いて表す。分子からなる物質・イオンからなる物質にかかわらず，化学式で書いたときに前にくる元素を陽性成分・後ろにくる元素を陰性成分としたとき，

陰性成分が1種類の場合 (1)陽性成分が単原子または同種の多原子の場合… 電気的に陰性な部分を先に読み，～化をつけて，陽性な成分の元素名に続ける。 (数)＋(陰性成分の名称)＋化＋(数)＋(陽性成分の名称) ↓ 元素名から「素」をとるなど略称を使う (2)陰性成分が異種多原子の場合… 電気的に陰性な部分を先に読み，～酸をつけて，陽性な成分の元素名に続ける。 (数)＋(陰性成分の名称)＋酸＋(数)＋(陽性成分の名称) ↓ 「酸」にならない例外もある	例 KI_3 三ヨウ化カリウム，$CaCl_2$ 塩化カルシウム，MgO 酸化マグネシウム，H_2S 硫化水素(硫黄化水素ではない) 例 K_2SO_4 硫酸カリウム，KSCN チオシアン酸カリウム **例外** NaOH 水酸化ナトリウム，KCN シアン化カリウム
陰性成分が2種類以上の場合 (1)陰性成分を元素記号のアルファベット順に読み，～化(酸)をつけて陽性部分に続ける。陽性部分が2種類以上あれば，英語名の陰性部分に近いほうから先頭に向かって読む。	例 $Cu_2CO_3(OH)_2$ 炭酸二水酸化二銅(Ⅱ)

③イオン名の読み方

(1)単原子陽イオンは，元素名にイオンをつける。 (多原子陽イオン→ NH_4^+ アンモニウムイオン，H_3O^+ オキソニウムイオン) (2)単原子陰イオンは，元素名に～化物イオンをつける。 (3)多原子陰イオンにも，同様に～化物イオンとよばれるものが多い。 (**例外**　オキソ酸由来の多原子陰イオンの名称＋イオン　SO_4^{2-} 硫酸イオン)	例 Na^+ ナトリウムイオン，Cu^+ 銅(Ⅰ)イオン 例 Cl^- 塩化物イオン，O^{2-} 酸化物イオン 例 OH^- 水酸化物イオン，CN^- シアン化物イオン

●有機化学命名法

分類	構造	命名法	例
アルカン(alkane)	直鎖構造	ギリシア語の数詞＋接尾語アン ane	例 慣用名 CH_4 メタン methane C_2H_6 エタン ethane C_3H_8 プロパン propane C_4H_{10} ブタン butane C_5H_{12} ペンタン pentane C_6H_{14} ヘキサン hexane
	枝分かれ(側鎖)構造	分子のなかで最も長い炭素鎖を主鎖とし，相当するアルカンから誘導される化合物として命名する。側鎖の位置は，主鎖の端からつけた位置番号で示し，この位置番号が最小となるように番号をつける。同じ基が複数個あるときは，基の名称の前にジ(di)，トリ(tri)，テトラ(tetra)などの数詞をつける。	例 CH_3（②に結合） $CH_3-CH-CH_2-CH_3$ ① ② ③ ④ 2-メチルブタン 2-methylbutane CH_3（②に結合） CH_3（④に結合） $CH_3-C-CH_2-CH-CH_2-CH_3$ ① ② ③ ④ ⑤ ⑥ CH_3（②に結合） 2,2,4-トリメチルヘキサン 2,2,4-trimethylhexane (位置番号は，最小にするために3,5,5-ではない)
アルケン(alkene)		アルカン(alkane)の接尾語アン ane をエン ene に変える。二重結合の位置は番号で示す。	例 $CH_2=CHCH_3$ ① ② ③ 1-プロペン propene(慣用名)プロピレン $CH_2=CH-CH=CHCH_3$ ① ② ③ ④ ⑤ 1,3-ペンタジエン 1,3-pentadiene
アルキン(alkyne)		アルカン(alkane)の接尾語アン ane をイン yne に変える。	例 $CH\equiv CH$ エチン ethyne (アセチレン)
アルコール		炭化水素名の語尾 e をとり，接尾語オール ol をつけて命名する。ヒドロキシ基が複数個あるときは，オールの前にジ(di)，トリ(tri)，テトラ(tetra)などの数詞をつける。	例 CH_3-CH_2-OH エタノール(エチルアルコール) OH（②に結合） $CH_3-CH-CH_3$ ① ② ③ 2-プロパノール(イソプロピルアルコール) OH OH OH（①②③に結合） $CH_2-CH-CH_2$ ① ② ③ 1,2,3-プロパントリオール (慣用名)グリセリン
エーテル		酸素原子に結合している2個の炭化水素基の名称をアルファベット順に並べ，その後にエーテル ether をつけて命名。	例 $CH_3OC_2H_5$ エチルメチルエーテル
エステル		アルコール部分の炭化水素基とカルボン酸の塩とみなして命名。	例 $CH_3COOC_2H_5$ 酢酸エチル

■㊹熱化学方程式

エネルギー図の関係を等式で表したものを熱化学方程式といい，過去の高校化学で学習されていた。

●熱化学方程式の表し方

反応物(左辺)，生成物(右辺)を等号でつなぎ，反応熱(単位 kJ)を右辺に加える。右辺・左辺のエネルギーが等価であることを表す。

黒鉛 1 mol の燃焼

C(黒鉛) ＋ O_2(気) ＝ CO_2(気) ＋ 394 kJ

同素体･物質の状態を明記[*1]　　発熱反応は正，吸熱反応は負の値になる。

硝酸アンモニウム 1 mol の溶解

NH_4NO_3(固) ＋ aq ＝ NH_4NO_3 aq － 25.7 kJ

aq 単独で多量の水(溶媒)を表す。　　化学式に aq を添え水溶液を表す。

アンモニア 1 mol の生成

$\frac{1}{2}N_2$(気) ＋ $\frac{3}{2}H_2$(気) ＝ NH_3(気) ＋ 46 kJ

注目する物質の係数を1とする。その他の物質の係数が分数になることもある。[*2]

N－H 結合の結合エネルギー

NH_3(気) ＝ N(気) ＋ 3H(気) － 1170 kJ

熱化学方程式では，それぞれの化学式は物質 1 mol がもつエネルギーの大きさを表している。そのため，化学式を文字式ととらえ，多項式の処理と同様にエネルギーの計算を行うことができる(例題解法参照)。

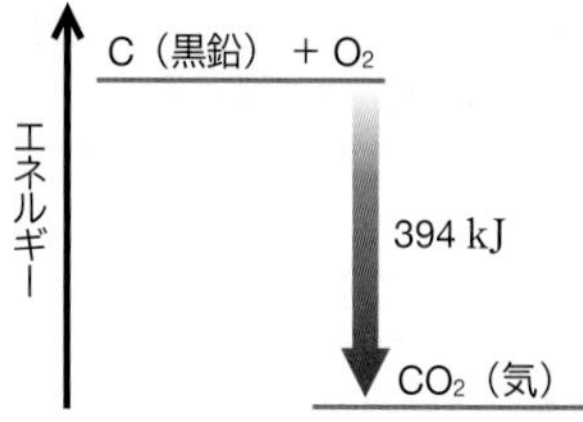

*1 物質のもつエネルギーは，その状態によって異なるため，化学式に物質の状態を付記する。
　気体→(気)，(g)：gas の略
　液体→(液)，(l)：liquid の略
　固体→(固)，(s)：solid の略
また，炭素 C の黒鉛とダイヤモンドのように，同素体でも保有するエネルギーの大きさは異なるため，必要に応じて区別する。

*2 化学反応式の係数は物質量の比を表すが，熱化学方程式の係数は，物質量そのものを表す。係数と化学式で，それぞれの物質がもつエネルギーの大きさを表している。
「$\frac{1}{2}N_2$(気)」→気体の窒素 $\frac{1}{2}$ mol がもつエネルギー
「NH_3(気)」→気体のアンモニア 1 mol がもつエネルギー

日本人ノーベル化学賞受賞者

福井謙一

1981年
化学反応過程の理論的研究
(フロンティア軌道理論)

分子軌道(molecular orbital;MO)は，原子軌道の重なりによって生成する波であり，固有のエネルギーをもつ。MOにはエネルギーの低い被占軌道(occupied MO;OMO)とエネルギーの高い空軌道(unoccupied MO;UMO)があり，エネルギーの低い軌道から電子は収容される。OMOの中で最もエネルギーの高い軌道を最高被占軌道(HOMO)といい，HOMOは電子の入った軌道の中で最も不安定な軌道である。また，UMOの中で最もエネルギーの低いものを最低空軌道(LUMO)といい，LUMOは電子の入っていない軌道のうち，最も安定な軌道で電子受容性に富む。福井謙一博士は，HOMOとLUMOの相互作用で化学反応が進むものと考え，この二つの軌道に「フロンティア軌道」と名付けた。そして，HOMOに属する電子(フロンティア電子)が反応において特別に重要な役割をはたすと考察した(1952年論文)。分子どうしが反応するとき，一方の分子のHOMOと他方の分子のLUMOが相互作用し，新しい分子軌道が形成される(図1)。このとき，HOMOとLUMOのエネルギー差が小さいほど，また，フロンティア電子の密度の最大部分で反応が起こりやすい。このような考え方をフロンティア軌道理論という。この理論により，多くの化学反応や反応の選択性が説明できるようになった。

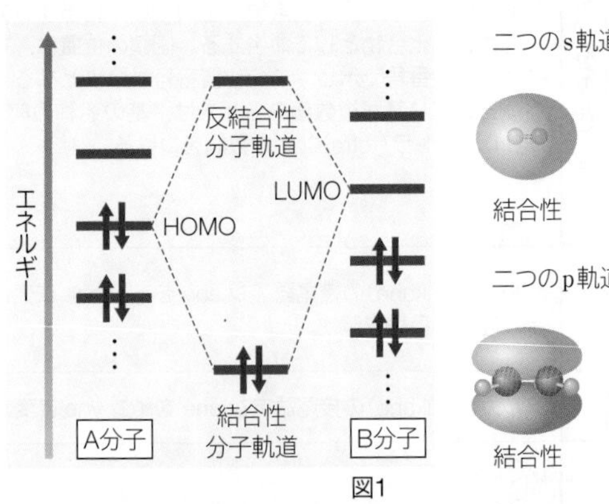

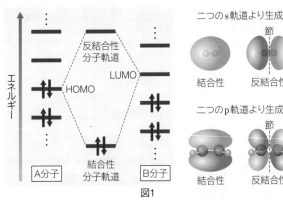

図1

白川英樹

2000年
導電性高分子の発見と発展

チーグラー触媒を用いてアセチレンを付加重合すると黒色粉末状のポリアセチレンが生成する。白川英樹博士はアセチレンからポリアセチレンができる反応メカニズムを研究している過程で，通常よりも1000倍の濃度の触媒で反応させると光沢をもつポリアセチレンの薄膜が得られることを発見した(1967年)。ポリアセチレンのトランス形の構造は水素原子が一つ結合した炭素原子が二重結合と単結合を繰り返している(図2)。炭素原子間の二重結合はσ結合とπ結合という異なる二種類の結合からできている。両隣のπ電子がそれぞれ重なり合っているため，ポリアセチレンのπ電子の広がりはアセチレン分子全体に広がって金属の自由電子のようにふるまう(図3)。また，白川英樹博士はペンシルベニア大学のマクダイアミッド博士，ヒーガー博士と共同研究を行い，ヨウ素など不純物を少量加えること(ドーピング)でπ電子が部分的に引き抜かれ，導電性が飛躍的に上昇することを発見した(1976年)。ポリアセチレンがきっかけとなって開発された導電性高分子は，軽量で加工しやすく，現在，ATMの透明タッチパネルや電解コンデンサー，携帯電話の電池の電極などに利用されている。

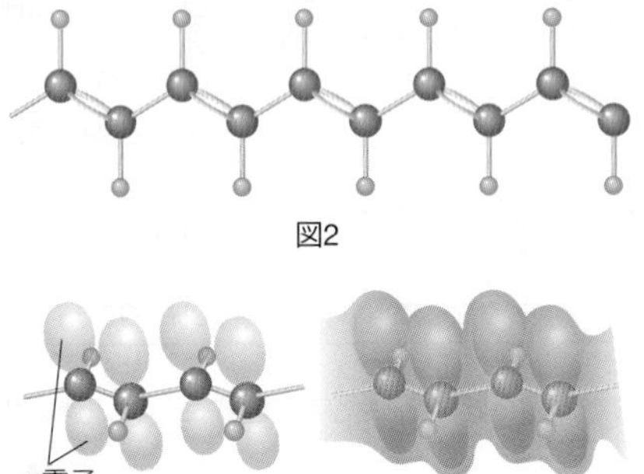

図2

図3

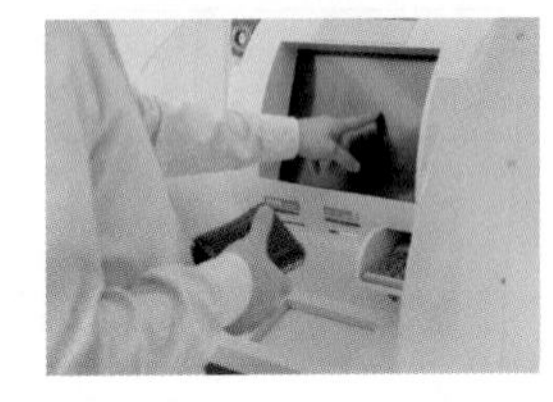

野依良治

2001年
キラル触媒による
不斉反応の研究

右手と左手のように重ね合うことがない左右の違いのある形をキラルといい，その性質をキラリティーという。ハッカに多く含まれるメントールはキラル化合物であり，L−メントールとD−メントールの鏡像異性体が存在する。この二つは物理的性質や化学的性質は同じであるが，ハッカに含まれる清涼感を与えるのは，L−メントールのみである。キラル化合物は幅広い分野で利用されているが，このように医薬品，香料，食品添加物などでは，どちらか一方の鏡像異性体を多量につくる必要がある。光学活性(キラル)な物質の一方を選択的に合成する反応を不斉合成反応という。野依良治博士は，不斉配位子BINAP(バイナップ)を触媒として，不斉合成を行う方法を開発した。BINAPはキラルなホスフィン(有機リン化合物)配位子(図4)である。ロジウム(Rh)やルテニウム(Ru)などの遷移元素との錯体(BINAP - 金属触媒)が不斉合成に有効であることを発見し(図5)，キラル化合物を高能率に生み出す方法を示した。現在までに有機リン化合物とルテニウムの錯体触媒を用いた不斉水素化反応は工業化された例も多く，BINAPは不斉合成において広く利用されている重要な不斉配位子となっている。

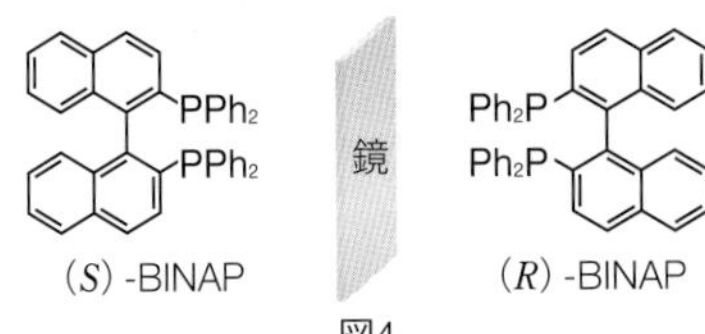

図4

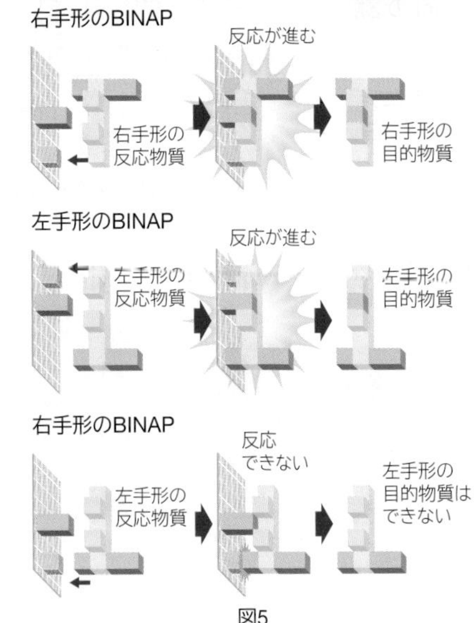

図5

ノーベル賞について

ダイナマイトの開発，生産によって莫大な富を築いたスウェーデンのアルフレッド・ノーベルは，平和への願いをこめて，遺書で彼の遺産を基金にしたノーベル賞を創設した。この賞は，「国籍を問わず人類に最も貢献したひとびとに贈る」とされ，1901年以降，ノーベルの命日の12月10日に，①物理学，②化学，③医学生理学，④文学，⑤平和各賞の授賞式が行われている。1969年からは経済学賞も加えられたが，ノーベル賞基金とは別のものである。

田中耕一

2002年

生体高分子の同定および構造解析のための手法の開発

質量分析（MS）を行うには，試料を気体状のイオンとし，真空中で電場や磁場に導入する。1980年頃にはすでにレーザーで試料をイオン化する方法が開発・研究され，原子や比較的小さな分子量の物質の分析に使われていたが，タンパク質を壊さずにイオン化することはできなかった。田中耕一博士はコバルトがレーザーを吸収して熱エネルギーに変換し，タンパク質を急速に加熱することに着目し，研究を重ねた。そして，イオン化の補助剤（マトリックス）として試料にコバルトを含むグリセリンを混ぜると，タンパク質が壊れずにうまくイオン化すること（「ソフトレーザー脱離法」のちの「マトリックス支援レーザー脱離イオン化法（MALDI）」）に世界で初めて成功し，1987年に発表した。これは，試料よりも過剰に存在するマトリックスがレーザー（紫外光である337 nmの窒素レーザー）の光エネルギーを吸収し，イオン化および気化されると同時に，試料も気化され，その際にマトリックスから水素イオンや電子の受け渡しが行われて，試料がイオン化するからである（図6）。イオン化した試料を飛行時間型質量分析法（TOF-MS）で分析することで，タンパク質の分子量を求めることに成功した（図7）。この分析法は，生体高分子の研究においてとくに重要な役割をはたしており，病気の早期診断や創薬のための研究に用いられている。

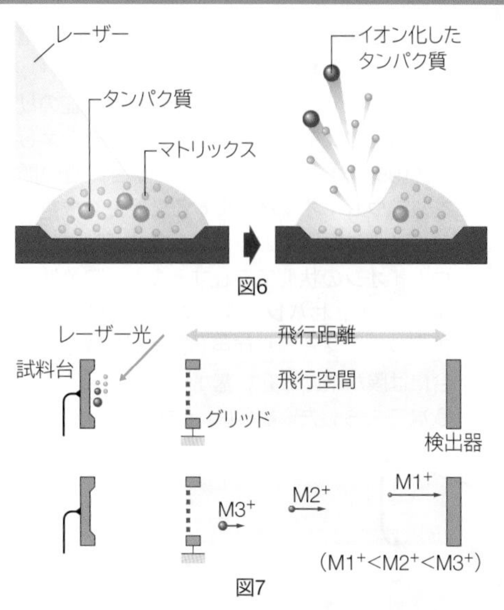

図6

図7

下村脩

2008年

緑色蛍光タンパク質の発見とその応用

下村脩博士はウミホタルの発光物質であるルシフェリンの精製・結晶化に成功したあと，アメリカでオワンクラゲの発光物質の研究を始めた。その中で，オワンクラゲの発光にはカルシウムイオンが必要であることに気づき，カルシウムの濃度を減らす（キレートにする）ためのEDTAという試薬を使用して，発光を止めて分解を防ぎながら発光物質を抽出する方法を確立した。このときの発光物質を，イクオリンと緑色蛍光タンパク質（GFP）として発表した（1962年）。のちに，オワンクラゲが刺激を受けると，カルシウムイオンの濃度が高まり，イクオリンが青色（最大波長465 nm）に発光すること，さらにその光エネルギーをGFPが吸収し，より波長の長い緑色の蛍光（最大波長508 nm）を放っていることを明らかにした。ノーベル賞はGFPの発見に対して授与された。GFPはルシフェリンやイクオリンとは異なり，発光団をタンパク質自身の中にもっていることが特徴で，紫外線または青色の光を照射するだけで蛍光を発する。その後の研究で，GFPの構造を改良して，より安定で強い光を放つGFPがつくられた。現在ではGFPの遺伝子を送り込むことで，生物体内での細胞内のタンパク質の動きを視覚的に追うことが可能になり，細胞の機能や病気発生のメカニズムの解明など，生命科学や医学などの研究で幅広く用いられている。

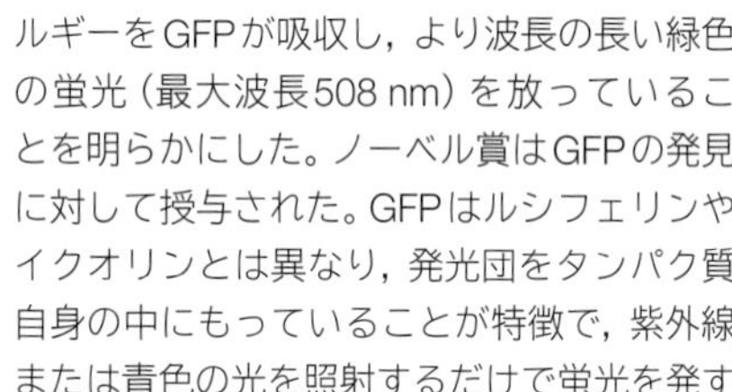

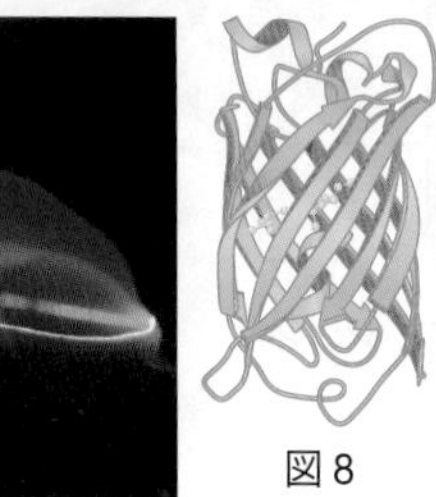

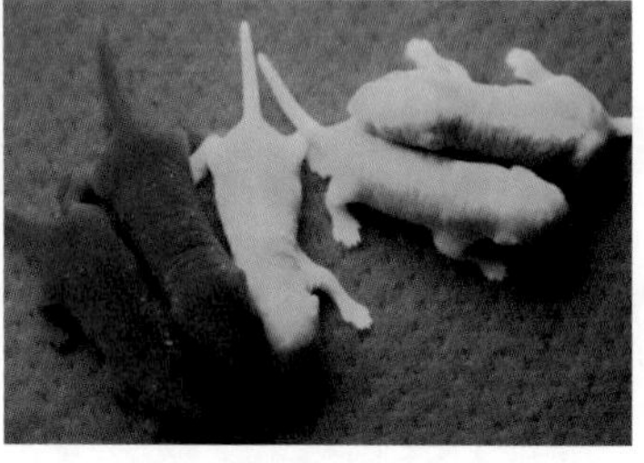

図 8

鈴木章・根岸英一

2010年

有機合成におけるパラジウム触媒クロスカップリング

クロスカップリング反応とは，二種類の異なる有機化合物を炭素－炭素結合でつなげ，新たな有機化合物をつくる反応である。クロスカップリング反応には，触媒になる金属元素と，二種類の有機化合物に結びつけた金属元素・ハロゲン元素の選び方によってさまざまな種類がある。根岸英一博士は遷移金属の触媒と典型金属元素を含む有機化合物との関係を徹底的に調べた。そして，触媒はパラジウム化合物，有機化合物と結合させる金属元素としては亜鉛の反応性が最もよいことを発見し，「根岸カップリング」として発表した（1977年）。鈴木章博士は有機化合物と結合させる元素として，金属元素ではなくホウ素を用いて研究を行った。そして，塩基を添加すると反応がうまく進むことを発見した。これを「鈴木カップリング」として発表し（1979年），位置・立体の選択性に優れ，どのような官能基でもホウ素を使えばクロスカップリングができることを示した。有機ホウ素化合物は比較的安定で保存もでき，穏和な条件で水分の存在下でも反応が可能であるため，「鈴木カップリング」はクロスカップリング反応の中で最も広く用いられている。これらの反応の開発により，多様な有機化合物を効率よく合成することができるようになった。現在，血圧降下剤などの医薬品，パソコンや携帯電話の液晶，有機ELなどの製造過程で用いられている。

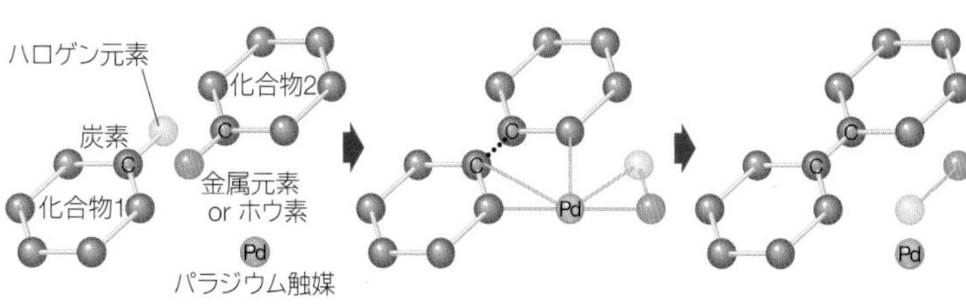

図9

吉野彰

2019年

リチウムイオン電池の開発

リチウムはイオン化傾向が非常に大きいため，高電圧・大容量の二次電池の材料として研究が進められていた。当初は，負極に単体のリチウムを用いる電池が研究の主流であったが，リチウムは反応性が高いため，自然発火の恐れがあり，実用化することができていなかった。吉野彰博士は，負極にカーボン系材料，正極にコバルト酸リチウム$LiCoO_2$，電解液として有機溶媒を使用することにより，起電力約４Ｖの小型・軽量で安全な現在のリチウムイオン電池の原型となる電池を考案した（1985年）。この電池は，正極と負極の間をリチウムイオンが往復することで充放電するしくみになっており，リチウムが常にリチウムイオンの状態で存在するため，安全性が高い。また，セパレーターにごく薄いポリエチレン系の多孔膜を使用し，異常発熱した場合には膜が融けて孔が塞(ふさ)がり反応が止まるような工夫もした。さらに，正極から電気を取り出すための集電体に，アルミニウム箔が適していることに気づき，リチウムイオン電池を実用化した。リチウムイオン電池は，携帯電話やノート型パソコンなどのモバイル機器の世界的な普及に大きく貢献した。現在では，スマートフォン，電気自動車，ロケット，人工衛星，国際宇宙ステーションなどにも使用されている。今後は，再生エネルギーの貯蔵など，さらに普及することが予測されており，環境面への貢献も期待されている。

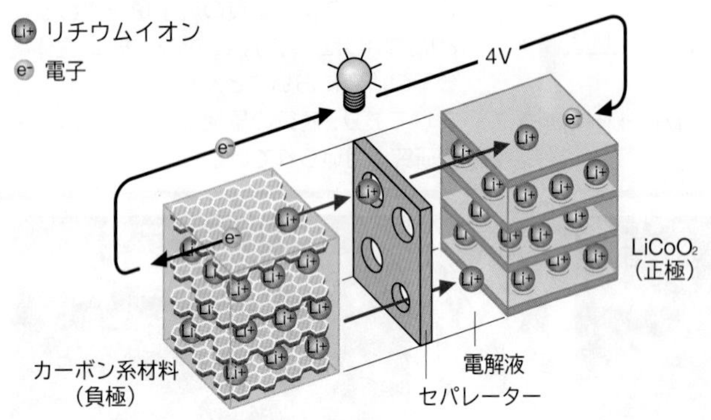

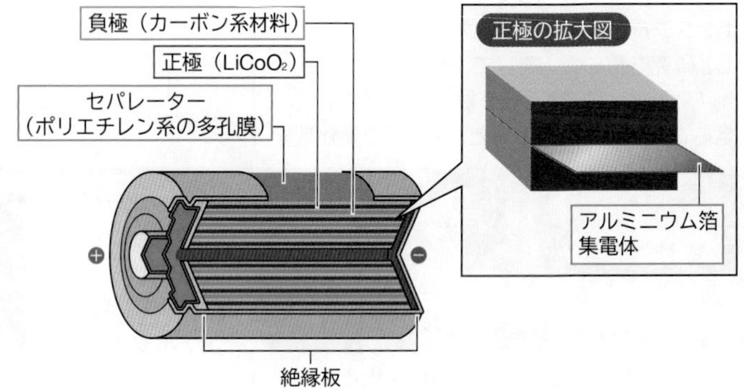

物質さくいん

太字で示したページは，その項目を中心に扱っているページである。

用語さくいん

太字で示したページは，その項目を中心に扱っているページである。

●写真・資料提供者（敬称略・五十音順）

(株)IHI
旭化成(株)
(株)アタカ造船所
adobe stock
(株)アフロ
(株)アマダウエルドテック
(株)アマナ
(株)アローズ
池下 章裕
(国研)医薬基盤・健康・栄養研究所, 疾患モデル小動物研究室
岩谷産業(株)
エスケイシリンダー(株)
エナジーウィズ(株)
(株)エヌエヌピー
NPI Lasers
ENEOS(株)
ENEOS オーシャン(株)
ENEOS 喜入基地(株)
愛媛製紙(株)
(株)エプテック
大阪大学 教授 阿部 真之
大阪大学 産業科学研究所 植村 隆文
大阪大学 名誉教授 森田 清三
オルガノ(株)
(一財)カーボンフロンティア機構
花王(株)
鹿島石油(株)
化繊ノズル(株)
(地独)神奈川県立産業技術総合研究所
金沢大学資料館
関西電力(株)
北川 宏
(株)キャタラー
キヤノンメディカルシステムズ(株)
牛乳石鹸共進社(株)
京セラ(株)
京都大学大学文書館
近畿大学 杉目 恒志
(株)クレハ
グンゼメディカル(株)
getty images
国際オリンピック委員会
Thermo Fisher Scientific Inc.
(株)SUMCO
(国研)産業技術総合研究所
(株)三幸
(株)三幸金属工業所
(株)三和化学研究所
ジーエルサイエンス(株)
ジークライト(株)
JX 金属(株)
JX 石油開発(株)
JFE エンジニアリング(株)
(株)JERA
(公財)塩事業センター
(株)時事通信フォト
シナジーテック(株)
柴田科学(株)
澁谷工業(株)
(株)島津製作所
JAXA
(株)シューユウ
(国研)情報通信研究機構(NICT)
信越ポリマー(株)
新コスモス電機(株)
(公財)心臓血管研究所
住友金属鉱山(株)
住友電気工業(株)
積水樹脂(株)
(株)錢高組
千住スプリンクラー(株)
大日本印刷(株)
太平洋セメント(株)
ダイワボウレーヨン(株)
武田薬品工業(株) 京都薬用植物園
筑波大学, つくば機能植物イノベーション研究センター
筑波大学 名誉教授 木島 正志
鶴岡市立加茂水族館
ＴＭＴマシナリー(株)
東京医科歯科大学 生体材料工学研究所 三林 浩二
東京大学 教授 杉本 宜昭
東京大学 小林 奈通子
東京都水道局
(株)東芝
東芝インフラシステムズ(株)
東芝マテリアル(株)
東北大学史料館
東北大学 流体科学研究所 小林 秀昭
東北大学 流体科学研究所 早川 晃弘
東レ(株)
東レ・カーボンマジック(株)
(株)トクヤマ
トヨタ自動車(株)
(株)豊田中央研究所
永田紙業(株)
(株)中野科学
中村 俊郎
日産自動車(株)
日鉄エンジニアリング(株)
日東製網(株)
日東電工(株)
(一社)日本ＲＰＦ工業会
日本エマソン株式会社 ブランソン事業本部
日本化学繊維協会
日本軽金属(株)
日本原燃(株)
日本製鋼所Ｍ＆Ｅ(株)
日本製紙(株)
日本製鉄(株)
日本電気硝子(株)
日本電子(株)
日本バイオプラスチック協会
(公財)日本美術刀剣保存協会
日本ライフライン(株)
日本ガイシ(株)
日本資材(株)
日本精鉱(株)
日本郵船(株)
パナソニック(株)
パナソニック コネクト(株)
浜松ホトニクス(株)
日立造船(株)
笛田・山田技術士事務所
富士フイルム株式会社
(国研)物質・材料研究機構 中山 知信
(国研)物質・材料研究機構 原野 幸治
ブリヂストンスポーツ(株)
古河機械金属グループ 古河電子(株)
古河産業(株)
(株)プロテリアル
ヘレウス株式会社
増永眼鏡(株)
マツダ(株)
マツバ技研工業(株)
ミズノ(株)
三菱ケミカルグループ(株)
三菱マテリアル(株)
(株)モリタ製作所
安田(株)
ヤマト科学(株)
(株)UACJ
(株)ユタカ技研
ユニチカ(株)
(国研)理化学研究所
(国研)理化学研究所 仁科加速器科学研究センター
(株)リガク
リコージャパン(株)
立教大学 理学部
琉球肥料(株)
(株) レゾナック
YKK AP(株)

サイエンスビュー　化学総合資料

表紙・本文デザイン　エッジ・デザインオフィス
本文制作　株式会社　大知
図版・イラスト　有限会社　コスミックエンジン
イラスト　桧山華恵
制作協力　株式会社　ビーグルサイエンス
撮影協力　東京バイオテクノロジー専門学校

2024年3月10日　初版第1刷発行

●編者――実教出版編修部
●発行者――小田　良次
●印刷所――株式会社　太洋社
●発行所――実教出版株式会社
〒102-8377 東京都千代田区五番町5
電話〈営業〉(03) 3238-7777
〈編修〉(03) 3238-7781
〈総務〉(03) 3238-7700
https://www.jikkyo.co.jp/

002403024
ISBN 978-4-407-36314-2

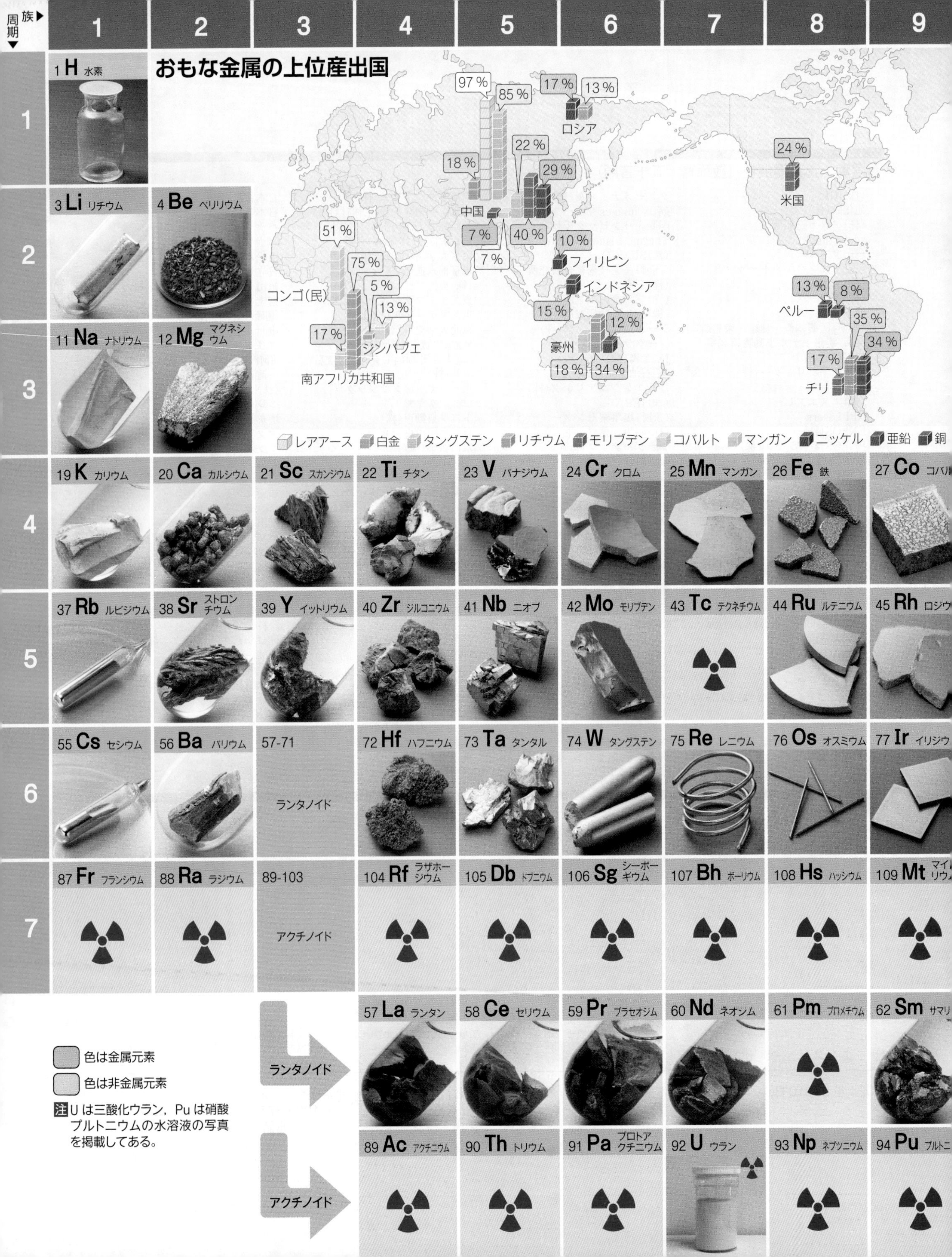

族▶
周期▼
1
2
3
4
5
6
7
8
9
おもな金属の上位産出国
97 %
85 %
17 %
13 %
ロシア
18 %
22 %
29 %
24 %
米国
中国
7 %
40 %
7 %
10 %
フィリピン
インドネシア
15 %
51 %
75 %
5 %
13 %
コンゴ(民)
17 %
ジンバブエ
南アフリカ共和国
12 %
豪州
18 %
34 %
13 %
8 %
ペルー
35 %
34 %
17 %
チリ
レアアース
白金
タングステン
リチウム
モリブデン
コバルト
マンガン
ニッケル
亜鉛
銅
1 H 水素
3 Li リチウム
4 Be ベリリウム
11 Na ナトリウム
12 Mg マグネシウム
19 K カリウム
20 Ca カルシウム
21 Sc スカンジウム
22 Ti チタン
23 V バナジウム
24 Cr クロム
25 Mn マンガン
26 Fe 鉄
27 Co コバル
37 Rb ルビジウム
38 Sr ストロンチウム
39 Y イットリウム
40 Zr ジルコニウム
41 Nb ニオブ
42 Mo モリブデン
43 Tc テクネチウム
44 Ru ルテニウム
45 Rh ロジウ
55 Cs セシウム
56 Ba バリウム
57-71
ランタノイド
72 Hf ハフニウム
73 Ta タンタル
74 W タングステン
75 Re レニウム
76 Os オスミウム
77 Ir イリジウ
87 Fr フランシウム
88 Ra ラジウム
89-103
アクチノイド
104 Rf ラザホージウム
105 Db ドブニウム
106 Sg シーボーギウム
107 Bh ボーリウム
108 Hs ハッシウム
109 Mt マイトリウ
ランタノイド
57 La ランタン
58 Ce セリウム
59 Pr プラセオジム
60 Nd ネオジム
61 Pm プロメチウム
62 Sm サマリ
アクチノイド
89 Ac アクチニウム
90 Th トリウム
91 Pa プロトアクチニウム
92 U ウラン
93 Np ネプツニウム
94 Pu プルトニ
色は金属元素
色は非金属元素
注 U は三酸化ウラン，Pu は硝酸プルトニウムの水溶液の写真を掲載してある。

属の分類

鉄	Fe

非鉄金属

ベースメタル
Cu, Pb, Zn, Al など

レアメタル
Ni, Cr, Co, W, Mo, Li, Pt など
▶レアアース(希土類元素)……
Sc, Y＋ランタノイド

単体と周期表

周期	10	11	12	13	14	15	16	17	18
1									2 He ヘリウム
2				5 B ホウ素	6 C 炭素	7 N 窒素	8 O 酸素	9 F フッ素	10 Ne ネオン
3				13 Al アルミニウム	14 Si ケイ素	15 P リン	16 S 硫黄	17 Cl 塩素	18 Ar アルゴン
4	Ni ニッケル	29 Cu 銅	30 Zn 亜鉛	31 Ga ガリウム	32 Ge ゲルマニウム	33 As ヒ素	34 Se セレン	35 Br 臭素	36 Kr クリプトン
5	Pd パラジウム	47 Ag 銀	48 Cd カドミウム	49 In インジウム	50 Sn スズ	51 Sb アンチモン	52 Te テルル	53 I ヨウ素	54 Xe キセノン
6	Pt 白金	79 Au 金	80 Hg 水銀	81 Tl タリウム	82 Pb 鉛	83 Bi ビスマス	84 Po ポロニウム	85 At アスタチン	86 Rn ラドン
7	0 Ds ダームスタチウム	111 Rg レントゲニウム	112 Cn コペルニシウム	113 Nh ニホニウム	114 Fl フレロビウム	115 Mc モスコビウム	116 Lv リバモリウム	117 Ts テネシン	118 Og オガネソン
	Eu ユウロピウム	64 Gd ガドリニウム	65 Tb テルビウム	66 Dy ジスプロシウム	67 Ho ホルミウム	68 Er エルビウム	69 Tm ツリウム	70 Yb イッテルビウム	71 Lu ルテチウム
	Am アメリシウム	96 Cm キュリウム	97 Bk バークリウム	98 Cf カリホルニウム	99 Es アインスタイニウム	100 Fm フェルミウム	101 Md メンデレビウム	102 No ノーベリウム	103 Lr ローレンシウム

族▶ 1 2 3 4 5 6 7 8 9

元素の周期表

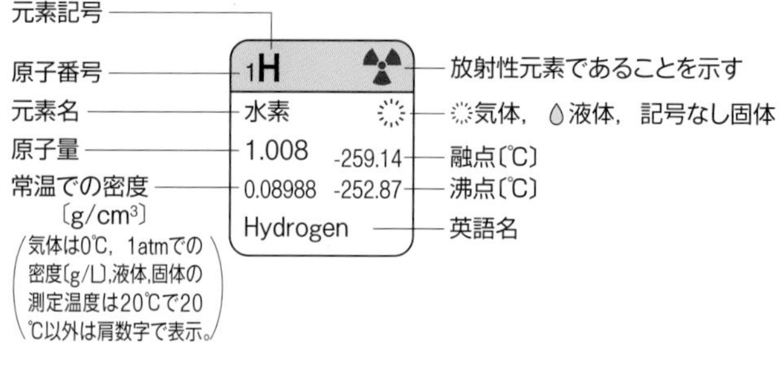

色は金属元素

色は非金属元素

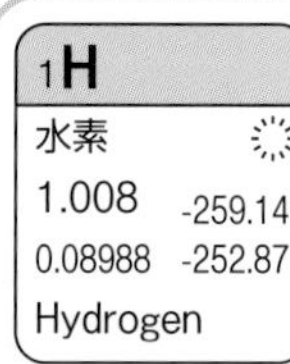

周期	1	2	3	4	5	6	7	8	9
1	1 H 水素 1.008 -259.14 0.08988 -252.87 Hydrogen								
2	3 Li リチウム 6.94 180.54 0.534 1347 Lithium	4 Be ベリリウム 9.012 1282 1.8477 2970 Beryllium							
3	11 Na ナトリウム 22.99 97.81 0.971 883 Sodium	12 Mg マグネシウム 24.31 648.8 1.738 1090 Magnesium							
4	19 K カリウム 39.10 63.65 0.862 774 Potassium	20 Ca カルシウム 40.08 839 1.55 1484 Calcium	21 Sc スカンジウム 44.96 1541 2.989 2831 Scandium	22 Ti チタン 47.87 1660 4.54 3287 Titanium	23 V バナジウム 50.94 1887 6.11^{19} 3377 Vanadium	24 Cr クロム 52.00 1860 7.19 2671 Chromium	25 Mn マンガン 54.94 1244 7.44 1962 Manganese	26 Fe 鉄 55.85 1535 7.874 2750 Iron	27 Co コバルト 58.93 8.90 Cobalt
5	37 Rb ルビジウム 85.47 39.31 1.532 688 Rubidium	38 Sr ストロンチウム 87.62 769 2.54 1384 Strontium	39 Y イットリウム 88.91 1522 4.47 3338 Yttrium	40 Zr ジルコニウム 91.22 1852 6.506 4377 Zirconium	41 Nb ニオブ 92.91 2468 8.57 4742 Niobium	42 Mo モリブデン 95.95 2617 10.22 4612 Molybdenum	43 Tc ☢ テクネチウム [99] 2172 11.5 4877 Technetium	44 Ru ルテニウム 101.1 2310 12.37 3900 Ruthenium	45 Rh ロジウム 102.9 12.41 Rhodium
6	55 Cs セシウム 132.9 28.4 1.873 678 Caesium	56 Ba バリウム 137.3 729 3.594 1637 Barium	57-71 ランタノイド	72 Hf ハフニウム 178.5 2230 13.31 5197 Hafnium	73 Ta タンタル 180.9 2996 16.654 5425 Tantalum	74 W タングステン 183.8 3410 19.3 5657 Tungsten	75 Re レニウム 186.2 3180 21.02 5596 Rhenium	76 Os オスミウム 190.2 3054 22.59 5027 Osmium	77 Ir イリジウ 192.2 22.56^{13} Iridium
7	87 Fr ☢ フランシウム [223] Francium	88 Ra ☢ ラジウム [226] 700 5^{25} 1140 Radium	89-103 アクチノイド	104 Rf ☢ ラザホージウム [267] 23 Rutherfordium	105 Db ☢ ドブニウム [268] 29^{25} Dubnium	106 Sg ☢ シーボーギウム [271] 35 Seaborgium	107 Bh ☢ ボーリウム [272] 37 Bohrium	108 Hs ☢ ハッシウム [277] 41 Hassium	109 Mt マイトネ [276] Meitneri

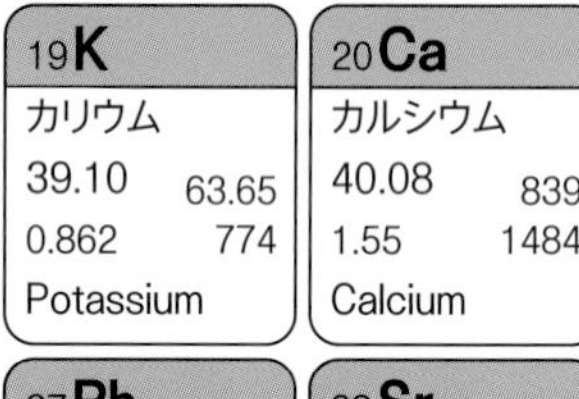

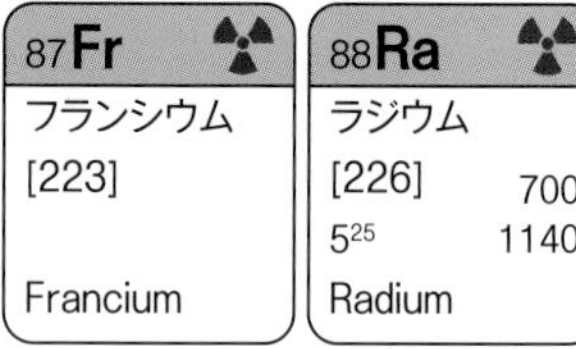

典型元素

遷移元素

ランタノイド	57 La ランタン 138.9 921 6.145^{25} 3457 Lanthanum	58 Ce セリウム 140.1 799 6.749^{25} 3426 Cerium	59 Pr プラセオジム 140.9 931 6.773 3512 Praseodymium	60 Nd ネオジム 144.2 1021 7.007 3068 Neodymium	61 Pm ☢ プロメチウム [145] 1168 7.22^{25} 2700 Promethium	62 Sm サマリウ 150.4 7.52 Samariu
アクチノイド	89 Ac ☢ アクチニウム [227] 1050 10.06^{25} 3200 Actinium	90 Th ☢ トリウム 232.0 1750 11.72 4790 Thorium	91 Pa ☢ プロトアクチニウム 231.0 1840 15.37 Protactinium	92 U ☢ ウラン 238.0 1132.3 18.950 3745 Uranium	93 Np ☢ ネプツニウム [237] 640 20.25 3900 Neptunium	94 Pu プルトニ [239] 19.84^{25} Plutoniur

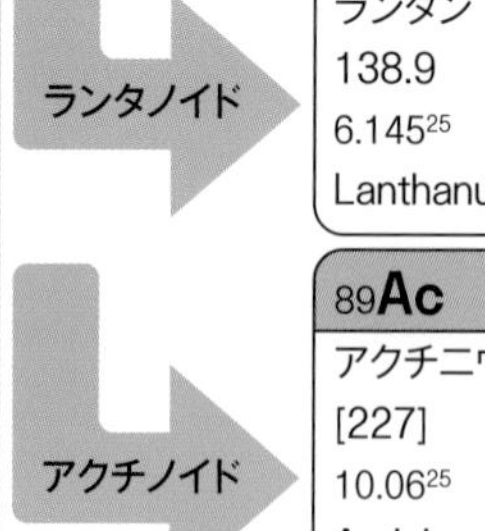

注 原子量は，IUPAC（国際純正・応用化学連合）で承認された最新数値をもとに，日本化学会原子量小委員会で作成された4桁（変動幅の大きいLiは3桁）の数値である。安定同位体がなく天然の同位体存在比が一定していない元素については，その代表的な同位体の質量数を［ ］の中に示した。密度・融点・沸点は，「化学便覧改訂6版」によった。